Robust Fusion Estimation Theory with Applications

鲁棒融合估计理论及应用

邓自立　刘文强　王雪梅　杨春山　著

Deng Zili　Liu Wenqiang　Wang Xuemei　Yang Chunshan

哈爾濱工業大學出版社
HARBIN INSTITUTE OF TECHNOLOGY PRESS

内 容 简 介

本书系统地介绍了由邓自立教授等提出的混合不确定多传感器网络化系统的鲁棒融合估计新方法、新理论及应用。新方法包括基于虚拟噪声技术和广义 Lyapunov 方程的极大极小鲁棒融合 Kalman 滤波方法和改进的协方差交叉融合鲁棒 Kalman 滤波方法。新理论包括通用的极大极小鲁棒融合 Kalman 滤波理论；通用的协方差交叉融合鲁棒 Kalman 滤波理论；鲁棒融合白噪声反卷积滤波理论；鲁棒融合估值器按实现收敛性理论。内容包括局部、集中式和分布式融合，状态融合与观测融合，加权融合，协方差交叉融合鲁棒 Kalman 估值器，以及它们的鲁棒性分析、精度分析、收敛性分析和算法复杂性分析。

本书反映了鲁棒融合估计领域的最新研究成果，并含有大量仿真应用例子，可作为高等学校信息科学与技术和控制科学与工程有关专业研究生的教材或参考书，且对在信号处理、控制、航天、深空探测、导航、制导、目标跟踪、无人机、机器人、卫星定位、遥感、移动通信、石油地震勘探等领域从事不确定网络化系统鲁棒融合估计理论及应用的科研和工程技术人员也有重要参考价值。

图书在版编目(CIP)数据

鲁棒融合估计理论及应用/邓自立等著. —哈尔滨：哈尔滨工业大学出版社，2019. 1
ISBN 978 - 7 - 5603 - 7586 - 1

Ⅰ. ①鲁…　Ⅱ. ①邓…　Ⅲ. ①鲁棒控制-高等学校-教材
Ⅳ. ①TP273

中国版本图书馆 CIP 数据核字(2018)第 180055 号

策划编辑　尹继荣
责任编辑　刘立娟
出版发行　哈尔滨工业大学出版社
社　　址　哈尔滨市南岗区复华四道街 10 号　邮编 150006
传　　真　0451 - 86414749
网　　址　http://hitpress. hit. edu. cn
印　　刷　哈尔滨市石桥印务有限公司
开　　本　787mm×1092mm　1/16　印张 30. 5　字数 739 千字
版　　次　2019 年 1 月第 1 版，2019 年 1 月第 1 次印刷
书　　号　ISBN 978 - 7 - 5603 - 7586 - 1
定　　价　98. 00 元

前　言

1960 年美国学者 R. E. Kalman 创立了基于时域状态空间模型和投影理论的最优递推滤波(Kalman 滤波)理论。由于滤波算法是递推的,便于实时应用,因而立刻受到工程界的重视。它已被成功且广泛地用于包括阿波罗登月计划和 C-5A 飞机导航系统设计等许多领域,成为信号处理和系统状态估计的基本工具。

但是经典最优 Kalman 滤波局限性是要求假设系统的数学模型(包括模型参数和噪声方差)是精确已知的。然而在许多实际应用问题中,由于建模误差或未建模动态、随机干扰等原因,系统不可避免地存在建模不确定性。所谓不确定性是指对系统了解不全面,只知道不准确的、片面的或不完整的信息。对确定参数的随机扰动(乘性噪声)称为随机的参数不确定性,而噪声方差的不确定性可用确定的不确定性来描写,即它是不确定的,但有已知确定的保守上界。对不确定系统应用经典 Kalman 滤波器将引起滤波性能变坏,甚至导致滤波发散。因此,近 20 年来对不确定系统的鲁棒滤波理论的研究受到特别关注。它的目的是设计一个固定的滤波器,对所有容许(可能)的不确定性,其实际滤波误差方差都满足期望的性能(例如有最小上界,或满足预置的精度指标等)。这种滤波器称为鲁棒滤波器,这种保持期望性能的不变性称为鲁棒性(Robustness)或“稳健性”。“稳”寓意“不变”,而“健”寓意“保持”。中国古代孙子兵法中军事谋略“以静待哗”就体现了稳健性。这是指处变不惊,静观其变,用镇定法对付敌军的躁动。鲁棒性是指系统的某种性能在不确定干扰下的不变性。

鲁棒滤波器具有“以不变应万变”的性质。所谓“以不变”是指滤波器保持期望的性能不变,“应万变”是指对所有容许的不确定性。鲁棒性也可形象地比喻为“任凭风浪起,稳坐钓鱼船”。“任凭风浪起”是指所有容许的不确定性,“稳坐钓鱼船”是比喻滤波器保持期望的性能不变,不受不确定性影响。用集合论观点解释,例如对带不确定乘性噪声、过程噪声和观测噪声方差系统,对每一组容许的噪声方差,都规定了系统的一个数学模型,相应于所有容许的不确定噪声方差,不确定系统可用相应的一族数学模型(模型的集合)来描写。因此,鲁棒滤波的研究对象不是一个数学模型,而是由不确定性引起的一族数学模型。这从本质上区别于经典 Kalman 滤波。经典 Kalman 滤波的研究对象是一个精确已知的数学模型。设计鲁棒滤波器的目的是设计一个固定的滤波器,使其对这个模型族中的每一个数学模型,都有相应的实际滤波误差方差满足期望的性能。

从方法论观点来说,为了保证所期望的滤波器性能(例如滤波误差有最小上界)对模型族中的每一个数学模型都成立,我们只需对带噪声方差保守上界(最大值噪声方差)的最坏情形下的数学模型设计最小方差滤波器,它的滤波误差方差恰好就是在一般情形下实际滤波误差方差的共同的最小上界。这就是极大极小鲁棒滤波原理。所谓“极大”就是“最坏情形”,“极小”就是设计最小方差最优滤波器。它将对一族数学模型设计鲁棒滤波器的问题归结为对最坏(风险最大、最恶劣)情形下的数学模型设计最小方差最优 Kalman 滤波器,即归结为一个经典的最优 Kalman 问题。这体现了鲁棒滤波与最优滤波的辩证关系,体现了特殊与一般的辩证关系,体现了极大极小鲁棒估计方法的哲学原理。在一般意义下,极大极小决策原理是指:针对风险最大情形寻求代价最小的最好结果。它被广泛地应用于军事谋略和超级工程设计中。例如军事谋略"置之死地而后生""背水一战"就是指处于绝境可化险为夷,转危为安。成语"山重水复疑无路,柳暗花明又一村"用来形容绝处逢生,情况有了转机。"不入虎穴,焉得虎子"比喻不亲历艰险就不能取得成功。在中国 C919 大飞机、神舟飞船、海上钻井平台、大型水电站、港珠澳跨海大桥等超级工程设计中,特别要求万无一失地保证安全,这就要求必须考虑在最恶劣环境下仍能保证期望的安全性能指标的最优设计方案。这就是极大极小鲁棒设计方案。

近几十年来,由于军事、国防、战争及高技术领域的迫切需要,包括目标跟踪、导弹拦截、精确制导、精确打击、卫星定位、移动机器人同步定位和地图创建等,多传感器信息融合已发展成一门多学科交叉的新兴边缘学科。信息融合是对多源信息的一个优化组合过程,以获得系统状态的更精确的估计。邓自立曾先后在专著《信息融合滤波理论及应用》(哈尔滨工业大学出版社,2007 年)和专著《信息融合估计理论及其应用》(科学出版社,2012 年)系统地提出了最优信息融合 Kalman 滤波理论,其局限性是假设系统模型是精确已知的。新近,邓自立等在专著《鲁棒融合卡尔曼滤波理论及应用》(哈尔滨工业大学出版社,2016 年)提出了基于 Lyapunov 方程方法的极大极小鲁棒融合 Kalman 滤波理论,但其局限性是仅适用于带不确定噪声方差的不确定系统。

近年来,由于传感技术、无线通信技术和计算机网络技术的蓬勃发展使网络化系统具有低成本、灵活性、可移动性、可靠性、适应性等优点,因而得到了普遍的推广和应用。尤其网络化系统估计和控制受到特别关注,已广泛地应用于许多领域,包括状态监测、空间开发、深空探测、移动通信、卫星导航定位、无人机系统、机器人、雷达跟踪、遥感图像处理等,目前已成为前沿性的热门研究领域。一个典型的例子是 2018 年 2 月在韩国平昌举行的冬奥会开幕式上,上千架微型无人机群编队飞行呈五环奥林匹克运动会会徽图案。另一个例子是据媒体报道在叙利亚战场上某空军基地曾遭到携带小型炸弹的小型无人机群的偷袭。但由于网络化系统的数据通信受带宽和能量限制,不可避免地存在丢失观测、衰减观测、丢包、随机观测滞后等由网络化引起的随机不确定性。这给鲁棒融合滤波器的设计带来新的困难和挑战。目前,对带建模不确定性(不确定噪声方差和乘性噪声等)和网络化随机不确定性两者的混合不确定多传感网络化系统,鲁棒融合 Kalman 滤波问题尚未深入解决,是一个具有挑战性的难题。

本书反映了近年来在不确定网络化系统鲁棒融合估计领域的某些最新研究成果,填补了国内外在该领域目前尚缺乏系统性专著的空白。本书全面发展、推广和更新了邓自立等在 2016 年出版的专著《鲁棒融合卡尔曼滤波理论及应用》中提出的理论和方法,完全解决了在该书中提出的 12 个开放性研究课题,构成了不确定网络化系统统一的、通用的鲁棒融合估计理论和方法论。

本书系统地总结了由邓自立教授指导的研究团队近四年在被 SCI 检索的国际重要核

心期刊 *Information Fusion*, *Information Sciences*, *Aerospace Science and Technology*, *Signal Processing*, *Digital Signal Processing*, *IEEE Sensors Journal*, *Journal of the Franklin Institute*, *International Journal of Robust and Nonlinear Control*, *Circuits, Systems and Signal Processing*, *International Journal of Adaptive Control and Signal Processing*, *IEEE Transactions of Aerospace and Electronic Systems*, *IMA Journal of Mathematical Control and Information* 等上发表的 20 篇长文(正规论文)的最新研究成果,提出了混合不确定网络化系统鲁棒融合 Kalman 滤波新方法、新理论、关键技术及仿真应用研究结果,开辟了不确定网络化系统鲁棒融合估计领域新的研究方向,具有重要的方法论、理论和应用意义。

本书提出了混合不确定网络化系统两种鲁棒融合估计新方法:(1)通用的基于虚拟噪声技术和广义 Lyapunov 方程的极大极小鲁棒融合 Kalman 滤波方法。它不同于现有文献中的博弈论方法或多项式方法,或极大极小 H_∞ 滤波方法,且克服了作者在 2016 提出的 Lyapunov 方程方法仅适用于带不确定噪声方差系统的局限性,适用于混合不确定网络化系统。(2)改进的协方差交叉(CI)融合鲁棒 Kalman 滤波方法。它不仅给出了局部鲁棒估值器及其实际估值误差方差的最小上界,而且它还给出了 CI 融合器实际误差方差的最小上界,提高了原始 CI 融合器的鲁棒精度,并提出了序贯协方差交叉(SCI)和并行协方差交叉(PCI)融合器,可显著减小计算负担或提高运算速度。

本书提出了混合不确定网络化系统鲁棒融合 Kalman 滤波的四种新理论:(1)通用的极大极小鲁棒融合 Kalman 滤波理论。(2)通用的 CI 融合鲁棒 Kalman 滤波理论。(3)鲁棒融合白噪声反卷积滤波理论。(4)鲁棒融合 Kalman 滤波按实现收敛性理论。这些理论包括六种融合器(按矩阵、对角阵和标量加权融合器,CI 融合器,集中式融合器和加权观测融合器)及它们的鲁棒性分析、精度分析、收敛性分析和算法复杂度分析。

本书提出了保证所提出的新方法和新理论实现的 13 项关键技术:(1)推广的虚拟噪声补偿技术。(2)基于 Lyapunov 方程和广义 Lyapunov 方程的鲁棒性分析技术。(3)统一设计鲁棒 Kalman 估值器(预报器、滤波器和平滑器)技术。(4)直接和间接设计鲁棒稳态 Kalman 估值器技术。(5)鲁棒性证明的半正定矩阵分解和初等变换技术。(6)基于动态误差系统分析(DESA)方法和动态方差误差系统分析(DVESA)方法的鲁棒融合器按实现收敛性分析技术。(7)鲁棒精度分析技术。(8)不确定实际虚拟噪声方差最小上界(极大值噪声方差)的系统辨识技术和新息检验技术。(9)基于最优信息融合 Kalman 滤波理论的极大极小鲁棒融合 Kalman 滤波技术。(10)模型转化技术。(11)增广状态、增广噪声、增广协方差阵技术。(12)去随机参数阵技术(随机参数阵分解技术)。(13)改进的 CI 融合技术。

本书给出了应用于雷达跟踪系统、不间断电源系统(UPS)、随机振动系统、石油地震勘探系统、IS-163 移动通信系统、搅拌釜化学反应系统、ARMA 信号处理等的仿真应用研究结果。

全书共分为 11 章。第 1 章绪论阐述鲁棒融合 Kalman 滤波理论的内容、方法、研究现状和本书的主要贡献和创新,以及面临的挑战问题。第 2 章介绍最优估计基本方法。第 3 章介绍经典最优 Kalman 滤波。第 4 章介绍不确定网络化系统鲁棒融合 Kalman 滤波新方法和关键技术。第5章介绍改进的CI融合鲁棒Kalman估值器。第6章介绍带丢失观测的混合不确定系统加权状态融合鲁棒Kalman估值器。第7章介绍多模型不确定系统加权状态融合鲁棒Kalman估值器。第8章介绍带丢包的混合不确定系统加权状态融合鲁棒Kalman滤波。第9章介绍带丢失观测的混合不确定系统集中式和加权观测融合鲁棒Kalman滤波。第10章介绍加权融合鲁棒白噪声反卷积估计理论。第11章介绍混合不确定系统保性能鲁棒稳态Kalman滤波。第1至4章由邓自立执笔,第5至7章由王雪梅执笔,第8至10章由刘文强执笔,其中8.3和8.4节由杨春山执笔,第11章由杨春山执笔。全书由邓自立统一定稿。

在本书出版之际,我深深地感恩已故启蒙导师卢庆骏先生(原哈尔滨军事工程学院教授、数学部主任、留美归国控制论学者和数学家)。在20世纪60年代初,他曾兼任黑龙江大学数学系主任,并开设由6名青年骨干教师组成的Wiener滤波理论研讨班。我有幸作为研讨班学员之一,系统地钻研了他讲授的Wiener滤波理论。他的严谨治学精神给我留下了深刻印象。他指引我从纯数学领域跨入Wiener滤波和Kalman滤波的研究领域。本书的理论基础源于我在自动化领域顶级刊物*Automatica*上发表的3篇长文。所提出的极大极小鲁棒融合Kalman滤波方法和理论可看成是我于2005年提出的最优融合Kalman滤波方法的应用及发展(见New approach to information fusion steady-state Kalman filtering, Automatica, 2005,41: 1695-1707)。所提出的鲁棒融合白噪声反卷积估计理论可看成是我于1996年提出的最优和自校正白噪声估计理论的新发展(见Optimal and self-tuning white noise estimators with applications to deconvolution and filtering problems, Automatica, 1996,32(2):199-216)。所提出的鲁棒融合器按实现收敛性分析理论可看成是我于2008年提出的按实现收敛性概念和动态误差系统分析方法的应用和发展(见Self-tuning decoupled information fusion Wiener state component filters and their convergence, Automatica, 2008, 44: 685-695)。

感激已故中国科学院院士张钟俊先生曾给予我的鼓励和帮助。他曾对我提出的现代时间序列分析方法给予高度评价。感激中国科学院院士张嗣瀛先生多年来对我的鼓励和帮助。本书出版曾得到国际自然科学基金项目(60874063, 60374026, 69774019, 69172007)的资助,在此表示感谢。还要感谢我指导的历届博士和硕士研究生高媛、冉陈键、张鹏、齐文娟、王欣、郝钢、石莹、陶贵丽和刘金芳等,他们对我提出的方法和理论进行了推广、创新和大量的仿真研究工作。感谢哈尔滨工业大学出版社尹继荣编审和刘立娟编辑对本书的出版所做的大量工作。特别感谢尹继荣编审多年来在多部专著出版合作中给予我的热情帮助和所付出的辛勤劳动。

由于水平所限,书中缺点和疏漏之处在所难免,望读者批评指正。

邓自立

2019年元旦于黑龙江大学

目　　录

第1章　绪　论

1.1　引　言

最优滤波解决系统的状态或信号的最优估计问题,即由被噪声污染的观测信号求在最小方差意义下状态或信号的最优估值器,也叫最优滤波器。术语"滤波"来源于无线电学科领域,其含义为滤掉或过滤噪声还状态或信号以本来面目。在有传感器或检测仪表的系统中,常常会遇到这类问题。通常人们选择线性估值器,即滤波器是观测信号历史数据的线性函数,并且选择优化性能指标为求最优估值器极小化均方误差,即极小化估计误差平方的数学期望,这类最优滤波器就是线性最小方差估值器。

解决最优滤波问题的两种重要的方法论是 Wiener 滤波方法[1,2] 和 Kalman 滤波方法[3],这两种方法论的创立都是科学理论及其应用发展到一定程度的必然结果。

20 世纪 40 年代,在第二次世界大战期间,为了提高火力控制系统对运动目标的跟踪精度,控制论创始人美国学者 N. Wiener 提出了经典 Wiener 滤波方法[1],它是一种频域方法。文献[1] 针对被估计信号和观测信号均为平稳随机过程的情形,用谱分解方法基于 Wiener-Hopf 方程得到 Wiener 滤波器。但这种方法的缺点和局限性是:仅适用于单通道平稳随机信号,滤波器是非递推的,要求存储全部历史数据,从而计算量和存储量较大,不便于实时应用。同一时期,苏联数学家 A. N. Kolmogorov 也从纯数学理论角度独立地用频域方法提出了 Wiener 滤波方法。

随着电子计算机、军事和空间技术的发展,经典 Wiener 滤波方法已不能满足实际应用的需要。20 世纪 60 年代初,美国学者 R. E. Kalman 提出了 Kalman 滤波方法[3]。他在文献[3] 中提出了状态空间方法,通过状态空间方法和投影方法分析动态系统,解决带观测噪声系统的在无偏线性最小方差意义下的最优状态估计问题。这是一种基于状态空间模型和射影理论的时域滤波(状态估计) 方法,将问题最终归结为递推计算或求解 Riccati 方程。它的优点是 Kalman 滤波算法是递推的,便于在计算机上实现和实时应用,可处理时变系统、非平稳信号和多维信号滤波问题。在过去的几十年中,由于 Kalman 滤波器具有递推结构和良好的性能,所以被广泛地应用到包括通信[4]、信号处理[5]、卫星定位[6] 和组合导航系统[7,8] 等。Kalman 滤波也叫最优滤波或状态估计。

由系统输出估计输入叫作反卷积(Deconvolution),特别地,估计输入白噪声称为白噪声反卷积。白噪声反卷积在石油地震勘探过程中有着重要的应用[9-11],且出现在通信、信号处理以及状态估计等许多领域中[12]。应用经典 Kalman 滤波方法,Mendel 在文献[9-11] 中提出了系统的输入白噪声估值器,且对白噪声反卷积估计在石油地震勘探中的应用问题进行了深入研究[9-11]。在石油地震勘探中,埋于地表下的炸药爆炸后,各油层对地震波的反射构成的反射系数序列可用 Bernoulli-Gauss 白噪声来描写,它被地面上的传感器接收。传感器本质上是动态系统，它的输入是白噪声反射序列，它的输出是接收信号。问题是由带观测噪声的传感器输出信号估计白噪声输入信号，这对判断是否有油田及确定油田的几何形状有重要实际意义。此外，应用经典 Kalman 滤波方法，邓自立等在文献[13-15]中分别用现代时间序列分析方法和 Kalman 滤波方法提出了统一和通用的白噪声估计理论，既包括输入白噪声估值器，又包括观测白噪声估计值，发展了白噪声估计理论。它可用于解决状态和信号估计问题。

应用Kalman滤波方法来解决状态估计和白噪声反卷积问题时，要求满足一个关键假设，即系统的模型参数和噪声方差是精确已知的[3,16]。然而，在实际应用中，由于未建模动态和随机扰动等原因，致使系统的模型中往往存在着不确定性，包括模型参数不确定性和噪声方差不确定性，而不确定模型参数又包括确定性的不确定参数和随机的不确定参数[17]。此外，由于传感器故障所导致的丢失观测现象[18]以及在网络化系统中由于有限的通信能力和网络拥堵等原因造成的衰减观测、随机传感器时滞和丢包[19]等现象也经常发生。当系统模型中存在上述不确定性时，经典Kalman滤波器的性能会变坏甚至会引起滤波器的发散，而且也增加了滤波估计的难度。这引出了鲁棒 Kalman 滤波问题，推动了在鲁棒Kalman滤波器设计上的许多研究[20,21]。所谓的鲁棒Kalman滤波器是指针对由不确定性所形成的一族系统模型设计一个滤波器，使得对于所有容许的不确定性，即对族中的所有模型，相应的实际滤波误差方差被保证满足期望的性能，例如有一个公共的最小上界[20,21]。

1.2　多传感器最优信息融合 Kalman 滤波

多传感器信息融合又称为多传感器数据融合或多源信息融合，就是把多个相同或不同类型的传感器或信息源所提供的局部数据或信息加以综合、组合、融合，得到系统状态的更精确的估计[21]。近几十年来，多传感器信息融合已经受到了广泛关注并被广泛应用到导航、卫星定位、无人机、目标跟踪和信号处理等许多高科技领域中[22]。

1.2.1　集中式融合与分布式融合方法

两类基本的融合方法是集中式融合和分布式融合方法，取决于原始数据是否被直接用于融合。所谓集中式融合是指将来自于所有传感器的观测数据全部传送到融合中心进行处理。它的优点是，融合中心可以利用所有传感器的原始测量数据，没有任何信息的损失，当所有的传感器都没有任何故障时，在无偏线性最小方差(Unbiased Linear Minimum Variance, ULMV)估计意义下，这种融合方法是全局最优的。它的缺点是计算负担、通信负担和数据传输能量消耗较大，所以在工程和实际应用过程中实现起来有些困难，且当有传感器发生故障时，这种融合方法的容错性和可靠性较差。

分布式融合方法是指每个传感器基于它自己的观测数据给出一个局部状态估计，然后将所有局部传感器得到的估计结果发送到融合中心进行融合处理，从而得到一个全局最优或次优的状态估计。由于这种融合方法具有并行结构，所以具有较好的鲁棒性和可靠性，一些传感器数据的丢失不会影响系统其他部分的功能，且便于故障诊断和分离，可大大降低融合中心的计算负担，可减小通信负担并节省能量消耗。对于分布式融合方法而言，基于信息滤波器的形式由局部 Kalman 滤波器组合获得的分布式融合（去集中式融合）滤波器是全局最优的，按矩阵加权、按对角阵加权和按标量加权的分布式状态融合 Kalman 滤波器是全局次优的[23-25]，用方差上界技术的按矩阵加权联邦 Kalman 滤波器是全局最优的[26]。

1.2.2　状态融合与观测融合方法

状态融合和观测融合方法是基于 Kalman 滤波的两种基本融合方法。状态融合方法又分为集中式融合与分布式融合方法。集中式融合 Kalman 滤波是将所有传感器的观测方程合并从而得到一个扩维的观测方程，然后与状态方程联立得到集中式融合系统，进而应用 Kalman 滤波算法得到集中式融合 Kalman 滤波器。根据射影理论[16]，它是状态在由扩维观测构成的线性空间上的投影，即状态的无偏线性最小方差（ULMV）估值，因此是全局最优的 Kalman 滤波器。

分布式加权状态融合是对由各传感器得到的局部滤波器进行最优加权融合而得到的，其中包括按矩阵加权、按对角阵加权和按标量加权三种最优加权融合估计准则[23-25]，这类加权分布式融合 Kalman 滤波器是全局次优的，即其精度低于集中式融合 Kalman 滤波器的精度，但高于每个局部 Kalman 滤波器的精度，其基本思想是先求基于每个传感器的局部 Kalman 滤波器，然后应用某种加权融合准则得到加权状态融合滤波器，它是局部状态估值器的线性组合。分布式加权状态融合的原理如图 1.1 所示。

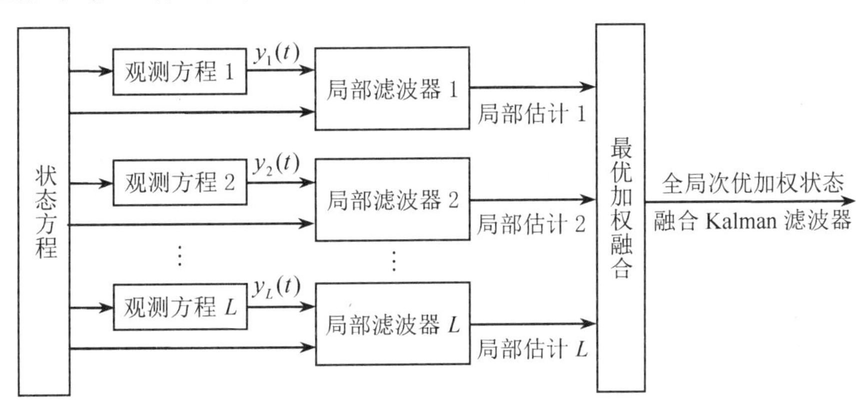

图 1.1　分布式加权状态融合 Kalman 滤波器

观测融合方法也分为两种：一种是集中式观测融合方法，它等同于集中式状态融合方法；另一种是分布式观测融合方法，也称作加权观测融合方法，其原理是基于加权最小二乘（WLS）算法加权局部观测方程得到一个融合的观测方程，它的观测噪声具有最小方差，然后将其与状态方程联立，从而得到融合观测系统。对该融合观测系统应用 Kalman 滤波算法可获得全局最优状态估计，其原理结构如图 1.2 所示。与集中式观测融合 Kalman 滤波算法相比，其优点是由于融合观测方程具有较低的维数，因而当传感器数目较大时可显著地减小计算负担，且可获得全局最优融合估计，因而受到工程界的重视，例如应用于无人机导航[22]。文献[27,28]给出了两种加权观测融合算法，并借助于信息滤波器，严格证明了集中式和加权观测融合 Kalman 滤波器之间的数值等价性。

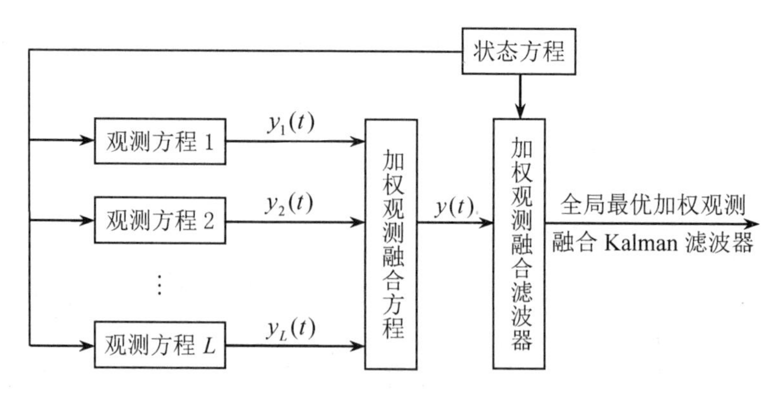

图 1.2　分布式加权观测融合 Kalman 滤波器

从图 1.1 和图 1.2 可看到,加权状态融合方法是先计算局部 Kalman 滤波器,后实现加权融合状态估计,而加权观测融合方法是先进行加权观测融合,得到融合观测方程,然后用单个 Kalman 滤波器来实现观测融合状态估计。

1.3　不确定系统鲁棒 Kalman 滤波

1.3.1　系统的不确定性

周知,经典 Kalman 滤波理论要求一个关键假设条件:系统模型是精确已知的,即模型参数和噪声方差是精确已知的。然而在实际应用中,由于建模误差或未建模动态、随机干扰、模型简化等原因,导致系统模型是不确定的。噪声方差的不确定性可用确定的不确定性来描述,即噪声方差是不确定的,但有已知确定的保守上界。模型参数的不确定性可分为确定的不确定性和随机的参数不确定性。前者是指模型参数是不确定的,但属于某个已知的有界集,故也称为模有界不确定性。后者是指对常参数的随机扰动,也称为乘性噪声,通常随机的参数扰动为带零均值的白噪声。上述不确定性是由建模引起的,故称为建模不确定性。

近年来,由于网络化系统具有低成本、灵活性、鲁棒性和可靠性等优点,因而它受到特别关注[29]。网络化系统估计和控制问题广泛出现于许多领域,包括环境监测、深空探测、空间开发、目标跟踪、移动通信、无人机系统、智能交通等。但由于网络化系统的带宽和能量受限,因而不可避免地会引起传感器故障和数据通信故障,这导致丢失观测、衰减观测、丢包和随机观测滞后等网络化随机不确定性。

同时带有建模不确定性(不确定噪声方差和/或乘性噪声)和网络化随机不确定性(丢失观测、丢包、随机观测滞后等)的不确定系统称为混合不确定系统。混合多传感器网络化系统的鲁棒加权状态融合滤波问题如图 1.3 所示,其中 $z_i(t)$ 是局部传感器观测,而 $y_i(t)$ 是局部滤波器收到的观测。

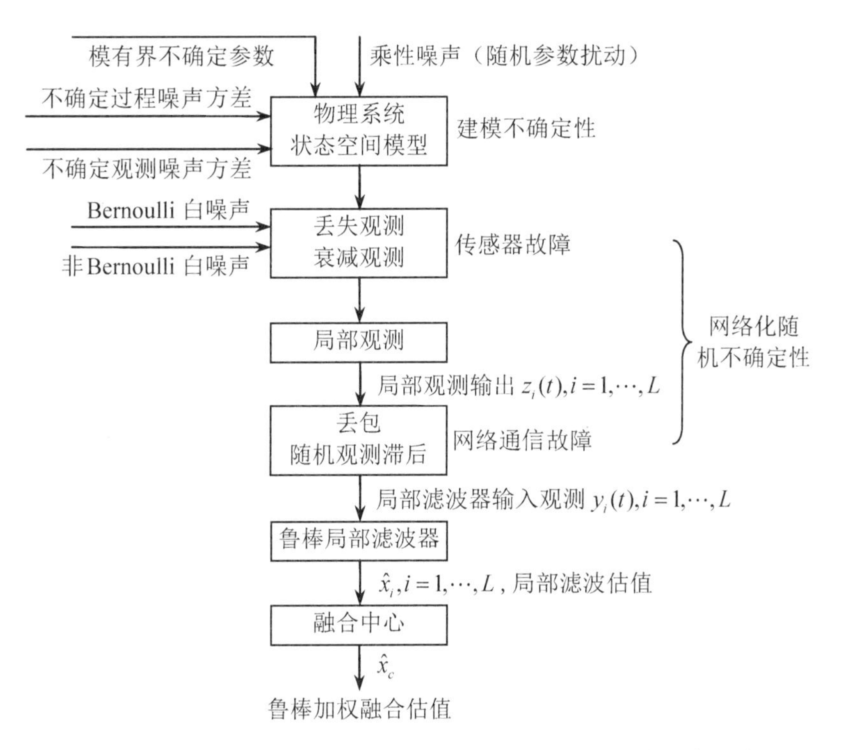

图 1.3　混合不确定多传感器网络化系统的鲁棒加权状态融合滤波问题

1.3.2　噪声方差不确定性

在现有文献中,关于系统的噪声方差不确定性主要有以下三种描述方法。

(1) 第一种是在文献[40]中给出的描述方法,即噪声方差的不确定扰动被描述为若干个不确定非负参数与若干个已知的半正定矩阵的乘积再求和的形式,即用一些简单的半正定扰动方位阵的非负标量加权线性组合表示,也称为噪声方差扰动参数化。此外,在文献[41-52]中也采用了类似的描述方法表示不确定噪声方差的扰动。这种方法可用类似的系统模型描述为:

考虑如下线性离散时不变系统[40]

$$x(t+1) = Ax(t) + w(t) \tag{1.1}$$

$$y(t) = Cx(t) + v(t) \tag{1.2}$$

(1.1) 为状态方程,(1.2) 为观测方程,其中 A 和 C 是带适当维数的已知常参数矩阵,$w(t)$ 和 $v(t)$ 是带零均值的不相关加性白噪声,它们的不确定实际噪声方差分别为 $\bar{Q}$ 和 $\bar{R}$,假设它们的实际噪声方差有已知的保守上界且分别为 Q 和 R,即 $\bar{Q} \leqslant Q, \bar{R} \leqslant R$。于是有不确定方差扰动 $\Delta Q = Q - \bar{Q} \geqslant 0, \Delta R = R - \bar{R} \geqslant 0$。假设扰动 ΔQ 和 ΔR 可参数化为

$$\Delta Q = \sum_{i=1}^{q_1} \varepsilon_i Q_i \tag{1.3}$$

$$\Delta R = \sum_{j=1}^{q_2} e_j R_j \tag{1.4}$$

其中 $Q_i \geqslant 0$ 和 $R_j \geqslant 0$ 是已知的半正定对称扰动方位阵,$\varepsilon_i \geqslant 0$ 和 $e_j \geqslant 0$ 是非负扰动参数。

（2）第二种是在文献[53]中给出的描述方法，即假定不确定噪声方差有已知的下界和上界：$Q_0 \leqslant \bar{Q} \leqslant Q, R_0 \leqslant \bar{R} \leqslant R$。

（3）第三种是在文献[56-58]中给出的描述方法，即假定不确定噪声方差有已知的保守上界：$\bar{Q} \leqslant Q, \bar{R} \leqslant R$。

例如，考虑如下线性离散时变系统

$$x(t+1) = A(t)x(t) + B(t)w(t) \tag{1.5}$$

$$y(t) = C(t)x(t) + D(t)v(t) \tag{1.6}$$

其中 t 是离散时间，$x(t) \in R^n$ 为状态，$y(t) \in R^m$ 为观测，(1.5)为状态方程，(1.6)为观测方程，$w(t) \in R^r$ 为加性输入噪声，$v(t) \in R^m$ 为加性观测噪声，且两者都是带零均值且未知不确定实际方差分别为 $\bar{Q}(t)$ 和 $\bar{R}(t)$ 的不相关高斯白噪声，$A(t)$，$B(t)$，$C(t)$ 和 $D(t)$ 为已知的带适当维数的时变矩阵。

$Q(t)$ 和 $R(t)$ 分别是 $\bar{Q}(t)$ 和 $\bar{R}(t)$ 的已知保守上界，即所有容许的实际噪声方差都不超过这个上界值，即满足关系式

$$\bar{Q}(t) \leqslant Q(t), \bar{R}(t) \leqslant R(t) \tag{1.7}$$

因实际方差 $\bar{Q}(t)$ 和 $\bar{R}(t)$ 是非负定的，故它们自然有下界零。

1.3.3 模型参数不确定性

在现有的关于鲁棒估计的文献中，主要考虑了两类不确定参数：一类是确定性的不确定参数[59-65]，另一类则是随机的不确定参数[17,66-72]。

（1）确定性的不确定参数（范数有界或模有界不确定参数）

范数有界不确定性可被用来描述确定性的不确定参数，即参数是不确定的，但属于已知确定的范数有界的集合，也称为范数有界或模有界不确定参数[59-65]。

例如，考虑如下不确定离散时间系统

$$x(t+1) = (A + \Delta A)x(t) + Bw(t) \tag{1.8}$$

$$y(t) = (C + \Delta C)x(t) + v(t) \tag{1.9}$$

其中 t 是离散时间，$x(t) \in R^n$ 为状态，$y(t) \in R^m$ 为观测，$w(t) \in R^r$ 为加性输入噪声，$v(t) \in R^m$ 为加性观测噪声，A, B, C 是带适当维数的已知矩阵，而 ΔA 和 ΔC 是分别代表对已知参数阵 A 和 C 的范数有界不确定扰动，且满足如下范数有界条件[20]

$$\begin{bmatrix} \Delta A \\ \Delta C \end{bmatrix} = \begin{bmatrix} H_1 \\ H_2 \end{bmatrix} FE, F^{\mathrm{T}}F \leqslant I_n \tag{1.10}$$

其中 F 是不确定矩阵，H_1, H_2 和 E 是带适当维数的已知常矩阵，I_n 为单位阵，它们明确了 ΔA 和 ΔC 的元素是如何被 F 中有界的不确定性参数影响的。

（2）随机的不确定参数

随机的不确定参数是指在系统的确定的参数矩阵中的参数受到随机扰动，乘性噪声可被用来描述这类随机参数不确定性[17,66-72]。对确定性参数的随机扰动称为乘性噪声，它包括状态相依和噪声相依乘性噪声，在状态转移矩阵和系统观测阵中的白噪声称为状态相依乘性噪声，在噪声转移矩阵中白噪声称为噪声相依乘性噪声。在一些工程应用中，乘性噪声发挥了重要作用。例如，在空气传播合成孔径雷达成像系统中，斑点噪声被建模为乘性噪声[73]，另一个实际例子是文献[72]中给出的关于带乘性噪声的通信通道上的

鲁棒均衡器。

例如,考虑如下线性离散带随机参数不确定性系统

$$x(t+1)=(\Phi+\sum_{k=1}^{n_\xi}\Phi_k\xi_k(t))x(t)+(\Gamma+\sum_{k=1}^{n_\eta}\Gamma_k\eta_k(t))w(t) \tag{1.11}$$

$$y(t)=(H+\sum_{k=1}^{n_\zeta}H_k\zeta_k(t))x(t)+(C+\sum_{k=1}^{n_\beta}C_k\beta_k(t))v(t) \tag{1.12}$$

其中 t 是离散时间,$x(t)\in R^n$ 是状态,$y(t)\in R^m$ 是观测,$w(t)\in R^r$ 是加性过程噪声,$v(t)\in R^m$ 是加性观测噪声,与状态 $x(t)$ 相乘的随机参数扰动 $\xi_k(t)\in R^1(k=1,\cdots,n_\xi)$ 和 $\zeta_k(t)\in R^1(k=1,\cdots,n_\zeta)$ 是标量状态相依乘性噪声,与加性噪声相乘的 $\eta_k(t)\in R^1$ $(k=1,\cdots,n_\eta)$ 和 $\beta_k(t)\in R^1(k=1,\cdots,n_\beta)$ 是标量噪声相依乘性噪声,n_ξ,n_ζ,n_η 和 n_β 是相应乘性噪声的个数,$\Phi\in R^{n\times n},\Phi_k\in R^{n\times n},\Gamma\in R^{n\times r},\Gamma_k\in R^{n\times r},H\in R^{m\times n},H_k\in R^{m\times n}$, $C\in R^{m\times m}$, $C_k\in R^{m\times m}$ 是带适当维数的已知常矩阵。Φ 和 H 分别是状态转移矩阵和观测矩阵,Γ 和 C 是噪声转移矩阵,Φ_k,Γ_k,H_k 和 C_k 分别是它们的已知的随机参数扰动方位矩阵。

1.3.4 系统观测不确定性

在网络化系统中,现有文献所涉及的观测不确定性主要包括两类:一类是由于传感器故障导致的衰减观测和丢失观测[18,74-76],另一类是在网络化系统中由于有限的通信能力和带宽以及网络拥堵等原因造成的在数据传输过程中几乎不可避免的随机传感器时滞和丢包[19,77-80]。衰减观测是由传感器的老化或网络系统能量的衰减引起的。

(1) 丢失观测和衰减观测

在经典的 Kalman 滤波理论中,系统观测总是假定包含了被估状态或信号的信息,然而,在实际问题中,突发的传感器故障会导致观测仅包含了观测噪声的信息,估值器仅能利用这种情况发生的概率[18]。这种情况所导致的观测不确定现象称为不确定观测或丢失观测。取值为0或1的伯努利白噪声序列是描述丢失观测的一种重要方法,这种方法最早在文献[18]中提出,并用于设计带丢失观测系统的递推滤波器。

例如,考虑如下线性离散时间系统

$$x(t+1)=\Phi x(t)+\Gamma w(t) \tag{1.13}$$

$$y(t)=\gamma(t)Hx(t)+v(t) \tag{1.14}$$

其中 t 是离散时间,$x(t)\in R^n$ 是状态,$y(t)\in R^m$ 是观测,$w(t)\in R^r$ 是加性过程噪声,$v(t)\in R^m$ 是加性观测噪声,$\Phi\in R^{n\times n},\Gamma\in R^{n\times r}$ 和 $H\in R^{m\times n}$ 是带适当维数的已知常矩阵,$\gamma(t)$ 是取值为 0 或 1 的伯努利白噪声,且已知概率为

$$\mathrm{Prob}\{\gamma(t)=1\}=\lambda,\mathrm{Prob}\{\gamma(t)=0\}=1-\lambda \tag{1.15}$$

它被用来描述系统的丢失观测现象。由(1.14)可看出,当 $\gamma(t)=1$ 时,观测 $y(t)$ 被正常接收,而当 $\gamma(t)=0$ 时,有观测 $y(t)=v(t)$,仅噪声信号被收到,即没有包含状态 $x(t)$ 的信息,因此被称为丢失观测。

当 $\gamma(t)$ 是在区间$[\alpha,\beta]$上$(0\leqslant\alpha<\beta\leqslant 1)$服从已知概率密度函数 $p(t)$ 的非伯努利白噪声序列时,观测(1.14)称为衰减观测,它包括上述丢失观测为特例[76]。

(2) 丢包和随机观测时滞

近年来,由于网络化系统在计算机和通信等领域中应用越来越多,对网络化系统的估计问题的研究已经受到了广泛关注。在网络化系统的传感器观测数据到估值器的数据传输过程中,由于有限的通信能力和带宽以及网络拥堵等原因造成的随机观测时滞和丢包等现象几乎是不可避免的[19,77-80],因此,估值器可利用的数据可能不是最新的。在网络化系统中,随机观测时滞和丢包也可用伯努利分布随机变量来刻画。

例如,考虑如下离散时变线性随机网络化系统

$$x(t+1)=\Phi(t)x(t)+\Gamma(t)w(t) \tag{1.16}$$

$$z(t)=H(t)x(t)+v(t) \tag{1.17}$$

丢包可用如下观测方程描写[19]

$$y(t)=\gamma(t)z(t)+(1-\gamma(t))y(t-1) \tag{1.18}$$

而随机一步观测滞后可用如下观测方程描写[81]

$$y(t)=\gamma(t)z(t)+(1-\gamma(t))z(t-1) \tag{1.19}$$

其中 t 是离散时间,$x(t)\in R^n$ 是状态,$z(t)\in R^m$ 是传感器观测,$y(t)\in R^m$ 是估值器收到的观测,$w(t)\in R^r$ 是加性过程噪声,$v(t)\in R^m$ 是加性观测噪声,$\Phi(t)\in R^{n\times n}$,$\Gamma(t)\in R^{n\times r}$ 和 $H(t)\in R^{m\times n}$ 是带适当维数的已知时变矩阵,$\gamma(t)$ 是取值为0或1且带已知概率满足(1.15)的伯努利白噪声。

由(1.18)给出的观测方程描述了丢包现象:当 $\gamma(t)=1$ 时表示没有丢包,估值器收到了传感器的观测数据;当 $\gamma(t)=0$ 时表示发生丢包,$z(t)$ 丢失,用上一时刻估值器收到的观测 $y(t-1)$ 作为此时刻估值器收到的观测。由(1.19)给出的观测方程描述了随机一步观测滞后现象:当 $\gamma(t)=1$ 时表示没有滞后,估值器收到了传感器的观测数据 $z(t)$;当 $\gamma(t)=0$ 时表示目前时刻的观测 $z(t)$ 没有到达估值器,发生一步观测滞后,用上一时刻传感器观测 $z(t-1)$ 作为此时刻估值器收到的观测。

1.3.5 鲁棒性

对不确定系统,滤波器的鲁棒性是指对所有容许的不确定性,滤波器的某种性能保持不变,即对所有容许的不确定性干扰,滤波器具有保持某种性能不变的能力。鲁棒性的英文单词为"Robustness",通常译为"强健性"。为了强调保持不变性,可将鲁棒性译为"稳健性",其中"稳"寓意不变性,"健"寓意保持。

对带模型参数和噪声方差不确定性的系统,对每一组容许的模型参数和噪声方差,都规定了系统的一个相应的数学模型。对所有容许的不确定模型参数和噪声方差,就规定了系统的相应的一族数学模型,我们称为不确定系统的模型集 M。如果对模型集 M 中的每一个数学模型,滤波器都能满足给定的性能指标,则称该滤波器对此性能指标具有鲁棒性,并称其为鲁棒滤波器。在这里,某种性能保持不变性意味着对模型集 M 中的每个数学模型,这种性能都成立。因此,涉及鲁棒性,必须有三个要素:滤波器、不确定系统的模型集和滤波器的某种性能。

对不确定系统,指定不同的性能指标,将引出不同类型的鲁棒 Kalman 滤波器。有如下五种流行的鲁棒 Kalman 滤波器:

（1）最优鲁棒 Kalman 滤波器

周知，经典 Kalman 滤波器的性质对模型的不确定性是非常灵敏的，即当存在模型参数和／或噪声方差不确定性时，Kalman 滤波器的性能（无偏线性最小方差估计）将变坏，失去最优性，甚至出现滤波器发散现象。从灵敏性角度，若滤波器的某种性质对不确定性干扰是不灵敏的（保持不变），则滤波器对此性质具有鲁棒性。

对于带乘性噪声（随机参数扰动）、丢失观测、丢包、随机观测滞后等的网络化不确定系统，假设过程和观测噪声方差是精确已知的，用去随机参数阵方法或用引入虚拟噪声方法[69]，可将原系统化为带已知常参数阵和已知噪声方差的标准状态空间模型，其中上述随机不确定性已被补偿到噪声方差中。然后对标准系统用新息分析方法（即投影方法）或基于无偏线性最小方差准则，可导出在线性最小方差意义下的最优 Kalman 滤波器[30-38]。由于这种最优性相对于上述不确定性的影响保持不变，是不灵敏的，因此这种最优滤波器也叫最优鲁棒滤波器。其中文献[29-36]的 Kalman 滤波器是全局最优的，而文献[37,38]的 Kalman 型滤波器是全局次优的，但在最小方差意义下是局部最优的。

（2）保最小上界鲁棒 Kalman 滤波器

在现有文献中应用最普遍的鲁棒性性能指标是设计一个鲁棒滤波器保证对所有容许的不确定性，相应的实际滤波误差方差有最小上界[20]，它是模型集 M 中所有容许模型的实际滤波误差方差的公共最小上界。

（3）方差约束鲁棒 Kalman 滤波器

对所有容许的不确定性，它保证实际稳态滤波误差的各分量方差保持在预置的相应的上界范围内，称为方差约束或方差配置鲁棒 Kalman 滤波器[39]。

（4）保性能鲁棒 Kalman 滤波器

对所有容许的不确定性，它保证鲁棒精度与实际精度之间的偏差（即保守和实际滤波误差方差阵的迹之偏差）保持在预置的指标范围内，称为保性能鲁棒 Kalman 滤波器[40-48]。

（5）H_∞ 鲁棒 Kalman 滤波器

对所有容许的不确定性，它满足 H_∞ 性能指标[20]：从不确定干扰到滤波误差的能量增益保持在预置的指标范围内。

1.4　鲁棒 Kalman 滤波方法

经典 Kalman 滤波算法是建立在线性无偏最小方差估计准则基础上的，它要求精确已知系统的模型参数和外部干扰信号的统计特性。因此进行 Kalman 滤波的第一步是对实际系统进行建模提出适当的数学模型。但是在实际应用中数学模型都是近似得到的，由于模型阶次的近似、非线性系统的线性化近似、参数辨识带来的误差都使得所得到的数学模型和实际系统之间存在一定的误差，且由于周围环境的变化和各种不可预知的干扰的存在，使得系统模型中存在上述不确定性，即模型参数和噪声方差是不确定的。

另外，在网络化系统中，由于受网络通信带宽和能量的限制，不可避免地存在由网络化引起的随机不确定性，包括丢失观测、丢包和随机观测滞后等。

如果在实际应用中不考虑这些不确定性，不仅会使滤波器的性能变差，甚至可能导致滤波器发散。近年来,许多学者对此问题进行了深入的研究,解决问题的新途径是设计鲁棒 Kalman 滤波器,使得对所有容许的不确定性,由鲁棒滤波器所得的相应的实际滤波误差方差都能保持期望的性能不变。在保证总体滤波性能的前提下,鲁棒 Kalman 滤波解决的是带所有容许不确定性的一族数学模型的滤波问题。这是一个具有挑战性的开放问题,因为经典 Kalman 滤波仅解决了带已知模型参数和噪声方差的一个数学模型的最优滤波问题。

目前,对鲁棒滤波的研究主要有以下五种方法:

(1) Riccati 方程方法[20,59-62,64,65,82-89]。

(2) 线性矩阵不等式(LMI) 方法[20,81,90-95,114-116]。

(3) 极大极小鲁棒滤波方法[20,21,40,53-58,96-113]。

(4) 最优鲁棒 Kalman 滤波方法[19,30-38,66,68,69,71,77,117-119]。

(5) 协方差交叉(CI) 融合鲁棒 Kalman 滤波方法[21,57,58,100,103,107,120-126]。

1.4.1 Riccati 方程方法

Riccati 方程方法的原理是基于求解一个或两个 Riccati 方程,通过参数搜索方法,得到实际滤波误差方差的最优(最小) 上界[20]。

在文献[60] 中,对于在状态和观测矩阵中存在时变范数有界不确定参数的线性离散时间系统,基于 Riccati 方程方法提出了一种鲁棒 Kalman 滤波器,使得对于所有容许的范数有界不确定参数,保证滤波误差方差在一个确定的界内,且还讨论了滤波误差方差界的最优化问题。对于一类在状态矩阵中存在时变范数有界不确定参数和丢失观测的不确定离散时变系统[85],通过求解两个离散 Riccati 差分方程,提出了一种鲁棒滤波器,使得对于所有容许的范数有界不确定参数和丢失观测,保证状态估计误差方差不超过规定的上界。对于在状态和观测矩阵中存在时变范数有界不确定参数和丢包的线性离散时变系统[88],应用Riccati方程方法提出了一种鲁棒时变Kalman滤波器,对于所有容许的范数有界不确定参数和多丢包,给出了估计误差方差的上界,且最小化了该上界,并给出了适合在线计算的具体算法。

尽管 Riccati 方程方法可以给出鲁棒滤波器的结构形式,可以清楚地描述不确定参数对滤波器的结构和增益的影响,便于进行一些理论分析,但是在这之前,往往需要设计者事先确定一些待定参数,这些参数的选择不仅影响到结论的好坏,而且会影响到问题的可解性,因此参数的这种人为确定方法给分析和结果带来很大的保守性,而且 Riccati 型矩阵方程本身的求解也存在一定问题,Riccati 方程的求解方法多为迭代方法,这些方法的收敛性并不能得到保证。Riccati 方程方法的局限性是它主要适用于带范数有界不确定参数但噪声方差已知的系统[20]。

1.4.2 线性矩阵不等式(LMI) 方法

该方法将鲁棒滤波问题转化为一个线性不等式系统的可行性问题,或转化为一个具有线性矩阵不等式约束的凸优化问题[89],可用 MATLAB 中的 LMI 工具箱方便地求解。对于带随机参数不确定性(乘性噪声) 的系统,可将鲁棒 Kalman 滤波器的设计归结为一个带线性矩阵不等式约束的凸优化问题[90],可求得滤波误差方差最小上界。对于在状态矩阵中含有模有界不确定参数和随机参数不确定性(乘性噪声)的多传感器不确定系统,用LMI方法,可将局部和加权状态融合鲁棒滤波器设计问题转化为带LMI约束的凸优化问题[91]。对于在状态矩阵中存在范数有界不确定参数和丢失观测的线性和非线性系统,可用LMI方法分别提出相应的鲁棒滤波器,使对所有容许的不确定性,每个状态分量稳态估计误差方差不超过各自预置的上界[92,94]。对于在状态和观测阵中存在范数有界不确定参数和丢包的网络化系统[95],用LMI方法,可设计方差约束鲁棒滤波器,使对所有容许的不确定性,每个状态分量稳态滤波误差方差不超过预置的上界。

1.4.3 极大极小鲁棒滤波方法

所谓极大极小鲁棒估计方法就是对最坏情形(例如极大值噪声方差)保守系统设计最小方差估值器(极小化估计误差方差)。可以证明:最坏情形系统的最小方差估值器的误差方差恰好就是在一般不确定情形下实际估计误差方差的最小上界,从而引出鲁棒估值器。在现有文献中,主要有四种极大极小鲁棒滤波方法:第一种是文献[40,98,99]中所给出的基于博弈论中的鞍点理论的极大极小鲁棒滤波方法;第二种是文献[53]中给出的基于多项式方法的极大极小鲁棒滤波方法;第三种则是在文献[54-58]中邓自立等提出的基于Lyapunov方程方法的极大极小鲁棒Kalman滤波方法,该方法在文献[100-113]中被进一步推广并发展为基于虚拟噪声技术和广义Lyapunov方程的极大极小鲁棒Kalman滤波方法;第四种是极大极小 H_∞ 鲁棒滤波方法[20,96,97]。

(1) 基于博弈论鞍点理论的极大极小鲁棒滤波方法

文献[40]用博弈论中的鞍点理论设计了针对带不确定噪声方差的广义系统保性能鲁棒Kalman滤波器,保性能意味着确保滤波精度偏差在预置指标范围内[40],但仅考虑了滤波精度偏差的上界问题,对于其下界问题未提及。此外,文献[40]是已知滤波精度偏差上界,反求不确定噪声方差的扰动域,可归结为带约束的非线性最优化问题。在文献[98]中讨论了过程和观测噪声方差未知的线性随机系统的极大极小状态估计问题,分别对噪声序列是一维和多维的两种不同情况进行了分析,并对噪声序列是多维的情况基于博弈论中的鞍点理论设计了极大极小滤波器。对于用ARMA模型描述的在系统传递函数模型中存在随机不确定参数和不确定噪声方差的线性离散时间系统[99],借助于状态空间方法[16],系统被转换为带随机参数矩阵的状态空间模型,应用原始的虚拟噪声方法[69],系统又进一步被转换为带确定性参数和不确定方差状态相依乘性噪声的系统。基于三种极大极小准则和鞍点理论提出了极大极小鲁棒时变反卷积滤波器,并给出了相应的稳态反卷积滤波器及其存在性条件。基于鞍点理论求极大极小解[98,99]需用搜索方法,计算负担很大,且没有解决鲁棒融合估计问题。

(2) 基于多项式方法的极大极小鲁棒滤波方法

在文献[53]中,推广了文献[99]中给出的用ARMA模型描述的不确定系统模型,既考虑了在系统传递函数模型中存在的随机参数不确定性,又考虑了在输入信号模型以及过程和观测噪声中存在的随机参数不确定性,且假定过程与观测噪声方差以及随机不确定参数的噪声统计都不确定,但有已知的下界和上界。不同于文献[99]中的方法,文献[53]没有将ARMA模型转换为状态空间模型,而是直接应用了一种多项式方法来设计极大极小鲁棒滤波器,即对于所有的随机参数和噪声方差不确定性,在最坏情形下的滤波器的最大均方估计误差被最小化了。同样,在文献[53]中,用两个虚拟噪声来处理随机不确定参数是一个关键技术。文献[53]中的多项式方法的局限性是没有解决鲁棒融合滤波问题,仅解决了带随机参数和不确定噪声方差ARMA信号的鲁棒滤波问题。

(3) 基于Lyapunov方程方法的极大极小鲁棒滤波方法

基于Lyapunov方程的极大极小鲁棒滤波方法是由邓自立等于2014年在文献[56-58]中首次提出的。假设实际噪声方差是未知且不确定的,但已知它们的保守上界。对于带未知不确定实际方差的系统被称为实际系统,带已知保守上界方差的系统被称为最坏情形(保守)系统。保守系统的最优(最小方差)Kalman滤波器称为极大极小鲁棒Kalman滤波器。对最坏情形系统设计最小方差估值器将得到极大极小鲁棒估值器[56-58]。对所有容许的不确定实际噪声方差,鲁棒滤波器的实际滤波误差方差被保证有最小上界,这也称为滤波器的鲁棒性。基于Lyapunov方程方法可证明鲁棒性,它的基本原理是将判定鲁棒性问题转化为一个Lyapunov方程的解的非负定性问题。文献[54-58]的局限性是只考虑了系统的噪声方差不确定性,且假设观测与过程噪声不相关。

新近,邓自立等在文献[100-113]中提出了基于虚拟噪声和广义Lyapunov方程的通用的极大极小鲁棒融合Kalman滤波新方法,可处理混合不确定多传感器网络化系统,提出了混合不确定系统的极大极小鲁棒融合Kalman滤波理论,克服了文献[56-58]提出的Lyapunov方程方法仅适用于带不确定噪声方差系统的局限性,构成了一种通用的鲁棒融合滤波方法论。

(4) 极大极小 H_∞ 鲁棒滤波方法

周知,经典Kalman滤波器要求已知噪声方差,它的性能指标是极小化估计误差方差。假如过程和观测噪声是Gauss白噪声,则Kalman滤波器是最小方差估值器;假如噪声是非Gauss的,则它是线性最小方差估值器。而 H_∞ 滤波器对模型噪声统计不做任何假设,它将噪声看成是能量有限的不确定干扰信号,它的性能指标是极小化最坏情形的估计误差[20,96,97],即从干扰噪声到估值误差的最坏情形能量增益被极小化或小于一个预置的指标[96]。因此它被称为极大极小 H_∞ 鲁棒滤波器,分别可用Riccati方程方法、多项式方法、LMI方法和博弈论方法求解 H_∞ 滤波器。

1.4.4 最优鲁棒滤波方法

对带乘性噪声、丢失观测、丢包、随机观测滞后等之一的随机不确定系统或带它们的组合的混合随机不确定系统,假设系统的噪声统计是精确已知的,即噪声均值、方差和相关阵是已知的,可用新息分析方法(投影方法)或线性最小方差(LMV)估计方法导出最优Kalman滤波器或在线性最小方差意义下的最优Kalman型滤波器(总体次优滤波器)。对上述随机不确定系统或混合随机不确定系统,可分如下四种情形分别处理:

(1) 引入虚拟噪声[69]补偿随机不确定性,可将系统化为带确定参数和已知噪声统计的标准系统,可直接应用标准Kalman滤波算法得到在线性最小方差意义下的最优Kalman滤波器[34,69]。

(2) 引入虚拟噪声将系统化为带确定参数和已知噪声统计的系统。若噪声相关性比较复杂,例如噪声可以是一步或多步自相关和互相关的,则可用新息分析方法或LMV方法导出最优 Kalman 滤波器[35,36,66,118,119]。

(3) 直接应用新息分析方法或 LMV 方法导出最优 Kalman 滤波器[19,30-33,71,77,117]。

(4) 若噪声相关性比较复杂,可用 LMV 方法设计最优 Kalman 型滤波器[37,38,68],它具有标准 Kalman 滤波器的结构,但滤波器增益用 LMV 方法确定。在 LMV 意义下它是最优的,但它是总体次优 Kalman 滤波器。

本质上,引入虚拟噪声补偿随机不确定性,原不确定系统已转化为等价的带确定参数和已知虚拟噪声统计的常规系统。因而上述最优 Kalman 滤波器的最优性在随机不确定性干扰下保持不变,故称为最优鲁棒 Kalman 滤波器。它的局限性是要求假设系统的噪声统计是精确已知的,且不能处理带模有界参数不确定系统[20]。

1.4.5 协方差交叉(CI)融合鲁棒 Kalman 滤波方法

对于多传感器不确定系统,假设已知局部状态估值及其不确定实际估值误差方差的保守估值(保守上界),问题是求融合状态估值,使对所有容许的不确定性,相应的实际融合估值误差方差有一个保守上界。这个融合保守上界可由局部估值误差方差的保守上界用凸组合形式构造,且不要求局部估值误差互协方差的信息。这种融合保守上界的几何意义是:它的协方差椭圆较紧地包围各局部估值误差保守上界的协方差椭圆相交的区域,因而称为协方差交叉(Covariance Intersection, CI)融合滤波方法[120-122]。这种融合方法最初由 Julier 和 Uhlmann 在文献[120-122]中提出,但更确切地说,这是一种融合准则。因为原始 CI 融合方法没有解决如下在理论和应用中必须解决的问题:

(1) 对不确定多传感器系统如何求局部状态估值?

(2) 如何求实际局部状态估值误差方差的保守上界?

(3) 由于构造融合估值误差保守上界仅用到局部估值误差方差保守上界的信息,而没有应用局部估值误差互协方差的信息,因此所给的融合保守上界具有较大的保守性,即它不是融合估值误差方差的最小上界,因而有较低的鲁棒精度。

(4) 原始 CI 融合器的算法是批处理算法,称为批处理 CI(Batch Covariance Intersection, BCI)融合器。为了求 BCI 融合算法中的最优凸组合权系数,需求解 L 维非线性最优化问题,其中 L 为传感器个数。当 L 很大时,这引起较大的计算负担和计算复杂性,不便于实时应用。对多传感器网络化系统,BCI 算法要求各传感器的有关数据通信到融合中心统一处理,这增加了通信负担,消耗较大的能量,而且由于受限的网络通信能力,容易出现数据通信故障。

邓自立等在文献[21,23,57,58,100,103,107,123-126]中对带随机不确定性或混合随机不确定性的多传感器系统,用Lyapunov方程方法,提出了改进的CI融合器,完全克服了原始 CI 融合方法的上述四个缺点和局限性,即:

(1) 提出了统一的局部鲁棒 Kalman 估值器(预报器、滤波器和平滑器)。

(2) 提出了局部估值误差方差的最小上界。

(3) 利用保守的互协方差信息,提出了 CI 融合实际误差方差的最小上界,从而提出了改进的 CI 融合器,提高了原始 CI 融合器的鲁棒精度。

(4) 提出了序贯协方差交叉(Sequential Covariance Intersection, SCI)融合器[124],它由一系列两传感器 CI 融合器组成,可减少计算和通信负担。提出了并行协方差交叉

(Paraller Covariance Intersection, PCI) 融合器[21,23],可显著减少计算时间。提出了改进的 SCI 和 PCI 融合器,提高了鲁棒精度。

(5) 提出了局部估值器,原始 CI 融合器,改进的 CI 融合器,SCI 和改进的 SCI 融合器,PCI 和改进的 PCI 融合器,按矩阵、对角阵、标量三种加权融合器,集中式和加权观测融合器之间的精度比较,严格证明了它们之间的鲁棒精度关系。

上述文献的成果推广、改进和发展了原始 CI 融合准则,构成了带混合随机不确定性的多传感器网络化系统的一种通用的 CI 融合鲁棒 Kalman 滤波理论和方法。

1.5 鲁棒 Kalman 滤波研究现状

1.5.1 仅含不确定噪声方差系统鲁棒 Kalman 滤波

文献[40-47,56-58]研究了仅含不确定噪声方差系统的鲁棒滤波问题。文献[56-58]提出了一种基于 Lyapunov 方程的极大极小鲁棒滤波方法,并应用该方法分别提出了鲁棒局部和融合时变 Kalman 估值器(预报器、滤波器和平滑器),证明了所提出的估值器的鲁棒性,即对于所有容许的噪声方差不确定性,相应的实际估计误差方差阵被保证有最小上界,提出了鲁棒和实际精度的概念,分析了鲁棒局部和融合时变估值器之间的精度关系,给出了相应的鲁棒稳态估值器,并用动态误差系统分析(Dynamic Error System Analysis, DESA) 和动态方差误差系统分析(Dynamic Variance Error System Analysis, DVESA) 方法[21,56] 证明了时变与稳态鲁棒 Kalman 估值器之间的按实现收敛性。应用基于 Lyapunov 方程的极大极小鲁棒滤波方法[56-58],文献[41-51] 提出了两类保性能极大极小鲁棒局部和信息融合稳态 Kalman 滤波器:一类是寻求不确定噪声方差最大扰动域(鲁棒域),使得对于扰动域内的所有扰动,确保系统滤波精度偏差的最大下界是零,最小上界是所预置的精度偏差指标;另一类是在预置噪声方差有界扰动域内,寻求滤波精度偏差的最大下界和最小上界。由于引入了不确定噪声方差扰动的参数化表示,所以问题被转化为相应的非线性与线性最优化问题,可分别用 Lagrange 乘数法和线性规划(LP) 方法求解。

上述文献的缺点是系统模型中只考虑了噪声方差不确定性,而模型参数和系统观测不确定性并未考虑,且只有文献[47] 考虑了观测与过程噪声的相关性,文献[40-46,55-58] 都假设观测与过程噪声是不相关的。文献[56-58] 的缺点是鲁棒 Kalman 预报器、滤波器和平滑器是单独地、分别地被提出,没有给出一种统一的求鲁棒 Kalman 估值器的方法。新近,文献[100-104,107,110,111] 推广和发展了文献[54-58] 的结果,对带不确定噪声方差和丢失观测、乘性噪声、丢包等混合不确定系统,用虚拟噪声方法和 Lyapunov 方程方法提出了统一框架下的极大极小鲁棒 Kalman 估值器,其中基于预报器设计滤波器和平滑器,且观测和过程噪声是线性相关的。

1.5.2 仅含范数有界不确定参数系统鲁棒 Kalman 滤波

文献[59-65,82,83] 研究了这类系统的鲁棒滤波问题。文献[59] 考虑了系统状态矩阵和观测矩阵中的时变范数有界参数不确定性,提出了一种鲁棒状态估值器,对于所有容许的不确定性,实际估计误差方差被保证在一个确定的上界内,并用 LMI 方法,借助于凸优化可计算得到一个次优的方差上界。文献[82,83]考虑了状态和观测矩阵以及噪声转移矩阵中的时变范数有界参数不确定性,基于 Riccati 方程方法,提出了一种鲁棒时变 Kalman 预报器;对于所有容许的不确定性,给出了状态估计误差方差的一个最小上界。

1.5.3 仅含乘性噪声系统鲁棒 Kalman 滤波

首先假设系统噪声方差是精确已知的。文献[66-71]研究了最优鲁棒 Kalman 滤波问题,文献[72]研究了鲁棒 Kalman 滤波问题。在文献[69]中 Koning 对带随机参数阵的线性离散时间系统,提出了一种虚拟噪声补偿方法,该方法的原理是用随机参数阵的均值矩阵代替随机参数阵,然后将随机参数阵与它的均值矩阵之间的偏差表示为状态相依乘性噪声项,最后将乘性噪声项与加性噪声项相加定义为虚拟噪声,它补偿了乘性噪声项的影响。从而可将带随机参数阵系统转化为带确定参数阵(均值矩阵)和虚拟噪声的标准系统。进而应用标准 Kalman 滤波算法可得到最优时变 Kalman 预报器。这里最优性是指线性最小方差估值器。因为随机参数不确定性(乘性噪声)已被补偿到虚拟噪声中,它保证了预报器的最优性不受乘性噪声的影响,使预报器保持最优性不变,保证了在随机参数干扰下,在每时刻预报器误差方差最小。在这种意义下最优时变 Kalman 预报器是鲁棒的,称为最优鲁棒 Kalman 预报器。

注意,假如原始随机参数系统的过程和观测噪声是一步或多步自相关或互相关的[68,71],则用虚拟噪声补偿方法得到的带确定参数的系统将不是标准的,其中虚拟噪声也将是具有复杂相关性的噪声。在这种情形下不能直接套用标准 Kalman 滤波算法得到最优 Kalman 滤波器,必须进一步用新息分析方法或 LMV 估计方法,或投影方法才能得到最优(线性最小方差)Kalman 滤波器。例如在文献[67]中,对在观测阵中带有乘性噪声和在观测方程中带有色观测噪声的线性离散时间系统,有色观测噪声用一阶自回归(AR)模型描写。用观测差分变换和引入虚拟观测噪声可将原系统的观测方程化为带一步状态滞后和虚拟观测噪声的新的观测方程。可证明虚拟噪声是一步自相关的,且与过程噪声是一步互相关的。因而不能套用标准 Kalman 滤波算法由虚拟噪声系统得到最优 Kalman 滤波器。文献[67]进一步用LMV 估计方法经复杂的推导得到最优鲁棒线性滤波器。在文献[71]中对在状态和观测矩阵中含乘性噪声的多传感器系统,假设过程和观测噪声是一步自相关、两步互相关的,不同传感器的观测噪声是一步自相关的,且假设在相同时刻乘性噪声之间是相关的。假设所有相关阵是已知的,噪声方差是已知的。在文献[71]中避免引入虚拟噪声,直接用新息分析方法经过复杂的推导得到最优鲁棒集中式融合、按矩阵加权融合和 CI 融合 Kalman 估值器。

在文献[72]中,对带状态相依和噪声相依乘性噪声的线性时变系统,引入虚拟噪声可将其化为带确定参数阵和虚拟噪声的系统,应用 LMI 方法可导出保证实际预报误差方差阵有最小上界的鲁棒 Kalman 预报器,可用求解带线性矩阵不等式约束的凸优化问题得到最小上界。

1.5.4 混合不确定网络化系统最优鲁棒 Kalman 滤波

在这里,混合不确定系统是指由四种随机不确定性 —— 乘性噪声、丢失观测、丢包、随机观测滞后的混合构成的不确定系统,它至少包括其中两种随机不确定性,但假设系统噪声统计是精确已知的。这允许我们用增广状态方法、虚拟噪声方法、新息分析方法(投影方法)或 LMV 估计方法设计在线性最小方差意义下的最优鲁棒 Kalman 滤波器。在随机不确定干扰下它保持最优性,因而它是鲁棒的。对不同的混合不确定系统,文献[33,34,36,38,117-119,132,133]分别提出了最优或最优融合鲁棒 Kalman 滤波器。文献[33]对带丢失观测和乘性噪声的多传感器混合不确定系统,引入虚拟噪声将其化为带确定参数阵的标准系统,直接应用 Kalman 滤波算法提出了加权观测融合最优鲁棒 Kalman 滤波器。文献[34]对带乘性噪声和丢包的混合不确定系统,先用增广方法,然后直接应用投影方法导出最优鲁棒 Kalman 滤波器,不需要引入虚拟噪声。文献[36]对带乘性噪声、丢失观测和一步观测滞后的混合不确定系统,用增广方法、虚拟噪声方法和 LMV 估计方法,提出了最优鲁棒 Kalman 滤波器。文献[38]对带乘性噪声和丢包的混合不确定系统,用增广状态方法和 LMV 估计方法,提出了最优鲁棒 Kalman 型滤波器,其中在 LMV 意义下计算最优滤波器增益阵,但它是总体次优滤波器。

文献[119]对带乘性噪声、丢失观测和随机滞后的混合不确定多传感器系统,引入虚拟过程噪声,应用投影方法(新息分析方法)导出了局部最优鲁棒 Kalman 滤波器,进一步提出了按矩阵加权融合最优鲁棒 Kalman 滤波器。文献[132,133]分别对带随机滞后和丢包与带乘性噪声和丢包的混合不确定系统,先用增广方法,然后直接应用投影方法分别提出了最优鲁棒 Kalman 滤波器。

上述结果的局限性是假设系统噪声统计是精确已知的,另一个局限性是它们不能处理含有范数有界不确定参数的混合不确定系统的最优滤波问题。

1.5.5 混合不确定网络化系统极大极小鲁棒融合 Kalman 滤波

文献[100-113]考虑了同时带不确定噪声方差和至少一种其他网络化随机不确定性的混合不确定多传感器网络化系统,应用本书提出的通用的 Lyapunov 方程方法设计了极大极小鲁棒局部和融合 Kalman 估值器(预报器、滤波器和平滑器),其中基于预报器设计滤波器和平滑器。在这里鲁棒 Kalman 滤波器是指对所有容许的不确定性,相应的实际滤波误差方差有最小上界。用 Lyapunov 方程方法设计加权状态融合极大极小鲁棒 Kalman 估值器的一般步骤如下:

第 1 步:对每个传感器子系统用虚拟噪声方法补偿随机不确定性,将原子系统化为带确定参数和不确定虚拟噪声方差的虚拟噪声系统。

第 2 步:对带虚拟噪声保守上界的最坏情形虚拟噪声子系统设计最小方差估值器,并用实际观测代替保守观测引出局部极大极小鲁棒 Kalman 估值器。

第 3 步:用 Lyapunov 方程和广义 Lyapunov 方程计算子系统的实际和保守方差及互协方差。

第 4 步:用 Lyapunov 方程证明局部估值器的鲁棒性:所有容许的实际估值误差方差有最小上界。

第 5 步:用按矩阵、对角阵和标量三种最优加权融合公式,由局部鲁棒 Kalman 估值器加权求和得到加权状态融合 Kalman 估值器。

第 6 步:用增广 Lyapunov 方程证明加权融合器的鲁棒性。

用 Lyapunov 方程方法设计集中式和加权观测融合鲁棒 Kalman 估值器,可对集中式融合和加权观测融合系统分别按上述第 1 步至第 4 步来实现。

对混合不确定系统用 Lyapunov 方程方法设计极大极小鲁棒融合 Kalman 估值器的最新研究成果见文献[100-113,139]。

上述所提出的基于虚拟噪声和广义 Lyapunov 方程方法的极大极小鲁棒 Kalman 滤波方法适合于处理带噪声方差不确定性和随机不确定性两者的混合系统鲁棒融合 Kalman 估值器设计问题,克服了 1.5.4 小节介绍的仅带随机不确定性的混合系统最优鲁棒 Kalman 滤波方法的局限性,去掉了已知噪声方差的假设条件,且克服了原始 Lyapunov 方程方法仅能处理带不确定噪声方差系统极大极小鲁棒 Kalman 滤波问题的局限性。最新文献[100-113]的一系列结果表明该方法是有效的、通用的,具有重要的方法论意义。这些系列结果已构成不确定系统新的鲁棒融合 Kalman 滤波理论。

1.6 极大极小鲁棒融合估计理论及应用、方法论、主要贡献和创新

1.6.1 本书最新研究成果

近年来,随着传感器技术、无线通信技术和计算机网络技术的蓬勃发展,使网络化系统的融合估计和控制问题引起广泛的关注,已成为热门研究领域。对于带有建模不确定性(不确定噪声方差和/或乘性噪声)和由网络化引起的随机不确定性(丢失观测、丢包、随机观测滞后等)两者的混合不确定多传感器网络化系统的鲁棒融合滤波问题是具有挑战性和前沿性的研究方向[29]。

本书研究带混合不确定性的多传感器网络化系统的鲁棒融合 Kalman 滤波,发展了由邓自立等于2016 年在专著《鲁棒融合卡尔曼滤波理论及应用》[21]中提出的仅带不确定噪声方差系统的极大极小鲁棒Kalman滤波理论[54-58],其中基于带噪声方差保守上界的最坏情形系统提出了极大极小鲁棒 Kalman 滤波的 Lyapunov 方程方法,但该理论的局限性是没有考虑网络化随机不确定性。本书系统地提出了基于虚拟噪声技术和广义 Lyapunov 方程的极大极小鲁棒 Kalman 滤波方法,可解决带不确定噪声方差、乘性噪声和网络化随机不确定性(包括丢失观测、丢包和随机观测滞后)的混合不确定系统的鲁棒融合 Kalman 滤波问题。在这个课题下,用所提出的方法,近四年来由邓自立教授指导的研究团队在被SCI检索的国际重要核心刊物上已发表20 篇学术论文,由这20 篇长文提出的结果已建立了混合不确定系统鲁棒融合 Kalman 滤波理论,并提供了通用的方法论——基于虚拟噪声技术和广义 Lyapunov 方程的极大极小鲁棒 Kalman 滤波方法。主要结果包括:

(1)2014 年在 *Signal Processing* 上发表的论文"Robust weighted fusion Kalman filters for multisensor time-varying systems with uncertain noise variances"[56]对仅带不确定噪声方差的多传感器系统提出了基于 Lyapunov 方程方法的极大极小鲁棒融合时变和稳态 Kalman 滤波器,证明了鲁棒性和按实现收敛性。

(2)2014 年在 *Digital Signal Processing* 上发表的论文"Robust weighted fusion Kalman predictors with uncertain noise variances"[57]对仅带不确定噪声方差的多传感器

系统提出了基于 Lyapunov 方程方法的极大极小鲁棒融合时变和稳态 Kalman 预报器。

(3)2014 年在*Information Sciences*上发表的论文"Robust weighted fusion time-varying Kalman smoothers for multisensor system with uncertain noise variances"[58] 用Lyapunov方程方法提出了带不确定噪声方差系统的极大极小鲁棒融合 Kalman 平滑器。

(4)2015 年在*Aerospace Science and Technology*上发表的论文"Guaranteed cost robust weighted measurement fusion steady-state Kalman predictors with uncertain noise variances"[105] 用 Lyapunov 方程方法和噪声方差扰动参数化方法提出了两类保性能鲁棒加权观测融合一步和多步稳态 Kalman 预报器。

(5)2016 年在 *IEEE Transactions on Aerospace and Electronic Systems* 上发表的论文"Robust weighted fusion steady-state Kalman predictors with uncertain noise variances"[54] 用直接方法和 Lyapunov 方程方法提出了带不确定噪声方差多传感器系统鲁棒融合稳态 Kalman 预报器,它不同于基于时变 Kalman 预报器用取极限方法导出稳态 Kalman 预报器的间接方法。

(6)2016 年在 *IMA Journal of Mathematical Control and Information* 上发表的论文"Robust weighted information fusion steady-state Kalman smoothers for multisensor system with uncertain noise variances"[55] 用直接方法和 Lyapunov 方程方法提出了带不确定噪声方差系统的鲁棒融合稳态 Kalman 平滑器。

(7)2016 年在 *Signal Processing* 上发表的论文"Robust weighted fusion steady-state white noise deconvolution smoothers for multisensor systems with uncertain noise variances"[101] 用 Lyapunov 方程方法提出了六种极大极小鲁棒加权融合稳态白噪声反卷积平滑器。

(8)2016 年在 *IEEE Sensors Journal* 上发表的论文"Guaranteed cost robust weighted measurement fusion Kalman estimators with uncertain noise variances and missing measurements"[106] 对带不确定噪声方差和丢失观测系统提出了两类保性能鲁棒加权观测融合 Kalman 估值器(预报器、滤波器和平滑器)。

(9)2017 年在 *Aerospace Science and Technology* 上发表的论文"Robust weighted fusion Kalman estimators for systems with multiplicative noises, missing measurements and uncertain-variance linearly correlated white noises"[100] 对带乘性噪声、丢失观测和不确定方差线性相关白噪声的混合不确定系统,用基于虚拟噪声和广义 Lyapunov 方程的极大极小鲁棒 Kalman 滤波方法提出了四种鲁棒加权状态融合时变和稳态 Kalman 估值器,用 DESA 方法证明了它们的按实现收敛性。

(10)2017 年在*Journal of the Franklin Institute*上发表的论文"Robust centralized and weighted measurement fusion Kalman estimators for multisensor systems with multiplicative and uncertain-covariance linearly correlated white noises"[102] 设计了集中式和加权观测融合鲁棒时变和稳态 Kalman 估值器,证明了它们的鲁棒性、收敛性和精度关系,分析了它们的算法的复杂度。

(11)2017 年在 *Signal Processing* 上发表的论文"Robust weighted fusion Kalman estimators for multi-model multisensor systems with uncertain-variance multiplicative and linearly correlated additive white noises"[103] 对带不确定方差乘性和线性相关加性白噪声

的多模型(不同局部状态方程)多传感器系统,提出了四种加权状态融合鲁棒时变和稳态 Kalman 估值器,证明了它们的鲁棒性、收敛性和精度关系。

(12)2017 年在 *Information Fusion* 上发表的论文"Robust centralized and weighted measurement fusion Kalman estimators for uncertain multisensor systems with linearly correlated white noises"[104] 对带混合不确定性系统,用虚拟噪声和广义 Lyapunov 方程方法提出了集中式和加权观测融合时变和稳态极大极小鲁棒 Kalman 估值器,证明了它们的等价性、鲁棒性、收敛性和精度关系,分析了算法的复杂度。

(13)2017 年在 *International Journal of Robust and Nonlinear Control* 上发表的论文"Robust weighted fusion Kalman estimators for multisensor systems with multiplicative noises and uncertain-covariances linearly correlated white noises"[107] 提出了混合不确定系统的四种加权状态融合时变和稳态 Kalman 估值器,其中包括按矩阵、标量、对角阵加权融合器和一种改进的 CI 融合器。

(14)2018 年在 *Optimal Control Applications and Methods* 上发表的论文"Robust Kalman estimators for systems with mixed uncertainties"[110] 提出了混合不确定系统的鲁棒时变和稳态 Kalman 估值器,并用 DESA 方法证明了按实现收敛性的三种模态。

(15)2018 年在 *Circuits, Systems, and Signal Processing* 上发表的论文"Robust centralized and weighted measurement fusion Kalman predictors with multiplicative noises, uncertain noise variances, and missing measurements"[108] 对带状态相依和噪声相依乘性噪声、丢失观测和不确定噪声方差的混合不确定系统,用虚拟噪声和 Lyapunov 方程方法提出了集中式和加权观测融合时变和稳态极大极小鲁棒 Kalman 预报器,用 DESA 方法证明了时变和稳态鲁棒融合器之间按实现收敛性的三种模态,发展了经典 Kalman 滤波的收敛性理论。

(16)2018 年在 *International Journal of Adaptive Control and Signal Processing* 上发表的论文"Robust centralized and weighted measurement fusion white noise deconvolution estimators for multisensor systems with mixed uncertainties"[109] 对带混合不确定系统提出了集中式和加权观测融合鲁棒白噪声反卷积估值器,并给出了在 IS-136 移动通信系统中的应用。

(17)2018 年在 *International Journal of Adaptive Control and Signal Processing* 上发表的论文"Robust time-varying Kalman estimators for systems with packet dropouts and uncertain-variance multiplicative and linearly correlated additive white noises"[111] 对带丢包、乘性噪声和不确定噪声方差的混合不确定网络化系统提出了鲁棒时变和稳态 Kalman 估值器,证明了它们的鲁棒性和按实现收敛性。

(18)2019 年在 *Information Fusion* 上发表的论文"Robust weighted state fusion Kalman estimators for networked systems with mixed uncertainties"[113] 对带丢包、乘性噪声和不确定噪声方差的混合不确定多传感器网络化系统,提出了四种加权状态融合鲁棒时变和稳态 Kalman 估值器,证明了它们的鲁棒性和按实现收敛性。

(19)2018 年在 *Aerospace Science and Technology* 上发表的论文"Robust Kalman estimators for systems with multiplicative and uncertain-variance linearly correlated additive white noises"[112] 对带乘性的和不确定方差线性相关加性白噪声的线性离散时间

随机系统，提出了极大极小鲁棒时变和稳态 Kalman 估值器，提出了等价的带不确定虚拟噪声方差系统的最大值虚拟噪声方差的系统辨识方法和新息检验判别法，可用于选择和确定保守性较小的噪声方差保守上界。

（20）2018 年在 *International Journal of Robust and Nonlinear Control* 上发表的论文“Robust fusion time-varying Kalman estimators for multisensor networked systems with mixed uncertainties”[139] 对带乘性噪声、丢失观测、丢包和不确定方差相关噪声的多传感器网络化混合不确定性系统，提出了四种鲁棒加权状态融合器和鲁棒集中式融合器，并给出了在搅拌釜化学反应系统中的仿真应用例子。

1.6.2 主要贡献和创新

本书系统地总结了上述最新研究成果，对带混合不确定性的多传感器网络化系统，提出了鲁棒融合估计新方法、新理论、关键技术及其应用。主要贡献和创新如下：

（1）提出了通用的基于虚拟噪声技术和广义 Lyapunov 方程的极大极小鲁棒 Kalman 滤波方法。它不同于现有文献中基于博弈论方法[40]、多项式方法[99]，或 H_∞ 方法[96] 的极大极小鲁棒滤波方法，克服了作者在 2016 年提出的 Lyapunov 方程方法[21] 仅局限于处理带不确定噪声方差系统的局限性。

（2）提出了通用的、改进的协方差交叉（CI）融合鲁棒 Kalman 滤波方法。它给出了局部鲁棒估值器及其实际误差方差的最小上界，它利用保守的局部估值误差互协方差给出了 CI 融合估值实际误差方差的最小上界，提高了原始 CI 融合器[120-122] 的鲁棒精度。提出了序贯协方差交叉（SCI）和并行协方差交叉（PCI）融合器，可减小计算负担和通信负担，可减少计算时间。提出了改进的 SCI 和 PCI 融合器，可提高鲁棒精度。

（3）提出了通用的极大极小鲁棒融合 Kalman 滤波理论。它包括：① 提出了统一的鲁棒 Kalman 滤波器的概念。② 提出了设计鲁棒 Kalman 估值器的统一方法，它是基于鲁棒 Kalman 预报器设计鲁棒 Kalman 滤波器和平滑器，不同于分别单独设计鲁棒滤波器[56]、预报器[57] 和平滑器[58] 的方法。③ 提出了六种鲁棒融合时变 Kalman 估值器，其中包括按矩阵、对角阵、标量三种加权状态融合器，加权观测融合器，集中式融合器和一种改进的 CI 融合器。④ 提出了基于 Lyapunov 方程方法的鲁棒性证明方法，并提出了基于鲁棒精度和实际精度概念的精度分析方法。

（4）提出了通用的协方差交叉（CI）融合鲁棒 Kalman 滤波理论。它包括：① 提出了在统一框架下的局部鲁棒稳态 Kalman 估值器及其实际误差方差的最小上界。② 提出了改进的 CI 融合器，它给出了实际估值误差方差的最小上界。③ 提出了序贯协方差交叉（SCI）鲁棒融合 Kalman 估值器[124] 和改进的 SCI 融合器，给出了实际融合误差方差的最小上界。④ 提出了并行协方差交叉（PCI）融合 Kalman 估值器[21-23] 和改进的 PCI 融合器，给出了实际融合误差方差的最小上界。⑤ 证明了新提出的局部和融合鲁棒估值器及其他几种融合器（包括集中式、加权观测融合器，按矩阵、对角阵、标量加权融合器）之间的精度关系[123]。克服了由 Julier 和 Uhlemann 提出的原始 CI 融合器的缺点和局限性：要求假设已知局部估值及其实际估值误差的保守上界，且所给出的实际融合估值误差方差上界具有较大的保守性（非最小上界）。计算 CI 融合器中的凸组合加权系数要求解决带约束的高维非线性最优化问题，引起较大的计算和通信负担。

(5) 提出了输入白噪声反卷积极大极小鲁棒融合 Kalman 滤波理论[109]。它可应用于石油地震勘探和通信系统[9,53,101,109]。它包括:① 集中式和加权观测融合鲁棒时变白噪声反卷积估值器。② 用 Lyapunov 方程方法证明估值器的鲁棒性。③ 用信息滤波器证明集中式与加权观测融合鲁棒白噪声反卷积估值器的等价性。④ 证明了它们的精度关系,分析了它们的计算复杂度。⑤ 给出了应用于 IS-136 移动通信系统的仿真例子。

(6) 提出了鲁棒融合时变和稳态 Kalman 估值器[104,108] 与鲁棒融合时变和稳态白噪声反卷积估值器[109] 按实现收敛理论。它包括:① 提出了相应的鲁棒融合稳态估值器,给出了稳态鲁棒估值器存在的充分条件。② 提出了两个相同或不同系统的时变和稳态鲁棒 Kalman 估值器之间按实现收敛的三种模式的新概念[104,108]。③ 用动态误差系统分析(DESA) 方法和动态方差误差系统分析(DVESA) 方法证明了在三种模式下的按实现收敛性[102,108]。发展了经典 Kalman 滤波的收敛性理论[16],其中仅给出了稳态 Kalman 预报器存在的充分条件,且仅证明了时变 Kalman 预报误差方差阵收敛于相应的稳态预报误差方差阵,但没有定义和证明时变和稳态 Kalman 预报估值之间的按实现收敛性。也发展了仅带噪声方差不确定性系统的鲁棒融合 Kalman 估值器按实现收敛性理论[56-58]。

应用于不同领域的若干仿真应用例子例证了所提出的方法和理论的正确性、有效性和可应用性。它们包括目标跟踪系统[105]、不间断电源系统(UPS)[104,106,111]、石油地震勘探系统[9-11]、IS-136 移动通信系统[109]、ARMA 信号处理[102-104,107,108,110]、质量 - 弹簧随机振动系统[138]、搅拌釜系统[91] 等。

上述主要贡献和创新提出了混合不确定网络化系统鲁棒融合 Kalman 滤波新方法、新理论、关键技术及其应用,开辟了不确定网络化系统鲁棒融合估计领域新的研究方向,具有重要的方法论、理论及应用意义。

1.7 面临的挑战性问题

在绪论中我们综述和评论了多传感器不确定网络化系统鲁棒融合估计领域的内容、方法和研究现状,特别介绍了由邓自立等提出的极大极小鲁棒融合 Kalman 滤波理论、方法、主要贡献和创新。基于上述综述和评论,我们为读者提供某些具有挑战性的有待于今后继续研究的开放课题或研究方向如下:

(1) 对于带各种形式的随机观测滞后和不确定噪声方差的混合不确定网络化多传感器系统鲁棒融合 Kalman 滤波问题是一个开放的和困难的课题。

(2) 对于带混合不确定性的非线性多传感器网络化系统的鲁棒融合滤波是一个开放的具有挑战性的研究方向。

(3) 对于带 Markov 跳跃的混合不确定网络化多传感器系统或不确定模糊系统的鲁棒融合滤波问题是一个复杂的具有挑战性的课题。

(4) 设计避免互协方差的新的分布式融合鲁棒估值器仍是一个重要和有趣的研究课题。如何进一步提高 CI,SCI 和 PCI 融合器的鲁棒精度,如何确定噪声方差保守上界,如何设计对融合次序不敏感的 SCI 融合器仍是有趣的研究课题[123-126,142]。

(5) 混合不确定网络化广义系统鲁棒融合 Kalman 滤波是一个开放的具有挑战性的研究方向。

(6) 带混合不确定性的ARMA信号的鲁棒融合滤波和鲁棒融合反卷积滤波是一个开放的具有挑战性的研究方向。

(7) 不确定虚拟噪声方差最小上界(最大值噪声方差)的系统辨识方法和检验方法是一个有趣的重要课题。因为对带不确定虚拟噪声方差系统用Lyapunov方程方法设计鲁棒Kalman估值器要求已知虚拟噪声方差保守上界。保守性小的上界可提高鲁棒估值器的鲁棒精度。对带未知确定的噪声方差和/或未知模型参数的多传感器系统,用经典系统辨识方法可得到它们的局部估值器。但如何得到它们的信息融合估值器仍是一个具有挑战性的新的研究方向即多传感器信息融合系统辨识理论和方法[23]。

(8) 带复杂的噪声相关性的混合不确定网络化系统鲁棒融合滤波问题是一个困难的和有趣的研究课题。

(9) 带不确定丢失率(丢失概率)的丢失观测系统的鲁棒融合滤波问题是一个有趣的和开放的研究课题[134,141]。

(10) 如何进一步改进和推广原始CI融合方法是一个开放性的难题,例如改进的CI融合器[57]、逆协方差交叉(ICI)融合器[135]和椭圆交叉(EI)融合器[136]。

(11) 带混合不确定性的分簇网络化系统的鲁棒融合滤波问题是一个有重要应用背景的有趣的和开放的研究课题[21,137,140]。

(12) 无人机群系统估计和控制,包括路径规划、编队、目标跟踪、定位、精确打击等,是一个极具挑战性的开放课题和新的研究方向。一个典型应用例子是于2018年1月在韩国平昌举行的冬季奥林匹克运动会开幕式上几千架微型无人机在空中编队表演呈现奥运会五环会徽图案。另一个典型例子是:据新闻媒体报道,新近在叙利亚战场上,极端组织曾用小型无人机群携炸弹偷袭俄罗斯在叙利亚的某军事基地机场地面上的飞机。俄方防空部队立即拦截,它们或被击落或被诱导俘获。

参考文献

[1] WIENER N. Extrapolation, Interpolation, and Smoothing of Stationary Time Series with Engineering Application[M]. New York: John Wiley & Sons, 1949.

[2] AHLEN A, STERAND M. Wiener Filter Design Using Polynomial Equation[J]. IEEE Transactions on Signal Processing, 1991, 39(11): 2387-2399.

[3] KALMAN R E. A New Approach to Linear Filtering and Prediction Problems[J]. Journal of Basic Engineering Transactions, 1960, 82(1): 34-45.

[4] HASHMI A J, EFTEKHAR A, ADIBI A. A Kalman Filter Based Synchronization Scheme for Telescope Array Receivers in Deep-space Optical Communication Links[J]. Optics Communications, 2012, 285(24): 5037-5043.

[5] GIBSON J D, KOO B, GRAY S D. Filtering of Colored Noise for Speech Enhancement and Coding[J]. IEEE Transactions on Signal Processing, 1991, 39(8): 1732-1741.

[6] KIM J H, OH J H. A Land Vehicle Tracking Algorithm Using Stand Alone GPS[J]. Control Engineering Practice, 2000, 8(10): 1189-1196.

[7] 付梦印,邓志红,张继伟. Kalman滤波理论及其在导航系统中的应用[M]. 北京:科

学出版社, 2003.
[8] 秦永元,张洪钱,汪叔华. 卡尔曼滤波与组合导航原理[M]. 西安:西北工业大学出版社, 2007.
[9] MENDEL J M. White Estimators for Seismic Data Processing in Oil Exploration[J]. IEEE Transactions on Automatic Control, 1997, 22(5): 694-706.
[10] MENDEL J M, KORMYLO J. New Fast Optimal White-noise Estimators for Deconvolution[J]. IEEE Transactions on Geosciences Electronic, 1977, 15(1): 32-41.
[11] MENDEL J M. Minimum Variance Deconvolution[J]. IEEE Transactions on Geoscience and Remote Sensing, 1981, 19(3): 161-171.
[12] HAN C Y, ZHANG Y. Suboptimal White Noise Estimators for Discrete Time Systems with Random Delays[J]. Signal Processing, 2013, 93: 2453-2461.
[13] DENG Z L, ZHANG H S, LIU S J, et al. Optimal and Self-tuning White Noise Estimators with Application to Deconvolution and Filtering Problems[J]. Automatica, 1996, 32(2): 199-216.
[14] 邓自立,许燕. 基于 Kalman 滤波的通用和统一的白噪声估计方法[J]. 控制理论与应用, 2004, 21(4): 501-506.
[15] 邓自立,许燕. 基于Kalman滤波的白噪声估计理论[J]. 自动化学报, 2003, 29(1): 23-31.
[16] ANDERSON B D O, MOORE J B. Optimal Filtering[M]. Englewood Cliffs, New Jersey: Prentice Hall, 1979.
[17] WANG F, BALAKRISHNAN V. Robust Steady-state Filtering for Systems with Deterministic and Stochastic Uncertainties[J]. IEEE Transactions on Signal Processing, 2003, 51(10): 2550-2558.
[18] NAHI N. Optimal Recursive Estimation with Uncertain Observation[J]. IEEE Transactions on Information Theory, 1969,15(4): 457-462.
[19] SUN S L, XIE L H, XIAO W D, et al. Optimal Linear Estimation for Systems with Multiple Packet Dropouts[J]. Automatica, 2008, 44(5): 1333-1342.
[20] LEWIS F L, XIE L H, POPA D. Optimal and Robust Estimation[M]. 2nd ed. New York: CRC Press, 2008.
[21] 邓自立,齐文娟,张鹏. 鲁棒融合卡尔曼滤波理论及应用[M]. 哈尔滨: 哈尔滨工业大学出版社, 2016.
[22] SHU T G, OSSAMA A, SEYED A Z. A Weighted Measurement Fusion Kalman Filter Implementation for UAV Navigation[J]. Aerospace Science and Technology, 2013, 28: 315-323.
[23] 邓自立. 信息融合估计理论及其应用[M]. 北京: 科学出版社, 2012.
[24] SUN S L, DENG Z L. Multi-sensor Optimal Information Fusion Kalman Filter[J]. Automatica, 2004, 40(6): 1017-1024.
[25] DENG Z L, GAO Y, MAO L, et al. New Approach to Information Fusion Steady-state

Kalman Filtering[J]. Automatica, 2005, 41(10): 1695-1707.
[26] CARLSON N A. Federated Square Root Filter for Decentralized Parallel Processes[J]. IEEE Transactions on Aerospace and Electronic Systems, 1990, 26(3): 517-525.
[27] GAN Q, HARRIS C J. Comparison of Two Measurement Fusion Methods for Kalman Filter Based Multisensory Data Fusion[J]. IEEE Transactions on Aerospace and Electronic Systems, 2001, 37(1): 273-280.
[28] GAO Y, RAN C J, SUN X J, et al. Optimal and Self-tuning Weighted Measurement Fusion Kalman Filter and Their Asymptotic Global Optimality[J]. International Journal of Adaptive Control and Signal Processing, 2010, 24(11): 982-1004.
[29] SUN S L, LIN H L, MA J, et al. Multi-sensor Distributed Fusion Estimation with Applications in Networked Systems: A Review Paper[J]. Information Fusion, 2017, 38: 122-134.
[30] SUN S L, TIAN T, LIN H L. State Estimators for Systems with Random Parameter Matrix, Stochastic Nonlinearities, Fading Measurements and Correlated Noises[J]. Information Sciences, 2017, 397-398: 118-136.
[31] WANG X, SUN S L. Optimal Recursive Estimation for Networked Descriptor Systems with Packet Dropouts, Multiplicative Noises and Correlated Noises[J]. Aerospace Science and Technology, 2017, 63: 41-53.
[32] SUN S L. Linear Minimum Variance Estimators for Systems with Bounded Random Measurement Delays and Packet Dropouts[J]. Signal Processing, 2009, 89: 1457-1466.
[33] 吴黎明,马静,孙书利. 具有不同观测丢失率多传感器随机不确定系统的加权观测融合估计[J]. 控制理论与应用, 2014, 31(2): 244-249.
[34] MA J, SUN S L. Optimal Linear Estimation for Systems with Multiplicative Noise Uncertainties and Multiple Packet Dropouts[J]. IET Signal Processing, 2012, 6(9): 839-848.
[35] LI F, ZHOU J, WU D Z. Optimal Filtering for Systems with Finite-step Autocorrelated Noises and Multiple Packet Dropouts[J]. Aerospace Science and Technology, 2013, 24: 255-263.
[36] CHEN D Y, XU L, DU J H. Optimal Filtering for Systems with Finite-step Autocorrelated Process Noises, Random One-step Sensor Delay and Missing Measurements[J]. Communications in Nonlinear Science and Numerical Simulation, 2016, 32: 211-224.
[37] ZHANG S, ZHAO Y, WU F L, et al. Robust Recursive Filtering for Uncertain Systems with Finite-step Correlated Noises, Stochastic Nonlinearities and Autocorrelated Missing Measurements[J]. Aerospace Science and Technology, 2014, 39: 272-280.
[38] FENG J X, WANG Z D, ZENG M. Optimal Robust Non-fragile Kalman-type

Recursive Filtering with Finite-step Autocorrelated Noises and Multiple Packet Dropouts[J]. Aerospace Science and Technology, 2011, 15: 486-494.
[39] WANG Z D, HO D W C, LIU X H. Robust Filtering under Randomly Varying Sensor Delay with Variance Constraints[J]. IEEE Transactions on Circuits and Systems-II, Express Briefs, 2004, 51(6): 320-326.
[40] XI H S. The Guaranteed Estimation Performance Filter for Discrete-time Descriptor Systems with Uncertain Noise[J]. International Journal of System Sciences, 1997, 28(1): 113-121.
[41] 奚宏生. 确保状态估计性能的离散时间鲁棒 Kalman 滤波器[J]. 自动化学报, 1996, 22(6): 731-735.
[42] 奚宏生. 不确定噪声下确保控制性能的鲁棒 LQG 调节器[J]. 控制理论与应用, 1997, 14(3): 393-397.
[43] 杨智博,杨春山,邓自立. 不确定噪声方差定常系统保性能鲁棒 Kalman 滤波器[J]. 控制理论与应用, 2016, 33(4): 446-452.
[44] YANG C S, YANG Z B, DENG Z L. Robust Guaranteed Cost Steady-state Kalman Estimators with Uncertain Noise Variances[C]. The 12th World Congress on Intelligent Control and Automation, 2016:3187-3193.
[45] YANG C S, YANG Z B, DENG Z L. Distributed Fusion Guaranteed Cost Robust Kalman Filter with Uncertain Noise Variances[C]. The 28th Chinese Control and Decision Conference, 2016:3882-3888.
[46] YANG C S, DENG Z L. Robust Guaranteed Cost Measurement Fusion Steady-state Kalman Filters with Uncertain Noise Variances[C]. IEEE International Conference on Electronic Information and Communication Technology, 2016:249-254.
[47] 杨春山,杨智博,邓自立. 带不确定噪声方差保性能鲁棒集中式融合 Kalman 预报器[J]. 控制与决策, 2016, 31(6): 1133-1137.
[48] 杨智博,杨春山,邓自立. 面向跟踪系统的多传感器信息融合鲁棒保性能协方差交叉 Kalman 估计方法[J]. 电子学报, 2017, 45(7): 1627-1636.
[49] YANG C S, DENG Z L. Robust Guaranteed Cost Steady-state Kalman Predictors for Systems with Multiplicative Noises, Colored Measurements Noises and Uncertain Noise Variances[C]. The 29th Chinese Control and Decision Conference, 2017:413-420.
[50] YANG C S, DENG Z L. Information Fusion Robust Guaranteed Cost Kalman Predictors for Systems with Multiplicative Noises and Uncertain Noise Variances[C]. The 20th International Conference on Information Fusion, 2017: 305-312.
[51] YANG Z B, YANG C S, DENG Z L. Guaranteed Cost Robust Modified Covariance Intersection Fusion Kalman Filter for Multi-sensor System with Uncertain Noise Variances and Random Missing Measurements[C]. The 12th World Congress on Intelligent Control and Automation, 2016:3201-3207.
[52] YANG C S, DENG Z L. Guaranteed Cost Robust Centralized Fusion Steady-state

Kalman Predictors with Uncertain Noise Variances and Missing Measurements[C]. The 36th Chinese Control Conference, 2017:5031-5037.
[53] ZHANG H S, ZHANG D, XIE L H, et al. Robust Filtering under Stochastic Parametric Uncertainties[J]. Automatica, 2004, 40: 1583-1589.
[54] QI W J, ZHANG P, DENG Z L. Robust Weighted Fusion Steady-state Kalman Predictors with Uncertain Noise Variances[J]. IEEE Transactions on Aerospace and Electronic Systems, 2016, 52(3): 1077-1088.
[55] QI W J, ZHANG P, DENG Z L. Robust Weighted Information Fusion Steady-state Kalman Smoothers for Multisensor System with Uncertain Noise Variances[J]. IMA Journal of Mathematical Control and Information, 2016, 33: 365-380.
[56] QI W J, ZHANG P, DENG Z L. Robust Weighted Fusion Kalman Filters for Multisensor Time-varying Systems with Uncertain Noise Variances[J]. Signal Processing, 2014, 99: 185-200.
[57] QI W J, ZHANG P, NIE G H, et al. Robust Weighted Fusion Kalman Predictors with Uncertain Noise Variances[J]. Digital Signal Processing, 2014, 30: 37-54.
[58] QI W J, ZHANG P, DENG Z L. Robust Weighted Fusion Time-varying Kalman Smoothers for Multisensor System with Uncertain Noise Variances[J]. Information Sciences, 2014, 282: 15-37.
[59] XIE L H, SOH Y C. Robust Kalman Filtering for Uncertain Systems[J]. Systems and Control Letters, 1994, 22:123-129.
[60] XIE L H, SOH Y C. Robust Kalman Filtering for Uncertain Discrete-time Systems[J]. IEEE Transactions on Automatic Control, 1994, 39(6): 1310-1314.
[61] ZHU X, SOH Y C, XIE L H. Design and Analysis of Discrete-time Robust Kalman Filters[J]. Automatica, 2002, 38(6): 1069-1077.
[62] ZHU X, SOH Y C, XIE L H. Robust Kalman Filter Design for Discrete Time-delay Systems[J]. Circuits Systems Signal Processing, 2002, 21(3): 319-335.
[63] JIN X B, JIA B, ZHANG J L. Centralized Fusion Estimation for Uncertain Multisensor System Based on LMI Method[C]. Proceedings of the 2009 IEEE International Conference on Mechatronics and Automation, 2009: 2383-2387.
[64] WANG Z D, YANG F W, LIU X H. Robust Filtering for Systems with Stochastic Non-linearities and Deterministic Uncertainties[J]. Proceedings of the Institution of Mechanical Engineers Part I Journal of Systems and Control Engineering, 2004, 220(3): 171-182.
[65] XIONG K, WEI C L, LIU L D. Robust Kalman Filtering for Discrete-time Nonlinear Systems with Parameter Uncertainties[J]. Aerospace Science and Technology, 2012, 18: 15-24.
[66] LIU W. Optimal Filtering for Discrete-time Linear Systems with Time-correlated Multiplicative Measurement Noises[J]. IEEE Transactions on Automatic Control, 2016, 61(7): 1972-1978.

[67] LIU W. Optimal Estimation for Discrete-time Linear Systems in the Presence of Multiplicative and Time-correlated Additive Measurement Noises[J]. IEEE Transactions on Signal Processing, 2015, 63(17): 4583-4593.

[68] FENG J X, WANG Z D, ZENG M. Distributed Weighted Robust Kalman Filter Fusion for Uncertain Systems with Autocorrelated and Cross-correlated Noises[J]. Information Fusion, 2013, 14(1): 78-86.

[69] KONING W L D. Optimal Estimation of Linear Discrete-time Systems with Stochastic Parameters[J]. Automatica, 1984, 20(1): 113-115.

[70] LIU W. Optimal Filtering for Discrete-time Linear Systems with Multiplicative and Time-correlated Additive Measurement Noises[J]. IET Control Theory and Applications, 2015, 9(6): 831-842.

[71] TIAN T, SUN S L, LI N. Multi-sensor Information Fusion Estimators for Stochastic Uncertain Systems with Correlated Noises[J]. Information Fusion, 2016, 27: 126-137.

[72] WANG F, BALAKRISHNAN V. Robust Kalman Filters for Linear Time-varying Systems with Stochastic Parameter Uncertainties[J]. IEEE Transactions on Signal Processing, 2002, 50(4): 803-813.

[73] AZIMI M R S, BANNOUR S. Two-dimensional Adaptive Block Kalman Filtering of SAR Imagery[J]. IEEE Transactions on Geoscience and Remote Sensing, 1991, 29(5): 742-753.

[74] SUN S L, LI X Y, YAN S W. Estimators for Autoregressive Moving Average Signals with Multiple Sensors of Different Missing Measurement Rates[J]. IET Signal Processing, 2012, 6(3): 178-185.

[75] CABALLERO R, GARRIDO I G, PEREZ J L. Information Fusion Algorithms for State Estimation in Multi-sensor Systems with Correlated Missing Measurements[J]. Applied Mathematics and Computation, 2014, 226: 548-563.

[76] LI W L, JIA Y M, DU J P. Distributed Filtering for Discrete-time Linear Systems with Fading Measurements and Time-correlated Noise[J]. Digital Signal Processing, 2017, 60: 211-219.

[77] MA J, SUN S L. Information Fusion Estimators for Systems with Multiple Sensors of Different Packet Dropout Rates[J]. Information Fusion, 2011, 12: 213-222.

[78] LI F, ZHOU J, WU D Z. Optimal Filtering for Systems with Finite-step Autocorrelated Noises and Multiple Packet Dropouts[J]. Aerospace Science and Technology, 2013, 24: 255-263.

[79] LI N, SUN S L, MA J. Multi-sensor Distributed Fusion Filtering for Networked Systems with Different Delay and Loss Rates[J]. Digital Signal Processing, 2014, 34: 29-38.

[80] FENG J X, WANG T F, GUO J. Recursive Estimation for Descriptor Systems with Multiple Packet Dropouts and Correlated Noises[J]. Aerospace Science and

Technology, 2014, 32: 200-211.
[81] ZHOU D H, HE X, WANG Z D, et al. Leakage Fault Diagnosis for an Internet-based Three-tank System: An Experimental Study[J]. IEEE Transactions on Control Systems Technology, 2012, 20(1): 857-870.
[82] DONG Z, YOU Z. Finite-horizon Robust Kalman Filtering for Uncertain Discrete Time-varying Systems with Uncertain-covariance White Noises[J]. IEEE Signal Processing Letters, 2006, 13(8): 493-496.
[83] SOUTO R F, ISHIHARA J Y. Comments on "Finite-horizon Robust Kalman Filtering for Uncertain Discrete Time-varying Systems with Uncertain-covariance White Noises"[J]. IEEE Signal Processing Letters, 2010, 17(2): 213-216.
[84] YANG F W, WANG Z D, HUNG Y S. Robust Kalman Filtering for Discrete Time-varying Uncertain Systems with Multiplicative Noises[J]. IEEE Transactions on Automatic Control, 2002, 47(7):1179-1183.
[85] WANG Z D, YANG F W, HO D W C, et al. Robust Finite-horizon Filtering for Stochastic Systems with Missing Measurements[J]. IEEE Signal Processing Letters, 2005, 12(6): 437-440.
[86] MOHAMED S M K, NAHAVANDI S. Robust Filtering for Uncertain Discrete-time Systems with Uncertain Noise Covariance and Uncertain Observations[C]. The IEEE International Conference on Industrial Informatics, 2008:667-672.
[87] YANG F W, WANG Z D, FENG G, et al. Robust Filtering with Randomly Varying Sensor Delay: The Finite-horizon Case[J]. IEEE Transactions on Circuits and Systems-I: Regular Papers, 2009, 56(3): 664-672.
[88] 郭戈,王宝凤. 多丢包不确定离散系统的鲁棒 Kalman 滤波[J]. 自动化学报, 2010, 36(5): 767-772.
[89] BOYD H, VANDENBERGHE L. Convex Optimization[M]. Cambrige: Cambrige University Press, 2004.
[90] WANG F, BALAKRISHNAN V. Robust Adaptive Kalman Filters for Linear Time-varying Systems with Stochastic Parametric Uncertainties[C]. Proceedings of the American Control Conference, 1994:440-444.
[91] CHEN B, HU G Q, HO D W C, et al. Distributed Robust Fusion Estimation with Application to State Monitoring Systems[J]. IEEE Transactions on Systems Man and Cybernetics Systems, 2017, 47(11): 2994-3005.
[92] WANG Z D, HO D W C, LIU X H. Variance-constrained Filtering for Uncertain Stochastic Systems with Missing Measurements[J]. IEEE Transactions on Automatic Control, 2003, 48(7): 1254-1258.
[93] WANG Y J, ZUO Z Q. Further Results on Robust Variance-constrained Filtering for Uncertain Stochastic Systems with Missing Measurements[J]. Circuits Systems, Signal Processing, 2010, 29: 901-912.
[94] MA L F, WANG Z D, HU J, et al. Robust Variance-constrained Filtering for A Class

of Nonlinear Stochastic Systems with Missing Measurements[J]. Signal Processing, 2010, 90: 2060-2071.

[95] WANG B F, GUO G, YUE W. Variance-constrained Robust Estimation for Uncertain Systems with Multiple Packet Dropouts[J]. Optimal Control Applications and Methods, 2013, 34: 53-68.

[96] KAILATH T, SAYED A H, HASSIBI B. Linear Estimation[M]. Englewood Cliffs, New Jersey: Prentice Hall, 2000.

[97] SIMON D. Optimal State Estimation, Kalman, H_∞, and Nonlinear Approaches[J]. New York: John Wiley & Sons, Inc., 2006.

[98] POOR H V, LOOZE D P. Minimax State Estimation for Linear Stochastic Systems with Noise Uncertainty[J]. IEEE Transactions on Automatic Control, 1981, AC-26(4): 902-906.

[99] CHEN Y L, CHEN B S. Minimax Robust Deconvolution Filters under Stochastic Parametric and Noise Uncertainties[J]. IEEE Transactions on Signal Processing, 1994, 42(1): 32-45.

[100] WANG X M, LIU W Q, DENG Z L. Robust Weighted Fusion Kalman Estimators for Systems with Multiplicative Noises, Missing Measurements and Uncertain-variance Linearly Correlated White Noises[J]. Aerospace Science and Technology, 2017, 68: 331-344.

[101] LIU W Q, WANG X M, DENG Z L. Robust Weighted Fusion Steady-state White Noise Deconvolution Smoothers for Multisensor Systems with Uncertain Noise Variances[J]. Signal Processing, 2016, 122: 98-114.

[102] LIU W Q, WANG X M, DENG Z L. Robust Centralized and Weighted Measurement Fusion Kalman Estimators for Multisensor Systems with Multiplicative and Uncertain-covariance Linearly Correlated White Noises[J]. Journal of the Franklin Institute, 2017, 354(4): 1992-2031.

[103] WANG X M, LIU W Q, DENG Z L. Robust Weighted Fusion Kalman Estimators for Multi-model Multisensor Systems with Uncertain-variance Multiplicative and Linearly Correlated Additive White Noises[J]. Signal Processing, 2017, 137: 339-355.

[104] LIU W Q, WANG X M, DENG Z L. Robust Centralized and Weighted Measurement Fusion Kalman Estimators for Uncertain Multisensor Systems with Linearly Correlated White Noises[J]. Information Fusion, 2017, 35: 11-25.

[105] YANG C S, YANG Z B, DENG Z L. Guaranteed Cost Robust Weighted Measurement Fusion Steady-state Kalman Predictors with Uncertain Noise Variances[J]. Aerospace Science and Technology, 2015, 46: 459-470.

[106] YANG C S, DENG Z L. Guaranteed Cost Robust Weighted Measurement Fusion Kalman Estimators with Uncertain Noise Variances and Missing Measurements[J]. IEEE Sensors Journal, 2016, 16(14): 5817-5825.

[107] LIU W Q, WANG X M, DENG Z L. Robust Weighted Fusion Kalman Estimators for Multisensor Systems with Multiplicative Noises and Uncertain-covariances Linearly Correlated White Noises[J]. International Journal of Robust and Nonlinear Control, 2017, 27(12): 2019-2052.
[108] LIU W Q, WANG X M, DENG Z L. Robust Centralized and Weighted Measurement Fusion Kalman Predictors with Multiplicative Noises, Uncertain Noise Variances, and Missing Measurements[J]. Circuits, Systems, and Signal Processing, 2018, 37(2):770-809.
[109] LIU W Q, WANG X M, DENG Z L. Robust Centralized and Weighted Measurement Fusion White Noise Deconvolution Estimators for Multisensor Systems with Mixed Uncertainties[J]. International Journal of Adaptive Control and Signal Processing, 2018, 32(1):185-212.
[110] LIU W Q, WANG X M, DENG Z L. Robust Kalman Estimators for Systems with Mixed Uncertainties[J]. Optimal Control Applications and Methods,2018, 39(2): 735-756.
[111] YANG C S, DENG Z L. Robust Time-varying Kalman Estimators for Systems with Packet Dropouts and Uncertain-variance Multiplicative and Linearly Correlated Additive White Noises[J]. International Journal of Adaptive Control and Signal Processing, 2018, 32(1): 147-169.
[112] LIU W Q, WANG X M, DENG Z L. Robust Kalman Estimators for Systems with Multiplicative and Uncertain-variance Linearly Correlated Additive White Noises[J]. Aerospace Science and Technology, 2018, 72: 230-247.
[113] YANG C S, YANG Z B, DENG Z L. Robust Weighted State Fusion Kalman Estimators for Networked Systems with Mixed Uncertainties[J]. Information Fusion,2019, 45: 246-265.
[114] MOHAMED S M K, NAHAVANDI S. Robust Finite-horizon Kalman Filtering for Uncertain Discrete-time Systems with Uncertain Observations[J]. IEEE Transactions on Automatic Control, 2012, 57(6): 1548-1552.
[115] QU X M, ZHOU J. The Optimal Robust Finite-horizon Kalman Filtering for Multiple Sensors with Different Stochastic Failure Rates[J]. Applied Mathematics Letters, 2013, 26: 80-86.
[116] DONG H L, WANG Z D, ALSAADI F E, et al. Event-triggered Robust Distributed State Estimation for Sensor Networks with State-dependent Noises[J]. International Journal of General Systems, 2015, 44(2): 254-266.
[117] HOUNKPEVI F O, YAZ E E. Robust Minimum Variance Linear State Estimators for Multiple Sensors with Different Failure Rates[J]. Automatica, 2007, 43: 1274-1280.
[118] 陈博,俞立,张文安. 具有测量数据丢失的离散不确定时滞系统鲁棒 Kalman 滤波[J]. 自动化学报, 2011, 37(1): 123-128.

[119] CHEN B, YU L, ZHANG W A, et al. Robust Information Fusion Estimator for Multiple Delay-tolerant Sensors with Different Failure Rates[J]. IEEE Transactions on Circuits and Systems-I: Regular Papers, 2013, 60(2): 401-414.

[120] JULIER S J, UHLMANN J K. A Non-divergent Estimation Algorithm in the Presence of Unknown Correlations[C]. Proceedings of the America Control Conference, Albuquerque, NM, 1997:2369-2373.

[121] JULIER S J, UHLMANN J K. Using Covariance Intersection for SLAM[J]. Robotics and Autonomous Systems, 2007, 55(1): 3-20.

[122] JULIER S J, UHLMANN J K. General Decentralized Data Fusion with Covariance Intersection[M]. in: Liggins ME, Hall DL, Llinas J. (Eds.), Handbook of Multisensor Data Fusion, Second ed., Theory and Practice, CRC Press, Taylor & Francis Group, Boca Raton, London, New York, 2009.

[123] DENG Z L, ZHANG P, QI W J, et al. The Accuracy Comparison of Multisensor Covariance Intersection Fuser and Three Weighting Fusers[J]. Information Fusion, 2013, 14(2): 177-185.

[124] DENG Z L, ZHANG P, QI W J, et al. Sequential Covariance Intersection Fusion Kalman Filter[J]. Information Sciences, 2012, 189: 293-309.

[125] 王雪梅,刘文强,邓自立. 不确定系统改进的协方差交叉融合稳态 Kalman 预报器[J]. 自动化学报, 2016, 42(8): 1198-1206.

[126] 王雪梅,刘文强,邓自立. 带丢失观测和不确定噪声方差系统改进的鲁棒协方差交叉融合稳态 Kalman 滤波器[J]. 控制理论与应用, 2016, 33(7): 973-979.

[127] SIJS J, LAZAR M. State Fusion with Unknown Correlation: Ellipsoidal Intersection[J]. Automatica, 2012, 48(8): 1874-1878.

[128] QI W J, ZHANG P, DENG Z L. Robust Sequential Covariance Intersection Fusion Kalman Filtering over Multi-agent Sensor Networks with Measurement Delays and Uncertain Noise Variances[J]. Acta Automatica Sinica, 2014, 40(11): 2632-2642.

[129] CONG J L, LI Y Y, OI G Q, et al. An Order Insensitive Sequential Fast Covariance Intersection[J]. Information Sciences, 2016, 367-368: 28-40.

[130] NIEHSEN W. Information Fusion Based on Fast Covariance Intersection Filtering[C]. Proceedings of the 5th International Conference, Information Fusion, 2002:901-905.

[131] SUN T, XIN M, JIA B. Distributed Estimation in General Discreted Sensor Networks Based on Batch Covariance Intersection[C]. American Control Conference (ACC), 2016:5492-5497.

[132] SUN S L, MA J. Linear Estimation for Networked Control Sytems with Random Transmission Delay and Packet Dropouts[J]. Information Sciences, 2014, 269: 349-365.

[133] MA J, SUN S L. Optimal Linear Estimators for Multi-sensor Stochastic Uncertain

Systems with Packet Losses of Both Sides[J]. Digital Signal Processing, 2015, 37: 24-34.

[134] HU J, WANG Z D, ALSAADI F E, et al. Event-based Filtering for Time-varying Nonlinear Systems Subject to Multiple Missing Measurements with Uncertain Missing Probabilities[J]. Information Fusion, 2017, 38: 74-83.

[135] NOACK B, SIJS J, REINHARDT M, et al. Decentralized Data Fusion with Inverse Covariance Intersection[J]. Automatica, 2017, 79: 35-41.

[136] SIJS J, LAZAR M. State-fusion with Unknown Correlation: Ellipsoidal Intersection[J]. Automatica, 2012, 48(8): 1874-1878.

[137] ZHANG P, QI W J, DENG Z L. Two-level Robust Measurement Fusion Kalman Filter for Clustering Sensor Networks[J]. Acta Automatica Sinica, 2014, 40(11): 2585-2594.

[138] GAO H J, CHEN T W. H_∞ Estimation for Uncertain Systems with Limited Communication Capacity[J]. IEEE Transactions on Automatic Control, 2007, 52(11): 2070-2084.

[139] LIU W Q, WANG X M, DENG Z L. Robust Fusion Time-varying Kalman Estimators for Multisensor Networked Systems with Mixed Uncertainties[J]. International Journal of Robust and Nonlinear Control, 2018, doi:10.1002/rnc.4226.

[140] ZHANG W A, SHI L. Sequential Fusion Estimation for Clustered Sensor Networks[J]. Automatica, 2018,89:358-363.

[141] GAO M, SHENG L, LIU Y R. Robust H_∞ Control for T－S Systems Subject to Missing Measurements with Uncertain Missing Probabilities[J]. Neurocomputing, 2016,193:235-241.

[142] CONG J L, LI Y Y, QI G Q, et al. An Order Insensitive Sequential Fast Covariance Intersection[J]. Information Sciences, 2016,367-368:28-40.

第 2 章　最优估计方法

本书提出的极大极小鲁棒 Kalman 滤波方法的基本原理是:将鲁棒估计问题转化为最优估计问题,将不确定系统鲁棒局部和融合 Kalman 估值器设计问题转化为对极大风险(最坏)情形保守系统设计最优(最小方差)局部和融合 Kalman 估值器,即转化为经典最优局部和融合 Kalman 估值器设计问题。这个问题可用常用的、基本的和通用的最优估计和最优融合估计方法来解决。

本章介绍本书应用的 5 种基本的最优估计方法及原理,其中包括加权最小二乘(Weighted Least Squares,WLS)法,线性无偏最小方差(Linear Unbiased Minimum Variance,LUMV)法,线性最小方差(Linear Minimum Variance,LMV)法,即投影(Projection)方法或新息分析(Innovation Analysis)方法,最优加权状态融合方法,最优加权观测融合方法。

2.1　WLS 估计方法

设 $x \in R^n$ 为未知的常值 n 维列向量或随机变量,观测方程为

$$y = Hx + v \tag{2.1}$$

其中 $y \in R^m$ 为 m 维观测向量,H 为 $m \times n$ 列满秩观测阵,v 为观测噪声,假设它是带零均值、方差阵为 $R \geqslant 0$ 的随机变量,即

$$\mathrm{E}[v] = 0, \mathrm{E}[vv^{\mathrm{T}}] = R \tag{2.2}$$

其中符号 E 表示数学期望,上标 T 为转置号。

基于观测方程(2.1),问题是求 x 的 WLS 估值器 $\hat{x}_{\mathrm{WLS}}$ 极小化如下性能指标

$$J = (y - H\hat{x}_{\mathrm{WLS}})^{\mathrm{T}} W (y - H\hat{x}_{\mathrm{WLS}}) \tag{2.3}$$

其中加权阵 W 是适当选取的 $m \times m$ 对称正定阵。

定理 2.1　被估量 $x \in R^n$ 的 WLS 估值器 $\hat{x}_{\mathrm{WLS}}$ 及其性质如下:

(1) 被估量 x 的 WLS 估值器为

$$\hat{x}_{\mathrm{WLS}} = (H^{\mathrm{T}} W H)^{-1} H^{\mathrm{T}} W y \tag{2.4}$$

(2) WLS 估值器是无偏的,即若 x 为常向量,则有

$$\mathrm{E}[\hat{x}_{\mathrm{WLS}}] = x \tag{2.5}$$

若 x 为随机变量,则有

$$\mathrm{E}[\hat{x}_{\mathrm{WLS}}] = \mathrm{E}[x] \tag{2.6}$$

(3) WLS 估值误差方差阵为

$$P_{\mathrm{WLS}} = (H^{\mathrm{T}} W H)^{-1} H^{\mathrm{T}} W R W H (H^{\mathrm{T}} W H)^{-1} \tag{2.7}$$

(4) 选取 $W = R^{-1}$ 的 WLS 估值器 $\hat{x}_{\mathrm{WLS}}$ 称作 Gauss-Markov 估值器,记为 $\hat{x}_{\mathrm{GM}}$,且有

$$\hat{x}_{\mathrm{GM}} = (H^{\mathrm{T}} R^{-1} H)^{-1} H^{\mathrm{T}} R^{-1} y \tag{2.8}$$

它有估值误差方差阵

$$P_{\mathrm{GM}} = (H^{\mathrm{T}}R^{-1}H)^{-1} \tag{2.9}$$

(5) Gauss-Markov 估值器 $\hat{x}_{\mathrm{WLS}}$ 具有最小方差阵 P_{GM},即对任意对称正定加权阵 $W>0$,有

$$P_{\mathrm{WLS}} \geqslant P_{\mathrm{GM}} \tag{2.10}$$

证明　在(2.3)中置 J 关于 $\hat{x}_{\mathrm{WLS}}$ 的导数为零,有

$$\frac{\partial J}{\partial \hat{x}_{\mathrm{WLS}}} = -2H^{\mathrm{T}}W(y - H\hat{x}_{\mathrm{WLS}}) = 0 \tag{2.11}$$

它引出

$$H^{\mathrm{T}}WH\hat{x}_{\mathrm{WLS}} = H^{\mathrm{T}}Wy \tag{2.12}$$

因 $W>0$,H 为列满秩矩阵,则有 $H^{\mathrm{T}}WH$ 为可逆矩阵[1]。由(2.12)直接引出(2.4)。

将(2.1)代入(2.4),有

$$\hat{x}_{\mathrm{WLS}} = x + (H^{\mathrm{T}}WH)^{-1}H^{\mathrm{T}}Wv \tag{2.13}$$

因 $\mathrm{E}[v]=0$,故得(2.5)和(2.6)。

由(2.13)有 WLS 估值误差

$$\tilde{x}_{\mathrm{WLS}} = x - \hat{x}_{\mathrm{WLS}} = -(H^{\mathrm{T}}WH)^{-1}H^{\mathrm{T}}Wv \tag{2.14}$$

应用(2.14)和定义 $P_{\mathrm{WLS}} = \mathrm{E}[\tilde{x}_{\mathrm{WLS}}\tilde{x}_{\mathrm{WLS}}^{\mathrm{T}}]$ 得(2.7)。

在(2.4)和(2.7)中置 $W=R^{-1}$ 得(2.8)和(2.9)。

下面来证明(2.10)。因 $R>0$,则有 Cholesky 分解[2](平方根分解)

$$R = S^{\mathrm{T}}S \tag{2.15}$$

其中 S 为非奇异方阵。定义

$$A = H^{\mathrm{T}}S^{-1}, B = SWH(H^{\mathrm{T}}WH)^{-1} \tag{2.16}$$

应用矩阵 Schwarz 不等式[3],注意 $AB=I_n$,I_n 为 $n\times n$ 单位阵,有

$$P_{\mathrm{WLS}} = B^{\mathrm{T}}B \geqslant (AB)^{\mathrm{T}}(AA^{\mathrm{T}})^{-1}(AB) = (AA^{\mathrm{T}})^{-1} = (H^{\mathrm{T}}R^{-1}H)^{-1} = P_{\mathrm{GM}} \tag{2.17}$$

这证明了(2.10)。取 $W=R^{-1}$,由(2.7)有 $P_{\mathrm{WLS}}=P_{\mathrm{GM}}$ 成立,即(2.17)中等号成立。证毕。

例 2.1　设有 L 个传感器对未知标量常数 x 进行直接测量一次,局部观测方程为

$$y_i = x + v_i, i = 1,\cdots,L \tag{2.18}$$

其中 y_i 为第 i 个传感器对 x 的观测值,v_i 为观测误差。假设 v_i 为零均值、方差为 $\sigma_{v_i}^2>0$ 的不相关噪声:$\mathrm{E}[v_i]=0$,$\mathrm{E}[v_iv_j]=\sigma_{v_i}^2\delta_{ij}$,$\delta_{ij}$ 为 Kronecker δ 函数,$\delta_{ii}=1$,$\delta_{ij}=0(i\neq j)$,则有集中式融合观测方程

$$y = Hx + v \tag{2.19}$$

其中定义 $y=[y_1^{\mathrm{T}},\cdots,y_L^{\mathrm{T}}]^{\mathrm{T}}$,$v=[v_1^{\mathrm{T}},\cdots,v_L^{\mathrm{T}}]^{\mathrm{T}}$,$H=[1,\cdots,1]^{\mathrm{T}}$,且 v 有方差阵

$$R = \mathrm{diag}(\sigma_{v_1}^2,\cdots,\sigma_{v_L}^2) \tag{2.20}$$

基于(2.19)有 x 的 Gauss-Markov 估值及方差

$$\hat{x}_{\mathrm{GM}} = \left[\sum_{i=1}^{L}\frac{1}{\sigma_{v_i}^2}\right]^{-1}\sum_{i=1}^{L}\frac{1}{\sigma_{v_i}^2}y_i \tag{2.21}$$

$$P_{\mathrm{GM}} = \left[\sum_{i=1}^{L}\frac{1}{\sigma_{v_i}^2}\right]^{-1} \tag{2.22}$$

由 $\sigma_{v_i}^2 > 0$，有

$$\sum_{i=1}^{L} \frac{1}{\sigma_{v_i}^2} > \frac{1}{\sigma_{v_i}^2}, i = 1, \cdots, L \tag{2.23}$$

这引出

$$P_{\mathrm{GM}} < \sigma_{v_i}^2, i = 1, \cdots, L \tag{2.24}$$

这表明 Gauss-Markov 估值 $\hat{x}_{\mathrm{GM}}$ 的精度高于每个传感器的估值精度 $\sigma_{v_i}^2$。这里每个传感器对 x 的观测值定义为它的局部估值，则 $\sigma_{v_i}^2$ 就是局部估值误差方差。由(2.22)看出，一个传感器的测量精度无论多么低，即它的测量误差方差无论多么大，都会改善 Gauss-Markov 估值精度。还可看到，各个传感器具有相同的精度，即 $\sigma_{v_1}^2 = \cdots = \sigma_{v_L}^2$，则 Gauss-Markov 估值精度可提高 L 倍。

2.2 LUMV 估计方法

考虑被估量 $x \in R^n$ 的观测方程(2.1)，其中 $v \in R^m$ 为零均值、方差阵为 R 的观测噪声，定义被估量 x 的线性无偏估值器为 y 的线性函数

$$\hat{x}_{\mathrm{LU}} = Ky \tag{2.25}$$

其中 K 为 $n \times m$ 系数阵。由无偏性要求，应有

$$\mathrm{E}[\hat{x}_{\mathrm{LU}}] = \mathrm{E}[Ky] = \mathrm{E}[KHx + Kv] = KH\mathrm{E}[x] \tag{2.26}$$

引出如下约束条件

$$KH = I_n \tag{2.27}$$

定义 x 的线性无偏最小方差估值为

$$\hat{x}_{\mathrm{LUMV}} = K_0 y \tag{2.28}$$

其中 K_0 是 $n \times m$ 系数阵，满足无偏性约束 $K_0 y = I_n$。按最小方差要求，应选 K_0 极小化性能指标

$$J = \mathrm{E}[(x - \hat{x}_{\mathrm{LUMV}})^{\mathrm{T}}(x - \hat{x}_{\mathrm{LUMV}})] = \mathrm{trE}[(x - \hat{x}_{\mathrm{LUMV}})(x - \hat{x}_{\mathrm{LUMV}})^{\mathrm{T}}] \tag{2.29}$$

将(2.28)和(2.1)代入上式可得

$$J = \mathrm{tr}[K_0 R K_0^{\mathrm{T}}] \tag{2.30}$$

于是求 LUMV 估值器 $\hat{x}_{\mathrm{LUMV}}$ 归结为在约束条件 $K_0 H = I_n$ 下求最优系数阵 K_0，它极小化性能指标 J。

应用 Lagrange 乘数法，引入如下辅助函数

$$F = J + \sum_{i=1}^{n} \lambda_i (K_0 H - I_n) e_i = J + \mathrm{tr} \sum_{i=1}^{n} \lambda_i (K_0 H - I_n) e_i \tag{2.31}$$

其中定义行向量 λ_i 和列向量 e_i 为

$$\lambda_i = [\lambda_{i1}, \lambda_{i2}, \cdots, \lambda_{in}], e_i^{\mathrm{T}} = [0, \cdots, 0, 1, 0, \cdots, 0] \tag{2.32}$$

其中 e_i^{T} 的第 i 个元素为 1，其余元素为 0。辅助函数可解释为：矩阵等式约束条件 $KH = I_n$ 按分量等价于 n^2 个标量等式约束条件。$(K_0 H - I_n)e_i$ 为矩阵 $K_0 H - I_n$ 的第 i 个列向量，$\lambda_i = [\lambda_{i1}, \lambda_{i2}, \cdots, \lambda_{in}]$ 为相应的 n 个 Lagrange 乘子。(2.31)的第二项相应于对 n^2 个标量约束条件引入了 n^2 个 Lagrange 乘子。应用矩阵迹求导公式，置 $\frac{\partial F}{\partial K_0} = 0$，可得

$$2K_0R + \sum_{i=1}^{n} \lambda_i^{\mathrm{T}} e_i^{\mathrm{T}} H^{\mathrm{T}} = 0$$

即

$$2K_0R + \Lambda^{\mathrm{T}} H^{\mathrm{T}} = 0 \tag{2.33}$$

其中定义 $\Lambda^{\mathrm{T}} = [\lambda_1^{\mathrm{T}}, \lambda_2^{\mathrm{T}}, \cdots, \lambda_n^{\mathrm{T}}] = (\lambda_{ij})$。上式右乘 $R^{-1}H$ 并应用约束 $K_0H = I_n$ 有

$$2I_n + \Lambda^{\mathrm{T}} H^{\mathrm{T}} R^{-1} H = 0 \tag{2.34}$$

它引出 $\Lambda^{\mathrm{T}} = -2(H^{\mathrm{T}}R^{-1}H)^{-1}$。将它代入(2.33)得最优系数阵 K_0 为

$$K_0 = (H^{\mathrm{T}}R^{-1}H)^{-1}H^{\mathrm{T}}R^{-1} \tag{2.35}$$

引理 2.1 设 H_0 为 $m \times n$ 列满秩矩阵,则有

$$I_m - H_0(H_0^{\mathrm{T}}H_0)^{-1}H_0^{\mathrm{T}} \geqslant 0$$

证明 定义

$$F = I_m - H_0(H_0^{\mathrm{T}}H_0)^{-1}H_0^{\mathrm{T}} \tag{2.36}$$

注意 $F = F^{\mathrm{T}}$,且容易验证 $F^2 = F$,即 F 为幂等矩阵。于是对任意 $u \in R^m$ 有

$$u^{\mathrm{T}}Fu = u^{\mathrm{T}}F^2u = (u^{\mathrm{T}}F)(F^{\mathrm{T}}u) \geqslant 0 \tag{2.37}$$

定理 2.2 基于被估量 $x \in R^n$ 的观测方程(2.1),其中 $m \times n$ 观测阵 H 列满秩,观测噪声 v 有零均值和方差阵 R,则 x 的 LUMV 估值 $\hat{x}_{\mathrm{LUMV}}$ 具有性质:

(1)$\hat{x}_{\mathrm{LUMV}}$ 是观测 y 的线性函数

$$\hat{x}_{\mathrm{LUMV}} = K_0 y \tag{2.38}$$

最优系数阵 K_0 为

$$K_0 = (H^{\mathrm{T}}R^{-1}H)^{-1}H^{\mathrm{T}}R^{-1} \tag{2.39}$$

(2)$\hat{x}_{\mathrm{LUMV}}$ 有公式

$$\hat{x}_{\mathrm{LUMV}} = (H^{\mathrm{T}}R^{-1}H)^{-1}H^{\mathrm{T}}R^{-1}y \tag{2.40}$$

(3)LUMV 估值器 $\hat{x}_{\mathrm{LUMV}}$ 是无偏的

$$\mathrm{E}[\hat{x}_{\mathrm{LUMV}}] = \mathrm{E}[x] \tag{2.41}$$

(4)LUMV 估值误差方差阵为

$$P_{\mathrm{LUMV}} = (H^{\mathrm{T}}R^{-1}H)^{-1} \tag{2.42}$$

(5)LUMV 估值器 $\hat{x}_{\mathrm{LUMV}}$ 具有最小方差阵 P_{LUMV},即对任意满足约束条件(2.27)的 $n \times m$ 矩阵 K,相应的线性无偏估值器 $\hat{x}_{\mathrm{LU}}$ 为

$$\hat{x}_{\mathrm{LU}} = Ky, KH = I_n \tag{2.43}$$

误差方差阵 P_{LU} 为

$$P_{\mathrm{LU}} = KRK^{\mathrm{T}} \tag{2.44}$$

且有精度关系

$$P_{\mathrm{LUMV}} \leqslant P_{\mathrm{LU}} \tag{2.45}$$

(6)Gauss-Markov 估值器与 LUMV 估值器是等价的,即

$$\hat{x}_{\mathrm{GM}} = \hat{x}_{\mathrm{LUMV}} \tag{2.46}$$

$$P_{\mathrm{GM}} = P_{\mathrm{LUMV}} \tag{2.47}$$

证明 由(2.28)和(2.35)引出性质(1)和(2)。将(2.1)代入(2.40)引出 LUMV 估值误差

$$\tilde{x}_{\mathrm{LUMV}}=x-\hat{x}_{\mathrm{LUMV}}=-(H^{\mathrm{T}}R^{-1}H)^{-1}H^{\mathrm{T}}R^{-1}v \tag{2.48}$$

它引出$\mathrm{E}[\tilde{x}_{\mathrm{LUMV}}]=0$,即(2.41)成立。将(2.46)代入误差方差公式$P_{\mathrm{LUMV}}=\mathrm{E}[\tilde{x}_{\mathrm{LUMV}}\tilde{x}_{\mathrm{LUMV}}^{\mathrm{T}}]$得(2.42)。将(2.1)代入(2.25)并应用约束条件(2.27)有线性无偏估值误差

$$\tilde{x}_{\mathrm{LU}}=x-\hat{x}_{\mathrm{LU}}=-Kv \tag{2.49}$$

它引出(2.44)。

下面证明性质(5)。应用无偏约束条件(2.27),由(2.42)和(2.44)有

$$\begin{aligned}P_{\mathrm{LU}}-P_{\mathrm{LUMV}}&=KRK^{\mathrm{T}}-(H^{\mathrm{T}}R^{-1}H)^{-1}=\\&KRK^{\mathrm{T}}-KH(H^{\mathrm{T}}R^{-1}H)^{-1}H^{\mathrm{T}}K^{\mathrm{T}}=\\&K(R-H(H^{\mathrm{T}}R^{-1}H)^{-1}H^{\mathrm{T}})K^{\mathrm{T}}\end{aligned} \tag{2.50}$$

引入平方根分解

$$R=S_0S_0^{\mathrm{T}} \tag{2.51}$$

其中S_0是非奇异方阵,定义

$$H_0=S_0^{-1}H \tag{2.52}$$

由H列满秩引出H_0也是列满秩矩阵。对H_0应用引理2.1有

$$I_m-S_0^{-1}H(H^{\mathrm{T}}S_0^{-\mathrm{T}}S_0^{-1}H)^{-1}H^{\mathrm{T}}S_0^{-\mathrm{T}}\geqslant 0 \tag{2.53}$$

上式分别左乘S_0、右乘S_0^{T},并应用(2.51)有

$$R-H(H^{\mathrm{T}}R^{-1}H)^{-1}H^{\mathrm{T}}\geqslant 0 \tag{2.54}$$

应用(2.50)和(2.54)引出$P_{\mathrm{LU}}-P_{\mathrm{LUMV}}\geqslant 0$,即(2.45)成立。比较(2.8)、(2.9)、(2.40)和(2.42)引出性质(6)。证毕。

由(2.29)和(2.45)看到,x的LUMV估值$\hat{x}_{\mathrm{LUMV}}$不仅极小化估值误差方差阵的迹,而且还极小化估值误差方差阵。

2.3 LMV估计方法——正交投影方法,新息分析方法

前两节的估计问题要求已知被估量$x\in R^n$的线性观测方程,本节我们避免假设已知观测方程,研究如何由$m\times 1$维随机变量$y\in R^m$的线性函数来估计$n\times 1$维随机变量$x\in R^n$,使估值误差方差阵最小。这样的估计称为最优线性估计,也称作线性最小方差(LMV)估计。几何上x的线性最小方差估值可看成是随机变量x在由随机变量y所生成的线性空间上的正交投影[5]。正交投影理论是Kalman滤波理论的基本工具。

所谓线性估计是指被估量x的估值$\hat{x}_L$是y的线性函数,即

$$\hat{x}_L=a+By \tag{2.55}$$

其中$a\in R^n$,B是$n\times m$矩阵,且它们是待定的。由无偏性要求$\mathrm{E}\hat{x}_L=\mathrm{E}x$,有$a+B\mathrm{E}y=\mathrm{E}x$,因而

$$a=\mathrm{E}x-B\mathrm{E}y \tag{2.56}$$

这引出线性无偏估计可表为

$$\hat{x}_L=\mathrm{E}x+B(y-\mathrm{E}y) \tag{2.57}$$

注意$\mathrm{E}\tilde{x}_L=\mathrm{E}[x-\hat{x}_L]=0$,则估值误差方差阵$P_L$为

$$P_L=\mathrm{E}[\tilde{x}_L\tilde{x}_L^{\mathrm{T}}]=\mathrm{E}\{[(x-\mathrm{E}x)-B(y-\mathrm{E}y)][(x-\mathrm{E}x)-B(y-\mathrm{E}y)]^{\mathrm{T}}\} \tag{2.58}$$

引入方差阵和互协方差阵记号

$$P_{xx}=\mathrm{E}[(x-\mathrm{E}x)(x-\mathrm{E}x)^{\mathrm{T}}]$$
$$P_{yy}=\mathrm{E}[(y-\mathrm{E}y)(y-\mathrm{E}y)^{\mathrm{T}}]$$
$$P_{xy}=\mathrm{E}[(x-\mathrm{E}x)(y-\mathrm{E}y)^{\mathrm{T}}]$$
$$P_{yx}=P_{xy}^{\mathrm{T}} \tag{2.59}$$

由(2.58)有

$$\begin{aligned}P_L=P_{xx}-BP_{yx}-P_{xy}B^{\mathrm{T}}+BP_{yy}B^{\mathrm{T}}= \\ (B-P_{xy}P_{yy}^{-1})P_{yy}(B-P_{xy}P_{yy}^{-1})^{\mathrm{T}}+ \\ P_{xx}-P_{xy}P_{yy}^{-1}P_{yx}\end{aligned} \tag{2.60}$$

为了使方差最小,充分必要条件是令上式右边第一项为零,这引出

$$B=P_{xy}P_{yy}^{-1} \tag{2.61}$$

于是由(2.57)有线性最小方差估值器

$$\hat{x}_{\mathrm{LMV}}=\mathrm{E}x+P_{xy}P_{yy}^{-1}(y-\mathrm{E}y) \tag{2.62}$$

且由(2.60)有最小估值误差方差

$$P_{\mathrm{LMV}}=P_{xx}-P_{xy}P_{yy}^{-1}P_{yx} \tag{2.63}$$

定理 2.3 基于被估量 $y\in R^m$ 对随机向量 $x\in R^n$ 的线性最小方差估值器 $\hat{x}_{\mathrm{LMV}}$ 为

$$\hat{x}_{\mathrm{LMV}}=\mathrm{E}x+P_{xy}P_{yy}^{-1}(y-\mathrm{E}y) \tag{2.64}$$

它有如下性质:

(1) $\hat{x}_{\mathrm{LMV}}$ 是 y 的线性函数。

(2) 无偏性:$\mathrm{E}[\hat{x}_{\mathrm{LMV}}]=\mathrm{E}[x]$。

(3) 正交性:$x-\hat{x}_{\mathrm{LMV}}$ 与 y 正交,即

$$\mathrm{E}[(x-\hat{x}_{\mathrm{LMV}})y^{\mathrm{T}}]=0 \tag{2.65}$$

(4) $\hat{x}_{\mathrm{LMV}}$ 具有最小估计误差方差阵

$$P_{\mathrm{LMV}}=P_{xx}-P_{xy}P_{yy}^{-1}P_{yx} \tag{2.66}$$

且有精度关系:对任意 a 和 B 有

$$P_{\mathrm{LMV}}\leqslant P_L \tag{2.67}$$

证明 由(2.64)引出性质(1)和性质(2),且有

$$\begin{aligned}\mathrm{E}[(x-\hat{x}_{\mathrm{LMV}})y^{\mathrm{T}}]=\mathrm{E}\{[(x-\mathrm{E}x)-P_{xy}P_{yy}^{-1}(y-\mathrm{E}y)](y-\mathrm{E}y)^{\mathrm{T}}\}= \\ P_{xy}-P_{xy}P_{yy}^{-1}P_{yy}=0\end{aligned} \tag{2.68}$$

即性质(3)成立。由(2.63)引出性质(4)。证毕。

注 2.1 $\hat{x}_{\mathrm{LMV}}$ 的几何意义如图 2.1 所示。正交性(2.65)表明估值误差 $\tilde{x}_{\mathrm{LMV}}=x-\hat{x}_{\mathrm{LMV}}$ 与 y 不相关。在几何上称 $\tilde{x}_{\mathrm{LMV}}$ 与 y 正交(垂直),记为 $\tilde{x}_{\mathrm{LMV}}\perp y$。特别地,$\tilde{x}_{\mathrm{LMV}}$ 与 $\hat{x}_{\mathrm{LMV}}$ 正交,即 $\tilde{x}_{\mathrm{LMV}}\perp\hat{x}_{\mathrm{LMV}}$。

定义 2.1 设 $x\in R^n$ 和 $y\in R^m$ 为具有二阶矩的随机向量,称基于 y 求得的线性最小方差估值 $\hat{x}_{\mathrm{LMV}}$ 为 x 在 y 上的投影,记为 $\hat{x}_{\mathrm{LMV}}=\hat{\mathrm{E}}[x\mid y]$,符号 $\hat{\mathrm{E}}$ 表示投影,投影公式为

$$\hat{\mathrm{E}}[x\mid y]=\hat{x}_{\mathrm{LMV}}=\mathrm{E}x+P_{xy}P_{yy}^{-1}(y-\mathrm{E}y) \tag{2.69}$$

应用投影公式(2.69)的方法叫投影方法。

定义 2.2 由随机向量 $y\in R^m$ 生成的线性空间(线性流形)定义为由如下形式的随

机向量 $z \in R^n$ 构成的集合

$$L(y) = \{z \mid z = a + By, \forall a \in R^n, \forall B \in R^{n\times m}\} \tag{2.70}$$

其中符号"$\forall$"表示"任意"，R^n 表示 n 维列向量空间，$R^{n\times m}$ 表示 $n\times m$ 维矩阵空间。

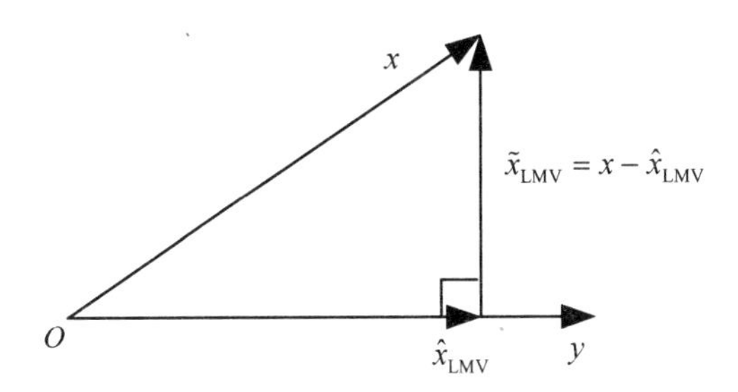

图 2.1　LMV 估值(投影)的几何意义

注 2.2　我们也称 $\hat{x}_{\mathrm{LMV}}$ 为 x 在线性流形 $L(y)$ 上的投影。

定理 2.4　(正交投影定理)$(x - \hat{x}_{\mathrm{LMV}}) \perp z, \forall z \in L(y)$，记为

$$(x - \hat{x}_{\mathrm{LMV}}) \perp L(y) \tag{2.71}$$

证明　对 $\forall z \in L(y)$ 有 $z = a + By$，于是由投影的无偏性和正交性有

$$\mathrm{E}[(x - \hat{x}_{\mathrm{LMV}})z^{\mathrm{T}}] = \mathrm{E}[(x - \hat{x}_{\mathrm{LMV}})(a + By)^{\mathrm{T}}] = 0 \tag{2.72}$$

定义 2.3　设随机向量 $x \in R^n$，随机向量 $y(1),\cdots,y(k) \in R^m$，引入合成随机向量 w 为

$$w = [y^{\mathrm{T}}(1),\cdots,y^{\mathrm{T}}(k)]^{\mathrm{T}} \in R^{km} \tag{2.73}$$

由 $y(1),\cdots,y(k)$ 生成的线性流形 $L(y(1),\cdots,y(k))$ 定义为

$$L(y(1),\cdots,y(k)) = L(w) \tag{2.74}$$

其中定义由 w 生成的线性流形为

$$L(w) = \{z \mid z = a + Bw, \forall a \in R^n, \forall B \in R^{n\times km}\} \tag{2.75}$$

注 2.3　$L(y(1),\cdots,y(k))$ 也可以直接由 $y(1),\cdots,y(k)$ 的线性组合生成。事实上，引入分块矩阵表示

$$B = [B_1,\cdots,B_k], B_i \in R^{n\times m} \tag{2.76}$$

由(2.75)，则有 $L(y(1),\cdots,y(k)) = L(w)$ 为

$$L(w) = \{z \mid z = a + \sum_{i=1}^{k} B_i y_i, \forall a \in R^n, \forall B_i \in R^{n\times m}\} \tag{2.77}$$

定义 2.4　基于随机向量 $y(1),\cdots,y(k) \in R^m$，对随机向量 $x \in R^n$ 的线性最小方差估值 $\hat{x}_{\mathrm{LMV}}$ 定义为

$$\hat{x}_{\mathrm{LMV}} = \hat{\mathrm{E}}[x \mid w] = \hat{\mathrm{E}}[x \mid y(1),\cdots,y(k)] \tag{2.78}$$

也称 $\hat{x}_{\mathrm{LMV}}$ 为 x 在合成向量 w 上或在线性流形 $L(w)$ 上或在 $L(y(1),\cdots,y(k))$ 上的投影。

定理 2.5　(投影正交分解定理)设 $x \in R^n$ 为零均值随机向量，$\mathrm{E}x = 0$，$y(1),\cdots,y(k) \in R^m$ 为零均值互不相关(正交)的随机向量，则有

$$\hat{\mathrm{E}}[x \mid y(1),\cdots,y(k)] = \sum_{i=1}^{k} \hat{\mathrm{E}}[x \mid y(i)] \tag{2.79}$$

证明　记 $w = [y^{\mathrm{T}}(1),\cdots,y^{\mathrm{T}}(k)]^{\mathrm{T}}$，注意 $\mathrm{E}x = 0$，$\mathrm{E}w = 0$，应用投影公式有

$$\hat{\mathrm{E}}[x \mid y(1),\cdots,y(k)] = \hat{\mathrm{E}}[x \mid w] = P_{xw}P_{ww}^{-1}w \tag{2.80}$$

应用 $y(i)(i=1,\cdots,k)$ 的不相关性和 $\mathrm{E}y(i)=0$,有

$$P_{xw}=[P_{xy(1)},\cdots,P_{xy(k)}] \tag{2.81}$$

$$P_{ww}=\mathrm{diag}(P_{y(1)y(1)},\cdots,P_{y(k)y(k)}) \tag{2.82}$$

将上两式代入(2.80),并注意

$$\hat{\mathrm{E}}[x\mid y(i)]=P_{xy(i)}P_{y(i)y(i)}^{-1}y(i) \tag{2.83}$$

便得到(2.79)。证毕。

图 2.2 给出了投影正交分解定理 2.5 的几何意义。在由正交向量 y_1,y_2,y_3 的线性组合生成的三维欧几里得空间 R^3 中,向量 $x\in R^3$ 在由 y_1 和 y_2 生成的子空间(y_1,y_2) 平面上的投影可分解为它在 y_1 轴上的投影和 y_2 轴上的投影之和(向量相加服从平行四边形法则)。

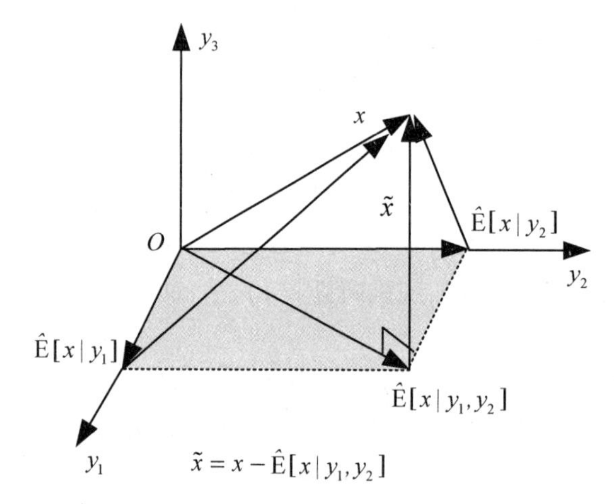

图 2.2 投影正交分解定理 2.5 的几何意义

定理 2.6 设随机向量 $x\in R^n,\xi\in R^r,y\in R^m$,随机向量 $C_1x+C_2\xi\in R^s,C_1\in R^{s\times n}$, $C_2\in R^{s\times r}$,则有

$$\hat{\mathrm{E}}[C_1x+C_2\xi\mid y]=C_1\hat{\mathrm{E}}[x\mid y]+C_2\hat{\mathrm{E}}[\xi\mid y] \tag{2.84}$$

即投影运算是线性算子。

证明 直接应用投影公式得证。

定理 2.7 设随机向量 $x\in R^n$ 的分量形式为

$$x=[x_1,\cdots,x_n]^{\mathrm{T}} \tag{2.85}$$

随机向量 $y\in R^m$,则有

$$\hat{\mathrm{E}}[x\mid y]=[\hat{\mathrm{E}}[x_1\mid y],\cdots,\hat{\mathrm{E}}[x_n\mid y]]^{\mathrm{T}} \tag{2.86}$$

证明 将(2.85)代入投影公式得证。

注 2.4 定理2.5 表明,随机向量 $x\in R^n$ 在由一些互不相关的带零均值的随机向量生成的线性空间上的投影等于它在相互正交的每个子空间上的投影之和。这大大简化了投影的计算。若这些随机向量是相关的(非正交),则我们可用“正交化”方法将它们化为互不相关的随机向量来求投影。这引出新息概念。

注 2.5 定理2.7 表明,基于随机向量 $y\in R^m$,随机向量 $x\in R^n$ 的线性最小方差估值 $\hat{\mathrm{E}}[x\mid y]$ 的每个分量 $\hat{\mathrm{E}}[x_i\mid y]$ 必为相应分量 x_i 的线性最小方差估值。这个定理可用于分

量线性最小方差估计，此时通常待估信号是系统状态的部分分量。

定义 2.5　设 $y(1),y(2),\cdots,y(k),\cdots \in R^m$ 是存在二阶矩的随机序列，它的新息序列（新息过程）定义为

$$\varepsilon(k)=y(k)-\hat{\mathrm{E}}[y(k)\mid y(1),\cdots,y(k-1)],k=1,2,\cdots \tag{2.87}$$

并定义 $y(k)$ 的一步最优预报估值为它在 $L(y(1),\cdots,y(k))$ 上的投影，即

$$\hat{y}(k\mid k-1)=\hat{\mathrm{E}}[y(k)\mid y(1),\cdots,y(k-1)] \tag{2.88}$$

因而新息序列（Innovation Sequence）可定义为观测的一步预报误差序列，即

$$\varepsilon(k)=y(k)-\hat{y}(k\mid k-1),k=1,2,\cdots \tag{2.89}$$

其中规定 $\hat{y}(1\mid 0)=\hat{\mathrm{E}}y(1)$，这保证 $\mathrm{E}\varepsilon(1)=0$。

新息的几何意义如图 2.3 所示，由正交投影定理 2.4，容易证明 $\varepsilon(k)\perp L(y(1),\cdots,y(k-1))$，且也有 $\varepsilon(k)\perp\hat{y}(k\mid k-1)$。

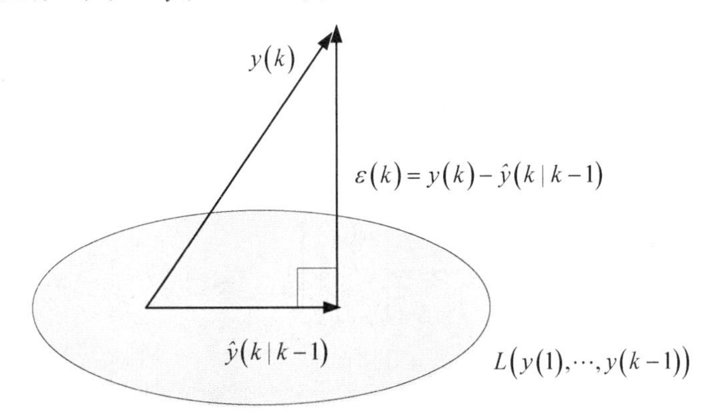

图 2.3　新息 $\varepsilon(k)$ 的几何意义

定理 2.8　新息序列 $\varepsilon(k)$ 是零均值正交序列，即新息序列是零均值白噪声。

证明　由投影的无偏性，有

$$\mathrm{E}\varepsilon(k)=\mathrm{E}y(k)-\mathrm{E}\hat{y}(k\mid k-1)=\mathrm{E}y(k)-\mathrm{E}y(k)=0,k\geqslant 1 \tag{2.90}$$

设 $i\neq j$，不妨设 $i>j$，因 $\varepsilon(i)\perp L(y(1),\cdots,y(i-1))$，且有 $L(y(1),\cdots,y(j))\subset L(y(1),\cdots,y(i-1))$，故有 $\varepsilon(i)\perp L(y(1),\cdots,y(j))$。而 $\varepsilon(j)=y(j)-\hat{y}(j\mid j-1)\in L(y(1),\cdots,y(j))$，因而 $\varepsilon(i)\perp\varepsilon(j)$，即 $\mathrm{E}[\varepsilon(i)\varepsilon^{\mathrm{T}}(j)]=0$，故 $\varepsilon(i)$ 是正交序列。对 $i<j$ 的情形可转化为 $i>j$ 的情形处理。证毕。

定理 2.8 表明新息序列是正交（不相交）序列，通过引入新息序列实现了非正交（相关）随机序列的正交化。由定理 2.5，在由新息序列生成的线性流形上的射影将大大简化射影的计算。但问题是是否 $L(\varepsilon(1),\cdots,\varepsilon(k))=L(y(1),\cdots,y(k))$，即新息序列 $\varepsilon(k)$ 与原序列 $y(k)$ 是否含有相同的统计信息？下面的定理回答了这个问题。

定理 2.9　新息序列 $\varepsilon(k)$ 与原序列 $y(k)$ 含有相同的统计信息，即 $y(1),\cdots,y(k)$ 与 $\varepsilon(1),\cdots,\varepsilon(k)$ 生成相同的线性流形，即

$$L(\varepsilon(1),\cdots,\varepsilon(k))=L(y(1),\cdots,y(k)),k=1,2,\cdots \tag{2.91}$$

证明　由投影公式和新息定义，每个 $\varepsilon(k)$ 是 $y(1),\cdots,y(k)$ 的线性组合，这引出 $\varepsilon(k)\in L(y(1),\cdots,y(k))$，从而有 $L(\varepsilon(1),\cdots,\varepsilon(k))\subset L(y(1),\cdots,y(k))$。

下面证明 $y(k)\in L(\varepsilon(1),\cdots,\varepsilon(k))$。

事实上,我们由(2.87)用归纳法有

$$y(1)=\varepsilon(1)+\mathrm{E}y(1)\in L(\varepsilon(1))$$
$$y(2)=\varepsilon(2)+\hat{\mathrm{E}}[y(2)\mid y(1)]\in L(\varepsilon(1),\varepsilon(2))$$
$$\vdots$$
$$y(k)=\varepsilon(k)+\hat{\mathrm{E}}[y(k)\mid y(1),\cdots,y(k-1)]\in L(\varepsilon(1),\varepsilon(2),\cdots,\varepsilon(k)) \tag{2.92}$$

这引出 $L(y(1),\cdots,y(k))\subset L(\varepsilon(1),\cdots,\varepsilon(k))$,故有(2.91)成立。证毕。

定理2.10 设随机向量 $x\in R^n$,则有

$$\hat{\mathrm{E}}[x\mid y(1),\cdots,y(k)]=\hat{\mathrm{E}}[x\mid \varepsilon(1),\cdots,\varepsilon(k)] \tag{2.93}$$

证明 由定理2.8和投影定义得证。

由新息序列的正交性,这一定理将大大简化投影的计算。

定理2.11 (递推投影公式)设随机向量 $x\in R^n$,随机序列 $y(1),\cdots,y(k),\cdots\in R^m$,且它们存在二阶矩,则有递推投影公式

$$\hat{\mathrm{E}}[x\mid y(1),\cdots,y(k)]=\hat{\mathrm{E}}[x\mid y(1),\cdots,y(k-1)]+\mathrm{E}[x\varepsilon^{\mathrm{T}}(k)]\mathrm{E}[\varepsilon(k)\varepsilon^{\mathrm{T}}(k)]^{-1}\varepsilon(k) \tag{2.94}$$

证明 引入合成向量

$$\varepsilon=\begin{bmatrix}\varepsilon(1)\\ \vdots\\ \varepsilon(k)\end{bmatrix} \tag{2.95}$$

应用(2.93)和投影公式,并注意 $\mathrm{E}\varepsilon(i)=0$,有

$$\begin{aligned}
&\hat{\mathrm{E}}[x\mid y(1),\cdots,y(k)]=\hat{\mathrm{E}}[x\mid \varepsilon(1),\cdots,\varepsilon(k)]=\hat{\mathrm{E}}[x\mid \varepsilon]=\mathrm{E}x+P_{x\varepsilon}P_{\varepsilon\varepsilon}^{-1}\varepsilon=\\
&\mathrm{E}x+\mathrm{E}[(x-\mathrm{E}x)(\varepsilon^{\mathrm{T}}(1),\cdots,\varepsilon^{\mathrm{T}}(k))]\times\\
&\begin{bmatrix}\mathrm{E}[\varepsilon(1)\varepsilon^{\mathrm{T}}(1)]^{-1} & & 0\\ & \ddots & \\ 0 & & \mathrm{E}[\varepsilon(k)\varepsilon^{\mathrm{T}}(k)]^{-1}\end{bmatrix}\begin{bmatrix}\varepsilon(1)\\ \vdots\\ \varepsilon(k)\end{bmatrix}=\\
&\mathrm{E}x+\sum_{i=1}^{k}\mathrm{E}[x\varepsilon^{\mathrm{T}}(i)]\mathrm{E}[\varepsilon(i)\varepsilon^{\mathrm{T}}(i)]^{-1}\varepsilon(i)=\\
&\mathrm{E}x+\sum_{i=1}^{k-1}\mathrm{E}[x\varepsilon^{\mathrm{T}}(i)]\mathrm{E}[\varepsilon(i)\varepsilon^{\mathrm{T}}(i)]^{-1}\varepsilon(i)+\mathrm{E}[x\varepsilon^{\mathrm{T}}(k)]\mathrm{E}[\varepsilon(k)\varepsilon^{\mathrm{T}}(k)]^{-1}\varepsilon(k)=\\
&\mathrm{E}[x\mid \varepsilon(1),\cdots,\varepsilon(k-1)]+\mathrm{E}[x\varepsilon^{\mathrm{T}}(k)]\mathrm{E}[\varepsilon(k)\varepsilon^{\mathrm{T}}(k)]^{-1}\varepsilon(k)=\\
&\mathrm{E}[x\mid y(1),\cdots,y(k-1)]+\mathrm{E}[x\varepsilon^{\mathrm{T}}(k)]\mathrm{E}[\varepsilon(k)\varepsilon^{\mathrm{T}}(k)]^{-1}\varepsilon(k)
\end{aligned} \tag{2.96}$$

即(2.94)成立。证毕。

定义2.6 递推投影公式(2.94)是推导 Kalman 滤波器的递推算法的出发点。应用递推投影公式(2.94)的方法叫新息分析方法,因为它将问题归结为与新息 $\varepsilon(k)$ 有关的统计量 $\mathrm{E}[\varepsilon(k)\varepsilon^{\mathrm{T}}(k)]$ 和 $\mathrm{E}[x\varepsilon^{\mathrm{T}}(k)]$ 的计算。同投影公式(2.69)相比,新息分析方法本质上也是投影方法,它们是等价的。

2.4 最优加权状态融合估计方法

本节解决最优加权状态融合估计问题。所谓加权状态融合估计,是指已知系统状态

$x \in R^n$ 的 L 个无偏估值,如何用它们的某种加权线性组合给出无偏最小方差意义上的最优融合估值。这里所谓的"最优"是相对的,在不同加权方式下相应的无偏最小方差融合估计精度是不同的。文献[1,7,8,14]已提出了按矩阵、对角阵和标量三种最优加权融合准则。求最优加权状态融合估值本质上是在由状态 x 的 L 个无偏局部估值所生成的线性空间的某个子集中在极小化估值误差方差阵的迹的意义下寻求无偏最小方差估值。分别记按矩阵加权、对角阵加权和标量加权的所有无偏状态估值集合为 S_m, S_d, S_s,则有包含关系 $S_s \subset S_d \subset S_m$。这引出按矩阵加权融合状态估值精度高于按对角阵加权融合状态估值精度,而按对角阵加权融合状态估值精度高于按标量加权融合状态估值精度。

为了计算最优加权,要求已知被估状态 $x \in R^n$ 的 L 个无偏估值及估值误差方差阵和互协方差阵。

应强调指出,这里所涉及的系统状态概念是广义的,具有普遍性和一般性。新近美国国防部三军实验室理事联席会(JDL)[9]关于信息融合修改的定义如下:"信息融合或数据融合是数据或信息的组合过程,用于估计或预测实体状态。"凡是能够描述或代表系统状况或特点的物理量或参数均可视为系统的状态、目标或研究对象的身份,战争的态势和威胁也可视为战争系统的状态。

本节仅考虑静态系统的状态融合估计问题,其中系统状态不随时间变化。随时间变化的状态所构成的系统称作动态系统。用本节结果可解决动态系统在每一时刻状态融合估计问题,称为最优融合 Kalman 滤波[1]。

2.4.1 按矩阵加权最优状态融合估计方法

设随机状态向量 $x \in R^n$ 是被估计量,已知基于 L 个传感器相应的它的 L 个无偏估值器 $\hat{x}_1,\cdots,\hat{x}_L$,称它们为局部估值器。由无偏性有

$$\mathrm{E}\hat{x}_i = \mathrm{E}x, i = 1,\cdots,L \tag{2.97}$$

设已知局部估值误差 $\tilde{x}_i = x - \hat{x}_i$ 的方差阵 $P_i = P_{ii} = \mathrm{E}[\tilde{x}_i\tilde{x}_i^{\mathrm{T}}]$ 和互协方差阵 $P_{ij} = \mathrm{E}[\tilde{x}_i\tilde{x}_j^{\mathrm{T}}], i \neq j, P_{ji} = P_{ij}^{\mathrm{T}}, i,j = 1,\cdots,L$。

局部估值 $\hat{x}_i$ 可看成是第 i 个传感器对 x 的观测,它的方差 P_i 可看成是对 x 的观测误差方差阵,即有局部观测方程

$$\hat{x}_i = x + (-\tilde{x}_i), i = 1,\cdots,L \tag{2.98}$$

于是有集中式观测方程

$$y = ex + v \tag{2.99}$$

其中定义扩维观测、观测阵和观测噪声分别为

$$y = \begin{bmatrix} \hat{x}_1 \\ \vdots \\ \hat{x}_L \end{bmatrix}, e = \begin{bmatrix} I_n \\ \vdots \\ I_n \end{bmatrix}, v = \begin{bmatrix} -\tilde{x}_1 \\ \vdots \\ -\tilde{x}_L \end{bmatrix} \tag{2.100}$$

由无偏性(2.97)引出 $\mathrm{E}[-\tilde{x}_i] = 0$,从而有 $\mathrm{E}v = 0$。显然,扩维观测阵 e 是列满秩矩阵。由(2.100),v 的方差阵 $P = \mathrm{E}[vv^{\mathrm{T}}]$ 为

$$P = \begin{bmatrix} P_{11} & \cdots & P_{1L} \\ \vdots & & \vdots \\ P_{L1} & \cdots & P_{LL} \end{bmatrix}_{nL \times nL} \tag{2.101}$$

假设$P>0$,应用定理2.2,有(2.40)和(2.42),基于集中式观测方程可得x的LUMV估值器为

$$\hat{x}_{\mathrm{LUMV}}=(e^{\mathrm{T}}P^{-1}e)^{-1}e^{\mathrm{T}}P^{-1}y \tag{2.102}$$

且有最小误差方差阵

$$P_{\mathrm{LUMV}}=(e^{\mathrm{T}}P^{-1}e)^{-1} \tag{2.103}$$

在线性无偏融合估值$\hat{x}_{\mathrm{LU}}$中

$$\hat{x}_{\mathrm{LU}}=\Omega y \tag{2.104}$$

由(2.27),加权阵Ω带无偏性约束

$$\Omega e=I_n \tag{2.105}$$

上式右乘x有

$$x=\Omega ex \tag{2.106}$$

由(2.104)减(2.106)引出融合估计误差

$$\hat{x}_{\mathrm{LU}}=\Omega(y-ex) \tag{2.107}$$

它引出带矩阵加权线性无偏融合器的误差方差阵为

$$P_{\mathrm{LU}}=\Omega P\Omega^{\mathrm{T}} \tag{2.108}$$

对加权阵Ω引入分块表示

$$\Omega=[\Omega_1,\cdots,\Omega_L] \tag{2.109}$$

其中$\Omega\in R^{n\times nL}$,$\Omega_i\in R^{n\times n}$。由(2.100)中$y$的定义,(2.104)成为

$$\hat{x}_{\mathrm{LU}}=\sum_{i=1}^{L}\Omega_i\hat{x}_i \tag{2.110}$$

约束(2.105)成为

$$\sum_{i=1}^{L}\Omega_i=I_n \tag{2.111}$$

定理2.12 设已知基于L个传感器得到的被估量$x\in R^n$的L个无偏估值器$\hat{x}_i$,$i=1,\cdots,L$,及它们的方差和互协方差阵P_{ij},$i,j=1,\cdots,L$,则有按矩阵加权线性无偏最小方差最优融合状态估值器

$$\hat{x}_m=\sum_{i=1}^{L}\Omega_{i0}\hat{x}_i \tag{2.112}$$

其中最优加权阵$\Omega_0=[\Omega_{10},\cdots,\Omega_{L0}]$为

$$\Omega_0=(e^{\mathrm{T}}P^{-1}e)^{-1}e^{\mathrm{T}}P^{-1} \tag{2.113}$$

且最小融合误差方差阵为

$$P_m=(e^{\mathrm{T}}P^{-1}e)^{-1} \tag{2.114}$$

即在带矩阵加权的线性无偏融合器$\hat{x}_{\mathrm{LU}}$的集合中有

$$P_m\leqslant P_{\mathrm{LU}} \tag{2.115}$$

证明 定义

$$\hat{x}_m=\hat{x}_{\mathrm{LUMV}},P_m=P_{\mathrm{LUMV}} \tag{2.116}$$

由(2.102)、(2.103)和(2.112)有(2.111)—(2.114)。由定理2.2的性质(3)和(5)引出无偏性$\mathrm{E}\hat{x}_m=\mathrm{E}x$及最小方差性质(2.115)。证毕。

若局部估值误差互不相关,即$P_{ij}=0(i\neq j)$,则有$P=\mathrm{diag}(P_1,P_2,\cdots,P_L)$,$P^{-1}=$

$\mathrm{diag}(P_1^{-1}, P_2^{-1}, \cdots, P_L^{-1})$。将它们代入(2.112)—(2.114)立刻得如下推论2.1。

推论2.1 在定理2.12条件下,若局部估计误差互不相关,即 $P_{ij} = 0(i \neq j)$,则有按矩阵加权最优融合估值器

$$\hat{x}_m = \sum_{i=1}^{L} \Omega_i \hat{x}_i \tag{2.117}$$

最优加权阵为

$$\Omega_i = \left(\sum_{i=1}^{L} P_i^{-1}\right)^{-1} P_i^{-1}, i = 1, \cdots, L \tag{2.118}$$

且最小融合误差方差阵 P_m 为

$$P_m = \left(\sum_{i=1}^{L} P_i^{-1}\right)^{-1} \tag{2.119}$$

推论2.2 在定理2.12条件下,若局部估计误差互不相关,则有在信息矩阵形式下的按矩阵加权最优融合估值器

$$P_m^{-1} \hat{x}_m = \sum_{i=1}^{L} P_i^{-1} \hat{x}_i \tag{2.120}$$

$$P_m^{-1} = \sum_{i=1}^{L} P_i^{-1} \tag{2.121}$$

特别地,当 $L = 2$ 时,有两传感器按矩阵加权最优融合器

$$P_m^{-1} \hat{x}_m = P_1^{-1} \hat{x}_1 + P_2^{-1} \hat{x}_2 \tag{2.122}$$

$$P_m^{-1} = P_1^{-1} + P_2^{-1} \tag{2.123}$$

推论2.3 在定理2.12条件下,有带矩阵权的最优融合器 $\hat{x}_m$ 的精度高于每个局部估值器的精度

$$P_m \leqslant P_i, i = 1, \cdots, L \tag{2.124}$$

$$\mathrm{tr} P_m \leqslant \mathrm{tr} P_i, i = 1, \cdots, L \tag{2.125}$$

证明 任取 $\Omega = [\Omega_1, \cdots, \Omega_L]$,其中 $\Omega_i = I_n, \Omega_j = 0(j \neq i)$,则(2.110)成为 $\hat{x}_{\mathrm{LU}} = \hat{x}_i$,且(2.108)成为 $P_{\mathrm{LU}} = P_i$,应用(2.115)引出(2.124)。对(2.124)取矩阵迹运算引出(2.125)。证毕。

推论2.4 在定理2.12条件下,当 $L = 2$ 时,两传感器按矩阵加权最优融合器为

$$\hat{x}_m = \Omega_1 \hat{x}_1 + \Omega_2 \hat{x}_2 \tag{2.126}$$

最优加权阵为

$$\Omega_1 = (P_2 - P_{21})(P_1 + P_2 - P_{12} - P_{21})^{-1} \tag{2.127}$$

$$\Omega_2 = (P_1 - P_{12})(P_1 + P_2 - P_{12} - P_{21})^{-1} \tag{2.128}$$

其中,$P_{21} = P_{12}^{\mathrm{T}}$。最小融合误差方差阵为

$$P_m = P_1 - (P_1 - P_{12})(P_1 + P_2 - P_{12} - P_{21})^{-1}(P_1 - P_{12})^{\mathrm{T}} \tag{2.129}$$

或

$$P_m = P_2 - (P_2 - P_{21})(P_1 + P_2 - P_{12} - P_{21})^{-1}(P_2 - P_{21})^{\mathrm{T}} \tag{2.130}$$

且有精度关系

$$P_m \leqslant P_1, P_m \leqslant P_2 \tag{2.131}$$

$$\mathrm{tr} P_m \leqslant \mathrm{tr} P_1, \mathrm{tr} P_m \leqslant \mathrm{tr} P_2 \tag{2.132}$$

证明　详见文献[1,14]。

2.4.2　按标量加权最优状态融合估计方法

由(2.101)和(2.105)看到计算最优加权阵要求计算 $nL\times nL$ 协方差阵 P 的逆矩阵。当 nL 较大时,计算负担大,不便于实时应用。这里介绍按标量加权在线性最小方差意义上的最优融合估计方法[1,7]。为了计算最优加权系数,只需计算一个 $L\times L$ 矩阵的逆矩阵,可显著减小计算负担,便于实时应用。虽然它的精度不如按矩阵加权融合器的精度高,但仍比每个局部估值器的精度高。减小计算负担是以稍微损失一点精度为代价的。

定理2.13　(按标量加权线性最小方差最优融合公式)设 $\hat{x}_i(i=1,\cdots,L)$ 为对随机向量 $x\in R^n$ 的 L 个无偏估计,设估计误差 $\tilde{x}_i=x-\hat{x}_i$ 与 $\tilde{x}_j=x-\hat{x}_j$ 的协方差阵 $P_{ij}(i,j=1,\cdots,L)$ 是已知的,且记 $P_i=P_{ii}$,则在线性最小方差意义上按标量加权最优融合无偏估计为

$$\hat{x}_s=\sum_{i=1}^{L}\omega_i\hat{x}_i \tag{2.133}$$

其中最优加权系数行向量 $\omega=[\omega_1,\omega_2,\cdots,\omega_L]$ 为

$$\omega=\frac{e^{\mathrm{T}}P_{\mathrm{tr}}^{-1}}{e^{\mathrm{T}}P_{\mathrm{tr}}^{-1}e} \tag{2.134}$$

其中定义 $L\times L$ 矩阵 P_{tr} 和 $L\times 1$ 列向量 e 为

$$P_{\mathrm{tr}}=\begin{bmatrix}\mathrm{tr}P_{11} & \cdots & \mathrm{tr}P_{1L}\\ \vdots & & \vdots\\ \mathrm{tr}P_{L1} & \cdots & \mathrm{tr}P_{LL}\end{bmatrix},e=\begin{bmatrix}1\\ \vdots\\ 1\end{bmatrix} \tag{2.135}$$

其中符号 tr 表示矩阵的迹。

相应最优融合误差方差阵 P_s 和 $\mathrm{tr}P_s$ 为

$$P_s=\sum_{i=1}^{L}\sum_{j=1}^{L}\omega_i\omega_jP_{ij},\mathrm{tr}P_s=\frac{1}{e^{\mathrm{T}}P_{\mathrm{tr}}^{-1}e} \tag{2.136}$$

且有精度关系

$$\mathrm{tr}P_s\leqslant\mathrm{tr}P_i,i=1,\cdots,L \tag{2.137}$$

$$\mathrm{tr}P_m\leqslant\mathrm{tr}P_s \tag{2.138}$$

证明　由无偏性假设有 $\mathrm{E}[\hat{x}_s]=\mathrm{E}[x]$,引出约束关系

$$\sum_{i=1}^{L}\omega_i=1 \tag{2.139}$$

于是有最优融合误差表达式

$$\tilde{x}_s=x-\hat{x}_s=\sum_{i=1}^{L}\omega_i(x-\hat{x}_i)=\sum_{i=1}^{L}\omega_i\tilde{x}_i \tag{2.140}$$

于是有最优融合误差方差阵

$$P_s=\mathrm{E}[\tilde{x}_s\tilde{x}_s^{\mathrm{T}}]=\sum_{i=1}^{L}\sum_{j=1}^{L}\omega_i\omega_jP_{ij} \tag{2.141}$$

最优加权系数向量应在线性最小方差意义上极小化性能指标

$$J=\mathrm{tr}P_s \tag{2.142}$$

由 P_{tr} 的定义和 ω 的定义,由上两式它可表为

$$J = \omega P_{\mathrm{tr}} \omega^{\mathrm{T}} \tag{2.143}$$

约束条件(2. 139) 成为

$$\omega e = 1 \tag{2.144}$$

应用 Lagrange 乘数法,引入辅助函数

$$F = J + \lambda(\omega e - 1) \tag{2.145}$$

其中 λ 为 Lagrange 乘数。置 $\partial F / \partial \omega = 0$ 得

$$2\omega P_{\mathrm{tr}} + \lambda e^{\mathrm{T}} = 0 \tag{2.146}$$

转置(2. 146) 有

$$P_{\mathrm{tr}} \omega^{\mathrm{T}} + \frac{e\lambda}{2} = 0 \tag{2.147}$$

上式两边左乘 $e^{\mathrm{T}} P_{\mathrm{tr}}^{-1}$ 得

$$e^{\mathrm{T}} \omega^{\mathrm{T}} + \frac{e^{\mathrm{T}} P_{\mathrm{tr}}^{-1} e\lambda}{2} = 0 \tag{2.148}$$

利用(2. 148) 引出

$$\lambda = -2\,(e^{\mathrm{T}} P_{\mathrm{tr}}^{-1} e)^{-1} \tag{2.149}$$

将它代入(2. 147) 引出

$$\omega = (e^{\mathrm{T}} P_{\mathrm{tr}}^{-1} e)^{-1} e^{\mathrm{T}} P_{\mathrm{tr}}^{-1} \tag{2.150}$$

即(2. 134) 成立。在(2. 133) 中取 $\omega_i = 1, \omega_j = 0(j \neq i)$,则约束条件(2. 139) 被满足,立刻有 $\hat{x}_s = \hat{x}_i, P_s = P_i, \mathrm{tr}P_s = \mathrm{tr}P_i$。因最优权 ω 在约束条件(2. 139) 下极小化 $J = \mathrm{tr}P_s$,故有(2. 137) 成立。因标量加权 ω_i 可看成是特殊的矩阵加权 $\Omega_i = \omega_i I_n$,由(2. 115) 有 $\mathrm{tr}P_m \leqslant \mathrm{tr}P_{\mathrm{LU}}$,因而按矩阵加权融合器最优权 Ω_i 极小化性能指标 $J = \mathrm{tr}P_{\mathrm{LU}}$,故有精度关系(2. 138) 成立。证毕。

推论 2. 5 在定理 2. 10 条件下,若局部估计误差互不相关,即 $P_{ij} = 0(i \neq j)$,则有按标量加权最优融合公式

$$\hat{x}_m = \sum_{i=1}^{L} \omega_i \hat{x}_i \tag{2.151}$$

$$\omega_i = \left(\sum_{i=1}^{L} \frac{1}{\mathrm{tr}P_i}\right)^{-1} \frac{1}{\mathrm{tr}P_i}, i = 1, \cdots, L \tag{2.152}$$

最优融合误差方差阵为

$$P_s = \sum_{i=1}^{L} \omega_i^2 P_i \tag{2.153}$$

且有关系 $\mathrm{tr}P_s \leqslant \mathrm{tr}P_i, i = 1, \cdots, L$。

推论 2. 6 对两传感器($L = 2$),在定理 2. 10 条件下,按标量加权最优融合估计算法为

$$\hat{x}_m = \omega_1 \hat{x}_1 + \omega_2 \hat{x}_2 \tag{2.154}$$

$$\omega_1 = \frac{\mathrm{tr}P_2 - \mathrm{tr}P_{21}}{\mathrm{tr}P_1 + \mathrm{tr}P_2 - 2\mathrm{tr}P_{12}}, \omega_2 = \frac{\mathrm{tr}P_1 - \mathrm{tr}P_{12}}{\mathrm{tr}P_1 + \mathrm{tr}P_2 - 2\mathrm{tr}P_{12}} \tag{2.155}$$

最优融合估计误差方差阵为

$$P_s = \omega_1^2 P_1 + \omega_2^2 P_2 + 2\omega_1 \omega_2 P_{12} \tag{2.156}$$

且有关系 $\mathrm{tr}P_s \leqslant \mathrm{tr}P_i, i=1,2.$

2.4.3 按对角阵加权最优状态融合估计方法

由标量加权融合公式(2.133)看到,它等价于各局部估值的分量按相同系数加权的融合估计。为了提高分量融合估计精度,各分量采用不同的加权系数。这引出按分量标量加权或按对角阵加权的最优融合估计准则和算法。它是对2.4.2小节按标量加权方法的改进,同时在计算上又不增加很大负担,且比按矩阵加权计算负担小。

定理2.14 (按对角阵加权或按分量标量加权最优状态融合公式)设已知随机向量 $x \in R^n$ 的 L 个无偏估计 $\hat{x}_i$,且已知估计误差 $\tilde{x}_i = x - \hat{x}_i$ 与 $\tilde{x}_j = x - \hat{x}_j$ 的协方差阵 $P_{ij} = \mathrm{E}[\tilde{x}_i\tilde{x}_j^{\mathrm{T}}], i,j=1,\cdots,L, \hat{x}_d$ 为对 x 的融合估计。记 $x, \hat{x}_j$ 和 $\hat{x}_d$ 的分量表示为

$$x = \begin{bmatrix} x_1 \\ \vdots \\ x_n \end{bmatrix}, \hat{x}_j = \begin{bmatrix} \hat{x}_{j1} \\ \vdots \\ \hat{x}_{jn} \end{bmatrix}, \hat{x}_d = \begin{bmatrix} \hat{x}_{d1} \\ \vdots \\ \hat{x}_{dn} \end{bmatrix} \tag{2.157}$$

则极小化按对角阵加权融合估计性能指标

$$\min J = \mathrm{tr}P_d, P_d = \mathrm{E}[\tilde{x}_d\tilde{x}_d^{\mathrm{T}}], \tilde{x}_d = x - \hat{x}_d \tag{2.158}$$

的最优融合估计

$$\hat{x}_d = \sum_{j=1}^{L} \Omega_j \hat{x}_j \tag{2.159}$$

其中加权阵 Ω_j 为对角阵

$$\Omega_j = \begin{bmatrix} \omega_{j1} & & & 0 \\ & \omega_{j2} & & \\ & & \ddots & \\ 0 & & & \omega_{jn} \end{bmatrix} \tag{2.160}$$

等价于 $\hat{x}_j$ 的各分量按标量加权的最优融合估计

$$\hat{x}_{di} = \sum_{j=1}^{L} \omega_{ji}\hat{x}_{ji}, i=1,\cdots,n \tag{2.161}$$

其中最优加权系数向量

$$\omega_i = [\omega_{1i}, \omega_{2i}, \cdots, \omega_{Li}], i=1,\cdots,n \tag{2.162}$$

为

$$\omega_i = \frac{e^{\mathrm{T}}(P^{ii})^{-1}}{e^{\mathrm{T}}(P^{ii})^{-1}e}, i=1,\cdots,n \tag{2.163}$$

其中定义 $e^{\mathrm{T}} = [1,1,\cdots,1]$,且定义 $L \times L$ 矩阵

$$P^{ii} = \begin{bmatrix} P_{11}^{(ii)} & \cdots & P_{1L}^{(ii)} \\ \vdots & & \vdots \\ P_{L1}^{(ii)} & \cdots & P_{LL}^{(ii)} \end{bmatrix} \tag{2.164}$$

其中 $P_{kj}^{(ii)}$ 为 P_{kj} 的第(i,i)对角元素。各分量的最小融合误差 $\tilde{x}_{di} = x_i - \hat{x}_{di}$ 的方差 $P_{di} = \mathrm{E}[\tilde{x}_{di}^2]$ 为

$$P_{di} = (e^{\mathrm{T}}(P^{ii})^{-1}e)^{-1}, i=1,\cdots,n \tag{2.165}$$

最小融合误差平方和为

$$\mathrm{tr}P_d = \sum_{i=1}^{n} P_{di} \tag{2.166}$$

且有精度关系

$$P_{di} \leqslant P_{jj}^{(ii)}, i = 1,\cdots,n; j = 1,\cdots,L \tag{2.167}$$

或

$$\mathrm{tr}P_d \leqslant \mathrm{tr}P_j, j = 1,\cdots,L \tag{2.168}$$

$$\mathrm{tr}P_m \leqslant \mathrm{tr}P_d \leqslant \mathrm{tr}P_s \leqslant \mathrm{tr}P_j, j = 1,\cdots,L \tag{2.169}$$

证明　应用定理2.13可得定理2.14。详细推导见文献[1]。三种加权融合估值的极小化性能指标分别为$J = \mathrm{tr}P_\theta, \theta = m,d,s$,因标量权是对角阵权的特例,而对角阵权又是矩阵权的特例。相应的由$\hat{x}_1,\cdots,\hat{x}_L$加权且满足无偏性约束的线性流形$S_\theta, \theta = m,d,s$,及由局部估值$\hat{x}_i$生成的线性流形$S_i$,有包含关系$S_i \subset S_s \subset S_d \subset S_m$。这引出精度关系(2.169)。证毕。

注2.6　精度关系(2.167)表明分量x_i按标量加权融合估值器(2.161)的精度比每个局部估值器的第i个分量的精度高。精度关系(2.168)意味着对角阵加权融合器的精度比每个局部估值器的精度高。(2.169)引出带矩阵权的融合器的精度比带对角阵权的融合器精度高。带对角阵权的融合器精度比带标量权的融合器精度高。带标量权的融合器精度比每个局部估值器的精度高。因为方差阵的迹等于分量误差方差之和,因此它定量地刻画了估值器的精度,较小的方差阵的迹意味着较高的估计精度。

注2.7　由定理2.12引出矩阵不等式精度关系

$$P_m \leqslant P_s, P_m \leqslant P_d, P_m \leqslant P_j, j = 1,\cdots,L$$

因为按标量和对角阵加权均为按矩阵加权的特殊形式,局部估值器也是按矩阵加权估值器的特殊形式。但不存在P_d, P_s和P_j之间的必然的矩阵不等式关系,仅它们之间的迹不等式关系(2.169)成立。

2.5　最优加权观测融合估计方法

2.5.1　加权观测融合数据压缩准则

考虑带L个传感器的线性离散时不变动态系统

$$x(t+1) = \Phi x(t) + \Gamma w(t) \tag{2.170}$$

$$y_i(t) = H_i x(t) + v_i(t), i = 1,\cdots,L \tag{2.171}$$

其中t是离散时间,$t = 0,1,\cdots$,被估量$x(t) \in R^n$是在时刻t处的系统状态,$x(t)$满足状态方程(2.170)。(2.171)是多传感器对状态$x(t)$的L个观测方程,$y_i(t) \in R^{m_i}$是已知的观测,Φ是$n \times n$状态转移阵,H_i是$m_i \times n$观测阵,Γ是$n \times r$噪声转移阵。输入噪声$w(t) \in R^r$和观测噪声$v_i(t) \in R^{m_i}$是带零均值、方差阵各为Q和R_i的不相关白噪声。

应用集中式融合方法,合并各传感器的观测方程(2.171)得到集中式融合观测方程

$$y^{(0)}(t) = H^{(0)} x(t) + v^{(0)}(t) \tag{2.172}$$

其中融合观测$y^{(0)}(t) \in R^m$,$m = m_1 + \cdots + m_L$,融合观测阵$H^{(0)} \in R^{m \times n}$,融合观测噪声

$v^{(0)}(t) \in R^m$,且

$$y^{(0)}(t) = [y_1^{\mathrm{T}}(t), \cdots, y_L^{\mathrm{T}}(t)]^{\mathrm{T}}$$
$$H^{(0)} = [H_1^{\mathrm{T}}, \cdots, H_L^{\mathrm{T}}]^{\mathrm{T}} \tag{2.173}$$
$$v^{(0)}(t) = [v_1^{\mathrm{T}}(t), \cdots, v_L^{\mathrm{T}}(t)]^{\mathrm{T}}$$

且 $v^{(0)}(t)$ 有零均值和 $m \times m$ 方差阵

$$R^{(0)} = \begin{bmatrix} R_{11} & \cdots & R_{1L} \\ \vdots & & \vdots \\ R_{L1} & \cdots & R_{LL} \end{bmatrix}, R_{ii} = R_i \tag{2.174}$$

其中 R_{ij} 为 $v_i(t)$ 与 $v_j(t)$ 的互协方差阵。假设 $R^{(0)}$ 是可逆矩阵。

基于集中式融合系统(2.170)和(2.171),应用标准 Kalman 滤波算法,可得到状态 $x(t)$ 的全局最优的集中式融合 Kalman 滤波器。

当传感器个数L较大时,引起集中式观测$y^{(0)}(t)$的维数m较高,从而实现集中式融合 Kalman 滤波器要求较大的计算负担、通信负担和存储负担。为了克服这个缺点,可用传感器观测数据压缩(Sensor Measurement Data Compression)原理,用加权各传感器局部观测得到一个降维的融合观测方程

$$y^{(M)}(t) = H^{(M)}x(t) + v^{(M)}(t) \tag{2.175}$$

其中上标 M 表示加权融合观测 $y^{(M)}(t)$,它是各传感器观测数据 $y_1(t), \cdots, y_L(t)$ 的加权融合观测,且融合观测噪声 $v^{(M)}(t)$ 有方差阵 $R^{(M)}$。通常 $y^{(M)}(t)$ 有较低的维数,因而基于加权观测融合系统(2.170)和(2.175)得到的加权观测融合 Kalman 滤波器可克服上述集中式融合器的缺点。

基于信息滤波器[1],我们提出保证上述基本要求的加权观测融合数据压缩准则

$$H^{(0)\mathrm{T}}R^{(0)-1}H^{(0)} = H^{(M)\mathrm{T}}R^{(M)-1}H^{(M)} \tag{2.176}$$
$$H^{(0)\mathrm{T}}R^{(0)-1}y^{(0)}(t) = H^{(M)\mathrm{T}}R^{(M)-1}y^{(M)}(t) \tag{2.177}$$

在文献[1]中证明了在上述准则下加权观测融合 Kalman 滤波器等价于集中式融合 Kalman 滤波器,因而具有全局最优性。

数据压缩准则保证了两个融合观测方程(2.172)和(2.175)具有相同的"信息量"[14],因而加权观测融合方法不损失信息,且可保证加权观测融合和集中式融合 Kalman 滤波器有相同的方差阵,可保证加权观测融合 Kalman 滤波器在数值上恒同于集中式融合 Kalman 滤波器,因而不仅具有全局最优性,且可显著减少计算负担。这个优点受到军事和工程界的重视,例如应用于无人机导航。

2.5.2 加权观测融合算法

下面介绍基于满秩分解[2]的加权观测融合算法[1,10,11,13]。考虑集中式融合观测方程(2.172),设 $m \geqslant n$,则存在满秩分解[2]

$$H^{(0)} = MH^{(M)} \tag{2.178}$$

其中 $M \in R^{m \times s}$ 为列满秩矩阵,$H^{(M)} \in R^{s \times n}$ 为行满秩矩阵,$s \leqslant n$。于是集中式融合观测方程化为

$$y^{(0)}(t) = MH^{(M)}x(t) + v^{(0)}(t) \tag{2.179}$$

因 M 为列满秩矩阵,则 $H^{(M)}x(t)$ 的 Gauss-Markov 估值为

$$y^{(M)}(t)=(M^{\mathrm{T}}R^{(0)-1}M)^{-1}M^{\mathrm{T}}R^{(0)-1}y^{(0)}(t) \tag{2.180}$$

将(2.172)代入(2.180),并应用(2.178)引出加权观测融合方程

$$y^{(M)}(t)=H^{(M)}x(t)+v^{(M)}(t) \tag{2.181}$$

其中融合观测噪声为

$$v^{(M)}(t)=(M^{\mathrm{T}}R^{(0)-1}M)^{-1}M^{\mathrm{T}}R^{(0)-1}v^{(0)}(t) \tag{2.182}$$

其中定义 $R^{(0)-1}=(R^{(0)})^{-1}$。易知 $v^{(M)}(t)$ 有方差阵

$$R^{(M)}=(M^{\mathrm{T}}R^{(0)-1}M)^{-1} \tag{2.183}$$

对加权观测融合系统(2.170)和(2.181),应用标准 Kalman 滤波算法,可得加权观测融合 Kalman 滤波器。

注 2.7 由(2.180)看到,融合观测 $y^{(M)}(t)$ 是观测 $y_1(t),\cdots,y_L(t)$ 的线性组合。假设 $H^{(0)}$ 是列满秩矩阵,则满秩分解(2.178)成为($M=H^{(0)},H^{(M)}=I_n$)

$$H^{(0)}=H^{(0)}I_n \tag{2.184}$$

因而融合观测方程成为

$$y^{(M)}(t)=x(t)+v^{(M)}(t) \tag{2.185}$$

$$y^{(M)}(t)=(H^{(0)\mathrm{T}}R^{(0)-1}H^{(0)})^{-1}H^{(0)\mathrm{T}}R^{(0)-1}y^{(0)}(t) \tag{2.186}$$

$$R^{(M)}=(H^{(0)\mathrm{T}}R^{(0)-1}H^{(0)})^{-1} \tag{2.187}$$

若各传感器有相同的行满秩观测阵 $H_i=H,i=1,\cdots,L$,则有满秩分解(2.178),其中

$$M=e,e^{\mathrm{T}}=[I_n,\cdots,I_n],H^{(M)}=H \tag{2.188}$$

这引出融合观测方程为

$$y^{(M)}(t)=Hx(t)+v^{(M)}(t) \tag{2.189}$$

$$y^{(M)}(t)=(e^{\mathrm{T}}R^{(0)-1}e)^{-1}e^{\mathrm{T}}R^{(0)-1}y^{(0)}(t) \tag{2.190}$$

$$R^{(M)}=(e^{\mathrm{T}}R^{(0)-1}e)^{-1} \tag{2.191}$$

注 2.8 若 $v_i(t)(i=1,\cdots,L)$ 为互不相关的观测白噪声,则有

$$R^{(0)}=\mathrm{diag}(R_1,\cdots,R_L) \tag{2.192}$$

在满秩分解(2.178)中,引入分块表示

$$M=[M_1^{\mathrm{T}},\cdots,M_L^{\mathrm{T}}]^{\mathrm{T}} \tag{2.193}$$

其中 $M_i\in R^{m_i\times s}$,则(2.180)和(2.183)成为

$$y^{(M)}(t)=\left(\sum_{i=1}^{L}M_i^{\mathrm{T}}R_i^{-1}M_i\right)^{-1}\sum_{i=1}^{L}M_i^{\mathrm{T}}R_i^{-1}y_i(t) \tag{2.194}$$

$$R^{(M)}=\left(\sum_{i=1}^{L}M_i^{\mathrm{T}}R_i^{-1}M_i\right)^{-1} \tag{2.195}$$

(2.186)和(2.187)成为

$$y^{(M)}(t)=\left(\sum_{i=1}^{L}H_i^{\mathrm{T}}R_i^{-1}H_i\right)^{-1}\sum_{i=1}^{L}H_i^{\mathrm{T}}R_i^{-1}y_i(t) \tag{2.196}$$

$$R^{(M)}=\left(\sum_{i=1}^{L}H_i^{\mathrm{T}}R_i^{-1}H_i\right)^{-1} \tag{2.197}$$

(2.190)和(2.191)成为

$$y^{(M)}(t) = \left(\sum_{i=1}^{L} R_i^{-1}\right)^{-1} \sum_{i=1}^{L} R_i^{-1} y_i(t) \tag{2.198}$$

$$R^{(M)} = \left(\sum_{i=1}^{L} R_i^{-1}\right)^{-1} \tag{2.199}$$

2.5.3 加权观测融合算法的全局最优性

证明加权观测融合算法的全局最优性等价于验证数据压缩准则(2.176)和(2.177)成立。事实上,应用(2.178)有

$$H^{(M)\mathrm{T}} R^{(M)-1} H^{(M)} = H^{(M)\mathrm{T}} M^{\mathrm{T}} R^{(0)-1} M H^{(M)} = H^{(0)\mathrm{T}} R^{(0)-1} H^{(0)} \tag{2.200}$$

$$\begin{aligned} H^{(M)\mathrm{T}} R^{(M)-1} y^{(M)}(t) &= H^{(M)\mathrm{T}} M^{\mathrm{T}} R^{(0)-1} M \left(M^{\mathrm{T}} R^{(0)-1} M\right)^{-1} M^{\mathrm{T}} R^{(0)-1} y^{(0)}(t) = \\ & H^{(M)\mathrm{T}} M^{\mathrm{T}} R^{(0)-1} y^{(0)}(t) = \\ & H^{(0)\mathrm{T}} R^{(0)-1} y^{(0)}(t) \end{aligned} \tag{2.201}$$

注2.9 当传感器个数L很大时,集中式融合观测$y^{(0)}(t) \in R^m, m = m_1 + \cdots + m_L$,而加权融合观测$y^{(M)}(t) \in R^r, r \leqslant n$。通常$m$远大于$n$,即集中式融合观测的维数$m$远大于加权融合观测的维数$r$,因而达到了压缩观测数据的目的。由于集中式Kalman滤波算法要求计算$m \times m$维逆矩阵,其计算复杂度为$O(m^3)$,而加权观测融合Kalman滤波算法仅要求计算$r \times r$维逆矩阵,其计算复杂度为$O(r^3)$。由于m远大于r,因此可显著减小计算负担。但由(2.190)和(2.191)看到,计算融合观测要求计算负担$R^{(0)-1} \in R^{m \times m}$,其复杂度为$O(m^3)$。但是当$R^{(0)}$是对角阵时,由注2.8看到,仅增加了$R_i^{-1}$的计算复杂度$O(m_i^3), i = 1, \cdots, L$。通常观测$y_i(t)$的维数$m_i$都较低,因而计算$R_i^{-1}$的负担较小。对总体计算负担的详细分析见文献[11]。因此加权观测融合算法是观测数据压缩算法,也是具有全局最优性融合滤波算法,且可显著减小计算和通信负担,便于实时应用。

参 考 文 献

[1] 邓自立. 信息融合滤波理论及其应用[M]. 哈尔滨: 哈尔滨工业大学出版社, 2007.

[2] 程云鹏. 矩阵论[M]. 西安: 西北工业大学出版社, 2001.

[3] CHUI C K. Kalman Filtering with Real-time Applications[M]. 4th ed. New York: Springer, 1987.

[4] KAILATH T, SAYED A H, HASSIBI B. Linear Estimation[M]. New York: Prentice Hall, 2000.

[5] ANDERSON B D O, MOORE J B. Optimal Filtering[M]. Englewood Cliffs, New Jersey: Prentice Hall, 1979.

[6] 韩崇昭, 朱洪艳, 段战胜. 多源信息融合[M]. 北京: 清华大学出版社, 2006.

[7] DENG Z L, GAO Y, MAO L, et al. New Approach to Information Fusion Steady-state Kalman Filtering[J]. Automatica, 2005, 41: 1695-1707.

[8] SUN S L, DENG Z L. Multi-sensor Information Fusion Kalman Filter[J]. Automatica, 2004, 40: 1017-1023.

[9] LIGGINS M E, HALL D L, LLINAS H. Handbook of Multisensor Data Fusion: Theory

and Practice[M]. 2nd ed. Boca Raton, Florida: CRC Press, 2009.

[10] GAN Q, HARRIS C J. Comparison of Two Measurement Fusion Methods for Kalman Filter Based Multisensor Data Fusion[J]. IEEE Transactions on Aerospace and Electronic Systems, 2001, 37(1):273-279.

[11] LIU W Q, WANG X M, DENG Z L. Robust Centralized and Weighted Measurement Fusion Kalman Estimators for Uncertain Multisensor Systems with Linearly Correlated White Noises[J]. Information Fusion, 2017, 35:11-25.

[12] YANG F W, WANG Z D, HUNG Y S, et al. H_∞ Control for Networked Systems with Random Communication Delays[J]. IEEE Transactions on Automatic Control, 2006, 51(3):511-518.

[13] GAO H J, CHEN T W. H_∞ Estimation for Uncertain Systems with Limited Communication Capacity[J]. IEEE Transactions on Automatic Control, 2007, 52(11):2070-2084.

[14] 邓自立. 信息融合估计理论及应用[M]. 北京: 科学出版社, 2012.

第3章　最优 Kalman 滤波

3.1　引　　言

滤波问题是如何从被噪声污染的观测信号中过滤噪声,尽可能减小噪声影响,求未知真实信号或系统状态的最优估计。在某些应用问题中甚至真实信号被噪声所淹没,滤波的目的就是过滤噪声,尽可能地还真实信号以本来面目。这类问题广泛出现在信号处理、通信、目标跟踪和控制等领域。通常噪声和真实信号或状态均为随机过程,因而滤波问题本质上是统计估计问题。常用的最优估计准则是最小方差估计,即要求信号或状态的最优估值应与相应的真实值的误差的方差最小。这种滤波也称作最优滤波。

在第二次世界大战期间,针对空防战斗的需要,控制论创始人 N. Wiener[1] 用频域方法提出了经典 Wiener 滤波方法。它的缺点和局限性是适于处理一维平稳随机信号滤波问题,算法是非递推的,要求解维纳 - 霍普方程,计算量和存储量大,限制了其工程应用。同一时期,苏联学者 A. N. Kolmogorov[2] 针对理论发展的需要也用频域方法独立地提出了 Wiener 滤波方法。由于军事上保密原因,Wiener 滤波理论 1949 年才公开发表。

经典 Wiener 滤波方法的重要进展是20 世纪80 年代产生的现代 Wiener 滤波方法,也称作多项式方法,其基本工具是频域上的谱分解和 Diophantine 方程,可处理多变量非平稳随机信号的最优滤波问题,但尚不能有效地解决状态估计问题。

由于信号和噪声往往是多维非平稳随机过程,经典 Wiener 滤波不能解决这类随机过程的滤波问题。因此 1960 年 R. E. Kalman[3] 用时域上的状态空间方法和投影方法提出了 Kalman 滤波理论,提出了便于计算上递推实现的 Kalman 滤波算法,计算量和存储量小,克服了 Wiener 滤波理论的缺点,解决了多维非平稳随机信号的滤波问题,也解决了时变随机系统滤波问题。它的基本工具是 Riccati 方程。

Kalman 滤波在工程实践中获得了广泛的应用。阿波罗登月计划和 C-5A 飞机导航系统的设计是早期应用中成功的范例。此外,例如它还可应用于制导、卫星定位系统、组合导航[20]、目标跟踪、故障诊断、石油地震勘探、通信和信号处理、过程控制、信息融合等。

Kalman 滤波主要解决系统状态估计问题。在状态空间方法中,引入了状态变量和状态空间的概念。状态是比信号更广泛、更灵活的概念,它非常适合处理多变量系统,也非常适合处理信号估计问题,信号可视为状态或状态的分量。系统状态变量是能体现系统特征、特点和状况的变量。例如在目标跟踪问题中,最简单情形是可把运动目标的位置视为状态,稍复杂些也可将位置和速度两者视为状态,一般也可将位置、速度和加速度三者视为状态变量。状态变量的维数由具体问题和具体要求而定。一个 n 维状态变量的取值属于 n 维欧式空间 R^n,即 n 维状态变量的取值是 R^n 中的“点”,称状态变量取值的欧式空间 R^n 为状态空间。状态空间方法的关键技术包括状态空间模型和基于正交投影理论的状态估计方法。状态空间模型包括状态方程和观测方程。状态方程是描写状态变化规律的模型,它描写了相邻时刻的状态转移变化规律。观测方程描写对状态进行观测的信息,通常含有观测噪声,且通常只能对部分状态变量进行观测。Kalman 滤波问题就是基于状态空间模型由观测方程所得到的观测信息求系统状态的在线性最小方差意义下的最优估计。

从泛函分析抽象的 Hilbert 空间角度,状态变量和观测信号均可看成是抽象的由随机变量的线性运算生成的 Hilbert 空间中的元素或"点"。因而 Kalman 滤波问题在几何上化为状态变量在由观测信号生成的子 Hilbert 空间上的投影问题[4]。

Kalman 最初提出的滤波理论只适用于解决线性系统状态估计问题,且要求观测方程也必须是线性的。后来它被推广到处理非线性系统滤波问题。最广泛应用的非线性系统滤波器为扩展 Kalman 滤波器(Extended Kalman Filter),它是用线性化方法得到的一种次优滤波器[6,35]。

经典 Kalman 滤波的局限性是要求精确已知系统的数学模型和噪声统计(噪声均值和方差阵),但在许多应用问题中模型参数和/或噪声方差是未知的,处理这类滤波问题引出自适应 Kalman 滤波[5] 和自校正 Kalman 滤波[42,43]。此外,对一个实际应用系统,常常存在模型不确定性和/或干扰不确定性,即存在未建模动态,这将引起滤波性能变坏,甚至发散。因此,近 20 年来不确定系统鲁棒滤波的研究受到广泛关注,成为热门研究领域,形成了鲁棒 Kalman 滤波理论[6,33]。

多传感器信息融合(Multisensor Information Fusion)是 20 世纪 70 年代后产生的一门新兴边缘学科[8]。由于现代电子和信息战争、军事、国防等高科技领域的迫切需要,目前它已成为备受人们关注的最活跃的研究领域之一。Kalman 滤波已成为多传感器信息融合滤波的重要工具[29,40,41]。

白噪声估计在石油地震勘探中有重要的应用背景。美国学者 J. M. Mendel[9,20,21] 在 1977 年用经典 Kalman 滤波方法提出了输入白噪声反卷积滤波器。但他只给出了系统的输入白噪声估值器,而没有解决系统观测白噪声估计问题。基于经典 Kalman 滤波方法和基于现代时间序列分析方法[12,13,41] 的两种统一和通用的白噪声估计理论由邓自立在文献[11-13,22,23,37] 中提出。白噪声估计理论不仅具有重要意义,而且在解决状态或信号估计问题中具有重要理论意义和方法论意义[12,13,40,41]。它可看成是经典 Kalman 滤波理论的新进展和重要组成部分[40,41]。

本章介绍经典最优 Kalman 滤波理论及其新进展。新进展包括邓自立提出的统一和通用的白噪声估计理论[11,22,23,37] 与 Kalman 滤波稳定性和按实现收敛性理论,以及稳定性和收敛性分析的动态误差系统分析方法(DESA) 和动态方差误差系统分析(DVESA) 方法[39-43]。这些新进展使本章独具特色,区别于现有文献中的经典 Kalman 滤波理论[24,25,27,35]。

3.2 状态空间模型与 ARMA 模型

3.2.1 状态空间模型与 ARMA 模型

Kalman 滤波的创始人 R. E. Kalman 的重大贡献之一是提出了描述动态系统的状态空间方法,其核心思想有三点:(1) 引入状态变量的概念;(2) 建立描述状态变化规律的状态方程;(3) 给出对状态进行观测的观测方程。状态变量是对动态系统状态特征的概括,通常用$n \times 1$列向量表示,n称作状态的维数。在时刻t状态$x(t)$取值于n维欧式空间R^n中的点,即$x(t) \in R^n$,称R^n为状态空间。应用状态空间方法和正交投影理论产生了 Kalman 滤波理论。为了直观理解状态空间方法,考虑如下启发性例子。

例 3.1 考虑雷达跟踪系统

$$s(t+1)=s(t)+\dot{s}(t)T_0+[u(t)+w(t)]T_0^2/2 \tag{3.1}$$

$$\dot{s}(t+1)=\dot{s}(t)+[u(t)+w(t)]T_0 \tag{3.2}$$

$$y(t)=s(t)+v(t) \tag{3.3}$$

其中T_0为采样周期,$s(t)$,$\dot{s}(t)$和$u(t)+w(t)$各为在时刻tT_0运动目标的位置、速度和加速度。其中$w(t)$为随机加速度,它是零均值、方差为σ_w^2的白噪声,而$u(t)$是已知的机动加速度。$v(t)$为零均值、方差为σ_v^2的独立于$w(t)$的观测白噪声,$y(t)$为对位置的观测信号。若我们感兴趣的问题是对运动目标的位置和速度的估计问题,则可引入状态变量

$$x(t)=[s(t),\dot{s}(t)]^{\mathrm{T}} \tag{3.4}$$

其中上角 T 为转置号。于是由(3.1)—(3.3) 有状态方程和观测方程分别为

$$x(t+1)=\boldsymbol{\Phi}x(t)+Bu(t)+\Gamma w(t) \tag{3.5}$$

$$y(t)=Hx(t)+v(t) \tag{3.6}$$

其中$\boldsymbol{\Phi}$称为状态转移阵,H称为观测阵,且显然有

$$\boldsymbol{\Phi}=\begin{bmatrix}1 & T_0\\0 & 1\end{bmatrix},B=\begin{bmatrix}T_0^2/2\\T_0\end{bmatrix},\Gamma=\begin{bmatrix}T_0^2/2\\T_0\end{bmatrix},H=[1,0]$$

因而雷达跟踪问题转化为基于上述状态空间模型和观测$(y(t),y(t-1),\cdots)$求状态$x(t)$的最优估值器$\hat{x}(t|t)$。

例 3.2 未知常量的估计问题。对某一未知常量c(c可代表长度、距离、半径、体积等)进行测量,设在离散时刻t对c的测量值为$y(t)$,其中含有观测噪声$v(t)$。取状态为$x(t)=c$,则有状态方程和观测方程分别为

$$x(t+1)=x(t) \tag{3.7}$$

$$y(t)=x(t)+v(t) \tag{3.8}$$

例 3.3 考虑带有色观测噪声的雷达跟踪系统

$$s(t+1)=s(t)+\dot{s}(t)T_0+e(t)T_0^2/2 \tag{3.9}$$

$$\dot{s}(t+1)=\dot{s}(t)+e(t)T_0 \tag{3.10}$$

$$y(t)=s(t)+\eta(t)+v(t) \tag{3.11}$$

$$\eta(t+1)=\rho\eta(t)+\xi(t) \tag{3.12}$$

其中T_0为采样周期,$s(t)$,$\dot{s}(t)$和$e(t)$各为在时刻tT_0运动目标的位置、速度和加速度,$y(t)$为观测信号,$\eta(t)$为有色观测噪声,ρ为模型参数,$e(t)$,$\xi(t)$,$v(t)$为不相关噪声。问题是由被噪声污染的对位置的观测信号$y(t)$求位置$s(t)$的最优滤波器。为此应建立增广状态空间模型。由(3.9)和(3.10)有$s(t)$的状态空间模型

$$\alpha(t+1)=\boldsymbol{\Phi}\alpha(t)+\Gamma e(t) \tag{3.13}$$

$$s(t)=H_\alpha\alpha(t) \tag{3.14}$$

其中定义

$$\alpha(t)=\begin{bmatrix}s(t)\\ \dot{s}(t)\end{bmatrix},\Phi=\begin{bmatrix}1 & T_0\\ 0 & 1\end{bmatrix},\Gamma=\begin{bmatrix}T_0^2/2\\ T_0\end{bmatrix},H_\alpha=[1,0] \tag{3.15}$$

引入增广状态$x(t)=[\alpha^{\mathrm{T}}(t),\eta(t)]^{\mathrm{T}}$和增广噪声$w(t)=[e(t),\xi(t)]^{\mathrm{T}}$,则有增广状态空间模型

$$x(t+1)=\begin{bmatrix}1 & T_0 & 0\\ 0 & 1 & 0\\ 0 & 0 & \rho\end{bmatrix}x(t)+\begin{bmatrix}T_0^2/2 & 0\\ T_0 & 0\\ 0 & 1\end{bmatrix}w(t) \tag{3.16}$$

$$y(t)=[1,0,1]x(t)+v(t) \tag{3.17}$$

因为待估信号$s(t)$是增广状态$x(t)$的第一个分量,故问题转化为对增广状态$x(t)$的估计问题。该增广状态空间模型是标准的状态空间模型。

例 3.4 考虑带有色过程噪声的雷达跟踪系统

$$\alpha(t+1)=\Phi x(t)+\Gamma e(t) \tag{3.18}$$

$$y(t)=H_\alpha x(t)+v(t) \tag{3.19}$$

$$e(t+1)=\rho e(t)+\xi(t) \tag{3.20}$$

其中T_0为采样周期,$\alpha(t)=[s(t),\dot{s}(t)]^{\mathrm{T}}$,$s(t)$,$\dot{s}(t)$和$e(t)$各为在时刻$tT_0$处运动目标的位置、速度和加速度,且

$$\Phi=\begin{bmatrix}1 & T_0\\ 0 & 1\end{bmatrix},\Gamma=\begin{bmatrix}T_0^2/2\\ T_0\end{bmatrix},H_\alpha=[1,0] \tag{3.21}$$

加速度$e(t)$服从AR(1)模型(3.20),ρ为模型参数,$y(t)$为对位置$s(t)$的观测信号,$\xi(t)$和$v(t)$为不相关噪声。问题是由$y(t)$求加速度$e(t)$的最优滤波器。为此,应建立增广状态空间模型。引入增广状态$x(t)=[\alpha^{\mathrm{T}}(t),e(t)]^{\mathrm{T}}$,容易验证增广状态空间模型为

$$x(t+1)=\begin{bmatrix}1 & T_0 & T_0^2/2\\ 0 & 1 & T_0\\ 0 & 0 & \rho\end{bmatrix}x(t)+\begin{bmatrix}0\\ 0\\ 1\end{bmatrix}\xi(t) \tag{3.22}$$

$$y(t)=[1,0,0]x(t)+v(t) \tag{3.23}$$

例 3.5 考虑在极坐标下的雷达跟踪系统。

设某一雷达跟踪一个运动目标——飞机。在极坐标系下飞机的位置由其斜距r和方位角θ决定。设采样周期为T_0,用$r(t)$和$\theta(t)$分别表示在时刻tT_0处飞机的斜距和方位角,如图3.1所示。

用$\dot{r}(t)$和$\dot{\theta}(t)$分别表示在时刻tT_0处飞机的径向速度和方位角速度,由运动定律它们有相同结构的模型

$$r(t+1)=r(t)+\dot{r}(t)T_0 \tag{3.24}$$

$$\dot{r}(t+1)=\dot{r}(t)+w_1(t) \tag{3.25}$$

$$y_1(t)=r(t)+v_1(t) \tag{3.26}$$

和

$$\theta(t+1)=\theta(t)+\dot{\theta}(t)T_0 \tag{3.27}$$

$$\dot{\theta}(t+1)=\dot{\theta}(t)+w_2(t) \tag{3.28}$$

$$y_2(t)=\theta(t)+v_2(t) \tag{3.29}$$

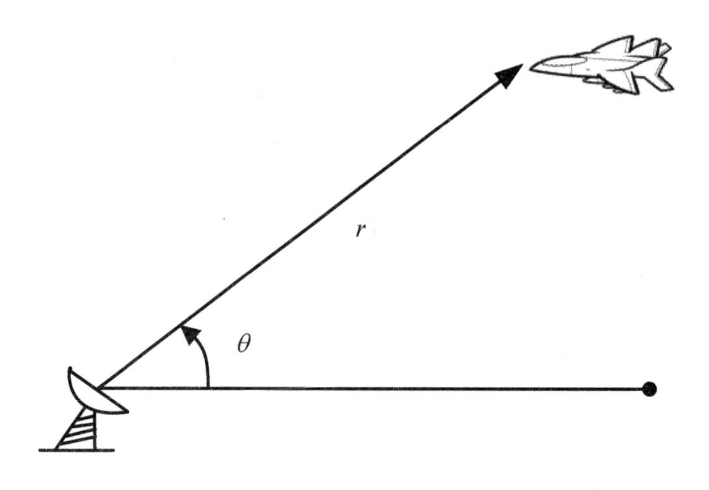

图 3.1 雷达跟踪系统

其中 $y_1(t)$ 和 $y_2(t)$ 各为对斜距 $r(t)$ 和方位角 $\theta(t)$ 的观测信号,$v_1(t)$ 和 $v_2(t)$ 为观测噪声。(3.25) 和(3.28) 表示径向速度 $\dot{r}(t)$ 和方位角速度 $\dot{\theta}(t)$ 服从随机游动模型,其中 $w_1(t)$ 和 $w_2(t)$ 为相互独立的白噪声。引入状态

$$x_1(t)=[r(t),\dot{r}(t)]^{\mathrm{T}},x_2(t)=[\theta(t),\dot{\theta}(t)]^{\mathrm{T}} \tag{3.30}$$

则有状态空间模型

$$x_1(t+1)=\Phi_1x_1(t)+\Gamma_1w_1(t),y_1(t)=H_1x_1(t)+v_1(t) \tag{3.31}$$

$$\Phi_1=\begin{bmatrix}1 & T_0\\0 & 1\end{bmatrix},\Gamma_1=\begin{bmatrix}0\\1\end{bmatrix},H_1=[1,0] \tag{3.32}$$

和

$$x_2(t+1)=\Phi_2x_2(t)+\Gamma_2w_2(t),y_2(t)=H_2x_2(t)+v_2(t) \tag{3.33}$$

$$\Phi_2=\begin{bmatrix}1 & T_0\\0 & 1\end{bmatrix},\Gamma_2=\begin{bmatrix}0\\1\end{bmatrix},H_2=[1,0] \tag{3.34}$$

为了确定飞机的位置,引入增广状态

$$x(t)=[x_1^{\mathrm{T}}(t),x_2^{\mathrm{T}}(t)]^{\mathrm{T}} \tag{3.35}$$

则有解耦增广状态空间模型

$$x(t+1)=\Phi x(t)+\Gamma w(t)$$

$$y(t)=Hx(t)+v(t)$$

$$\Phi=\begin{bmatrix}\Phi_1 & 0\\0 & \Phi_2\end{bmatrix},H=\begin{bmatrix}H_1 & 0\\0 & H_2\end{bmatrix},\Gamma=\begin{bmatrix}\Gamma_1 & 0\\0 & \Gamma_2\end{bmatrix}$$

$$w(t)=\begin{bmatrix}w_1(t)\\w_2(t)\end{bmatrix},y(t)=\begin{bmatrix}y_1(t)\\y_2(t)\end{bmatrix},v(t)=\begin{bmatrix}v_1(t)\\v_2(t)\end{bmatrix} \tag{3.36}$$

用解耦方法,分别求子系统(3.31) 和(3.32) 及子系统(3.34) 和(3.35) 的 Kalman 滤波器就可解决增广系统的状态估计问题。

例 3.6 石油地震勘探输入白噪声估计(反卷积) 问题。

白噪声估计理论的一个重要应用背景是石油地震勘探信号处理问题。这一问题曾被美国学者 Mendel[20,21] 深入研究。石油地震勘探原理是利用埋在地表下的炸药爆炸后产

生的地震波在油层的反射系数序列提供的信息来判断是否有油田及油田几何形状大小。因为反射系数序列可用 Bernoulli-Gauss 白噪声来表示,因而白噪声估计问题成为地震勘探的关键问题。Mendel[20,21] 用 Kalman 滤波方法解决了这个问题,提出了系统的输入白噪声估值器,也称作白噪声反卷积(Deconvolution)滤波器。但 Mendel 的白噪声估计理论的局限性是没有解决系统的观测白噪声估计问题,因而不能构成统一的白噪声估计理论,且不能用于解决状态估计问题。为了克服这一局限性,新近作者在文献[12,22,23] 中系统地提出了基于 Kalman 滤波方法的统一的和通用的白噪声估计理论,其中解决了观测白噪声估计问题,并将其应用于解决状态和信号估计问题[2]。

石油地震勘探原理如图3.2、图3.3所示。炸药埋在地表下爆炸后产生的反射地震波信号 $s(t)$ 由地面上的传感器接收,接收信号为 $y(t)$,其中被观测噪声 $v(t)$ 污染,假设 $v(t)$ 是零均值、方差为 σ_v^2 的白噪声,可用如下卷积模型描写地震勘探系统,即

$$s(t+1)=\sum_{j=1}^{t}h(t-j)w(j) \tag{3.37}$$

$$y(t)=s(t)+v(t) \tag{3.38}$$

其中序列 $h(j)$ 是与地层构造有关的脉冲响应序列,而 $w(t)$ 是油层的“反射系数序列”,它包含是否有油田和油田几何形状的重要信息。通常 $w(t)$ 可用 Bernoulli-Gauss 白噪声来描写

$$w(t)=b(t)g(t) \tag{3.39}$$

其中 $b(t)$ 为取值1和0的 Bernoulli 白噪声,取值概率为

$$P\{b(t)=1\}=\lambda, P\{b(t)=0\}=1-\lambda, 0<\lambda<1 \tag{3.40}$$

而 $g(t)$ 是零均值、方差为 σ_g^2 独立于 $b(t)$ 的 Gauss 分布 $N(0,\sigma_g)$ 白噪声。

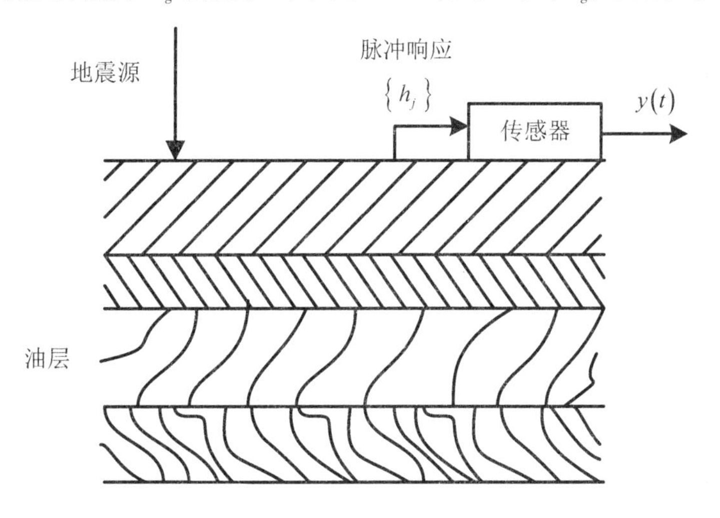

图3.2 石油地震勘探原理

由图3.3看到 $w(t)$ 是取非零值稀疏的正态白噪声,其中实线端点的纵坐标为 $w(t)$,而圆点的纵坐标表示 $w(t)$ 的估值。可看到 $w(t)$ 只在个别处不为零,且 $w(t)$ 取非零值的幅度和出现取零值的时刻都是随机的。石油地震勘探的关键技术在于寻求反射系数序列 $w(t)$ 的最优估值。由(3.37)和(3.38)看到,反射系数序列 $w(t)$ 是卷积模型的输入。由卷积模型的输出 $y(t)$ 估计其输入 $w(t)$ 称为反卷积。

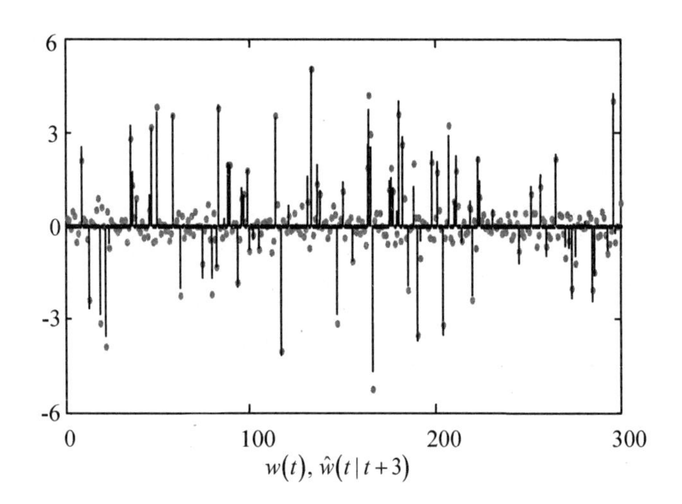

图 3.3 Bernoulli-Gauss 输入白噪声 $w(t)$ 和最优输入白噪声反卷积平滑器 $\hat{w}(t \mid t+3)$

卷积模型(3.37)和(3.38)可表为如下状态空间模型

$$x(t)=\Phi x(t-1)+\Gamma w(t) \tag{3.41}$$

$$y(t)=Hx(t)+v(t) \tag{3.42}$$

带初值 $x(0)=0$,其中 $x(t)\in R^n$,Φ,Γ 和 H 分别为 $n\times n$,$n\times 1$ 和 $1\times n$ 矩阵。事实上,由(3.41)迭代有

$$y(t)=H\Phi^t x(0)+\sum_{j=1}^{t} H\Phi^{t-j}\Gamma w(j)+v(t) \tag{3.43}$$

由假设 $x(0)=0$ 有

$$y(t)=\sum_{j=1}^{t} h(t-j)w(j)+v(t) \tag{3.44}$$

比较上两式应定义

$$h(i)=H\Phi^i\Gamma \tag{3.45}$$

系数 $h(i)=H\Phi^i\Gamma$ 称为 Markov 参数。由已知脉冲响应序列 $\{h(0),h(1),\cdots\}$,求矩阵 Φ,Γ,H 和状态维数 n 的问题称作实现问题。于是白噪声反卷积问题化为由等价的状态空间模型(3.41)和(3.42)的输出观测信号 $y(t)$ 求输入白噪声 $w(t)$ 的最优估值器。

由上述例子,我们引入一般的状态空间模型,它是 Kalman 滤波的研究对象。

一般线性离散时变随机系统的标准的状态空间模型为

$$x(t+1)=\Phi(t)x(t)+B(t)u(t)+\Gamma(t)w(t) \tag{3.46}$$

$$y(t)=H(t)x(t)+v(t) \tag{3.47}$$

其中 t 为离散时间,$t=0,1,2,\cdots$,$x(t)\in R^n$ 为系统状态,$y(t)\in R^m$ 为对状态 $x(t)$ 的观测,$u(t)\in R^p$ 为已知的控制量,$w(t)\in R^r$ 为输入白噪声,$v(t)\in R^m$ 为观测白噪声,它们是带零均值、方差阵各为 $Q(t)$ 和 $R(t)$、相关阵为 $S(t)$ 的白噪声

$$\mathrm{E}\left\{\begin{bmatrix} w(t) \\ v(t) \end{bmatrix}\left[w^{\mathrm{T}}(j),v^{\mathrm{T}}(j)\right]\right\}=\begin{bmatrix} Q(t) & S(t) \\ S^{\mathrm{T}}(t) & R(t) \end{bmatrix}\delta_{tj} \tag{3.48}$$

其中 δ_{tj} 为 Kronecker δ 函数,$\delta_{tt}=1$,$\delta_{tj}=0(t\neq j)$。(3.46)称为状态方程,(3.47)称为观测方程,$\Phi(t)\in R^{n\times n}$ 称为状态转移阵,$B(t)\in R^{n\times p}$ 称为控制转移阵,$\Gamma(t)\in R^{n\times r}$ 称为

输入噪声转移阵,$H(t) \in R^{m\times n}$ 称为观测阵。噪声统计和参数阵都是时变的。

Kalman 滤波问题是:基于观测 $y(1),\cdots,y(k)$,求在时刻 t 的状态 $x(t)$ 的线性无偏最小方差估值 $\hat{x}(t|k)$。若 $k=t$,则称 $\hat{x}(t|t)$ 为滤波器;若 $k<t$,则称 $\hat{x}(t|k)$ 为预报器;若 $k>t$,则称 $\hat{x}(t|k)$ 为平滑器。例如,实时定位或检测问题涉及滤波问题;导弹拦截、人造地球卫星或航天飞船回收涉及着地点预报问题;用导弹射击飞行目标也涉及对飞行目标轨道预测问题;发射导弹的初速度估计问题或发射人造地球卫星入轨初速度估计问题归结为固定点(固定时刻)平滑估值问题。发射人造地球卫星后,需根据卫星环绕地球的轨道观测数据,更精确估算卫星轨道,以便研究实际轨道与理论设计轨道的偏差。这类问题称作轨道重构或固定区间平滑问题。

特别在(3.46)—(3.48)中,参数阵和噪声统计 Φ,B,Γ,H,Q,R,S 均为常阵时,线性离散时不变(定常)随机系统的状态空间模型为

$$x(t+1)=\Phi x(t)+Bu(t)+\Gamma w(t) \tag{3.49}$$

$$y(t)=Hx(t)+v(t) \tag{3.50}$$

$$\mathrm{E}\left\{\begin{bmatrix} w(t) \\ v(t) \end{bmatrix}\begin{bmatrix} w^{\mathrm{T}}(j), v^{\mathrm{T}}(j) \end{bmatrix}\right\}=\begin{bmatrix} Q & S \\ S^{\mathrm{T}} & R \end{bmatrix}\delta_{tj} \tag{3.51}$$

为研究简单,本书不考虑控制 $u(t)$ 项,即 $Bu(t)=0$。

考虑线性离散时不变(定常)随机系统

$$x(t+1)=\Phi x(t)+\Gamma w(t) \tag{3.52}$$

$$y(t)=Hx(t)+v(t) \tag{3.53}$$

状态方程(3.52)有非递推公式

$$x(t)=\Phi^{t-j}x(j)+\sum_{i=j+1}^{t}\Phi^{t-i}\Gamma w(i-1),t>j \tag{3.54}$$

它可由(3.52)迭代得到。引入变换 $t-i=k$,有等价的非递推公式

$$x(t)=\Phi^{t-j}x(j)+\sum_{k=0}^{t-j-1}\Phi^{k}\Gamma w(t-k-1) \tag{3.55}$$

引入变换 $r=k+1$,则有另一种等价的非递推公式

$$x(t)=\Phi^{t-j}x(j)+\sum_{r=1}^{t-j}\Phi^{r-1}\Gamma w(t-r) \tag{3.56}$$

对线性离散时变随机系统

$$x(t+1)=\Phi(t)x(t)+\Gamma(t)w(t) \tag{3.57}$$

$$y(t)=H(t)x(t)+v(t) \tag{3.58}$$

有非递推公式

$$x(t)=\Phi(t,j)x(j)+\sum_{i=j+1}^{t}\Phi(t,i)\Gamma(i-1)w(i-1),t>j \tag{3.59}$$

其中定义 $\Phi(t,t)=I_n$,且

$$\Phi(t,i)=\Phi(t-1)\Phi(t-2)\cdots\Phi(i),t>i \tag{3.60}$$

若状态方程有如下形式

$$x(t+1)=\Phi(t+1)x(t)+\Gamma(t)w(t) \tag{3.61}$$

则非递推公式(3.59)仍成立,但应将 $\Phi(t,i)$ 的定义修改为

$$\Phi(t,i)=\Phi(t)\Phi(t-1)\cdots\Phi(i+1),t>i \tag{3.62}$$

3.2.2 ARMA 模型与状态空间模型的关系

自回归滑动平均(Autoregressive Moving Average,ARMA)模型是时间序列分析和信号处理的基本模型,它将一般的随机信号用以白噪声激励(作为输入)的 ARMA 模型或传递函数来描写。ARMA 模型也是 Wiener 滤波问题的基本模型。为了用 Kalman 滤波解决 Wiener 滤波问题,我们需要揭示 ARMA 模型与状态空间模型的转化关系。

设系统的随机输入 $e(t)\in R^m$ 为 m 维白噪声

$$\mathrm{E}[e(t)]=0,\mathrm{E}[e(t)e^{\mathrm{T}}(j)]=Q_e\delta_{tj} \tag{3.63}$$

其中 E 为数学期望,上角标 T 为转置,$\delta_{tt}=1,\delta_{tj}=0(t\neq j)$,且输出 $y(t)\in R^m$,模型

$$y(t)+A_1y(t-1)+\cdots+A_{n_a}y(t-n_a)=C_0e(t)+C_1e(t-1)+\cdots+C_{n_c}e(t-n_c) \tag{3.64}$$

称为多维自回归滑动平均模型,简称多维或多变量 ARMA 模型,其中 A_i,C_i 为 $m\times m$ 系数阵,n_a,n_c 为模型阶次,简记(3.64)为 ARMA(n_a,n_c)。若 $C_0=I_m,I_m$ 为 $m\times m$ 单位阵,$C_i=0$,则(3.64)化为

$$y(t)+A_1y(t-1)+\cdots+A_{n_a}y(t-n_a)=e(t) \tag{3.65}$$

称其为多维自回归(Autoregressive)模型,记为 AR(n_a)。若 $A_i=0,C_0=I_m$,则(3.64)化为

$$y(t)=e(t)+C_1e(t-1)+\cdots+C_{n_c}e(t-n_c) \tag{3.66}$$

称其为多维滑动平均(Moving Average)模型,记为 MA(n_c)。

引入单位滞后算子 $q^{-1},q^{-1}x(t)=x(t-1)$,并引入 q^{-1} 的多项式矩阵

$$A(q^{-1})=I_m+A_1q^{-1}+\cdots+A_{n_a}q^{-n_a}$$
$$C(q^{-1})=C_0+C_1q^{-1}+\cdots+C_{n_c}q^{-n_c} \tag{3.67}$$

则多维 ARMA,AR,MA 模型可分别表示为

$$A(q^{-1})y(t)=C(q^{-1})e(t)$$
$$A(q^{-1})y(t)=e(t)$$
$$y(t)=C(q^{-1})e(t) \tag{3.68}$$

注意,若以 q^{-1} 为自变元的多项式 $\det A(q^{-1})$ 的所有零点位于单位圆外,则称多项式矩阵 $A(q^{-1})$ 是稳定的。若以 q^{-1} 为自变元的多项式 $A(q^{-1})$ 的零点全位于单位圆外,则称多项式 $A(q^{-1})$ 是稳定的。此时 ARMA 模型描写平稳随机过程。

在 ARMA 模型(3.64)中 $y(t)\in R^m,e(t)\in R^m$。在一般情形下,$e(t)$ 的维数可以不同于 $y(t)$ 的维数,例如 $e(t)\in R^r$,此时 $C_i\in R^{n\times r}$。

引理 3.1 多维 ARMA(n_a,n_c) 模型

$$y(t)+A_1y(t-1)+\cdots+A_ny(t-n)=C_0\omega(t)+C_1\omega(t-1)+\cdots+C_n\omega(t-n) \tag{3.69}$$

其中 $y(t)\in R^m,\omega(t)\in R^r,A_i$ 为 $m\times m$ 阵,C_i 为 $m\times r$ 阵,等价于如下块伴随状态空间模型

$$\begin{bmatrix}x_1(t+1)\\x_2(t+1)\\\vdots\\x_n(t+1)\end{bmatrix}=\begin{bmatrix}-A_1 & & \\ -A_2 & I_{(n-1)m} & \\ \vdots & & \\ -A_n & 0 & \cdots & 0\end{bmatrix}\begin{bmatrix}x_1(t)\\x_2(t)\\\vdots\\x_n(t)\end{bmatrix}+\begin{bmatrix}C_1-A_1C_0\\C_2-A_2C_0\\\vdots\\C_n-A_nC_0\end{bmatrix}\omega(t) \tag{3.70}$$

$$y(t)=[I_m,0,\cdots,0]\begin{bmatrix}x_1(t)\\x_2(t)\\\vdots\\x_n(t)\end{bmatrix}+C_0\omega(t) \tag{3.71}$$

其中规定 $n=\max(n_a,n_c)$，$A_i=0(i>n_a)$，或 $C_i=0(i>n_c)$。

证明　由(3.71)有 $y(t)=x_1(t)+C_0\omega(t)$，利用(3.70)逐次迭代即可得(3.69)。证毕。

例 3.7　纯量 ARMA(1, 1) 模型

$$(1+aq^{-1})y(t)=(1+cq^{-1})\omega(t) \tag{3.72}$$

可由引理 3.1 化为状态空间模型

$$x(t+1)=-ax(t)+(c-a)\omega(t)$$
$$y(t)=x(t)+\omega(t) \tag{3.73}$$

例 3.8　纯量 ARMA 模型

$$(1-q^{-1})^2y(t)=(1+c_1q^{-1}+c_2q^{-2})\omega(t) \tag{3.74}$$

可由引理 3.1 化为状态空间模型

$$x(t+1)=\begin{bmatrix}2&1\\-1&0\end{bmatrix}x(t)+\begin{bmatrix}c_1+2\\c_2-1\end{bmatrix}\omega(t)$$
$$y(t)=[1,0]x(t)+\omega(t) \tag{3.75}$$

例 3.9　ARMA 模型

$$(1.2q^{-1}+q^{-2})^2y(t)=0.5\omega(t-1)+0.5\omega(t-2) \tag{3.76}$$

有状态空间模型

$$x(t+1)=\begin{bmatrix}2&1\\-1&0\end{bmatrix}x(t)+\begin{bmatrix}0.5\\0.5\end{bmatrix}\omega(t) \tag{3.77}$$

$$y(t)=[1,0]x(t) \tag{3.78}$$

例 3.10　考虑带观测噪声视为 ARMA 信号 $s(t)$ 的滤波问题

$$A(q^{-1})s(t)=C(q^{-1})\omega(t) \tag{3.79}$$
$$y(t)=s(t)+v(t) \tag{3.80}$$
$$A(q^{-1})=1-1.8q^{-1}+1.05q^{-2}-0.2q^{-3} \tag{3.81}$$
$$C(q^{-1})=q^{-1}+0.3q^{-1} \tag{3.82}$$

应用引理 3.1，它有状态空间模型

$$x(t+1)=\begin{bmatrix}1.8&1&0\\-1.05&0&1\\0.2&0&0\end{bmatrix}x(t)+\begin{bmatrix}1\\0.3\\0\end{bmatrix}\omega(t) \tag{3.83}$$
$$y(t)=[1,0,0]x(t)+v(t) \tag{3.84}$$
$$s(t)=[1,0,0]x(t) \tag{3.85}$$

因 $s(t)$ 是状态的第 1 个分量，故问题转化为对这个状态空间模型的 Kalman 滤波问题。

例 3.11　考虑单变量白噪声反卷积系统

$$y(t)=\frac{B(q^{-1})}{P(q^{-1})}w(t)+v(t) \tag{3.86}$$

其中 $P(q^{-1})$ 和 $B(q^{-1})$ 是形如 $X(q^{-1})=x_0+x_1q^{-1}+\cdots+x_{n_x}q^{-n_x}$ 的多项式,$w(t)$ 是输入白噪声,$v(t)$ 是观测白噪声,假设 $p_0=1,b_0=0,n_p\geqslant n_b$。问题是由观测 $y(t)$ 求输入白噪声 $w(t)$ 的估值器。置

$$s(t)=\frac{B(q^{-1})}{P(q^{-1})}w(t) \text{ 或 } P(q^{-1})s(t)=B(q^{-1})w(t) \tag{3.87}$$

应用引理 3.1,信号 $s(t)$ 有状态空间模型

$$x(t+1)=\Phi x(t)+\Gamma w(t) \tag{3.88}$$

$$s(t)=Hx(t) \tag{3.89}$$

其中

$$\Phi=\begin{bmatrix}-p_1 & & & \\ -p_2 & & I_{n_p-1} & \\ \vdots & & & \\ -p_{n_p} & 0 & \cdots & 0\end{bmatrix},\Gamma=\begin{bmatrix}b_1\\ b_2\\ \vdots\\ b_{n_p}\end{bmatrix},H=[1,0,\cdots,0] \tag{3.90}$$

由(3.86)和(3.87)有

$$y(t)=s(t)+v(t) \tag{3.91}$$

由(3.89)和(3.91)引出观测方程

$$y(t)=Hx(t)+v(t) \tag{3.92}$$

于是问题归结为用状态空间模型描写的系统(3.88)和(3.92)的输入估计(反卷积)问题。

例 3.12 考虑带 ARMA 有色观测噪声 $\eta(t)$ 的单通道 AR 信号 $s(t)$ 的滤波问题

$$A(q^{-1})s(t)=e(t-1) \tag{3.93}$$

$$y(t)=s(t)+\eta(t)+v(t) \tag{3.94}$$

$$P(q^{-1})\eta(t)=R(q^{-1})\xi(t) \tag{3.95}$$

其中 $y(t)$ 为对 $s(t)$ 的观测,$\eta(t)$ 为有色观测噪声,$e(t)$,$\xi(t)$ 和 $v(t)$ 为互不相关白噪声

$$A(q^{-1})=1+a_1q^{-1}+\cdots+a_{n_a}q^{-n_a}$$

$$P(q^{-1})=1+p_1q^{-1}+\cdots+p_{n_p}q^{-n_p}$$

$$R(q^{-1})=1+r_1q^{-1}+\cdots+r_{n_r}q^{-n_r},n_p>n_r$$

应用引理 3.1,信号 $s(t)$ 有状态空间模型

$$\alpha(t+1)=A\alpha(t)+Be(t) \tag{3.96}$$

$$s(t)=H_\alpha\alpha(t) \tag{3.97}$$

其中

$$A=\begin{bmatrix}-a_1 & & & \\ -a_2 & & I_{n_a-1} & \\ \vdots & & & \\ -a_{n_a} & 0 & \cdots & 0\end{bmatrix},B=\begin{bmatrix}1\\ 0\\ \vdots\\ 0\end{bmatrix},H_\alpha=[1,0,\cdots,0] \tag{3.98}$$

注意(3.95)可变为滑动平均多项式即常数项为零的多项式,为此定义

$$\bar{R}(q^{-1})=R(q^{-1})q^{-1},\bar{\xi}(t)=q\xi(t)=\xi(t+1) \tag{3.99}$$

则 $\bar{\xi}(t)$ 与 $\xi(t)$ 有相同的均值和方差,且(3.95)化为

$$P(q^{-1})\eta(t)=\bar{R}(q^{-1})\bar{\xi}(t) \tag{3.100}$$

它有状态空间模型

$$\beta(t+1)=P\beta(t)+\bar{R}\bar{\xi}(t) \tag{3.101}$$

$$\eta(t)=H_\beta\beta(t) \tag{3.102}$$

其中 $\bar{R}(q^{-1})=q^{-1}+\bar{r}_1q^{-2}+\cdots+\bar{r}_{n_r}q^{-(n_r+1)}$, $\bar{r}_i=r_{i-1}$, $\bar{r}_0=0$

$$P=\begin{bmatrix}-p_1 & & \\ -p_2 & I_{n_p-1} & \\ \vdots & & \\ -p_{n_p} & 0 & \cdots & 0\end{bmatrix},\bar{R}=\begin{bmatrix}1\\ \bar{r}_1\\ \vdots\\ \bar{r}_{n_p-1}\end{bmatrix},H_\beta=[1,0,\cdots,0] \tag{3.103}$$

其中规定 $\bar{r}_j=0(j>n_r)$。

于是有状态空间模型

$$x(t+1)=\Phi x(t)+\Gamma w(t) \tag{3.104}$$

$$y(t)=Hx(t)+v(t) \tag{3.105}$$

其中 $x(t)\in R^{n_a+n_p}$ 是增广状态,$w(t)\in R^2$ 为增广噪声,且

$$x(t)=\begin{bmatrix}\alpha(t)\\ \beta(t)\end{bmatrix},w(t)=\begin{bmatrix}e(t)\\ \bar{\xi}(t)\end{bmatrix},\Phi=\begin{bmatrix}A & 0\\ 0 & P\end{bmatrix},\Gamma=\begin{bmatrix}B & 0\\ 0 & \bar{R}\end{bmatrix},H=[H_\alpha,H_\beta] \tag{3.106}$$

$$s(t)=H_sx(t),H_s=[1,0,\cdots,0] \tag{3.107}$$

于是问题转化为求增广系统的增广状态的 Kalman 滤波器。由(3.107)知,所得 Kalman 滤波器的第 1 个分量便是信号 $s(t)$ 的 Kalman 滤波器。

注 3.1 将带首系数 $r_0=1$ 的 ARMA 模型(3.95)化为首系数为零的等价的 ARMA 模型(3.100)的优点是增广状态空间模型带互不相关白噪声 $w(t)$ 和 $v(t)$。因而仅要求采用标准的不相关噪声 Kalman 滤波算法。否则(3.95)有状态空间模型

$$\beta(t+1)=P\beta(t)+R\xi(t) \tag{3.108}$$

$$\eta(t)=H_\beta\beta(t)+\xi(t) \tag{3.109}$$

其中

$$P=\begin{bmatrix}-p_1 & & \\ -p_2 & I_{n_p-1} & \\ \vdots & & \\ -p_{n_p} & 0 & \cdots & 0\end{bmatrix},R=\begin{bmatrix}r_1-p_1\\ r_2-p_2\\ \vdots\\ r_{n_p-1}-p_{n_p-1}\end{bmatrix},H_\beta=[1,0,\cdots,0] \tag{3.110}$$

其中规定 $r_j=0(j>n_r)$。于是有状态空间模型

$$x(t+1)=\Phi x(t)+\Gamma w(t) \tag{3.111}$$

$$y(t)=Hx(t)+\xi(t)+v(t) \tag{3.112}$$

$$x(t)=\begin{bmatrix}\alpha(t)\\ \beta(t)\end{bmatrix},w(t)=\begin{bmatrix}e(t)\\ \xi(t)\end{bmatrix},\Phi=\begin{bmatrix}A & 0\\ 0 & P\end{bmatrix},\Gamma=\begin{bmatrix}B & 0\\ 0 & R\end{bmatrix}$$

$$H=[H_\alpha,H_\beta],s(t)=H_sx(t),H_s=[1,0,\cdots,0] \tag{3.113}$$

这引出增广状态空间模型有相关的输入噪声 $w(t)$ 和观测噪声 $\xi(t)+v(t)$,它要求采用较复杂的相关噪声系统 Kalman 滤波算法。

在理论和应用中下述典范型也经常被采用。

引理 3.2[44] 标量 ARMA 模型

$$y(t)+a_1y(t-1)+\cdots+a_ny(t-n)=c_0w(t)+c_1w(t-1)+\cdots+c_nw(t-n) \tag{3.114}$$

等价于如下状态空间模型

$$\begin{bmatrix} x_1(t+1) \\ x_2(t+1) \\ \vdots \\ \vdots \\ x_n(t+1) \end{bmatrix} = \begin{bmatrix} -a_1 & -a_2 & \cdots & \cdots & -a_n \\ 1 & 0 & \cdots & \cdots & 0 \\ 0 & 1 & \ddots & & \vdots \\ \vdots & \ddots & \ddots & \ddots & \vdots \\ 0 & \cdots & 0 & 1 & 0 \end{bmatrix} \begin{bmatrix} x_1(t) \\ x_2(t) \\ \vdots \\ \vdots \\ x_n(t) \end{bmatrix} + \begin{bmatrix} 1 \\ 0 \\ \vdots \\ \vdots \\ 0 \end{bmatrix} w(t) \tag{3.115}$$

$$y(t)=[c_1^*,c_2^*,\cdots,c_n^*]\begin{bmatrix} x_1(t) \\ x_2(t) \\ \vdots \\ x_n(t) \end{bmatrix}+c_0w(t)$$

$$c_j^*=c_j-a_jc_0,j=1,\cdots,n \tag{3.116}$$

其中 $x(t)=[x_1(t),\cdots,x_n(t)]^{\mathrm{T}}$ 是 $n\times 1$ 状态向量。

引理 3.3[4] 多维时变系数 ARMA 模型

$$\begin{aligned} &y(t)+A_1(t-1)y(t-1)+\cdots+A_n(t-n)y(t-n)= \\ &C_0(t)+C_1(t-1)w(t-1)+\cdots+C_n(t-n)w(t-n) \end{aligned} \tag{3.117}$$

其中 $y(t)\in R^m,w(t)\in R^r,A_i(t)$ 为 $m\times m$ 阵,$C_i(t)$ 为 $m\times r$ 阵,等价于如下块伴随状态空间模型

$$x(t+1)=\begin{bmatrix} -A_1(t) & & \\ -A_2(t) & I_{(n-1)m} & \\ \vdots & & \\ -A_n(t) & 0 \quad \cdots & 0 \end{bmatrix}x(t)+\begin{bmatrix} C_1(t)-A_1(t)C_0(t) \\ C_2(t)-A_2(t)C_0(t) \\ \vdots \\ C_n(t)-A_n(t)C_0(t) \end{bmatrix}w(t) \tag{3.118}$$

$$y(t)=[I_m,0,\cdots,0]x(t)+C_0(t)w(t) \tag{3.119}$$

其中 $x(t)=[x_1^{\mathrm{T}}(t),\cdots,x_n^{\mathrm{T}}(t)]^{\mathrm{T}}$ 是 $nm\times 1$ 状态向量,$x_i(t)$ 是 $m\times 1$ 子向量。

3.3 最优 Kalman 滤波

考虑线性离散时变随机系统

$$x(t+1)=\Phi(t)x(t)+\Gamma(t)w(t) \tag{3.120}$$

$$y(t)=H(t)x(t)+v(t) \tag{3.121}$$

其中 $t\geqslant 0$ 为离散时间,系统在时刻 t 的状态为 $x(t)\in R^n,y(t)\in R^m$ 为对状态的观测信号,$w(t)\in R^r$ 为输入白噪声,$v(t)\in R^m$ 为观测噪声,$\Phi(t),\Gamma(t),H(t)$ 分别为 $n\times n,n\times r$ 和 $m\times n$ 时变矩阵。

假设 1 $w(t)$ 和 $v(t)$ 是均值为 0,时变方差阵分别为 $Q(t)$ 和 $R(t)$ 的不相关白噪声

$$\mathrm{E}[w(t)]=0,\mathrm{E}[v(t)]=0$$

$$\mathrm{E}\left\{\begin{bmatrix} w(t) \\ v(t) \end{bmatrix}[w^{\mathrm{T}}(j),v^{\mathrm{T}}(j)]\right\}=\begin{bmatrix} Q(t) & 0 \\ 0 & R(t) \end{bmatrix}\delta_{tj} \tag{3.122}$$

假设 2　$x(0)$ 与 $w(t)$ 和 $v(t)$ 不相关,即

$$\mathrm{E}[x(0)w^{\mathrm{T}}(t)]=0,\mathrm{E}[x(0)v^{\mathrm{T}}(t)]=0,\ \forall t \tag{3.123}$$

且

$$\mathrm{E}[x(0)]=\mu_0,\mathrm{E}[(x(0)-\mu_0)(x(0)-\mu_0)^{\mathrm{T}}]=P_0 \tag{3.124}$$

最优 Kalman 滤波问题是:基于到时刻 t 的观测 $(y(1),\cdots,y(t))$,求状态 $x(k)$ 的线性最小方差估值 $\hat{x}(k\mid t)$,它的极小化性能指标为

$$J=\mathrm{E}[(x(k)-\hat{x}(k\mid t))(x(k)-\hat{x}(k\mid t))^{\mathrm{T}}] \tag{3.125}$$

即极小化估计误差方差阵。对 $k=t,k>t,k<t$ 分别称其为滤波器、预报器和平滑器。

注意,在通信、信号处理问题中,经常遇到滤波问题。在解决导弹拦截、载人航天器返回舱回收等问题时,涉及导弹轨道预测,或返回舱着陆点预测。在解决卫星入轨初速度估计或卫星轨道重构等问题时,涉及平滑问题。本节应用投影方法推导最优 Kalman 估值器(滤波器、预报器和平滑器)。

3.3.1　Kalman 滤波器和预报器

在性能指标(3.125)下,问题等价于求投影

$$\hat{x}(k\mid t)=\hat{\mathrm{E}}[x(k)\mid y(1),\cdots,y(t)] \tag{3.126}$$

应用递推投影公式(2.94)有如下递推关系

$$\hat{x}(t+1\mid t+1)=\hat{x}(t+1\mid t)+K(t+1)\varepsilon(t+1) \tag{3.127}$$

$$K(t+1)=\mathrm{E}[x(t+1)\varepsilon^{\mathrm{T}}(t+1)]\mathrm{E}[\varepsilon(t+1)\varepsilon^{\mathrm{T}}(t+1)]^{-1} \tag{3.128}$$

称 $K(t+1)$ 为 Kalman 滤波器增益。对(3.120)两边取在 $L(y(1),\cdots,y(t))$ 上的投影有

$$\hat{x}(t+1\mid t)=\Phi(t)\hat{x}(t\mid t)+\Gamma(t)\hat{\mathrm{E}}[w(t)\mid y(1),\cdots,y(t)] \tag{3.129}$$

由(3.120)迭代有 $x(t)$ 是 $w(t-1),\cdots,w(0),x(0)$ 的线性组合,即

$$x(t)\in L(w(t-1),\cdots,w(0),x(0)) \tag{3.130}$$

应用(3.121)有如下包含关系

$$L(y(1),\cdots,y(t))\subset L(v(t),\cdots,v(1),w(t-1),\cdots,w(0),x(0)) \tag{3.131}$$

于是由假设 1 和假设 2 有

$$w(t)\perp L(y(1),\cdots,y(t)) \tag{3.132}$$

应用投影公式(2.69)和 $\mathrm{E}[w(t)]=0$ 可得

$$\hat{\mathrm{E}}[w(t)\mid y(1),\cdots,y(t)]=0 \tag{3.133}$$

于是(3.129)成为

$$\hat{x}(t+1\mid t)=\Phi(t)\hat{x}(t\mid t) \tag{3.134}$$

对(3.121)取投影运算有

$$\hat{y}(t+1\mid t)=H(t+1)\hat{x}(t+1\mid t)+\hat{\mathrm{E}}[v(t+1)\mid y(1),\cdots,y(t)] \tag{3.135}$$

应用(3.131)有

$$v(t+1)\perp L(y(1),\cdots,y(t)) \tag{3.136}$$

故有 $\hat{\mathrm{E}}[v(t+1)\mid y(1),\cdots,y(t)]=0$,从而(3.135)成为

$$\hat{y}(t+1 \mid t)=H(t+1)\hat{x}(t+1 \mid t) \tag{3.137}$$

于是新息表达式成为

$$\varepsilon(t+1)=y(t+1)-\hat{y}(t+1 \mid t)=y(t+1)-H(t+1)\hat{x}(t+1 \mid t) \tag{3.138}$$

分别记对状态 $x(k)$ 的估值 $\hat{x}(k \mid t)$ 误差及其方差阵为

$$\tilde{x}(k \mid t)=x(t)-\hat{x}(k \mid t) \tag{3.139}$$

$$P(k \mid t)=\mathrm{E}[\tilde{x}(k \mid t)\tilde{x}^{\mathrm{T}}(k \mid t)] \tag{3.140}$$

特别地,$P(t \mid t)$ 表示滤波误差方差阵,$P(t+1 \mid t)$ 表示一步预报误差方差阵,即

$$\tilde{x}(t \mid t)=x(t)-\hat{x}(t \mid t), P(t \mid t)=\mathrm{E}[\tilde{x}(t \mid t)\tilde{x}^{\mathrm{T}}(t \mid t)] \tag{3.141}$$

$$\tilde{x}(t+1 \mid t)=x(t+1)-\hat{x}(t+1 \mid t), P(t+1 \mid t)=\mathrm{E}[\tilde{x}(t+1 \mid t)\tilde{x}^{\mathrm{T}}(t+1 \mid t)] \tag{3.142}$$

将(3.121)代入(3.138)有新息表达式

$$\varepsilon(t+1)=H(t+1)\tilde{x}(t+1 \mid t)+v(t+1) \tag{3.143}$$

将(3.120)代入(3.134)有误差关系

$$\tilde{x}(t+1 \mid t)=\Phi(t)\tilde{x}(t \mid t)+\Gamma(t)w(t) \tag{3.144}$$

由(3.127)得

$$\tilde{x}(t+1 \mid t+1)=\tilde{x}(t+1 \mid t)-K(t+1)\varepsilon(t+1) \tag{3.145}$$

将(3.143)代入上式得

$$\tilde{x}(t+1 \mid t+1)=[I_n-K(t+1)H(t+1)]\tilde{x}(t+1 \mid t)-K(t+1)v(t+1) \tag{3.146}$$

其中 I_n 为 $n \times n$ 单位阵。因为

$$\tilde{x}(t \mid t) \in L(v(t),\cdots,v(1),w(t-1),\cdots,w(0),x(0)) \tag{3.147}$$

所以 $w(t) \perp \tilde{x}(t \mid t)$,即 $\mathrm{E}[w(t)\tilde{x}^{\mathrm{T}}(t \mid t)]=0$,则由(3.144)有

$$P(t+1 \mid t)=\Phi(t)P(t \mid t)\Phi^{\mathrm{T}}(t)+\Gamma(t)Q(t)\Gamma^{\mathrm{T}}(t) \tag{3.148}$$

因 $\tilde{x}(t+1 \mid t) \in L(v(t),\cdots,v(1),w(t-1),\cdots,w(0),x(0))$,故有 $v(t+1) \perp \tilde{x}(t+1 \mid t)$,于是由(3.143)得新息方差阵

$$\mathrm{E}[\varepsilon(t+1)\varepsilon^{\mathrm{T}}(t+1)]=H(t+1)P(t+1 \mid t)H^{\mathrm{T}}(t+1)+R(t+1) \tag{3.149}$$

且由(3.146)有

$$P(t+1 \mid t+1)=[I_n-K(t+1)H(t+1)]P(t+1 \mid t)[I_n-K(t+1)H(t+1)]^{\mathrm{T}}+ K(t+1)R(t+1)K^{\mathrm{T}}(t+1) \tag{3.150}$$

由(3.128),为了求 $K(t+1)$,要求 $\mathrm{E}[x(t+1 \mid t)\varepsilon^{\mathrm{T}}(t+1)]$。将(3.143)和 $x(t+1)=\hat{x}(t+1 \mid t)+\tilde{x}(t+1 \mid t)$ 代入 $\mathrm{E}[x(t+1 \mid t)\varepsilon^{\mathrm{T}}(t+1)]$ 中,由投影正交性有 $\hat{x}(t+1 \mid t) \perp \tilde{x}(t+1 \mid t)$,且注意到 $v(t+1) \perp \hat{x}(t+1 \mid t)$,$v(t+1) \perp \tilde{x}(t+1 \mid t)$ 可得

$$\mathrm{E}[x(t+1 \mid t)\varepsilon^{\mathrm{T}}(t+1 \mid t)]=P(t+1 \mid t)H^{\mathrm{T}}(t+1) \tag{3.151}$$

于是由(3.128)、(3.149)和(3.151)得

$$K(t+1)=P(t+1 \mid t)H^{\mathrm{T}}(t+1)[H(t+1)P(t+1 \mid t)H^{\mathrm{T}}(t+1)+R(t+1)]^{-1} \tag{3.152}$$

现在进一步简化(3.150)。暂时略去(3.150)右边的时标,应用(3.152)有

$$P(t+1 \mid t+1)=[I_n-KH]P-PH^{\mathrm{T}}K^{\mathrm{T}}+KHPH^{\mathrm{T}}K^{\mathrm{T}}+KRK^{\mathrm{T}}=$$

$$[I_n - KH]P - PH^{T}K^{T} + K(HPH^{T} + R)K^{T} =$$
$$[I_n - KH]P - PH^{T}K^{T} + PH^{T}K^{T} =$$
$$[I_n - KH]P \tag{3.153}$$

即

$$P(t+1 \mid t+1) = [I_n - K(t+1)H(t+1)]P(t+1 \mid t) \tag{3.154}$$

上述推导可概括如下定理。

定理 3.1 (最优 Kalman 滤波器) 系统(3.120) 和(3.121) 在假设 1 与假设 2 下,最优递推 Kalman 滤波器和预报器为

$$\hat{x}(t+1 \mid t+1) = \hat{x}(t+1 \mid t) + K(t+1)\varepsilon(t+1) \tag{3.155}$$

$$\hat{x}(t+1 \mid t) = \Phi(t)\hat{x}(t \mid t) \tag{3.156}$$

$$\varepsilon(t+1) = y(t+1) - H(t+1)\hat{x}(t+1 \mid t) \tag{3.157}$$

$$K(t+1) = P(t+1 \mid t)H^{T}(t+1)[H(t+1)P(t+1 \mid t)H^{T}(t+1) + R(t+1)]^{-1} \tag{3.158}$$

$$P(t+1 \mid t) = \Phi(t)P(t \mid t)\Phi^{T}(t) + \Gamma(t)Q(t)\Gamma^{T}(t) \tag{3.159}$$

$$P(t+1 \mid t+1) = [I_n - K(t+1)H(t+1)]P(t+1 \mid t) \tag{3.160}$$

$$\hat{x}(0 \mid 0) = \mu_0, P(0 \mid 0) = P_0 \tag{3.161}$$

注意,由(3.155)—(3.157) 可得封闭形式的 Kalman 滤波器(即滤波估值自身的递推公式),由(3.148)) 和(3.150) 可得相应封闭形式的滤波误差方差阵。

定理 3.2 (封闭形式最优 Kalman 滤波器) 系统(3.120) 和(3.121) 在假设 1 与假设 2 下,有最优 Kalman 滤波器

$$\hat{x}(t+1 \mid t+1) = \Psi_f(t+1)\hat{x}(t \mid t) + K(t+1)y(t+1) \tag{3.162}$$

$$\Psi_f(t+1) = [I_n - K(t+1)H(t+1)]\Phi(t) \tag{3.163}$$

且滤波误差方差阵满足 Lyapunov 方程

$$P(t+1 \mid t+1) = \Psi_f(t+1)P(t \mid t)\Psi_f^{T}(t+1) + \Delta_f(t+1) \tag{3.164}$$

其中 $K(t+1)$ 由(3.158) 和(3.159) 计算,且定义

$$\Delta_f(t+1) = [I_n - K(t+1)H(t+1)]\Gamma(t)Q(t)\Gamma^{T}(t)[I_n - K(t+1)H(t+1)]^{T} +$$
$$K(t+1)R(t+1)K^{T}(t+1) \tag{3.165}$$

证明 将(3.156) 和(3.158) 代入(3.155) 得(3.162)。将(3.148) 代入(3.150) 得(3.164)。证毕。

注 3.2 取滤波初值为(3.161) 是为了保证估值的无偏性。事实上,将(3.144) 代入(3.145) 有

$$\tilde{x}(t+1 \mid t+1) = \Phi(t)\tilde{x}(t \mid t) + \Gamma(t)w(t) - K(t+1)\varepsilon(t+1) \tag{3.166}$$

由 $\mathrm{E}[w(t)] = 0$, $\mathrm{E}[\varepsilon(t+1)] = 0$,可得 $\mathrm{E}[\tilde{x}(t+1 \mid t+1)] = \Phi(t)\mathrm{E}[\tilde{x}(t \mid t)]$。由(3.161) 有 $\mathrm{E}[\tilde{x}(0 \mid 0)] = 0$。这引出 $\mathrm{E}[\tilde{x}(t \mid t)] = 0 (t > 0)$,即 $\mathrm{E}[x(t)] = \mathrm{E}[\hat{x}(t \mid t)]$。这证明了无偏性。

注 3.3 应用公式(3.160) 计算方差阵 $P(t+1 \mid t+1)$ 有时由于计算中累计截断误差的影响可使它失去对称性和正定性。此时,为了克服这个缺点,应用公式(3.150) 计算 $P(t+1 \mid t+1)$ 可保证其对称性和非负定性。

定理 3.3 (最优 Kalman 预报器) 系统(3.120) 和(3.121) 在假设 1 与假设 2 下,最

优递推 Kalman 预报器为

$$\hat{x}(t+1 \mid t)=\Phi(t)\hat{x}(t \mid t-1)+K_p(t)\varepsilon(t) \tag{3.167}$$

$$\varepsilon(t)=y(t)-H(t)\hat{x}(t \mid t-1) \tag{3.168}$$

$$K_p(t)=\Phi(t)K(t) \tag{3.169}$$

其中 $n\times m$ 矩阵 $K_p(t)$ 称为 Kalman 预报器增益阵。

等价地,封闭形式 Kalman 预报器为

$$\hat{x}(t+1 \mid t)=\Psi_p(t)\hat{x}(t \mid t-1)+K_p(t)y(t) \tag{3.170}$$

$$\Psi_p(t)=\Phi(t)-K_p(t)H(t)=\Phi(t)[I_n-K(t)H(t)] \tag{3.171}$$

$$K(t)=P(t \mid t-1)H^{\mathrm{T}}(t)\left[H(t)P(t \mid t-1)H^{\mathrm{T}}(t)+R(t)\right]^{-1} \tag{3.172}$$

其中预报误差方差阵 $P(t+1 \mid t)$ 满足 Riccati 方程

$$\begin{aligned}P(t+1 \mid t)=\ &\Phi(t)[P(t \mid t-1)-P(t \mid t-1)H^{\mathrm{T}}(t)(H(t)P(t \mid t-1)H^{\mathrm{T}}(t)+R(t))^{-1}\times\\&H(t)P(t \mid t-1)]\Phi^{\mathrm{T}}(t)+\Gamma(t)Q(t)\Gamma^{\mathrm{T}}(t)\end{aligned} \tag{3.173}$$

或等价地 $P(t+1 \mid t)$ 满足 Lyapunov 方程

$$P(t+1 \mid t)=\Psi_p(t)P(t \mid t-1)\Psi_p^{\mathrm{T}}(t)+K_p(t)R(t)K_p^{\mathrm{T}}(t)+\Gamma(t)Q(t)\Gamma^{\mathrm{T}}(t) \tag{3.174}$$

带初值 $P(1 \mid 0)=\Phi(0)P(0 \mid 0)\Phi^{\mathrm{T}}(0)+\Gamma(0)Q(0)\Gamma^{\mathrm{T}}(0)$。

证明 将(3.155)代入(3.156)得(3.167)—(3.169)。将(3.168)代入(3.167)得(3.170)和(3.171)。将(3.160)代入(3.159)并应用(3.172)得(3.173)。将(3.146)代入(3.144)有

$$\tilde{x}(t+1 \mid t)=\Psi_p(t)\tilde{x}(t \mid t-1)-K_p(t)v(t)+\Gamma(t)w(t) \tag{3.175}$$

注意,$\tilde{x}(t \mid t-1)\perp v(t)$,$\tilde{x}(t \mid t-1)\perp w(t)$,由上式得(3.174)。证毕。

注 3.4 计算 Riccati 方程(3.173)要求在线计算 $m\times m$ 矩阵 $H(t)P(t \mid t-1)H^{\mathrm{T}}(t)+R(t)$ 的逆矩阵。当 m 较大时,有较大的计算负担。

定理 3.4 (超前 k 步最优 Kalman 预报器)系统(3.120)和(3.121)在假设1与假设2下,N 步最优递推 Kalman 预报器为

$$\hat{x}(t+N \mid t)=\Phi(t+N,t+1)\hat{x}(t \mid t-1),N>1 \tag{3.176}$$

其中定义 $\Phi(t,t)=I_n$,且

$$\Phi(t,i)=\Phi(t-1)\Phi(t-2)\cdots\Phi(i) \tag{3.177}$$

且预报误差方差阵为

$$\begin{aligned}P(t+N \mid t)=\ &\Phi(t+N,t+1)P(t+1 \mid t)\Phi^{\mathrm{T}}(t+N,t+1)+\\&\sum_{j=2}^{N}\Phi(t+N,t+j)\Gamma(t+j-1)Q(t+j-1)\Gamma^{\mathrm{T}}(t+j-1)\Phi^{\mathrm{T}}(t+N,t+j)\end{aligned} \tag{3.178}$$

证明 由(3.120)迭代,应用(3.177)有

$$x(t+N)=\Phi(t+N,t+1)x(t+1)+\sum_{j=2}^{N}\Phi(t+N,t+j)\Gamma(t+j-1)w(t+j-1) \tag{3.179}$$

对(3.179)取投影运算,注意,$w(j)(j\geqslant t+1)$ 正交于线性流行 $L(y(1),\cdots,y(t))$,立刻有

$$\hat{x}(t+N \mid t)=\Phi(t+N,t+1)\hat{x}(t \mid t-1) \tag{3.180}$$

由(3.179)减去(3.180),因$\tilde{x}(t+1\mid t)\perp w(t+j-1)(j\geqslant 2)$,立刻得(3.178)。证毕。

3.3.2 Kalman 平滑器

许多应用问题会遇到 Kalman 平滑问题,如发射导弹的初速度估计问题,化学反应过程溶液初始浓度估计问题,发射人造卫星入轨初速度估计问题等,可归结为求平滑估值$\hat{x}(t_0\mid t_0+N)$,其中初始时刻t_0固定,但N是变化的,$N=1,2,\cdots$,这类平滑问题称为固定点平滑问题。对某些带观测滞后的随机系统,要求平滑估值$\hat{x}(t\mid t+N)$,其中t是变化的,但N是固定不变的,这类平滑问题称为固定滞后平滑问题。发射人造地球卫星后,要求根据卫星环绕地球轨道的观测数据,重新更精确估算卫星的轨道,以便研究与预定轨道的偏差,这类问题称为轨道重构或固定区间平滑问题,即要求平滑估值$\hat{x}(t\mid N)$,其中N是固定的,称为固定区间长度,$t=0,1,\cdots,N(N>0)$是变化的。下面用统一记号$\hat{x}(t\mid t+N)$ $(N>0)$表示固定点或固定滞后 Kalman 平滑器,用$\hat{x}(t\mid N)$表示固定区间 Kalman 平滑器。

定理 3.5 系统(3.120)和(3.121)在假设 1 与假设 2 下,最优固定点或固定滞后 Kalman 平滑器为

$$\hat{x}(t\mid t+N)=\hat{x}(t\mid t+N-1)+K(t\mid t+N)\varepsilon(t+N) \tag{3.181}$$

带初值$\hat{x}(t\mid t)$,$N=1,2,\cdots$,且平滑增益为

$$K(t\mid t+N)=P(t\mid t-1)\left\{\prod_{i=0}^{N-1}\Psi_p^{\mathrm{T}}(t+i)\right\}H^{\mathrm{T}}(t+N)Q_\varepsilon^{-1}(t+N) \tag{3.182}$$

其中$\Psi_p(t)$由(3.171)定义,新息方差$Q_\varepsilon(t+N)$为

$$Q_\varepsilon(t+N)=H(t+N)P(t+N\mid t+N-1)H^{\mathrm{T}}(t+N)+R(t+N) \tag{3.183}$$

且平滑误差方差阵为

$$P(t\mid t+N)=P(t\mid t+N-1)-K(t\mid t+N)Q_\varepsilon(t+N)K^{\mathrm{T}}(t\mid t+N) \tag{3.184}$$

其中规定$K(t\mid t)=K(t)$。

证明 由递推投影公式(2.94)有(3.181),其中

$$K(t\mid t+N)=\mathrm{E}[x(t)\varepsilon^{\mathrm{T}}(t+N)]Q_\varepsilon^{-1}(t+N) \tag{3.185}$$

将(3.146)代入(3.144)有

$$\tilde{x}(t+1\mid t)=\Psi_p(t)\tilde{x}(t\mid t-1)+\Gamma(t)w(t)-\Phi(t)K(t)v(t) \tag{3.186}$$

此式迭代N次有

$$\begin{aligned}\tilde{x}(t+N\mid t+N-1)=\Psi_p(t+N,t)\tilde{x}(t\mid t-1)+\\ \sum_{i=t+1}^{t+N}\Psi_p(t+N,i)[\Gamma(i-1)w(i-1)-\\ \Phi(i-1)K(i-1)v(i-1)]\end{aligned} \tag{3.187}$$

其中定义$\Psi_p(t+N,t+N)=I_n$,且

$$\Psi_p(t+N,t)=\Psi_p(t+N-1)\cdots\Psi_p(t) \tag{3.188}$$

由(3.143)有

$$\varepsilon(t+N)=H(t+N)\tilde{x}(t+N\mid t+N-1)+v(t+N) \tag{3.189}$$

将(3.187)代入(3.189)后,再将(3.189)代入(3.185),并将分解$x(t)=\tilde{x}(t\mid t-1)+\hat{x}(t\mid t-1)$代入(3.185),由于$\tilde{x}(t\mid t-1)\perp\hat{x}(t\mid t-1)$,$\tilde{x}(t\mid t-1)\perp$

$w(j)(j \geq t)$,$\tilde{x}(t \mid t-1) \perp v(j)(j \geq t)$,可得

$$K(t \mid t+N) = P(t \mid t-1)\Psi_p^{\mathrm{T}}(t+N,t)H^{\mathrm{T}}(t+N)Q_\varepsilon^{-1}(t+N) \tag{3.190}$$

它得出(3.182)。由(3.181)有

$$\tilde{x}(t \mid t+N) = \tilde{x}(t \mid t+N-1) - K(t \mid t+N)\varepsilon(t+N) \tag{3.191}$$

$$\tilde{x}(t \mid t+N-1) = \tilde{x}(t \mid t+N) + K(t \mid t+N)\varepsilon(t+N) \tag{3.192}$$

由投影正交性有 $\tilde{x}(t \mid t+N) \perp L(y(1),\cdots,y(t+N))$,注意 $\varepsilon(t+N) \in L(y(1),\cdots,y(t+N))$,故 $\tilde{x}(t \mid t+N) \perp \varepsilon(t+N)$。于是,由(3.192)有

$$P(t \mid t+N-1) = P(t \mid t+N) + K(t \mid t+N)Q_\varepsilon(t+N)K^{\mathrm{T}}(t \mid t+N) \tag{3.193}$$

它得出(3.184)。证毕。

定理3.6 系统(3.120)和(3.121)在假设1与假设2下,有最优固定点或固定滞后Kalman平滑器

$$\hat{x}(t \mid t+N) = \hat{x}(t \mid t-1) + \sum_{i=0}^{N} K(t \mid t+i)\varepsilon(t+i) \tag{3.194}$$

其中 $N > 0$,定义 $K(t \mid t) = K(t)$,相应的误差方差阵为

$$P(t \mid t+N) = P(t \mid t-1) - \sum_{i=0}^{N} K(t \mid t+i)Q_\varepsilon(t+i)K^{\mathrm{T}}(t \mid t+i) \tag{3.195}$$

证明 这是定理3.5的非递推形式。由(3.181)和(3.184)迭代得证。证毕。

3.3.3 信息滤波器

标准Kalman滤波算法中不涉及滤波和预报误差方差阵 $P(t \mid t)$,$P(t \mid t-1)$ 的逆矩阵。从信息观点,称逆矩阵 $P^{-1}(t \mid t)$ 和 $P^{-1}(t \mid t-1)$ 为信息矩阵。将标准Kalman滤波算法表示为带信息矩阵的递推算法,称为信息滤波器(Information Filter)。它在某些情形下可减小计算负担,而且在许多理论分析问题中起重要作用。

考虑线性离散时变随机控制系统

$$x(t+1) = \Phi(t)x(t) + B(t)u(t) + \Gamma(t)w(t) \tag{3.196}$$

$$y(t) = H(t)x(t) + v(t) \tag{3.197}$$

其中 $x(t) \in R^n$ 为状态,$y(t) \in R^m$ 为观测,$u(t) \in R^p$ 为控制或已知输入,$w(t) \in R^r$ 和 $v(t) \in R^m$ 是零均值、方差阵各为 $Q(t)$ 和 $R(t)$ 的不相关白噪声,且 $x(0)$ 不相关于 $w(t)$ 和 $v(t)$。完全类似于定理3.1的推导,该系统的标准Kalman滤波器为

$$\hat{x}(t \mid t-1) = \Phi(t-1)\hat{x}(t-1 \mid t-1) + B(t-1)u(t-1) \tag{3.198}$$

$$P(t \mid t-1) = \Phi(t-1)P(t-1 \mid t-1)\Phi^{\mathrm{T}}(t-1) + \Gamma(t-1)Q(t-1)\Gamma^{\mathrm{T}}(t-1) \tag{3.199}$$

$$K(t) = P(t \mid t-1)H^{\mathrm{T}}(t)\left[H(t)P(t \mid t-1)H^{\mathrm{T}}(t) + R(t)\right]^{-1} \tag{3.200}$$

$$\hat{x}(t \mid t) = \hat{x}(t \mid t-1) + K(t)\left[y(t) - H(t)\hat{x}(t \mid t-1)\right] \tag{3.201}$$

$$P(t \mid t) = \left[I_n - K(t)H(t)\right]P(t \mid t-1) \tag{3.202}$$

统一称Kalman滤波器或预报器误差方差阵 $P(t_1 \mid t_2)$ 的逆矩阵 $P^{-1}(t_1 \mid t_2)$ 为信息矩阵,定义信息状态估计向量 $\hat{z}(t_1 \mid t_2) = P^{-1}(t_1 \mid t_2)\hat{x}(t_1 \mid t_2)$,即

$$\hat{z}(t \mid t) = P^{-1}(t \mid t)\hat{x}(t \mid t),\hat{z}(t \mid t-1) = P^{-1}(t \mid t-1)\hat{x}(t \mid t-1) \tag{3.203}$$

则有在信息滤波器形式下的Kalman滤波器。

定理 3.7 系统(3.196)和(3.197)的标准 Kalman 滤波器(3.198)—(3.202)有如下信息滤波器形式

$$\hat{z}(t|t-1)=P^{-1}(t|t-1)\Phi(t-1)P(t-1|t-1)\hat{z}(t-1|t-1)+P^{-1}(t|t-1)B(t-1)u(t-1) \tag{3.204}$$

$$P(t|t-1)=\Phi(t-1)P(t-1|t-1)\Phi^{\mathrm{T}}(t-1)+\Gamma(t-1)Q(t-1)\Gamma^{\mathrm{T}}(t-1) \tag{3.205}$$

$$\hat{z}(t|t)=\hat{z}(t|t-1)+H^{\mathrm{T}}(t)R^{-1}(t)y(t) \tag{3.206}$$

$$P^{-1}(t|t)=P^{-1}(t|t-1)+H^{\mathrm{T}}(t)R^{-1}(t)H(t) \tag{3.207}$$

证明 首先来证明(3.207)。应用矩阵求逆引理

$$(A+BC^{\mathrm{T}})^{-1}=A^{-1}-A^{-1}B(I+C^{\mathrm{T}}A^{-1}B)^{-1}C^{\mathrm{T}}A^{-1} \tag{3.208}$$

应用(3.200)和(3.202),省略(3.207)的时标,取 $A=P^{-1}$,$B=H^{\mathrm{T}}$,$C^{\mathrm{T}}=R^{-1}H$,有

$$\begin{aligned}(P^{-1}+H^{\mathrm{T}}R^{-1}H)^{-1}=&P-PH^{\mathrm{T}}(I+R^{-1}HPH^{\mathrm{T}})^{-1}R^{-1}HP=\\&P-PH^{\mathrm{T}}[R(I+R^{-1}HPH^{\mathrm{T}})]^{-1}HP=\\&P-PH^{\mathrm{T}}[HPH^{\mathrm{T}}+R]^{-1}HP=\\&[I-KH]P=P(t|t)\end{aligned} \tag{3.209}$$

这引出(3.207)。其次求 $K(t)$ 的新公式。暂时省略(3.200)中的时标,取 $A=R$,$B=HP$,$C^{\mathrm{T}}=H^{\mathrm{T}}$,应用矩阵求逆公式(3.208),且应用(3.207),有

$$\begin{aligned}K=&PH^{\mathrm{T}}[R+HPH^{\mathrm{T}}]^{-1}=PH^{\mathrm{T}}[R^{-1}-R^{-1}HP(I+H^{\mathrm{T}}R^{-1}HP)^{-1}H^{\mathrm{T}}R^{-1}]=\\&PH^{\mathrm{T}}[R^{-1}-R^{-1}H((I+H^{\mathrm{T}}R^{-1}HP)P^{-1})^{-1}H^{\mathrm{T}}R^{-1}]=\\&PH^{\mathrm{T}}[R^{-1}-R^{-1}H(P^{-1}+H^{\mathrm{T}}R^{-1}H)^{-1}H^{\mathrm{T}}R^{-1}]=\\&PH^{\mathrm{T}}[R^{-1}-R^{-1}HP(t|t)H^{\mathrm{T}}R^{-1}]=\\&P[(I-H^{\mathrm{T}}R^{-1}HP(t|t))H^{\mathrm{T}}R^{-1}]=\\&P[I-(P^{-1}(t|t)-P^{-1})P(t|t)]H^{\mathrm{T}}R^{-1}=\\&P(t|t)H^{\mathrm{T}}R^{-1}\end{aligned} \tag{3.210}$$

这引出公式

$$K(t)=P(t|t)H^{\mathrm{T}}(t)R^{-1}(t) \tag{3.211}$$

最后证明(3.206)。应用(3.202)和(3.211)有

$$\begin{aligned}P^{-1}(t|t)\hat{x}(t|t)=&P^{-1}(t|t)[\hat{x}(t|t-1)+K(t)y(t)-K(t)H(t)\hat{x}(t|t-1)]=\\&P^{-1}(t|t)[I_n-K(t)H(t)]\hat{x}(t|t-1)+P^{-1}(t|t)K(t)y(t)=\\&P^{-1}(t|t)P(t|t)P^{-1}(t|t-1)\hat{x}(t|t-1)+H^{\mathrm{T}}(t)R^{-1}(t)y(t)=\\&P^{-1}(t|t-1)\hat{x}(t|t-1)+H^{\mathrm{T}}(t)R^{-1}(t)y(t)\end{aligned} \tag{3.212}$$

这引出(3.206)。证毕。

注 3.5 在多传感器信息融合 Kalman 滤波问题中[19],会遇到以下情形:$m\times n$ 维观测阵 $H(t)$ 中 m 远大于 n,且 $m\times m$ 维矩阵 $R(t)$ 具有块对角形

$$R(t)=\text{block-diag}(R_1(t),\cdots,R_L(t)) \tag{3.213}$$

采用信息滤波器要求计算 $R^{-1}(t)$,它可简单地化为计算低维矩阵 $R_i(t)$ 的逆,即

$$R^{-1}(t)=\text{block-diag}(R_1^{-1}(t),\cdots,R_L^{-1}(t)) \tag{3.214}$$

可显著减少计算负担。而采用标准 Kalman 滤波器(3.198)—(3.202)要求在线计算高维矩阵 $H(t)P(t|t-1)H^{\mathrm{T}}(t)+R(t)$ 的逆矩阵,计算负担很大。

定理 3.8 线性随机控制系统(3.196)和(3.197)有另一种形式信息滤波器

$$\hat{x}(t|t-1)=\Phi(t-1)\hat{x}(t-1|t-1)+B(t-1)u(t-1) \tag{3.215}$$

$$P^{-1}(t|t)\hat{x}(t|t)=P^{-1}(t|t-1)\hat{x}(t|t-1)+H^{\mathrm{T}}(t)R^{-1}(t)y(t) \tag{3.216}$$

$$K(t)=P(t|t)H^{\mathrm{T}}(t)R^{-1}(t) \tag{3.217}$$

$$P(t|t-1)=\Phi(t-1)P(t-1|t-1)\Phi^{\mathrm{T}}(t-1)+\Gamma(t-1)Q(t-1)\Gamma^{\mathrm{T}}(t-1) \tag{3.218}$$

$$P^{-1}(t|t)=P^{-1}(t|t-1)+H^{\mathrm{T}}(t)R^{-1}(t)H(t) \tag{3.219}$$

证明 由定理3.7利用关系(3.203)得证。

同理可得不带控制项的随机系统另一种形式信息滤波器如下:

定理 3.9 系统(3.120)和(3.121)在假设1与假设2下,有另一种形式信息滤波器

$$\hat{x}(t|t)=\Psi_f(t)\hat{x}(t-1|t-1)+K(t)y(t) \tag{3.220}$$

$$\Psi_f(t)=P(t|t)P^{-1}(t|t-1)\Phi(t-1) \tag{3.221}$$

$$K(t)=P(t|t)H^{\mathrm{T}}(t)R^{-1}(t) \tag{3.222}$$

$$P(t|t-1)=\Phi(t-1)P(t-1|t-1)\Phi^{\mathrm{T}}(t-1)+\Gamma(t-1)Q(t-1)\Gamma^{\mathrm{T}}(t-1) \tag{3.223}$$

$$P^{-1}(t|t)=P^{-1}(t|t-1)+H^{\mathrm{T}}(t)R^{-1}(t)H(t) \tag{3.224}$$

注 3.6 (3.215)和(3.216)也可等价地表为封闭形式

$$\begin{aligned}\hat{x}(t|t)=&P(t|t)P^{-1}(t|t-1)\Phi(t-1)\hat{x}(t-1|t-1)+\\&P(t|t)P^{-1}(t|t-1)B(t-1)u(t-1)+P(t|t)H^{\mathrm{T}}(t)R^{-1}(t)y(t)\end{aligned} \tag{3.225}$$

其中由(3.198)—(3.202)和(3.210)有

$$\Psi_f(t)=P(t|t)P^{-1}(t|t-1)\Phi(t-1)=[I_n-K(t)H(t)]\Phi(t-1) \tag{3.226}$$

$$K(t)=P(t|t)H^{\mathrm{T}}(t)R^{-1}(t) \tag{3.227}$$

$$P(t|t)P^{-1}(t|t-1)=I_n-K(t)H(t) \tag{3.228}$$

3.4 Kalman 滤波的稳定性

Kalman 滤波器算法是递推的,在算法启动时,必须预先设置初始状态 $x(0)$ 的估值 $\hat{x}(0|0)$ 及其误差方差阵 $P(0|0)$,且当取最优初值 $\hat{x}(0|0)=\mathrm{E}[x(0)]=\mu_0$,$P(0|0)=P_0$ 时,由注3.2,最优 Kalman 滤波估值是无偏的,且有最小方差。但在工程应用中,初始状态的均值 μ_0 和方差 P_0 的真实值往往是未知的,只能人为进行假定,因而所假定的初值同真实初值就会有一定的误差。滤波的稳定性问题就是研究滤波初值选取对滤波器精度的影响,即是否无论怎样选取滤波初值,只要时间充分长以后,就能保证相应的滤波估值与最优(最小方差)估值任意接近,换言之,是否当时间充分长以后,初值的影响可以忽略,或相应的滤波估值逐渐地不受初值的影响。这叫滤波器的渐近稳定性。

考虑系统(3.120)和(3.121),在假设1与假设2下,由定理3.2和(3.210)有 Kalman 滤波器

$$\hat{x}(t|t)=\Psi_f(t)\hat{x}(t-1|t-1)+K(t)y(t) \tag{3.229}$$

$$\Psi_f(t)=[I_n-K(t)H(t)]\Phi(t-1) \tag{3.230}$$

$$K(t)=P(t\mid t)H^{\mathrm{T}}(t)R^{-1}(t) \tag{3.231}$$

其中 $P(t\mid t)$ 由(3.159)和(3.160)且初值为 $P(0\mid 0)$ 递推计算。由(3.229)—(3.231)看到,估值 $\hat{x}(t\mid t)$ 与初值 $\hat{x}(0\mid 0)$ 和 $P(0\mid 0)$ 两者有关,因为在(3.229)中 $\Psi_f(t)$ 和 $K(t)$ 均与初值 $P(0\mid 0)$ 有关。

定义 3.1 (Kalman 滤波器的一致渐近稳定性)任取 Kalman 滤波器(3.229)的两组不同的初值 $\hat{x}^{(i)}(0\mid 0)$ 和 $P^{(i)}(0\mid 0)$,$i=1,2$,相应的 Kalman 滤波器记为

$$\hat{x}^{(i)}(t\mid t)=\Psi_f^{(i)}(t)\hat{x}^{(i)}(t-1\mid t-1)+K^{(i)}(t)y(t),i=1,2 \tag{3.232}$$

$$\Psi_f^{(i)}(t)=[I_n-K^{(i)}(t)H(t)]\Phi(t-1) \tag{3.233}$$

$$K^{(i)}(t)=P^{(i)}(t\mid t)H^{\mathrm{T}}(t)R^{-1}(t) \tag{3.234}$$

其中 $P^{(i)}(t\mid t)$ 是相应于初值 $P^{(i)}(0\mid 0)$ 的 $P(t\mid t)$。若对观测数据 $y(t)$(即观测随机过程的一个实现)有

$$\|\hat{x}^{(1)}(t\mid t)-\hat{x}^{(2)}(t\mid t)\|\to 0,t\to\infty \tag{3.235}$$

则称 Kalman 滤波器按实现是一致渐近稳定的,其中符号 $\|\cdot\|$ 表示向量的范数。

迄今,经典 Kalman 滤波稳定性理论[13-15] 尚没有解决在任意取滤波器初值 $\hat{x}(0\mid 0)$ 和其方差 $P(0\mid 0)$ 情形下且在定义 3.1 意义上 Kalman 滤波器的一致渐近稳定性,仅在滤波初值 $\hat{x}(0\mid 0)$ 不同、方差初值相同的情形下证明了 Kalman 滤波器的一致渐近稳定性。

为简单计,先假设 $\hat{x}^{(1)}(0\mid 0)\neq\hat{x}^{(2)}(0\mid 0)$,但 $P^{(1)}(0\mid 0)=P^{(2)}(0\mid 0)$,我们来证明 Kalman 滤波器的一致渐近稳定性。在这种特殊情况下,由(3.158)—(3.160),有 $P^{(1)}(t\mid t)=P^{(2)}(t\mid t)=P(t\mid t)$,$K^{(1)}(t)=K^{(2)}(t)=K(t)$,$\Psi_f^{(1)}(t)=\Psi_f^{(2)}(t)=\Psi_f(t)$。引入误差 $\delta(t)=\hat{x}^{(1)}(t\mid t)-\hat{x}^{(2)}(t\mid t)$,由(3.232)有 $\delta(t)$ 服从齐次差分方程

$$\delta(t)=\Psi_f(t)\delta(t-1) \tag{3.236}$$

因而 Kalman 滤波器的一致渐近稳定性问题归结为齐次差分方程(3.236)的稳定性问题。定义 $\Psi_f(t,t)=I_n$,及

$$\Psi_f(t,i)=\Psi_f(t)\Psi_f(t-1)\cdots\Psi_f(i+1),t>i \tag{3.237}$$

迭代(3.236)得

$$\delta(t)=\Psi_f(t,0)\delta(0) \tag{3.238}$$

其中 $\delta(0)=\hat{x}^{(1)}(0\mid 0)-\hat{x}^{(2)}(0\mid 0)$。这样,Kalman 滤波器的一致渐近稳定性问题归结为是否 $\delta(t)\to 0(t\to\infty)$,这可进一步归结为是否 $\Psi_f(t,0)\to 0(t\to\infty)$。

定义 3.2 对 $n\times n$ 时变矩阵 $F(t)$,若存在常数 $c>0$ 和 $0<\rho<1$,使

$$\|F(t,i)\|\leqslant c\rho^{t-i},\forall t\geqslant i\geqslant 0 \tag{3.239}$$

其中,$\|\cdot\|$ 表示矩阵范数,且定义 $F(t,t)=I_n$,及

$$F(t,i)=F(t)F(t-1)\cdots F(i+1),t>i \tag{3.240}$$

则称 $F(t)$ 是一致渐近稳定的。

注 3.7 条件(3.239)等价于有关文献[25]中的条件:存在常数 $c_1>0$ 和 $c_2>0$,使

$$\|F(t,i)\|\leqslant c_2\mathrm{e}^{-c_1(t-i)},\forall t\geqslant i\geqslant 0 \tag{3.241}$$

事实上,因 $\mathrm{e}^{c_1}>1$,则 $0<\rho=\mathrm{e}^{-c_1}<1$。定义 $\rho=\mathrm{e}^{-c_1}$,则(3.241)可化为(3.239),反之亦然。

定义 3.3 系统(3.120)和(3.121)在假设 1 与假设 2 下,定义可观性矩阵为

$$O(t-N+1,t)=\sum_{j=t-N+1}^{t}\Phi^{\mathrm{T}}(j,t)H^{\mathrm{T}}(j)R^{-1}(j)H(j)\Phi(j,t) \tag{3.242}$$

定义可控性矩阵为

$$C(t-N+1,t)=\sum_{i=t-N+1}^{t}\Phi(t,i)\Gamma(i-1)Q(i-1)\Gamma^{\mathrm{T}}(i-1)\Phi^{\mathrm{T}}(t,i) \tag{3.243}$$

其中 $\Phi(t,t)=I_n,\Phi(t,i)=\Phi(t)\cdots\Phi(i+1)(t>i)$。

如果存在正整数 N 和 $\alpha>0,\beta>0$,使对所有 $t\geqslant N$ 有

$$\alpha I_n\leqslant O(t-N+1,t)\leqslant\beta I_n \tag{3.244}$$

则称系统为一致完全可观的,且若有

$$\alpha I_n\leqslant C(t-N+1,t)\leqslant\beta I_n \tag{3.245}$$

则称系统为一致完全可控的。

引理 3.4[25,36,40] 对满足假设 1 与假设 2 的系统(3.120) 和(3.121),假设它是一致完全可观和一致完全可控的,则最优 Kalman 滤波器(3.229) 的转移阵 $\Psi_f(t)$ 是一致渐近稳定的,即存在常数 $c>0$ 和 $0<\rho<1$,使

$$\|\Psi_f(t,i)\|\leqslant c\rho^{t-i},t\geqslant i\geqslant 0 \tag{3.246}$$

其中 $\Psi_f(t,i)$ 由(3.237) 定义。

定理 3.10 系统(3.120) 和(3.121) 在假设1 与假设2 下,假设它是一致完全可观和一致完全可控的,则 Kalman 滤波器(3.229) 在如下意义上是一致渐近稳定的:任取式(3.229) 的两组初值,其中初值 $\hat{x}^{(1)}(0|0)\neq\hat{x}^{(2)}(0|0)$,但初值 $P^{(1)}(0|0)=P^{(2)}(0|0)$,则有相应的 Kalman 滤波估值 $\hat{x}^{(i)}(t|t)(i=1,2)$,误差 $\delta(t)=\hat{x}^{(1)}(t|t)-\hat{x}^{(2)}(t|t)$ 按实现收敛于零,即 $\delta(t)\to 0(t\to\infty)$。

证明 应用引理 3.4,当 $t\to\infty$ 时,有 $\|\Psi_f(t,0)\|\to 0$。于是,应用(3.238) 有

$$\|\delta(t)\|\leqslant\|\Psi_f(t,0)\|\,\|\delta(0)\| \tag{3.247}$$

且有 $\delta(t)\to 0$。证毕。

注 3.8 对定常系统(3.120) 和(3.121) 在假设1 与假设2 下,$\Phi(t)=\Phi,\Gamma(t)=\Gamma$,$H(t)=H,Q(t)=Q,R(t)=R$ 均为常阵,该系统一致完全可观和一致完全可控性条件(3.244) 和(3.245) 等价于它是完全可观和完全可控的,即

$$\mathrm{rank}\,[H^{\mathrm{T}},(H\Phi)^{\mathrm{T}},\cdots,(H\Phi^{n-1})^{\mathrm{T}}]^{\mathrm{T}}=n,\mathrm{rank}[\Gamma,\Phi\Gamma,\cdots,\Phi^{n-1}\Gamma]=n$$

且称(Φ,H) 为完全可观对,(Φ,Γ) 为完全可控对。

注 3.9 定理3.10 是经典 Kalman 滤波器一致渐近稳定性的基本结果,它仅对滤波初值不同而方差初值相同的情形才适用,其没有解决在定义 3.1 意义上,即在滤波初值不同且方差初值也不同的情形下,Kalman 滤波的一致渐近稳定性问题。因而,定理 3.10 存在较大的局限性,为了克服这种局限性,解决在定义 3.1 意义上 Kalman 滤波一致渐近稳定性难题,下面介绍作者在文献[42] 与[41] 中提出的动态误差系统分析(DESA) 方法,它给出了非齐次差分方程稳定性判据。

定理 3.11[42] (DESA 方法) 考虑动态误差系统

$$\delta(t)=F(t)\delta(t-1)+\mu(t) \tag{3.248}$$

其中 $t\geqslant 0,\delta(t)\in R^n$ 是输出,$\mu(t)\in R^n$ 是输入,而 $n\times n$ 矩阵 $F(t)$ 在定义 3.2 意义上是一致渐近稳定的。假如 $\mu(t)$ 有界,则 $\delta(t)$ 是有界的。假如当 $t\to\infty$ 时 $\mu(t)\to 0$,则

$\delta(t) \to 0$。

证明 迭代(3.248)t 次有

$$\delta(t) = F(t,0)\delta(0) + \sum_{i=1}^{t} F(t,i)\mu(i) \tag{3.249}$$

对上式取范数运算,应用(3.239)和(3.240),存在常数 $c > 0$ 和 $0 < \rho < 1$ 使

$$\| \delta(t) \| \leqslant c\rho^{t} \| \delta(0) \| + c\sum_{i=1}^{t} \rho^{t-i} \| \mu(i) \| \tag{3.250}$$

令 $t - i = j$,上式化为

$$\| \delta(t) \| \leqslant c\rho^{t} \| \delta(0) \| + c\sum_{j=0}^{t-1} \rho^{j} \| \mu(t-j) \| \tag{3.251}$$

假如 $\mu(t)$ 有界,即 $\| \mu(t) \| \leqslant M(t \geqslant 0)$,由(3.251)有

$$\| \delta(t) \| \leqslant c \| \delta(0) \| + cM\sum_{j=0}^{\infty} \rho^{j} = c \| \delta(0) \| + \frac{cM}{1-\rho} \tag{3.252}$$

所以 $\delta(t)$ 有界。

假如 $\mu(t) \to 0$,则对任意 $\varepsilon > 0$,存在正整数 t_μ,使当 $t > t_\mu$ 时有

$$\| \mu(t) \| < \varepsilon \tag{3.253}$$

另一方面,由 $0 < \rho < 1$ 有 $\rho^{t} \to 0$。于是,对同样的 $\varepsilon > 0$,存在正整数 t_ρ,使当 $t > t_\rho$ 时有

$$\rho^{t} < \varepsilon \tag{3.254}$$

对(3.251)右端第二项引入分解得

$$\sum_{j=0}^{t-1} \rho^{j} \| \mu(t-j) \| = \sum_{j=0}^{t_\rho} \rho^{j} \| \mu(t-j) \| + \sum_{j=t_\rho+1}^{t-1} \rho^{j} \| \mu(t-j) \| \tag{3.255}$$

由 $\mu(t) \to 0$ 得 $\mu(t)$ 有界,即 $\| \mu(t) \| < M(t \geqslant 0)$。当取 $t_0 = t_\mu + t_\rho$,且 $t > t_0$ 时有

$$\sum_{j=0}^{t_\rho} \rho^{j} \| \mu(t-j) \| < \varepsilon\sum_{j=0}^{t_\rho} \rho^{j} < \varepsilon\sum_{j=0}^{\infty} \rho^{j} = \frac{\varepsilon}{1-\rho}$$

$$\sum_{j=t_\rho+1}^{t-1} \rho^{j} \| \mu(t-j) \| < M\sum_{j=t_\rho+1}^{t-1} \rho^{j} = \frac{M\rho^{t_\rho+1}(1-\rho^{t-t_\rho-1})}{1-\rho} < \frac{M\varepsilon}{1-\rho} \tag{3.256}$$

于是当 $t > t_0$ 时,由(3.251)和(3.254)有

$$\| \delta(t) \| \leqslant b\varepsilon \tag{3.257}$$

其中常数 $b = c \| \delta(0) \| + [c(1+M)/(1-\rho)]$ 与 ε 无关。因 $\varepsilon > 0$ 可取任意小,故当 t 充分大,$t > t_0$ 时,$\| \delta(t) \|$ 可任意小,即 $\delta(t) \to 0(t \to \infty)$。证毕。

注 3.10 定理 3.11 对 $F(t) = F$(F 是一个稳定的常阵,即 F 的所有特征值的绝对值小于 1)仍成立。事实上,稳定的常阵 F 也是一致渐近稳定的。因为由 F 的稳定性,存在矩阵范数 $\| \cdot \|$ 使 $\| F \| = \rho, 0 < \rho < 1$,有 $F(t,i) = F(t)\cdots F(i+1) = F^{t-i}$,故有 $\| F(t,i) \| = \| F^{t-i} \| \leqslant \| F \|^{t-i} = \rho^{t-i}, t > i$。

引理 3.5 系统(3.120)和(3.121)在假设 1 与假设 2 下,假设它是一致完全可观和一致完全可控的,则 Kalman 滤波误差方差阵 $P(t \mid t)$ 是有界的,即存在常数 $c > 0$ 使

$$\| P(t,t) \| \leqslant c, t \geqslant 0 \tag{3.258}$$

证明 由系统是一致完全可观和一致完全可控的可得[25]:存在常数 $c_1 > 0$ 和 $c_2 > 0$ 使

$$c_1 I_n \leqslant P(t \mid t) \leqslant c_2 I_n \tag{3.259}$$

因为非负定矩阵 $c_2 I_n - P(t \mid t) \geqslant 0$,以及 $P(t \mid t) - c_1 I_n \geqslant 0$ 的对角线元素是非负的,则有

$$c_1 \leqslant P_{jj}(t \mid t) \leqslant c_2, j = 1, \cdots, n \tag{3.260}$$

其中 $P(t \mid t) = (P_{jk}(t \mid t)), j,k = 1,\cdots,n, P_{jj}(t \mid t)$ 是 $P(t \mid t)$ 的对角线上的元素。因 $P_{jk}(t \mid t)(j \neq k)$ 是滤波误差分量之间的互协方差,应用 Schwarz 不等式[35] 有

$$| P_{jk}(t \mid t) | \leqslant \sqrt{P_{jj}(t \mid t)} \sqrt{P_{kk}(t \mid t)} = c_2, t \geqslant 0, j \neq k, j,k = 1,\cdots,n \tag{3.261}$$

于是,$P(t \mid t)$ 的每个元素是有界的,从而范数 $\| P(t \mid t) \|$ 有界,即(3.258)成立。证毕。

定理3.12 (有界输入有界输出稳定性)考虑满足假设1与假设2的系统(3.120)和(3.121),假设系统是一致完全可观和一致完全可控的,且假设矩阵 $H^{\mathrm{T}}(t), R^{-1}(t)$ 是有界的,则 Kalman 滤波器(3.229)具有有界输入有界输出稳定性,即若滤波器输入观测数据 $y(t)$(即观测随机过程的一个实现)是有界的,则滤波器输出 $\hat{x}(t \mid t)$ 也是有界的。

证明 对(3.231)取范数运算有

$$\| K(t) \| \leqslant \| P(t \mid t) \| \| H^{\mathrm{T}}(t) \| \| R^{-1}(t) \| \tag{3.262}$$

由 $P(t \mid t)$ 的有界性(3.258)及关于 $H^{\mathrm{T}}(t)$ 和 $R^{-1}(t)$ 的有界性假设得出 $K(t)$ 是有界的。由关于 $y(t)$ 的有界性假设得出 $K(t)y(t)$ 是有界的。由一致完全可观和一致完全可控性假设及引理3.4得出 $\boldsymbol{\Psi}_f(t)$ 是一致渐近稳定的,即(3.246)成立。应用定理3.11到滤波系统(3.229)得出 $\hat{x}(t \mid t)$ 也是有界的。证毕。

注3.11 一个时变矩阵或向量 $X(t)$ 是有界的是指它的范数 $\| X(t) \|$ 关于 t 是一致有界的,即存在常数 c 使 $\| X(t) \| \leqslant c, \forall t$。关于 $H^{\mathrm{T}}(t)$ 和 $R^{-1}(t)$ 的有界性假设是容易被满足的,例如,对时不变(定常)系统(3.120)和(3.121),矩阵 H^{T} 和 R^{-1} 均为常阵,它们的范数自然关于 t 是一致有界的。

引理3.6[46] 在引理3.5的条件下,如果 $P^{(1)}(0 \mid 0)$ 和 $P^{(2)}(0 \mid 0)$ 是两个不同的任意设置的初始方差阵,则相应的 Kalman 滤波器误差方差阵 $P^{(1)}(t \mid t)$ 和 $P^{(2)}(t \mid t)$ 有关系:当 $t \to \infty$ 时

$$\| P^{(1)}(t \mid t) - P^{(2)}(t \mid t) \| \to 0 \tag{3.263}$$

定理3.13[40] (Kalman 滤波器的一致渐近稳定性)对满足假设1与假设2的线性离散随机时变系统(3.120)和(3.121),还假设它是一致完全可观和一致完全可控的,且 $H(t), R^{-1}(t)$ 和 $\boldsymbol{\Phi}(t)$ 是有界的。若滤波器输入观测数据 $y(t)$ 是有界的,则 Kalman 滤波器在定义3.1意义上是一致渐近稳定的。

证明 任取两组不同的初值$(\hat{x}^{(i)}(0 \mid 0), P^{(i)}(0 \mid 0)), i = 1,2$,有相应的 Kalman 滤波器(3.232)—(3.234)。由(3.234)有

$$K^{(2)}(t) - K^{(1)}(t) = (P^{(2)}(t \mid t) - P^{(1)}(t \mid t)) H^{\mathrm{T}}(t) R^{-1}(t) \tag{3.264}$$

对上式取范数运算有

$$\| K^{(2)}(t) - K^{(1)}(t) \| \leqslant \| P^{(2)}(t \mid t) - P^{(1)}(t \mid t) \| \| H^{\mathrm{T}}(t) \| \| R^{-1}(t) \| \tag{3.265}$$

应用(3.263)和 $H(t), R^{-1}(t)$ 的有界性得出当 $t \to \infty$ 时,有

$$\| K^{(2)}(t) - K^{(1)}(t) \| \to 0 \tag{3.266}$$

定义 $\Delta K^{(1)}(t) = K^{(2)}(t) - K^{(1)}(t)$,则当 $t \to \infty$ 时

$$\| \Delta K^{(1)}(t) \| \to 0 \tag{3.267}$$

应用(3.266),类似地,由(3.233)和$H(t)$,$\Phi(t)$的有界性可推得当$t \to \infty$时,有

$$\| \Psi_f^{(2)}(t) - \Psi_f^{(1)}(t) \| \to 0 \tag{3.268}$$

定义$\Delta \Psi_f^{(1)}(t) = \Psi_f^{(2)}(t) - \Psi_f^{(1)}(t)$,则当$t \to \infty$时,有

$$\| \Delta \Psi_f^{(1)}(t) \| \to 0 \tag{3.269}$$

由(3.232)有

$$\hat{x}^{(2)}(t \mid t) = (\Psi_f^{(1)}(t) + \Delta \Psi_f^{(1)}(t))\hat{x}^{(2)}(t-1 \mid t-1) + (K^{(1)}(t) + \Delta K^{(1)}(t))y(t) \tag{3.270}$$

$$\hat{x}^{(1)}(t \mid t) = \Psi_f^{(1)}(t)\hat{x}^{(1)}(t-1 \mid t-1) + K^{(1)}(t)y(t) \tag{3.271}$$

以上两式相减,定义

$$\delta(t) = \hat{x}^{(2)}(t \mid t) - \hat{x}^{(1)}(t \mid t) \tag{3.272}$$

则有动态误差系统

$$\delta(t) = \Psi_f^{(1)}(t)\delta(t-1) + \mu(t) \tag{3.273}$$

$$\mu(t) = \Delta \Psi_f^{(1)}(t)\hat{x}^{(2)}(t \mid t) + \Delta K^{(1)}(t)y(t) \tag{3.274}$$

由系统(3.120)和(3.121)是一致完全可观和一致完全可控的假设,应用引理3.4得出$\Psi_f^{(1)}(t)$和$\Psi_f^{(2)}(t)$是一致渐近稳定的。由(3.258),$P^{(2)}(t \mid t)$是有界的,再由$H(t)$和$R^{-1}(t)$的有界性,由(3.234)得出$K^{(2)}(t)$是有界的。从而由$y(t)$的有界性假设得出$K^{(2)}(t)y(t)$是有界的。于是,对(3.232)应用定理3.12得出$\hat{x}^{(2)}(t \mid t)$是有界的。因而由(3.267)和(3.269)得出$\mu(t) \to 0 (t \to \infty)$。对(3.273)应用定理3.11,由$\Psi_f^{(1)}(t)$的一致渐近稳定性和$\mu(t) \to 0$推出$\delta(t) \to 0$。这证明了一致渐近稳定性(3.235)。证毕。

注意,定理3.13推广了经典Kalman滤波的稳定性定理3.10[20,25]。

3.5 稳态 Kalman 滤波

考虑定常系统(3.120)和(3.121),其中$\Phi(t) = \Phi$,$\Gamma(t) = \Gamma$,$H(t) = H$,$Q(t) = Q$,$R(t) = R$。由3.3节我们看到,Kalman滤波器是一种时变递推滤波器。这里时变是指Kalman滤波器增益阵$K(t)$是时变的。实现最优Kalman滤波器要求在每时刻计算增益阵$K(t)$,带来较大的计算负担,因为计算$K(t)$要求计算$m \times m$维逆矩阵$[HP(t \mid t-1)H^{\mathrm{T}} + R]^{-1}$。当观测$y(t)$的维数$m$较大时,这将要求高维矩阵的逆矩阵,需要较大的计算量。从工程应用角度看,这不便于实时应用。简化Kalman滤波器增益计算的途径是考察Kalman滤波器增益阵是否趋于常阵,即当$t \to \infty$时增益阵$K(t)$是否有极限。若$K(t) \to K$,$t \to \infty$,K是一个常阵,当t充分大时,则有$K(t) \approx K$,因而在工程应用中可用常阵K近似代替最优时变增益阵$K(t)$,就可得到稳态Kalman滤波器,它是带常增益阵K的Kalman滤波器,是一种次优Kalman滤波器,它不需要在每时刻计算增益阵,因而大大减小在线计算负担,便于工程应用。当t增大时,它是渐近最优的,因为$K(t)$与K的误差可任意小。

由3.3节,对定常系统最优时变Kalman滤波器为

$$\hat{x}(t \mid t) = \Psi_f(t)\hat{x}(t-1 \mid t-1) + K(t)y(t) \tag{3.275}$$

$$\Psi_f(t) = [I_n - K(t)H]\Phi \tag{3.276}$$

它是时变滤波器,因为增益阵$K(t)$和转移阵$\Psi_f(t)$均为时变矩阵。假如增益阵$K(t)$存在极限

$$\lim_{x \to \infty} K(t) = K \tag{3.277}$$

用常增益阵K代替时变增益阵$K(t)$,则稳态 Kalman 滤波器为

$$\hat{x}(t \mid t) = \Psi_f \hat{x}(t-1 \mid t-1) + Ky(t) \tag{3.278}$$

$$\Psi_f = [I_n - KH]\Phi \tag{3.279}$$

它是非时变或定常滤波器,因为增益阵K和转移阵Ψ_f是非时变的,是常阵。

这里存在两个理论问题:一个是在什么条件下,滤波增益阵$K(t)$存在极限?这是稳态 Kalman 滤波器的存在问题。注意稳态 Kalman 滤波器(3.278)是递推滤波器,它要求设置初值$\hat{x}(0 \mid 0)$。另一个问题是是否稳态 Kalman 滤波器的计算渐近地与初值$\hat{x}(0 \mid 0)$的选取无关?这是滤波器的渐近稳定性问题。

3.5.1 稳态 Kalman 估值器

经典 Kalman 滤波理论已解决了上述两个问题,给出了如下充分条件:若定常系统(3.120)和(3.121)是完全可观和完全可控的,或Φ为稳定矩阵,则稳态 Kalman 滤波器存在,且是渐近稳定的。

定常系统(3.120)和(3.121)是完全可观的等价于条件

$$\operatorname{rank}\begin{bmatrix} H \\ H\Phi \\ \vdots \\ H\Phi^{n-1} \end{bmatrix} = n \tag{3.280}$$

定常系统(3.120)和(3.121)是完全可控的等价于条件

$$\operatorname{rank}[\Gamma, \Phi\Gamma, \cdots, \Phi^{n-1}\Gamma] = n \tag{3.281}$$

在定理3.1至定理3.6中,令$t \to \infty$,我们有如下稳态 Kalman 滤波定理。

定理3.14 定常系统(3.120)和(3.121)在假设1下,若系统是完全可观和完全可控的,或Φ为稳定矩阵,则对任意非负定矩阵$P(1 \mid 0) \geqslant 0$,矩阵 Riccati 方程(3.173)

$$P(t+1 \mid t) = \Phi[P(t \mid t-1) - P(t \mid t-1)H^{\mathrm{T}}(HP(t \mid t-1)H^{\mathrm{T}} + R)^{-1} \times HP(t \mid t-1)]\Phi^{\mathrm{T}} + \Gamma Q \Gamma^{\mathrm{T}} \tag{3.282}$$

总存在极限

$$\lim_{x \to \infty} P(t \mid t-1) = \Sigma \tag{3.283}$$

其中极限Σ是如下稳态 Riccati 方程的唯一非负定解

$$\Sigma = \Phi[\Sigma - \Sigma H^{\mathrm{T}}(H\Sigma H^{\mathrm{T}} + R)^{-1}H\Sigma]\Phi^{\mathrm{T}} + \Gamma Q \Gamma^{\mathrm{T}} \tag{3.284}$$

其中极限Σ与初值$P(1 \mid 0)$的选取无关,且也存在极限

$$\lim_{x \to \infty} K(t) = K, \lim_{x \to \infty} P(t \mid t) = P \tag{3.285}$$

它们满足关系

$$\Sigma = \Phi P \Phi^{\mathrm{T}} + \Gamma Q \Gamma^{\mathrm{T}} \tag{3.286}$$

$$K = \Sigma H^{\mathrm{T}}[H\Sigma H^{\mathrm{T}} + R]^{-1} \tag{3.287}$$

$$P=[I_n-KH]\Sigma \tag{3.288}$$

稳态 Kalman 滤波器为

$$\hat{x}(t\mid t)=\Psi_f\hat{x}(t-1\mid t-1)+Ky(t) \tag{3.289}$$

$$\Psi_f=[I_n-KH]\Phi \tag{3.290}$$

稳态 Kalman 预报器为

$$\hat{x}(t+1\mid t)=\Phi\hat{x}(t\mid t-1)+K_p\varepsilon(t) \tag{3.291}$$

$$\varepsilon(t)=y(t)-H\hat{x}(t\mid t-1) \tag{3.292}$$

$$K_p=\Phi K \tag{3.293}$$

其中 K_p 称作稳态 Kalman 预报器增益。稳态 Kalman 预报器也可表为

$$\hat{x}(t+1\mid t)=\Psi_p\hat{x}(t\mid t-1)+K_py(t) \tag{3.294}$$

$$\Psi_p=\Phi-K_pH=\Phi[I_n-KH] \tag{3.295}$$

且转移阵 Ψ_f 和 Ψ_p 均为稳定阵，它们有相同的特征值。因而稳态 Kalman 滤波器和预报器是渐近稳定的。

证明 这个定理的严格理论证明超出本书范围，从略，见参考文献[25,27]。

注 3.12 由(3.282)给出的迭代法给出了稳态 Riccati 方程(3.284)的迭代解。当 t 充分大时，有 $P(t\mid t-1)\approx\Sigma$。

注 3.13 稳态 Kalman 滤波是对定常(非时变)系统而言。

注 3.14 上述稳态 Kalman 滤波器和预报器是在初始观测时刻 $t_0=1$ 情形下，令 $t\to+\infty$ 产生的。相对而言，它们也可用置时刻 t 固定而令 $t_0\to-\infty$ 的方式产生。此时我们也有

$$\lim_{x\to-\infty}P(t\mid t-1)=\Sigma \tag{3.296}$$

而 Σ 满足(3.284)。

定理 3.15 完全可观、完全可控或 Φ 为稳定的定常系统(3.120)和(3.121)在假设 1 下，稳态固定滞后 Kalman 平滑器为

$$\hat{x}(t\mid t+N)=\hat{x}(t\mid t-1)+\sum_{i=0}^{N}K_i\varepsilon(t+i),N>1 \tag{3.297}$$

且稳态平滑增益 K_i 为

$$K_i=\Sigma(\Psi_p^{\mathrm{T}})^iH^{\mathrm{T}}Q_\varepsilon^{-1}=\Sigma[(I_n-KH)^{\mathrm{T}}\Phi^{\mathrm{T}}]^iH^{\mathrm{T}}Q_\varepsilon^{-1} \tag{3.298}$$

$$\Psi_p=\Phi[I_n-KH] \tag{3.299}$$

$$Q_\varepsilon=H\Sigma H^{\mathrm{T}}+R \tag{3.300}$$

$$K_0=\Sigma H^{\mathrm{T}}Q_\varepsilon^{-1}=K \tag{3.301}$$

其中 $\hat{x}(t\mid t-1),\Sigma,K,\Psi_p,Q_\varepsilon$ 均由稳态 Kalman 预报器计算。稳态平滑器误差方差阵为

$$P(N)=\Sigma-\sum_{i=0}^{N}K_iQ_\varepsilon K_i^{\mathrm{T}} \tag{3.302}$$

定理 3.16 完全可观、完全可控或 Φ 为稳定的定常系统(3.120)和(3.121)在假设 1 下，有超前 N 步稳态 Kalman 预报器

$$\hat{x}(t+N\mid t)=\Phi^N\hat{x}(t\mid t-1),N>1 \tag{3.303}$$

且预报误差方差阵为

$$\Sigma(N) = \Phi^{N-1}\Sigma\Phi^{(N-1)\mathrm{T}} + \sum_{j=2}^{N}\Phi^{N-j}\Gamma Q_w\Gamma^{\mathrm{T}}\Phi^{(N-j)\mathrm{T}} \tag{3.304}$$

其中 $\hat{x}(t \mid t-1)$,Σ 由稳态 Kalman 预报器计算。

注 3.15 若 Ψ_f 是稳定矩阵(即它的所有特征值位于单位圆内),则稳态 Kalman 滤波器(3.289) 是渐近稳定的。事实上,任取初值 $\hat{x}^{(1)}(0 \mid 0)$ 和 $\hat{x}^{(2)}(0 \mid 0)$,相应的稳态 Kalman 滤波器(3.289) 分别为

$$\hat{x}^{(1)}(t \mid t) = \Psi_f\hat{x}^{(1)}(t-1 \mid t-1) + K_f y(t) \tag{3.305}$$

$$\hat{x}^{(2)}(t \mid t) = \Psi_f\hat{x}^{(2)}(t-1 \mid t-1) + K_f y(t) \tag{3.306}$$

令 $\delta(t) = \hat{x}^{(1)}(t \mid t) - \hat{x}^{(2)}(t \mid t)$,上两式相减引出

$$\delta(t) = \Psi_f\delta(t-1) \tag{3.307}$$

当 Ψ_f 是稳定矩阵时有 $\delta(t) \to 0$,即稳态 Kalman 滤波器是渐近稳定的。

注 3.16 对带不相关白噪声的定常系统(3.120) 和(3.121),稳态 Kalman 滤波器存在的充分条件可放宽为 (Φ,H) 为能检测对,且 $(\Phi,\Gamma Q^{1/2})$ 为能稳对,其中,$Q = Q^{1/2}(Q^{1/2})^{\mathrm{T}}$。详细证明见文献[25]。

可证明[24,25] (Φ,H) 为完全可观对的充要条件为:通过适当选取矩阵 L,可任意配置 $\Phi - LH$ 的特征值。(Φ,Γ) 为完全可控对的充要条件为:通过适当选择矩阵 K,可任意配置 $\Phi - \Gamma K$ 的特征值。

在文献[24,25] 中定义:若存在矩阵 L 使 $\Phi - LH$ 是一个稳定矩阵,则称(Φ,H) 为能检对;若存在矩阵 K 使 $\Phi - \Gamma K$ 是一个稳定矩阵,则称(Φ,Γ) 为能稳对。

由上述定义引出:若(Φ,H) 为完全可观对,则(Φ,H) 为能检测对;若(Φ,Γ) 为完全可控对,则(Φ,Γ) 为能稳对;若 Φ 是稳定矩阵,则(Φ,H) 为能检对。

3.5.2 稳态 Kalman 滤波的收敛性

在 3.4 节用作者提出的动态误差分析系统(DESA) 方法证明了在一般情形下最优时变 Kalman 滤波器的稳定性定理。这里介绍作者在文献[43] 中提出的动态方差系统(Dynamic Variance Error System Analysis, DVESA) 方法。它将动态方差或动态误差方差收敛性问题归结于 Lyapunov 方程的稳定性问题,可用来解决稳态 Kalman 滤波的收敛性问题。

定理 3.17[40,41,43] (DVESA 方法) 考虑时变 Lyapunov 方程

$$P(t) = F_1(t)P(t-1)F_2(t) + U(t) \tag{3.308}$$

其中 $t \geqslant 0$,$P(t)$ 是 $n \times n$ 输出矩阵,$U(t)$ 是 $n \times n$ 输入矩阵,且 $n \times n$ 矩阵 $F_1(t)$ 和 $F_2(t)$ 是一致渐近稳定的,即存在常数 $0 < \rho_j < 1$,$c_j > 0$ 使

$$\| F_j(t,i) \| \leqslant c_j\rho_j^{t-i},\ \forall t \geqslant i \geqslant 0, j = 1,2 \tag{3.309}$$

其中 $F_j(t,i) = F_j(t)F_j(t-1)\cdots F_j(i+1)$,$F_j(t,t) = I_n$。假如 $U(t)$ 是有界的,则 $P(t)$ 是有界的。假如 $U(t) \to 0(t \to \infty)$,则 $P(t) \to 0(t \to \infty)$。

证明 由(3.308) 迭代得

$$P(t) = F_1(t,0)P(0)F_2^{\mathrm{T}}(t,0) + \sum_{i=1}^{t}F_1(t,i)U(i)F_2^{\mathrm{T}}(t,i) \tag{3.310}$$

取矩阵的 Frobenius 范数 $\| A \| = (\mathrm{tr}(A^{\mathrm{T}}A))^{1/2}$,则有 $\| A^{\mathrm{T}} \| = \| A \|$。对上式取范数运算

并应用(3.309)可得

$$\| P(t) \| \leqslant c\rho^t \| P(0) \| + \sum_{i=1}^{t} c\rho^{t-i} \| U(i) \| \tag{3.311}$$

其中 $c = c_1 c_2$, $\rho = \rho_1 \rho_2$,且 $0 < \rho < 1$。

从(3.311)出发,完全类似于定理3.11的推导可证明定理3.17。细节从略。证毕。

在研究稳态 Kalman 滤波器(3.289)的收敛性时,为了区别于3.3节的最优时变 Kalman 滤波器 $\hat{x}(t|t)$,即(3.275),我们记稳态 Kalman 滤波器为 $\hat{x}_s(t|t)$,其中下标"s"表示"稳态"。这样稳态 Kalman 滤波器(3.289)记为

$$\hat{x}_s(t|t) = \Psi_f \hat{x}_s(t-1|t-1) + Ky(t) \tag{3.312}$$

定理 3.18 定常系统(3.120)和(3.121)在假设1下,若系统是完全可观和完全可控的,则稳态 Kalman 滤波器(3.289)的误差方差阵 $P_s(t|t)$ 满足 Lyapunov 方程

$$P_s(t|t) = \Psi_f P_s(t-1|t-1) \Psi_f^{\mathrm{T}} + \Delta_f \tag{3.313}$$

$$\Delta_f = (I_n - KH) \Gamma Q \Gamma^{\mathrm{T}} (I_n - KH)^{\mathrm{T}} + KRK^{\mathrm{T}} \tag{3.314}$$

且当 $t \to \infty$ 时,有

$$P_s(t|t) \to P \tag{3.315}$$

$$[P_s(t|t) - P(t|t)] \to 0 \tag{3.316}$$

其中稳态滤波方差阵 P 由(3.288)给出,$P(t|t)$ 由(3.160)给出。

证明 由(3.120)和(3.312)得稳态滤波误差 $\tilde{x}_s(t|t) = x(t) - \hat{x}_s(t|t)$,即

$$\tilde{x}_s(t|t) = \Psi_f \tilde{x}_s(t-1|t-1) + (I_n - KH)\Gamma w(t-1) - Kv(t) \tag{3.317}$$

由 $w(t-1) \perp \tilde{x}_s(t-1|t-1)$, $v(t) \perp \tilde{x}_s(t-1|t-1)$, $w(t-1) \perp v(t)$,以及(3.317)直接得(3.313)和(3.314)。对(3.164)和(3.165)取极限有稳态滤波误差方差阵 P 满足稳态 Lyapunov 方程

$$P = \Psi_f P \Psi_f^{\mathrm{T}} + \Delta_f \tag{3.318}$$

$$\Delta_f = (I_n - KH) \Gamma Q \Gamma^{\mathrm{T}} (I_n - KH)^{\mathrm{T}} + KRK^{\mathrm{T}} \tag{3.319}$$

置 $\delta(t) = P_s(t|t) - P(t|t)$,由(3.313)减去(3.318)有误差系统

$$\delta(t) = \Psi_f \delta(t-1) \Psi_f^{\mathrm{T}} \tag{3.320}$$

迭代(3.320)得

$$\delta(t) = \Psi_f^t \delta(0) \Psi_f^{t\mathrm{T}} \tag{3.321}$$

由定理3.14,Ψ_f 是一个稳定矩阵,于是有 $\Psi_f^t \to 0$, $\Psi_f^{t\mathrm{T}} \to 0$。这得出 $\delta(t) \to 0$,即(3.315)成立。注意

$$P_s(t|t) - P(t|t) = (P_s(t|t) - P) + (P - P(t|t)) \tag{3.322}$$

应用(3.315)和由(3.285)给出的 $P(t|t) \to P$ 得出(3.316)。证毕。

定理 3.19 定常随机时变系统(3.120)和(3.121)在假设1下,若观测数据 $y(t)$ 是有界的且系统是完全可观和完全可控的,则稳态 Kalman 滤波器 $\hat{x}_s(t|t)$ 按实现收敛于最优时变 Kalman 滤波器 $\hat{x}(t|t)$,即当 $t \to \infty$ 时,有

$$[\hat{x}_s(t|t) - \hat{x}(t|t)] \to 0, \text{i.a.r} \tag{3.323}$$

其中符号"i. a. r"表示按一个实现(简称按实现)收敛[16],它是"in a realization"的缩写。

证明 由(3.163)减去(3.290)有 $\Psi_f(t) \to \Psi_f$,且由(3.285)有 $K(t) \to K$。置

$K(t)=K+\Delta K(t)$，$\Psi_f(t)=\Psi_f+\Delta\Psi_f(t)$，则当 $t\to\infty$ 时，有

$$\Delta K(t)\to 0,\Delta\Psi_f(t)\to 0 \tag{3.324}$$

由(3.312)减去(3.162)，记 $\delta(t)=\hat{x}_s(t|t)-\hat{x}(t|t)$，则有

$$\delta(t)=\Psi_f\delta(t-1)+\mu(t) \tag{3.325}$$

$$\mu(t)=-\Delta\Psi_f(t)\hat{x}_s(t-1|t-1)-\Delta K(t)y(t) \tag{3.326}$$

由 $K(t)\to K$ 得 $K(t)$ 有界，再由关于 $y(t)$ 的有界性假设得 $K(t)y(t)$ 是有界的。注意，$\Psi_f(t)$ 是一致渐近稳定的，将定理3.11应用于(3.162)得出 $\hat{x}(t|t)$ 是有界的，从而应用(3.324)得 $\mu(t)\to 0$，再将定理3.11应用于(3.325)有 $\delta(t)\to 0$，其中，应用了 Ψ_f 是一个稳定矩阵。证毕。

定理3.20 定常随机时变系统(3.120)和(3.121)在假设1下，假设系统是完全可观和完全可控的，若白噪声 $w(t)$ 和 $v(t)$ 是有界的，则 $\hat{x}_s(t|t)$ 按实现收敛于 $\hat{x}(t|t)$，即当 $t\to\infty$ 时，有

$$[\hat{x}_s(t|t)-\hat{x}(t|t)]\to 0,\text{i. a. r} \tag{3.327}$$

证明 置 $K(t)=K+\Delta K(t)$，则有 $\Delta K(t)\to 0$。置 $\Psi_f(t)=\Psi_f+\Delta\Psi_f(t)$，由(3.163)和(3.279)有 $\Delta\Psi_f(t)=-\Delta K(t)H\Phi$。将 $K(t)$ 和 $\Psi_f(t)$ 的分解式代入(3.162)后，由(3.312)减去(3.162)，并记 $\delta(t)=\hat{x}_s(t|t)-\hat{x}(t|t)$，应用(3.121)可得动态误差系统

$$\delta(t)=\Psi_f\delta(t-1)+\mu_1(t) \tag{3.328}$$

$$\mu_1(t)=-\Delta K(t)(H\Phi\tilde{x}(t-1|t-1)+H\Gamma w(t-1)+v(t)) \tag{3.329}$$

将(3.144)代入(3.146)得最优滤波误差系统

$$\tilde{x}(t|t)=\Psi_f(t)\tilde{x}(t-1|t-1)+\mu_2(t) \tag{3.330}$$

$$\mu_2(t)=[I_n-K(t)H]\Gamma w(t-1)-K(t)v(t) \tag{3.331}$$

由 $w(t)$，$v(t)$ 和 $K(t)$ 的有界性得 $\mu_2(t)$ 是有界的。由引理3.1有 $\Psi_f(t)$ 是一致渐近稳定的。对(3.330)应用定理3.11可推出 $\tilde{x}(t|t)$ 是有界的。于是，由(3.329)利用 $\Delta K(t)\to 0$ 引出 $\mu_1(t)\to 0$，注意 Ψ_f 是一个稳定矩阵，对(3.328)应用定理3.11有 $\delta(t)\to 0$。证毕。

定理3.21 定常随机时变系统(3.120)和(3.121)在假设1下，若系统是完全可观和完全可控的，则稳态Kalman滤波器 $\hat{x}_s(t|t)$ 均方收敛于最优时变Kalman滤波器 $\hat{x}(t|t)$，即当 $t\to\infty$ 时，有

$$\mathrm{E}[(\hat{x}_s(t|t)-\hat{x}(t|t))^{\mathrm{T}}(\hat{x}_s(t|t)-\hat{x}(t|t))]\to 0 \tag{3.332}$$

证明 定义 $\delta(t)=\hat{x}_s(t|t)-\hat{x}(t|t)$，$P_\delta(t)=\mathrm{E}[\delta(t)^{\mathrm{T}}\delta(t)]$，则(3.332)成为 $\mathrm{tr}P_\delta(t)\to 0$。因此，问题归结为证明更强的结果

$$P_\delta(t)\to 0,t\to\infty \tag{3.333}$$

由(3.328)和(3.329)可得递推Lyapunov方程

$$P_\delta(t)=\Psi_f P_\delta(t-1)\Psi_f^{\mathrm{T}}+\Delta(t) \tag{3.334}$$

$$\Delta(t)=\Delta K(t)\Omega(t-1)\Delta K^{\mathrm{T}}(t)-\Psi_f P_{\tilde{x}\delta}^{\mathrm{T}}(t-1)\Phi^{\mathrm{T}}H^{\mathrm{T}}\Delta K^{\mathrm{T}}(t)-\Delta K(t)H\Phi P_{\tilde{x}\delta}(t-1)\Psi_f^{\mathrm{T}} \tag{3.335}$$

其中 $P_{\tilde{x}\delta}(t)=\mathrm{E}[\tilde{x}(t|t)\delta^{\mathrm{T}}(t)]$，且

$$\Omega(t-1)=H\Phi P(t-1|t-1)\Phi^{\mathrm{T}}H^{\mathrm{T}}+H\Gamma Q\Gamma^{\mathrm{T}}H^{\mathrm{T}}+R \tag{3.336}$$

因 $P(t|t)\to P$,故 $P(t|t)$ 有界,因而 $\Omega(t-1)$ 有界。下证 $P_{\tilde{x}\delta}(t)$ 有界。由 $\tilde{x}(t|t)\perp\hat{x}(t|t)$,则有

$$P_{\tilde{x}\delta}(t)=\mathrm{E}[\tilde{x}(t|t)\hat{x}_s^{\mathrm{T}}(t|t)]=P_{\tilde{x}\hat{x}_s} \tag{3.337}$$

将(3.121)代入(3.312)有

$$\hat{x}_s(t|t)=\Psi_f\hat{x}_s(t-1|t-1)+KHx(t)+Kv(t) \tag{3.338}$$

将(3.330)、(3.331)和(3.338)代入(3.337)得 Lyapunov 方程

$$P_{\tilde{x}\hat{x}_s}(t)=\Psi_f(t)P_{\tilde{x}\hat{x}_s}(t-1)\Psi_f^{\mathrm{T}}+\Delta_0(t) \tag{3.339}$$

$$\begin{aligned}\Delta_0(t)=&\Psi_f(t)\mathrm{E}[\tilde{x}(t-1|t-1)x^{\mathrm{T}}(t)]H^{\mathrm{T}}K^{\mathrm{T}}+\\&[I_n-K(t)H]\Gamma\mathrm{E}[w(t-1)x^{\mathrm{T}}(t)]H^{\mathrm{T}}K^{\mathrm{T}}-K(t)RK^{\mathrm{T}}\end{aligned} \tag{3.340}$$

利用(3.120)和 $x(t)=\hat{x}(t-1|t-1)+\tilde{x}(t-1|t-1)$,容易求得

$$\mathrm{E}[\tilde{x}(t-1|t-1)x^{\mathrm{T}}(t)]=P(t-1|t-1)\Phi^{\mathrm{T}} \tag{3.341}$$

$$\mathrm{E}[w(t-1)x^{\mathrm{T}}(t)]=Q\Gamma^{\mathrm{T}} \tag{3.342}$$

注意(3.340)—(3.342),根据 $\Psi_f(t)\to\Psi_f$ 得 $\Psi_f(t)$ 是有界的,再由 $K(t)$ 和 $P(t|t)$ 的有界性,可推出 $\Delta_0(t)$ 是有界的。因 $\Psi_f(t)$ 是一致渐近稳定的,且由 Ψ_f 是一个稳定矩阵,得出它也是一致渐近稳定的。于是,对(3.339)应用定理3.17得 $P_{\tilde{x}\hat{x}_s}(t)$ 是有界的,即 $P_{\tilde{x}\delta}(t)$ 是有界的。由(3.335)和 $\Delta K(t)\to 0$ 推出 $\Delta(t)\to 0$。对(3.334)应用定理 3.17 得(3.333)。证毕。

注 3.17 定理3.19和定理3.20用 DESA 方法提出了稳态 Kalman 滤波器的收敛性新结果,其中证明了稳态 Kalman 滤波器按实现收敛于最优 Kalman 滤波器,这证明了稳态 Kalman 滤波器的渐近最优性。稳态 Kalman 滤波器的收敛性本质上是稳态 Kalman 滤波器和时变最优 Kalman 滤波器之间的收敛性,并用它们两者之差收敛于零定义收敛性。按实现收敛性是在文献[42]中提出的。按实现收敛性就是已知观测数据相应的稳态 Kalman 滤波器的收敛性。已知观测数据可看成是观测随机过程的一个实现,它是一个确定的序列,相应的稳态 Kalman 滤波器的一个实现也是一个确定的序列。因此,按一个实现的收敛性归结为一个确定序列的普通极限问题,大大简化了按概率 1 或按均方收敛性分析的难度和复杂性。按实现收敛性具有重要的理论和应用意义。根据实际推断原理,按概率 1 发生的事件应推断为必然事件。由按概率 1 收敛性可推出按一个实现的收敛。因此,按实现收敛性比按概率 1 收敛性弱。应用中,在许多情形下,人们只知道观测随机过程的一个实现,如天文、气象、水文数据、发射人造卫星入轨前的数据、发射远程导弹的观测数据等,并且人们感兴趣的问题是基于这个已知实现进行统计推断和估计。DVESA 方法是解决按实现收敛问题的方法论,它将按实现收敛性问题归结为差分方程的稳定性问题。定理 3.17 提出了方差或方差误差收敛分析的 DVESA 方法,它将问题归结为 Lyapunov 方程的稳定性问题,给出了稳定性判据。在定理 3.18 和定理 3.21 中应用 DVESA 方法证明了稳态 Kalman 滤波器的方差阵收敛。这些新结果构成了一种新的稳态 Kalman 滤波收敛性理论,它不同于文献[25,27]中的经典稳态 Kalman 滤波收敛性理论。

对于稳态多步 Kalman 预报器和稳态 Kalman 平滑器,也可在定理3.17—3.21的基础上类似地证明相应的按实现收敛性和方差收敛性。证明留给读者,这里从略。

3.6 白噪声估值器

白噪声估值器在石油地震勘探、通信、信号处理领域有重要的应用背景,还可用于解决状态估计问题。最初,Mendel[9,10,21] 仅给出了系统的输入白噪声估值器,即白噪声反卷积估值器。文献[11,22,23,37] 提出了统一的白噪声估计理论,其中在统一框架下解决了输入白噪声和观测白噪声两者的估计问题,推广和发展了 Mendel 的结果。本节介绍不相关系统白噪声估值器。

定理 3.22 系统(3.120) 和(3.121) 在假设 1 与假设 2 下有最优输入白噪声估值器

$$\hat{w}(t \mid t) = 0 \tag{3.343}$$

$$\hat{w}(t \mid t+N) = 0, N < 0 \tag{3.344}$$

$$\hat{w}(t \mid t+N) = \sum_{j=0}^{N} K_w(t \mid t+j)\varepsilon(t+j) \tag{3.345}$$

$$K_w(t \mid t) = 0 \tag{3.346}$$

$$K_w(t \mid t+1) = Q(t)\Gamma^{\mathrm{T}}(t)H^{\mathrm{T}}(t+1)Q_{\varepsilon}^{-1}(t+1) \tag{3.347}$$

$$K_w(t \mid t+j) = Q(t)\Gamma^{\mathrm{T}}(t)\left\{\prod_{i=1}^{j-1}\Psi_p^{\mathrm{T}}(t+i)\right\}H^{\mathrm{T}}(t+j)Q_{\varepsilon}^{-1}(t+j) \tag{3.348}$$

且有误差方差阵

$$P_w(t \mid t+N) = Q(t), N \leqslant 0 \tag{3.349}$$

$$P_w(t \mid t+N) = Q(t) - \sum_{j=0}^{N} K_w(t \mid t+j)Q_{\varepsilon}(t+j)K_w^{\mathrm{T}}(t \mid t+j) \tag{3.350}$$

证明 由假设 1 和假设 2,有 $w(t) \perp L(y(1),\cdots,y(t+N))\,(N \leqslant 0)$,则(3.343) 和(3.344) 成立。由递推投影公式有

$$\hat{w}(t \mid t+j) = \hat{w}(t \mid t+j-1) + K_w(t \mid t+j)\varepsilon(t+j) \tag{3.351}$$

$$K_w(t \mid t+j) = \mathrm{E}[w(t)\varepsilon^{\mathrm{T}}(t+j)]Q_{\varepsilon}^{-1}(t+j) \tag{3.352}$$

由(3.343) 和(3.344) 得出应规定 $K_w(t \mid t) = 0$。注意

$$\varepsilon(t+j) = H(t+j)\tilde{x}(t+j \mid t+j-1) + v(t) \tag{3.353}$$

由置 $N = j$ 的(3.187) 容易得到

$$\mathrm{E}[w(t)\varepsilon^{\mathrm{T}}(t+j)] = Q(t)\Gamma^{\mathrm{T}}(t)\Psi_p^{\mathrm{T}}(t+j,t+1)H^{\mathrm{T}}(t+j), j > 1 \tag{3.354}$$

由(3.351)、(3.353) 和 $\Psi_p(t+j,t+1) = \Psi_p(t+j-1)\cdots\Psi_p(t+1)$ 得(3.348)。取 $j=1$,应用(3.353) 和(3.186) 立刻得到

$$\mathrm{E}[w(t)\varepsilon^{\mathrm{T}}(t+j)] = Q(t)\Gamma^{\mathrm{T}}(t)H^{\mathrm{T}}(t+1) \tag{3.355}$$

由(3.353) 和(3.355) 得(3.347)。应用(3.343) 和(3.344),迭代(3.351) 得(3.345)。由(3.351) 有估值误差关系

$$\tilde{w}(t \mid t+j) = \tilde{w}(t \mid t+j-1) - K_w(t \mid t+j)\varepsilon(t+j) \tag{3.356}$$

它可改写为

$$\tilde{w}(t \mid t+j-1) = \tilde{w}(t \mid t+j) + K_w(t \mid t+j)\varepsilon(t+j) \tag{3.357}$$

由于 $\tilde{w}(t \mid t+j) \perp \varepsilon(t+j)$,则有

$$P_w(t \mid t+j-1) = P_w(t \mid t+j) + K_w(t \mid t+j)Q_{\varepsilon}(t+j)K_w^{\mathrm{T}}(t \mid t+j) \tag{3.358}$$

由(3.343)和(3.344)有(3.349)成立,故由(3.358)迭代可得(3.350)。证毕。

定理3.23 系统(3.120)和(3.121)在假设1与假设2下有最优观测白噪声估值器

$$\hat{v}(t \mid t+N)=0, N<0 \tag{3.359}$$

$$\hat{v}(t \mid t)=R(t) Q_{\varepsilon}^{-1}(t) \varepsilon(t) \tag{3.360}$$

$$\hat{v}(t \mid t+N)=\sum_{j=0}^{N} K_{v}(t \mid t+j) \varepsilon(t+j) \tag{3.361}$$

$$K_{v}(t \mid t)=R(t) Q_{\varepsilon}^{-1}(t) \tag{3.362}$$

$$K_{v}(t \mid t+1)=-R(t) K^{\mathrm{T}}(t) \boldsymbol{\Phi}^{\mathrm{T}}(t) H^{\mathrm{T}}(t+1) Q_{\varepsilon}^{-1}(t+1) \tag{3.363}$$

$$K_{v}(t \mid t+j)=-R(t) K^{\mathrm{T}}(t) \boldsymbol{\Phi}^{\mathrm{T}}(t)\left\{\prod_{i=1}^{j-1} \boldsymbol{\Psi}_{p}^{\mathrm{T}}(t+i)\right\} H^{\mathrm{T}}(t+j) Q_{\varepsilon}^{-1}(t+j) \tag{3.364}$$

其中滤波增益阵 $K(t)$ 由(3.172)计算,且有误差方差阵

$$P_{v}(t \mid t+N)=R(t), N \leqslant 0 \tag{3.365}$$

$$P_{v}(t \mid t+N)=R(t)-\sum_{j=0}^{N} K_{v}(t \mid t+j) Q_{\varepsilon}(t+j) K_{v}^{\mathrm{T}}(t \mid t+j) \tag{3.366}$$

证明 推导完全类似于定理3.22,从略。

定理3.24 定常随机系统(3.120)和(3.121)在假设1和系统是完全可观和完全可控的假设下有稳态输入白噪声估值器

$$\hat{w}(t \mid t+N)=0, N<0 \tag{3.367}$$

$$\hat{w}(t \mid t+N)=\sum_{j=0}^{N} K_{w}(j) \varepsilon(t+j), N \geqslant 0 \tag{3.368}$$

$$K_{w}(0)=0, K_{w}(1)=Q \boldsymbol{\Gamma}^{\mathrm{T}} H^{\mathrm{T}} Q_{\varepsilon}^{-1} \tag{3.369}$$

$$K_{w}(j)=Q \boldsymbol{\Gamma}^{\mathrm{T}} \boldsymbol{\Psi}_{p}^{(j-1) \mathrm{T}} H^{\mathrm{T}} Q_{\varepsilon}^{-1}, j>1 \tag{3.370}$$

其中 $\varepsilon(t)$ 为稳态新息,Q_{ε} 为稳态新息方差,$\boldsymbol{\Psi}_{p}$ 和 Q_{ε} 由(3.299)和(3.300)给出。相应的稳态估值误差方差阵

$$P_{w}(N)=Q, N \leqslant 0 \tag{3.371}$$

$$P_{w}(N)=Q-\sum_{j=0}^{N} K_{w}(j) Q_{\varepsilon} K_{w}^{\mathrm{T}}(j), N>0 \tag{3.372}$$

稳态观测的白噪声估值器为

$$\hat{v}(t \mid t+N)=0, N<0 \tag{3.373}$$

$$\hat{v}(t \mid t)=R Q_{\varepsilon}^{-1} \varepsilon(t) \tag{3.374}$$

$$\hat{v}(t \mid t+N)=\sum_{j=0}^{N} K_{v}(j) \varepsilon(t+j), N>0 \tag{3.375}$$

$$K_{v}(0)=R Q_{\varepsilon}^{-1} \tag{3.376}$$

$$K_{v}(1)=-R K^{\mathrm{T}} \boldsymbol{\Phi}^{\mathrm{T}} H^{\mathrm{T}} Q_{\varepsilon}^{-1} \tag{3.377}$$

$$K_{v}(j)=-R K^{\mathrm{T}} \boldsymbol{\Phi}^{\mathrm{T}} \boldsymbol{\Psi}_{p}^{(j-1) \mathrm{T}} H^{\mathrm{T}} Q_{\varepsilon}^{-1}, j>1 \tag{3.378}$$

且有稳态估值误差方差阵

$$P_{v}(N)=R, N \leqslant 0 \tag{3.379}$$

$$P_{v}(N)=R-\sum_{j=0}^{N} K_{v}(j) Q_{\varepsilon} K_{v}^{\mathrm{T}}(j), N>0 \tag{3.380}$$

证明 在定理3.22和定理3.23中令$t\to\infty$直接得到定理3.24。证毕。

例3.13 考虑带白色观测噪声的标量ARMA信号$s(t)$

$$A(q^{-1})s(t)=C(q^{-1})w(t) \tag{3.381}$$

$$y(t)=s(t)+v(t) \tag{3.382}$$

其中标量$s(t)$是待估信号,$y(t)$是对$s(t)$的观测,$v(t)$为观测白噪声,它有零均值和方差σ_v^2,$w(t)$是带零均值和方差为σ_w^2且不相关于$v(t)$的白噪声。问题是基于观测$y(t)$求$s(t)$的最优滤波器和平滑器。这里设单位算子q^{-1}的多项式$A(q^{-1})$和$C(q^{-1})$为

$$A(q^{-1})=1+a_1q^{-1}+\cdots+a_{n_a}q^{-n_a} \tag{3.383}$$

$$C(q^{-1})=c_1q^{-1}+\cdots+c_{n_c}q^{-n_c},n_a\geqslant n_c \tag{3.384}$$

则上述信号系统有状态空间模型

$$x(t+1)=\Phi x(t)+\Gamma w(t) \tag{3.385}$$

$$y(t)=Hx(t)+v(t) \tag{3.386}$$

$$s(t)=Hx(t) \tag{3.387}$$

其中规定$c_i=0(i>n_c)$,且

$$\Phi=\begin{bmatrix}-a_1 & & & \\ \vdots & & I_{n_a-1} & \\ -a_{n_a} & 0 & \cdots & 0\end{bmatrix},\Gamma=\begin{bmatrix}c_1\\ \vdots\\ c_{n_a}\end{bmatrix} \tag{3.388}$$

对(3.382)取到线性流形$L(y(1),\cdots,y(t+N))$上的投影运算有

$$\hat{s}(t\mid t+N)=y(t)-\hat{v}(t\mid t+N),N\geqslant 0 \tag{3.389}$$

因此问题归结为求最优观测白噪声滤波器和平滑器。

应用定理3.23有

$$\hat{s}(t\mid t+N)=y(t)-\sum_{j=0}^{N}K_v(t\mid t+j)\varepsilon(t+j) \tag{3.390}$$

3.7 相关噪声系统时变和稳态Kalman滤波和白噪声反卷积

本节将推广3.3节和3.5节的结果到一般带相关噪声的时变系统情形。

考虑线性离散时变动态系统

$$x(t+1)=\Phi(t)x(t)+\Gamma(t)w(t) \tag{3.391}$$

$$y(t)=H(t)x(t)+v(t) \tag{3.392}$$

其中状态$x(t)\in R^n$,观测$y(t)\in R^m$,$\Phi(t)$,$\Gamma(t)$和$H(t)$是已知的、时变的适当维数矩阵。

假设3 $w(t)\in R^r$和$v(t)\in R^m$是带零均值的相关白噪声

$$\mathrm{E}\left\{\begin{bmatrix}w(t)\\ v(t)\end{bmatrix}[w^{\mathrm{T}}(j),v^{\mathrm{T}}(j)]\right\}=\begin{bmatrix}Q_w(t) & S(t)\\ S^{\mathrm{T}}(t) & Q_v(t)\end{bmatrix}\delta_{tj} \tag{3.393}$$

其中E为均值号,T为转置号,$\delta_{tt}=1,\delta_{tj}=0(t\neq j)$。

假设4 $x(0)$不相关于$w(t)$和$v(t)$,且$\mathrm{E}[x(0)]=\mu$,$\mathrm{Var}[x(0)]=P_0$,其中Var为方差号。

问题是基于观测$(y(1),\cdots,y(t))$，求状态$x(t)$的 Kalman 滤波器、预报器和平滑器，并求白噪声估值器。

定义基于观测$(y(1),\cdots,y(t))$对状态$x(t)$的线性最小方差估值器$\hat{x}(t\mid t-1)$为 Kalman 预报器。由递推投影公式有

$$\hat{x}(t+1\mid t)=\hat{x}(t+1\mid t-1)+E[x(t+1)\varepsilon^{\mathrm{T}}(t)]\mathrm{E}[\varepsilon(t)\varepsilon^{\mathrm{T}}(t)]^{-1}\varepsilon(t) \tag{3.394}$$

其中$\varepsilon(t)$是新息过程。对(3.392)两边取投影运算有

$$\varepsilon(t)=y(t)-\hat{y}(t\mid t-1)=y(t)-H(t)\hat{x}(t\mid t-1) \tag{3.395}$$

记预报误差$\tilde{x}(t\mid t-1)=x(t)-\hat{x}(t\mid t-1)$，由(3.392)有

$$\varepsilon(t)=H(t)\tilde{x}(t\mid t-1)+v(t) \tag{3.396}$$

由(3.391)和(3.396)，并注意$x(t)=\tilde{x}(t\mid t-1)+\hat{x}(t\mid t-1)$有

$$\begin{aligned}\mathrm{E}[x(t+1\mid t)\varepsilon^{\mathrm{T}}(t)]&=\mathrm{E}[(\Phi(t)x(t)+\Gamma(t)w(t))(H(t)\tilde{x}(t\mid t-1)+v(t))^{\mathrm{T}}]=\\&\Phi(t)P(t\mid t-1)H^{\mathrm{T}}(t)+\Gamma(t)S(t)\end{aligned} \tag{3.397}$$

其中定义预报误差方差阵$P(t\mid t-1)=\mathrm{E}[\tilde{x}(t\mid t-1)\tilde{x}^{\mathrm{T}}(t\mid t-1)]$，并应用了假设3和假设4，以及$\hat{x}(t+1\mid t)$不相关于(正交)$\tilde{x}(t\mid t-1)$的事实。由(3.396)有新息方差阵

$$Q_{\varepsilon}(t)=\mathrm{E}[\varepsilon(t)\varepsilon^{\mathrm{T}}(t)]=H(t)P(t\mid t-1)H^{\mathrm{T}}(t)+Q_v(t) \tag{3.398}$$

对(3.391)取投影运算有

$$\hat{x}(t+1\mid t-1)=\Phi(t)\hat{x}(t\mid t-1) \tag{3.399}$$

将(3.397)—(3.399)代入(3.394)有递推 Kalman 预报器

$$\hat{x}(t+1\mid t)=\Phi(t)\hat{x}(t\mid t-1)+K_p(t)\varepsilon(t) \tag{3.400}$$

$$K_p(t)=[\Phi(t)P(t\mid t-1)H^{\mathrm{T}}(t)+\Gamma(t)S(t)]Q_{\varepsilon}^{-1}(t) \tag{3.401}$$

由(3.391)、(3.396)和(3.400)引出预报误差递推方程

$$\tilde{x}(t+1\mid t)=\Psi_p(t)\tilde{x}(t\mid t-1)+\Gamma(t)w(t)-K_p(t)v(t) \tag{3.402}$$

$$\Psi_p(t)=\Phi(t)-K_p(t)H(t) \tag{3.403}$$

这引出预报误差方差阵的 Lyapunov 方程

$$P(t+1\mid t)=\Psi_p(t)P(t\mid t-1)\Psi_p^{\mathrm{T}}(t)+[\Gamma(t),-K_p(t)]\begin{bmatrix}Q_w(t) & S(t)\\ S^{\mathrm{T}}(t) & Q_v(t)\end{bmatrix}\begin{bmatrix}\Gamma^{\mathrm{T}}(t)\\ -K_p^{\mathrm{T}}(t)\end{bmatrix} \tag{3.404}$$

或 Lyapunov 方程

$$\begin{aligned}P(t+1\mid t)=&\Psi_p(t)P(t\mid t-1)\Psi_p^{\mathrm{T}}(t)+\Gamma(t)Q_w(t)\Gamma^{\mathrm{T}}(t)-K_p(t)S^{\mathrm{T}}(t)\Gamma^{\mathrm{T}}(t)-\\&\Gamma(t)S(t)K_p^{\mathrm{T}}(t)+K_p(t)Q_v(t)K_p^{\mathrm{T}}(t)\end{aligned} \tag{3.405}$$

用(3.397)减(3.399)引出

$$\tilde{x}(t+1\mid t)=\Phi(t)\tilde{x}(t\mid t-1)+\Gamma(t)w(t)-K_p(t)\varepsilon(t) \tag{3.406}$$

因$\varepsilon(t)\perp\tilde{x}(t+1\mid t)$，将上式右边第三项移到左边，这引出

$$P(t+1\mid t)=\Phi(t)P(t\mid t-1)\Phi^{\mathrm{T}}(t)-K_p(t)Q_{\varepsilon}(t)K_p^{\mathrm{T}}(t)+\Gamma(t)Q_w(t)\Gamma^{\mathrm{T}}(t) \tag{3.407}$$

将(3.401)代入(3.407)后，上述结果可概括为如下定理。

定理3.25 系统(3.391)和(3.392)在假设3与假设4下有最优递推Kalman预报器

$$\hat{x}(t+1|t)=\Phi(t)\hat{x}(t|t-1)+K_p(t)\varepsilon(t) \tag{3.408}$$

$$\varepsilon(t)=y(t)-H(t)\hat{x}(t|t-1) \tag{3.409}$$

或

$$\hat{x}(t+1|t)=\Psi_p(t)\hat{x}(t|t-1)+K_p(t)y(t) \tag{3.410}$$

$$\Psi_p(t)=\Phi(t)-K_p(t)H(t) \tag{3.411}$$

带初值 $\hat{x}(1|0)=\mu$。Kalman 预报器增益 $K_p(t)$ 为

$$K_p(t)=[\Phi(t)P(t|t-1)H^{\mathrm{T}}(t)+\Gamma(t)S(t)]Q_{\varepsilon}^{-1}(t) \tag{3.412}$$

$$Q_{\varepsilon}(t)=H(t)P(t|t-1)H^{\mathrm{T}}(t)+Q_v(t) \tag{3.413}$$

预报误差方差阵 $P(t|t-1)$ 满足 Riccati 方程

$$\begin{aligned}P(t+1|t)=&\Phi(t)P(t|t-1)\Phi^{\mathrm{T}}(t)-[\Phi(t)P(t|t-1)H^{\mathrm{T}}(t)+\Gamma(t)S(t)]\times\\&[H(t)P(t|t-1)H^{\mathrm{T}}(t)+Q_v(t)]^{-1}\times\\&[\Phi(t)P(t|t-1)H^{\mathrm{T}}(t)+\Gamma(t)S(t)]^{\mathrm{T}}+\\&\Gamma(t)Q_w(t)\Gamma^{\mathrm{T}}(t)\end{aligned} \tag{3.414}$$

带初值 $P(1|0)=P_0$。它具有 Lyapunov 方程(3.404)或(3.405)的表达形式。

注意，取初值 $\hat{x}(1|0)=\mu, P(1|0)=P_0$ 是为了保证估值器的无偏性：$\mathrm{E}[\hat{x}(t|t-1)]=\mathrm{E}[x(t)]$。

下面推导最优递推 Kalman 滤波器。

由递推投影公式有

$$\hat{x}(t+1|t+1)=\hat{x}(t+1|t)+\mathrm{E}[x(t+1)\varepsilon^{\mathrm{T}}(t+1)]Q_{\varepsilon}^{-1}(t+1)\varepsilon(t+1) \tag{3.415}$$

应用 $x(t+1)=\hat{x}(t+1|t)+\tilde{x}(t+1|t)$ 及(3.396)引出

$$\mathrm{E}[x(t+1|t)\varepsilon^{\mathrm{T}}(t+1)]=P(t+1|t)H^{\mathrm{T}}(t+1) \tag{3.416}$$

于是有

$$\hat{x}(t+1|t+1)=\hat{x}(t+1|t)+K_f(t+1)\varepsilon(t+1) \tag{3.417}$$

其中滤波器增益 $K_f(t+1)$ 为

$$K_f(t+1)=P(t+1|t)H^{\mathrm{T}}(t+1)Q_{\varepsilon}^{-1}(t+1) \tag{3.418}$$

由(3.417)有滤波误差 $\tilde{x}(t+1|t+1)=x(t+1)-\hat{x}(t+1|t+1)$ 与预报误差 $\tilde{x}(t+1|t)$，则有关系

$$\tilde{x}(t+1|t+1)=-K_f(t+1)\varepsilon(t+1)+\tilde{x}(t+1|t) \tag{3.419}$$

利用 $\tilde{x}(t+1|t+1)$ 与 $\varepsilon(t+1)$ 有正交性引出

$$\begin{aligned}P(t+1|t+1)=&P(t+1|t)-P(t+1|t)H^{\mathrm{T}}(t+1)\times\\&[H(t+1)P(t+1|t)H^{\mathrm{T}}(t+1)+\\&Q_v(t+1)]^{-1}H(t+1)P(t+1|t)\end{aligned} \tag{3.420}$$

或

$$P(t+1|t+1)=P(t+1|t)-P(t+1|t)H^{\mathrm{T}}(t+1)Q_{\varepsilon}^{-1}(t+1)H(t+1)P(t+1|t) \tag{3.421}$$

或

$$P(t+1|t+1)=[I_n-K_f(t+1)H(t+1)]P(t+1|t) \tag{3.422}$$

定理3.26 系统(3.391)和(3.392)在假设3与假设4下有最优递推Kalman滤波器

$$\hat{x}(t+1|t+1)=\hat{x}(t+1|t)+K_f(t+1)\varepsilon(t+1) \tag{3.423}$$

$$\varepsilon(t+1)=y(t+1)-H(t+1)\hat{x}(t+1|t) \tag{3.424}$$

$$K_f(t+1)=P(t+1|t)H^{\mathrm{T}}(t+1)\left[H(t+1)P(t+1|t)H^{\mathrm{T}}(t+1)+Q_v(t+1)\right]^{-1} \tag{3.425}$$

$$P(t+1|t+1)=\left[I_n-K_f(t+1)H(t+1)\right]P(t+1|t) \tag{3.426}$$

其中$\hat{x}(t+1|t)$,$P(t+1|t)$由定理3.25计算。

以下定理的推导完全类似于带不相关噪声系统的推导,故除了定理3.29,证明从略。

定理3.27 带相关噪声系统(3.391)和(3.392)在假设3与假设4下有超前N步Kalman预报器

$$\hat{x}(t+N|t)=\Phi(t+N,t+1)\hat{x}(t+1|t),N>1 \tag{3.427}$$

其中定义$\Phi(t+N,t)=\Phi(t+N-1)\cdots\Phi(t)$,$\Phi(t+N,t+N)=I_n$,且预报误差方差阵为

$$\begin{aligned}P(t+N|t)=&\Phi(t+N,t+1)P(t+1|t)\Phi^{\mathrm{T}}(t+N,t+1)+\\&\sum_{j=2}^{N}\Phi(t+N,t+j)\Gamma(t+j-1)Q(t+j-1)\times\\&\Gamma^{\mathrm{T}}(t+j-1)\Phi^{\mathrm{T}}(t+N,t+j)\end{aligned} \tag{3.428}$$

定理3.28 带相关噪声系统(3.391)和(3.392)在假设3与假设4下,最优Kalman滤波器($N=0$)和平滑器($N>0$)为

$$\hat{x}(t|t+N)=\hat{x}(t+1|t)+\sum_{j=0}^{N}K(t|t+j)\varepsilon(t+j) \tag{3.429}$$

且滤波和平滑误差方差为

$$P(t|t+N)=P(t|t-1)-\sum_{j=0}^{N}K(t|t+j)Q_\varepsilon(t+j)K^{\mathrm{T}}(t|t+j) \tag{3.430}$$

其中平滑增益为

$$K(t|t+j)=P(t|t-1)\left\{\prod_{i=0}^{j-1}\Psi_p^{\mathrm{T}}(t+i)\right\}H^{\mathrm{T}}(t+j)Q_\varepsilon^{-1}(t+j),j\geqslant 1 \tag{3.431}$$

其中定义

$$\prod_{i=0}^{j-1}\Psi_p^{\mathrm{T}}(t+i)=\Psi_p^{\mathrm{T}}(t)\Psi_p^{\mathrm{T}}(t+1)\cdots\Psi_p^{\mathrm{T}}(t+j-1) \tag{3.432}$$

$$K(t|t)=K_f(t)=P(t|t-1)H^{\mathrm{T}}(t)Q_\varepsilon^{-1}(t) \tag{3.433}$$

其中$K_f(t)$由(3.418)计算。

定理3.29[45] 在定理3.28条件下,稳态最优Kalman滤波器($N=0$)和平滑器($N>0$)有误差方差阵

$$\begin{aligned}P(t|t+N)=&\Psi_N(t)P(t|t-1)\Psi_N^{\mathrm{T}}(t)+\\&\sum_{\rho=0}^{N}\left[K_\rho^{Nw}(t),K_\rho^{Nv}(t)\right]\begin{bmatrix}Q_w(t)&S(t)\\S^{\mathrm{T}}(t)&Q_v(t)\end{bmatrix}\begin{bmatrix}K_\rho^{Nw\mathrm{T}}(t)\\K_\rho^{Nv\mathrm{T}}(t)\end{bmatrix}\end{aligned} \tag{3.434}$$

其中定义

$$\Psi_N(t) = I_n - \sum_{k=0}^{N} K(t \mid t+k) H(t+k) \Psi_p(t+k,t) \tag{3.435}$$

$$K_\rho^{Nw}(t) = -\sum_{k=\rho+1}^{N} K(t \mid t+k) H(t+k) \Psi_p(t+k,t+\rho+1) \Gamma(t+\rho),$$
$$\rho = 0,\cdots,N-1, K_N^{Nw}(t) = 0, \rho = N; K_0^{0w}(t) = 0, N = 0 \tag{3.436}$$

$$K_\rho^{Nv}(t) = \sum_{k=\rho+1}^{N} K(t \mid t+k) H(t+k) \Psi_p(t+k,t+\rho+1) K_p(t+\rho) - K(t \mid t+\rho),$$
$$\rho = 0,\cdots,N-1, K_N^{Nv}(t) = -K(t \mid t+N); K_0^{0v}(t) = -K(t \mid t) = -K_f(t), N = 0 \tag{3.437}$$

特别地,对 $N = 0$,我们有

$$P(t \mid t) = [I_n - K(t)H(t)] P(t \mid t-1) [I_n - K(t)H(t)]^{\mathrm{T}} + K_f(t) Q_v(t) K_f^{\mathrm{T}}(t) \tag{3.438}$$

证明　由(3.429)知估值误差 $\tilde{x}(t \mid t+N) = x(t) - \hat{x}(t \mid t+N)$ 为

$$\tilde{x}(t \mid t+N) = \tilde{x}(t \mid t-1) - \sum_{j=0}^{N} K(t \mid t+j) \varepsilon(t+j) \tag{3.439}$$

由(3.396)有

$$\varepsilon(t+j) = H(t+j) \tilde{x}(t+j \mid t+j-1) + v(t+j) \tag{3.440}$$

由(3.402)置 $t = t+j$ 迭代,应用公式(3.59)可得

$$\tilde{x}(t+j \mid t+j-1) = \Psi_p(t+j,t) \tilde{x}(t \mid t-1) + \sum_{\rho=1}^{j} \Psi_p(t+j,t+\rho) \times$$
$$[\Gamma(t+\rho-1), -K_p(t+\rho-1)] \begin{bmatrix} w(t+\rho) \\ v(t+\rho) \end{bmatrix} \tag{3.441}$$

将(3.441)代入(3.440),再将(3.440)代入(3.439),合并同类项后可得

$$\tilde{x}(t \mid t+N) = \Psi_N(t) \tilde{x}(t \mid t-1) + \sum_{\rho=0}^{N} [K_\rho^{Nw}(t), K_\rho^{Nv}(t)] \begin{bmatrix} w(t+\rho) \\ v(t+\rho) \end{bmatrix} \tag{3.442}$$

其中 $K_\rho^{Nw}(t)$,$K_\rho^{Nv}(t)$ 和 $\Psi_N(t)$ 由(3.435)—(3.437)计算。

由(3.442)直接得出(3.434)。证毕。

定理3.30　带相关噪声系统(3.391)和(3.392)在假设3与假设4下,最优白噪声反卷积估值器为

$$\hat{w}(t \mid t+N) = \sum_{j=0}^{N} M(t \mid t+j) \varepsilon(t+j), N \geqslant 0 \tag{3.443}$$

其中定义

$$M(t \mid t) = S(t) Q_\varepsilon^{-1}(t) \tag{3.444}$$

$$M(t \mid t+1) = D(t) H^{\mathrm{T}}(t+1) Q_\varepsilon^{-1}(t) \tag{3.445}$$

$$M(t \mid t+j) = D(t) \left\{ \prod_{k=1}^{j-1} \Psi_p^{\mathrm{T}}(t+k) \right\} H^{\mathrm{T}}(t+j) Q_\varepsilon^{-1}(t+j), j \geqslant 1 \tag{3.446}$$

$$D(t) = Q(t) \Gamma^{\mathrm{T}}(t) - S(t) K_p^{\mathrm{T}}(t) \tag{3.447}$$

相应的估值误差方差阵为

$$P_w(t \mid t+N) = Q(t) - \sum_{j=0}^{N} M(t \mid t+j) Q_\varepsilon(t) M^{\mathrm{T}}(t \mid t+j) \tag{3.448}$$

另一种估值误差方差阵公式为

$$P_w(t \mid t+N) = \Psi_N^w(t) P(t \mid t-1) \Psi_N^{w\mathrm{T}}(t) + \sum_{\rho=0}^{N} [M_\rho^{Nw}(t), M_\rho^{Nv}(t)] \times \begin{bmatrix} Q(t+\rho) & S(t+\rho) \\ S^{\mathrm{T}}(t+\rho) & Q_v(t+\rho) \end{bmatrix} \begin{bmatrix} M_\rho^{Nw\mathrm{T}}(t) \\ M_\rho^{Nv\mathrm{T}}(t) \end{bmatrix}, N > 0 \tag{3.449}$$

对 $N = 0$,由(3.444) 和(3.448) 有

$$P_w(t \mid t) = Q(t) - S(t) Q_\varepsilon^{-1}(t) S^{\mathrm{T}}(t) \tag{3.450}$$

在(3.449) 中我们定义

$$\Psi_N^w(t) = -\sum_{k=0}^{N} M(t \mid t+k) H(t+k) \Psi_p(t+k, t) \tag{3.451}$$

$$M_\rho^{Nw}(t) = -\sum_{k=\rho+1}^{N} M(t \mid t+k) H(t+k) \Psi_p(t+k, t+\rho+1) \Gamma(t+\rho), \quad \rho = 0, \cdots, N-1, M_N^{Nw}(t) = 0 \tag{3.452}$$

$$M_0^{Nw}(t) = I_r - \sum_{k=1}^{N} M(t \mid t+k) H(t+k) \Psi_p(t+k, t+1) \Gamma(t) \tag{3.453}$$

$$M_\rho^{Nv}(t) = \sum_{k=\rho+1}^{N} M(t \mid t+k) H(t+k) \Psi_p(t+k, t+\rho+1) K_p(t+\rho) - M(t \mid t+\rho), \quad \rho = 0, \cdots, N-1, M_N^{Nv}(t) = -M(t \mid t+N) \tag{3.454}$$

定理3.31 对于带相关噪声定常系统(3.391) 和(3.392),其中 $\Phi(t) = \Phi, \Gamma(t) = \Gamma$, $H(t) = H, Q_w(t) = Q_w, Q_v(t) = Q_v, S(t) = S$ 均为常阵,在假设3 与假设4 下,再假设(Φ, H)是能检测的,$(\bar{\Phi}, \Gamma\bar{Q}_w)$ 是能稳的,其中 $\bar{\Phi} = \Phi - \Gamma S Q_v^{-1} H, Q_w - S Q_v^{-1} S^{\mathrm{T}} = \bar{Q}_w \bar{Q}_w^{\mathrm{T}}$,则存在稳态 Kalman 预报器[4]

$$\hat{x}(t+1 \mid t) = \Psi_p \hat{x}(t \mid t-1) + K_p y(t) \tag{3.455}$$

$$\Psi_p = \Phi - K_p H \tag{3.456}$$

$$K_p = (\Phi \Sigma H^{\mathrm{T}} + \Gamma S)(H \Sigma H^{\mathrm{T}} + Q_v)^{-1} \tag{3.457}$$

预报误差方差阵 Σ 满足稳态 Riccati 方程

$$\Sigma = \Phi \Sigma \Phi^{\mathrm{T}} - (\Phi \Sigma H^{\mathrm{T}} + \Gamma S)(H \Sigma H^{\mathrm{T}} + Q_v)^{-1} (\Phi \Sigma H^{\mathrm{T}} + \Gamma S)^{\mathrm{T}} + \Gamma Q_w \Gamma^{\mathrm{T}} \tag{3.458}$$

且也满足稳态 Lyapunov 方程

$$\Sigma = \Psi_p \Sigma \Psi_p^{\mathrm{T}} + [\Gamma, -K_p] \begin{bmatrix} Q_w & S \\ S^{\mathrm{T}} & Q_v \end{bmatrix} \begin{bmatrix} \Gamma^{\mathrm{T}} \\ -K_p^{\mathrm{T}} \end{bmatrix} \tag{3.459}$$

定理3.32 在定理3.31 条件下,超前 N 步稳态 Kalman 预报器为

$$\hat{x}(t+N \mid t) = \Phi^{N-1} \hat{x}(t+1 \mid t), N \geqslant 2 \tag{3.460}$$

相应的预报误差方差阵为

$$\Sigma(N) = \Phi^{N-1} \Sigma (\Phi^{N-1})^{\mathrm{T}} + \sum_{j=2}^{N} \Phi^{N-j} \Gamma Q_w \Gamma^{\mathrm{T}} (\Phi^{N-j})^{\mathrm{T}}, N \geqslant 2 \tag{3.461}$$

其中定义 $\Sigma = \Sigma(1)$。

定理3.33 在定理3.31 条件下,稳态 Kalman 滤波器($N = 0$) 和平滑器($N > 0$) 为

$$\hat{x}(t \mid t+N)=\hat{x}(t+1 \mid t)+\sum_{j=0}^{N} K(j) \varepsilon(t+j) \tag{3.462}$$

相应的稳态误差方差阵为

$$P(N)=\Sigma-\sum_{j=0}^{N} K(j) Q_{\varepsilon} K^{\mathrm{T}}(j), N \geqslant 0 \tag{3.463}$$

$$K(j)=\Sigma \Psi_{p}^{j\mathrm{T}} H^{\mathrm{T}} Q_{\varepsilon}^{-1}, K(0)=\Sigma H^{\mathrm{T}} Q_{\varepsilon}^{-1}=K_{f} \tag{3.464}$$

$$\Psi_{p}=\Phi-K_{p} H \tag{3.465}$$

$$Q_{\varepsilon}=H \Sigma H^{\mathrm{T}}+Q_{v} \tag{3.466}$$

$$\varepsilon(t)=y(t)-H \hat{x}(t \mid t-1) \tag{3.467}$$

定理3.34[45] 在定理3.31条件下,稳态Kalman滤波器和平滑器误差方差阵的另一种新公式为

$$P(N)=\Psi_{N} \Sigma \Psi_{N}^{\mathrm{T}}+\sum_{\rho=0}^{N}\left[K_{\rho}^{Nw}, K_{\rho}^{Nv}\right]\begin{bmatrix} Q_{w} & S \\ S^{\mathrm{T}} & Q_{v} \end{bmatrix}\begin{bmatrix} K_{\rho}^{Nw\mathrm{T}} \\ K_{\rho}^{Nv\mathrm{T}} \end{bmatrix}, N>0 \tag{3.468}$$

其中定义

$$\Psi_{N}=I_{n}-\sum_{k=0}^{N} K(k) H \Psi_{p}^{k} \tag{3.469}$$

$$K_{\rho}^{Nw}=-\sum_{k=\rho+1}^{N} K(k) H \Psi_{p}^{k-\rho-1} \Gamma, \rho=0, \cdots, N-1, K_{N}^{Nw}=0 \tag{3.470}$$

$$K_{\rho}^{Nv}=\sum_{k=\rho+1}^{N} K(k) H \Psi_{p}^{k-\rho-1} K_{p}-K(\rho), \rho=0, \cdots, N-1, K_{N}^{Nv}=-K(N) \tag{3.471}$$

对 $N=0$ 有

$$P(0)=\left[I_{n}-K_{f} H\right] \Sigma\left[I_{n}-K_{f} H\right]^{\mathrm{T}}+K_{f} Q_{v} K_{f}^{\mathrm{T}} \tag{3.472}$$

定理3.35[45] 在定理3.31条件下,稳态最优白噪声反卷积估值器为

$$\hat{w}(t \mid t+N)=\sum_{j=0}^{N} M(j) \varepsilon(j), N \geqslant 0 \tag{3.473}$$

其中定义

$$M(0)=S Q_{\varepsilon}^{-1} \tag{3.474}$$

$$M(j)=D \Psi_{p}^{(j-1)\mathrm{T}} H^{\mathrm{T}} Q_{\varepsilon}^{-1} \tag{3.475}$$

$$D=Q_{w} \Gamma^{\mathrm{T}}-S K_{p}^{\mathrm{T}} \tag{3.476}$$

相应的误差方差阵为

$$P_{w}(N)=Q_{w}-\sum_{j=0}^{N} M(j) Q_{\varepsilon} M^{\mathrm{T}}(j), N \geqslant 0 \tag{3.477}$$

$P_{w}(N)$ 的另一种公式为

$$P_{w}(N)=\Psi_{N}^{w} \Sigma \Psi_{N}^{w\mathrm{T}}+\sum_{\rho=0}^{N}\left[M_{\rho}^{Nw}, M_{\rho}^{Nv}\right]\begin{bmatrix} Q_{w} & S \\ S^{\mathrm{T}} & Q_{v} \end{bmatrix}\begin{bmatrix} M_{\rho}^{Nw\mathrm{T}} \\ M_{\rho}^{Nv\mathrm{T}} \end{bmatrix}, N>0 \tag{3.478}$$

$$P_{w}(0)=Q_{w}-S Q_{\varepsilon}^{-1} S^{\mathrm{T}}, N=0 \tag{3.479}$$

其中定义

$$\Psi_{N}^{w}=-\sum_{j=0}^{N} M(j) H \Psi_{p}^{j} \tag{3.480}$$

$$M_\rho^{Nw}=I_r\delta_{\rho 0}-\sum_{j=\rho+1}^{N}M(j)H\Psi_p^{j-\rho-1}\Gamma,$$

$$\rho=0,\cdots,N-1, M_N^{Nw}=0, \delta_{00}=1, \delta_{\rho 0}=0(\rho\neq 0) \tag{3.481}$$

$$M_\rho^{Nv}=\sum_{j=\rho+1}^{N}K(j)H\Psi_p^{j-\rho-1}K_p-M(\rho), \rho=0,\cdots,N-1, M_N^{Nv}=-M(N) \tag{3.482}$$

参考文献

[1] WIENER N. Extrapolation, Interpolation, and Smoothing of Stationary Time Series[M]. Cambridge: M. I. T. Press, 1949.

[2] KOLMOGOROV A N. Interpolation und Extrapolation von stationary zufallige folgen[J]. Bull. Acad. Sci. U. S. S. R., Ser. Math., 1994, 5:3-14.

[3] KALMAN R E. A New Approach to Linear Filtering and Prediction Problems[J]. ASME Journal of Basic Engineering, 1960, 82D: 35-45.

[4] ANDERSON B D O, MOORE J B. Optimal Filtering[M]. New Jersey: Prentice Hall, 1999.

[5] MEHRA R K. On the Identification of Variances and Adaptive Kalman Filtering[J]. IEEE Transactions on Automatic Control, 1970, 15(2):175-184.

[6] LEWIS F L, XIE L H, POPA D. Optimal and Robust Estimation[M]. 2nd ed. New York: CRC Press, 2008.

[7] QI W J, ZHANG P, DENG Z L. Robust Weighted Fusion Kalman Filters for Multisensor Time-varying Systems with Uncertain Noise Variances[J]. Signal Processing, 2014, 99: 185-200.

[8] LIGGINS M E, HALL D L, LLINAS H. Handbook of Multisensor Data Fusion: Theory and Practice[M]. 2nd ed. New York: CRC Press, 2009.

[9] MENDEL J M. Optimal Seismic Deconvolution: An Estimation-based Approach[M]. New York:Academic Press, 1983.

[10] MENDEL J M. Minimum-variance Deconvolution[J]. IEEE Transactions on Geoscience and Remote Sensing, 1981, 19(3):161-171.

[11] 邓自立. 时变系统的统一和通用的最优白噪声估值器[J]. 控制理论与应用, 2003, 20(1):143-146.

[12] 邓自立. 卡尔曼滤波与维纳滤波——现代时间序列分析方法[M]. 哈尔滨: 哈尔滨工业大学出版社, 2001.

[13] 邓自立. 最优滤波理论及其应用——现代时间序列分析方法[M]. 哈尔滨: 哈尔滨工业大学出版社, 2000.

[14] DENG Z L, SUN S L. Wiener State Estimators Based on Kalman Filtering[J]. Acta Automatic Sinica, 2004, 30(1): 116-120.

[15] 邓自立, 孙书利. 基于 Kalman 滤波的带相关噪声系统统一的 Wiener 状态估值器[J]. 控制理论与应用, 2003, 20(4):573-576.

[16] 王惠南. GPS 导航原理与应用[M]. 北京: 科学出版社, 2006.
[17] 常青, 相东凯,寇艳红, 等. 车辆导航定位方法及应用[M]. 北京: 机械工业出版社, 2005.
[18] 邓自立. 自校正滤波理论及其应用[M]. 哈尔滨: 哈尔滨工业大学出版社, 2003.
[19] 徐守涛. 随机信号估计与系统控制[M]. 北京: 北京工业大学出版社, 2001.
[20] 付梦印, 邓志红, 张继伟. Kalman 滤波及其在导航系统中的应用[M]. 北京: 科学出版社, 2003.
[21] MENDEL J M. White Noise Estimators for Seismic Data Processing in Oil Exploration[J]. IEEE Transactions on Automatic Control, 1977, 25(5):694-706.
[22] DENG Z L, XU Y. White Noise Estimation Theory Based on Kalman Filtering[J]. Acta Automatic Sinica, 2003, 29(1): 23-31.
[23] 邓自立. 时变系统的统一和通用的最优白噪声估值器[J]. 控制理论与应用, 2003, 20(1):143-146.
[24] LEWIS F L. Optimal Estimation[M]. New York: John Wiley & Sons, Inc., 1986.
[25] KAMEN E W, SU J K. Introduction to Optimal Estimation[J]. London: Springer-Verlag, 1987.
[26] 韩京清, 何关钰, 许可康. 线性系统理论代数基础[M]. 沈阳: 辽宁科学技术出版社, 1985.
[27] CHUI C K, CHEN G. Kalman Filtering with Real-time Applications[M]. Berlin: Springer-verlag, 1987.
[28] FAHMY M M, REILLY J O. Observers for Descriptor System[J]. International Journal of Control, 1989, 49(6):2013-2028.
[29] 韩崇昭, 朱洪艳, 段战胜. 多源信息融合[M]. 北京: 清华大学出版社, 2006.
[30] 程云鹏. 矩阵论[M]. 西安: 西北工业大学出版社, 2001.
[31] 邓自立. 时域 Wiener 状态滤波新方法[J]. 控制理论与应用, 2004, 21(3): 367-372.
[32] 邓自立, 高媛, 王好谦. 基于Kalman滤波的统一的Wiener状态滤波器[J]. 控制理论与应用, 2004, 21(6):1003-1006.
[33] 邓自立, 齐文娟, 张鹏. 鲁棒融合卡尔曼滤波理论及应用[M]. 哈尔滨: 哈尔滨工业大学出版社, 2016.
[34] AHLEN A, STERNAD M. Wiener Filter Design Using Polynomial Equations[J]. IEEE Transactions on Signal Processing, 1991, 39(11):2387-2399.
[35] JAZWINSKI A H. Stochastic Processes and Filtering Theory[M]. New York: Academic Press, Inc., 1970.
[36] 中国科学院数学研究所概率组. 离散事件系统滤波的数学方法[M]. 北京: 国防工业出版社, 1975.
[37] DENG Z L, ZHANG H S, LIU S J, et al. Optimal and Self-tuning White Noise Estimators with Applications to Deconvolution and Filtering Problems[J]. Automatica, 1996, 32(2):199-216.

[38] 戴华. 矩阵论[M]. 北京: 科学出版社, 2001.
[39] DENG Z L, LI C B. Self-tuning Information Fusion Kalman Predictor Weighted by Diagonal Matrices and Its Convergence Analysis[J]. Acta Automatica Sinica, 2007, 33(2):156-163.
[40] 邓自立. 信息融合估计理论及应用[M]. 北京: 科学出版社, 2012.
[41] 邓自立. 信息融合滤波理论及应用[M]. 哈尔滨: 哈尔滨工业大学出版社, 2007.
[42] DENG Z L, GAO Y, LI C B, et al. Self-tuning Decoupled Information Fusion Wiener State Component Filters and Their Convergence[J]. Automatica, 2008, 44(3): 685-695.
[43] RAN C J, TAO G L, LIU J F, et al. Self-tuning Decoupled Fusion Kalman Predictor and Its Convergence Analysis[J]. IEEE Sensors Journal, 2012, 9(12):2024-2032.
[44] CADZOW J A, MARTENS H R, BARKELEW C H. Discrete-time and Computer Control Systems[M]. New Jersey: Prentice-Hall, Inc. , 1970.
[45] SUN X J, GAO Y, DENG Z L, et al. Multi-model Information Fusion Kalman Filtering and White Noise Deconvolution[J]. Information Fusion, 2010, 11(2): 163-173.

第4章　鲁棒融合 Kalman 滤波新方法和关键技术

本章首先介绍由邓自立等新近于2014年在文献[1-3]中提出的仅带不确定噪声方差系统的基于 Lyapunov 方程方法的极大极小鲁棒融合 Kalman 滤波方法,它不同于现有文献[4]中的博弈论方法和文献[5]中的多项式方法。

其次介绍由邓自立等在文献[2,3,6-9]中提出的改进的 CI 融合鲁棒 Kalman 滤波方法,克服了原始 CI 融合方法的缺点和局限性[10],提出了用 Lyapunov 方程方法设计局部极大极小鲁棒 Kalman 估值器,给出了实际局部估值误差方差最小上界;提出了改进的 CI 融合器,提高了原始 CI 融合器的鲁棒精度,给出了实际 CI 融合误差方差最小上界,克服了原始 CI 融合器给出的上界具有较大保守性的缺点;提出了序贯 CI 融合器(SCI)[7],它由递推的一系列两传感器 CI 融合器组成,可显著减小计算和通信负担;提出了改进的 SCI 融合器;提出了并行 CI 融合器(PCI 融合器)和改进的 PCI 融合器[6]。基于协方差椭圆的概念给出了相应结果的几何解释。这些新结果已构成通用的 CI 融合鲁棒 Kalman 滤波理论。

再次介绍由邓自立等近三年来在文献[13-23]中提出的基于虚拟噪声技术和广义 Lyapunov 方程的极大极小鲁棒融合 Kalman 滤波方法,它可有效地解决带乘性噪声、丢失观测、观测滞后、丢包、不确定噪声方差等多种不确定性构成的混合不确定网络化系统鲁棒融合 Kalman 滤波问题,已成为鲁棒融合滤波的一种重要的和通用的方法论。它克服了在文献[1-3]中的 Lyapunov 方程方法仅适用于不确定噪声方差系统的局限性。

最后介绍实现上述新方法完成本书提出的鲁棒融合 Kalman 滤波理论的一些关键技术。其中包括基于鲁棒 Kalman 预报器设计滤波器和平滑器的统一的设计鲁棒 Kalman 估值器的技术;稳态鲁棒 Kalman 估值器的直接和间接实现技术;鲁棒性分析的半正定矩阵分解技术和初等变换技术;证明三种收敛性模态的基于 DESA 方法和 DVESA 方法的按实现收敛性分析技术;用相关方法辨识不确定噪声方差最小上界的新息检验技术;基于鲁棒精度(总体精度)和实际精度概念的鲁棒估值器精度分析技术等 13 项关键技术。

4.1　基于 Lyapunov 方程方法的极大极小鲁棒融合 Kalman 滤波方法

人们处理不确定系统估计问题时,要求(希望)对所有容许(可能)的情形,做到“万无一失”地实现预期目标(性能指标)。为此,一种重要的策略是考虑在极大风险(最坏、最恶劣)情形下,如何最好地实现预期目标。这就是极大极小鲁棒估计方法的原理。例如,对于带不确定噪声方差的随机系统而言,最坏情形系统就是带噪声方差已知保守上界的保守系统,即带极大值噪声方差的保守系统,最好地实现预期目标就是优化最坏情形系统估值器的性能,设计最小方差估值器,得到极小值估计误差方差。用 Lyapunov 方程方法可证明:这种最坏情形下的最小方差估值器的方差恰好就是对所有容许情形下的实际估值误差方差的最小上界。简言之,极大极小鲁棒估计方法就是对最坏情形保守系统设计最小方差估值器,即对“极大”风险情形设计“极小”方差估值器。

为简单计,本节考虑带不确定噪声方差的多传感器定常系统的局部和融合鲁棒 Kalman 预报问题,我们将详细阐述基于 Lyapunov 方程方法的极大极小鲁棒 Kalman 滤波方法的原理、思想、概念和算法。

考虑带不确定噪声方差的多传感器定常系统

$$x(t+1) = \Phi x(t) + \Gamma w(t) \tag{4.1}$$

$$y_i(t) = H_i x(t) + v_i(t), i = 1, \cdots, L \tag{4.2}$$

其中 $x(t) \in R^n$ 为系统状态,$w(t) \in R^r$ 为过程噪声,$y_i(t) \in R^{m_i}$ 为第 i 个子系统的观测,$v_i(t) \in R^{m_i}$ 为观测噪声,Φ,Γ 和 H_i 是已知的适当维数矩阵,L 为传感器个数。

假设 1 $w(t)$ 和 $v_i(t)$ 是零均值、不确定实际(真实)方差分别为 $\bar{Q}$ 和 $\bar{R}_i$ 的互不相关白噪声,但已知它们的保守上界 Q 和 R_i,即

$$\bar{Q} \leqslant Q, \bar{R}_i \leqslant R_i, i = 1, \cdots, L \tag{4.3}$$

假设 2 (Φ, H_i) 是完全可观对,(Φ, Γ) 为完全可控对,或 Φ 是稳定矩阵。

问题是基于实际局部观测 $y_i(t)(i = 1, \cdots, L)$ 设计局部或融合鲁棒 Kalman 预报器。

定义 4.1 带噪声方差保守上界 Q 和 $R_i(i = 1, \cdots, L)$ 的系统(4.1)和(4.2)被称为最坏情形(最大或极大噪声方差)保守系统,其状态 $x(t)$ 和观测 $y_i(t)$ 分别被称为保守状态和保守观测,保守观测 $y_i(t)$ 是不可利用的(未知的),理论上它由最坏情形系统模型生成。带实际噪声方差 $\bar{Q}$ 和 $\bar{R}_i(i=1, \cdots, L)$ 的系统(4.1)和(4.2)被称为实际系统,其状态和观测分别被称为实际状态和实际观测,实际观测 $y_i(t)$ 是由实际系统模型生成的,它可通过传感器观测直接得到,是已知的。通常,由于保守系统是虚拟的、可能发生的系统,而不是实际发生的系统,因此保守观测不能通过传感器观测直接得到,是不可利用的。

定义 4.2 满足(4.3)的第 i 个子系统的所有容许的实际噪声方差 $u = (\bar{Q}, \bar{R}_i)$ 的集合定义为

$$\mathfrak{N}^{(i)} = \{u \mid \bar{Q} \leqslant Q, \bar{R}_i \leqslant R_i\} \tag{4.4}$$

相应的所有容许的子系统模型 $M_u^{(i)}$ 的集合定义为

$$\mathfrak{M}^{(i)} = \{M_u^{(i)} \mid u \in \mathfrak{N}^{(i)}\} \tag{4.5}$$

相应的所有容许的实际估值误差方差 $\bar{P}_u^{(i)}$ 的集合定义为

$$\mathfrak{P}^{(i)} = \{\bar{P}_u^{(i)} \mid M_u^{(i)} \in \mathfrak{M}^{(i)}\} \tag{4.6}$$

上述三个集合有因果关系:由集合 $\mathfrak{N}^{(i)}$ 规定了集合 $\mathfrak{M}^{(i)}$,进一步引出集合 $\mathfrak{P}^{(i)}$。因为对每组容许的实际噪声方差 $u = (\bar{Q}, \bar{R}_i)$ 就规定(产生)了一个相应的容许的系统模型 $M_u^{(i)}$,进而基于这个模型就可得到相应的实际估值误差方差 $\bar{P}_u^{(i)}$。

定义 4.3 第 i 个不确定子系统(4.1)和(4.2)的鲁棒 Kalman 估值器定义为具有如下性能的估值器:对所有满足式(4.3)的容许的实际噪声方差 $u = (\bar{Q}, \bar{R}_i) \in \mathfrak{N}^{(i)}$,相应的实际估值误差方差 $\bar{P}_u^{(i)}$ 有共同的最小上界 $P^{(i)}$,即

$$\bar{P}_u^{(i)} \leqslant P^{(i)}, \forall u \in \mathfrak{N}^{(i)} \tag{4.7}$$

或等价地,对子系统模型集 $\mathfrak{M}^{(i)}$ 的所有模型集 $M_u^{(i)}$,相应的实际估值误差方差 $\bar{P}_u^{(i)} \in \mathfrak{P}^{(i)}$

有公共的最小上界 $P^{(i)}$，即

$$\bar{P}_u^{(i)} \leqslant P^{(i)}, \forall M_u^{(i)} \in \mathfrak{M}^{(i)} \tag{4.8}$$

或等价地，实际估值误差方差的集合中的所有成员 $\bar{P}_u^{(i)}$ 有公共的最小上界 $P^{(i)}$，即

$$\bar{P}_u^{(i)} \leqslant P^{(i)}, \forall \bar{P}_u^{(i)} \in \mathfrak{P}^{(i)} \tag{4.9}$$

定义 4.4 定义估值误差方差阵的迹为估值器的精度指标，较小的迹意味着较高的精度。对式(4.7)取矩阵迹运算引出精度关系 $\mathrm{tr}\bar{P}_u^{(i)} \leqslant \mathrm{tr}P^{(i)}$。我们定义 $\mathrm{tr}P^{(i)}$ 为估值器的鲁棒精度（总体精度），且定义 $\mathrm{tr}\bar{P}_u^{(i)}$ 为估值器的实际精度[1-3]。这意味着实际精度高于相应的鲁棒精度，且鲁棒精度是最坏或最低的实际精度。

4.1.1 鲁棒局部稳态 Kalman 预报器

根据极大极小鲁棒估计原理，考虑带噪声方差保守上界 Q 和 R_i 的最坏情形子系统(4.1)和(4.2)，由定理3.14和定理3.31，有保守的最优（最小方差）局部稳态 Kalman 预报器

$$\hat{x}_i(t+1 \mid t) = \Psi_{pi}\hat{x}_i(t \mid t-1) + K_{pi}y_i(t), i=1,\cdots,L \tag{4.10}$$

$$\Psi_{pi} = \Phi - K_{pi}H_i, K_{pi} = \Phi P_i H_i^{\mathrm{T}}(H_i P_i H_i^{\mathrm{T}} + R_i)^{-1} \tag{4.11}$$

其中，Ψ_{pi} 是稳定矩阵，保守预报误差方差 P_i 满足 Riccati 方程

$$P_i = \Phi[P_i - P_i H_i^{\mathrm{T}}(H_i P_i H_i^{\mathrm{T}} + R_i)^{-1}H_i P_i]\Phi^{\mathrm{T}} + \Gamma Q \Gamma^{\mathrm{T}} \tag{4.12}$$

它也满足保守的 Lyapunov 方程

$$P_i = \Psi_{pi}P_i\Psi_{pi}^{\mathrm{T}} + \Gamma Q \Gamma^{\mathrm{T}} + K_{pi}R_i K_{pi}^{\mathrm{T}} \tag{4.13}$$

由定义4.1，在式(4.10)中保守观测 $y_i(t)$ 是不可用的（未知的），故用实际观测 $y_i(t)$ 代替保守观测就得到实际局部 Kalman 预报器，它是可以实现的。

现在我们来求实际局部 Kalman 预报器(4.10)的实际误差方差及其性质。实际预报误差为 $\tilde{x}_i(t+1 \mid t) = x(t+1) - \hat{x}_i(t+1 \mid t)$，其中 $x(t+1)$ 是带实际噪声方差 $\bar{Q}$ 和 $\bar{R}_i$ 的实际系统的实际状态，$\hat{x}_i(t+1 \mid t)$ 是带实际观测 $y_i(t)$ 的实际局部 Kalman 预报器(4.10)。应用式(4.1)、式(4.2)和式(4.10)有

$$\begin{aligned}\tilde{x}_i(t+1 \mid t) = {} & \Phi x(t) + \Gamma w(t) - \Psi_{pi}(t)\hat{x}_i(t \mid t-1) - K_{pi}(t)y_i(t) = \\ & \Phi x(t) + \Gamma w(t) - (\Phi - K_{pi}H_i)\hat{x}_i(t \mid t-1) - K_{pi}[H_i x(t) + v_i(t)] = \\ & \Phi\tilde{x}_i(t \mid t-1) - K_{pi}H_i\tilde{x}_i(t \mid t-1) + \Gamma w(t) - K_{pi}v_i(t) = \\ & [\Phi - K_{pi}H_i]\tilde{x}_i(t \mid t-1) + \Gamma w(t) - K_{pi}v_i(t) = \\ & \Psi_{pi}\tilde{x}_i(t \mid t-1) + \Gamma w(t) - K_{pi}v_i(t)\end{aligned} \tag{4.14}$$

即实际局部预报误差系统为

$$\tilde{x}_i(t+1 \mid t) = \Psi_{pi}\tilde{x}_i(t \mid t-1) + \Gamma w(t) - K_{pi}v_i(t), i=1,\cdots,L \tag{4.15}$$

这引出稳态实际预报误差方差阵满足 Lyapunov 方程

$$\bar{P}_i = \Psi_{pi}\bar{P}_i\Psi_{pi}^{\mathrm{T}} + \Gamma\bar{Q}\Gamma^{\mathrm{T}} + K_{pi}\bar{R}_i K_{pi}^{\mathrm{T}} \tag{4.16}$$

类似容易证明保守预报误差也满足式(4.15)，于是有保守局部预报误差方差 P_i 满足式(4.13)。应强调指出，$\bar{P}_i$ 和 P_i 分别满足具有相同结构的 Lyapunov 方程。

由式(4.15)引出保守和实际局部稳态预报误差互协方差阵 $\mathrm{E}[\tilde{x}_i(t+1 \mid t)\tilde{x}_j^{\mathrm{T}}(t+1 \mid t)]$ 分别满足具有相同结构的 Lyapunov 方程

$$P_{ij} = \Psi_{pi} P_{ij} \Psi_{pij}^{\mathrm{T}} + \Gamma Q \Gamma^{\mathrm{T}} + K_{pi} R_{ij} K_{pj}^{\mathrm{T}} \tag{4.17}$$

$$\bar{P}_{ij} = \Psi_{pi} \bar{P}_{ij} \Psi_{pij}^{\mathrm{T}} + \Gamma \bar{Q} \Gamma^{\mathrm{T}} + K_{pi} \bar{R}_{ij} K_{pj}^{\mathrm{T}} \tag{4.18}$$

其中定义 $P_{ii} = P_i, \bar{P}_{ii} = \bar{P}_i, R_{ii} = R_i, R_{ij} = 0(i \neq j)$。$R_{ij}$ 为 $v_i(t)$ 与 $v_j(t)$ 的互协方差。

为了证明鲁棒性,我们需要如下引理:

引理 4.1[11] 考虑带输入 U 的 Lyapunov 方程

$$P = \Psi P \Psi^{\mathrm{T}} + U \tag{4.19}$$

其中 P, Ψ, U 为 $n \times n$ 矩阵,Ψ 为稳定矩阵(它的所有特征值位于单位圆内)。若 $U \geqslant 0$ 或 $U > 0$,则存在唯一的对称矩阵 P 满足(4.19),$P \geqslant 0$ 或 $P > 0$。若 $U = 0$,则存在唯一解 $P = 0$。

引理 4.2[11] 考虑 Lyapunov 方程

$$P = \Psi_1 P \Psi_2^{\mathrm{T}} + U \tag{4.20}$$

其中 P, Ψ_1, Ψ_2, U 为 $n \times n$ 矩阵,Ψ_1 和 Ψ_2 为稳定矩阵,则存在唯一解 P。特别地,若 $U = 0$,则 $P = 0$。

我们用 Lyapunov 方程方法证明如下鲁棒性定理:

定理 4.1 带不确定噪声方差系统(4.1)和(4.2)在假设 1 与假设 2 下,实际局部稳态 Kalman 预报器(4.10)是鲁棒的,即对所有满足式(4.3)的容许的实际噪声方差,相应的实际局部预报误差阵 $\bar{P}_i$ 有最小上界 P_i,即

$$\bar{P}_i \leqslant P_i, i = 1, \cdots, L \tag{4.21}$$

证明 定义 $\Delta P_i = P_i - \bar{P}_i, \Delta Q = Q - \bar{Q}, \Delta R_i = R_i - \bar{R}_i$,由式(4.13)和式(4.16)相减引出 ΔP_i 满足 Lyapunov 方程

$$\Delta P_i = \Psi_{pi} \Delta P_i \Psi_{pi}^{\mathrm{T}} + \Gamma \Delta Q \Gamma^{\mathrm{T}} + K_{pi} \Delta R_i K_{pi}^{\mathrm{T}} \tag{4.22}$$

由式(4.3)引出 $\Delta Q \geqslant 0, \Delta R_i \geqslant 0$,故 $\Gamma \Delta Q \Gamma^{\mathrm{T}} \geqslant 0, K_{pi} \Delta R_i K_{pi}^{\mathrm{T}} \geqslant 0$。因为 Ψ_{pi} 是稳定矩阵,对式(4.22)应用引理 4.1 有 $\Delta P_i \geqslant 0$,即 $\bar{P}_i \leqslant P_i$。这证明了 P_i 是 $\bar{P}_i$ 的上界。取 $\bar{Q} = Q$,$\bar{R}_i = R_i$,则它们满足式(4.3),且 $\Delta Q = 0, \Delta R_i = 0$。对式(4.22)应用引理 4.1 有 $\Delta P_i = 0$,即 $\bar{P}_i = P_i$。若 P_i^* 是 $\bar{P}_i$ 的任意一个上界,则有 $P_i = \bar{P}_i \leqslant P_i^*$,这意味着 P_i 是 $\bar{P}_i$ 的最小上界。证毕。

我们称实际局部稳态 Kalman 预报器(4.10)为鲁棒局部稳态 Kalman 预报器。

注 4.1 定理 4.1 表明:鲁棒性的证明转化为一个 Lyapunov 方程的解的半正定性问题,进一步由输入的半正定性引出解的半正定性。

注 4.2 对带不确定噪声方差的多传感器系统(4.1)和(4.2),有集中式观测融合系统

$$x(t+1) = \Phi x(t) + \Gamma w(t)$$

$$y_0(t) = H_0 x(t) + v_0(t)$$

$$y_0(t) = [y_1^{\mathrm{T}}(t), \cdots, y_L^{\mathrm{T}}(t)]^{\mathrm{T}}, H_0 = [H_1^{\mathrm{T}}, \cdots, H_L^{\mathrm{T}}]^{\mathrm{T}}, v_0(t) = [v_1^{\mathrm{T}}(t), \cdots, v_L^{\mathrm{T}}(t)]^{\mathrm{T}}$$

在假设 1 与假设 2 下,完全平行于定理 4.1 的推导可得到集中式融合鲁棒稳态 Kalman 预报器 $\hat{x}_0(t+1|t)$ 及其保守和实际预报误差方差 P_0 和 $\bar{P}_0$,使对所有容许的不确定噪声方差,相应的实际预报误差方差 $\bar{P}_0$ 有最小上界 P_0,即 $\bar{P}_0 \leqslant P_0$。详细推导从略。

4.1.2 鲁棒加权状态融合稳态 Kalman 预报器

定理 4.2 带不确定噪声方差系统(4.1)和(4.2)在假设 1 与假设 2 下,按矩阵、标

量、对角阵加权的三种加权状态融合实际稳态 Kalman 预报器有统一形式

$$\hat{x}_\theta(t+1 \mid t)=\sum_{i=1}^{L} \Omega_i^\theta \hat{x}_i(t+1 \mid t), \theta=m, s, d \tag{4.23}$$

其中，$\hat{x}_i(t+1 \mid t)$ 为实际局部鲁棒 Kalman 预报器，且无偏性约束为

$$\sum_{i=1}^{L} \Omega_i^\theta=I_n \tag{4.24}$$

应用定理2.12至定理2.14有：

最优矩阵权为[9]

$$\Omega_m=\left[\Omega_1^m, \cdots, \Omega_L^m\right]=\left(e^{\mathrm{T}} P^{-1} e\right)^{-1} e^{\mathrm{T}} P^{-1} \tag{4.25}$$

$$e=\left[I_n, \cdots, I_n\right]^{\mathrm{T}}, P=\left(P_{ij}\right)_{nL \times nL}=\begin{bmatrix} P_{11} & \cdots & P_{1L} \\ \vdots & & \vdots \\ P_{L1} & \cdots & P_{LL} \end{bmatrix} \tag{4.26}$$

其中 P 称为总体保守预报误差方差阵。保守融合预报误差方差阵为

$$P_m=\left(e^{\mathrm{T}} P^{-1} e\right)^{-1} \tag{4.27}$$

最优标量加权系数为

$$\Omega_s=\left[\Omega_1^s, \cdots, \Omega_L^s\right], \Omega_i^s=\omega_i I_n \tag{4.28}$$

$$\left[\omega_1, \cdots, \omega_L\right]=\left(e^{\mathrm{T}} P_{\mathrm{tr}}^{-1} e\right)^{-1} e^{\mathrm{T}} P_{\mathrm{tr}}^{-1} \tag{4.29}$$

$$e=[1, \cdots, 1]^{\mathrm{T}}, P_{\mathrm{tr}}=\left(\operatorname{tr} P_{ij}\right)_{L \times L} \tag{4.30}$$

保守融合预报误差方差阵为

$$P_s=\sum_{i=1}^{L} \sum_{j=1}^{L} \omega_i \omega_j P_{ij} \tag{4.31}$$

最优对角阵权系数[9]为

$$\Omega_d=\left[\Omega_1^d, \cdots, \Omega_L^d\right], \Omega_i^d=\operatorname{diag}\left(\omega_{i1}, \cdots, \omega_{in}\right) \tag{4.32}$$

$$\left[\omega_{1i}, \cdots, \omega_{Li}\right]=\left(e^{\mathrm{T}}\left(P^{ii}\right)^{-1} e\right)^{-1} e^{\mathrm{T}}\left(P^{ii}\right)^{-1}, i=1, \cdots, n \tag{4.33}$$

$$e=[1, \cdots, 1]^{\mathrm{T}}, P^{ii}=\left(P_{sk}^{ii}\right)_{L \times L}, s, k=1, \cdots, L \tag{4.34}$$

其中 P_{sk}^{ii} 为 P_{sk} 的第(i,i)对角阵元素。

保守融合预报误差方差阵为

$$P_d=\sum_{i=1}^{L} \sum_{j=1}^{L} \Omega_i^d P_{ij} \Omega_j^{d\mathrm{T}} \tag{4.35}$$

上述三种保守和实际融合预报误差方差的统一形式为

$$P_\theta=\Omega_\theta P \Omega_\theta^{\mathrm{T}}, \theta=m, s, d \tag{4.36}$$

$$\bar{P}_\theta=\Omega_\theta \bar{P} \Omega_\theta^{\mathrm{T}}, \theta=m, s, d \tag{4.37}$$

其中定义总体实际预报误差方差阵为

$$\bar{P}=\left(\bar{P}_{ij}\right)_{nL \times nL}=\begin{bmatrix} \bar{P}_{11} & \cdots & \bar{P}_{1L} \\ \vdots & & \vdots \\ \bar{P}_{L1} & \cdots & \bar{P}_{LL} \end{bmatrix} \tag{4.38}$$

实际加权状态融合稳态Kalman预报器(4.23)是鲁棒的，即对所有满足(4.3)的容许的实际噪声方差，相应的实际融合预报误差 $\bar{P}_\theta$ 有最小上界 P_θ，即

$$\bar{P}_\theta \leqslant P_\theta, \theta = m, s, d \tag{4.39}$$

证明 由第2章2.4节可得三种加权融合最优加权阵和保守融合预报误差方差阵(4.25)—(4.35)。应用无偏性约束(4.24)有

$$x(t+1) = \sum_{i=1}^{L} \Omega_i^\theta x(t+1) \tag{4.40}$$

将它与式(4.23)相减引出融合预报误差

$$\tilde{x}_\theta(t+1 \mid t) = \sum_{i=1}^{L} \Omega_i^\theta \tilde{x}_i(t+1 \mid t) \tag{4.41}$$

这引出保守和实际融合预报误差方差 P_θ 和 $\bar{P}_\theta$ 分别为

$$P_\theta = \sum_{i=1}^{L} \sum_{j=1}^{L} \Omega_i^\theta P_{ij}(N) \Omega_i^{\theta\mathrm{T}} \tag{4.42}$$

$$\bar{P}_\theta = \sum_{i=1}^{L} \sum_{j=1}^{L} \Omega_i^\theta \bar{P}_{ij}(N) \Omega_i^{\theta\mathrm{T}} \tag{4.43}$$

这引出式(4.36)和式(4.37)成立。

记 $\Delta P_\theta = P_\theta - \bar{P}_\theta, \Delta P = P - \bar{P}$，由式(4.36)减去式(4.37)有

$$\Delta P_\theta = \Omega_\theta \Delta P \Omega_\theta^\mathrm{T} \tag{4.44}$$

由式(4.44)看到：要证明 $\Delta P_\theta \geqslant 0$，只需证明 $\Delta P \geqslant 0$。为此，由式(4.17)和式(4.18)有总体 Lyapunov 方程

$$P = \Psi_a P \Psi_a^\mathrm{T} + \Gamma_a Q_a \Gamma_a^\mathrm{T} + K_a R_a K_a^\mathrm{T} \tag{4.45}$$

$$\bar{P} = \Psi_a \bar{P} \Psi_a^\mathrm{T} + \Gamma_a \bar{Q}_a \Gamma_a^\mathrm{T} + K_a \bar{R}_a K_a^\mathrm{T} \tag{4.46}$$

其中 P 和 $\bar{P}$ 的定义由式(4.26)和式(4.38)给出，且定义

$$\Psi_a = \mathrm{diag}(\Psi_{p1}, \cdots, \Psi_{pL})$$

$$\Gamma_a = \mathrm{diag}(\Gamma, \cdots, \Gamma)$$

$$K_a = \mathrm{diag}(K_{p1}, \cdots, K_{pL})$$

$$Q_a = \begin{bmatrix} Q & \cdots & Q \\ \vdots & & \vdots \\ Q & \cdots & Q \end{bmatrix}, R_a = \mathrm{diag}(R_1, \cdots, R_L)$$

$$\bar{Q}_a = \begin{bmatrix} \bar{Q} & \cdots & \bar{Q} \\ \vdots & & \vdots \\ \bar{Q} & \cdots & \bar{Q} \end{bmatrix}, \bar{R}_a = \mathrm{diag}(\bar{R}_1, \cdots, \bar{R}_L) \tag{4.47}$$

将式(4.45)与式(4.46)相减引出 Lyapunov 方程

$$\Delta P = \Psi_a \Delta P \Psi_a^\mathrm{T} + \Gamma_a \Delta Q_a \Gamma_a^\mathrm{T} + K_a \Delta R_a K_a^\mathrm{T} \tag{4.48}$$

其中定义 $\Delta Q_a = Q_a - \bar{Q}_a, \Delta R_a = R_a - \bar{R}_a$。由式(4.3)引出 $\Delta Q_a \geqslant 0, \Delta R_a \geqslant 0$，于是有 $\Gamma_a \Delta Q_a \Gamma_a^\mathrm{T} \geqslant 0, K_a \Delta R_a K_a^\mathrm{T} \geqslant 0$。注意由 Ψ_{pi} 的稳定性引出 Ψ_a 是一个稳定矩阵。对式(4.48)应用引理4.1引出 $\Delta P \geqslant 0$，于是由式(4.44)有 $\Delta P_\theta \geqslant 0$，即 $\bar{P}_\theta \leqslant P_\theta$ 成立，这意味着 P_θ 是 $\bar{P}_\theta$ 的一个上界。类似于定理4.1的证明，容易证明 P_θ 是 $\bar{P}_\theta$ 的最小上界。证毕。

我们称实际加权融合 Kalman 预报器(4.23)为鲁棒加权融合 Kalman 预报器。

推论4.1 在定理4.2条件下，三种实际融合预报误差方差阵分别为

$$\bar{P}_m = (e^\mathrm{T} P^{-1} e)^{-1} e^\mathrm{T} P^{-1} \bar{P} P^{-1} e \, (e^\mathrm{T} P^{-1} e)^{-1} \tag{4.49}$$

$$\bar{P}_s = \sum_{i=1}^{L} \sum_{j=1}^{L} \omega_i \omega_j \bar{P}_{ij} \tag{4.50}$$

$$\bar{P}_d = \sum_{i=1}^{L} \sum_{j=1}^{L} \Omega_i^d \bar{P}_{ij} \Omega_j^{d\mathrm{T}} \tag{4.51}$$

定理 4.3 带不确定噪声方差系统(4.1)和(4.2)在假设 1 与假设 2 下,局部集中式和加权融合稳态 Kalman 预报器有矩阵不等式精度关系

$$P_0 \leqslant P_m, P_m \leqslant P_s, P_m \leqslant P_d, P_m \leqslant P_i, i = 1, \cdots, L \tag{4.52}$$

$$\bar{P}_\theta \leqslant P_\theta, \theta = 0, 1, \cdots, L, m, s, d \tag{4.53}$$

且有矩阵迹不等式精度关系

$$\mathrm{tr}P_m \leqslant \mathrm{tr}P_\theta, \theta = 1, \cdots, L, s, d \tag{4.54}$$

$$\mathrm{tr}\bar{P}_\theta \leqslant \mathrm{tr}P_\theta, \theta = 0, 1, \cdots, L, m, s, d \tag{4.55}$$

$$\mathrm{tr}P_0 \leqslant \mathrm{tr}P_m \leqslant \mathrm{tr}P_d \leqslant \mathrm{tr}P_s \leqslant \mathrm{tr}P_i, i = 1, \cdots, L \tag{4.56}$$

证明 应用定理 2.12—2.14 及式(4.21)和式(4.39)直接引出式(4.52)—(4.56)。其中集中式与矩阵加权融合预报器精度关系 $P_0 \leqslant P_m$ 的证明见文献[8]。证毕。

注 4.3 基于 Lyapunov 方程方法的极大极小鲁棒 Kalman 滤波方法的原理、要点、特点总结如下:

(1) 对不确定系统极大极小鲁棒 Kalman 滤波方法的基本原理是:对最坏情形保守系统(带噪声方差保守上界的系统)设计最小方差意义下的保守最优局部和融合估值器。它们是不可实现的,因为其中含有不可利用的保守系统的观测。

(2) 在保守最小方差局部和融合估值器中,分别用实际观测代替不可利用的保守观测,就得到相应的可实现的保守的最优实际局部和融合估值器,可证明它们就是相应的局部和融合鲁棒估值器。

(3) 保守最小方差局部和融合估值器的方差恰好是相应的所有容许的实际局部和融合估值器的误差方差的最小上界。

(4) 用所提出的 Lyapunov 方程方法,可将局部和融合估值器的鲁棒性证明问题分别归结为相应的 Lyapunov 方程解的半正定性问题。

(5) 由鲁棒性定义式(4.8),带不确定噪声方差子系统的鲁棒 Kalman 估值器(4.10)是一个固定的估值器,即它的参数阵(Ψ_{pi}, K_{pi})只与已知的噪声方差保守上界 Q 和 R_i 有关,而与不确定实际噪声方差 $\bar{Q}$ 和 $\bar{R}_i$ 无关。它适用于模型族 $\mathfrak{M}^{(i)}$,它的输入是 $\mathfrak{M}^{(i)}$ 中每个模型 $M_u^{(i)}$ 的实际观测 $y_i(t)$,它保证相应的实际估值误差方差 $\bar{P}_u^{(i)}$ 有最小上界 $P^{(i)}$,即 $\bar{P}^{(i)} \leqslant P^{(i)}, \forall M_u^{(i)} \in \mathfrak{M}^{(i)}$。

注意,本节以设计鲁棒局部和融合 Kalman 预报器为例来阐述基于 Lyapunov 方程的极大极小鲁棒 Kalman 滤波方法的原理,该方法也适用于设计局部和融合鲁棒 Kalman 滤波器和平滑器[1,3,13-17]。

4.1.3 仿真应用例子

例 4.1 考虑带不确定噪声方差的两传感器跟踪系统

$$x(t+1) = \Phi x(t) + \Gamma w(t) \tag{4.57}$$

$$y_i(t) = H_i x(t) + v_i(t), i = 1, 2 \tag{4.58}$$

$$\Phi = \begin{bmatrix} 1 & T_0 \\ 0 & 1 \end{bmatrix}, \Gamma = \begin{bmatrix} 0.5T_0^2 \\ T_0 \end{bmatrix}, H_1 = [1, 0], H_2 = I_2 \tag{4.59}$$

其中 T_0 为采样周期，$x(t) = [x_1(t), x_2(t)]^{\mathrm{T}}$，$x_1(t)$，$x_2(t)$ 和 $w(t)$ 分别为在采样时刻 tT_0 处运动目标的位置、速度和加速度。在仿真中取 $T_0 = 0.25$，噪声方差保守上界 $Q = 2, R_1 = 1, R_2 = (16, 0.64)$。任意 10 组满足式(4.3) 的容许的实际噪声方差

$$\bar{Q}^{(k)} = 0.1kQ, k = 1, 2, \cdots, 10, \bar{Q}^{(10)} = Q \tag{4.60}$$

$$\bar{R}_i^{(k)} = 0.1kR_i, k = 1, 2, \cdots, 10, i = 1, 2; \bar{R}_i^{(10)} = R_i \tag{4.61}$$

则 $\bar{Q}^{(k)}$ 和 $\bar{R}_i^{(k)}$ 单调增加，即

$$\bar{Q}^{(1)} < \bar{Q}^{(2)} < \cdots < \bar{Q}^{(9)} < \bar{Q}^{(10)} = Q$$

$$\bar{R}_i^{(1)} < \bar{R}_i^{(2)} < \cdots < \bar{R}_i^{(9)} < \bar{R}_i^{(10)} = R_i, i = 1, 2 \tag{4.62}$$

则应用式(4.13)、式(4.16)、式(4.17) 和式(4.18) 容易证明：相应于容许的实际噪声方差$(\bar{Q}^{(k)}, \bar{R}_i^{(k)})$ 的实际子系统(4.57) 和(4.58) 的实际预报误差方差 $\bar{P}_i^{(k)}(i = 1, 2)$ 和实际互协方差 $\bar{P}_{12}^{(k)}$ 与保守子系统的保守方差 P_i 和互协方差 P_{12} 有关系

$$\bar{P}_i^{(k)} = 0.1kP_i, i = 1, 2, k = 1, 2, \cdots, 10; \bar{P}_i^{(10)} = P_i$$

$$\bar{P}_{12}^{(k)} = 0.1kP_{12}, k = 1, 2, \cdots, 10; \bar{P}_{12}^{(10)} = P_{12}, i = 1, 2 \tag{4.63}$$

这引出 $\bar{P}_i^{(k)}$ 单调增加关系

$$\bar{P}_i^{(1)} < \bar{P}_i^{(2)} < \cdots < \bar{P}_i^{(9)} < \bar{P}_i^{(10)} = P_i \tag{4.64}$$

应用式(4.36)，按矩阵加权保守融合误差方差阵为

$$P_m = \Omega_m \begin{bmatrix} P_1 & P_{12} \\ P_{12}^{\mathrm{T}} & P_2 \end{bmatrix} \Omega_m^{\mathrm{T}} \tag{4.65}$$

应用式(4.37) 和式(4.63)，按矩阵加权实际融合误差方差阵为

$$\bar{P}_m^{(k)} = \Omega_m \begin{bmatrix} P_1^{(k)} & P_{12}^{(k)} \\ P_{12}^{(k)\mathrm{T}} & P_2^{(k)} \end{bmatrix} \Omega_m^{\mathrm{T}} = 0.1k\Omega_m \begin{bmatrix} P_1 & P_{12} \\ P_{12}^{\mathrm{T}} & P_2 \end{bmatrix} \Omega_m^{\mathrm{T}} = 0.1kP_m \tag{4.66}$$

即

$$\bar{P}_m^{(k)} = 0.1kP_m, k = 1, 2, \cdots, 10; \bar{P}_m^{(10)} = P_m \tag{4.67}$$

类似地，可得按标量加权和按对角阵加权保守和实际融合误差方差公式为

$$P_s = \Omega_s \begin{bmatrix} P_1 & P_{12} \\ P_{12}^{\mathrm{T}} & P_2 \end{bmatrix} \Omega_s^{\mathrm{T}}, P_d = \Omega_d \begin{bmatrix} P_1 & P_{12} \\ P_{12}^{\mathrm{T}} & P_2 \end{bmatrix} \Omega_d^{\mathrm{T}} \tag{4.68}$$

$$\bar{P}_s^{(k)} = 0.1kP_s, \bar{P}_d^{(k)} = 0.1kP_d, k = 1, 2, \cdots, 10, \bar{P}_s^{(10)} = P_s, \bar{P}_d^{(10)} = P_d \tag{4.69}$$

这引出单调增加关系

$$\bar{P}_\theta^{(1)} < \bar{P}_\theta^{(2)} < \cdots < \bar{P}_\theta^{(9)} < \bar{P}_\theta^{(10)} = P_\theta, \theta = m, s, d \tag{4.70}$$

仿真计算结果如下：

$$P_1 = \begin{bmatrix} 0.5215 & 0.4361 \\ 0.4361 & 0.6604 \end{bmatrix}, P_2 = \begin{bmatrix} 0.8372 & 0.1872 \\ 0.1872 & 0.3507 \end{bmatrix}, P_{12} = \begin{bmatrix} 0.0291 & 0.1028 \\ 0.0565 & 0.2994 \end{bmatrix}$$

由式(4.63) 可计算 $\bar{P}_i^{(k)}$ 和 $\bar{P}_{12}^{(k)}$，进一步由式(4.66)—(4.69) 可计算 P_m, P_s, P_d 及 $\bar{P}_m^{(k)}, \bar{P}_s^{(k)}, \bar{P}_d^{(k)}$。我们有

$$P_m = \begin{bmatrix} 0.2344 & 0.1483 \\ 0.1483 & 0.3434 \end{bmatrix}, P_s = \begin{bmatrix} 0.3537 & 0.1961 \\ 0.1961 & 0.4030 \end{bmatrix}$$

$$P_d = \begin{bmatrix} 0.3351 & 0.1544 \\ 0.1544 & 0.3443 \end{bmatrix}, P_0 = \begin{bmatrix} 0.2164 & 0.1504 \\ 0.1504 & 0.3374 \end{bmatrix} \tag{4.71}$$

利用上述计算结果可直接验证精度关系式(4.52)成立。应用式(4.64)、式(4.67)—(4.69)我们有精度关系

$$\bar{P}_\theta^{(k)} \leqslant P_\theta, \theta = 0,1,\cdots,L,m,s,d,k = 1,2,\cdots,10 \tag{4.72}$$

这验证了鲁棒性(4.53),即对所有容许的实际噪声方差,相应的实际预报误差方差均满足式(4.53)。在本例中我们任意取10组容许的实际噪声方差,均有式(4.53)成立,且P_θ是相应的$\bar{P}_\theta^{(k)}(k=1,2,\cdots,10)$的最小上界,这是因为$\bar{P}_\theta^{(10)} = P_\theta(\theta=0,1,2,m,s,d)$。经计算有

$$\mathrm{tr}P_1 = 1.1819, \mathrm{tr}P_2 = 1.1879$$

$$\mathrm{tr}P_0 = 0.5538, \mathrm{tr}P_m = 0.5778, \mathrm{tr}P_d = 0.6794, \mathrm{tr}P_s = 0.7567 \tag{4.73}$$

这引出了鲁棒精度关系

$$\mathrm{tr}P_0 \leqslant \mathrm{tr}P_m \leqslant \mathrm{tr}P_d \leqslant \mathrm{tr}P_s \leqslant \mathrm{tr}P_i, i = 1,2 \tag{4.74}$$

它验证了鲁棒精度关系式(4.56)。

4.2 改进的协方差交叉(CI)融合鲁棒 Kalman 滤波方法

"协方差交叉"这一术语源于估值误差方差阵的几何解释——协方差椭球(三维空间)或协方差椭圆(二维平面)。原始CI融合方法是在1997年由Julier和Uhlmann[10]提出的。该方法可处理不确定协方差多传感器系统鲁棒融合估计问题。所谓不确定协方差系统是指带不确定噪声统计(即不确定噪声方差和互协方差)多传感器系统。由于噪声统计是不确定的,因而导致实际局部状态估值误差方差和互协方差也是不确定的。原始CI融合方法假设已知实际局部估值及其误差方差保守上界,用凸组合方法给出了实际融合估值误差方差的一个保守上界,避免了互协方差信息。原始CI融合方法的优点是避免了互协方差的计算,但它有三个缺点和局限性:

(1)没有解决如何求实际局部状态估值及其误差保守上界问题。

(2)由于它仅应用了局部估值误差方差保守上界的信息,而忽略了互协方差的信息,因而所给出的实际CI融合估值误差方差保守上界有较大的保守性。这导致它的鲁棒精度较低。

(3)原始CI融合算法是批处理算法,当传感器个数较大时,计算凸组合最优加权系数要求较大的计算负担和通信负担。

本节介绍由邓自立等在文献[2,3,6-9]中提出的通用的CI融合鲁棒Kalman滤波方法,它克服了原始CI融合方法的上述三个缺点和局限性,构成了通用的和新颖的CI融合鲁棒Kalman滤波理论。

4.2.1 协方差椭圆及其性质

定义4.5[6] 对一个$n \times n$对称正定方差阵P,它的协方差椭球$\Re_P$定义为欧氏空间R^n中的区域(点集),即

$$\Re_P = \{u : u^{\mathrm{T}} P^{-1} u \leqslant c, \forall u = (u_1,\cdots,u_n)^{\mathrm{T}} \in R^n\} \tag{4.75}$$

其中符号 ∀ 表示“任意”，$c > 0$ 是常数，称为函数 $f(u) = u^{\mathrm{T}}P^{-1}u$ 的等值线常数，它表征了椭球的大小或尺度，不失一般性，通常 $c = 1$。注意 $u^{\mathrm{T}}P^{-1}u$ 是二次型，对 $n = 2$，$\mathfrak{R}_P$ 表示平面上的椭圆，对 $n = 3$，$\mathfrak{R}_P$ 表示三维空间中的椭球。

定理 4.4 若随机向量 $x \in R^n$ 的两个无偏估值 $\hat{x}_1$ 和 $\hat{x}_2$ 的误差方差阵各为 $P_1 > 0$ 和 $P_2 > 0$，则

$$P_1 \geqslant P_2 \tag{4.76}$$

的充分必要条件是：对任意 $c > 0$，P_1 的协方差椭球包含 P_2 的协方差椭球，即

$$\mathfrak{R}_{P_1} \supset \mathfrak{R}_{P_2} \tag{4.77}$$

证明 首先证明必要性。设式(4.76)成立，任取 $u \in \mathfrak{R}_{P_2}$，对任意 $c > 0$，由协方差椭球的定义有 $u^{\mathrm{T}}P_2^{-1}u \leqslant c$，且由式(4.76)有 $P_1^{-1} \leqslant P_2^{-1}$，即 $P_1^{-1} - P_2^{-1} \leqslant 0$。因而 $u^{\mathrm{T}}(P_1^{-1} - P_2^{-1})u \leqslant 0$，即

$$u^{\mathrm{T}}P_1^{-1}u \leqslant u^{\mathrm{T}}P_2^{-1}u \tag{4.78}$$

由 $u^{\mathrm{T}}P_2^{-1}u \leqslant c$ 引出 $u^{\mathrm{T}}P_1^{-1}u \leqslant c$，从而 $u \in \mathfrak{R}_{P_1}$，即式(4.77)成立。

其次证明充分性。设对任意 $c > 0$ 有 $\mathfrak{R}_{P_1} \supset \mathfrak{R}_{P_2}$。如图 4.1，任取点 $u_A \in R^n$，且 $u_A \neq 0$，取 $c = u_A^{\mathrm{T}}P_1^{-1}u_A$，则 u_A 位于 $\mathfrak{R}_{P_1}$ 的边界椭球 $\{u: u^{\mathrm{T}}P_1^{-1}u = c, \forall u \in R^n\}$ 上。假设 $\mathfrak{R}_{P_1} \supset \mathfrak{R}_{P_2}$，引出在 R^n 中从原点 $u = 0$ 到点 u_A 的直线方向上，存在位于 $\mathfrak{R}_{P_2}$ 的边界椭球 $\{u: u^{\mathrm{T}}P_2^{-1}u = c\}$ 上的点 u_B 满足

$$u_B = \lambda u_A, 0 < \lambda \leqslant 1 \tag{4.79}$$

$$u_B^{\mathrm{T}}P_2^{-1}u_B = c \tag{4.80}$$

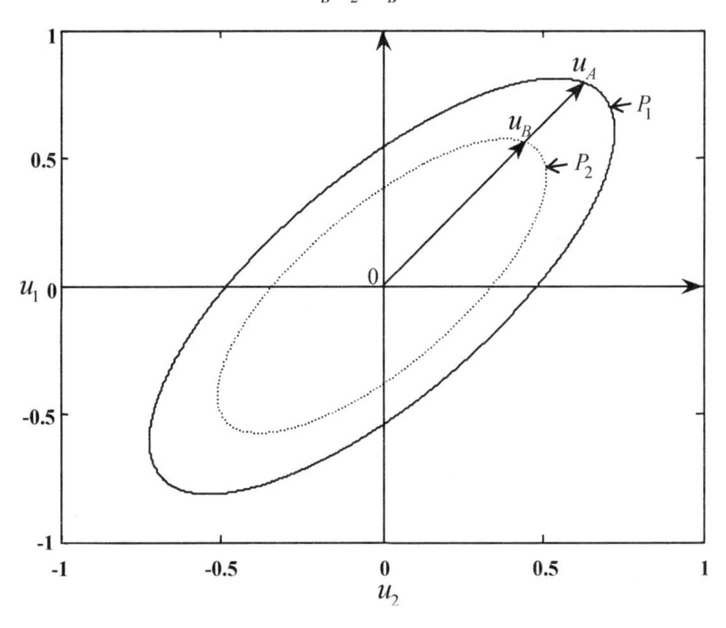

图 4.1 方差阵 P_1 和 P_2 的协方差椭圆的包含关系

将式(4.79)代入式(4.80)引出

$$\lambda^2 u_A^{\mathrm{T}}P_2^{-1}u_A = c \tag{4.81}$$

于是有

$$u_A^{\mathrm{T}}(P_2^{-1} - P_1^{-1})u_A = u_A^{\mathrm{T}}P_2^{-1}u_A - u_A^{\mathrm{T}}P_1^{-1}u_A = \left(\frac{c}{\lambda^2}\right) - c \geqslant 0 \tag{4.82}$$

由 $u_A \neq 0$ 的任意性引出 $P_2^{-1} - P_1^{-1} \geqslant 0$,即 $P_1 \geqslant P_2$。这证明了充分性。证毕。

利用协方差椭圆可以在几何上直观地描写方差阵之间的矩阵不等式精度关系。

例 4.2 继续例 4.1。任取 10 组满足式(4.3) 的不同的和容许的实际噪声方差 $(\bar{Q}^{(k)}, \bar{R}_i^{(k)})$, $k = 1,2,\cdots,10$, $i = 1,2$,相应的实际局部预报误差方差 $\bar{P}_i^{(k)}$ 与保守局部预报误差 P_i 的协方差椭圆之间的包含关系如图 4.2 和图 4.3 所示,其中虚线协方差椭圆表示实际方差 $\bar{P}_i^{(k)}$,实线协方差椭圆表示保守方差 P_i, $i = 1,2$。根据 $\bar{P}_i^{(k)}$ 的协方差椭圆之间的包含关系,由定理 4.1 引出精度关系

$$\bar{P}_i^{(1)} < \bar{P}_i^{(2)} < \cdots < \bar{P}_i^{(9)} < \bar{P}_i^{(10)} = P_i, i = 1,2 \tag{4.83}$$

这一致于图 4.2 和图 4.3 的协方差椭圆的包含关系,这也验证了局部鲁棒 Kalman 预报器的鲁棒性

$$\bar{P}_i^{(k)} \leqslant P_i, i = 1,2, k = 1,2,\cdots,10 \tag{4.84}$$

即鲁棒性(4.21) 成立,且 P_i 是 $\bar{P}_i^{(k)}$ 的最小上界。

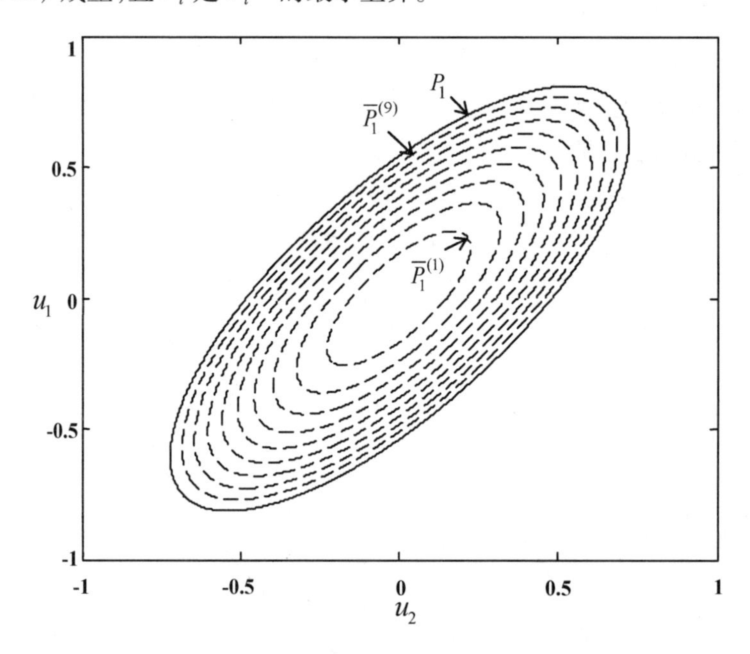

图 4.2 第 1 个局部鲁棒 Kalman 预报器的鲁棒性

由图4.2和图4.3我们也看到P_i是局部实际预报误差方差的最小上界(因为$\bar{P}_i^{(10)} = P_i$)。

注意例 4.1 中, 我们是按相同比例增加选取 10 组容许的实际噪声方差(4.60) 和 (4.61)。为了体现选择容许实际噪声方差的任意性,现在按不同比例任选四组满足式 (4.3) 的容许的实际噪声方差

$$\begin{aligned}
&\bar{Q}_1 = 0.40Q_w, \bar{R}_1^{(1)} = 0.20R_1, \bar{R}_2^{(1)} = 0.10R_2, \\
&\bar{Q}_2 = 0.26Q_w, \bar{R}_1^{(2)} = 0.35R_1, \bar{R}_2^{(2)} = 0.29R_2, \\
&\bar{Q}_3 = 0.80Q_w, \bar{R}_1^{(3)} = 0.30R_1, \bar{R}_2^{(3)} = 0.30R_2, \\
&\bar{Q}_4 = 0.10Q_w, \bar{R}_1^{(4)} = 0.70R_1, \bar{R}_2^{(4)} = 0.80R_2
\end{aligned} \tag{4.85}$$

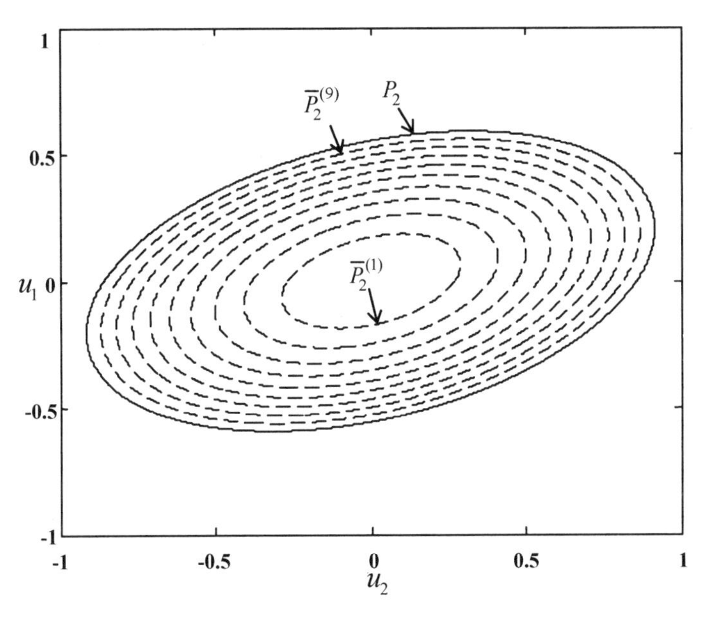

图 4.3　第 2 个局部鲁棒 Kalman 预报器的鲁棒性

图 4.4 和图 4.5 表示相应的 $\overline{P}_i^{(k)}$ 和 $P_i(i=1,2,k=1,2,3,4)$ 的协方差椭圆之间的包含关系，验证了鲁棒性(4.84)，但各 $\overline{P}_i^{(k)}(k=1,2,3,4)$ 的协方差椭圆之间没有包含关系。

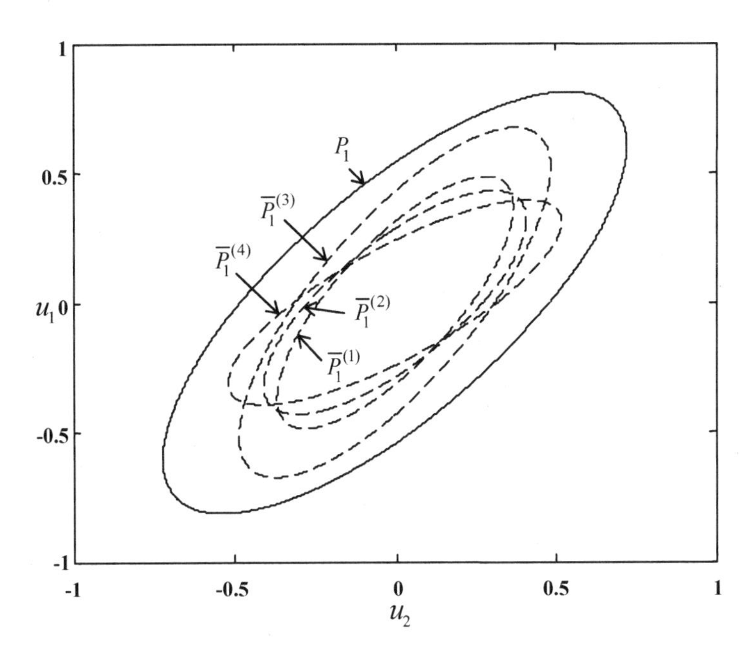

图 4.4　第 1 个局部鲁棒 Kalman 预报器的鲁棒性

下面讨论按矩阵加权鲁棒融合 Kalman 预报器的实际和保守融合误差方差 $\overline{P}_m$ 和 P_m 的几何解释。由矩阵精度关系有式(4.52)和式(4.53)，$P_m \leqslant P_i(i=1,2)$ 且 $\overline{P}_m \leqslant P_m$。这意味着 P_m 的协方差椭圆被同时包含在 P_1 和 P_2 的协方差椭圆内，因而它被包含在 P_1 和 P_2

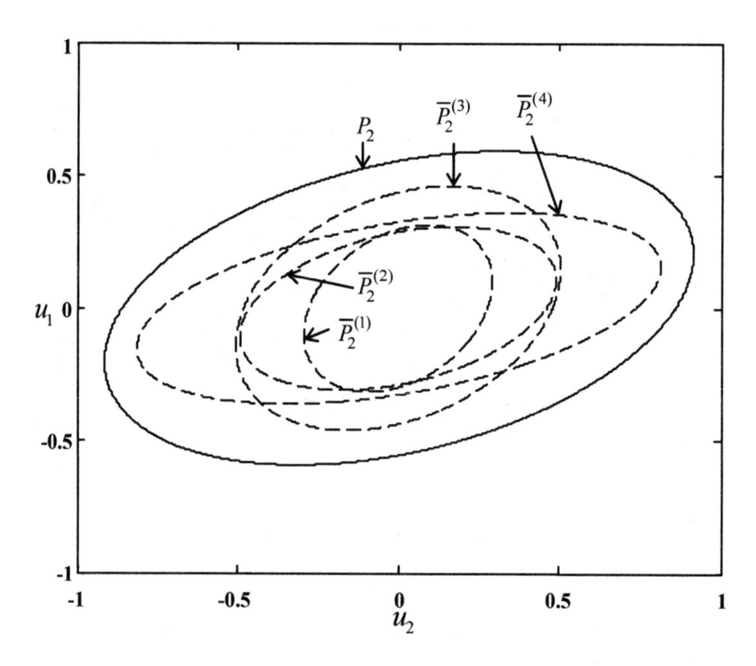

图 4.5　第 2 个局部鲁棒 Kalman 预报器的鲁棒性

的协方差椭圆的交叉域内,如图 4.6 所示。这也意味着 $\bar{P}_m$ 的协方差椭圆被包含在 P_m 的协方差椭圆内,如图 4.7 所示。我们看到所有 $\bar{P}_m^{(k)}$ 的协方差椭圆均被包含在 P_m 的协方差椭圆内,且有 $\bar{P}_m^{(10)} = P_m$,这说明 P_m 是 $\bar{P}_m^{(k)}$ 的最小上界。

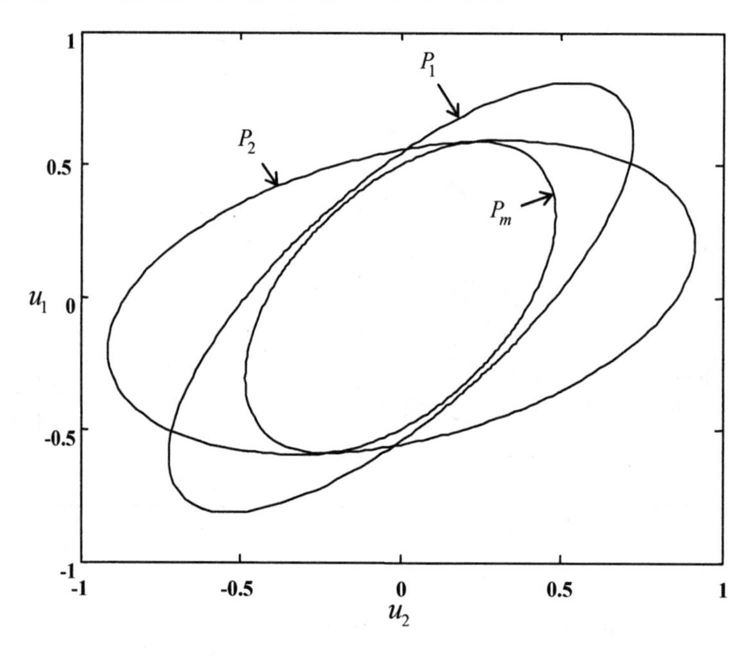

图 4.6　局部和按矩阵加权融合预报器的精度关系

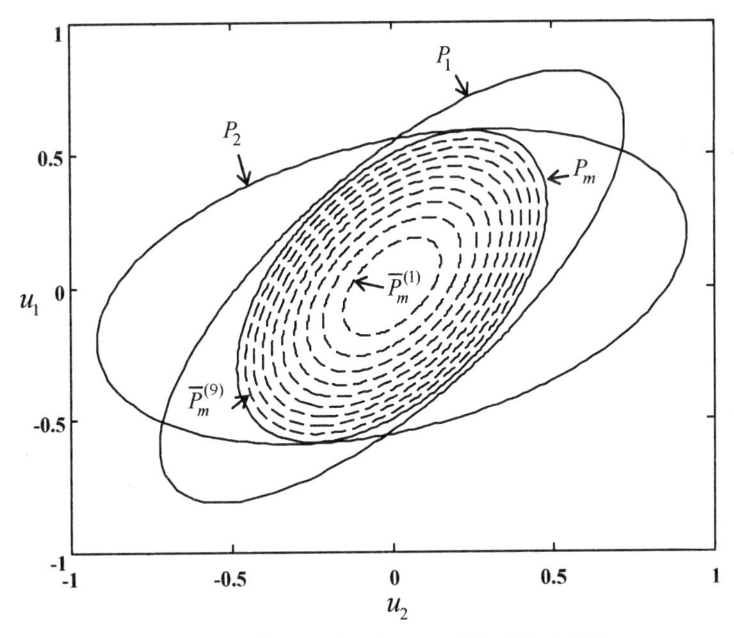

图 4.7　按矩阵加权融合 Kalman 预报器的鲁棒性

4.2.2　CI 融合估计的几何原理

由图4.6看到,按矩阵加权融合实际估值误差方差保守上界 P_m 的协方差椭圆位于 P_1 和 P_2 的协方差椭圆的交叉域内,但这个交叉域不是椭圆。但我们希望基于 P_1 和 P_2 构造紧紧包围这个交叉域的一个椭圆,它通过交叉域的 4 个交叉点。这个椭圆应该是 CI 融合估值实际误差方差 $\bar{P}_{\mathrm{CI}}$ 的保守上界 P_{CI} 的协方差椭圆,如图 4.8 所示,$\bar{P}_{\mathrm{CI}}$ 的协方差椭圆被包含在 P_{CI} 的协方差椭圆内,即 $\bar{P}_{\mathrm{CI}} \leqslant P_{\mathrm{CI}}$。

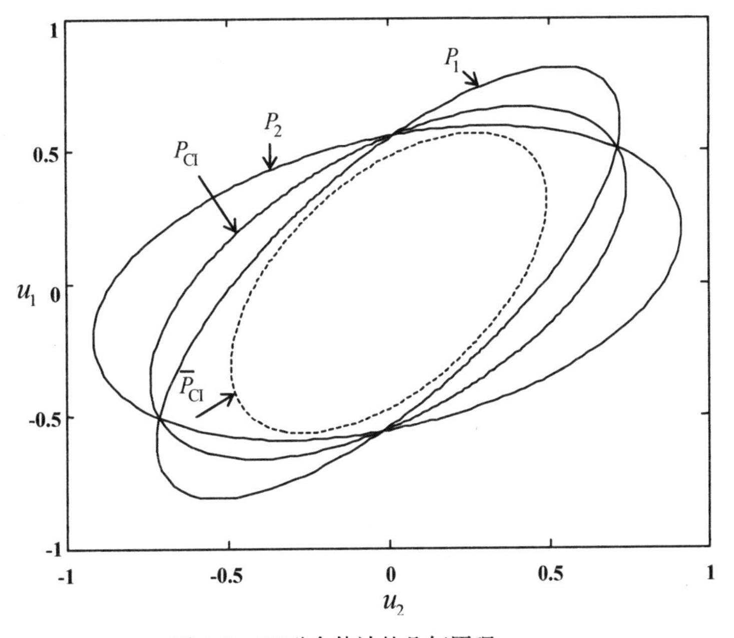

图 4.8　CI 融合估计的几何原理

4.2.3 CI 融合算法推导

设被估随机向量 $x \in R^n$ 的两个局部无偏估值 $\hat{x}_1$ 和 $\hat{x}_2$ 是已知的,但它们的实际(真实)误差方差阵 $\bar{P}_1$ 和 $\bar{P}_2$ 及互协方差 $\bar{P}_{12}$ 是不确定的、未知的。假设已知 $\bar{P}_1$ 和 $\bar{P}_2$ 的保守上界 P_1 和 P_2,即 $\bar{P}_1 \leqslant P_1, \bar{P}_2 \leqslant P_2$ 成立。这些假设可用4.1节的鲁棒 Kalman 滤波方法保证成立。

融合估值实际误差方差保守上界 P_{CI} 的逆矩阵 P_{CI}^{-1} 可用 P_1^{-1} 和 P_2^{-1} 的凸组合实现。考虑由椭圆域 $\Re_{P_1}$ 与 $\Re_{P_2}$ 的凸组合构成的区域 $\Re$ 为

$$\Re = \{u: \omega u^{\mathrm{T}} P_1^{-1} u + (1-\omega) u^{\mathrm{T}} P_2^{-1} u \leqslant 1, \forall u \in R^n\} \tag{4.86}$$

其中,$0 \leqslant \omega \leqslant 1$,则有

$$\Re \supset \Re_{P_1} \cap \Re_{P_2} \tag{4.87}$$

即 $\Re$ 包围两个协方差椭圆域 $\Re_{P_1} = \{u: u^{\mathrm{T}} P_1^{-1} u \leqslant 1, \forall u \in R^n\}$ 与 $\Re_{P_2} = \{u: u^{\mathrm{T}} P_2^{-1} u \leqslant 1, \forall u \in R^n\}$ 的交叉域。事实上,对任意 $u \in \Re_{P_1} \cap \Re_{P_2}$,则有

$$u^{\mathrm{T}} P_1^{-1} u \leqslant 1, u^{\mathrm{T}} P_2^{-1} u \leqslant 1 \tag{4.88}$$

注意 $0 \leqslant \omega \leqslant 1$,则有

$$\omega u^{\mathrm{T}} P_1^{-1} u + (1-\omega) u^{\mathrm{T}} P_2^{-1} u \leqslant \omega + (1-\omega) = 1 \tag{4.89}$$

这引出 $u \in \Re$,故式(4.87)成立。注意

$$\omega u^{\mathrm{T}} P_1^{-1} u + (1-\omega) u^{\mathrm{T}} P_2^{-1} u = u^{\mathrm{T}} [\omega P_1^{-1} + (1-\omega) P_2^{-1}] u \tag{4.90}$$

定义保守上界的逆矩阵 P_{CI}^{-1} 为 P_1^{-1} 和 P_2^{-1} 的凸组合

$$P_{\mathrm{CI}}^{-1} = \omega P_1^{-1} + (1-\omega) P_2^{-1} \tag{4.91}$$

则 $\Re$ 就是 P_{CI} 的协方差椭圆,即

$$\Re = \{u: u^{\mathrm{T}} P_{\mathrm{CI}}^{-1} u \leqslant 1, \forall u \in R^n\} \tag{4.92}$$

下面证明 P_{CI} 的协方差椭圆贴近于交叉区域,即证明它通过交叉域的4个交点。事实上,设 $u \in R^n$ 是 P_1 的边界椭圆 $\{u: u^{\mathrm{T}} P_1^{-1} u = 1\}$ 与 P_2 的边界椭圆 $\{u: u^{\mathrm{T}} P_2^{-1} u = 1\}$ 的交点,则

$$u^{\mathrm{T}} P_1^{-1} u = 1, u^{\mathrm{T}} P_2^{-1} u = 1 \tag{4.93}$$

于是有

$$\omega u^{\mathrm{T}} P_1^{-1} u + (1-\omega) u^{\mathrm{T}} P_2^{-1} u = \omega + (1-\omega) = 1 \tag{4.94}$$

应用定义式(4.91)引出

$$u^{\mathrm{T}} P_{\mathrm{CI}}^{-1} u = 1 \tag{4.95}$$

这表明 u 也是 P_{CI} 的边界椭圆 $\{u: u^{\mathrm{T}} P_{\mathrm{CI}}^{-1} u = 1\}$ 上的点。因此 P_{CI} 的边界椭圆通过交叉域的4个交点。图4.8给出了CI融合估值的几何原理,其中保守上界 P_{CI} 的协方差椭圆用实线表示,实际 CI 融合误差方差 $\bar{P}_{\mathrm{CI}}$ 的协方差椭圆用虚线表示,它被包含在 P_{CI} 协方差椭圆内。这样我们用 P_1^{-1} 和 P_2^{-1} 的凸组合构造了保守上界 P_{CI},它不需要互协方差信息。

最后我们来寻求 CI 融合估值 $\hat{x}_{\mathrm{CI}}$。

由推论2.2,基于 $x \in R^n$ 的两个无偏估值 $\hat{x}_1$ 和 $\hat{x}_2$,当 P_1 和 P_2 已知,且已知互协方差 $P_{12} = 0$ 时,则最优加权融合估值 $\hat{x}_m$ 及其融合误差方差阵 P_m 为

$$P_m^{-1} = P_1^{-1} + P_2^{-1} \tag{4.96}$$

$$P_m^{-1}\hat{x}_m = P_1^{-1}\hat{x}_1 + P_2^{-1}\hat{x}_2 \tag{4.97}$$

将式(4.96)和式(4.91)相比，若将 P_1^{-1} 和 P_2^{-1} 分别放大 ω 和 $1-\omega$ 倍，即分别取

$$\hat{P}_1^{-1} = \omega P_1^{-1}, \hat{P}_2^{-1} = (1-\omega)P_2^{-1} \tag{4.98}$$

则由式(4.91)定义的 P_{CI}^{-1} 可表为不相关估值公式(4.96)的形式

$$P_{CI}^{-1} = \hat{P}_1^{-1} + \hat{P}_2^{-1} \tag{4.99}$$

因此可按不相关估值融合公式(4.97)的形式来定义 CI 融合估值 $\hat{x}_{CI}$ 为

$$P_{CI}^{-1}\hat{x}_{CI} = \hat{P}_1^{-1}\hat{x}_1 + \hat{P}_2^{-1}\hat{x}_2 \tag{4.100}$$

将式(4.98)代入式(4.99)和式(4.100)我们得到 CI 融合算法为

$$P_{CI}^{-1} = \omega P_1^{-1} + (1-\omega)P_2^{-1} \tag{4.101}$$

$$P_{CI}^{-1}\hat{x}_{CI} = \omega P_1^{-1}\hat{x}_1 + (1-\omega)P_2^{-1}\hat{x}_2 \tag{4.102}$$

4.2.4 最优参数 ω 的选择

由式(4.101)看到，当 P_1 和 P_2 给定后 P_{CI} 由 ω 决定。由鲁棒性 $\bar{P}_{CI} \leqslant P_{CI}$ 引出 CI 融合器的实际误差方差受上界 P_{CI} 来控制，P_{CI} 规定了 CI 融合器的总体精度。因此从定量精度指标来看，通常用估值误差方差阵的迹作为精度指标，较小的迹意味着较高的估值精度，因为方差阵的迹是估值器的每个分量的估值误差方差之和，能从总体上体现估值器的精度。对鲁棒精度关系 $\bar{P}_{CI} \leqslant P_{CI}$ 取矩阵迹运算引出

$$\mathrm{tr}\bar{P}_{CI} \leqslant \mathrm{tr}P_{CI} \tag{4.103}$$

这表明 CI 融合器的实际精度 $\mathrm{tr}\bar{P}_{CI}$ 被上界方差 P_{CI} 的精度 $\mathrm{tr}P_{CI}$ 控制，故称 $\mathrm{tr}P_{CI}$ 为 CI 融合器的总体精度或鲁棒精度[1]。为了提高 CI 融合器的鲁棒精度，应选择参数 ω 极小化 $\mathrm{tr}P_{CI}$，即由式(4.101)应选 ω 极小化性能指标

$$\min_{\omega\in[0,1]} \mathrm{tr}P_{CI} = \min_{\omega\in[0,1]} \mathrm{tr}\{[\omega P_1^{-1} + (1-\omega)P_2^{-1}]^{-1}\} \tag{4.104}$$

极小化式(4.104)是一个非线性约束最优化问题，可用黄金分割等方法[6]快速求极小值点 ω。

图 4.9 表示在例 4.2 中分别取不同的 $\omega = 0.1, 0.2, \cdots, 0.9$，相应的 P_{CI} 的用虚线表示的协方差椭圆，它们均包含用实线表示的 P_1 和 P_2 的协方差椭圆的交叉域，其中极小化 $\mathrm{tr}P_{CI}$ 的极小值点 $\omega_0 = 0.4395$ 对应的最优 P_{CI} 的协方差椭圆用破折线表示。图 4.10 表示 $\mathrm{tr}P_{CI}$ 与 ω 的非线性关系曲线，极小值点 $\omega_0 = 0.4395$。

4.2.5 CI 融合器的鲁棒性

定义 4.6 设已知随机向量 $x \in R^n$ 的无偏估值 $\hat{x}$ 和它的未知不确定的实际(真实)估值误差方差阵 $\bar{P}$ 的一个已知保守上界 P。若对所有容许的 $\bar{P}$ 下式成立

$$\bar{P} \leqslant P \tag{4.105}$$

则称估值 $\hat{x}$ 是鲁棒的。式(4.105)称为鲁棒性。特别地，若对某个容许的实际误差方差阵 $\bar{P}^*$ 使 $\bar{P}^* = P$，则称 P 是所有容许的 $\bar{P}$ 的最小上界。定义 $\mathrm{tr}P$ 为估值器的鲁棒精度，且定义 $\mathrm{tr}\bar{P}$ 为它的实际精度，它们的精度关系

$$\mathrm{tr}\bar{P}_{CI} \leqslant \mathrm{tr}P \tag{4.106}$$

定理 4.5 (CI 融合估值的鲁棒性) 设被估随机向量 $x \in R^n$ 的两个局部无偏估值 $\hat{x}_1$

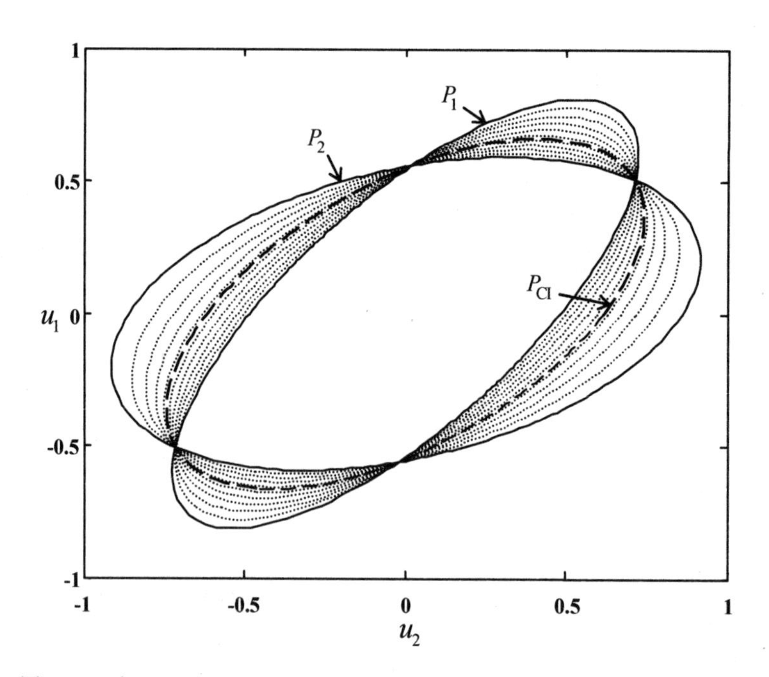

图4.9　取 $\omega = 0.1, 0.2, \cdots, 0.9$ 和取最优 ω_0 相应的 P_{CI} 的协方差椭圆

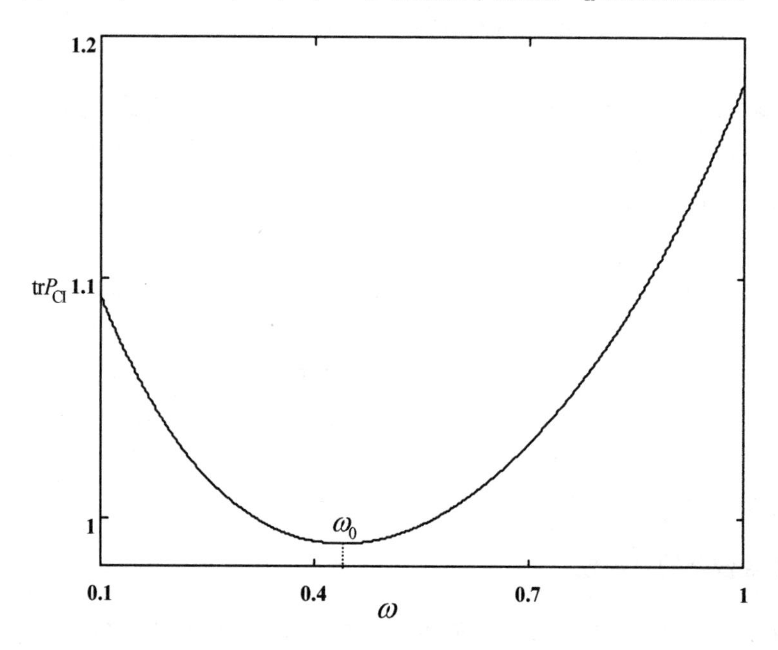

图4.10　迹 $\mathrm{tr}P_{CI}$ 与 ω 的非线性函数关系及极小值点 $\omega_0 = 0.4395$

和 $\hat{x}_2$ 是已知的，而它们的实际估值误差方差 $\bar{P}_1,\bar{P}_2$ 及互协方差 $\bar{P}_{12}$ 是未知不确定的，但已知局部估值 $\hat{x}_1$ 和 $\hat{x}_2$ 是鲁棒的，即已知不确定的 $\bar{P}_1$ 和 $\bar{P}_2$ 的保守上界 P_1 和 P_2，即

$$\bar{P}_1 \leqslant P_1, \bar{P}_2 \leqslant P_2 \tag{4.107}$$

则由式(4.101)和式(4.102)定义的CI融合估值 $\hat{x}_{CI}$ 具有如下性质：

（1）无偏性：$\mathrm{E}\hat{x}_{CI} = \mathrm{E}x$；

（2）实际估值误差方差 $\bar{P}_{CI}$ 有计算公式

$$\bar{P}_{CI}=P_{CI}[\omega^2P_1^{-1}\bar{P}_1P_1^{-1}+\omega(1-\omega)P_1^{-1}\bar{P}_{12}P_2^{-1}+\omega(1-\omega)P_2^{-1}\bar{P}_{21}P_1^{-1}+(1-\omega)^2P_2^{-1}\bar{P}_2P_2^{-1}]P_{CI} \tag{4.108}$$

(3)CI 融合估值 $\hat{x}_{CI}$ 是鲁棒的,即对所有满足式(4.107)的容许的 $\bar{P}_1,\bar{P}_2$,相应的 $\bar{P}_{CI}$ 满足鲁棒性

$$\bar{P}_{CI}\leqslant P_{CI} \tag{4.109}$$

且由最优参数 ω_0 决定 P_{CI} 是在极小化 $\mathrm{tr}P_{CI}$ 意义上的 $\bar{P}_{CI}$ 的一个较小的保守上界。

(4)CI 融合估值的鲁棒精度高于每个局部估值器的鲁棒精度,即

$$\mathrm{tr}P_{CI}\leqslant \mathrm{tr}P_i, i=1,2 \tag{4.110}$$

证明 式(4.101)右乘以 x 有

$$P_{CI}^{-1}x=\omega P_1^{-1}x+(1-\omega)P_2^{-1}x \tag{4.111}$$

式(4.111)减去式(4.102)引出 CI 融合估计误差 $\tilde{x}_{CI}=x-\hat{x}_{CI}$ 为

$$\tilde{x}_{CI}=P_{CI}[\omega P_1^{-1}\tilde{x}_1+(1-\omega)P_2^{-1}\tilde{x}_2] \tag{4.112}$$

其中,$\tilde{x}_i=x-\hat{x}_i(i=1,2)$ 为局部估值误差。由局部估值 $\hat{x}_i$ 的无偏性引出 $\mathrm{E}\tilde{x}_i=0,i=1,2$。于是由式(4.112)有

$$\mathrm{E}\tilde{x}_{CI}=P_{CI}[\omega P_1^{-1}\mathrm{E}\tilde{x}_1+(1-\omega)P_2^{-1}\mathrm{E}\tilde{x}_2]=0 \tag{4.113}$$

即性质(1)成立。实际融合估值误差方差

$$\bar{P}_{CI}=\mathrm{E}[\tilde{x}_{CI}\tilde{x}_{CI}^{\mathrm{T}}] \tag{4.114}$$

将式(4.112)代入式(4.114)引出式(4.108),其中 $\bar{P}_{21}=\bar{P}_{12}^{\mathrm{T}}$。

下面用“配方法”[10] 来证明鲁棒性。

将式(4.108)代入式(4.109),并分别左乘和右乘 P_{CI}^{-1} 可得到

$$P_{CI}^{-1}-\omega^2P_1^{-1}\bar{P}_1P_1^{-1}-\omega(1-\omega)P_1^{-1}\bar{P}_{12}P_2^{-1}-\omega(1-\omega)P_2^{-1}\bar{P}_{21}P_1^{-1}-(1-\omega)^2P_2^{-1}\bar{P}_2P_2^{-1}\geqslant 0 \tag{4.115}$$

因此,为了证明式(4.109),只要证明式(4.115)即可。

由估值 $\hat{x}_1$ 的鲁棒性,$P_1-\bar{P}_1\geqslant 0$,此式两边同时左乘和右乘 P_1^{-1} 得

$$P_1^{-1}\geqslant P_1^{-1}\bar{P}_1P_1^{-1} \tag{4.116}$$

同理可得

$$P_2^{-1}\geqslant P_2^{-1}\bar{P}_2P_2^{-1} \tag{4.117}$$

将它们代入式(4.101)并应用上两式引出

$$P_{CI}^{-1}\geqslant \omega P_1^{-1}\bar{P}_1P_1^{-1}+(1-\omega)P_2^{-1}\bar{P}_2P_2^{-1} \tag{4.118}$$

将其代入式(4.115)归结为证明

$$\omega(1-\omega)[P_1^{-1}\bar{P}_1P_1^{-1}-P_1^{-1}\bar{P}_{12}P_2^{-1}-P_2^{-1}\bar{P}_{21}P_1^{-1}+P_2^{-1}\bar{P}_2P_2^{-1}]\geqslant 0 \tag{4.119}$$

即归结为证明

$$\omega(1-\omega)\mathrm{E}[(P_1^{-1}\tilde{x}_1-P_2^{-1}\tilde{x}_2)(P_1^{-1}\tilde{x}_1-P_2^{-1}\tilde{x}_2)^{\mathrm{T}}]\geqslant 0 \tag{4.120}$$

由于上式中协方差阵是非负定的矩阵[42],故对任意 $\omega\in[0,1]$ 及对任意不确定的容许的 $\bar{P}_1,\bar{P}_2$ 和 $\bar{P}_{12}$,式(4.120)成立,从而式(4.109)成立。这证明了鲁棒性。

由于任取 $\omega\in[0,1]$ 相应的 P_{CI} 均为 $\bar{P}_{CI}$ 的上界,故在取 $\omega_0\in[0,1]$ 极小化 $\mathrm{tr}P_{CI}$ 的意义上,相应的 P_{CI} 是 $\bar{P}_{CI}$ 的一个较小的保守上界。在几何上这样的 P_{CI} 的协方差椭圆是更紧凑地包围交叉域的一个椭圆,如图 4.9 所示。

在性能指标(4.104)中取 $\omega=0$ 有 $\mathrm{tr}P_{\mathrm{CI}}=\mathrm{tr}P_2$,取 $\omega=1$ 有 $\mathrm{tr}P_{\mathrm{CI}}=\mathrm{tr}P_1$。因 $\mathrm{tr}P_{\mathrm{CI}}$ 关于 $\omega\in[0,1]$ 极小化 $\mathrm{tr}P_{\mathrm{CI}}$,故 $\mathrm{tr}P_{\mathrm{CI}}\leqslant\mathrm{tr}P_i,i=1,2$,性质(4)成立。证毕。

4.2.6 批处理协方差交叉(BCI)融合鲁棒估值器

本小节讨论由待估随机变量的多个无偏局部估值,用凸组合方法构造 CI 融合估值。因为处理方法是对多个局部估值联立(同时)进行处理得到融合估值,所以称为批处理 CI (Batch Covariance Intersection, BCI) 融合器。这是上述两个估值情形的推广。

已知待估随机变量 $x\in R^n$ 的 L 个局部无偏估值 $\hat{x}_1,\hat{x}_2,\cdots,\hat{x}_L$,即

$$\mathrm{E}\hat{x}_i=\mathrm{E}x,i=1,\cdots,L \tag{4.121}$$

假设它的真实(实际)的估值误差 $\tilde{x}_i=x-\hat{x}_i$ 的方差

$$\bar{P}_i=\mathrm{E}[\tilde{x}_i\tilde{x}_i^{\mathrm{T}}],i=1,\cdots,L \tag{4.122}$$

且是未知的、不确定的,但已知 $\bar{P}_i$ 的保守上界 P_i,即

$$\bar{P}_i\leqslant P_i,i=1,\cdots,L \tag{4.123}$$

且真实的局部估值误差互协方差

$$\bar{P}_{ij}=\mathrm{E}[\tilde{x}_i\tilde{x}_j^{\mathrm{T}}],i\neq j,i,j=1,\cdots,L \tag{4.124}$$

也是未知的、不确定的。

在 $\bar{P}_i$ 和 $\bar{P}_{ij}$ 不确定的情形下,基于已知的局部估值及其误差方差保守上界 $(\hat{x}_i,P_i),i=1,\cdots,L$,求随机变量 x 的 CI 融合估值。

文献[12]提出的 BCI 融合估值 $\hat{x}_{\mathrm{BCI}}$ 为如下局部估值的凸组合:

$$P_{\mathrm{BCI}}^{-1}=\sum_{i=1}^{L}\omega_iP_i^{-1} \tag{4.125}$$

$$P_{\mathrm{BCI}}^{-1}\hat{x}_{\mathrm{BCI}}=\sum_{i=1}^{L}\omega_iP_i^{-1}\hat{x}_i \tag{4.126}$$

带约束条件 $0\leqslant\omega_i\leqslant1$,且

$$\sum_{i=1}^{L}\omega_i=1 \tag{4.127}$$

且 $\omega_i(i=1,\cdots,L)$ 极小化性能指标 $J=\mathrm{tr}P_{\mathrm{BCI}}$,即

$$\min J=\min\mathrm{tr}P_{\mathrm{BCI}}=\min_{\substack{\omega_i\in[0,1]\\ \omega_1+\cdots+\omega_L=1}}\mathrm{tr}\left\{\left[\sum_{i=1}^{L}\omega_iP_i^{-1}\right]^{-1}\right\} \tag{4.128}$$

这是一个在 R^L 维欧氏空间中的带约束非线性最优化问题,可用 Matlab 工具箱中的"fimincon"(最优化工具箱)求解。但当 L 较大时,求最优权系数 $\omega_1,\cdots,\omega_L$ 是很复杂、费时的,且要求较大的计算负担,这限制了实时应用。

文献[12]提出了上述 BCI 融合估值鲁棒性的证明方法。本节将介绍在技巧上不同于文献[12]的证明方法[6]。

定理 4.6 BCI 融合器满足式(4.125)—(4.128)的实际估值误差方差阵 $\bar{P}_{\mathrm{BCI}}$ 为

$$\bar{P}_{\mathrm{BCI}}=P_{\mathrm{BCI}}\left[\sum_{i=1}^{L}\sum_{j=1}^{L}\omega_i\omega_jP_i^{-1}\bar{P}_{ij}P_j^{-1}\right]P_{\mathrm{BCI}} \tag{4.129}$$

其中,定义 $\bar{P}_{ii}=\bar{P}_i$。

证明 由式(4.125)有

$$P_{\mathrm{BCI}}^{-1}x = \sum_{i=1}^{L} \omega_i P_i^{-1} x \tag{4.130}$$

由式(4.130)减去式(4.126)得

$$P_{\mathrm{BCI}}^{-1}\tilde{x}_{\mathrm{BCI}} = \sum_{i=1}^{L} \omega_i P_i^{-1} \tilde{x}_i \tag{4.131}$$

其中,$\tilde{x}_{\mathrm{BCI}} = x - \hat{x}_{\mathrm{BCI}}$。由式(4.131)有

$$\tilde{x}_{\mathrm{BCI}} = P_{\mathrm{BCI}} \sum_{i=1}^{L} \omega_i P_i^{-1} \tilde{x}_i \tag{4.132}$$

于是有实际估值误差方差 $\bar{P}_{\mathrm{BCI}} = \mathrm{E}[\tilde{x}_{\mathrm{BCI}}\tilde{x}_{\mathrm{BCI}}^{\mathrm{T}}]$,即

$$\bar{P}_{\mathrm{BCI}} = \mathrm{E}\left[\left(P_{\mathrm{BCI}} \sum_{i=1}^{L} \omega_i P_i^{-1} \tilde{x}_i\right)\left(P_{\mathrm{BCI}} \sum_{i=1}^{L} \omega_i P_i^{-1} \tilde{x}_i\right)^{\mathrm{T}}\right] \tag{4.133}$$

由此得式(4.129)。证毕。

定理 4.7[1] 已知随机变量 $x \in R^n$ 的 L 个局部无偏估值 $\hat{x}_i, i = 1, \cdots, L$,而真实的估值误差方差 $\bar{P}_i$ 是不确定的,但已知它们的保守上界 P_i,即 $\bar{P}_i \leqslant P_i, i = 1, \cdots, L$,则 BCI 融合估值 $\hat{x}_{\mathrm{BCI}}$ 是鲁棒的,即对所有容许的 $\bar{P}_i$ 有

$$\bar{P}_{\mathrm{BCI}} \leqslant P_{\mathrm{BCI}} \tag{4.134}$$

证明 为了证明式(4.134),只要证明

$$P_{\mathrm{BCI}} - \bar{P}_{\mathrm{BCI}} \geqslant 0 \tag{4.135}$$

即可。上式分别左乘和右乘 P_{BCI}^{-1},只要证明

$$P_{\mathrm{BCI}}^{-1} - P_{\mathrm{BCI}}^{-1}\bar{P}_{\mathrm{BCI}}P_{\mathrm{BCI}}^{-1} \geqslant 0 \tag{4.136}$$

即可。应用式(4.125)和式(4.129),只要证明下式即可

$$\sum_{i=1}^{L} \omega_i P_i^{-1} - \sum_{i=1}^{L}\sum_{j=1}^{L} \omega_i \omega_j P_i^{-1} \bar{P}_{ij} P_j^{-1} \geqslant 0 \tag{4.137}$$

由估值 $\hat{x}_i$ 的鲁棒性假设有

$$P_i - \bar{P}_i \geqslant 0 \tag{4.138}$$

上式分别左乘和右乘 P_i^{-1} 有

$$P_i^{-1} - P_i^{-1}\bar{P}_i P_i^{-1} \geqslant 0 \tag{4.139}$$

这引出 $P_i^{-1} \geqslant P_i^{-1}\bar{P}_i P_i^{-1}$,将其代入式(4.137),只要证明下式即可

$$\sum_{i=1}^{L} \omega_i P_i^{-1}\bar{P}_i P_i^{-1} - \sum_{i=1}^{L}\sum_{j=1}^{L} \omega_i \omega_j P_i^{-1} \bar{P}_{ij} P_j^{-1} \geqslant 0 \tag{4.140}$$

应用式(4.127)有

$$\sum_{i=1}^{L} \omega_i P_i^{-1}\bar{P}_i P_i^{-1} = \sum_{i=1}^{L}\sum_{j=1}^{L} \omega_i \omega_j P_i^{-1} \bar{P}_i P_i^{-1} \tag{4.141}$$

则问题归结为证明下式

$$\Delta = \sum_{i=1}^{L}\sum_{j=1}^{L} \omega_i \omega_j \left[P_i^{-1}\bar{P}_i P_i^{-1} - P_i^{-1}\bar{P}_{ij}P_j^{-1}\right] \geqslant 0 \tag{4.142}$$

对上式交换下标 i 与 j 的位置有

$$\Delta = \sum_{j=1}^{L}\sum_{i=1}^{L} \omega_j \omega_i \left[P_j^{-1}\bar{P}_j P_j^{-1} - P_j^{-1}\bar{P}_{ji}P_i^{-1}\right] \tag{4.143}$$

上两式相加有

$$2\Delta = \sum_{i=1}^{L}\sum_{j=1}^{L}\omega_i\omega_j[P_i^{-1}\bar{P}_iP_i^{-1} + P_j^{-1}\bar{P}_jP_j^{-1} - P_i^{-1}\bar{P}_{ij}P_j^{-1} - P_j^{-1}\bar{P}_{ji}P_i^{-1}] =$$
$$\sum_{i=1}^{L}\sum_{j=1}^{L}\omega_i\omega_j\mathrm{E}[(P_i^{-1}\tilde{x}_i - P_j^{-1}\tilde{x}_j)(P_i^{-1}\tilde{x}_i - P_j^{-1}\tilde{x}_j)^{\mathrm{T}}] \geqslant 0 \tag{4.144}$$

这引出 $\Delta \geqslant 0$,故有式(4.134)成立。证毕。

注 4.4 定理4.7关于BCI融合器一致性的证明在技巧上不同于文献[12]的证明。定理4.7的证明方法也不同于文献[8]的基于 $L=2$ 的归纳证明方法。

推论 4.2 BCI融合器 $\hat{x}_{\mathrm{BCI}}$ 的鲁棒精度为 $\mathrm{tr}P_{\mathrm{BCI}}$,即对所有容许的 $\bar{P}_i$ 有

$$\mathrm{tr}\bar{P}_{\mathrm{BCI}} \leqslant \mathrm{tr}P_{\mathrm{BCI}} \tag{4.145}$$

证明 对式(4.134)取矩阵迹运算得到式(4.145)。

注 4.5 由式(4.129)看到实际融合估值误差方差 $\bar{P}_{\mathrm{BCI}}$ 依赖于不确定的 $\bar{P}_i$ 和互协方差 $\bar{P}_{ij}$。鲁棒性(4.134)表明 P_{BCI} 是对所有可能的 $\bar{P}_{\mathrm{BCI}}$ 的一个公共上界。因为 P_{BCI} 与未知的 $\bar{P}_i$ 和 $\bar{P}_{ij}$ 无关,仅与已知的保守上界 P_i 有关,因此,BCI融合器的实际精度 $\mathrm{tr}\bar{P}_{\mathrm{BCI}}$ 被式(4.145)控制,并称 $\mathrm{tr}P_{\mathrm{BCI}}$ 为总体精度或鲁棒精度。

定理 4.8 BCI融合器 $\hat{x}_{\mathrm{BCI}}$ 的鲁棒精度高于每个局部估值器 $\hat{x}_i$ 的鲁棒精度,即

$$\mathrm{tr}P_{\mathrm{BCI}} \leqslant \mathrm{tr}P_i, i=1,\cdots,L \tag{4.146}$$

且它的实际融合估值精度也高于每个局部估值器的鲁棒精度,即

$$\mathrm{tr}\bar{P}_{\mathrm{BCI}} \leqslant \mathrm{tr}P_i, i=1,\cdots,L \tag{4.147}$$

证明 在极小化性能指标(4.128)中取 $\omega_i=1,\omega_j=0(j\neq i)$,则有 $J=\mathrm{tr}P_{\mathrm{BCI}}=\mathrm{tr}P_i$, $i=1,\cdots,L$。因为 $\mathrm{tr}P_{\mathrm{BCI}}$ 是对所有满足约束条件(4.127)的 $\omega_i(i=1,\cdots,L)$ 极小化,故有式(4.146)成立。由式(4.145)和式(4.146)得式(4.147)。证毕。

4.2.7 改进的CI融合鲁棒Kalman估值器

应用原始CI融合方法要求已知局部估值器及其实际误差方差的保守上界。定理4.1对带不确定噪声方差系统解决了这个问题,给出了局部估值器及其实际误差方差的最小上界。原始CI融合方法的另一个缺点是所给出CI融合实际误差方差的上界具有较大的保守性。这是因为仅用局部估值误差方差保守上界来构造CI融合器的实际误差方差上界,没有用到保守的局部估计互协方差信息。由定理4.2我们看到,按矩阵加权融合估值器给出了实际估值误差方差 $\bar{P}_m$ 的最小上界 P_m。由式(4.25)和式(4.26)知,这是因为计算 P_m 不仅用到了保守的局部实际估值误差方差的上界(最小上界)P_i,而且还应用了保守的局部估值误差互协方差 P_{ij} 的信息。本节我们将应用保守的局部估值误差互协方差信息 P_{ij} 提出CI融合估值器实际误差方差的最小上界,克服了原始CI融合器给出的上界具有较大保守性的缺点,提高了CI融合器的鲁棒精度。这种改进的CI融合器最初于2014年由邓自立等在文献[2,3]中提出,并被推广和发展[44-46]。

注意BCI融合器(4.125)和(4.126)本质上是一种特殊的按矩阵加权融合器

$$\hat{x}_{\mathrm{CI}} = \sum_{i=1}^{L}\Omega_i^{\mathrm{CI}}\hat{x}_i \tag{4.148}$$

$$P_{\mathrm{CI}}^{-1} = \sum_{i=1}^{L}\omega_iP_i^{-1} \tag{4.149}$$

$$\Omega_i^{CI} = \omega_i P_{CI} P_i^{-1} \tag{4.150}$$

其中简记 $\hat{x}_{BCI} = \hat{x}_{CI}, P_{BCI} = P_{CI}, \bar{P}_{BCI} = \bar{P}_{CI}$。最优凸组合系数 ω_i 由式(4.128)计算。这启发我们得到如下改进的 CI 融合器:

定理 4.9[2] (改进的 CI 融合器) 对带不确定噪声方差系统(4.1)和(4.2)在假设 1 与假设 2 下,改进的 CI 融合鲁棒稳态 Kalman 预报器为

$$\hat{x}_{CI}(t+1|t) = \sum_{i=1}^{L} \Omega_i^{CI} \hat{x}_i(t+1|t) \tag{4.151}$$

$$P_{CI}^{-1} = \sum_{i=1}^{L} \omega_i P_i^{-1} \tag{4.152}$$

$$\Omega_i^{CI} = \omega_i P_{CI} P_i^{-1}, i = 1, \cdots, L \tag{4.153}$$

其中凸组合系数 ω_i 极小化

$$\min_{\substack{\omega_i \in [0,1] \\ \omega_1 + \cdots + \omega_L = 1}} \operatorname{tr} P_{CI} = \min_{\substack{\omega_i \in [0,1] \\ \omega_1 + \cdots + \omega_L = 1}} \operatorname{tr}\left\{\left[\sum_{i=1}^{L} \omega_i P_i^{-1}\right]^{-1}\right\} \tag{4.154}$$

其中 $\hat{x}_i(t+1|t)$ 为实际局部鲁棒稳态 Kalman 预报器。

保守和实际融合预报误差方差阵分别为

$$P_{CI}^{C} = \Omega_{CI} P \Omega_{CI}^{T} \tag{4.155}$$

$$\bar{P}_{CI} = \Omega_{CI} \bar{P} \Omega_{CI}^{T} \tag{4.156}$$

其中定义

$$\Omega_{CI} = [\Omega_1^{CI}, \cdots, \Omega_L^{CI}] \tag{4.157}$$

$$P = \begin{bmatrix} P_{11} & \cdots & P_{1L} \\ \vdots & & \vdots \\ P_{L1} & \cdots & P_{LL} \end{bmatrix}_{nL \times nL}, \bar{P} = \begin{bmatrix} \bar{P}_{11} & \cdots & \bar{P}_{1L} \\ \vdots & & \vdots \\ \bar{P}_{L1} & \cdots & \bar{P}_{LL} \end{bmatrix}_{nL \times nL} \tag{4.158}$$

且改进的 CI 融合鲁棒稳态 Kalman 预报器有鲁棒性:对所有满足式(4.3)的容许的实际噪声方差,相应的实际融合预报误差方差 $\bar{P}_{CI}$ 有最小上界 P_{CI}^{C},即

$$\bar{P}_{CI} \leqslant P_{CI}^{C} \tag{4.159}$$

证明 由式(4.149)和式(4.150)有

$$\sum_{i=1}^{L} \Omega_i^{CI} = I_n \tag{4.160}$$

这引出

$$x(t+1) = \sum_{i=1}^{L} \Omega_i^{CI} x(t+1) \tag{4.161}$$

用式(4.161)减去式(4.151)有融合预报误差

$$\tilde{x}_{CI}(t+1|t) = \sum_{i=1}^{L} \Omega_i^{CI} \tilde{x}_i(t+1|t) \tag{4.162}$$

于是保守和实际融合预报误差方差阵分别为

$$P_{CI}^{C} = \sum_{i=1}^{L} \sum_{j=1}^{L} \Omega_i^{CI} P_{ij} (\Omega_i^{CI})^{T} \tag{4.163}$$

$$\bar{P}_{\mathrm{CI}}=\sum_{i=1}^{L}\sum_{j=1}^{L}\Omega_i^{\mathrm{CI}}\bar{P}_{ij}(\Omega_i^{\mathrm{CI}})^{\mathrm{T}} \tag{4.164}$$

它们可简写为式(4.155)和式(4.156)的形式。

注意定理4.2已经证明了事实：

$$\bar{P}\leqslant P \tag{4.165}$$

由式(4.155)减去式(4.156)有

$$P_{\mathrm{CI}}^{C}-\bar{P}_{\mathrm{CI}}=\Omega_{\mathrm{CI}}(P-\bar{P})\Omega_{\mathrm{CI}}^{\mathrm{T}} \tag{4.166}$$

由式(4.165)引出 $P-\bar{P}\geqslant 0$，故由式(4.166)有 $P_{\mathrm{CI}}^{C}-\bar{P}_{\mathrm{CI}}\geqslant 0$，即

$$\bar{P}_{\mathrm{CI}}\leqslant P_{\mathrm{CI}}^{C} \tag{4.167}$$

这证明了式(4.159)。用完全类似于定理4.1的证明方法容易证明 P_{CI}^{C} 是 $\bar{P}_{\mathrm{CI}}^{C}$ 的最小上界。证毕。

推论4.3 在定理4.9条件下，CI融合鲁棒稳态Kalman预报器的保守和实际融合预报误差方差阵分别为

$$P_{\mathrm{CI}}^{C}=P_{\mathrm{CI}}\Big[\sum_{i=1}^{L}\sum_{j=1}^{L}\omega_i\omega_jP_i^{-1}P_{ij}P_j^{-1}\Big]P_{\mathrm{CI}} \tag{4.168}$$

$$\bar{P}_{\mathrm{CI}}=P_{\mathrm{CI}}\Big[\sum_{i=1}^{L}\sum_{j=1}^{L}\omega_i\omega_jP_i^{-1}\bar{P}_{ij}P_j^{-1}\Big]P_{\mathrm{CI}} \tag{4.169}$$

证明 由式(4.150)、式(4.163)和式(4.164)直接得证。

推论4.4 原始CI融合器和改进的CI融合器给出的实际融合误差方差的保守上界 P_{CI} 和最小上界 P_{CI}^{C} 有关系

$$P_{\mathrm{CI}}^{C}\leqslant P_{\mathrm{CI}} \tag{4.170}$$

证明 定理4.7证明了原始CI融合器实际融合误差方差 $\bar{P}_{\mathrm{CI}}$ 有保守上界 P_{CI}，即 $\bar{P}_{\mathrm{CI}}\leqslant P_{\mathrm{CI}}$。而定理4.9证明了 P_{CI}^{C} 是 $\bar{P}_{\mathrm{CI}}$ 的最小上界，这引出式(4.170)成立。

注4.6 作为精度关系式(4.52)到式(4.56)的补充，我们还有精度关系

$$P_m\leqslant P_{\mathrm{CI}}^{C} \tag{4.171}$$

$$\bar{P}_{\mathrm{CI}}\leqslant P_{\mathrm{CI}}^{C}\leqslant P_{\mathrm{CI}} \tag{4.172}$$

$$\mathrm{tr}\bar{P}_{\mathrm{CI}}\leqslant \mathrm{tr}P_{\mathrm{CI}}^{C}\leqslant \mathrm{tr}P_{\mathrm{CI}}\leqslant \mathrm{tr}P_i,i=1,\cdots,L \tag{4.173}$$

其中式(4.171)由定理2.1直接得到，且由式(4.159)和式(4.170)引出式(4.172)。对式(4.172)取迹运算引出式(4.173)，其中不等式 $\mathrm{tr}P_{\mathrm{CI}}\leqslant \mathrm{tr}P_i$ 由定理4.8或由式(4.154)导出。鲁棒精度关系 $\mathrm{tr}P_{\mathrm{CI}}^{C}\leqslant \mathrm{tr}P_{\mathrm{CI}}$ 意味着改进的CI融合器的鲁棒精度 $\mathrm{tr}P_{\mathrm{CI}}^{C}$ 高于原始CI融合器的鲁棒精度 $\mathrm{tr}P_{\mathrm{CI}}$。由式(4.168)，鲁棒精度提高的原因是在计算 P_{CI}^{C} 的公式中应用了保守的局部估值误差互协方差 P_{ij} 的信息。而由式(4.152)，计算 P_{CI} 仅利用了保守的局部估值误差方差 $P_i(i=1,\cdots,L)$ 的信息，而缺少保守的互协方差 P_{ij} 的信息。而保守的互协方差 P_{ij} 可由实际噪声方差保守上界通过Lyapunov方程(4.17)计算。

应强调指出，改进和原始CI融合器有相同的CI融合估值器计算公式(4.151)—(4.153)，因而有数值相等的融合估值。但它们的实际融合估值误差方差的保守上界 P_{CI}^{C} 和 P_{CI} 的计算方法与公式(4.163)和式(4.152)，以及计算结果是完全不同的。

为了说明改进和原始 CI 融合预报器给出的实际融合预报误差保守上界 P_{CI}^{C} 和 P_{CI} 的关系及 CI 融合器的鲁棒性，继例4.1和例4.2，对所选取的10组满足式(4.3)的容许的不同的实际噪声 $\bar{Q}^{(k)}$ 和 $\bar{R}_i^{(k)}(i=1,2)$，$k=1,2,\cdots,10$，可得到相应的10组实际 CI 融合预报误差方差 $\bar{P}_{\mathrm{CI}}^{(k)}(k=1,2,\cdots,10)$，其中 $\bar{P}_{\mathrm{CI}}^{(10)}=P_{\mathrm{CI}}^{C}$。仿真结果如图4.11所示，我们看到保守上界 P_{CI} 的协方差椭圆包含 P_1 和 P_2 的协方差椭圆的交叉区域，且通过交叉域的4个顶点；我们也看到改进的保守上界 P_{CI}^{C} 的协方差椭圆被包含在 P_{CI} 的协方差椭圆内，这引出精度关系 $P_{\mathrm{CI}}^{C}\leqslant P_{\mathrm{CI}}$；我们还看到相应的10组实际 CI 融合预报误差方差 $\bar{P}_{\mathrm{CI}}^{(k)}$ 的协方差椭圆分别被包含在 P_{CI} 和 P_{CI}^{C} 的协方差椭圆内，但 P_{CI}^{C} 的协方差椭圆是包含所有 $\bar{P}_{\mathrm{CI}}^{(k)}$ 的协方差椭圆最紧的协方差椭圆，这引出鲁棒性：$\bar{P}_{\mathrm{CI}}^{(k)}\leqslant P_{\mathrm{CI}}^{C}$，且 P_{CI}^{C} 是 $\bar{P}_{\mathrm{CI}}^{(k)}$ 的最小上界，而 P_{CI} 是 $\bar{P}_{\mathrm{CI}}^{(k)}$ 的保守上界。

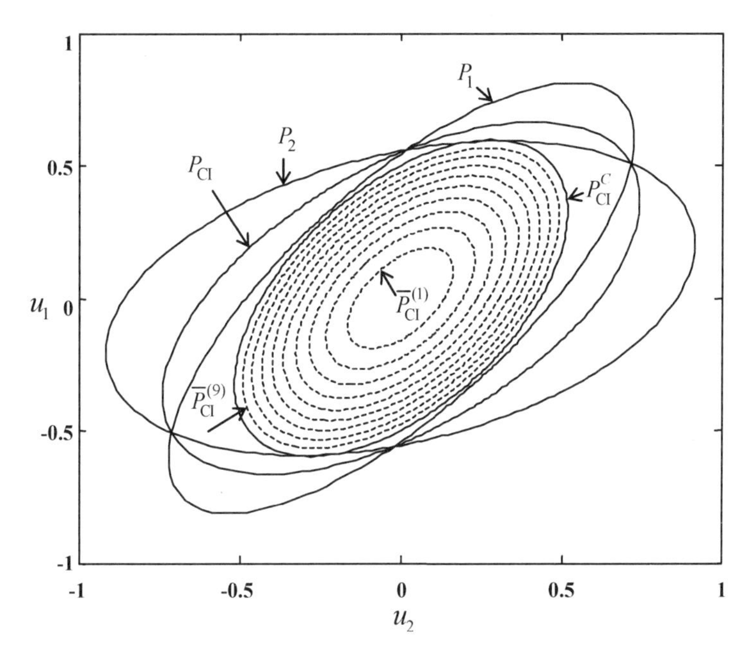

图4.11　改进的 CI 融合鲁棒 Kalman 预报器的鲁棒性

图4.12给出了局部和融合鲁棒 Kalman 预报器的矩阵不等式精度比较，其中 P_0 的协方差椭圆被包含在 P_m 的协方差椭圆内，这验证了 $P_0\leqslant P_m$；P_m 的协方差椭圆被包含在 P_d，P_s，P_{CI}，P_{CI}^{C}，P_1 和 P_2 的协方差椭圆内，这验证了不等式 $\bar{P}_m\leqslant P_\theta$，$\theta=1,2,s,d,\mathrm{CI}$ 和 $P_m\leqslant P_{\mathrm{CI}}^{C}$；$P_{\mathrm{CI}}^{C}$ 的协方差椭圆被包含在 P_{CI} 的协方差椭圆内，这验证了 $P_{\mathrm{CI}}^{C}\leqslant P_{\mathrm{CI}}$；$P_m$ 的协方差椭圆被包含在 P_1 和 P_2 的协方差椭圆的交叉域内，这验证了 $P_m\leqslant P_1$ 且 $P_m\leqslant P_2$。

注意在图4.12中方差阵 P_s，P_d，P_1 和 P_2 四者的协方差椭圆之间是相互交叉的，因此它们之间不存在矩阵不等式精度关系。矩阵不等式精度关系只被用具有包含关系的协方差椭圆描写，但是任何两个方差阵之间总存在矩阵迹不等的精度关系。

表4.1给出了局部和融合鲁棒 Kalman 预报器的鲁棒精度关系，它验证了鲁棒精度关系式(4.52)—(4.56)和式(4.173)。

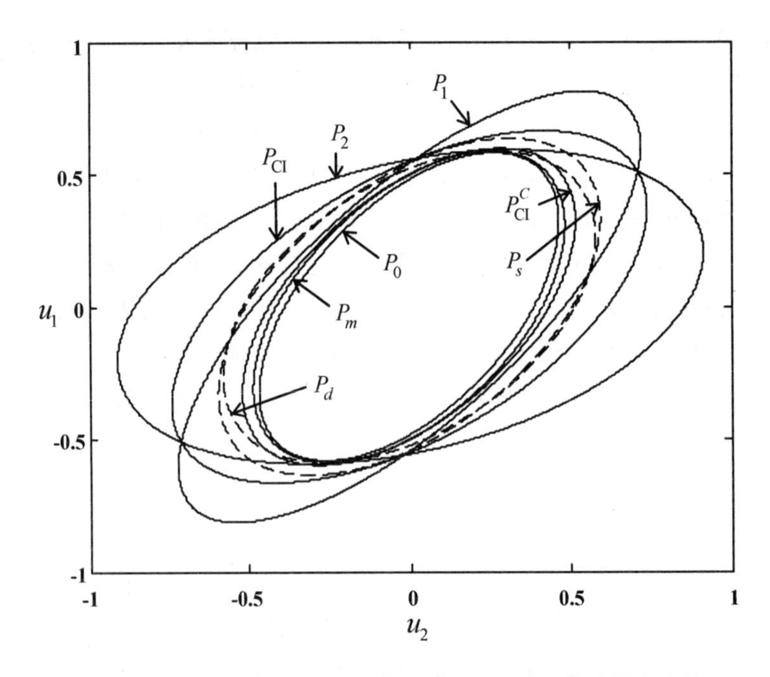

图 4.12　局部和融合鲁棒 Kalman 预报器的矩阵不等式精度比较

表 4.1　局部和融合鲁棒 Kalman 预报器的鲁棒精度关系

$\mathrm{tr}P_0$	$\mathrm{tr}P_m$	$\mathrm{tr}P_{CI}^C$	$\mathrm{tr}P_{CI}$	$\mathrm{tr}P_d$	$\mathrm{tr}P_s$	$\mathrm{tr}P_1$	$\mathrm{tr}P_2$
0.553 8	0.577 8	0.624 4	0.989 8	0.679 4	0.756 7	1.181 9	1.187 9

注 4.7　接下来的几章将进一步阐述这里所提出的改进的 CI 融合鲁棒 Kalman 滤波方法是一种通用的方法论[44-46]，它不仅可以处理融合预报问题，而且可以处理融合滤波和平滑问题，不仅可以处理带不确定噪声方差系统，而且还可以处理带混合不确定性系统，即由带不确定噪声方差、乘性噪声、丢失观测、丢包、随机观测滞后等多种不确定性混合构成的系统。

4.2.8　序贯协方差交叉(SCI)融合鲁棒估值器

在 4.2.6 小节介绍了采用批处理方法的 BCI 融合鲁棒估值器。它的缺点是当局部估值器个数较多时，求凸组合系数要求解带约束的高维非线性最优化问题，引起较大的计算负担，不便于实时应用。为了解决这个矛盾，邓自立等于 2012 年在文献[7]中提出了快速序贯协方差交叉(Sequential Covariance Intersection, SCI)融合鲁棒 Kalman 滤波器，理论上证明了它的鲁棒性，并证明了它的鲁棒精度高于每个局部估值器的鲁棒精度，低于 BCI 融合器的鲁棒精度。它等价于若干个两传感器 CI 融合器，它是一种快速递推的两传感器 CI 融合器，具有重要理论和应用意义。

对带 L 个传感器的不确定系统，假设已知待估随机变量(状态)$x \in R^n$ 的 L 个局部无偏估值 $\hat{x}_1, \hat{x}_2, \cdots, \hat{x}_L$，即 $\mathrm{E}\hat{x}_i = \mathrm{E}x$，假设实际局部估值误差方差 $\bar{P}_i$ 是不确定的，但已知 $\bar{P}_i$ 的保守上界 P_i，即

$$\bar{P}_i \leqslant P_i, i = 1, \cdots, L \tag{4.174}$$

问题是基于已知局部信息$(\hat{x}_i, P_i)$,$i=1,\cdots,L$,求 x 的 SCI 融合鲁棒估值器 $\hat{x}_{\mathrm{SCI}}$。

SCI 融合估计原理如图 4.13 所示。

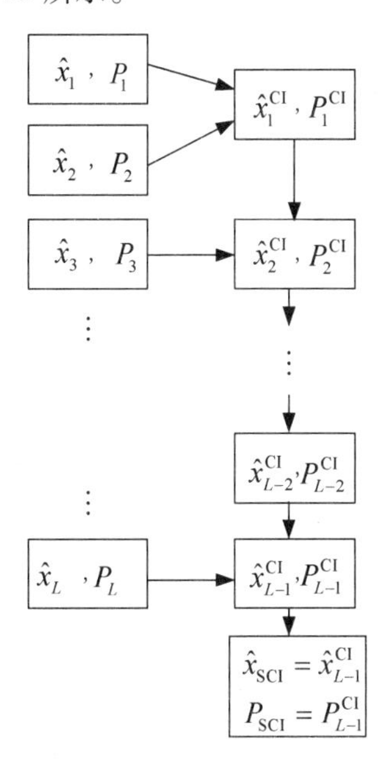

图 4.13　SCI 融合估计原理

SCI 融合器可用如下 $L-1$ 步实现:

第 1 步:基于$(\hat{x}_1, P_1)$和$(\hat{x}_2, P_2)$用两传感器 CI 融合算法(4.101)和(4.102)得两传感器 CI 融合器$(\hat{x}_1^{\mathrm{CI}}, P_1^{\mathrm{CI}})$。

第 2 步:基于$(\hat{x}_3, P_3)$和$(\hat{x}_1^{\mathrm{CI}}, P_1^{\mathrm{CI}})$得两传感器 CI 融合器$(\hat{x}_2^{\mathrm{CI}}, P_2^{\mathrm{CI}})$。

……

第 $L-1$ 步:基于$(\hat{x}_L, P_L)$和$(\hat{x}_{L-2}^{\mathrm{CI}}, P_{L-2}^{\mathrm{CI}})$得两传感器 CI 融合器$(\hat{x}_{L-1}^{\mathrm{CI}}, P_{L-1}^{\mathrm{CI}})$,并定义 SCI 融合估值器为

$$\hat{x}_{\mathrm{SCI}}=\hat{x}_{L-1}^{\mathrm{CI}} \tag{4.175}$$

$$P_{\mathrm{SCI}}=P_{L-1}^{\mathrm{CI}} \tag{4.176}$$

重复应用两传感器 CI 融合算法(4.101)和(4.102),SCI 融合器可用 $L-1$ 个两传感器 CI 融合器递推实现为

$$\hat{x}_{i-1}^{\mathrm{CI}}=P_{i-1}^{\mathrm{CI}}\left[\omega^{(i-1)}(P_{i-2}^{\mathrm{CI}})^{-1}\hat{x}_{i-2}^{\mathrm{CI}}+(1-\omega^{(i-1)})P_i^{-1}\hat{x}_i\right] \tag{4.177}$$

$$P_{i-1}^{\mathrm{CI}}=\left[\omega^{(i-1)}(P_{i-2}^{\mathrm{CI}})^{-1}+(1-\omega^{(i-1)})P_i^{-1}\right]^{-1}, i=2,\cdots,L \tag{4.178}$$

带初值 $P_0^{\mathrm{CI}}=P_1$,$\hat{x}_0^{\mathrm{CI}}=\hat{x}_1$。

最优加权系统 $\omega^{(i-1)}$ 极小化性能指标

$$\min_{\omega^{(i-1)}\in[0,1]}\mathrm{tr}P_{i-1}^{\mathrm{CI}}=\min_{\omega^{(i-1)}\in[0,1]}\mathrm{tr}\left\{\left[\omega^{(i-1)}(P_{i-2}^{\mathrm{CI}})^{-1}+(1-\omega^{(i-1)})P_i^{-1}\right]^{-1}\right\} \tag{4.179}$$

这是一个简单的一维最优化问题,可用黄金分割法快速求解[43]。

定理 4.10　(SCI 融合器的鲁棒性)对于带 L 个传感器的不确定系统,假设已知状态 x 的 L 个局部无偏估值器 $\hat{x}_i$,且已知它们的不确定实际估值误差方差 $\bar{P}_i$ 的保守上界 P_i,即

$\bar{P}_i \leqslant P_i$,则 SCI 融合器 $\hat{x}_{\mathrm{SCI}}$ 是鲁棒的,即它的实际估值误差方差 $\bar{P}_{\mathrm{SCI}}$ 有上界 P_{SCI},即

$$\bar{P}_{\mathrm{SCI}} \leqslant P_{\mathrm{SCI}} \tag{4.180}$$

证明 两传感器 CI 融合器的鲁棒性定理 4.5 意味着:若每个局部估值器是鲁棒的($\bar{P}_i \leqslant P_i$),则 CI 融合器是鲁棒的($\bar{P}_{\mathrm{CI}} \leqslant P_{\mathrm{CI}}$)。根据 L 个局部估值器的鲁棒性假设:$\bar{P}_i \leqslant P_i, i = 1,\cdots,L$,用数学归纳法引出两传感器 CI 融合器($\hat{x}_{i-1}^{\mathrm{CI}}, P_{i-1}^{\mathrm{CI}}$)($i = 2,\cdots,L$) 都是鲁棒的,特别有 CI 融合器($\hat{x}_{L-1}^{\mathrm{CI}}, P_{L-1}^{\mathrm{CI}}$) 是鲁棒的,即 $\bar{P}_{L-1}^{\mathrm{CI}} \leqslant P_{L-1}^{\mathrm{CI}}$。由定义式(4.175) 和式(4.176) 有($\hat{x}_{\mathrm{SCI}}, P_{\mathrm{SCI}}$) 是鲁棒的,即 $\bar{P}_{\mathrm{SCI}} \leqslant P_{\mathrm{SCI}}$。证毕。

定理 4.11 在定理 4.10 条件下,SCI 融合器有精度关系

$$\mathrm{tr}\bar{P}_{\mathrm{SCI}} \leqslant \mathrm{tr}P_{\mathrm{SCI}} \leqslant \mathrm{tr}P_i, i = 1,\cdots,L \tag{4.181}$$

证明 对式(4.180) 取矩阵迹运算得到式(4.181) 的第一个不等式。下面用归纳法证明式(4.181) 的第二个不等式。由式(4.104),对 $i = 2$ 有

$$\mathrm{tr}P_1^{\mathrm{CI}} \leqslant \mathrm{tr}P_1, \mathrm{tr}P_1^{\mathrm{CI}} \leqslant \mathrm{tr}P_2 \tag{4.182}$$

对 $i = 3$,由式(4.179) 有

$$\mathrm{tr}P_2^{\mathrm{CI}} \leqslant \mathrm{tr}P_1^{\mathrm{CI}}, \mathrm{tr}P_2^{\mathrm{CI}} \leqslant \mathrm{tr}P_3 \tag{4.183}$$

应用式(4.182) 有

$$\mathrm{tr}P_2^{\mathrm{CI}} \leqslant \mathrm{tr}P_i, i = 1,2,3 \tag{4.184}$$

用数学归纳法,假设对 $i = L - 1$ 有

$$\mathrm{tr}P_{L-2}^{\mathrm{CI}} \leqslant \mathrm{tr}P_i, i = 1,\cdots,L - 1 \tag{4.185}$$

对 $i = L$,由式(4.178) 有

$$\mathrm{tr}P_{L-1}^{\mathrm{CI}} \leqslant \mathrm{tr}P_{L-2}^{\mathrm{CI}}, \mathrm{tr}P_{L-1}^{\mathrm{CI}} \leqslant \mathrm{tr}P_L \tag{4.186}$$

应用归纳法假设(4.185) 引出

$$\mathrm{tr}P_{\mathrm{SCI}} = \mathrm{tr}P_{L-1}^{\mathrm{CI}} \leqslant \mathrm{tr}P_i, i = 1,\cdots,L \tag{4.187}$$

证毕。

定理 4.12 在定理 4.10 条件下,SCI 鲁棒融合器(4.175)—(4.179) 有批处理表达式

$$\hat{x}_{\mathrm{SCI}} = P_{\mathrm{SCI}} \sum_{i=1}^{L} \theta_i^{(L)} P_i^{-1} \hat{x}_i \tag{4.188}$$

$$P_{\mathrm{SCI}}^{-1} = \sum_{i=1}^{L} \theta_i^{(L)} P_i^{-1}, \sum_{i=1}^{L} \theta_i^{(L)} = 1, 0 \leqslant \theta_i^{(L)} \leqslant 1 \tag{4.189}$$

其中加权系数 $\theta_i^{(L)}$ 可递推计算为

$$\theta_i^{(r)} = \omega^{(r-1)} \theta_i^{(r-1)}, i = 1,\cdots,r - 1 \tag{4.190}$$

$$\theta_r^{(r)} = 1 - \omega^{(r-1)}, r = 2,\cdots,L \tag{4.191}$$

带初值

$$\theta_1^{(2)} = \omega^{(1)}, \theta_2^{(2)} = 1 - \omega^{(1)} \tag{4.192}$$

而 $\omega^{(r-1)}(r = 2,\cdots,L)$ 由式(4.179) 计算。

证明 对 $L = 2$,两传感器 CI 融合器为

$$\hat{x}_1^{\mathrm{CI}} = P_1^{\mathrm{CI}}[\omega^{(1)} P_1^{-1} \hat{x}_1 + (1 - \omega^{(1)}) P_2^{-1} \hat{x}_2] \tag{4.193}$$

$$(P_1^{\text{CI}})^{-1}=\omega^{(1)}P_1^{-1}+(1-\omega^{(1)})P_2^{-1} \tag{4.194}$$

在初值(4.192)下,对 $L=2$,式(4.188)—(4.191)成立。

用数学归纳法,假设定理4.12对 $L-1$ 个传感器系统成立,即

$$\hat{x}_{L-2}^{\text{CI}}=P_{L-2}^{\text{CI}}\sum_{i=1}^{L-1}\theta_i^{(L-1)}P_i^{-1}\hat{x}_i \tag{4.195}$$

$$(P_{L-2}^{\text{CI}})^{-1}=\sum_{i=1}^{L-1}\theta_i^{(L-1)}P_i^{-1},\ \sum_{i=1}^{L-1}\theta_i^{(L-1)}=1,0\leqslant\theta_i^{(L-1)}\leqslant 1 \tag{4.196}$$

则对带 L 个传感器系统,应用式(4.175)—(4.178)有

$$\hat{x}_{L-1}^{\text{CI}}=P_{L-1}^{\text{CI}}[\omega^{(L-1)}(P_{L-2}^{\text{CI}})^{-1}\hat{x}_{L-2}^{\text{CI}}+(1-\omega^{(L-1)})P_L^{-1}\hat{x}_L] \tag{4.197}$$

$$(P_{L-1}^{\text{CI}})^{-1}=\omega^{(L-1)}(P_{L-2}^{\text{CI}})^{-1}+(1-\omega^{(L-1)})P_L^{-1} \tag{4.198}$$

$$\hat{x}_{\text{SCI}}=\hat{x}_{L-1}^{\text{CI}},P_{\text{SCI}}=P_{L-1}^{\text{CI}} \tag{4.199}$$

将式(4.195)和式(4.196)代入式(4.197)和式(4.198)得式(4.188)—(4.192)。证毕。

定理4.13 在定理4.10条件下,SCI鲁棒融合器 $\hat{x}_{\text{SCI}}$ 的实际融合误差方差阵 $\bar{P}_{\text{SCI}}$ 为

$$\bar{P}_{\text{SCI}}=P_{\text{SCI}}[\sum_{i=1}^{L}\sum_{j=1}^{L}\theta_i^{(L)}\theta_j^{(L)}P_i^{-1}\bar{P}_{ij}P_j^{-1}]P_{\text{SCI}} \tag{4.200}$$

其中 $\bar{P}_{ij}$ 是实际局部估值误差互协方差。

证明 由式(4.189)有

$$x=P_{\text{SCI}}\sum_{i=1}^{L}\theta_i^{(L)}P_i^{-1}x \tag{4.201}$$

它与式(4.188)相减有估值误差 $\tilde{x}_{\text{SCI}}=x-\hat{x}_{\text{SCI}}$ 为

$$\tilde{x}_{\text{SCI}}=P_{\text{SCI}}\sum_{i=1}^{L}\theta_i^{(L)}P_i^{-1}\tilde{x}_i \tag{4.202}$$

其中定义 $\tilde{x}_i=x-\hat{x}_i$。注意实际 $\bar{P}_{\text{SCI}}=\text{E}[\tilde{x}_{\text{SCI}}\tilde{x}_{\text{SCI}}^{\text{T}}]$,其中 $\tilde{x}_{\text{SCI}}$ 为实际融合估值误差。应用式(4.202)得式(4.200)。证毕。

定理4.14 在定理4.10条件下,BCI和SCI融合器有鲁棒精度关系

$$\text{tr}P_{\text{BCI}}\leqslant\text{tr}P_{\text{SCI}} \tag{4.203}$$

证明 由式(4.189)有

$$\text{tr}P_{\text{SCI}}=\text{tr}\{[\sum_{i=1}^{L}\theta_i^{(L)}P_i^{-1}]^{-1}\} \tag{4.204}$$

由式(4.128)有

$$\min\ \text{tr}P_{\text{BCI}}=\min_{\substack{\omega_i\in[0,1]\\ \omega_1+\cdots+\omega_L=1}}\text{tr}\{[\sum_{i=1}^{L}\omega_iP_i^{-1}]^{-1}\} \tag{4.205}$$

特别地,取 $\omega_i=\theta_i^{(L)}$,其中 $0\leqslant\theta_i^{(L)}\leqslant 1,\theta_1^{(L)}+\cdots+\theta_L^{(L)}=1$,则有 $\text{tr}P_{\text{BCI}}=\text{tr}P_{\text{SCI}}$。由式(4.205)$\text{tr}P_{\text{BCI}}$ 关于约束 $0\leqslant\omega_i\leqslant 1,\omega_1+\cdots+\omega_L=1$ 被极小化,故有 $\text{tr}P_{\text{BCI}}\leqslant\text{tr}P_{\text{SCI}}$。证毕。

注意,式(4.203)意味着BCI融合器的鲁棒精度高于SCI融合器的鲁棒精度。

注4.8 采用序贯处理方式,SCI融合器的融合方案有关于传感器的次序(序贯处理的次序)。例如,对于三传感器情形($L=3$),有三种融合方案如图4.14所示,其中记号

SCIijk 表示融合次序:由局部估值器 i 和局部估值器 j 得到两传感器 CI 融合器再与局部估值器 k 融合。

SCI 融合器的精度关于传感器次序是否非常灵敏? 文献[7] 给出的仿真例子表明: SCI 融合器的鲁棒和实际精度关于融合次序不是很灵敏,因而具有重要应用价值。

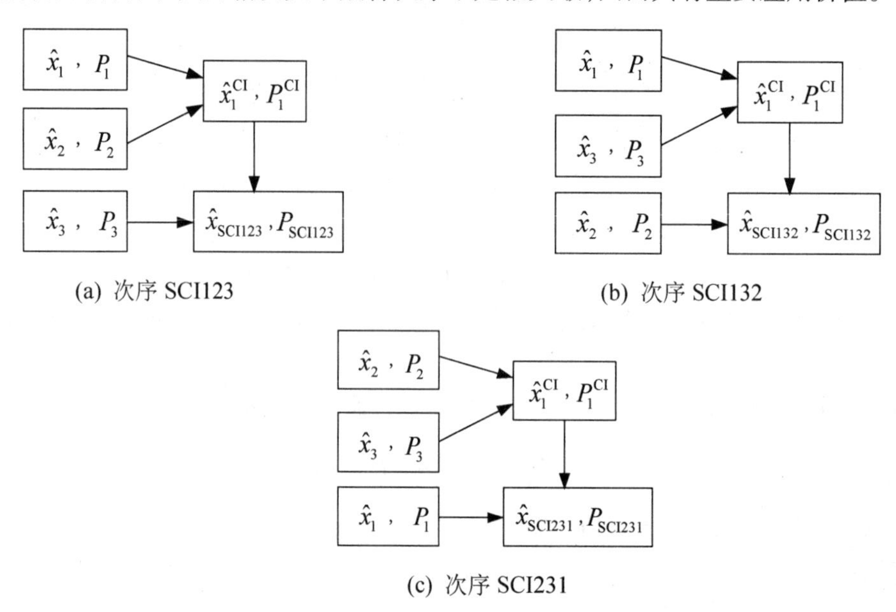

图 4.14　三传感器 SCI 融合器的融合方案

注 4.9　用定理 2.12 的保守的最优按矩阵加权融合器的最小融合误差方差阵 P_m 相比,由定理 4.12,SCI 融合器是一种特殊的按矩阵加权融合器,故有精度关系

$$P_m \leqslant P_{SCI}, \mathrm{tr}P_m \leqslant \mathrm{tr}P_{SCI} \tag{4.206}$$

4.2.9　改进的 SCI 融合鲁棒 Kalman 估值器

对于带不确定噪声方差系统(4.1) 和(4.2),在假设 1 与假设 2 下,4.2.7 小节用保守的局部预报误差互协方差信息提出了改进的 CI 融合鲁棒 Kalman 预报器,它给出了实际融合误差方差的最小上界,克服了原始 CI 融合器给出的上界具有较大保守性的缺点,提高了 CI 融合器的鲁棒精度。本节首次将利用保守的局部预报误差互协方差信息提出改进的SCI融合鲁棒Kalman预报器,给出了实际融合误差方差的最小上界,提高了SCI融合器的鲁棒精度。一个应用于雷达跟踪系统的仿真例子说明了其有效性。

应用定理4.12,注意SCI融合器的批处理公式(4.188) 和式(4.189) 是一种特殊的按矩阵加权融合器,于是有改进的 SCI 鲁棒 Kalman 预报器。

定理 4.15[2]　(改进的 SCI 融合器) 对于带不确定噪声方差系统(4.1) 和(4.2),在假设 1 与假设 2 下,改进的 SCI 融合鲁棒稳态 Kalman 预报器为

$$\hat{x}_{SCI}(t+1 \mid t) = \sum_{i=1}^{L} \Omega_i^{SCI} \hat{x}_i(t+1 \mid t) \tag{4.207}$$

$$P_{SCI}^{-1} = \sum_{i=1}^{L} \theta_i^{(L)} P_i^{-1} \tag{4.208}$$

$$\Omega_i^{\mathrm{SCI}} = \theta_i^{(L)} P_{\mathrm{SCI}} P_i^{-1} \tag{4.209}$$

其中系数 $\theta_i^{(L)}$ 由式(4.190)—(4.192)计算。$\hat{x}_i(t+1|t)$ 为局部鲁棒稳态 Kalman 预报器。

保守和实际融合预报误差方差分别为

$$P_{\mathrm{SCI}}^C = \Omega_{\mathrm{SCI}} P \Omega_{\mathrm{SCI}}^{\mathrm{T}} \tag{4.210}$$

$$\bar{P}_{\mathrm{SCI}} = \Omega_{\mathrm{SCI}} \bar{P} \Omega_{\mathrm{SCI}}^{\mathrm{T}} \tag{4.211}$$

其中定义

$$\Omega_{\mathrm{SCI}} = [\Omega_1^{\mathrm{SCI}}, \cdots, \Omega_L^{\mathrm{SCI}}] \tag{4.212}$$

$$P = \begin{bmatrix} P_{11} & \cdots & P_{1L} \\ \vdots & & \vdots \\ P_{L1} & \cdots & P_{LL} \end{bmatrix}_{nL\times nL}, \bar{P} = \begin{bmatrix} \bar{P}_{11} & \cdots & \bar{P}_{1L} \\ \vdots & & \vdots \\ \bar{P}_{L1} & \cdots & \bar{P}_{LL} \end{bmatrix}_{nL\times nL} \tag{4.213}$$

其中,局部预报误差互协方差 P_{ij} 和 $\bar{P}_{ij}$ 由式(4.17)和式(4.18)计算。

它具有如下意义上的鲁棒性:对所有满足式(4.3)的容许的实际噪声方差,相应的实际融合预报误差方差 $\bar{P}_{\mathrm{SCI}}$ 有最小上界 P_{SCI}^C,即

$$\bar{P}_{\mathrm{SCI}} \leqslant P_{\mathrm{SCI}}^C \tag{4.214}$$

且与由 $P_{\mathrm{SCI}} = P_{L-1}^{\mathrm{CI}}$ 或式(4.189)给出的原始SCI融合器的保守上界相比(见式(4.180))有

$$P_{\mathrm{SCI}}^C \leqslant P_{\mathrm{SCI}} \tag{4.215}$$

$$\mathrm{tr}\bar{P}_{\mathrm{SCI}} \leqslant \mathrm{tr}P_{\mathrm{SCI}}^C \leqslant \mathrm{tr}P_{\mathrm{SCI}} \tag{4.216}$$

即改进的 SCI 融合器提高了原始 SCI 融合器的鲁棒精度。

证明 由式(4.208)和式(4.209)有

$$\sum_{i=1}^{L} \Omega_i^{\mathrm{SCI}} = I_n \tag{4.217}$$

于是有

$$x(t+1) = \sum_{i=1}^{L} \Omega_i^{\mathrm{SCI}} x(t+1) \tag{4.218}$$

将它与式(4.207)相减有融合预报误差

$$\tilde{x}_{\mathrm{SCI}}(t+1|t) = \sum_{i=1}^{L} \Omega_i^{\mathrm{SCI}} \tilde{x}_i(t+1|t) \tag{4.219}$$

这引出保守和实际融合预报误差方差阵分别为

$$P_{\mathrm{SCI}}^C = \sum_{i=1}^{L}\sum_{j=1}^{L} \Omega_i^{\mathrm{SCI}} P_{ij} (\Omega_i^{\mathrm{SCI}})^{\mathrm{T}} \tag{4.220}$$

$$\bar{P}_{\mathrm{SCI}} = \sum_{i=1}^{L}\sum_{j=1}^{L} \Omega_i^{\mathrm{SCI}} \bar{P}_{ij} (\Omega_i^{\mathrm{SCI}})^{\mathrm{T}} \tag{4.221}$$

在定义式(4.212)和式(4.213)下它们可简写为式(4.210)和式(4.211)的形式。

由式(4.210)和式(4.211)相减有

$$P_{\mathrm{SCI}}^C - \bar{P}_{\mathrm{SCI}} = \Omega_{\mathrm{SCI}}(P - \bar{P})\Omega_{\mathrm{SCI}}^{\mathrm{T}} \tag{4.222}$$

定理4.2已证明了事实 $\bar{P} \leqslant P$,于是 $P - \bar{P} \geqslant 0$,故由式(4.222)有 $P_{\mathrm{SCI}}^C - \bar{P}_{\mathrm{SCI}} \geqslant 0$,即式(4.214)成立。类似于定理4.1容易证明 P_{SCI}^C 是 $\bar{P}_{\mathrm{SCI}}$ 的最小上界。

由式(4.180)，P_{SCI}是原始SCI融合器的一个保守上界，而P_{SCI}^C是原始SCI融合器的最小上界，故有式(4.215)成立。对式(4.180)和式(4.215)取矩阵迹运算引出式(4.216)。我们定义$\mathrm{tr}P_{SCI}^C$为改进的SCI融合器的鲁棒精度，$\mathrm{tr}P_{SCI}$为原始SCI融合器的鲁棒精度，则式(4.216)引出改进的SCI融合器的鲁棒精度高于原始SCI融合器的鲁棒精度。证毕。

推论4.5 在定理4.15条件下，改进的SCI融合器的实际误差方差$\bar{P}_{SCI}$及其最小上界P_{SCI}^C分别为

$$\bar{P}_{SCI} = P_{SCI}\left[\sum_{i=1}^{L}\sum_{j=1}^{L}\theta_i^{(L)}\theta_j^{(L)}P_i^{-1}\bar{P}_{ij}P_j^{-1}\right]P_{SCI} \tag{4.223}$$

$$P_{SCI}^C = P_{SCI}\left[\sum_{i=1}^{L}\sum_{j=1}^{L}\theta_i^{(L)}\theta_j^{(L)}P_i^{-1}P_{ij}P_j^{-1}\right]P_{SCI} \tag{4.224}$$

证明 由式(4.209)、式(4.220)和式(4.221)得证。

注4.10 注意CI融合器本质上是BCI融合器，因此它们是恒同的。因此$\mathrm{tr}P_{CI} = \mathrm{tr}P_{BCI}$，$\mathrm{tr}\bar{P}_{CI} = \mathrm{tr}\bar{P}_{BCI}$。由式(4.173)、式(4.203)和式(4.216)，我们有精度关系

$$\mathrm{tr}\bar{P}_{CI} \leqslant \mathrm{tr}P_{CI}^C \leqslant \mathrm{tr}P_{CI} \leqslant \mathrm{tr}P_i, i=1,\cdots,L \tag{4.225}$$

$$\mathrm{tr}\bar{P}_{SCI} \leqslant \mathrm{tr}P_{SCI}^C \leqslant \mathrm{tr}P_{SCI} \leqslant \mathrm{tr}P_i, i=1,\cdots,L \tag{4.226}$$

$$\mathrm{tr}P_{CI} \leqslant \mathrm{tr}P_{SCI} \tag{4.227}$$

4.2.10 仿真应用例子

例4.3 考虑带5-传感器和不确定噪声方差的雷达跟踪系统

$$x(t+1) = \Phi x(t) + \Gamma w(t) \tag{4.228}$$

$$y_i(t) = H_i x(t) + v_i(t), i=1,2,3,4,5 \tag{4.229}$$

其中$x(t)=[x_1(t),x_2(t)]^{\mathrm{T}}$，$x_1(t)$，$x_2(t)$和$w(t)$分别为飞机在采样时刻$tT_0$($T_0$为采样周期)处的位置、速度和加速度，且

$$\Phi = \begin{bmatrix}1 & T_0\\ 0 & 1\end{bmatrix}, \Gamma = \begin{bmatrix}0.5T_0^2\\ T_0\end{bmatrix}, H_1 = H_3 = H_4 = H_5 = [1,0], H_2 = I_2 \tag{4.230}$$

而$w(t)$和$v_i(t)$是带零均值、不确定实际方差各为$\bar{Q}$和$\bar{R}_i$的互不相关白噪声，已知$\bar{Q}$和$\bar{R}_i$的保守上界为$Q=4$，$R_1=2$，$R_2=\mathrm{diag}(64,1)$，$R_3=1.25$，$R_4=1$，$R_5=3$。在仿真中取$T_0=0.25$，$\bar{Q}=3.8$，$\bar{R}_1=1.5$，$\bar{R}_2=\mathrm{diag}(62,0.7)$，$\bar{R}_3=1$，$\bar{R}_4=0.8$，$\bar{R}_5=2.5$。问题是采用CI融合和改进的CI融合方法及采用SCI融合和改进的SCI融合方法分别求鲁棒融合Kalman预报器，并比较局部和融合鲁棒Kalman预报器的精度及SCI融合器关于融合次序的灵敏性。

图4.15和图4.16分别给出了采用CI(BCI)融合和采用SCI融合方案的原理图。当传感器个数较大时，采用SCI融合方案通常明显减小通信和计算负担，并可快捷地得到融合结果。采用BCI融合方案遇到的一个困难问题是网络系统通信负担较大且可能遇到观测滞后或观测丢失等现象。

仿真结果如表4.2所示，其中为了分析SCI融合器关于融合次序的灵敏性，我们任意取如下5种不同融合次序：SCI12345，SCI12354，SCI23145，SCI32154，SCI31245。由表4.2

我们看到如下结果:(i) 所有 CI、改进的 CI、SCI 和改进的 SCI 融合器的鲁棒精度是比每个局部估值器的鲁棒精度高。(ii) 改进的 CI 融合器的鲁棒精度比原始 CI 融合器的鲁棒精度高。(iii) 对每种融合次序,相应的改进的 SCI 融合器的鲁棒精度比 SCI 融合器的鲁棒精度高。(iv) 所有鲁棒局部和融合估值器的实际精度高于其鲁棒精度(鲁棒性)。(v) CI 融合器的鲁棒精度 $\mathrm{tr}P_{\mathrm{CI}}$ 比在任意融合次序下的 SCI 融合器的鲁棒精度 $\mathrm{tr}P_{\mathrm{SCI}}$ 高。这些仿真结果验证了理论上的精度关系式(4.225)—(4.227)。特别由表 4.2 我们看到改进的CI融合器和改进的SCI融合器的鲁棒精度比原始CI融合器和SCI融合器的鲁棒精度分别都有显著提高,鲁棒精度均提高约一倍。而且我们还看到事实:SCI 融合器和改进的 SCI 融合器的鲁棒和实际精度的变化受融合次序变化的影响不显著,即它们的精度关于融合次序是不灵敏的,或不是很灵敏的。

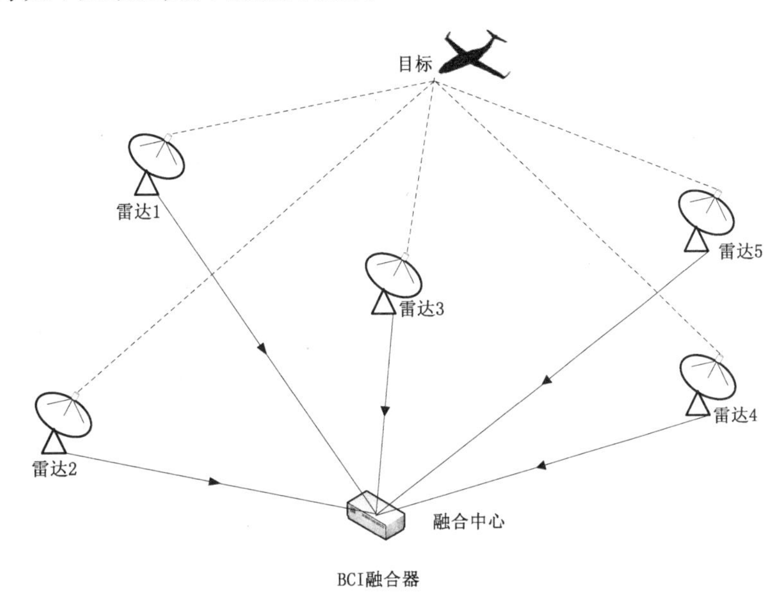

图 4.15　采用 CI(BCI) 融合方案的雷达跟踪系统鲁棒 Kalman 预报器

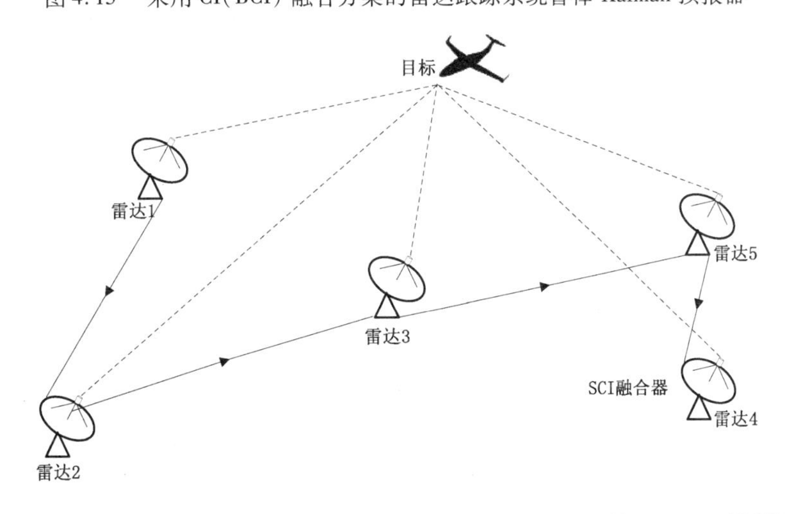

图 4.16　采用 SCI 融合方案(SCI12354) 的雷达跟踪系统鲁棒 Kalman 预报器

表 4.2　CI 融合和 SCI 融合精度比较和 SCI 融合灵敏性分析

$\mathrm{tr}P_1$	$\mathrm{tr}P_2$	$\mathrm{tr}P_3$	$\mathrm{tr}P_4$	$\mathrm{tr}P_5$	$\mathrm{tr}P^C_{SCI12345}$	$\mathrm{tr}P_{SCI12345}$	$\mathrm{tr}P^C_{CI}$	$\mathrm{tr}P_{CI}$
1.756 2	2.333 4	1.409 9	1.275 5	2.144 1	0.703 4	1.222 1	0.649 5	1.039 0
$\mathrm{tr}\bar{P}_1$	$\mathrm{tr}\bar{P}_2$	$\mathrm{tr}\bar{P}_3$	$\mathrm{tr}\bar{P}_4$	$\mathrm{tr}\bar{P}_5$	$\mathrm{tr}\bar{P}_{SCI12345}$	$\mathrm{tr}\bar{P}_{SCI12345}$	$\mathrm{tr}\bar{P}_{CI}$	$\mathrm{tr}\bar{P}_{CI}$
0.866 9	0.144 6	0.730 3	0.674 5	1.010 4	0.484 8	0.484 8	0.283 5	0.283 5
$\mathrm{tr}P_1$	$\mathrm{tr}P_2$	$\mathrm{tr}P_3$	$\mathrm{tr}P_4$	$\mathrm{tr}P_5$	$\mathrm{tr}P^C_{SCI12354}$	$\mathrm{tr}P_{SCI12354}$	$\mathrm{tr}P^C_{CI}$	$\mathrm{tr}P_{CI}$
1.756 2	2.333 4	1.409 9	1.275 5	2.144 1	0.603 6	1.222 0	0.649 5	1.039 0
$\mathrm{tr}\bar{P}_1$	$\mathrm{tr}\bar{P}_2$	$\mathrm{tr}\bar{P}_3$	$\mathrm{tr}\bar{P}_4$	$\mathrm{tr}\bar{P}_5$	$\mathrm{tr}\bar{P}_{SCI12354}$	$\mathrm{tr}\bar{P}_{SCI12354}$	$\mathrm{tr}\bar{P}_{CI}$	$\mathrm{tr}\bar{P}_{CI}$
0.866 9	0.144 6	0.730 3	0.674 5	1.010 4	0.455 8	0.455 8	0.283 5	0.283 5
$\mathrm{tr}P_1$	$\mathrm{tr}P_2$	$\mathrm{tr}P_3$	$\mathrm{tr}P_4$	$\mathrm{tr}P_5$	$\mathrm{tr}P^C_{SCI23145}$	$\mathrm{tr}P_{SCI23145}$	$\mathrm{tr}P^C_{CI}$	$\mathrm{tr}P_{CI}$
1.756 2	2.333 4	1.409 9	1.275 5	2.144 1	0.585 5	1.108 0	0.649 5	1.039 0
$\mathrm{tr}\bar{P}_1$	$\mathrm{tr}\bar{P}_2$	$\mathrm{tr}\bar{P}_3$	$\mathrm{tr}\bar{P}_4$	$\mathrm{tr}\bar{P}_5$	$\mathrm{tr}\bar{P}_{SCI23145}$	$\mathrm{tr}\bar{P}_{SCI23145}$	$\mathrm{tr}\bar{P}_{CI}$	$\mathrm{tr}\bar{P}_{CI}$
0.866 9	0.144 6	0.730 3	0.674 5	1.010 4	0.334 6	0.334 6	0.283 5	0.283 5
$\mathrm{tr}P_1$	$\mathrm{tr}P_2$	$\mathrm{tr}P_3$	$\mathrm{tr}P_4$	$\mathrm{tr}P_5$	$\mathrm{tr}P^C_{SCI31245}$	$\mathrm{tr}P_{SCI31245}$	$\mathrm{tr}P^C_{CI}$	$\mathrm{tr}P_{CI}$
1.756 2	2.333 4	1.409 9	1.275 5	2.144 1	0.517 2	1.108 0	0.649 5	1.039 0
$\mathrm{tr}\bar{P}_1$	$\mathrm{tr}\bar{P}_2$	$\mathrm{tr}\bar{P}_3$	$\mathrm{tr}\bar{P}_4$	$\mathrm{tr}\bar{P}_5$	$\mathrm{tr}\bar{P}_{SCI31245}$	$\mathrm{tr}\bar{P}_{SCI31245}$	$\mathrm{tr}\bar{P}_{CI}$	$\mathrm{tr}\bar{P}_{CI}$
0.866 9	0.144 6	0.730 3	0.674 5	1.010 4	0.317 1	0.317 1	0.283 5	0.283 5
$\mathrm{tr}P_1$	$\mathrm{tr}P_2$	$\mathrm{tr}P_3$	$\mathrm{tr}P_4$	$\mathrm{tr}P_5$	$\mathrm{tr}P^C_{SCI32154}$	$\mathrm{tr}P_{SCI32154}$	$\mathrm{tr}P^C_{CI}$	$\mathrm{tr}P_{CI}$
1.756 2	2.333 4	1.409 9	1.275 5	2.144 1	0.582 0	1.108 0	0.649 5	1.039 0
$\mathrm{tr}\bar{P}_1$	$\mathrm{tr}\bar{P}_2$	$\mathrm{tr}\bar{P}_3$	$\mathrm{tr}\bar{P}_4$	$\mathrm{tr}\bar{P}_5$	$\mathrm{tr}\bar{P}_{SCI32154}$	$\mathrm{tr}\bar{P}_{SCI32154}$	$\mathrm{tr}\bar{P}_{CI}$	$\mathrm{tr}\bar{P}_{CI}$
0.866 9	0.144 6	0.730 3	0.674 5	1.010 4	0.289 2	0.289 2	0.283 5	0.283 5

4.2.11　并行协方差交叉(PCI)和改进的 PCI 融合鲁棒估值器

采用序贯(串行)处理方法,SCI 鲁棒融合器的缺点是需要较长的计算时间,数据处理的速度比较慢。因此这里采用并行处理方法,提出了多级并行(Parallel Covariance Intersection, PCI)融合鲁棒稳态 Kalman 滤波器[6],相比于 SCI 鲁棒融合器,当传感器的个数较大时,PCI 鲁棒融合器可明显减少计算时间,提高数据处理的速度。

多层(多级)PCI 融合鲁棒估值器是由多个并行两传感器 CI 融合鲁棒估值器构成,如图 4.17 所示,其中当传感器个数 $L=5$ 时,有 3 层并行处理融合结构,当 $L=9$ 时有 4 层并行处理融合结构。

对不同的传感器个数,多层 PCI 鲁棒融合器中两传感器 CI 鲁棒融合器数目的分配是不同的。例如,当传感器个数 $L=70$ 时,多层 PCI 融合器可由 7 层并行两传感器 CI 融合器来实现,其中每层两传感器 CI 的个数组成如图 4.18 所示,为 $L_1=34, L_2=18, L_3=8, L_4=4, L_5=2, L_6=2$ 和 $L_7=1$。可以看出每层两传感器融合器的个数都是偶数,除了最后一层,即第 7 层只有一个 CI 融合器。两传感器融合器的总和为 69。

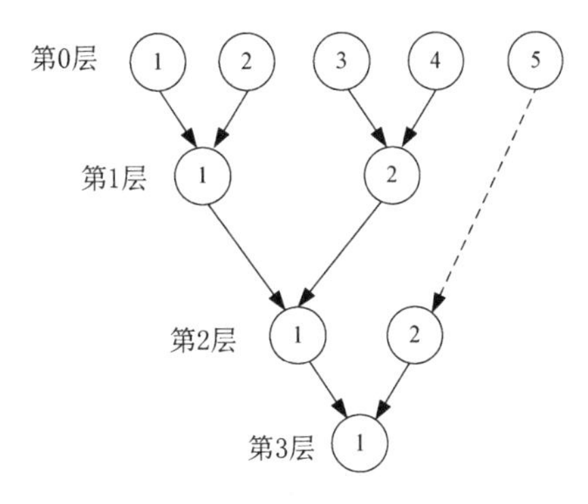

(a) $L=5$ 的情形

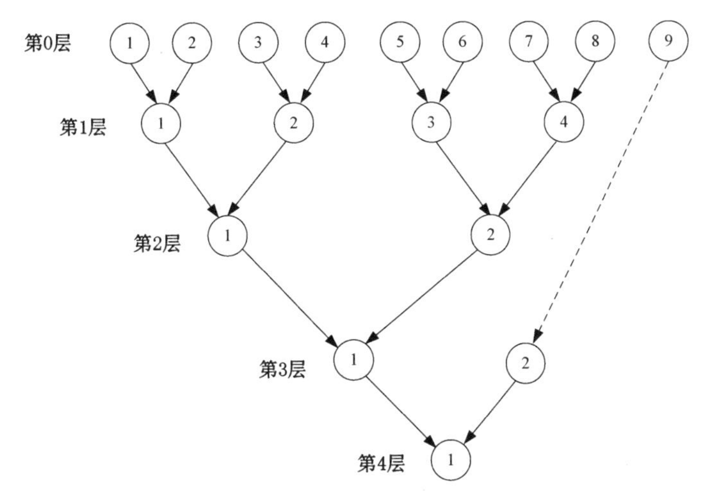

(b) $L=9$ 的情形

图 4.17　多层 PCI 融合结构

由表4.3可以看出PCI鲁棒融合器需要计算 $L-1$ 个两传感器CI鲁棒融合器，两传感器CI鲁棒融合器的数目基本上分布在第1层到第3层，对于固定的个数 L，基本上在第 j 层的两传感器 CI 鲁棒融合器的个数随着 j 的增大成指数递减。

表 4.3　多层 PCI 鲁棒融合器中两传感器 CI 鲁棒融合器的数量分布

L	10	20	30	40	50	60	70	80	90	100	200	500
第 1 层	4	10	14	20	24	30	34	40	44	50	100	250
第 2 层	2	4	6	10	12	14	18	20	22	24	50	124
第 3 层	2	2	4	4	6	8	8	10	12	12	24	62
第 4 层	1	2	2	2	4	4	4	4	6	6	12	32
第 5 层		1	2	2	2	2	2	2	2	4	6	16
第 6 层			1	1	1	1	2	2	2	2	4	8
第 7 层							1	1	1	1	2	4
第 8 层											1	2
第 9 层												1
总和	9	19	29	39	49	59	69	79	89	99	199	499

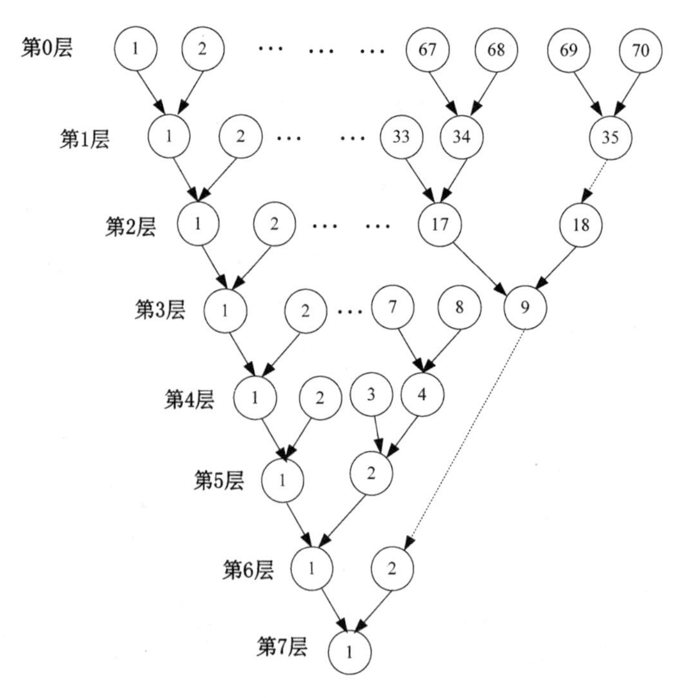

图 4.18 当传感器个数 $L=70$ 时，多层 PCI 鲁棒融合器中两传感器 CI 鲁棒融合器的数量分布图

SCI 鲁棒融合器要求递推（串行）计算 $L-1$ 个两传感器 CI 融合器。若每个两传感器 CI 鲁棒融合器的计算时间为 λ，则 SCI 鲁棒融合器的总的计算时间为 $(L-1)\lambda$。由表 4.4 可以看出，每层两传感器 CI 鲁棒融合器可通过并行处理计算，因此每层并行计算时间为 λ。PCI 鲁棒融合器的总的计算时间为 $L_f\lambda$，其中 L_f 为 PCI 融合器的层数。

由表4.4可以看出，当传感器个数L较大时，PCI融合器的计算时间相比于SCI融合器的计算时间可显著地减少。例如，当 $L=50$ 时，SCI 融合器的计算时间大约是 PCI 融合器计算时间的 8 倍，当 $L=500$ 时，SCI 融合器的计算时间大约是 PCI 融合器计算时间的 55 倍。

表 4.4 PCI 和 SCI 鲁棒融合器的计算时间

L	10	20	30	40	50	60	70	80	90	100	200	500
PCI	4λ	5λ	6λ	6λ	6λ	6λ	7λ	7λ	7λ	7λ	8λ	9λ
SCI	9λ	19λ	29λ	39λ	49λ	59λ	69λ	79λ	89λ	99λ	199λ	499λ

对于带 L 个传感器的不确定网络化系统，假设已知待估随机变量（状态）$x\in R^n$ 的 L 个局部无偏估值 $\hat{x}_i, i=1,\cdots,L$，即 $\mathrm{E}\hat{x}_i=\mathrm{E}x$。假设局部估值误差方差 $\bar{P}_i$ 和互协方差 $\bar{P}_{ij}$ 是不确定的，但已知 $\bar{P}_i$ 的保守上界 P_i，即 $\bar{P}_i\leqslant P_i, i=1,\cdots,L$。

定理 4.16 对上述多传感器不确定网络化系统，PCI 融合鲁棒估值器可表示为 BCI 融合器的形式，即

$$P_{\mathrm{PCI}}^{-1}\hat{x}_{\mathrm{PCI}}=\sum_{i=1}^{L}\beta_i^{(L)}P_i^{-1}\hat{x}_i \tag{4.231}$$

$$P_{\mathrm{PCI}}^{-1}=\sum_{i=1}^{L}\beta_i^{(L)}P_i^{-1} \tag{4.232}$$

带约束条件

$$\sum_{i=1}^{L}\beta_i^{(L)}=1,0\leqslant\beta_i^{(L)}\leqslant 1 \tag{4.233}$$

证明　将第 j 层 PCI 融合器代入第 $j+1$ 层融合器中，$j=1,2,\cdots,L_f-1$，可得式(4.231)—(4.233)，其中权系数 $\beta_i^{(L)}$ 可通过所有层 CI 融合器的权系数 $\omega_i^{(j)}$ 的运算获得。证毕。

注 4.11　当传感器个数 $L=5$ 时，由图 4.17 可以得出

$$P_{\mathrm{PCI}}^{-1}\hat{x}_{\mathrm{PCI}}=\sum_{i=1}^{5}\beta_i^{(5)}P_i^{-1}\hat{x}_i \tag{4.234}$$

$$P_{\mathrm{PCI}}^{-1}=\sum_{i=1}^{5}\beta_i^{(5)}P_i^{-1} \tag{4.235}$$

$$\begin{aligned}\beta_1^{(5)}&=\omega_1^{(3)}\omega_1^{(2)}\omega_1^{(1)}\\ \beta_2^{(5)}&=\omega_1^{(3)}\omega_1^{(2)}(1-\omega_1^{(1)})\\ \beta_3^{(5)}&=\omega_1^{(3)}(1-\omega_1^{(2)})\omega_2^{(1)}\\ \beta_4^{(5)}&=\omega_1^{(3)}(1-\omega_1^{(2)})(1-\omega_2^{(1)})\\ \beta_5^{(5)}&=1-\omega_1^{(3)}\end{aligned} \tag{4.236}$$

其中 $\omega_i^{(j)}$ 表示第 j 层的第 i 个两传感器 CI 融合器的权系数，满足约束条件 $0\leqslant\omega_i^{(j)}\leqslant 1$，$j=1,2,3$，可得 $0\leqslant\beta_i^{(5)}\leqslant 1$，且 $\beta_1^{(5)}+\cdots+\beta_5^{(5)}=1$。

定理 4.17　多传感器不确定网络化系统的 PCI 鲁棒融合器的实际误差方差阵 $\bar{P}_{\mathrm{PCI}}$ 为

$$\bar{P}_{\mathrm{PCI}}=P_{\mathrm{PCI}}\left[\sum_{i=1}^{L}\sum_{j=1}^{L}\beta_i^{(L)}\beta_j^{(L)}P_i^{-1}\bar{P}_{ij}P_j^{-1}\right]P_{\mathrm{PCI}} \tag{4.237}$$

其中 $\bar{P}_{ij}$ 是实际的局部估计误差互协方差。

证明　由式(4.232)有

$$P_{\mathrm{PCI}}^{-1}x=\sum_{i=1}^{L}\beta_i^{(L)}P_i^{-1}x \tag{4.238}$$

由式(4.238)减去式(4.231)引出估值误差 $\tilde{x}_{\mathrm{PCI}}=x-\hat{x}_{\mathrm{PCI}}$ 为

$$\tilde{x}_{\mathrm{PCI}}=P_{\mathrm{PCI}}\sum_{i=1}^{L}\beta_i^{(L)}P_i^{-1}\tilde{x}_i \tag{4.239}$$

它引出式(4.237)。证毕。

定理 4.18　上述多传感器不确定网络化系统的 PCI 融合器是鲁棒的，即对所有满足 $\bar{P}_i\leqslant P_i(i=1,\cdots,L)$ 的容许的实际局部估值误差方差 $\bar{P}_i$ 及相应的容许的实际互协方差 $\bar{P}_{ij}$，PCI 融合器的实际融合误差方差 $\bar{P}_{\mathrm{PCI}}$ 有由式(4.232)给出的保守上界 P_{PCI}，即

$$\bar{P}_{\mathrm{PCI}}\leqslant P_{\mathrm{PCI}} \tag{4.240}$$

证明　由定理 4.16，PCI 融合器是一种 BCI 融合器。由定理 4.7，BCI 融合器是鲁棒的，故 PCI 融合器也是鲁棒的。证毕。

定理 4.19　上述 PCI 融合器有精度关系

$$\mathrm{tr}\bar{P}_{\mathrm{PCI}}\leqslant\mathrm{tr}P_{\mathrm{PCI}} \tag{4.241}$$

$$\mathrm{tr}P_{\mathrm{PCI}}\leqslant\mathrm{tr}P_i,i=1,\cdots,L \tag{4.242}$$

$$\mathrm{tr}P_{\mathrm{BCI}}\leqslant\mathrm{tr}P_{\mathrm{PCI}} \tag{4.243}$$

证明 由式(4.240)引出式(4.241)。类似于定理4.8的推导容易证明式(4.242)。因PCI融合器是一种特殊的BCI融合器,故由BCI融合器的凸组合权系数极小化 $\mathrm{tr}P_{\mathrm{BCI}}$ 引出式(4.243)成立。证毕。

定理4.20 (改进的PCI融合鲁棒Kalman预报器)对带不确定噪声方差的多传感器网络化系统(4.1)和(4.2),在假设1与假设2下,改进的PCI融合鲁棒稳态Kalman预报器为

$$\hat{x}_{\mathrm{PCI}}(t+1 \mid t)=\sum_{i=1}^{L} \Omega_i^{\mathrm{PCI}} \hat{x}_i(t+1 \mid t) \tag{4.244}$$

$$\Omega_i^{\mathrm{PCI}}=\beta_i^{(L)} P_{\mathrm{PCI}} P_i^{-1}, i=1, \cdots, L \tag{4.245}$$

$$P_{\mathrm{PCI}}^{-1}=\sum_{i=1}^{L} \beta_i^{(L)} P_i^{-1} \tag{4.246}$$

其中系数 $\beta_i^{(L)}$ 用注4.11的方法给出。它的实际融合预报误差方差 $\bar{P}_{\mathrm{PCI}}$ 由式(4.237)给出,且 $\bar{P}_{\mathrm{PCI}}$ 有最小上界 P_{PCI}^C,即

$$P_{\mathrm{PCI}}^C=P_{\mathrm{PCI}}\left[\sum_{i=1}^{L} \sum_{j=1}^{L} \beta_i^{(L)} \beta_j^{(L)} P_i^{-1} P_{ij} P_j^{-1}\right] P_{\mathrm{PCI}} \tag{4.247}$$

$$\bar{P}_{\mathrm{PCI}} \leqslant P_{\mathrm{PCI}}^C \tag{4.248}$$

且有精度关系

$$P_{\mathrm{PCI}}^C \leqslant P_{\mathrm{PCI}} \tag{4.249}$$

$$\mathrm{tr} \bar{P}_{\mathrm{PCI}} \leqslant \mathrm{tr} P_{\mathrm{PCI}}^C \leqslant \mathrm{tr} P_{\mathrm{PCI}} \leqslant \mathrm{tr} P_i, i=1, \cdots, L \tag{4.250}$$

证明 类似于定理4.15和推论4.5的推导得证。

注4.12 由式(4.241),原始PCI融合器的鲁棒精度为 $\mathrm{tr}P_{\mathrm{PCI}}$,由式(4.250)引出改进的PCI融合器的鲁棒精度为 $\mathrm{tr}P_{\mathrm{PCI}}^C$,而 $\mathrm{tr}P_{\mathrm{PCI}}^C \leqslant \mathrm{tr}P_{\mathrm{PCI}}$,故改进的PCI融合器提高了鲁棒精度。比较式(4.246)与式(4.247),P_{PCI} 仅由诸局部估值误差方差保守上界 P_i 构成,而 P_{PCI}^C 不仅含有诸 P_i,而且还包含保守的互协方差 P_{ij} 的信息,因而能给出实际融合误差方差 $\bar{P}_{\mathrm{PCI}}$ 的最小上界,而 P_{PCI} 并不是最小上界,有较大的保守性。

注4.13 像SCI融合器一样,PCI融合器也与融合次序有关,仿真结果表明它的鲁棒精度对融合次序不是很灵敏。一种关于次序不灵敏的SCI融合器见文献[47]。

4.3 基于虚拟噪声技术和广义Lyapunov方程的极大极小鲁棒Kalman滤波方法

该方法适合处理带混合不确定性的不确定网络化系统的鲁棒滤波和鲁棒融合滤波问题,这是一类具有挑战性的难题。所谓混合不确定性是指包含建模不确定性(乘性噪声、不确定噪声方差等)和网络化随机不确定性(丢失观测、丢包、随机观测滞后等)两者的不确定性。

虚拟噪声补偿方法最初由Koning于1984年在文献[24]中提出,用于处理带乘性噪声和已知模型参数和噪声方差系统的最优(最小方差)Kalman滤波器设计问题。引入虚拟噪声将乘性噪声项补偿到过程噪声和观测噪声中,可将原系统化为带已知模型参数和虚拟噪声方差的标准系统,然后用标准Kalman滤波算法得到最优Kalman滤波器。新近

邓自立等在文献[13-23]中将该方法发展到处理带混合不确定系统的鲁棒和鲁棒融合Kalman滤波问题。对于带混合不确定性系统,引入虚拟噪声可将原系统化为仅带不确定噪声方差系统,然后基于广义Lyapunov方程,用4.1节提出的带不确定噪声方差系统的基于Lyapunov方程方法的极大极小鲁棒Kalman滤波方法设计鲁棒或鲁棒融合Kalman滤波器。该方法已成为解决混合不确定系统鲁棒融合滤波难题的通用的、有效的方法论[13-23]。用该方法论已提出了混合不确定系统统一的鲁棒融合Kalman滤波理论[13-23]。

4.3.1 带不确定噪声方差和乘性噪声系统鲁棒融合稳态Kalman预报器

例4.4 (在信号处理中的应用背景)考虑带时变随机参数和不确定噪声方差的多传感器AR信号

$$s(t)+a_1(t-1)s(t-1)+\cdots+a_n(t-n)s(t-n)=w(t-1) \tag{4.251}$$

$$a_k(t)=a_k+\xi_k(t),k=1,\cdots,n \tag{4.252}$$

$$y_i(t)=s(t)+v_i(t),i=1,\cdots,L \tag{4.253}$$

其中标量$s(t)$为待估信号,$a_k(t)$是带均值a_k和随机参数扰动(乘性噪声)$\xi_k(t)$的随机参数,$\xi_k(t)$是带零均值和已知方差$\sigma_{\xi_k}^2$的白噪声,$w(t)$和$v_i(t)$分别为标量输入和观测噪声,它们是带零均值、不确定实际噪声方差分别为$\bar{Q}$和$\bar{R}_i$的互不相关白噪声,且不相关于$\xi_k(t)$,但已知它们的保守上界,即

$$\bar{Q}\leqslant Q,\bar{R}_i\leqslant R_i,i=1,\cdots,L \tag{4.254}$$

且标量$y_i(t)$为第i个传感器对$s(t)$的观测,L为传感器的个数。问题是求信号$s(t)$的局部和加权融合鲁棒稳态Kalman预报器。

应用引理3.3,AR信号系统(4.251)—(4.253)有状态空间模型

$$x(t+1)=\begin{bmatrix}-a_1(t) & & \\ -a_2(t) & I_{n-1} & \\ \vdots & & \\ -a_n(t) & 0 \quad \cdots & 0\end{bmatrix}x(t)+\begin{bmatrix}1\\0\\\vdots\\0\end{bmatrix}w(t) \tag{4.255}$$

$$y_i(t)=[1,0,\cdots,0]x(t)+v_i(t),i=1,\cdots,L \tag{4.256}$$

$$s(t)=[1,0,\cdots,0]x(t) \tag{4.257}$$

将式(4.252)代入式(4.255)有

$$x(t+1)=\left\{\begin{bmatrix}-a_1 & & \\ -a_2 & I_{n-1} & \\ \vdots & & \\ -a_n & 0 \quad \cdots & 0\end{bmatrix}+\begin{bmatrix}-\xi_1(t) & 0 & \cdots & 0\\ -\xi_2(t) & 0 & \cdots & 0\\ \vdots & \vdots & & \vdots\\ -\xi_n(t) & 0 & \cdots & 0\end{bmatrix}\right\}x(t)+\begin{bmatrix}1\\0\\\vdots\\0\end{bmatrix}w(t) \tag{4.258}$$

其中定义常参数矩阵

$$\boldsymbol{\Phi}=\begin{bmatrix}-a_1 & & \\ -a_2 & I_{n-1} & \\ \vdots & & \\ -a_n & 0 \quad \cdots & 0\end{bmatrix},\boldsymbol{\Gamma}=\begin{bmatrix}1\\0\\\vdots\\0\end{bmatrix},H=[1,0,\cdots,0] \tag{4.259}$$

且定义矩阵 Φ 的参数扰动方位阵为

$$\Phi_k = \begin{bmatrix} 0 & 0 & \cdots & 0 \\ \vdots & \vdots & & \vdots \\ 0 & 0 & \cdots & 0 \\ -1 & 0 & \cdots & 0 \\ 0 & 0 & \cdots & 0 \\ \vdots & \vdots & & \vdots \\ 0 & 0 & \cdots & 0 \end{bmatrix} \tag{4.260}$$

其中，Φ_k 为 $n \times n$ 方位阵，它的第 1 列的第 k 个元素为 -1，其余元素为零。

于是 AR 信号系统可表示为带不确定噪声方差和乘性噪声系统

$$x(t+1) = (\Phi + \sum_{k=1}^{q} \xi_k(t)\Phi_k)x(t) + \Gamma w(t) \tag{4.261}$$

$$y_i(t) = Hx(t) + v_i(t), i = 1, \cdots, L \tag{4.262}$$

$$s(t) = Hx(t) \tag{4.263}$$

因为在式(4.261)中含有 $\xi_k(t)$ 与状态 $x(t)$ 相乘的项 $\xi_k(t)\Phi_k x(t)$，故称 $\xi_k(t)$ 为乘性噪声或状态相依噪声，它表示对确定常参数的随机扰动。

由式(4.261)信号 $s(t)$ 是状态 $x(t)$ 的第 1 个分量；因此信号 $s(t)$ 的鲁棒滤波问题转化为对状态 $x(t)$ 的鲁棒滤波问题。

下面考虑一般的带不确定噪声方差和乘性噪声的多传感器系统

$$x(t+1) = (\Phi + \sum_{k=1}^{q} \xi_k(t)\Phi_k)x(t) + \Gamma w(t) \tag{4.264}$$

$$y_i(t) = H_i x(t) + v_i(t), i = 1, \cdots, L \tag{4.265}$$

其中 $x(t) \in R^n$ 是状态，$y_i(t) \in R^{m_i}$ 是第 i 个传感器观测，$w(t) \in R^r$ 和 $v_i(t) \in R^{m_i}$ 分别是过程和观测噪声，标量随机参数扰动 $\xi_k(t) \in R^1$ 是带零均值和已知方差 $\sigma_{\xi_k}^2$ 的互不相关白噪声，Φ, H_i, Γ 和 Φ_k 是已知的适当维数矩阵，L 为传感器的个数，q 为乘性噪声的个数。

假设 1 $w(t)$ 和 $v_i(t)$ 是零均值、不确定实际方差分别为 $\bar{Q}$ 和 $\bar{R}_i$ 的互不相关白噪声，且它们不相关于诸乘性噪声 $\xi_k(t)$。

假设 2 不确定实际噪声方差 $\bar{Q}$ 和 $\bar{R}_i$ 有已知的保守上界，即

$$\bar{Q} \leqslant Q, \bar{R}_i \leqslant R_i, i = 1, \cdots, L \tag{4.266}$$

问题是设计局部和加权融合稳态 Kalman 预报器。

引入虚拟噪声补偿乘性噪声项，可将原系统化为带已知常参数阵 Φ 和不确定虚拟噪声方差系统，从而可用在4.1节介绍的基于Lyapunov方程的极大极小鲁棒Kalman滤波方法设计局部和融合稳态 Kalman 预报器。引入虚拟噪声 $w_a(t)$，即

$$w_a(t) = \sum_{k=1}^{q} \xi_k(t)\Phi_k x(t) + \Gamma w(t) \tag{4.267}$$

则原始状态方程(4.261)可化为常规的标准状态方程

$$x(t+1) = \Phi x(t) + w_a(t) \tag{4.268}$$

由假设1容易证明虚拟噪声 $w_a(t)$ 是带零均值的不相关于 $v_i(t)$ 的白噪声，且 $w_a(t)$ 的保守和实际方差分别为

$$Q_a = \sum_{k=1}^{q} \sigma_{\xi_k}^2 \Phi_k X \Phi_k^{\mathrm{T}} + \Gamma Q \Gamma^{\mathrm{T}} \tag{4.269}$$

$$\bar{Q}_a = \sum_{k=1}^{q} \sigma_{\xi_k}^2 \Phi_k \bar{X} \Phi_k^{\mathrm{T}} + \Gamma \bar{Q} \Gamma^{\mathrm{T}} \tag{4.270}$$

其中 X 和 $\bar{X}$ 分别为保守和实际状态 $x(t)$ 的稳态非中心二阶矩 $X = \mathrm{E}[x(t)x^{\mathrm{T}}(t)]$($x(t)$ 是保守状态) 和 $\bar{X} = \mathrm{E}[x(t)x^{\mathrm{T}}(t)]$($x(t)$ 是实际状态)。由式(4.264),它们分别满足广义的 Lyapunov 方程

$$X = \Phi X \Phi^{\mathrm{T}} + \sum_{k=1}^{q} \sigma_{\xi_k}^2 \Phi_k X \Phi_k^{\mathrm{T}} + \Gamma Q \Gamma^{\mathrm{T}} \tag{4.271}$$

$$\bar{X} = \Phi \bar{X} \Phi^{\mathrm{T}} + \sum_{k=1}^{q} \sigma_{\xi_k}^2 \Phi_k \bar{X} \Phi_k^{\mathrm{T}} + \Gamma \bar{Q} \Gamma^{\mathrm{T}} \tag{4.272}$$

注意,因 $\Gamma Q \Gamma^{\mathrm{T}} \geqslant 0, \Gamma \bar{Q} \Gamma^{\mathrm{T}} \geqslant 0$, 根据文献[25],广义的 Lyapunov 方程(4.271) 和(4.272) 存在唯一半正定解的充分条件为如下矩阵 Φ_δ 的谱半径 $\rho(\Phi_\delta) < 1$, 其中

$$\Phi_\delta = \Phi \otimes \Phi + \sum_{k=1}^{q} \sigma_{\xi_k}^2 \Phi_k \otimes \Phi_k \tag{4.273}$$

其中符号 $\otimes$ 表示 Kronecker 积。

假设 3 $\rho(\Phi_\delta) < 1$。

注意,假设 3 引出 Φ 是一个稳定矩阵[41]。

将式(4.271) 和式(4.272) 相减,应用 $\bar{Q} \leqslant Q$ 和假设 3 引出

$$\bar{X} \leqslant X \tag{4.274}$$

再将式(4.269) 和式(4.270) 相减,应用 $\bar{Q} \leqslant Q$ 和 $\bar{X} \leqslant X$ 引出

$$\bar{Q}_a \leqslant Q_a \tag{4.275}$$

这证明了虚拟噪声 $w_a(t)$ 的不确定实际方差 $\bar{Q}_a$ 有保守上界 Q_a。

对于带虚拟噪声系统(4.268) 和(4.265),因为它是带不确定噪声方差和已知常参数阵的系统,所以应用4.1 节提出的基于Lyapunov 方程的极大极小鲁棒融合 Kalman 滤波方法可设计所要求的局部和加权融合鲁棒稳态 Kalman 预报器。

4.3.2 带不确定噪声方差和丢失观测系统鲁棒稳态 Kalman 预报器

考虑带不确定噪声方差和丢失观测系统[26]

$$x(t+1) = \Phi x(t) + \Gamma w(t) \tag{4.276}$$

$$y(t) = \gamma(t) H x(t) + v(t) \tag{4.277}$$

其中 $x(t) \in R^n$ 为状态,$y(t) \in R^m$ 为观测,$w(t) \in R^r$ 和 $v(t) \in R^m$ 是带零均值、不确定实际方差分别为 $\bar{Q}$ 和 $\bar{R}$ 的互不相关白噪声,且它们各有已知的保守上界 Q 和 R,即 $\bar{Q} \leqslant Q$, $\bar{R} \leqslant R$,Φ, Γ, H 是已知的适当维数矩阵,$\gamma(t)$ 是取值为 1 或 0 的 Bernoulli 白噪声,即 $\gamma(0), \gamma(1), \cdots, \gamma(t), \cdots$ 是相互独立的随机序列,已知取值概率为

$$\mathrm{Prob}\{\gamma(t)=1\} = \lambda, \mathrm{Prob}\{\gamma(t)=0\} = 1-\lambda, 0 \leqslant \lambda \leqslant 1 \tag{4.278}$$

由式(4.277),当 $\gamma(t)=1$ 时有观测 $y(t) = Hx(t) + v(t)$ 被收到,当 $\gamma(t)=0$ 时有观测 $y(t) = v(t)$ 被收到,称为丢失观测。因为观测此时仅有噪声值,它不含有对状态的观测信息。

问题是求 $x(t)$ 的鲁棒稳态 Kalman 预报器。

容易证明 $\gamma(t)$ 有均值 $\mathrm{E}[\gamma(t)]=\lambda$。定义带零均值的白噪声

$$\gamma_0(t)=\gamma(t)-\lambda \tag{4.279}$$

容易证明:$\gamma_0(t)$ 是带零均值、方差为 $\sigma_{\gamma_0}^2=\lambda(1-\lambda)$ 的白噪声

$$\mathrm{E}[\gamma_0(t)]=0,\sigma_{\gamma_0}^2=\mathrm{E}[\gamma_0^2(t)]=\lambda(1-\lambda) \tag{4.280}$$

由式(4.277)有观测方程

$$y(t)=(\gamma_0(t)+\lambda)Hx(t)+v(t)=\lambda Hx(t)+\gamma_0(t)Hx(t)+v(t) \tag{4.281}$$

引入虚拟观测噪声 $v_a(t)$ 为

$$v_a(t)=\gamma_0(t)Hx(t)+v(t) \tag{4.282}$$

它补偿了乘性噪声项 $\gamma_0(t)Hx(t)$,则容易证明 $v_a(t)$ 是带零均值且不相关于 $w(t)$ 的白噪声,其保守和实际方差各为

$$R_a=\lambda(1-\lambda)HXH^{\mathrm{T}}+R \tag{4.283}$$

$$\bar{R}_a=\lambda(1-\lambda)H\bar{X}H^{\mathrm{T}}+\bar{R} \tag{4.284}$$

其中由式(4.276),保守和实际状态 $x(t)$ 的稳态非中心二阶矩 X 和 $\bar{X}$ 各为

$$X=\Phi X\Phi^{\mathrm{T}}+\Gamma Q\Gamma^{\mathrm{T}} \tag{4.285}$$

$$\bar{X}=\Phi\bar{X}\Phi^{\mathrm{T}}+\Gamma\bar{Q}\Gamma^{\mathrm{T}} \tag{4.286}$$

为了保证上述 Lyapunov 方程的唯一半正定解的存在,充分条件为 Φ 是一个稳定矩阵[11]。

将式(4.285)与式(4.286)相减并应用 $\bar{Q}\leqslant Q$ 和假设 3 引出

$$\bar{X}\leqslant X \tag{4.287}$$

将式(4.283)与式(4.284)相减,应用式(4.287)和 $\bar{R}\leqslant R$ 引出

$$\bar{R}_a\leqslant R_a \tag{4.288}$$

这证明了 $v_a(t)$ 的不确定实际噪声方差 $\bar{R}_a$ 有保守上界 R_a。

由式(4.281)和式(4.282)有带虚拟噪声的观测方程

$$y(t)=H_0x(t)+v_a(t) \tag{4.289}$$

其中定义 $H_0=\lambda H$。

对于带不确定噪声方差 $\bar{Q}$ 和 $\bar{R}_a$ 的系统(4.276)和(2.289),应用 4.1 节的 Lyapunov 方程方法可得极大极小鲁棒稳态 Kalman 预报器。

注 4.14 上述方法也适用于带不确定噪声方差和衰减观测系统[38](4.276)和(4.277),其中 $\gamma(t)$ 是在区间 $[\alpha,\beta](0\leqslant\alpha\leqslant\beta\leqslant1)$ 上有已知概率密度函数 $f(s)$,带已知均值 μ 和方差 σ_γ^2 的非 Bernoulli 白噪声。丢失观测是衰减观测的特殊情形。衰减观测反映了传感器的老化或网络化系统的寿命(能量)的衰减[39]。

4.3.3 带不确定噪声方差和丢包系统鲁棒稳态 Kalman 预报器

考虑带丢包和不确定噪声方差网络化系统[27]

$$x(t+1)=\Phi x(t)+\Gamma w(t) \tag{4.290}$$

$$z(t)=Hx(t)+v(t) \tag{4.291}$$

$$y(t)=\gamma(t)z(t)+(1-\gamma(t))y(t-1) \tag{4.292}$$

其中 t 是离散时间,$x(t) \in R^n$ 为状态,$z(t) \in R^m$ 为传感器观测,$y(t) \in R^m$ 为所设计的状态估值器收到的观测,$w(t) \in R^r$ 和 $v(t) \in R^m$ 是带零均值、不确定实际方差分别为 $\bar{Q}$ 和 $\bar{R}$ 的互不相关白噪声。已知 $\bar{Q}$ 和 $\bar{R}$ 的保守上界分别为 Q 和 R,即

$$\bar{Q} \leqslant Q, \bar{R} \leqslant R \tag{4.293}$$

$\gamma(t)$ 是取值为 1 或 0 的不相关于 $w(t)$ 和 $v(t)$ 的 Bernoulli 白噪声,已知取值概率为

$$\text{Prob}\{\gamma(t)=1\} = \lambda, \text{Prob}\{\gamma(t)=0\} = 1-\lambda, 0 \leqslant \lambda \leqslant 1$$

容易知道 $\gamma(t)$ 有均值 λ 和方差 $\lambda(1-\lambda)$,且 $\gamma^2(t)$ 有均值 λ,即

$$\text{E}[\gamma(t)] = \lambda, \text{E}[(\gamma(t)-\lambda)^2] = \lambda(1-\lambda), \text{E}[\gamma^2(t)] = \lambda$$

观测方程(4.292)表示在传感网络系统中的“丢包”现象。当 $\gamma(t)=1$ 时,表示估值器收到了传感器观测数据 $z(t)$;当 $\gamma(t)=0$ 时,表示在网络数据传输中 $z(t)$ 丢失,因而用上一时刻估值器收到的数据 $y(t-1)$ 近似代替。

将式(4.291)代入式(4.292)有观测方程

$$y(t) = \gamma(t)Hx(t) + \gamma(t)v(t) + (1-\gamma(t))y(t-1) \tag{4.294}$$

上述系统不是标准的状态空间模型,不能直接用标准的 Kalman 滤波算法设计鲁棒 Kalman 滤波器。因此引入等价的增广系统

$$x_a(t+1) = \Phi_a(t)x_a(t) + \Gamma_a(t)w_a(t) \tag{4.295}$$

$$y(t) = H_a(t)x_a(t) + \gamma(t)v(t) \tag{4.296}$$

其中定义

$$x_a(t) = \begin{bmatrix} x(t) \\ y(t-1) \end{bmatrix}, w_a(t) = \begin{bmatrix} w(t) \\ v(t) \end{bmatrix}, \Gamma_a(t) = \begin{bmatrix} \Gamma & 0 \\ 0 & \gamma(t)I_m \end{bmatrix}$$

$$\Phi_a(t) = \begin{bmatrix} \Phi & 0 \\ \gamma(t)H & (1-\gamma(t))I_m \end{bmatrix}, H_a(t) = [\gamma(t)H, (1-\gamma(t))I_m] \tag{4.297}$$

用去随机参数阵方法,取均值运算

$$\Phi_a = \text{E}[\Phi_a(t)] = \begin{bmatrix} \Phi & 0 \\ \lambda H & (1-\lambda)I_m \end{bmatrix}$$

$$\Gamma_a = \text{E}[\Gamma_a(t)] = \begin{bmatrix} \Gamma & 0 \\ 0 & \lambda I_m \end{bmatrix}$$

$$H_a = \text{E}[H_a(t)] = [\lambda H, (1-\lambda)I_m] \tag{4.298}$$

于是定义带零均值的白噪声 $\gamma_0(t) = \gamma(t) - \lambda$,则有

$$\tilde{\Phi}_a(t) = \Phi_a(t) - \Phi_a = \gamma_0(t)\begin{bmatrix} 0 & 0 \\ H & -I_m \end{bmatrix}$$

$$\tilde{\Gamma}_a(t) = \Gamma_a(t) - \Gamma_a = \gamma_0(t)\begin{bmatrix} 0 & 0 \\ 0 & I_m \end{bmatrix}$$

$$\tilde{H}_a(t) = H_a(t) - H_a = \gamma_0(t)[H, -I_m] \tag{4.299}$$

其中易知 $\gamma_0(t)$ 是带零均值、方差为 $\sigma_{\gamma_0}^2 = \lambda(1-\lambda)$ 的一维白噪声。定义

$$\Phi_e = \begin{bmatrix} 0 & 0 \\ H & -I_m \end{bmatrix}, \Gamma_e = \begin{bmatrix} 0 & 0 \\ 0 & I_m \end{bmatrix}, H_e = [H, -I_m] \tag{4.300}$$

则增广系统等价于如下带乘性噪声系统

$$x_a(t+1)=(\Phi_a+\gamma_0(t)\Phi_e)x_a(t)+(\Gamma_a+\gamma_0(t)\Gamma_e)w_a(t) \tag{4.301}$$

$$y(t)=(H_a+\gamma_0(t)H_e)x_a(t)+\gamma(t)v(t) \tag{4.302}$$

引入如下虚拟噪声 $w_f(t)$ 和 $v_f(t)$ 来补偿上两式中的乘性噪声项

$$w_f(t)=\gamma_0(t)\Phi_e x_a(t)+(\Gamma_a+\gamma_0(t)\Gamma_e)w_a(t) \tag{4.303}$$

$$v_f(t)=\gamma_0(t)H_e x_a(t)+\gamma(t)v(t) \tag{4.304}$$

则增广系统化为带已知常参数阵的标准的状态空间模型

$$x_a(t+1)=\Phi_a x_a(t)+w_f(t) \tag{4.305}$$

$$y(t)=H_a x_a(t)+v_f(t) \tag{4.306}$$

注意,由式(4.301),保守和实际增广状态 $x_a(t)$ 的稳态非中心二阶矩 $X_a=\mathrm{E}[x_a(t)x_a^{\mathrm{T}}(t)]$ 分别满足如下广义 Lyapunov 方程

$$X_a=\Phi_a X_a\Phi_a^{\mathrm{T}}+\lambda(1-\lambda)\Phi_e X_a\Phi_e^{\mathrm{T}}+\Gamma_a Q_a\Gamma_a^{\mathrm{T}}+\lambda(1-\lambda)\Gamma_e Q_a\Gamma_e^{\mathrm{T}} \tag{4.307}$$

$$\bar{X}_a=\Phi_a\bar{X}_a\Phi_a^{\mathrm{T}}+\lambda(1-\lambda)\Phi_e\bar{X}_a\Phi_e^{\mathrm{T}}+\Gamma_a\bar{Q}_a\Gamma_a^{\mathrm{T}}+\lambda(1-\lambda)\Gamma_e\bar{Q}_a\Gamma_e^{\mathrm{T}} \tag{4.308}$$

其中 $w_a(t)$ 的保守和实际方差分别为

$$Q_a=\mathrm{diag}(Q,R),\bar{Q}_a=\mathrm{diag}(\bar{Q},\bar{R}) \tag{4.309}$$

引入矩阵

$$\Phi_\delta=\Phi_a\otimes\Phi_a+\lambda(1-\lambda)\Phi_e\otimes\Phi_e \tag{4.310}$$

其中符号 $\otimes$ 表示 Kronecker 积。假设 Φ_δ 的谱半径小于1,即$\rho(\Phi_\delta)<1$,即假设 Φ_δ 是一个稳定矩阵。由于式(4.307)和式(4.308)右端第三项和第四项均为半正定矩阵,根据文献[25],则上述广义 Lyapunov 方程的唯一半正定解 $X_a\geqslant 0$ 和 $\bar{X}_a\geqslant 0$ 存在,且可用迭代法求之。于是虚拟噪声 $w_f(t)$ 和 $v_f(t)$ 的保守和实际方差及相关阵分别为

$$Q_f=\lambda(1-\lambda)\Phi_e X_a\Phi_e^{\mathrm{T}}+\Gamma_a Q_a\Gamma_a^{\mathrm{T}}+\lambda(1-\lambda)\Gamma_e Q_a\Gamma_e^{\mathrm{T}}$$

$$\bar{Q}_f=\lambda(1-\lambda)\Phi_e\bar{X}_a\Phi_e^{\mathrm{T}}+\Gamma_a\bar{Q}_a\Gamma_a^{\mathrm{T}}+\lambda(1-\lambda)\Gamma_e\bar{Q}_a\Gamma_e^{\mathrm{T}}$$

$$R_f=\lambda(1-\lambda)H_e X_a H_e^{\mathrm{T}}+\lambda R$$

$$\bar{R}_f=\lambda(1-\lambda)H_e\bar{X}_a H_e^{\mathrm{T}}+\lambda\bar{R}$$

$$S_f=\mathrm{E}[w_f(t)v_f^{\mathrm{T}}(t)]=\lambda(1-\lambda)\Phi_e X_a H_e^{\mathrm{T}}+\lambda\Gamma_a\begin{bmatrix}0\\R\end{bmatrix}+\lambda(1-\lambda)\Gamma_e\begin{bmatrix}0\\R\end{bmatrix}$$

$$\bar{S}_f=\lambda(1-\lambda)\Phi_e\bar{X}_a H_e^{\mathrm{T}}+\lambda\Gamma_a\begin{bmatrix}0\\\bar{R}\end{bmatrix}+\lambda(1-\lambda)\Gamma_e\begin{bmatrix}0\\\bar{R}\end{bmatrix} \tag{4.311}$$

且容易证明 $w_f(t)$ 和 $v_f(t)$ 是带零均值的白噪声。

由式(4.307)减去式(4.308),即 $\Delta X_a=X_a-\bar{X}_a$ 满足广义 Lyapunov 方程

$$\Delta X_a=\Phi_a\Delta X_a\Phi_a^{\mathrm{T}}+\lambda(1-\lambda)\Phi_e\Delta X_a\Phi_e^{\mathrm{T}}+\Gamma_a\Delta Q_a\Gamma_a^{\mathrm{T}}+\lambda(1-\lambda)\Gamma_e\Delta Q_a\Gamma_e^{\mathrm{T}} \tag{4.312}$$

因上式右端第三项和第四项均为半正定矩阵,且由 Φ_δ 的稳定性引出 Φ_a 是稳定矩阵[41],应用引理4.1引出 $\Delta X_a\geqslant 0$,即 $\bar{X}_a\leqslant X_a$。于是应用式(4.311)容易证明

$$\bar{Q}_f\leqslant Q_f,\bar{R}_f\leqslant R_f \tag{4.313}$$

即 Q_f 和 R_f 分别为 $\bar{Q}_f$ 和 $\bar{R}_f$ 的保守上界。

因为 Φ_a 是稳定矩阵,所以(Φ_a,H_a)是完全能检测的,假设$(\Phi_a-S_fR_f^{-1}H_a,G)$是完全能稳的,其中 $GG^{\mathrm{T}}=Q_f-S_fR_f^{-1}S_f^{\mathrm{T}}$,则对带虚拟噪声系统(4.305)和(4.306),存在保守稳态

Kalman 预报器,进而可用 4.1 节的方法设计极大极小鲁棒 Kalman 预报器。

4.3.4 带不确定噪声方差和随机观测滞后系统鲁棒稳态 Kalman 预报器

考虑带不确定噪声方差和随机观测滞后网络化系统[25]

$$x(t+1)=\Phi x(t)+\Gamma w(t) \tag{4.314}$$

$$z(t)=Hx(t)+v(t) \tag{4.315}$$

$$y(t)=\gamma(t)z(t)+(1-\gamma(t))z(t-1) \tag{4.316}$$

其中 $x(t)\in R^n$ 为状态,$z(t)\in R^m$ 为传感器观测,$y(t)\in R^m$ 为所设计的状态估值器收到的观测,$w(t)\in R^r$ 和 $v(t)\in R^m$ 是带零均值、不确定实际方差分别为 $\bar{Q}$ 和 $\bar{R}$ 的互不相关白噪声,已知它们的保守上界分别为 Q 和 R,即

$$\bar{Q}\leqslant Q,\bar{R}\leqslant R \tag{4.317}$$

$\gamma(t)$ 是取值为 1 或 0 的 Bernoulli 白噪声,取值概率为 $P\{\gamma(t)=1\}=\lambda,P\{\gamma(t)=0\}=1-\lambda,0\leqslant\lambda\leqslant 1$,且它不相关于 $w(t)$ 和 $v(t)$。若 $\gamma(t)=1$,则估值器收到传感器观测 $z(t)$;若 $\gamma(t)=0$,这意味着观测 $z(t)$ 在数据通信中出现滞后,即在时刻 t 观测 $z(t)$ 没有到达估值器,则规定在时刻 t 估值器收到前一时刻的传感器观测 $z(t-1)$,引起随机一步观测滞后。Φ,Γ 和 H 是已知的适当维数矩阵。

上述模型不是标准的状态空间模型,为了将其化为标准状态空间模型,将式(4.315)代入式(4.316)有观测方程

$$y(t)=\gamma(t)Hx(t)+\gamma(t)v(t)+(1-\gamma(t))Hx(t-1)+(1-\gamma(t))v(t-1) \tag{4.318}$$

引入增广系统状态 $x_a(t)$ 和增广噪声 $w_a(t)$ 为

$$x_a(t)=\begin{bmatrix}x(t)\\x(t-1)\\v(t-1)\end{bmatrix},w_a(t)=\begin{bmatrix}w(t)\\v(t)\end{bmatrix} \tag{4.319}$$

则原系统化为增广状态空间模型

$$\begin{bmatrix}x(t+1)\\x(t)\\v(t)\end{bmatrix}=\begin{bmatrix}\Phi&0&0\\I_n&0&0\\0&0&0\end{bmatrix}\begin{bmatrix}x(t)\\x(t-1)\\v(t-1)\end{bmatrix}+\begin{bmatrix}\Gamma&0\\0&0\\0&I_m\end{bmatrix}\begin{bmatrix}w(t)\\v(t)\end{bmatrix} \tag{4.320}$$

$$y(t)=[\gamma(t)H,(1-\gamma(t))H,(1-\gamma(t))I_m]\begin{bmatrix}x(t)\\x(t-1)\\v(t-1)\end{bmatrix}+\gamma(t)v(t) \tag{4.321}$$

定义

$$\Phi_a=\begin{bmatrix}\Phi&0&0\\I_n&0&0\\0&0&0\end{bmatrix},\Gamma_a=\begin{bmatrix}\Gamma&0\\0&0\\0&I_m\end{bmatrix},v_a(t)=\gamma(t)v(t)$$

$$H_a(t)=[\gamma(t)H,(1-\gamma(t))H,(1-\gamma(t))I_m] \tag{4.322}$$

则原系统化为状态空间模型

$$x_a(t+1)=\Phi_a x_a(t)+\Gamma_a w_a(t) \tag{4.323}$$

$$y(t)=H_a(t)x_a(t)+v_a(t) \tag{4.324}$$

注意 $\mathrm{E}[\gamma(t)]=\lambda$，定义 $\gamma_0(t)=\gamma(t)-\lambda$，则 $\gamma_0(t)$ 是带零均值、方差为 $\sigma_{\gamma_0}^2=\mathrm{E}[\gamma_0^2(t)]=\lambda(1-\lambda)$ 的白噪声。将 $\gamma(t)=\gamma_0(t)+\lambda$ 代入式(4.322)，则 $H_a(t)$ 可分解为

$$H_a(t)=H_a+\gamma_0(t)H_e \tag{4.325}$$

其中定义

$$\begin{gathered}H_a=[\lambda H,(1-\lambda)H,(1-\lambda)I_m]\\ H_e=[H,-H,-I_m]\end{gathered} \tag{4.326}$$

则式(4.324)化为带乘性观测噪声 $\gamma_0(t)$ 的观测方程

$$y(t)=(H_a+\gamma_0(t)H_e)x_a(t)+v_a(t) \tag{4.327}$$

引入虚拟观测噪声

$$v_f(t)=v_a(t)+\gamma_0(t)H_ex_a(t) \tag{4.328}$$

则有标准的观测方程

$$y(t)=H_ax_a(t)+v_f(t) \tag{4.329}$$

系统(4.323)和(4.329)构成标准的状态空间模型。

由式(4.317)容易证明 $w_a(t)$ 是带零均值的白噪声，其保守和实际方差各为

$$Q_a=\mathrm{diag}(Q,R),\bar{Q}_a=\mathrm{diag}(\bar{Q},\bar{R}),\bar{Q}_a\leqslant Q_a \tag{4.330}$$

假设 Φ 为稳定矩阵，显然 Φ_a 也为稳定矩阵，则由式(4.323)有 $x_a(t)$ 的保守和实际稳态非中心二阶矩 X_a 和 $\bar{X}_a$ 分别满足 Lyapunov 方程

$$\begin{gathered}X_a=\Phi_aX_a\Phi_a^{\mathrm{T}}+\Gamma_aQ_a\Gamma_a^{\mathrm{T}}\\ \bar{X}_a=\Phi_a\bar{X}_a\Phi_a^{\mathrm{T}}+\Gamma_a\bar{Q}_a\Gamma_a^{\mathrm{T}}\end{gathered} \tag{4.331}$$

容易证明虚拟观测噪声 $v_f(t)$ 是带零均值且相关于 $w_a(t)$ 的白噪声，其保守和实际方差及相关阵分别为

$$\begin{gathered}R_f=\lambda R+\lambda(1-\lambda)H_eX_aH_e^{\mathrm{T}}\\ \bar{R}_f=\lambda\bar{R}+\lambda(1-\lambda)H_e\bar{X}_aH_e^{\mathrm{T}}\\ S_f=\mathrm{E}[w_a(t)v_f^{\mathrm{T}}(t)]=\lambda\begin{bmatrix}0\\R\end{bmatrix},\bar{S}_f=\lambda\begin{bmatrix}0\\ \bar{R}\end{bmatrix}\end{gathered} \tag{4.332}$$

将式(4.332)中的两式相减，应用式(4.330)和引理4.1，易知 $\bar{X}_a\leqslant X_a$，于是由式(4.330)引出

$$\bar{R}_f\leqslant R_f \tag{4.333}$$

对于带不确定虚拟噪声方差系统(4.323)和(4.329)，应用4.1节的Lyapunov方程方法可设计极大极小鲁棒 Kalman 预报器。

4.3.5 带不确定噪声方差、随机观测滞后和丢失观测系统鲁棒稳态 Kalman 预报器

考虑带不确定噪声方差、随机一步观测滞后和丢失观测网络化系统[40]

$$x(t+1)=\Phi x(t)+\Gamma w(t) \tag{4.334}$$

$$z(t)=Hx(t)+v(t) \tag{4.335}$$

$$y(t)=\alpha(t)z(t)+(1-\alpha(t))\gamma(t)z(t-1)+(1-\alpha(t))(1-\gamma(t))v(t) \tag{4.336}$$

其中 $x(t)\in R^n$ 为状态，$z(t)\in R^m$ 为传感器观测，$y(t)\in R^m$ 为状态估值器收到的观测，$w(t)\in R^r$ 和 $v(t)\in R^m$ 是带零均值、不确定实际方差分别为 $\bar{Q}$ 和 $\bar{R}$ 的互不相关白噪声，

但已知它们的保守上界分别为 Q 和 R，即

$$\bar{Q} \leqslant Q, \bar{R} \leqslant R \tag{4.337}$$

$\boldsymbol{\Phi}, H$ 和 $\boldsymbol{\Gamma}$ 为已知常阵，$\alpha(t)$ 和 $\gamma(t)$ 是彼此不相关的，且不相关于 $w(t)$ 和 $v(t)$ 的取值为 1 或 0 的 Bernoulli 白噪声，取值概率各为

$$\begin{gathered}\operatorname{Prob}\{\alpha(t)=1\}=\lambda_\alpha, \operatorname{Prob}\{\alpha(t)=0\}=1-\lambda_\alpha, 0 \leqslant \lambda_\alpha \leqslant 1 \\ \operatorname{Prob}\{\gamma(t)=1\}=\lambda_\gamma, \operatorname{Prob}\{\gamma(t)=0\}=1-\lambda_\gamma, 0 \leqslant \lambda_\gamma \leqslant 1\end{gathered} \tag{4.338}$$

这引出

$$\begin{gathered}\mathrm{E}[\alpha(t)]=\lambda_\alpha, \mathrm{E}[\gamma(t)]=\lambda_\gamma, \mathrm{E}[\alpha^2(t)]=\lambda_\alpha, \mathrm{E}[\gamma^2(t)]=\lambda_\gamma \\ \mathrm{E}[(\alpha(t)-\lambda_\alpha)^2]=\lambda_\alpha(1-\lambda_\alpha), \mathrm{E}[(\gamma(t)-\lambda_\gamma)^2]=\lambda_\gamma(1-\lambda_\gamma)\end{gathered}$$

定义零均值 Bernoulli 白噪声

$$\alpha_0(t)=\alpha(t)-\lambda_\alpha, \gamma_0(t)=\gamma(t)-\lambda_\gamma \tag{4.339}$$

则有

$$\mathrm{E}[\alpha_0(t)]=0, \mathrm{E}[\alpha_0^2(t)]=\lambda_\alpha(1-\lambda_\alpha), \mathrm{E}[\gamma_0(t)]=0, \mathrm{E}[\gamma_0^2(t)]=\lambda_\gamma(1-\lambda_\gamma)$$

观测方程(4.336)的意义如下：当 $\alpha(t)=1$ 时，则有 $y(t)=z(t)$，即在时刻 t 的观测 $z(t)$ 被估值器收到；当 $\alpha(t)=0, \gamma(t)=1$ 时，则有 $y(t)=z(t-1)$，即出现一步观测滞后；当 $\alpha(t)=0$ 时，$\gamma(t)=0$，则有 $y(t)=v(t)$，即出现丢失观测，它不含有关于状态的观测信息，仅白噪声信号被收到。

将式(4.335)代入式(4.336)有观测方程

$$\begin{aligned}y(t)=\; & \alpha(t)Hx(t)+\alpha(t)v(t)+(1-\alpha(t))\gamma(t)Hx(t-1)+ \\ & (1-\alpha(t))\gamma(t)v(t-1)+(1-\alpha(t))(1-\gamma(t))v(t)\end{aligned} \tag{4.340}$$

引入增广状态和增广噪声为

$$x_a(t)=\begin{bmatrix}x(t)\\x(t-1)\\v(t-1)\end{bmatrix}, w_a(t)=\begin{bmatrix}w(t)\\v(t)\end{bmatrix}, v_a(t)=(1-\alpha(t))(1-\gamma(t))v(t)+\alpha(t)v(t) \tag{4.341}$$

则原系统化为增广状态空间模型

$$\begin{bmatrix}x(t+1)\\x(t)\\v(t)\end{bmatrix}=\begin{bmatrix}\boldsymbol{\Phi} & 0 & 0\\I_n & 0 & 0\\0 & 0 & 0\end{bmatrix}\begin{bmatrix}x(t)\\x(t-1)\\v(t-1)\end{bmatrix}+\begin{bmatrix}\boldsymbol{\Gamma} & 0\\0 & 0\\0 & I_m\end{bmatrix}\begin{bmatrix}w(t)\\v(t)\end{bmatrix} \tag{4.342}$$

$$y(t)=[\alpha(t)H, (1-\alpha(t))\gamma(t)H, (1-\alpha(t))\gamma(t)I_m]x_a(t)+v_a(t) \tag{4.343}$$

定义

$$\boldsymbol{\Phi}_a=\begin{bmatrix}\boldsymbol{\Phi} & 0 & 0\\I_n & 0 & 0\\0 & 0 & 0\end{bmatrix}, \boldsymbol{\Gamma}_a=\begin{bmatrix}\boldsymbol{\Gamma} & 0\\0 & 0\\0 & I_m\end{bmatrix}$$

$$H_a(t)=[\alpha(t)H, (1-\alpha(t))\gamma(t)H, (1-\alpha(t))\gamma(t)I_m] \tag{4.344}$$

则有增广状态空间模型

$$x_a(t+1)=\boldsymbol{\Phi}_a x_a(t)+\boldsymbol{\Gamma}_a w_a(t) \tag{4.345}$$

$$y(t)=H_a(t)x_a(t)+v_a(t) \tag{4.346}$$

将 $\alpha(t)=\alpha_0(t)+\lambda_\alpha, \gamma(t)=\gamma_0(t)+\lambda_\gamma$ 代入式(4.344)可将 $H_a(t)$ 分解为

$$H_a(t) = H_a + \widetilde{H}_a(t) \tag{4.347}$$

$$\begin{aligned} H_a &= [\lambda_\alpha H, (1-\lambda_\alpha)\lambda_\gamma H, (1-\lambda_\alpha)\lambda_\gamma I_m], \\ \widetilde{H}_a(t) &= [\alpha_0(t)H, (1-\lambda_\alpha)\gamma_0(t)H - \alpha_0(t)\gamma_0(t)H - \lambda_\gamma\alpha_0(t)H, \\ &\quad (1-\lambda_\alpha)\gamma_0(t)I_m - \alpha_0(t)\gamma_0(t)I_m - \lambda_\gamma\alpha_0(t)I_m] \end{aligned} \tag{4.348}$$

由 $\alpha(t)$ 和 $\gamma(t)$ 重组零均值不相关的白噪声

$$\begin{gathered} \beta_1(t) = \alpha_0(t), \beta_2(t) = \alpha_0(t)\gamma_0(t), \beta_3(t) = \gamma_0(t) \\ H_{a_1} = [H, -\lambda_\gamma H, -\lambda_\gamma I_m] \\ H_{a_2} = [0, -H, -I_m] \\ H_{a_3} = [0, (1-\lambda_\alpha)H, (1-\lambda_\alpha)I_m] \end{gathered} \tag{4.349}$$

则有

$$\widetilde{H}_a(t) = \sum_{i=1}^{3} \beta_i(t) H_{a_i} \tag{4.350}$$

于是式(4.346) 化为带乘性观测噪声 $\beta_i(t)$ 的观测方程

$$y(t) = (H_a + \sum_{i=1}^{3} \beta_i(t) H_{a_i}) x_a(t) + v_a(t) \tag{4.351}$$

容易证明 $\beta_i(t)(i=1,2,3)$ 是带零均值且不相关的白噪声,即 $\mathrm{E}[\beta_i(t)\beta_j(t)] = 0(i \neq j)$,且它们的方差分别为

$$\begin{gathered} \alpha_{\beta_1}^2(t) = \mathrm{E}[\beta_1^2(t)] = \lambda_\alpha(1-\lambda_\alpha) \\ \alpha_{\beta_2}^2(t) = \mathrm{E}[\beta_2^2(t)] = \lambda_\alpha\lambda_\gamma(1-\lambda_\alpha)(1-\lambda_\gamma) \\ \alpha_{\beta_3}^2(t) = \mathrm{E}[\beta_3^2(t)] = \lambda_\gamma(1-\lambda_\gamma) \end{gathered} \tag{4.352}$$

引入虚拟观测噪声

$$v_f(t) = \sum_{i=1}^{3} \beta_i(t) H_{a_i} x_a(t) + v_a(t) \tag{4.353}$$

假设 Φ 为稳定矩阵,则 Φ_a 也为稳定矩阵,由式(4.345) 引出状态 $x_a(t)$ 的稳态非中心二阶矩 $\mathrm{E}[x_a(t)x_a^{\mathrm{T}}(t)]$ 分别为

$$X_a = \Phi_a X_a \Phi_a^{\mathrm{T}} + \Gamma_a Q_a \Gamma_a^{\mathrm{T}}, \bar{X}_a = \Phi_a \bar{X}_a \Phi_a^{\mathrm{T}} + \Gamma_a \bar{Q}_a \Gamma_a^{\mathrm{T}} \tag{4.354}$$

其中由式(4.341) $w_a(t)$ 的保守和实际方差分别为

$$Q_a = \mathrm{diag}(Q, R), \bar{Q}_a = \mathrm{diag}(\bar{Q}, \bar{R}) \tag{4.355}$$

从而有 $v_f(t)$ 的保守和实际方差分别为

$$\begin{aligned} R_f &= \sum_{i=1}^{3} \alpha_{\beta_i}^2 H_{a_i} X_a H_{a_i}^{\mathrm{T}} + [1-(1-\lambda_\alpha)\lambda_\gamma]R \\ \bar{R}_f &= \sum_{i=1}^{3} \alpha_{\beta_i}^2 H_{a_i} \bar{X}_a H_{a_i}^{\mathrm{T}} + [1-(1-\lambda_\alpha)\lambda_\gamma]\bar{R} \end{aligned} \tag{4.356}$$

由式(4.337) 引出 $\bar{Q}_a \leqslant Q_a$,进而由式(4.354) 的两式相减并应用引理4.1 引出 $\bar{X}_a \leqslant X_a$,于是由式(4.356) 有 R_f 是 $\bar{R}_f$ 的保守上界,即

$$\bar{R}_f \leqslant R_f \tag{4.357}$$

且容易导出 $w_a(t)$ 和 $v_f(t)$ 的保守和实际相关阵分别为

$$S_f = \begin{bmatrix} 0 \\ [1-(1-\lambda_\alpha)\lambda_\gamma]R \end{bmatrix}, \bar{S}_f = \begin{bmatrix} 0 \\ [1-(1-\lambda_\alpha)\lambda_\gamma]\bar{R} \end{bmatrix} \tag{4.358}$$

对于带不确定虚拟噪声方差系统(4.345)和(4.351),应用4.1节的Lyapunov方程方法可设计极大极小鲁棒稳态Kalman预报器。

注4.15 4.3.2—4.3.5小节是对单传感器系统设计鲁棒稳态Kalman预报器,对相应的多传感器系统,可用4.3.2—4.3.5小节的方法设计局部鲁棒稳态Kalman预报器,然后用Lyapunov方程方法设计鲁棒融合器,也可用上述方法直接设计集中式和加权观测融合器。

注4.16 4.3.5小节的方法完全不同于文献[40]中对带已知噪声方差系统基于线性最小均方误差(MMSE)原理的最优鲁棒滤波方法。

注4.17 由邓自立等新近三年在文献[13-23]中提出的处理混合不确定网络化系统鲁棒融合Kalman滤波问题的基于虚拟噪声和广义Lyapunov方程的极大极小鲁棒Kalman滤波方法的意义如下:

(1) 克服了邓自立等在2014年提出的基于Lyapunov方程的极大极小鲁棒Kalman滤波方法[1-3]的局限性。它仅适用于处理带不确定噪声方差系统,而假设模型参数是精确已知的,不能处理带乘性噪声、丢失观测、丢包、随机观测滞后等混合不确定性系统。

(2) 克服了文献中的最优鲁棒滤波方法[24,28-30]的局限性。它仅适用于噪声方差精确已知,但包含乘性噪声、丢失观测、丢包等随机不确定性的系统。它的特点是直接应用新息分析方法(投影方法)或线性无偏最小方差估计准则导出最优鲁棒滤波器,或引入虚拟噪声化原系统为标准系统后用最优Kalman滤波算法得最优滤波器。

(3) 克服了Koning[24]的原始的虚拟噪声方法的局限性。它仅适用于解决噪声方差精确已知和带随机参数(乘性噪声)系统的最优Kalman滤波问题。

(4) 对同时带不确定噪声方差和随机不确定性(乘性噪声、丢失观测、丢包、随机观测滞后等)两者的混合不确定网络化系统,所提出的新方法的基本原理是用引入虚拟噪声补偿随机不确定性,将原混合系统转化为仅带不确定虚拟噪声方差的系统,从而可用在4.1节提出的基于Lyapunov方程方法的极大极小鲁棒Kalman滤波方法设计鲁棒融合Kalman估值器。为此我们需要求虚拟噪声的保守上界。这要求解广义Lyapunov方程[25]。它容易用迭代法求解。

(5) 引入虚拟噪声补偿网络化系统中的随机不确定性有两种方式:一种是直接方式[14],即对仅含乘性噪声的不确定系统,可直接引入虚拟噪声将乘性噪声补偿(合并)到虚拟噪声中,从而虚拟噪声包含乘性噪声项和原始系统的加性噪声(过程噪声和观测噪声);另一种是间接补偿[16,17],即先将带丢失观测系统化为带乘性观测噪声系统之后再引入虚拟观测噪声,或将带丢包或带随机观测滞后系统用增广状态方法先将其化为带乘性噪声系统,然后再引入虚拟噪声,转化原系统为仅带不确定噪声方差系统。

注4.18 我们要求乘性噪声$\beta_i(t)$是带零均值的互不相关白噪声。用去随机参数阵法,对(4.344)取均值运算可直接得到(4.348)中的$H_a = \mathrm{E}[H_a(t)]$,进而由$\widetilde{H}_a(t) = H_a(t) - H_a$似乎可引入乘性噪声$\beta_1(t) = \alpha(t) - \lambda_\alpha$,$\beta_2(t) = \alpha(t)\gamma(t) - \lambda_\alpha\lambda_\gamma$,$\beta_3(t) = \gamma(t) - \lambda_\gamma$。但这是不可取的,因为容易验证$\beta_1(t)$与$\beta_2(t)$相关,且$\beta_3(t)$与$\beta_2(t)$相关,虽然它们有零均值。用(4.349)定义的白噪声$\beta_i(t)$叫重组白噪声。

4.4 混合不确定网络化系统极大极小鲁棒 Kalman 滤波的关键技术

我们提出的这些关键技术保证了所提出的鲁棒 Kalman 滤波新方法的有效性、可实现性和可应用性,也保证了所提出的鲁棒 Kalman 滤波理论的严谨性。

所提出的关键技术主要包括:

(1) 虚拟噪声补偿技术。混合不确定网络化系统通过变换可转化为带不确定噪声方差和乘性噪声系统,进而引入虚拟噪声补偿系统模型中的乘性噪声项,可将系统进一步转化为仅带不确定虚拟噪声方差系统。于是可用基于 Lyapunov 方程方法的极大极小鲁棒 Kalman 滤波方法设计鲁棒融合 Kalman 估值器。通过引入虚拟噪声可将混合不确定网络化系统化为带不确定噪声方差的常规标准系统。虚拟噪声是实现模型转化的桥梁。

(2) 基于 Lyapunov 方程和广义 Lyapunov 方程的鲁棒性分析技术。它将局部和融合鲁棒 Kalman 估值器的鲁棒性证明转化为 Lyapunov 方程和广义 Lyapunov 方程的解的半正定性问题。

(3) 设计鲁棒 Kalman 估值器的一种统一技术。文献[1-3] 用基于 Lyapunov 方程的极大极小鲁棒 Kalman 滤波方法分别单独地设计鲁棒预报器、滤波器和平滑器,且文献[3] 用增广状态方法将平滑问题转化为滤波问题处理,引起较大的计算负担。新近文献[13-16] 提出了基于鲁棒 Kalman 预报器设计滤波器和平滑器的统一技术,避免了增广状态方法,可减少计算负担,便于计算保守和实际估值误差方差,且便于鲁棒性分析。这一技术的关键思想是将滤波器和平滑器误差表示为预报器误差与过程和观测噪声的线性组合相加的形式,从而很容易计算保守和实际滤波和预报误差方差。

(4) 稳态鲁棒 Kalman 估值器的直接和间接实现技术。文献[1-3,14,19,20] 对时变鲁棒 Kalman 估值器用当 $t \to \infty$ 时取极限的方法得到相应的稳态 Kalman 估值器,这叫间接实现技术。文献[31-33] 直接基于经典稳态 Kalman 滤波理论及稳态 Lyapunov 方程或广义 Lyapunov 方程[25] 的性质设计稳态鲁棒 Kalman 估值器,这叫直接实现技术。

(5) 鲁棒性证明的半正定矩阵分解和初等变换技术[14,19,20]。证明所设计的估值器具有鲁棒性(即实际估值误差方差有保守上界) 是一个困难问题。用所提出的 Lyapunov 方程方法这个问题可转化为判定一个 Lyapunov 方程解的半正定性问题。解决一个对称矩阵的半正定性问题的一种方法是采用半正定矩阵分解方法,即将原始复杂的对称矩阵分解为若干个简单的子矩阵之和,若每个子矩阵是半正定的,则原始对称矩阵是半正定的[14,19,20]。另一种方法是将原始对称矩阵进行矩阵的行和列的初等变换[14,17],将其化为一个半正定矩阵,因初等变换矩阵是非奇异的,故引出原始对称矩阵是半正定的。这种半正定矩阵的分解和初等变换技术可解决非常复杂且困难的鲁棒性证明问题[17]。Schur 补是证明矩阵半正定性的有力工具[36]。

(6) 基于 DESA 方法和 DVESA 方法的鲁棒估值器按实现收敛性分析技术。用这种技术已系统地提出了带混合不确定性多传感器网络化系统的按实现收敛性理论[13-21],特别在文献[13,18,19] 中详细用邓自立提出的动态误差系统分析(DESA) 方法和动态方差误差系统分析(DVESA) 方法[34,6] 证明了鲁棒融合 Kalman 估值器按实现收敛性的三种模态,发展了经典 Kalman 滤波理论中关于收敛性分析的概念、方法和理论[35],已形成了一种通用的收敛性与分析技术或工具。经典 Kalman 滤波仅涉及最优时变 Kalman 滤波器和相应的稳态 Kalman 滤波之间按均方收敛性意义下的收敛性[35],而我们提出了最优时变 Kalman 滤波器和相应的稳态 Kalman 滤波之间按一个实现收敛性新概念、方法和全新的收敛性理论[34,6],且按一个实现收敛性具有重要的理论和应用意义[34]。经典 Kalman 滤波收敛性理论仅涉及同一个系统的最优时变 Kalman 滤波器和稳态 Kalman 滤波之间的收敛性[35]。而我们提出的鲁棒融合器按一个实现收敛性理论涉及对时变系统和相应的时不变系统两个不同系统的时变和稳态 Kalman 滤波之间的按实现收敛性,我们提出了它们之间按实现收敛性的三种模态[13,18,19],同经典 Kalman 滤波收敛理论[35] 有本质的区别。

(7) 基于鲁棒精度和实际精度概念的鲁棒估值器精度分析技术。不确定系统鲁棒估值器的鲁棒精度和实际精度概念于 2013 年首先由邓自立提出[8],文献[8] 用估值误差方差阵的迹作为精度指标,较小的迹意味着较高的精度。由估值器的鲁棒性引出其所有容许的实际估值误差方差阵的最小上界就是其保守估值误差方差阵。定义鲁棒估值器的鲁棒精度为其保守估值误差方差阵的迹,而实际精度为其实际估值误差方差阵的迹,则有鲁棒精度就是其最低的实际精度或最坏的实际精度,所有容许的实际精度均高于其鲁棒精度。鲁棒精度从总体上控制了实际精度,因此也称鲁棒精度为鲁棒估值器的总体精度。这将不确定多传感器系统的局部和融合鲁棒估值器的精度分析问题归结为它们相应的局部和融合估值器的鲁棒精度的比较,即归结为相应的保守系统的保守的估值误差方差的比较。这个问题在最优信息融合滤波理论[6] 中已得到解决。在文献[1-3,13-23] 中我们已成功解决了混合不确定系统鲁棒估值器的精度分析问题。上述精度分析方法已成为鲁棒估值器的一种通用的和有效的精度分析技术。其基本原理是比较最坏情形保守系统最优估值器的精度。

(8) 不确定噪声方差最小上界辨识和新息检验判决技术。对于带不确定噪声方差和随机不确定性两者的混合不确定系统,应用基于 Lyapunov 方程的极大极小鲁棒 Kalman 滤波方法设计鲁棒局部和融合 Kalman 估值器时,需要假设已知噪声方差保守上界。然而在许多应用问题中噪声方差保守上界是未知的。特别地,噪声方差最小上界(极大值噪声方差) 是未知的。噪声方差保守上界直接影响新设计的鲁棒估值器的鲁棒精度。选择保守性较大的噪声方差上界将导致较大的保守估值误差方差阵,因而导致估值器的鲁棒精度降低。因此选择保守性最小的上界(即选择实际噪声方差最大值) 具有重要的理论和应用意义。实际噪声方差容许的最大值可用在文献[23] 中提出的辨识方法和新息检验差别法求得。基于对最坏情形(噪声方差取极大值情形) 系统的观测数据用系统辨识方法可辨识与原始带混合不确定性系统等价的仅带不确定虚拟噪声方差系统的极大值虚拟噪声方差,并用新提出的新息检验判别法检验辨识结果是否正确。若辨识结果被检验是正确的,则选择比极大值虚拟噪声方差稍大的方差,就是保守性较小的虚拟噪声方差,任何比极大值虚拟噪声方差小的方差都不是实际虚拟噪声方差的上界。对于带不确定虚拟噪声方差系统,基于所选择的虚拟噪声方差的保守上界,可用所提出的 Lyapunov 方程方法[1-3] 设计原始混合不确定系统的鲁棒估值器。

注意上述辨识方法不是辨识原始混合不确定系统的极大值噪声方差,而是辨识等价的带不确定虚拟噪声方差系统的极大值虚拟噪声方差。因为原系统与等价系统有相同的最坏情形下的观测数据。后者是一个常规系统的方差辨识问题,可用经典系统辨识方法(相关方法)辨识噪声方差,而前者不是常规系统(例如含有乘性噪声等),经典辨识方法不能处理这类系统辨识问题。应强调指出,原始混合不确定系统的鲁棒估计问题已转化为带不确定方差虚拟噪声系统的鲁棒估计问题,因此我们不需要辨识原始系统极大值噪声方差,不需要求原始系统噪声方差保守上界。

在文献[23]提出的辨识方法中最坏情形系统的观测数据在应用问题中通常是在已有的历史观测数据库中选取"最坏情形"的数据来辨识极大值噪声方差,因此不能保证还可能有"更坏情形"出现。因此在应用中通常不选取新辨识的极大值噪声方差作为保守上界,而留有余地,选择比所辨识的极大值噪声方差稍大一点的方差作为实际噪声方差保守上界,否则有可能出现滤波发散现象。

(9)基于最优信息融合估计理论的极大极小鲁棒融合估计技术。上面所提出的极大极小鲁棒融合估计方法本质上是将不确定系统的鲁棒融合估计问题转化为最坏情形保守系统(带噪声方差保守上界系统)设计最优(最小方差)估值器,即转化为常规系统的最优融合估计问题。因此对于带已知模型参数和噪声统计的多传感器系统的最优加权状态融合、加权观测融合、集中式融合估值器[6],可直接被用于设计相应的鲁棒融合估值器[13-23]。

(10)模型转化技术。处理ARMA信号鲁棒滤波问题,通常首先将ARMA信号化为等价的状态空间模型[23],根据不同情形可化为不同的典范型。因而将ARMA信号鲁棒滤波问题转化为鲁棒状态估计问题。注意一个随机参数阵总可分解为它的均值矩阵(常阵)与一个带零均值的随机参数扰动矩阵之和的形式。这可用对随机参数阵取数学期望运算实现这种分解。从而可将带随机参数阵系统转化为带常参数阵和乘性噪声(随机参数扰动)系统[24]。对带丢包和随机观测滞后系统可用增广状态方法将其转化为乘性噪声系统[16,17]。对带丢失观测系统用对观测阵取数学期望运算,可将其化为在观测阵中带乘性噪声系统[13]。进一步引入虚拟噪声可将系统化为带常参数阵和不确定噪声方差系统的鲁棒滤波问题。

(11)增广状态、增广噪声、增广协方差阵技术。在处理带丢包、随机观测滞后系统鲁棒滤波问题以及带有色观测噪声不确定系统鲁棒滤波问题时常常需要引入增广状态将系统模型化为标准的状态空间模型[14,25,27]。在鲁棒性证明过程中,常常需要引入增广虚拟噪声(由虚拟过程噪声和虚拟观测噪声组成)或增广协方差阵(由所有局部估值误差方差阵增广而成的高维分块矩阵)[13-23]。

(12)去随机参数阵技术。对带随机参数阵和不确定噪声方差系统,每个随机参数阵(状态矩阵和观测矩阵)可分解为它的均值矩阵与一个带零均值的随机参数扰动矩阵之和[16,24],然后引入虚拟噪声补偿随机扰动项,就得到带已知确定的参数阵和不确定虚拟噪声方差系统[16]。因而可用所提出的基于Lyapunov方程方法的极大极小鲁棒Kalman滤波方法解决鲁棒滤波问题。

(13)所提出的CI融合鲁棒Kalman滤波方法的关键技术包括:(i)基于噪声方差保守上界提出了计算局部估值及其实际估值误差最小上界的极大极小鲁棒Kalman滤波方法;(ii)利用保守的局部估值误差互协方差信息得到了实际CI融合估值误差方差的最小

上界，提出了改进的 CI 融合器，克服了原始 CI 融合方法给出的实际 CI 融合误差方差的上界具有较大保守性的缺点，提高了 CI 融合器的鲁棒精度；（iii）为了减小原始 CI 融合器的计算和通信负担，提出了 SCI 融合器，它是一种递推的两传感器 CI 融合器，它也是一种特殊的 BCI 融合器；（iv）为了节省计算时间，提出 PCI 融合器，它是一种多级并行的两传感器 CI 融合器，它本质上也是一种特殊的 BCI 融合器；（v）利用保守的局部估值误差互协方差信息，提出了改进的 SCI 和改进的 PCI 融合器，给出了实际融合误差方差的最小上界，提高了原始 SCI 和 PCI 融合器的鲁棒精度；（vi）给出了改进的 CI 融合器的几何解释：它的误差方差椭圆是包含所有容许的实际误差方差椭圆的最紧的椭圆。

参 考 文 献

[1] QI W J, ZHANG P, DENG Z L. Robust Weighted Fusion Kalman Filters for Multisensor Time-varying Systems with Uncertain Noise Variances[J]. Signal Processing, 2014, 99: 185-200.

[2] QI W J, ZHANG P, NIE G H, et al. Robust Weighted Fusion Kalman Predictors with Uncertain Noise Variances[J]. Digital Signal Processing, 2014, 30: 37-54.

[3] QI W J, ZHANG P, DENG Z L. Robust Weighted Fusion Time-varying Kalman Smoothers for Multisensor System with Uncertain Noise Variances[J]. Information Sciences, 2014, 282: 15-37.

[4] CHEN Y L, CHEN B S. Minimax Robust Deconvolution Filters under Stochastic Parametric and Noise Uncertainties[J]. IEEE Transactions on Signal Processing, 1994, 42(1): 32-45.

[5] ZHANG H S, ZHANG D, XIE L H, et al. Robust Filtering under Stochastic Parametric Uncertainties[J]. Automatica, 2004, 40: 1583-1589.

[6] 邓自立. 信息融合估计理论及其应用[M]. 北京：科学出版社，2012.

[7] DENG Z L, ZHANG P, QI W J, et al. Sequential Covariance Intersection Fusion Kalman Filter[J]. Information Sciences, 2012, 189(7): 293-309.

[8] DENG Z L, ZHANG P, QI W J, et al. The Accuracy Comparison of Multisensor Covariance Intersection Fuser and Three Weighting Fusers[J]. Information Fusion, 2013, 14(2): 177-185.

[9] 邓自立，齐文娟，张鹏. 鲁棒融合卡尔曼滤波理论及应用[M]. 哈尔滨：哈尔滨工业大学出版社，2016.

[10] JULIER S J, UHLMANN J K. Non-divergent Estimation Algorithm in the Presence of Unknown Correlations[C]. American Control Conference, 1997, 4(4): 2369-2373.

[11] KAILATH T, SAYED A H, HASSIBI B. Linear Estimation[M]. Englewood Cliffs: Prentice Hall, 2000.

[12] NIEHSEN W. Information Fusion Based on Fast Covariance Intersection Filtering[C]. Proceedings of the 5th International Conference On Information Fusion, 2002:901-905.

[13] LIU W Q, WANG X M, DENG Z L. Robust Centralized and Weighted Measurement Fusion Kalman Estimators for Uncertain Multisensor Systems with Linearly Correlated White Noises[J]. Information Fusion, 2017, 35:11-25.

[14] WANG X M, LIU W Q, DENG Z L. Robust Weighted Fusion Kalman Estimators for Multi-model Multisensor Systems with Uncertain-variance Multiplicative and Linearly Correlated Additive White Noises[J]. Signal Processing, 2017,137: 339-355.

[15] WANG X M, LIU W Q, DENG Z L. Robust Weighted Fusion Kalman Estimators for Systems with Multiplicative Noises, Missing Measurements and Uncertain-variance Linearly Correlated White Noises[J]. Aerospace Science and Technology, 2017, 68: 331-344.

[16] YANG C S, DENG Z L. Robust Time-varying Kalman Estimators for Systems with Uncertain-variance Multiplicative and Linearly Correlated Additive White Noises, and Packet Dropouts[J]. Journal of Adaptive Control and Signal Processing, 2018, 32(1): 147-169.

[17] YANG C S, YANG Z B, DENG Z L. Robust Weighted State Fusion Kalman Estimators for Networked Systems with Mixed Uncertainties[J]. Information Fusion, 2019,45(1): 246-265.

[18] LIU W Q, WANG X M, DENG Z L. Robust Centralized and Weighted Measurement Fusion Kalman Predictors with Multiplicative Noises, Uncertain Noise Variances, and Missing Measurements[J]. Circuits, Systems and Signal Processing, 2018, 37(2): 770-809.

[19] LIU W Q, WANG X M, DENG Z L. Robust Centralized and Weighted Measurement Fusion Kalman Estimators for Multisensor Systems with Multiplicative and Uncertain-covariance Linearly Correlated White Noises[J]. Journal Franklin Institute, 2017, 354(4): 1992-2031.

[20] LIU W Q, WANG X M, DENG Z L. Robust Weighted Fusion Kalman Estimators for Multisensor Systems with Multiplicative Noises and Uncertain-covariances Linearly Correlated White Noises[J]. International Journal Robust Nonlinear Control, 2017, 27(12):2019-2052.

[21] LIU W Q, WANG X M, DENG Z L. Robust Centralized and Weighted Measurement Fusion White Noise Deconvolution Estimators for Multisensor Systems with Mixed Uncertainties[J]. International Journal of Adaptive Control and Signal Processing, 2018, 32(1):185-212.

[22] LIU W Q, WANG X M, DENG Z L. Robust Kalman Estimators for Systems with Mixed Uncertainties[J]. Optimal Control Application Methods, 2018, 39:735-756.

[23] LIU W Q, WANG X M, DENG Z L. Robust Kalman Estimators for Systems with Multiplicative and Uncertain-variance Linearly Correlated Additive White Noises[J]. Aerospace Science and Technology, 2018, 72: 230-247.

[24] KONING W L DE. Optimal Estimation of Linear Discrete-time Systems with

Stochastic Parameters[J]. Automatica, 1984, 20(1): 113-115.

[25] WANG Z D, HO D W C, LIU X H. Robust Filtering under Randomly Varying Sensor Delay with Variance Constraints[J]. IEEE Transactions on Circuits and Systems II: Express Briefs, 2004, 51(6): 320-326.

[26] NAHI N E. Optimal Recursive Estimation with Uncertain Observation[J]. IEEE Transactions on Information Theory, 1969, 15 (4):457-462.

[27] SUN S L, XIE L H, XIAO W D, et al. Optimal Linear Estimation for Systems with Multiple Packet Dropouts[J]. Automatica, 2008, 44(5): 1333-1342.

[28] SUN S L. Linear Minimum Variance Estimators for Systems with Bounded Random Measurement Delays and Packet Dropouts[J]. Signal Processing, 2009, 89(7): 1457-1466.

[29] WANG X, SUN S L. Optimal Recursive Estimation for Networked Descriptor Systems with Packet Dropouts, Multiplicative Noises and Correlated Noises[J]. Aerospace Science and Technology, 2017, 63: 41-53.

[30] LIU W. Optimal Filtering for Discrete-time Linear Systems with Time-correlated Multiplicative Measurement Noises[J]. IEEE Transactions on Automatic Control, 2016, 61(7): 1972-1978.

[31] QI W J, ZHANG P, DENG Z L. Robust Weighted Fusion Steady-state Kalman Predictors with Uncertain Noise Variances[J]. IEEE Transactions on Aerospace & Electronic Systems, 2016, 52(3): 1077-1088.

[32] QI W J, ZHANG P, DENG Z L. Robust Weighted Information Fusion Steady-state Kalman Smoothers for Multisensor System with Uncertain Noise Variances[J]. Ima Journal of Mathematical Control & Information,2016, 33(2):365-380.

[33] LIU W Q, WANG X M, DENG Z L. Robust Weighted Fusion Steady-state White Noise Deconvolution Smoothers for Multisensor Systems with Uncertain Noise Variances[J]. Signal Processing, 2016, 122: 98-114.

[34] DENG Z L, GAO Y, LI C B, et al. Self-tuning Decoupled Information Fusion Wiener State Component Filters and Their Convergence[J]. Automatica, 2008, 44(3): 685-695.

[35] CHUI C K, CHEN G. Kalman Filtering with Real-time Applications[M]. 4th ed. New York: Springer, 1998.

[36] KAILATH T, SAYED A H, HASSIBI B. Linear Estimation[M]. 2nd ed. New York: Prentice Hall,2012.

[37] YANG C S, YANG Z B, DENG Z L. Guaranteed Cost Robust Weighted Measurement Fusion Steady-state Kalman Predictors with Uncertain Noise Variances[J]. Aerospace Science & Technology, 2015, 46 (14): 459-470.

[38] SUN S L, TIAN T, LIN H L. State Estimators for Systems with Random Parameter Matrices, Stochastic Nonlinearities, Fading Measurements and Correlated Noises[J]. Information Sciences, 2017, 397-398: 118-136.

[39] SUN S L, LIN H L, MA J, et al. Multi-sensor Distributed Fusion Estimation with Applications in Networked Systems: A Review Paper[J]. Information Fusion, 2017, 38: 122-134.
[40] CHEN D Y, XU L, DU J H. Optimal Filtering for Systems with Finite-step Autocorrelated Process Noises, Random One-step Sensor Delay and Missing Measurements[J]. Communications in Nonlinear Science & Numerical Simulation, 2016, 32: 211-224.
[41] 李金玉. 关于矩阵 Kronecker 积的谱半径不等式[J]. 工程数学,2002,18(2): 64-67.
[42] 田铮, 秦超英,等. 随机过程与应用[M]. 北京:科学出版社, 2007.
[43] 袁亚湘, 孙文瑜. 最优化理论与方法[M]. 北京:科学出版社, 2003.
[44] 王雪梅,刘文强,邓自立. 不确定系统改进的鲁棒协方差交叉融合稳态 Kalman 预报器[J]. 自动化学报,2016,42(8):1198-1206.
[45] 王雪梅,刘文强,邓自立. 带丢失观测和不确定噪声方差系统改进的鲁棒协方差交叉融合稳态 Kalman 滤波器[J]. 控制理论与应用,2016,33(7):973-979.
[46] 王雪梅,刘文强,邓自立. 带不确定协方差线性相关白噪声系统改进的鲁棒协方差交叉融合稳态 Kalman 估值器[J]. 控制与决策,2016,31(10):1749-1756.
[47] CONG J L, LI Y Y, QI G Q, et al. An Order Insensitive Sequential Fast Covariance Intersection[J]. Information Sciences, 2016,367-368:28-40.

第5章　不确定系统改进的CI融合鲁棒Kalman估值器

5.1　引　　言

多传感器信息融合估计的目的是得到系统状态的一个融合估值器,这个估值器是由多传感器系统中的局部观测数据或局部状态估值融合而成,它的精度要高于每一个局部估值器的精度[1]。为了改善系统状态的估值精度,将经典最优滤波理论与多传感器信息融合相互渗透、交叉产生了多传感器最优信息融合滤波理论[1-3],且被广泛应用到包括国防、导航、信号处理、GPS定位等多个领域[4,5]。在信息融合估值理论中,融合方法非常重要。基于Kalman滤波的两种基本融合方法是状态融合方法和观测融合方法[2],这两种融合方法都可用集中式融合滤波和分布式融合滤波两种形式实现[6-8]。通常,分布式融合Kalman滤波器是用加权局部Kalman滤波器得到的。在无偏线性最小方差(Unbiased Linear Minimum Variance, ULMV)最优估计准则下,有三种加权状态融合方法,分别为按矩阵、对角阵和标量加权状态融合方法[2,3,9,10]。这类加权分布式融合Kalman滤波器是全局次优的,即其精度比集中式Kalman滤波器低,但比每个局部滤波器的精度高[11]。

经典Kalman滤波只适用于模型精确已知的系统,但在实际应用中由于建模误差、未建模动态、随机干扰等因素,引起模型参数和噪声方差不确定性,从而导致滤波器性能下降甚至引起滤波器发散[12]。不确定性主要表现在对模型中常参数的随机扰动和模有界扰动。模有界参数不确定和噪声方差不确定均属确定的不确定性,即它们是不确定的,但属于已知的确定的有界域。随机的参数不确定性是指在状态空间模型中确定参数受到随机扰动,也称随机的参数扰动为乘性噪声。

网络化系统由于其方便可靠及低成本等优点,已经被广泛应用于环境监测、军事监控、空间探索、智能交通、物联网等领域。但因为通信带宽受限、传感器故障等多种原因,使得数据在传输过程中会存在丢失观测、丢包、随机观测延迟等网络化系统随机不确定性,因此,近年来对于不确定网络化系统的鲁棒滤波,成为最活跃的研究领域之一[13]。

鲁棒Kalman滤波器通常是指对所有容许的不确定性,相应的实际滤波误差方差阵被保证有最小上界,这个特性称为Kalman滤波器的鲁棒性[14]。流行的Riccati方程方法和线性矩阵不等式(LMI)方法[14]主要适用于带模有界参数不确定性而噪声方差精确已知的不确定系统的鲁棒Kalman滤波器设计。带噪声方差不确定性但模型参数已知的系统的鲁棒Kalman滤波器的设计可利用新近提出的Lyapunov方程方法[11]。

对于传感网络系统,传统的估值算法中,被估计的状态信息一定包含在传感器观测信息中,但由于跟踪目标的高机动性、网络拥塞和网络数据传输延迟等原因,会造成目标跟踪观测丢失。在这种情形下观测信号仅是以已知概率出现的传感器噪声信号,不含状态信息。1969年,由Nahi首次提出带丢失观测的估值问题[15],并且用Bernoulli白噪声来描述丢失观测。

虚拟技术方法最初由Koning[16]提出。其思想是对带乘性噪声和已知噪声方差的不确定系统,把乘性噪声项(随机参数扰动项)与加性噪声项合并引入虚拟噪声,原系统被转换为带确定模型参数和虚拟噪声的系统。再对该系统采用标准Kalman滤波算法即可得到最优Kalman滤波器。该方法可推广到带不确定噪声方差和乘性噪声系统[11]。

线性相关噪声是指观测噪声是过程噪声的线性函数。实际应用中经常遇到,例如应用奇异值分解,广义系统被转换成两个降阶的非奇异子系统,其中第一个子系统中,观测噪声和过程噪声是线性相关的[17,18]。对带有色观测噪声的系统,应用观测差分变换,系统也被转换成带线性相关噪声的系统[19,20]。用状态空间方法,ARMA信号滤波问题被转换成带线性相关噪声的系统[21]。

为了得到最优加权状态融合Kalman滤波器,要求计算局部滤波误差方差和互协方差,而在实际应用中,存在互协方差未知不确定情况,或者互协方差计算复杂等问题[22]。为了克服这种局限性,Julier和Uhlmann在文献[23-25]中提出了带未知互协方差系统协方差交叉(Covariance Intersection,CI)融合方法,并被进一步发展[26,27],且广泛应用于跟踪、定位、遥感、移动机器人等许多方面[25,28-31]。CI融合方法是一种特殊的按矩阵加权融合方法,它基于局部估值误差方差的保守上界,用凸组合方法得到CI融合估计的实际误差方差的保守上界。原始CI融合方法的优点是互协方差可以是不确定的或者是未知的,这避免了互协方差的计算,且可减小计算负担。其缺点是假设局部估值是已知的,且实际局部状态估值误差方差的保守估值(保守上界)已知,并且原始CI融合器仅利用了保守的局部估值误差方差信息,而没有利用保守的局部估值误差互协方差信息,因此给出的实际融合估值误差方差的上界有较大的保守性[32-35]。为了计算CI融合算法中凸组合加权系数,需要解决带约束条件的非线性最优化问题,当传感器个数很大时,这需要很大的计算和通信负担。为了克服这些缺点,文献[26]提出了序贯协方差交叉(Sequential Covariance Intersection, SCI)融合Kalman滤波器。它是一种递推的两传感器CI融合器,仅需用黄金分割法解一维非线性最优化问题,因而可显著减小计算和通信负担。为了提高融合器精度,文献[27]提出了椭圆交叉(Ellipse Intersection, EI)融合方法,其中利用了一种局部估值互协方差信息来改善估值性能。为了改善实际CI融合估值误差方差的保守上界,文献[33-35]利用保守的局部估值互协方差信息,提出了带不确定噪声方差系统改进的CI融合器,给出了最小上界方差。文献[33-35]对带不确定噪声方差系统用Lyapunov方程方法提出了改进的鲁棒CI融合Kalman估值器,但文献[33-35]中的不确定系统均为噪声方差不确定系统,而系统模型参数假设精确已知。

本章对带丢失观测、不确定噪声方差的多传感器系统和带乘性噪声和噪声方差不确定的多传感器系统,引入虚拟噪声将原系统转换为仅带不确定噪声方差的系统。根据极大极小鲁棒估计原理,对带噪声方差保守上界的最坏情形系统,分别提出了局部和改进的CI融合鲁棒稳态Kalman滤波器[36]和预报器[37]。

本章还对带不确定方差线性相关白噪声的多传感器系统,提出了在统一框架下改进的CI融合鲁棒稳态Kalman估值器(预报器、滤波器和平滑器)[38]。

本章证明了上述所提估值器的鲁棒性,并证明了改进的CI融合器的鲁棒精度高于原始 CI 融合器的精度。它给出了实际融合误差方差的最小上界。上述结果克服了原始 CI 融合器要求假设已知局部估值及其实际误差保守上界、计算和通信负担较大的缺点,并克服了原始 CI 融合器实际估值误差的上界具有较大保守性的缺点。

5.2 带丢失观测和不确定噪声方差系统改进的 CI 融合鲁棒稳态 Kalman 滤波器

本节对带丢失观测和不确定噪声方差的多传感器系统,根据极大极小鲁棒估计原理,介绍了作者提出的局部和改进的 CI 融合鲁棒稳态 Kalman 滤波器[36]。

5.2.1 鲁棒局部稳态 Kalman 滤波器

考虑带丢失观测和不确定噪声方差的多传感器时不变系统

$$x(t+1)=\Phi x(t)+\Gamma w(t) \tag{5.1}$$

$$y_i(t)=\gamma_i(t)H_i x(t)+v_i(t),i=1,\cdots,L \tag{5.2}$$

其中 $t\geqslant 0$ 表示离散时间,系统在时刻 t 的状态 $x(t)\in R^n$,$y_i(t)\in R^{m_i}$ 是第 i 个子系统的观测,输入噪声 $w(t)\in R^r$,$v_i(t)\in R^{m_i}$ 是第 i 个子系统的观测噪声;Φ,Γ 和 H_i 分别是已知的状态阵、噪声转移阵和观测阵;L 为传感器的个数。

假设 1 $\gamma_i(t)$ 是取 1 或者 0 的互不相关的 Bernoulli 白噪声

$$\text{Prob}\{\gamma_i(t)=1\}=\lambda_i,\text{Prob}\{\gamma_i(t)=0\}=1-\lambda_i \tag{5.3}$$

其中取值概率 λ_i 已知,且 $0\leqslant\lambda_i\leqslant 1$。由式(5.3)得知 $\gamma_i(t)$ 的均值和方差为

$$\mathrm{E}[\gamma_i(t)]=\lambda_i,\mathrm{E}[(\gamma_i(t)-\lambda_i)^2]=\lambda_i(1-\lambda_i) \tag{5.4}$$

其中,E 为均值号。

假设 2 $w(t)$ 和 $v_i(t)$ 是均值为零且互不相关的白噪声,它们与 $\gamma_j(t)$ 不相关,并有未知不确定的实际噪声方差 $\bar{Q}$ 和 $\bar{R}_i$

$$\mathrm{E}\left\{\begin{bmatrix}w(t)\\v_i(t)\end{bmatrix}\begin{bmatrix}w^{\mathrm{T}}(k),v_j^{\mathrm{T}}(k)\end{bmatrix}\right\}=\begin{bmatrix}\bar{Q} & 0\\0 & \bar{R}_i\delta_{ij}\end{bmatrix}\delta_{tk},\forall t,i,j \tag{5.5}$$

其中,T 表示转置符号,∀ 表示任意,δ_{ij} 为 Kronecker 函数,$\delta_{ii}=1$,$\delta_{ij}=0(i\neq j)$。

Q 和 R_i 为不确定实际噪声方差 $\bar{Q}$,$\bar{R}_i$ 的已知保守上界,即

$$\bar{Q}\leqslant Q,\bar{R}_i\leqslant R_i \tag{5.6}$$

其中,矩阵不等式 $A\leqslant B$ 定义为 $B-A\geqslant 0$ 是半正定矩阵。

假设 3 Φ 是稳定矩阵。

在观测方程(5.2)中,用 $\gamma_i(t)$ 的均值 λ_i 代替 $\gamma_i(t)$,并引入虚拟观测噪声 $v_{ai}(t)$ 补偿式中的误差项,则式(5.2)可转化为带常观测阵和虚拟观测噪声的观测方程

$$y_i(t)=H_{ai}x(t)+v_{ai}(t) \tag{5.7}$$

其中 $H_{ai}=\lambda_i H_i$,虚拟观测噪声 $v_{ai}(t)$ 为

$$v_{ai}(t)=[\gamma_i(t)-\lambda_i]H_i x(t)+v_i(t) \tag{5.8}$$

由假设 1 和假设 2,容易证明:虚拟噪声 $v_{ai}(t)$ 为白噪声,即

$$\mathrm{E}[v_{ai}(t)]=\mathrm{E}[[\gamma_i(t)-\lambda_i]H_i x(t)+v_i(t)]=$$

$$\mathrm{E}[\gamma_i(t)-\lambda_i]H_i\mathrm{E}[x(t)]+\mathrm{E}[v_i(t)]=0 \tag{5.9}$$

$$\mathrm{E}[v_{ai}(t)v_{ai}^{\mathrm{T}}(j)]=\mathrm{E}[\gamma_i(t)-\lambda_i]H_i\mathrm{E}[x(t)x^{\mathrm{T}}(j)]H_i^{\mathrm{T}}\mathrm{E}[\gamma_i(j)-\lambda_i]+\mathrm{E}[v_i(t)v_i^{\mathrm{T}}(j)]=0,t\neq j \tag{5.10}$$

定义实际系统的稳态非中心二阶矩为 $\bar{X}=\mathrm{E}[x(t)x^{\mathrm{T}}(t)]$，其中 $x(t)$ 为用实际噪声方差 $\bar{Q}$ 生成的实际系统状态，也称实际状态。根据假设2和假设3，由式(5.1)有 $\bar{X}$ 满足实际的 Lyapunov 方程

$$\bar{X}=\Phi\bar{X}\Phi^{\mathrm{T}}+\Gamma\bar{Q}\Gamma^{\mathrm{T}} \tag{5.11}$$

由式(5.4)和式(5.8)有 $v_{ai}(t)$ 的实际方差 $\bar{R}_{ai}=\mathrm{E}[v_{ai}(t)v_{ai}^{\mathrm{T}}(t)]$ 为

$$\bar{R}_{ai}=\lambda_i(1-\lambda_i)H_i\bar{X}H_i^{\mathrm{T}}+\bar{R}_i \tag{5.12}$$

对带保守上界 Q 和 R_i 的最坏情形保守系统(5.1)和(5.2)，定义保守稳态非中心二阶矩 $X=\mathrm{E}[x(t)x^{\mathrm{T}}(t)]$，其中 $x(t)$ 为用保守噪声方差上界 Q 生成的保守系统状态，也称保守状态。由假设3，则 X 满足保守的 Lyapunov 方程

$$X=\Phi X\Phi^{\mathrm{T}}+\Gamma Q\Gamma^{\mathrm{T}} \tag{5.13}$$

由式(5.4)和式(5.8)有 $v_{ai}(t)$ 的保守方差

$$R_{ai}=\lambda_i(1-\lambda_i)H_iXH_i^{\mathrm{T}}+R_i \tag{5.14}$$

根据极大极小鲁棒估计原理，对带保守上界 Q 和 R_i 的最坏情形保守系统(5.1)和(5.7)，应用标准 Kalman 滤波算法[40]，得保守的局部稳态最小方差 Kalman 滤波器为

$$\hat{x}_i(t|t)=\Psi_{fi}\hat{x}_i(t-1|t-1)+K_{fi}y_i(t) \tag{5.15}$$

$$\Psi_{fi}=[I_n-K_{fi}H_{ai}]\Phi \tag{5.16}$$

$$K_{fi}=\Sigma_iH_{ai}^{\mathrm{T}}(H_{ai}\Sigma_iH_{ai}^{\mathrm{T}}+R_{ai})^{-1} \tag{5.17}$$

$$P_i=[I_n-K_{fi}H_{ai}]\Sigma_i \tag{5.18}$$

其中 I_n 为 $n\times n$ 单位阵，Ψ_{fi} 是稳态矩阵[41]，保守的最小预报误差方差 Σ_i 满足 Riccati 方程

$$\Sigma_i=\Phi[\Sigma_i-\Sigma_iH_{ai}^{\mathrm{T}}(H_{ai}\Sigma_iH_{ai}^{\mathrm{T}}+R_{ai})^{-1}H_{ai}\Sigma_i]\Phi^{\mathrm{T}}+\Gamma Q\Gamma^{\mathrm{T}} \tag{5.19}$$

定义保守的滤波误差 $\tilde{x}_i(t|t)=x(t)-\hat{x}_i(t|t)$，其中 $x(t)$ 是保守状态，$\hat{x}_i(t|t)$ 是保守 Kalman 滤波器。用式(5.1)减去式(5.15)容易得到

$$\tilde{x}_i(t|t)=\Psi_{fi}\tilde{x}_i(t-1|t-1)+[I_n-K_{fi}H_{ai}]\Gamma w(t-1)-K_{fi}v_{ai}(t) \tag{5.20}$$

定义保守局部稳态滤波误差互协方差为 $P_{ij}=\mathrm{E}[\tilde{x}_i(t|t)\tilde{x}_j^{\mathrm{T}}(t|t)]$，应用式(5.20)得到保守局部稳态滤波误差方差和互协方差分别满足 Lyapunov 方程

$$P_i=\Psi_{fi}P_i\Psi_{fi}^{\mathrm{T}}+[I_n-K_{fi}H_{ai}]\Gamma Q\Gamma^{\mathrm{T}}[I_n-K_{fi}H_{ai}]^{\mathrm{T}}+K_{fi}R_{ai}K_{fi}^{\mathrm{T}} \tag{5.21}$$

$$P_{ij}=\Psi_{fi}P_{ij}\Psi_{fj}^{\mathrm{T}}+[I_n-K_{fi}H_{ai}]\Gamma Q\Gamma^{\mathrm{T}}[I_n-K_{fj}H_{aj}]^{\mathrm{T}} \tag{5.22}$$

注 5.1 在保守局部 Kalman 滤波器(5.15)中，由带保守上界噪声方差 Q 和 R_i 的保守系统(5.1)和(5.2)得到的保守观测 $y_i(t)$ 是不可用的。因此保守局部 Kalman 滤波器是不可实现的。而由带实际噪声方差 $\bar{Q}$ 和 $\bar{R}_i$ 的实际系统(5.1)和(5.2)产生的实际观测 $y_i(t)$ 是可用的，它可由传感器观测直接得到。因此，用实际的观测 $y_i(t)$ 代替保守的观测 $y_i(t)$ 所得到的局部 Kalman 滤波器(5.15)被称为实际局部稳态 Kalman 滤波器，它也被称为可实现的保守局部 Kalman 滤波器。而实际的滤波误差系统 $\tilde{x}_i(t|t)$ 可由实际状态 $x(t)$ 和实际 Kalman 滤波器 $\hat{x}_i(t|t)$ 得到，容易导出它也满足式(5.20)。

因此，由式(5.20)可得实际局部滤波误差方差和互协方差分别满足 Lyapunov 方程

$$\bar{P}_i = \Psi_{fi}\bar{P}_i\Psi_{fi}^{\mathrm{T}} + [I_n - K_{fi}H_{ai}]\Gamma\bar{Q}\Gamma^{\mathrm{T}}[I_n - K_{fi}H_{ai}]^{\mathrm{T}} + K_{fi}\bar{R}_{ai}K_{fi}^{\mathrm{T}} \tag{5.23}$$

$$\bar{P}_{ij} = \Psi_{fi}\bar{P}_{ij}\Psi_{fj}^{\mathrm{T}} + [I_n - K_{fi}H_{ai}]\Gamma\bar{Q}\Gamma^{\mathrm{T}}[I_n - K_{fj}H_{aj}]^{\mathrm{T}} \tag{5.24}$$

引理 5.1[41] Lyapunov 方程

$$P = FPF^{\mathrm{T}} + U \tag{5.25}$$

其中 U 是对称矩阵。如果矩阵 F 是稳定的(它的所有特征值都在单位圆内),且 U 是正定(或半正定)矩阵,则该 Lyapunov 方程存在唯一对称且正定(或半正定)的解 P。

引理 5.2 设 Δ 是 $n \times n$ 半正定矩阵,即 $\Delta \geqslant 0$,则对任意 $m \times n$ 矩阵 M 有 $M\Delta M^{\mathrm{T}} \geqslant 0$。

证明 对任意 $u \in R^m$,$uM\Delta(uM)^{\mathrm{T}} = u(M\Delta M^{\mathrm{T}})u^{\mathrm{T}} \geqslant 0$,故 $M\Delta M^{\mathrm{T}} \geqslant 0$。证毕。

定理 5.1 对带丢失观测和不确定噪声方差的多传感器系统(5.1)和(5.2),在假设 1—3 下,实际局部稳态 Kalman 滤波器(5.15)是鲁棒的,即对所有满足式(5.6)的容许的实际噪声方差 $\bar{Q}$ 和 $\bar{R}_i$,相应的实际局部稳态滤波器误差方差 $\bar{P}_i$ 满足关系

$$\bar{P}_i \leqslant P_i \tag{5.26}$$

且 P_i 为 $\bar{P}_i$ 的最小上界。

证明 定义 $\Delta P_i = P_i - \bar{P}_i$,用式(5.21)减去式(5.23)得 Lyapunov 方程

$$\Delta P_i = \Psi_{fi}\Delta P_i\Psi_{fi}^{\mathrm{T}} + [I_n - K_{fi}H_{ai}]\Gamma(Q - \bar{Q})\Gamma^{\mathrm{T}}[I_n - K_{fi}H_{ai}]^{\mathrm{T}} + K_{fi}(R_{ai} - \bar{R}_{ai})K_{fi}^{\mathrm{T}} \tag{5.27}$$

根据引理 5.1 知,要证明 $\bar{P}_i \leqslant P_i$,只需证明式(5.27)中的 $Q - \bar{Q}$ 和 $R_{ai} - \bar{R}_{ai}$ 均为半正定即可。记 $\Delta R_{ai} = R_{ai} - \bar{R}_{ai}$,则由式(5.14)减去式(5.12)有

$$\Delta R_{ai} = \lambda_i(1 - \lambda_i)H_i(X - \bar{X})H_i^{\mathrm{T}} + R_i - \bar{R}_i \tag{5.28}$$

由式(5.6)有 $R_i - \bar{R}_i \geqslant 0$,且知 $0 \leqslant \lambda_i \leqslant 1$,所以只需证明 $X - \bar{X} \geqslant 0$ 即可。由式(5.13)减去式(5.11)得 Lyapunov 方程

$$\Delta X = \Phi\Delta X\Phi^{\mathrm{T}} + \Gamma(Q - \bar{Q})\Gamma^{\mathrm{T}} \tag{5.29}$$

其中记 $\Delta X = X - \bar{X}$。根据式(5.6)有 $Q - \bar{Q} \geqslant 0$,进而应用引理 5.2 有 $\Gamma(Q - \bar{Q})\Gamma^{\mathrm{T}} \geqslant 0$,再根据引理 5.1 得 Lyapunov 方程(5.29)有唯一半正定解 $\Delta X \geqslant 0$,即 $X - \bar{X} \geqslant 0$,所以有 $R_{ai} \geqslant \bar{R}_{ai}$。由 Ψ_{fi} 的稳定性,对式(5.27)应用引理 5.1,有 $\Delta P_i \geqslant 0$,即式(5.26)成立。这表明对所有满足式(5.6)的容许的实际噪声方差 $\bar{Q}$ 和 $\bar{R}_i$,P_i 是 $\bar{P}_i$ 的上界。特别地,取满足式(5.6)的 $\bar{Q} = Q$,$\bar{R}_i = R_i$,对式(5.27)应用引理 5.1 得 $\Delta P_i = 0$,即 $\bar{P}_i = P_i$,这表明 P_i 是 $\bar{P}_i$ 的最小上界。事实上,如果假设存在另一上界 P_i^*,使 $P_i^* < P_i$,则取 $\bar{Q} = Q$,$\bar{R}_i = R_i$,有 $\bar{P}_i \leqslant P_i^* < P_i$,这与 $\bar{P}_i = P_i$ 矛盾。证毕。

我们称满足式(5.15)的实际 Kalman 滤波器为鲁棒局部 Kalman 滤波器。

注 5.2 根据极大极小鲁棒估计原理,对于带不确定噪声方差的系统,极大极小鲁棒 Kalman 估值器[32-34]的设计原理是在线性最小方差估值意义下极小化最坏性能(估值误差方差),即对于"最大噪声方差"系统设计"最小方差"Kalman 估值器。这里所谓的"最大噪声方差"系统被定义为带不确定噪声方差保守上界的最坏情形系统。定理 5.1 表明对最坏情形系统,设计最小方差保守 Kalman 估值器,用实际观测取代保守观测就得到鲁棒 Kalman 估值器,且保守估值器的最小估值误差方差恰好是鲁棒 Kalman 估值器的实际估值误差方差的最小上界。

5.2.2 改进的 CI 融合鲁棒稳态 Kalman 滤波器

对最坏情形保守系统,根据 CI 融合算法[23],保守的或实际的稳态 CI 融合 Kalman 滤波器是一种如下形式的矩阵加权状态融合器

$$\hat{x}_{CI}(t \mid t) = P_{CI}^* \sum_{i=1}^{L} \omega_i P_i^{-1} \hat{x}_i(t \mid t) \tag{5.30}$$

$$P_{CI}^* = \left[\sum_{i=1}^{L} \omega_i P_i^{-1} \right]^{-1} \tag{5.31}$$

其中 $\hat{x}_i(t \mid t)$ 是局部保守或实际 Kalman 滤波器,最优加权系数 $\omega_i \geqslant 0$ 满足约束条件

$$\omega_1 + \omega_2 + \cdots + \omega_L = 1 \tag{5.32}$$

且极小化性能指标

$$\min \operatorname{tr} P_{CI}^* = \min_{\substack{\omega_i \in [0,1] \\ \omega_1+\omega_2+\cdots+\omega_L=1}} \operatorname{tr}\left\{ \left[\sum_{i=1}^{L} \omega_i P_i^{-1} \right]^{-1} \right\} \tag{5.33}$$

其中记号 tr(·) 表示取矩阵迹的运算。这需要解决 L - 维欧氏空间带约束非线性最优问题,可以利用 Matlab 工具箱中的"fimincon"(最优化工具箱) 求解最优加权系数 $\omega_1, \cdots, \omega_L$。由式(5.31) 有

$$x(t) = P_{CI}^* \sum_{i=1}^{L} \omega_i P_i^{-1} x(t) \tag{5.34}$$

用式(5.34) 减去式(5.30) 得到保守的或实际的 CI 融合滤波误差

$$\tilde{x}_{CI}(t \mid t) = P_{CI}^* \sum_{i=1}^{L} \omega_i P_i^{-1} \tilde{x}_i(t \mid t) \tag{5.35}$$

根据式(5.35) 可得保守的和实际的 CI 融合滤波误差方差为

$$P_{CI} = P_{CI}^* \left[\sum_{i=1}^{L} \sum_{j=1}^{L} \omega_i P_i^{-1} P_{ij} P_j^{-1} \omega_j \right] P_{CI}^* \tag{5.36}$$

$$\bar{P}_{CI} = P_{CI}^* \left[\sum_{i=1}^{L} \sum_{j=1}^{L} \omega_i P_i^{-1} \bar{P}_{ij} P_j^{-1} \omega_j \right] P_{CI}^* \tag{5.37}$$

用类似于文献[32]中定理2的配方证明方法,容易证明原始CI融合器的实际融合误差方差 $\bar{P}_{CI}$ 有保守上界 P_{CI}^*,即

$$\bar{P}_{CI} \leqslant P_{CI}^* \tag{5.38}$$

由式(5.31) 可看到 P_{CI}^* 仅由局部滤波误差方差最小上界 P_i 计算,其中不含有保守的局部滤波误差互协方差信息 P_{ij},因而上界 P_{CI}^* 有较大的保守性,即它不是 $\bar{P}_{CI}$ 的最小上界。下面定理 5.2 将证明由式(5.36) 给出的 CI 融合器的保守上界 P_{CI} 是 $\bar{P}_{CI}$ 的最小上界。

注 5.3 第4章将原始CI融合器的保守上界定义为 P_{CI},而将改进的CI融合器的保守上界定义为 P_{CI}^C,在本章将前者定义为 P_{CI}^*,而后者记为 P_{CI}。

引理 5.3[32] 假设 Λ 为 $r \times r$ 半正定矩阵,即 $\Lambda \geqslant 0$,则 $rL \times rL$ 矩阵 Λ_δ 也是半正定矩阵,即

$$\Lambda_\delta = \begin{bmatrix} \Lambda & \cdots & \Lambda \\ \vdots & & \vdots \\ \Lambda & \cdots & \Lambda \end{bmatrix}_{rL \times rL} \geqslant 0 \tag{5.39}$$

引理5.4[32]　假设 R_i 为 $m_i \times m_i$ 半正定矩阵,即 $R_i \geq 0$,则 $m_0 \times m_0$ 块对角矩阵 R_δ 也是半正定矩阵,即 $m_0 = m_1 + \cdots + m_L$,且

$$R_\delta = \mathrm{diag}(R_1, R_2, \cdots, R_L) \geq 0 \tag{5.40}$$

定理5.2　对带丢失观测和不确定噪声方差的多传感器系统(5.1)和(5.2),在假设1—3下,实际CI融合Kalman滤波器(5.30)是鲁棒的,即对所有满足式(5.6)的容许的实际噪声方差 $\bar{Q}$ 和 $\bar{R}_i$,对应的实际误差方差 $\bar{P}_{\mathrm{CI}}$ 有最小上界 P_{CI},即

$$\bar{P}_{\mathrm{CI}} \leq P_{\mathrm{CI}} \tag{5.41}$$

并且存在关系

$$P_{\mathrm{CI}} \leq P_{\mathrm{CI}}^* \tag{5.42}$$

且有矩阵迹精度关系

$$\mathrm{tr}\bar{P}_{\mathrm{CI}} \leq \mathrm{tr}P_{\mathrm{CI}} \leq \mathrm{tr}P_{\mathrm{CI}}^* \leq \mathrm{tr}P_i, i = 1, \cdots, L \tag{5.43}$$

证明　定义

$$\Omega_i^{\mathrm{CI}} = \omega_i P_{\mathrm{CI}}^* P_i^{-1}, i = 1, \cdots, L \tag{5.44}$$

$$\Omega_{\mathrm{CI}} = [\Omega_1^{\mathrm{CI}}, \cdots, \Omega_L^{\mathrm{CI}}] \tag{5.45}$$

则CI融合器(5.30)及误差(5.35)可以写成矩阵加权的形式

$$\hat{x}_{\mathrm{CI}}(t \mid t) = \sum_{i=1}^{L} \Omega_i^{\mathrm{CI}} \hat{x}_i(t \mid t) \tag{5.46}$$

$$\tilde{x}_{\mathrm{CI}}(t \mid t) = \sum_{i=1}^{L} \Omega_i^{\mathrm{CI}} \tilde{x}_i(t \mid t) \tag{5.47}$$

对式(5.47)两边取方差运算,则式(5.36)和式(5.37)可表示为简单形式

$$P_{\mathrm{CI}} = \Omega_{\mathrm{CI}} P \Omega_{\mathrm{CI}}^{\mathrm{T}}, \bar{P}_{\mathrm{CI}} = \Omega_{\mathrm{CI}} \bar{P} \Omega_{\mathrm{CI}}^{\mathrm{T}} \tag{5.48}$$

其中定义总体的保守和实际滤波误差方差阵 P 和 $\bar{P}$ 分别为

$$P = (P_{ij})_{nL \times nL}, \bar{P} = (\bar{P}_{ij})_{nL \times nL} \tag{5.49}$$

P_{ij} 和 $\bar{P}_{ij}$ 分别为 P 和 $\bar{P}$ 的第(i,j)子块,由式(5.22)和式(5.24)可分别计算 P_{ij} 和 $\bar{P}_{ij}$,且记 $P_i = P_{ii}, \bar{P}_i = \bar{P}_{ii}$。$P$ 和 $\bar{P}$ 分别满足总体Lyapunov方程

$$P = \Psi_f P \Psi_f^{\mathrm{T}} + K_a Q_a K_a^{\mathrm{T}} + K_f R_a K_f^{\mathrm{T}} \tag{5.50}$$

$$\bar{P} = \Psi_f \bar{P} \Psi_f^{\mathrm{T}} + K_a \bar{Q}_a K_a^{\mathrm{T}} + K_f \bar{R}_a K_f^{\mathrm{T}} \tag{5.51}$$

其中定义

$$\begin{gathered}
\Psi_f = \mathrm{diag}(\Psi_{f1}, \cdots, \Psi_{fL}), K_f = \mathrm{diag}(K_{f1}, \cdots, K_{fL}) \\
R_a = \mathrm{diag}(R_{a1}, \cdots, R_{aL}), \bar{R}_a = \mathrm{diag}(\bar{R}_{a1}, \cdots, \bar{R}_{aL}) \\
K_a = \mathrm{diag}[(I_n - K_{f1}H_{a1})\Gamma, \cdots, (I_n - K_{fL}H_{aL})\Gamma] \\
Q_a = \begin{bmatrix} Q & \cdots & Q \\ \vdots & & \vdots \\ Q & \cdots & Q \end{bmatrix}, \bar{Q}_a = \begin{bmatrix} \bar{Q} & \cdots & \bar{Q} \\ \vdots & & \vdots \\ \bar{Q} & \cdots & \bar{Q} \end{bmatrix}
\end{gathered} \tag{5.52}$$

用式(5.50)减去式(5.51),记 $\Delta P = P - \bar{P}$,有Lyapunov方程

$$\Delta P = \Psi_f \Delta P \Psi_f^{\mathrm{T}} + K_a(Q_a - \bar{Q}_a)K_a^{\mathrm{T}} + K_f(R_a - \bar{R}_a)K_f^{\mathrm{T}} \tag{5.53}$$

由式(5.6)知 $Q - \bar{Q} \geq 0$,所以由式(5.52)和引理5.3得

$$Q_a - \bar{Q}_a \geq 0 \tag{5.54}$$

定理5.1中已证明 $R_{ai} - \bar{R}_{ai} \geq 0$,由式(5.52)和引理5.4得

$$R_a - \bar{R}_a \geqslant 0 \tag{5.55}$$

由 Ψ_{fi} 的稳定性易知 Ψ_f 是稳定矩阵。由(5.53) 和引理 5.1 得 $\Delta P \geqslant 0$,且由式(5.48) 有

$$P_{\mathrm{CI}} - \bar{P}_{\mathrm{CI}} = \Omega_{\mathrm{CI}} \Delta P \Omega_{\mathrm{CI}}^{\mathrm{T}} \tag{5.56}$$

由 $\Delta P \geqslant 0$ 和引理 5.2 引出 $P_{\mathrm{CI}} - \bar{P}_{\mathrm{CI}} \geqslant 0$,即式(5.41) 成立，这意味着 P_{CI} 是 $\bar{P}_{\mathrm{CI}}$ 的一个上界。类似于定理 5.1 的证明,易证 P_{CI} 是 $\bar{P}_{\mathrm{CI}}$ 的最小上界。由式(5.38) 知 P_{CI}^* 是 $\bar{P}_{\mathrm{CI}}$ 的一个上界，故有式(5.42) 成立。在式(5.33) 中特别取 $\omega_i = 1, \omega_j = 0 (j \neq i)$，则有 $\mathrm{tr}P_{\mathrm{CI}}^* = \mathrm{tr}P_i$。因 $\mathrm{tr}P_{\mathrm{CI}}^*$ 在约束条件(5.32) 下被极小化,所以有 $\mathrm{tr}P_{\mathrm{CI}}^* \leqslant \mathrm{tr}P_i$，即式(5.43) 的第 3 个不等式成立。对式(5.41) 和式(5.42) 取矩阵迹运算有式(5.43) 的前 2 个不等式成立。证毕。

我们称满足式(5.41) 具有最小上界 P_{CI} 的实际 CI 融合 Kalman 滤波器(5.30) 为改进的 CI 融合鲁棒 Kalman 滤波器。它本质上是一种矩阵加权状态融合器。

注 5.4 根据文献[32],估值误差方差阵的迹作为精度指标,较小的迹意味着较高的精度。实际精度与不确定实际噪声方差 $\bar{Q}$ 和 $\bar{R}_i$ 有关,而鲁棒精度与噪声方差保守上界 Q 和 R_i 有关。$\mathrm{tr}\bar{P}_i$ 和 $\mathrm{tr}P_i$ 分别为局部稳态 Kalman 滤波器的实际精度和鲁棒精度,$\mathrm{tr}P_{\mathrm{CI}}^*$ 和 $\mathrm{tr}\bar{P}_{\mathrm{CI}}$ 分别为 CI 融合稳态 Kalman 滤波器的保守鲁棒精度和实际精度,$\mathrm{tr}P_{\mathrm{CI}}$ 为改进的 CI 融合稳态 Kalman 滤波器的鲁棒精度。对式(5.26) 取矩阵迹运算,有

$$\mathrm{tr}\bar{P}_i \leqslant \mathrm{tr}P_i, i = 1, \cdots, L \tag{5.57}$$

精度关系式(5.43) 和(5.57) 意味着局部和 CI 融合滤波器的实际精度高于相应的鲁棒精度。式(5.43) 中 $\mathrm{tr}P_{\mathrm{CI}} \leqslant \mathrm{tr}P_{\mathrm{CI}}^* \leqslant \mathrm{tr}P_i$ 说明改进的 CI 融合器的鲁棒精度高于原始 CI 融合器的保守鲁棒精度,且高于每个局部滤波器的鲁棒精度。

应强调指出,原始 CI 融合器和改进的 CI 融合器有相同的融合估值算法(5.30)—(5.33),但它们有不同的估值误差上界的算法:原始 CI 融合器估值误差保守上界为式(5.31),而改进的 CI 融合器估值误差最小上界为式(5.36)。

5.3 带乘性噪声和不确定噪声方差系统改进的 CI 融合鲁棒稳态 Kalman 预报器

本节对带乘性噪声和不确定噪声方差的多传感器系统,根据极大极小鲁棒估计原理,介绍了作者提出的鲁棒局部和改进的 CI 融合稳态 Kalman 预报器[37]。

5.3.1 鲁棒局部稳态 Kalman 预报器

考虑带乘性噪声和不确定噪声方差的多传感器系统

$$x(t+1) = (\Phi + \sum_{s=1}^{q} \xi_s(t) \Phi_s) x(t) + \Gamma w(t) \tag{5.58}$$

$$y_i(t) = H_i x(t) + v_i(t), i = 1, \cdots, L \tag{5.59}$$

其中 $t \geqslant 0$ 表示离散时间,系统在时刻 t 的状态 $x(t) \in R^n$,$y_i(t) \in R^{m_i}$ 是第 i 个子系统的观测,输入噪声 $w(t) \in R^r$,$v_i(t) \in R^{m_i}$ 是第 i 个子系统的观测噪声,标量随机参数扰动 $\xi_s(t) \in R^1$ 是乘性噪声;Φ_s 是已知的随机参数扰动方位阵,Φ,Γ 和 H_i 分别是状态阵、噪声

转移阵和观测阵;L 为传感器的个数。

假设 4 $w(t)$,$v_i(t)$ 和 $\xi_s(t)$ 是均值为零且互不相关的白噪声,它们分别有未知不确定的实际噪声方差 $\bar{Q}$,$\bar{R}_i$ 和已知的方差 $\sigma_{\xi_s}^2 \geqslant 0$

$$\mathrm{E}\left\{\begin{bmatrix} w(t) \\ v_i(t) \end{bmatrix}\begin{bmatrix} w^{\mathrm{T}}(k), v_j^{\mathrm{T}}(k) \end{bmatrix}\right\} = \begin{bmatrix} \bar{Q} & 0 \\ 0 & \bar{R}_i\delta_{ij} \end{bmatrix}\delta_{tk} \tag{5.60}$$

$$\mathrm{E}[\xi_i(t)\xi_j^{\mathrm{T}}(k)] = \sigma_{\xi_i}^2\delta_{ij}\delta_{tk}, \mathrm{E}[\xi_i(t)w^{\mathrm{T}}(k)] = 0, \mathrm{E}[\xi_i(t)v_j^{\mathrm{T}}(k)] = 0, \forall t,k,i,j \tag{5.61}$$

假设 5 Q 和 R_i 为不确定实际噪声方差 $\bar{Q}$,$\bar{R}_i$ 的已知保守上界,即

$$\bar{Q} \leqslant Q, \bar{R}_i \leqslant R_i \tag{5.62}$$

由式(5.58),对保守和实际系统状态 $x(t)$,有保守和实际系统状态的稳态非中心二阶矩($\mathrm{E}[x(t)x^{\mathrm{T}}(t)]$)$X$ 和 $\bar{X}$ 分别满足广义 Lyapunov 方程

$$X = \Phi X\Phi^{\mathrm{T}} + \sum_{s=1}^{q}\sigma_{\xi_s}^2\Phi_s X\Phi_s^{\mathrm{T}} + \Gamma Q\Gamma^{\mathrm{T}} \tag{5.63}$$

$$\bar{X} = \Phi\bar{X}\Phi^{\mathrm{T}} + \sum_{s=1}^{q}\sigma_{\xi_s}^2\Phi_s\bar{X}\Phi_s^{\mathrm{T}} + \Gamma\bar{Q}\Gamma^{\mathrm{T}} \tag{5.64}$$

引入虚拟过程噪声 $w_a(t)$ 补偿式(5.58)中的随机参数扰动项,则式(5.58)转化为

$$x(t+1) = \Phi x(t) + w_a(t) \tag{5.65}$$

$$w_a(t) = \sum_{s=1}^{q}\xi_s(t)\Phi_s x(t) + \Gamma w(t) \tag{5.66}$$

由假设 4 容易证明虚拟噪声 $w_a(t)$ 是零均值白噪声,且有保守和实际方差分别为

$$Q_a = \sum_{s=1}^{q}\sigma_{\xi_s}^2\Phi_s X\Phi_s^{\mathrm{T}} + \Gamma Q\Gamma^{\mathrm{T}} \tag{5.67}$$

$$\bar{Q}_a = \sum_{s=1}^{q}\sigma_{\xi_s}^2\Phi_s\bar{X}\Phi_s^{\mathrm{T}} + \Gamma\bar{Q}\Gamma^{\mathrm{T}} \tag{5.68}$$

注意,因 $\Gamma Q\Gamma^{\mathrm{T}} \geqslant 0$,$\Gamma\bar{Q}\Gamma^{\mathrm{T}} \geqslant 0$,根据文献[42],广义 Lyapunov 方程式(5.63)和式(5.64)存在唯一半正定解的充分条件为 $\rho(\Phi_a) < 1$,其中

$$\Phi_a = \Phi \otimes \Phi + \sum_{s=1}^{q}\sigma_{\xi_s}^2\Phi_s \otimes \Phi_s \tag{5.69}$$

其中 $\otimes$ 为 Kronecker 积,$\rho(\Phi_a)$ 为 Φ_a 的谱半径。

假设 6 谱半径 $\rho(\Phi_a) < 1$。

根据极大极小鲁棒估计原理,考虑带噪声方差保守上界 Q_a 和 R_i 的最坏情形保守系统(5.65)和(5.59),$\rho(\Phi_a) < 1$ 引出 Φ 是稳定矩阵,应用标准 Kalman 预报算法,得到保守的局部稳态最小方差 Kalman 预报器

$$\hat{x}_i(t+1|t) = \Psi_{pi}\hat{x}_i(t|t-1) + K_{pi}y_i(t) \tag{5.70}$$

$$\Psi_{pi} = \Phi_i - K_{pi}H_i, K_{pi} = \Phi_i\Sigma_i H_i^{\mathrm{T}}(H_i\Sigma_i H_i^{\mathrm{T}} + R_i)^{-1} \tag{5.71}$$

其中,Ψ_{pi} 是稳定矩阵,保守预报误差方差 Σ_i 满足稳态 Riccati 方程

$$\Sigma_i = \Phi_i[\Sigma_i - \Sigma_i H_i^{\mathrm{T}}(H_i\Sigma_i H_i^{\mathrm{T}} + R_i)^{-1}H_i\Sigma_i]\Phi_i^{\mathrm{T}} + Q_a \tag{5.72}$$

定义保守的 Kalman 预报误差 $\tilde{x}_i(t+1|t) = x(t+1) - \hat{x}_i(t+1|t)$,$x(t+1)$ 是由式(5.58)给出的保守状态,$\hat{x}_i(t+1|t)$ 是由式(5.70)给出的保守 Kalman 预报器。则由式

(5.58)、式(5.65)和式(5.70)得保守的预报误差系统为

$$\tilde{x}_i(t+1\mid t)=\Psi_{pi}\tilde{x}_i(t\mid t-1)+w_a(t)-K_{pi}v_i(t) \tag{5.73}$$

应用式(5.73)可得保守局部预报误差方差和互协方差分别满足稳态 Lyapunov 方程

$$\Sigma_i=\Psi_{pi}\Sigma_i\Psi_{pi}^{\mathrm{T}}+Q_a+K_{pi}R_iK_{pi}^{\mathrm{T}} \tag{5.74}$$

$$\Sigma_{ij}=\Psi_{pi}\Sigma_{ij}\Psi_{pj}^{\mathrm{T}}+Q_a,i\neq j \tag{5.75}$$

在式(5.70)中,用实际的观测 $y_i(t)$ 代替保守的观测 $y_i(t)$ 可得到实际局部稳态 Kalman 预报器,则实际局部预报误差也满足式(5.73),对应的实际局部预报误差方差和互协方差分别满足稳态 Lyapunov 方程

$$\bar{\Sigma}_i=\Psi_{pi}\bar{\Sigma}_i\Psi_{pi}^{\mathrm{T}}+\bar{Q}_a+K_{pi}\bar{R}_iK_{pi}^{\mathrm{T}} \tag{5.76}$$

$$\bar{\Sigma}_{ij}=\Psi_{pi}\bar{\Sigma}_{ij}\Psi_{pj}^{\mathrm{T}}+\bar{Q}_a,i\neq j \tag{5.77}$$

定理 5.3 对带乘性噪声和不确定噪声方差的多传感器系统(5.58)和(5.59),在假设 4—6 下,实际局部稳态 Kalman 预报器(5.70)是鲁棒的,即对所有满足式(5.62)的容许的实际噪声方差 $\bar{Q}$ 和 $\bar{R}_i$,有

$$\bar{\Sigma}_i\leqslant\Sigma_i,i=1,\cdots,L \tag{5.78}$$

且 Σ_i 是 $\bar{\Sigma}_i$ 的最小上界。

类似于定理 5.1 的证明,证略。

称满足式(5.78)的实际局部 Kalman 预报器(5.70)为鲁棒局部 Kalman 预报器。

5.3.2 改进的 CI 融合鲁棒稳态 Kalman 预报器

对最坏情形保守系统,根据 CI 融合算法,应用定理 4.9,保守的或实际的稳态 CI 融合 Kalman 预报器为

$$\hat{x}_{\mathrm{CI}}(t+1\mid t)=\Sigma_{\mathrm{CI}}^{*}\sum_{i=1}^{L}\omega_i\Sigma_i^{-1}\hat{x}_i(t+1\mid t) \tag{5.79}$$

$$\Sigma_{\mathrm{CI}}^{*}=\left[\sum_{i=1}^{L}\omega_i\Sigma_i^{-1}\right]^{-1} \tag{5.80}$$

其中 $\hat{x}_i(t+1\mid t)$ 是局部保守或实际 Kalman 预报器。最优加权系数 $\omega_i\geqslant 0$ 满足约束条件

$$\omega_1+\omega_2+\cdots+\omega_L=1 \tag{5.81}$$

且极小化性能指标

$$\min \mathrm{tr}\Sigma_{\mathrm{CI}}^{*}=\min_{\substack{\omega_i\in[0,1]\\ \omega_1+\omega_2+\cdots+\omega_L=1}}\mathrm{tr}\left\{\left[\sum_{i=1}^{L}\omega_i\Sigma_i^{-1}\right]^{-1}\right\} \tag{5.82}$$

由式(5.80)有

$$x(t)=\Sigma_{\mathrm{CI}}^{*}\sum_{i=1}^{L}\omega_i\Sigma_i^{-1}x(t) \tag{5.83}$$

用式(5.83)减去式(5.79)得到 CI 融合预报误差

$$\tilde{x}_{\mathrm{CI}}(t+1\mid t)=\Sigma_{\mathrm{CI}}^{*}\sum_{i=1}^{L}\omega_i\Sigma_i^{-1}\tilde{x}_i(t+1\mid t) \tag{5.84}$$

由式(5.84)分别得到保守和实际 CI 融合预报误差方差为

$$\Sigma_{\mathrm{CI}}=\Sigma_{\mathrm{CI}}^{*}\left[\sum_{i=1}^{L}\sum_{j=1}^{L}\omega_i\Sigma_i^{-1}\Sigma_{ij}\Sigma_j^{-1}\omega_j\right]\Sigma_{\mathrm{CI}}^{*} \tag{5.85}$$

$$\bar{\Sigma}_{\text{CI}} = \Sigma_{\text{CI}}^* \left[\sum_{i=1}^{L} \sum_{j=1}^{L} \omega_i \Sigma_i^{-1} \bar{\Sigma}_{ij} \Sigma_j^{-1} \omega_j \right] \Sigma_{\text{CI}}^* \tag{5.86}$$

根据文献[32] 易证实际融合误差方差 $\bar{\Sigma}_{\text{CI}}$ 有保守上界 Σ_{CI}^*，即

$$\bar{\Sigma}_{\text{CI}} \leqslant \Sigma_{\text{CI}}^* \tag{5.87}$$

定理 5.4 （改进的 CI 融合预报器）对带乘性噪声和不确定噪声方差的多传感器系统(5.58) 和(5.59)，在假设 4—6 下，实际 CI 融合 Kalman 预报器(5.79) 是鲁棒的，即对所有满足式(5.62) 的容许的实际噪声方差 $\bar{Q}$ 和 $\bar{R}_i$，相应的 CI 融合实际误差方差 $\bar{\Sigma}_{\text{CI}}$ 有最小上界 Σ_{CI}，即

$$\bar{\Sigma}_{\text{CI}} \leqslant \Sigma_{\text{CI}} \tag{5.88}$$

且

$$\Sigma_{\text{CI}} \leqslant \Sigma_{\text{CI}}^* \tag{5.89}$$

且有矩阵迹精度关系

$$\text{tr}\bar{\Sigma}_{\text{CI}} \leqslant \text{tr}\Sigma_{\text{CI}} \leqslant \text{tr}\Sigma_{\text{CI}}^* \leqslant \text{tr}\Sigma_i \ , i = 1, \cdots, L \tag{5.90}$$

其中 $\text{tr}\Sigma_i$ 和 $\text{tr}\bar{\Sigma}_i$ 分别为鲁棒局部稳态 Kalman 预报器的鲁棒精度和实际精度，$\text{tr}\bar{\Sigma}_{\text{CI}}$ 和 $\text{tr}\Sigma_{\text{CI}}^*$ 分别为 CI 融合鲁棒稳态 Kalman 预报器的实际精度和保守鲁棒精度，$\text{tr}\Sigma_{\text{CI}}$ 为改进的 CI 融合鲁棒稳态 Kalman 预报器的鲁棒精度。

类似于定理 5.2 的证明，证略。

对式(5.78) 取矩阵迹运算，有

$$\text{tr}\bar{\Sigma}_i \leqslant \text{tr}\Sigma_i, i = 1, \cdots, L \tag{5.91}$$

精度关系式(5.90) 意味着局部和 CI 融合预报器的实际精度高于相应的鲁棒精度，改进 CI 融合器的鲁棒精度 $\text{tr}\Sigma_{\text{CI}}$ 高于原始 CI 融合器的保守鲁棒精度 $\text{tr}\Sigma_{\text{CI}}^*$，且高于每个局部预报器的鲁棒精度。

我们称满足式(5.88) 的带实际预报误差方差最小上界式(5.85) 的实际 CI 融合 Kalman 预报器(5.79)—(5.82) 为改进的 CI 融合鲁棒 Kalman 预报器。

我们称满足式(5.87) 的带实际预报误差方差保守上界式(5.80) 的实际 CI 融合 Kalman 预报器(5.79)—(5.82) 为原始的或保守的 CI 融合鲁棒 Kalman 预报器。

注 5.5 定义 CI 融合鲁棒 Kalman 预报器 $\hat{x}_{\text{CI}}(t+1 \mid t)$ 的第 i 个分量的实际精度为 $\bar{\sigma}_i^2$，鲁棒精度为 σ_i^2，其中 $\bar{\sigma}_i^2$ 和 σ_i^2 分别为 $\bar{\Sigma}_{\text{CI}}$ 和 Σ_{CI} 的第(i,i) 个对角元素，$i = 1, \cdots, n$。定义第 i 个分量的预报误差方差的实际标准差为 $\bar{\sigma}_i$，鲁棒标准差为 σ_i。由式(5.88) 引出

$$\bar{\sigma}_i \leqslant \sigma_i, i = 1, \cdots, n \tag{5.92}$$

由概率论，应用切比雪夫不等式可证明对服从任意分布的预报误差，对所有容许的实际噪声方差，相应第 i 个分量的实际预报误差值以大于0.888 9 的概率位于 $\pm 3\bar{\sigma}_i$ 界之间，由式(5.92) 可知其也位于 $\pm 3\sigma_i$ 界之间，且鲁棒标准差 σ_i 与不确定噪声方差无关。

事实上，应用概率论中的切比雪夫不等式，对任意 $\varepsilon > 0$，第 i 个分量预报误差 $\tilde{x}_{\text{CI}}^{(i)}(t+1 \mid t)$ 满足概率不等式：$\text{Prob}\{\mid \tilde{x}_{\text{CI}}^{(i)}(t+1 \mid t) \mid < \varepsilon\} > 1 - \dfrac{\bar{\sigma}_i^2}{\varepsilon^2}$。取 $\varepsilon = 3\bar{\sigma}_i$，则有 $\text{Prob}\{\mid \tilde{x}_{\text{CI}}^{(i)}(t+1 \mid t) \mid < 3\bar{\sigma}_i\} > 1 - \dfrac{1}{9} = 0.888\,9$。特别地，假如预报误差 $\tilde{x}_{\text{CI}}^{(i)}(t+1 \mid t)$

服从正态分布,则 $\text{Prob}\{|\tilde{x}_{CI}^{(i)}(t+1|t)|<3\bar{\sigma}_i\}>0.99$。

5.4 带不确定方差线性相关白噪声系统改进的 CI 融合鲁棒稳态 Kalman 估值器

本节对带不确定噪声方差线性相关白噪声的多传感器定常系统,根据极大极小鲁棒估计原理,应用 Lyapunov 方程方法,介绍了作者提出的局部和改进的 CI 融合鲁棒稳态 Kalman 估值器(滤波器、预报器、平滑器)[38]。

5.4.1 鲁棒局部稳态 Kalman 预报器

考虑带不确定噪声方差线性相关白噪声的多传感器定常系统

$$x(t+1)=\Phi x(t)+\Gamma w(t) \tag{5.93}$$

$$y_i(t)=H_i x(t)+v_i(t),i=1,\cdots,L \tag{5.94}$$

$$v_i(t)=D_i w(t)+\xi_i(t) \tag{5.95}$$

其中 $t\geqslant 0$ 表示离散时间,$x(t)\in R^n$ 为待估状态,$w(t)\in R^r$ 是过程噪声,$y_i(t)\in R^{m_i}$ 和 $v_i(t)\in R^{m_i}$ 分别是第 i 个子系统的观测和观测噪声,由式(5.95)知观测噪声和过程噪声是线性相关的;Φ,Γ 和 H_i 分别是状态阵、噪声转移阵和观测阵;D_i 是已知适当维数的常矩阵;L 为传感器的个数。

假设7 $w(t)$ 和 $\xi_i(t)\in R^{m_i}$ 的不确定实际方差分别为 $\bar{Q}$ 和 $\bar{R}_{\xi_i}$,是均值为零且互不相关的白噪声

$$\mathrm{E}\left\{\begin{bmatrix}w(t)\\ \xi_i(t)\end{bmatrix}[w^{\mathrm{T}}(s),\xi_j^{\mathrm{T}}(s)]\right\}=\begin{bmatrix}\bar{Q} & 0\\ 0 & \bar{R}_{\xi_i}\delta_{ij}\end{bmatrix}\delta_{ts} \tag{5.96}$$

假设8 Q 和 R_{ξ_i} 分别是 $\bar{Q}$ 和 $\bar{R}_{\xi_i}$ 的已知保守上界,即

$$\bar{Q}\leqslant Q,\bar{R}_{\xi_i}\leqslant R_{\xi_i} \tag{5.97}$$

由式(5.95)和式(5.96)可以得到实际和保守的协方差、方差和相关阵分别为

$$\bar{R}_{ij}=\mathrm{E}[v_i(t)v_j^{\mathrm{T}}(t)]=D_i\bar{Q}D_j^{\mathrm{T}}+\bar{R}_{\xi_i}\delta_{ij},\bar{R}_i=\bar{R}_{ii},\bar{S}_i=\mathrm{E}[w(t)v_i^{\mathrm{T}}(t)]=\bar{Q}D_i^{\mathrm{T}}$$

$$R_{ij}=D_iQD_j^{\mathrm{T}}+R_{\xi_i}\delta_{ij},R_i=R_{ii},S_i=QD_i^{\mathrm{T}} \tag{5.98}$$

假设9 $(\Phi-\Gamma S_iR_i^{-1}H_i,\Gamma G)$ 是完全能稳的,其中 $GG^{\mathrm{T}}=Q-S_iR_i^{-1}S_i^{\mathrm{T}}$,且$(\Phi,H_i)$是完全能检测的。

根据极大极小鲁棒估计原理,对带不确定噪声方差保守上界 Q 和 R_{ξ_i} 的最坏情形保守系统(5.93)—(5.95),得到保守的局部稳态最小方差 Kalman 预报器

$$\hat{x}_i(t+1|t)=\Psi_{pi}\hat{x}_i(t|t-1)+K_{pi}y_i(t) \tag{5.99}$$

$$\Psi_{pi}=\Phi-K_{pi}H_i \tag{5.100}$$

$$K_{pi}=(\Phi\Sigma_iH_i^{\mathrm{T}}+\Gamma S_i)Q_{\varepsilon i}^{-1} \tag{5.101}$$

$$Q_{\varepsilon i}=H_i\Sigma_iH_i^{\mathrm{T}}+R_i \tag{5.102}$$

Ψ_{pi} 是稳态矩阵,保守预报误差方差 Σ_i 满足 Riccati 方程

$$\Sigma_i=\Phi\Sigma_i\Phi^{\mathrm{T}}-(\Phi\Sigma_iH_i^{\mathrm{T}}+\Gamma S_i)(H_i\Sigma_iH_i^{\mathrm{T}}+R_i)^{-1}(\Phi\Sigma_iH_i^{\mathrm{T}}+\Gamma S_i)^{\mathrm{T}}+\Gamma Q\Gamma^{\mathrm{T}} \tag{5.103}$$

在式(5.99)中,用实际观测 $\bar{y}_i(t)$ 代替保守观测 $y_i(t)$ 得实际局部稳态 Kalman 预报器。由保守和实际的状态及预报器可得到保守和实际的预报器误差 $\tilde{x}_i(t+1|t)=x(t+1)-\hat{x}_i(t+1|t)$,因此有保守和实际局部预报误差互协方差分别满足 Lyapunov 方程

$$\Sigma_{ij}=\Psi_{pi}\Sigma_{ij}\Psi_{pj}^{\mathrm{T}}+(\Gamma-K_{pi}D_i)Q(\Gamma-K_{pj}D_j)^{\mathrm{T}}+K_{pi}R_{\xi_i}K_{pj}^{\mathrm{T}}\delta_{ij} \tag{5.104}$$

$$\bar{\Sigma}_{ij}=\Psi_{pi}\bar{\Sigma}_{ij}\Psi_{pj}^{\mathrm{T}}+(\Gamma-K_{pi}D_i)\bar{Q}(\Gamma-K_{pj}D_j)^{\mathrm{T}}+K_{pi}\bar{R}_{\xi_i}K_{pj}^{\mathrm{T}}\delta_{ij} \tag{5.105}$$

其中定义 $\Sigma_{ii}=\Sigma_i,\bar{\Sigma}_{ii}=\bar{\Sigma}_i$ 为预报误差方差。

定理 5.5 对带线性相关白噪声的不确定多传感器系统(5.93)—(5.95),在假设 7—9 下,实际局部稳态 Kalman 预报器(5.99)是鲁棒的,即对所有满足式(5.97)的容许的实际噪声方差 $\bar{Q}$ 和 $\bar{R}_{\xi_i}$ 有

$$\bar{\Sigma}_i\leqslant\Sigma_i,i=1,\cdots,L \tag{5.106}$$

且 Σ_i 是 $\bar{\Sigma}_i$ 的最小上界。

类似于定理 5.1 的证明,证略。

我们称满足式(5.106)的实际局部稳态 Kalman 预报器(5.99)为鲁棒局部稳态 Kalman 预报器。

5.4.2 鲁棒局部稳态 Kalman 滤波器和平滑器

在鲁棒局部 Kalman 预报器的基础上,这一小节提出一种统一方法来设计鲁棒局部 Kalman 滤波器和平滑器。

保守或实际局部 Kalman 滤波器($N=0$)和平滑器($N>0$)有如下统一形式[11]

$$\hat{x}_i(t|t+N)=\hat{x}_i(t|t-1)+\sum_{k=0}^{N}K_i(k)\varepsilon_i(t+k),N\geqslant0,i=1,\cdots,L \tag{5.107}$$

$$\varepsilon_i(t)=y_i(t)-H_i\hat{x}_i(t|t-1) \tag{5.108}$$

$$K_i(k)=\Sigma_i\Psi_{pi}^{\mathrm{T}k}H_i^{\mathrm{T}}Q_{\varepsilon i}^{-1},k>0 \tag{5.109}$$

$$K_i(0)=K_{fi}=\Sigma_iH_i^{\mathrm{T}}Q_{\varepsilon i}^{-1} \tag{5.110}$$

其中 $\hat{x}_i(t|t-1)$ 为局部保守或实际局部 Kalman 预报器,K_{fi} 为稳态滤波器增益。保守估值误差方差为

$$P_i(N)=\Sigma_i-\sum_{k=0}^{N}K_i(k)Q_{\varepsilon i}K_i^{\mathrm{T}}(k) \tag{5.111}$$

当 $N\geqslant0$ 时,由式(5.93)和式(5.107)得保守或实际的估值误差[11]

$$\tilde{x}_i(t|t+N)=\Psi_{iN}\tilde{x}_i(t|t-1)+\sum_{\rho=0}^{N}K_{i\rho}^{Nw}w(t+\rho)+\sum_{\rho=0}^{N}K_{i\rho}^{Nv}v_i(t+\rho) \tag{5.112}$$

对于 $N>0$ 有

$$\Psi_{iN}=I_n-\sum_{k=0}^{N}K_i(k)H_i\Psi_{pi}^{k} \tag{5.113}$$

$$K_{i\rho}^{Nw}=-\sum_{k=\rho+1}^{N}K_i(k)H_i\Psi_{pi}^{k-\rho-1}\Gamma,\rho=0,\cdots,N-1,K_{iN}^{Nw}=0 \tag{5.114}$$

$$K_{i\rho}^{Nv}=\sum_{k=\rho+1}^{N}K_i(k)H_i\Psi_{pi}^{k-\rho-1}K_{pi}-K_i(\rho),\rho=0,\cdots,N-1,K_{iN}^{Nv}=-K_i(N) \tag{5.115}$$

当 $N=0$ 时，定义 $\Psi_{i0}=I_n-K_i(0)H_i, K_{i0}^{0w}=0, K_{i0}^{0v}=-K_i(0)$。

把式(5.95)代入式(5.112)得带不相关白噪声 $w(t)$ 和 $\xi_i(t)$ 的估值误差为

$$\tilde{x}_i(t\mid t+N)=\Psi_{iN}\tilde{x}_i(t\mid t-1)+\sum_{\rho=0}^{N}M_{i\rho}^{Nw}w(t+\rho)+\sum_{\rho=0}^{N}K_{i\rho}^{Nv}\xi_i(t+\rho) \tag{5.116}$$

其中

$$M_{i\rho}^{Nw}=K_{i\rho}^{Nw}+K_{i\rho}^{Nv}D_i \tag{5.117}$$

由式(5.116)有当 $N>0$ 时，保守和实际平滑误差互协方差分别为

$$P_{ij}(N)=\Psi_{iN}\Sigma_{ij}\Psi_{jN}^{\mathrm{T}}+\sum_{\rho=0}^{N}M_{i\rho}^{Nw}QM_{j\rho}^{Nw\mathrm{T}}+\sum_{\rho=0}^{N}K_{i\rho}^{Nv}R_{\xi_i}K_{j\rho}^{Nv\mathrm{T}}\delta_{ij} \tag{5.118}$$

$$\bar{P}_{ij}(N)=\Psi_{iN}\bar{\Sigma}_{ij}\Psi_{jN}^{\mathrm{T}}+\sum_{\rho=0}^{N}M_{i\rho}^{Nw}\bar{Q}M_{j\rho}^{Nw\mathrm{T}}+\sum_{\rho=0}^{N}K_{i\rho}^{Nv}\bar{R}_{\xi_i}K_{j\rho}^{Nv\mathrm{T}}\delta_{ij} \tag{5.119}$$

其中，$P_{ii}(N)=P_{ii}(N), \bar{P}_{ii}(N)=\bar{P}_i(N)$。

特别地，当 $N=0$ 时，保守和实际滤波误差互协方差分别为

$$\begin{gathered}P_{ij}(0)=[I_n-K_{fi}H_i]\Sigma_{ij}[I_n-K_{fj}H_j]^{\mathrm{T}}+K_{fi}R_iK_{fj}^{\mathrm{T}}\delta_{ij}\\ \bar{P}_{ij}(0)=[I_n-K_{fi}H_i]\bar{\Sigma}_{ij}[I_n-K_{fj}H_j]^{\mathrm{T}}+K_{fi}\bar{R}_iK_{fj}^{\mathrm{T}}\delta_{ij}\end{gathered} \tag{5.120}$$

其中 $P_{ii}(0)=P_i(0), \bar{P}_{ii}(0)=\bar{P}_i(0)$ 为滤波误差方差。

定理 5.6 对带线性相关白噪声的不确定多传感器系统(5.93)—(5.95)，在假设7—9下，实际局部稳态 Kalman 估值器(5.107)是鲁棒的，即对所有满足式(5.97)的容许的实际噪声方差 $\bar{Q}$ 和 $\bar{R}_{\xi_i}$，相应的实际误差方差 $\bar{P}_i(N)$ 保证有最小上界 $P_i(N)$，即

$$\bar{P}_i(N)\leqslant P_i(N), N\geqslant 0, i=1,\cdots,L \tag{5.121}$$

类似于定理5.1的证明，证略。

我们称满足式(5.121)的实际局部 Kalman 滤波器和平滑器为鲁棒局部 Kalman 滤波器和平滑器。

5.4.3 改进的 CI 融合鲁棒稳态 Kalman 估值器

根据 CI 融合算法，统一形式的保守或实际稳态 CI 融合 Kalman 估值器为

$$\hat{x}_{\mathrm{CI}}(t\mid t+N)=\sum_{i=1}^{L}\Omega_i^{\mathrm{CI}}(N)\hat{x}_i(t\mid t+N), N=-1, N\geqslant 0 \tag{5.122}$$

其中 $\hat{x}_i(t\mid t+N)$ 为保守或实际局部 Kalman 估值器，且定义

$$\Omega_i^{\mathrm{CI}}(N)=\omega_i^{(N)}P_{\mathrm{CI}}^*(N)P_i^{-1}(N), i=1,\cdots,L \tag{5.123}$$

$$P_{\mathrm{CI}}^*(N)=\Big[\sum_{i=1}^{L}\omega_i^{(N)}P_i^{-1}(N)\Big]^{-1} \tag{5.124}$$

最优加权系数 $\omega_i\geqslant 0$ 满足约束条件

$$\sum_{i=1}^{L}\omega_i^{(N)}=1, 0\leqslant\omega_i^{(N)}\leqslant 1 \tag{5.125}$$

极小化性能指标

$$\min_{\omega_i^{(N)}}\mathrm{tr}P_{\mathrm{CI}}^*(N)=\min_{\substack{\omega_i^{(N)}\in[0,1]\\ \omega_1^{(N)}+\cdots+\omega_L^{(N)}=1}}\mathrm{tr}\Big\{\Big[\sum_{i=1}^{L}\omega_i^{(N)}P_i^{-1}(N)\Big]^{-1}\Big\} \tag{5.126}$$

即$[P_{CI}^*(N)]^{-1}$是$P_i^{-1}(N)$的凸组合。

由式(5.123)和式(5.124)有$\Omega_i^{CI}(N)$满足约束条件

$$\sum_{i=1}^{L}\Omega_i^{CI}(N)=I_n \tag{5.127}$$

则

$$x(t)=\sum_{i=1}^{L}\Omega_i^{CI}(N)x(t) \tag{5.128}$$

用式(5.128)减去式(5.122)得保守或实际CI融合估值误差

$$\tilde{x}_{CI}(t\mid t+N)=\sum_{i=1}^{L}\Omega_i^{CI}(N)\tilde{x}_i(t\mid t+N) \tag{5.129}$$

其中,$\tilde{x}_i(t\mid t+N)$是保守或实际局部Kalman估值误差。

因此,由式(5.123)和式(5.129)分别得到保守和实际CI融合误差方差

$$P_{CI}(N)=P_{CI}^*(N)\left[\sum_{i=1}^{L}\sum_{j=1}^{L}\omega_i^{(N)}P_i^{-1}(N)P_{ij}(N)P_j^{-1}(N)\omega_j^{(N)}\right]P_{CI}^*(N) \tag{5.130}$$

$$\bar{P}_{CI}(N)=P_{CI}^*(N)\left[\sum_{i=1}^{L}\sum_{j=1}^{L}\omega_i^{(N)}P_i^{-1}(N)\bar{P}_{ij}(N)P_j^{-1}(N)\omega_j^{(N)}\right]P_{CI}^*(N) \tag{5.131}$$

定理5.7 对带线性相关白噪声的不确定多传感器系统(5.93)—(5.95),在假设7—9下,实际CI融合器(5.122)是鲁棒的,即对所有满足式(5.97)的容许的实际噪声方差$\bar{Q}$和$\bar{R}_{\xi_i}$,相应的实际CI融合估值误差方差$\bar{P}_{CI}(N)$有最小上界$P_{CI}(N)$,即

$$\bar{P}_{CI}(N)\leqslant P_{CI}(N),N=-1,N\geqslant 0 \tag{5.132}$$

类似于定理5.2的证明,证略。

注5.6 文献[11,32]证明了CI融合器的实际误差方差$\bar{P}_{CI}(N)$有一个由式(5.124)定义的保守上界$P_{CI}^*(N)$,即

$$\bar{P}_{CI}(N)\leqslant P_{CI}^*(N) \tag{5.133}$$

由定理5.7,$P_{CI}(N)$是$\bar{P}_{CI}(N)$的最小上界,因此有

$$P_{CI}(N)\leqslant P_{CI}^*(N) \tag{5.134}$$

注意,原始CI融合器的上界$P_{CI}^*(N)$是由保守局部估值误差方差的凸组合式(5.124)得到,因为$P_{CI}^*(N)$不包含互协方差的信息,因此有较大的保守性。由式(5.130)得到的最小上界$P_{CI}(N)$由于包含保守的局部估值误差方差和互协方差的信息,所以有最小的保守性。

因为$\mathrm{tr}P_{CI}^*(N)$在约束条件(5.125)下被极小化,所以有

$$\mathrm{tr}P_{CI}^*(N)\leqslant \mathrm{tr}P_i(N),N=-1,N\geqslant 0 \tag{5.135}$$

对式(5.132)和式(5.134)取矩阵迹运算有

$$\mathrm{tr}\bar{P}_{CI}(N)\leqslant \mathrm{tr}P_{CI}(N)\leqslant \mathrm{tr}P_{CI}^*(N),N=-1,N\geqslant 0 \tag{5.136}$$

对式(5.106)和式(5.121)取矩阵迹运算有

$$\mathrm{tr}\bar{\Sigma}_i\leqslant \mathrm{tr}\Sigma_i,i=1,\cdots,L \tag{5.137}$$

$$\mathrm{tr}\bar{P}_i(N)\leqslant \mathrm{tr}P_i(N),N\geqslant 0,i=1,\cdots,L \tag{5.138}$$

称带最小上界$P_{CI}(N)$的CI融合器(5.122)为改进的CI融合器。

5.5 仿真例子

例 5.1 考虑带丢失观测和不确定噪声方差的两传感器系统(5.1)和(5.2),其中 $x(t)=[x_1(t),x_2(t)]^{\mathrm{T}}$。在仿真中取 $Q=1.2,\bar{Q}=0.75Q,R_1=1.5,\bar{R}_1=0.75R_1,\bar{R}_2=0.5R_2,R_2=\mathrm{diag}(16,2.5),\lambda_1=0.65,\lambda_2=0.85,H_1=[1,0],H_2=I_2,\Phi=\begin{bmatrix}0.93 & 0.21\\ -0.65 & 0.8\end{bmatrix},\Gamma=\begin{bmatrix}1\\ 0.93\end{bmatrix}$,其中 Φ 为稳定矩阵。

应用定理5.1和定理5.2,保守和实际的滤波误差方差如表5.1所示,表5.1验证了精度关系式(5.43)和式(5.57),即鲁棒 Kalman 滤波器的实际精度高于其鲁棒精度,且改进的 CI 融合器的鲁棒精度高于每一个局部滤波器和原始 CI 融合器的鲁棒精度。

表 5.1 鲁棒滤波器的鲁棒精度和实际精度的比较

$\mathrm{tr}\bar{P}_1$	$\mathrm{tr}P_1$	$\mathrm{tr}\bar{P}_2$	$\mathrm{tr}P_2$	$\mathrm{tr}\bar{P}_{\mathrm{CI}}$	$\mathrm{tr}P_{\mathrm{CI}}$	$\mathrm{tr}P_{\mathrm{CI}}^*$
5.528 8	7.371 8	4.266 7	6.389 9	3.578 0	5.233 7	6.341 5

为了给出矩阵精度比较的几何解释,定义方差 $P_\theta,\theta=1,2$,CI 的协方差椭球是满足 $\{u:u^{\mathrm{T}}P_\theta^{-1}u=c\}$ 的 R^n 中的点 $u=(u_1,\cdots,u_n)^{\mathrm{T}}$ 的轨迹,不失一般性取常数 $c=1$。文献[43]中已证明,$P_1\leqslant P_2$ 等价于 P_1 的椭球被包含在 P_2 的椭球内。特别地,对 $n=2$ 平面情形,称为协方差椭圆。图5.1给出了基于协方差椭圆的实际精度和鲁棒精度比较,可看到 $\bar{P}_i$ 的椭圆被包含在 P_i 的椭圆内,$\bar{P}_{\mathrm{CI}}$ 的椭圆被包含在 P_{CI} 的椭圆内,且 P_{CI} 的椭圆被包含在 P_{CI}^* 的椭圆内,这验证了精度关系式(5.26)、式(5.41)和式(5.42)。

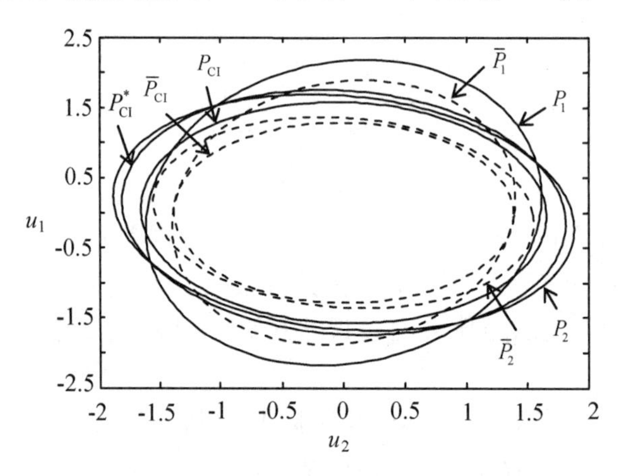

图 5.1 基于协方差椭圆的滤波器的鲁棒和实际精度比较

在图5.2中,任意取10组不同且满足式(5.6)的实际误差方差($\bar{Q}^{(k)},\bar{R}_1^{(k)},\bar{R}_2^{(k)}$),$\bar{Q}^{(k)}=0.1kQ,\bar{R}_1^{(k)}=0.1kR_1,\bar{R}_2^{(k)}=0.1kR_2,k=1,2,\cdots,10$。对应得到10个实际CI融合误差方差 $\bar{P}_{\mathrm{CI}}^{(k)}$ 的椭圆,它们都被包含在 P_{CI} 和 P_{CI}^* 的椭圆内。特别地,当 $k=10$ 时,有 $P_{\mathrm{CI}}^{(10)}=P_{\mathrm{CI}}$,即 P_{CI} 是 $\bar{P}_{\mathrm{CI}}^{(k)}$ 的最小上界,这意味着同 P_{CI}^* 的椭圆相比,P_{CI} 的椭圆是包含所有容许实际方差 $\bar{P}_{\mathrm{CI}}^{(k)}$ 的椭圆的最紧的椭圆,这验证了精度关系式(5.41)和式(5.42)。

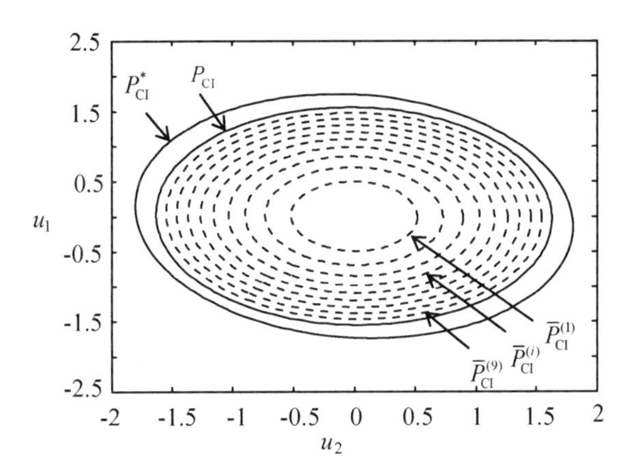

图 5.2　基于协方差椭圆原始的和改进的 CI 融合滤波器的鲁棒和实际精度比较

为了验证理论精度关系,图 5.3 给出了进行 1 000 次 Monte-Carlo 仿真实验得到局部和改进的 CI 融合的均方误差曲线$\mathrm{MSE}_{\theta}(t)$,$\theta=1,2,\mathrm{CI}$,均方误差可看成是实际误差方差阵的采样方差阵的迹,直线代表相应的实际误差方差阵的迹,或最小上界方差阵的迹。从图 5.3 中可看出 MSE 曲线接近相应的直线,这验证了采样方差的一致性。

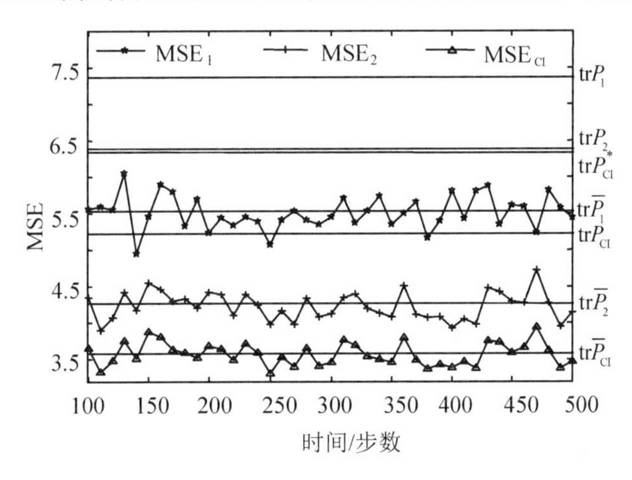

图 5.3　局部和 CI 融合鲁棒 Kalman 滤波器的 MSE 曲线

例 5.2　带随机参数和噪声方差不确定性的两传感器系统(5.58)和(5.59),其中$x(t)=[x_1(t),x_2(t)]^{\mathrm{T}}$。在仿真中取$q=1$,乘性噪声$\xi_1(t)$有已知方差$\sigma_{\xi_1}^2=0.1$。取$Q=1.2$,$R_1=1.5$,$\bar{Q}=0.75Q$,$\bar{R}_1=0.75R_1$,$\bar{R}_2=0.5R_2$,$R_2=\mathrm{diag}(64,0.25)$,$\Phi=\begin{bmatrix}0.98 & 0.5\\0 & 0.9\end{bmatrix}$,$\Phi_1=\begin{bmatrix}0.2 & 0.1\\0 & 0.1\end{bmatrix}$,$\Gamma=\begin{bmatrix}0.015\\0.5\end{bmatrix}$,$H_1=[1,0]$,$H_2=\begin{bmatrix}1 & 0\\0 & 1\end{bmatrix}$。

根据式(5.69)知Φ_a的谱半径$\rho(\Phi_a)=0.505\,2<1$。应用定理 5.3 和定理 5.4,保守和实际的预报误差方差的迹如表 5.2 所示,表 5.2 验证了精度关系式(5.90)和式(5.91),即鲁棒 Kalman 预报器的实际精度高于其鲁棒精度,且改进的 CI 融合器的鲁棒精度高于原始 CI 融合鲁棒精度和每一个局部预报器的鲁棒精度。

表 5.2　鲁棒 Kalman 预报器的鲁棒和实际精度比较

$\mathrm{tr}\bar{\Sigma}_1$	$\mathrm{tr}\Sigma_1$	$\mathrm{tr}\bar{\Sigma}_2$	$\mathrm{tr}\Sigma_2$	$\mathrm{tr}\bar{\Sigma}_{CI}$	$\mathrm{tr}\Sigma_{CI}$	$\mathrm{tr}\Sigma_{CI}^*$
1.626 7	2.169 0	1.442 5	2.354 4	0.815 8	1.143 7	1.875 1

图 5.4 给出了基于协方差椭圆的矩阵精度比较，$\bar{\Sigma}_i$ 的椭圆被包含在 Σ_i 的椭圆内，$\bar{\Sigma}_{CI}$ 的椭圆被包含在 Σ_{CI} 的椭圆内，且 Σ_{CI} 的椭圆被包含在 Σ_{CI}^* 的椭圆内，这验证了矩阵不等式精度关系式(5.78)、式(5.88) 和式(5.89)，即较小的方差阵意味着较高的精度。

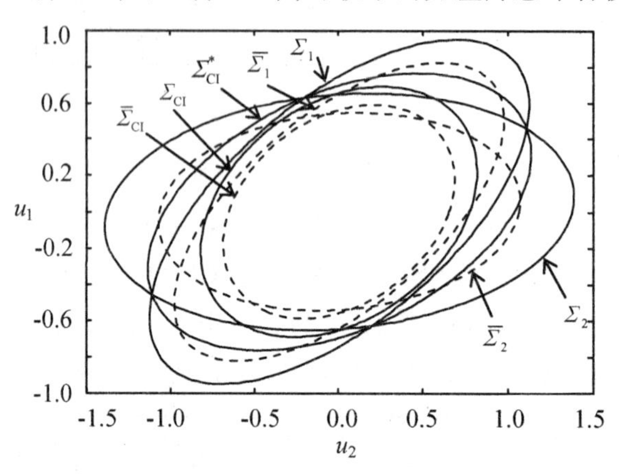

图 5.4　基于协方差椭圆的局部和 CI 融合鲁棒 Kalman 预报器的精度比较

在图5.5 中，任取10组满足式(5.62) 的不同的实际误差方差($\bar{Q}^{(k)}, \bar{R}_1^{(k)}, \bar{R}_2^{(k)}$)，$\bar{Q}^{(k)} = 0.1kQ, \bar{R}_1^{(k)} = 0.1kR_1, \bar{R}_2^{(k)} = 0.1kR_2, k = 1,2,\cdots,10$。相应地得到10个实际CI融合误差方差 $\bar{\Sigma}_{CI}^{(k)}$ 的椭圆，其中 $k = 10$ 对应于 $\bar{Q} = Q, \bar{R}_1 = R_1, \bar{R}_2 = R_2$ 时 Σ_{CI} 的椭圆，它们都被包含在 Σ_{CI} 和 Σ_{CI}^* 的椭圆里面，且 Σ_{CI} 的椭圆被包含在 Σ_{CI}^* 的椭圆中。图 5.5 验证了精度关系式(5.88) 和式(5.89)。Σ_{CI} 为 $\bar{\Sigma}_{CI}^{(k)}$ 的最小上界，这意味着同 Σ_{CI}^* 的椭圆相比，Σ_{CI} 的椭圆是包含所有容许实际方差 $\bar{\Sigma}_{CI}^{(k)}$ 的椭圆的最紧的椭圆。

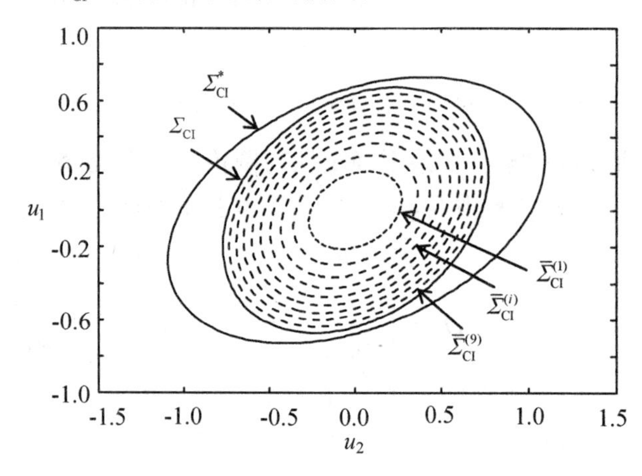

图 5.5　基于协方差椭圆原始的和改进的鲁棒 CI 融合 Kalman 预报器的精度比较

图5.6和图5.7给出了CI融合鲁棒Kalman预报器误差的两个分量误差曲线及3-标准差界。在图5.6和图5.7中,用实线表示实际CI融合鲁棒Kalman预报误差曲线,用短划线和虚线分别表示 $\pm 3\sigma_i$ 界和 $\pm 3\bar{\sigma}_i$ 界,用由式(5.86)给出的 Σ_{CI} 和 $\bar{\Sigma}_{CI}$ 的第(i,i)对角元素 σ_i^2 和 $\bar{\sigma}_i^2(i=1,2)$ 来计算标准界 σ_i 和 $\bar{\sigma}_i$。从图中可以看出超过99%的预报误差值都在 $\pm 3\sigma_i$ 之间,这验证了CI融合鲁棒Kalman预报器的正确性。

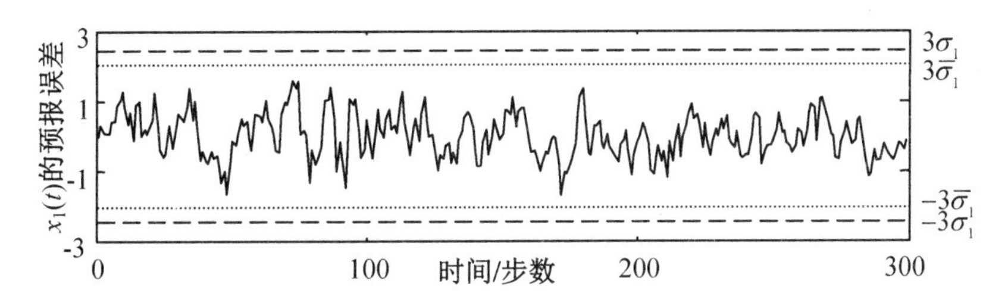

图5.6 $x_1(t)$ 的预报误差曲线及 $\pm 3\sigma_1$ 和 $\pm 3\bar{\sigma}_1$ 标准差界

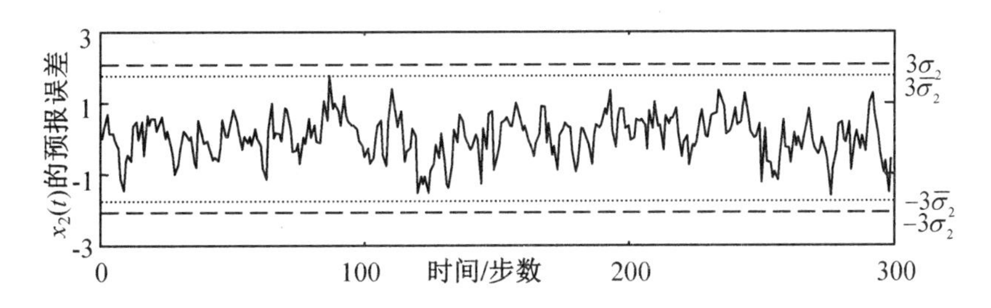

图5.7 $x_2(t)$ 的预报误差曲线及 $\pm 3\sigma_2$ 和 $\pm 3\bar{\sigma}_2$ 标准差界

例5.3 考虑带不确定噪声方差和有色观测噪声的3传感器跟踪系统[5,44-46]

$$x(t+1)=\Phi x(t)+\Gamma w(t) \tag{5.139}$$

$$z_i(t)=H_{0i}x(t)+\eta_i(t),i=1,2,3 \tag{5.140}$$

$$\eta_i(t+1)=B_i\eta_i(t)+\xi_i(t) \tag{5.141}$$

$$\Phi=\begin{bmatrix}1 & T_0\\0 & 1\end{bmatrix},\Gamma=\begin{bmatrix}0.5T_0^2\\T_0\end{bmatrix},H_{01}=H_{03}=[1,0],H_{02}=I_2 \tag{5.142}$$

其中,T_0 为采样周期,$x(t)=[x_1(t),x_2(t)]^{\mathrm{T}}$ 为状态,$x_1(t)$,$x_2(t)$ 和 $w(t)$ 分别为 tT_0 时刻运动目标的位置、速度和加速度,标量 $z_1(t)$ 和 $z_3(t)$ 分别为传感器1和传感器3对位置的观测,向量 $z_2(t)$ 为传感器2对位置和速度的观测,$\eta_i(t)$ 是有色观测噪声,$w(t)$ 和 $\xi_i(t)$ 是均值为零的相互独立Gauss白噪声,且不确定噪声方差为 Q 和 R_{ξ_i}。这类典型模型可广泛应用于目标跟踪[5]和无人机姿态估计[44]、焊缝跟踪[45]、GPS定位[46]等。

用差分变换引入一个新的观测过程

$$y_i(t)=z_i(t+1)-B_iz_i(t) \tag{5.143}$$

则等价的观测方程为

$$y_i(t)=H_ix(t)+v_i(t),i=1,2,3 \tag{5.144}$$

其中

$$H_i = H_{0i}\Phi - B_i H_{0i} \tag{5.145}$$

$$v_i(t) = D_i w(t) + \xi_i(t), D_i = H_{0i}\Gamma \tag{5.146}$$

因此带有色观测噪声的原系统(5.139)—(5.142)等价于带线性相关白噪声系统(5.139),(5.144)—(5.146)。

在仿真中取 $B_1 = 0.1, B_2 = \mathrm{diag}(0.06, 0.3), B_3 = 0.6, T_0 = 0.25, Q = 1, \bar{Q} = 0.75Q$, $R_{\xi_1} = 9, \bar{R}_{\xi_1} = 0.8R_{\xi_1}, R_{\xi_2} = \mathrm{diag}(64, 0.81), \bar{R}_{\xi_2} = 0.5R_{\xi_2}, R_{\xi_3} = 4, \bar{R}_{\xi_3} = 0.75R_{\xi_3}$。

应用定理5.6和定理5.7,表5.3给出了 $N=2$ 时,局部和CI融合鲁棒稳态Kalman平滑器的鲁棒精度和实际精度。从表5.3中可以看到实际精度高于鲁棒精度,且验证了精度关系式(5.135)、式(5.136)和式(5.138)。

表5.3 鲁棒精度和实际精度的比较

$\mathrm{tr}P_1(2)$	$\mathrm{tr}P_2(2)$	$\mathrm{tr}P_3(2)$	$\mathrm{tr}P_{\mathrm{CI}}(2)$	$\mathrm{tr}P_{\mathrm{CI}}^*(2)$	$\mathrm{tr}\bar{P}_1(2)$	$\mathrm{tr}\bar{P}_2(2)$	$\mathrm{tr}\bar{P}_3(2)$	$\mathrm{tr}\bar{P}_{\mathrm{CI}}(2)$
1.540 6	2.428 2	1.166 8	0.696 7	1.488 5	1.212 9	1.239 0	0.875 1	0.499 3

基于协方差椭圆的方差阵不等式精度比较由图5.8给出。由图5.8可见 $\bar{P}_\theta(2)$ 的椭圆被包含在 $P_\theta(2)$ 的椭圆内,$\theta = 1,2,3,\mathrm{CI}$,$\bar{P}_{\mathrm{CI}}(2)$ 的椭圆被包含在 $P_{\mathrm{CI}}^*(2)$ 的椭圆内,且 $P_{\mathrm{CI}}(2)$ 的椭圆也被包含在 $P_{\mathrm{CI}}^*(2)$ 的椭圆内,这验证了精度关系式(5.132)—(5.134)。

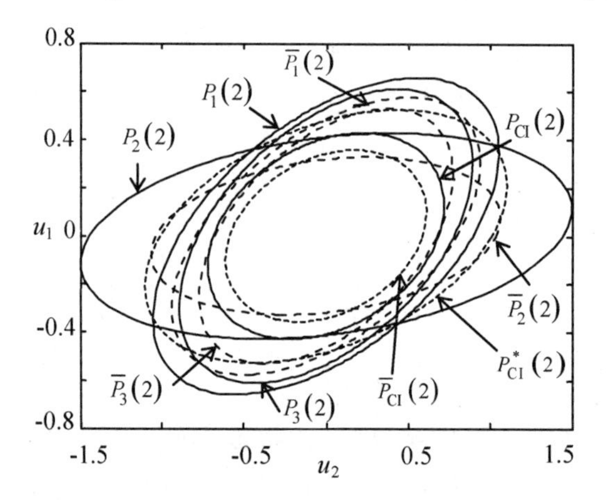

图5.8 基于协方差椭圆的鲁棒平滑器的精度比较

为了说明 $\bar{P}_{\mathrm{CI}}(2)$,$P_{\mathrm{CI}}(2)$ 与 $P_{\mathrm{CI}}^*(2)$ 的精度关系,在图5.9中,任意取4组不同且满足式(5.97)的实际误差方差($\bar{Q}^{(k)}, \bar{R}_{\xi_1}^{(k)}, \bar{R}_{\xi_2}^{(k)}, \bar{R}_{\xi_3}^{(k)}$),其中

$$\bar{Q}^{(1)} = 0.35, \bar{R}_{\xi_1}^{(1)} = 0.93R_{\xi_1}, \bar{R}_{\xi_2}^{(1)} = 0.91R_{\xi_2}, \bar{R}_{\xi_3}^{(1)} = 0.85R_{\xi_3}$$

$$\bar{Q}^{(2)} = 0.92, \bar{R}_{\xi_1}^{(2)} = 0.3R_{\xi_1}, \bar{R}_{\xi_2}^{(2)} = 0.2R_{\xi_2}, \bar{R}_{\xi_3}^{(2)} = 0.1R_{\xi_3}$$

$$\bar{Q}^{(3)} = 0.68, \bar{R}_{\xi_1}^{(3)} = 0.71R_{\xi_1}, \bar{R}_{\xi_2}^{(3)} = 0.35R_{\xi_2}, \bar{R}_{\xi_3}^{(4)} = 0.8R_{\xi_3}$$

$$\bar{Q}^{(4)} = 0.1, \bar{R}_{\xi_1}^{(4)} = 0.01R_{\xi_1}, \bar{R}_{\xi_2}^{(4)} = 0.1R_{\xi_2}, \bar{R}_{\xi_3}^{(4)} = 0.1R_{\xi_3}$$

对应得到4个实际两步平滑器误差方差为$\bar{P}_{CI}^{(k)}(2)$的椭圆，它们都被包含在$P_{CI}(2)$和$P_{CI}^*(2)$的椭圆里面。这表明$P_{CI}(2)$是$\bar{P}_{CI}^{(k)}(2)$的最小上界，意味着同$P_{CI}^*(2)$的椭圆相比，$P_{CI}(2)$的椭圆是包含所有容许实际方差$\bar{P}_{CI}^{(k)}(2)$椭圆的最紧的椭圆，即$\bar{P}_{CI}(2) \leqslant P_{CI}(2)$，$P_{CI}(2) \leqslant P_{CI}^*(2)$，这验证了精度关系式(5.133)和式(5.134)。

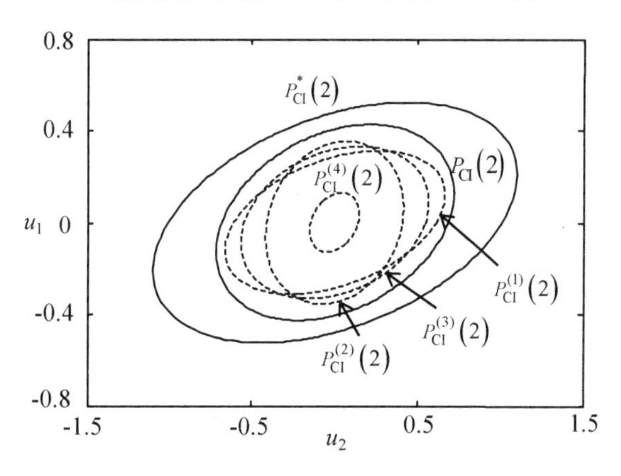

图5.9　基于协方差椭圆改进的CI融合鲁棒Kalman平滑器的精度比较

为了验证理论计算的实际精度的正确性，图5.10给出了进行$\rho = 1\,000$次Monte-Carlo仿真实验，得到的均方误差曲线$\mathrm{MSE}_\theta(t)$，$\theta = 1,2,3,\mathrm{CI}$，它们分别表示采样实际误差的迹。用直线代表相应的理论计算实际误差方差阵的迹值，由图5.10看出MSE曲线接近相应的直线，这验证了采样实际方差的一致性。

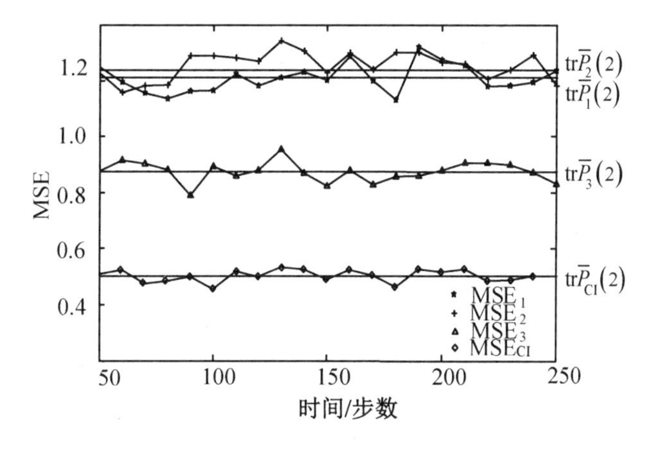

图5.10　局部和CI融合鲁棒Kalman平滑器的MSE曲线

对本例，位置是状态的第1个分量，位置平滑估值鲁棒标准差σ_1和$\bar{\sigma}_1$分别为$P_{CI}(2)$和$\bar{P}_{CI}(2)$的第(1,1)对角元素σ_1^2和$\bar{\sigma}_1^2$的开方，任取4组不同的容许的噪声方差($\bar{Q}^{(k)}$，$\bar{R}_{\xi_1}^{(k)}$，$\bar{R}_{\xi_2}^{(k)}$，$\bar{R}_{\xi_3}^{(k)}$)($k = 1,2,3,4$)，相应的实际平滑误差曲线、$\pm 3\sigma_1$和$\pm 3\bar{\sigma}_1$界如图5.11所示。

图5.11中实线表示误差曲线，短划线用来表示$\pm 3\sigma_1$界，虚线用来表示$\pm 3\bar{\sigma}_1$界。可看到对每组容许的噪声方差，相应的超过99%的平滑误差值均位于$\pm 3\bar{\sigma}_1$界内，也位于$\pm 3\sigma_1$界内，这验证了位置CI融合平滑器的鲁棒性。

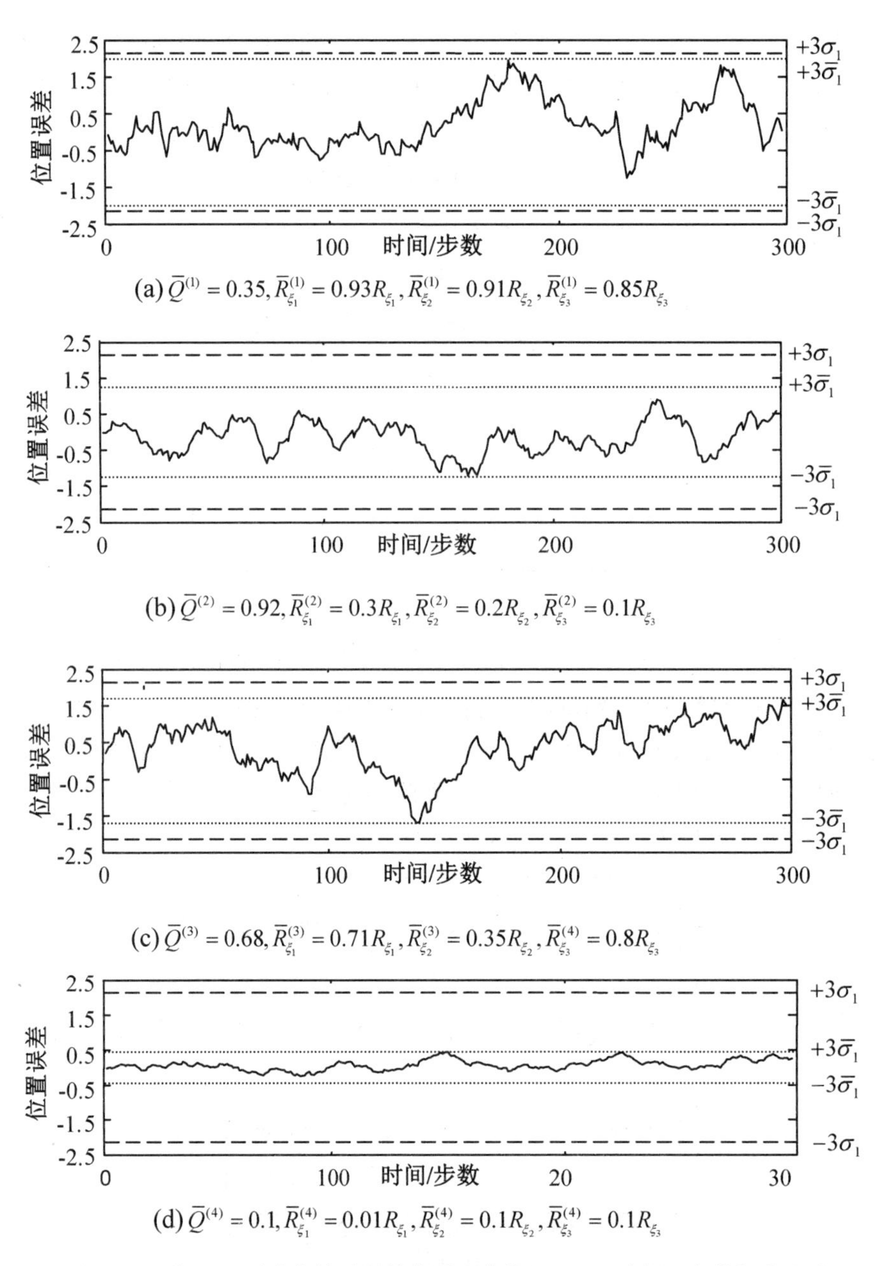

(a) $\bar{Q}^{(1)}=0.35,\bar{R}_{\xi_1}^{(1)}=0.93R_{\xi_1},\bar{R}_{\xi_2}^{(1)}=0.91R_{\xi_2},\bar{R}_{\xi_3}^{(1)}=0.85R_{\xi_3}$

(b) $\bar{Q}^{(2)}=0.92,\bar{R}_{\xi_1}^{(2)}=0.3R_{\xi_1},\bar{R}_{\xi_2}^{(2)}=0.2R_{\xi_2},\bar{R}_{\xi_3}^{(2)}=0.1R_{\xi_3}$

(c) $\bar{Q}^{(3)}=0.68,\bar{R}_{\xi_1}^{(3)}=0.71R_{\xi_1},\bar{R}_{\xi_2}^{(3)}=0.35R_{\xi_2},\bar{R}_{\xi_3}^{(4)}=0.8R_{\xi_3}$

(d) $\bar{Q}^{(4)}=0.1,\bar{R}_{\xi_1}^{(4)}=0.01R_{\xi_1},\bar{R}_{\xi_2}^{(4)}=0.1R_{\xi_2},\bar{R}_{\xi_3}^{(4)}=0.1R_{\xi_3}$

图 5.11　位置 CI 融合鲁棒平滑估值误差曲线和 ±3 - 实际和鲁棒标准差界

5.6　本 章 小 结

本章对带不确定噪声方差和丢失观测或乘性噪声,或线性相关噪声的多传感器系统,用虚拟噪声方法和基于 Lyapunov 方程的极大极小鲁棒 Kalman 滤波方法分别提出了局部 Kalman 估值器及其实际误差方差的最小上界,克服了原始 CI 融合方法要求假设已知局部估值器及其实际误差保守上界的局限性,进一步分别提出了改进 CI 融合鲁棒 Kalman 估值器,给出了实际融合误差方差最小上界,克服了原始 CI 融合器给出的上界具有较大保守性的缺点，提高了原始 CI 融合器的鲁棒精度。3 个仿真例子说明了其有效性。

参考文献

[1] HALL D L, LLINAS J. An Introduction to Multisensor Data Fusion[J]. Proceedings of the IEEE, 2002, 85(1):6-23.

[2] 邓自立. 信息融合估计理论及其应用[M]. 北京：科学出版社，2012.

[3] SUN S L, DENG Z L. Multi-sensor Optimal Information Fusion Kalman Filter[J]. Automatica, 2004, 40(6):1017-1023.

[4] LIGGINS M E, HALL D L, LLINAS H. Handbook of Multisensor Data: Theory and Practice[M]. 2nd ed. New York: CRC Press, 2009.

[5] BAR-SHALOM Y, LI X R, KIRUBARAJAN T. Estimation with Applications to Tracking and Navigation: Theory, Algorithms, and Software[M]. New York: John Wiley & Sons, 2001:99,200-217, 373-374,123-129, 381-395, 311-317.

[6] FENG J X, WANG Z D, ZENG M. Distributed Weighted Robust Kalman Filter Fusion for Uncertain Systems with Autocorrelated and Crosscorrelated Noises[J]. Information Fusion, 2013,14(1): 78-86.

[7] GAO Y, DENG Z L. Covariance Intersection Fusion Wiener Signal Estimators Based on Embedded-time-delay ARMA Model[C]. The 15th International Conference on Information Fusion, 2012:1447-1453.

[8] LI X R, ZHU Y M, HAN C Z. Optimal Linear Estimation Fusion-Part I: Unified Fusion Rules[J]. IEEE Transactions on Information Theory, 2003, 49(9): 2192-2280.

[9] DENG Z L, GAO Y, MAO L, et al. New Approach to Information Fusion Steady-state Kalman Filtering[J]. Automatica, 2005, 41(10): 1695-1707.

[10] SUN S L. Multi-sensor Information Fusion White Noise Filter Weighted by Scalars Based on Kalman Predictor[J]. Automatica, 2004, 40: 1447-1453.

[11] 邓自立，齐文娟，张鹏. 鲁棒融合卡尔曼滤波理论及应用[M]. 哈尔滨:哈尔滨工业大学出版社，2016.

[12] PETERSEN I R, SAVKIN A V. Robust Kalman Filtering for Signals and Systems with Large Uncertainties[M]. Boston: Birkhauser, 1999.

[13] SUN S L, LIN H L, MA J, et al. Multi-sensor Distributed Fusion Estimation with Applications in Networked Systems: A Review Paper[J]. Information Fusion, 2017, 38: 122-134.

[14] LEWIS F L, XIE L H, POPA D. Optimal and Robust Estimation[M]. 2nd ed. New York: CRC Press, 2008.

[15] NAHI N E. Optimal Recursive Estimation with Uncertain Observation[J]. IEEE Transactions on Information Theory, 1969, 15 (4):457-462.

[16] KONING W L DE. Optimal Estimation of Linear Discrete-time Systems with

Stochastic Parameters[J]. Automatica, 1984, 20(1): 113-115.
[17] XI H S. The Guaranteed Estimation Performance Filter for Discrete-time Descriptor Systems with Uncertain Noise[J]. International Journal of Systems Science, 1997, 28(1):113-121.
[18] DENG Z L, GAO Y, TAO G L. Reduced-order Steady-state Descriptor Kalman Fuser Weighted by Block-diagonal Matrices[J]. Information Fusion, 2008, 9(2):300-309.
[19] QI W J, ZHANG P, DENG Z L. Covariance Intersection Fusion Kalman Estimators for Multi-sensor System with Colored Measurement Noises[J]. Research Journal of Applied Sciences Engineering &Technology, 2013, 6(10): 1872-1878.
[20] SUN S L, DENG Z L. Distributed Optimal Fusion Steady-state Kalman Filter for Systems with Coloured Measurement Noises[J]. International Journal of Systems Science, 2005, 36(3): 113-118.
[21] SUN S L, LI X Y, YAN S W. Estimators for Autoregressive Moving Average Signals with Multiple Sensors of Different Missing Measurement Rates[J]. IET Signal Processing, 2012, 6(3): 178-185.
[22] HAJIYEV C G, SOKEN H E. Robust Adaptive Kalman Filter for Estimation of UAV Dynamics in the Presence of Sensor/ Actuator Faults[J]. Aerospace Science and Technology, 2013, 28(1): 376-383.
[23] JULIER S J, UHLMANN J K. General Decentralized Data Fusion with Covariance Intersection. Liggains M E, Hall D L, Llinas J. Handbook of Multisensor Data Fusion, Theory and Practice[M]. 2nd ed. New York: CRC Press, 2009.
[24] UHLMANN J K. Covariance Consistency Methods for Fault-tolerant Distributed Data Fusion[J]. Information Fusion, 2003, 4(3): 201-215.
[25] JULIER S J, UHLMANN J K. Using Covariance Intersection for SLAM[J]. Robotics and Autonomous Systems, 2007, 55(1): 3-20.
[26] DENG Z L, ZHANG P, QI W J. Sequential Covariance Intersection Fusion Kalman Filter[J]. Information Sciences, 2012, 189: 293-309.
[27] SIJS J, LAZAR M. State Fusion with Unknown Correlation: Ellipsoidal Intersection[J]. Automatica, 2012, 48: 1874-1878.
[28] FERREIRA J, WALDMANN J. Covariance Intersection-based Sensor Fusion for Sounding Rocket Tracking and Impact Area Prediction[J]. Control Engineering Practice, 2007, 15(4): 389-409.
[29] GAO Q, CHEN S Y, LEUNG H R. Covariance Intersection Based Image Fusion Technique with Application to Pansharpening in Remote Sensing[J]. Information Sciences, 2010, 180(18): 3434-3443.
[30] QI W J, ZHANG P, DENG Z L. Robust Sequential Covariance Intersection Fusion Kalman Filtering over Multi-agent Sensor Networks with Measurement Delays and Uncertain Noise Variances[J]. Acta Automatica Sinica, 2014, 40(11): 2632-2642.
[31] LAZARUS S B, TSOURDOS A, ZBIKOWSKI R. Robust Localization using Data

Fusion via Integration of Covariance Intersection and Interval Analysis[C]. International Conference on Control, Automation and Systems COEX, Seoul, Korea, 2007: 199-206.
[32] QI W J, ZHANG P, DENG Z L. Robust Weighted Fusion Kalman Filters for Multisensor Time-varying Systems with Uncertain Noise Variances[J]. Signal Processing, 2014, 99: 185-200.
[33] QI W J, ZHANG P, NIE G H, et al. Robust Weighted Fusion Kalman Predictors with Uncertain Noise Variances[J]. Digital Signal Processing, 2014, 30: 37-54.
[34] QI W J, ZHANG P, DENG Z L. Robust Weighted Fusion Time-varying Kalman Smoothers for Multisensor System with Uncertain Noise Variances[J]. Information Sciences, 2014, 282: 15-37.
[35] QI W J, ZHANG P, DENG Z L. Weighted Fusion Robust Steady-state Kalman Filters for Multisensor System with Uncertain Noise Variances[J]. Journal of Applied Mathematics, 2014(2014)1-11,http//dx. doi. org/10. 1155/2014/ 369252.
[36] 王雪梅,刘文强,邓自立. 带丢失观测和不确定噪声方差系统改进的鲁棒协方差交叉融合稳态 Kalman 滤波器[J]. 控制理论与应用,2016, 33(7):973-979.
[37] 王雪梅,刘文强,邓自立. 不确定系统改进的鲁棒协方差交叉融合稳态 Kalman 预报器[J]. 自动化学报, 2016,42(8):1198-1206.
[38] 王雪梅,刘文强,邓自立. 带不确定协方差线性相关白噪声系统改进的鲁棒协方差交叉融合稳态 Kalman 估值器[J]. 控制与决策,2016,31(10):1749-1756.
[39] QU X M, ZHOU J, SONG E B, et al. Minimax Robust Optimal Estimation Fusion in Distributed Multisensor Systems with Uncertainties[J]. IEEE Signal Processing Letters, 2010, 17(9): 811-814.
[40] ANDERSON B D O, MOORE J B. Optimal Filtering[M]. Englewood Cliffs, New Jersey: Prentice Hall, 1979.
[41] KAILATH T, SAYED A H, HASSIBI B. Linear Estimation[M]. New York: Prentice Hall, 2000:766-772.
[42] WANG Z D, HO D W C, LIU X H. Robust Filtering under Randomly Varying Sensor Delay with Variance Constraints[J]. IEEE Transactions on Circuits and Systems II: Express Briefs, 2004, 51(6): 320-326.
[43] DENG Z L, ZHANG P, QI W J, et al. Sequential Covariance Intersection Fusion Kalman Filter[J]. Information Sciences, 2012, 189(7): 293-309.
[44] 汪绍华, 杨莹. 基于卡尔曼滤波的四旋翼飞行器姿态估计和控制算法研究[J]. 控制理论与应用, 2013, 30(9): 1119-1115.
[45] 高向东, 仲训杲, 游德勇, 等. 色噪声下卡尔曼滤波焊缝跟踪算法与试验研究[J]. 控制理论与应用, 2011, 28(7): 931-935.
[46] 王新龙, 申功勋, 丁杨斌. 利用 GPS 进行车辆动态定位的自适应模型研究[J]. 控制与决策, 2005, 20 (1): 103-105.

第6章　带混合不确定性网络化系统加权状态融合鲁棒 Kalman 估值器

6.1　引　言

对参数和噪声方差精确已知的系统，应用标准 Kalman 滤波理论可以得到最优 Kalman 滤波器，但由于建模误差、未建模动态及随机干扰等原因引起模型参数和噪声方差是未知不确定的。在网络化系统中，由于受限的通信能力和系统能量有限，不可避免地引起丢失观测、丢包、观测滞后等随机不确定性。对于这种不确定系统，如果再应用经典 Kalman 滤波器，就会引起滤波器精度下降，严重时导致滤波发散[1,2]。

鲁棒 Kalman 滤波器是指对所有容许的不确定性，相应的实际滤波误差方差阵被保证有最小上界，这个特性称为 Kalman 滤波器的鲁棒性[2]。Riccati 方程方法和线性矩阵不等式(LMI) 方法主要适用于带模有界参数不确定而噪声方差精确已知的不确定系统的鲁棒 Kalman 滤波设计。带噪声方差不确定但模型参数已知的系统的鲁棒 Kalman 滤波的设计可利用 Lyapunov 方程方法[3-5]。

最近，文献[3-5] 对仅带不确定噪声方差的多传感器系统提出了设计极大极小鲁棒 Kalman 估值器的 Lyapunov 方程方法。它将局部和融合 Kalman 估值器的鲁棒性证明问题转化为判别 Lyapunov 方程解的非负定问题，并证明了局部和融合 Kalman 估值器的鲁棒性。其优点是通过求解 Lyapunov 方程给出了实际估值误差方差的最小上界，并严格证明了鲁棒性。但文献[3-5] 的缺点是分别设计了滤波器、预报器和平滑器，且系统中仅噪声方差不确定，而模型参数精确已知。文献[6] 中对带不确定噪声方差的多传感器系统，基于极大极小鲁棒估计原理，应用 Lyapunov 方程方法提出了两类保性能鲁棒加权观测融合一步和多步 Kalman 预报器。

以上文献中均为模型参数已知，而噪声方差不确定的系统。

文献[7] 对带模型参数和噪声方差不确定系统，应用极大极小鲁棒估计原理，提出了鲁棒 Kalman 预报器。文献[8,9] 对带乘性噪声和噪声方差不确定的多传感器系统，应用极大极小鲁棒估计原理，提出了鲁棒 Kalman 预报器，文献[9] 还提出了平滑器和滤波器的设计。对带乘性噪声、有色观测噪声和不确定噪声方差系统[10]，应用增广状态方法和虚拟噪声技术，提出了保性能鲁棒 Kalman 预报器。对带乘性噪声、线性相关加性白噪声和丢包的不确定多传感器系统，文献[11] 应用增广状态方法和虚拟噪声技术，根据极大极小鲁棒估计原理提出了鲁棒 Kalman 估值器。

上述文献中的系统均为单传感器系统，鲁棒融合滤波问题未能解决。

文献[12] 对带乘性噪声和不确定噪声方差的多传感器系统，基于极大极小鲁棒估计原理，提出了两类保性能鲁棒矩阵加权融合稳态 Kalman 预报器，但系统中的噪声方差不相关。对带丢失观测和不确定噪声方差的多传感器系统,文献[13] 应用 Lyapunov 方程,基于极大极小鲁棒估计原理,提出了加权观测融合鲁棒 Kalman 估值器。最近对带乘性噪声、丢失观测和不确定加性噪声方差的不确定多传感器系统,基于极大极小鲁棒估计原理,文献[14] 提出了局部和按对角阵加权融合鲁棒 Kalman 估值器,并用Lyapunov 方程方法证明了鲁棒性。

以上文献中的系统均为带不相关噪声的系统。

为了克服以上文献的局限性,应用基于虚拟噪声技术的极大极小鲁棒 Kalman 滤波方法,对带混合不确定系统,文献[15-17] 提出了鲁棒集中式和加权观测融合 Kalman 估值器。然而文献[15-17] 的缺点是未考虑设计鲁棒加权状态融合 Kalman 估值器。

基于以上原因,我们知道目前对带乘性噪声、不确定噪声方差、丢失观测、丢包等的混合不确定性系统,鲁棒滤波的研究尚不完全。因此本章对带混合不确定性系统,解决了加权状态融合鲁棒 Kalman 滤波问题。

本章对带乘性噪声、丢失观测和不确定方差线性相关白噪声多传感器混合不确定系统[18],基于带噪声方差保守上界的最坏情形保守系统,通过引入虚拟噪声补偿随机不确定性,将原系统转换成仅带噪声方差不确定的系统,根据极大极小鲁棒估计原理,应用 Lyapunov 方程方法,提出统一形式的四种鲁棒加权状态融合时变和稳态 Kalman 估值器(预报器、滤波器和平滑器)。其中包括按矩阵、对角阵和标量加权融合器及一种改进的鲁棒 CI 融合器。通过对鲁棒时变 Kalman 滤波器取极限的方法本章得到了相应的鲁棒稳态 Kalman 滤波器,并通过 DESA 方法证明了时变和相应的稳态鲁棒 Kalman 滤波器彼此按实现收敛性,用 Lyapunov 方程方法证明了上述估值器的鲁棒性和精度关系。

6.2 鲁棒局部时变 Kalman 预报器

考虑带乘性噪声、丢失观测和不确定噪声方差的混合不确定多传感器网络化系统

$$x(t+1)=(\Phi(t)+\sum_{k=1}^{q}\eta_k(t)\Phi_k(t))x(t)+\Gamma(t)w(t) \tag{6.1}$$

$$y_i(t)=\gamma_i(t)H_i(t)x(t)+v_i(t),i=1,\cdots,L \tag{6.2}$$

$$v_i(t)=D_i(t)w(t)+\xi_i(t) \tag{6.3}$$

其中 $t\geqslant 0$ 表示离散时间,$x(t)\in R^n$ 为待估状态,$w(t)\in R^r$ 是过程噪声,$y_i(t)\in R^{m_i}$ 和 $v_i(t)\in R^{m_i}$ 分别是第 i 个子系统的观测和观测噪声。观测噪声和过程噪声是线性相关的,即满足式(6.3)。标量随机参数扰动 $\eta_k(t)\in R^1$ 是均值为零、方差为 $\sigma_{\eta_k}^2\geqslant 0$ 的乘性噪声,q 为乘性噪声的个数,$\Phi_k(t)$ 是已知的随机参数扰动方位阵,$\Phi(t)$,$\Gamma(t)$ 和 $H_i(t)$ 分别是状态阵、噪声转移阵和观测阵,$D_i(t)$ 是已知适当维数的矩阵,L 为传感器的个数。

假设 1 $Q(t)$ 和 $R_{\xi_i}(t)$ 是不确定实际噪声方差 $\bar{Q}(t)$ 和 $\bar{R}_{\xi_i}(t)$ 的已知保守上界,即

$$\bar{Q}(t)\leqslant Q(t),\bar{R}_{\xi_i}(t)\leqslant R_{\xi_i}(t),i=1,\cdots,L \tag{6.4}$$

假设 2 $w(t)\in R^r$,$\xi_i(t)\in R^{m_i}$ 和 $\eta_k(t)$ 是均值为零且互不相关的白噪声

$$\mathrm{E}\left\{\begin{bmatrix}w(t)\\ \xi_i(t)\\ \eta_s(t)\end{bmatrix}[w^{\mathrm{T}}(j),\xi_\alpha^{\mathrm{T}}(j),\eta_k^{\mathrm{T}}(j)]\right\}=\begin{bmatrix}\bar{Q}(t) & 0 & 0\\ 0 & \bar{R}_{\xi_i}(t)\delta_{i\alpha} & 0\\ 0 & 0 & \sigma_{\eta_k}^2\delta_{sk}\end{bmatrix}\delta_{tj} \tag{6.5}$$

其中方差 $\sigma_{\eta_k}^2$ 已知。

假设 3 $\gamma_i(t)(i=1,\cdots,L)$ 是取值为 0 或者 1 的互不相关 Bernoulli 白噪声

$$\mathrm{Prob}\{\gamma_i(t)=1\}=\lambda_i,\mathrm{Prob}\{\gamma_i(t)=0\}=1-\lambda_i,i=1,\cdots,L \tag{6.6}$$

其中取值概率 λ_i 已知,且 $0\leqslant\lambda_i\leqslant1$。

由式(6.6)有统计性质:

$$\mathrm{E}[\gamma_i(t)]=\lambda_i,\mathrm{E}[\gamma_i(t)-\lambda_i]=0,\mathrm{E}[(\gamma_i(t)-\lambda_i)^2]=\lambda_i(1-\lambda_i)$$
$$\mathrm{E}[(\gamma_i(t)-\lambda_i)(\gamma_i(k)-\lambda_i)]=0,t\neq k$$
$$\mathrm{E}[(\gamma_i(t)-\lambda_i)(\gamma_j(k)-\lambda_j)]=0,i\neq j,\forall t,k \tag{6.7}$$

假设 4 初始状态 $x(0)$ 与 $w(t)$ 和 $\xi_i(t)$ 互不相关,$x(0)$ 的已知均值 $\mathrm{E}[x(0)]=\mu_0$ 而不确定实际方差

$$\bar{P}_0=\mathrm{E}[(x(0)-\mu_0)(x(0)-\mu_0)^{\mathrm{T}}] \tag{6.8}$$

$\bar{P}_0$ 的已知保守上界为 P_0,即

$$\bar{P}_0\leqslant P_0 \tag{6.9}$$

由式(6.3)和式(6.5)可得实际和保守的相关矩阵分别为

$$\bar{S}_i(t)=\mathrm{E}[w(t)v_i^{\mathrm{T}}(t)]=\bar{Q}(t)D_i^{\mathrm{T}}(t) \tag{6.10}$$

$$S_i(t)=Q(t)D_i^{\mathrm{T}}(t) \tag{6.11}$$

$v_i(t)$ 的实际和保守的互协方差与方差分别为

$$\bar{R}_{ij}(t)=D_i(t)\bar{Q}(t)D_j^{\mathrm{T}}(t)+\bar{R}_{\xi_i}(t)\delta_{ij},\bar{R}_i(t)=\bar{R}_{ii}(t) \tag{6.12}$$

$$R_{ij}(t)=D_i(t)Q(t)D_j^{\mathrm{T}}(t)+R_{\xi_i}(t)\delta_{ij},R_i(t)=R_{ii}(t) \tag{6.13}$$

由式(6.4)、式(6.12)和式(6.13)可以推出

$$\bar{R}_i(t)\leqslant R_i(t) \tag{6.14}$$

引入虚拟过程噪声 $w_a(t)$,用来补偿式(6.1)中的乘性噪声项,则状态方程式(6.1)可转换为

$$x(t+1)=\Phi(t)x(t)+w_a(t) \tag{6.15}$$

$$w_a(t)=\sum_{k=1}^{q}\eta_k(t)\Phi_k(t)x(t)+\Gamma(t)w(t) \tag{6.16}$$

当用均值 λ_i 来替代 $\gamma_i(t)$ 时,引入另外的虚拟观测噪声 $v_{ai}(t)$,用来补偿观测方程式(6.2)中的乘性噪声项,则式(6.2)可转换为

$$y_i(t)=H_{ai}(t)x(t)+v_{ai}(t),i=1,\cdots,L \tag{6.17}$$

其中定义 $H_{ai}(t)=\lambda_iH_i(t)$ 且定义

$$v_{ai}(t)=[\gamma_i(t)-\lambda_i]H_i(t)x(t)+v_i(t),i=1,\cdots,L \tag{6.18}$$

容易证明虚拟噪声 $w_a(t)$ 和 $v_{ai}(t)$ 均为零均值白噪声。

定义非中心二阶矩 $X(t)=\mathrm{E}[x(t)x^{\mathrm{T}}(t)]$,由式(6.1),对保守和实际状态 $x(t)$,有保守和实际系统非中心二阶矩 $X(t)$ 和 $\bar{X}(t)$ 分别满足广义 Lyapunov 方程

$$X(t+1)=\Phi(t)X(t)\Phi^{\mathrm{T}}(t)+\sum_{k=1}^{q}\sigma_{\eta_k}^2\Phi_k(t)X(t)\Phi_k^{\mathrm{T}}(t)+\Gamma(t)Q(t)\Gamma^{\mathrm{T}}(t) \tag{6.19}$$

$$\bar{X}(t+1)=\Phi(t)\bar{X}(t)\Phi^{\mathrm{T}}(t)+\sum_{k=1}^{q}\sigma_{\eta_k}^2\Phi_k(t)\bar{X}(t)\Phi_k^{\mathrm{T}}(t)+\Gamma(t)\bar{Q}(t)\Gamma^{\mathrm{T}}(t) \tag{6.20}$$

且由式(6.8)知初始状态 $X(0)$ 的值为

$$X(0)=P_0+\mu_0\mu_0^{\mathrm{T}} \tag{6.21}$$

$$\bar{X}(0)=\bar{P}_0+\mu_0\mu_0^{\mathrm{T}} \tag{6.22}$$

引理 6.1 对于所有满足式(6.4)和式(6.9)的容许的实际噪声方差 $\bar{Q}(t)$ 和 $\bar{R}_{\xi_i}(t)$ 及初值 P_0,有关系

$$\bar{X}(t)\leqslant X(t),\forall t\geqslant 0 \tag{6.23}$$

证明 定义 $\Delta X(t)=X(t)-\bar{X}(t)$,$\Delta Q(t)=Q(t)-\bar{Q}(t)$,由式(6.19)和式(6.20)得

$$\Delta X(t+1)=\Phi(t)\Delta X(t)\Phi^{\mathrm{T}}(t)+\sum_{k=1}^{q}\sigma_{\eta_k}^2\Phi_k(t)\Delta X(t)\Phi_k^{\mathrm{T}}(t)+\Gamma(t)\Delta Q(t)\Gamma^{\mathrm{T}}(t) \tag{6.24}$$

用式(6.21)减去式(6.22)得 $\Delta X(0)=P_0-\bar{P}_0$,由式(6.9)有

$$\Delta X(0)\geqslant 0 \tag{6.25}$$

由式(6.4)有 $\Delta Q(t)\geqslant 0$,应用数学归纳法,迭代式(6.24),对于任意 $t\geqslant 0$ 都有

$$\Delta X(t)\geqslant 0 \tag{6.26}$$

即式(6.23)成立。证毕。

由式(6.16)得虚拟噪声 $w_a(t)$ 的保守和实际方差

$$Q_a(t)=\sum_{k=1}^{q}\sigma_{\eta_k}^2\Phi_k(t)X(t)\Phi_k^{\mathrm{T}}(t)+\Gamma(t)Q(t)\Gamma^{\mathrm{T}}(t) \tag{6.27}$$

$$\bar{Q}_a(t)=\sum_{k=1}^{q}\sigma_{\eta_k}^2\Phi_k(t)\bar{X}(t)\Phi_k^{\mathrm{T}}(t)+\Gamma(t)\bar{Q}(t)\Gamma^{\mathrm{T}}(t) \tag{6.28}$$

应用式(6.3)、式(6.7)和式(6.18),$v_{ai}(t)$ 的实际和保守方差与互协方差分别为

$$\bar{R}_{ai}(t)=\lambda_i(1-\lambda_i)H_i(t)\bar{X}(t)H_i^{\mathrm{T}}(t)+\bar{R}_i(t),\bar{R}_{aij}(t)=\bar{R}_{ij}(t) \tag{6.29}$$

$$R_{ai}(t)=\lambda_i(1-\lambda_i)H_i(t)X(t)H_i^{\mathrm{T}}(t)+R_i(t),R_{aij}(t)=R_{ij}(t) \tag{6.30}$$

应用式(6.16)和式(6.18),虚拟噪声 $w_a(t)$ 和 $v_{ai}(t)$ 的实际和保守相关矩阵分别为

$$\bar{S}_{ai}(t)=\mathrm{E}[w_a(t)v_{ai}^{\mathrm{T}}(t)]=\Gamma(t)\bar{Q}(t)D_i^{\mathrm{T}}(t)=\Gamma(t)\bar{S}_i(t)$$

$$S_{ai}(t)=\Gamma(t)S_i(t) \tag{6.31}$$

引理 6.2 对所有容许的实际方差 $\bar{Q}_a(t)$,$\bar{R}_{ai}(t)$,有

$$\bar{Q}_a(t)\leqslant Q_a(t),\bar{R}_{ai}(t)\leqslant R_{ai}(t),i=1,\cdots,L \tag{6.32}$$

证明 定义 $\Delta Q_a(t)=Q_a(t)-\bar{Q}_a(t)$,$\Delta R_{ai}(t)=R_{ai}(t)-\bar{R}_{ai}(t)$,由式(6.27)减去式(6.28)有

$$\Delta Q_a(t)=\sum_{k=1}^{q}\sigma_{\eta_k}^2\Phi_k(t)\Delta X(t)\Phi_k^{\mathrm{T}}(t)+\Gamma(t)\Delta Q(t)\Gamma^{\mathrm{T}}(t) \tag{6.33}$$

由 $\Delta Q(t)\geqslant 0$,再由式(6.26),则有 $\Delta Q_a(t)\geqslant 0$。由式(6.30)减去式(6.29)有

$$\Delta R_{ai}(t)=\lambda_i(1-\lambda_i)H_i(t)\Delta X(t)H_i^{\mathrm{T}}(t)+\Delta R_i(t) \tag{6.34}$$

由式(6.14)有 $\Delta R_i(t)=R_i(t)-\bar{R}_i(t)\geqslant 0$,再由式(6.26)和引理5.2,则有 $\Delta R_{ai}(t)\geqslant 0$,即式(6.32)成立。证毕。

定义增广噪声 $\beta_i(t)=\begin{bmatrix}w_a(t)\\v_{ai}(t)\end{bmatrix}$,则其保守和实际互协方差分别为

$$\Lambda_{ij}(t)=\begin{bmatrix}Q_a(t) & S_{aj}(t)\\S_{ai}^{\mathrm{T}}(t) & R_{aij}(t)\end{bmatrix},\bar{\Lambda}_{ij}(t)=\begin{bmatrix}\bar{Q}_a(t) & \bar{S}_{aj}(t)\\\bar{S}_{ai}^{\mathrm{T}}(t) & \bar{R}_{aij}(t)\end{bmatrix} \tag{6.35}$$

其中，$\beta_i(t)$ 的保守和实际方差分别为 $\Lambda_i(t)=\Lambda_{ii}(t)$ 和 $\bar{\Lambda}_i(t)=\bar{\Lambda}_{ii}(t)$。

引理 6.3 对于所有满足式(6.4)和式(6.9)的容许的实际噪声方差 $\bar{Q}(t)$ 和 $\bar{R}_{\xi_i}(t)$ 及初值 P_0，有关系

$$\bar{\Lambda}_i(t)\leqslant\Lambda_i(t)\tag{6.36}$$

证明 定义 $\Delta\Lambda_i(t)=\Lambda_i(t)-\bar{\Lambda}_i(t)$，由式(6.12)、式(6.13)、式(6.27)—(6.31)和式(6.35)有

$$\Delta\Lambda_i(t)=\left[\begin{array}{c|c}\sum_{k=1}^{q}\sigma_{\eta_k}^2\Phi_k(t)\Delta X(t)\Phi_k^{\mathrm{T}}(t)+\Gamma(t)\Delta Q(t)\Gamma^{\mathrm{T}}(t) & \Gamma(t)\Delta Q(t)D_i^{\mathrm{T}}(t)\\ \hline D_i(t)\Delta Q(t)\Gamma^{\mathrm{T}}(t) & \lambda_i(1-\lambda_i)H_i(t)\Delta X(t)H_i^{\mathrm{T}}(t)+D_i(t)\Delta Q(t)D_i^{\mathrm{T}}(t)+\Delta R_{\xi_i}(t)\end{array}\right]$$

$\Delta\Lambda_i(t)$ 可以被分解成 $\Delta\Lambda_i(t)=\Delta\Lambda_i^{(1)}(t)+\Delta\Lambda_i^{(2)}(t)+\Delta\Lambda_i^{(3)}(t)$，其中

$$\Delta\Lambda_i^{(1)}(t)=\begin{bmatrix}\sum_{k=1}^{q}\sigma_{\eta_k}^2\Phi_k(t)\Delta X(t)\Phi_k^{\mathrm{T}}(t) & 0\\ 0 & \lambda_i(1-\lambda_i)H_i(t)\Delta X(t)H_i^{\mathrm{T}}(t)\end{bmatrix}$$

$$\Delta\Lambda_i^{(3)}(t)=\begin{bmatrix}0 & 0\\ 0 & \Delta R_{\xi_i}(t)\end{bmatrix}$$

$$\Delta\Lambda_i^{(2)}(t)=\begin{bmatrix}\Gamma(t)\Delta Q(t)\Gamma^{\mathrm{T}}(t) & \Gamma(t)\Delta Q(t)D_i^{\mathrm{T}}(t)\\ D_i(t)\Delta Q(t)\Gamma^{\mathrm{T}}(t) & D_i(t)\Delta Q(t)D_i^{\mathrm{T}}(t)\end{bmatrix}$$

由 $0\leqslant\lambda_i\leqslant1$ 和式(6.26)，应用引理 5.2 有 $\sum_{k=1}^{q}\sigma_{\eta_k}^2\Phi_k(t)\Delta X(t)\Phi_k^{\mathrm{T}}(t)\geqslant0$ 和 $\lambda_i(1-\lambda_i)H_i(t)\Delta X(t)H_i^{\mathrm{T}}(t)\geqslant0$，再应用引理 5.4 有

$$\Delta\Lambda_i^{(1)}(t)\geqslant0\tag{6.37}$$

$\Delta\Lambda_i^{(2)}(t)$ 可分解为 $\Delta\Lambda_i^{(2)}(t)=\Gamma_\Lambda^{(i)}(t)Q_\Lambda(t)\Gamma_\Lambda^{(i)\mathrm{T}}(t)$，其中 $\Gamma_\Lambda^{(i)}(t)=\begin{bmatrix}\Gamma(t) & 0\\ 0 & D_i(t)\end{bmatrix}$，$Q_\Lambda(t)=\begin{bmatrix}\Delta Q(t) & \Delta Q(t)\\ \Delta Q(t) & \Delta Q(t)\end{bmatrix}$。应用式(6.4)和引理 5.3 有 $Q_\Lambda(t)\geqslant0$，再应用引理 5.2 有

$$\Delta\Lambda_i^{(2)}(t)\geqslant0\tag{6.38}$$

应用式(6.4)和引理 5.4 得

$$\Delta\Lambda_i^{(3)}(t)\geqslant0\tag{6.39}$$

所以有

$$\Delta\Lambda_i(t)\geqslant0\tag{6.40}$$

即式(6.36)成立。证毕。

根据极大极小鲁棒估计原理[19]，考虑带虚拟噪声方差保守上界 $Q_a(t)$ 和 $R_{ai}(t)$ 的最坏情形保守系统(6.15)和(6.17)，保守最优(最小方差)局部 Kalman 预报器为[20]

$$\hat{x}_i(t+1\mid t)=\Psi_{pi}(t)\hat{x}_i(t\mid t-1)+K_{pi}(t)y_i(t),i=1,\cdots,L\tag{6.41}$$

$$\Psi_{pi}(t)=\Phi(t)-K_{pi}(t)H_{ai}(t) \tag{6.42}$$

$$K_{pi}(t)=[\Phi(t)P_i(t\mid t-1)H_{ai}^{\mathrm{T}}(t)+S_{ai}(t)]^{-1}Q_{\varepsilon i}^{-1}(t) \tag{6.43}$$

$$Q_{\varepsilon i}(t)=H_{ai}(t)P_i(t\mid t-1)H_{ai}^{\mathrm{T}}(t)+R_{ai}(t) \tag{6.44}$$

在式(6.41)中,用实际的观测 $y_i(t)$ 代替保守的观测 $y_i(t)$ 得实际局部 Kalman 预报器。保守局部预报误差方差阵 $P_i(t+1\mid t)$ 满足时变 Riccati 方程

$$\begin{aligned}P_i(t+1\mid t)=&\Phi(t)P_i(t\mid t-1)\Phi^{\mathrm{T}}(t)-[\Phi(t)P_i(t\mid t-1)H_{ai}^{\mathrm{T}}(t)+S_{ai}(t)]\times\\&[H_{ai}(t)P_i(t\mid t-1)H_{ai}^{\mathrm{T}}(t)+R_{ai}(t)]^{-1}\times\\&[\Phi(t)P_i(t\mid t-1)H_{ai}^{\mathrm{T}}(t)+S_{ai}(t)]^{\mathrm{T}}+Q_a(t)\end{aligned} \tag{6.45}$$

其中保守初始方差 $P_i(1\mid 0)=P_0$。

保守或实际的 Kalman 预报误差 $\tilde{x}_i(t+1\mid t)=x(t+1)-\hat{x}_i(t+1\mid t)$。

引理 6.4 保守或实际预报误差系统为

$$\tilde{x}_i(t+1\mid t)=\Psi_{pi}(t)\tilde{x}_i(t\mid t-1)+[I_n,\ -K_{pi}(t)]\beta_i(t) \tag{6.46}$$

证明 由式(6.15)、式(6.17)、式(6.41)和式(6.42)可知

$$\begin{aligned}\tilde{x}_i(t+1\mid t)=&x(t+1)-\hat{x}_i(t+1\mid t)=\\&\Phi(t)x(t)+w_a(t)-\Psi_{pi}(t)\hat{x}_i(t\mid t-1)-K_{pi}(t)y_i(t)=\\&\Phi(t)x(t)+w_a(t)-[\Phi(t)-K_{pi}(t)H_{ai}(t)]\hat{x}_i(t\mid t-1)-\\&K_{pi}(t)[H_{ai}(t)x(t)+v_{ai}(t)]=\\&\Phi(t)\tilde{x}_i(t\mid t-1)-K_{pi}(t)H_{ai}(t)\tilde{x}_i(t\mid t-1)+w_a(t)-K_{pi}(t)v_{ai}(t)=\\&[\Phi(t)-K_{pi}(t)H_{ai}(t)]\tilde{x}_i(t\mid t-1)+w_a(t)-K_{pi}(t)v_{ai}(t)=\\&\Psi_{pi}(t)\tilde{x}_i(t\mid t-1)+[I_n,\ -K_{pi}(t)]\begin{bmatrix}w_a(t)\\v_{ai}(t)\end{bmatrix}=\\&\Psi_{pi}(t)\tilde{x}_i(t\mid t-1)+[I_n,\ -K_{pi}(t)]\beta_i(t)\end{aligned}$$

式(6.46)得证。证毕。

由式(6.46),有保守和实际预报误差互协方差分别满足 Lyapunov 方程

$$P_{ij}(t+1\mid t)=\Psi_{pi}(t)P_{ij}(t\mid t-1)\Psi_{pj}^{\mathrm{T}}(t)+[I_n,\ -K_{pi}(t)]\Lambda_{ij}(t)\begin{bmatrix}I_n\\-K_{pj}^{\mathrm{T}}(t)\end{bmatrix} \tag{6.47}$$

$$\bar{P}_{ij}(t+1\mid t)=\Psi_{pi}(t)\bar{P}_{ij}(t\mid t-1)\Psi_{pj}^{\mathrm{T}}(t)+[I_n,\ -K_{pi}(t)]\bar{\Lambda}_{ij}(t)\begin{bmatrix}I_n\\-K_{pj}^{\mathrm{T}}(t)\end{bmatrix} \tag{6.48}$$

其中,保守和实际初值分别为

$$P_{ij}(1\mid 0)=P_0,\bar{P}_{ij}(1\mid 0)=\bar{P}_0 \tag{6.49}$$

我们定义保守和实际预报误差方差阵分别为 $P_i(t+1\mid t)=P_{ii}(t+1\mid t),\bar{P}_i(t+1\mid t)=\bar{P}_{ii}(t+1\mid t)$。

定理 6.1 不确定多传感器系统(6.1)—(6.3)在假设1—4下,实际局部 Kalman 预报器(6.41)是鲁棒的,即对所有满足式(6.4)和式(6.9)的容许的实际噪声方差 $\bar{Q}(t)$,$\bar{R}_{\xi_i}(t)$ 和初值 $\bar{P}_0$,相应的由式(6.48)得到的实际预报误差方差阵 $\bar{P}_i(t+1\mid t)$ 有最小上界

$P_i(t+1|t)$，即

$$\bar{P}_i(t+1|t) \leqslant P_i(t+1|t), i=1,\cdots,L \tag{6.50}$$

类似于定理5.1的证明，证略。

我们称满足式(6.50)的实际局部Kalman预报器为鲁棒局部Kalman预报器。

6.3 鲁棒局部时变Kalman滤波器和平滑器

基于保守或实际局部Kalman预报器，可用统一的形式来表示保守或实际局部Kalman滤波器和平滑器[19]

$$\hat{x}_i(t|t+N) = \hat{x}_i(t|t-1) + \sum_{j=0}^{N} K_i(t|t+j)\varepsilon_i(t+j), N \geqslant 0, i=1,\cdots,L \tag{6.51}$$

$$\varepsilon_i(t) = y_i(t) - H_{ai}(t)\hat{x}_i(t|t-1) \tag{6.52}$$

$$K_i(t|t+k) = P_i(t|t-1)\left\{\prod_{j=0}^{k-1} \Psi_{pi}^{\mathrm{T}}(t+j)\right\} H_{ai}^{\mathrm{T}}(t+k) Q_{\varepsilon i}^{-1}(t+k), k>0 \tag{6.53}$$

$$K_{fi}(t) = K_i(t|t) = P_i(t|t-1) H_{ai}^{\mathrm{T}}(t) Q_{\varepsilon i}^{-1}(t) \tag{6.54}$$

其中，$\hat{x}_i(t|t-1)$是保守或实际局部Kalman预报器，$K_{fi}(t)$为Kalman滤波增益。

保守估值误差方差阵$P_i(t|t+N)$为

$$P_i(t|t+N) = P_i(t|t-1) - \sum_{k=0}^{N} K_i(t|t+k) Q_{\varepsilon i}(t+k) K_i^{\mathrm{T}}(t|t+k) \tag{6.55}$$

当$N>0$时，应用式(6.15)、式(6.17)、式(6.51)和式(6.52)得到局部保守和实际平滑误差$\tilde{x}_i(t|t+N) = x(t) - \hat{x}_i(t|t+N)$为

$$\tilde{x}_i(t|t+N) = \Psi_{iN}(t)\tilde{x}_i(t|t-1) + \sum_{\rho=0}^{N} K_{i\rho}^{wN}(t) w_a(t+\rho) + \sum_{\rho=0}^{N} K_{i\rho}^{vN}(t) v_{ai}(t+\rho) \tag{6.56}$$

其中，定义

$$\Psi_{iN}(t) = I_n - \sum_{k=0}^{N} K_i(t|t+k) H_{ai}(t+k) \Psi_{pi}(t+k,t) \tag{6.57}$$

$$\Psi_{pi}(t+k,t) = \Psi_{pi}(t+k-1)\cdots\Psi_{pi}(t), \Psi_{pi}(t,t) = I_n \tag{6.58}$$

$$K_{i\rho}^{wN}(t) = -\sum_{k=\rho+1}^{N} K_i(t|t+k) H_{ai}(t+k) \Psi_{pi}(t+k,t+\rho+1), \rho=0,\cdots,N-1, K_{iN}^{wN}(t)=0 \tag{6.59}$$

$$K_{i\rho}^{vN}(t) = \sum_{k=\rho+1}^{N} K_i(t|t+k) H_{ai}(t+k) \Psi_{pi}(t+k,t+\rho+1) K_{pi}(t+\rho) - K_i(t|t+\rho),$$
$$\rho=0,\cdots,N-1, K_{iN}^{vN}(t) = -K_i(t|t+N) \tag{6.60}$$

当$N=0$时，应用递推投影公式[19]有局部滤波器

$$\hat{x}_i(t|t) = \hat{x}_i(t|t-1) + K_{fi}(t)\varepsilon_i(t) \tag{6.61}$$

应用式(6.15)、式(6.17)、式(6.52)和式(6.61)得局部滤波误差$\tilde{x}_i(t|t) = x(t) - \hat{x}_i(t|t)$为

$$\tilde{x}_i(t|t)=[I_n,-K_{fi}(t)H_{ai}(t)]\tilde{x}_i(t|t-1)-K_{fi}(t)v_{ai}(t) \tag{6.62}$$

此处，$K_{i0}^{w0}(t)=0, K_{i0}^{v0}(t)=-K_i(t|t)$，且初值 $P_{ij}(1|0)=P_0, \bar{P}_{ij}(1|0)=\bar{P}_0$。

应用式(6.62)得到局部保守和实际滤波误差互协方差分别满足 Lyapunov 方程

$$P_{ij}(t|t)=[I_n,-K_{fi}(t)H_{ai}(t)]P_{ij}(t|t-1)[I_n,-K_{fj}(t)H_{aj}(t)]^{\mathrm{T}}+K_{fi}(t)R_{aij}(t)K_{fj}^{\mathrm{T}}(t) \tag{6.63}$$

$$\bar{P}_{ij}(t|t)=[I_n,-K_{fi}(t)H_{ai}(t)]\bar{P}_{ij}(t|t-1)[I_n,-K_{fj}(t)H_{aj}(t)]^{\mathrm{T}}+K_{fi}(t)\bar{R}_{aij}(t)K_{fj}^{\mathrm{T}}(t) \tag{6.64}$$

其中，定义 $R_{ai}(t)=R_{aii}(t), \bar{R}_{ai}(t)=\bar{R}_{aii}(t), P_i(t|t)=P_{ii}(t|t), \bar{P}_i(t|t)=\bar{P}_{ii}(t|t)$。

当 $N>0$ 时，应用式(6.56)得到局部保守和实际平滑误差方差阵与互协方差

$$P_{ij}(t|t+N)=\Psi_{iN}(t)P_{ij}(t|t-1)\Psi_{jN}^{\mathrm{T}}(t)+\sum_{\rho=0}^{N}[K_{i\rho}^{wN}(t),K_{i\rho}^{vN}(t)]\Lambda_{ij}(t)\begin{bmatrix}K_{j\rho}^{wN\mathrm{T}}(t)\\K_{j\rho}^{vN\mathrm{T}}(t)\end{bmatrix} \tag{6.65}$$

$$\bar{P}_{ij}(t|t+N)=\Psi_{iN}(t)\bar{P}_{ij}(t|t-1)\Psi_{jN}^{\mathrm{T}}(t)+\sum_{\rho=0}^{N}[K_{i\rho}^{wN}(t),K_{i\rho}^{vN}(t)]\bar{\Lambda}_{ij}(t)\begin{bmatrix}K_{j\rho}^{wN\mathrm{T}}(t)\\K_{j\rho}^{vN\mathrm{T}}(t)\end{bmatrix} \tag{6.66}$$

其中，$P_i(t|t+N)=P_{ii}(t|t+N), \bar{P}_i(t|t+N)=\bar{P}_{ii}(t|t+N)$。

定理 6.2 不确定多传感器系统(6.1)—(6.3)在假设1—4下，局部实际 Kalman 滤波器和平滑器(6.51)是鲁棒的，即对所有满足式(6.4)和式(6.9)的容许的实际噪声方差 $\bar{Q}(t)$ 和 $\bar{R}_{\xi_i}(t)$ 及初值 $\bar{P}_0$，相应的实际误差方差阵 $\bar{P}_i(t|t+N)$ 保证有最小上界 $P_i(t|t+N)$

$$\bar{P}_i(t|t+N)\leqslant P_i(t|t+N), N\geqslant 0, t\geqslant 0, i=1,\cdots,L \tag{6.67}$$

类似于定理 5.1 的证明，证略。

我们称满足式(6.67)的实际局部 Kalman 滤波器和平滑器为鲁棒局部 Kalman 滤波器和平滑器。

6.4 加权状态融合鲁棒时变 Kalman 估值器

本节对最坏情形保守系统，基于局部鲁棒 Kalman 估值器来设计分布式融合器，即四种保守或实际加权融合时变 Kalman 估值器，其统一表示形式[3,19]为

$$\hat{x}_\theta(t|t+N)=\sum_{i=1}^{L}\Omega_i^\theta(t|t+N)\hat{x}_i(t|t+N), \theta=m,s,d,\mathrm{CI}, N=-1, N\geqslant 0 \tag{6.68}$$

带无偏性约束条件

$$\sum_{i=1}^{L}\Omega_i^\theta(t|t+N)=I_n \tag{6.69}$$

其中，$\theta=m,s,d,\mathrm{CI}$ 分别表示按矩阵、标量、对角阵加权融合器和改进的 CI 融合器，$\hat{x}_i(t|t+N)$ 为保守或实际局部 Kalman 估值器。

由式(6.69)的约束条件有状态

$$x(t)=\sum_{i=1}^{L}\Omega_i^{\theta}(t\mid t+N)x(t) \tag{6.70}$$

由式(6.70)减去式(6.68)得保守或实际融合估值误差$\tilde{x}_{\theta}(t\mid t+N)=x(t)-\hat{x}_{\theta}(t\mid t+N)$为

$$\tilde{x}_{\theta}(t\mid t+N)=\sum_{i=1}^{L}\Omega_i^{\theta}(t\mid t+N)\tilde{x}_i(t\mid t+N) \tag{6.71}$$

其中,$\tilde{x}_i(t\mid t+N)$是保守或实际局部 Kalman 估值误差。定义

$$\Omega_{\theta}(t\mid t+N)=[\Omega_1^{\theta}(t\mid t+N),\cdots,\Omega_L^{\theta}(t\mid t+N)],\theta=m,s,d,\mathrm{CI} \tag{6.72}$$

根据式(6.71),得到保守和实际融合误差方差阵的统一形式

$$P_{\theta}(t\mid t+N)=\Omega_{\theta}(t\mid t+N)P(t\mid t+N)\Omega_{\theta}^{\mathrm{T}}(t\mid t+N) \tag{6.73}$$

$$\bar{P}_{\theta}(t\mid t+N)=\Omega_{\theta}(t\mid t+N)\bar{P}(t\mid t+N)\Omega_{\theta}^{\mathrm{T}}(t\mid t+N) \tag{6.74}$$

其中,定义全局保守和实际误差方差阵$P(t\mid t+N)$和$\bar{P}(t\mid t+N)$分别为

$$P(t\mid t+N)=[P_{ij}(t\mid t+N)]_{nL\times nL},\bar{P}(t\mid t+N)=[\bar{P}_{ij}(t\mid t+N)]_{nL\times nL} \tag{6.75}$$

$P_{ij}(t\mid t+N)$和$\bar{P}_{ij}(t\mid t+N)$分别为$P(t\mid t+N)$和$\bar{P}(t\mid t+N)$的第(i,j)块元素。

应用定理2.12—2.14可得最优加权分别为:

当$\theta=m$时,最优矩阵权为

$$\Omega_m(t\mid t+N)=[\Omega_1^m(t\mid t+N),\cdots,\Omega_L^m(t\mid t+N)]=\\(e^{\mathrm{T}}P^{-1}(t\mid t+N)e)^{-1}e^{\mathrm{T}}P^{-1}(t\mid t+N) \tag{6.76}$$

其中,$e^{\mathrm{T}}=[I_n,\cdots,I_n]$。保守融合误差方差阵为

$$P_m(t\mid t+N)=(e^{\mathrm{T}}P^{-1}(t\mid t+N)e)^{-1} \tag{6.77}$$

当$\theta=s$时,最优标量权[21]为

$$\Omega_s(t\mid t+N)=[\Omega_1^s(t\mid t+N),\cdots,\Omega_L^s(t\mid t+N)],\Omega_i^s(t\mid t+N)=\omega_i(t\mid t+N)I_n \tag{6.78}$$

$$[\omega_1(t\mid t+N),\cdots,\omega_L(t\mid t+N)]=(e^{\mathrm{T}}P_{\mathrm{tr}}^{-1}(t\mid t+N)e)^{-1}e^{\mathrm{T}}P_{\mathrm{tr}}^{-1}(t\mid t+N) \tag{6.79}$$

其中,$e^{\mathrm{T}}=[1,\cdots,1]$,$P_{\mathrm{tr}}(t\mid t+N)=(\mathrm{tr}P_{ij}(t\mid t+N))_{L\times L}$。保守融合误差方差阵为

$$P_s(t\mid t+N)=\sum_{i=1}^{L}\sum_{j=1}^{L}\omega_i(t\mid t+N)\omega_j(t\mid t+N)P_{ij}(t\mid t+N) \tag{6.80}$$

当$\theta=d$时,最优对角阵权为

$$\Omega_d(t\mid t+N)=[\Omega_1^d(t\mid t+N),\cdots,\Omega_L^d(t\mid t+N)] \tag{6.81}$$

$$\Omega_i^d(t\mid t+N)=\mathrm{diag}[\omega_{i1}(t\mid t+N),\cdots,\omega_{in}(t\mid t+N)] \tag{6.82}$$

$$[\omega_{1j}(t\mid t+N),\cdots,\omega_{Lj}(t\mid t+N)]=\\(e^{\mathrm{T}}(P^{jj}(t\mid t+N))^{-1}e)^{-1}e^{\mathrm{T}}(P^{jj}(t\mid t+N))^{-1},j=1,\cdots,n \tag{6.83}$$

其中,$e^{\mathrm{T}}=[1,\cdots,1]$,$P^{jj}(t\mid t+N)=(P_{sk}^{jj}(t\mid t+N))_{L\times L}$,$s,k=1,\cdots,L$,且$P_{sk}^{jj}(t\mid t+N)$为$P_{sk}(t\mid t+N)$的第$(j,j)$块对角阵元素。保守融合误差方差阵为

$$P_d(t\mid t+N)=\sum_{i=1}^{L}\sum_{j=1}^{L}\Omega_i^d(t\mid t+N)P_{ij}(t\mid t+N)\Omega_j^{d\mathrm{T}}(t\mid t+N) \tag{6.84}$$

当 $\theta = \mathrm{CI}$ 时，CI 融合矩阵权[22]为

$$\Omega_{\mathrm{CI}}(t \mid t+N) = [\Omega_1^{\mathrm{CI}}(t \mid t+N), \cdots, \Omega_L^{\mathrm{CI}}(t \mid t+N)] \tag{6.85}$$

$$\Omega_i^{\mathrm{CI}}(t \mid t+N) = \omega_i(t) P_{\mathrm{CI}}^*(t \mid t+N) P_i^{-1}(t \mid t+N), i = 1, \cdots, L \tag{6.86}$$

$$P_{\mathrm{CI}}^*(t \mid t+N) = \left[\sum_{i=1}^{L} \omega_i(t \mid t+N) P_i^{-1}(t \mid t+N)\right]^{-1} \tag{6.87}$$

无偏性约束条件

$$\sum_{i=1}^{L} \omega_i(t \mid t+N) = 1,\ 0 \leqslant \omega_i(t+N) \leqslant 1 \tag{6.88}$$

即 $[P_{\mathrm{CI}}^*(t \mid t+N)]^{-1}$ 为 $P_i^{-1}(t \mid t+N)$ 的凸组合。在约束条件(6.88)下，可求得最优权系数 $\omega_i(t \mid t+N)$ 为

$$\min \mathrm{tr} P_{\mathrm{CI}}^*(t \mid t+N) = \min_{\substack{\omega_i(t \mid t+N) \in [0,1] \\ \omega_1(t \mid t+N) + \cdots + \omega_L(t \mid t+N) = 1}} \mathrm{tr}\left\{\left[\sum_{i=1}^{L} \omega_i(t \mid t+N) P_i^{-1}(t \mid t+N)\right]^{-1}\right\} \tag{6.89}$$

应用式(6.73)—(6.75)和式(6.85)—(6.87)，保守和实际 CI 融合误差方差阵分别为

$$P_{\mathrm{CI}}(t \mid t+N) = P_{\mathrm{CI}}^*(t \mid t+N) \left[\sum_{i=1}^{L} \sum_{j=1}^{L} \omega_i(t \mid t+N) P_i^{-1}(t \mid t+N) P_{ij}(t \mid t+N) \times P_j^{-1}(t \mid t+N) \omega_j(t \mid t+N)\right] P_{\mathrm{CI}}^*(t \mid t+N) \tag{6.90}$$

$$\bar{P}_{\mathrm{CI}}(t \mid t+N) = P_{\mathrm{CI}}^*(t \mid t+N) \left[\sum_{i=1}^{L} \sum_{j=1}^{L} \omega_i(t \mid t+N) P_i^{-1}(t \mid t+N) \bar{P}_{ij}(t \mid t+N) \times P_j^{-1}(t \mid t+N) \omega_j(t \mid t+N)\right] P_{\mathrm{CI}}^*(t \mid t+N) \tag{6.91}$$

定理6.3 对带混合不确定的多传感器系统(6.1)—(6.3)在假设1—4下，实际加权融合 Kalman 估值器(6.68)是鲁棒的，即对所有满足式(6.4)和式(6.9)的容许的实际噪声方差 $\bar{Q}(t)$ 和 $\bar{R}_{\xi_i}(t)$ 及初值 $\bar{P}_0$，相应的实际融合误差方差阵 $\bar{P}_\theta(t \mid t+N)$ 有最小上界 $P_\theta(t \mid t+N)$，即

$$\bar{P}_\theta(t \mid t+N) \leqslant P_\theta(t \mid t+N), \theta = m, s, d, \mathrm{CI}, N = -1, N \geqslant 0 \tag{6.92}$$

且有矩阵不等式精度关系

$$P_{\mathrm{CI}}(t \mid t+N) \leqslant P_{\mathrm{CI}}^*(t \mid t+N) \tag{6.93}$$

$$\bar{P}_i(t \mid t+N) \leqslant P_i(t \mid t+N), i = 1, 2, \cdots, L, N = -1, N \geqslant 0 \tag{6.94}$$

矩阵迹精度关系为

$$\mathrm{tr}\bar{P}_\theta(t \mid t+N) \leqslant \mathrm{tr} P_\theta(t \mid t+N), \theta = i, m, s, d, \mathrm{CI} \tag{6.95}$$

$$\mathrm{tr} P_m(t \mid t+N) \leqslant \mathrm{tr} P_{\mathrm{CI}}(t \mid t+N) \leqslant \mathrm{tr} P_{\mathrm{CI}}^*(t \mid t+N) \leqslant \mathrm{tr} P_i(t \mid t+N) \tag{6.96}$$

$$\mathrm{tr} P_m(t \mid t+N) \leqslant \mathrm{tr} P_d(t \mid t+N) \leqslant \mathrm{tr} P_s(t \mid t+N) \leqslant \mathrm{tr} P_i(t \mid t+N), i = 1, 2, \cdots, L, N = -1, N \geqslant 0 \tag{6.97}$$

证明 定义 $\Delta P_\theta(t \mid t+N) = P_\theta(t \mid t+N) - \bar{P}_\theta(t \mid t+N)$，用式(6.73)减去式(6.74)得

$$\Delta P_\theta(t \mid t+N) = \Omega_\theta(t \mid t+N)(P(t \mid t+N) - \bar{P}(t \mid t+N)) \Omega_\theta^{\mathrm{T}}(t \mid t+N) \tag{6.98}$$

为了证明鲁棒性 $\Delta P_\theta(t|t+N)\geqslant 0$,只需要证明下列不等式成立

$$P(t|t+N)-\bar{P}(t|t+N)\geqslant 0,t>0,N=-1,N\geqslant 0 \tag{6.99}$$

当 $N=-1$ 时,由式(6.47)和式(6.48)有 $P(t+1|t)$ 和 $\bar{P}(t+1|t)$ 满足全局 Lyapunov 方程

$$P(t+1|t)=\Psi_p(t)P(t|t-1)\Psi_p^{\mathrm{T}}(t)+K_p(t)\Lambda_p(t)K_p^{\mathrm{T}}(t) \tag{6.100}$$

$$\bar{P}(t+1|t)=\Psi_p(t)\bar{P}(t|t-1)\Psi_p^{\mathrm{T}}(t)+K_p(t)\bar{\Lambda}_p(t)K_p^{\mathrm{T}}(t) \tag{6.101}$$

其中

$$\Psi_p(t)=\mathrm{diag}[\Psi_{p_1}(t),\cdots,\Psi_{p_L}(t)],K_p(t)=\mathrm{diag}[(I_n,-K_{p_1}(t)),\cdots,(I_n,-K_{p_L}(t))]$$

$$\Lambda_p(t)=\begin{bmatrix}\Lambda_{11}(t) & \cdots & \Lambda_{1L}(t)\\ \vdots & & \vdots\\ \Lambda_{L1}(t) & \cdots & \Lambda_{LL}(t)\end{bmatrix},\bar{\Lambda}_p(t)=\begin{bmatrix}\bar{\Lambda}_{11}(t) & \cdots & \bar{\Lambda}_{1L}(t)\\ \vdots & & \vdots\\ \bar{\Lambda}_{L1}(t) & \cdots & \bar{\Lambda}_{LL}(t)\end{bmatrix} \tag{6.102}$$

初值 $P(1|0)=\begin{bmatrix}P_0 & \cdots & P_0\\ \vdots & & \vdots\\ P_0 & \cdots & P_0\end{bmatrix},\bar{P}(1|0)=\begin{bmatrix}\bar{P}_0 & \cdots & \bar{P}_0\\ \vdots & & \vdots\\ \bar{P}_0 & \cdots & \bar{P}_0\end{bmatrix}$.

记 $\Delta P(t+1|t)=P(t+1|t)-\bar{P}(t+1|t)$,并且用式(6.100)减去式(6.101)得到全局 Lyapunov 方程

$$\Delta P(t+1|t)=\Psi_p(t)\Delta P(t|t-1)\Psi_p^{\mathrm{T}}(t)+K_p(t)\Delta\Lambda_p(t)K_p^{\mathrm{T}}(t) \tag{6.103}$$

其中 $\Delta\Lambda_p(t)=\Lambda_p(t)-\bar{\Lambda}_p(t)$。定义 $\Delta\Lambda_{ij}(t)=\Lambda_{ij}(t)-\bar{\Lambda}_{ij}(t)$,$\Delta X(t)=X(t)-\bar{X}(t)$,$\Delta Q(t)=Q(t)-\bar{Q}(t)$,$\Delta R_{\xi_i}(t)=R_{\xi_i}(t)-\bar{R}_{\xi_i}(t)$。由式(6.10)—(6.13)、式(6.27)—(6.31)和式(6.35)得到

$$\Delta\Lambda_{ij}(t)=\begin{bmatrix}\sum_{k=1}^{q}\sigma_{\eta_k}^2\Phi_k(t)\Delta X(t)\Phi_k^{\mathrm{T}}(t)+\Gamma(t)\Delta Q(t)\Gamma^{\mathrm{T}}(t) & \Gamma(t)\Delta Q(t)D_j^{\mathrm{T}}(t)\\ D_i(t)\Delta Q(t)\Gamma^{\mathrm{T}}(t) & D_i(t)\Delta Q(t)D_j^{\mathrm{T}}(t)+\Delta R_{\xi_i}(t)\delta_{ij}\end{bmatrix}$$

$\Delta\Lambda_{ij}(t)$ 可以分解成 $\Delta\Lambda_{ij}(t)=\Delta\Lambda^{(1)}(t)+\Delta\Lambda_{ij}^{(2)}(t)+\Delta\Lambda_{ij}^{(3)}(t)$,其中

$$\Delta\Lambda^{(1)}(t)=\begin{bmatrix}\sum_{k=1}^{q}\sigma_{\eta_k}^2\Phi_k(t)\Delta X(t)\Phi_k^{\mathrm{T}}(t) & 0\\ 0 & 0\end{bmatrix}$$

$$\Delta\Lambda_{ij}^{(2)}(t)=\begin{bmatrix}\Gamma(t)\Delta Q(t)\Gamma^{\mathrm{T}}(t) & \Gamma(t)\Delta Q(t)D_j^{\mathrm{T}}(t)\\ D_i(t)\Delta Q(t)\Gamma^{\mathrm{T}}(t) & D_i(t)\Delta Q(t)D_j^{\mathrm{T}}(t)\end{bmatrix}$$

$$\Delta\Lambda_{ij}^{(3)}(t)=\begin{bmatrix}0 & 0\\ 0 & \Delta R_{\xi_i}(t)\delta_{ij}\end{bmatrix},\Delta\Lambda_i^{(3)}(t)=\Delta\Lambda_{ii}^{(3)}(t)$$

因此,$\Delta\Lambda_p(t)=\begin{bmatrix}\Delta\Lambda_{11}(t) & \cdots & \Delta\Lambda_{1L}(t)\\ \vdots & & \vdots\\ \Delta\Lambda_{L1}(t) & \cdots & \Delta\Lambda_{LL}(t)\end{bmatrix}$。从式(6.103)可以看出,为了证明 $\Delta P(t+1|t)\geqslant 0$,需要证明 $\Delta\Lambda_p(t)\geqslant 0$。$\Delta\Lambda_p(t)$ 表达式又可被分解为 $\Delta\Lambda_p(t)=\Delta\Lambda_p^{(1)}(t)+\Delta\Lambda_p^{(2)}(t)+\Delta\Lambda_p^{(3)}(t)$,其中

$$\Delta\Lambda_p^{(1)}(t)=\begin{bmatrix}\Delta\Lambda^{(1)}(t) & \cdots & \Delta\Lambda^{(1)}(t)\\ \vdots & & \vdots\\ \Delta\Lambda^{(1)}(t) & \cdots & \Delta\Lambda^{(1)}(t)\end{bmatrix},\Delta\Lambda_p^{(2)}(t)=\begin{bmatrix}\Delta\Lambda_{11}^{(2)}(t) & \cdots & \Delta\Lambda_{1L}^{(2)}(t)\\ \vdots & & \vdots\\ \Delta\Lambda_{L1}^{(2)}(t) & \cdots & \Delta\Lambda_{LL}^{(2)}(t)\end{bmatrix},$$

$$\Delta\Lambda_p^{(3)}(t)=\begin{bmatrix}\Delta\Lambda_{11}^{(3)}(t) & \cdots & \Delta\Lambda_{1L}^{(3)}(t)\\ \vdots & & \vdots\\ \Delta\Lambda_{L1}^{(3)}(t) & \cdots & \Delta\Lambda_{LL}^{(3)}(t)\end{bmatrix} \tag{6.104}$$

这里为了证明 $\Delta\Lambda_p(t)\geqslant 0$,我们需要进一步证明 $\Delta\Lambda_p^{(i)}(t)\geqslant 0(i=1,2,3)$ 即可。由引理6.1有 $\Delta X(t)\geqslant 0$,易知 $\sum_{k=1}^{q}\sigma_{\eta_k}^2\Phi_k(t)\Delta X(t)\Phi_k^{\mathrm{T}}(t)\geqslant 0$,则 $\Delta\Lambda^{(1)}(t)\geqslant 0$。应用引理5.3有 $\Delta\Lambda_p^{(1)}(t)\geqslant 0$。下面证明 $\Delta\Lambda_p^{(2)}(t)\geqslant 0$,$\Delta\Lambda_p^{(2)}(t)$ 可表示为

$$\Delta\Lambda_p^{(2)}(t)=\Gamma_p(t)Q_p(t)\Gamma_p^{\mathrm{T}}(t)$$

其中

$$\Gamma_p(t)=\mathrm{diag}[\Gamma_D^{(1)}(t),\cdots,\Gamma_D^{(L)}(t)],\Gamma_D^{(i)}(t)=\begin{bmatrix}\Gamma(t) & 0\\ 0 & D_i(t)\end{bmatrix}$$

$$Q_p(t)=\begin{bmatrix}Q_\Lambda(t) & \cdots & Q_\Lambda(t)\\ \vdots & & \vdots\\ Q_\Lambda(t) & \cdots & Q_\Lambda(t)\end{bmatrix},Q_\Lambda(t)=\begin{bmatrix}\Delta Q(t) & \Delta Q(t)\\ \Delta Q(t) & \Delta Q(t)\end{bmatrix}$$

由于 $\Delta Q(t)\geqslant 0$,应用引理5.3有 $Q_\Lambda(t)\geqslant 0$,故有 $Q_p(t)\geqslant 0$,应用引理5.2有 $\Delta\Lambda_p^{(2)}(t)\geqslant 0$。我们注意到 $\Delta\Lambda_{ij}^{(3)}(t)=0,i\neq j$,而 $\Delta\Lambda_{ii}^{(3)}(t)=\begin{bmatrix}0 & 0\\ 0 & \Delta R_{\xi_i}(t)\end{bmatrix}$,由式(6.4)有 $\Delta R_{\xi_i}(t)\geqslant 0$,再应用引理5.4有 $\Delta\Lambda_{ii}^{(3)}(t)\geqslant 0$,所以得到 $\Delta\Lambda_p^{(3)}(t)\geqslant 0$,因此有 $\Delta\Lambda_p(t)\geqslant 0$。

应用式(6.9)、式(6.49)和 $\Delta\Lambda_p(t)\geqslant 0$ 有 $P(1|0)-\bar{P}(1|0)\geqslant 0$,即 $\Delta P(1|0)\geqslant 0$。所以由式(6.103),我们可以得 $\Delta P(2|1)\geqslant 0$,应用数学归纳法,对任意时刻 $t\geqslant 0$,递推可得

$$\Delta P(t+1|t)\geqslant 0 \tag{6.105}$$

即当 $N=-1$ 时,式(6.92)成立。

当 $N\geqslant 0$ 时,应用式(6.65)和式(6.66),有保守和实际的全局误差方差阵分别为

$$P(t|t+N)=\Psi_{aN}(t)P(t|t-1)\Psi_{aN}^{\mathrm{T}}(t)+\sum_{\rho=0}^{N}K_{ap}^{N}(t)\Lambda_p(t+\rho)K_{ap}^{N\mathrm{T}}(t) \tag{6.106}$$

$$\bar{P}(t|t+N)=\Psi_{aN}(t)\bar{P}(t|t-1)\Psi_{aN}^{\mathrm{T}}(t)+\sum_{\rho=0}^{N}K_{ap}^{N}(t)\bar{\Lambda}_p(t+\rho)K_{ap}^{N\mathrm{T}}(t) \tag{6.107}$$

其中,定义

$$\Psi_{aN}(t)=\mathrm{diag}[\Psi_{1N}(t),\cdots,\Psi_{LN}(t)] \tag{6.108}$$

$$K_{ap}^{N}(t)=\mathrm{diag}[(K_{1\rho}^{wN}(t),K_{1\rho}^{vN}(t)),\cdots,(K_{L\rho}^{wN}(t),K_{L\rho}^{vN}(t))] \tag{6.109}$$

用式(6.106)减去式(6.107),并应用 $\Delta\Lambda_p(t)\geqslant 0$ 和式(6.105),得到当 $N=-1$ 和 $N\geqslant 0$ 时,式(6.99)成立。应用式(6.98)、式(6.99)和引理5.2有式(6.92)成立。这意味着 $P_\theta(t|t+N)$ 是 $\bar{P}_\theta(t|t+N)$ 的一个上界。类似于定理5.1的证明,容易证得 $P_\theta(t|t+N)$ 是 $\bar{P}_\theta(t|t+N)$ 的最小上界。

我们称满足式(6.92)的实际局部 Kalman 滤波器和平滑器为鲁棒局部 Kalman 滤波器和平滑器。

文献[3]中已经证明由式(6.87)给出 $P_{\mathrm{CI}}^*(t|t+N)$ 是原始 CI 融合器实际误差方差 $\bar{P}_{\mathrm{CI}}(t|t+N)$ 的一个保守上界,所以 $\bar{P}_{\mathrm{CI}}(t|t+N) \leqslant P_{\mathrm{CI}}^*(t|t+N)$。由式(6.92)知 $P_{\mathrm{CI}}(t|t+N)$ 是 $\bar{P}_{\mathrm{CI}}(t|t+N)$ 的最小上界,所以 $P_{\mathrm{CI}}(t|t+N) \leqslant P_{\mathrm{CI}}^*(t|t+N)$,即不等式(6.93)成立。定理6.1中已经证明不等式(6.94)成立。

对式(6.92)、式(6.93)和式(6.94)取迹运算得到式(6.95)和式(6.96)的第二个不等式。在式(6.89)中取 $\omega_i(t|t+N)=1$ 且 $\omega_j(t|t+N)=0(j\neq i)$,有 $\mathrm{tr}P_{\mathrm{CI}}^*(t|t+N)=\mathrm{tr}P_i(t|t+N)$。因为 $\mathrm{tr}P_{\mathrm{CI}}^*(t+1|t)$ 在约束条件(6.88)下被极小化,所以可得式(6.96)的第三个不等式。因为 CI 融合器是一种特殊的矩阵加权,所以式(6.96)的第一个不等式得证。不等式(6.97)在文献[22]中已经证明。证毕。

注6.1 定义 $\mathrm{tr}\bar{P}_\theta(t|t+N)$ 和 $\mathrm{tr}P_\theta(t|t+N)$ 分别为鲁棒时变 Kalman 估值器的实际和鲁棒精度(总体精度)。定义 $\mathrm{tr}P_{\mathrm{CI}}(t|t+N)$ 为改进的 CI 融合鲁棒时变 Kalman 估值器的鲁棒精度;定义 $\mathrm{tr}P_{\mathrm{CI}}^*(t|t+N)$ 为原始 CI 融合器保守鲁棒精度。不等式(6.95)说明每个鲁棒估值器的实际精度高于鲁棒精度。不等式(6.96)说明按矩阵加权融合器的鲁棒精度高于改进 CI 融合器的鲁棒精度,改进 CI 融合器的鲁棒精度高于原始 CI 融合器的鲁棒精度,而原始 CI 融合器的鲁棒精度则高于每一个局部估值器的精度。不等式(6.97)说明按矩阵加权融合器的鲁棒精度高于按标量加权融合器的鲁棒精度,而按对角阵加权融合器的鲁棒精度位于两者之间,且所有融合器的鲁棒精度高于每一个局部估值器的鲁棒精度。

6.5 局部和融合鲁棒稳态 Kalman 估值器及收敛性分析

下面在鲁棒时变 Kalman 估值器的基础上,应用取极限和文献[23]中 DESA 的方法提出稳态 Kalman 估值器,并证明鲁棒时变和稳态 Kalman 估值器之间按实现收敛性。按实现收敛性的概念在文献[23]中已经被提出,按概率 1 收敛性比按实现收敛性强。已知的观测数据可视为观测随机过程中的一个实现,由于估值器是由观测数据产生的随机过程,因而可得到每个鲁棒 Kalman 估值器的一个相应的实现。两个鲁棒 Kalman 估值器之间的按实现收敛性可转化为普通的确定性极限问题,即两个不同实现方差是否收敛到零。

对于不确定时不变多传感器系统(6.1)—(6.3)在假设 1—4 下,其中 $\Phi(t)=\Phi$, $\Phi_k(t)=\Phi_k$, $\Gamma_i(t)=\Gamma_i$, $Q(t)=Q$, $\bar{Q}(t)=\bar{Q}$, $R_{\xi_i}(t)=R_{\xi_i}$, $\bar{R}_{\xi_i}(t)=\bar{R}_{\xi_i}$, $H_i(t)=H_i$ 和 $D_i(t)=D_i$ 均为常阵。为了保证鲁棒稳态 Kalman 估值器的存在,引入矩阵 Φ_a 满足关系

$$\Phi_a=\Phi\otimes\Phi+\sum_{k=1}^{q}\sigma_{\eta_k}^2\Phi_k\otimes\Phi_k \tag{6.110}$$

假设 Φ_a 的谱半径 ρ 小于 1,即 $\rho(\Phi_a)<1$,取任意初值 $X(0)\geqslant 0$ 和 $\bar{X}(0)\geqslant 0$,则时变广义 Lyapunov 方程(6.19)和(6.20)的解 $X(t)$ 和 $\bar{X}(t)$ 分别收敛于对应的稳态广义 Lyapunov 方程唯一的半正定解,即 $X\geqslant 0$ 和 $\bar{X}\geqslant 0$ 且

$$X=\Phi X\Phi^{\mathrm{T}}+\sum_{k=1}^{q}\sigma_{\eta_k}^2\Phi_k X\Phi_k^{\mathrm{T}}+\Gamma Q\Gamma^{\mathrm{T}},\ \bar{X}=\Phi\bar{X}\Phi^{\mathrm{T}}+\sum_{k=1}^{q}\sigma_{\eta_k}^2\Phi_k\bar{X}\Phi_k^{\mathrm{T}}+\Gamma\bar{Q}\Gamma^{\mathrm{T}}$$

$$\lim_{t\to\infty}\bar{X}(t)=\bar{X},\ \lim_{t\to\infty}X(t)=X \tag{6.111}$$

当 $t \to \infty$ 时,对式(6.27)和式(6.28)取极限,且分别用 X 和 $\bar{X}$ 来代替 $X(t)$ 和 $\bar{X}(t)$,可得到常方差阵 Q_a 和 $\bar{Q}_a$,$Q_a(t) \to Q_a$ 和 $\bar{Q}_a(t) \to \bar{Q}_a$。类似地,亦可以通过取极限的方式得到常噪声统计 R_{ai},$\bar{R}_{ai}$,Λ_i,$\bar{\Lambda}_i$ 且 $R_{ai}(t) \to R_{ai}$,$\bar{R}_{ai}(t) \to \bar{R}_{ai}$,$\Lambda_i(t) \to \Lambda_i$,$\bar{\Lambda}_i(t) \to \bar{\Lambda}_i$。

对于局部鲁棒时变 Kalman 预报器(6.41)—(6.45),分别用极限值 Ψ_{pi},K_{pi},$P_i(-1)$,R_{ai},S_{ai} 和 Q_a 来取代 $\Psi_{pi}(t)$,$K_{pi}(t)$,$P_i(t|t-1)$,$R_{ai}(t)$,$S_{ai}(t)$ 和 $Q_a(t)$,则得到局部鲁棒稳态 Kalman 预报器[4] $\hat{x}_i^s(t+1|t)$,其中,上标 s 表示"稳态"。

定理 6.4 对不确定时不变多传感器系统(6.1)—(6.3)在假设 1—4 下,设 $\rho(\Phi_a) < 1$,假定对于常噪声统计 Q_a,R_{ai} 和 S_{ai} 的系统(6.15)和(6.17),$(\Phi - S_{ai}R_{ai}^{-1}H_{ai}, G)$ 是完全能稳对,其中 $GG^{\mathrm{T}} = Q_{ai} - S_{ai}R_{ai}^{-1}S_{ai}^{\mathrm{T}}$,则有:

(i) 实际局部稳态 Kalman 预报器 $\hat{x}_i^s(t+1|t)$ 是鲁棒的,即对所有容许的实际误差方差 $\bar{Q}$,$\bar{R}_{\xi_i}$,相应的稳态实际误差方差 $\bar{P}_i(-1)$ 有最小上界 $P_i(-1)$,即

$$\bar{P}_i(-1) \leqslant P_i(-1), i = 1, \cdots, L \tag{6.112}$$

(ii) 带时变噪声统计 $Q_a(t)$,$R_{ai}(t)$ 和 $S_{ai}(t)$ 的局部时变 Riccati 方程式(6.45)的解 $P_i(t+1|t)$ 收敛于相应的带常噪声统计 Q_a,R_{ai} 和 S_{ai} 的局部稳态 Riccati 方程的解 $P_i(-1)$,即

$$P_i(t+1|t) \to P_i(-1),\ \text{当}\ t \to \infty, i = 1, \cdots, L \tag{6.113}$$

(iii) 如果观测数据 $y_i(t)$ 有界,则局部鲁棒时变 Kalman 预报器(6.41)和局部鲁棒稳态 Kalman 预报器彼此按实现收敛

$$[\hat{x}_i(t+1|t) - \hat{x}_i^s(t+1|t)] \to 0,\ \text{当}\ t \to \infty,\ \text{i. a. r.} \tag{6.114}$$

其中,符号"i. a. r."表示按实现收敛[23]。

证明 由 $\rho(\Phi_a) < 1$ 引出 Φ 为稳定矩阵,故由注 3.16 有(Φ, H_{ai})是完全能检对。这保证了稳态 Kalman 预报器存在,与文献[23]中定理 5 的证明完全类似,应用 DESA 方法,定理 6.4 可证。证毕。

我们称满足关系式(6.112)的实际局部稳态 Kalman 预报器为局部鲁棒稳态 Kalman 预报器。

在式(6.51)—(6.55)中,用 $P_i(t|t-1)$ 和 $\Psi_{pi}(t)$ 的极限 $P_i(-1)$ 和 Ψ_{pi} 取代它们,可以得到局部鲁棒稳态 Kalman 滤波器和平滑器 $\hat{x}_i^s(t|t+N)(N \geqslant 0)$,并且其保守和实际稳态误差方差及互协方差 $P_i(N)$,$\bar{P}_i(N)$,$P_{ij}(N)$ 和 $\bar{P}_{ij}(N)$ 如文献[5]所示。应用动态方差误差系统分析(DVESA)方法[3,4],类似于文献[3]中定理 7 和文献[4]中定理 3 的证明,可以证明收敛性

$$P_{ij}(t|t+N) \to P_{ij}(N), \bar{P}_{ij}(t|t+N) \to \bar{P}_{ij}(N),\ \text{当}\ t \to \infty, N = -1, N \geqslant 0 \tag{6.115}$$

应用定理 6.4,容易得到时变和稳态 Kalman 滤波器和平滑器按实现收敛

$$[\hat{x}_i(t|t+N) - \hat{x}_i^s(t|t+N)] \to 0,\ \text{当}\ t \to \infty,\ \text{i. a. r.},\ i = 1, \cdots, L, N \geqslant 0 \tag{6.116}$$

在式(6.68)—(6.97)中,分别用 $P_{ij}(t|t+N)$ 和 $\bar{P}_{ij}(t|t+N)$ 的极限 $P_{ij}(N)$ 和 $\bar{P}_{ij}(N)$ 代替 $P_{ij}(t|t+N)$ 和 $\bar{P}_{ij}(t|t+N)$,得到全局稳态保守和实际方差 $P(N)$ 和 $\bar{P}(N)$。时变加权矩阵 $\Omega_i^\theta(t|t+N)$、式(6.73)和式(6.74)中的 $\bar{P}(t+N)$ 和 $P(t+N)$ 用 $\bar{P}(N)$ 和 $P(N)$ 替代,可得到稳态加权矩阵 $\Omega_i^\theta(N)$ 和稳态融合误差方差 $P_\theta(N)$ 与 $\bar{P}_\theta(N)$。由式(6.68)得相应的鲁棒稳态加权融合 Kalman 估值器

$$\hat{x}_\theta^s(t \mid t+N)=\sum_{i=1}^L \Omega_i^\theta(N)\hat{x}_i^s(t \mid t+N),\theta=m,s,d,\mathrm{CI},N=-1,N\geqslant 0 \quad (6.117)$$

且

$$\Omega_i^\theta(t \mid t+N)\to\Omega_i^\theta(N),\text{ 当 } t\to\infty,\theta=m,s,d,\mathrm{CI},N=-1,N\geqslant 0 \quad (6.118)$$

定理 6.5 在定理 6.4 的假设条件下，由式(6.68)给出的鲁棒融合时变 Kalman 估值器 $\hat{x}_\theta(t \mid t+N)$ 和由式(6.117)给出的鲁棒融合稳态 Kalman 估值器 $\hat{x}_\theta(t \mid t+N)$ 彼此按实现收敛，即

$$[\hat{x}_\theta(t \mid t+N)-\hat{x}_\theta^s(t \mid t+N)]\to 0,\text{ 当 } t\to\infty,\text{ i.a.r.} \quad (6.119)$$

且

$$P_\theta(t \mid t+N)\to P_\theta(N),\bar{P}_\theta(t \mid t+N)\to\bar{P}_\theta(N),\text{ 当 } t\to\infty,\theta=m,s,d,\mathrm{CI},N=-1,N\geqslant 0 \quad (6.120)$$

且鲁棒稳态融合器(6.117)是鲁棒的，即

$$\bar{P}_\theta(N)\leqslant P_\theta(N),\theta=m,s,d,\mathrm{CI},N=-1,N\geqslant 0 \quad (6.121)$$

其中 $P_\theta(N)$ 是 $\bar{P}_\theta(N)$ 的最小上界。特别地还有

$$P_{\mathrm{CI}}(N)\leqslant P_{\mathrm{CI}}^*(N) \quad (6.122)$$

且它们存在的稳态精度关系

$$\mathrm{tr}\bar{P}_\theta(N)\leqslant \mathrm{tr}P_\theta(N),\theta=i,m,s,d,\mathrm{CI},i=1,2,\cdots,L,N=-1,N\geqslant 0 \quad (6.123)$$

$$\mathrm{tr}P_m(N)\leqslant \mathrm{tr}P_{\mathrm{CI}}(N)\leqslant \mathrm{tr}P_{\mathrm{CI}}^*(N)\leqslant \mathrm{tr}P_i(N) \quad (6.124)$$

$$\mathrm{tr}P_m(N)\leqslant \mathrm{tr}P_d(N)\leqslant \mathrm{tr}P_s(N)\leqslant \mathrm{tr}P_i(N) \quad (6.125)$$

类似于定理 6.3 的证明，证略。

注 6.2 式(6.114)和式(6.116)中的时变和稳态局部 Kalman 估值器彼此按实现收敛，这表明对带时变噪声统计 $Q_a(t),R_{ai}(t)$ 和 $S_{ai}(t)$ 的时变系统(6.15)和(6.17)，其局部鲁棒时变 Kalman 估值器 $\hat{x}_i(t \mid t+N)$ 和相应的带常量噪声统计 Q_a,R_{ai} 和 S_{ai} 的稳态系统(6.15)和(6.17)的局部鲁棒稳态 Kalman 估值器 $\hat{x}_i^s(t \mid t+N)$ 间的收敛性。这是两个不同系统的鲁棒时变和稳态 Kalman 估值器之间的按实现收敛性，不同于经典 Kalman 滤波理论中的收敛性。

6.6 仿真应用例子

例 6.1 考虑带随机参数、丢失观测和不确定方差线性相关白噪声五传感器不间断电源系统(Uninterruptible Power System, UPS)[24]，相应的离散时变系统模型如下：

$$x(t+1)=\begin{bmatrix}0.9622+\eta_1(t) & -0.633+\eta_2(t) & 0\\ 1 & 0 & 0\\ 0 & 1 & 0\end{bmatrix}x(t)+\begin{bmatrix}0.5\\0\\0.2\end{bmatrix}w(t) \quad (6.126)$$

$$y_i(t)=\gamma_i(t)H_i x(t)+v_i(t),i=1,2,3,4,5 \quad (6.127)$$

$$v_i(t)=D_i w(t)+\xi_i(t) \quad (6.128)$$

式(6.126)中的状态方程可以转换为带乘性噪声的形式

$$x(t+1)=(\Phi+\sum_{k=1}^2 \eta_k(t)\Phi_k)x(t)+\Gamma w(t) \quad (6.129)$$

$$\Phi=\begin{bmatrix}0.9622 & -0.633 & 0\\ 1 & 0 & 0\\ 0 & 1 & 0\end{bmatrix},\Phi_1=\begin{bmatrix}1 & 0 & 0\\ 0 & 0 & 0\\ 0 & 0 & 0\end{bmatrix},\Phi_2=\begin{bmatrix}0 & 1 & 0\\ 0 & 0 & 0\\ 0 & 0 & 0\end{bmatrix},\Gamma=\begin{bmatrix}0.5\\ 0\\ 0.2\end{bmatrix} \tag{6.130}$$

其中，$x(t)=[x_1(t),x_2(t),x_3(t)]^{\mathrm{T}}$ 是状态，对确定参数随机扰动 $\eta_k(t)(k=1,2)$ 是方差为 $\sigma_{\eta_1}^2=0.1$ 和 $\sigma_{\eta_2}^2=0.1$ 的乘性噪声。$Q=1,\bar{Q}=0.3;R_{\xi_1}=1.2,\bar{R}_{\xi_1}=0.75R_{\xi_1},R_{\xi_2}=6,\bar{R}_{\xi_2}=0.5R_{\xi_2},R_{\xi_3}=0.4,\bar{R}_{\xi_3}=0.92R_{\xi_3},R_{\xi_4}=2,\bar{R}_{\xi_4}=0.2R_{\xi_4},R_{\xi_5}=3,\bar{R}_{\xi_5}=0.3R_{\xi_5};\lambda_1=0.65,\lambda_2=0.85,\lambda_3=0.45,\lambda_4=0.15,\lambda_5=0.3;D_1=0.3,D_2=0.7,D_3=0.6,D_4=0.2,D_5=0.6;H_1=H_2=[23.738,20.287,0],H_3=H_4=H_5=[0,20,23]$。

局部和融合鲁棒时变 Kalman 平滑器 $\hat{x}_\theta^s(t\mid t+2)$ 的鲁棒和实际精度比较如图 6.1 和图 6.2 所示。由图可以看出鲁棒时变估值器的鲁棒和实际精度收敛于鲁棒稳态估值器的鲁棒和实际精度，且它们的鲁棒和实际精度关系满足式(6.95)—(6.97)。

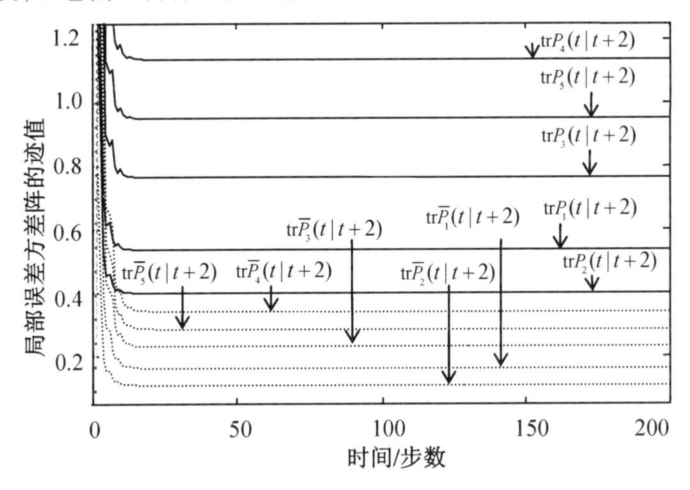

图 6.1　局部鲁棒时变 Kalman 平滑器 $\hat{x}_\theta(t\mid t+2)(\theta=1,2,3,4,5)$ 的鲁棒和实际精度比较

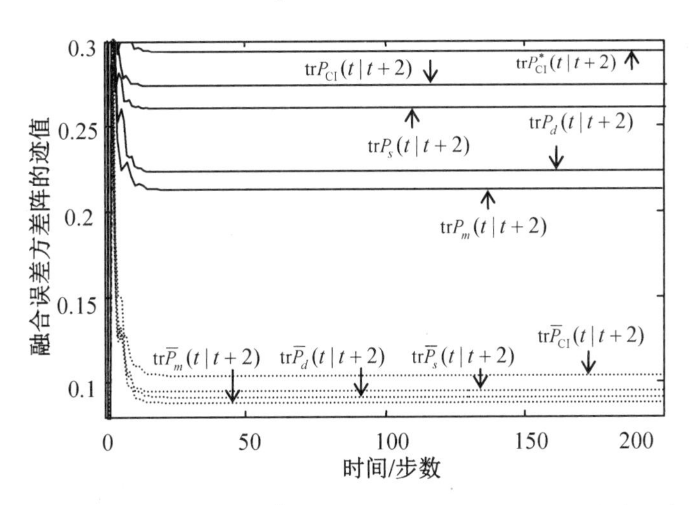

图 6.2　鲁棒融合时变 Kalman 平滑器 $\hat{x}_\theta(t\mid t+2)(\theta=m,s,d,\mathrm{CI})$ 的鲁棒和实际精度比较

局部和融合鲁棒稳态 Kalman 两步平滑器 $\hat{x}_\theta(t\mid t+2)(\theta=1,2,3,4,5,m,s,d,\mathrm{CI})$ 的

鲁棒和实际精度比较如表 6.1 所示。它们的精度关系满足式(6.123)—(6.125)。

表 6.1　局部和融合鲁棒稳态 Kalman 平滑器 $\hat{x}_\theta^s(t \mid t+2)$ 的精度比较

$\mathrm{tr}P_1(2)$	$\mathrm{tr}P_2(2)$	$\mathrm{tr}P_3(2)$	$\mathrm{tr}P_4(2)$	$\mathrm{tr}P_5(2)$	$\mathrm{tr}P_m(2)$	$\mathrm{tr}P_d(2)$	$\mathrm{tr}P_s(2)$	$\mathrm{tr}P_{\mathrm{CI}}(2)$	$\mathrm{tr}P_{\mathrm{CI}}^*(2)$
0.535 5	0.398 8	0.762 4	1.136 4	0.949 6	0.223 5	0.232 6	0.263 4	0.272 3	0.293 7
$\mathrm{tr}\bar{P}_1(2)$	$\mathrm{tr}\bar{P}_2(2)$	$\mathrm{tr}\bar{P}_3(2)$	$\mathrm{tr}\bar{P}_4(2)$	$\mathrm{tr}\bar{P}_5(2)$	$\mathrm{tr}\bar{P}_m(2)$	$\mathrm{tr}\bar{P}_d(2)$	$\mathrm{tr}\bar{P}_s(2)$	$\mathrm{tr}\bar{P}_{\mathrm{CI}}(2)$	
0.161 4	0.127 9	0.229 1	0.340 4	0.284 9	0.088 3	0.089 6	0.091 6	0.109 0	

分别用 $\sigma_1,\sigma_2,\sigma_3$ 和 $\bar{\sigma}_1,\bar{\sigma}_2,\bar{\sigma}_3$ 表示鲁棒稳态 CI 平滑器 $\hat{x}_{\mathrm{CI}}^s(t \mid t+2)$ 的鲁棒和实际的标准差。标准差分别用 $P_{\mathrm{CI}}(2)$ 和 $\bar{P}_{\mathrm{CI}}(2)$ 来计算,即它们的第(i,i)块对角元素为 σ_i^2 和 $(\bar{\sigma}_i)^2, i=1,2,3$。由鲁棒性(6.121)得 $\bar{\sigma}_i \leqslant \sigma_i$。如图 6.3 所示,实线表示平滑误差 $e_i(t)=x_i(t)-\hat{x}_{\mathrm{CI}}^{s(i)}(t \mid t+2)$,短划线表示 $\pm 3\sigma_i$ 界,虚线表示 $\pm 3\bar{\sigma}_i$ 界。如图 6.3 可以看出,超过 99% 的平滑误差值位于 $\pm 3\bar{\sigma}_i$ 和 $\pm 3\sigma_i$ 之间。这验证了实际误差 $\bar{P}_{\mathrm{CI}}(2)$ 的正确性和鲁棒性。

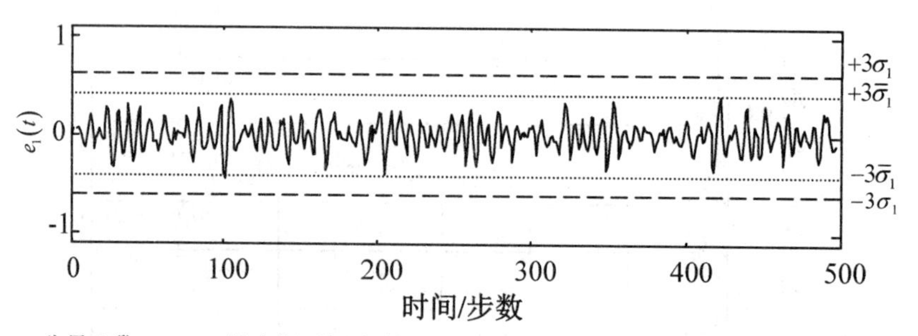

(a) 分量 $\hat{x}_{\mathrm{CI}}^{s(1)}(t|t+2)$ 的实际平滑误差 $e_1(t)$ 及 ±3-实际和鲁棒标准差界 $\pm 3\bar{\sigma}_1$ 和 $\pm 3\sigma_1$

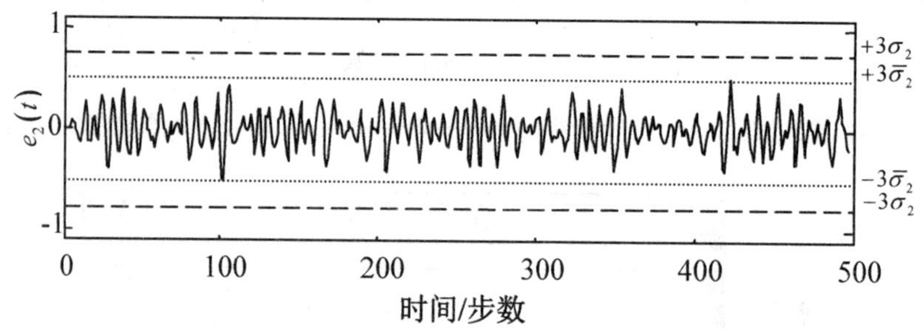

(b) 分量 $\hat{x}_{\mathrm{CI}}^{s(2)}(t|t+2)$ 的实际平滑误差 $e_2(t)$ 及 ±3-实际和鲁棒标准差界 $\pm 3\bar{\sigma}_2$ 和 $\pm 3\sigma_2$

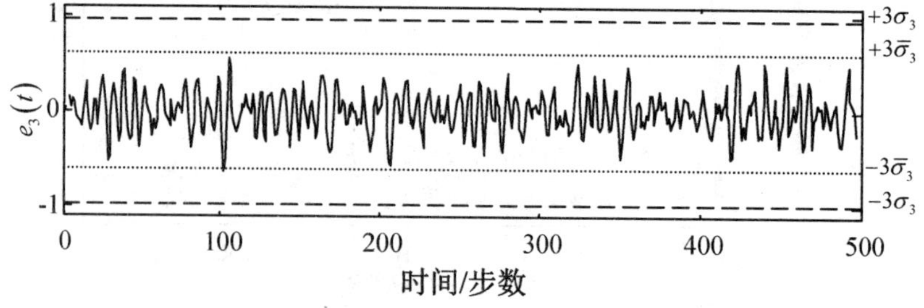

(c) 分量 $\hat{x}_{\mathrm{CI}}^{s(3)}(t|t+2)$ 的实际平滑误差 $e_3(t)$ 及 ±3-实际和鲁棒标准差界 $\pm 3\bar{\sigma}_3$ 和 $\pm 3\sigma_3$

图 6.3　CI 融合鲁棒稳态 Kalman 平滑器各分量的实际平滑误差 $e_i(t)$ 及 ±3-实际和鲁棒标准差界

图 6.4 为状态 $x(t)$ 的分量 $x_i(t)$ 及其 CI 融合鲁棒稳态平滑器 $\hat{x}_{\mathrm{CI}}^{s(i)}(t \mid t+2)$，$i=1,2,3$。我们看到鲁棒稳态 CI 融合器具有较好的跟踪性能。

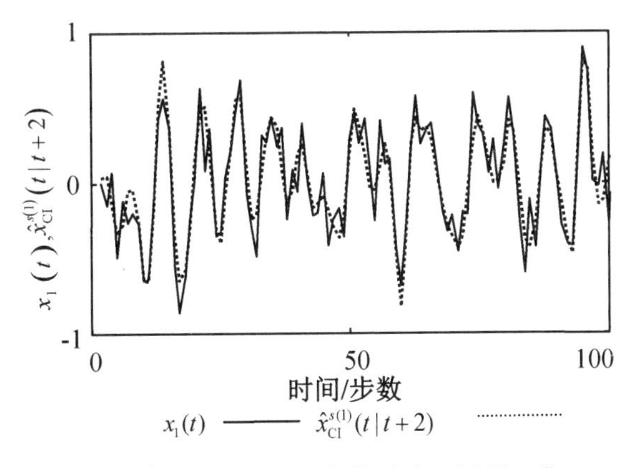

(a) 第一分量 $x_1(t)$ 及其 CI 融合鲁棒稳态平滑器 $\hat{x}_{\mathrm{CI}}^{s(1)}(t|t+2)$

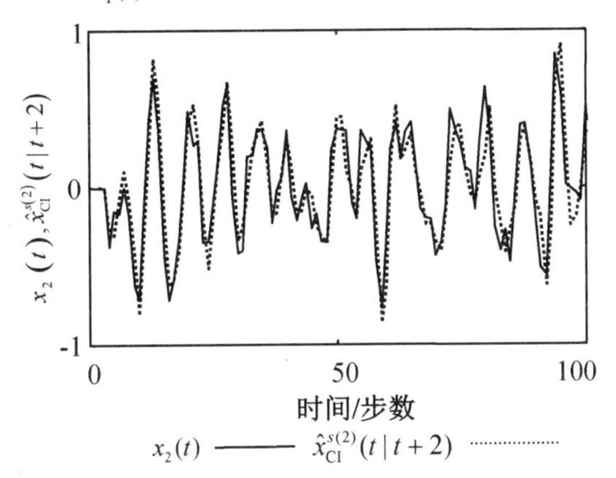

(b) 第二分量 $x_2(t)$ 及其 CI 融合鲁棒稳态平滑器 $\hat{x}_{\mathrm{CI}}^{s(2)}(t|t+2)$

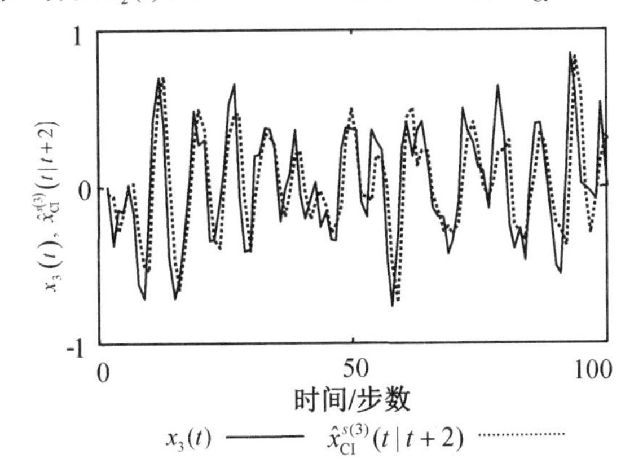

(c) 第三分量 $x_3(t)$ 及其 CI 融合鲁棒稳态平滑器 $\hat{x}_{\mathrm{CI}}^{s(3)}(t|t+2)$

图 6.4　实际状态 $x(t)$ 及其 CI 融合鲁棒稳态平滑器 $\hat{x}_{\mathrm{CI}}^{s}(t \mid t+2)$

为了表明不同丢失观测率对鲁棒稳态 CI 融合平滑器 $\hat{x}^s_{CI}(t \mid t+2)$ 鲁棒精度的影响，在仿真中，我们定义丢失观测率 $\beta_i = 1 - \lambda_i, i = 1,2,3,4,5$。取 $[\beta_2, \beta_3, \beta_4, \beta_5] = \delta[1,1,1,1]$，其中 β_1 和 δ 的变化范围为[0.2,1]，仿真结果如图6.5所示。从图中可看到，当丢失观测率增加的时候，迹值 $\text{tr}P_{CI}(2)$ 也随之增加。这意味着相应的鲁棒精度下降。

为了说明乘性噪声 $\eta_k(t)(k=1,2)$ 对 $\hat{x}^s_{CI}(t \mid t+2)$ 的鲁棒精度的影响，乘性噪声方差 $\sigma^2_{\eta_k}(k=1,2)$ 在[0.01,0.1] 范围中按 0.01 逐步增加的过程中，$\text{tr}P_{CI}(2)$ 值的变化如图6.6 所示。我们可以看到随着乘性噪声方差的增加，$\text{tr}P_{CI}(2)$ 的值也在增加。这意味着融合平滑器的鲁棒精度降低。

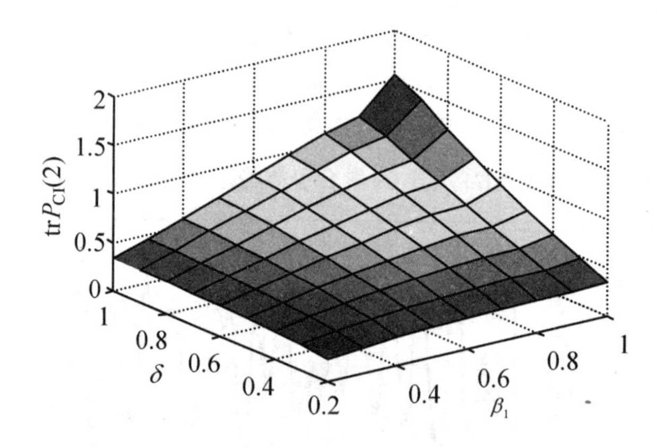

图6.5　鲁棒精度 $\text{tr}P_{CI}(2)$ 随丢失观测率 β_1 和 $[\beta_2, \beta_3, \beta_4, \beta_5] = \delta[1,1,1,1](0.2 \leqslant \delta \leqslant 1)$ 的变化

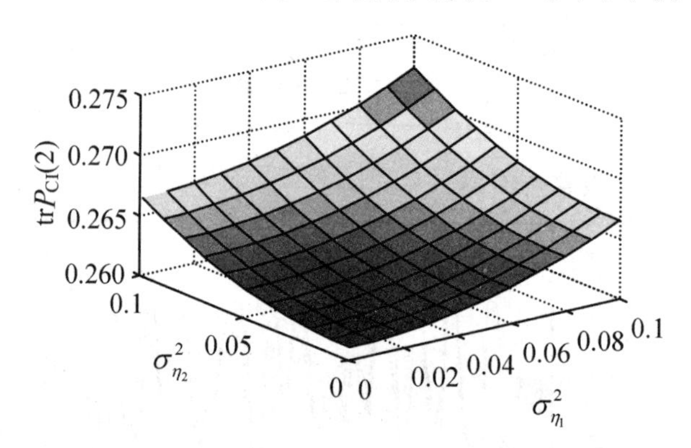

图6.6　鲁棒精度 $\text{tr}P_{CI}(2)$ 随乘性噪声方差 $\sigma^2_{\eta_k}(k=1,2)$ 的变化

为了验证理论计算的实际方差 $\bar{P}_\theta(2)(\theta = 1,2,3,4,5,m,s,d,\text{CI})$ 的正确性，我们给出了 $\rho = 300$ 的 Monte Carlo 仿真，局部和四种加权融合鲁棒平滑器的均方误差曲线 $\text{MSE}_\theta(t)$ 如图 6.7 所示，它们分别表示采样实际误差方差的迹，且直线表示实际误差方差的迹值，曲线代表 $\text{MSE}_\theta(t)$ 的值。其中 t 时刻 $\text{MSE}_\theta(t)$ 的值为样本方差 $\bar{P}_\theta(2)$ 的迹值。从图中可看出 $\text{MSE}_\theta(t)$ 接近相应的迹值 $\text{tr}P_\theta(2)$，这验证了采样实际方差的一致性和 $\bar{P}_\theta(2)$ 的正确性。

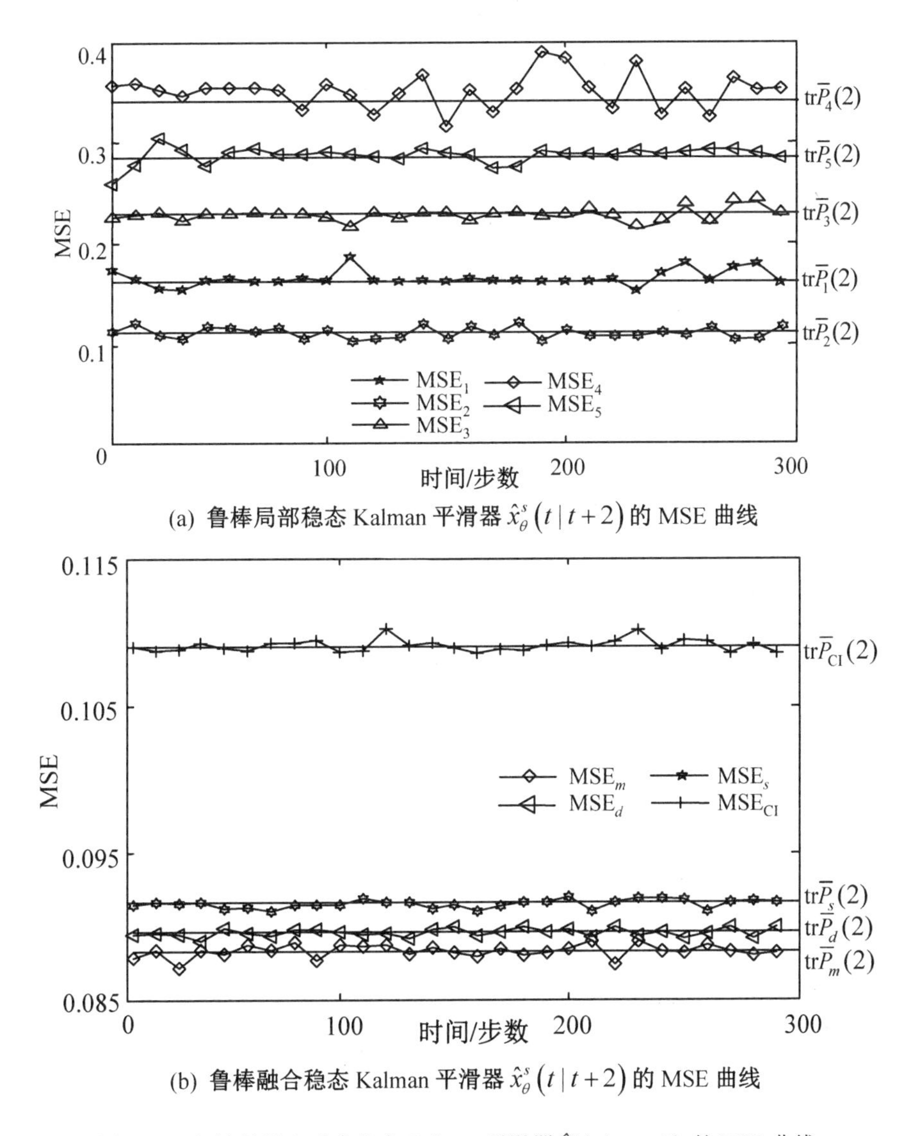

(a) 鲁棒局部稳态 Kalman 平滑器 $\hat{x}_{\theta}^{s}(t\mid t+2)$ 的 MSE 曲线

(b) 鲁棒融合稳态 Kalman 平滑器 $\hat{x}_{\theta}^{s}(t\mid t+2)$ 的 MSE 曲线

图 6.7　鲁棒局部和融合稳态 Kalman 平滑器 $\hat{x}_{\theta}^{s}(t\mid t+2)$ 的 MSE 曲线

6.7　本章小结

本章对带乘性噪声、丢失观测和不确定方差线性相关白噪声多传感器混合不确定系统，通过引入虚拟噪声补偿随机不确定性，将原系统转换成仅带不确定噪声方差的系统。根据极大极小鲁棒估计原理，基于带不确定噪声方差保守上界的最坏情形系统，应用 Lyapunov 方程方法提出四种加权状态融合鲁棒时变和稳态 Kalman 估值器。其中包括按矩阵、对角阵和标量加权融合器及一种改进的鲁棒 CI 融合器。通过对鲁棒时变 Kalman 融合器取极限的方法得到相应的鲁棒稳态 Kalman 滤波器。用 Lyapunov 方程方法证明了鲁棒性，并通过 DESA 方法证明了时变和相应的稳态鲁棒 Kalman 滤波器按实现收敛。应用不间断电源系统的仿真证明了其正确性和有效性。

参考文献

[1] PETERSEN I R, SAVKIN A V. Robust Kalman Filtering for Signals and Systems with Large Uncertainties[M]. Boston: Birkhauser, 1999.

[2] LEWIS F L, XIE L H, POPA D. Optimal and Robust Estimation[M]. 2nd ed. New York: CRC Press, 2008.

[3] QI W J, ZHANG P, DENG Z L. Robust Weighted Fusion Kalman Filters for Multisensor Time-varying Systems with Uncertain Noise Variances[J]. Signal Processing, 2014, 99: 185-200.

[4] QI W J, ZHANG P, NIE G H, et al. Robust Weighted Fusion Kalman Predictors with Uncertain Noise Variances[J]. Digital Signal Processing, 2014, 30: 37-54.

[5] QI W J, ZHANG P, DENG Z L. Robust Weighted Fusion Time-varying Kalman Smoothers for Multisensor System with Uncertain Noise Variances[J]. Information Sciences, 2014, 282: 15-37.

[6] YANG C S, YANG Z B, DENG Z L. Guaranteed Cost Robust Weighted Measurement Fusion Steady-state Kalman Predictors with Uncertain Noise Variances[J]. Aerospace Science and Technology, 2015, 46 (14): 459-470.

[7] YANG Z B, RAN C J, DENG Z L. Robust Measurement Fusion Kalman Predictors for Systems with Uncertain-variance Multiplicative and Additive Noises[C]. The 29th Chinese Control and Decision Conference, 2017: 425-431.

[8] LIU W Q, DENG Z L. Robust Weighted Fusion Kalman Predictor for Multisensor Systems with Multiplicative Noises and Uncertain Noise Variances[C]. The 29th Chinese Control and Decision Conference, Chongqing, China, 2017: 3873-3878.

[9] LIU W Q, WANG X M, DENG Z L. Robust Kalman Estimators for Systems with Multiplicative and Uncertain-variance Linearly Correlated Additive White Noises[J]. Aerospace Science and Technology, 2018, 72: 230-247.

[10] YANG C S, DENG Z L. Robust Guaranteed Cost Steady-state Kalman Predictors for Systems with Multiplicative Noises, Colored Measurements Noises and Uncertain Noise Variances[C]. The 29th Chinese Control and Decision Conference, 2017: 413-420.

[11] YANG C S, DENG Z L. Robust Time-varying Kalman Estimators for Systems with Uncertain-variance Multiplicative and Linearly Correlated Additive White Noises, and Packet Dropouts[J]. Journal of Adaptive Control and Signal Processing, 2018, 32(1): 147-169.

[12] YANG C S, DENG Z L. Information Fusion Robust Guaranteed Cost Kalman Predictors for Systems with Multiplicative Noises and Uncertain Noise variances[C]. The 16th International Conference on Information Fusion, 2017: 305-312.

[13] YANG C S, DENG Z L. Guaranteed Cost Robust Weighted Measurement Fusion

Kalman Estimators with Uncertain Noise Variances and Missing Measurements[J]. IEEE Sensors Journal, 2016, 16 (14): 5817-5825.
[14] YANG Z B, DENG Z L. Robust Weighted Fusion Kalman Estimators for Systems with Uncertain-variance Multiplicative and Additive Noises and Missing Measurements[C]. The 20th International Conference on Information Fusion, 2017: 1-8.
[15] LIU W Q, WANG X M, DENG Z L. Robust Centralized and Weighted Measurement Fusion Kalman Estimators for Uncertain Multisensor Systems with Linearly Correlated White Noises[J]. Information Fusion, 2017, 35:11-25.
[16] LIU W Q, WANG X M, DENG Z L. Robust Centralized and Weighted Measurement Fusion Kalman Predictors with Multiplicative Noises, Uncertain Noise Variances, and Missing Measurements[J]. Circuits, Systems and Signal Processing, 2018, 37(2): 770-809.
[17] LIU W Q, WANG X M, DENG Z L. Robust Centralized and Weighted Measurement Fusion White Noise Deconvolution Estimators for Multisensor Systems with Mixed Uncertainties[J]. International Journal of Adaptive Control and Signal Processing, 2018,32(1):185-212.
[18] WANG X M, LIU W Q, DENG Z L. Robust Weighted Fusion Kalman Estimators for Systems with Multiplicative Noises, Missing Measurements and Uncertain-variance Linearly Correlated White Noises[J]. Aerospace Science and Technology, 2017, 68: 331-344.
[19] 邓自立，齐文娟，张鹏. 鲁棒融合卡尔曼滤波理论及应用[M]. 哈尔滨:哈尔滨工业大学出版社，2016.
[20] ANDERSON B D O, MOORE J B. Optimal Filtering[M]. Englewood Cliffs, New Jersey: Prentice Hall, 1979.
[21] DENG Z L, GAO Y, MAO L, et al. New Approach to Information Fusion Steady-state Kalman Filtering[J]. Automatica, 2005, 41(10): 1695-1707.
[22] DENG Z L, ZHANG P, QI W J, et al. The Accuracy Comparison of Multisensory Covariance Intersection Fuser and Three Weighting Fusers[J]. Information Fusion, 2013, 14(2): 177-185.
[23] DENG Z L, GAO Y, LI C B, et al. Self-tuning Decoupled Information Fusion Wiener State Component Filters and Their Convergence[J]. Automatica, 2008, 44(3): 685-695.
[24] SHI P, LUAN X L, LIU F. H_∞ Filtering for Discrete-time Systems with Stochastic Incomplete Measurement and Mixed Delays[J]. IEEE Transactions on Industrial Electronics, 2012, 59(6): 2732-2739.

第7章　不确定多模型系统加权状态融合鲁棒 Kalman 估值器

7.1　引　言

对于多传感器不确定系统,第5章和第6章所提出估值器的局限性是所有传感器的子系统都有公共的状态方程,而每一个子系统的观测方程是不同的。但实际应用中用增广状态方法解决多传感器状态融合估值问题,经常会遇到多模型系统,即每个子系统有不同的状态方程。例如,对带随机参数和有色观测噪声的多传感器系统[1,2]、对带传输延迟和丢包的网络化不确定多传感器系统[3,4],应用增广状态方法后,都可以得到带乘性噪声的多模型系统。所谓的多模型多传感器系统就是所有传感器的子系统有不同的局部状态方程或者不同的局部动态模型[5]。在每一个子系统的增广状态中,原始系统的状态作为部分分量,且称原始状态方程中的状态为所有增广局部状态方程的公共状态。

文献[5,6]对模型参数和噪声方差已知的多模型多传感器系统,基于 Riccati 方程提出了三种最优加权融合 Kalman 估值器。上述系统噪声方差均不相关或噪声方差与模型参数已知。

本章将对带不确定方差线性相关加性白噪声的多模型多传感器系统,应用极大极小鲁棒估计原理和无偏线性最小方差准则,基于鲁棒时变 Kalman 预报器,提出统一形式的局部和三种加权鲁棒时变 Kalman 滤波器和平滑器,即按矩阵、对角阵、标量加权融合鲁棒 Kalman 估值器(预报器、滤波器和平滑器)[7]。

本章对带不确定方差乘性和线性相关加性白噪声的多模型多传感器系统,引入虚拟噪声技术,将原始系统转换为只带不确定加性噪声方差的系统,进而提出统一形式的公共状态的局部和四种加权融合极大极小鲁棒时变 Kalman 估值器,包括按矩阵、对角阵、标量加权融合器和一种改进的鲁棒 CI 融合器[8]。

本章应用 Lyapunov 方程方法证明了上述所提鲁棒估值器的鲁棒性,即对所有容许的不确定性,保证相应的实际估值误差方差有最小上界。对带不确定噪声方差的多传感器时不变系统,应用对鲁棒时变 Kalman 估值器取极限的方法得到相应的鲁棒稳态 Kalman 估值器,并通过 DESA 方法证明了时变和相应的稳态鲁棒 Kalman 滤波器彼此按实现收敛性,证明了所提鲁棒估值器之间的鲁棒精度关系。

7.2　多模型系统加权状态融合鲁棒 Kalman 估值器

对带不确定方差线性相关白噪声的多模型多传感器系统,基于极大极小鲁棒估计原理,作者提出了公共状态的局部和三种加权状态融合鲁棒 Kalman 估值器,即按矩阵、对角阵、标量加权融合鲁棒估值器[7]。

7.2.1 鲁棒局部时变 Kalman 预报器

考虑带不确定方差线性相关白噪声的离散时变多模型多传感器系统

$$x_i(t+1)=\Phi_i(t)x_i(t)+\Gamma_i(t)w_i(t) \tag{7.1}$$

$$y_i(t)=H_i(t)x_i(t)+v_i(t),i=1,\cdots,L \tag{7.2}$$

$$v_i(t)=D_i(t)w_i(t)+\xi_i(t) \tag{7.3}$$

$$x_i(t)=[x_c^{\mathrm{T}}(t),\beta_i^{\mathrm{T}}(t)]^{\mathrm{T}},w_i(t)=[w^{\mathrm{T}}(t),e_i^{\mathrm{T}}(t)]^{\mathrm{T}} \tag{7.4}$$

其中 $x_i(t)\in R^{n_i}$，$y_i(t)\in R^{m_i}$，$w_i(t)\in R^{r_i}$ 和 $v_i(t)\in R^{m_i}$ 分别为第 i 个传感器子系统的状态、观测、过程噪声和观测噪声。过程噪声和观测噪声也称为加性噪声。$x_c(t)\in R^n$ 和 $w(t)\in R^r$ 分别为所有子系统的公共状态和公共输入白噪声。由式(7.3)知，$v_i(t)$ 和 $w_i(t)$ 是线性相关的。$\beta_i(t)\in R^{n_{\beta_i}}$ 和 $e_i(t)\in R^{r_{e_i}}$ 分别为各子系统的不同状态和不同输入白噪声。由式(7.4)，公共状态 $x_c(t)$ 和公共输入白噪声 $w(t)$ 可分别表示为

$$x_c(t)=C_{xi}x_i(t),C_{xi}=[I_n,0]_{n\times n_i},w(t)=C_{wi}w_i(t),C_{wi}=[I_r,0]_{r\times r_i} \tag{7.5}$$

其中 $\Phi_i(t)$，$\Gamma_i(t)$ 和 $H_i(t)$ 分别为已知的状态阵、过程噪声转移阵和观测阵，$D_i(t)$，C_{xi}，C_{wi} 是适当维数的已知矩阵。式(7.4)和式(7.5)表明公共状态 $x_c(t)$ 是各子系统状态 $x_i(t)$ 的前 n 个分量。

假设1 $w(t)$，$e_i(t)$ 和 $\xi_i(t)\in R^{m_i}$ 是均值为零且互不相关的白噪声，其不确定实际协方差分别为

$$\mathrm{E}\left\{\begin{bmatrix}w(t)\\e_i(t)\\\xi_i(t)\end{bmatrix}[w^{\mathrm{T}}(k),e_j^{\mathrm{T}}(k),\xi_j^{\mathrm{T}}(k)]\right\}=\begin{bmatrix}\bar{Q}(t)&0&0\\0&\bar{Q}_{e_i}(t)\delta_{ij}&0\\0&0&\bar{R}_{\xi_i}(t)\delta_{ij}\end{bmatrix}\delta_{tk} \tag{7.6}$$

假设2 初始状态 $x_i(0)$ 与所有噪声 $w(t)$，$e_i(t)$ 和 $\xi_i(t)$ 都不相关，且已知均值 $\mathrm{E}[x_i(0)]=\mu_{i0}$，不确定实际方差为

$$\mathrm{E}[(x_i(0)-\mu_{i0})(x_i(0)-\mu_{i0})^{\mathrm{T}}]=\bar{P}_{i0},i=1,\cdots,L \tag{7.7}$$

假设3 不确定实际方差 $\bar{Q}(t)$，$\bar{Q}_{e_i}(t)$，$\bar{R}_{\xi_i}(t)$ 和 $\bar{P}_{i0}$ 分别有已知保守上界 $Q(t)$，$Q_{e_i}(t)$，$R_{\xi_i}(t)$ 和 P_{i0}，即

$$\bar{Q}(t)\leqslant Q(t),\bar{Q}_{e_i}(t)\leqslant Q_{e_i}(t),\bar{R}_{\xi_i}(t)\leqslant R_{\xi_i}(t),\bar{P}_{i0}\leqslant P_{i0} \tag{7.8}$$

应用式(7.3)、式(7.4)、式(7.6)和式(7.8)得到保守和实际的协方差与方差分别为

$$Q_{ij}(t)=\mathrm{E}[w_i(t)w_j^{\mathrm{T}}(t)]=\begin{bmatrix}Q(t)&0\\0&Q_{e_i}(t)\delta_{ij}\end{bmatrix}_{r_i\times r_j},i,j=1,\cdots,L,$$

$$\bar{Q}_{ij}(t)=\begin{bmatrix}\bar{Q}(t)&0\\0&\bar{Q}_{e_i}(t)\delta_{ij}\end{bmatrix}_{r_i\times r_j} \tag{7.9}$$

$$Q_i(t)=Q_{ii}(t)=\mathrm{diag}(Q(t),Q_{e_i}(t)),\bar{Q}_i(t)=\bar{Q}_{ii}(t)=\mathrm{diag}(\bar{Q}(t),\bar{Q}_{e_i}(t)) \tag{7.10}$$

$$S_{ij}(t)=\mathrm{E}[w_i(t)v_j^{\mathrm{T}}(t)]=Q_{ij}(t)D_j^{\mathrm{T}}(t),$$

$$S_i(t)=S_{ii}(t),\bar{S}_{ij}(t)=\bar{Q}_{ij}(t)D_j^{\mathrm{T}}(t),\bar{S}_i(t)=\bar{S}_{ii}(t) \tag{7.11}$$

$$R_{vij}(t)=\mathrm{E}[v_i(t)v_j^{\mathrm{T}}(t)]=D_i(t)Q_{ij}(t)D_j^{\mathrm{T}}(t)+R_{\xi_i}(t)\delta_{ij},R_{vi}(t)=R_{vii}(t)$$

$$\bar{R}_{vij}(t)=D_i(t)\bar{Q}_{ij}(t)D_j^{\mathrm{T}}(t)+\bar{R}_{\xi_i}(t)\delta_{ij},\bar{R}_{vi}(t)=\bar{R}_{vii}(t) \tag{7.12}$$

根据极大极小鲁棒估计原理，对于带不确定噪声方差保守上界 $Q(t)$，$Q_{e_i}(t)$，$R_{\xi_i}(t)$ 和初值 P_0 的最坏情形系统(7.1)—(7.3)，状态 $x_i(t+1)$ 的线性最小方差保守局部 Kalman 预报器($N=-1$)[10]

$$\hat{x}_i(t+1\mid t)=\Psi_{pi}(t)\hat{x}_i(t\mid t-1)+K_{pi}(t)y_i(t),i=1,\cdots,L \tag{7.13}$$

$$\Psi_{pi}(t)=\Phi_i(t)-K_{pi}(t)H_i(t) \tag{7.14}$$

$$K_{pi}(t)=[\Phi_i(t)P_i(t\mid t-1)H_i^{\mathrm{T}}(t)+\Gamma_i(t)S_i(t)]Q_{\varepsilon i}^{-1}(t) \tag{7.15}$$

$$Q_{\varepsilon i}(t)=H_i(t)P_i(t\mid t-1)H_i^{\mathrm{T}}(t)+R_{vi}(t) \tag{7.16}$$

式(7.13)是保守局部 Kalman 预报器，其中保守观测 $y_i(t)$ 是不可利用的，故用实际的观测 $y_i(t)$ 代替保守的观测 $y_i(t)$ 可得实际局部稳态 Kalman 预报器。

保守局部预报误差方差 $P_i(t\mid t-1)$ 满足 Riccati 方程

$$\begin{aligned}P_i(t+1\mid t)=&\Phi_i(t)P_i(t\mid t-1)\Phi_i^{\mathrm{T}}(t)-[\Phi_i(t)P_i(t\mid t-1)H_i^{\mathrm{T}}(t)+\Gamma_i(t)S_i(t)]\times\\&[H_i(t)P_i(t\mid t-1)H_i^{\mathrm{T}}(t)+R_{vi}(t)]^{-1}[\Phi_i(t)P_i(t\mid t-1)H_i^{\mathrm{T}}(t)+\\&\Gamma_i(t)S_i(t)]^{\mathrm{T}}+\Gamma_i(t)Q_i(t)\Gamma_i^{\mathrm{T}}(t)\end{aligned} \tag{7.17}$$

其中，初值 $\hat{x}_i(1\mid 0)=\mu_{i0}$，$P_i(1\mid 0)=P_{i0}$。

定理 7.1 对于带不确定方差线性相关白噪声的多模型系统(7.1)—(7.3)，在假设 1—3 下，保守和实际局部预报误差方差和互协方差分别满足 Lyapunov 方程

$$\begin{aligned}P_{ij}(t+1\mid t)=&\Psi_{pi}(t)P_{ij}(t\mid t-1)\Psi_{pj}^{\mathrm{T}}(t)+[\Gamma_i(t)-K_{pi}(t)D_i(t)]Q_{ij}(t)\times\\&[\Gamma_j(t)-K_{pj}(t)D_j(t)]^{\mathrm{T}}+K_{pi}(t)R_{\xi_i}(t)K_{pj}^{\mathrm{T}}(t)\delta_{ij},i,j=1,\cdots,L\end{aligned} \tag{7.18}$$

$$\begin{aligned}\bar{P}_{ij}(t+1\mid t)=&\Psi_{pi}(t)\bar{P}_{ij}(t\mid t-1)\Psi_{pj}^{\mathrm{T}}(t)+[\Gamma_i(t)-K_{pi}(t)D_i(t)]\bar{Q}_{ij}(t)\times\\&[\Gamma_j(t)-K_{pj}(t)D_j(t)]^{\mathrm{T}}+K_{pi}(t)\bar{R}_{\xi_i}(t)K_{pj}^{\mathrm{T}}(t)\delta_{ij},i,j=1,\cdots,L\end{aligned} \tag{7.19}$$

其中，$P_i(t+1\mid t)=P_{ii}(t+1\mid t)$，$\bar{P}_i(t+1\mid t)=\bar{P}_{ii}(t+1\mid t)$ 且对 $i\neq j$ 初值 $P_{ij}(1\mid 0)=0$，$\bar{P}_{ij}(1\mid 0)=0$。

每一个实际局部时变Kalman预报器(7.13)是鲁棒的，即对所有满足式(7.8)的容许的实际噪声方差 $\bar{Q}(t)$，$\bar{Q}_{e_i}(t)$，$\bar{R}_{\xi_i}(t)$ 和初值 $\bar{P}_0$，相应的实际预报误差方差阵 $\bar{P}_i(t+1\mid t)$ 有最小上界 $P_i(t+1\mid t)$，即

$$\bar{P}_i(t+1\mid t)\leqslant P_i(t+1\mid t),i=1,\cdots,L,t>0 \tag{7.20}$$

证明 应用式(7.1)—(7.3)、式(7.13)和式(7.14)得局部和保守的预报误差 $\tilde{x}_i(t+1\mid t)=x_i(t+1)-\hat{x}_i(t+1\mid t)$ 为

$$\tilde{x}_i(t+1\mid t)=\Psi_{pi}(t)\tilde{x}_i(t\mid t-1)+[\Gamma_i(t)-K_{pi}(t)D_i(t)]w_i(t)-K_{pi}(t)\xi_i(t) \tag{7.21}$$

类似地，有

$$\tilde{x}_j(t+1\mid t)=\Psi_{pi}(t)\tilde{x}_j(t\mid t-1)+[\Gamma_j(t)-K_{pj}(t)D_j(t)]w_j(t)-K_{pj}(t)\xi_j(t) \tag{7.22}$$

应用式(7.21)和式(7.22)可直接得到式(7.18)和式(7.19)。

假设 $i=j$，$\Delta P_i(t+1\mid t)=P_i(t+1\mid t)-\bar{P}_i(t+1\mid t)$，$\Delta Q_i(t)=Q_i(t)-\bar{Q}_i(t)$ 和 $\Delta R_{\xi_i}(t)=R_{\xi_i}(t)-\bar{R}_{\xi_i}(t)$，且用式(7.18)减去式(7.19)有 Lyapunov 方程

$$\Delta P_i(t+1\mid t)=\Psi_{pi}(t)\Delta P_i(t\mid t-1)\Psi_{pi}^{\mathrm{T}}(t)+[\Gamma_i(t)-K_{pi}(t)D_i(t)]\times$$

$$\Delta Q_i(t)\left[\Gamma_i(t)-K_{pi}(t)D_i(t)\right]^{\mathrm{T}}+K_{pi}(t)\Delta R_{\xi_i}(t)K_{pi}^{\mathrm{T}}(t) \tag{7.23}$$

带初值

$$\Delta P_i(1|0)=P_{i0}-\bar{P}_{i0} \tag{7.24}$$

记 $\Delta Q(t)=Q(t)-\bar{Q}(t)$ 和 $\Delta Q_{e_i}(t)=Q_{e_i}(t)-\bar{Q}_{e_i}(t)$,且应用式(7.9)得

$$\Delta Q_i(t)=\mathrm{diag}(\Delta Q(t),\Delta Q_{e_i}(t)) \tag{7.25}$$

应用引理5.4有 $\Delta Q_i(t)\geqslant 0$,根据式(7.7)和式(7.8)有 $\Delta R_{\xi_i}(t)\geqslant 0$ 且 $\Delta P_i(1|0)=P_{i0}-\bar{P}_{i0}\geqslant 0$,因此迭代式(7.23)对于任意时刻 t 有 $\Delta P_i(t+1|t)\geqslant 0$。接下来,类似于定理5.1的证明,$P_i(t+1|t)$ 是 $\bar{P}_i(t+1|t)$ 的最小上界,证略。

我们称满足式(7.20)的实际局部 Kalman 预报器为鲁棒局部 Kalman 预报器。

7.2.2 鲁棒局部时变 Kalman 滤波器和平滑器

定理7.2 对于带不确定方差线性相关白噪声的多模型系统(7.1)—(7.4),在假设1—3下,保守或实际 Kalman 滤波器($N=0$)和平滑器($N>0$)为

$$\hat{x}_i(t|t+N)=\hat{x}_i(t|t-1)+\sum_{k=0}^{N}K_i(t|t+k)\varepsilon_i(t+k),N\geqslant 0,i=1,\cdots,L \tag{7.26}$$

$$\varepsilon_i(t)=y_i(t)-H_i(t)\hat{x}_i(t|t-1) \tag{7.27}$$

其中,$\hat{x}_i(t|t-1)$ 为保守或实际 Kalman 预报器,且平滑和滤波增益分别为

$$K_i(t|t+k)=P_i(t|t-1)\left\{\prod_{j=0}^{k-1}\Psi_{pi}^{\mathrm{T}}(t+j)\right\}H_i^{\mathrm{T}}(t+k)Q_{\varepsilon i}^{-1}(t+k),k>0 \tag{7.28}$$

$$K_{fi}(t)=K_i(t|t)=P_i(t|t-1)H_i^{\mathrm{T}}(t)Q_{\varepsilon i}^{-1}(t) \tag{7.29}$$

保守估值误差方差为

$$P_i(t|t+N)=P_i(t|t-1)-\sum_{k=0}^{N}K_i(t|t+k)Q_{\varepsilon i}(t+k)K_i^{\mathrm{T}}(t|t+k) \tag{7.30}$$

其中,$\hat{x}_i(t|t-1)$,$\Psi_{pi}(t)$,$Q_{\varepsilon i}(t)$ 和 $P_i(t|t-1)$ 由式(7.13)—(7.17)给出。

保守和实际估值误差互协方差和方差分别为

$$P_{ij}(t|t+N)=\Psi_{iN}(t)P_{ij}(t|t-1)\Psi_{jN}^{\mathrm{T}}(t)+\sum_{\rho=0}^{N}M_{i\rho}^{wN}(t)Q_{ij}(t+\rho)M_{j\rho}^{wN\mathrm{T}}(t)+\sum_{\rho=0}^{N}K_{i\rho}^{vN}(t)R_{\xi_i}(t+\rho)\delta_{ij}K_{j\rho}^{vN\mathrm{T}}(t),N\geqslant 0 \tag{7.31}$$

$$\bar{P}_{ij}(t|t+N)=\Psi_{iN}(t)\bar{P}_{ij}(t|t-1)\Psi_{jN}^{\mathrm{T}}(t)+\sum_{\rho=0}^{N}M_{i\rho}^{wN}(t)\bar{Q}_{ij}(t+\rho)M_{j\rho}^{wN\mathrm{T}}(t)+\sum_{\rho=0}^{N}K_{i\rho}^{vN}(t)\bar{R}_{\xi_i}(t+\rho)\delta_{ij}K_{j\rho}^{vN\mathrm{T}}(t),N\geqslant 0 \tag{7.32}$$

$$P_i(t|t+N)=P_{ii}(t|t+N),\bar{P}_i(t|t+N)=\bar{P}_{ii}(t|t+N) \tag{7.33}$$

其中,定义

$$M_{i\rho}^{wN}(t)=K_{i\rho}^{wN}(t)+K_{i\rho}^{vN}(t)D_i(t+\rho) \tag{7.34}$$

$$\Psi_{iN}(t)=I_n-\sum_{k=0}^{N}K_i(t|t+k)H_i(t+k)\Psi_{pi}(t+k,t) \tag{7.35}$$

当 $N>0$ 时,定义

$$K_{i\rho}^{wN}(t)=-\sum_{k=\rho+1}^{N}K_i(t|t+k)H_i(t+k)\Psi_{pi}(t+k,t+\rho+1),\rho=0,\cdots,N-1,K_{iN}^{wN}(t)=0 \tag{7.36}$$

$$K_{i\rho}^{vN}(t)=\sum_{k=\rho+1}^{N}K_i(t|t+k)H_i(t+k)\Psi_{pi}(t+k,t+\rho+1)K_{pi}(t+\rho)-K_i(t|t+\rho),$$

$$\rho=0,\cdots,N-1,K_{iN}^{vN}(t)=-K_i(t|t+N) \tag{7.37}$$

$$\Psi_{pi}(t+k,t)=\Psi_{pi}(t+k-1)\cdots\Psi_{pi}(t),\Psi_{pi}(t,t)=I_n \tag{7.38}$$

当 $N=0$ 时，定义 $K_{i0}^{w0}(t)=0,K_{i0}^{v0}(t)=-K_i(t|t)$ 且初值 $P_{ij}(1|0)=P_0\delta_{ij},\bar{P}_{ij}(1|0)=\bar{P}_0\delta_{ij}$。

每个实际 Kalman 滤波器（$N=0$）或者平滑器（$N>0$）是鲁棒的，即对所有满足式（7.8）的容许的实际噪声方差 $\bar{Q}(t),\bar{Q}_{e_i}(t),\bar{R}_{\xi_i}(t)$ 和初值 $\bar{P}_0$，相应的实际估值误差方差阵 $\bar{P}_i(t|t+N)$ 有最小上界 $P_i(t|t+N)$，即

$$\bar{P}_i(t|t+N)\leqslant P_i(t|t+N) \tag{7.39}$$

证明 由式（7.1）、式（7.2）、式（7.13）和式（7.14）得局部保守和实际预报误差

$$\tilde{x}_i(t+1|t)=\Psi_{pi}(t)\tilde{x}_i(t|t-1)+\Gamma_i(t)w_i(t)-K_{pi}(t)v_i(t) \tag{7.40}$$

由式（7.26）、式（7.27）和式（7.40）得局部保守和实际平滑误差

$$\tilde{x}_i(t|t+N)=\Psi_{iN}(t)\tilde{x}_i(t|t-1)+\sum_{\rho=0}^{N}K_{i\rho}^{wN}(t)w_i(t+\rho)+\sum_{\rho=0}^{N}K_{i\rho}^{vN}(t)v_i(t+\rho) \tag{7.41}$$

其中，$\Psi_{iN}(t),K_{i\rho}^{wN}(t)$ 和 $K_{i\rho}^{vN}(t)$ 由式（7.35）—（7.37）定义。

把式（7.3）代入式（7.41），且应用式（7.34）得

$$\tilde{x}_i(t|t+N)=\Psi_{iN}(t)\tilde{x}_i(t|t-1)+\sum_{\rho=0}^{N}M_{i\rho}^{wN}(t)w_i(t+\rho)+\sum_{\rho=0}^{N}K_{i\rho}^{vN}(t)\xi_i(t+\rho) \tag{7.42}$$

式（7.42）中用 j 替代 i 得 $\tilde{x}_j(t|t+N)$，应用式（7.42）可以得到式（7.31）和式（7.32）。在式（7.31）和式（7.32）中，取 $i=j$ 且定义 $\Delta P_i(t|t+N)=P_i(t|t+N)-\bar{P}_i(t|t+N)$，并用式（7.31）减去式（7.32）得到

$$\Delta P_i(t|t+N)=\Psi_{iN}(t)\Delta P_i(t|t-1)\Psi_{iN}^{\mathrm{T}}(t)+\sum_{\rho=0}^{N}M_{i\rho}^{wN}(t)\Delta Q_i(t+\rho)M_{i\rho}^{wN\mathrm{T}}(t)+$$

$$\sum_{\rho=0}^{N}K_{i\rho}^{vN}(t)\Delta R_{\xi_i}(t+\rho)K_{i\rho}^{vN\mathrm{T}}(t) \tag{7.43}$$

类似于定理 5.1 的证明，容易证明 $P_i(t|t+N)$ 是 $\bar{P}_i(t|t+N)$ 的最小上界。证略。

称满足式（7.39）的实际局部 Kalman 滤波器或平滑器为鲁棒局部滤波器或平滑器。

推论 7.1 在定理 7.2 中，当 $N=0$ 时，鲁棒 Kalman 滤波器和误差方差分别为

$$\hat{x}_i(t|t)=\hat{x}_i(t|t-1)+K_{fi}(t)\varepsilon_i(t) \tag{7.44}$$

$$P_{ij}(t|t)=[I_n-K_{fi}(t)H_i(t)]P_{ij}(t|t-1)[I_n-K_{fj}(t)H_j(t)]^{\mathrm{T}}+K_{fi}(t)R_{\xi_i}(t)K_{fj}^{\mathrm{T}}(t)\delta_{ij} \tag{7.45}$$

$$\bar{P}_{ij}(t|t)=[I_n-K_{fi}(t)H_i(t)]\bar{P}_{ij}(t|t-1)[I_n-K_{fj}(t)H_j(t)]^{\mathrm{T}}+K_{fi}(t)\bar{R}_{\xi_i}(t)K_{fj}^{\mathrm{T}}(t)\delta_{ij} \tag{7.46}$$

其中 $K_{fi}(t)$ 由式(7.29)计算。初值为 $P_{ij}(0|0)=P_0\delta_{ij},\bar{P}_{ij}(0|0)=\bar{P}_0\delta_{ij}$。

证明 由式(7.26)、式(7.31)和式(7.32)即可得证。证毕。

推论7.2 在定理7.2中,公共状态 $x_c(t)$ 的鲁棒局部Kalman估值器和误差方差各为

$$\hat{x}_{ci}(t|t+N)=C_{xi}\hat{x}_i(t|t+N),C_{xi}=[I_n,0],N=-1,N=0,N>0,i=1,\cdots,L \tag{7.47}$$

$$P_c^{ij}(t|t+N)=C_{xi}P_{ij}(t|t+N)C_{xj}^{\mathrm{T}},\bar{P}_c^{ij}(t|t+N)=C_{xi}\bar{P}_{ij}(t|t+N)C_{xj}^{\mathrm{T}} \tag{7.48}$$

其中,$P_c^i(t|t+N)=P_c^{ii}(t|t+N),\bar{P}_c^i(t|t+N)=\bar{P}_c^{ii}(t|t+N)$,且满足鲁棒关系

$$\bar{P}_c^i(t|t+N)\leqslant P_c^i(t|t+N),i=1,\cdots,L \tag{7.49}$$

证明 对式(7.5)做投影运算得式(7.47)。用式(7.5)减去式(7.47)得

$$\tilde{x}_{ci}(t|t+N)=C_{xi}\tilde{x}_i(t|t+N) \tag{7.50}$$

由式(7.50)得式(7.48),且应用式(7.39)得式(7.49)。证毕。

7.2.3 公共状态的加权状态融合鲁棒时变 Kalman 估值器

根据极大极小鲁棒估计原理,对于带不确定噪声方差保守上界 $Q_{ai}(t)$ 和 $R_{ai}(t)$(最大方差)的最坏情形系统(7.1)—(7.3),基于 ULMV 准则,公共状态 $x_c(t)$ 的保守或实际的三种加权融合 Kalman 估值器($N=-1,N\geqslant 0$)有统一的形式

$$\hat{x}_c^{\theta}(t|t+N)=\sum_{i=1}^{L}\Omega_i^{\theta}(t|t+N)\hat{x}_{ci}(t|t+N),\theta=m,s,d \tag{7.51}$$

无偏性约束条件

$$\sum_{i=1}^{L}\Omega_i^{\theta}(t|t+N)=I_n \tag{7.52}$$

其中,$\theta=m,s,d$ 分别代表按矩阵、标量和对角阵加权的融合器。$\hat{x}_{ci}(t|t+N)$ 是保守或实际的局部估值器。

根据最小方差最优融合原则,应用定理2.12—2.14,最优加权按如下方法计算:

最优矩阵权为

$$[\Omega_1^m(t|t+N),\cdots,\Omega_L^m(t|t+N)]=(e^{\mathrm{T}}P_c^{-1}(t|t+N)e)^{-1}e^{\mathrm{T}}P_c^{-1}(t|t+N) \tag{7.53}$$

其中,定义 $e^{\mathrm{T}}=[I_n,\cdots,I_n]$ 且

$$P_c(t|t+N)=(P_c^{ij}(t|t+N))_{nL\times nL} \tag{7.54}$$

最优标量权为

$$\Omega_i^s(t|t+N)=\omega_i(t|t+N)I_n,i=1,\cdots,L \tag{7.55}$$

$$[\omega_1(t|t+N),\cdots,\omega_L(t|t+N)]=(e^{\mathrm{T}}P_{\mathrm{trc}}^{-1}(t|t+N)e)^{-1}e^{\mathrm{T}}P_{\mathrm{trc}}^{-1}(t|t+N) \tag{7.56}$$

其中,$e^{\mathrm{T}}=[1,\cdots,1]$ 且

$$P_{\mathrm{trc}}(t|t+N)=(\mathrm{tr}P_c^{ij}(t|t+N))_{L\times L} \tag{7.57}$$

最优对角阵权为

$$\Omega_i^d(t|t+N)=\mathrm{diag}(\omega_{i1}(t|t+N),\cdots,\omega_{in}(t|t+N)) \tag{7.58}$$

$$[\omega_{1i}(t|t+N),\cdots,\omega_{Li}(t|t+N)]=$$

$$(e^{\mathrm{T}}(P_c^{ii}(t\mid t+N))^{-1}e)^{-1}e^{\mathrm{T}}(P_c^{ii}(t\mid t+N))^{-1}, i=1,\cdots,n \tag{7.59}$$

其中，$e=[1,\cdots,1]^{\mathrm{T}}$ 且

$$P_c^{ii}(t\mid t+N)=(P_{csk}^{ii}(t\mid t+N))_{L\times L} \tag{7.60}$$

其中，$P_{csk}^{ii}(t\mid t+N)$ 是 $P_{csk}(t\mid t+N)$ 的第(i,i)个对角元素，$s,k=1,\cdots,L$。

定义保守和实际全局协方差分别为

$$Q_a(t)=[Q_{ij}(t)]_{r_g\times r_g}, \bar{Q}_a(t)=[\bar{Q}_{ij}(t)]_{r_g\times r_g} \tag{7.61}$$

其中 $r_g=r_1+\cdots+r_L$，且在式(7.9)中已定义了它们的第(i,j)块元素为$r_i\times r_j$的保守和实际协方差 $Q_{ij}(t)$ 和 $\bar{Q}_{ij}(t)$，则有下述引理成立：

引理 7.1

$$\bar{Q}_a(t)\leqslant Q_a(t) \tag{7.62}$$

证明　记 $\Delta Q_a(t)=Q_a(t)-\bar{Q}_a(t)$，$\Delta Q_{ij}(t)=Q_{ij}(t)-\bar{Q}_{ij}(t)$ 且应用式(7.9)和式(7.61)有

$$\Delta Q_{ij}(t)=\begin{bmatrix}\Delta Q(t) & 0\\ 0 & \Delta Q_{e_i}(t)\delta_{ij}\end{bmatrix}_{r_i\times r_j} \tag{7.63}$$

$$\Delta Q_a(t)=(\Delta Q_{ij}(t))_{r_g\times r_g} \tag{7.64}$$

把矩阵 $\Delta Q_{ij}(t)$ 分解成

$$\Delta Q_{ij}(t)=\Delta Q_{ij}^*(t)+\Delta Q_{e_{ij}}^*(t) \tag{7.65}$$

其中，$r_i=r+r_{e_i}$，且

$$\Delta Q_{ij}^*(t)=\left[\begin{array}{c:c}\Delta Q(t) & 0\\ \hdashline 0 & 0\end{array}\right]_{r_i\times r_j}, \Delta Q_{e_{ij}}^*(t)=\left[\begin{array}{c:c}0 & 0\\ \hdashline 0 & \Delta Q_{e_i}(t)\delta_{ij}\end{array}\right]_{r_i\times r_j} \tag{7.66}$$

定义

$$\Delta Q^*(t)=[\Delta Q_{ij}^*(t)]_{r_g\times r_g}, \Delta Q_e^*(t)=[\Delta Q_{e_{ij}}^*(t)]_{r_g\times r_g} \tag{7.67}$$

由式(7.64)和式(7.65)得

$$\Delta Q_a(t)=\Delta Q^*(t)+\Delta Q_e^*(t) \tag{7.68}$$

应用式(7.66)得

$$\Delta Q_e^*(t)=\mathrm{diag}(\Delta Q_{e_{11}}^*(t),\cdots,\Delta Q_{e_{LL}}^*(t)) \tag{7.69}$$

由式(7.8)得

$$\Delta Q_e^*(t)\geqslant 0 \tag{7.70}$$

因此，由式(7.68)和式(7.70)可以看出，要证明 $\Delta Q_a(t)\geqslant 0$，只需证明 $\Delta Q^*(t)\geqslant 0$。先对 $\Delta Q^*(t)$ 做行列初等变换可得[20]

$$\Delta Q_0^*(t)=\left[\begin{array}{ccc:c}\Delta Q(t) & \cdots & \Delta Q(t) & 0\\ \vdots & & \vdots & \vdots\\ \Delta Q(t) & \cdots & \Delta Q(t) & 0\\ \hdashline 0 & \cdots & 0 & 0\end{array}\right]_{r_g\times r_g} \tag{7.71}$$

即存在一个非奇异初等变换矩阵 T_e 使得 $\Delta Q_0^*(t)=T_e\Delta Q^*(t)T_e^{\mathrm{T}}$，于是有 $\Delta Q^*(t)=T_e^{-1}\Delta Q_0^*(t)(T_e^{-1})^{\mathrm{T}}$。由式(7.8)有 $\Delta Q(t)\geqslant 0$ 且应用引理 5.3 和引理 5.4 得

$$\Delta Q_0^*(t)\geqslant 0 \tag{7.72}$$

则应用引理 5.2 有 $\Delta Q^*(t)\geqslant 0$，再应用式(7.68)和式(7.70)可得 $\Delta Q_a(t)\geqslant 0$。证毕。

注 7.1 特别地，当 $w_i(t)=w(t)$ 时，有 $Q_{ij}(t)=Q(t)$ 且

$$Q_a(t)=\begin{bmatrix} Q(t) & \cdots & Q(t) \\ \vdots & & \vdots \\ Q(t) & \cdots & Q(t) \end{bmatrix}_{rL\times rL},\bar{Q}_a(t)=\begin{bmatrix} \bar{Q}(t) & \cdots & \bar{Q}(t) \\ \vdots & & \vdots \\ \bar{Q}(t) & \cdots & \bar{Q}(t) \end{bmatrix}_{rL\times rL} \tag{7.73}$$

应用 $\Delta Q(t)=Q(t)-\bar{Q}(t)$ 有 $Q_a(t)\geqslant\bar{Q}_a(t)$，即式(7.62)成立。

接下来，给出上述三种加权融合器(7.51)的保守和实际融合误差方差的统一形式，并证明其鲁棒性。

定义

$$\Omega^\theta(t\mid t+N)=[\Omega_1^\theta(t\mid t+N),\cdots,\Omega_L^\theta(t\mid t+N)],\theta=m,s,d \tag{7.74}$$

由式(7.52)有

$$x_c(t)=\sum_{i=1}^{L}\Omega_i^\theta(t\mid t+N)x_c(t) \tag{7.75}$$

用式(7.75)减去式(7.51)得融合误差

$$\tilde{x}_c^\theta(t\mid t+N)=\sum_{i=1}^{L}\Omega_i^\theta(t\mid t+N)\tilde{x}_{ci}(t\mid t+N) \tag{7.76}$$

由式(7.76)得保守和实际融合误差方差矩阵分别为

$$P_c^\theta(t\mid t+N)=\sum_{i=1}^{L}\sum_{j=1}^{L}\Omega_i^\theta(t\mid t+N)P_c^{ij}(t\mid t+N)\Omega_j^\theta(t\mid t+N),\theta=m,s,d \tag{7.77}$$

$$\bar{P}_c^\theta(t\mid t+N)=\sum_{i=1}^{L}\sum_{j=1}^{L}\Omega_i^\theta(t\mid t+N)\bar{P}_c^{ij}(t\mid t+N)\Omega_j^\theta(t\mid t+N),\theta=m,s,d \tag{7.78}$$

定理 7.3 对于带不确定协方差线性相关白噪声的多模型系统(7.1)—(7.3)，在假设1—3下，三种加权融合器(7.51)的保守和实际融合误差方差矩阵分别为

$$P_c^\theta(t\mid t+N)=\Omega^\theta(t\mid t+N)P_c(t\mid t+N)\Omega^{\theta\mathrm{T}}(t\mid t+N),\theta=m,s,d \tag{7.79}$$

$$\bar{P}_c^\theta(t\mid t+N)=\Omega^\theta(t\mid t+N)\bar{P}_c(t\mid t+N)\Omega^{\theta\mathrm{T}}(t\mid t+N),\theta=m,s,d \tag{7.80}$$

其中，定义公共状态 $x_c(t)$ 的全局保守和实际协方差分别为

$$P_c(t\mid t+N)=(P_c^{ij}(t\mid t+N))_{nL\times nL} \tag{7.81}$$

$$\bar{P}_c(t\mid t+N)=(\bar{P}_c^{ij}(t\mid t+N))_{nL\times nL} \tag{7.82}$$

则实际融合器(7.51)是鲁棒的，即对所有满足式(7.8)的容许的实际噪声方差，相应的实际融合误差方差矩阵 $\bar{P}_c^\theta(t\mid t+N)$ 有最小上界 $P_c^\theta(t\mid t+N)$，即

$$\bar{P}_c^\theta(t\mid t+N)\leqslant P_c^\theta(t\mid t+N),t>0,\theta=m,s,d \tag{7.83}$$

证明 由式(7.74)、式(7.77)和式(7.78)得式(7.79)和式(7.80)。定义 $\Delta P_c^\theta(t\mid t+N)=P_c^\theta(t\mid t+N)-\bar{P}_c^\theta(t\mid t+N)$，$\Delta P_c(t\mid t+N)=P_c(t\mid t+N)-\bar{P}_c(t\mid t+N)$ 且用式(7.79)减去式(7.80)得

$$\Delta P_c^\theta(t\mid t+N)=\Omega^\theta(t\mid t+N)\Delta P_c(t\mid t+N)\Omega^{\theta\mathrm{T}}(t\mid t+N) \tag{7.84}$$

定义全局保守和实际协方差矩阵分别为

$$P(t\mid t+N)=(P_{ij}(t\mid t+N))_{n_g\times n_g} \tag{7.85}$$

$$\bar{P}(t\mid t+N)=(\bar{P}_{ij}(t\mid t+N))_{n_g\times n_g} \tag{7.86}$$

其中 $n_g=n_1+\cdots+n_L$。应用式(7.48)、式(7.81)、式(7.82)、式(7.85)和式(7.86)得

$$P_c(t\mid t+N)=CP(t\mid t+N)C^{\mathrm{T}} \tag{7.87}$$

$$\bar{P}_c(t \mid t+N) = C\bar{P}(t \mid t+N)C^{\mathrm{T}} \tag{7.88}$$

$$C = \begin{bmatrix} C_{x1} & & 0 \\ & \ddots & \\ 0 & & C_{xL} \end{bmatrix}_{nL \times n_g} \tag{7.89}$$

定义 $\Delta P(t \mid t+N) = P(t \mid t+N) - \bar{P}(t \mid t+N)$,且用式(7.87)减去式(7.88)得

$$\Delta P_c(t \mid t+N) = C\Delta P(t \mid t+N)C^{\mathrm{T}} \tag{7.90}$$

由式(7.84)和式(7.90)可以看出,为了证明 $\Delta P_c^{\theta}(t \mid t+N) \geq 0$,首先要证明$\Delta P(t \mid t+N) \geq 0$。

当 $N = -1$ 时,由式(7.18)和式(7.19)有 $P(t \mid t+N)$ 和 $\bar{P}(t \mid t+N)$ 分别满足全局 Lyapunov 方程

$$P(t+1 \mid t) = \Psi_p(t)P(t \mid t-1)\Psi_p^{\mathrm{T}}(t) + K_a(t)Q_a(t)K_a^{\mathrm{T}}(t) + K_p(t)R_{\xi}(t)K_p^{\mathrm{T}}(t) \tag{7.91}$$

$$\bar{P}(t+1 \mid t) = \Psi_p(t)\bar{P}(t \mid t-1)\Psi_p^{\mathrm{T}}(t) + K_a(t)\bar{Q}_a(t)K_a^{\mathrm{T}}(t) + K_p(t)\bar{R}_{\xi}(t)K_p^{\mathrm{T}}(t) \tag{7.92}$$

其中 $Q_a(t)$ 和 $\bar{Q}_a(t)$ 由式(7.61)定义且初值为 $P(1 \mid 0) = (P_{ij}(1 \mid 0))$,$\bar{P}(1 \mid 0) = (\bar{P}_{ij}(1 \mid 0))$

$$\Psi_p(t) = \mathrm{diag}(\Psi_{p1}(t), \cdots, \Psi_{pL}(t)), K_p(t) = \mathrm{diag}(K_{p1}(t), \cdots, K_{pL}(t))$$

$$K_a(t) = \mathrm{diag}(\Gamma_1(t) - K_{p1}(t)D_1(t), \cdots, \Gamma_L(t) - K_{pL}(t)D_L(t))$$

$$R_{\xi}(t) = \mathrm{diag}(R_{\xi_1}(t), \cdots, R_{\xi_L}(t)), \bar{R}_{\xi}(t) = \mathrm{diag}(\bar{R}_{\xi_1}(t), \cdots, \bar{R}_{\xi_L}(t)) \tag{7.93}$$

由式(7.91)减去式(7.92)得到 Lyapunov 方程

$$\Delta P(t+1 \mid t) = \Psi_p(t)\Delta P(t \mid t-1)\Psi_p^{\mathrm{T}}(t) + K_a(t)\Delta Q_a(t)K_a^{\mathrm{T}}(t) + K_p(t)\Delta R_{\xi}(t)K_p^{\mathrm{T}}(t) \tag{7.94}$$

初值 $\Delta P(1 \mid 0) = P(1 \mid 0) - \bar{P}(1 \mid 0) = (P_{ij}(1 \mid 0) - \bar{P}_{ij}(1 \mid 0)) = \mathrm{diag}(P_{10} - \bar{P}_{10}, \cdots, P_{L0} - \bar{P}_{L0})$ 且 $\Delta R_{\xi}(t) = R_{\xi}(t) - \bar{R}_{\xi}(t) = \mathrm{diag}(\Delta R_{\xi_1}(t), \cdots, \Delta R_{\xi_L}(t))$。应用式(7.8)得 $\Delta R_{\xi_i}(t) \geq 0$,根据引理5.4有 $\Delta R_{\xi}(t) \geq 0$。应用式(7.62)得 $\Delta Q_a(t) \geq 0$,由式(7.8)和引理5.3得 $\Delta P(1 \mid 0) \geq 0$,则由式(7.94)有 $\Delta P(2 \mid 1) \geq 0$,应用数学归纳法,对任意 $t > 0$,递推可得 $\Delta P(t+1 \mid t) \geq 0$。

当 $N \geq 0$ 时,由式(7.85)、式(7.86)、式(7.31)和式(7.32)得

$$\Delta P(t \mid t+N) = \Psi_N(t)\Delta P(t \mid t-1)\Psi_N^{\mathrm{T}}(t) + \sum_{\rho=0}^{N} M_{\rho}^{wN}(t)\Delta Q_a(t+\rho)M_{\rho}^{wN\mathrm{T}}(t) + \sum_{\rho=0}^{N} K_{\rho}^{Nv}(t)\Delta R_{\xi}(t+\rho)K_{\rho}^{Nv\mathrm{T}}(t) \tag{7.95}$$

其中定义

$$\Psi_N(t) = \mathrm{diag}(\Psi_{1N}(t), \cdots, \Psi_{LN}(t)), M_{\rho}^{wN}(t) = \mathrm{diag}(M_{1\rho}^{wN}(t), \cdots, M_{L\rho}^{wN}(t)),$$

$$K_{\rho}^{vN}(t) = \mathrm{diag}(K_{1\rho}^{vN}(t), \cdots, K_{L\rho}^{vN}(t)) \tag{7.96}$$

对式(7.95)应用 $\Delta P(t+1 \mid t) \geq 0$,$\Delta Q_a(t+\rho) \geq 0$ 和 $\Delta R_{\xi}(t+\rho) \geq 0$ 及引理5.2有 $\Delta P(t \mid t+N) \geq 0$,因此由式(7.90)有 $\Delta P_c(t \mid t+N) \geq 0$,再由式(7.84)及引理5.2有 $\Delta P_c^{\theta}(t \mid t+N) \geq 0$,即式(7.83)成立,这意味着 $P_c^{\theta}(t \mid t+N)$ 是 $\bar{P}^{\theta}(t \mid t+N)$ 的一个上界。

类似于定理 7.1 的证明,易证 $P_c^{\theta}(t \mid t+N)$ 是 $\bar{P}^{\theta}(t \mid t+N)$ 的最小上界。证毕。

称满足式(7.83)的公共状态的实际 Kalman 融合器(7.51)为鲁棒 Kalman 融合器。

7.2.4 精度分析

定理 7.4 对于带不确定方差线性相关白噪声的多模型多传感器系统(7.1)—(7.3),在假设 1—3 下,鲁棒局部和加权 Kalman 估值器的精度关系分别为

$$\mathrm{tr}\bar{P}_c^{\theta}(t \mid t+N) \leqslant \mathrm{tr}P_c^{\theta}(t \mid t+N), \theta=1,\cdots,L,m,s,d, N=-1, N \geqslant 0 \quad (7.97)$$

$$\mathrm{tr}P_c^{m}(t \mid t+N) \leqslant \mathrm{tr}P_c^{d}(t \mid t+N) \leqslant \mathrm{tr}P_c^{s}(t \mid t+N) \leqslant \mathrm{tr}P_c^{i}(t \mid t+N), i=1,\cdots,L \quad (7.98)$$

证明 对式(7.49)和式(7.83)做迹运算得精度关系式(7.97)。精度关系式(7.98)在文献[13]中已经证明。证毕。

注 7.2 鲁棒精度由不确定噪声方差和初始状态方差的保守上界决定,而实际精度与实际噪声方差和初始状态方差有关。鲁棒精度是最坏的实际精度。精度关系式(7.97)表明每个局部或者融合鲁棒估值器的实际精度高于鲁棒精度。精度关系式(7.98)表明,按矩阵加权融合器的鲁棒精度高于按对角阵加权融合器的鲁棒精度,按对角阵加权融合器的鲁棒精度高于按标量加权融合器的鲁棒精度,所有融合器的鲁棒精度高于每一个局部估值器的鲁棒精度。

7.2.5 局部和融合鲁棒稳态 Kalman 估值器及收敛性分析

通过对鲁棒时变 Kalman 估值器取极限可得到相应的鲁棒稳态 Kalman 估值器。对带常参数矩阵和常噪声方差的多模型不确定时不变多传感器(7.1)—(7.4),在假设 1—3 下,有常阵 $\boldsymbol{\Phi}_i, \boldsymbol{\Gamma}_i, H_i$ 和 D_i,且有常噪声统计 Q 和 $\bar{Q}$,Q_{e_i} 和 $\bar{Q}_{e_i}$,R_{ξ_i} 和 $\bar{R}_{\xi_i}$,S_{ij} 和 $\bar{S}_{ij}$,R_{vij} 和 $\bar{R}_{vij}$。

对于局部鲁棒时变 Kalman 预报器(7.13)—(7.17),分别用 $\boldsymbol{\Psi}_{pi}(t)$,$K_{pi}(t)$ 和 $P_i(t \mid t-1)$ 的极限值 $\boldsymbol{\Psi}_{pi}$,K_{pi} 和 $P_i(-1)$ 来取代它们,则得到如下的局部鲁棒稳态 Kalman 预报器。

定理 7.5 对带常参数阵和常噪声统计 Q,Q_{e_i} 和 $R_{\xi i}$ 的多模型时不变多传感器系统(7.1)—(7.4),在假设 1—3 下,且假设$(\boldsymbol{\Phi}_i, H_i)$是完全可检测对,$(\boldsymbol{\Phi}_i - \boldsymbol{\Gamma}_i S_i R_{vi}^{-1} H_i, \boldsymbol{\Gamma}_i G_i)$是完全能稳对,其中 $G_i G_i^{\mathrm{T}} = Q_i - S_i R_{vi}^{-1} S_i^{\mathrm{T}}$,则存在局部实际稳态 Kalman 一步预报器

$$\hat{x}_i^s(t+1 \mid t) = \boldsymbol{\Psi}_{pi} \hat{x}_i^s(t \mid t-1) + K_{pi} y_i(t), i=1,\cdots,L \quad (7.99)$$

$$\boldsymbol{\Psi}_{pi} = \boldsymbol{\Phi}_i - K_{pi} H_i \quad (7.100)$$

$$K_{pi} = (\boldsymbol{\Phi}_i P_i(-1) H_i^{\mathrm{T}} + \boldsymbol{\Gamma}_i S_i) Q_{\varepsilon i}^{-1} \quad (7.101)$$

$$Q_{\varepsilon i} = H_i P_i(-1) H_i^{\mathrm{T}} + R_{vi} \quad (7.102)$$

其中,$\boldsymbol{\Psi}_{pi}$ 为稳定矩阵,$y_i(t)$ 为实际观测,上标 s 表示"稳态"。局部保守稳态 Kalman 一步预报误差方差 $P_i(-1)$ 满足稳态 Riccati 方程

$$P_i(-1) = \boldsymbol{\Phi}_i P_i(-1) \boldsymbol{\Phi}_i^{\mathrm{T}} - [\boldsymbol{\Phi}_i P_i(-1) H_i^{\mathrm{T}} + \boldsymbol{\Gamma}_i S_i][H_i P_i(-1) H_i^{\mathrm{T}} + R_{vi}]^{-1} \times [\boldsymbol{\Phi}_i P_i(-1) H_i^{\mathrm{T}} + \boldsymbol{\Gamma}_i S_i]^{\mathrm{T}} + \boldsymbol{\Gamma}_i Q_i \boldsymbol{\Gamma}_i^{\mathrm{T}} \quad (7.103)$$

保守和实际稳态一步预报误差协方差阵 $\boldsymbol{\Sigma}_{ij}$ 和 $\bar{\boldsymbol{\Sigma}}_{ij}$ 分别满足 Lyapunov 方程

$$P_{ij}(-1) = \boldsymbol{\Psi}_{pi} P_{ij}(-1) \boldsymbol{\Psi}_{pj}^{\mathrm{T}} + (\boldsymbol{\Gamma}_i - K_{pi} D_i) Q_{ij} (\boldsymbol{\Gamma}_j - K_{pj} D_j)^{\mathrm{T}} + K_{pi} R_{\xi_i} K_{pj}^{\mathrm{T}} \delta_{ij}, i,j=1,\cdots,L \quad (7.104)$$

$$\bar{P}_{ij}(-1)=\Psi_{pi}\bar{P}_{ij}(-1)\Psi_{pj}^{\mathrm{T}}+(\Gamma_i-K_{pi}D_i)\bar{Q}_{ij}(\Gamma_j-K_{pj}D_j)^{\mathrm{T}}+K_{pi}\bar{R}_{\xi_i}K_{pj}^{\mathrm{T}}\delta_{ij} \tag{7.105}$$

其中,记 $P_i(-1)=P_{ii}(-1)$ 和 $\bar{P}_i(-1)=\bar{P}_{ii}(-1)$ 分别为保守和实际误差方差。

每一个实际局部稳态 Kalman 预报器(7.99)是鲁棒的,即对所有满足式(7.8)的容许的实际噪声方差,相应的实际稳态预报误差方差阵 $\bar{P}_i(-1)$ 有最小上界 $P_i(-1)$,即

$$\bar{P}_i(-1)\leqslant P_i(-1),i=1,\cdots,L \tag{7.106}$$

对上述时不变系统(7.1)—(7.4),在假设1—3下,局部时变 Riccati 方程式(7.17)的解为 $P_i(t\mid t-1)$,其中 $\Phi_i,\Gamma_i,H_i,S_i,R_{vi}$ 和 Q_i 均为常阵。我们有 $P_i(t\mid t-1)$ 收敛于局部稳态 Riccati 方程式(7.103)的解,即

$$P_i(t\mid t-1)\to P_i(-1),\ 当\ t\to\infty,i=1,\cdots,L \tag{7.107}$$

假设观测数据 $y_i(t)$ 是有界的,则鲁棒局部时变 Kalman 预报器(7.13)和鲁棒局部稳态 Kalman 预报器(7.99)彼此按实现收敛

$$[\hat{x}_i(t+1\mid t)-\hat{x}_i^s(t+1\mid t)]\to 0,\ 当\ t\to\infty,\ \text{i. a. r.} \tag{7.108}$$

其中,符号"i. a. r."表示按实现收敛[14]。

证明 应用动态误差系统分析(DESA)方法[14],完全类似于文献[15]中的证明,证略。

在局部鲁棒时变 Kalman 滤波器和平滑器(7.26)—(7.38)中,用 $P_i(t\mid t-1)$ 和 $\Psi_{pi}(t)$ 的极限 $P_i(-1)$ 和 Ψ_{pi} 取代它们,可以得到局部鲁棒稳态 Kalman 滤波器和平滑器 $\hat{x}_i^s(t\mid t+N)$ $(N\geqslant 0)$ 及其保守和实际稳态误差方差和互协方差 $P_i(N),\bar{P}_i(N),P_{ij}(N)$ 和 $\bar{P}_{ij}(N)$。应用动态方差误差系统分析(DVESA)方法[14],类似于文献[12]中定理7的证明,可以证明收敛性

$$P_{ij}(t\mid t+N)\to P_{ij}(N),\bar{P}_{ij}(t\mid t+N)\to\bar{P}_{ij}(N),\ 当\ t\to\infty,N=-1,N\geqslant 0 \tag{7.109}$$

且应用定理7.5,容易证明时变和稳态 Kalman 滤波器和平滑器按实现收敛

$$[\hat{x}_i(t\mid t+N)-\hat{x}_i^s(t\mid t+N)]\to 0,\ 当\ t\to\infty,\ \text{i. a. r.},\ i=1,\cdots,L,N\geqslant 0 \tag{7.110}$$

由式(7.51)—(7.83)给出的公共状态 $x_c(t)$ 的鲁棒加权融合时变 Kalman 估值器 $\hat{x}_c^{\theta}(t\mid t+N)$,可得对应的稳态 Kalman 估值器

$$\hat{x}_c^{\theta s}(t\mid t+N)=\sum_{i=1}^{L}\Omega_i^{\theta}(N)\hat{x}_{ci}^s(t\mid t+N),\theta=m,s,d,\text{CI},N=-1,N\geqslant 0 \tag{7.111}$$

$$\Omega_i^{\theta}(t\mid t+N)\to\Omega_i^{\theta}(N) \tag{7.112}$$

定理7.6 在定理7.5的假设条件下,公共状态 $x_c(t)$ 鲁棒时变和稳态融合 Kalman 估值器按实现收敛

$$[\hat{x}_c^{\theta}(t\mid t+N)-\hat{x}_c^{\theta s}(t\mid t+N)]\to 0,\ 当\ t\to\infty,\ \text{i. a. r.} \tag{7.113}$$

相应的估值误差方差收敛

$$P_c^{\theta}(t\mid t+N)\to P_c^{\theta}(N),\bar{P}_c^{\theta}(t\mid t+N)\to\bar{P}_c^{\theta}(N),\ 当\ t\to\infty \tag{7.114}$$

且鲁棒稳态 Kalman 融合器(7.111)是鲁棒的,即

$$\bar{P}_c^{\theta}(N)\leqslant P_c^{\theta}(N) \tag{7.115}$$

$P_c^{\theta}(N)$ 是 $\bar{P}_c^{\theta}(N)$ 的最小上界。

类似于文献[12]中的证明,证略。

注 7.3 当 $t\to\infty$ 时,对定理 7.3 和定理 7.4 取极限运算,保守和实际融合稳态误差方差阵为

$$P_c^\theta(N)=\Omega^\theta(N)P_c(N)\Omega^{\theta\mathrm{T}}(N),\theta=m,s,d \tag{7.116}$$

$$\bar{P}_c^\theta(N)=\Omega^\theta(N)\bar{P}_c(N)\Omega^{\theta\mathrm{T}}(N) \tag{7.117}$$

其中

$$P_c(N)=P_c^{ij}(N)_{nL\times nL} \tag{7.118}$$

$$\bar{P}_c(N)=\bar{P}_c^{ij}(N)_{nL\times nL} \tag{7.119}$$

局部和融合稳态鲁棒 Kalman 估值器存在鲁棒和实际精度关系

$$\mathrm{tr}\bar{P}_c^\theta(N)\leqslant \mathrm{tr}P_c^\theta(N),\theta=1,\cdots,L,m,s,d,N=-1,N\geqslant 0 \tag{7.120}$$

$$\mathrm{tr}P_c^m(N)\leqslant \mathrm{tr}P_c^d(N)\leqslant \mathrm{tr}P_c^s(N)\leqslant \mathrm{tr}P_c^i(N) \tag{7.121}$$

7.3 带乘性噪声多模型系统鲁棒加权状态融合器

本节对带不确定方差乘性和线性相关加性白噪声多模型多传感器系统,引入虚拟噪声后将原始系统转换为只带不确定虚拟噪声方差的系统。应用基于 Lyapunov 方程方法的极大极小鲁棒 Kalman 滤波方法,基于带虚拟噪声方差保守上界的最坏情形保守系统,作者提出了统一形式的公共状态的局部和四种加权状态融合极大极小鲁棒时变 Kalman 估值器[8],推广 7.2 节的结果到带不确定方差乘性噪声系统。

7.3.1 鲁棒局部时变 Kalman 预报器

考虑带不确定方差乘性和线性相关加性白噪声的线性离散时变多模型多传感器系统

$$x_i(t+1)=(\Phi_i(t)+\sum_{k=1}^{p_i}\xi_{ik}(t)\Phi_{ik}(t))x_i(t)+\Gamma_i(t)w_i(t) \tag{7.122}$$

$$y_i(t)=(H_i(t)+\sum_{s=1}^{q_i}\eta_{is}(t)H_{is}(t))x_i(t)+v_i(t),i=1,\cdots,L \tag{7.123}$$

$$v_i(t)=D_i(t)w_i(t)+\zeta_i(t),i=1,\cdots,L \tag{7.124}$$

$$x_i(t)=[x_c^{\mathrm{T}}(t),\beta_i^{\mathrm{T}}(t)]^{\mathrm{T}},w_i(t)=[w^{\mathrm{T}}(t),e_i^{\mathrm{T}}(t)]^{\mathrm{T}} \tag{7.125}$$

其中 $t\geqslant 0$ 表示离散时间,$x_i(t)\in R^{n_i}$,$y_i(t)\in R^{m_i}$,$w_i(t)\in R^{r_i}$ 和 $v_i(t)\in R^{m_i}$ 分别为第 i 个子系统的状态、观测、过程噪声和观测噪声。由式(7.124)知,加性噪声 $v_i(t)$ 和 $w_i(t)$ 是线性相关的。$\beta_i(t)\in R^{n_{\beta_i}}$ 和 $e_i(t)\in R^{r_{e_i}}$ 分别为子系统的不同状态和过程白噪声。称标量随机参数扰动 $\xi_{ik}(t)\in R^1$ 和 $\eta_{ik}(t)\in R^1$ 为乘性噪声或为状态相依噪声。$\Phi_i(t)$,$\Gamma_i(t)$ 和 $H_i(t)$ 分别为已知的状态阵、过程噪声转移阵和观测阵。$\Phi_{ik}(t)$ 和 $H_{is}(t)$ 是已知的随机参数扰动方位阵。$x_c(t)\in R^n$ 和 $w(t)\in R^r$ 分别为所有子系统的公共状态和公共过程白噪声。L, p_i 和 q_i 分别代表传感器和乘性噪声的个数。$i=1,\cdots,L,k=1,\cdots,p_i,s=1,\cdots,q_i$。由式(7.125),公共状态 $x_c(t)$ 和公共过程白噪声 $w(t)$ 亦可用下式分别表示

$$x_c(t)=C_{xi}x_i(t),C_{xi}=[I_n,0]_{n\times n_i},w(t)=C_{wi}w_i(t),C_{wi}=[I_r,0]_{r\times r_i} \tag{7.126}$$

它们分别表示第 i 个子系统的增广状态 $x_i(t)$ 和增广过程噪声 $w_i(t)$ 的首 n 个分量和首 r 个

分量。

假设4 $w(t), e_i(t), \zeta_i(t) \in R^{m_i}$，$\xi_{ik}(t)$ 和 $\eta_{is}(t)$ 是均值为零且互不相关的白噪声，它们的不确定实际方差分别为 $\bar{Q}(t), \bar{Q}_{e_i}(t), \bar{R}_{\zeta_i}(t), \bar{\sigma}^2_{\xi_{ik}}$ 和 $\bar{\sigma}^2_{\eta_{is}}$，即

$$\mathrm{E}\left\{\begin{bmatrix} w(t) \\ e_i(t) \\ \zeta_i(t) \\ \xi_{ik}(t) \\ \eta_{is}(t) \end{bmatrix}\begin{bmatrix} w(u) \\ e_j(u) \\ \zeta_j(u) \\ \xi_{jr}(u) \\ \eta_{jp}(u) \end{bmatrix}^{\mathrm{T}}\right\} = \begin{bmatrix} \bar{Q}(t) & 0 & 0 & 0 & 0 \\ 0 & \bar{Q}_{e_i}(t)\delta_{ij} & 0 & 0 & 0 \\ 0 & 0 & \bar{R}_{\zeta_i}(t)\delta_{ij} & 0 & 0 \\ 0 & 0 & 0 & \bar{\sigma}^2_{\xi_{ik}}\delta_{ij}\delta_{kr} & 0 \\ 0 & 0 & 0 & 0 & \bar{\sigma}^2_{\eta_{is}}\delta_{ij}\delta_{s\rho} \end{bmatrix}\delta_{tu} \tag{7.127}$$

假设5 初始状态 $x_i(0)$ 与所有噪声 $w(t), e_i(t), \zeta_i(t), \xi_{ik}(t)$ 和 $\eta_{is}(t)$ 都不相关，且已知均值 $\mathrm{E}[x_i(0)] = \mu_{i0}$，不确定实际方差为

$$\mathrm{E}[(x_i(0) - \mu_{i0})(x_i(0) - \mu_{i0})^{\mathrm{T}}] = \bar{P}_{i0}, i = 1, \cdots, L \tag{7.128}$$

假设6 $\bar{Q}(t), \bar{Q}_{e_i}(t), \bar{R}_{\zeta_i}(t), \bar{P}_0, \bar{\sigma}^2_{\xi_{ik}}$ 和 $\bar{\sigma}^2_{\eta_{is}}$ 的已知的保守上界分别为 $Q(t), Q_{e_i}(t), R_{\zeta_i}(t), P_0, \sigma^2_{\xi_{ik}}$ 和 $\sigma^2_{\eta_{is}}$，即

$$\bar{Q}(t) \leqslant Q(t), \bar{Q}_{e_i}(t) \leqslant Q_{e_i}(t), \bar{R}_{\zeta_i}(t) \leqslant R_{\zeta_i}(t), \bar{P}_{i0} \leqslant P_{i0}, \bar{\sigma}^2_{\xi_{ik}} \leqslant \sigma^2_{\xi_{ik}}, \bar{\sigma}^2_{\eta_{is}} \leqslant \sigma^2_{\eta_{is}} \tag{7.129}$$

应用式(7.124)和式(7.125)得到保守和实际的协方差与相关阵分别为

$$Q_{ij}(t) = \mathrm{E}[w_i(t)w_j^{\mathrm{T}}(t)] = \begin{bmatrix} Q(t) & 0 \\ 0 & Q_{e_i}(t)\delta_{ij} \end{bmatrix}_{r_i \times r_j}, Q_i(t) = Q_{ii}(t), i, j = 1, \cdots, L \tag{7.130}$$

$$S_{ij}(t) = \mathrm{E}[w_i(t)v_j^{\mathrm{T}}(t)] = Q_{ij}(t)D_j^{\mathrm{T}}(t), S_i(t) = S_{ii}(t) \tag{7.131}$$

$$R_{vij}(t) = \mathrm{E}[v_i(t)v_j^{\mathrm{T}}(t)] = D_i(t)Q_{ij}(t)D_j^{\mathrm{T}}(t) + R_{\zeta_i}(t)\delta_{ij}, R_{vi}(t) = R_{vii}(t) \tag{7.132}$$

$$\bar{Q}_{ij}(t) = \begin{bmatrix} \bar{Q}(t) & 0 \\ 0 & \bar{Q}_{e_i}(t)\delta_{ij} \end{bmatrix}_{r_i \times r_j}, \bar{Q}_i(t) = \bar{Q}_{ii}(t) \tag{7.133}$$

$$\bar{S}_{ij}(t) = \bar{Q}_{ij}(t)D_j^{\mathrm{T}}(t), \bar{S}_i(t) = \bar{S}_{ii}(t) \tag{7.134}$$

$$\bar{R}_{vij}(t) = D_i(t)Q_{ij}(t)D_j^{\mathrm{T}}(t) + \bar{R}_{\zeta_i}(t)\delta_{ij}, \bar{R}_{vi}(t) = \bar{R}_{vii}(t) \tag{7.135}$$

引入虚拟过程噪声 $w_{ai}(t)$，用来补偿式(7.122)中的乘性噪声项，则状态方程式(7.122)转换为

$$x_i(t+1) = \boldsymbol{\Phi}_i(t)x_i(t) + w_{ai}(t) \tag{7.136}$$

其中定义 $w_{ai}(t)$ 为

$$w_{ai}(t) = \sum_{k=1}^{p_i} \xi_{ik}(t)\boldsymbol{\Phi}_{ik}(t)x_i(t) + \boldsymbol{\Gamma}_i(t)w_i(t) \tag{7.137}$$

引入另外的虚拟观测噪声 $v_{ai}(t)$，用来补偿观测方程式(7.123)中的乘性噪声项，则式(7.123)可转换为

$$y_i(t) = H_i(t)x_i(t) + v_{ai}(t), i = 1, \cdots, L \tag{7.138}$$

其中定义 $v_{ai}(t)$ 为

$$v_{ai}(t)=\sum_{k=1}^{q_i}\eta_{ik}(t)H_{ik}(t)x_i(t)+v_i(t),i=1,\cdots,L \tag{7.139}$$

应用假设 4 和假设 5,易知虚拟噪声 $w_{ai}(t)$ 和 $v_{ai}(t)$ 均为零均值白噪声。

由式(7.122),对保守和实际系统状态 $x(t)$,有保守和实际系统非中心二阶矩 $X_i(t)$ 和 $\bar{X}_i(t)$ 分别满足广义 Lyapunov 方程

$$X_i(t+1)=\Phi_i(t)X_i(t)\Phi_i^{\mathrm{T}}(t)+\sum_{k=1}^{p_i}\sigma_{\xi_{ik}}^2\Phi_{ik}(t)X_i(t)\Phi_{ik}^{\mathrm{T}}(t)+\Gamma_i(t)Q_i(t)\Gamma_i^{\mathrm{T}}(t) \tag{7.140}$$

$$\bar{X}_i(t+1)=\Phi_i(t)\bar{X}_i(t)\Phi_i^{\mathrm{T}}(t)+\sum_{k=1}^{p_i}\bar{\sigma}_{\xi_{ik}}^2\Phi_{ik}(t)\bar{X}_i(t)\Phi_{ik}^{\mathrm{T}}(t)+\Gamma_i(t)\bar{Q}_i(t)\Gamma_i^{\mathrm{T}}(t) \tag{7.141}$$

其中,由式(7.128),保守和实际的非中心二阶矩初值分别为

$$X_i(0)=P_{i0}+\mu_{i0}\mu_{i0}^{\mathrm{T}} \tag{7.142}$$

$$\bar{X}_i(0)=\bar{P}_{i0}+\mu_{i0}\mu_{i0}^{\mathrm{T}} \tag{7.143}$$

虚拟噪声 $w_{ai}(t)$ 的保守和实际互协方差 $\mathrm{E}[w_{ai}(t)w_{aj}^{\mathrm{T}}(t)]$ 与方差分别为

$$Q_{aij}(t)=\sum_{k=1}^{p_i}\sigma_{\xi_{ik}}^2\Phi_{ik}(t)X_i(t)\Phi_{ik}^{\mathrm{T}}(t)\delta_{ij}+\Gamma_i(t)Q_{ij}(t)\Gamma_j^{\mathrm{T}}(t),Q_{ai}(t)=Q_{aii}(t) \tag{7.144}$$

$$\bar{Q}_{aij}(t)=\sum_{k=1}^{p_i}\bar{\sigma}_{\xi_{ik}}^2\Phi_{ik}(t)\bar{X}_i(t)\Phi_{ik}^{\mathrm{T}}(t)\delta_{ij}+\Gamma_i(t)\bar{Q}_{ij}(t)\Gamma_j^{\mathrm{T}}(t),\bar{Q}_{ai}(t)=\bar{Q}_{aii}(t) \tag{7.145}$$

虚拟噪声 $v_{ai}(t)$ 的保守和实际互协方差 $\mathrm{E}[v_{ai}(t)v_{aj}^{\mathrm{T}}(t)]$ 与方差分别为

$$R_{aij}(t)=\sum_{k=1}^{q_i}\sigma_{\eta_{ik}}^2H_{ik}(t)X_i(t)H_{ik}^{\mathrm{T}}(t)\delta_{ij}+R_{vij}(t),R_{ai}(t)=R_{aii}(t) \tag{7.146}$$

$$\bar{R}_{aij}(t)=\sum_{k=1}^{q_i}\bar{\sigma}_{\eta_{ik}}^2H_{ik}(t)\bar{X}_i(t)H_{ik}^{\mathrm{T}}(t)\delta_{ij}+\bar{R}_{vij}(t),\bar{R}_{ai}(t)=\bar{R}_{aii}(t) \tag{7.147}$$

应用式(7.137) 和式(7.139),虚拟噪声 $w_{ai}(t)$ 和 $v_{ai}(t)$ 的保守和实际互协方差 $\mathrm{E}[w_{ai}(t)v_{aj}^{\mathrm{T}}(t)]$ 分别为

$$S_{aij}(t)=\Gamma_i(t)Q_{ij}(t)D_j^{\mathrm{T}}(t),S_{ai}(t)=S_{aii}(t) \tag{7.148}$$

$$\bar{S}_{aij}(t)=\Gamma_i(t)\bar{Q}_{ij}(t)D_j^{\mathrm{T}}(t),\bar{S}_{ai}(t)=\bar{S}_{aii}(t) \tag{7.149}$$

引理 7.2 $Q_{ai}(t)$ 和 $R_{ai}(t)$ 分别是 $\bar{Q}_{ai}(t)$ 和 $\bar{R}_{ai}(t)$ 的保守上界,即

$$\bar{Q}_{ai}(t)\leqslant Q_{ai}(t),\bar{R}_{ai}(t)\leqslant R_{ai}(t),i=1,\cdots,L \tag{7.150}$$

证明 定义 $\Delta Q_{ai}(t)=Q_{ai}(t)-\bar{Q}_{ai}(t)$,$\Delta Q_i(t)=Q_i(t)-\bar{Q}_i(t)$,$\Delta X_i(t)=X_i(t)-\bar{X}_i(t)$,$\Delta\sigma_{\xi_{ik}}^2=\sigma_{\xi_{ik}}^2-\bar{\sigma}_{\xi_{ik}}^2$,用式(7.144) 减去式(7.145) 得

$$\Delta Q_{ai}(t)=\sum_{k=1}^{p_i}\bar{\sigma}_{\xi_{ik}}^2\Phi_{ik}\Delta X_i(t)\Phi_{ik}^{\mathrm{T}}+\sum_{k=1}^{p_i}\Delta\sigma_{\xi_{ik}}^2\Phi_{ik}X_i(t)\Phi_{ik}^{\mathrm{T}}+\Gamma_i(t)\Delta Q_i(t)\Gamma_i^{\mathrm{T}}(t) \tag{7.151}$$

由式(7.130) 和式(7.133) 得

$$\Delta Q_i(t)=\begin{bmatrix} Q(t)-\bar{Q}(t) & 0 \\ 0 & Q_{e_i}(t)-\bar{Q}_{e_i}(t)\end{bmatrix}_{r_i\times r_i} \tag{7.152}$$

由式(7.129)和引理5.4有

$$\Delta Q_i(t)\geqslant 0 \tag{7.153}$$

用式(7.140)减去式(7.141)得到Lyapunov方程

$$\Delta X_i(t+1)=\Phi_i(t)\Delta X_i(t)\Phi_i^{\mathrm{T}}(t)+\sum_{k=1}^{p_i}\bar{\sigma}_{\xi_{ik}}^2\Phi_{ik}(t)\Delta X_i(t)\Phi_{ik}^{\mathrm{T}}(t)+$$
$$\sum_{k=1}^{p_i}\Delta\sigma_{\xi_{ik}}^2\Phi_{ik}(t)X_i(t)\Phi_{ik}^{\mathrm{T}}(t)+\Gamma_i(t)\Delta Q_i(t)\Gamma_i^{\mathrm{T}}(t) \tag{7.154}$$

由式(7.142)和式(7.143)有$X_i(0)\geqslant 0,\bar{X}_i(0)\geqslant 0$,进而由式(7.140)和式(7.141)递推引出$X_i(t)\geqslant 0,\bar{X}_i(t)\geqslant 0,\forall t$。这引出$\Phi_{ik}(t)X_i(t)\Phi_{ik}^{\mathrm{T}}(t)\geqslant 0$。

由式(7.129)有$\Delta\sigma_{\xi_{ik}}^2(t)\geqslant 0$,应用式(7.153)得$\Gamma_i(t)\Delta Q_i(t)\Gamma_i^{\mathrm{T}}(t)\geqslant 0$。用式(7.142)减去式(7.143)且由式(7.129)有$\Delta X_i(0)=P_{i0}-\bar{P}_{i0}\geqslant 0$。所以,应用数学归纳法,式(7.154)对于任意$t\geqslant 0$都有

$$\Delta X_i(t)\geqslant 0 \tag{7.155}$$

所以,由式(7.151)、式(7.153)和式(7.155)得到$\Delta Q_{ai}(t)\geqslant 0$,即

$$\bar{Q}_{ai}(t)\leqslant Q_{ai}(t) \tag{7.156}$$

用式(7.146)减去式(7.147)有

$$\Delta R_{ai}(t)=\sum_{k=1}^{q_i}\left(\bar{\sigma}_{\eta_{ik}}^2H_{ik}(t)\Delta X_i(t)H_{ik}^{\mathrm{T}}(t)+\Delta\sigma_{\eta_{ik}}^2H_{ik}(t)X_i(t)H_{ik}^{\mathrm{T}}(t)\right)+\Delta R_{vi}(t) \tag{7.157}$$

定义$\Delta R_{vi}(t)=R_{vi}(t)-\bar{R}_{vi}(t)$和$\Delta R_{\zeta_i}(t)=R_{\zeta_i}(t)-\bar{R}_{\zeta_i}(t)$,由式(7.132)和式(7.135)有

$$\Delta R_{vi}(t)=D_i(t)\Delta Q_i(t)D_i^{\mathrm{T}}(t)+\Delta R_{\zeta_i}(t) \tag{7.158}$$

应用式(7.129)和式(7.153)得

$$\Delta R_{vi}(t)\geqslant 0 \tag{7.159}$$

类似地,由式(7.155)和式(7.157)得$\Delta R_{ai}(t)\geqslant 0$,即

$$\bar{R}_{ai}(t)\leqslant R_{ai}(t) \tag{7.160}$$

证毕。

定义增广虚拟噪声$\lambda_i(t)=\begin{bmatrix} w_{ai}(t)\\ v_{ai}(t)\end{bmatrix}$,则保守和实际互协方差分别为

$$\Lambda_{ij}(t)=\begin{bmatrix} Q_{aij}(t) & S_{aij}(t)\\ S_{aji}^{\mathrm{T}}(t) & R_{aij}(t)\end{bmatrix},\bar{\Lambda}_{ij}(t)=\begin{bmatrix} \bar{Q}_{aij}(t) & \bar{S}_{aij}(t)\\ \bar{S}_{aji}^{\mathrm{T}}(t) & \bar{R}_{aij}(t)\end{bmatrix} \tag{7.161}$$

且定义保守和实际方差分别为$\Lambda_i(t)=\Lambda_{ii}(t),\bar{\Lambda}_i(t)=\bar{\Lambda}_{ii}(t)$。

引理7.3 对于所有满足式(7.129)的容许的实际方差,有

$$\bar{\Lambda}_i(t)\leqslant\Lambda_i(t) \tag{7.162}$$

证明 定义$\Delta\Lambda_i(t)=\Lambda_i(t)-\bar{\Lambda}_i(t)$,由式(7.132)、式(7.145)—(7.149)和式(7.161)有

$$\Delta\Lambda_i(t)=\left[\begin{array}{c:c}\sum_{k=1}^{p_i}(\bar{\sigma}_{\xi_{ik}}^2\Phi_{ik}(t)\Delta X_i(t)\Phi_{ik}^{\mathrm{T}}(t)+ & \\ \Delta\sigma_{\xi_{ik}}^2\Phi_{ik}(t)X_i(t)\Phi_{ik}^{\mathrm{T}}(t))+ & \Gamma_i(t)\Delta Q_i(t)D_i^{\mathrm{T}}(t) \\ \Gamma_i(t)\Delta Q_i(t)\Gamma_i^{\mathrm{T}}(t) & \\ \hdashline & \sum_{k=1}^{q_i}(\bar{\sigma}_{\eta_{ik}}^2 H_{ik}(t)\Delta X_i(t)H_{ik}^{\mathrm{T}}(t)+ \\ D_i(t)\Delta Q_i(t)\Gamma_i^{\mathrm{T}}(t) & \Delta\sigma_{\eta_{ik}}^2 H_{ik}(t)X_i(t)H_{ik}^{\mathrm{T}}(t))+ \\ & D_i(t)\Delta Q_i(t)D_i^{\mathrm{T}}(t)+\Delta R_{\zeta_i}(t)\end{array}\right] \tag{7.163}$$

$\Delta\Lambda_i(t)$ 可以被分解成 $\Delta\Lambda_i(t)=\Delta\Lambda_i^{(1)}(t)+\Delta\Lambda_i^{(2)}(t)+\Delta\Lambda_i^{(3)}(t)$，其中

$$\Delta\Lambda_i^{(1)}(t)=\left[\begin{array}{c:c}\sum_{k=1}^{p_i}(\bar{\sigma}_{\xi_{ik}}^2\Phi_{ik}(t)\Delta X_i(t)\Phi_{ik}^{\mathrm{T}}(t)+ & 0 \\ \Delta\sigma_{\xi_{ik}}^2\Phi_{ik}(t)\bar{X}_i(t)\Phi_{ik}^{\mathrm{T}}(t)) & \\ \hdashline & \sum_{k=1}^{q_i}(\bar{\sigma}_{\eta_{ik}}^2 H_{ik}(t)\Delta X_i(t)H_{ik}^{\mathrm{T}}(t)+ \\ 0 & \Delta\sigma_{\eta_{ik}}^2 H_{ik}(t)X_i(t)H_{ik}^{\mathrm{T}}(t))\end{array}\right]$$

$$\Delta\Lambda_i^{(2)}(t)=\begin{bmatrix}\Gamma_i(t)\Delta Q_i(t)\Gamma_i^{\mathrm{T}}(t) & \Gamma_i(t)\Delta Q_i(t)D_i^{\mathrm{T}}(t)\\ D_i(t)\Delta Q_i(t)\Gamma_i^{\mathrm{T}}(t) & D_i(t)\Delta Q_i(t)D_i^{\mathrm{T}}(t)\end{bmatrix},\Delta\Lambda_i^{(3)}(t)=\begin{bmatrix}0 & 0\\ 0 & \Delta R_{\zeta_i}(t)\end{bmatrix}$$

显而易见 $\sum_{k=1}^{p_i}\bar{\sigma}_{\xi_{ik}}^2\Phi_{ik}(t)\Delta X_i(t)\Phi_{ik}^{\mathrm{T}}(t)\geqslant 0$，$\sum_{k=1}^{p_i}\Delta\sigma_{\xi_{ik}}^2\Phi_{ik}(t)X_i(t)\Phi_{ik}^{\mathrm{T}}(t)\geqslant 0$，$\sum_{k=1}^{q_i}\bar{\sigma}_{\eta_{ik}}^2 H_{ik}(t)\Delta X_i(t)H_{ik}^{\mathrm{T}}(t)\geqslant 0$，$\sum_{k=1}^{q_i}\Delta\sigma_{\eta_{ik}}^2 H_{ik}(t)X_i(t)H_{ik}^{\mathrm{T}}(t)\geqslant 0$。则应用引理 5.4 有

$$\Delta\Lambda_i^{(1)}(t)\geqslant 0 \tag{7.164}$$

$\Delta\Lambda_i^{(2)}(t)$ 可分解为 $\Delta\Lambda_i^{(2)}(t)=\Gamma_\Lambda^{(i)}(t)Q_\Lambda^{(i)}(t)\Gamma_\Lambda^{(i)\mathrm{T}}(t)$，其中 $\Gamma_\Lambda^{(i)}(t)=\begin{bmatrix}\Gamma_i(t) & 0\\ 0 & D_i(t)\end{bmatrix}$，$Q_\Lambda^{(i)}(t)=\begin{bmatrix}\Delta Q_i(t) & \Delta Q_i(t)\\ \Delta Q_i(t) & \Delta Q_i(t)\end{bmatrix}$。由式(7.153)和引理5.3有 $Q_\Lambda^{(i)}(t)\geqslant 0$。应用引理5.2有

$$\Delta\Lambda_i^{(2)}(t)\geqslant 0 \tag{7.165}$$

应用式(7.129)和引理5.4得

$$\Delta\Lambda_i^{(3)}(t)\geqslant 0 \tag{7.166}$$

所以有

$$\Delta\Lambda_i(t)\geqslant 0 \tag{7.167}$$

即式(7.162)成立。证毕。

根据极大极小鲁棒估计原理，对于带噪声方差保守上界 $Q_{ai}(t)$ 和 $R_{ai}(t)$（最大方差）的最坏情形系统(7.136)和(7.138)，设计最优（最小方差）的 Kalman 估值器将得到极大极小鲁棒 Kalman 估值器。保守局部最小方差 Kalman 预报器为

$$\hat{x}_i(t+1|t)=\Psi_{pi}(t)\hat{x}_i(t|t-1)+K_{pi}(t)y_i(t),i=1,\cdots,L \tag{7.168}$$

$$\Psi_{pi}(t)=\Phi_i(t)-K_{pi}(t)H_i(t) \tag{7.169}$$

$$K_{pi}(t)=[\Phi_i(t)P_i(t|t-1)H_i^{\mathrm{T}}(t)+S_{ai}(t)]Q_{\varepsilon i}^{-1}(t) \tag{7.170}$$

$$Q_{\varepsilon i}(t)=H_i(t)P_i(t|t-1)H_i^{\mathrm{T}}(t)+R_{ai}(t) \tag{7.171}$$

保守局部预报误差方差 $P_i(t+1|t)$ 满足 Riccati 方程

$$\begin{aligned}P_i(t+1|t)=&\Phi_i(t)P_i(t|t-1)\Phi_i^{\mathrm{T}}(t)-[\Phi_i(t)P_i(t|t-1)H_i^{\mathrm{T}}(t)+S_{ai}(t)]\times\\&[H_i(t)P_i(t|t-1)H_i^{\mathrm{T}}(t)+R_{ai}(t)]^{-1}\times\\&[\Phi_i(t)P_i(t|t-1)H_i^{\mathrm{T}}(t)+S_{ai}(t)]^{\mathrm{T}}+Q_{ai}(t)\end{aligned} \tag{7.172}$$

其中，保守的初值为

$$\hat{x}_i(1|0)=\mu_{i0},P_i(1|0)=P_{i0} \tag{7.173}$$

定义保守的局部 Kalman 预报误差 $\tilde{x}_i(t+1|t)=x_i(t+1)-\hat{x}_i(t+1|t)$，$x_i(t+1)$ 为保守状态方程式(7.136)，$\hat{x}_i(t+1|t)$ 是保守 Kalman 预报器(7.168)。由式(7.136)、式(7.138)、式(7.168)和式(7.169)可得保守预报误差系统

$$\tilde{x}_i(t+1|t)=\Psi_{pi}(t)\tilde{x}_i(t|t-1)+[I_n,-K_{pi}(t)]\lambda_i(t) \tag{7.174}$$

其中，定义 $\lambda_i(t)=[w_{ai}^{\mathrm{T}}(t),v_{ai}^{\mathrm{T}}(t)]^{\mathrm{T}}$。用实际的观测 $y_i(t)$ 代替保守的观测 $y_i(t)$ 得到实际局部稳态 Kalman 预报器(7.168)。实际的预报误差系统 $\tilde{x}_i(t+1|t)=x_i(t+1)-\hat{x}_i(t+1|t)$ 可由实际状态 $x_i(t)$ 和实际 Kalman 预报器 $\hat{x}_i(t+1|t)$ 得到，且也满足式(7.174)。所以，应用式(7.161)和式(7.174)得到保守的和实际的局部预报误差互协方差分别满足 Lyapunov 方程

$$P_{ij}(t+1|t)=\Psi_{pi}(t)P_{ij}(t|t-1)\Psi_{pj}^{\mathrm{T}}(t)+[I_n,-K_{pi}(t)]\Lambda_{ij}(t)\begin{bmatrix}I_n\\-K_{pj}^{\mathrm{T}}(t)\end{bmatrix} \tag{7.175}$$

$$\bar{P}_{ij}(t+1|t)=\Psi_{pi}(t)\bar{P}_{ij}(t|t-1)\Psi_{pj}^{\mathrm{T}}(t)+[I_n,-K_{pi}(t)]\bar{\Lambda}_{ij}(t)\begin{bmatrix}I_n\\-K_{pj}^{\mathrm{T}}(t)\end{bmatrix} \tag{7.176}$$

保守的和实际的初值分别规定为

$$P_{ij}(1|0)=P_{i0}\delta_{ij} \tag{7.177}$$

$$\bar{P}_{ij}(1|0)=\bar{P}_{i0}\delta_{ij} \tag{7.178}$$

我们定义保守和实际误差方差 $P_i(t+1|t)=P_{ii}(t+1|t)$，$\bar{P}_i(t+1|t)=\bar{P}_{ii}(t+1|t)$。

定理 7.7 对于多模型不确定系统(7.122)—(7.125)，在假设 4—6 下，每一个实际局部时变 Kalman 预报器(7.168)是鲁棒的，即对所有满足式(7.129)的容许的实际噪声方差，相应的实际预报误差方差阵 $\bar{P}_i(t+1|t)$ 有最小上界 $P_i(t+1|t)$，即

$$\bar{P}_i(t+1|t)\leqslant P_i(t+1|t),i=1,\cdots,L,t>0 \tag{7.179}$$

证明 定义 $\Delta P_i(t+1|t)=P_i(t+1|t)-\bar{P}_i(t+1|t)$，由式(7.175)和式(7.176)得 Lyapunov 方程

$$\Delta P_i(t+1\mid t)=\Psi_{pi}(t)\Delta P_i(t+1\mid t)\Psi_{pi}^{\mathrm{T}}(t)+\Delta_f^i(t) \tag{7.180}$$

其中,$\Delta_f^i(t)=[I_n,-K_{pi}(t)]\Delta\Lambda_i(t)[I_n,-K_{pi}(t)]^{\mathrm{T}}$。由式(7.167)和引理5.2有$\Delta_f^i(t)\geqslant 0$。用式(7.177)减去式(7.178)有方差初值

$$\Delta P_i(1\mid 0)=P_{i0}-\bar{P}_{i0}\geqslant 0 \tag{7.181}$$

应用数学归纳法,由式(7.180)和式(7.181),对任意时刻$t\geqslant 0$,递推可得$\Delta P_i(t+1\mid t)\geqslant 0$,即式(7.179)成立。这意味着$P_i(t+1\mid t)$是$\bar{P}_i(t+1\mid t)$的一个上界。类似于定理5.1的证明,容易证明$P_i(t+1\mid t)$是$\bar{P}_i(t+1\mid t)$的最小上界。证毕。

我们称满足式(7.179)的实际局部Kalman预报器为鲁棒局部Kalman预报器。

7.3.2 鲁棒局部时变 Kalman 滤波器和平滑器

接下来基于鲁棒局部Kalman预报器设计鲁棒局部Kalman滤波器和平滑器。

定理7.8 对于带不确定噪声线性相关白噪声的多模型系统(7.122)—(7.125),在假设4—6下,保守或实际局部Kalman滤波器($N=0$)和平滑器($N>0$)为

$$\hat{x}_i(t\mid t+N)=\hat{x}_i(t\mid t-1)+\sum_{k=0}^{N}K_i(t\mid t+k)\varepsilon_i(t+k),N\geqslant 0,i=1,\cdots,L \tag{7.182}$$

$$\varepsilon_i(t)=y_i(t)-H_i(t)\hat{x}_i(t\mid t-1) \tag{7.183}$$

平滑和滤波增益为

$$K_i(t\mid t+k)=P_i(t\mid t-1)\left\{\prod_{j=0}^{k-1}\Psi_{pi}^{\mathrm{T}}(t+j)\right\}H_i^{\mathrm{T}}(t+k)Q_{\varepsilon i}^{-1}(t+k),k>0 \tag{7.184}$$

$$K_{fi}(t)=K_i(t\mid t)=P_i(t\mid t-1)H_i^{\mathrm{T}}(t)Q_{\varepsilon i}^{-1}(t) \tag{7.185}$$

保守估值误差方差为

$$P_i(t\mid t+N)=P_i(t\mid t-1)-\sum_{k=0}^{N}K_i(t\mid t+k)Q_{\varepsilon i}(t+k)K_i^{\mathrm{T}}(t\mid t+k) \tag{7.186}$$

其中$\hat{x}_i(t\mid t-1)$,$\Psi_{pi}(t)$,$Q_{\varepsilon i}(t)$和$P_i(t\mid t-1)$分别由式(7.168)—(7.172)给出,且$\hat{x}_i(t\mid t-1)$是带保守或实际观测$y_i(t)$的保守或实际Kalman预报器。

保守和实际估值误差互协方差和方差分别为

$$P_{ij}(t\mid t+N)=\Psi_{iN}(t)P_{ij}(t\mid t-1)\Psi_{jN}^{\mathrm{T}}(t)+\sum_{\rho=0}^{N}[K_{i\rho}^{wN}(t),K_{i\rho}^{vN}(t)]\Lambda_{ij}(t+\rho)\begin{bmatrix}K_{j\rho}^{wN\mathrm{T}}(t)\\K_{j\rho}^{vN\mathrm{T}}(t)\end{bmatrix} \tag{7.187}$$

$$\bar{P}_{ij}(t\mid t+N)=\Psi_{iN}(t)\bar{P}_{ij}(t\mid t-1)\Psi_{jN}^{\mathrm{T}}(t)+\sum_{\rho=0}^{N}[K_{i\rho}^{wN}(t),K_{i\rho}^{vN}(t)]\bar{\Lambda}_{ij}(t+\rho)\begin{bmatrix}K_{j\rho}^{wN\mathrm{T}}(t)\\K_{j\rho}^{vN\mathrm{T}}(t)\end{bmatrix} \tag{7.188}$$

$$P_i(t\mid t+N)=P_{ii}(t\mid t+N),\bar{P}_i(t\mid t+N)=\bar{P}_{ii}(t\mid t+N) \tag{7.189}$$

当$N>0$时,定义

$$\Psi_{iN}(t)=I_n-\sum_{k=0}^{N}K_i(t\mid t+k)H_i(t+k)\Psi_{pi}(t+k,t) \tag{7.190}$$

$$\Psi_{pi}(t+k,t)=\Psi_{pi}(t+k-1)\cdots\Psi_{pi}(t),\Psi_{pi}(t,t)=I_n \tag{7.191}$$

$$K_{i\rho}^{wN}(t) = -\sum_{k=\rho+1}^{N} K_i(t \mid t+k)H_i(t+k)\Psi_{pi}(t+k,t+\rho+1), \rho = 0,\cdots,N-1, K_{iN}^{wN}(t) = 0 \tag{7.192}$$

$$K_{i\rho}^{vN}(t) = \sum_{k=\rho+1}^{N} K_i(t \mid t+k)H_i(t+k)\Psi_{pi}(t+k,t+\rho+1)K_{pi}(t+\rho) - K_i(t \mid t+\rho),$$
$$\rho = 0,\cdots,N-1, K_{iN}^{vN}(t) = -K_i(t \mid t+N) \tag{7.193}$$

当 $N=0$ 时,定义 $K_{i0}^{w0}(t)=0, K_{i0}^{v0}(t)=-K_i(t \mid t)$。

每个实际 Kalman 滤波器($N=0$) 或者平滑器($N>0$) 是鲁棒的,即对所有满足式(7.129) 的容许的实际噪声方差,相应的实际估值误差方差阵 $\bar{P}_i(t \mid t+N)$ 有最小上界 $P_i(t \mid t+N)$, 即

$$\bar{P}_i(t \mid t+N) \leqslant P_i(t \mid t+N) \tag{7.194}$$

证明 由式(7.136)、式(7.182) 和式(7.183),误差 $\tilde{x}_i(t \mid t+N)$ 为[16]

$$\tilde{x}_i(t \mid t+N) = \Psi_{iN}(t)\tilde{x}_i(t \mid t-1) + \sum_{\rho=0}^{N} K_{i\rho}^{wN}(t)w_{ai}(t+\rho) + \sum_{\rho=0}^{N} K_{i\rho}^{vN}(t)v_{ai}(t+\rho) \tag{7.195}$$

其中,$\Psi_{iN}(t)$,$K_{i\rho}^{wN}(t)$ 和 $K_{i\rho}^{vN}(t)$ 由式(7.190)—(7.193) 定义。当 $N \geqslant 0$ 时,用式(7.187) 减去式(7.188) 得到

$$\Delta P_i(t \mid t+N) = \Delta P_{ii}(t \mid t+N) = P_i(t \mid t+N) - \bar{P}_i(t \mid t+N) =$$
$$\Psi_{iN}(t)\Delta P_i(t \mid t-1)\Psi_{iN}^{\mathrm{T}}(t) + \Delta_i(t) \tag{7.196}$$

其中,$\Delta_i(t) = \sum_{\rho=0}^{N} [K_{i\rho}^{wN}(t), K_{i\rho}^{vN}(t)]\Delta\Lambda_i(t)\begin{bmatrix} K_{i\rho}^{wN\mathrm{T}}(t) \\ K_{i\rho}^{vN\mathrm{T}}(t) \end{bmatrix}$。对式(7.196) 应用式(7.162) 和式(7.179),根据引理 5.2 有 $\Delta P_i(t \mid t+N) \geqslant 0$,即当 $N \geqslant 0$ 时,鲁棒性(7.194) 成立,这表明 $P_i(t \mid t+N)$ 是 $\bar{P}_i(t \mid t+N)$ 的上界。类似于定理 5.1 的证明,我们很容易证明 $P_i(t \mid t+N)$ 是 $\bar{P}_i(t \mid t+N)$ 的最小上界。证毕。

我们称满足式(7.194) 的实际局部 Kalman 滤波器或者平滑器为鲁棒局部滤波器或者平滑器。

推论 7.3 在定理 7.8 中,取特例 $N=0$,得到鲁棒 Kalman 滤波器

$$\hat{x}_i(t \mid t) = \hat{x}_i(t \mid t-1) + K_{fi}(t)\varepsilon_i(t) \tag{7.197}$$

保守和实际误差方差分别为

$$P_{ij}(t \mid t) = [I_n - K_{fi}(t)H_i(t)]P_{ij}(t \mid t-1)[I_n - K_{fj}(t)H_j(t)]^{\mathrm{T}} + K_{fi}(t)R_{aij}(t)K_{fj}^{\mathrm{T}}(t) \tag{7.198}$$

$$\bar{P}_{ij}(t \mid t) = [I_n - K_{fi}(t)H_i(t)]\bar{P}_{ij}(t \mid t-1)[I_n - K_{fj}(t)H_j(t)]^{\mathrm{T}} + K_{fi}(t)\bar{R}_{aij}(t)K_{fj}^{\mathrm{T}}(t) \tag{7.199}$$

其中,$K_{fi}(t)$ 由式(7.185) 给出。

证明 在式(7.182) 中取 $N=0$ 并应用式(7.185) 得式(7.197)。应用式(7.136)、式(7.138)、式(7.183) 和式(7.197) 得到滤波误差

$$\tilde{x}_i(t \mid t) = [I_n - K_{fi}(t)H_i(t)]\tilde{x}_i(t \mid t-1) - K_{fi}(t)v_{ai}(t) \tag{7.200}$$

应用式(7.200) 直接得到式(7.198) 和式(7.199)。证毕。

推论 7.4 在定理 7.8 中，公共状态 $x_c(t)$ 的鲁棒局部 Kalman 估值器为

$$\hat{x}_{ci}(t \mid t+N) = C_{xi}\hat{x}_i(t \mid t+N), C_{xi} = [I_n, 0], N = -1, N = 0, N > 0, i = 1, \cdots, L \tag{7.201}$$

对应的保守和实际协方差和方差分别为

$$P_c^{ij}(t \mid t+N) = C_{xi}P_{ij}(t \mid t+N)C_{xj}^{\mathrm{T}}, \bar{P}_c^{ij}(t \mid t+N) = C_{xi}\bar{P}_{ij}(t \mid t+N)C_{xj}^{\mathrm{T}},$$
$$P_c^i(t \mid t+N) = P_c^{ii}(t \mid t+N), \bar{P}_c^i(t \mid t+N) = \bar{P}_c^{ii}(t \mid t+N) \tag{7.202}$$

且存在鲁棒性

$$\bar{P}_c^i(t \mid t+N) \leqslant P_c^i(t \mid t+N), i = 1, \cdots, L \tag{7.203}$$

与推论 7.2 证明类似，证略。

7.3.3 公共状态的加权状态融合鲁棒时变 Kalman 估值器

根据极大极小鲁棒估计原理，基于带不确定噪声方差保守上界和初值方差的最坏情形系统(7.122)—(7.125)，设计的最小方差加权融合器为鲁棒加权融合器，即极大极小鲁棒融合器。

对公共状态 $x_c(t)$ 的四种实际最小方差加权融合 Kalman 估值器的统一形式为[16]

$$\hat{x}_c^{\theta}(t \mid t+N) = \sum_{i=1}^{L} \Omega_i^{\theta}(t \mid t+N)\hat{x}_{ci}(t \mid t+N), \theta = m, s, d, \mathrm{CI} \tag{7.204}$$

无偏性约束条件

$$\sum_{i=1}^{L} \Omega_i^{\theta}(t \mid t+N) = I_n \tag{7.205}$$

其中，$\theta = m, s, d, \mathrm{CI}$ 分别表示按矩阵、标量、对角阵加权融合器和改进的 CI 融合器，$\hat{x}_{ci}(t \mid t+N)$ 为公共状态 $x_c(t)$ 的局部鲁棒 Kalman 估值器。

根据最小方差最优融合原则，应用定理 2.12—2.14，最优加权如下：

最优矩阵权为

$$[\Omega_1^m(t \mid t+N), \cdots, \Omega_L^m(t \mid t+N)] = (e^{\mathrm{T}}P_c^{-1}(t \mid t+N)e)^{-1}e^{\mathrm{T}}P_c^{-1}(t \mid t+N) \tag{7.206}$$

其中，$e^{\mathrm{T}} = [I_n, \cdots, I_n]$，且

$$P_c(t \mid t+N) = (P_c^{ij}(t \mid t+N))_{nL \times nL} \tag{7.207}$$

按矩阵加权保守融合误差方差矩阵

$$P_c^m(t \mid t+N) = (e^{\mathrm{T}}P_c^{-1}(t \mid t+N)e)^{-1} \tag{7.208}$$

最优标量权为

$$\Omega_i^s(t \mid t+N) = \omega_i(t \mid t+N)I_n, i = 1, \cdots, L \tag{7.209}$$

$$[\omega_1(t \mid t+N), \cdots, \omega_L(t \mid t+N)] = (e^{\mathrm{T}}P_{\mathrm{trc}}^{-1}(t \mid t+N)e)^{-1}e^{\mathrm{T}}P_{\mathrm{trc}}^{-1}(t \mid t+N) \tag{7.210}$$

其中，$e^{\mathrm{T}} = [1, \cdots, 1]$，且

$$P_{\mathrm{trc}}(t \mid t+N) = (\mathrm{tr}P_c^{ij}(t \mid t+N))_{L \times L} \tag{7.211}$$

按标量加权保守融合误差方差矩阵

$$P_c^s(t \mid t+N) = \sum_{i=1}^{L}\sum_{j=1}^{L} \omega_i(t \mid t+N)\omega_j(t \mid t+N)P_c^{ij}(t \mid t+N) \tag{7.212}$$

最优对角阵权为

$$\Omega_i^d(t\mid t+N)=\mathrm{diag}(\omega_{i1}(t\mid t+N),\cdots,\omega_{in}(t\mid t+N)) \tag{7.213}$$

$$[\omega_{1i}(t\mid t+N),\cdots,\omega_{Li}(t\mid t+N)]=(e^{\mathrm{T}}(P_c^{(ii)}(t\mid t+N))^{-1}e)^{-1}e^{\mathrm{T}}(P_c^{(ii)}(t\mid t+N))^{-1} \tag{7.214}$$

其中，$e=[1,\cdots,1]^{\mathrm{T}}$，$i=1,\cdots,n$，且

$$P_c^{(ii)}(t\mid t+N)=(P_{csk}^{(ii)}(t\mid t+N))_{L\times L} \tag{7.215}$$

其中，$P_{csk}^{(ii)}(t\mid t+N)$ 是 $P_c^{sk}(t\mid t+N)(s,k=1,\cdots,L)$ 的第(i,i) 个对角阵元素。按对角阵加权保守融合误差方差矩阵

$$P_c^d(t\mid t+N)=\sum_{i=1}^{L}\sum_{j=1}^{L}\Omega_i^d(t\mid t+N)P_c^{(ii)}(t\mid t+N)\Omega_j^{d\mathrm{T}}(t\mid t+N) \tag{7.216}$$

保守 CI 融合矩阵权为[17]

$$\Omega_i^{\mathrm{CI}}(t\mid t+N)=\omega_i(t\mid t+N)P_{\mathrm{CI}}^*(t\mid t+N)\left[P_c^i(t\mid t+N)\right]^{-1},i=1,\cdots,L \tag{7.217}$$

$$P_{\mathrm{CI}}^*(t\mid t+N)=\left[\sum_{i=1}^{L}\omega_i(t\mid t+N)\left[P_c^i(t\mid t+N)\right]^{-1}\right]^{-1} \tag{7.218}$$

最优权系数 $\omega_i(t\mid t+N)$ 可通过最小化如下带约束的非线性函数获得：

$$\min \mathrm{tr}P_{\mathrm{CI}}^*(t\mid t+N)=\min_{\substack{0\leqslant\omega_i(t\mid t+N)\leqslant 1\\ \omega_1(t\mid t+N)+\cdots+\omega_L(t\mid t+N)=1}}\mathrm{tr}\left\{\left[\sum_{i=1}^{L}\omega_i(t\mid t+N)\left[P_c^i(t\mid t+N)\right]^{-1}\right]^{-1}\right\} \tag{7.219}$$

接下来，给出上述四种加权融合器(7.204) 的保守和实际融合误差方差的统一形式，并且证明这四种融合器的鲁棒性。

定义

$$\Omega^\theta(t\mid t+N)=[\Omega_1^\theta(t\mid t+N),\cdots,\Omega_L^\theta(t\mid t+N)],\theta=m,s,d,\mathrm{CI} \tag{7.220}$$

由式(7.205) 可得

$$x_c(t)=\sum_{i=1}^{L}\Omega_i^\theta(t\mid t+N)x_c(t) \tag{7.221}$$

用式(7.221) 减去式(7.204) 得融合误差

$$\tilde{x}_c^\theta(t\mid t+N)=\sum_{i=1}^{L}\Omega_i^\theta(t\mid t+N)\tilde{x}_{ci}(t\mid t+N) \tag{7.222}$$

得到的保守和实际融合误差方差分别为

$$P_c^\theta(t\mid t+N)=\sum_{i=1}^{L}\sum_{j=1}^{L}\Omega_i^\theta(t\mid t+N)P_c^{ij}(t\mid t+N)\Omega_j^\theta(t\mid t+N),\theta=m,s,d,\mathrm{CI} \tag{7.223}$$

$$\bar{P}_c^\theta(t\mid t+N)=\sum_{i=1}^{L}\sum_{j=1}^{L}\Omega_i^\theta(t\mid t+N)\bar{P}_c^{ij}(t\mid t+N)\Omega_j^\theta(t\mid t+N),\theta=m,s,d,\mathrm{CI} \tag{7.224}$$

定义公共状态 $x_c(t)$ 的全局保守和实际协方差分别为

$$P_c(t\mid t+N)=(P_c^{ij}(t\mid t+N))_{nL\times nL} \tag{7.225}$$

$$\bar{P}_c(t|t+N)=(\bar{P}_c^{ij}(t|t+N))_{nL\times nL} \tag{7.226}$$

定理 7.9 带不确定方差乘性和加性白噪声的多模型多传感器系统(7.122)—(7.125),在假设4—6下,四种实际加权融合器(7.204)有统一的保守和实际融合误差方差分别为

$$P_c^{\theta}(t|t+N)=\Omega^{\theta}(t|t+N)P_c(t|t+N)\Omega^{\theta\mathrm{T}}(t|t+N),\theta=m,s,d,\mathrm{CI} \tag{7.227}$$

$$\bar{P}_c^{\theta}(t|t+N)=\Omega^{\theta}(t|t+N)\bar{P}_c(t|t+N)\Omega^{\theta\mathrm{T}}(t|t+N),\theta=m,s,d,\mathrm{CI} \tag{7.228}$$

且对于所有满足式(7.129)的容许的实际噪声方差,相应的实际融合误差方差 $\bar{P}_c^{\theta}(t|t+N)$ 有最小上界 $P_c^{\theta}(t|t+N)$,即

$$\bar{P}_c^{\theta}(t|t+N)\leqslant P_c^{\theta}(t|t+N),t>0,\theta=m,s,d,\mathrm{CI} \tag{7.229}$$

证明 由式(7.220)、式(7.222)—(7.226)得式(7.227)和式(7.228)。记 $\Delta P_c^{\theta}(t|t+N)=P_c^{\theta}(t|t+N)-\bar{P}_c^{\theta}(t|t+N)$,$\Delta P_c(t|t+N)=P_c(t|t+N)-\bar{P}_c(t|t+N)$,用式(7.227)减去式(7.228)得

$$\Delta P_c^{\theta}(t|t+N)=\Omega^{\theta}(t|t+N)\Delta P_c(t|t+N)\Omega^{\theta\mathrm{T}}(t|t+N) \tag{7.230}$$

定义 $n_g=n_1+\cdots+n_L$ 且定义全局保守和实际协方差分别为

$$P(t|t+N)=(P_{ij}(t|t+N))_{n_g\times n_g} \tag{7.231}$$

$$\bar{P}(t|t+N)=(\bar{P}_{ij}(t|t+N))_{n_g\times n_g} \tag{7.232}$$

应用式(7.202)、式(7.225)、式(7.226)、式(7.231)和式(7.232)得

$$P_c(t|t+N)=CP(t|t+N)C^{\mathrm{T}} \tag{7.233}$$

$$\bar{P}_c(t|t+N)=C\bar{P}(t|t+N)C^{\mathrm{T}} \tag{7.234}$$

$$C=\begin{bmatrix}C_{x1} & & 0\\ & \ddots & \\ 0 & & C_{xL}\end{bmatrix}_{nL\times n_g} \tag{7.235}$$

记 $\Delta P(t|t+N)=P(t|t+N)-\bar{P}(t|t+N)$,用式(7.233)减去式(7.234)得到

$$\Delta P_c(t|t+N)=C\Delta P(t|t+N)C^{\mathrm{T}} \tag{7.236}$$

由式(7.230)和式(7.236)可以看出,为了证明 $\Delta P_c^{\theta}(t|t+N)\geqslant 0$ 成立,首先要证明 $\Delta P(t|t+N)\geqslant 0$。

当 $N=-1$ 时,由式(7.175)和式(7.176)有 $P(t+1|t)$ 和 $\bar{P}(t+1|t)$ 分别满足如下全局 Lyapunov 方程

$$P(t+1|t)=\Psi_p(t)P(t|t-1)\Psi_p^{\mathrm{T}}(t)+K_p(t)\Lambda_p(t)K_p^{\mathrm{T}}(t) \tag{7.237}$$

$$\bar{P}(t+1|t)=\Psi_p(t)\bar{P}(t|t-1)\Psi_p^{\mathrm{T}}(t)+K_p(t)\bar{\Lambda}_p(t)K_p^{\mathrm{T}}(t) \tag{7.238}$$

其中定义

$$\Psi_p(t)=\mathrm{diag}(\Psi_{p_1}(t),\cdots,\Psi_{p_L}(t)),K_p(t)=\mathrm{diag}((I_n,-K_{p_1}(t)),\cdots,(I_n,-K_{p_L}(t)))$$

$$\Lambda_p(t)=\begin{bmatrix}\Lambda_{11}(t) & \cdots & \Lambda_{1L}(t)\\ \vdots & & \vdots\\ \Lambda_{L1}(t) & \cdots & \Lambda_{LL}(t)\end{bmatrix},\bar{\Lambda}_p(t)=\begin{bmatrix}\bar{\Lambda}_{11}(t) & \cdots & \bar{\Lambda}_{1L}(t)\\ \vdots & & \vdots\\ \bar{\Lambda}_{L1}(t) & \cdots & \bar{\Lambda}_{LL}(t)\end{bmatrix} \tag{7.239}$$

且由式(7.177)和式(7.178)有初值

$$P(1|0)=\mathrm{diag}(P_{10},\cdots,P_{L0}),\bar{P}(1|0)=\mathrm{diag}(\bar{P}_{10},\cdots,\bar{P}_{L0}) \tag{7.240}$$

记 $\Delta P(t+1|t)=P(t+1|t)-\bar{P}(t+1|t)$,用式(7.237)减去式(7.238)得到 Lyapunov

方程

$$\Delta P(t+1\mid t)=\boldsymbol{\Psi}_p(t)\Delta P(t\mid t-1)\boldsymbol{\Psi}_p^{\mathrm{T}}(t)+K_p(t)\Delta\Lambda_p(t)K_p^{\mathrm{T}}(t) \tag{7.241}$$

其中 $\Delta\Lambda_p(t)=\Lambda_p(t)-\bar{\Lambda}_p(t)$。为了证明 $\Delta P(t+1\mid t)\geqslant 0$,我们需要证明 $\Delta\Lambda_p(t)\geqslant 0$。记 $\Delta\Lambda_{ij}(t)=\Lambda_{ij}(t)-\bar{\Lambda}_{ij}(t)$,应用式(7.144)—(7.149)、式(7.161)得

$$\Delta\Lambda_{ij}(t)=\left[\begin{array}{c:c}
\begin{array}{l}\sum\limits_{k=1}^{p_i}\bar{\sigma}_{\xi_{ik}}^2\boldsymbol{\Phi}_{ik}(t)\Delta X_i(t)\boldsymbol{\Phi}_{ik}^{\mathrm{T}}(t)\delta_{ij}+\\ \sum\limits_{k=1}^{p_i}\Delta\sigma_{\xi_{ik}}^2\boldsymbol{\Phi}_{ik}(t)X_i(t)\boldsymbol{\Phi}_{ik}^{\mathrm{T}}(t)\delta_{ij}+\\ \boldsymbol{\Gamma}_i(t)\Delta Q_{ij}(t)\boldsymbol{\Gamma}_j^{\mathrm{T}}(t)\end{array} & \boldsymbol{\Gamma}_i(t)\Delta Q_{ij}(t)D_j^{\mathrm{T}}(t)\\ \hdashline
D_i(t)\Delta Q_{ij}(t)\boldsymbol{\Gamma}_j^{\mathrm{T}}(t) & \begin{array}{l}\sum\limits_{k=1}^{q_i}\bar{\sigma}_{\eta_{ik}}^2H_{ik}(t)\Delta X_i(t)H_{ik}^{\mathrm{T}}(t)\delta_{ij}+\\ \sum\limits_{k=1}^{q_i}\Delta\sigma_{\eta_{ik}}^2H_{ik}(t)X_i(t)H_{ik}^{\mathrm{T}}(t)\delta_{ij}+\\ D_i(t)\Delta Q_{ij}(t)D_j^{\mathrm{T}}(t)+\Delta R_{\zeta_i}(t)\delta_{ij}\end{array}
\end{array}\right]$$

定义

$$\Delta\Lambda_i^{(1)}(t)=\Delta\Lambda_{ii}^{(1)}(t)=\left[\begin{array}{c:c}
\begin{array}{l}\sum\limits_{k=1}^{p_i}\bar{\sigma}_{\xi_{ik}}^2\boldsymbol{\Phi}_{ik}(t)\Delta X_i(t)\boldsymbol{\Phi}_{ik}^{\mathrm{T}}(t)+\\ \sum\limits_{k=1}^{p_i}\Delta\sigma_{\xi_{ik}}^2\boldsymbol{\Phi}_{ik}(t)X_i(t)\boldsymbol{\Phi}_{ik}^{\mathrm{T}}(t)\end{array} & 0\\ \hdashline
0 & \begin{array}{l}\sum\limits_{k=1}^{q_i}\bar{\sigma}_{\eta_{ik}}^2H_{ik}(t)\Delta X_i(t)H_{ik}^{\mathrm{T}}(t)+\\ \sum\limits_{k=1}^{q_i}\Delta\sigma_{\eta_{ik}}^2H_{ik}(t)\Delta X_i(t)H_{ik}^{\mathrm{T}}(t)\end{array}
\end{array}\right]$$

$$\Delta\Lambda_{ij}^{(2)}(t)=\begin{bmatrix}\boldsymbol{\Gamma}_i(t)\Delta Q_{ij}(t)\boldsymbol{\Gamma}_j^{\mathrm{T}}(t) & \boldsymbol{\Gamma}_i(t)\Delta Q_{ij}(t)D_j^{\mathrm{T}}(t)\\ D_i(t)\Delta Q_{ij}(t)\boldsymbol{\Gamma}_j^{\mathrm{T}}(t) & D_i(t)\Delta Q_{ij}(t)D_j^{\mathrm{T}}(t)\end{bmatrix}$$

$$\Delta\Lambda_i^{(3)}(t)=\Delta\Lambda_{ii}^{(3)}(t)=\begin{bmatrix}0 & 0\\ 0 & \Delta R_{\zeta_i}(t)\end{bmatrix} \tag{7.242}$$

故有 $\Delta\Lambda_p(t)=\Delta\Lambda_p^{(1)}(t)+\Delta\Lambda_p^{(2)}(t)+\Delta\Lambda_p^{(3)}(t)$,其中

$$\Delta\Lambda_p^{(1)}(t)=\begin{bmatrix}\Delta\Lambda_1^{(1)}(t) & & 0\\ & \ddots & \\ 0 & & \Delta\Lambda_L^{(1)}(t)\end{bmatrix},\Delta\Lambda_p^{(2)}(t)=\begin{bmatrix}\Delta\Lambda_{11}^{(2)}(t) & \cdots & \Delta\Lambda_{1L}^{(2)}(t)\\ \vdots & & \vdots\\ \Delta\Lambda_{L1}^{(2)}(t) & \cdots & \Delta\Lambda_{LL}^{(2)}(t)\end{bmatrix},$$

$$\Delta\Lambda_p^{(3)}(t)=\begin{bmatrix}\Delta\Lambda_1^{(3)}(t) & & 0\\ & \ddots & \\ 0 & & \Delta\Lambda_L^{(3)}(t)\end{bmatrix} \tag{7.243}$$

根据式(7.164)、式(7.166)和引理5.4得 $\Delta\Lambda_p^{(1)}(t)\geqslant 0,\Delta\Lambda_p^{(3)}(t)\geqslant 0$。接下来,需要证明 $\Delta\Lambda_p^{(2)}(t)\geqslant 0$。

$\Delta\Lambda_p^{(2)}(t)$ 可写为 $\Delta\Lambda_p^{(2)}(t)=\Gamma_p(t)Q_p(t)\Gamma_p^{\mathrm{T}}(t)$,其中

$$\Gamma_p(t)=\mathrm{diag}(\Gamma_\Lambda^{(1)}(t),\cdots,\Gamma_\Lambda^{(L)}(t)),\ \Gamma_\Lambda^{(i)}(t)=\begin{bmatrix}\Gamma_i(t) & 0\\ 0 & D_i(t)\end{bmatrix}$$

$$Q_p(t)=\begin{bmatrix}Q_\Lambda^{(11)}(t) & \cdots & Q_\Lambda^{(1L)}(t)\\ \vdots & & \vdots\\ Q_\Lambda^{(L1)}(t) & \cdots & Q_\Lambda^{(LL)}(t)\end{bmatrix}$$

和

$$Q_\Lambda^{(ij)}(t)=\begin{bmatrix}\Delta Q_{ij}(t) & \Delta Q_{ij}(t)\\ \Delta Q_{ij}(t) & \Delta Q_{ij}(t)\end{bmatrix}_{2r_i\times 2r_j},\ Q_\Lambda^{(i)}(t)=Q_\Lambda^{(ii)}(t)$$

因此证明问题又转化为证明 $Q_p(t)\geqslant 0$。由式(7.130)和式(7.133)得 $\Delta Q_{ij}(t)=\begin{bmatrix}\Delta Q(t) & 0\\ 0 & 0\end{bmatrix}_{r_i\times r_j},i\neq j,\ \Delta Q_i(t)=\Delta Q_{ii}(t)=\begin{bmatrix}\Delta Q(t) & 0\\ 0 & \Delta Q_{e_i}(t)\end{bmatrix}_{r_i\times r_i}$。

分解 $Q_p(t)$ 得

$$Q_p(t)=Q_b(t)+Q_d(t) \tag{7.244}$$

$$Q_b(t)=\begin{bmatrix}Q_B^{(11)}(t) & \cdots & Q_B^{(1L)}(t)\\ \vdots & & \vdots\\ Q_B^{(L1)}(t) & \cdots & Q_B^{(LL)}(t)\end{bmatrix}_{2r_g\times 2r_g},Q_B^{(i,j)}(t)=\left[\begin{array}{cc:cc}\Delta Q(t) & 0 & \Delta Q(t) & 0\\ 0 & 0 & 0 & 0\\ \hdashline \Delta Q(t) & 0 & \Delta Q(t) & 0\\ 0 & 0 & 0 & 0\end{array}\right]_{2r_i\times 2r_j}$$

$$Q_d(t)=\mathrm{diag}(Q_D^{(11)}(t),\cdots,Q_D^{(LL)}(t)),Q_D^{(i,i)}(t)=\left[\begin{array}{cc:cc}0 & 0 & 0 & 0\\ 0 & \Delta Q_{e_i}(t) & 0 & \Delta Q_{e_i}(t)\\ \hdashline 0 & 0 & 0 & 0\\ 0 & \Delta Q_{e_i}(t) & 0 & \Delta Q_{e_i}(t)\end{array}\right]_{2r_i\times 2r_i}$$

应用引理5.3得 $Q_D^{(i,i)}(t)\geqslant 0$,应用引理5.4得 $Q_d(t)\geqslant 0$。对 $Q_b(t)$ 进行行列变换得

$$Q_b^*(t)=\left[\begin{array}{ccc:c}\Delta Q(t) & \cdots & \Delta Q(t) & \\ \vdots & & \vdots & 0\\ \Delta Q(t) & \cdots & \Delta Q(t) & \\ \hdashline & 0 & & 0\end{array}\right]_{2r_g\times 2r_g}\geqslant 0 \tag{7.245}$$

即存在非奇异初等变换矩阵 T_e 使 $Q_b^*(t)=T_eQ_b(t)T_e^{\mathrm{T}}$,于是 $Q_b(t)=T_e^{-1}Q_b^*(t)(T_e^{-1})^{\mathrm{T}}$。由式(7.129)有 $Q_d(t)\geqslant 0$,且应用引理5.3和引理5.4得$Q_b^*(t)\geqslant 0$。应用引理5.2有 $Q_b(t)\geqslant 0$。因此,由式(7.244)有 $Q_p(t)\geqslant 0$,进而由引理5.2得到 $\Delta\Lambda_p^{(2)}(t)\geqslant 0$。所以 $\Delta\Lambda_p(t)\geqslant 0$。应用式(7.129)和式(7.240)得 $\Delta P(1|0)=P(1|0)-\bar{P}(1|0)\geqslant 0$,因此迭代式(7.241),应用数学归纳法,对于任意时刻 t 得 $\Delta P(t+1|t)\geqslant 0$。

当 $N \geqslant 0$ 时，用式(7.231) 减去式(7.232)，由式(7.187) 和式(7.188) 得全局 $\Delta P(t \mid t+N)$ 为

$$\Delta P(t \mid t+N) = \boldsymbol{\Psi}_N(t)\Delta P(t \mid t-1)\boldsymbol{\Psi}_N^{\mathrm{T}}(t) + \sum_{\rho=0}^{N} K_\rho^N(t)\Delta \Lambda_p(t+\rho)K_\rho^{N\mathrm{T}}(t) \tag{7.246}$$

$$\boldsymbol{\Psi}_N(t) = \mathrm{diag}(\boldsymbol{\Psi}_{1N}(t), \cdots, \boldsymbol{\Psi}_{LN}(t))$$

$$K_\rho^N(t) = \mathrm{diag}((K_{1\rho}^{wN}(t), K_{1\rho}^{vN}(t)), \cdots, (K_{L\rho}^{wN}(t), K_{L\rho}^{vN}(t))) \tag{7.247}$$

应用 $\Delta P(t \mid t-1) \geqslant 0$ 和 $\Delta \Lambda_p(t+\rho) \geqslant 0$ 得 $\Delta P(t \mid t+N) \geqslant 0$，所以由式(7.236) 得 $\Delta P_c(t \mid t+N) \geqslant 0$，因此由式(7.230) 得 $\Delta P_c^\theta(t \mid t+N) \geqslant 0$，即式(7.229) 成立。类似定理 7.8 的证明，得 $P_c^\theta(t \mid t+N)$ 为 $\bar{P}_c^\theta(t \mid t+N)$ 的最小上界。证毕。

我们称满足式(7.229) 的实际 Kalman 融合器(7.204) 为鲁棒 Kalman 融合器。

注 7.4 在式(7.224)、式(7.226) 和式(7.228) 中取 $\theta = m, s, d, \mathrm{CI}$ 时，应用式(7.206)、式(7.210)、式(7.214) 和式(7.217) 得相应的实际融合误差方差为

$$\begin{aligned}\bar{P}_c^m = &(e^{\mathrm{T}}P_c^{-1}(t \mid t+N)e)^{-1}e^{\mathrm{T}}P_c^{-1}(t \mid t+N)\bar{P}_c(t \mid t+N)P_c^{-1}(t \mid t+N)e \times \\ &(e^{\mathrm{T}}P_c^{-1}(t \mid t+N)e)^{-1}\end{aligned} \tag{7.248}$$

$$\bar{P}_c^s(t \mid t+N) = \sum_{i=1}^{L}\sum_{j=1}^{L}\omega_i(t \mid t+N)\omega_j(t \mid t+N)\bar{P}_c^{ij}(t \mid t+N) \tag{7.249}$$

$$\bar{P}_c^d(t \mid t+N) = \sum_{i=1}^{L}\sum_{j=1}^{L}\boldsymbol{\Omega}_i^d(t \mid t+N)\bar{P}_c^{ij}(t \mid t+N)\boldsymbol{\Omega}_j^{d\mathrm{T}}(t \mid t+N) \tag{7.250}$$

$$\begin{aligned}\bar{P}_c^{\mathrm{CI}}(t \mid t+N) = &P_{\mathrm{CI}}^*(t \mid t+N)\Big[\sum_{i=1}^{L}\sum_{j=1}^{L}\omega_i(t \mid t+N)\omega_j(t \mid t+N)[P_c^i(t \mid t+N)]^{-1} \times \\ &\bar{P}_c^{ij}(t \mid t+N)[P_c^j(t \mid t+N)]^{-1}\Big]P_{\mathrm{CI}}^*(t \mid t+N)\end{aligned} \tag{7.251}$$

注 7.5 在式(7.227) 和式(7.228) 中取 $\theta = \mathrm{CI}$，可以得到 CI 融合器的保守和实际的误差方差 $P_c^{\mathrm{CI}}(t \mid t+N)$ 和 $\bar{P}_c^{\mathrm{CI}}(t \mid t+N)$。文献[12] 已经证明式(7.218) 中的 $P_{\mathrm{CI}}^*(t \mid t+N)$ 是 $\bar{P}_c^{\mathrm{CI}}(t \mid t+N)$ 的一个保守上界，所以有关系

$$\bar{P}_c^{\mathrm{CI}}(t \mid t+N) \leqslant P_{\mathrm{CI}}^*(t \mid t+N) \tag{7.252}$$

且由式(7.229)，$P_c^{\mathrm{CI}}(t \mid t+N)$ 是 $\bar{P}_c^{\mathrm{CI}}(t \mid t+N)$ 的最小上界，因此有

$$\bar{P}_c^{\mathrm{CI}}(t \mid t+N) \leqslant P_c^{\mathrm{CI}}(t \mid t+N) \tag{7.253}$$

$$P_c^{\mathrm{CI}}(t \mid t+N) \leqslant P_{\mathrm{CI}}^*(t \mid t+N) \tag{7.254}$$

这意味着同最小上界 $P_c^{\mathrm{CI}}(t \mid t+N)$ 相比，$P_{\mathrm{CI}}^*(t \mid t+N)$ 仅是 $\bar{P}_c^{\mathrm{CI}}(t \mid t+N)$ 的一个保守上界。

我们称带矩阵权的式(7.217)—(7.219) 和保守上界的式(7.218) 的鲁棒 CI 融合器(7.204) 为原始的或保守的鲁棒 CI 融合器，而称带矩阵权的式(7.217)—(7.219) 和最小上界 $P_c^{\mathrm{CI}}(t \mid t+N)$ 的鲁棒 CI 融合器(7.204) 为改进的鲁棒 CI 融合器。由式(7.254) 引出 $\mathrm{tr}P_c^{\mathrm{CI}}(t \mid t+N) \leqslant \mathrm{tr}P_{\mathrm{CI}}^*(t \mid t+N)$，因而改进的 CI 融合器提高了鲁棒精度。

注 7.6 众所周知，$n \times n$ 矩阵求逆的复杂度为 $O(n^3)$。由式(7.206)—(7.224)，最优按矩阵加权的复杂度为 $O((nL)^3)$，最优按标量加权和按对角阵加权的复杂度为 $O(L^3)$，按 CI 矩阵加权的复杂度为 $O(n^3)$ 加上 MATLAB 工具箱计算最优权系数

$\omega_i(t \mid t+N)$ 的复杂度。当传感器个数 L 变大时，相对于按矩阵加权融合器的计算负担，按标量和对角阵加权融合器的计算负担明显减少。

7.3.4 精度分析

定理 7.10 带不确定方差乘性和加性白噪声的多模型多传感器系统(7.122)—(7.125)，在假设 4—6 下，鲁棒局部和融合 Kalman 融合器有精度关系

$$\mathrm{tr}\bar{P}_c^{\theta}(t \mid t+N) \leqslant \mathrm{tr}P_c^{\theta}(t \mid t+N), \theta=1,\cdots,L,m,s,d,\mathrm{CI},N=-1,N \geqslant 0 \quad (7.255)$$

$$\mathrm{tr}P_c^{m}(t \mid t+N) \leqslant \mathrm{tr}P_c^{\mathrm{CI}}(t \mid t+N) \leqslant \mathrm{tr}P_{\mathrm{CI}}^{*}(t \mid t+N) \leqslant \mathrm{tr}P_c^{i}(t \mid t+N), i=1,\cdots,L \quad (7.256)$$

$$\mathrm{tr}P_c^{m}(t \mid t+N) \leqslant \mathrm{tr}P_c^{d}(t \mid t+N) \leqslant \mathrm{tr}P_c^{s}(t \mid t+N) \leqslant \mathrm{tr}P_c^{i}(t \mid t+N), i=1,\cdots,L \quad (7.257)$$

证明 对式(7.203)、式(7.229)和式(7.254)取迹运算得到式(7.255)和式(7.256)的第二个不等式。由于 CI 融合器是一个特殊的矩阵加权融合器，所以式(7.256)的第一个不等式成立。式(7.256)的第三个不等式可由式(7.219)证明得到。实际上，任意取 $\omega_i(t \mid t+N)=1$，$\omega_j(t \mid t+N)=0(j \neq i)$ 有 $\mathrm{tr}P_{\mathrm{CI}}^{*}(t \mid t+N)=\mathrm{tr}P_c^{i}(t \mid t+N)$，在约束条件 $\omega_1(t \mid t+N)+\cdots+\omega_L(t \mid t+N)=1$ 下被极小化，所以可得到式(7.256)的第三个不等式。精度关系(7.257)在文献[14]中已经证明。证毕。

注 7.7 鲁棒精度仅由不确定噪声方差阵和初始状态方差的保守上界所决定，而实际精度只和实际噪声方差阵和初始状态方差相关。精度关系(7.255)表明每个局部或者融合鲁棒估值器的实际精度高于它的鲁棒精度。由式(7.256)和式(7.257)，按矩阵加权融合器的鲁棒精度高于 CI 融合器和按对角阵加权融合器的鲁棒精度。按对角阵加权融合器的鲁棒精度高于按标量加权融合器的鲁棒精度。所有融合器的鲁棒精度高于每一个局部估值器的鲁棒精度。

注 7.8 改进 CI 融合器的鲁棒精度为 $\mathrm{tr}P_c^{\mathrm{CI}}(t \mid t+N)$。由式(7.256)有改进 CI 融合器的鲁棒精度高于原始的保守的鲁棒精度 $\mathrm{tr}P_{\mathrm{CI}}^{*}(t \mid t+N)$。当 $\theta=\mathrm{CI}$ 时，由式(7.218)与式(7.223)相比较，可以看到 $P_{\mathrm{CI}}^{*}(t \mid t+N)$ 中仅含有保守局部估值误差方差，而 $P_c^{\mathrm{CI}}(t \mid t+N)$ 中除了含有保守局部估值误差方差，还含有保守互协方差的信息，因而具有最小的保守性。对于原始 CI 融合器的鲁棒精度的提高来说，这是一个有效的方法。

7.3.5 局部和融合鲁棒稳态 Kalman 估值器及收敛性分析

接下来通过对鲁棒时变 Kalman 估值器取极限导出鲁棒稳态 Kalman 估值器，并证明鲁棒时变和稳态 Kalman 估值器之间的收敛性。考虑带常参数矩阵和常噪声方差的多模型不确定时不变多传感器系统(7.122)—(7.125)，其中 $\Phi_i(t)=\Phi_i$，$\Gamma_i(t)=\Gamma_i$，$\Phi_{ik}(t)=\Phi_{ik}$，$H_i(t)=H_i$ 和 $D_i(t)=D_i$，在假设 4—6 下，为了确保鲁棒稳态 Kalman 估值器的存在，引入矩阵 Φ_{ai} 为

$$\Phi_{ai}=\Phi_i \otimes \Phi_i+\sum_{k=1}^{p_i} \bar{\sigma}_{\xi_{ik}}^{2} \Phi_{ik} \otimes \Phi_{ik}, \bar{\sigma}_{\xi_{ik}}^{2} \leqslant \sigma_{\xi_{ik}}^{2}, i=1,2,\cdots,L \quad (7.258)$$

假设 Φ_{ai} 的谱半径 ρ 小于 1，则任意初值为 $X_i(0) \geqslant 0$ 和 $\bar{X}_i(0) \geqslant 0$ 的时变广义 Lyapunov

方程式(7.140)和式(7.141)的解$X_i(t)$和$\bar{X}_i(t)$分别收敛于对应的稳态广义Lyapunov方程唯一的半正定解[19] $X_i \geqslant 0$和$\bar{X}_i \geqslant 0$,其中

$$X_i = \Phi_i X_i \Phi_i^{\mathrm{T}} + \sum_{k=1}^{p_i} \sigma_{\xi_{ik}}^2 \Phi_{ik} X_i \Phi_{ik}^{\mathrm{T}} + \Gamma_i Q_i \Gamma_i^{\mathrm{T}}, \bar{X}_i = \Phi_i \bar{X}_i \Phi_i^{\mathrm{T}} + \sum_{k=1}^{p_i} \bar{\sigma}_{\xi_{ik}}^2 \Phi_{ik} \bar{X}_i \Phi_{ik}^{\mathrm{T}} + \Gamma_i \bar{Q}_i \Gamma_i^{\mathrm{T}} \tag{7.259}$$

$$\lim_{t\to\infty} \bar{X}_i(t) = \bar{X}_i, \lim_{t\to\infty} X_i(t) = X_i \tag{7.260}$$

当$t\to\infty$时,对式(7.144)—(7.149)和式(7.161)取极限,并分别用X_i和$\bar{X}_i$来代替$X_i(t)$和$\bar{X}_i(t)$可得到常噪声统计Q_{ai}和$\bar{Q}_{ai}$,R_{ai}和$\bar{R}_{ai}$,S_{ai}和$\bar{S}_{ai}$,Λ_i和$\bar{\Lambda}_i$,且$Q_{ai}(t)\to Q_{ai}$,$\bar{Q}_{ai}(t)\to\bar{Q}_{ai}$,$R_{ai}(t)\to R_{ai}$,$\bar{R}_{ai}(t)\to\bar{R}_{ai}$,$S_{ai}(t)\to S_{ai}$,$\bar{S}_{ai}(t)\to\bar{S}_{ai}$,$\Lambda_i(t)\to\Lambda_i$和$\bar{\Lambda}_i(t)\to\bar{\Lambda}_i$,且由式(7.150)和式(7.155)引出$\bar{X}_i\leqslant X_i$,$\bar{Q}_{ai}\leqslant Q_{ai}$,$\bar{R}_{ai}\leqslant R_{ai}$。

对于局部鲁棒时变Kalman预报器(7.168)—(7.173),分别用$\Psi_{pi}(t)$,$K_{pi}(t)$和$P_i(t|t-1)$的极限值Ψ_{pi},K_{pi}和$P_i(-1)$来取代它们,则得到如下的局部鲁棒稳态预报器。

定理7.11 对多模型时不变多传感器系统(7.122)—(7.125),在假设4—6下,假设$\rho(\Phi_{ai})<1$成立,且假定对于常噪声统计Q_{ai},R_{ai}和S_{ai}的系统(7.136)和(7.138),$(\Phi_i - S_{ai}R_{ai}^{-1}H_i, G_i)$是完全能稳对,其中$G_iG_i^{\mathrm{T}} = Q_{ai} - S_{ai}R_{ai}^{-1}S_{ai}^{\mathrm{T}}$,则存在局部实际稳态Kalman一步预报器

$$\hat{x}_i^s(t+1|t) = \Psi_{pi}\hat{x}_i^s(t|t-1) + K_{pi}y_i(t), i=1,\cdots,L \tag{7.261}$$

$$\Psi_{pi} = \Phi_i - K_{pi}H_i \tag{7.262}$$

$$K_{pi} = [\Phi_i P_i(-1)H_i^{\mathrm{T}} + S_{ai}]^{-1} Q_{\varepsilon i}^{-1} \tag{7.263}$$

$$Q_{\varepsilon i} = H_i P_i(-1) H_i^{\mathrm{T}} + R_{ai} \tag{7.264}$$

其中$y_i(t)$是实际观测,Ψ_{pi}为稳定矩阵,即预报器(7.261)是渐近稳定的。局部保守稳态Kalman一步预报误差方差$P_i(-1)$满足稳态Riccati方程

$$\begin{aligned} P_i(-1) = {} & \Phi_i P_i(-1)\Phi_i^{\mathrm{T}} - [\Phi_i P_i(-1)H_i^{\mathrm{T}} + S_{ai}][H_i P_i(-1)H_i^{\mathrm{T}} + R_{ai}]^{-1} \times \\ & [\Phi_i P_i(-1)H_i^{\mathrm{T}} + S_{ai}]^{\mathrm{T}} + Q_{ai} \end{aligned} \tag{7.265}$$

保守和实际稳态一步预报误差方差阵$P_i(-1)$和$\bar{P}_i(-1)$分别满足Lyapunov方程

$$P_i(-1) = \Psi_{pi}P_i(-1)\Psi_{pi}^{\mathrm{T}} + [I_n, -K_{pi}]\Lambda_i[I_n, -K_{pi}]^{\mathrm{T}} \tag{7.266}$$

$$\bar{P}_i(-1) = \Psi_{pi}\bar{P}_i(-1)\Psi_{pi}^{\mathrm{T}} + [I_n, -K_{pi}]\bar{\Lambda}_i[I_n, -K_{pi}]^{\mathrm{T}} \tag{7.267}$$

局部实际稳态一步Kalman预报器(7.261)是鲁棒的,即对所有满足式(7.129)的容许的实际方差,相应的实际预报误差方差$\bar{P}_i(-1)$有最小上界$P_i(-1)$,即

$$\bar{P}_i(-1) \leqslant P_i(-1), i=1,\cdots,L \tag{7.268}$$

带时变噪声统计$Q_{ai}(t)$,$R_{ai}(t)$和$S_{ai}(t)$的局部时变Riccati方程式(7.172)的解$P_i(t|t-1)$收敛于带常噪声统计Q_{ai},R_{ai}和S_{ai}的局部稳态Riccati方程式(7.265)的解,即

$$P_i(t|t-1) \to P_i(-1), \text{当} t\to\infty, i=1,\cdots,L \tag{7.269}$$

假设观测数据$y_i(t)$是有界的,则带时变噪声统计的时变系统的局部鲁棒时变Kalman预报器(7.168)和带常噪声统计的稳态系统的局部鲁棒稳态Kalman预报器(7.261)按实现收敛

$$[\hat{x}_i(t+1|t)-\hat{x}_i^s(t+1|t)]\to 0,\ 当\ t\to\infty,\ \text{i.a.r.} \tag{7.270}$$

类似于文献[15]中的证明,证略。

在局部鲁棒时变 Kalman 滤波器和平滑器(7.182)—(7.193)中,用 $P_i(t|t-1)$ 和 $\boldsymbol{\Psi}_{pi}(t)$ 的极限 $P_i(-1)$ 和 $\boldsymbol{\Psi}_{pi}$ 取代它们,可以得到局部鲁棒稳态 Kalman 滤波器和平滑器 $\hat{x}_i^s(t|t+N)(N\geqslant 0)$ 及其保守和实际稳态误差方差和互协方差 $P_i(N),\bar{P}_i(N),P_{ij}(N)$ 和 $\bar{P}_{ij}(N)$。应用动态方差误差系统分析(DVESA)方法,类似于文献[12]中定理7的证明,可以证明收敛性

$$P_{ij}(t|t+N)\to P_{ij}(N),\bar{P}_{ij}(t|t+N)\to\bar{P}_{ij}(N),\ 当\ t\to\infty,N=-1,N\geqslant 0 \tag{7.271}$$

且应用定理7.11,容易证明时变和稳态 Kalman 滤波器和平滑器彼此按实现收敛

$$[\hat{x}_i(t|t+N)-\hat{x}_i^s(t|t+N)]\to 0,\ 当\ t\to\infty,\ \text{i.a.r.},\ i=1,\cdots,L,N\geqslant 0 \tag{7.272}$$

由式(7.204)—(7.228)给出的公共状态 $x_c(t)$ 的鲁棒加权融合时变 Kalman 估值器 $\hat{x}_c^\theta(t|t+N)$,可得对应的实际稳态 Kalman 估值器

$$\hat{x}_c^{\theta s}(t|t+N)=\sum_{i=1}^{L}\boldsymbol{\Omega}_i^\theta(N)\hat{x}_{ci}^s(t|t+N),\theta=m,s,d,\text{CI},N=-1,N\geqslant 0 \tag{7.273}$$

$$\boldsymbol{\Omega}_i^\theta(t|t+N)\to\boldsymbol{\Omega}_i^\theta(N) \tag{7.274}$$

定理7.12 在定理7.11的假设条件下,公共状态 $x_c(t)$ 的鲁棒时变和实际稳态融合 Kalman 估值器按实现收敛

$$[\hat{x}_c^\theta(t|t+N)-\hat{x}_c^{\theta s}(t|t+N)]\to 0,\ 当\ t\to\infty,\ \text{i.a.r.} \tag{7.275}$$

相应的估值误差方差有收敛性

$$P_c^\theta(t|t+N)\to P_c^\theta(N),\bar{P}_c^\theta(t|t+N)\to\bar{P}_c^\theta(N),\ 当\ t\to\infty \tag{7.276}$$

且实际稳态 Kalman 融合器(7.273)是鲁棒的,即

$$\bar{P}_c^\theta(N)\leqslant P_c^\theta(N) \tag{7.277}$$

且 $P_c^\theta(N)$ 是 $\bar{P}_c^\theta(N)$ 的最小上界。

类似于文献[16]中的证明,证略。

注7.9 当 $t\to\infty$ 时,对定理7.9和定理7.10取极限运算,保守和实际融合稳态误差方差阵为

$$P_c^\theta(N)=\boldsymbol{\Omega}^\theta(N)P_c(N)\boldsymbol{\Omega}^{\theta\mathrm{T}}(N),\bar{P}_c^\theta(N)=\boldsymbol{\Omega}^\theta(N)\bar{P}_c(N)\boldsymbol{\Omega}^{\theta\mathrm{T}}(N),\theta=m,s,d,\text{CI} \tag{7.278}$$

局部和融合稳态鲁棒 Kalman 估值器存在鲁棒和实际精度关系

$$\mathrm{tr}\bar{P}_c^\theta(N)\leqslant\mathrm{tr}P_c^\theta(N),\theta=1,\cdots,L,m,s,d,\text{CI},N=-1,N\geqslant 0 \tag{7.279}$$

$$\mathrm{tr}P_c^m(N)\leqslant\mathrm{tr}P_c^{\text{CI}}(N)\leqslant\mathrm{tr}P_{\text{CI}}^*(N)\leqslant\mathrm{tr}P_c^i(N),i=1,\cdots,L \tag{7.280}$$

$$\mathrm{tr}P_c^m(N)\leqslant\mathrm{tr}P_c^d(N)\leqslant\mathrm{tr}P_c^s(N)\leqslant\mathrm{tr}P_c^i(N),i=1,\cdots,L \tag{7.281}$$

注7.10 由定理7.11和定理7.12证明的按实现收敛性,式(7.270)、式(7.272)和式(7.275)是带时变虚拟噪声统计 $Q_{ai}(t),R_{ai}(t)$ 和 $S_{ai}(t)$ 的系统(7.136)和(7.138)的时变 Kalman 估值器与带虚拟常噪声统计 Q_{ai},R_{ai} 和 S_{ai} 的系统(7.136)和(7.138)的稳态 Kalman 估值器之间的收敛性。这是两个不同系统的 Kalman 估值器之间的收敛性,它本

质上不同于对同一个系统的时变和稳态 Kalman 估值器之间的收敛性。

7.4 仿真应用例子

例 7.1 考虑带有色观测噪声和不确定噪声方差的三传感器跟踪系统

$$x_c(t+1)=\Phi x_c(t)+\Gamma_0 w(t) \tag{7.282}$$

$$y_i(t)=H_0 x_c(t)+\eta_i(t)+\xi_i(t),i=1,2,3 \tag{7.283}$$

$$(1+a_{i1}q^{-1}+a_{i2}q^{-2})\eta_i(t)=(1+c_i q^{-1})e_i(t) \tag{7.284}$$

$$\Phi=\begin{bmatrix}1 & T_0\\0 & 1\end{bmatrix},\Gamma_0=\begin{bmatrix}0.5T_0^2\\T_0\end{bmatrix},H_0=[1,0],T_0=0.15 \tag{7.285}$$

其中 T_0 为采样周期，$x_c(t)=[x_1(t),x_2(t)]^{\mathrm{T}}$ 为状态，$x_1(t)$，$x_2(t)$ 和 $w(t)$ 分别为 tT_0 时刻运动目标的位置、速度和加速度，$y_i(t)$ 是对位置的观测，$\eta_i(t)$ 是服从 ARMA 模型(7.284) 的有色观测噪声，$\xi_i(t)$ 是白色观测噪声，q 是单位滞后算子，即 $q^{-1}s(t)=s(t-1)$，$a_{ij}(j=1,2)$ 和 c_i 是已知模型参数，Φ,Γ_0 和 H_0 是适当维数的已知常阵。

由式(7.284) 有状态空间模型

$$\beta_i(t+1)=A_i\beta_i(t)+C_i e_i(t),\eta_i(t)=h_i\beta_i(t)+e_i(t) \tag{7.286}$$

其中

$$A_i=\begin{bmatrix}-a_{i1} & 1\\-a_{i2} & 0\end{bmatrix},C_i=\begin{bmatrix}c_i-a_{i1}\\-a_{i2}\end{bmatrix},h_1=h_2=h_3=[1,0] \tag{7.287}$$

因此有带线性相关噪声的多模型(不同局部模型) 的增广状态空间模型

$$x_i(t+1)=\Phi_i x_i(t)+\Gamma_i w_i(t),i=1,2,3 \tag{7.288}$$

$$y_i(t)=H_i x_i(t)+v_i(t) \tag{7.289}$$

$$v_i(t)=[0,1]w_i(t)+\xi_i(t) \tag{7.290}$$

$w_i(t)$，$\xi_i(t)$ 和 $e_i(t)$ 分别为带零均值、不确定实际噪声方差为 $\bar{\sigma}_w^2,\bar{\sigma}_{\xi_i}^2$ 和 $\bar{\sigma}_{e_i}^2$ 的互不相关的 Gauss 白噪声，已知它们的方差保守上界分别为 $\sigma_w^2,\sigma_{\xi_i}^2$ 和 $\sigma_{e_i}^2$，其中

$$x_i(t)=\begin{bmatrix}x_c(t)\\\beta_i(t)\end{bmatrix},w_i(t)=\begin{bmatrix}w(t)\\e_i(t)\end{bmatrix},\Phi_i=\begin{bmatrix}\Phi & 0\\0 & A_i\end{bmatrix},\Gamma_i=\begin{bmatrix}\Gamma_0 & 0\\0 & C_i\end{bmatrix},H_i=[H_0,h_i] \tag{7.291}$$

由式(7.290) 知 $v_i(t)$ 与 $w_i(t)$ 相关且有协方差阵

$$Q_{ij}=\mathrm{E}[w_i(t)w_j^{\mathrm{T}}(t)]=\mathrm{diag}(\sigma_w^2,\sigma_{e_i}^2\delta_{ij}),S_{ij}=\mathrm{E}[w_i(t)v_j^{\mathrm{T}}(t)]=[0,\sigma_{e_i}^2]^{\mathrm{T}}\delta_{ij} \tag{7.292}$$

$$R_{vij}=\mathrm{E}[v_i(t)v_j^{\mathrm{T}}(t)]=(\sigma_{e_i}^2+\sigma_{\xi_i}^2)\delta_{ij} \tag{7.293}$$

且 $x_c(t)$ 为公共状态

$$x_c(t)=C_x x_i(t),\ C_x=\begin{bmatrix}1 & 0 & 0 & 0\\0 & 1 & 0 & 0\end{bmatrix} \tag{7.294}$$

所以，带不同局部模型的系统(7.288)—(7.291) 等价于原始系统(7.122)—(7.124)。在仿真中，我们取 $\sigma_w^2=1,\sigma_{e_1}^2=0.05,\sigma_{e_2}^2=0.08,\sigma_{e_3}^2=0.01,\sigma_{\xi_1}^2=20,\sigma_{\xi_2}^2=7$，

$\sigma_{\xi_3}^2 = 3, \bar{\sigma}_w^2 = 0.75Q, \bar{\sigma}_{e_i}^2 = 0.8\sigma_{e_i}^2, i = 1,2,3, \bar{\sigma}_{\xi_1}^2 = 0.8\sigma_{\xi_1}^2, \bar{\sigma}_{\xi_2}^2 = 0.5\sigma_{\xi_2}^2, \bar{\sigma}_{\xi_3}^2 = 0.75\sigma_{\xi_3}^2$, $a_{11} = -0.5$, $a_{12} = 0.1$, $a_{21} = -0.4$, $a_{22} = 0.2$, $a_{31} = -0.3$, $a_{32} = 0.3$, $c_1 = 0.2$, $c_2 = 0.1$, $c_3 = 0.3$。

图 7.1 和图 7.2 为局部和融合时变鲁棒 Kalman 平滑器的鲁棒和实际精度的比较，由图可看出保守和实际的局部和融合鲁棒时变 Kalman 平滑器($N = 2$) 的迹快速收敛到常数，且验证了它们的鲁棒和实际精度关系式(7.97) 和式(7.98)。

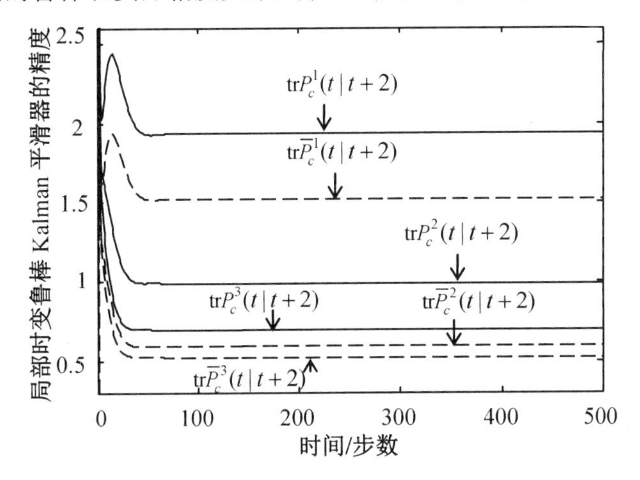

图 7.1　局部时变鲁棒 Kalman 平滑器的鲁棒和实际精度的比较

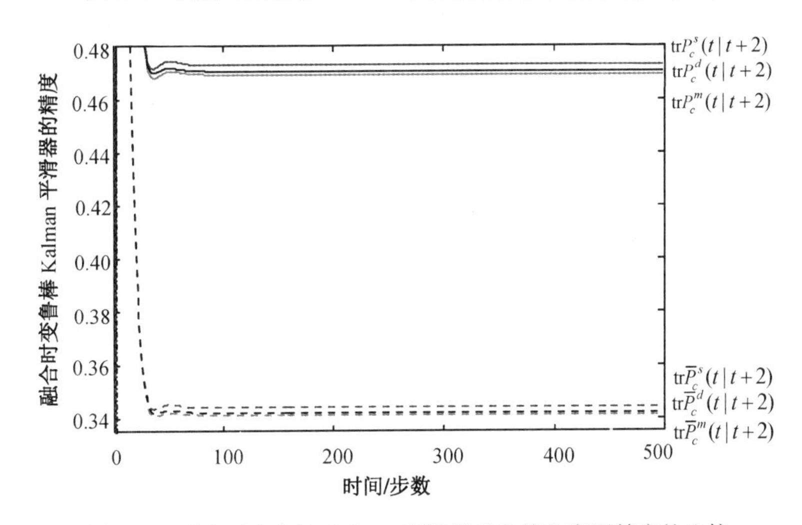

图 7.2　融合时变鲁棒 Kalman 平滑器的鲁棒和实际精度的比较

矩阵状态加权融合器 $\hat{x}_c^m(t \mid t+2)$ 的分量的鲁棒和实际标准差分别记为 σ_i 和 $\bar{\sigma}_i, i = 1,2$，它们分别为 $P_c^m(2)$ 和 $\bar{P}_c^m(2)$ 的对角线元素的开方。由鲁棒性(7.277) 得 $\bar{\sigma}_i \leqslant \sigma_i$。相应的估值误差曲线 $\pm 3\sigma_i$ 和 $\pm 3\bar{\sigma}_i$ 界如图 7.3 所示，其中矩阵融合估值误差曲线用实线表示，$\pm 3\sigma_i$ 界用短划线表示，$\pm 3\bar{\sigma}_i$ 界用虚线表示。由图 7.3 可以看到，超过 99% 的融合估值误差值位于 $+3\bar{\sigma}_i$ 和 $-3\bar{\sigma}_i$ 之间，且位于 $+3\sigma_i$ 和 $-3\sigma_i$ 之间。这验证了鲁棒性和实际融合误差的正确性。

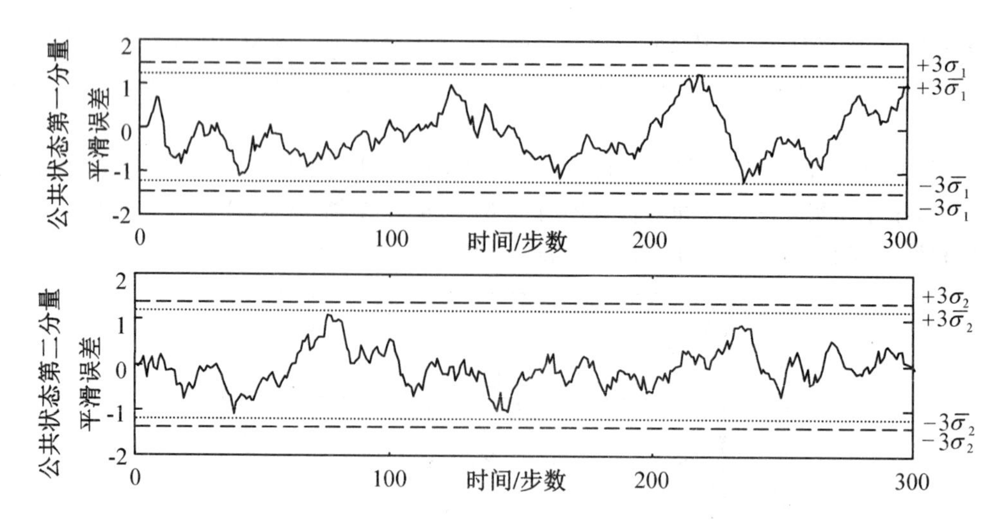

图 7.3 公共状态 $x_c(t)$ 的实际平滑误差及 ±3 - 实际和鲁棒标准差界

为了验证实际方差 $\bar{P}_c^{\theta}(2)(\theta=m,s,d)$ 的正确性,取 $\rho=300$ 进行 Monte Carlo 仿真,公共状态 $x_c(t)$ 的局部和三种加权融合鲁棒估值器的均方误差(MSE)的曲线 $\mathrm{MSE}_{\theta}(t)(\theta=1,2,3,m,s,d)$ 如图 7.4 所示。图中直线表示实际误差方差的迹,曲线表示 $\mathrm{MSE}_{\theta}(t)$ 的值。注意,在 t 时刻 $\mathrm{MSE}_{\theta}(t)$ 的值为 $\bar{P}_c^{\theta}(2)$ 的采样方差的迹。由图 7.4 可以看出,当 ρ 值充分大时($\rho=300$),$\mathrm{MSE}_{\theta}(t)$ 的值接近 $\mathrm{tr}P_c^{\theta}(2)$,这验证了采样方差的一致性。

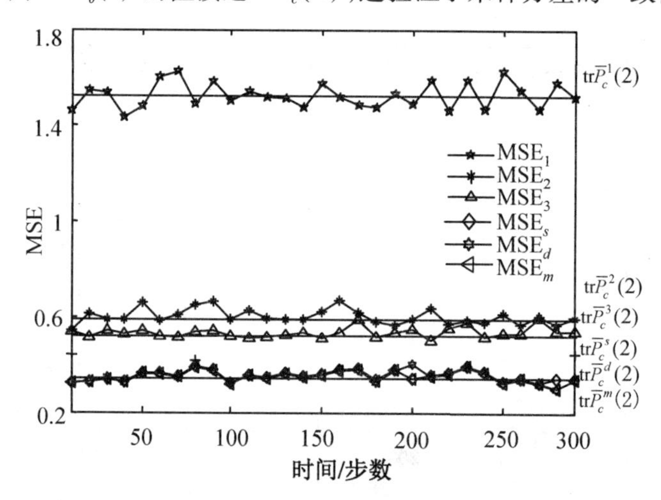

图 7.4 公共状态的局部和融合鲁棒 Kalman 平滑器的 MSE 曲线

例 7.2 考虑带不确定噪声方差、随机参数和有色观测噪声的三传感器不间断供电系统(Uninterruptible Power System,UPS)[18]

$$x_c(t+1)=\boldsymbol{\Phi}(t)x_c(t)+\Gamma_c w(t) \tag{7.295}$$

$$y_i(t)=H_c x_c(t)+b_i(t)+\zeta_i(t),i=1,2,3 \tag{7.296}$$

$$\boldsymbol{\Phi}(t)=\begin{bmatrix}0.9622+\xi_1(t) & -0.633+\xi_2(t) & 0\\ 1 & 0 & 0\\ 0 & 1 & 0\end{bmatrix},\Gamma_c=\begin{bmatrix}0.5\\0\\0.2\end{bmatrix},H_c=[23.738,20.287,0] \tag{7.297}$$

$$b_i(t)=B_{it}(q^{-1})e_i(t) \tag{7.298}$$

$$B_{1t}(q^{-1})=1+b_{11}(t)q^{-1},B_{2t}(q^{-1})=1+b_{21}(t)q^{-1}+b_{22}(t)q^{-2},$$

$$B_{3t}(q^{-1})=1+b_{31}(t)q^{-1}+b_{32}(t)q^{-2}+b_{33}(t)q^{-3},b_{ij}(t)=b_{ij}+\eta_{ij}(t) \tag{7.299}$$

其中，$x_c(t)$ 是公共状态，$y_i(t)$ 是观测，随机观测偏差 $b_i(t)$ 为服从 MA(Moving Average)模型(7.298) 的有色观测噪声，b_{ij} 为随机参数 $b_{ij}(t)$ 的已知均值，$\xi_i(t)$ 和 $\eta_{ij}(t)$ 是带零均值的随机干扰，其不确定方差分别为 $\bar{\sigma}^2_{\xi_i}$ 和 $\bar{\sigma}^2_{\eta_{ij}}$。$\zeta_i(t)$ 是白色观测噪声。标量白噪声 $w(t),e_i(t),\xi_i(t),\zeta_i(t)$ 和 $\eta_{ij}(t)$ 满足假设 4—6。

根据式(7.297)，$\Phi(t)$ 被分解为

$$\Phi(t)=\Phi+\tilde{\Phi}(t) \tag{7.300}$$

其中，$\Phi=\begin{bmatrix}0.962\,2 & -0.633 & 0\\ 1 & 0 & 0\\ 0 & 1 & 0\end{bmatrix}$，$\tilde{\Phi}(t)=\begin{bmatrix}\xi_1(t) & \xi_2(t) & 0\\ 0 & 0 & 0\\ 0 & 0 & 0\end{bmatrix}$。

由式(7.298) 给出 MA 有色噪声有状态空间模型

$$\beta_i(t+1)=B_i\beta_i(t)+\Gamma_{bi}e_i(t),i=1,2,3 \tag{7.301}$$

$$b_i(t)=H_{bi}(t)\beta_i(t)+e_i(t) \tag{7.302}$$

其中 $H_{b1}(t)=b_{i1}(t),H_{b2}(t)=[b_{i1}(t),b_{i2}(t)],H_{b3}(t)=[b_{i1}(t),b_{i2}(t),b_{i3}(t)],B_1=0$，$\Gamma_{b1}=1,B_2=\begin{bmatrix}0 & 0\\ 1 & 0\end{bmatrix}$，$\Gamma_{b2}=\begin{bmatrix}1\\ 0\end{bmatrix}$，$B_3=\begin{bmatrix}0 & 0 & 0\\ 1 & 0 & 0\\ 0 & 1 & 0\end{bmatrix}$，$\Gamma_{b3}=\begin{bmatrix}1\\ 0\\ 0\end{bmatrix}$。

根据式(7.299)，$H_{bi}(t)$ 可写为

$$H_{b1}(t)=H_{b1}+\eta_{11}(t)H_{11},H_{b1}=b_{11},H_{11}=1;H_{b2}(t)=H_{b2}+\eta_{21}(t)H_{21}+\eta_{22}(t)H_{22},$$

$$H_{b2}=[b_{21},b_{22}],H_{21}=[1,0],H_{22}=[0,1];$$

$$H_{b3}(t)=H_{b3}+\eta_{31}(t)H_{31}+\eta_{32}(t)H_{32}+\eta_{33}(t)H_{33},$$

$$H_{b3}=[b_{31},b_{32},b_{33}],H_{31}=[1,0,0],H_{32}=[0,1,0],H_{33}=[0,0,1] \tag{7.303}$$

由此可以得到带线性相关噪声的增广状态空间模型(不同局部模型)

$$x_i(t+1)=\Phi_{ai}(t)x_i(t)+\Gamma_{ai}w_i(t),i=1,2,3 \tag{7.304}$$

$$y_i(t)=H_{ai}(t)x_i(t)+v_i(t) \tag{7.305}$$

$$v_i(t)=[0,1]w_i(t)+\zeta_i(t) \tag{7.306}$$

其中 $x_i(t)$ 为增广状态，$w_i(t)$ 为增广噪声

$$x_i(t)=\begin{bmatrix}x_c(t)\\ \beta_i(t)\end{bmatrix},w_i(t)=\begin{bmatrix}w(t)\\ e_i(t)\end{bmatrix},\Phi_{ai}(t)=\begin{bmatrix}\Phi(t) & 0\\ 0 & B_i\end{bmatrix}$$

$$\Gamma_{ai}=\begin{bmatrix}\Gamma_c & 0\\ 0 & \Gamma_{bi}\end{bmatrix},H_{ai}(t)=[H_0,H_{bi}(t)]$$

其中 $H_{ai}(t)$ 可被分解为 H_{ai} 和 $\tilde{H}_{ai}(t)$ 之和，即

$$H_{ai}(t)=H_{ai}+\tilde{H}_{ai}(t) \tag{7.307}$$

$$H_{ai}=[H_0,H_{bi}],\tilde{H}_{ai}(t)=\sum_{k=1}^{q_i}\eta_{ik}(t)H_{aik},q_1=1,q_2=2,q_3=3,H_{aik}=[0,H_{ik}]$$

$\boldsymbol{\Phi}_{ai}(t)$ 有均值 $\boldsymbol{\Phi}_i$,因此 $\boldsymbol{\Phi}_{ai}(t)$ 可被分解为 $\boldsymbol{\Phi}_{ai}(t)=\boldsymbol{\Phi}_i+\widetilde{\boldsymbol{\Phi}}_i(t)$,其中

$$\boldsymbol{\Phi}_i=\begin{bmatrix}\boldsymbol{\Phi} & 0\\ 0 & B_i\end{bmatrix},\widetilde{\boldsymbol{\Phi}}_i(t)=\begin{bmatrix}\widetilde{\boldsymbol{\Phi}}(t) & 0\\ 0 & 0\end{bmatrix}=\sum_{k=1}^{2}\xi_k(t)\boldsymbol{\Phi}_{ik}$$

$$\boldsymbol{\Phi}_{11}=\begin{bmatrix}1&0&0&0\\0&0&0&0\\0&0&0&0\\0&0&0&0\end{bmatrix},\boldsymbol{\Phi}_{12}=\begin{bmatrix}0&1&0&0\\0&0&0&0\\0&0&0&0\\0&0&0&0\end{bmatrix}$$

$$\boldsymbol{\Phi}_{21}=\begin{bmatrix}1&0&0&0&0\\0&0&0&0&0\\0&0&0&0&0\\0&0&0&0&0\\0&0&0&0&0\end{bmatrix},\boldsymbol{\Phi}_{22}=\begin{bmatrix}0&1&0&0&0\\0&0&0&0&0\\0&0&0&0&0\\0&0&0&0&0\\0&0&0&0&0\end{bmatrix}$$

$$\boldsymbol{\Phi}_{31}=\begin{bmatrix}1&0&0&0&0&0\\0&0&0&0&0&0\\0&0&0&0&0&0\\0&0&0&0&0&0\\0&0&0&0&0&0\\0&0&0&0&0&0\end{bmatrix},\boldsymbol{\Phi}_{32}=\begin{bmatrix}0&1&0&0&0&0\\0&0&0&0&0&0\\0&0&0&0&0&0\\0&0&0&0&0&0\\0&0&0&0&0&0\\0&0&0&0&0&0\end{bmatrix}$$

显而易见,$v_i(t)$ 与 $w_i(t)$ 线性相关,且 $w_i(t)$ 与 $w_j(t)$ 也线性相关,因此有

$$S_{ij}(t)=\mathrm{E}[w_i(t)v_j^{\mathrm{T}}(t)]=[0,\sigma_{e_i}^2]^{\mathrm{T}}\delta_{ij}\tag{7.308}$$

$$Q_{ij}(t)=\mathrm{E}[w_i(t)w_j^{\mathrm{T}}(t)]=\mathrm{diag}(\sigma_w^2,\sigma_{e_i}^2\delta_{ij})\tag{7.309}$$

但是 $v_i(t)$ 与 $v_j(t)$ 不相关,即

$$R_{vij}(t)=\mathrm{E}[v_i(t)v_j^{\mathrm{T}}(t)]=(\sigma_{e_i}^2+\sigma_{\zeta_i}^2)\delta_{ij}\tag{7.310}$$

多传感器多模型系统(7.304)—(7.306)与原始系统(7.122)—(7.125)等价。

不同局部状态方程式(7.304)有相同分量 $x_c(t)$,我们称 $x_c(t)$ 为公共状态,即

$$x_c(t)=C_ix_i(t),C_1=\begin{bmatrix}1&0&0&0\\0&1&0&0\\0&0&1&0\end{bmatrix},C_2=\begin{bmatrix}1&0&0&0&0\\0&1&0&0&0\\0&0&1&0&0\end{bmatrix},C_3=\begin{bmatrix}1&0&0&0&0&0\\0&1&0&0&0&0\\0&0&1&0&0&0\end{bmatrix}\tag{7.311}$$

由于公共状态是每一个局部状态 $x_i(t)$ 的分量,所以局部鲁棒 Kalman 估值器 $\hat{x}_i(t)$ 和公共状态 $x_c(t)$ 之间存在关系

$$\hat{x}_{ci}(t\mid t+N)=C_i\hat{x}_i(t\mid t+N)\tag{7.312}$$

在仿真中,取 $Q=1.5,\bar{Q}=1;Q_{e_1}=0.012,Q_{e_2}=0.02,Q_{e_3}=0.03,\bar{Q}_{e_i}=0.8Q_{e_i},i=1,2,3$; $R_{\zeta_1}=0.2,R_{\zeta_2}=0.4$, $R_{\zeta_3}=0.3,\bar{R}_{\zeta_1}=0.1,\bar{R}_{\zeta_2}=0.3,\bar{R}_{\zeta_3}=0.2;\sigma_{\xi_1}^2=0.13$, $\sigma_{\xi_2}^2=0.06$, $\bar{\sigma}_{\xi_1}^2=0.12,\bar{\sigma}_{\xi_2}^2=0.05;\sigma_{\eta_{11}}^2=0.11,\sigma_{\eta_{21}}^2=0.21,\sigma_{\eta_{22}}^2=0.41,\sigma_{\eta_{31}}^2=0.31,\sigma_{\eta_{32}}^2=0.18$, $\sigma_{\eta_{33}}^2=0.13;\bar{\sigma}_{\eta_{11}}^2=0.1,\bar{\sigma}_{\eta_{21}}^2=0.2,\bar{\sigma}_{\eta_{22}}^2=0.04,\bar{\sigma}_{\eta_{31}}^2=0.3,\bar{\sigma}_{\eta_{32}}^2=0.17,\bar{\sigma}_{\eta_{33}}^2=0.12$; $\bar{\sigma}_{\eta_{11}}^2=0.1$, $\bar{\sigma}_{\eta_{21}}^2=0.2,\bar{\sigma}_{\eta_{22}}^2=0.04,\bar{\sigma}_{\eta_{31}}^2=0.3,\bar{\sigma}_{\eta_{32}}^2=0.17,\bar{\sigma}_{\eta_{33}}^2=0.12;b_{11}=0.01,b_{21}=0.03$, $b_{22}=0.02,b_{31}=0.03$, $b_{32}=0.02$, $b_{31}=0.03$。

公共状态 $x_c(t)$ 的局部和融合时变 Kalman 平滑器($N=2$) 的鲁棒和实际精度比较如表 7.1 所示。表 7.1 验证了精度式(7.255)—(7.257)。

表 7.1　$x_c(t)$ 的局部和融合时变 Kalman 平滑器在 $t=200$ 的精度比较

$\mathrm{tr}P_c^1$	$\mathrm{tr}P_c^2$	$\mathrm{tr}P_c^3$	$\mathrm{tr}P_c^m$	$\mathrm{tr}P_c^d$	$\mathrm{tr}P_c^s$	$\mathrm{tr}P_c^{\mathrm{CI}}$	$\mathrm{tr}P_{\mathrm{CI}}^*$
0.045 4	0.078 3	0.126 5	0.021 56	0.021 69	0.021 74	0.023 2	0.035 1
$\mathrm{tr}\bar{P}_c^1$	$\mathrm{tr}\bar{P}_c^2$	$\mathrm{tr}\bar{P}_c^3$	$\mathrm{tr}\bar{P}_c^m$	$\mathrm{tr}\bar{P}_c^d$	$\mathrm{tr}\bar{P}_c^s$	$\mathrm{tr}\bar{P}_c^{\mathrm{CI}}$	
0.029 4	0.056 7	0.094 8	0.013 69	0.013 84	0.013 90	0.014 5	

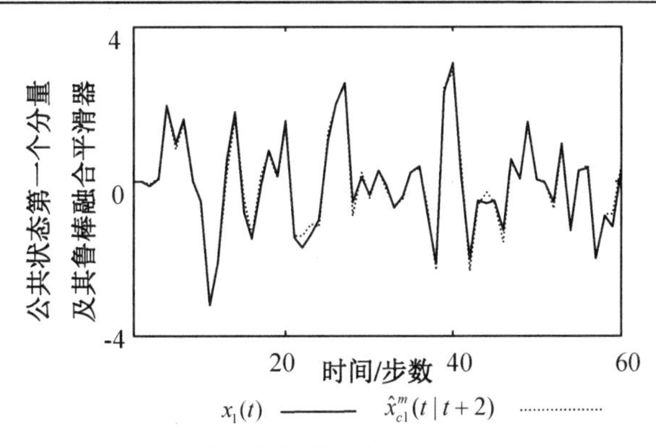

(a) 分量 $x_1(t)$ 及其鲁棒融合平滑器 $\hat{x}_{c1}^m(t|t+2)$

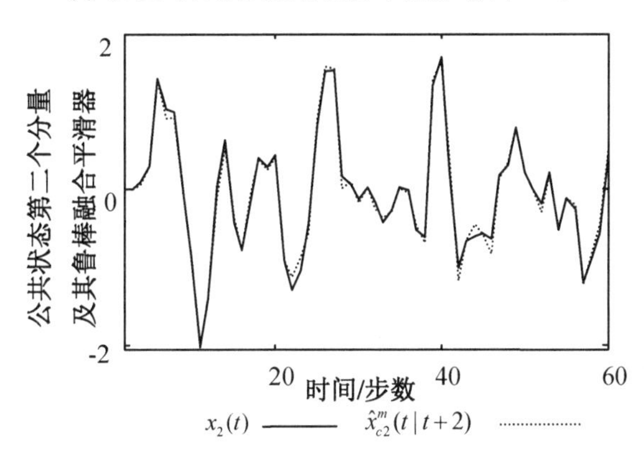

(b) 分量 $x_2(t)$ 及其鲁棒融合平滑器 $\hat{x}_{c2}^m(t|t+2)$

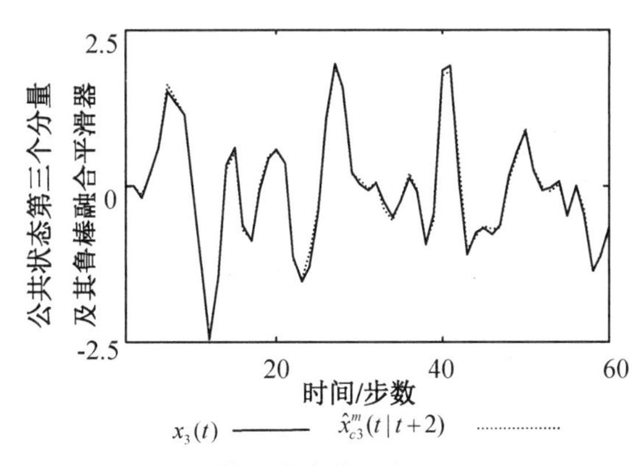

(c) 分量 $x_3(t)$ 及其鲁棒融合平滑器 $\hat{x}_{c3}^m(t|t+2)$

图 7.5　公共状态 $x_c(t)$ 和按矩阵加权鲁棒时变融合平滑器 $\hat{x}_c^m(t|t+2)$

图7.5曲线为公共状态 $x_c(t)=[x_1(t),x_2(t),x_3(t)]^{\mathrm{T}}$ 各分量及按矩阵加权鲁棒融合平滑器 $\hat{x}_c^m(t|t+2)=[x_{c1}^m(t|t+2),x_{c2}^m(t|t+2),x_{c3}^m(t|t+2)]^{\mathrm{T}}$,其中实线表示实际状态,虚线表示鲁棒融合平滑估值器。我们看到加权融合器有较好的跟踪性能。

公共状态 $x_c(t)$ 的矩阵状态加权融合器 $\hat{x}_c^m(t|t+2)$ 的分量的鲁棒和实际标准差分别为 σ_k^m 和 $\bar{\sigma}_k^m$,$k=1,2,3$,其中 $(\sigma_k^m)^2$ 和 $(\bar{\sigma}_k^m)^2$ 可分别由式(7.227)和式(7.228)给出的 $P_c^m(N)$ 和 $\bar{P}_c^m(N)$ 计算得到,即 $P_c^m(N)$ 和 $\bar{P}_c^m(N)$ 的第 (k,k) 对角元素为 $(\sigma_k^m)^2$ 和 $(\bar{\sigma}_k^m)^2$。估值误差曲线 $\pm 3\sigma_k^m$ 和 $\pm 3\bar{\sigma}_k^m$ 界如图7.6所示,其中矩阵融合估值误差曲线用实线表示,$\pm 3\sigma_k^m$ 界用短划线表示,$\pm 3\bar{\sigma}_k^m$ 界用虚线表示。可看到超过99%的平滑误差值位于 ± 3 标准差界之间。这验证了鲁棒性和实际融合误差方差的正确性。

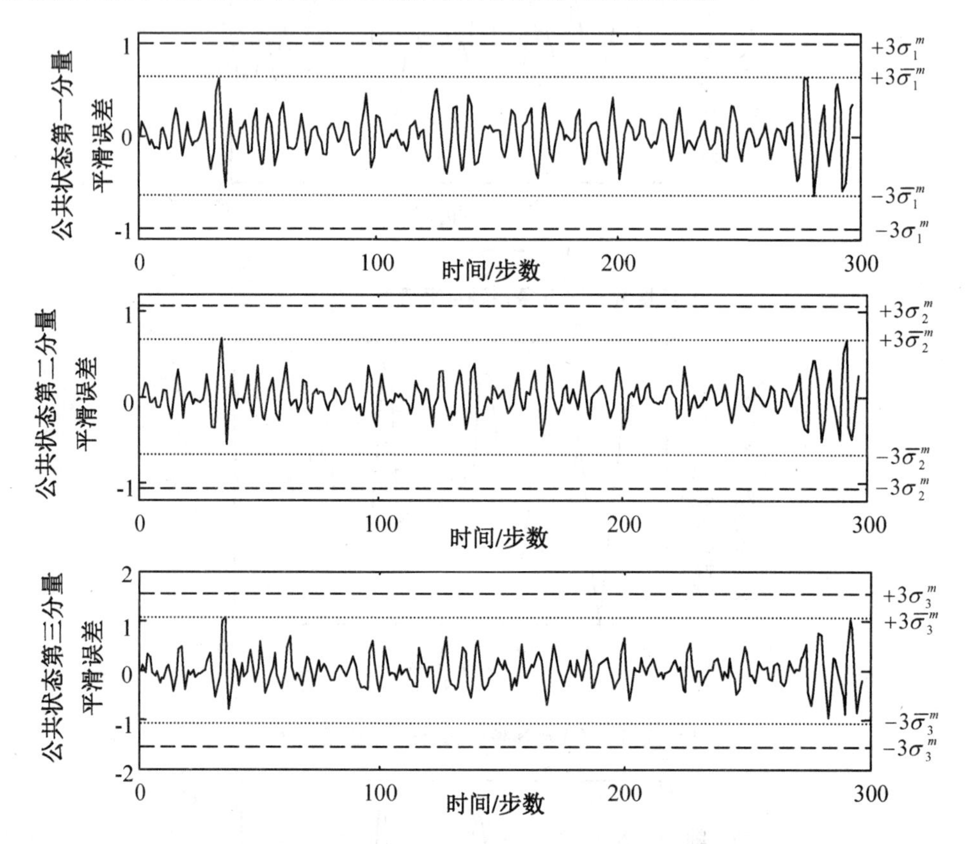

图7.6　公共状态 $x_c(t)$ 分量的实际平滑误差及 ± 3 - 实际和鲁棒标准差界

取 $\rho=300$ 进行 Monte Carlo 仿真,公共状态 $x_c(t)$ 的局部和四种加权融合鲁棒时变估值器 $\hat{x}_c^\theta(t|t+2)$ 的均方误差(MSE)的曲线 $\mathrm{MSE}_\theta(t)$ $(\theta=1,2,3,m,s,d,\mathrm{CI})$ 如图7.7所示。图中曲线表示实际误差方差的迹 $\mathrm{tr}\bar{P}_c^\theta(t|t+2)$,折线表示 $\mathrm{MSE}_\theta(t)$ 的值,它们分别表示采样实际误差方差的迹。我们看到当 t 足够大的时候,实际时变估值误差方差的迹 $\mathrm{tr}\bar{P}_c^\theta(t|t+2)$ 收敛于相应的稳态迹值 $\mathrm{tr}\bar{P}_c^\theta(2)$,且 ρ 足够大时 $(\rho=300)$,$\mathrm{MSE}_\theta(t)$ 的值接近于相应的迹值 $\mathrm{tr}\bar{P}_c^\theta(t|t+2)$。这验证了由式(7.276)给出的收敛性 $\mathrm{tr}\bar{P}_c^\theta(t|t+2)\to\mathrm{tr}\bar{P}_c^\theta(2)$ 和采样实际方差的一致性。

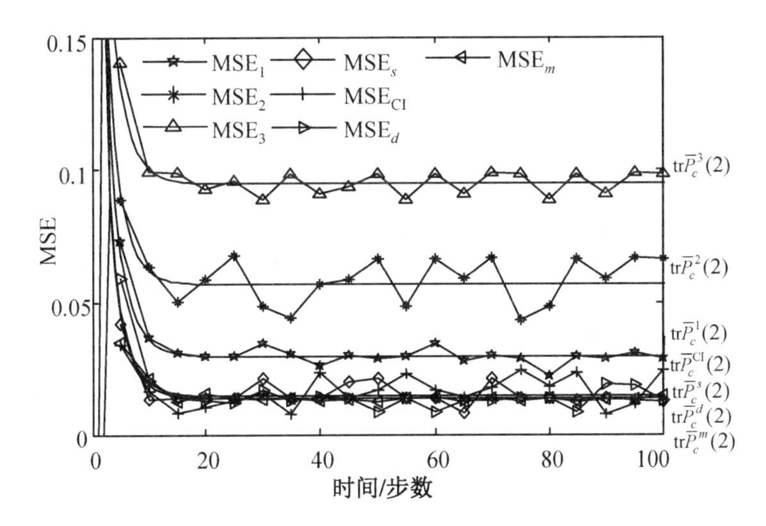

图 7.7　局部和融合鲁棒时变 Kalman 平滑器 $\hat{x}_c^{\theta}(t \mid t+2)(\theta = i,m,s,d,\mathrm{CI})$ 的 MSE 曲线

7.5　本章小结

本章将对带不确定方差乘性和线性相关加性白噪声的多模型多传感器系统，引入虚拟噪声技术，将原始系统转换为只带不确定加性噪声方差的系统，根据极大极小鲁棒估计原理，用统一框架设计了公共状态的局部和融合鲁棒估值器（预报器、滤波器和平滑器）。应用 Lyapunov 方程方法证明了所提出的鲁棒估值器的鲁棒性。应用对鲁棒时变 Kalman 估值器取极限的间接方法得到相应的鲁棒稳态 Kalman 估值器，并证明了所提出的鲁棒估值器之间的鲁棒精度关系。用 DESA 方法证明了收敛性。最后给出了跟踪系统和不间断供电系统仿真实例，验证了理论精度关系的正确性和有效性。它包括带不确定方差线性相关白噪声的多模型多传感器系统的有关结果作为特例。

参考文献

[1] YANG C S, DENG Z L. Information Fusion Robust Guaranteed Cost Kalman Predictors for Systems with Multiplicative Noises and Uncertain Noise variances[C]. The 16th International Conference on Information Fusion, 2017: 305-312.

[2] YANG F W, WANG Z D, HUNG Y S, et al. H_∞ Control for Networked Systems with Random Communication Delays[J]. IEEE Transactions on Automatic Control, 2006, 51 (3): 511-518.

[3] MA J, SUN S L. Information Fusion Estimators for Systems with Multiple Sensors of Different Packet Dropout Rates[J]. Information Fusion, 2011, 12(3): 213-222.

[4] MA J, SUN S L. Distributed Fusion Filter for Networked Stochastic Uncertain Systems with Transmission Delays and Packet Dropouts[J]. Signal Processing, 2017, 130: 268-278.

[5] SUN X J, GAO Y, DENG Z L, et al. Multi-model Information Fusion Kalman Filtering and White Noise Deconvolution[J]. Information Fusion, 2010, 11(2):163-173.

[6] SUN X J, GAO Y, DENG Z L. Information Fusion White Noise Deconvolution Estimators

for Time-varying Systems[J]. Signal Processing, 2008, 88 (5): 1233-1247.
[7] WANG X M, DENG Z L. Multi-model Multisensor Robust Weighted Fusion Kalman Estimators with Uncertain Variance Linearly Correlated White Noises[C]. Proceedings of the 36th Chinese Control Conference, Dalian, China, 2017: 5053-5059.
[8] WANG X M, LIU W Q, DENG Z L. Robust Weighted Fusion Kalman Estimators for Multi-model Multisensor Systems with Uncertain-variance Multiplicative and Linearly Correlated Additive White Noises[J]. Signal Processing, 2017, 137:339-355.
[9] QU X M, ZHOU J, SONG E B, et al. Minimax Robust Optimal Estimation Fusion in Distributed Multisensor Systems with Uncertainties[J]. IEEE Signal Processing Letters, 2010, 17(9): 811-814.
[10] ANDERSON B D O, MOORE J B. Optimal Filtering[M]. Englewood Cliffs, New Jersey: Prentice Hall, 1979.
[11] DENG Z L, GAO Y, MAO L, et al. New Approach to Information Fusion Steady-state Kalman Filtering[J]. Automatica, 2005, 41(10): 1695-1707.
[12] QI W J, ZHANG P, DENG Z L. Robust Weighted Fusion Kalman Filters for Multisensor Time-varying Systems with Uncertain Noise Variances[J]. Signal Processing, 2014, 99: 185-200.
[13] QI W J, ZHANG P, DENG Z L. Robust Weighted Fusion Time-varying Kalman Smoothers for Multisensor System with Uncertain Noise Variances[J]. Information Sciences, 2014, 282: 15-37.
[14] DENG Z L, GAO Y, LI C B, et al. Self-tuning Decoupled Information Fusion Wiener State Component Filters and Their Convergence[J]. Automatica, 2008, 44(3): 685-695.
[15] QI W J, ZHANG P, NIE G H, et al. Robust Weighted Fusion Kalman Predictors with Uncertain Noise Variances[J]. Digital Signal Processing, 2014, 30: 37-54.
[16] 邓自立，齐文娟，张鹏. 鲁棒融合卡尔曼滤波理论及应用[M]. 哈尔滨:哈尔滨工业大学出版社, 2016.
[17] DENG Z L, ZHANG P, QI W J, et al. The Accuracy Comparison of Multisensor Covariance Intersection Fuser and Three Weighting Fusers[J]. Information Fusion, 2013, 14(2): 177-185.
[18] SHI P, LUAN X L, LIU F. H_∞ Filtering for Discrete-time Systems with Stochastic Incomplete Measurement and Mixed Delay[J]. IEEE Transactions on Industrial Electronics, 2012, 59(6): 2732-2739.
[19] WANG Z D, HO D W C, LIU X H. Robust Filtering under Randomly Varying Sensor Delay with Variance Constraints[J]. IEEE Transactions on Circuits and Systems II: Express Briefs, 2004, 51(6): 320-326.
[20] 韩京清，何关钰，许可康. 线性系统理论代数基础[M]. 沈阳:辽宁科学技术出版社, 1985.

第8章　带乘性噪声和丢包的混合不确定网络化系统鲁棒Kalman滤波

8.1　引　言

Kalman滤波方法[1]是处理状态估计问题的基本工具,它是一种基于状态空间模型和射影理论的时域滤波(状态估计)方法,将问题归结为计算或求解Riccati方程。由于Kalman滤波器具有递推结构和良好的性能,所以被广泛应用到通信[2]、信号处理[3]、GPS定位[4]和组合导航系统[5]等领域。

近年来,多传感器信息融合已经受到了广泛关注并被应用到导航、目标跟踪、无人机、机器人、遥感、宇航和信号处理等高技术领域[6]。基于Kalman滤波的数据融合,两种常用的融合方法是集中式融合方法和分布式融合方法。分布式融合方法又可以分为观测融合方法和状态融合方法。基于加权最小二乘方法[7],文献[8,9]给出了两种加权观测融合算法;基于按矩阵加权、按对角阵加权和按标量加权三种最优加权融合估计准则,文献[10,11]给出了三种分布式加权状态融合算法。如何计算各局部Kalman估值器之间的误差互协方差是分布式加权状态融合算法的关键,然而在许多理论和实际问题中,互协方差是未知的或者互协方差的计算非常复杂。为了克服上述缺点和局限性,文献[12-14]提出了协方差交叉(Covariance Intersection,CI)融合方法,它可看成是一种特殊的按矩阵加权融合算法,由局部估计的凸组合实现。

应用Kalman滤波方法来解决状态估计问题时,要求满足一个关键假设,即系统的模型参数和噪声方差是精确已知的[1,15]。然而,在实际应用中,由于未建模动态和随机扰动等原因,致使系统的模型中往往存在着不确定性,包括模型参数不确定性和噪声方差不确定性,而不确定模型参数又包括确定性的不确定参数和随机不确定参数[16]。此外,由于传感器故障所导致的丢失观测现象[17]以及在网络化系统中由于有限的通信能力和网络拥堵等原因造成的随机观测时滞和丢包[18,19]等现象也经常发生。当系统模型中存在上述不确定性时,经典Kalman滤波器的性能会变坏,甚至会引起滤波器的发散,这引出了鲁棒Kalman滤波问题,也推动了在鲁棒Kalman滤波器设计上的许多研究[20]。

随机不确定参数是指在系统的确定的参数矩阵中的参数受到随机扰动,乘性噪声可用来描述这类随机参数不确定性[16,21-27]。对确定性参数的随机扰动称为乘性噪声,它包括状态相依和噪声相依乘性噪声。在网络化系统中,随机观测时滞和丢包可用伯努利分布随机变量来描写[18,19]。

本章将文献[22,24,27,28]中给出的适用于模型参数不确定但噪声方差已知系统的虚拟噪声方法推广到模型参数和噪声方差都不确定的多传感器系统中,进而可将所给出的不确定系统转换为仅带不确定噪声方差的系统。将文献[29-31]中给出的仅适用于噪声方差不确定且观测与过程噪声不相关的基于 Lyapunov 方程的极大极小鲁棒 Kalman 滤波方法推广到模型参数和噪声方差都不确定且观测与过程噪声线性相关的不确定系统中，这也完全不同于文献[32-34]中所提出的基于博弈论或多项式方法的极大极小鲁棒滤波方法。本章介绍了一种统一设计方法来设计鲁棒估值器，即基于鲁棒 Kalman 预报器来设计鲁棒 Kalman 滤波器和平滑器。这完全不同于文献[29-31]中给出的基于不同的 Lyapunov 方程来单独设计鲁棒 Kalman 预报器、滤波器和平滑器的方法。本章介绍了一种用于鲁棒性分析的增广噪声方法和非负定矩阵分解方法，进而，结合 Lyapunov 方程方法可证明估值器的鲁棒性。

本章针对在各参数矩阵中带相同乘性噪声和不确定方差线性相关加性白噪声的线性离散时变系统，应用虚拟噪声方法，系统被转换为带确定性的模型参数和不确定噪声方差的系统。应用基于 Lyapunov 方程方法的极大极小鲁棒 Kalman 滤波方法，基于带噪声方差保守上界的最坏情形保守系统，在统一框架下提出了鲁棒时变 Kalman 估值器(预报器、滤波器和平滑器)，提出了带乘性噪声不确定系统最大值噪声方差辨识方法，并提出了一种用于判决噪声方差上界保守性的新息检验准则，给出了一种简单的用于寻求噪声方差的较小保守上界的搜索技术。进而，提出了两类保精度鲁棒稳态 Kalman 估值器，一种是带改进的鲁棒精度的鲁棒稳态估值器，另一种是带预置鲁棒精度指标的鲁棒稳态估值器[35]。

针对带不同的状态和噪声相依乘性噪声、丢包和不确定方差线性相关加性白噪声的混合不确定网络化系统，应用增广方法和虚拟噪声补偿方法，系统被转换成仅含不确定噪声方差的系统，进而在统一框架下提出了鲁棒时变 Kalman 估值器[36]。

针对带不同状态相依乘性噪声、丢包和不确定方差线性相关加性白噪声的混合不确定多传感器网络化系统，应用增广方法和虚拟噪声补偿方法，系统被转换成仅含不确定噪声方差的系统，进而在统一框架下提出了鲁棒局部时变 Kalman 估值器。应用按矩阵加权、按对角矩阵加权、按标量加权和改进的 CI 融合算法，在统一框架下提出了四种加权状态融合鲁棒时变 Kalman 估值器[37]。

应用增广噪声方法、Lyapunov 方程方法和非负定矩阵分解方法，证明了所提出的局部和融合估值器的鲁棒性，证明了鲁棒局部和融合估值器之间的精度关系。应用自校正 Riccati 方程的收敛性[38]以及动态误差系统分析(Dynamic Error System Analysis, DESA)和动态方差误差系统分析(Dynamic Variance Error System Analysis, DVESA)方法[39]，证明了鲁棒时变与稳态 Kalman 估值器间的三种模式按实现收敛性。本章还介绍了若干个仿真应用实例，包括解决带随机扰动参数、有色观测噪声和不确定噪声方差的自回归(Autoregressive, AR)信号的保精度鲁棒稳态滤波问题，解决带丢包和不确定噪声方差的不间断电力系统(UPS)[40,41]的鲁棒滤波问题，解决带乘性噪声、丢包和不确定噪声方差的 UPS[40,41]的鲁棒局部和加权状态融合滤波问题。这些仿真应用例子验证了所提出结果的正确性、有效性和可应用性。

8.2 带状态和噪声相依乘性噪声系统鲁棒 Kalman 估值器

对于带有状态相依和噪声相依乘性噪声，且加性噪声方差不确定的系统，本节介绍作者新近提出的鲁棒时变与稳态 Kalman 估值器[35]。根据极大极小鲁棒估计原理，应用提出的统一设计方法，在统一框架下提出了鲁棒时变 Kalman 估值器，证明了估值器的鲁棒性和三种模式按实现收敛性。提出了一种用于判决噪声方差上界保守性和判决噪声方差最大值正确性的新息检验准则，这不同于文献[29] 中给出的基于不发散 Kalman 预报器的判决准则的导出方式，给出了一种简单的用于寻求噪声方差的较小保守上界的搜索技术和辨识噪声方差最大值的相关方法。进而，提出了两类保精度鲁棒稳态 Kalman 估值器。用本节提出的方法和结果解决了带随机参数、有色观测噪声和不确定噪声方差的 AR 信号的保精度鲁棒稳态滤波问题，解决了带丢包和不确定噪声方差的不间断电力系统 (UPS) 的鲁棒滤波问题。

考虑各参数阵中带相同的乘性噪声和不确定方差线性相关加性白噪声的线性离散时变系统

$$x(t+1)=(\Phi(t)+\sum_{k=1}^{q}\Phi_k(t)\xi_k(t))x(t)+(\Gamma(t)+\sum_{k=1}^{q}\Gamma_k(t)\xi_k(t))w(t) \tag{8.1}$$

$$y(t)=(H(t)+\sum_{k=1}^{q}H_k(t)\xi_k(t))x(t)+(C(t)+\sum_{k=1}^{q}C_k(t)\xi_k(t))v(t) \tag{8.2}$$

$$v(t)=D(t)w(t)+\eta(t) \tag{8.3}$$

其中 t 是离散时间，$x(t)\in R^n$ 是被估状态，$y(t)\in R^m$ 是观测，$w(t)\in R^r$ 是加性过程噪声，$v(t)\in R^m$ 是加性观测噪声且线性相关于 $w(t)$，$\xi_k(t)\in R^1(k=1,\cdots,q)$ 是乘性噪声，$\Phi(t)\in R^{n\times n}$，$\Phi_k(t)\in R^{n\times n}$，$\Gamma(t)\in R^{n\times r}$，$\Gamma_k(t)\in R^{n\times r}$，$H(t)\in R^{m\times n}$，$H_k(t)\in R^{m\times n}$，$C(t)\in R^{m\times m}$，$C_k(t)\in R^{m\times m}$ 和 $D(t)\in R^{m\times r}$ 是带适当维数的已知时变矩阵，$\Phi_k(t)$，$\Gamma_k(t)$，$H_k(t)$ 和 $C_k(t)$ 是扰动方位矩阵，q 是乘性噪声的数目。

假设 1 $w(t)$，$\eta(t)$ 和 $\xi_k(t)$ 是带零均值的互不相关白噪声，且协方差为

$$\mathrm{E}\left[\begin{bmatrix}w(t)\\ \eta(t)\\ \xi_k(t)\end{bmatrix}\begin{bmatrix}w(u)\\ \eta(u)\\ \xi_h(u)\end{bmatrix}^{\mathrm{T}}\right]=\begin{bmatrix}\bar{Q}(t)\delta_{tu} & 0 & 0\\ 0 & \bar{R}_\eta(t)\delta_{tu} & 0\\ 0 & 0 & \sigma_{\xi_k}^2(t)\delta_{kh}\delta_{tu}\end{bmatrix} \tag{8.4}$$

其中 $\bar{Q}(t)$ 和 $\bar{R}_\eta(t)$ 分别是白噪声 $w(t)$ 和 $\eta(t)$ 的未知不确定实际方差，$\sigma_{\xi_k}^2(t)$ 是白噪声 $\xi_k(t)$ 的已知实际方差。

假设 2 初始状态 $x(0)$ 不相关于 $w(t)$，$\eta(t)$ 和 $\xi_k(t)$，且 $\mathrm{E}[x(0)]=\mu_0$，$\mathrm{E}[(x(0)-\mu_0)(x(0)-\mu_0)^{\mathrm{T}}]=\bar{P}_0$，$\mu_0$ 是 $x(0)$ 的已知均值，$\bar{P}_0$ 是 $x(0)$ 的未知不确定实际方差。

假设 3 $Q(t)$，$R_\eta(t)$ 和 P_0 分别是 $\bar{Q}(t)$，$\bar{R}_\eta(t)$ 和 $\bar{P}_0$ 的已知保守上界，即有

$$\bar{Q}(t)\leqslant Q(t),\bar{R}_\eta(t)\leqslant R_\eta(t),\bar{P}_0\leqslant P_0 \tag{8.5}$$

应用式(8.3)、假设 1 和假设 3 得 $v(t)$ 的实际和保守方差阵分别为

$$\bar{R}_v(t)=D(t)\bar{Q}(t)D^{\mathrm{T}}(t)+\bar{R}_\eta(t) \tag{8.6}$$

$$R_v(t)=D(t)Q(t)D^{\mathrm{T}}(t)+R_\eta(t) \tag{8.7}$$

用式(8.7) 减式(8.6) 并应用式(8.5) 得

$$\bar{R}_v(t)\leqslant R_v(t) \tag{8.8}$$

由式(8.3)、假设1 和假设3 得 $w(t)$ 和 $v(t)$ 的实际和保守相关阵 $\mathrm{E}[w(t)v^{\mathrm{T}}(t)]$ 各为

$$\bar{S}(t)=\bar{Q}(t)D^{\mathrm{T}}(t),S(t)=Q(t)D^{\mathrm{T}}(t) \tag{8.9}$$

注 8.1 带实际方差 $\bar{Q}(t)$，$\bar{R}_\eta(t)$ 和 $\bar{P}_0$ 的系统(8.1)—(8.3) 称为实际系统，它的状态和观测分别称为实际状态和实际观测。带已知保守上界 $Q(t)$，$R_\eta(t)$ 和 P_0 的系统(8.1)—(8.3) 称为最坏情形(保守) 系统，它的状态和观测分别称为保守状态和保守观

测。对实际系统,从传感器获得的实际观测是已知可利用的,而对保守系统的保守观测是不可利用的。根据极大极小鲁棒估计原理,最坏情形系统的最优(最小方差)滤波称为极大极小鲁棒滤波。对于带最大噪声方差和初始状态方差的最坏情形系统,设计它的最小方差估值器将得到极大极小鲁棒估值器[29-31]。

对于不确定系统(8.1)—(8.3),本节将设计它的极大极小鲁棒时变 Kalman 估值器 $\hat{x}(t\mid t+N)(N<0,N=0,N>0)$,使得对于满足式(8.5)的所有容许的不确定实际方差 $\bar{Q}(t)$,$\bar{R}_\eta(t)$ 和 $\bar{P}_0$,它们的实际估计误差方差阵 $\bar{P}(t\mid t+N)$ 被保证有相应的最小上界 $P(t\mid t+N)$,即有

$$\bar{P}(t\mid t+N)\leqslant P(t\mid t+N) \tag{8.10}$$

8.2.1 基于虚拟噪声方法的模型转换

(1) 实际和保守非中心二阶矩

定义实际状态 $x(t)$ 的未知不确定实际非中心二阶矩为 $\bar{X}(t)=\mathrm{E}[x(t)x^{\mathrm{T}}(t)]$,由实际状态方程式(8.1),并应用假设1和假设2得如下推广的 Lyapunov 方程

$$\begin{aligned}\bar{X}(t+1)=&\Phi(t)\bar{X}(t)\Phi^{\mathrm{T}}(t)+\sum_{k=1}^{q}\sigma_{\xi_k}^2(t)\Phi_k(t)\bar{X}(t)\Phi_k^{\mathrm{T}}(t)+\\&\Gamma(t)\bar{Q}(t)\Gamma^{\mathrm{T}}(t)+\sum_{k=1}^{q}\sigma_{\xi_k}^2(t)\Gamma_k(t)\bar{Q}(t)\Gamma_k^{\mathrm{T}}(t)\end{aligned} \tag{8.11}$$

由保守状态方程式(8.1),并应用假设3得保守状态 $x(t)$ 的保守非中心二阶矩 $X(t)=\mathrm{E}[x(t)x^{\mathrm{T}}(t)]$ 满足如下推广的 Lyapunov 方程

$$\begin{aligned}X(t+1)=&\Phi(t)X(t)\Phi^{\mathrm{T}}(t)+\sum_{k=1}^{q}\sigma_{\xi_k}^2(t)\Phi_k(t)X(t)\Phi_k^{\mathrm{T}}(t)+\\&\Gamma(t)Q(t)\Gamma^{\mathrm{T}}(t)+\sum_{k=1}^{q}\sigma_{\xi_k}^2(t)\Gamma_k(t)Q(t)\Gamma_k^{\mathrm{T}}(t)\end{aligned} \tag{8.12}$$

由假设2得 $\bar{X}(t)$ 和 $X(t)$ 的初值 $\bar{X}(0)$ 和 $X(0)$ 分别为

$$\bar{X}(0)=\bar{P}_0+\mu_0\mu_0^{\mathrm{T}},X(0)=P_0+\mu_0\mu_0^{\mathrm{T}} \tag{8.13}$$

引理 8.1 对于满足式(8.5)的所有容许的不确定实际方差 $\bar{Q}(t)$ 和 $\bar{P}_0$,有

$$\bar{X}(t)\leqslant X(t),t\geqslant 0 \tag{8.14}$$

证明 定义 $\Delta X(t+1)=X(t+1)-\bar{X}(t+1)$,$\Delta Q(t)=Q(t)-\bar{Q}(t)$,用式(8.12)减式(8.11)得关于 $\Delta X(t)$ 的 Lyapunov 方程

$$\begin{aligned}\Delta X(t+1)=&\Phi(t)\Delta X(t)\Phi^{\mathrm{T}}(t)+\sum_{k=1}^{q}\sigma_{\xi_k}^2(t)\Phi_k(t)\Delta X(t)\Phi_k^{\mathrm{T}}(t)+\\&\Gamma(t)\Delta Q(t)\Gamma^{\mathrm{T}}(t)+\sum_{k=1}^{q}\sigma_{\xi_k}^2(t)\Gamma_k(t)\Delta Q(t)\Gamma_k^{\mathrm{T}}(t)\end{aligned} \tag{8.15}$$

由式(8.13)得 $\Delta X(0)=P_0-\bar{P}_0$,应用式(8.5)得 $\Delta X(0)\geqslant 0$ 且 $\Delta Q(t)\geqslant 0$,因此迭代式(8.15)用数学归纳法得 $\Delta X(t)\geqslant 0$,$\forall t\geqslant 0$,这里符号"$\forall$"表示任意,即式(8.14)成立。证毕。

(2) 虚拟过程噪声

引入虚拟过程噪声

$$w_a(t)=\sum_{k=1}^{q}\xi_k(t)\Phi_k(t)x(t)+\Gamma(t)w(t)+\sum_{k=1}^{q}\xi_k(t)\Gamma_k(t)w(t) \tag{8.16}$$

用它来补偿式(8.1)中的乘性噪声项,则状态方程(8.1)可被重写为

$$x(t+1)=\Phi(t)x(t)+w_a(t) \tag{8.17}$$

由假设1容易证明$w_a(t)$是带零均值的白噪声,应用式(8.16)得$w_a(t)$的实际和保守时变方差阵分别为

$$\bar{Q}_a(t)=\sum_{k=1}^{q}\sigma_{\xi_k}^2(t)\Phi_k(t)\bar{X}(t)\Phi_k^{\mathrm{T}}(t)+\Gamma(t)\bar{Q}(t)\Gamma^{\mathrm{T}}(t)+\sum_{k=1}^{q}\sigma_{\xi_k}^2(t)\Gamma_k(t)\bar{Q}(t)\Gamma_k^{\mathrm{T}}(t) \tag{8.18}$$

$$Q_a(t)=\sum_{k=1}^{q}\sigma_{\xi_k}^2(t)\Phi_k(t)X(t)\Phi_k^{\mathrm{T}}(t)+\Gamma(t)Q(t)\Gamma^{\mathrm{T}}(t)+\sum_{k=1}^{q}\sigma_{\xi_k}^2(t)\Gamma_k(t)Q(t)\Gamma_k^{\mathrm{T}}(t) \tag{8.19}$$

用式(8.19)减式(8.18)并应用式(8.5)和式(8.14)得

$$\bar{Q}_a(t)\leqslant Q_a(t) \tag{8.20}$$

这意味着$Q_a(t)$是$\bar{Q}_a(t)$的一个保守上界。

(3)虚拟观测噪声

引入虚拟观测噪声

$$v_a(t)=\sum_{k=1}^{q}\xi_k(t)H_k(t)x(t)+C(t)v(t)+\sum_{k=1}^{q}\xi_k(t)C_k(t)v(t) \tag{8.21}$$

用它来补偿式(8.2)中的乘性噪声项,则观测方程式(8.2)可被重写为

$$y(t)=H(t)x(t)+v_a(t) \tag{8.22}$$

应用式(8.3)、假设1和式(8.21),容易证明$v_a(t)$也是带零均值的白噪声。

应用式(8.21)得$v_a(t)$的实际和保守时变方差阵分别为

$$\bar{R}_a(t)=\sum_{k=1}^{q}\sigma_{\xi_k}^2(t)H_k(t)\bar{X}(t)H_k^{\mathrm{T}}(t)+C(t)\bar{R}_v(t)C^{\mathrm{T}}(t)+\sum_{k=1}^{q}\sigma_{\xi_k}^2(t)C_k(t)\bar{R}_v(t)C_k^{\mathrm{T}}(t) \tag{8.23}$$

$$R_a(t)=\sum_{k=1}^{q}\sigma_{\xi_k}^2(t)H_k(t)X(t)H_k^{\mathrm{T}}(t)+C(t)R_v(t)C^{\mathrm{T}}(t)+\sum_{k=1}^{q}\sigma_{\xi_k}^2(t)C_k(t)R_v(t)C_k^{\mathrm{T}}(t) \tag{8.24}$$

用式(8.24)减式(8.23)并应用式(8.8)和式(8.14)得

$$\bar{R}_a(t)\leqslant R_a(t) \tag{8.25}$$

由式(8.16)和式(8.21)得$w_a(t)$和$v_a(t)$的实际和保守相关阵$\mathrm{E}[w_a(t)v_a^{\mathrm{T}}(t)]$各为

$$\bar{S}_a(t)=\sum_{k=1}^{q}\sigma_{\xi_k}^2(t)\Phi_k(t)\bar{X}(t)H_k^{\mathrm{T}}(t)+\Gamma(t)\bar{S}(t)C^{\mathrm{T}}(t)+\sum_{k=1}^{q}\sigma_{\xi_k}^2(t)\Gamma_k(t)\bar{S}(t)C_k^{\mathrm{T}}(t) \tag{8.26}$$

$$S_a(t)=\sum_{k=1}^{q}\sigma_{\xi_k}^2(t)\Phi_k(t)X(t)H_k^{\mathrm{T}}(t)+\Gamma(t)S(t)C^{\mathrm{T}}(t)+\sum_{k=1}^{q}\sigma_{\xi_k}^2(t)\Gamma_k(t)S(t)C_k^{\mathrm{T}}(t) \tag{8.27}$$

因此,原始系统(8.1)—(8.3)被转换为一个等价的仅带不确定时变噪声方差$\bar{Q}_a(t)$和$\bar{R}_a(t)$以及相关矩阵$\bar{S}_a(t)$且带确定性参数阵的时变系统(8.17)和(8.22)。

8.2.2 鲁棒时变 Kalman 估值器

(1) 鲁棒时变 Kalman 预报器

对于带已知保守噪声统计 $Q_a(t)$,$R_a(t)$ 和 $S_a(t)$ 的最坏情形时变系统(8.17)和(8.22),根据极大极小鲁棒估计原理[29-31],由定理3.25的标准 Kalman 滤波算法得保守最优时变一步 Kalman 预报器为

$$\hat{x}(t+1|t)=\Psi_p(t)\hat{x}(t|t-1)+K_p(t)y(t) \tag{8.28}$$

$$\varepsilon(t)=y(t)-H(t)\hat{x}(t|t-1) \tag{8.29}$$

$$\Psi_p(t)=\Phi(t)-K_p(t)H(t) \tag{8.30}$$

$$K_p(t)=[\Phi(t)P(t|t-1)H^{\mathrm{T}}(t)+S_a(t)]Q_\varepsilon^{-1}(t) \tag{8.31}$$

$$Q_\varepsilon(t)=H(t)P(t|t-1)H^{\mathrm{T}}(t)+R_a(t) \tag{8.32}$$

保守一步预报误差方差阵 $P(t+1|t)$ 满足如下 Riccati 方程

$$\begin{aligned}P(t+1|t)=&\Phi(t)P(t|t-1)\Phi^{\mathrm{T}}(t)-[\Phi(t)P(t|t-1)H^{\mathrm{T}}(t)+S_a(t)]\times\\&[H(t)P(t|t-1)H^{\mathrm{T}}(t)+R_a(t)]^{-1}\times\\&[\Phi(t)P(t|t-1)H^{\mathrm{T}}(t)+S_a(t)]^{\mathrm{T}}+Q_a(t)\end{aligned} \tag{8.33}$$

注 8.2 由保守观测方程式(8.2)给出的保守观测 $y(t)$ 是不可利用的,理论上它由带保守上界 $Q(t)$,$R_\eta(t)$ 和 P_0 的保守系统(8.1)—(8.3)产生。仅仅实际观测 $y(t)$ 是可利用的(已知的),是经由传感器观测得到的,理论上它由带实际方差 $\bar{Q}(t)$,$\bar{R}_\eta(t)$ 和 $\bar{P}_0$ 的实际系统(8.1)—(8.3)产生。在式(8.28)中,保守观测 $y(t)$ 是不可利用的,因为保守系统是虚拟的、可能发生的、容许发生的最坏情形系统,当它不是实际发生的系统时,对保守系统不能用传感器得到其保守观测。用实际观测 $y(t)$ 代替式(8.28)中的保守观测 $y(t)$ 就得到实际局部时变 Kalman 预报器 $\hat{x}(t+1|t)$。

定义增广噪声

$$\lambda(t)=[w_a^{\mathrm{T}}(t),v_a^{\mathrm{T}}(t)]^{\mathrm{T}} \tag{8.34}$$

应用式(8.34)得增广噪声 $\lambda(t)$ 的实际和保守方差阵 $\bar{\Lambda}(t)$ 和 $\Lambda(t)$ 分别为

$$\bar{\Lambda}(t)=\begin{bmatrix}\bar{Q}_a(t) & \bar{S}_a(t)\\ \bar{S}_a^{\mathrm{T}}(t) & \bar{R}_a(t)\end{bmatrix},\Lambda(t)=\begin{bmatrix}Q_a(t) & S_a(t)\\ S_a^{\mathrm{T}}(t) & R_a(t)\end{bmatrix} \tag{8.35}$$

用式(8.17)减式(8.28)得一步预报误差为

$$\begin{aligned}\tilde{x}(t+1|t)=&\Psi_p(t)\tilde{x}(t|t-1)+w_a(t)-K_p(t)v_a(t)=\\&\Psi_p(t)\tilde{x}(t|t-1)+[I_n,-K_p(t)]\lambda(t)\end{aligned} \tag{8.36}$$

其中 I_n 表示 $n\times n$ 单位矩阵。应用式(8.36)得实际和保守一步预报误差方差阵分别满足如下 Lyapunov 方程

$$\bar{P}(t+1|t)=\Psi_p(t)\bar{P}(t|t-1)\Psi_p^{\mathrm{T}}(t)+[I_n,-K_p(t)]\bar{\Lambda}(t)[I_n,-K_p(t)]^{\mathrm{T}} \tag{8.37}$$

$$P(t+1|t)=\Psi_p(t)P(t|t-1)\Psi_p^{\mathrm{T}}(t)+[I_n,-K_p(t)]\Lambda(t)[I_n,-K_p(t)]^{\mathrm{T}} \tag{8.38}$$

带初值 $\bar{P}(0|-1)=\bar{P}_0$,$P(0|-1)=P_0$。

应用射影理论得保守或实际时变多步 Kalman 预报器为

$$\hat{x}(t+N|t)=\Phi(t+N,t+1)\hat{x}(t+1|t),N>1 \tag{8.39}$$

其中 $\hat{x}(t+1|t)$ 是保守或实际一步预报器,且有

$$\Phi(t+N,t)=\Phi(t+N-1)\Phi(t+N-2)\cdots\Phi(t),\Phi(t+N,t+N)=I_n \quad (8.40)$$

迭代式(8.17)得如下非递推公式

$$x(t+N)=\Phi(t+N,t+1)x(t+1)+\sum_{j=2}^{N}\Phi(t+N,t+j)w_a(t+j-1),N>1 \quad (8.41)$$

用式(8.41)减式(8.39)得多步预报误差为

$$\tilde{x}(t+N|t)=\Phi(t+N,t+1)\tilde{x}(t+1|t)+\sum_{j=2}^{N}\Phi(t+N,t+j)w_a(t+j-1),N>1 \quad (8.42)$$

应用式(8.42)得实际和保守多步预报误差方差阵分别为

$$\bar{P}(t+N|t)=\Phi(t+N,t+1)\bar{P}(t+1|t)\Phi^{\mathrm{T}}(t+N,t+1)+\sum_{j=2}^{N}\Phi(t+N,t+j)\bar{Q}_a(t+j-1)\Phi^{\mathrm{T}}(t+N,t+j),N>1 \quad (8.43)$$

$$P(t+N|t)=\Phi(t+N,t+1)P(t+1|t)\Phi^{\mathrm{T}}(t+N,t+1)+\sum_{j=2}^{N}\Phi(t+N,t+j)Q_a(t+j-1)\Phi^{\mathrm{T}}(t+N,t+j),N>1 \quad (8.44)$$

引理8.2[29] 若 $r\times r$ 矩阵 Λ 为半正定矩阵,即 $\Lambda\geqslant 0$,则 $rL\times rL$ 矩阵 Λ_δ 也是半正定矩阵,即

$$\Lambda_\delta=\begin{bmatrix}\Lambda & \cdots & \Lambda\\ \vdots & & \vdots\\ \Lambda & \cdots & \Lambda\end{bmatrix}_{rL\times rL}\geqslant 0$$

引理8.3[29] 若 $m_i\times m_i$ 矩阵 R_i 是半正定矩阵,即 $R_i\geqslant 0$,则 $m\times m$ 对角矩阵 $R_\delta=\mathrm{diag}(R_1,\cdots,R_L)$ 也是半正定矩阵,其中 $m=m_1+\cdots+m_L$。

引理8.4 对于满足式(8.5)的所有容许的不确定实际方差,有

$$\bar{\Lambda}(t)\leqslant\Lambda(t) \quad (8.45)$$

证明 定义 $\Delta\Lambda(t)=\Lambda(t)-\bar{\Lambda}(t)$,$\Delta S(t)=S(t)-\bar{S}(t)$,$\Delta R_v(t)=R_v(t)-\bar{R}_v(t)$,由式(8.18)、式(8.19)、式(8.23)、式(8.24)、式(8.26)、式(8.27)和式(8.35)得

$$\Delta\Lambda(t)=\left[\begin{array}{c:c}\begin{gathered}\sum_{k=1}^{q}\sigma_{\xi_k}^2(t)\Phi_k(t)\Delta X(t)\Phi_k^{\mathrm{T}}(t)+\\ \Gamma(t)\Delta Q(t)\Gamma^{\mathrm{T}}(t)+\\ \sum_{k=1}^{q}\sigma_{\xi_k}^2(t)\Gamma_k(t)\Delta Q(t)\Gamma_k^{\mathrm{T}}(t)\end{gathered} & \begin{gathered}\sum_{k=1}^{q}\sigma_{\xi_k}^2(t)\Phi_k(t)\Delta X(t)H_k^{\mathrm{T}}(t)+\\ \Gamma(t)\Delta S(t)C^{\mathrm{T}}(t)+\\ \sum_{k=1}^{q}\sigma_{\xi_k}^2(t)\Gamma_k(t)\Delta S(t)C_k^{\mathrm{T}}(t)\end{gathered}\\ \hdashline \begin{gathered}\sum_{k=1}^{q}\sigma_{\xi_k}^2(t)H_k(t)\Delta X(t)\Phi_k^{\mathrm{T}}(t)+\\ C(t)\Delta S^{\mathrm{T}}(t)\Gamma^{\mathrm{T}}(t)+\\ \sum_{k=1}^{q}\sigma_{\xi_k}^2(t)C_k(t)\Delta S^{\mathrm{T}}(t)\Gamma_k^{\mathrm{T}}(t)\end{gathered} & \begin{gathered}\sum_{k=1}^{q}\sigma_{\xi_k}^2(t)H_k(t)\Delta X(t)H_k^{\mathrm{T}}(t)+\\ C(t)\Delta R_v(t)C^{\mathrm{T}}(t)+\\ \sum_{k=1}^{q}\sigma_{\xi_k}^2(t)C_k(t)\Delta R_v(t)C_k^{\mathrm{T}}(t)\end{gathered}\end{array}\right] \quad (8.46)$$

$\Delta\Lambda(t)$ 可被分解为

$$\Delta\Lambda(t) = \Delta\Lambda^{(1)}(t) + \Delta\Lambda^{(2)}(t) + \Delta\Lambda^{(3)}(t) \tag{8.47}$$

其中

$$\begin{aligned}
\Delta\Lambda^{(1)}(t) &= \sum_{k=1}^{q} \sigma_{\xi_k}^2(t) \begin{bmatrix} \Phi_k(t)\Delta X(t)\Phi_k^{\mathrm{T}}(t) & \Phi_k(t)\Delta X(t)H_k^{\mathrm{T}}(t) \\ H_k(t)\Delta X(t)\Phi_k^{\mathrm{T}}(t) & H_k(t)\Delta X(t)H_k^{\mathrm{T}}(t) \end{bmatrix} \\
\Delta\Lambda^{(2)}(t) &= \begin{bmatrix} \Gamma(t)\Delta Q(t)\Gamma^{\mathrm{T}}(t) & \Gamma(t)\Delta S(t)C^{\mathrm{T}}(t) \\ C(t)\Delta S^{\mathrm{T}}(t)\Gamma^{\mathrm{T}}(t) & C(t)\Delta R_v(t)C^{\mathrm{T}}(t) \end{bmatrix} \\
\Delta\Lambda^{(3)}(t) &= \sum_{k=1}^{q} \sigma_{\xi_k}^2(t) \begin{bmatrix} \Gamma_k(t)\Delta Q(t)\Gamma_k^{\mathrm{T}}(t) & \Gamma_k(t)\Delta S(t)C_k^{\mathrm{T}}(t) \\ C_k(t)\Delta S^{\mathrm{T}}(t)\Gamma_k^{\mathrm{T}}(t) & C_k(t)\Delta R_v(t)C_k^{\mathrm{T}}(t) \end{bmatrix}
\end{aligned} \tag{8.48}$$

$\Delta\Lambda^{(1)}(t)$ 可被重写为

$$\begin{aligned}
&\Delta\Lambda^{(1)}(t) = \sum_{k=1}^{q} \sigma_{\xi_k}^2(t) B_k(t)\Delta X_g(t) B_k^{\mathrm{T}}(t) \\
&B_k(t) = \begin{bmatrix} \Phi_k(t) & 0 \\ 0 & H_k(t) \end{bmatrix}, \Delta X_g(t) = \begin{bmatrix} \Delta X(t) & \Delta X(t) \\ \Delta X(t) & \Delta X(t) \end{bmatrix}
\end{aligned} \tag{8.49}$$

由式(8.49),应用式(8.14)得 $\Delta X(t) \geqslant 0, \forall t \geqslant 0$,进而应用引理 8.2 得 $\Delta X_g(t) \geqslant 0$,这引出 $\Delta\Lambda^{(1)}(t) \geqslant 0$。

定义 $\Delta R_\eta(t) = R_\eta(t) - \bar{R}_\eta(t)$,由式(8.48)、式(8.6)、式(8.7) 和式(8.9) 可知,$\Delta\Lambda^{(2)}(t)$ 可被重写为

$$\begin{aligned}
\Delta\Lambda^{(2)}(t) &= \begin{bmatrix} \Gamma(t) & 0 \\ 0 & C(t) \end{bmatrix} \begin{bmatrix} \Delta Q(t) & \Delta S(t) \\ \Delta S^{\mathrm{T}}(t) & \Delta R_v(t) \end{bmatrix} \begin{bmatrix} \Gamma(t) & 0 \\ 0 & C(t) \end{bmatrix}^{\mathrm{T}} = \\
&\begin{bmatrix} \Gamma(t) & 0 \\ 0 & C(t) \end{bmatrix} \left[\begin{array}{c:c} \Delta Q(t) & \Delta Q(t)D^{\mathrm{T}}(t) \\ \hdashline D(t)\Delta Q(t) & \begin{array}{l} D(t)\Delta Q(t)D^{\mathrm{T}}(t) + \\ \Delta R_\eta(t) \end{array} \end{array}\right] \begin{bmatrix} \Gamma(t) & 0 \\ 0 & C(t) \end{bmatrix}^{\mathrm{T}} = \\
&\begin{bmatrix} \Gamma(t) & 0 \\ 0 & C(t) \end{bmatrix} \begin{bmatrix} \Delta Q(t) & \Delta Q(t)D^{\mathrm{T}}(t) \\ D(t)\Delta Q(t) & D(t)\Delta Q(t)D^{\mathrm{T}}(t) \end{bmatrix} \begin{bmatrix} \Gamma(t) & 0 \\ 0 & C(t) \end{bmatrix}^{\mathrm{T}} + \\
&\begin{bmatrix} \Gamma(t) & 0 \\ 0 & C(t) \end{bmatrix} \begin{bmatrix} 0 & 0 \\ 0 & \Delta R_\eta(t) \end{bmatrix} \begin{bmatrix} \Gamma(t) & 0 \\ 0 & C(t) \end{bmatrix}^{\mathrm{T}} = \\
&F(t)\Delta Q_g(t)F^{\mathrm{T}}(t) + \Gamma_C(t)\Delta R_g(t)\Gamma_C^{\mathrm{T}}(t)
\end{aligned} \tag{8.50}$$

其中

$$\begin{aligned}
&F(t) = \begin{bmatrix} \Gamma(t) & 0 \\ 0 & C(t) \end{bmatrix} \begin{bmatrix} I_r(t) & 0 \\ 0 & D(t) \end{bmatrix}, \Delta Q_g(t) = \begin{bmatrix} \Delta Q(t) & \Delta Q(t) \\ \Delta Q(t) & \Delta Q(t) \end{bmatrix}, \\
&\Gamma_C(t) = \begin{bmatrix} \Gamma(t) & 0 \\ 0 & C(t) \end{bmatrix}, \Delta R_g(t) = \begin{bmatrix} 0 & 0 \\ 0 & \Delta R_\eta(t) \end{bmatrix}
\end{aligned} \tag{8.51}$$

应用式(8.5) 和引理 8.2 得 $\Delta Q_g(t) \geqslant 0$,这引出 $F(t)\Delta Q_g(t)F^{\mathrm{T}}(t) \geqslant 0$,应用式(8.5) 和引理 8.3 得 $\Delta R_g(t) \geqslant 0$,这引出 $\Gamma_C(t)\Delta R_g(t)\Gamma_C^{\mathrm{T}}(t) \geqslant 0$,进而可得 $\Delta\Lambda^{(2)}(t) \geqslant 0$。

类似地,$\Delta\Lambda^{(3)}(t)$ 可被重写为

$$
\Delta\Lambda^{(3)}(t)=\sum_{k=1}^{q}\sigma_{\xi_k}^2(t)\begin{bmatrix}\Gamma_k(t) & 0\\ 0 & C_k(t)\end{bmatrix}\begin{bmatrix}\Delta Q(t) & \Delta S(t)\\ \Delta S^{\mathrm{T}}(t) & \Delta R(t)\end{bmatrix}\begin{bmatrix}\Gamma_k(t) & 0\\ 0 & C_k(t)\end{bmatrix}^{\mathrm{T}}=
$$

$$
\sum_{k=1}^{q}\sigma_{\xi_k}^2(t)\begin{bmatrix}\Gamma_k(t) & 0\\ 0 & C_k(t)\end{bmatrix}\times
$$

$$
\left(\begin{bmatrix}\Delta Q(t) & \Delta Q(t)D^{\mathrm{T}}(t)\\ D(t)\Delta Q(t) & D(t)\Delta Q(t)D^{\mathrm{T}}(t)\end{bmatrix}+\begin{bmatrix}0 & 0\\ 0 & \Delta R_\eta(t)\end{bmatrix}\right)\begin{bmatrix}\Gamma_k(t) & 0\\ 0 & C_k(t)\end{bmatrix}^{\mathrm{T}}=
$$

$$
\sum_{k=1}^{q}\sigma_{\xi_k}^2(t)Z_k(t)\Delta Q_g(t)Z_k^{\mathrm{T}}(t)+\sum_{k=1}^{q}\sigma_{\xi_k}^2(t)M_k(t)\Delta R_g(t)M_k^{\mathrm{T}}(t) \tag{8.52}
$$

其中

$$
Z_k(t)=\begin{bmatrix}\Gamma_k(t) & 0\\ 0 & C_k(t)\end{bmatrix}\begin{bmatrix}I_r(t) & 0\\ 0 & D(t)\end{bmatrix},M_k(t)=\begin{bmatrix}\Gamma_k(t) & 0\\ 0 & C_k(t)\end{bmatrix} \tag{8.53}
$$

由 $\Delta Q_g(t)\geqslant 0$ 得 $\sum_{k=1}^{q}\sigma_{\xi_k}^2(t)Z_k(t)\Delta Q_g(t)Z_k^{\mathrm{T}}(t)\geqslant 0$，由 $\Delta R_g(t)\geqslant 0$ 得 $\sum_{k=1}^{q}\sigma_{\xi_k}^2(t)M_k(t)\Delta R_g(t)M_k^{\mathrm{T}}(t)\geqslant 0$，进而可得 $\Delta\Lambda^{(3)}(t)\geqslant 0$。因此有 $\Delta\Lambda(t)=\Delta\Lambda^{(1)}(t)+\Delta\Lambda^{(2)}(t)+\Delta\Lambda^{(3)}(t)\geqslant 0$，即式(8.45)成立。证毕。

定理 8.1 对于不确定系统(8.1)—(8.3)，在假设 1—3 条件下，由式(8.28)和式(8.39)给出的实际时变Kalman预报器是鲁棒的，即对于满足式(8.5)的所有容许的不确定实际方差 $\bar{Q}(t)$，$\bar{R}_\eta(t)$ 和 $\bar{P}_0$，有

$$
\bar{P}(t+N\mid t)\leqslant P(t+N\mid t),N\geqslant 1 \tag{8.54}
$$

且 $P(t+N\mid t)$ 是 $\bar{P}(t+N\mid t)$ 的最小上界。

证明 定义 $\Delta P(t+1\mid t)=P(t+1\mid t)-\bar{P}(t+1\mid t)$，式(8.38)减式(8.37)得

$$
\Delta P(t+1\mid t)=\Psi_p(t)\Delta P(t\mid t-1)\Psi_p^{\mathrm{T}}(t)+U(t) \tag{8.55}
$$

$$
U(t)=[I_n,-K_p(t)]\Delta\Lambda(t)[I_n,-K_p(t)]^{\mathrm{T}} \tag{8.56}
$$

应用式(8.45)和式(8.56)得 $\Delta(t)\geqslant 0$。由式(8.5)得 $\Delta P(0\mid -1)=P(0\mid -1)-\bar{P}(0\mid -1)=P_0-\bar{P}_0\geqslant 0$。因此迭代式(8.55)得 $\Delta P(t+1\mid t)\geqslant 0,\forall t\geqslant 0$，即当 $N=1$ 时式(8.54)成立。取 $\bar{Q}(t)=Q(t)$，$\bar{R}_\eta(t)=R_\eta(t)$ 且 $\bar{P}_0=P_0$，则式(8.5)成立。比较式(8.6)和式(8.7)得 $\bar{R}_v(t)=R_v(t)$，由式(8.9)得 $\bar{S}(t)=S(t)$。由引理 8.1 得 $\Delta X(0)=P_0-\bar{P}_0=0$，迭代式(8.15)得 $\Delta X(t)=0,\forall t$，即 $X(t)=\bar{X}(t)$。比较式(8.18)、式(8.19)、式(8.23)、式(8.24)、式(8.26)和式(8.27)得 $Q_a(t)=\bar{Q}_a(t)$，$R_a(t)=\bar{R}_a(t)$，$S_a(t)=\bar{S}_a(t)$，进而由式(8.35)得 $\Lambda(t)=\bar{\Lambda}(t)$，这引出 $\Delta(t)=0$。此外，$\Delta P(0\mid -1)=P_0-\bar{P}_0=0$，因此迭代式(8.55)得 $\Delta P(t+1\mid t)=0$，即 $P(t+1\mid t)=\bar{P}(t+1\mid t)$。如果 $P^*(t+1\mid t)$ 是 $\bar{P}(t+1\mid t)$ 的任意一个其他上界，则有 $P(t+1\mid t)=\bar{P}(t+1\mid t)\leqslant P^*(t+1\mid t)$，这说明 $P(t+1\mid t)$ 是 $\bar{P}(t+1\mid t)$ 的最小上界。

当 $N>1$ 时，定义 $\Delta P(t+N\mid t)=P(t+N\mid t)-\bar{P}(t+N\mid t)$，$N>1$，由式(8.43)和式(8.44)得

$$
\Delta P(t+N\mid t)=\Phi(t+N,t+1)\Delta P(t+1\mid t)\Phi^{\mathrm{T}}(t+N,t+1)+
$$

$$
\sum_{k=2}^{t+N}\Phi(t+N,t+k)\Delta Q_a(t+k-1)\Phi^{\mathrm{T}}(t+N,t+k),N>1 \tag{8.57}
$$

其中$\Delta Q_a(t+k-1)=Q_a(t+k-1)-\bar{Q}_a(t+k-1)$。应用式(8.20)和带$N=1$的式(8.54)得$\Delta P(t+N|t)\geqslant 0, N>1$，即有$\bar{P}(t+N|t)\leqslant P(t+N|t), N>1$。类似于$N=1$的情形，容易证明$P(t+N|t), N>1$是$\bar{P}(t+N|t), N>1$的最小上界。证毕。

注 8.3 称由式(8.28)和式(8.39)给出的实际时变 Kalman 预报器为鲁棒时变 Kalman 预报器，由式(8.54)给出的不等式关系称为它们的鲁棒性。

(2) 鲁棒时变 Kalman 滤波器和平滑器

对于带已知保守噪声统计$Q_a(t)$，$R_a(t)$和$S_a(t)$的最坏情形保守时变系统(8.17)和(8.22)，基于实际时变一步 Kalman 预报器$\hat{x}(t|t-1)$，应用定理3.28和定理3.29，可得实际时变 Kalman 滤波器和平滑器$\hat{x}(t|t+N)(N\geqslant 0)$为

$$\hat{x}(t|t+N)=\hat{x}(t|t-1)+\sum_{k=0}^{N}K(t|t+k)\varepsilon(t+k), N\geqslant 0 \tag{8.58}$$

$$K(t|t+k)=P(t|t-1)\left\{\prod_{s=0}^{k-1}\Psi_p^{\mathrm{T}}(t+s)\right\}H^{\mathrm{T}}(t+k)Q_\varepsilon^{-1}(t+k), k>0 \tag{8.59}$$

$$K_f(t)=K(t|t)=P(t|t-1)H^{\mathrm{T}}(t)Q_\varepsilon^{-1}(t), k=0 \tag{8.60}$$

其中$P(t|t-1)$和$\Psi_p(t)$分别由式(8.33)和式(8.30)给出，$\varepsilon(t)$是由式(8.29)给出的带实际观测$y(t)$和实际时变一步预报器$\hat{x}(t|t-1)$的实际新息过程。

保守滤波和平滑误差方差阵为

$$P(t|t+N)=P(t|t-1)-\sum_{s=0}^{N}K(t|t+s)Q_\varepsilon(t+s)K^{\mathrm{T}}(t|t+s), N\geqslant 0 \tag{8.61}$$

由文献[42]可知，滤波和平滑误差满足下式

$$\begin{aligned}\tilde{x}(t|t+N)&=\Psi_N(t)\tilde{x}(t|t-1)+\sum_{\rho=0}^{N}K_\rho^{Nw}(t)w_a(t+\rho)+\sum_{\rho=0}^{N}K_\rho^{Nv}(t)v_a(t+\rho)=\\&\Psi_N(t)\tilde{x}(t|t-1)+\sum_{\rho=0}^{N}[K_\rho^{Nw}(t),K_\rho^{Nv}(t)]\lambda(t+\rho)\end{aligned} \tag{8.62}$$

其中

$$\Psi_p(t+k,t)=\Psi_p(t+k-1)\cdots\Psi_p(t), \Psi_p(t,t)=I_n \tag{8.63}$$

$$\Psi_N(t)=I_n-\sum_{k=0}^{N}K(t|t+k)H(t+k)\Psi_p(t+k,t) \tag{8.64}$$

$$\begin{cases}K_\rho^{Nw}(t)=-\sum_{k=\rho+1}^{N}K(t|t+k)H(t+k)\Psi_p(t+k,t+\rho+1),\\N>0,\rho=0,\cdots,N-1\\K_N^{Nw}(t)=0, N>0,\rho=N; K_0^{0w}(t)=0, N=0\end{cases} \tag{8.65}$$

$$\begin{cases}K_\rho^{Nv}(t)=\sum_{k=\rho+1}^{N}K(t|t+k)H(t+k)\Psi_p(t+k,t+\rho+1)K_p(t+\rho)-K(t|t+\rho),\\N>0,\rho=0,\cdots,N-1\\K_N^{Nv}(t)=-K(t|t+N), N>0,\rho=N; K_0^{0v}(t)=-K(t|t)=-K_f(t), N=0\end{cases} \tag{8.66}$$

其中$\Psi_p(t)$和$K_p(t)$分别由式(8.30)和式(8.31)给出。

应用式(8.62)得实际和保守滤波和平滑误差方差阵分别满足如下公式

$$\bar{P}(t|t+N)=\Psi_N(t)\bar{P}(t|t-1)\Psi_N^{\mathrm{T}}(t)+\sum_{\rho=0}^{N}[K_\rho^{Nw}(t),K_\rho^{Nv}(t)]\bar{\Lambda}(t+\rho)[K_\rho^{Nw}(t),K_\rho^{Nv}(t)]^{\mathrm{T}},N\geqslant 0 \tag{8.67}$$

$$P(t|t+N)=\Psi_N(t)P(t|t-1)\Psi_N^{\mathrm{T}}(t)+\sum_{\rho=0}^{N}[K_\rho^{Nw}(t),K_\rho^{Nv}(t)]\Lambda(t+\rho)[K_\rho^{Nw}(t),K_\rho^{Nv}(t)]^{\mathrm{T}},N\geqslant 0 \tag{8.68}$$

定理8.2 对于不确定系统(8.1)—(8.3),在假设1—3条件下,由式(8.58)给出的实际时变Kalman滤波器和平滑器是鲁棒的,即对于满足式(8.5)的所有容许的不确定实际方差 $\bar{Q}(t)$,$\bar{R}_\eta(t)$ 和 $\bar{P}_0$,它们的实际误差方差阵 $\bar{P}(t|t+N)$ 被保证有相应的最小上界 $P(t|t+N)$,即有

$$\bar{P}(t|t+N)\leqslant P(t|t+N),N\geqslant 0 \tag{8.69}$$

证明 定义 $\Delta P(t|t+N)=P(t|t+N)-\bar{P}(t|t+N)$,由式(8.68)减式(8.67)得

$$\Delta P(t|t+N)=\Psi_N(t)\Delta P(t|t-1)\Psi_N^{\mathrm{T}}(t)+\sum_{\rho=0}^{N}[K_\rho^{Nw}(t),K_\rho^{Nv}(t)]\Delta\Lambda(t+\rho)[K_\rho^{Nw}(t),K_\rho^{Nv}(t)]^{\mathrm{T}} \tag{8.70}$$

应用式(8.45)和带 $N=1$ 的式(8.54)得 $\Delta P(t|t+N)\geqslant 0$,即式(8.69)成立,这意味着 $P(t|t+N)$ 是 $\bar{P}(t|t+N)$ 的一个上界。类似于定理8.1的证明,容易证明 $P(t|t+N)$ 是 $\bar{P}(t|t+N)$ 的最小上界。证毕。

注8.4 称由式(8.58)给出的实际时变Kalman滤波器和平滑器为鲁棒时变Kalman滤波器和平滑器,由式(8.69)给出的不等式关系称为它们的鲁棒性。

对式(8.54)和式(8.69)取矩阵迹运算得如下矩阵迹不等式精度关系

$$\mathrm{tr}\bar{P}(t|t+N)\leqslant \mathrm{tr}P(t|t+N),N<0\text{ 或 }N\geqslant 0 \tag{8.71}$$

注8.5 $\mathrm{tr}\bar{P}(t|t+N)$($N<0$ 或 $N\geqslant 0$)称为相应的鲁棒Kalman估值器的实际精度,而 $\mathrm{tr}P(t|t+N)$ 称为它们的鲁棒精度(全局精度)[29-31]。较小的迹意味着较高的精度,式(8.71)表明对于随机参数扰动和所有容许的满足式(8.5)的不确定实际方差,每种估值器的实际精度高于或等于它的鲁棒精度,鲁棒精度是最低的实际精度。

8.2.3 鲁棒时变Kalman估值器的收敛性分析

对于不确定时变系统(8.1)—(8.3),在假设1—3条件下,令 $\Phi(t)=\Phi,\Phi_k(t)=\Phi_k$,$\Gamma(t)=\Gamma,\Gamma_k(t)=\Gamma_k,H(t)=H,H_k(t)=H_k,C(t)=C,C_k(t)=C_k,D(t)=D,Q(t)=Q$,$\bar{Q}(t)=\bar{Q},R_\eta(t)=R_\eta,\bar{R}_\eta(t)=\bar{R}_\eta,\sigma_{\xi_k}^2(t)=\sigma_{\xi_k}^2,k=1,\cdots,q$,即相应的参数矩阵和噪声方差都是常矩阵,那么可得到相应的带常参数矩阵和常噪声方差的时不变系统(8.1)—(8.3)。

引理8.5[44,45] 给定Lyapunov方程:$X(t+1)=\Phi X(t)\Phi^{\mathrm{T}}+\sum_{k=1}^{q}\beta\Phi_k X(t)\Phi_k^{\mathrm{T}}+U$,其中 t 是离散时间,$q\geqslant 1,U\geqslant 0,X(t)$ 是 $n\times n$ 对称半正定矩阵,即 $X(t)\geqslant 0$,标量常数 $\beta\geqslant 0$ 是已知的,且 Φ 和 Φ_k 是已知 $n\times n$ 常矩阵。定义矩阵

$$\Phi_a = \Phi \otimes \Phi + \sum_{k=1}^{q} \beta \Phi_k \otimes \Phi_k \tag{8.72}$$

其中符号“$\otimes$”表示克罗内克积。如果$\rho(\Phi_a) < 1$,这里$\rho(\cdot)$表示一个矩阵的谱半径,则带任意初始条件$X(0) \geq 0$的 Lyapunov 方程的解$X(t)$收敛于相应的稳态 Lyapunov 方程$X = \Phi X \Phi^{\mathrm{T}} + \sum_{k=1}^{q} \beta \Phi_k X \Phi_k^{\mathrm{T}} + U$的唯一半正定解$X \geq 0$,即有

$$\lim_{t \to \infty} X(t) = X \tag{8.73}$$

引理 8.6 定义矩阵$\Phi_\delta = \Phi \otimes \Phi + \sum_{k=1}^{q} \sigma_{\xi_k}^2 \Phi_k \otimes \Phi_k$,则对于相应的时不变系统(8.1)—(8.3),如果$\rho(\Phi_\delta) < 1$,那么由式(8.11)和式(8.12)给出的带任意初值$\bar{X}(0) \geq 0$和$X(0) \geq 0$的时变 Lyapunov 方程的解$\bar{X}(t)$和$X(t)$收敛于相应的稳态 Lyapunov 方程的唯一半正定解$\bar{X} \geq 0$和$X \geq 0$,即

$$\bar{X} = \Phi \bar{X} \Phi^{\mathrm{T}} + \sum_{k=1}^{q} \sigma_{\xi_k}^2 \Phi_k \bar{X} \Phi_k^{\mathrm{T}} + \Gamma \bar{Q} \Gamma^{\mathrm{T}} + \sum_{k=1}^{q} \sigma_{\xi_k}^2 \Gamma_k \bar{Q} \Gamma_k^{\mathrm{T}} \tag{8.74}$$

$$X = \Phi X \Phi^{\mathrm{T}} + \sum_{k=1}^{q} \sigma_{\xi_k}^2 \Phi_k X \Phi_k^{\mathrm{T}} + \Gamma Q \Gamma^{\mathrm{T}} + \sum_{k=1}^{q} \sigma_{\xi_k}^2 \Gamma_k Q \Gamma_k^{\mathrm{T}} \tag{8.75}$$

$$\lim_{t \to \infty} \bar{X}(t) = \bar{X}, \lim_{t \to \infty} X(t) = X \tag{8.76}$$

证明 当$\rho(\Phi_\delta) < 1$时,应用引理 8.5 直接得到式(8.74)—(8.76)。

对于相应的时不变系统(8.1)—(8.3),在假设 1—3 和$\rho(\Phi_\delta) < 1$条件下,应用引理 8.6,当$t \to \infty$时,对时变方差阵和相关矩阵取极限可得相应的稳态方差阵和相关矩阵。例如,在式(8.18)和式(8.19)中,分别用$\bar{X}$和X来代替$\bar{X}(t)$和$X(t)$得稳态方差阵$\bar{Q}_a$和Q_a。类似地,可得稳态噪声统计$\bar{R}_a, R_a, \bar{S}_a, S_a, \bar{\Lambda}$和$\Lambda$,且时变噪声统计收敛于相应的稳态噪声统计,即$\bar{Q}_a(t) \to \bar{Q}_a, Q_a(t) \to Q_a, \bar{R}_a(t) \to \bar{R}_a, R_a(t) \to R_a, \bar{S}_a(t) \to \bar{S}_a, S_a(t) \to S_a$, $\bar{\Lambda}(t) \to \bar{\Lambda}, \Lambda(t) \to \Lambda$,并且我们有$\bar{X} \leq X, \bar{Q}_a \leq Q_a, \bar{R}_a \leq R_a$。

对于带常参数矩阵$\Phi, \Phi_k, \Gamma, \Gamma_k, H, H_k, C, C_k$和$D$,以及带常噪声统计$Q, \bar{Q}, R_\eta, \bar{R}_\eta$和$\sigma_{\xi_k}^2$的时不变系统(8.1)—(8.3),在假设1—3 和$\rho(\Phi_\delta) < 1$条件下,类似于8.2.1小节中的推导,利用虚拟噪声方法,可将其转化为带常参数矩阵Φ和H,以及带时变噪声统计$Q_a(t), R_a(t)$和$S_a(t)$的等价的时变系统(8.17)和(8.22)。类似于8.2.2小节的推导,相应的鲁棒时变 Kalman 估值器$\hat{x}(t \mid t+N)$($N < 0$或$N \geq 0$)以及它们的实际和保守时变估计误差方差阵仍由式(8.28)—(8.69)给出,但带常参数矩阵Φ和H。

对于带常参数矩阵Φ和H,以及带常噪声统计Q_a, R_a和S_a的时不变系统(8.17)和(8.22),它的鲁棒时变 Kalman 估值器$\hat{x}^*(t \mid t+N)$($N < 0$或$N \geq 0$)以及它们的实际和保守估计误差方差阵$\bar{P}^*(t \mid t+N)$和$P^*(t \mid t+N)$仍由式(8.28)—(8.69)给出,但带常参数矩阵Φ和H,以及带常噪声统计Q_a, R_a和S_a。假定(Φ, H)是完全能检对,且$(\Phi - S_a R_a^{-1} H, G)$是完全能稳对,其中$GG^{\mathrm{T}} = Q_a - S_a R_a^{-1} S_a^{\mathrm{T}}$,则存在相应的鲁棒稳态 Kalman 估值器。注意,假设$\rho(\Phi_\delta) < 1$引出Φ是稳定的,从而(Φ, H)是完全能检对。类似于文献[46]中的推导,对鲁棒时变 Kalman 估值器$\hat{x}^*(t \mid t+N)$($N < 0$或$N \geq 0$)取极限可得鲁棒稳态 Kalman 估值器$\hat{x}^s(t \mid t+N)$($N < 0$或$N \geq 0$),对$\hat{x}^*(t \mid t+N)$($N < 0$或$N \geq 0$)的实际和保守误差方差阵$\bar{P}^*(t \mid t+N)$和$P^*(t \mid t+N)$取极限可得$\hat{x}^s(t \mid t+N)$

($N<0$ 或 $N\geqslant 0$) 的实际和保守稳态估计误差方差阵 $\bar{P}(N)$ 和 $P(N)$。

特别地,鲁棒稳态一步 Kalman 预报器为

$$\hat{x}^s(t+1\mid t)=\Psi_p\hat{x}^s(t\mid t-1)+K_p y(t) \tag{8.77}$$

$$\varepsilon^s(t)=y(t)-H\hat{x}^s(t\mid t-1) \tag{8.78}$$

$$\Psi_p=\Phi-K_pH \tag{8.79}$$

$$K_p=[\Phi P(-1)H^{\mathrm{T}}+S_a]Q_\varepsilon^{-1} \tag{8.80}$$

$$Q_\varepsilon=HP(-1)H^{\mathrm{T}}+R_a \tag{8.81}$$

其中 Ψ_p 是稳定矩阵,上角标"s"表示稳态。保守稳态一步预报误差方差阵 $P(-1)$ 满足如下稳态 Riccati 方程

$$P(-1)=\Phi P(-1)\Phi^{\mathrm{T}}-[\Phi P(-1)H^{\mathrm{T}}+S_a][HP(-1)H^{\mathrm{T}}+R_a]^{-1}\times[\Phi P(-1)H^{\mathrm{T}}+S_a]^{\mathrm{T}}+Q_a \tag{8.82}$$

类似于式(8.37)和式(8.38),实际和保守稳态一步预报误差方差阵也分别满足如下稳态 Lyapunov 方程

$$\bar{P}(-1)=\Psi_p\bar{P}(-1)\Psi_p^{\mathrm{T}}+[I_n,-K_p]\bar{\Lambda}[I_n,-K_p]^{\mathrm{T}} \tag{8.83}$$

$$P(-1)=\Psi_pP(-1)\Psi_p^{\mathrm{T}}+[I_n,-K_p]\Lambda[I_n,-K_p]^{\mathrm{T}} \tag{8.84}$$

鲁棒稳态 Kalman 多步预报器($N<-1$)为

$$\hat{x}^s(t\mid t+N)=\Phi^{-N-1}\hat{x}^s(t+N+1\mid t+N),N<-1 \tag{8.85}$$

类似于式(8.43)和式(8.44),相应的实际和保守稳态多步预报误差方差阵分别为

$$\bar{P}(N)=\Phi^{-N-1}\bar{P}(-1)\Phi^{(-N-1)\mathrm{T}}+\sum_{j=2}^{-N}\Phi^{-N-j}\bar{Q}_a\Phi^{(-N-j)\mathrm{T}},N<-1 \tag{8.86}$$

$$P(N)=\Phi^{-N-1}P(-1)\Phi^{(-N-1)\mathrm{T}}+\sum_{j=2}^{-N}\Phi^{-N-j}Q_a\Phi^{(-N-j)\mathrm{T}},N<-1 \tag{8.87}$$

且鲁棒稳态 Kalman 滤波器和平滑器 $\hat{x}^s(t\mid t+N)$ ($N\geqslant 0$) 为

$$\hat{x}^s(t\mid t+N)=\hat{x}^s(t\mid t-1)+\sum_{k=0}^{N}K(k)\varepsilon^s(t+k),N\geqslant 0 \tag{8.88}$$

它的保守稳态估计误差方差阵为

$$P(N)=P(-1)-\sum_{k=0}^{N}K(k)Q_\varepsilon K^{\mathrm{T}}(k),N\geqslant 0 \tag{8.89}$$

类似于式(8.67)和式(8.68),实际和保守稳态滤波和平滑误差方差阵分别为

$$\bar{P}(N)=\Psi_N\bar{P}(-1)\Psi_N^{\mathrm{T}}+\sum_{\rho=0}^{N}[K_\rho^{Nw},K_\rho^{Nv}]\bar{\Lambda}[K_\rho^{Nw},K_\rho^{Nv}]^{\mathrm{T}},N\geqslant 0 \tag{8.90}$$

$$P(N)=\Psi_NP(-1)\Psi_N^{\mathrm{T}}+\sum_{\rho=0}^{N}[K_\rho^{Nw},K_\rho^{Nv}]\Lambda[K_\rho^{Nw},K_\rho^{Nv}]^{\mathrm{T}},N\geqslant 0 \tag{8.91}$$

类似于文献[46]的推导,对由式(8.59)、式(8.60)、式(8.63)—(8.66)给出的时变矩阵取极限可得相应的稳态矩阵 $K(k)$,Ψ_N,K_ρ^{Nw} 和 K_ρ^{Nv},在此省略。

由式(8.77)、式(8.85)和式(8.88)给出的稳态 Kalman 估值器具有鲁棒性,即对于满足式(8.5)的所有容许的不确定常实际方差,有

$$\bar{P}(N)\leqslant P(N),N<0\text{ 或 }N\geqslant 0 \tag{8.92}$$

且 $P(N)$ 是 $\bar{P}(N)$ 的最小上界。类似于文献[29-31]中的证明,可证得由式(8.92)给出的

稳态鲁棒性。

对式(8.92)取矩阵迹运算得如下矩阵迹不等式精度关系

$$\mathrm{tr}\bar{P}(N) \leqslant \mathrm{tr}P(N), N < 0 \text{ 或 } N \geqslant 0 \tag{8.93}$$

假设观测数据有界,则借助于 DESA 方法和 DVESA 方法,应用引理 8.6 和自校正 Riccati 方程的收敛性,类似于文献[46]中给出的按实现收敛的证明方法,可证明如下三种模式按实现收敛性:

(1)带常参数矩阵 Φ 和 H,以及带常噪声统计 Q_a, R_a 和 S_a 的时不变系统(8.17)和(8.22)的鲁棒时变 Kalman 估值器 $\hat{x}^*(t|t+N)$ 和鲁棒稳态 Kalman 估值器 $\hat{x}^s(t|t+N)$ 之间的按实现收敛性,即

$$[\hat{x}^*(t|t+N) - \hat{x}^s(t|t+N)] \to 0, \text{当 } t \to \infty \text{ 时}, \text{i.a.r.}, N < 0 \text{ 或 } N \geqslant 0 \tag{8.94}$$

$$P^*(t|t+N) \to P(N), \bar{P}^*(t|t+N) \to \bar{P}(N), \text{当 } t \to \infty \text{ 时} \tag{8.95}$$

(2)带常参数矩阵 Φ 和 H,以及带时变噪声统计 $Q_a(t), R_a(t)$ 和 $S_a(t)$ 的时变系统(8.17)和(8.22)的鲁棒时变 Kalman 估值器 $\hat{x}(t|t+N)$ 和带常参数矩阵 Φ 和 H,以及带常噪声统计 Q_a, R_a 和 S_a 的时不变系统(8.17)和(8.22)的鲁棒稳态 Kalman 估值器 $\hat{x}^s(t|t+N)$ 之间的按实现收敛性,即

$$[\hat{x}(t|t+N) - \hat{x}^s(t|t+N)] \to 0, \text{当 } t \to \infty \text{ 时}, \text{i.a.r.}, N < 0 \text{ 或 } N \geqslant 0 \tag{8.96}$$

$$P(t|t+N) \to P(N), \bar{P}(t|t+N) \to \bar{P}(N), \text{当 } t \to \infty \text{ 时} \tag{8.97}$$

(3)在两种鲁棒时变 Kalman 估值器 $\hat{x}(t|t+N)$ 和 $\hat{x}^*(t|t+N)$ 之间的按实现收敛性,即

$$[\hat{x}(t|t+N) - \hat{x}^*(t|t+N)] \to 0, \text{当 } t \to \infty \text{ 时}, \text{i.a.r.}, N < 0 \text{ 或 } N \geqslant 0 \tag{8.98}$$

$$[P(t|t+N) - P^*(t|t+N)] \to 0, [\bar{P}(t|t+N) - \bar{P}^*(t|t+N)] \to 0 \tag{8.99}$$

8.2.4 保精度鲁棒稳态 Kalman 估值器

由式(8.93)给出的鲁棒稳态 Kalman 估值器的精度关系可看出,它的鲁棒精度 $\mathrm{tr}P(N)$ 完全由保守稳态估计误差方差阵 $P(N)$ 来确定,而 $P(N)$ 则完全由实际噪声方差的保守上界来确定,且 $P(N)$ 可通过式(8.82)、式(8.87)和式(8.89)来离线预先计算。选择较小的保守上界 Q 和 R_η 将得到较小的 $P(N)$,从而得到较高的鲁棒精度。为了设计带有较高鲁棒精度的鲁棒 Kalman 估值器,一个关键问题是如何来选择实际噪声方差的较小保守上界。保守上界 Q 和 R_η 意味着实际噪声方差 $\bar{Q}$ 和 $\bar{R}_\eta$ 被超估,即实际噪声方差从未被低估。因此有关系 $\bar{Q} \leqslant Q$ 和 $\bar{R}_\eta \leqslant R_\eta$,且 Q 或 R_η 是所有容许的实际噪声方差 $\bar{Q}$ 和 $\bar{R}_\eta$ 的一个公共保守上界。特别地,令 $\bar{Q}_m$ 和 $\bar{R}_{\eta m}$ 分别是实际噪声方差 $\bar{Q}$ 和 $\bar{R}_\eta$ 的最大值,即有 $\bar{Q} \leqslant \bar{Q}_m$ 且 $\bar{R}_\eta \leqslant \bar{R}_{\eta m}$,则 $\bar{Q}_m$ 和 $\bar{R}_{\eta m}$ 是未知但确定的。因此,有如下关系

$$\bar{Q} \leqslant \bar{Q}_m \leqslant Q, \bar{R}_\eta \leqslant \bar{R}_{\eta m} \leqslant R_\eta \tag{8.100}$$

式(8.100)意味着 $\bar{Q}_m$ 和 $\bar{R}_{\eta m}$ 是实际噪声方差的最小保守上界。

由式(8.100)看到,决定和选择噪声方差保守上界问题可归结为辨识噪声方差最大值问题。与最大值相近的上界就是保守性较小的上界;与最大值相差较大的上界就是保守性较大的上界。

接下来,基于实际观测数据和采样新息方差,将提出一种新息判决准则去检验噪声方差上界的保守性,且通过构建一组单调递减的噪声方差序列,提出用于选择实际噪声方差的较小保守上界的一种简单的搜索技术。应用这种搜索技术,将提出两种保精度鲁棒稳态 Kalman 估值器,一种是带改进的鲁棒精度的鲁棒稳态 Kalman 估值器,另一种是满足预置的鲁棒精度指标的鲁棒稳态 Kalman 估值器。本质上来说,前者是指给定不确定实际噪声方差的一个区域,去找到鲁棒稳态 Kalman 估值器的改进的鲁棒精度;而后者是指对于给定的精度指标,去找到一个鲁棒区域,从而满足规定的精度指标。

由式(8.100)可知,选择实际噪声方差的较小保守上界 Q 和 R_η 与实际噪声方差的最大值 $\bar{Q}_m$ 和 $\bar{R}_{\eta m}$ 有关,因为 $\bar{Q}_m \leqslant Q$ 且 $\bar{R}_{\eta m} \leqslant R_\eta$。在由式(8.1)—(8.3)给出的相应的原始时不变系统中,既包含了乘性噪声又包含了不确定噪声方差,所以基于带未知最大实际噪声方差 $\bar{Q}_m$ 和 $\bar{R}_{\eta m}$ 的实际最坏情形原始系统的实际观测 $y(t)$,使用经典系统辨识方法[47]不能直接辨识 $\bar{Q}_m$ 和 $\bar{R}_{\eta m}$。辨识噪声方差的经典方法[47]仅适用于带已知常参数矩阵和未知常噪声方差的标准系统。由于系统(8.1)—(8.3)与系统(8.17)和(8.22)是等价的,即它们有相同的观测 $y(t)$ 和状态 $x(t)$,因此,这里考虑相应的等价的带不确定实际虚拟噪声方差的时不变系统(8.17)和(8.22)。注意到,等价的系统(8.17)和(8.22)是带已知常参数矩阵和不确定实际虚拟噪声方差 $\bar{Q}_a$ 和 $\bar{R}_a$ 以及保守上界 Q_a 和 R_a 的标准系统。分别将 $\bar{Q}, Q, \bar{R}_\eta$ 和 R_η 代入式(8.11)、式(8.12)、式(8.18)、式(8.19)、式(8.23)和(8.24)中,将得到 $\bar{Q}_a, Q_a, \bar{R}_a$ 和 R_a。进而,通过将 $\bar{Q}_m$ 和 $\bar{R}_{\eta m}$ 代入 $\bar{Q}_a$ 和 $\bar{R}_a$ 的公式中可得到相应的最大实际虚拟噪声方差 $\bar{Q}_{am}$ 和 $\bar{R}_{am}$。因为 $\bar{Q}_m$ 和 $\bar{R}_{\eta m}$ 是未知确定的,所以最大实际虚拟噪声方差 $\bar{Q}_{am}$ 和 $\bar{R}_{am}$ 也是未知确定的,但基于带未知的 $\bar{Q}_{am}$ 和 $\bar{R}_{am}$ 的实际最坏情形虚拟噪声系统(8.17)和(8.22)的实际观测 $y(t)$,$\bar{Q}_{am}$ 和 $\bar{R}_{am}$ 可通过经典辨识方法来得到,且这里的实际观测 $y(t)$ 等同于带最大实际噪声方差 $\bar{Q}_m$ 和 $\bar{R}_{\eta m}$ 的实际最坏情形原始系统(8.1)—(8.3)的观测 $y(t)$,它可以直接由实际最坏情形原始系统(8.1)—(8.3)的传感器观测来获得。所谓的实际最坏情形原始系统(8.1)—(8.3)是指带最大实际噪声方差的系统,它可通过实验数据、专家知识和系统辨识方法来确定。在这种最坏情形下,相应的 Kalman 估值器将产生最大的状态估计和观测预报误差方差阵,这为确定带未知最大实际噪声方差的原始实际最坏情形系统提供了重要信息。

知道带未知确定的最大实际噪声方差 $\bar{Q}_m$ 和 $\bar{R}_{\eta m}$ 的实际最坏情形原始系统(8.1)—(8.3)的传感器的实际观测数据 $y(t)$ 意味着知道了与它相等的带未知确定的最大实际虚拟噪声方差 $\bar{Q}_{am}$ 和 $\bar{R}_{am}$ 的实际最坏情形虚拟噪声系统(8.17)和(8.22)的实际观测数据,因为这两个系统是等价的。借助于经典辨识方法,实际观测数据 $y(t)$ 可被用于辨识 $\bar{Q}_{am}$ 和 $\bar{R}_{am}$。此外,实际观测数据 $y(t)$ 也可用于新息判决准则,从而去检验所选择的实际噪声方差的保守上界的保守性,这将在8.2.4(1)节和下面的图8.1中给出。所提出的新息判决准则不仅可用于检验所选的噪声方差上界的保守性,也可用于检验所辨识的 $\bar{Q}_{am}$ 和 $\bar{R}_{am}$ 的正确性。正确的 $\bar{Q}_{am}$ 和 $\bar{R}_{am}$ 必须满足下面的条件:如果所选择的 Q_a 和 R_a 满足 $\bar{Q}_{am} \leqslant Q_a$ 且 $\bar{R}_{am} \leqslant R_a$,则接受原始的保守性假设;如果所选择的 Q_a 和 R_a 满足 $Q_a < \bar{Q}_{am}$ 且 $R_a < \bar{R}_{am}$,则拒绝原始的保守性假设。否则,所辨识的 $\bar{Q}_{am}$ 和 $\bar{R}_{am}$ 是不正确的,那么稍微大一点或小一点的 $\bar{Q}_{am}$ 和 $\bar{R}_{am}$ 可通过经验来选择,或者是基于新的实际观测数据通过不同的方法来重新辨识它们。

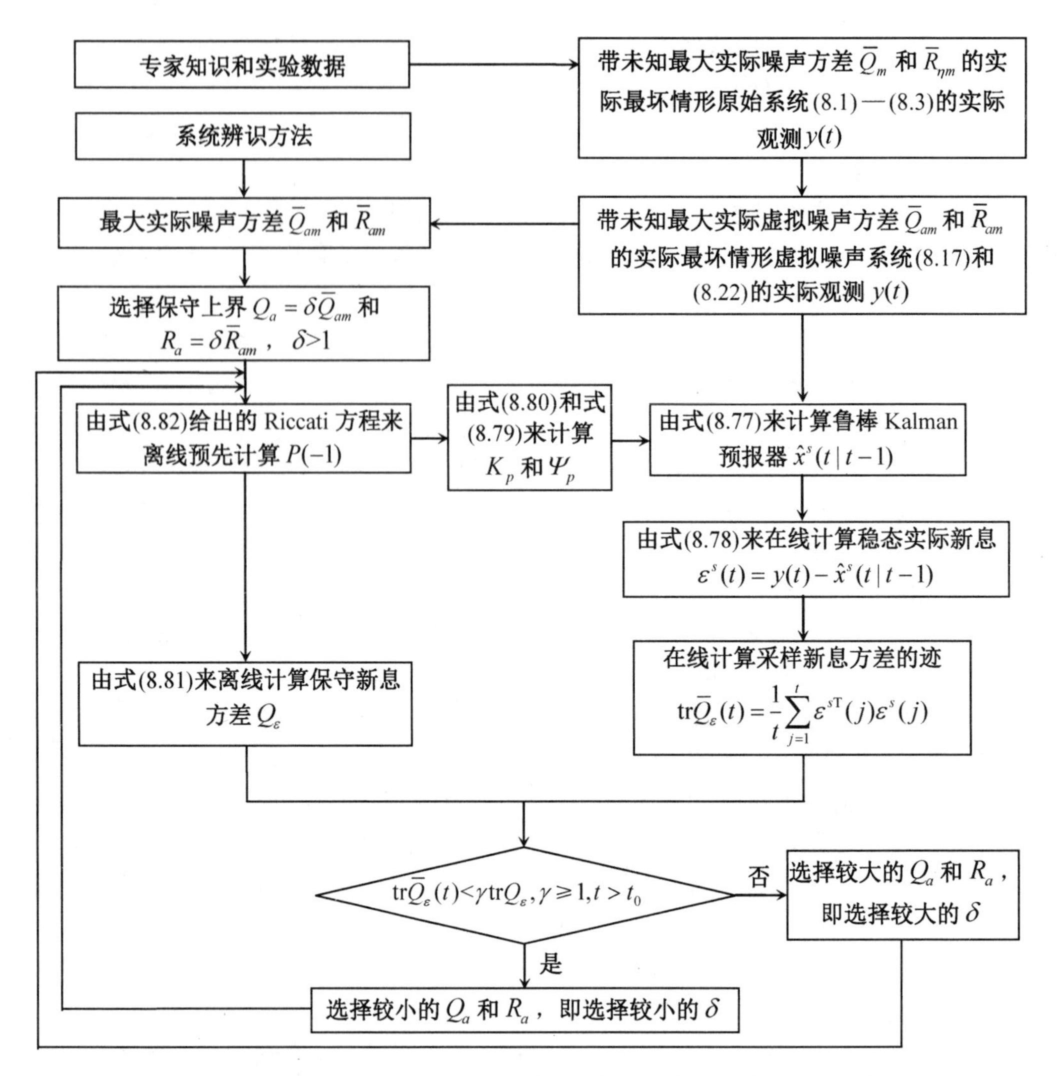

图 8.1　利用新息判决准则给出的实际噪声方差的较小保守上界的判决和搜索过程

虽然理论上在一般情形下,只要保守系统没有成为实际系统,最坏工况(情形)下的保守系统的保守观测是不可利用的。但对某些生产过程而言,每种工况下的数据是有历史记录的。在大量工况比较中可选择出最坏工况及其历史观测数据,这些数据可用于辨识虚拟噪声系统最大值虚拟噪声方差。

(1) 检验噪声方差上界保守性的新息判决准则

对于带不确定实际虚拟噪声方差 $\bar{Q}_a$ 和 $\bar{R}_a$ 的等价的虚拟噪声系统(8.17)和(8.22),在原始保守性假设即 Q_a 和 R_a 分别是实际虚拟噪声方差 $\bar{Q}_a$ 和 $\bar{R}_a$ 的保守上界条件下,取 $\bar{Q}_a=\bar{Q}_{am},\bar{R}_a=\bar{R}_{am}$,则有 $\bar{Q}_{am}\leqslant Q_a,\bar{R}_{am}\leqslant R_a$。应用 $\bar{R}_a\leqslant R_a$、式(8.81)和带 $N=-1$ 的式(8.92)得实际和保守稳态新息方差 $\bar{Q}_\varepsilon$ 和 Q_ε 满足关系 $\bar{Q}_\varepsilon\leqslant Q_\varepsilon$,这引出了实际和保守新息方差的如下精度关系

$$\mathrm{tr}\bar{Q}_\varepsilon\leqslant\mathrm{tr}Q_\varepsilon\tag{8.101}$$

其中,保守新息方差 Q_ε 可由式(8.81)和式(8.82)离线预先计算。当 $\bar{Q}_{am}$ 和 $\bar{R}_{am}$ 未知时,相应的实际新息方差 $\bar{Q}_\varepsilon$ 也是未知的,但基于实际最坏情形系统(8.17)和(8.22)的实际

观测 $y(t)$，利用采样方差，$\mathrm{tr}\bar{Q}_\varepsilon$ 可被在线计算，这里的实际观测 $y(t)$ 等同于实际最坏情形原始系统(8.1)—(8.3) 的观测。实际上，实际稳态新息 $\varepsilon^s(t)$ 可由式(8.78) 来计算，其中 $y(t)$ 是实际观测数据，$\hat{x}^s(t+1|t)$ 是由式(8.77) 给出的带实际观测数据 $y(t)$ 的鲁棒稳态 Kalman 预报器。根据采样方差的一致性有如下收敛性

$$\lim_{t\to\infty}\frac{1}{t}\sum_{j=1}^{t}\varepsilon^{s\mathrm{T}}(j)\varepsilon^s(j)=\mathrm{tr}\bar{Q}_\varepsilon,\text{以概率 }1 \tag{8.102}$$

由式(8.101) 和式(8.102) 可得基于实际观测数据的新息判决准则如下

$$\frac{1}{t}\sum_{j=1}^{t}\varepsilon^{s\mathrm{T}}(j)\varepsilon^s(j)<\gamma\mathrm{tr}Q_\varepsilon,\gamma\geqslant 1,t>t_0,\text{以概率 }1 \tag{8.103}$$

其中 $\gamma\geqslant 1$ 是保守系数，$t_0>0$ 是一个充分大的时刻。

如果式(8.103) 成立，那么接受原始的保守性假设；如果式(8.103) 不成立，那么拒绝原始的保守性假设。图 8.1 给出了实际噪声方差的较小保守上界的判决和搜索过程，原始的保守上界 Q_a 和 R_a 可基于实际噪声方差的最大值 $\bar{Q}_{am}$ 和 $\bar{R}_{am}$ 来选择。

这里，由鲁棒 Kalman 预报器的鲁棒性 $\bar{P}(-1)\leqslant P(-1)$，导出了由式(8.103) 给出的新息判决准则。这不同于文献[29] 中给出的基于不发散 Kalman 预报器的判决准则的导出方式。基于实际最坏情形系统的实际观测数据所给出的新息判决准则是首次被提出的，它的新思想是如果所选择的实际噪声方差 $\bar{Q}_a$ 和 $\bar{R}_a$ 的上界 Q_a 和 R_a 分别大于或等于它们的最大值 $\bar{Q}_{am}$ 和 $\bar{R}_{am}$，即 $\bar{Q}_{am}\leqslant Q_a$ 且 $\bar{R}_{am}\leqslant R_a$，那么它们是保守的，否则如果 $Q_a<\bar{Q}_{am}$ 且 $R_a<\bar{R}_{am}$，则它们不是保守的。这可以通过比较相应的保守和实际新息方差 Q_ε 和 $\bar{Q}_\varepsilon$ 来判决，这引出了由式(8.101)—(8.103) 给出的新息判决准则。

(2) 具有改进的鲁棒精度的鲁棒稳态 Kalman 估值器

基于实际噪声方差的较小保守上界，本节将提出具有较高的鲁棒精度的鲁棒稳态 Kalman 估值器。

首先，给定实际噪声方差的已知的较大保守上界为 $Q_a=\delta\bar{Q}_{am}$ 且 $R_a=\delta\bar{R}_{am}(\delta>1)$，通过按比例减小原始已知的较大保守上界 Q_a 和 R_a，下面将给出一种简单的搜索技术用于选择实际噪声方差的较小保守上界，方法如下：令

$$Q_{ak}=\delta_k Q_a,R_{ak}=\delta_k R_a \tag{8.104}$$

其中比例系数 $\delta_k>0,k\geqslant 1,\delta_1=1$ 且 δ_k 单调递减到 0，即 $\delta_{k+1}<\delta_k$，且当 $k\to\infty$ 时，$\delta_k\to 0$。这里，δ_k 也称为压缩系数。假设 $Q_a>0$ 且 $R_a>0$，则由式(8.104) 可知 Q_{ak} 和 R_{ak} 也单调递减到 0，即

$$\begin{gathered}Q_{a(k+1)}<Q_{ak}\leqslant Q_a,R_{a(k+1)}<R_{ak}\leqslant R_a,k\geqslant 1,\\ Q_{ak}\to 0,R_{ak}\to 0,\text{当 }k\to\infty\text{ 时}\end{gathered} \tag{8.105}$$

对于带虚拟噪声方差 Q_{ak} 和 R_{ak} 的系统(8.17) 和(8.22)，基于 Lyapunov 方程，容易证明稳态 Kalman 预报误差方差阵 $P_k(-1)$ 以及它的迹 $\mathrm{tr}P_k(-1)$ 也分别单调递减到 0，即

$$\begin{gathered}P_{k+1}(-1)<P_k(-1),P_k(-1)\to 0,\text{当 }k\to\infty\text{ 时},\\ \mathrm{tr}P_{k+1}(-1)<\mathrm{tr}P_k(-1),\mathrm{tr}P_k(-1)\to 0,\text{当 }k\to\infty\text{ 时}\end{gathered} \tag{8.106}$$

应用图 8.1 中给出的新息判决准则，如果接受$(Q_{ak},R_{ak})(k=1,\cdots,k_f)$为实际噪声方差的保守上界，而$(Q_{a(k_f+1)},R_{a(k_f+1)})$被拒绝作为实际噪声方差的保守上界，那么可得到实际噪声方差的较小保守上界为(Q_{ak_f},R_{ak_f})，因为由式(8.105) 可知 $Q_{ak_f}<Q_{a(k_f-1)}<\cdots<$

$Q_{a1}=Q_a, R_{ak_f}<R_{a(k_f-1)}<\cdots<R_{a1}=R_a$。基于带实际噪声方差的较小保守上界($Q_{ak_f}, R_{ak_f}$)的保守系统(8.17)和(8.22),可设计带较小的 $\mathrm{tr}P_{k_f}(N)$ 的鲁棒稳态 Kalman 估值器 $\hat{x}^s(t\mid t+N)$,而基于原始较大的保守上界(Q_a, R_a),可得到带较大的 $\mathrm{tr}P(N)$ 的鲁棒稳态 Kalman 估值器。事实上,由式(8.87)、式(8.89)、式(8.105)和式(8.106)可得序列 $\mathrm{tr}P_k(N)$ 单调递减到0,即

$$\mathrm{tr}P_{k+1}(N)<\mathrm{tr}P_k(N), \mathrm{tr}P_k(N)\to 0, \text{当 } k\to\infty \text{ 时}, N=-1, N\geqslant 0 \tag{8.107}$$

其中,$P_1(N)=P(N)$。因此可得 $\mathrm{tr}P_{k_f}(N)<\mathrm{tr}P(N)$,这意味着基于实际噪声方差的较小保守上界的鲁棒稳态 Kalman 估值器的鲁棒精度高于基于实际噪声方差的较大保守上界的鲁棒稳态 Kalman 估值器的鲁棒精度。

注 8.6 上述所提出的搜索技术可归纳为如下四步:

第一步:基于带最大实际虚拟噪声方差的实际最坏情形系统(8.17)和(8.22)的实际观测 $y(t)$,应用经典系统辨识方法,辨识得到最大实际虚拟噪声方差 $\bar{Q}_{am}$ 和 $\bar{R}_{am}$,其中实际观测 $y(t)$ 等同于带最大实际噪声方差 $\bar{Q}_m$ 和 $\bar{R}_{\eta m}$ 的实际最坏情形原始系统(8.1)—(8.3)的传感器的实际观测 $y(t)$;

第二步:构建实际噪声方差的保守上界为 $Q_a=\delta\bar{Q}_{am}, R_a=\delta\bar{R}_{am}, \delta>1$,其中,相同的比例系数 δ 可通过经验来选择;

第三步:构建按比例减小的方差序列 Q_{ak} 和 R_{ak} 为 $Q_{ak}=\delta_k Q_a, R_{ak}=\delta_k R_a$,其中相同的比例系数 $\delta_k\to 0$(当 $k\to\infty$ 时),且 $\delta_1=1$,δ_k 可通过经验来选择;

第四步:应用新息判决准则来查找实际噪声方差的较小保守上界。

在上述方法中,由 $\bar{Q}_{am}$ 和 $\bar{R}_{am}$,通过选择相同的比例系数 δ 来构建(Q_a, R_a),以及由 Q_a 和 R_a,通过选择相同的比例系数 δ_k 来构建(Q_{ak}, R_{ak}),因此搜索实际噪声方差的较小保守上界的问题被转化为利用新息判决准则来搜索整数 $k=k_f$ 或标量系数 δ_{k_f} 的问题。

所提出的搜索技术的基本原则是通过增加或减小带相同比例系数 δ 的 $\bar{Q}_{am}$ 和 $\bar{R}_{am}$ 去选择实际噪声方差的保守上界 Q_a 和 R_a,即 $Q_a=\delta\bar{Q}_{am}, R_a=\delta\bar{R}_{am}, \delta\geqslant 1$ 或 $\delta<1$。因此,对于 $\delta\geqslant 1$ 或 $\delta<1$,仅存在两种情形,即 $\bar{Q}_{am}\leqslant Q_a$ 且 $\bar{R}_{am}\leqslant R_a$ 或 $Q_a<\bar{Q}_{am}$ 且 $R_a<\bar{R}_{am}$。这两种情形可通过图8.1中给出的新息判决准则来检验。在上述搜索技术下,诸如 $\bar{Q}_{am}\leqslant Q_a$ 且 $R_a<\bar{R}_{am}$ 或 $Q_a<\bar{Q}_{am}$ 且 $\bar{R}_{am}\leqslant R_a$ 的情形是不可能出现的。

(3) 满足预置的鲁棒精度指标的鲁棒稳态 Kalman 估值器

基于实际噪声方差的已知保守上界(Q_a, R_a),由式(8.104)和式(8.105)可知,可构建虚拟噪声方差的一个序列(Q_{ak}, R_{ak})且它们分别单调递减到0。对任意给定的鲁棒精度指标 $r>0$,如果能够选择实际噪声方差 $\bar{Q}_{ak_r}$ 和 $\bar{R}_{ak_r}$ 的保守上界 Q_{ak_r} 和 R_{ak_r} 使得相应的保守估计误差方差阵 $P_{k_r}(N)$ 满足 $\mathrm{tr}P_{k_r}(N)<r$,那么对于所有容许的满足 $\bar{Q}_{ak}\leqslant Q_{ak_r}$ 且 $\bar{R}_{ak}\leqslant R_{ak_r}$ 的实际噪声方差 $\bar{Q}_{ak}$ 和 $\bar{R}_{ak}$,由式(8.93)可知,同样有相应的 $\mathrm{tr}\bar{P}(N)<r$ 成立。这样的鲁棒 Kalman 估值器 $\hat{x}^s(t\mid t+N)$ 被称为满足预置的鲁棒精度指标 r 的鲁棒 Kalman 估值器,且区域 $\Omega_{k_r}(N)=\{(\bar{Q}_a, \bar{R}_a):\bar{Q}_a\leqslant Q_{ak_r}, \bar{R}_a\leqslant R_{ak_r}\}$ 称为鲁棒区域,即对于所有容许的($\bar{Q}_a, \bar{R}_a$) $\in\Omega_{k_r}(N)$,保证了鲁棒精度 $\mathrm{tr}P_{k_r}(N)$ 小于 r 且实际精度 $\mathrm{tr}\bar{P}(N)$ 也小于 r。关键问题是如何去构建鲁棒区域 $\Omega_{k_r}(N)$,即如何选择 Q_{ak_r} 和 R_{ak_r},从而满足预置的鲁棒精度指标。

为了得到一个较大的鲁棒区域，由式(8.107)可知，对于任意预置的鲁棒精度指标 $r>0$，可找到一个整数 $k_r>0$ 使得

$$\mathrm{tr}P_{k_r}(N)<r \text{ 且 } \mathrm{tr}P_{k_r-1}(N)>r \tag{8.108}$$

由于序列 $\mathrm{tr}P_k(N)$ 单调递减到0，所以由式(8.108)可得

$$\mathrm{tr}P_k(N)<r,k\geqslant k_r;\mathrm{tr}P_k(N)>r,k<k_r \tag{8.109}$$

因此得到了许多鲁棒区域 $\Omega_k(N)=\{(\bar{Q}_a,\bar{R}_a):\bar{Q}_a\leqslant Q_{ak},\bar{R}_a\leqslant R_{ak}\},k\geqslant k_r$。由于 $Q_{ak_r}>Q_{a(k_r+1)}>\cdots$ 且 $R_{ak_r}>R_{a(k_r+1)}>\cdots$，所以有 $\Omega_{k_r}(N)\supset\Omega_{k_r+1}(N)\supset\cdots$，因此 $\Omega_{k_r}(N)$ 是一个较大的鲁棒区域。在所有的鲁棒区域 $\Omega_k(N)(k\geqslant k_r)$ 内，保证了给定的鲁棒精度 $\mathrm{tr}P_k(N)$ 满足 $\mathrm{tr}P_k(N)<r$。相反，在区域 $\Omega_k(N)(k<k_r)$ 内，由式(8.109)可知，存在 $\bar{Q}_a=Q_{ak}$ 且 $\bar{R}_a=R_{ak}\in\Omega_k(N)$ 使得 $\mathrm{tr}\bar{P}(N)=\mathrm{tr}P_k(N)>r$，因此在区域 $\Omega_k(N)(k<k_r)$ 内，预置的精度指标未被保证，所以称它为非鲁棒区域。此外，由式(8.109)可知，对于预置的不同的鲁棒精度指标 r，相应的整数 k_r 以及鲁棒区域 $\Omega_{k_r}(N)$ 也是不同的。

注 8.7　这里所提出的能保证预置的鲁棒精度的鲁棒 Kalman 估值器是对文献[48,49]中给出的保性能鲁棒 Kalman 估值器的进一步发展。文献[48,49]中给出的保性能概念是指在鲁棒精度和实际精度之间的偏差被保证保持在预置的指标范围内。为了构建最大的鲁棒区域，要求给出不确定噪声方差扰动的参数化表达，且要使用拉格朗日乘数法。而在这节中，改进了原始的保性能指标，它被鲁棒精度指标所代替，且提出了一种搜索技术来获得较大的鲁棒区域。此外，也避免了参数化方法和拉格朗日乘数法。

应用式(8.89)得 $P_k(N)<P_k(0)<P_k(-1),N>0$，这引出 $\mathrm{tr}P_k(N)<\mathrm{tr}P_k(0)<\mathrm{tr}P_k(-1),N>0$。因此对于相同的鲁棒精度指标 r，如果鲁棒 Kalman 预报器满足了这个精度指标，那么鲁棒 Kalman 滤波器和平滑器也满足这个精度指标。

一般来讲，当噪声方差是多维矩阵时，搜索实际噪声方差的较小保守上界的问题是一个棘手的开放问题，即它是一个带约束的高维最优化问题[33]。利用所提出的搜索技术，问题可被转化为搜索标量压缩系数 δ_k 的问题。基于原始给定的较大的保守上界，应用按比例压缩的方法得到了实际噪声方差的较小保守上界，这是一个简单且快速的搜索技术。

8.2.5　鲁棒 Kalman 估值器的两个仿真应用例子

(1) 应用于带随机参数和有色观测噪声的 AR 信号保精度鲁棒稳态滤波

ARMA 信号滤波问题经常出现在包括信号处理、状态估计、跟踪系统、反卷积，以及时间序列分析等领域中[50,51]。这里给出带相同乘性噪声系统的应用背景。

考虑带随机参数、有色观测噪声和不确定噪声方差的单通道 AR 信号

$$A_t(q^{-1})s(t)=w(t-1) \tag{8.110}$$

$$A_t(q^{-1})=1+a_1(t-1)q^{-1}+\cdots+a_n(t-n)q^{-n},a_k(t)=a_k+\xi_k(t),k=1,\cdots,n \tag{8.111}$$

$$z(t)=s(t)+e(t) \tag{8.112}$$

$$e(t+1)=be(t)+\eta(t) \tag{8.113}$$

其中 $s(t)\in R^1$ 是待估的标量信号，$w(t)\in R^1$ 是输入噪声，$z(t)\in R^1$ 是传感器的观测，

$e(t) \in R^1$ 是有色观测噪声,$\eta(t) \in R^1$ 是白噪声,b 是已知参数。$A_t(q^{-1})$ 是 q^{-1} 的 n 阶多项式,其中 q^{-1} 是单位向后置换算子,即 $q^{-1}s(t)=s(t-1)$。$a_k(t)(k=1,\cdots,n)$ 是带已知均值 a_k 和随机扰动 $\xi_k(t)$ 的标量随机参数。$w(t)$,$\eta(t)$ 和 $\xi_k(t)$ 是带零均值的互不相关白噪声,$\bar{\sigma}_w^2$ 和 $\bar{\sigma}_\eta^2$ 分别是白噪声 $w(t)$ 和 $\eta(t)$ 的未知不确定实际方差,σ_w^2 和 σ_η^2 分别是 $\bar{\sigma}_w^2$ 和 $\bar{\sigma}_\eta^2$ 的已知保守上界,即有 $\bar{\sigma}_w^2 \leqslant \sigma_w^2$,$\bar{\sigma}_\eta^2 \leqslant \sigma_\eta^2$,且 $\sigma_{\xi_k}^2(k=1,\cdots,n)$ 是白噪声 $\xi_k(t)$ 的已知方差。

目的是设计 AR 信号 $s(t)$ 的保精度鲁棒稳态 Kalman 估值器。

由式(8.110)给出的带随机参数的 AR 信号模型有等价的状态空间模型[15]

$$x(t+1)=\begin{bmatrix} -a_1(t) & & & \\ -a_2(t) & & I_{n-1} & \\ \vdots & & & \\ -a_n(t) & 0 & \cdots & 0 \end{bmatrix} x(t)+\begin{bmatrix} 1 \\ 0 \\ \vdots \\ 0 \end{bmatrix} w(t) \tag{8.114}$$

$$s(t)=[1,0,\cdots,0]x(t) \tag{8.115}$$

将 $a_k(t)=a_k+\xi_k(t)$ 代入式(8.114)得

$$x(t+1)=\left(\begin{bmatrix} -a_1 & & & \\ -a_2 & & I_{n-1} & \\ \vdots & & & \\ -a_n & 0 & \cdots & 0 \end{bmatrix}+\begin{bmatrix} -\xi_1(t) & 0 & \cdots & 0 \\ -\xi_2(t) & 0 & \cdots & 0 \\ \vdots & \vdots & & \vdots \\ -\xi_n(t) & 0 & \cdots & 0 \end{bmatrix}\right) x(t)+\begin{bmatrix} 1 \\ 0 \\ \vdots \\ 0 \end{bmatrix} w(t) \tag{8.116}$$

定义

$$H_0=[1,0,\cdots,0], \Gamma=\begin{bmatrix} 1 \\ 0 \\ \vdots \\ 0 \end{bmatrix}, \Phi=\begin{bmatrix} -a_1 & & & \\ -a_2 & & I_{n-1} & \\ \vdots & & & \\ -a_n & 0 & \cdots & 0 \end{bmatrix},$$

$$\Phi_k=\begin{bmatrix} 0 & 0 & \cdots & 0 \\ \vdots & \vdots & & \vdots \\ 0 & 0 & \cdots & 0 \\ -1 & 0 & \cdots & 0 \\ 0 & 0 & \cdots & 0 \\ \vdots & \vdots & & \vdots \\ 0 & 0 & \cdots & 0 \end{bmatrix} \tag{8.117}$$

其中 $\Phi_k(k=1,\cdots,n)$ 是 $n \times n$ 矩阵,它的第 k 行第 1 列元素等于 -1,其他元素都等于0。因此,由式(8.114)和式(8.115)给出的状态空间模型可被重写为如下带乘性噪声的系统模型

$$x(t+1)=\left(\Phi+\sum_{k=1}^{n} \xi_k(t) \Phi_k\right) x(t)+\Gamma w(t) \tag{8.118}$$

$$s(t)=H_0 x(t) \tag{8.119}$$

另一方面,引入观测差分变换如下

$$y(t)=z(t+1)-bz(t) \tag{8.120}$$

应用式(8.112)和式(8.113)得

$$y(t)=s(t+1)+e(t+1)-b(s(t)+e(t))=s(t+1)-bs(t)+\eta(t) \tag{8.121}$$

将式(8.119)代入式(8.121),并应用式(8.118)得

$$y(t)=H_0x(t+1)-bH_0x(t)+\eta(t)=$$

$$H_0[(\Phi+\sum_{k=1}^{n}\xi_k(t)\Phi_k)x(t)+\Gamma w(t)]-bH_0x(t)+\eta(t)=$$

$$H_0\Phi x(t)-bH_0x(t)+\sum_{k=1}^{n}\xi_k(t)H_0\Phi_kx(t)+H_0\Gamma w(t)+\eta(t) \tag{8.122}$$

定义 $\bar{H}=H_0\Phi-bH_0,H_k=H_0\Phi_k,D=H_0\Gamma$,则有

$$y(t)=(\bar{H}+\sum_{k=1}^{n}\xi_k(t)H_k)x(t)+v(t) \tag{8.123}$$

$$v(t)=Dw(t)+\eta(t) \tag{8.124}$$

显然,由式(8.118)、式(8.123)和式(8.124)给出的状态空间模型可看成是系统(8.1)—(8.3)的一种特殊情形,其中参数矩阵和噪声统计都是常值且 $\Gamma_k(t)=0$, $C_k(t)=0,C(t)=1$。这给出了原始系统(8.1)—(8.3)的一个重要应用背景。

由式(8.119)可知,$s(t)$ 是状态 $x(t)$ 的第一个分量,所以鲁棒保精度稳态信号估值器可由相应的鲁棒保精度稳态状态估值器来得到。应用射影理论得鲁棒稳态信号估值器为

$$\hat{s}^s(t\mid t+N)=H_0\hat{x}^s(t\mid t+N),N<0\text{ 或 }N\geqslant 0 \tag{8.125}$$

且应用式(8.119)和式(8.125)得信号 $s(t)$ 的实际和保守稳态估计误差方差分别为

$$\bar{P}_s(N)=H_0\bar{P}(N)H_0^{\mathrm{T}},N<0\text{ 或 }N\geqslant 0 \tag{8.126}$$

$$P_s(N)=H_0P(N)H_0^{\mathrm{T}},N<0\text{ 或 }N\geqslant 0 \tag{8.127}$$

其中,下角标"s"表示信号。应用式(8.92)、式(8.126)和式(8.127)得 $\hat{s}^s(t\mid t+N)$ 的鲁棒性为

$$\bar{P}_s(N)\leqslant P_s(N),N<0\text{ 或 }N\geqslant 0 \tag{8.128}$$

(2)应用于带丢包和不确定噪声方差系统的鲁棒 Kalman 滤波

由于在目标跟踪定位、信号处理和控制等领域的广泛应用[18],网络化系统的估计问题已经引起了广泛关注。由于有限的通信能力,在数据传输中随机时滞或(和)丢包几乎是不可避免的,所以,网络化系统的状态估计问题是复杂的,具有挑战性的。考虑如下带丢包、不确定噪声方差和线性相关白噪声的线性离散时不变网络化系统

$$x(t+1)=\Phi x(t)+\Gamma w(t) \tag{8.129}$$

$$z(t)=Hx(t)+v(t) \tag{8.130}$$

$$y(t)=\xi(t)z(t)+(1-\xi(t))y(t-1) \tag{8.131}$$

$$v(t)=Dw(t)+\eta(t) \tag{8.132}$$

其中 t 是离散时间,$x(t)\in R^n$ 是被估状态,$z(t)\in R^m$ 是传感器收到的观测,$y(t)\in R^m$ 是估值器通过网络所收到的观测,$w(t)\in R^r$ 是过程噪声,$v(t)\in R^m$ 是观测噪声且线性相关于 $w(t)$,$\Phi\in R^{n\times n}$,$\Gamma\in R^{n\times r}$,$H\in R^{m\times n}$ 和 $D\in R^{m\times r}$ 是带适当维数的已知常矩阵。$w(t)$ 和 $\eta(t)$ 是带零均值的互不相关白噪声,$\bar{Q}$ 和 $\bar{R}_\eta$ 分别是白噪声 $w(t)$ 和 $\eta(t)$ 的未知不确定实

际方差，Q 和 R_η 分别是 $\bar{Q}$ 和 $\bar{R}_\eta$ 的已知保守上界，即 $\bar{Q} \leqslant Q, \bar{R}_\eta \leqslant R_\eta$。$\xi(t) \in R^1$ 是取值为1或0的标量伯努利白噪声，取1的概率为 $\mathrm{Prob}\{\xi(t)=1\}=\pi$，取0的概率为 $\mathrm{Prob}\{\xi(t)=0\}=1-\pi$，这里 π 是已知的且 $0 \leqslant \pi \leqslant 1$。$\xi(t)$ 不相关于 $w(t)$ 和 $\eta(t)$，且由 $\xi(t)$ 的分布容易得到如下结果

$$\mathrm{E}[\xi(t)]=\pi, \mathrm{E}[\xi(t)-\pi]=0, \mathrm{E}[(\xi(t)-\pi)^2]=\pi(1-\pi) \tag{8.133}$$

对于带丢包和不确定噪声方差的网络化系统(8.129)—(8.132)，下面讨论它的鲁棒 Kalman 估值器的设计问题。

将式(8.130)代入式(8.131)，则系统(8.129)—(8.132)可被转换为如下等价的增广系统

$$x_a(t+1)=\Phi_a(t)x_a(t)+\Gamma_a(t)w_a(t) \tag{8.134}$$

$$y(t)=H_a(t)x_a(t)+\xi(t)v(t) \tag{8.135}$$

其中

$$x_a(t)=\begin{bmatrix} x(t) \\ y(t-1) \end{bmatrix}, w_a(t)=\begin{bmatrix} w(t) \\ v(t) \end{bmatrix}, \Phi_a(t)=\begin{bmatrix} \Phi & 0 \\ \xi(t)H & (1-\xi(t))I_m \end{bmatrix},$$

$$\Gamma_a(t)=\begin{bmatrix} \Gamma & 0 \\ 0 & \xi(t)I_m \end{bmatrix}, H_a(t)=[\xi(t)H, (1-\xi(t))I_m] \tag{8.136}$$

由式(8.136)可看出，$\Phi_a(t)$，$\Gamma_a(t)$ 和 $H_a(t)$ 均为随机参数矩阵，用它的均值矩阵来代替随机参数矩阵，用乘性噪声来代替随机参数矩阵与它的均值矩阵的偏差项，则带随机参数矩阵的系统(8.134)和(8.135)可被转化为一个带常参数矩阵和乘性噪声的系统。这种方法叫去随机参数阵法。由式(8.133)和式(8.136)可得

$$\Phi_a=\mathrm{E}[\Phi_a(t)]=\begin{bmatrix} \Phi & 0 \\ \pi H & (1-\pi)I_m \end{bmatrix},$$

$$\Gamma_a=\mathrm{E}[\Gamma_a(t)]=\begin{bmatrix} \Gamma & 0 \\ 0 & \pi I_m \end{bmatrix}, H_a=\mathrm{E}[H_a(t)]=[\pi H, (1-\pi)I_m] \tag{8.137}$$

定义带零均值白噪声

$$\xi_0(t)=\xi(t)-\pi \tag{8.138}$$

由式(8.133)可得 $\xi_0(t)$ 有如下统计特性，即 $\mathrm{E}[\xi_0(t)]=0, \sigma_{\xi_0}^2=\mathrm{E}[\xi_0(t)\xi_0(t)]=\pi(1-\pi)$。

用式(8.136)减式(8.137)得 $\Phi_a(t)$，$\Gamma_a(t)$ 和 $H_a(t)$ 的随机偏差项分别为

$$\Phi_a(t)-\Phi_a=\xi_0(t)\Phi_e, \Gamma_a(t)-\Gamma_a=\xi_0(t)\Gamma_e, H_a(t)-H_a=\xi_0(t)H_e \tag{8.139}$$

其中

$$\Phi_e=\begin{bmatrix} 0 & 0 \\ H & -I_m \end{bmatrix}, \Gamma_e=\begin{bmatrix} 0 & 0 \\ 0 & I_m \end{bmatrix}, H_e=[H, -I_m] \tag{8.140}$$

进而，可得如下等价的带常参数矩阵和带相同乘性噪声的系统

$$x_a(t+1)=(\Phi_a+\xi_0(t)\Phi_e)x_a(t)+(\Gamma_a+\xi_0(t)\Gamma_e)w_a(t) \tag{8.141}$$

$$y(t)=(H_a+\xi_0(t)H_e)x_a(t)+(\pi I_m+\xi_0(t)I_m)v(t) \tag{8.142}$$

$$v(t)=Mw_a(t)+\eta(t), M=[D, (0)_{m\times m}] \tag{8.143}$$

由式(8.132)可知 $v(t)$ 的实际和保守方差阵 $\bar{R}_v$ 和 R_v 满足式(8.6)和式(8.7)，且

$w(t)$ 和 $v(t)$ 的实际和保守相关矩阵 $\bar{S}$ 和 S 满足式(8.9),其中系数矩阵和噪声统计均为常值。由式(8.136) 可得 $w_a(t)$ 的实际和保守方差阵 $\bar{Q}_a$ 和 Q_a 分别为

$$\bar{Q}_a = \begin{bmatrix} \bar{Q} & \bar{S} \\ \bar{S}^{\mathrm{T}} & \bar{R}_v \end{bmatrix} = \begin{bmatrix} \bar{Q} & \bar{Q}D^{\mathrm{T}} \\ D\bar{Q} & D\bar{Q}D^{\mathrm{T}} + \bar{R}_\eta \end{bmatrix} \tag{8.144}$$

$$Q_a = \begin{bmatrix} Q & S \\ S^{\mathrm{T}} & R_v \end{bmatrix} = \begin{bmatrix} Q & QD^{\mathrm{T}} \\ DQ & DQD^{\mathrm{T}} + R_\eta \end{bmatrix} \tag{8.145}$$

类似于引理 8.4 的推导,容易证明

$$\bar{Q}_a \leqslant Q_a \tag{8.146}$$

由式(8.136) 可得 $w_a(t)$ 和 $v(t)$ 的实际和保守相关矩阵 $\bar{S}_a$ 和 S_a 分别为

$$\bar{S}_a = [\bar{S}^{\mathrm{T}}, \bar{R}_v^{\mathrm{T}}]^{\mathrm{T}}, S_a = [S^{\mathrm{T}}, R_v^{\mathrm{T}}]^{\mathrm{T}} \tag{8.147}$$

因此,带丢包和不确定噪声方差的网络化系统(8.129)—(8.132) 被转换成等价的带相同的状态和噪声相依乘性噪声、不确定噪声方差和线性相关观测及过程白噪声的系统(8.141)—(8.143),它可看成是原始系统(8.1)—(8.3) 的一种特殊情形,即 $q = 1$ 且系数矩阵和噪声统计均为常值。这同样给出了原始系统(8.1)—(8.3) 的一个重要应用背景。

对于增广系统(8.141)—(8.143),类似于 8.2.2 小节中给出的推导,容易得到它的鲁棒 Kalman 估值器 $\hat{x}_a(t \mid t+N)$ $(N<0$ 或 $N \geqslant 0)$ 以及它们的实际和保守估计误差方差阵 $\bar{P}_a(t \mid t+N)$ 和 $P_a(t \mid t+N)$。鲁棒 Kalman 估值器 $\hat{x}_a(t \mid t+N)$ 具有鲁棒性,即对于所有容许的不确定性,有

$$\bar{P}_a(t \mid t+N) \leqslant P_a(t \mid t+N) \tag{8.148}$$

且 $P_a(t \mid t+N)$ 是 $\bar{P}_a(t \mid t+N)$ 的最小上界。

由定义 $x_a(t) = [x^{\mathrm{T}}(t), y^{\mathrm{T}}(t-1)]^{\mathrm{T}}$ 可知,原始系统(8.129)—(8.132) 的鲁棒状态估值器 $\hat{x}(t \mid t+N)$ 可由增广系统(8.141)—(8.143) 的鲁棒状态估值器 $\hat{x}_a(t \mid t+N)$ 来得到,即 $\hat{x}(t \mid t+N) = [I_n, 0]\hat{x}_a(t \mid t+N)$ $(N<0$ 或 $N \geqslant 0)$,且它们的实际和保守估计误差方差阵分别为

$$\bar{P}(t \mid t+N) = [I_n, 0]\bar{P}_a(t \mid t+N)\ [I_n, 0]^{\mathrm{T}}, N<0, N \geqslant 0 \tag{8.149}$$

$$P(t \mid t+N) = [I_n, 0]P_a(t \mid t+N)\ [I_n, 0]^{\mathrm{T}}, N<0, N \geqslant 0 \tag{8.150}$$

原始系统(8.129)—(8.132) 的鲁棒时变 Kalman 估值器 $\hat{x}(t \mid t+N)$ 具有鲁棒性,即对于所有容许的不确定性,有

$$\bar{P}(t \mid t+N) \leqslant P(t \mid t+N) \tag{8.151}$$

且 $P(t \mid t+N)$ 是 $\bar{P}(t \mid t+N)$ 的最小上界。

8.3 带乘性噪声和丢包的混合不确定网络化系统鲁棒 Kalman 估值器

对于带不同的状态和噪声相依乘性噪声、丢包和不确定方差线性相关加性白噪声的混合不确定网络化系统,本节介绍作者新近提出的鲁棒时变与稳态 Kalman 估值器[36]。应用增广方法和虚拟噪声技术,原系统被转化为仅带不确定噪声方差的系统。根据极大极小鲁棒估计原理,基于带噪声方差保守上界的最坏情形保守系统,提出了鲁棒时变和稳

态 Kalman 估值器,包括滤波器、预报器和平滑器。用 Lyapunov 方程方法证明了估值器的鲁棒性,还证明了精度关系以及时变和稳态估值器之间的按实现收敛性。

考虑带丢包、不确定方差乘性和线性相关加性白噪声的网络化时变系统

$$x(t+1)=(\Phi(t)+\sum_{k=1}^{n_\beta}\beta_k(t)\Phi_k(t))x(t)+(\Gamma(t)+\sum_{k=1}^{n_\zeta}\zeta_k(t)\Gamma_k(t))w(t) \tag{8.152}$$

$$z(t)=(H(t)+\sum_{l=1}^{n_\gamma}\gamma_l(t)H_l(t))x(t)+v(t) \tag{8.153}$$

$$v(t)=D(t)w(t)+\eta(t) \tag{8.154}$$

$$y(t)=\xi(t)z(t)+(1-\xi(t))y(t-1) \tag{8.155}$$

其中 $x(t)\in R^n$ 为系统状态,$z(t)\in R^m$ 为传感器的观测,$y(t)\in R^m$ 为估值器收到的观测,$w(t)\in R^r$ 为输入白噪声,$v(t)\in R^m$ 为传感器的观测噪声,且 $v(t)$ 和 $w(t)$ 是线性相关的,$\Phi(t),\Phi_k(t),\Gamma(t),\Gamma_k(t),H(t),H_l(t)$ 和 $D(t)$ 为已知的适当维数参数矩阵,n_β,n_ζ 和 n_γ 为相应乘性噪声的数量,$\Phi_k(t)$ 和 $H_l(t)$ 是随机参数扰动方位阵。

此外,由于噪声 $\beta_k(t)$ 和 $\gamma_l(t)$ 是状态 $x(t)$ 的乘子,噪声 $\zeta_k(t)$ 是过程噪声 $w(t)$ 的乘子,而 $w(t)$ 和 $v(t)$ 是加到状态 $x(t)$ 的项,因此分别称 $\beta_k(t)$ 和 $\gamma_l(t)$ 为状态相依乘性噪声,$\zeta_k(t)$ 为噪声相依乘性噪声,$w(t)$ 和 $v(t)$ 为加性噪声。

假设 4 Bernoulli 分布白噪声 $\xi(t)$ 用来描述丢包,它取 0 和 1 的已知概率为

$$\text{Prob}\{\xi(t)=1\}=\alpha(t),\text{Prob}\{\xi(t)=0\}=1-\alpha(t)$$

其中 $0\leqslant\alpha(t)\leqslant 1$,且 $\xi(t)$ 与其他噪声是不相关的。

注 8.8 在状态空间模型(8.152)—(8.155)中,式(8.155)用来描述网络传输中出现的丢包现象。由式(8.155)可知,如果 $\xi(t)=1$,则 $y(t)=z(t)$ 意味着没有出现丢包,即当前的观测可以被估值器使用。如果 $\xi(t)=0$,则 $y(t)=y(t-1)$ 意味着数据包丢失,即当前的观测 $z(t)$ 丢失了,但作为补偿,$t-1$ 时刻的观测可以被估值器使用。本节设计的鲁棒 Kalman 估值器仅依赖数据包到达的概率 $\alpha(t)$,而不依赖于随机变量 $\xi(t)$ 的具体值。

假设 5 标量乘性噪声 $\beta_k(t),\zeta_k(t)$ 和 $\gamma_l(t)$ 分别表示参数的随机扰动,$w(t),\eta(t),\beta_k(t),\zeta_k(t)$ 和 $\gamma_l(t)$ 是带零均值、实际方差不确定的相互独立的白噪声,满足关系

$$\mathrm{E}\left[\begin{bmatrix}w(t)\\\eta(t)\\\beta_k(t)\\\zeta_k(t)\\\gamma_l(t)\end{bmatrix}\begin{bmatrix}w(u)\\\eta(u)\\\beta_h(u)\\\zeta_h(u)\\\gamma_m(u)\end{bmatrix}^{\mathrm{T}}\right]=\begin{bmatrix}\bar{Q}(t)\delta_{tu} & 0 & 0 & 0 & 0\\0 & \bar{R}_\eta(t)\delta_{tu} & 0 & 0 & 0\\0 & 0 & \bar{\sigma}^2_{\beta_k}(t)\delta_{tu}\delta_{kh} & 0 & 0\\0 & 0 & 0 & \bar{\sigma}^2_{\zeta_h}(t)\delta_{tu}\delta_{kh} & 0\\0 & 0 & 0 & 0 & \bar{\sigma}^2_{\gamma_l}(t)\delta_{tu}\delta_{lm}\end{bmatrix} \tag{8.156}$$

假设 6 初始状态 $x(0)$ 与 $w(t),\eta(t),\beta_k(t),\zeta_k(t)$ 和 $\gamma_l(t)$ 是独立的,带均值 $\mathrm{E}[x(0)]=\mu_0$,未知实际方差 $\mathrm{E}[(x(0)-\mu_0)(x(0)-\mu_0)^{\mathrm{T}}]=\bar{P}_0(0|-1)$。

假设 7 不确定实际方差 $\bar{Q}(t),\bar{R}_\eta(t),\bar{\sigma}^2_{\beta_k}(t),\bar{\sigma}^2_{\zeta_k}(t),\bar{\sigma}^2_{\gamma_l}(t)$ 和 $\bar{P}_0(0|-1)$ 具有已知的保守上界,分别是 $Q(t),R_\eta(t),\sigma^2_{\beta_k}(t),\sigma^2_{\zeta_k}(t),\sigma^2_{\gamma_l}(t)$ 和 $P_0(0|-1)$,即

$$\bar{Q}(t) \leqslant Q(t), \bar{R}_{\eta}(t) \leqslant R_{\eta}(t), \bar{\sigma}_{\beta_k}^2(t) \leqslant \sigma_{\beta_k}^2(t), \bar{\sigma}_{\zeta_k}^2(t) \leqslant \sigma_{\zeta_k}^2(t),$$
$$\bar{\sigma}_{\gamma_l}^2(t) \leqslant \sigma_{\gamma_l}^2(t), \bar{P}_0(0 \mid -1) \leqslant P_0(0 \mid -1) \tag{8.157}$$

由式(8.154)和假设5可知,$v(t)$ 是带零均值的白噪声,其实际方差 $\bar{R}_v(t)$ 为

$$\bar{R}_v(t) = \mathrm{E}[v(t)v^{\mathrm{T}}(t)] = D(t)\bar{Q}(t)D^{\mathrm{T}}(t) + \bar{R}_{\eta}(t) \tag{8.158}$$

$\bar{R}_v(t)$ 有已知的保守上界 $R_v(t)$,即

$$R_v(t) = D(t)Q(t)D^{\mathrm{T}}(t) + R_{\eta}(t) \tag{8.159}$$

且 $w(t)$ 和 $v(t)$ 是相关的,它们的实际和保守的互相关矩阵 $\bar{S}(t)$ 和 $S(t)$ 分别为

$$\bar{S}(t) = \mathrm{E}[w(t)v^{\mathrm{T}}(t)] = \bar{Q}(t)D^{\mathrm{T}}(t) \tag{8.160}$$

$$S(t) = Q(t)D^{\mathrm{T}}(t) \tag{8.161}$$

类似于注8.1,称带保守上界 $Q(t), R_v(t), \sigma_{\beta_k}^2(t), \sigma_{\zeta_k}^2(t)$ 和 $\sigma_{\gamma_l}^2(t)$ 的系统(8.152)—(8.155)为最坏情形保守系统,它的状态 $x(t)$ 和观测 $y(t)$ 分别为保守的状态和观测。而称带实际方差 $\bar{Q}(t), \bar{R}_v(t), \bar{\sigma}_{\beta_k}^2(t), \bar{\sigma}_{\zeta_k}^2(t)$ 和 $\bar{\sigma}_{\gamma_l}^2(t)$ 的系统(8.152)—(8.155)为实际系统,它的状态 $x(t)$ 和观测 $y(t)$ 分别为实际的状态和观测。保守的观测是不可用的,只有从传感器得到的实际的观测是可用的。

对于混合不确定系统(8.152)—(8.155),本节将设计它的鲁棒 Kalman 估值器 $\hat{x}(t \mid t+N)$,对于所有容许的不确定实际方差 $\bar{Q}(t), \bar{R}_v(t), \bar{\sigma}_{\beta_k}^2(t), \bar{\sigma}_{\zeta_k}^2(t), \bar{\sigma}_{\gamma_l}^2(t)$ 和 $\bar{P}_0(0 \mid -1)$,确保实际估值误差方差 $\bar{P}(t \mid t+N)$ 有最小上界 $P(t \mid t+N)$,即满足关系

$$\bar{P}(t \mid t+N) \leqslant P(t \mid t+N), N=-1, N=0 \text{ 或 } N>0 \tag{8.162}$$

其中 $N=-1, N=0$ 或 $N>0$ 时,$\hat{x}(t \mid t+N)$ 分别为预报器、滤波器和平滑器。

8.3.1 模型转换

为系统(8.152)—(8.155)引入扩维的状态和矩阵,则模型(8.152)、(8.153)和(8.155)可改写为

$$x_a(t+1) = \boldsymbol{\Phi}_a(t)x_a(t) + \Gamma_a(t)w_a(t) \tag{8.163}$$

$$y(t) = H_a(t)x_a(t) + \xi(t)v(t) \tag{8.164}$$

其中增广状态、噪声和矩阵分别为

$$x_a(t) = \begin{bmatrix} x(t) \\ y(t-1) \end{bmatrix}, w_a(t) = \begin{bmatrix} w(t) \\ v(t) \end{bmatrix},$$

$$\Gamma_a(t) = \begin{bmatrix} \Gamma(t) + \sum_{k=1}^{n_\zeta} \zeta_k(t)\Gamma_k(t) & 0 \\ 0 & \xi(t)I_m \end{bmatrix},$$

$$\boldsymbol{\Phi}_a(t) = \begin{bmatrix} \boldsymbol{\Phi}(t) + \sum_{k=1}^{n_\beta} \beta_k(t)\boldsymbol{\Phi}_k(t) & 0 \\ \xi(t)\left(H(t) + \sum_{l=1}^{n_\gamma} \gamma_l(t)H_l(t)\right) & (1-\xi(t))I_m \end{bmatrix},$$

$$H_a(t) = \left[\xi(t)\left(H(t) + \sum_{l=1}^{n_\gamma} \gamma_l(t)H_l(t)\right), (1-\xi(t))I_m\right] \tag{8.165}$$

由假设 5 可知，$w_a(t)$ 是带零均值的白噪声，其实际方差 $\bar{Q}_a(t)$ 为

$$\bar{Q}_a(t)=\mathrm{E}[w_a(t)w_a^{\mathrm{T}}(t)]=\mathrm{E}\left\{\begin{bmatrix}w(t)\\v(t)\end{bmatrix}[w^{\mathrm{T}}(t),v^{\mathrm{T}}(t)]\right\}=\begin{bmatrix}\bar{Q}(t)&\bar{S}(t)\\\bar{S}^{\mathrm{T}}(t)&\bar{R}_v(t)\end{bmatrix}\tag{8.166}$$

且在下面的引理 8.9 中将证明 $\bar{Q}_a(t)$ 有已知的保守上界 $Q_a(t)$，即

$$Q_a(t)=\begin{bmatrix}Q(t)&S(t)\\S^{\mathrm{T}}(t)&R_v(t)\end{bmatrix}\tag{8.167}$$

且 $w_a(t)$ 和 $v(t)$ 是相关的，它们的实际和保守的互相关矩阵 $\bar{S}_a(t)$ 和 $S_a(t)$ 分别为

$$\bar{S}_a(t)=\begin{bmatrix}\bar{S}(t)\\\bar{R}_v(t)\end{bmatrix},S_a(t)=\begin{bmatrix}S(t)\\R_v(t)\end{bmatrix}\tag{8.168}$$

对于式(8.165)中的随机参数阵用去随机参数阵法有

$$\hat{\Phi}_a(t)=\mathrm{E}[\Phi_a(t)]=\begin{bmatrix}\Phi(t)&0\\\alpha(t)H(t)&(1-\alpha(t))I_m\end{bmatrix},$$

$$\hat{H}_a(t)=\mathrm{E}[H_a(t)]=[\alpha(t)H(t),(1-\alpha(t))I_m],$$

$$\hat{\Gamma}_a(t)=\mathrm{E}[\Gamma_a(t)]=\begin{bmatrix}\Gamma(t)&0\\0&\alpha(t)I_m\end{bmatrix}\tag{8.169}$$

定义噪声 $\xi_0(t)=\xi(t)-\alpha(t)$，由假设 4 可知，$\xi_0(t)$ 是带零均值、方差为 $\alpha(t)(1-\alpha(t))$ 的白噪声，即

$$\mathrm{E}[\xi_0(t)]=0,\sigma_{\xi_0}^2(t)=\mathrm{E}[\xi_0^2(t)]=\alpha(t)(1-\alpha(t))\tag{8.170}$$

定义随机的参数扰动矩阵

$$\tilde{\Phi}_a(t)=\Phi_a(t)-\hat{\Phi}_a(t),\tilde{H}_a(t)=H_a(t)-\hat{H}_a(t),\tilde{\Gamma}_a(t)=\Gamma_a(t)-\hat{\Gamma}_a(t)\tag{8.171}$$

则根据式(8.165)和式(8.169)，有

$$\tilde{\Phi}_a(t)=\xi_0(t)\tilde{\Phi}_a^{\xi}(t)+\sum_{k=1}^{n_\beta}\beta_k(t)\tilde{\Phi}_{ak}^{\beta}(t)+\xi(t)\sum_{l=1}^{n_\gamma}\gamma_l(t)\tilde{\Phi}_{al}^{\gamma}(t),$$

$$\tilde{H}_a(t)=\xi_0(t)\tilde{H}_a^{\xi}(t)+\xi(t)\sum_{l=1}^{n_\gamma}\gamma_l(t)\tilde{H}_{al}^{\gamma}(t),$$

$$\tilde{\Gamma}_a(t)=\sum_{k=1}^{n_\zeta}\zeta_k(t)\tilde{\Gamma}_{\zeta_k}(t)+\xi_0(t)\tilde{\Gamma}_e(t)\tag{8.172}$$

其中扰动方位阵

$$\tilde{\Phi}_a^{\xi}(t)=\begin{bmatrix}0&0\\H(t)&-I_m\end{bmatrix},\tilde{\Phi}_{ak}^{\beta}(t)=\begin{bmatrix}\Phi_k(t)&0\\0&0\end{bmatrix},\tilde{\Phi}_{al}^{\gamma}(t)=\begin{bmatrix}0&0\\H_l(t)&0\end{bmatrix},$$

$$\tilde{H}_a^{\xi}(t)=[H(t),-I_m],\tilde{H}_{al}^{\gamma}(t)=[H_l(t),0],$$

$$\tilde{\Gamma}_{\zeta_k}(t)=\begin{bmatrix}\Gamma_k(t)&0\\0&0\end{bmatrix},\tilde{\Gamma}_e(t)=\begin{bmatrix}0&0\\0&I_m\end{bmatrix}$$

应用式(8.171)，扩维系统(8.163)和(8.164)可转化为带乘性噪声增广系统

$$x_a(t+1)=(\hat{\Phi}_a(t)+\tilde{\Phi}_a(t))x_a(t)+(\hat{\Gamma}_a(t)+\tilde{\Gamma}_a(t))w_a(t)\tag{8.173}$$

$$y(t)=(\hat{H}_a(t)+\tilde{H}_a(t))x_a(t)+(\alpha(t)+\xi_0(t))v(t)\tag{8.174}$$

引入下列虚拟噪声分别补偿式(8.173)和式(8.174)中的乘性噪声项

$$
\begin{aligned}
w_{fa}(t) = {} & \tilde{\Phi}_a(t)x_a(t) + \hat{\Gamma}_a(t)w_a(t) + \tilde{\Gamma}_a(t)w_a(t) = \\
& \tilde{\Phi}_a(t)x_a(t) + \hat{\Gamma}_a(t)w_a(t) + \left(\sum_{k=1}^{n_\zeta}\zeta_k(t)\tilde{\Gamma}_{\zeta_k}(t) + \xi_0(t)\tilde{\Gamma}_e(t)\right)w_a(t)
\end{aligned}
\tag{8.175}
$$

$$
v_f(t) = \tilde{H}_a(t)x_a(t) + \alpha(t)v(t) + \xi_0(t)v(t) \tag{8.176}
$$

则扩维系统最终可被转化为标准系统

$$
x_a(t+1) = \hat{\Phi}_a(t)x_a(t) + w_{fa}(t) \tag{8.177}
$$

$$
y(t) = \hat{H}_a(t)x_a(t) + v_f(t) \tag{8.178}
$$

为了给出虚拟噪声 $w_{fa}(t)$ 和 $v_f(t)$ 的保守和实际的方差阵和互相关矩阵，首先引入以下引理。

引理 8.7 虚拟噪声 $w_{fa}(t)$ 和 $v_f(t)$ 是零均值白噪声。

证明 应用 $\mathrm{E}[\xi_0(t)]=0$ 以及假设 5 和假设 6，可得 $\mathrm{E}[\tilde{\Phi}_a(t)]=0$，$\mathrm{E}[\tilde{\Gamma}_a(t)]=0$ 和 $\mathrm{E}[v(t)]=0$，因此，根据式(8.175)和式(8.176)有

$$
\mathrm{E}[w_{fa}(t)] = \mathrm{E}[\tilde{\Phi}_a(t)]\mathrm{E}[x_a(t)] + \mathrm{E}[\hat{\Gamma}_a(t)]\mathrm{E}[w_a(t)] + \mathrm{E}[\tilde{\Gamma}_a(t)]\mathrm{E}[w_a(t)] = 0
$$

$$
\mathrm{E}[v_f(t)] = \mathrm{E}[\tilde{H}_a(t)]\mathrm{E}[x_a(t)] + \alpha(t)\mathrm{E}[v(t)] + \mathrm{E}[\xi_0(t)]\mathrm{E}[v(t)] = 0
$$

类似地，可证明 $\mathrm{E}[w_{fa}(t)w_{fa}^{\mathrm{T}}(j)]=0$ 和 $\mathrm{E}[v_f(t)v_f^{\mathrm{T}}(j)]=0(t\neq j)$ 成立。证毕。

引理 8.8 对实际和保守的扩维系统(8.177)和(8.178)中的状态 $x_a(t)$，定义 $\bar{X}_a(t)$ 和 $X_a(t)$ 分别为其实际和保守的非中心二阶矩 $\mathrm{E}[x_a(t)x_a^{\mathrm{T}}(t)]$，其中 $x_a(t)$ 分别为实际和保守状态，则 $\bar{X}_a(t)$ 和 $X_a(t)$ 分别满足下列广义 Lyapunov 方程

$$
\begin{aligned}
\bar{X}_a(t+1) = {} & \hat{\Phi}_a(t)\bar{X}_a(t)\hat{\Phi}_a^{\mathrm{T}}(t) + \sigma_{\xi_0}^2(t)\tilde{\Phi}_a^{\xi}(t)\bar{X}_a(t)\tilde{\Phi}_a^{\xi\mathrm{T}}(t) + \sigma_{\xi_0}^2(t)\tilde{\Gamma}_e(t)\bar{Q}_a(t)\tilde{\Gamma}_e^{\mathrm{T}}(t) + \\
& \sum_{k=1}^{n_\beta}\bar{\sigma}_{\beta_k}^2(t)\tilde{\Phi}_{ak}^{\beta}(t)\bar{X}_a(t)\tilde{\Phi}_{ak}^{\beta\mathrm{T}}(t) + \alpha(t)\sum_{l=1}^{n_\gamma}\bar{\sigma}_{\gamma_l}^2(t)\tilde{\Phi}_{al}^{\gamma}(t)\bar{X}_a(t)\tilde{\Phi}_{al}^{\gamma\mathrm{T}}(t) + \\
& \hat{\Gamma}_a(t)\bar{Q}_a(t)\hat{\Gamma}_a^{\mathrm{T}}(t) + \sum_{k=1}^{n_\zeta}\bar{\sigma}_{\zeta_k}^2(t)\tilde{\Gamma}_{\zeta_k}(t)\bar{Q}_a(t)\tilde{\Gamma}_{\zeta_k}^{\mathrm{T}}(t)
\end{aligned}
\tag{8.179}
$$

$$
\begin{aligned}
X_a(t+1) = {} & \hat{\Phi}_a(t)X_a(t)\hat{\Phi}_a^{\mathrm{T}}(t) + \sigma_{\xi_0}^2(t)\tilde{\Phi}_a^{\xi}(t)X_a(t)\tilde{\Phi}_a^{\xi\mathrm{T}}(t) + \sigma_{\xi_0}^2(t)\tilde{\Gamma}_e(t)Q_a(t)\tilde{\Gamma}_e^{\mathrm{T}}(t) + \\
& \sum_{k=1}^{n_\beta}\sigma_{\beta_k}^2(t)\tilde{\Phi}_{ak}^{\beta}(t)X_a(t)\tilde{\Phi}_{ak}^{\beta\mathrm{T}}(t) + \alpha(t)\sum_{l=1}^{n_\gamma}\sigma_{\gamma_l}^2(t)\tilde{\Phi}_{al}^{\gamma}(t)X_a(t)\tilde{\Phi}_{al}^{\gamma\mathrm{T}}(t) + \\
& \hat{\Gamma}_a(t)Q_a(t)\hat{\Gamma}_a^{\mathrm{T}}(t) + \sum_{k=1}^{n_\zeta}\sigma_{\zeta_k}^2(t)\tilde{\Gamma}_{\zeta_k}(t)Q_a(t)\tilde{\Gamma}_{\zeta_k}^{\mathrm{T}}(t)
\end{aligned}
\tag{8.180}
$$

扩维初始状态 $x_a(0)$ 带未知实际非中心二阶矩 $\bar{X}_a(0)$ 和已知保守上界 $X_a(0)$，即

$$
\bar{X}_a(0) = \begin{bmatrix} \bar{X}(0) & 0 \\ 0 & 0 \end{bmatrix}, X_a(0) = \begin{bmatrix} X(0) & 0 \\ 0 & 0 \end{bmatrix} \tag{8.181}
$$

其中初始状态 $x(0)$ 的实际非中心二阶矩 $\bar{X}(0)$ 和已知保守上界 $X(0)$ 分别为

$$
\bar{X}(0) = \bar{P}_0(0|-1) + \mu_0\mu_0^{\mathrm{T}}, X(0) = P_0(0|-1) + \mu_0\mu_0^{\mathrm{T}} \tag{8.182}
$$

证明 由假设 6，可得式(8.182)，由式(8.165)、$x_a(t)$ 的定义可得式(8.181)。由式(8.173)、假设 4 和假设 5，以及 $x_a(t)$ 和 $w_a(t)$ 的不相关性，可得

$$
\bar{X}_a(t+1) = \mathrm{E}[x_a(t+1)x_a^{\mathrm{T}}(t+1)] =
$$

$$\widehat{\Phi}_a(t)\bar{X}_a(t)\widehat{\Phi}_a^{\mathrm{T}}(t)+\mathrm{E}[\widetilde{\Phi}_a(t)x_a(t)x_a^{\mathrm{T}}(t)\widetilde{\Phi}_a^{\mathrm{T}}(t)]+$$
$$\mathrm{E}[\widehat{\Gamma}_a(t)w_a(t)w_a^{\mathrm{T}}(t)\widehat{\Gamma}_a^{\mathrm{T}}(t)]+\mathrm{E}[\widetilde{\Gamma}_a(t)w_a(t)w_a^{\mathrm{T}}(t)\widetilde{\Gamma}_a^{\mathrm{T}}(t)] \tag{8.183}$$

根据式(8.170)和假设 4 以及式(8.175),可得式(8.183)的后三项分别为

$$\begin{aligned}\mathrm{E}[\widetilde{\Phi}_a(t)x_a(t)x_a^{\mathrm{T}}(t)\widetilde{\Phi}_a^{\mathrm{T}}(t)]=&\sigma_{\xi_0}^2(t)\widetilde{\Phi}_a^{\xi}(t)\bar{X}_a(t)\widetilde{\Phi}_a^{\xi\mathrm{T}}(t)+\\&\sum_{k=1}^{n_\beta}\bar{\sigma}_{\beta_k}^2(t)\widetilde{\Phi}_{ak}^{\beta}(t)\bar{X}_a(t)\widetilde{\Phi}_{ak}^{\beta\mathrm{T}}(t)+\\&\alpha(t)\sum_{l=1}^{n_\gamma}\bar{\sigma}_{\gamma_l}^2(t)\widetilde{\Phi}_{al}^{\gamma}(t)\bar{X}_a(t)\widetilde{\Phi}_{al}^{\gamma\mathrm{T}}(t)\end{aligned}$$

$$\mathrm{E}[\widehat{\Gamma}_a(t)w_a(t)w_a^{\mathrm{T}}(t)\widehat{\Gamma}_a^{\mathrm{T}}(t)]=\widehat{\Gamma}_a(t)\bar{Q}_a(t)\widehat{\Gamma}_a^{\mathrm{T}}(t)$$

$$\begin{aligned}\mathrm{E}[\widetilde{\Gamma}_a(t)w_a(t)w_a^{\mathrm{T}}(t)\widetilde{\Gamma}_a^{\mathrm{T}}(t)]=&\sum_{k=1}^{n_\eta}\bar{\sigma}_{\zeta_k}^2(t)\widetilde{\Gamma}_{\zeta_k}(t)\bar{Q}_a(t)\widetilde{\Gamma}_{\zeta_k}^{\mathrm{T}}(t)+\\&\sigma_{\xi_0}^2(t)\widetilde{\Gamma}_e(t)\bar{Q}_a(t)\widetilde{\Gamma}_e^{\mathrm{T}}(t)\end{aligned} \tag{8.184}$$

将上式代入式(8.183)得式(8.179)。同理,可得 $\bar{X}_a(t)$ 的保守上界为式(8.180)。证毕。

引理 8.9 在假设 7 条件下,对于满足式(8.157)的所有容许的实际方差 $\bar{Q}(t)$, $\bar{R}_\eta(t)$, $\bar{\sigma}_{\beta_k}^2(t)$, $\bar{\sigma}_{\zeta_k}^2(t)$, $\bar{\sigma}_{\gamma_l}^2(t)$ 和 $\bar{P}_0(0|-1)$,有

$$\bar{Q}_a(t)\leqslant Q_a(t) \tag{8.185}$$

$$\bar{X}_a(t)\leqslant X_a(t) \tag{8.186}$$

证明 由式(8.158)和式(8.159),定义 $\Delta Q(t)=Q(t)-\bar{Q}(t)$, $\Delta R_\eta(t)=R_\eta(t)-\bar{R}_\eta(t)$ 和 $\Delta R_v(t)=R_v(t)-\bar{R}_v(t)$,则有

$$\Delta R_v(t)=D(t)\Delta Q(t)D^{\mathrm{T}}(t)+\Delta R_\eta(t) \tag{8.187}$$

由式(8.157)可得 $\Delta Q(t)\geqslant 0$ 和 $\Delta R_\eta(t)\geqslant 0$,因此有 $\Delta R_v(t)\geqslant 0$。

定义 $\Delta S(t)=S(t)-\bar{S}(t)$,由式(8.160)和式(8.161),可得

$$\Delta S(t)=\Delta Q(t)D^{\mathrm{T}}(t) \tag{8.188}$$

定义 $\Delta Q_a(t)=Q_a(t)-\bar{Q}_a(t)$,由式(8.166)和式(8.167),可得

$$\Delta Q_a(t)=\begin{bmatrix}\Delta Q(t) & \Delta S(t)\\ \Delta S^{\mathrm{T}}(t) & \Delta R_v(t)\end{bmatrix} \tag{8.189}$$

将式(8.187)和式(8.188)代入式(8.189),可得

$$\Delta Q_a(t)=\begin{bmatrix}\Delta Q(t) & \Delta Q(t)D^{\mathrm{T}}(t)\\ D(t)\Delta Q(t) & D(t)\Delta Q(t)D^{\mathrm{T}}(t)+\Delta R_\eta(t)\end{bmatrix} \tag{8.190}$$

$\Delta Q_a(t)$ 可分解为

$$\Delta Q_a(t)=\Delta B_1(t)+\Delta B_2(t) \tag{8.191}$$

其中 $\Delta B_1(t)=\begin{bmatrix}\Delta Q(t) & \Delta Q(t)D^{\mathrm{T}}(t)\\ D(t)\Delta Q(t) & D(t)\Delta Q(t)D^{\mathrm{T}}(t)\end{bmatrix}$, $\Delta B_2(t)=\begin{bmatrix}0 & 0\\ 0 & \Delta R_\eta(t)\end{bmatrix}$, $\Delta B_1(t)$ 又可以写成如下形式

$$\Delta B_1(t) = \begin{bmatrix} I_r & 0 \\ 0 & D(t) \end{bmatrix} \begin{bmatrix} \Delta Q(t) & \Delta Q(t) \\ \Delta Q(t) & \Delta Q(t) \end{bmatrix} \begin{bmatrix} I_r & 0 \\ 0 & D^{\mathrm{T}}(t) \end{bmatrix}$$

应用 $\Delta Q(t) \geqslant 0$ 和引理 8.2，引出 $\Delta B_1(t) \geqslant 0$，再应用 $\Delta R_\eta(t) \geqslant 0$ 和引理 8.3，引出 $\Delta B_2(t) \geqslant 0$，因此有 $\Delta Q_a(t) \geqslant 0$，即式(8.185) 成立。

定义 $\Delta X_a(t) = X_a(t) - \bar{X}_a(t)$，$\Delta\sigma^2_{\beta_k}(t) = \sigma^2_{\beta_k}(t) - \bar{\sigma}^2_{\beta_k}(t)$，$\Delta\sigma^2_{\gamma_l}(t) = \sigma^2_{\gamma_l}(t) - \bar{\sigma}^2_{\gamma_l}(t)$，$\Delta\sigma^2_{\zeta_k}(t) = \sigma^2_{\zeta_k}(t) - \bar{\sigma}^2_{\zeta_k}(t)$，根据式(8.179) 和式(8.180)，可得

$$\begin{aligned}
\Delta X_a(t+1) = {} & \hat{\Phi}_a(t)\Delta X_a(t)\hat{\Phi}_a^{\mathrm{T}}(t) + \sigma^2_{\xi_0}(t)\tilde{\Phi}_a^{\xi}(t)\Delta X_a(t)\tilde{\Phi}_a^{\xi\mathrm{T}}(t) + \\
& \hat{\Gamma}_a(t)\Delta Q_a(t)\hat{\Gamma}_a^{\mathrm{T}}(t) + \sigma^2_{\xi_0}(t)\tilde{\Gamma}_e(t)\Delta Q_a(t)\tilde{\Gamma}_e^{\mathrm{T}}(t) + \\
& \sum_{k=1}^{n_\beta}\bar{\sigma}^2_{\beta_k}(t)\tilde{\Phi}_{ak}^{\beta}(t)\Delta X_a(t)\tilde{\Phi}_{ak}^{\beta\mathrm{T}}(t) + \sum_{k=1}^{n_\beta}\Delta\sigma^2_{\beta_k}(t)\tilde{\Phi}_{ak}^{\beta}(t)X_a(t)\tilde{\Phi}_{ak}^{\beta\mathrm{T}}(t) + \\
& \alpha(t)\sum_{l=1}^{n_\gamma}\bar{\sigma}^2_{\gamma_l}(t)\tilde{\Phi}_{al}^{\gamma}(t)\Delta X_a(t)\tilde{\Phi}_{al}^{\gamma\mathrm{T}}(t) + \sum_{k=1}^{n_\zeta}\bar{\sigma}^2_{\zeta_k}(t)\tilde{\Gamma}_{\zeta_k}(t)\Delta Q_a(t)\tilde{\Gamma}_{\zeta_k}^{\mathrm{T}}(t) + \\
& \alpha(t)\sum_{l=1}^{n_\gamma}\Delta\sigma^2_{\gamma_l}(t)\tilde{\Phi}_{al}^{\gamma}(t)X_a(t)\tilde{\Phi}_{al}^{\gamma\mathrm{T}}(t) + \sum_{k=1}^{n_\zeta}\Delta\sigma^2_{\zeta_k}(t)\tilde{\Gamma}_{\zeta_k}(t)Q_a(t)\tilde{\Gamma}_{\zeta_k}^{\mathrm{T}}(t)
\end{aligned} \tag{8.192}$$

由式(8.181) 和式(8.182)，有 $X_a(0) \geqslant 0$，再由式(8.180) 迭代，用数学归纳法引出 $X_a(t) \geqslant 0, \forall t$。由 $X_a(0)$ 减 $\bar{X}_a(0)$ 得 $\Delta X_a(0) = \begin{bmatrix} P_0(0|-1) - \bar{P}_0(0|-1) & 0 \\ 0 & 0 \end{bmatrix}$，由式(8.157) 和引理 8.3 得 $\Delta X_a(0) \geqslant 0$，结合 $\Delta\sigma^2_{\beta_k}(t) \geqslant 0$，$\Delta\sigma^2_{\gamma_l}(t) \geqslant 0$，$\Delta\sigma^2_{\zeta_k}(t) \geqslant 0$，$\Delta Q_a(t) \geqslant 0$ 和$0 \leqslant \alpha(t) \leqslant 1$ 得 $\Delta X_a(1) \geqslant 0$。用归纳法可得 $\Delta X_a(t) \geqslant 0$，即式(8.186) 成立。证毕。

因此，根据式(8.175)，虚拟噪声 $w_{fa}(t)$ 的实际方差可基于式(8.184) 给出

$$\begin{aligned}
\bar{Q}_{fa}(t) = {} & \mathrm{E}[w_{fa}(t)w_{fa}^{\mathrm{T}}(t)] = \\
& \sigma^2_{\xi_0}(t)\tilde{\Phi}_a^{\xi}(t)\bar{X}_a(t)\tilde{\Phi}_a^{\xi\mathrm{T}}(t) + \sum_{k=1}^{n_\beta}\bar{\sigma}^2_{\beta_k}(t)\tilde{\Phi}_{ak}^{\beta}(t)\bar{X}_a(t)\tilde{\Phi}_{ak}^{\beta\mathrm{T}}(t) + \\
& \alpha(t)\sum_{l=1}^{n_\gamma}\bar{\sigma}^2_{\gamma_l}(t)\tilde{\Phi}_{al}^{\gamma}(t)\bar{X}_a(t)\tilde{\Phi}_{al}^{\gamma\mathrm{T}}(t) + \hat{\Gamma}_a(t)\bar{Q}_a(t)\hat{\Gamma}_a^{\mathrm{T}}(t) + \\
& \sum_{k=1}^{n_\zeta}\bar{\sigma}^2_{\zeta_k}(t)\tilde{\Gamma}_{\zeta_k}(t)\bar{Q}_a(t)\tilde{\Gamma}_{\zeta_k}^{\mathrm{T}}(t) + \sigma^2_{\xi_0}(t)\tilde{\Gamma}_e(t)\bar{Q}_a(t)\tilde{\Gamma}_e^{\mathrm{T}}(t)
\end{aligned} \tag{8.193}$$

且类似于引理8.9 的推导容易证明 $\bar{Q}_{fa}(t)$ 有保守上界 $Q_{fa}(t)$，即

$$\bar{Q}_{fa}(t) \leqslant Q_{fa}(t)$$

$$\begin{aligned}
Q_{fa}(t) = {} & \sigma^2_{\xi_0}(t)\tilde{\Phi}_a^{\xi}(t)X_a(t)\tilde{\Phi}_a^{\xi\mathrm{T}}(t) + \sum_{k=1}^{n_\beta}\sigma^2_{\beta_k}(t)\tilde{\Phi}_{ak}^{\beta}(t)X_a(t)\tilde{\Phi}_{ak}^{\beta\mathrm{T}}(t) + \\
& \alpha(t)\sum_{l=1}^{n_\gamma}\sigma^2_{\gamma_l}(t)\tilde{\Phi}_{al}^{\gamma}(t)X_a(t)\tilde{\Phi}_{al}^{\gamma\mathrm{T}}(t) + \hat{\Gamma}_a(t)Q_a(t)\hat{\Gamma}_a^{\mathrm{T}}(t) + \\
& \sum_{k=1}^{n_\zeta}\sigma^2_{\zeta_k}(t)\tilde{\Gamma}_{\zeta_k}(t)Q_a(t)\tilde{\Gamma}_{\zeta_k}^{\mathrm{T}}(t) + \sigma^2_{\xi_0}(t)\tilde{\Gamma}_e(t)Q_a(t)\tilde{\Gamma}_e^{\mathrm{T}}(t)
\end{aligned} \tag{8.194}$$

类似地，虚拟噪声 $v_f(t)$ 的实际方差为

$$\bar{R}_f(t) = \mathrm{E}[v_f(t)v_f^{\mathrm{T}}(t)] =$$

$$\sigma_{\xi_0}^2(t)\widetilde{H}_a^{\xi}(t)\bar{X}_a(t)\widetilde{H}_a^{\xi\mathrm{T}}(t) + \alpha(t)\sum_{l=1}^{n_\gamma}\bar{\sigma}_{\gamma l}^2(t)\widetilde{H}_{al}^{\gamma}(t)\bar{X}_a(t)\widetilde{H}_{al}^{\gamma\mathrm{T}}(t) +$$

$$\alpha^2(t)\bar{R}_v(t) + \sigma_{\xi_0}^2(t)\bar{R}_v(t) \tag{8.195}$$

且类似于引理8.9的推导容易证明 $\bar{R}_f(t)$ 有保守上界 $R_f(t)$，即

$$\bar{R}_f(t) \leqslant R_f(t)$$

$$R_f(t) = \sigma_{\xi_0}^2(t)\widetilde{H}_a^{\xi}(t)X_a(t)\widetilde{H}_a^{\xi\mathrm{T}}(t) + \alpha(t)\sum_{l=1}^{n_\gamma}\sigma_{\gamma l}^2(t)\widetilde{H}_{al}^{\gamma}(t)X_a(t)\widetilde{H}_{al}^{\gamma\mathrm{T}}(t) +$$

$$\alpha^2(t)R_v(t) + \sigma_{\xi_0}^2(t)R_v(t) \tag{8.196}$$

而且，$w_{fa}(t)$ 和 $v_f(t)$ 是相关的，容易导出它们的实际相关矩阵 $\bar{S}_{fa}(t) = \mathrm{E}[w_{fa}(t)v_f^{\mathrm{T}}(t)]$ 为

$$\bar{S}_{fa}(t) = \sigma_{\xi_0}^2(t)\widetilde{\Phi}_a^{\xi}(t)\bar{X}_a(t)\widetilde{H}_a^{\xi\mathrm{T}}(t) + \alpha(t)\sum_{l=1}^{n_\gamma}\bar{\sigma}_{\gamma l}^2(t)\widetilde{\Phi}_{al}^{\gamma}(t)\bar{X}_a(t)\widetilde{H}_{al}^{\gamma\mathrm{T}}(t) +$$

$$\alpha(t)\widehat{\Gamma}_a(t)\bar{S}_a(t) + \sigma_{\xi_0}^2(t)\widetilde{\Gamma}_e(t)\bar{S}_a(t) \tag{8.197}$$

且保守的 $S_{fa}(t)$ 为

$$S_{fa}(t) = \sigma_{\xi_0}^2(t)\widetilde{\Phi}_a^{\xi}(t)X_a(t)\widetilde{H}_a^{\xi\mathrm{T}}(t) + \alpha(t)\sum_{l=1}^{n_\gamma}\sigma_{\gamma l}^2(t)\widetilde{\Phi}_{al}^{\gamma}(t)X_a(t)\widetilde{H}_{al}^{\gamma\mathrm{T}}(t) +$$

$$\alpha(t)\widehat{\Gamma}_a(t)S_a(t) + \sigma_{\xi_0}^2(t)\widetilde{\Gamma}_e(t)S_a(t) \tag{8.198}$$

8.3.2 鲁棒时变 Kalman 预报器

根据极大极小鲁棒估计原理，对带保守上界 $Q_{fa}(t)$，$R_f(t)$ 和保守的 $S_{fa}(t)$ 的最坏情形扩维系统(8.177)和(8.178)，在假设4—7条件下，应用定理3.25，保守的时变Kalman预报器为

$$\hat{x}_a(t+1 \mid t) = \Psi_p(t)\hat{x}_a(t \mid t-1) + K_p(t)y(t) \tag{8.199}$$

$$\Psi_p(t) = \widehat{\Phi}_a(t) - K_p(t)\widehat{H}_a(t) \tag{8.200}$$

$$K_p(t) = (\widehat{\Phi}_a(t)P_a(t \mid t-1)\widehat{H}_a^{\mathrm{T}}(t) + S_{fa}(t))[\widehat{H}_a(t)P_a(t \mid t-1)\widehat{H}_a^{\mathrm{T}}(t) + R_{fa}(t)]^{-1} \tag{8.201}$$

保守的预报误差方差 $P_a(t+1 \mid t)$ 满足 Riccati 方程

$$P_a(t+1 \mid t) = \widehat{\Phi}_a(t)P_a(t \mid t-1)\widehat{\Phi}_a^{\mathrm{T}}(t) - [\widehat{\Phi}_a(t)P_a(t \mid t-1)\widehat{H}_a^{\mathrm{T}}(t) + S_{fa}(t)] \times$$

$$[\widehat{H}_a(t)P_a(t \mid t-1)\widehat{H}_a^{\mathrm{T}}(t) + R_f(t)]^{-1} \times$$

$$[\widehat{\Phi}_a(t)P_a(t \mid t-1)\widehat{H}_a^{\mathrm{T}}(t) + S_{fa}(t)]^{\mathrm{T}} + Q_{fa}(t) \tag{8.202}$$

在保守时变 Kalman 预报器(8.199)中，保守观测 $y(t)$ 是不可用的。因此，将保守观测 $y(t)$ 替换为实际观测 $y(t)$，式(8.199)就称为实际时变 Kalman 预报器。

记预报误差 $\tilde{x}_a(t+1 \mid t) = x_a(t+1) - \hat{x}_a(t+1 \mid t)$，由式(8.177)减式(8.199)有

$$\tilde{x}_a(t+1 \mid t) = \Psi_p(t)\tilde{x}_a(t \mid t-1) + w_{fa}(t) - K_p(t)v_f(t) \tag{8.203}$$

定义扩维噪声 $\lambda_a(t) = [w_{fa}^{\mathrm{T}}(t), v_f^{\mathrm{T}}(t)]^{\mathrm{T}}$，由式(8.193)—(8.198)，通过计算 $\mathrm{E}[\lambda_a(t)\lambda_a^{\mathrm{T}}(t)]$，可得实际和保守的噪声方差 $\bar{\Lambda}_a(t)$ 和 $\Lambda_a(t)$ 分别为

$$\bar{\Lambda}_a(t)=\begin{bmatrix}\bar{Q}_{fa}(t) & \bar{S}_{fa}(t)\\ \bar{S}_{fa}^{\mathrm{T}}(t) & \bar{R}_f(t)\end{bmatrix},\Lambda_a(t)=\begin{bmatrix}Q_{fa}(t) & S_{fa}(t)\\ S_{fa}^{\mathrm{T}}(t) & R_f(t)\end{bmatrix} \tag{8.204}$$

式(8.203)可改写为

$$\tilde{x}_a(t+1|t)=\Psi_p(t)\tilde{x}_a(t|t-1)+[I_{n+m},-K_p(t)]\lambda_a(t) \tag{8.205}$$

故实际和保守的预报误差方差分别满足 Lyapunov 方程

$$\bar{P}_a(t+1|t)=\Psi_p(t)\bar{P}_a(t|t-1)\Psi_p^{\mathrm{T}}(t)+[I_{n+m},-K_p(t)]\bar{\Lambda}_a(t)[I_{n+m},-K_p(t)]^{\mathrm{T}} \tag{8.206}$$

$$P_a(t+1|t)=\Psi_p(t)P_a(t|t-1)\Psi_p^{\mathrm{T}}(t)+[I_{n+m},-K_p(t)]\Lambda_a(t)[I_{n+m},-K_p(t)]^{\mathrm{T}} \tag{8.207}$$

带初值

$$\bar{P}_a(0|-1)=\begin{bmatrix}\bar{P}_0(0|-1) & 0\\ 0 & 0\end{bmatrix},P_a(0|-1)=\begin{bmatrix}P_0(0|-1) & 0\\ 0 & 0\end{bmatrix} \tag{8.208}$$

引理 8.10 在假设 7 条件下，对于满足式(8.157)的所有容许的实际方差 $\bar{Q}(t)$，$\bar{R}_\eta(t)$，$\bar{\sigma}_{\beta_k}^2(t)$，$\bar{\sigma}_{\zeta_k}^2(t)$，$\bar{\sigma}_{\gamma_l}^2(t)$ 和 $\bar{P}_0(0|-1)$，有

$$\bar{\Lambda}_a(t)\leqslant\Lambda_a(t) \tag{8.209}$$

证明 将式(8.194)、式(8.196)和式(8.198)代入式(8.204)，有

$$\Lambda_a(t)=\left[\begin{array}{c:c}
\begin{array}{l}\alpha(t)\sum_{l=1}^{n_\gamma}\sigma_{\gamma_l}^2(t)\tilde{\Phi}_{al}^{\gamma}(t)X_a(t)\tilde{\Phi}_{al}^{\gamma\mathrm{T}}(t)+\\ \sum_{k=1}^{n_\beta}\sigma_{\beta_k}^2(t)\tilde{\Phi}_a^{\beta}(t)X_a(t)\tilde{\Phi}_a^{\beta\mathrm{T}}(t)+\\ \sigma_{\xi_0}^2(t)\tilde{\Phi}_a^{\xi}(t)X_a(t)\tilde{\Phi}_a^{\xi\mathrm{T}}(t)+\\ \sigma_{\xi_0}^2(t)\tilde{\Gamma}_e(t)\bar{Q}_a(t)\tilde{\Gamma}_e^{\mathrm{T}}(t)+\\ \sum_{k=1}^{n_\zeta}\sigma_{\zeta_k}^2(t)\tilde{\Gamma}_{\zeta_k}(t)Q_a(t)\tilde{\Gamma}_{\zeta_k}^{\mathrm{T}}(t)+\\ \hat{\Gamma}_a(t)Q_a(t)\hat{\Gamma}_a^{\mathrm{T}}(t)\end{array} &
\begin{array}{l}\sigma_{\xi_0}^2(t)\tilde{\Phi}_a^{\xi}(t)X_a(t)\tilde{H}_a^{\xi\mathrm{T}}(t)+\\ \alpha(t)\sum_{l=1}^{n_\gamma}\sigma_{\gamma_l}^2(t)\tilde{\Phi}_{al}^{\gamma}(t)X_a(t)\tilde{H}_{al}^{\gamma\mathrm{T}}(t)+\\ \alpha(t)\hat{\Gamma}_a(t)S_a(t)+\\ \sigma_{\xi_0}^2(t)\tilde{\Gamma}_e(t)S_a(t)\end{array}\\ \hdashline
\begin{array}{l}\sigma_{\xi_0}^2(t)\tilde{H}_a^{\xi}(t)X_a(t)\tilde{\Phi}_a^{\xi\mathrm{T}}(t)+\\ \alpha(t)\sum_{l=1}^{n_\gamma}\sigma_{\gamma_l}^2(t)\tilde{H}_a^{\gamma}(t)X_a(t)\tilde{\Phi}_{al}^{\gamma\mathrm{T}}(t)+\\ \alpha(t)S_a^{\mathrm{T}}(t)\hat{\Gamma}_a^{\mathrm{T}}(t)+\sigma_{\xi_0}^2(t)S_a^{\mathrm{T}}(t)\tilde{\Gamma}_e^{\mathrm{T}}(t)\end{array} &
\begin{array}{l}\sigma_{\xi_0}^2(t)\tilde{H}_a^{\xi}(t)X_a(t)\tilde{H}_a^{\xi\mathrm{T}}(t)+\\ \alpha(t)\sum_{l=1}^{n_\gamma}\sigma_{\gamma_l}^2(t)\tilde{H}_{al}^{\gamma}(t)X_a(t)\tilde{H}_{al}^{\gamma\mathrm{T}}(t)+\\ \alpha^2(t)R_v(t)+\sigma_{\xi_0}^2(t)R_v(t)\end{array}
\end{array}\right] \tag{8.210}$$

$\Lambda_a(t)$ 可分解为

$$\Lambda_a(t)=\Lambda_a^{(1)}(t)+\Lambda_a^{(2)}(t)+\Lambda_a^{(3)}(t)+\Lambda_a^{(4)}(t)+\Lambda_a^{(5)}(t) \tag{8.211}$$

其中定义

$$\Lambda_a^{(1)}(t)=\sigma_{\xi_0}^2(t)\left[\begin{array}{c:c}\widetilde{\Phi}_a^{\xi}(t)X_a(t)\widetilde{\Phi}_a^{\xi\mathrm{T}}(t) & \widetilde{\Phi}_a^{\xi}(t)X_a(t)\widetilde{H}_a^{\xi\mathrm{T}}(t)\\ \hdashline \widetilde{H}_a^{\xi}(t)X_a(t)\widetilde{\Phi}_a^{\xi\mathrm{T}}(t) & \widetilde{H}_a^{\xi}(t)X_a(t)\widetilde{H}_a^{\xi\mathrm{T}}(t)\end{array}\right]=$$

$$\sigma_{\xi_0}^2(t)\begin{bmatrix}\widetilde{\Phi}_a^{\xi}(t) & 0\\ 0 & \widetilde{H}_a^{\xi}(t)\end{bmatrix}\begin{bmatrix}X_a(t) & X_a(t)\\ X_a(t) & X_a(t)\end{bmatrix}\begin{bmatrix}\widetilde{\Phi}_a^{\xi}(t) & 0\\ 0 & \widetilde{H}_a^{\xi}(t)\end{bmatrix}^{\mathrm{T}},$$

$$\Lambda_a^{(2)}(t)=\alpha(t)\sum_{l=1}^{n_\gamma}\sigma_{\gamma_l}^2(t)\left[\begin{array}{c:c}\widetilde{\Phi}_{al}^{\gamma}(t)X_a(t)\widetilde{\Phi}_{al}^{\gamma\mathrm{T}}(t) & \widetilde{\Phi}_{al}^{\gamma}(t)X_a(t)\widetilde{H}_{al}^{\gamma\mathrm{T}}(t)\\ \hdashline \widetilde{H}_{al}^{\gamma}(t)X_a(t)\widetilde{\Phi}_{al}^{\gamma\mathrm{T}}(t) & \widetilde{H}_{al}^{\gamma}(t)X_a(t)\widetilde{H}_{al}^{\gamma\mathrm{T}}(t)\end{array}\right]=$$

$$\alpha(t)\sum_{l=1}^{n_\gamma}\sigma_{\gamma_l}^2(t)\begin{bmatrix}\widetilde{\Phi}_{al}^{\gamma}(t) & 0\\ 0 & \widetilde{H}_{al}^{\gamma}(t)\end{bmatrix}\begin{bmatrix}X_a(t) & X_a(t)\\ X_a(t) & X_a(t)\end{bmatrix}\begin{bmatrix}\widetilde{\Phi}_{al}^{\gamma}(t) & 0\\ 0 & \widetilde{H}_{al}^{\gamma}(t)\end{bmatrix}^{\mathrm{T}},$$

$$\Lambda_a^{(3)}(t)=\left[\begin{array}{c:c}\sum_{k=1}^{n_\beta}\sigma_{\beta_k}^2(t)\widetilde{\Phi}_{ak}^{\beta}(t)X_a(t)\widetilde{\Phi}_{ak}^{\beta\mathrm{T}}(t)+\sum_{k=1}^{n_\zeta}\sigma_{\zeta_k}^2(t)\widetilde{\Gamma}_{\zeta_k}(t)Q_a(t)\widetilde{\Gamma}_{\zeta_k}^{\mathrm{T}}(t) & 0\\ \hdashline 0 & 0\end{array}\right],$$

$$\Lambda_a^{(4)}(t)=\begin{bmatrix}\widehat{\Gamma}_a(t)Q_a(t)\widehat{\Gamma}_a^{\mathrm{T}}(t) & \alpha(t)\widehat{\Gamma}_a(t)S_a(t)\\ \alpha(t)S_a^{\mathrm{T}}(t)\widehat{\Gamma}_a^{\mathrm{T}}(t) & \alpha^2(t)R_v(t)\end{bmatrix},$$

$$\Lambda_a^{(5)}(t)=\sigma_{\xi_0}^2(t)\left[\begin{array}{c:c}\widetilde{\Gamma}_e(t)Q_a(t)\widetilde{\Gamma}_e^{\mathrm{T}}(t) & \widetilde{\Gamma}_e(t)S_a(t)\\ \hdashline S_a^{\mathrm{T}}(t)\widetilde{\Gamma}_e^{\mathrm{T}}(t) & R_v(t)\end{array}\right] \tag{8.212}$$

类似于式(8.211),可得 $\bar{\Lambda}_a(t)$ 为

$$\bar{\Lambda}_a(t)=\bar{\Lambda}_a^{(1)}(t)+\bar{\Lambda}_a^{(2)}(t)+\bar{\Lambda}_a^{(3)}(t)+\bar{\Lambda}_a^{(4)}(t)+\bar{\Lambda}_a^{(5)}(t) \tag{8.213}$$

其中,式(8.212)中的保守方差 $X_a(t)$,$Q_a(t)$,$S_a(t)$,$R_v(t)$,$\sigma_{\beta_k}^2(t)$,$\sigma_{\zeta_k}^2(t)$ 和 $\sigma_{\gamma_l}^2(t)$ 分别被实际方差 $\bar{X}_a(t)$,$\bar{Q}_a(t)$,$\bar{S}_a(t)$,$\bar{R}_v(t)$,$\bar{\sigma}_{\beta_k}^2(t)$,$\bar{\sigma}_{\zeta_k}^2(t)$ 和 $\bar{\sigma}_{\gamma_l}^2(t)$ 替换,由此可得 $\bar{\Lambda}_a^{(i)}(t)$,$i=1,2,3,4,5$。

定义 $\Delta\Lambda_a(t)=\Lambda_a(t)-\bar{\Lambda}_a(t)$,由式(8.211)减式(8.213),我们有

$$\Delta\Lambda_a(t)=\Delta\Lambda_a^{(1)}(t)+\Delta\Lambda_a^{(2)}(t)+\Delta\Lambda_a^{(3)}(t)+\Delta\Lambda_a^{(4)}(t)+\Delta\Lambda_a^{(5)}(t) \tag{8.214}$$

其中 $\Delta\Lambda_a^{(i)}(t)=\Lambda_a^{(i)}(t)-\bar{\Lambda}_a^{(i)}(t)$,$i=1,2,3,4,5$。

应用引理 8.2、引理 8.3 和引理 8.9,易证得

$$\Delta\Lambda_a^{(1)}(t)\geqslant 0,\Delta\Lambda_a^{(2)}(t)\geqslant 0,\Delta\Lambda_a^{(3)}(t)\geqslant 0 \tag{8.215}$$

接下来证明 $\Delta\Lambda_a^{(4)}(t)\geqslant 0$。由式(8.161)和式(8.167),可得

$$Q_a(t)=\begin{bmatrix}I_r & 0\\ 0 & D(t)\end{bmatrix}\begin{bmatrix}Q(t) & Q(t)\\ Q(t) & Q(t)\end{bmatrix}\begin{bmatrix}I_r & 0\\ 0 & D(t)\end{bmatrix}^{\mathrm{T}}+\begin{bmatrix}0 & 0\\ 0 & R_\eta(t)\end{bmatrix}=$$

$$\widehat{D}(t)Q_\delta(t)\widehat{D}^{\mathrm{T}}(t)+R_\delta(t) \tag{8.216}$$

其中

$$\widehat{D}(t)=\begin{bmatrix}I_r & 0\\ 0 & D(t)\end{bmatrix},Q_\delta(t)=\begin{bmatrix}Q(t) & Q(t)\\ Q(t) & Q(t)\end{bmatrix},R_\delta(t)=\begin{bmatrix}0 & 0\\ 0 & R_\eta(t)\end{bmatrix}$$

由式(8.167)和式(8.168)可知,$S_a(t)$ 能被改写为

$$S_a(t)=\begin{bmatrix}S(t)\\R_v(t)\end{bmatrix}=Q_a(t)B^{\mathrm{T}}=(\widehat{D}(t)Q_\delta(t)\widehat{D}^{\mathrm{T}}(t)+R_\delta(t))B^{\mathrm{T}} \tag{8.217}$$

其中 $B=[(0)_{m\times r},I_m]$。

由式(8.169) 可知,$R_v(t)$ 可改写为

$$R_v(t)=BQ_a(t)B^{\mathrm{T}}=B(\widehat{D}(t)Q_\delta(t)\widehat{D}^{\mathrm{T}}(t)+R_\delta(t))B^{\mathrm{T}}=B\widehat{D}(t)Q_\delta(t)\widehat{D}^{\mathrm{T}}(t)B^{\mathrm{T}}+BR_\delta(t)B^{\mathrm{T}} \tag{8.218}$$

将式(8.216)—(8.218) 代入 $\Lambda_a^{(4)}(t)$,则它可改写为

$$\Lambda_a^{(4)}(t)=\begin{bmatrix}\widehat{\Gamma}_a(t)Q_a(t)\widehat{\Gamma}_a^{\mathrm{T}}(t) & \alpha(t)\widehat{\Gamma}_a(t)S_a(t)\\ \alpha(t)S_a^{\mathrm{T}}(t)\widehat{\Gamma}_a^{\mathrm{T}}(t) & \alpha(t)\alpha(t)R_v(t)\end{bmatrix}=$$

$$\begin{bmatrix}\widehat{\Gamma}_a(t)\widehat{D}(t)Q_\delta(t)\widehat{D}^{\mathrm{T}}(t)\widehat{\Gamma}_a^{\mathrm{T}}(t) & \alpha(t)\widehat{\Gamma}_a(t)\widehat{D}(t)Q_\delta(t)\widehat{D}^{\mathrm{T}}(t)B^{\mathrm{T}}\\ \alpha(t)B\widehat{D}(t)Q_\delta(t)\widehat{D}^{\mathrm{T}}(t)\widehat{\Gamma}_a^{\mathrm{T}}(t) & \alpha(t)\alpha(t)B\widehat{D}(t)Q_\delta(t)\widehat{D}^{\mathrm{T}}(t)B^{\mathrm{T}}\end{bmatrix}+$$

$$\begin{bmatrix}\widehat{\Gamma}_a(t)R_\delta(t)\widehat{\Gamma}_a^{\mathrm{T}}(t) & \alpha(t)\widehat{\Gamma}_a(t)R_\delta(t)B^{\mathrm{T}}\\ \alpha(t)BR_\delta(t)\widehat{\Gamma}_a^{\mathrm{T}}(t) & \alpha(t)\alpha(t)BR_\delta(t)B^{\mathrm{T}}\end{bmatrix}=$$

$$\widehat{\Gamma}_u(t)Q_g(t)\widehat{\Gamma}_u^{\mathrm{T}}(t)+\widehat{\Gamma}_v(t)R_g(t)\widehat{\Gamma}_v^{\mathrm{T}}(t) \tag{8.219}$$

其中

$$\widehat{\Gamma}_u(t)=\begin{bmatrix}\widehat{\Gamma}_a(t)\widehat{D}(t) & 0\\ 0 & \alpha(t)B\widehat{D}(t)\end{bmatrix},Q_g(t)=\begin{bmatrix}Q_\delta(t) & Q_\delta(t)\\ Q_\delta(t) & Q_\delta(t)\end{bmatrix}$$

$$\widehat{\Gamma}_v(t)=\begin{bmatrix}\widehat{\Gamma}_a(t) & 0\\ 0 & \alpha(t)B\end{bmatrix},R_g(t)=\begin{bmatrix}R_\delta(t) & R_\delta(t)\\ R_\delta(t) & R_\delta(t)\end{bmatrix} \tag{8.220}$$

类似地,$\bar{\Lambda}_a^{(4)}(t)$ 可被改写为

$$\bar{\Lambda}_a^{(4)}(t)=\widehat{\Gamma}_u(t)\bar{Q}_g(t)\widehat{\Gamma}_u^{\mathrm{T}}(t)+\widehat{\Gamma}_v(t)\bar{R}_g(t)\widehat{\Gamma}_v^{\mathrm{T}}(t) \tag{8.221}$$

其中

$$\bar{Q}_g(t)=\begin{bmatrix}\bar{Q}_\delta(t) & \bar{Q}_\delta(t)\\ \bar{Q}_\delta(t) & \bar{Q}_\delta(t)\end{bmatrix},\bar{Q}_\delta(t)=\begin{bmatrix}\bar{Q}(t) & \bar{Q}(t)\\ \bar{Q}(t) & \bar{Q}(t)\end{bmatrix}$$

$$\bar{R}_g(t)=\begin{bmatrix}\bar{R}_\delta(t) & \bar{R}_\delta(t)\\ \bar{R}_\delta(t) & \bar{R}_\delta(t)\end{bmatrix},\bar{R}_\delta(t)=\begin{bmatrix}0 & 0\\ 0 & \bar{R}_\eta(t)\end{bmatrix}$$

因此,由式(8.157)、引理 8.2 和引理 8.3,可得 $\Delta Q_g(t)=Q_g(t)-\bar{Q}_g(t)\geqslant 0$ 和 $\Delta R_g(t)=R_g(t)-\bar{R}_g(t)\geqslant 0$。定义 $\Delta\Lambda_a^{(4)}(t)=\Delta\Lambda_a^{(4)}(t)-\Delta\bar{\Lambda}_a^{(4)}(t)$,由式(8.219) 和式(8.221) 得 $\Delta\Lambda_a^{(4)}(t)=\widehat{\Gamma}_u(t)\Delta Q_g(t)\widehat{\Gamma}_u^{\mathrm{T}}(t)+\widehat{\Gamma}_v(t)\Delta R_g(t)\widehat{\Gamma}_v^{\mathrm{T}}(t)$,于是有 $\Delta\Lambda_a^{(4)}(t)\geqslant 0$。

将式(8.216)—(8.218) 代入 $\Lambda_a^{(5)}(t)$ 引出

$$\Lambda_a^{(5)}(t)=\sigma_{\xi_0}^2(t)(F_u(t)Q_g(t)F_u^{\mathrm{T}}(t)+G_v(t)R_g(t)G_v^{\mathrm{T}}(t)) \tag{8.222}$$

类似地,$\bar{\Lambda}_a^{(5)}(t)$ 可改写为

$$\bar{\Lambda}_a^{(5)}(t)=\sigma_{\xi_0}^2(t)(F_u(t)\bar{Q}_g(t)F_u^{\mathrm{T}}(t)+G_v(t)\bar{R}_g(t)G_v^{\mathrm{T}}(t)) \tag{8.223}$$

其中

$$F_u(t)=\begin{bmatrix}\tilde{\Gamma}_e(t)\hat{D}(t) & 0\\ 0 & B\hat{D}(t)\end{bmatrix},G_v(t)=\begin{bmatrix}\tilde{\Gamma}_e(t) & 0\\ 0 & B\end{bmatrix}$$

令 $\Delta\Lambda_a^{(5)}(t)=\Lambda_a^{(5)}(t)-\bar{\Lambda}_a^{(5)}(t)$,则

$$\Delta\Lambda_a^{(5)}(t)=\sigma_{\xi_0}^2(t)(F_u(t)\Delta Q_g(t)F_u^{\mathrm{T}}(t)+G_v(t)\Delta R_g(t)G_v^{\mathrm{T}}(t))$$

因为 $\Delta Q_g(t)\geqslant 0$ 和 $\Delta R_g(t)\geqslant 0$,则有 $\Delta\Lambda_a^{(5)}(t)\geqslant 0$。因此,可得 $\Delta\Lambda_a(t)\geqslant 0$,即式(8.209)成立。证毕。

定理8.3 带保守上界 $Q_{fa}(t)$,$R_f(t)$ 和保守的 $S_{fa}(t)$ 的最坏情形扩维系统(8.177)和(8.178),在假设4—7下,对于满足式(8.157)的所有容许的不确定实际方差 $\bar{Q}(t)$,$\bar{R}_v(t)$,$\bar{\sigma}_{\beta_k}^2(t)$,$\bar{\sigma}_{\zeta_k}^2(t)$,$\bar{\sigma}_{\gamma_l}^2(t)$ 和 $\bar{P}_0(0\mid -1)$,有

$$\bar{P}_a(t+1\mid t)\leqslant P_a(t+1\mid t) \tag{8.224}$$

且 $P_a(t+1\mid t)$ 是实际方差阵 $\bar{P}_a(t+1\mid t)$ 的最小上界。

证明 定义 $\Delta P_a(t+1\mid t)=P_a(t+1\mid t)-\bar{P}_a(t+1\mid t)$,由式(8.206)和式(8.207)引出

$$\Delta P_a(t+1\mid t)=\Psi_p(t)\Delta P_a(t\mid t-1)\Psi_p^{\mathrm{T}}(t)+[I_{n+m},-K_p(t)]\Delta\Lambda_a(t)[I_{n+m},-K_p(t)]^{\mathrm{T}} \tag{8.225}$$

由式(8.157)和式(8.208),有

$$\Delta P_a(0\mid -1)=P_a(0\mid -1)-\bar{P}_a(0\mid -1)=\begin{bmatrix}P_0(0\mid -1)-\bar{P}_0(0\mid -1) & 0\\ 0 & 0\end{bmatrix} \tag{8.226}$$

应用式(8.157)和引理8.3引出 $\Delta P_a(0\mid -1)\geqslant 0$,再根据引理8.10可得 $\Delta P_a(1\mid 0)\geqslant 0$。应用数学归纳法,迭代式(8.225),可得式(8.224)成立。类似于定理8.1的证明,可证得 $P_a(t+1\mid t)$ 为实际方差阵 $\bar{P}_a(t+1\mid t)$ 的最小上界。证毕。

称带实际观测的实际 Kalman 预报器(8.199)为鲁棒 Kalman 预报器,称不等式(8.224)为鲁棒 Kalman 预报器的鲁棒性。

8.3.3 鲁棒时变 Kalman 滤波器和平滑器

根据极大极小鲁棒估计原理,对带保守上界 $Q_{fa}(t)$,$R_f(t)$ 和保守的 $S_{fa}(t)$ 的最坏情形扩维系统(8.177)和(8.178),在假设4—7条件下,应用定理3.28和定理3.29,保守的时变 Kalman 滤波器($N=0$)和平滑器($N>0$)可统一给出

$$\hat{x}_a(t\mid t+N)=\hat{x}_a(t\mid t-1)+\sum_{j=0}^{N}K_a(t\mid t+j)\varepsilon_a(t+j),N\geqslant 0 \tag{8.227}$$

$$\varepsilon_a(t+j)=y(t+j)-\hat{H}_a(t)\hat{x}_a(t+j\mid t+j-1) \tag{8.228}$$

$$K_a(t|t+j)=P_a(t|t-1)\left\{\prod_{s=0}^{j-1}\Psi_p^{\mathrm{T}}(t+s)\right\}\widehat{H}_a^{\mathrm{T}}(t)Q_{a\varepsilon}^{-1}(t) \tag{8.229}$$

$$Q_{a\varepsilon}(t)=[\widehat{H}_a(t)P_a(t|t-1)\widehat{H}_a^{\mathrm{T}}(t)+R_f(t)] \tag{8.230}$$

其中 $P_a(t|t-1)$ 和 $\Psi_p(t)$ 分别由式(8.202) 和式(8.200) 给出。

保守的滤波和平滑误差方差为

$$P_a(t|t+N)=P_a(t|t-1)-\sum_{\rho=0}^{N}K_a(t|t+\rho)Q_{a\varepsilon}(t)K_a^{\mathrm{T}}(t|t+\rho) \tag{8.231}$$

定义滤波和平滑误差为 $\tilde{x}_a(t|t+N)=x_a(t)-\hat{x}_a(t|t+N)$,由文献[42] 可知

$$\begin{aligned}\tilde{x}_a(t|t+N)=\Psi_N(t)\tilde{x}_a(t|t-1)+\sum_{\rho=0}^{N}K_\rho^{wN}(t)w_{fa}(t+\rho)+\sum_{\rho=0}^{N}K_\rho^{vN}(t)v_f(t+\rho)=\\ \Psi_N(t)\tilde{x}_a(t|t-1)+\sum_{\rho=0}^{N}[K_\rho^{wN}(t),K_\rho^{vN}(t)]\lambda_a(t+\rho)\end{aligned} \tag{8.232}$$

其中,当 $N>0$ 时

$$\Psi_N(t)=I_{n+m}-\sum_{j=0}^{N}K_a(t|t+j)\widehat{H}_a(t)\Psi_p(t+j|t)$$

$$\Psi_p(t+j|t)=\Psi_p(t+j-1)\cdots\Psi_p(t),\Psi_p(t|t)=I_{n+m}$$

$$K_\rho^{wN}(t)=-\sum_{j=\rho+1}^{N}K_a(t|t+j)\widehat{H}_a(t)\Psi_p(t+j|t+\rho+1),\rho=0,\cdots,N-1,K_N^{wN}(t)=0$$

$$\begin{gathered}K_\rho^{vN}(t)=\sum_{j=\rho+1}^{N}K_a(t|t+j)\widehat{H}_a(t)\Psi_p(t+j|t+\rho+1)K_p(t+\rho)-K_a(t|t+j),\\ \rho=0,\cdots,N-1,K_N^{vN}=-K_a(t|t+N)\end{gathered}$$

当 $N=0$ 时,$K_0^{w0}=0,K_0^{v0}=-K_a(t|t),\Psi_0(t)=I_{n+m}-K_a(t|t)\widehat{H}_a(t)$。

应用式(8.232) 得实际和保守滤波和平滑误差方差阵为

$$\begin{aligned}\bar{P}_a(t|t+N)=&\Psi_N(t)\bar{P}_a(t|t-1)\Psi_N^{\mathrm{T}}(t)+\\ &\sum_{\rho=0}^{N}[K_\rho^{wN}(t),K_\rho^{vN}(t)]\bar{\Lambda}_a(t+\rho)[K_\rho^{wN}(t),K_\rho^{vN}(t)]^{\mathrm{T}}\end{aligned} \tag{8.233}$$

$$\begin{aligned}P_a(t|t+N)=&\Psi_N(t)P_a(t|t-1)\Psi_N^{\mathrm{T}}(t)+\\ &\sum_{\rho=0}^{N}[K_\rho^{wN}(t),K_\rho^{vN}(t)]\Lambda_a(t+\rho)[K_\rho^{wN}(t),K_\rho^{vN}(t)]^{\mathrm{T}}\end{aligned} \tag{8.234}$$

定理8.4 带保守上界 $Q_{fa}(t),R_f(t)$ 和保守的 $S_{fa}(t)$ 的最坏情形扩维系统(8.177) 和(8.178),在假设 4—7 下,对于满足式(8.157) 的所有容许的不确定实际方差有

$$\bar{P}_a(t|t+N)\leqslant P_a(t|t+N),N\geqslant 0 \tag{8.235}$$

且 $P_a(t|t+N)$ 是实际方差阵 $\bar{P}_a(t|t+N)$ 的最小上界。

证明 定义 $\Delta P_a(t|t+N)=P_a(t|t+N)-\bar{P}_a(t|t+N)$,由式(8.233) 和式(8.234) 引出

$$\begin{aligned}\Delta P_a(t|t+N)=&\Psi_N(t)\Delta P_a(t|t-1)\Psi_N^{\mathrm{T}}(t)+\\ &\sum_{\rho=0}^{N}[K_\rho^{wN}(t),K_\rho^{vN}(t)]\Delta\Lambda_a(t+\rho)[K_\rho^{wN}(t),K_\rho^{vN}(t)]^{\mathrm{T}}\end{aligned} \tag{8.236}$$

应用式(8.224)和式(8.209)可得 $\Delta P_a(t \mid t+N) \geq 0$,即式(8.235)成立。类似于定理8.1的证明,可证得 $P_a(t \mid t+N)$ 为实际方差阵 $\bar{P}_a(t \mid t+N)$ 的最小上界。证毕。

称带实际观测的实际 Kalman 滤波器和平滑器(8.227)为鲁棒 Kalman 滤波器和平滑器,称不等式(8.235)为鲁棒 Kalman 滤波器和平滑器的鲁棒性。

推论 8.1 根据定义 $x_a(t)=[x^{\mathrm{T}}(t), y^{\mathrm{T}}(t-1)]^{\mathrm{T}}$ 和 $w_a(t)=[w^{\mathrm{T}}(t), v^{\mathrm{T}}(t)]^{\mathrm{T}}$,原始系统(8.152)—(8.155)的鲁棒时变 Kalman 估值器为

$$\hat{x}(t \mid t+N)=[I_n, 0]\hat{x}_a(t \mid t+N), N=-1 \text{ 或 } N \geq 0 \tag{8.237}$$

且相应的实际和保守的估值误差方差为

$$\bar{P}(t \mid t+N)=[I_n, 0]\bar{P}_a(t \mid t+N)[I_n, 0]^{\mathrm{T}} \tag{8.238}$$

$$P(t \mid t+N)=[I_n, 0]P_a(t \mid t+N)[I_n, 0]^{\mathrm{T}} \tag{8.239}$$

对满足式(8.157)的不确定实际方差有

$$\bar{P}(t \mid t+N) \leq P(t \mid t+N), N=-1 \text{ 或 } N \geq 0 \tag{8.240}$$

且 $P(t \mid t+N)$ 是实际方差阵 $\bar{P}(t \mid t+N)$ 的最小上界。

定理 8.5 带丢包与不确定方差乘性和线性相关加性白噪声的时变系统(8.152)—(8.155),在假设4—7下,鲁棒时变Kalman估值器有以下矩阵不等式精度关系

$$\bar{P}(t \mid t+N) \leq P(t \mid t+N), N=-1 \text{ 或 } N \geq 0 \tag{8.241}$$

$$P(t \mid t+N) \leq P(t \mid t+N-1) \leq \cdots \leq P(t \mid t+1) \leq P(t \mid t) \leq P(t \mid t-1), N \geq 1 \tag{8.242}$$

以及以下矩阵迹不等式精度关系

$$\operatorname{tr}\bar{P}(t \mid t+N) \leq \operatorname{tr}P(t \mid t+N), N=-1 \text{ 或 } N \geq 0 \tag{8.243}$$

$$\begin{aligned}\operatorname{tr}P(t \mid t+N) \leq \operatorname{tr}P(t \mid t+N-1) \leq \cdots \leq \operatorname{tr}P(t \mid t+1) \leq \operatorname{tr}P(t \mid t) \leq \\ \operatorname{tr}P(t \mid t-1), N \geq 1\end{aligned} \tag{8.244}$$

证明 由定理8.3和定理8.4以及推论8.1,可得不等式(8.241)成立。在式(8.231)中取 $N=0$,引出

$$P_a(t \mid t)=P_a(t \mid t-1)-K_a(t \mid t)Q_{a\varepsilon}(t)K_a^{\mathrm{T}}(t \mid t) \tag{8.245}$$

因为 $Q_{a\varepsilon}(t) \geq 0$,可得 $P_a(t \mid t) \leq P_a(t \mid t-1)$,从而有 $P(t \mid t) \leq P(t \mid t-1)$ 成立。在式(8.231)中取 $N=1$,有

$$P_a(t \mid t+1)=P_a(t \mid t)-K_a(t \mid t+1)Q_{a\varepsilon}(t+1)K_a^{\mathrm{T}}(t \mid t+1) \tag{8.246}$$

这引出 $P_a(t \mid t+1) \leq P_a(t \mid t)$,即 $P(t \mid t+1) \leq P(t \mid t)$ 成立。依此类推,对于 $N \geq 2$,可得 $P(t \mid t+N) \leq P(t \mid t+N-1)$ 成立。对式(8.241)和式(8.242)取迹运算,可得式(8.243)和式(8.244)成立。证毕。

类似于注8.5,精度关系(8.244)表明滤波器的鲁棒精度高于预报器的鲁棒精度,但低于平滑器的鲁棒精度。

8.3.4 鲁棒稳态 Kalman 估值器

对时变系统(8.152)—(8.155),考虑其带常概率 α 和常参数阵 $\Phi, \Phi_k, \Gamma, \Gamma_k, H, H_l, D$,以及常噪声方差 $\bar{Q}, Q, \bar{R}_\eta, R_\eta, \bar{\sigma}_\theta^2, \sigma_\theta^2(\theta=\beta_k, \gamma_l, \zeta_k)$,$\bar{P}_0$ 和 P_0 的定常系统。因此,可以得到相应的常矩阵 $\widetilde{\Phi}_a^\xi, \widetilde{\Phi}_{ak}^\beta, \widetilde{\Phi}_{al}^\gamma, \widehat{\Phi}_a, \widehat{H}_a, \widehat{\Gamma}_a, \widetilde{H}_a^\xi, \widetilde{H}_{al}^\gamma, \widetilde{\Gamma}_{\zeta_k}, \widetilde{\Gamma}_e, \bar{Q}_a, Q_a, \bar{S}_a$ 和 S_a。对上述定常系

统，定义矩阵 A 为

$$A = \widehat{\Phi}_a \otimes \widehat{\Phi}_a + \sigma_{\xi_0}^2 \widetilde{\Phi}_a^{\xi} \otimes \widetilde{\Phi}_a^{\xi} + \sum_{k=1}^{n_\beta} \bar{\sigma}_{\beta_k}^2 \widetilde{\Phi}_{ak}^{\beta} \otimes \widetilde{\Phi}_{ak}^{\beta} + \alpha \sum_{l=1}^{n_\gamma} \bar{\sigma}_{\gamma_l}^2 \widetilde{\Phi}_{al}^{\gamma} \otimes \widetilde{\Phi}_{al}^{\gamma} \quad (8.247)$$

其中 $\sigma_{\xi_0}^2 \geq 0, \bar{\sigma}_{\beta_k}^2 \leq \sigma_{\beta_k}^2, \bar{\sigma}_{\gamma_l}^2 \leq \sigma_{\gamma_l}^2, \bar{\sigma}_{\beta_k}^2 \geq 0, \bar{\sigma}_{\gamma_l}^2 \geq 0$。如果 A 的谱半径小于 1，即 $\rho(A) < 1$，则应用引理 8.5 得带任意初值 $\bar{X}_a(0) \geq 0$ 和 $X_a(0) \geq 0$ 的时变广义 Lyapunov 方程(8.179)和(8.180)分别收敛于相应的稳态广义 Lyapunov 方程的唯一半正定解

$$\bar{X}_a = \widehat{\Phi}_a \bar{X}_a \widehat{\Phi}_a^{\mathrm{T}} + \sigma_{\xi_0}^2 \widetilde{\Phi}_a^{\xi} \bar{X}_a \widetilde{\Phi}_a^{\xi\mathrm{T}} + \sum_{k=1}^{n_\beta} \bar{\sigma}_{\beta_k}^2 \widetilde{\Phi}_{ak}^{\beta} \bar{X}_a \widetilde{\Phi}_{ak}^{\beta\mathrm{T}} + \alpha \sum_{l=1}^{n_\gamma} \bar{\sigma}_{\gamma_l}^2 \widetilde{\Phi}_{al}^{\gamma} \bar{X}_a \widetilde{\Phi}_{al}^{\gamma\mathrm{T}} + \sum_{k=1}^{n_\zeta} \bar{\sigma}_{\zeta_k}^2 \widetilde{\Gamma}_{\zeta_k} \bar{Q}_a \widetilde{\Gamma}_{\zeta_k}^{\mathrm{T}} + \widehat{\Gamma}_a \bar{Q}_a \widehat{\Gamma}_a^{\mathrm{T}} + \sigma_{\xi_0}^2 \widetilde{\Gamma}_e \bar{Q}_a \widetilde{\Gamma}_e^{\mathrm{T}} \quad (8.248)$$

$$X_a = \widehat{\Phi}_a X_a \widehat{\Phi}_a^{\mathrm{T}} + \sigma_{\xi_0}^2 \widetilde{\Phi}_a^{\xi} X_a \widetilde{\Phi}_a^{\xi\mathrm{T}} + \sum_{k=1}^{n_\beta} \sigma_{\beta_k}^2 \widetilde{\Phi}_{ak}^{\beta} X_a \widetilde{\Phi}_{ak}^{\beta\mathrm{T}} + \alpha \sum_{l=1}^{n_\gamma} \sigma_{\gamma_l}^2 \widetilde{\Phi}_{al}^{\gamma} X_a \widetilde{\Phi}_{al}^{\gamma\mathrm{T}} + \sum_{k=1}^{n_\zeta} \sigma_{\zeta_k}^2 \widetilde{\Gamma}_{\zeta_k} Q_a \widetilde{\Gamma}_{\zeta_k}^{\mathrm{T}} + \widehat{\Gamma}_a Q_a \widehat{\Gamma}_a^{\mathrm{T}} + \sigma_{\xi_0}^2 \widetilde{\Gamma}_e Q_a \widetilde{\Gamma}_e^{\mathrm{T}} \quad (8.249)$$

$$\lim_{t\to\infty} \bar{X}_a(t) = \bar{X}_a, \lim_{t\to\infty} X_a(t) = X_a \quad (8.250)$$

当 $t \to \infty$ 时，对时变的噪声统计取极限，可以得到相应的稳态噪声统计。例如，在式(8.193)和式(8.194)中，将 $\bar{X}_a(t)$ 和 $X_a(t)$ 替换为 $\bar{X}_a$ 和 X_a，分别得出稳态噪声方差 $\bar{Q}_{fa}$，Q_{fa}。类似地，可得稳态噪声统计 $\bar{R}_f, R_f, \bar{S}_{fa}, S_{fa}, \bar{\Lambda}_a$ 和 Λ_a，且当 $t \to \infty$ 时，有 $\bar{Q}_{fa}(t) \to \bar{Q}_{fa}$，$Q_{fa}(t) \to Q_{fa}, \bar{R}_f(t) \to \bar{R}_f, R_f(t) \to R_f, \bar{\Lambda}_a(t) \to \bar{\Lambda}_a, \Lambda_a(t) \to \Lambda_a$。

对带保守噪声统计 Q_{fa}, R_f 和 S_{fa} 的最坏情形定常扩维系统(8.177)和(8.178)，假设 $(\widehat{\Phi}_a, \widehat{H}_a)$ 是完全能检对，$(\widehat{\Phi}_a - S_{fa}R_f^{-1}\widehat{H}_a, G)$ 是完全能稳对，且 $GG^{\mathrm{T}} = Q_{fa} - S_{fa}R_f^{-1}S_{fa}^{\mathrm{T}}$，则鲁棒稳态 Kalman 估值器存在[15]。当 $t \to \infty$ 时，相应于时变 Kalman 估值器(8.199)—(8.202)，(8.206)，(8.207)，(8.224)—(8.235)，鲁棒稳态 Kalman 预报器为

$$\hat{x}_a^s(t+1 \mid t) = \Psi_p \hat{x}_a^s(t \mid t-1) + K_p y(t) \quad (8.251)$$

$$\Psi_p = \widehat{\Phi}_a - K_p \widehat{H}_a \quad (8.252)$$

$$K_p = (\widehat{\Phi}_a \Sigma_a \widehat{H}_a^{\mathrm{T}} + S_{fa})[\widehat{H}_a \Sigma_a \widehat{H}_a^{\mathrm{T}} + R_f]^{-1} \quad (8.253)$$

其中 Ψ_p 是一个稳定矩阵，上标“s”表示“稳态”，稳态预报误差方差 Σ_a 满足 Riccati 方程

$$\Sigma_a = \widehat{\Phi}_a \Sigma_a \widehat{\Phi}_a^{\mathrm{T}} - [\widehat{\Phi}_a \Sigma_a P_a \widehat{H}_a^{\mathrm{T}} + S_{fa}][\widehat{H}_a \Sigma_a \widehat{H}_a^{\mathrm{T}} + R_f]^{-1}[\widehat{\Phi}_a \Sigma_a \widehat{H}_a^{\mathrm{T}} + S_{fa}]^{\mathrm{T}} + Q_{fa} \quad (8.254)$$

根据式(8.206)和式(8.207)，保守和实际的稳态预报误差方差 Σ_a 和 $\bar{\Sigma}_a$ 分别满足以下 Lyapunov 方程

$$\Sigma_a = \Psi_p \Sigma_a \Psi_p^{\mathrm{T}} + [I_{n+m}, -K_p]\Lambda_a[I_{n+m}, -K_p]^{\mathrm{T}} \quad (8.255)$$

$$\bar{\Sigma}_a = \Psi_p \bar{\Sigma}_a \Psi_p^{\mathrm{T}} + [I_{n+m}, -K_p]\bar{\Lambda}_a[I_{n+m}, -K_p]^{\mathrm{T}} \quad (8.256)$$

基于稳态 Kalman 预报器，鲁棒稳态 Kalman 滤波器($N=0$)和平滑器($N>0$)统一为

$$\hat{x}_a^s(t \mid t+N) = \hat{x}_a^s(t \mid t-1) + \sum_{j=0}^{N} K_a(j)\varepsilon_a(t+j), N \geq 0 \quad (8.257)$$

$$\varepsilon_a^s(t+j) = y(t+j) - \widehat{H}_a \hat{x}_a^s(t+j \mid t+j-1) \quad (8.258)$$

$$K_a(j) = \Sigma_a (\Psi_p^{\mathrm{T}})^j \widehat{H}_a^{\mathrm{T}} Q_{a\varepsilon}^{-1} \tag{8.259}$$

$$Q_{a\varepsilon} = [\widehat{H}_a \Sigma_a \widehat{H}_a^{\mathrm{T}} + R_f] \tag{8.260}$$

其中 $\hat{x}_a^s(t \mid t-1)$ 是由式(8.251) 给出的稳态 Kalman 预报器。

保守的滤波和平滑误差方差为

$$P_a(N) = \Sigma_a - \sum_{\rho=0}^{N} K_a(\rho) Q_{a\varepsilon} K_a^{\mathrm{T}}(\rho), N \geqslant 0 \tag{8.261}$$

而且,实际和保守的滤波和平滑误差方差也分别满足

$$\bar{P}_a(N) = \Psi_N \bar{\Sigma}_a \Psi_N^{\mathrm{T}} + \sum_{\rho=0}^{N} [K_\rho^{wN}, K_\rho^{vN}] \bar{\Lambda}_a [K_\rho^{wN}, K_\rho^{vN}]^{\mathrm{T}}, N \geqslant 0 \tag{8.262}$$

$$P_a(N) = \Psi_N \Sigma_a \Psi_N^{\mathrm{T}} + \sum_{\rho=0}^{N} [K_\rho^{wN}, K_\rho^{vN}] \Lambda_a [K_\rho^{wN}, K_\rho^{vN}]^{\mathrm{T}}, N \geqslant 0 \tag{8.263}$$

其中,当 $N > 0$ 时

$$\Psi_N = I_{n+m} - \sum_{j=0}^{N} K_a(j) \widehat{H}_a \Psi_p$$

$$K_\rho^{wN} = -\sum_{j=\rho+1}^{N} K_a(j) \widehat{H}_a \Psi_p^{j-\rho-1}, \rho = 0, \cdots, N-1, K_N^{wN} = 0$$

$$K_\rho^{vN} = \sum_{j=\rho+1}^{N} K_a(j) \widehat{H}_a \Psi_p^{j-\rho-1} K_p - K_a(\rho), \rho = 0, \cdots, N-1, K_N^{vN} = -K_a(N)$$

而当 $N = 0$ 时,$K_0^{w0} = 0, K_0^{v0} = -K_a(0), \Psi_0 = I_{n+m} - K_a(0)\widehat{H}_a$。我们有稳态鲁棒性

$$\bar{P}_a(N) \leqslant P_a(N), N = -1 \text{ 或 } N \geqslant 0 \tag{8.264}$$

定义 $\bar{P}_a(-1) = \bar{\Sigma}_a$ 和 $P_a(-1) = \Sigma_a$,且 $P_a(N)$ 是实际方差 $\bar{P}_a(N)$ 的最小上界。

由定理 8.5,有稳态精度关系

$$\mathrm{tr}\bar{P}(N) \leqslant \mathrm{tr}P(N), N = -1 \text{ 或 } N \geqslant 0 \tag{8.265}$$

$$\mathrm{tr}P(N) \leqslant \mathrm{tr}P(N-1) \leqslant \cdots \leqslant \mathrm{tr}P(1) \leqslant \mathrm{tr}P(0) \leqslant \mathrm{tr}P(-1), N \geqslant 1 \tag{8.266}$$

定理 8.6 对时变和定常系统(8.152)—(8.155),在假设 4—7 和 $\rho(A) < 1$ 条件下,假设观测 $y(t)$ 是有界的且时变扩维系统(8.177) 和(8.178) 是完全能稳的,则对带保守时变噪声统计 $Q_{fa}(t), R_f(t)$ 和 $S_{fa}(t)$ 的时变扩维系统(8.177) 和(8.178),其鲁棒时变 Kalman 估值器 $\hat{x}_a(t \mid t+N)$ 按实现收敛于带保守定常噪声统计 Q_{fa}, R_f 和 S_{fa} 的定常系统的鲁棒稳态 Kalman 估值器 $\hat{x}_a^s(t \mid t+N)$,即

$$[\hat{x}_a(t+1 \mid t) - \hat{x}_a^s(t+1 \mid t)] \to 0, t \to \infty, \text{i. a. r.}, N = -1 \text{ 或 } N \geqslant 0 \tag{8.267}$$

符号"i. a. r."表示按一个实现收敛,相应的误差方差 $P_a(t \mid t+N)$ 和 $\bar{P}_a(t \mid t+N)$ 有收敛关系

$$P_a(t \mid t+N) \to P_a(N), \bar{P}_a(t \mid t+N) \to \bar{P}_a(N), t \to \infty, N = -1 \text{ 或 } N \geqslant 0 \tag{8.268}$$

证明 应用自校正 Riccati 的收敛性、DESA 方法和 DVESA 方法,类似于文献[46] 中的证明,可得式(8.267) 和式(8.268) 给出的收敛性关系。证毕。

注意 $\rho(A) < 1$ 的假设引出 $\widehat{\Phi}_a$ 是稳定矩阵,从而$(\widehat{\Phi}_a, \widehat{H}_a)$ 是完全能检测对。

推论 8.2 在定理 8.6 条件下,原始系统(8.152)—(8.155) 的鲁棒稳态 Kalman 估值

器为

$$\hat{x}^s(t \mid t+N) = [I_n, 0]\hat{x}_a^s(t \mid t+N)\,[I_n, 0]^{\mathrm{T}}, N = -1 \text{ 或 } N \geq 0 \tag{8.269}$$

其中 $\hat{x}_a^s(t \mid t+N)$ 为带常噪声统计的扩维系统(8.177)和(8.178)的鲁棒稳态 Kalman 估值器。其相应的实际和保守稳态估值误差方差分别为

$$\bar{P}(N) = [I_n, 0]\bar{P}_a(N)\,[I_n, 0]^{\mathrm{T}}, N = -1 \text{ 或 } N \geq 0 \tag{8.270}$$

$$P(N) = [I_n, 0]P_a(N)\,[I_n, 0]^{\mathrm{T}}, N = -1 \text{ 或 } N \geq 0 \tag{8.271}$$

对所有容许的不确定性，原始定常系统(8.152)—(8.155)的实际稳态 Kalman 估值器 $\hat{x}^s(t \mid t+N)$ 是鲁棒的，即

$$\bar{P}(N) \leq P(N), N = -1 \text{ 或 } N \geq 0 \tag{8.272}$$

且 $P(N)$ 是实际方差 $\bar{P}(N)$ 的最小上界。我们还有收敛关系

$$[\hat{x}(t \mid t+N) - \hat{x}^s(t \mid t+N)] \to 0, t \to \infty, \text{i.a.r.}, N = -1 \text{ 或 } N \geq 0 \tag{8.273}$$

$$P(t \mid t+N) \to P(N), \bar{P}(t \mid t+N) \to \bar{P}(N), t \to \infty, N = -1 \text{ 或 } N \geq 0 \tag{8.274}$$

8.4 混合不确定网络化系统鲁棒加权状态融合器

对于带丢包和不确定方差乘性和线性相关加性白噪声的混合不确定多传感器时变网络化系统，本节介绍作者新近提出的鲁棒加权状态融合时变和稳态 Kalman 估值器[37]。应于基于虚拟噪声技术和 Lyapunov 方程方法的极大极小鲁棒 Kalman 滤波方法，在统一框架下提出了四种加权状态融合鲁棒时变和稳态 Kalman 估值器（预报器、滤波器和平滑器），证明了所提出的估值器的鲁棒性和精度关系，应用自校正 Riccati 方程的收敛性和 DESA 方法，证明了鲁棒时变和稳态 Kalman 估值器间的按实现收敛性。

考虑带丢包、不确定方差乘性和线性相关加性噪声的多传感器时变网络化系统

$$x(t+1) = (\Phi(t) + \sum_{k=1}^{n_\beta} \beta_k(t)\Phi_k(t))x(t) + \Gamma(t)w(t) \tag{8.275}$$

$$z_i(t) = (H_i(t) + \sum_{l=1}^{n_{\gamma i}} \gamma_{il}(t)H_{il}(t))x(t) + v_i(t), i = 1, \cdots, L \tag{8.276}$$

$$v_i(t) = D_i(t)w(t) + \eta_i(t) \tag{8.277}$$

$$y_i(t) = \xi_i(t)z_i(t) + (1 - \xi_i(t))y_i(t-1) \tag{8.278}$$

其中 $x(t) \in R^n$ 为系统状态，$w(t) \in R^r$ 为过程噪声，$z_i(t) \in R^{m_i}$ 和 $v_i(t) \in R^{m_i}$ 分别为第 i 个传感器的观测和观测噪声，$y_i(t) \in R^{m_i}$ 为估值器收到的观测。根据式(8.277)可知，$v_i(t)$ 和 $w(t)$ 是线性相关的。标量状态相依乘性噪声 $\beta_k(t)$ 和 $\gamma_{il}(t)$ 表示状态和观测矩阵中的参数随机扰动。$\Phi(t), \Phi_k(t), \Gamma(t), H_i(t), H_{il}(t)$ 和 $D_i(t)$ 是带适当维数的已知时变矩阵。L 为传感器个数。

假设 8　$\xi_i(t)(i = 1, \cdots, L)$ 是互不相关 Bernoulli 分布白噪声，它们取 0 和 1 的概率为

$$\text{Prob}\{\xi_i(t) = 1\} = \alpha_i(t), \text{Prob}\{\xi_i(t) = 0\} = 1 - \alpha_i(t)$$

其中 $0 \leq \alpha_i(t) \leq 1$，且 $\xi_i(t)$ 与其他噪声是不相关的。易得 $\mathrm{E}[\xi_i(t)] = \alpha_i(t)$。

在网络化系统中，假设 8 中引入的 Bernoulli 分布随机变量用于描述传感器的观测数据传输给估值器的过程中出现的通信故障。由式(8.278)可知，如果 $\xi_i(t) = 1$，则 $y_i(t) = z_i(t)$，意味着没有出现丢包，即当前的观测可以被估值器使用；如果 $\xi_i(t) = 0$，则 $y_i(t) =$

$y_i(t-1)$，意味着数据包丢失，即当前的观测 $z_i(t)$ 丢失了，但作为补偿，在 $t-1$ 时刻估值器收到的观测可以被估值器使用。

假设 9 $w(t)$，$\eta_i(t)$，$\beta_k(t)$ 和 $\gamma_{il}(t)$ 是带零均值，且实际方差不确定的相互独立白噪声，满足关系

$$\mathrm{E}\left[\begin{bmatrix} w(t) \\ \eta_i(t) \\ \beta_k(t) \\ \gamma_{il}(t) \end{bmatrix}\begin{bmatrix} w(u) \\ \eta_j(u) \\ \beta_h(u) \\ \gamma_{jm}(u) \end{bmatrix}^{\mathrm{T}}\right] = \begin{bmatrix} \bar{Q}(t)\delta_{tu} & 0 & 0 & 0 \\ 0 & \bar{R}_{\eta_i}(t)\delta_{ij}\delta_{tu} & 0 & 0 \\ 0 & 0 & \bar{\sigma}^2_{\beta_k}(t)\delta_{kh}\delta_{tu} & 0 \\ 0 & 0 & 0 & \bar{\sigma}^2_{\gamma_{il}}(t)\delta_{ij}\delta_{lm}\delta_{tu} \end{bmatrix} \tag{8.279}$$

其中 $\bar{Q}(t)$，$\bar{R}_{\eta_i}(t)$，$\bar{\sigma}^2_{\beta_k}(t)$ 和 $\bar{\sigma}^2_{\gamma_{li}}(t)$ 分别表示 $w(t)$，$\eta_i(t)$，$\beta_k(t)$ 和 $\gamma_{il}(t)$ 的未知不确定实际方差。

假设 10 初始状态 $x(0)$ 独立于 $\xi_i(t)$，$w(t)$，$\eta_i(t)$，$\beta_k(t)$ 和 $\gamma_{il}(t)$，且 $\mathrm{E}[x(0)]=\mu_0$，$\mathrm{E}[(x(0)-\mu_0)(x(0)-\mu_0)^{\mathrm{T}}]=\bar{P}_0(0|-1)$，其中 μ_0 是 $x(0)$ 的已知均值，$\bar{P}_0(0|-1)$ 是初始状态 $x(0)$ 的未知不确定实际方差。

假设 11 $\bar{Q}(t)$，$\bar{R}_{\eta_i}(t)$，$\bar{\sigma}^2_{\beta_k}(t)$，$\bar{\sigma}^2_{\gamma_{li}}(t)$ 和 $\bar{P}_0(0|-1)$ 各有已知保守上界 $Q(t)$，$R_{\eta_i}(t)$，$\sigma^2_{\beta_k}(t)$，$\sigma^2_{\gamma_{il}}(t)$ 和 $P_0(0|-1)$，且满足

$$\begin{gathered} \bar{Q}(t) \leqslant Q(t), \bar{R}_{\eta_i}(t) \leqslant R_{\eta_i}(t), \bar{\sigma}^2_{\beta_k}(t) \leqslant \sigma^2_{\beta_k}(t), \\ \bar{\sigma}^2_{\gamma_{il}}(t) \leqslant \sigma^2_{\gamma_{il}}(t), \bar{P}_0(0|-1) \leqslant P_0(0|-1) \end{gathered} \tag{8.280}$$

根据式(8.277)和假设 9 可知，$v_i(t)$ 是零均值白噪声，其实际互协方差 $\bar{R}_{vij}(t)$ 为

$$\bar{R}_{vij}(t) = \mathrm{E}[v_i(t)v_j^{\mathrm{T}}(t)] = D_i(t)\bar{Q}(t)D_j^{\mathrm{T}}(t) + \bar{R}_{\eta_i}(t)\delta_{ij} \tag{8.281}$$

$\bar{R}_{vij}(t)$ 有已知的保守互协方差 $R_{vij}(t)$ 为

$$R_{vij}(t) = D_i(t)Q(t)D_j^{\mathrm{T}}(t) + R_{\eta_i}(t)\delta_{ij} \tag{8.282}$$

特别地，当 $i=j$ 时，$v_i(t)$ 的实际和保守的噪声方差分别为

$$\bar{R}_{vi}(t) = \bar{R}_{vii}(t) = D_i(t)\bar{Q}(t)D_i^{\mathrm{T}}(t) + \bar{R}_{\eta_i}(t),\ R_{vi}(t) = R_{vii}(t) = D_i(t)Q(t)D_i^{\mathrm{T}}(t) + R_{\eta_i}(t) \tag{8.283}$$

由式(8.277)可知 $w(t)$ 和 $v_i(t)$ 是相关的，它们的实际和保守互相关矩阵分别为

$$\bar{S}_i(t) = \mathrm{E}[w(t)v_i^{\mathrm{T}}(t)] = \bar{Q}(t)D_i^{\mathrm{T}}(t) \tag{8.284}$$

$$S_i(t) = Q(t)D_i^{\mathrm{T}}(t) \tag{8.285}$$

类似于注 8.1，称带保守上界 $Q(t)$，$R_{\eta_i}(t)$，$\sigma^2_{\beta_k}(t)$，$\sigma^2_{\gamma_{il}}(t)$ 和 $P_0(0|-1)$ 的系统(8.275)—(8.278)为最坏情形保守系统，它的状态 $x(t)$ 和观测 $y_i(t)$ 分别为保守的状态和观测。而称带实际方差 $\bar{Q}(t)$，$\bar{R}_{\eta_i}(t)$，$\bar{\sigma}^2_{\beta_k}(t)$，$\bar{\sigma}^2_{\gamma_{il}}(t)$ 和 $\bar{P}_0(0|-1)$ 的系统(8.275)—(8.278)为实际系统，它的状态 $x(t)$ 和观测 $y_i(t)$ 分别为实际的状态和观测。保守的观测是不可用的，只有从传感器得到的实际的观测是可用的。

对于带乘性噪声、丢包和不确定方差线性相关加性白噪声的多传感器不确定系统(8.275)—(8.278)，本节将设计它的鲁棒局部和加权状态融合 Kalman 估值器 $\hat{x}_\theta(t|t+N)$，对于所有容许的满足式(8.280)的不确定实际方差 $\bar{Q}(t)$，$\bar{R}_{\eta_i}(t)$，$\bar{\sigma}^2_{\beta_k}(t)$，$\bar{\sigma}^2_{\gamma_{il}}(t)$ 和 $\bar{P}_0(0|-1)$，确保实际估值误差方差 $\bar{P}_\theta(t|t+N)$ 有最小上界 $P_\theta(t|t+N)$，即满足关系

$$\bar{P}_\theta(t \mid t+N) \leqslant P_\theta(t \mid t+N), N=-1, N=0 \text{ 或 } N>0 \tag{8.286}$$

其中 $\theta=i,m,s,d,\mathrm{CI}$ 分别表示第 i 个传感器局部、矩阵加权、标量加权、对角阵加权和 CI 融合鲁棒 Kalman 估值器。

图 8.2 说明了带混合不确定性网络化系统鲁棒加权融合估计问题,其中 $x(t)$ 是被多传感器观测的状态,观测信号 $z_i(t)$ 被传送到鲁棒局部估值器,状态方程和观测方程均含乘性噪声,在传输过程中出现的通信故障(丢包)使用 Bernoulli 分布随机变量 $\xi_i(t)$ 描述,$y_i(t)$ 是局部估值器收到的观测信号,局部估值器被送到融合中心,得到融合估计。

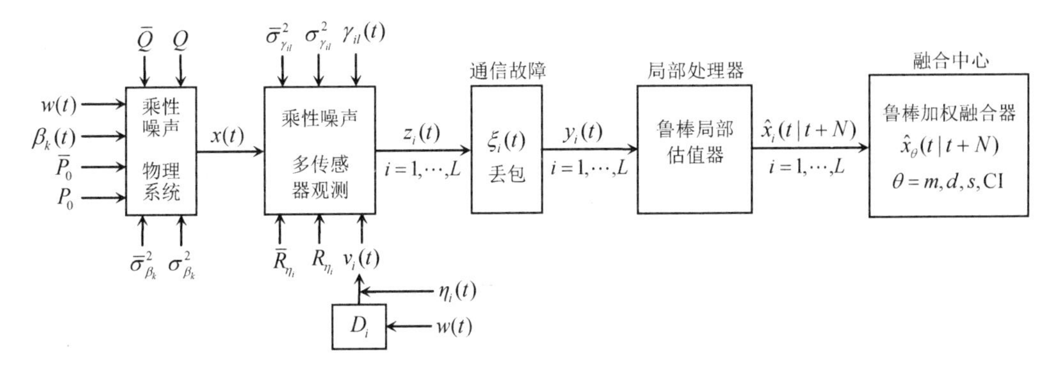

图 8.2　带混合不确定性网络化系统分布式鲁棒融合估值问题

8.4.1　模型转换

引入扩维状态 $x_{ai}(t)$,模型(8.275)、(8.276)和(8.278)可改写为多模型形式

$$x_{ai}(t+1)=\boldsymbol{\Phi}_{ai}(t)x_{ai}(t)+\Gamma_{ai}(t)w_{ai}(t) \tag{8.287}$$

$$y_i(t)=H_{ai}(t)x_{ai}(t)+\xi_i(t)v_i(t) \tag{8.288}$$

其中

$$x_{ai}(t)=\begin{bmatrix} x(t) \\ y_i(t-1) \end{bmatrix}, w_{ai}(t)=\begin{bmatrix} w(t) \\ v_i(t) \end{bmatrix}, \Gamma_{ai}(t)=\begin{bmatrix} \Gamma(t) & 0 \\ 0 & \xi_i(t)I_{m_i} \end{bmatrix}$$

$$\boldsymbol{\Phi}_{ai}(t)=\begin{bmatrix} \boldsymbol{\Phi}(t)+\sum_{k=1}^{n_\beta}\beta_k(t)\boldsymbol{\Phi}_k(t) & 0 \\ \xi_i(t)\left(H_i(t)+\sum_{l=1}^{n_{\gamma i}}\gamma_{il}(t)H_{il}(t)\right) & (1-\xi_i(t))I_{m_i} \end{bmatrix}$$

$$H_{ai}(t)=\left[\xi_i(t)\left(H_i(t)+\sum_{l=1}^{n_{\gamma i}}\gamma_{il}(t)H_{il}(t)\right),(1-\xi_i(t))I_{m_i}\right] \tag{8.289}$$

根据式(8.275)和式(8.279),可得 $w_{ai}(t)$ 是带零均值的白噪声,其实际互协方差为

$$\bar{Q}_{aij}(t)=\begin{bmatrix} \bar{Q}(t) & \bar{S}_j(t) \\ \bar{S}_i^{\mathrm{T}}(t) & \bar{R}_{vij}(t) \end{bmatrix}=\begin{bmatrix} \bar{Q}(t) & \bar{Q}(t)D_j^{\mathrm{T}}(t) \\ D_i(t)\bar{Q}(t) & D_i(t)\bar{Q}(t)D_j^{\mathrm{T}}(t)+\bar{R}_{\eta_i}(t)\delta_{ij} \end{bmatrix} \tag{8.290}$$

且 $\bar{Q}_{aij}(t)$ 有已知的保守上界 $Q_{aij}(t)$,即

$$Q_{aij}(t)=\begin{bmatrix}Q(t) & S_j(t)\\ S_i^{\mathrm{T}}(t) & R_{vij}(t)\end{bmatrix}=\begin{bmatrix}Q(t) & Q(t)D_j^{\mathrm{T}}(t)\\ D_i(t)Q(t) & D_i(t)Q(t)D_j^{\mathrm{T}}(t)+R_{\eta_i}(t)\delta_{ij}\end{bmatrix} \quad (8.291)$$

特别地,当 $i=j$ 时,分别得到 $w_{ai}(t)$ 的实际和保守方差,即

$$\bar{Q}_{ai}(t)=\bar{Q}_{aii}(t),Q_{ai}(t)=Q_{aii}(t)$$

且 $w_{ai}(t)$ 和 $v_j(t)$ 是相关的,它们的实际和保守的互相关矩阵 $\mathrm{E}[w_{ai}(t)v_j^{\mathrm{T}}(t)]$ 分别为

$$\bar{S}_{aij}(t)=\begin{bmatrix}\bar{S}_j(t)\\ \bar{R}_{vij}(t)\end{bmatrix},S_{aij}(t)=\begin{bmatrix}S_j(t)\\ R_{vij}(t)\end{bmatrix} \quad (8.292)$$

特别地,定义

$$\bar{S}_{ai}(t)=\bar{S}_{aii}(t),S_{ai}(t)=S_{aii}(t)$$

根据式(8.289),应用去随机参数阵法有

$$\hat{\Phi}_{ai}(t)=\mathrm{E}[\Phi_{ai}(t)]=\begin{bmatrix}\Phi(t) & 0\\ \alpha_i(t)H_i(t) & (1-\alpha_i(t))I_{m_i}\end{bmatrix}$$

$$\hat{H}_{ai}(t)=\mathrm{E}[H_{ai}(t)]=[\alpha_i(t)H_i(t),(1-\alpha_i(t))I_{m_i}]$$

$$\hat{\Gamma}_{ai}(t)=\mathrm{E}[\Gamma_{ai}(t)]=\begin{bmatrix}\Gamma(t) & 0\\ 0 & \alpha_i(t)I_{m_i}\end{bmatrix} \quad (8.293)$$

定义带零均值白噪声

$$\xi_{0i}(t)=\xi_i(t)-\alpha_i(t)$$

由假设 8 可知

$$\mathrm{E}[\xi_{0i}(t)]=0,\sigma_{\xi_{0i}}^2(t)=\mathrm{E}[\xi_{0i}(t)\xi_{0i}(t)]=\alpha_i(t)(1-\alpha_i(t))$$
$$\mathrm{E}[\xi_{0i}(t)\xi_{0j}(u)]=0,t\neq u$$

即 $\xi_{0i}(t)(i=1,\cdots,L)$ 是零均值、方差为 $\sigma_{\xi_{0i}}^2(t)$ 的互不相关白噪声。定义

$$\tilde{\Phi}_{ai}(t)=\Phi_{ai}(t)-\hat{\Phi}_{ai}(t),\tilde{H}_{ai}(t)=H_{ai}(t)-\hat{H}_{ai}(t),\tilde{\Gamma}_{ai}(t)=\Gamma_{ai}(t)-\hat{\Gamma}_{ai}(t) \quad (8.294)$$

则根据式(8.289)和式(8.293),有

$$\tilde{\Phi}_{ai}(t)=\xi_{0i}(t)\tilde{\Phi}_{ai}^{\xi}(t)+\sum_{k=1}^{n_\beta}\beta_k(t)\tilde{\Phi}_{aik}^{\beta}(t)+\xi_i(t)\sum_{l=1}^{n_{\gamma i}}\gamma_{il}(t)\tilde{\Phi}_{ail}^{\gamma}(t) \quad (8.295)$$

$$\tilde{H}_{ai}(t)=\xi_{0i}(t)\tilde{H}_{ai}^{\xi}(t)+\xi_i(t)\sum_{l=1}^{n_{\gamma i}}\gamma_{il}(t)\tilde{H}_{ail}^{\gamma}(t),\tilde{\Gamma}_{ai}(t)=\xi_{0i}(t)\tilde{\Gamma}_{ei}(t) \quad (8.296)$$

其中

$$\tilde{\Phi}_{ai}^{\xi}(t)=\begin{bmatrix}0 & 0\\ H_i(t) & -I_{m_i}\end{bmatrix},\tilde{\Phi}_{aik}^{\beta}(t)=\begin{bmatrix}\Phi_k(t) & (0)_{n\times m_i}\\ (0)_{m_i\times n} & (0)_{m_i\times m_i}\end{bmatrix},\tilde{\Phi}_{ail}^{\gamma}(t)=\begin{bmatrix}0 & 0\\ H_{il}(t) & 0\end{bmatrix}$$

$$\tilde{H}_{ai}^{\xi}(t)=[H_i(t),-I_{m_i}],\tilde{H}_{ail}^{\gamma}(t)=[H_{il}(t),0],\tilde{\Gamma}_{ei}(t)=\begin{bmatrix}0 & 0\\ 0 & I_{m_i}\end{bmatrix} \quad (8.297)$$

应用式(8.294),扩维系统(8.287)和(8.288)可转化为带标量乘性噪声系统

$$x_{ai}(t+1)=(\hat{\Phi}_{ai}(t)+\tilde{\Phi}_{ai}(t))x_{ai}(t)+(\hat{\Gamma}_{ai}(t)+\xi_{0i}(t)\tilde{\Gamma}_{ei}(t))w_{ai}(t) \quad (8.298)$$

$$y_i(t)=(\hat{H}_{ai}(t)+\tilde{H}_{ai}(t))x_{ai}(t)+(\alpha_i(t)+\xi_{0i}(t))v_i(t) \quad (8.299)$$

引入下列虚拟噪声分别补偿式(8.298)和式(8.299)中的乘性噪声项

$$w_{fai}(t)=\widetilde{\Phi}_{ai}(t)x_{ai}(t)+\widehat{\Gamma}_{ai}(t)w_{ai}(t)+\xi_{0i}(t)\widetilde{\Gamma}_{ei}(t)w_{ai}(t) \tag{8.300}$$

$$v_{fi}(t)=\widetilde{H}_{ai}(t)x_{ai}(t)+\alpha_i(t)v_i(t)+\xi_{0i}(t)v_i(t) \tag{8.301}$$

则扩维系统最终可被转化为标准系统

$$x_{ai}(t+1)=\widehat{\Phi}_{ai}(t)x_{ai}(t)+w_{fai}(t) \tag{8.302}$$

$$y_i(t)=\widehat{H}_{ai}(t)x_{ai}(t)+v_{fi}(t),i=1,\cdots,L \tag{8.303}$$

引理 8.11 虚拟噪声 $w_{fai}(t)$ 和 $v_{fi}(t)$ 是零均值白噪声。

证明 应用 $\mathrm{E}[\xi_{0i}(t)]=0$ 以及假设9、假设10可得 $\mathrm{E}[\widetilde{\Phi}_{ai}(t)]=0$,$\mathrm{E}[\widetilde{H}_{ai}(t)]=0$,$\mathrm{E}[\widetilde{\Gamma}_{ai}(t)]=0$ 和 $\mathrm{E}[v_i(t)]=0$,因此,根据式(8.300)和式(8.301)有

$$\begin{aligned}\mathrm{E}[w_{fai}(t)]=\mathrm{E}[\widetilde{\Phi}_{ai}(t)]\mathrm{E}[x_{ai}(t)]+\mathrm{E}[\widetilde{\Gamma}_{ai}(t)]\mathrm{E}[w_{ai}(t)]+\\ \mathrm{E}[\xi_{0i}(t)]\mathrm{E}[\widetilde{\Gamma}_{ei}(t)]\mathrm{E}[w_{ai}(t)]=0\\ \mathrm{E}[v_{fi}(t)]=\mathrm{E}[\widetilde{H}_{ai}(t)]\mathrm{E}[x_{ai}(t)]+\alpha_i(t)\mathrm{E}[v_i(t)]+\mathrm{E}[\xi_{0i}(t)]\mathrm{E}[v_i(t)]=0\end{aligned} \tag{8.304}$$

类似地,可证明 $\mathrm{E}[w_{fai}(t)w_{fai}^{\mathrm{T}}(j)]=0$ 和 $\mathrm{E}[v_{fi}(t)v_{fi}^{\mathrm{T}}(j)]=0(t\neq j)$ 成立。证毕。

引理 8.12 对实际和保守的扩维系统(8.287)和(8.288)中的状态 $x_{ai}(t)$,定义 $\bar{X}_{ai}(t)$ 和 $X_{ai}(t)$ 分别为其实际和保守的非中心二阶矩 $\mathrm{E}[x_{ai}(t)x_{ai}^{\mathrm{T}}(t)]$,在假设9和假设10下,则 $\bar{X}_{ai}(t)$ 和 $X_{ai}(t)$ 分别满足下列广义 Lyapunov 方程

$$\begin{aligned}\bar{X}_{ai}(t+1)=&\widehat{\Phi}_{ai}(t)\bar{X}_{ai}(t)\widehat{\Phi}_{ai}^{\mathrm{T}}(t)+\sigma_{\xi_{0i}}^2(t)\widetilde{\Phi}_{ai}^{\xi}(t)\bar{X}_{ai}(t)\widetilde{\Phi}_{ai}^{\xi\mathrm{T}}(t)+\\ &\sum_{k=1}^{n_\beta}\bar{\sigma}_{\beta_k}^2(t)\widetilde{\Phi}_{aik}^{\beta}(t)\bar{X}_{ai}(t)\widetilde{\Phi}_{aik}^{\beta\mathrm{T}}(t)+\\ &\alpha_i(t)\sum_{l=1}^{n_{\gamma i}}\bar{\sigma}_{\gamma_{il}}^2(t)\widetilde{\Phi}_{ail}^{\gamma}(t)\bar{X}_{ai}(t)\widetilde{\Phi}_{ail}^{\gamma\mathrm{T}}(t)+\\ &\widehat{\Gamma}_{ai}(t)\bar{Q}_{ai}(t)\widehat{\Gamma}_{ai}^{\mathrm{T}}(t)+\sigma_{\xi_{0i}}^2(t)\widetilde{\Gamma}_{ei}(t)\bar{Q}_{ai}(t)\widetilde{\Gamma}_{ei}^{\mathrm{T}}(t)\end{aligned} \tag{8.305}$$

$$\begin{aligned}X_{ai}(t+1)=&\widehat{\Phi}_{ai}(t)X_{ai}(t)\widehat{\Phi}_{ai}^{\mathrm{T}}(t)+\sigma_{\xi_{0i}}^2(t)\widetilde{\Phi}_{ai}^{\xi}(t)X_{ai}(t)\widetilde{\Phi}_{ai}^{\xi\mathrm{T}}(t)+\\ &\sum_{k=1}^{n_\beta}\sigma_{\beta_k}^2(t)\widetilde{\Phi}_{aik}^{\beta}(t)X_{ai}(t)\widetilde{\Phi}_{aik}^{\beta\mathrm{T}}(t)+\\ &\alpha_i(t)\sum_{l=1}^{n_{\gamma i}}\sigma_{\gamma_{il}}^2(t)\widetilde{\Phi}_{ail}^{\gamma}(t)X_{ai}(t)\widetilde{\Phi}_{ail}^{\gamma\mathrm{T}}(t)+\\ &\widehat{\Gamma}_{ai}(t)Q_{ai}(t)\widehat{\Gamma}_{ai}^{\mathrm{T}}(t)+\sigma_{\xi_{0i}}^2(t)\widetilde{\Gamma}_{ei}(t)Q_{ai}(t)\widetilde{\Gamma}_{ei}^{\mathrm{T}}(t)\end{aligned} \tag{8.306}$$

且 $x_{ai}(t)$ 和 $x_{aj}(t)(i\neq j)$ 分别有实际和保守的非中心互二阶矩 $\mathrm{E}[x_{ai}(t)x_{aj}^{\mathrm{T}}(t)]$ 为

$$\bar{X}_{aij}(t+1)=\widehat{\Phi}_{ai}(t)\bar{X}_{aij}(t)\widehat{\Phi}_{aj}^{\mathrm{T}}(t)+\sum_{k=1}^{n_\beta}\bar{\sigma}_{\beta_k}^2(t)\widetilde{\Phi}_{aik}^{\beta}(t)\bar{X}_{aij}(t)\widetilde{\Phi}_{ajk}^{\beta\mathrm{T}}(t)+\widehat{\Gamma}_{ai}(t)\bar{Q}_{aij}(t)\widehat{\Gamma}_{aj}^{\mathrm{T}}(t) \tag{8.307}$$

$$X_{aij}(t+1)=\widehat{\Phi}_{ai}(t)X_{aij}(t)\widehat{\Phi}_{aj}^{\mathrm{T}}(t)+\sum_{k=1}^{n_\beta}\sigma_{\beta_k}^2(t)\widetilde{\Phi}_{aik}^{\beta}(t)X_{aij}(t)\widetilde{\Phi}_{ajk}^{\beta\mathrm{T}}(t)+\widehat{\Gamma}_{ai}(t)Q_{aij}(t)\widehat{\Gamma}_{aj}^{\mathrm{T}}(t) \tag{8.308}$$

初始状态 $x(0)$ 带未知实际(真实)非中心二阶矩 $\bar{X}(0)$ 和已知保守上界 $X(0)$,即

$$\bar{X}(0)=\bar{P}_0(0\mid -1)+\mu_0\mu_0^{\mathrm{T}},X(0)=P_0(0\mid -1)+\mu_0\mu_0^{\mathrm{T}} \tag{8.309}$$

置实际和保守的初值 $\bar{X}_{aij}(0)$ 和 $X_{aij}(0)$ 分别为

$$\bar{X}_{aij}(0)=\begin{bmatrix}\bar{X}(0) & 0\\ 0 & 0\end{bmatrix}_{(n+m_i)\times(n+m_j)},X_{aij}(0)=\begin{bmatrix}X(0) & 0\\ 0 & 0\end{bmatrix}_{(n+m_i)\times(n+m_j)}$$

$$\bar{X}_{aii}(0)=\bar{X}_{ai}(0),X_{aii}(0)=X_{ai}(0) \tag{8.310}$$

则 $\bar{X}_{ai}(t)$ 和 $X_{ai}(t)$ 是半正定的,即

$$\bar{X}_{ai}(t)\geqslant 0,X_{ai}(t)\geqslant 0,t\geqslant 0 \tag{8.311}$$

证明 由假设10和式(8.289),可得式(8.309)和式(8.310)成立。对式(8.298),根据 $\mathrm{E}[\tilde{\Phi}_{ai}(t)]=0,\mathrm{E}[\tilde{\Gamma}_{ai}(t)]=0$,以及 $x_{ai}(t)$ 和 $w_{ai}(t)$ 是不相关的,有

$$\begin{aligned}\bar{X}_{ai}(t+1)=\mathrm{E}[x_{ai}(t+1)x_{ai}^{\mathrm{T}}(t+1)]=\\ &\hat{\Phi}_{ai}(t)\bar{X}_{ai}(t)\hat{\Phi}_{ai}^{\mathrm{T}}(t)+\mathrm{E}[\tilde{\Phi}_{ai}(t)x_{ai}(t)x_{ai}^{\mathrm{T}}(t)\tilde{\Phi}_{ai}^{\mathrm{T}}(t)]+\\ &\mathrm{E}[\hat{\Gamma}_{ai}(t)w_{ai}(t)w_{ai}^{\mathrm{T}}(t)\hat{\Gamma}_{ai}^{\mathrm{T}}(t)]+\mathrm{E}[\xi_{0i}(t)\xi_{0i}^{\mathrm{T}}(t)\tilde{\Gamma}_{ei}(t)w_{ai}(t)w_{ai}^{\mathrm{T}}(t)\tilde{\Gamma}_{ei}^{\mathrm{T}}(t)]\end{aligned} \tag{8.312}$$

应用式(8.295)、$\mathrm{E}[\beta_k^2(t)]=\bar{\sigma}_{\beta_k}^2(t)$ 和 $\mathrm{E}[\gamma_{il}^2(t)]=\bar{\sigma}_{\gamma_{il}}^2(t)$,有

$$\begin{aligned}\mathrm{E}[\tilde{\Phi}_{ai}(t)x_{ai}(t)x_{ai}^{\mathrm{T}}(t)\tilde{\Phi}_{ai}^{\mathrm{T}}(t)]=&\sigma_{\xi_{0i}}^2(t)\tilde{\Phi}_{ai}^{\xi}(t)\bar{X}_{ai}(t)\tilde{\Phi}_{ai}^{\xi\mathrm{T}}(t)+\\ &\sum_{k=1}^{n_\beta}\bar{\sigma}_{\beta_k}^2(t)\tilde{\Phi}_{aik}^{\beta}(t)\bar{X}_{ai}(t)\tilde{\Phi}_{aik}^{\beta\mathrm{T}}(t)+\\ &\alpha_i(t)\sum_{l=1}^{n_{\gamma i}}\bar{\sigma}_{\gamma_{il}}^2(t)\tilde{\Phi}_{ail}^{\gamma}(t)\bar{X}_{ai}(t)\tilde{\Phi}_{ail}^{\gamma\mathrm{T}}(t)\end{aligned} \tag{8.313}$$

$$\mathrm{E}[\hat{\Gamma}_{ai}(t)w_{ai}(t)w_{ai}^{\mathrm{T}}(t)\hat{\Gamma}_{ai}^{\mathrm{T}}(t)]=\hat{\Gamma}_{ai}(t)\bar{Q}_{ai}(t)\hat{\Gamma}_{ai}^{\mathrm{T}}(t)$$

$$\mathrm{E}[\xi_{0i}(t)\xi_{0i}^{\mathrm{T}}(t)\tilde{\Gamma}_{ei}(t)w_{ai}(t)w_{ai}^{\mathrm{T}}(t)\tilde{\Gamma}_{ei}^{\mathrm{T}}(t)]=\sigma_{\xi_{0i}}^2(t)\tilde{\Gamma}_{ei}(t)\bar{Q}_{ai}(t)\tilde{\Gamma}_{ei}^{\mathrm{T}}(t) \tag{8.314}$$

将式(8.313)和式(8.314)代入式(8.312),可得式(8.305)成立。类似地,可得 $\bar{X}_{ai}(t)$ 的保守上界如式(8.306)。

类似地,可得式(8.307)和式(8.308)成立。注意到,对保守系统的状态初值 $x(0)$,有 $X(0)=\mathrm{E}[x(0)x^{\mathrm{T}}(0)]$,对实际系统的状态初值 $x(0)$,有 $\bar{X}(0)=\mathrm{E}[x(0)x^{\mathrm{T}}(0)]$,根据假设10,展开 $\mathrm{E}[(x(0)-\mu_0)(x(0)-\mu_0)^{\mathrm{T}}]$ 可得式(8.309)。这引出 $\bar{X}(0)\geqslant 0,X(0)\geqslant 0$。依据式(8.289)中扩维的定义 $x_{ai}(t)=[x^{\mathrm{T}}(t),y_i^{\mathrm{T}}(t-1)]^{\mathrm{T}}$,可得式(8.310)。因此有 $\bar{X}_{ai}(0)\geqslant 0,X_{ai}(0)\geqslant 0$。注意到 $\bar{Q}_{ai}(t)\geqslant 0$ 和 $Q_{ai}(t)\geqslant 0$,根据式(8.305)和式(8.306),可得 $\bar{X}_{ai}(1)\geqslant 0$ 和 $X_{ai}(1)\geqslant 0$,进而,应用递推法可得式(8.311)成立。证毕。

因此,依据式(8.300),应用式(8.295)以及式(8.313)和式(8.314),虚拟噪声 $w_{fai}(t)$ 的实际和保守的噪声方差分别为

$$\begin{aligned}\bar{Q}_{fai}(t)=\mathrm{E}[w_{fai}(t)w_{fai}^{\mathrm{T}}(t)]=&\sigma_{\xi_{0i}}^2(t)\tilde{\Phi}_{ai}^{\xi}(t)\bar{X}_{ai}(t)\tilde{\Phi}_{ai}^{\xi\mathrm{T}}(t)+\\ &\sum_{k=1}^{n_\beta}\bar{\sigma}_{\beta_k}^2(t)\tilde{\Phi}_{aik}^{\beta}(t)\bar{X}_{ai}(t)\tilde{\Phi}_{aik}^{\beta\mathrm{T}}(t)+\\ &\alpha_i(t)\sum_{l=1}^{n_{\gamma i}}\bar{\sigma}_{\gamma_{il}}^2(t)\tilde{\Phi}_{ail}^{\gamma}(t)\bar{X}_{ai}(t)\tilde{\Phi}_{ail}^{\gamma\mathrm{T}}(t)+\end{aligned}$$

$$\widehat{\Gamma}_{ai}(t)\bar{Q}_{ai}(t)\widehat{\Gamma}_{ai}^{\mathrm{T}}(t)+\sigma_{\xi_{0i}}^2(t)\widetilde{\Gamma}_{ei}(t)\bar{Q}_{ai}(t)\widetilde{\Gamma}_{ei}^{\mathrm{T}}(t) \tag{8.315}$$

$$Q_{fai}(t)=\sigma_{\xi_{0i}}^2(t)\widetilde{\Phi}_{ai}^{\xi}(t)X_{ai}(t)\widetilde{\Phi}_{ai}^{\xi\mathrm{T}}(t)+\sum_{k=1}^{n_\beta}\sigma_{\beta_k}^2(t)\widetilde{\Phi}_{aik}^{\beta}(t)X_{ai}(t)\widetilde{\Phi}_{aik}^{\beta\mathrm{T}}(t)+$$
$$\alpha_i(t)\sum_{l=1}^{n_{\gamma i}}\sigma_{\gamma_{il}}^2(t)\widetilde{\Phi}_{ail}^{\gamma}(t)X_{ai}(t)\widetilde{\Phi}_{ail}^{\gamma\mathrm{T}}(t)+$$
$$\widehat{\Gamma}_{ai}(t)Q_{ai}(t)\widehat{\Gamma}_{ai}^{\mathrm{T}}(t)+\sigma_{\xi_{0i}}^2(t)\widetilde{\Gamma}_{ei}(t)Q_{ai}(t)\widetilde{\Gamma}_{ei}^{\mathrm{T}}(t) \tag{8.316}$$

且 $w_{fai}(t)$ 和 $w_{faj}(t)$ 的实际和保守互协方差分别为

$$\bar{Q}_{faij}(t)=\mathrm{E}[w_{fai}(t)w_{faj}^{\mathrm{T}}(t)]=\widehat{\Gamma}_{ai}(t)\bar{Q}_{aij}(t)\widehat{\Gamma}_{aj}^{\mathrm{T}}(t)+\sum_{k=1}^{n_\beta}\bar{\sigma}_{\beta_k}^2(t)\widetilde{\Phi}_{aik}^{\beta}(t)\bar{X}_{aij}(t)\widetilde{\Phi}_{ajk}^{\beta\mathrm{T}}(t),i\neq j \tag{8.317}$$

$$Q_{faij}(t)=\widehat{\Gamma}_{ai}(t)Q_{aij}(t)\widehat{\Gamma}_{aj}^{\mathrm{T}}(t)+\sum_{k=1}^{n_\beta}\sigma_{\beta_k}^2(t)\widetilde{\Phi}_{aik}^{\beta}(t)X_{aij}(t)\widetilde{\Phi}_{ajk}^{\beta\mathrm{T}}(t),i\neq j \tag{8.318}$$

应用式(8.296)和式(8.301),虚拟噪声 $v_{fi}(t)$ 的实际和保守的噪声方差分别为

$$\bar{R}_{fi}(t)=\mathrm{E}[v_{fi}(t)v_{fi}^{\mathrm{T}}(t)]=\sigma_{\xi_{0i}}^2(t)\widetilde{H}_{ai}^{\xi}(t)\bar{X}_{ai}(t)\widetilde{H}_{ai}^{\xi\mathrm{T}}(t)+$$
$$\alpha_i(t)\sum_{l=1}^{n_{\gamma i}}\bar{\sigma}_{\gamma_{il}}^2(t)\widetilde{H}_{ail}^{\gamma}(t)\bar{X}_{ai}(t)\widetilde{H}_{ail}^{\gamma\mathrm{T}}(t)+$$
$$\alpha_i^2(t)\bar{R}_{vi}(t)+\sigma_{\xi_{0i}}^2(t)\bar{R}_{vi}(t) \tag{8.319}$$

$$R_{fi}(t)=\sigma_{\xi_{0i}}^2(t)\widetilde{H}_{ai}^{\xi}(t)X_{ai}(t)\widetilde{H}_{ai}^{\xi\mathrm{T}}(t)+\alpha_i(t)\sum_{l=1}^{n_{\gamma i}}\sigma_{\gamma_{il}}^2(t)\widetilde{H}_{ail}^{\gamma}(t)X_{ai}(t)\widetilde{H}_{ail}^{\gamma\mathrm{T}}(t)+$$
$$\alpha_i^2(t)R_{vi}(t)+\sigma_{\xi_{0i}}^2(t)R_{vi}(t) \tag{8.320}$$

且 $v_{fi}(t)$ 和 $v_{fj}(t)$ 的实际和保守的互协方差分别为

$$\bar{R}_{fij}(t)=\mathrm{E}[v_{fi}(t)v_{fj}^{\mathrm{T}}(t)]=\alpha_i(t)\alpha_j(t)\bar{R}_{vij}(t),i\neq j \tag{8.321}$$

$$R_{fij}(t)=\alpha_i(t)\alpha_j(t)R_{vij}(t),i\neq j \tag{8.322}$$

此外,$w_{fai}(t)$ 和 $v_{fi}(t)$ 是相关的,它们的实际互相关矩阵 $\bar{S}_{fai}(t)=\mathrm{E}[w_{fai}(t)v_{fi}^{\mathrm{T}}(t)]$ 为

$$\bar{S}_{fai}(t)=\mathrm{E}[\widetilde{\Phi}_{ai}(t)x_{ai}(t)x_{ai}^{\mathrm{T}}(t)\widetilde{H}_{ai}^{\mathrm{T}}(t)]+\mathrm{E}[\alpha_i(t)\widehat{\Gamma}_{ai}(t)w_{ai}(t)v_{fi}^{\mathrm{T}}(t)]+$$
$$\mathrm{E}[\xi_{0i}(t)\xi_{0i}^{\mathrm{T}}(t)\widetilde{\Gamma}_{ei}(t)w_{ai}(t)v_{fi}^{\mathrm{T}}(t)]$$

其中

$$\mathrm{E}[\widetilde{\Phi}_{ai}(t)x_{ai}(t)x_{ai}^{\mathrm{T}}(t)\widetilde{H}_{ai}^{\mathrm{T}}(t)]=\sigma_{\xi_{0i}}^2(t)\widetilde{\Phi}_{ai}^{\xi}(t)\bar{X}_{ai}(t)\widetilde{H}_{ai}^{\xi\mathrm{T}}(t)+$$
$$\alpha_i(t)\sum_{l=1}^{n_{\gamma i}}\bar{\sigma}_{\gamma_{il}}^2(t)\widetilde{\Phi}_{ail}^{\gamma}(t)\bar{X}_{ai}(t)\widetilde{H}_{ail}^{\gamma\mathrm{T}}(t)$$

$$\mathrm{E}[\alpha_i(t)\widehat{\Gamma}_{ai}(t)w_{ai}(t)v_{fi}^{\mathrm{T}}(t)]=\alpha_i(t)\widehat{\Gamma}_{ai}(t)\bar{S}_{ai}(t)$$
$$\mathrm{E}[\xi_{0i}(t)\xi_{0i}^{\mathrm{T}}(t)\widetilde{\Gamma}_{ei}(t)w_{ai}(t)v_{fi}^{\mathrm{T}}(t)]=\sigma_{\xi_{0i}}^2(t)\widetilde{\Gamma}_{ei}(t)\bar{S}_{ai}(t)$$

则 $\bar{S}_{fai}(t)$ 为

$$\bar{S}_{fai}(t)=\sigma_{\xi_{0i}}^2(t)\widetilde{\Phi}_{ai}^{\xi}(t)\bar{X}_{ai}(t)\widetilde{H}_{ai}^{\xi\mathrm{T}}(t)+\alpha_i(t)\sum_{l=1}^{n_{\gamma i}}\bar{\sigma}_{\gamma_{il}}^2(t)\widetilde{\Phi}_{ail}^{\gamma}(t)\bar{X}_{ai}(t)\widetilde{H}_{ail}^{\gamma\mathrm{T}}(t)+$$
$$\alpha_i(t)\widehat{\Gamma}_{ai}(t)\bar{S}_{ai}(t)+\sigma_{\xi_{0i}}^2(t)\widetilde{\Gamma}_{ei}(t)\bar{S}_{ai}(t) \tag{8.323}$$

保守的 $S_{fai}(t)$ 为

$$S_{fai}(t) = \sigma^2_{\xi_{0i}}(t)\widetilde{\Phi}^{\xi}_{ai}(t)X_{ai}(t)\widetilde{H}^{\xi\mathrm{T}}_{ai}(t) + \alpha_i(t)\sum_{l=1}^{n_{\gamma i}}\sigma^2_{\gamma_{il}}(t)\widetilde{\Phi}^{\gamma}_{ail}(t)X_{ai}(t)\widetilde{H}^{\gamma\mathrm{T}}_{ail}(t) + \alpha_i(t)\widehat{\Gamma}_{ai}(t)S_{ai}(t) + \sigma^2_{\xi_{0i}}(t)\widetilde{\Gamma}_{ei}(t)S_{ai}(t) \tag{8.324}$$

且 $w_{fai}(t)$ 和 $v_{fj}(t)$ 是相关的，它们的实际和保守的互相关矩阵分别为

$$\bar{S}_{faij}(t) = \alpha_j(t)\widehat{\Gamma}_{ai}(t)\bar{S}_{aij}(t), S_{faij}(t) = \alpha_j(t)\widehat{\Gamma}_{ai}(t)S_{aij}(t) \tag{8.325}$$

引理 8.13 设 $M \in R^{m\times m}$，$M \geqslant 0$，则对任意的 $C \in R^{r\times m}$，有 $CMC^{\mathrm{T}} \geqslant 0$ 成立。

证明 任取 $b \in R^{r\times 1}$，设 $u = b^{\mathrm{T}}C$，$u \in R^{1\times m}$，则有 $b^{\mathrm{T}}(CMC^{\mathrm{T}})b = uMu^{\mathrm{T}} \geqslant 0$，因此 $CMC^{\mathrm{T}} \geqslant 0$ 成立。证毕。

引理 8.14 在假设 11 条件下，对满足式(8.280)的所有容许的实际方差有

$$\bar{Q}_{ai}(t) \leqslant Q_{ai}(t) \tag{8.326}$$

$$\bar{X}_{ai}(t) \leqslant X_{ai}(t) \tag{8.327}$$

$$\bar{Q}_{fai}(t) \leqslant Q_{fai}(t) \tag{8.328}$$

$$\bar{R}_{fi}(t) \leqslant R_{fi}(t) \tag{8.329}$$

即实际方差 $\bar{Q}_{ai}(t)$，$\bar{X}_{ai}(t)$，$\bar{Q}_{fai}(t)$ 和 $\bar{R}_{fi}(t)$ 分别有保守的上界 $Q_{ai}(t)$，$X_{ai}(t)$，$Q_{fai}(t)$ 和 $R_{fi}(t)$。

证明 定义 $\Delta Q(t) = Q(t) - \bar{Q}(t)$，$\Delta R_{\eta_i}(t) = R_{\eta_i}(t) - \bar{R}_{\eta_i}(t)$ 和 $\Delta R_{vi}(t) = R_{vi}(t) - \bar{R}_{vi}(t)$，则有

$$\Delta R_{vi}(t) = D_i(t)\Delta Q(t)D_i^{\mathrm{T}}(t) + \Delta R_{\eta_i}(t) \tag{8.330}$$

据式(8.280)有 $\Delta Q(t) \geqslant 0$ 和 $\Delta R_{\eta_i}(t) \geqslant 0$，因此可得 $\Delta R_{vi}(t) \geqslant 0$。

根据式(8.284)和式(8.285)，定义 $\Delta S_i(t) = S_i(t) - \bar{S}_i(t)$，有

$$\Delta S_i(t) = \Delta Q(t)D_i^{\mathrm{T}}(t) \tag{8.331}$$

根据式(8.290)和式(8.291)，定义 $\Delta Q_{ai}(t) = Q_{ai}(t) - \bar{Q}_{ai}(t)$，有

$$\Delta Q_{ai}(t) = \begin{bmatrix} \Delta Q(t) & \Delta S_i(t) \\ \Delta S_i^{\mathrm{T}}(t) & \Delta R_{vi}(t) \end{bmatrix} \tag{8.332}$$

将式(8.330)和式(8.331)代入式(8.332)，有

$$\Delta Q_{ai}(t) = \begin{bmatrix} \Delta Q(t) & \Delta Q(t)D_i^{\mathrm{T}}(t) \\ D_i(t)\Delta Q(t) & D_i(t)\Delta Q(t)D_i^{\mathrm{T}}(t) + \Delta R_{\eta_i}(t) \end{bmatrix} \tag{8.333}$$

$\Delta Q_{ai}(t)$ 可分解为

$$\Delta Q_{ai}(t) = \Delta B_{i1}(t) + \Delta B_{i2}(t) \tag{8.334}$$

其中

$$\Delta B_{i1}(t) = \begin{bmatrix} \Delta Q(t) & \Delta Q(t)D_i^{\mathrm{T}}(t) \\ D_i(t)\Delta Q(t) & D_i(t)\Delta Q(t)D_i^{\mathrm{T}}(t) \end{bmatrix}, \Delta B_{i2}(t) = \begin{bmatrix} 0 & 0 \\ 0 & \Delta R_{\eta_i}(t) \end{bmatrix}$$

$\Delta B_{i1}(t)$ 可以写成

$$\Delta B_{i1}(t) = \begin{bmatrix} I_r & 0 \\ 0 & D_i(t) \end{bmatrix} \begin{bmatrix} \Delta Q(t) & \Delta Q(t) \\ \Delta Q(t) & \Delta Q(t) \end{bmatrix} \begin{bmatrix} I_r & 0 \\ 0 & D_i(t) \end{bmatrix}$$

应用引理 8.2 和引理 8.13，可得 $\Delta B_{i1}(t) \geqslant 0$，应用引理 8.3 可得 $\Delta B_{i2}(t) \geqslant 0$，因此

$\Delta Q_{ai}(t) \geqslant 0$，即式(8.326)成立。

定义 $\Delta X_{ai}(t) = X_{ai}(t) - \bar{X}_{ai}(t)$，$\Delta\sigma_{\beta_k}^2(t) = \sigma_{\beta_k}^2(t) - \bar{\sigma}_{\beta_k}^2(t)$ 和 $\Delta\sigma_{\gamma_{il}}^2(t) = \sigma_{\gamma_{il}}^2(t) - \bar{\sigma}_{\gamma_{il}}^2(t)$，根据式(8.305)和式(8.306)，有

$$
\begin{aligned}
\Delta X_{ai}(t+1) = {} & \hat{\Phi}_{ai}(t)\Delta X_{ai}(t)\hat{\Phi}_{ai}^{\mathrm{T}}(t) + \sigma_{\xi_{0i}}^2(t)\tilde{\Phi}_{ai}^{\xi}(t)\Delta X_{ai}(t)\tilde{\Phi}_{ai}^{\xi\mathrm{T}}(t) + \\
& \sum_{k=1}^{n_\beta}\bar{\sigma}_{\beta_k}^2(t)\tilde{\Phi}_{aik}^{\beta}(t)\Delta X_{ai}(t)\tilde{\Phi}_{aik}^{\beta\mathrm{T}}(t) + \\
& \alpha_i(t)\sum_{l=1}^{n_{\gamma i}}\bar{\sigma}_{\gamma_{il}}^2(t)\tilde{\Phi}_{ail}^{\gamma}(t)\Delta X_{ai}(t)\tilde{\Phi}_{ail}^{\gamma\mathrm{T}}(t) + \\
& \sum_{k=1}^{n_\beta}\Delta\sigma_{\beta_k}^2(t)\tilde{\Phi}_{aik}^{\beta}(t)X_{ai}(t)\tilde{\Phi}_{aik}^{\beta\mathrm{T}}(t) + \\
& \alpha_i(t)\sum_{l=1}^{n_{\gamma i}}\Delta\sigma_{\gamma_{il}}^2(t)\tilde{\Phi}_{ail}^{\gamma}(t)X_{ai}(t)\tilde{\Phi}_{ail}^{\gamma\mathrm{T}}(t) + \\
& \hat{\Gamma}_{ai}(t)\Delta Q_{ai}(t)\hat{\Gamma}_{ai}^{\mathrm{T}}(t) + \sigma_{\xi_{0i}}^2(t)\tilde{\Gamma}_{ei}(t)\Delta Q_{ai}(t)\tilde{\Gamma}_{ei}^{\mathrm{T}}(t)
\end{aligned} \tag{8.335}
$$

根据式(8.309)和式(8.310)，$X_{ai}(0)$ 减 $\bar{X}_{ai}(0)$ 可得

$$
\Delta X_{ai}(0) = \begin{bmatrix} P_0(0|-1) - \bar{P}_0(0|-1) & 0 \\ 0 & 0 \end{bmatrix}_{(n+m_i)\times(n+m_i)}
$$

应用式(8.280)和引理 8.3 可得 $\Delta X_{ai}(0) \geqslant 0$，再根据 $\Delta\sigma_{\beta_k}^2(t) \geqslant 0$，$\Delta\sigma_{\gamma_{il}}^2(t) \geqslant 0$，$\Delta Q_{ai}(t) \geqslant 0$，$0 \leqslant \alpha_i(t) \leqslant 1$，$X_{ai}(t) \geqslant 0$，可得 $\Delta X_{ai}(1) \geqslant 0$。应用数学归纳法由式(8.335)迭代可得 $\Delta X_{ai}(t) \geqslant 0$ 对任意 $t > 0$ 成立，即式(8.327)成立。

定义 $\Delta Q_{fai}(t) = Q_{fai}(t) - \bar{Q}_{fai}(t)$，根据式(8.315)和式(8.316)，有

$$
\begin{aligned}
\Delta Q_{fai}(t) = {} & \sigma_{\xi_{0i}}^2(t)\tilde{\Phi}_{ai}^{\xi}(t)\Delta X_{ai}(t)\tilde{\Phi}_{ai}^{\xi\mathrm{T}}(t) + \sum_{k=1}^{n_\beta}\bar{\sigma}_{\beta_k}^2(t)\tilde{\Phi}_{aik}^{\beta}(t)\Delta X_{ai}(t)\tilde{\Phi}_{aik}^{\beta\mathrm{T}}(t) + \\
& \alpha_i(t)\sum_{l=1}^{n_{\gamma i}}\bar{\sigma}_{\gamma_{il}}^2(t)\tilde{\Phi}_{ail}^{\gamma}(t)\Delta X_{ai}(t)\tilde{\Phi}_{ail}^{\gamma\mathrm{T}}(t) + \sum_{k=1}^{n_\beta}\Delta\sigma_{\beta_k}^2(t)\tilde{\Phi}_{aik}^{\beta}(t)X_{ai}(t)\tilde{\Phi}_{aik}^{\beta\mathrm{T}}(t) + \\
& \alpha_i(t)\sum_{l=1}^{n_{\gamma i}}\Delta\sigma_{\gamma_{il}}^2(t)\tilde{\Phi}_{ail}^{\gamma}(t)X_{ai}(t)\tilde{\Phi}_{ail}^{\gamma\mathrm{T}}(t) + \hat{\Gamma}_{ai}(t)\Delta Q_{ai}(t)\hat{\Gamma}_{ai}^{\mathrm{T}}(t) + \\
& \sigma_{\xi_{0i}}^2(t)\tilde{\Gamma}_{ei}(t)\Delta Q_{ai}(t)\tilde{\Gamma}_{ei}^{\mathrm{T}}(t)
\end{aligned} \tag{8.336}
$$

根据 $\Delta Q_{ai}(t) \geqslant 0$，$\Delta X_{ai}(t) \geqslant 0$，$X_{ai}(t) \geqslant 0$，$\Delta\sigma_{\beta_k}^2(t) \geqslant 0$，$\Delta\sigma_{\gamma_{il}}^2(t) \geqslant 0$，$0 \leqslant \alpha_i(t) \leqslant 1$，有 $\Delta Q_{fai}(t) \geqslant 0$，即式(8.328)成立。

定义 $\Delta R_{fi}(t) = R_{fi}(t) - \bar{R}_{fi}(t)$，根据式(8.319)和式(8.320)，有

$$
\begin{aligned}
\Delta R_{fi}(t) = {} & \sigma_{\xi_{0i}}^2(t)\tilde{H}_{ai}^{\xi}(t)\Delta X_{ai}(t)\tilde{H}_{ai}^{\xi\mathrm{T}}(t) + \alpha_i(t)\sum_{l=1}^{n_{\gamma i}}\bar{\sigma}_{\gamma_{il}}^2(t)\tilde{H}_{ail}^{\gamma}(t)\Delta X_{ai}(t)\tilde{H}_{ail}^{\gamma\mathrm{T}}(t) + \\
& \alpha_i(t)\sum_{l=1}^{n_{\gamma i}}\Delta\sigma_{\gamma_{il}}^2(t)\tilde{H}_{ail}^{\gamma}(t)X_{ai}(t)\tilde{H}_{ail}^{\gamma\mathrm{T}}(t) + \alpha_i^2(t)\Delta R_{vi}(t) + \sigma_{\xi_{0i}}^2(t)\Delta R_{vi}(t)
\end{aligned} \tag{8.337}
$$

根据 $\Delta X_{ai}(t) \geqslant 0$，$X_{ai}(t) \geqslant 0$，$\Delta\sigma_{\gamma_{il}}^2(t) \geqslant 0$，$0 \leqslant \alpha_i(t) \leqslant 1$，$\sigma_{\xi_{0i}}^2(t) \geqslant 0$ 和 $\Delta R_{vi}(t) \geqslant 0$，有 $\Delta R_{fi}(t) \geqslant 0$，即式(8.329)成立。证毕。

8.4.2 鲁棒局部时变 Kalman 估值器

(1) 鲁棒局部时变 Kalman 预报器

根据极大极小鲁棒估计原理,对带噪声方差保守上界 $Q_{fai}(t)$,$R_{fi}(t)$ 和 $P_{ai}(0|-1)$ 的最坏情形扩维系统(8.302) 和(8.303),在假设 8—11 条件下,保守的最优(线性最小方差) 局部时变 Kalman 预报器为[15]

$$\hat{x}_{ai}(t+1|t)=\Psi_{pi}(t)\hat{x}_{ai}(t|t-1)+K_{pi}(t)y_i(t),i=1,\cdots,L \tag{8.338}$$

$$\Psi_{pi}(t)=\widehat{\Phi}_{ai}(t)-K_{pi}(t)\widehat{H}_{ai}(t) \tag{8.339}$$

$$K_{pi}(t)=(\widehat{\Phi}_{ai}(t)P_{ai}(t|t-1)\widehat{H}_{ai}^{\mathrm{T}}(t)+S_{fai}(t))[\widehat{H}_{ai}(t)P_{ai}(t|t-1)\widehat{H}_{ai}^{\mathrm{T}}(t)+R_{fi}(t)]^{-1} \tag{8.340}$$

带初值 $\hat{x}_{ai}(0|-1)=\begin{bmatrix}\mu_0\\0\end{bmatrix}$,$P_{ai}(0|-1)=\begin{bmatrix}P_0(0|-1)&0\\0&0\end{bmatrix}$。

保守的局部预报误差方差 $P_{ai}(t+1|t)$ 满足 Riccati 方程

$$\begin{aligned}P_{ai}(t+1|t)=&\widehat{\Phi}_{ai}(t)P_{ai}(t|t-1)\widehat{\Phi}_{ai}^{\mathrm{T}}(t)-[\widehat{\Phi}_{ai}(t)P_{ai}(t|t-1)\widehat{H}_{ai}^{\mathrm{T}}(t)+S_{fai}(t)]\times\\&[\widehat{H}_{ai}(t)P_{ai}(t|t-1)\widehat{H}_{ai}^{\mathrm{T}}(t)+R_{fi}(t)]^{-1}\times\\&[\widehat{\Phi}_{ai}(t)P_{ai}(t|t-1)\widehat{H}_{ai}^{\mathrm{T}}(t)+S_{fai}(t)]^{\mathrm{T}}+Q_{fai}(t)\end{aligned} \tag{8.341}$$

在保守的局部时变 Kalman 预报器(8.338) 中,保守的观测 $y_i(t)$ 理论上是由带实际噪声方差保守上界的最坏情形系统生成的,是不可用的(未知的)。而实际观测 $y_i(t)$ 是由带实际噪声方差的实际系统生成的,它可通过传感器观测得到,是可用的(已知的)。因此,将保守的观测 $y_i(t)$ 替换为实际观测 $y_i(t)$,式(8.338) 就称为实际局部时变 Kalman 预报器。

定义预报误差 $\tilde{x}_{ai}(t+1|t)=x_{ai}(t+1)-\hat{x}_{ai}(t+1|t)$,式(8.302) 减式(8.338),并根据式(8.303),有

$$\tilde{x}_{ai}(t+1|t)=\Psi_{pi}(t)\tilde{x}_{ai}(t|t-1)+w_{fai}(t)-K_{pi}(t)v_{fi}(t) \tag{8.342}$$

定义增广噪声 $\lambda_i(t)=[w_{fai}^{\mathrm{T}}(t),v_{fi}^{\mathrm{T}}(t)]^{\mathrm{T}}$,根据式(8.315)、式(8.316)、式(8.319)、式(8.320)、式(8.323) 和式(8.324),通过计算 $\mathrm{E}[\lambda_i(t)\lambda_i^{\mathrm{T}}(t)]$,分别得到 $\lambda_i(t)$ 的实际和保守的方差为

$$\bar{\Lambda}_i(t)=\bar{\Lambda}_{ii}(t)=\begin{bmatrix}\bar{Q}_{fai}(t)&\bar{S}_{fai}(t)\\\bar{S}_{fai}^{\mathrm{T}}(t)&\bar{R}_{fi}(t)\end{bmatrix},\Lambda_i(t)=\Lambda_{ii}(t)=\begin{bmatrix}Q_{fai}(t)&S_{fai}(t)\\S_{fai}^{\mathrm{T}}(t)&R_{fi}(t)\end{bmatrix} \tag{8.343}$$

而且,根据式(8.317)、式(8.318)、式(8.321)、式(8.322) 和式(8.325),分别得到实际和保守的互协方差为

$$\bar{\Lambda}_{ij}(t)=\begin{bmatrix}\bar{Q}_{faij}(t)&\bar{S}_{faij}(t)\\\bar{S}_{faji}^{\mathrm{T}}(t)&\bar{R}_{fij}(t)\end{bmatrix},\Lambda_{ij}(t)=\begin{bmatrix}Q_{faij}(t)&S_{faij}(t)\\S_{faji}^{\mathrm{T}}(t)&R_{fij}(t)\end{bmatrix},i\neq j \tag{8.344}$$

预报误差式(8.342) 可改写为

$$\tilde{x}_{ai}(t+1|t)=\Psi_{pi}(t)\tilde{x}_{ai}(t|t-1)+[I_{n+m_i},-K_{pi}(t)]\lambda_i(t) \tag{8.345}$$

因此,应用式(8.345),可得实际和保守的局部预报误差方差又分别满足 Lyapunov 方程

$$\bar{P}_{ai}(t+1|t)=\Psi_{pi}(t)\bar{P}_{ai}(t|t-1)\Psi_{pi}^{\mathrm{T}}(t)+[I_{n+m_i},-K_{pi}(t)]\bar{\Lambda}_i(t)[I_{n+m_i},-K_{pi}(t)]^{\mathrm{T}} \tag{8.346}$$

$$P_{ai}(t+1|t)=\Psi_{pi}(t)P_{ai}(t|t-1)\Psi_{pi}^{\mathrm{T}}(t)+[I_{n+m_i},-K_{pi}(t)]\Lambda_i(t)[I_{n+m_i},-K_{pi}(t)]^{\mathrm{T}} \tag{8.347}$$

带初值

$$\bar{P}_{ai}(0|-1)=\begin{bmatrix}\bar{P}_0(0|-1) & 0\\ 0 & 0\end{bmatrix}_{(n+m_i)\times(n+m_i)},P_{ai}(0|-1)=\begin{bmatrix}P_0(0|-1) & 0\\ 0 & 0\end{bmatrix}_{(n+m_i)\times(n+m_i)} \tag{8.348}$$

类似地,实际和保守的局部预报误差互协方差分别满足 Lyapunov 方程

$$\bar{P}_{aij}(t+1|t)=\Psi_{pi}(t)\bar{P}_{aij}(t|t-1)\Psi_{pj}^{\mathrm{T}}(t)+[I_{n+m_i},-K_{pi}(t)]\bar{\Lambda}_{ij}(t)[I_{n+m_j},-K_{pj}(t)]^{\mathrm{T}} \tag{8.349}$$

$$\begin{aligned}P_{aij}(t+1|t)=&\Psi_{pi}(t)P_{aij}(t|t-1)\Psi_{pj}^{\mathrm{T}}(t)+\\&[I_{n+m_i},-K_{pi}(t)]\Lambda_{ij}(t)[I_{n+m_j},-K_{pj}(t)]^{\mathrm{T}}\end{aligned} \tag{8.350}$$

带初值 $\bar{P}_{aij}(0|-1)$ 和 $P_{aij}(0|-1)$,初值形如式(8.348),但矩阵维数为$(n+m_i)\times(n+m_j)$。

引理 8.15 在假设 11 条件下,对满足式(8.280)的所有容许的实际方差有

$$\bar{\Lambda}_i(t)\leqslant\Lambda_i(t) \tag{8.351}$$

证明 将式(8.316)、式(8.320)和式(8.324)代入式(8.343)得

$\Lambda_i(t)=\Lambda_{ii}(t)=$

$$\left[\begin{array}{c:c}\begin{aligned}&\sigma_{\xi_{0i}}^2(t)\tilde{\Phi}_{ai}^{\xi}(t)X_{ai}(t)\tilde{\Phi}_{ai}^{\xi\mathrm{T}}(t)+\\&\alpha_i(t)\sum_{l=1}^{n_{\gamma i}}\sigma_{\gamma_{il}}^2(t)\tilde{\Phi}_{ail}^{\gamma}(t)X_{ai}(t)\tilde{\Phi}_{ail}^{\gamma\mathrm{T}}(t)+\\&\sum_{k=1}^{n_\beta}\sigma_{\beta_k}^2(t)\tilde{\Phi}_{aik}^{\beta}(t)X_{ai}(t)\tilde{\Phi}_{aik}^{\beta\mathrm{T}}(t)+\\&\hat{\Gamma}_{ai}(t)Q_{ai}(t)\hat{\Gamma}_{ai}^{\mathrm{T}}(t)+\\&\sigma_{\xi_{0i}}^2(t)\tilde{\Gamma}_{ei}(t)\bar{Q}_{ai}(t)\tilde{\Gamma}_{ei}^{\mathrm{T}}(t)\end{aligned} & \begin{aligned}&\sigma_{\xi_{0i}}^2(t)\tilde{\Phi}_{ai}^{\xi}(t)X_{ai}(t)\tilde{H}_{ai}^{\xi\mathrm{T}}(t)+\\&\alpha_i(t)\sum_{l=1}^{n_{\gamma i}}\sigma_{\gamma_{il}}^2(t)\tilde{\Phi}_{ail}^{\gamma}(t)X_{ai}(t)\tilde{H}_{ail}^{\gamma\mathrm{T}}(t)+\\&\alpha_i(t)\hat{\Gamma}_{ai}(t)S_{ai}(t)+\\&\sigma_{\xi_{0i}}^2(t)\tilde{\Gamma}_{ei}(t)S_{ai}(t)\end{aligned}\\ \hdashline \begin{aligned}&\sigma_{\xi_{0i}}^2(t)\tilde{H}_{ai}^{\xi}(t)X_{ai}(t)\tilde{\Phi}_{ai}^{\xi\mathrm{T}}(t)+\\&\alpha_i(t)\sum_{l=1}^{n_{\gamma i}}\sigma_{\gamma_{il}}^2(t)\tilde{H}_{ai}^{\gamma}(t)X_{ai}(t)\tilde{\Phi}_{ail}^{\gamma\mathrm{T}}(t)+\\&\alpha_i(t)S_{ai}^{\mathrm{T}}(t)\hat{\Gamma}_{ai}^{\mathrm{T}}(t)+\\&\sigma_{\xi_{0i}}^2(t)S_{ai}^{\mathrm{T}}(t)\tilde{\Gamma}_{ei}^{\mathrm{T}}(t)\end{aligned} & \begin{aligned}&\sigma_{\xi_{0i}}^2(t)\tilde{H}_{ai}^{\xi}(t)X_{ai}(t)\tilde{H}_{ai}^{\xi\mathrm{T}}(t)+\\&\alpha_i(t)\sum_{l=1}^{n_{\gamma i}}\sigma_{\gamma_{il}}^2(t)\tilde{H}_{ail}^{\gamma}(t)X_{ai}(t)\tilde{H}_{ail}^{\gamma\mathrm{T}}(t)+\\&\alpha_i^2(t)R_{vi}(t)+\sigma_{\xi_{0i}}^2(t)R_{vi}(t)\end{aligned}\end{array}\right] \tag{8.352}$$

将 $\Lambda_i(t)$ 分解为

$$\Lambda_i(t)=\Lambda_{ii}(t)=\Lambda_i^{(1)}(t)+\Lambda_i^{(2)}(t)+\Lambda_i^{(3)}(t)+\Lambda_i^{(4)}(t)+\Lambda_i^{(5)}(t) \tag{8.353}$$

其中

$$\Lambda_i^{(1)}(t)=\sigma_{\xi_{0i}}^2(t)\left[\begin{array}{c|c}\widetilde{\Phi}_{ai}^{\xi}(t)X_{ai}(t)\widetilde{\Phi}_{ai}^{\xi\mathrm{T}}(t) & \widetilde{\Phi}_{ai}^{\xi}(t)X_{ai}(t)\widetilde{H}_{ai}^{\xi\mathrm{T}}(t)\\ \hline \widetilde{H}_{ai}^{\xi}(t)X_{ai}(t)\widetilde{\Phi}_{ai}^{\xi\mathrm{T}}(t) & \widetilde{H}_{ai}^{\xi}(t)X_{ai}(t)\widetilde{H}_{ai}^{\xi\mathrm{T}}(t)\end{array}\right]=$$

$$\sigma_{\xi_{0i}}^2(t)\begin{bmatrix}\widetilde{\Phi}_{ai}^{\xi}(t) & 0\\ 0 & \widetilde{H}_{ai}^{\xi}(t)\end{bmatrix}\begin{bmatrix}X_{ai}(t) & X_{ai}(t)\\ X_{ai}(t) & X_{ai}(t)\end{bmatrix}\begin{bmatrix}\widetilde{\Phi}_{ai}^{\xi}(t) & 0\\ 0 & \widetilde{H}_{ai}^{\xi}(t)\end{bmatrix}^{\mathrm{T}}$$

$$\Lambda_i^{(2)}(t)=\alpha_i(t)\sum_{l=1}^{n_{\gamma i}}\sigma_{\gamma_{il}}^2(t)\left[\begin{array}{c|c}\widetilde{\Phi}_{ail}^{\gamma}(t)X_{ai}(t)\widetilde{\Phi}_{ail}^{\gamma\mathrm{T}}(t) & \widetilde{\Phi}_{ail}^{\gamma}(t)X_{ai}(t)\widetilde{H}_{ail}^{\gamma\mathrm{T}}(t)\\ \hline \widetilde{H}_{ail}^{\gamma}(t)X_{ai}(t)\widetilde{\Phi}_{ail}^{\gamma\mathrm{T}}(t) & \widetilde{H}_{ail}^{\gamma}(t)X_{ai}(t)\widetilde{H}_{ail}^{\gamma\mathrm{T}}(t)\end{array}\right]=$$

$$\alpha_i(t)\sum_{l=1}^{n_{\gamma i}}\sigma_{\gamma_{il}}^2(t)\begin{bmatrix}\widetilde{\Phi}_{ail}^{\gamma}(t) & 0\\ 0 & \widetilde{H}_{ail}^{\gamma}(t)\end{bmatrix}\begin{bmatrix}X_{ai}(t) & X_{ai}(t)\\ X_{ai}(t) & X_{ai}(t)\end{bmatrix}\begin{bmatrix}\widetilde{\Phi}_{ail}^{\gamma}(t) & 0\\ 0 & \widetilde{H}_{ail}^{\gamma}(t)\end{bmatrix}^{\mathrm{T}}$$

$$\Lambda_i^{(3)}(t)=\left[\begin{array}{c|c}\sum_{k=1}^{n_\beta}\sigma_{\beta_k}^2(t)\widetilde{\Phi}_{aik}^{\beta}(t)X_{ai}(t)\widetilde{\Phi}_{aik}^{\beta\mathrm{T}}(t) & 0\\ \hline 0 & 0\end{array}\right]$$

$$\Lambda_i^{(4)}(t)=\begin{bmatrix}\widehat{\Gamma}_{ai}(t)Q_{ai}(t)\widehat{\Gamma}_{ai}^{\mathrm{T}}(t) & \alpha_i(t)\widehat{\Gamma}_{ai}(t)S_{ai}(t)\\ \alpha_i(t)S_{ai}^{\mathrm{T}}(t)\widehat{\Gamma}_{ai}^{\mathrm{T}}(t) & \alpha_i^2(t)R_{vi}(t)\end{bmatrix}$$

$$\Lambda_i^{(5)}(t)=\sigma_{\xi_{0i}}^2(t)\left[\begin{array}{c|c}\widetilde{\Gamma}_{ei}(t)Q_{ai}(t)\widetilde{\Gamma}_{ei}^{\mathrm{T}}(t) & \widetilde{\Gamma}_{ei}(t)S_{ai}(t)\\ \hline S_{ai}^{\mathrm{T}}(t)\widetilde{\Gamma}_{ei}^{\mathrm{T}}(t) & R_{vi}(t)\end{array}\right]\tag{8.354}$$

类似地，将式(8.354)中的保守噪声方差 $X_{ai}(t)$，$Q_{ai}(t)$，$S_{ai}(t)$，$R_{vi}(t)$，$\sigma_{\beta_k}^2(t)$ 和 $\sigma_{\gamma_{il}}^2(t)$ 替换为实际噪声方差 $\bar{X}_{ai}(t)$，$\bar{Q}_{ai}(t)$，$\bar{S}_{ai}(t)$，$\bar{R}_{vi}(t)$，$\bar{\sigma}_{\beta_k}^2(t)$ 和 $\bar{\sigma}_{\gamma_{il}}^2(t)$，则有

$$\bar{\Lambda}_i(t)=\bar{\Lambda}_{ii}(t)=\bar{\Lambda}_i^{(1)}(t)+\bar{\Lambda}_i^{(2)}(t)+\bar{\Lambda}_i^{(3)}(t)+\bar{\Lambda}_i^{(4)}(t)+\bar{\Lambda}_i^{(5)}(t)\tag{8.355}$$

定义 $\Delta\Lambda_i(t)=\Lambda_i(t)-\bar{\Lambda}_i(t)$，式(8.353)减式(8.355)，有

$$\Delta\Lambda_i(t)=\Delta\Lambda_i^{(1)}(t)+\Delta\Lambda_i^{(2)}(t)+\Delta\Lambda_i^{(3)}(t)+\Delta\Lambda_i^{(4)}(t)+\Delta\Lambda_i^{(5)}(t)\tag{8.356}$$

其中 $\Delta\Lambda_i^{(k)}(t)=\Lambda_i^{(k)}(t)-\bar{\Lambda}_i^{(k)}(t)$，$k=1,\cdots,5$。

根据定义 $\Delta X_{ai}(t)$，$\Delta Q_{ai}(t)$，$\Delta R_{vi}(t)$，$\Delta S_{ai}(t)$，$\Delta\sigma_{\gamma_{il}}^2(t)$ 和 $\Delta\sigma_{\beta_k}^2(t)$，可分别得到 $\Delta\Lambda_i^{(k)}(t)$ $(k=1,\cdots,5)$ 为

$$\Delta\Lambda_i^{(1)}(t)=\sigma_{\xi_{0i}}^2(t)\begin{bmatrix}\widetilde{\Phi}_{ai}^{\xi}(t) & 0\\ 0 & \widetilde{H}_{ai}^{\xi}(t)\end{bmatrix}\begin{bmatrix}\Delta X_{ai}(t) & \Delta X_{ai}(t)\\ \Delta X_{ai}(t) & \Delta X_{ai}(t)\end{bmatrix}\begin{bmatrix}\widetilde{\Phi}_{ai}^{\xi}(t) & 0\\ 0 & \widetilde{H}_{ai}^{\xi}(t)\end{bmatrix}^{\mathrm{T}}$$

$$\Delta\Lambda_i^{(2)}(t)=\alpha_i(t)\sum_{l=1}^{n_{\gamma i}}\bar{\sigma}_{\gamma_{il}}^2(t)\begin{bmatrix}\widetilde{\Phi}_{ail}^{\gamma}(t) & 0\\ 0 & \widetilde{H}_{ail}^{\xi}(t)\end{bmatrix}\begin{bmatrix}\Delta X_{ai}(t) & \Delta X_{ai}(t)\\ \Delta X_{ai}(t) & \Delta X_{ai}(t)\end{bmatrix}\begin{bmatrix}\widetilde{\Phi}_{ail}^{\gamma}(t) & 0\\ 0 & \widetilde{H}_{ail}^{\xi}(t)\end{bmatrix}^{\mathrm{T}}+$$

$$\alpha_i(t)\sum_{l=1}^{n_{\gamma i}}\Delta\sigma_{\gamma_{li}}^2(t)\begin{bmatrix}\widetilde{\Phi}_{ail}^{\gamma}(t) & 0\\ 0 & \widetilde{H}_{ail}^{\gamma}(t)\end{bmatrix}\begin{bmatrix}X_{ai}(t) & X_{ai}(t)\\ X_{ai}(t) & X_{ai}(t)\end{bmatrix}\begin{bmatrix}\widetilde{\Phi}_{ail}^{\gamma}(t) & 0\\ 0 & \widetilde{H}_{ail}^{\gamma}(t)\end{bmatrix}^{\mathrm{T}}$$

$$\Delta\Lambda_i^{(3)}(t)=\left[\begin{array}{c|c}\sum_{k=1}^{n_\beta}\bar{\sigma}_{\beta_k}^2(t)\widetilde{\Phi}_{aik}^{\beta}(t)\Delta X_{ai}(t)\widetilde{\Phi}_{aik}^{\beta\mathrm{T}}(t)+\Delta\sigma_{\beta_k}^2(t)\widetilde{\Phi}_{aik}^{\beta}(t)X_{ai}(t)\widetilde{\Phi}_{aik}^{\beta\mathrm{T}}(t) & 0\\ \hline 0 & 0\end{array}\right]$$

$$\Delta\Lambda_i^{(4)}(t)=\begin{bmatrix}\hat{\Gamma}_{ai}(t)\Delta Q_{ai}(t)\hat{\Gamma}_{ai}^{\mathrm{T}}(t) & \alpha_i(t)\hat{\Gamma}_{ai}(t)\Delta S_{ai}(t)\\ \alpha_i(t)\Delta S_{ai}^{\mathrm{T}}(t)\hat{\Gamma}_{ai}^{\mathrm{T}}(t) & \alpha_i^2(t)\Delta R_{vi}(t)\end{bmatrix}$$

$$\Delta\Lambda_i^{(5)}(t)=\sigma_{\xi_{0i}}^2(t)\left[\begin{array}{c:c}\tilde{\Gamma}_{ei}(t)\Delta Q_{ai}(t)\tilde{\Gamma}_{ei}^{\mathrm{T}}(t) & \tilde{\Gamma}_{ei}(t)\Delta S_{ai}(t)\\ \hdashline \Delta S_{ai}^{\mathrm{T}}(t)\tilde{\Gamma}_{ei}^{\mathrm{T}}(t) & \Delta R_{vi}(t)\end{array}\right] \tag{8.357}$$

应用引理8.2、引理8.3、引理8.13和引理8.14,易证得

$$\Delta\Lambda_i^{(1)}(t)\geqslant 0,\Delta\Lambda_i^{(2)}(t)\geqslant 0,\Delta\Lambda_i^{(3)}(t)\geqslant 0$$

为证明 $\Delta\Lambda_i^{(4)}(t)\geqslant 0$,根据式(8.290)和式(8.291),$\bar{Q}_{aij}(t)$ 和 $Q_{aij}(t)$ 可改写为

$$\bar{Q}_{aij}(t)=\hat{D}_i(t)\bar{Q}_\delta(t)\hat{D}_j^{\mathrm{T}}(t)+\bar{R}_{\delta_i}(t)\delta_{ij} \tag{8.358}$$

$$Q_{aij}(t)=\hat{D}_i(t)Q_\delta(t)\hat{D}_j^{\mathrm{T}}(t)+R_{\delta_i}(t)\delta_{ij} \tag{8.359}$$

其中

$$\hat{D}_i(t)=\begin{bmatrix}I_r & 0\\ 0 & D_i(t)\end{bmatrix},\bar{Q}_\delta(t)=\begin{bmatrix}\bar{Q}(t) & \bar{Q}(t)\\ \bar{Q}(t) & \bar{Q}(t)\end{bmatrix}$$

$$Q_\delta(t)=\begin{bmatrix}Q(t) & Q(t)\\ Q(t) & Q(t)\end{bmatrix},\bar{R}_{\delta_i}(t)=\begin{bmatrix}0 & 0\\ 0 & \bar{R}_{\eta_i}(t)\end{bmatrix},R_{\delta_i}(t)=\begin{bmatrix}0 & 0\\ 0 & R_{\eta_i}(t)\end{bmatrix}$$

根据式(8.292)、式(8.358)和式(8.359),$\bar{S}_{ai}(t)$ 和 $S_{ai}(t)$ 可改写为

$$\bar{S}_{ai}(t)=\bar{Q}_{ai}(t)B_i^{\mathrm{T}}=(\hat{D}_i(t)\bar{Q}_\delta(t)\hat{D}_i^{\mathrm{T}}(t)+\bar{R}_{\delta_i}(t))B_i^{\mathrm{T}} \tag{8.360}$$

$$S_{ai}(t)=Q_{ai}(t)B_i^{\mathrm{T}}=(\hat{D}_i(t)Q_\delta(t)\hat{D}_i^{\mathrm{T}}(t)+R_{\delta_i}(t))B_i^{\mathrm{T}} \tag{8.361}$$

其中 $B_i=[(0)_{m_i\times r},I_{m_i}]$。

再根据式(8.290)和式(8.291),$R_{vi}(t)$ 和 $\bar{R}_{vi}(t)$ 可改写为

$$R_{vi}(t)=B_iQ_{ai}(t)B_i^{\mathrm{T}}=B_i\hat{D}_i(t)Q_\delta(t)\hat{D}_i^{\mathrm{T}}(t)B_i^{\mathrm{T}}+B_iR_{\delta_i}(t)B_i^{\mathrm{T}}$$

$$\bar{R}_{vi}(t)=B_i\hat{D}_i(t)\bar{Q}_\delta(t)\hat{D}_i^{\mathrm{T}}(t)B_i^{\mathrm{T}}+B_i\bar{R}_{\delta_i}(t)B_i^{\mathrm{T}} \tag{8.362}$$

将式(8.359)、式(8.361)和式(8.362)代入 $\Lambda_i^{(4)}(t)$,有

$$\Lambda_i^{(4)}(t)=\begin{bmatrix}\hat{\Gamma}_{ai}(t)Q_{ai}(t)\hat{\Gamma}_{ai}^{\mathrm{T}}(t) & \alpha_i(t)\hat{\Gamma}_{ai}(t)S_{ai}(t)\\ \alpha_i(t)S_{ai}^{\mathrm{T}}(t)\hat{\Gamma}_{ai}^{\mathrm{T}}(t) & \alpha_i(t)\alpha_i(t)R_{vi}(t)\end{bmatrix}=$$

$$\begin{bmatrix}\hat{\Gamma}_{ai}(t)\hat{D}_i(t)Q_\delta(t)\hat{D}_i^{\mathrm{T}}(t)\hat{\Gamma}_{ai}^{\mathrm{T}}(t) & \alpha_i(t)\hat{\Gamma}_{ai}(t)\hat{D}_i(t)Q_\delta(t)\hat{D}_i^{\mathrm{T}}(t)B_i^{\mathrm{T}}\\ \alpha_i(t)B_i\hat{D}_i(t)Q_\delta(t)\hat{D}_i^{\mathrm{T}}(t)\hat{\Gamma}_{ai}^{\mathrm{T}}(t) & \alpha_i^2(t)B_i\hat{D}_i(t)Q_\delta(t)\hat{D}_i^{\mathrm{T}}(t)B_i^{\mathrm{T}}\end{bmatrix}+$$

$$\begin{bmatrix}\hat{\Gamma}_{ai}(t)R_{\delta_i}(t)\hat{\Gamma}_{ai}^{\mathrm{T}}(t) & \alpha_i(t)\hat{\Gamma}_{ai}(t)R_{\delta_i}(t)B_i^{\mathrm{T}}\\ \alpha_i(t)B_iR_{\delta_i}(t)\hat{\Gamma}_{ai}^{\mathrm{T}}(t) & \alpha_i^2(t)B_iR_{\delta_i}(t)B_i^{\mathrm{T}}\end{bmatrix}=$$

$$\hat{\Gamma}_{ui}(t)Q_g(t)\hat{\Gamma}_{ui}^{\mathrm{T}}(t)+\hat{\Gamma}_{vi}(t)R_{g_i}(t)\hat{\Gamma}_{vi}^{\mathrm{T}}(t) \tag{8.363}$$

其中扩维矩阵分别定义为

$$\widehat{\Gamma}_{ui}(t)=\begin{bmatrix}\widehat{\Gamma}_{ai}(t)\widehat{D}_i(t) & 0\\ 0 & \alpha_i(t)B_i\widehat{D}_i(t)\end{bmatrix},Q_g(t)=\begin{bmatrix}Q_\delta(t) & Q_\delta(t)\\ Q_\delta(t) & Q_\delta(t)\end{bmatrix}$$

$$\widehat{\Gamma}_{vi}(t)=\begin{bmatrix}\widehat{\Gamma}_{ai}(t) & 0\\ 0 & \alpha_i(t)B_i\end{bmatrix},R_{g_i}(t)=\begin{bmatrix}R_{\delta_i}(t) & R_{\delta_i}(t)\\ R_{\delta_i}(t) & R_{\delta_i}(t)\end{bmatrix} \tag{8.364}$$

类似地，$\bar{\Lambda}_i^{(4)}(t)$ 可改写为

$$\bar{\Lambda}_i^{(4)}(t)=\widehat{\Gamma}_{ui}(t)\bar{Q}_g(t)\widehat{\Gamma}_{ui}^{\mathrm{T}}(t)+\widehat{\Gamma}_{vi}(t)\bar{R}_{g_i}(t)\widehat{\Gamma}_{vi}^{\mathrm{T}}(t) \tag{8.365}$$

其中

$$\bar{Q}_g(t)=\begin{bmatrix}\bar{Q}_\delta(t) & \bar{Q}_\delta(t)\\ \bar{Q}_\delta(t) & \bar{Q}_\delta(t)\end{bmatrix},\bar{R}_{g_i}(t)=\begin{bmatrix}\bar{R}_{\delta_i}(t) & \bar{R}_{\delta_i}(t)\\ \bar{R}_{\delta_i}(t) & \bar{R}_{\delta_i}(t)\end{bmatrix}$$

因此，根据式(8.280)和引理8.2，可得 $Q_g(t)-\bar{Q}_g(t)\geqslant 0$ 和 $R_{g_i}(t)-\bar{R}_{g_i}(t)\geqslant 0$，进一步，根据引理8.13，有

$$\widehat{\Gamma}_{ui}(t)Q_g(t)\widehat{\Gamma}_{ui}^{\mathrm{T}}(t)-\widehat{\Gamma}_{ui}(t)\bar{Q}_g(t)\widehat{\Gamma}_{ui}^{\mathrm{T}}(t)\geqslant 0$$

$$\widehat{\Gamma}_{vi}(t)R_{g_i}(t)\widehat{\Gamma}_{vi}^{\mathrm{T}}(t)-\widehat{\Gamma}_{vi}(t)\bar{R}_{g_i}(t)\widehat{\Gamma}_{vi}^{\mathrm{T}}(t)\geqslant 0$$

因此 $\Delta\Lambda_i^{(4)}(t)\geqslant 0$ 成立。

将式(8.358)—(8.362)分别代入 $\Lambda_i^{(5)}(t)$ 和 $\bar{\Lambda}_i^{(5)}(t)$ 得

$$\Lambda_i^{(5)}(t)=\sigma_{\xi_{0i}}^2(t)(F_{ui}(t)Q_g(t)F_{ui}^{\mathrm{T}}(t)+G_{vi}(t)R_{g_i}(t)G_{vi}^{\mathrm{T}}(t)) \tag{8.366}$$

$$\bar{\Lambda}_i^{(5)}(t)=\sigma_{\xi_{0i}}^2(t)(F_{ui}(t)\bar{Q}_g(t)F_{ui}^{\mathrm{T}}(t)+G_{vi}(t)\bar{R}_{g_i}(t)G_{vi}^{\mathrm{T}}(t)) \tag{8.367}$$

其中

$$F_{ui}(t)=\begin{bmatrix}\widetilde{\Gamma}_{ei}(t)\widehat{D}_i(t) & 0\\ 0 & B_i\widehat{D}_i(t)\end{bmatrix},G_{vi}(t)=\begin{bmatrix}\widetilde{\Gamma}_{ei}(t) & 0\\ 0 & B_i\end{bmatrix}$$

因为 $Q_g(t)-\bar{Q}_g(t)\geqslant 0$，$R_{g_i}(t)-\bar{R}_{g_i}(t)\geqslant 0$ 和 $0\leqslant\alpha_i(t)\leqslant 1$，所以有 $\Delta\Lambda_i^{(5)}(t)\geqslant 0$。因此，可得 $\Delta\Lambda_i(t)\geqslant 0$。证毕。

定理8.7 扩维系统(8.302)和(8.303)在假设8—11下，对于满足式(8.280)的所有容许的实际方差有

$$\bar{P}_{ai}(t+1\mid t)\leqslant P_{ai}(t+1\mid t) \tag{8.368}$$

且 $P_{ai}(t+1\mid t)$ 是实际方差阵 $\bar{P}_{ai}(t+1\mid t)$ 的最小上界。

证明 定义 $\Delta P_{ai}(t+1\mid t)=P_{ai}(t+1\mid t)-\bar{P}_{ai}(t+1\mid t)$，根据式(8.346)和式(8.347)，有

$$\Delta P_{ai}(t+1\mid t)=\Psi_{pi}(t)\Delta P_{ai}(t\mid t-1)\Psi_{pi}^{\mathrm{T}}(t)+\\ [I_{n+m_i},-K_{pi}(t)]\Delta\Lambda_i(t)[I_{n+m_i},-K_{pi}(t)]^{\mathrm{T}} \tag{8.369}$$

根据式(8.280)和式(8.348)，有

$$\Delta P_{ai}(0|-1)=P_{ai}(0|-1)-\bar{P}_{ai}(0|-1)=\begin{bmatrix}P_0(0|-1)-\bar{P}_0(0|-1) & 0\\ 0 & 0\end{bmatrix}_{(n+m_i)\times(n+m_i)}\tag{8.370}$$

根据式(8. 280) 和引理8. 3,有 $\Delta P_{ai}(0|-1)\geqslant 0$,根据式(8. 351),有 $\Delta P_{ai}(1|0)\geqslant 0$。应用数学归纳法,迭代式(8. 369),可得 $\Delta P_{ai}(t+1|t)\geqslant 0$,即式(8. 368) 成立。接下来证明 $P_{ai}(t+1|t)$ 是 $\bar{P}_{ai}(t+1|t)$ 的最小上界。取 $\bar{Q}(t)=Q(t)$,$\bar{R}_{\eta_i}(t)=R_{\eta_i}(t)$,$\bar{\sigma}^2_{\beta_k}(t)=\sigma^2_{\beta_k}(t)$,$\bar{\sigma}^2_{\gamma_{il}}(t)=\sigma^2_{\gamma_{il}}(t)$ 和 $\bar{P}_0(0|-1)=P_0(0|-1)$,这满足约束式(8. 280)。根据式(8. 283)—(8. 285),有 $\bar{R}_{vi}(t)=R_{vi}(t)$ 和 $\bar{S}_i(t)=S_i(t)$,根据引理 8. 14,有 $\bar{Q}_{ai}(t)=Q_{ai}(t)$,$\bar{X}_{ai}(t)=X_{ai}(t)$,$\bar{Q}_{fai}(t)=Q_{fai}(t)$ 和 $\bar{R}_{fi}(t)=R_{fi}(t)$,进一步根据式(8. 292),有 $\bar{S}_{ai}(t)=S_{ai}(t)$,根据式(8. 323) 和式(8. 324),有 $\bar{S}_{fai}(t)=S_{fai}(t)$。最后,根据式(8. 353) 和式(8. 355),有 $\bar{\Lambda}_i(t)=\Lambda_i(t)$,根据式(8. 369),有 $P_{ai}(t+1|t)=\bar{P}_{ai}(t+1|t)$。此外,根据式(8. 370),有 $\Delta P_{ai}(0|-1)=0$,因此,迭代式(8. 369) 可得 $\Delta P_{ai}(t+1|t)=0$,即 $P_{ai}(t+1|t)=\bar{P}_{ai}(t+1|t)$。如果存在 $P^*_{ai}(t+1|t)$ 为 $\bar{P}_{ai}(t+1|t)$ 的任意其他界,则 $P_{ai}(t+1|t)=\bar{P}_{ai}(t+1|t)\leqslant P^*_{ai}(t+1|t)$,这意味着 $P_{ai}(t+1|t)$ 是 $\bar{P}_{ai}(t+1|t)$ 的最小上界。证毕。

称实际局部 Kalman 预报器(8. 338) 为鲁棒局部 Kalman 预报器,称不等式(8. 368) 为鲁棒 Kalman 预报器的鲁棒性。

根据引理 8. 15 和定理 8. 7 的证明,从理论上看出,鲁棒 Kalman 估值器设计的主要困难在于鲁棒性的证明,它可用 Lyapunov 方程方法和对半正定矩阵使用的复杂矩阵分解方法解决。

(2) 鲁棒局部时变 Kalman 滤波器和平滑器

根据极大极小鲁棒估计原理,对带噪声方差保守上界 $Q_{fai}(t)$ 和 $R_{fi}(t)$ 的最坏情形扩维系统(8. 302) 和(8. 303),在假设8—11 条件下,实际的局部时变 Kalman 滤波器($N=0$)和平滑器($N>0$) 可统一为

$$\hat{x}_{ai}(t|t+N)=\hat{x}_{ai}(t|t-1)+\sum_{j=0}^{N}K_{ai}(t|t+j)\varepsilon_{ai}(t+j),N\geqslant 0$$

$$\varepsilon_{ai}(t+j)=y_i(t+j)-\hat{H}_{ai}(t)\hat{x}_{ai}(t+j|t+j-1)$$

$$K_{ai}(t|t+j)=P_{ai}(t|t-1)\left\{\prod_{s=0}^{j-1}\Psi^{\mathrm{T}}_{pi}(t+s)\right\}\hat{H}^{\mathrm{T}}_{ai}(t)Q^{-1}_{a\varepsilon i}(t)$$

$$Q_{a\varepsilon i}(t)=\hat{H}_{ai}(t)P_{ai}(t|t-1)\hat{H}^{\mathrm{T}}_{ai}(t)+R_{fi}(t)\tag{8.371}$$

其中 $\hat{x}_{ai}(t|t-1)$ 是鲁棒局部 Kalman 预报器。保守的局部滤波和平滑误差方差为

$$P_{ai}(t|t+N)=P_{ai}(t|t-1)-\sum_{\rho=0}^{N}K_{ai}(t|t+\rho)Q_{a\varepsilon i}(t+\rho)K^{\mathrm{T}}_{ai}(t|t+\rho),N\geqslant 0\tag{8.372}$$

局部滤波和平滑误差可统一为[42]

$$\tilde{x}_{ai}(t|t+N)=\Psi_{iN}(t)\tilde{x}_{ai}(t|t-1)+\sum_{\rho=0}^{N}K^{wN}_{i\rho}(t)w_{fai}(t+\rho)+\sum_{\rho=0}^{N}K^{vN}_{i\rho}v_{fi}(t+\rho)\tag{8.373}$$

其中,当 $N>0$ 时

$$\Psi_{iN}(t)=I_{n+m_i}-\sum_{j=0}^{N}K_{ai}(t\mid t+j)\widehat{H}_{ai}(t)\Psi_{pi}(t+j\mid t)$$

$$\Psi_{pi}(t+j\mid t)=\Psi_{pi}(t+j-1)\cdots\Psi_{pi}(t),\Psi_{pi}(t\mid t)=I_{n+m_i}$$

$$K_{i\rho}^{wN}(t)=-\sum_{j=\rho+1}^{N}K_{ai}(t\mid t+j)\widehat{H}_{ai}(t)\Psi_{pi}(t+j\mid t+\rho+1),\rho=0,\cdots,N-1,K_{iN}^{wN}(t)=0$$

$$K_{i\rho}^{vN}(t)=\sum_{j=\rho+1}^{N}K_{ai}(t\mid t+j)\widehat{H}_{ai}(t)\Psi_{pi}(t+j\mid t+\rho+1)K_{pi}(t+\rho)-K_{ai}(t\mid t+j),$$

$$\rho=0,\cdots,N-1,K_{iN}^{vN}=-K_{ai}(t\mid t+N)$$

当 $N=0$ 时,$K_{i0}^{w0}(t)=0,K_{i0}^{v0}(t)=-K_{ai}(t\mid t),\Psi_{i0}(t)=I_{n+m_i}-K_{ai}(t\mid t)\widehat{H}_{ai}(t)$。

应用式(8.373)可得实际和保守的局部滤波和平滑误差互协方差分别为

$$\bar{P}_{aij}(t\mid t+N)=\Psi_{iN}(t)\bar{P}_{aij}(t\mid t-1)\Psi_{jN}^{\mathrm{T}}(t)+\sum_{\rho=0}^{N}[K_{i\rho}^{wN}(t),K_{i\rho}^{vN}(t)]\bar{\Lambda}_{ij}(t+\rho)[K_{j\rho}^{wN}(t),K_{j\rho}^{vN}(t)]^{\mathrm{T}} \tag{8.374}$$

$$P_{aij}(t\mid t+N)=\Psi_{iN}(t)P_{aij}(t\mid t-1)\Psi_{jN}^{\mathrm{T}}(t)+\sum_{\rho=0}^{N}[K_{i\rho}^{wN}(t),K_{i\rho}^{vN}(t)]\Lambda_{ij}(t+\rho)[K_{j\rho}^{wN}(t),K_{j\rho}^{vN}(t)]^{\mathrm{T}} \tag{8.375}$$

特别地,当 $i=j$ 时,实际和保守的局部滤波和平滑误差方差分别为

$$\bar{P}_{ai}(t\mid t+N)=\bar{P}_{aii}(t\mid t+N),P_{ai}(t\mid t+N)=P_{aii}(t\mid t+N)$$

定理 8.8 扩维系统(8.302)和(8.303)在假设 8—11 条件下,对于满足式(8.280)的所有容许的不确定实际方差,相应的实际的局部时变 Kalman 滤波器和平滑器(8.371)是鲁棒的,即有

$$\bar{P}_{ai}(t\mid t+N)\leqslant P_{ai}(t\mid t+N),N\geqslant 0 \tag{8.376}$$

且 $P_{ai}(t\mid t+N)$ 是实际方差阵 $\bar{P}_{ai}(t\mid t+N)$ 的最小上界。

证明 定义 $\Delta P_{ai}(t\mid t+N)=P_{ai}(t\mid t+N)-\bar{P}_{ai}(t\mid t+N)$,根据式(8.374)和式(8.375),有

$$\Delta P_{ai}(t\mid t+N)=\Psi_{iN}(t)\Delta P_{ai}(t\mid t-1)\Psi_{iN}^{\mathrm{T}}(t)+\sum_{\rho=0}^{N}[K_{i\rho}^{wN}(t),K_{i\rho}^{vN}(t)]\Delta\Lambda_{i}(t+\rho)[K_{i\rho}^{wN}(t),K_{i\rho}^{vN}(t)]^{\mathrm{T}} \tag{8.377}$$

应用式(8.351)和式(8.368),有 $\Delta P_{ai}(t\mid t+N)\geqslant 0$,即式(8.376)成立。类似于定理 8.7 的证明,可证得 $P_{ai}(t\mid t+N)$ 为实际方差阵 $\bar{P}_{ai}(t\mid t+N)$ 的最小上界。证毕。

称实际局部 Kalman 滤波器和平滑器(8.371)为鲁棒局部 Kalman 滤波器和平滑器,称不等式(8.376)为鲁棒 Kalman 滤波器和平滑器的鲁棒性。

推论 8.3 原始系统(8.275)—(8.278)在假设 8—11 条件下,鲁棒局部时变 Kalman 估值器可统一为

$$\hat{x}_i(t\mid t+N)=[I_n,0]\hat{x}_{ai}(t\mid t+N),N=-1\text{ 或 }N\geqslant 0 \tag{8.378}$$

相应的实际和保守的局部估值误差互协方差分别为

$$\bar{P}_{ij}(t\mid t+N)=[I_n,0]\bar{P}_{aij}(t\mid t+N)[I_n,0]^{\mathrm{T}} \tag{8.379}$$

$$P_{ij}(t\mid t+N)=[I_n,0]P_{aij}(t\mid t+N)[I_n,0]^{\mathrm{T}} \tag{8.380}$$

且原始系统的实际和保守的局部估值误差方差分别为

$$\bar{P}_i(t\mid t+N)=\bar{P}_{ii}(t\mid t+N),P_i(t\mid t+N)=P_{ii}(t\mid t+N)$$

对于满足式(8.280)的所有容许的不确定实际方差，相应的实际的局部时变 Kalman 估值器 $\hat{x}_i(t\mid t+N)$ 是鲁棒的，即有

$$\bar{P}_i(t\mid t+N)\leqslant P_i(t\mid t+N),N=-1\text{ 或 }N\geqslant 0 \tag{8.381}$$

且 $P_i(t\mid t+N)$ 是实际方差阵 $\bar{P}_i(t\mid t+N)$ 的最小上界。

根据定义 $x_{ai}(t)=[x^{\mathrm{T}}(t),y_i^{\mathrm{T}}(t-1)]^{\mathrm{T}}$，可直接得式(8.378)—(8.381)。

8.4.3 四种鲁棒加权状态融合时变 Kalman 估值器

根据极大极小鲁棒估计原理，对带噪声方差保守上界 $Q(t),R_{\eta_i}(t),\sigma_{\beta_k}^2(t),\sigma_{\gamma_{il}}^2(t)$ 和保守初始估值方差 $P(0\mid -1)$ 的最坏情形系统(8.275)—(8.278)，应用最优加权融合准则[11,12,52]，四种实际加权状态融合时变 Kalman 估值器有如下统一形式

$$\hat{x}_\theta(t\mid t+N)=\sum_{i=1}^{L}\Omega_i^\theta(t\mid t+N)\hat{x}_i(t\mid t+N),N=-1\text{ 或 }N\geqslant 0,\theta=m,s,d,\mathrm{CI} \tag{8.382}$$

带无偏性约束

$$\sum_{i=1}^{L}\Omega_i^\theta(t\mid t+N)=I_n,\theta=m,s,d,\mathrm{CI} \tag{8.383}$$

其中 $\theta=m,s,d,\mathrm{CI}$ 分别表示按矩阵加权、标量加权、对角阵加权和 CI 融合加权，$\hat{x}_i(t\mid t+N)$ 为鲁棒局部时变 Kalman 估值器。应用三种最优加权定理 2.12—2.14 有：

矩阵权系数由下式计算

$$[\Omega_1^m(t\mid t+N),\cdots,\Omega_L^m(t\mid t+N)]=[e^{\mathrm{T}}P^{-1}(t\mid t+N)e]^{-1}e^{\mathrm{T}}P^{-1}(t\mid t+N) \tag{8.384}$$

其中 $e^{\mathrm{T}}=[I_n,\cdots,I_n]$，且全局保守协方差矩阵

$$P(t\mid t+N)=(P_{ij}(t\mid t+N))_{nL\times nL},i,j=1,\cdots,L \tag{8.385}$$

这里 $P_{ij}(t\mid t+N)$ 由式(8.380)计算。

保守矩阵加权融合误差方差为

$$P_m(t\mid t+N)=[e^{\mathrm{T}}P^{-1}(t\mid t+N)e]^{-1} \tag{8.386}$$

标量权系数由下式计算

$$[\omega_1(t\mid t+N),\cdots,\omega_L(t\mid t+N)]=[e^{\mathrm{T}}P_{\mathrm{tr}}^{-1}(t\mid t+N)e]^{-1}e^{\mathrm{T}}P_{\mathrm{tr}}^{-1}(t\mid t+N) \tag{8.387}$$

其中 $e^{\mathrm{T}}=[1,\cdots,1]$，$P_{\mathrm{tr}}(t\mid t+N)=(\mathrm{tr}P_{ij}(t\mid t+N))_{L\times L},i,j=1,\cdots,L$，且定义 $\Omega_1^s(t\mid t+N)=\omega_i(t\mid t+N)I_n$。

保守标量加权融合误差方差为

$$P_s(t\mid t+N)=\sum_{i=1}^{L}\sum_{j=1}^{L}\omega_i(t\mid t+N)\omega_j(t\mid t+N)P_{ij}(t\mid t+N) \tag{8.388}$$

对角阵权系数由下式计算

$$\Omega_i^d(t\mid t+N)=\mathrm{diag}(\omega_{i1}(t\mid t+N),\cdots,\omega_{in}(t\mid t+N)),i=1,\cdots,L \tag{8.389}$$

$$[\omega_{1j}(t\mid t+N),\cdots,\omega_{Lj}(t\mid t+N)]=$$

$$[e^{\mathrm{T}}(P^{jj}(t\mid t+N))^{-1}e]^{-1}e^{\mathrm{T}}(P^{jj}(t\mid t+N))^{-1},j=1,\cdots,n$$

其中 $e^{\mathrm{T}}=[1,\cdots,1]$，$P^{jj}(t|t+N)=(P^{jj}_{sk}(t|t+N))_{L\times L}$，$P^{jj}_{sk}(t|t+N)$ 是 $P_{sk}(t|t+N)$ $(s,k=1,\cdots,L)$ 的第(j,j) 个对角元素。

保守对角阵加权融合误差方差为

$$P_d(t|t+N)=\sum_{i=1}^{L}\sum_{j=1}^{L}\Omega_i^d(t|t+N)P_{ij}(t|t+N)\Omega_i^{d\mathrm{T}}(t|t+N) \tag{8.390}$$

CI 融合矩阵权由下式计算[12-14]

$$\Omega_i^{\mathrm{CI}}(t|t+N)=\omega_i^{(N)}(t)P_{\mathrm{CI}}^*(t|t+N)P_i^{-1}(t|t+N),i=1,\cdots,L \tag{8.391}$$

其中不包含互协方差 $P_{ij}(t|t+N)$ 的 $P_{\mathrm{CI}}^*(t|t+N)$ 由下式计算

$$P_{\mathrm{CI}}^*(t|t+N)=\left[\sum_{i=1}^{L}\omega_i^{(N)}(t)P_i^{-1}(t|t+N)\right]^{-1}$$

加权系数 $\omega_i^{(N)}(t)$ 可通过极小化非线性性能指标得到

$$\min_{\omega_i^{(N)}(t)}\mathrm{tr}P_{\mathrm{CI}}^*(t|t+N)=\min_{\substack{\omega_i^{(N)}(t)\in[0,1]\\ \omega_1^{(N)}(t)+\cdots+\omega_L^{(N)}(t)=1}}\mathrm{tr}\left\{\left[\sum_{i=1}^{L}\omega_i^{(N)}(t)P_i^{-1}(t|t+N)\right]^{-1}\right\} \tag{8.392}$$

包含互协方差 $P_{ij}(t|t+N)$ 的保守的 CI 融合误差方差

$$P_{\mathrm{CI}}(t|t+N)=P_{\mathrm{CI}}^*(t|t+N)\left[\sum_{i=1}^{L}\sum_{j=1}^{L}\omega_i^{(N)}(t)P_i^{-1}(t|t+N)P_{ij}(t|t+N)\times P_j^{-1}(t|t+N)\omega_j^{(N)}(t)\right]P_{\mathrm{CI}}^*(t|t+N) \tag{8.393}$$

接下来给出保守和实际的四种融合估值误差方差的统一表达形式。定义

$$\Omega_\theta(t|t+N)=[\Omega_1^\theta(t|t+N),\cdots,\Omega_L^\theta(t|t+N)],\theta=m,s,d,\mathrm{CI} \tag{8.394}$$

根据式(8.383)，有

$$x(t)=\sum_{i=1}^{L}\Omega_i^\theta(t|t+N)x(t),\theta=m,s,d,\mathrm{CI} \tag{8.395}$$

用式(8.395) 减式(8.382)，引出统一形式的四种加权融合估值误差为

$$\tilde{x}_\theta(t|t+N)=\sum_{i=1}^{L}\Omega_i^\theta(t|t+N)\tilde{x}_i(t|t+N),\theta=m,s,d,\mathrm{CI} \tag{8.396}$$

因此，统一的保守和实际的四种加权融合估值误差方差为

$$P_\theta(t|t+N)=\sum_{i=1}^{L}\sum_{j=1}^{L}\Omega_i^\theta(t|t+N)P_{ij}(t|t+N)\Omega_j^\theta(t|t+N)=\Omega^\theta(t|t+N)P(t|t+N)\Omega^{\theta\mathrm{T}}(t|t+N),\theta=m,s,d,\mathrm{CI} \tag{8.397}$$

$$\bar{P}_\theta(t|t+N)=\sum_{i=1}^{L}\sum_{j=1}^{L}\Omega_i^\theta(t|t+N)\bar{P}_{ij}(t|t+N)\Omega_j^\theta(t|t+N)=\Omega^\theta(t|t+N)\bar{P}(t|t+N)\Omega^{\theta\mathrm{T}}(t|t+N),\theta=m,s,d,\mathrm{CI} \tag{8.398}$$

其中定义全局实际协方差矩阵

$$\bar{P}(t|t+N)=(\bar{P}_{ij}(t|t+N))_{nL\times nL},i,j=1,\cdots,L \tag{8.399}$$

这里 $\bar{P}_{ij}(t|t+N)$ 由式(8.379) 计算。全局保守协方差阵由式(8.385) 定义。

为了证明四种实际加权状态融合 Kalman 估值器的鲁棒性，定义扩维状态 $x_D(t)$ 为

$$x_D(t)=[x_{a1}^{\mathrm{T}}(t),x_{a2}^{\mathrm{T}}(t),\cdots,x_{aL}^{\mathrm{T}}(t)]^{\mathrm{T}}$$

它的实际和保守非中心二阶矩 $\bar{X}_D(t)$ 和 $X_D(t)$ 分别为

$$\bar{X}_D(t)=\begin{bmatrix}\bar{X}_{a1}(t) & \bar{X}_{a12}(t) & \cdots & \bar{X}_{a1L}(t)\\ \bar{X}_{a21}(t) & \bar{X}_{a2}(t) & \cdots & \bar{X}_{a2L}(t)\\ \vdots & \vdots & & \vdots\\ \bar{X}_{aL1}(t) & \bar{X}_{aL2}(t) & \cdots & \bar{X}_{aL}(t)\end{bmatrix},X_D(t)=\begin{bmatrix}X_{a1}(t) & X_{a12}(t) & \cdots & X_{a1L}(t)\\ X_{a21}(t) & X_{a2}(t) & \cdots & X_{a2L}(t)\\ \vdots & \vdots & & \vdots\\ X_{aL1}(t) & X_{aL2}(t) & \cdots & X_{aL}(t)\end{bmatrix} \tag{8.400}$$

引理 8.16 在假设 8—11 条件下,对于满足式(8.280)的所有容许的不确定实际方差 $\bar{Q}(t),\bar{R}_{\eta_i}(t),\bar{\sigma}_{\beta_k}^2(t),\bar{\sigma}_{\gamma_{il}}^2(t)$ 和 $\bar{P}_0(0\mid -1)$,有

$$\bar{X}_D(t)\leqslant X_D(t),t\geqslant 0 \tag{8.401}$$

证明 将式(8.305)—(8.308)分别代入式(8.400),有

$$\bar{X}_D(t+1)=\hat{\Phi}_D(t)\bar{X}_D(t)\hat{\Phi}_D^{\mathrm{T}}(t)+\sum_{k=1}^{n_\beta}\bar{\sigma}_{\beta_k}^2(t)\tilde{\Phi}_D^{\beta}(t)\bar{X}_D(t)\tilde{\Phi}_D^{\beta\mathrm{T}}(t)+$$
$$\hat{\Gamma}_D(t)\bar{Q}_D(t)\hat{\Gamma}_D^{\mathrm{T}}(t)+\bar{U}_D^{(1)}(t)+\bar{U}_D^{(2)}(t)+\bar{U}_D^{(3)}(t) \tag{8.402}$$

$$X_D(t+1)=\hat{\Phi}_D(t)X_D(t)\hat{\Phi}_D^{\mathrm{T}}(t)+\sum_{k=1}^{n_\beta}\sigma_{\beta_k}^2(t)\tilde{\Phi}_D^{\beta}(t)X_D(t)\tilde{\Phi}_D^{\beta\mathrm{T}}(t)+$$
$$\hat{\Gamma}_D(t)Q_D(t)\hat{\Gamma}_D^{\mathrm{T}}(t)+U_D^{(1)}(t)+U_D^{(2)}(t)+U_D^{(3)}(t) \tag{8.403}$$

其中

$$\hat{\Phi}_D(t)=\mathrm{diag}(\hat{\Phi}_{a1}(t),\cdots,\hat{\Phi}_{aL}(t))$$
$$\tilde{\Phi}_D^{\beta}(t)=\mathrm{diag}(\tilde{\Phi}_{a1k}^{\beta}(t),\cdots,\tilde{\Phi}_{aLk}^{\beta}(t))$$
$$\hat{\Gamma}_D(t)=\mathrm{diag}(\hat{\Gamma}_{a1}(t),\cdots,\hat{\Gamma}_{aL}(t))$$

$$\bar{Q}_D(t)=\begin{bmatrix}\bar{Q}_{a1}(t) & \bar{Q}_{a12}(t) & \cdots & \bar{Q}_{a1L}(t)\\ \bar{Q}_{a21}(t) & \bar{Q}_{a2}(t) & \cdots & \bar{Q}_{a2L}(t)\\ \vdots & \vdots & & \vdots\\ \bar{Q}_{aL1}(t) & \bar{Q}_{aL2}(t) & \cdots & \bar{Q}_{aL}(t)\end{bmatrix},Q_D(t)=\begin{bmatrix}Q_{a1}(t) & Q_{a12}(t) & \cdots & Q_{a1L}(t)\\ Q_{a21}(t) & Q_{a2}(t) & \cdots & Q_{a2L}(t)\\ \vdots & \vdots & & \vdots\\ Q_{aL1}(t) & Q_{aL2}(t) & \cdots & Q_{aL}(t)\end{bmatrix}$$

$$\bar{U}_D^{(1)}(t)=\mathrm{diag}(\sigma_{\xi_{01}}^2(t)\tilde{\Phi}_{a1}^{\xi}(t)\bar{X}_{a1}(t)\tilde{\Phi}_{a1}^{\xi\mathrm{T}}(t),\cdots,\sigma_{\xi_{0L}}^2(t)\tilde{\Phi}_{aL}^{\xi}(t)\bar{X}_{aL}(t)\tilde{\Phi}_{aL}^{\xi\mathrm{T}}(t))$$

$$\bar{U}_D^{(2)}(t)=\mathrm{diag}(\alpha_1(t)\sum_{l=1}^{n_{\gamma i}}\bar{\sigma}_{\gamma_{1l}}^2(t)\tilde{\Phi}_{a1l}^{\gamma}(t)\bar{X}_{a1}(t)\tilde{\Phi}_{a1l}^{\gamma\mathrm{T}}(t),\cdots,$$
$$\alpha_L(t)\sum_{l=1}^{n_{\gamma i}}\bar{\sigma}_{\gamma_{Ll}}^2(t)\tilde{\Phi}_{aLl}^{\gamma}(t)\bar{X}_{aL}(t)\tilde{\Phi}_{aLl}^{\gamma\mathrm{T}}(t))$$

$$\bar{U}_D^{(3)}(t)=\mathrm{diag}(\sigma_{\xi_{01}}^2(t)\tilde{\Gamma}_{e1}(t)\bar{Q}_{a1}(t)\tilde{\Gamma}_{e1}^{\mathrm{T}}(t),\cdots,\sigma_{\xi_{0L}}^2(t)\tilde{\Gamma}_{eL}(t)\bar{Q}_{aL}(t)\tilde{\Gamma}_{eL}^{\mathrm{T}}(t))$$

$$U_D^{(1)}(t)=\mathrm{diag}(\sigma_{\xi_{01}}^2(t)\tilde{\Phi}_{a1}^{\xi}(t)X_{a1}(t)\tilde{\Phi}_{a1}^{\xi\mathrm{T}}(t),\cdots,\sigma_{\xi_{0L}}^2(t)\tilde{\Phi}_{aL}^{\xi}(t)X_{aL}(t)\tilde{\Phi}_{aL}^{\xi\mathrm{T}}(t))$$

$$U_D^{(2)}(t)=\mathrm{diag}(\alpha_1(t)\sum_{l=1}^{n_{\gamma i}}\sigma_{\gamma_{1l}}^2(t)\tilde{\Phi}_{a1l}^{\gamma}(t)X_{a1}(t)\tilde{\Phi}_{a1l}^{\gamma\mathrm{T}}(t),\cdots,$$
$$\alpha_L(t)\sum_{l=1}^{n_{\gamma i}}\sigma_{\gamma_{Ll}}^2(t)\tilde{\Phi}_{aLl}^{\gamma}(t)X_{aL}(t)\tilde{\Phi}_{aLl}^{\gamma\mathrm{T}}(t))$$

$$U_D^{(3)}(t)=\mathrm{diag}(\sigma_{\xi_{01}}^2(t)\tilde{\Gamma}_{e1}(t)Q_{a1}(t)\tilde{\Gamma}_{e1}^{\mathrm{T}}(t),\cdots,\sigma_{\xi_{0L}}^2(t)\tilde{\Gamma}_{eL}(t)Q_{aL}(t)\tilde{\Gamma}_{eL}^{\mathrm{T}}(t))$$

(8.404)

根据式(8.290)、式(8.291)、式(8.358)和式(8.359)，$Q_D(t)$ 和 $\bar{Q}_D(t)$ 可改写为

$$\bar{Q}_D(t)=\begin{bmatrix}\hat{D}_1(t) & 0 & \cdots & 0\\ 0 & \hat{D}_2(t) & \cdots & 0\\ \vdots & \vdots & & \vdots\\ 0 & 0 & \cdots & \hat{D}_L(t)\end{bmatrix}\begin{bmatrix}\bar{Q}_\delta(t) & \bar{Q}_\delta(t) & \cdots & \bar{Q}_\delta(t)\\ \bar{Q}_\delta(t) & \bar{Q}_\delta(t) & \cdots & \bar{Q}_\delta(t)\\ \vdots & \vdots & & \vdots\\ \bar{Q}_\delta(t) & \bar{Q}_\delta(t) & \cdots & \bar{Q}_\delta(t)\end{bmatrix}\times$$

$$\begin{bmatrix}\hat{D}_1(t) & 0 & \cdots & 0\\ 0 & \hat{D}_2(t) & \cdots & 0\\ \vdots & \vdots & & \vdots\\ 0 & 0 & \cdots & \hat{D}_L(t)\end{bmatrix}^{\mathrm{T}}+\begin{bmatrix}\bar{R}_{\delta_1}(t) & 0 & \cdots & 0\\ 0 & \bar{R}_{\delta_2}(t) & \cdots & 0\\ \vdots & \vdots & & \vdots\\ 0 & 0 & \cdots & \bar{R}_{\delta_L}(t)\end{bmatrix}$$

$$Q_D(t)=\begin{bmatrix}\hat{D}_1(t) & 0 & \cdots & 0\\ 0 & \hat{D}_2(t) & \cdots & 0\\ \vdots & \vdots & & \vdots\\ 0 & 0 & \cdots & \hat{D}_L(t)\end{bmatrix}\begin{bmatrix}Q_\delta(t) & Q_\delta(t) & \cdots & Q_\delta(t)\\ Q_\delta(t) & Q_\delta(t) & \cdots & Q_\delta(t)\\ \vdots & \vdots & & \vdots\\ Q_\delta(t) & Q_\delta(t) & \cdots & Q_\delta(t)\end{bmatrix}\times$$

$$\begin{bmatrix}\hat{D}_1(t) & 0 & \cdots & 0\\ 0 & \hat{D}_2(t) & \cdots & 0\\ \vdots & \vdots & & \vdots\\ 0 & 0 & \cdots & \hat{D}_L(t)\end{bmatrix}^{\mathrm{T}}+\begin{bmatrix}R_{\delta_1}(t) & 0 & \cdots & 0\\ 0 & R_{\delta_2}(t) & \cdots & 0\\ \vdots & \vdots & & \vdots\\ 0 & 0 & \cdots & R_{\delta_L}(t)\end{bmatrix}$$

(8.405)

其中 $\bar{Q}_\delta(t)$ 和 $Q_\delta(t)$ 分别由式(8.358)和式(8.359)定义。定义 $\Delta\sigma_{\beta_k}^2(t)=\sigma_{\beta_k}^2(t)-\bar{\sigma}_{\beta_k}^2(t)$，$\Delta X_D(t)=X_D(t)-\bar{X}_D(t)$，$\Delta Q_D(t)=Q_D(t)-\bar{Q}_D(t)$，$\Delta U_D^{(i)}(t)=U_D^{(i)}(t)-\bar{U}_D^{(i)}(t)$，$i=1,2,3$，由式(8.403)减式(8.402)，则有

$$\Delta X_D(t+1)=\hat{\Phi}_D(t)\Delta X_D(t)\hat{\Phi}_D^{\mathrm{T}}(t)+\sum_{k=1}^{n_\beta}\bar{\sigma}_{\beta_k}^2(t)\tilde{\Phi}_D^{\beta}(t)\Delta X_D(t)\tilde{\Phi}_D^{\beta\mathrm{T}}(t)+$$
$$\sum_{k=1}^{n_\beta}\Delta\sigma_{\beta_k}^2(t)\tilde{\Phi}_D^{\beta}(t)X_D(t)\tilde{\Phi}_D^{\beta\mathrm{T}}(t)+\hat{\Gamma}_D(t)\Delta Q_D(t)\hat{\Gamma}_D^{\mathrm{T}}(t)+\sum_{i=1}^{3}\Delta U_D^{(i)}(t)$$

(8.406)

根据引理8.2、引理8.3和引理8.13，有 $\Delta Q_D(t)\geqslant 0$。根据引理8.3和引理8.14，应用 $\bar{X}_{ai}(t)\geqslant 0$，$X_{ai}(t)\geqslant 0$ 和 $\Delta Q_{ai}(t)\geqslant 0$，有 $\Delta U_D^{(i)}(t)\geqslant 0$，$i=1,2,3$。此外，还有 $\Delta\sigma_{\beta_k}^2(t)\geqslant 0$。由式(8.310)有 $X_D(0)\geqslant 0$，进而由式(8.403)迭代有 $X_D(t)\geqslant 0$，$\forall t$。

当 $t=0$ 时,由式(8.309) 和式(8.310),$\Delta X_D(0)=(X_{aij}(0)-\bar{X}_{aij}(0))_{M\times M}$ 为

$$\Delta X_D(0)=\left(\begin{bmatrix}\bar{X}(0)-X(0) & 0\\ 0 & 0\end{bmatrix}_{(n+m_i)\times(n+m_j)}\right)_{M\times M}=$$

$$\left(\begin{bmatrix}P_0(0\mid -1)-\bar{P}_0(0\mid -1) & 0\\ 0 & 0\end{bmatrix}_{(n+m_i)\times(n+m_j)}\right)_{M\times M}\geqslant 0 \qquad (8.407)$$

其中 $M=nL+(m_1+\cdots+m_L)$,则根据式(8.406),有 $\Delta X_D(1)\geqslant 0$。应用数学归纳法,迭代式(8.406) 可得 $\Delta X_D(t)\geqslant 0$,即式(8.401) 成立。证毕。

注 8.9 容易证明式(8.407) 成立。事实上,对 $\Delta X_D(0)$ 实行交换行和列的初等变换可将其化为

$$T_e\Delta X_D(0)T_e^{\mathrm{T}}=\begin{bmatrix}U & 0\\ 0 & 0\end{bmatrix}_{M\times M}=G,\quad U=\begin{bmatrix}\Delta P_0(0\mid -1) & \cdots & \Delta P_0(0\mid -1)\\ \vdots & & \vdots\\ \Delta P_0(0\mid -1) & \cdots & \Delta P_0(0\mid -1)\end{bmatrix}_{nL\times nL}$$

其中 T_e 为非奇异初等变换矩阵,由式(8.280) 有 $\Delta P_0(0\mid -1)=P_0(0\mid -1)-\bar{P}_0(0\mid -1)\geqslant 0$,故有 $U\geqslant 0$,进而引出$G\geqslant 0$。这引出 $\Delta X_D(0)=T_e^{-1}G(T_e^{-1})^{\mathrm{T}}\geqslant 0$。

引理 8.17 在假设 8—11 条件下,对于满足式(8.280) 的所有容许的不确定实际方差 $\bar{Q}(t)$,$\bar{R}_{\eta_i}(t)$,$\bar{\sigma}^2_{\beta_k}(t)$,$\bar{\sigma}^2_{\gamma_{il}}(t)$ 和 $\bar{P}_0(0\mid -1)$,有

$$\bar{P}(t\mid t+N)\leqslant P(t\mid t+N),N=-1\text{ 或 }N\geqslant 0 \qquad (8.408)$$

证明 根据式(8.375),有

$$P(t\mid t+N)=\begin{bmatrix}P_{11}(t\mid t+N) & P_{12}(t\mid t+N) & \cdots & P_{1L}(t\mid t+N)\\ P_{21}(t\mid t+N) & P_{22}(t\mid t+N) & \cdots & P_{2L}(t\mid t+N)\\ \vdots & \vdots & & \vdots\\ P_{L1}(t\mid t+N) & P_{L2}(t\mid t+N) & \cdots & P_{LL}(t\mid t+N)\end{bmatrix}_{nL\times nL},N=-1\text{ 或 }N\geqslant 0$$

$$(8.409)$$

将式(8.380) 代入式(8.409),有

$$P(t\mid t+N)=I_aP_a(t\mid t+N)I_a^{\mathrm{T}} \qquad (8.410)$$

其中块对角矩阵

$$I_a=\mathrm{diag}\left([I_n,(0)_{n\times m_1}],\cdots,[I_n,(0)_{n\times m_L}]\right)_{nL\times M}$$

$$P_a(t\mid t+N)=\begin{bmatrix}P_{a11}(t\mid t+N) & P_{a12}(t\mid t+N) & \cdots & P_{a1L}(t\mid t+N)\\ P_{a21}(t\mid t+N) & P_{a22}(t\mid t+N) & \cdots & P_{a2L}(t\mid t+N)\\ \vdots & \vdots & & \vdots\\ P_{aL1}(t\mid t+N) & P_{aL2}(t\mid t+N) & \cdots & P_{aLL}(t\mid t+N)\end{bmatrix}_{M\times M},N=-1\text{ 或 }N\geqslant 0$$

$$(8.411)$$

其中 $M=nL+(m_1+\cdots+m_L)$,保守的局部估值误差方差分别由式(8.347)、式(8.350) 和式(8.375) 给出。

类似于式(8.410),有

$$\bar{P}(t\mid t+N)=I_a\bar{P}_a(t\mid t+N)I_a^{\mathrm{T}} \qquad (8.412)$$

其中实际扩维矩阵

$$\bar{P}_a(t|t+N)=\begin{bmatrix}\bar{P}_{a11}(t|t+N) & \bar{P}_{a12}(t|t+N) & \cdots & \bar{P}_{a1L}(t|t+N)\\ \bar{P}_{a21}(t|t+N) & \bar{P}_{a22}(t|t+N) & \cdots & \bar{P}_{a2L}(t|t+N)\\ \vdots & \vdots & & \vdots\\ \bar{P}_{aL1}(t|t+N) & \bar{P}_{aL2}(t|t+N) & \cdots & \bar{P}_{aLL}(t|t+N)\end{bmatrix}_{M\times M},N=-1\text{ 或 }N\geqslant 0 \tag{8.413}$$

其中实际的局部估值误差方差分别由式(8.346)、式(8.349)和式(8.374)给出。

当 $N=-1$ 时,应用式(8.347)和式(8.350)可得保守的全局 Lyapunov 方程

$$P_a(t+1|t)=\Psi_a(t)P_a(t|t-1)\Psi_a^{\mathrm{T}}(t)+K_a(t)\Lambda_a(t)K_a^{\mathrm{T}}(t) \tag{8.414}$$

应用式(8.346)和式(8.349)可得实际的全局 Lyapunov 方程

$$\bar{P}_a(t+1|t)=\Psi_a(t)\bar{P}_a(t|t-1)\Psi_a^{\mathrm{T}}(t)+K_a(t)\bar{\Lambda}_a(t)K_a^{\mathrm{T}}(t) \tag{8.415}$$

定义

$$\Psi_a(t)=\mathrm{diag}(\Psi_{p1}(t),\cdots,\Psi_{pL}(t))$$

$$K_a(t)=\mathrm{diag}([I_{n+m_1},-K_{p1}(t)],\cdots,[I_{n+m_L},-K_{pL}(t)])$$

$$\Lambda_a(t)=\begin{bmatrix}\Lambda_{11}(t) & \Lambda_{12}(t) & \cdots & \Lambda_{1L}(t)\\ \Lambda_{21}(t) & \Lambda_{22}(t) & \cdots & \Lambda_{2L}(t)\\ \vdots & \vdots & & \vdots\\ \Lambda_{L1}(t) & \Lambda_{L2}(t) & \cdots & \Lambda_{LL}(t)\end{bmatrix},\bar{\Lambda}_a(t)=\begin{bmatrix}\bar{\Lambda}_{11}(t) & \bar{\Lambda}_{12}(t) & \cdots & \bar{\Lambda}_{1L}(t)\\ \bar{\Lambda}_{21}(t) & \bar{\Lambda}_{22}(t) & \cdots & \bar{\Lambda}_{2L}(t)\\ \vdots & \vdots & & \vdots\\ \bar{\Lambda}_{L1}(t) & \bar{\Lambda}_{L2}(t) & \cdots & \bar{\Lambda}_{LL}(t)\end{bmatrix} \tag{8.416}$$

下面证明 $\bar{\Lambda}_a(t)\leqslant\Lambda_a(t)$ 成立。根据式(8.290)、式(8.291)、式(8.358)和式(8.359),有

$$\bar{Q}_{aij}(t)=\hat{D}_i(t)\bar{Q}_\delta(t)\hat{D}_j^{\mathrm{T}}(t),i\neq j \tag{8.417}$$

$$Q_{aij}(t)=\hat{D}_i(t)Q_\delta(t)\hat{D}_j^{\mathrm{T}}(t),i\neq j \tag{8.418}$$

根据式(8.292)、式(8.360)和式(8.361),$\bar{S}_{aij}(t)$ 和 $S_{aij}(t)(i\neq j)$ 可改写为

$$\bar{S}_{aij}(t)=\hat{D}_i(t)\bar{Q}_\delta(t)\hat{D}_j^{\mathrm{T}}(t)B_j^{\mathrm{T}} \tag{8.419}$$

$$S_{aij}(t)=\hat{D}_i(t)Q_\delta(t)\hat{D}_j^{\mathrm{T}}(t)B_j^{\mathrm{T}} \tag{8.420}$$

根据式(8.281)、式(8.282)和式(8.362),$R_{vij}(t)$ 和 $\bar{R}_{vij}(t)(i\neq j)$ 可改写为

$$R_{vij}(t)=B_i\hat{D}_i(t)Q_\delta(t)\hat{D}_j^{\mathrm{T}}(t)B_j^{\mathrm{T}},\bar{R}_{vij}(t)=B_i\hat{D}_i(t)\bar{Q}_\delta(t)\hat{D}_j^{\mathrm{T}}(t)B_j^{\mathrm{T}},i\neq j \tag{8.421}$$

将式(8.318)、式(8.322)和式(8.325)代入式(8.344)的 $\Lambda_{ij}(t)$,有

$$\Lambda_{ij}(t)=\begin{bmatrix}\hat{\Gamma}_{ai}(t)Q_{aij}(t)\hat{\Gamma}_{aj}^{\mathrm{T}}(t) & \alpha_j(t)\hat{\Gamma}_{ai}(t)S_{aj}(t)\\ \alpha_i(t)S_{ai}^{\mathrm{T}}(t)\hat{\Gamma}_{aj}^{\mathrm{T}}(t) & \alpha_i(t)\alpha_j(t)R_{vij}(t)\end{bmatrix}+$$

$$\begin{bmatrix}\sum_{k=1}^{n_\beta}\sigma_{\beta_k}^2(t)\tilde{\Phi}_{aik}^{\beta}(t)X_{aij}(t)\tilde{\Phi}_{ajk}^{\beta\mathrm{T}}(t) & 0\\ 0 & 0\end{bmatrix},i\neq j \tag{8.422}$$

类似于式(8.363),$\Lambda_{ij}(t)$ 可改写为

$$\Lambda_{ij}(t)=\widehat{\Gamma}_{ui}(t)Q_g(t)\widehat{\Gamma}_{uj}^{\mathrm{T}}(t)+\begin{bmatrix}\sum_{k=1}^{n_\beta}\sigma_{\beta_k}^2(t)\widetilde{\Phi}_{aik}^{\beta}(t)X_{aij}(t)\widetilde{\Phi}_{ajk}^{\beta\mathrm{T}}(t) & 0\\ 0 & 0\end{bmatrix},i\neq j \tag{8.423}$$

其中 $\widehat{\Gamma}_{ui}(t)$ 和 $Q_g(t)$ 由式(8.364)定义。将式(8.353)代入式(8.416),有

$$\Lambda_a(t)=\begin{bmatrix}\sum_{i=1}^{5}\Lambda_1^{(i)}(t) & \Lambda_{12}(t) & \cdots & \Lambda_{1L}(t)\\ \Lambda_{21}(t) & \sum_{i=1}^{5}\Lambda_2^{(i)}(t) & \cdots & \Lambda_{2L}(t)\\ \vdots & \vdots & & \vdots\\ \Lambda_{L1}(t) & \Lambda_{L2}(t) & \cdots & \sum_{i=1}^{5}\Lambda_L^{(i)}(t)\end{bmatrix} \tag{8.424}$$

比较 $\sum_{k=1}^{5}\Lambda_i^{(k)}(t)$ 和 $\Lambda_{ij}(t)$,根据式(8.354)、式(8.363)、式(8.366)和式(8.423),$\Lambda_a(t)$ 可分解为

$$\Lambda_a(t)=\Lambda_a^{(1)}(t)+\Lambda_a^{(2)}(t)+\Lambda_a^{(3)}(t) \tag{8.425}$$

其中

$$\Lambda_a^{(1)}(t)=\begin{bmatrix}\widehat{\Gamma}_{u1}(t)Q_g(t)\widehat{\Gamma}_{u1}^{\mathrm{T}}(t) & \widehat{\Gamma}_{u1}(t)Q_g(t)\widehat{\Gamma}_{u2}^{\mathrm{T}}(t) & \cdots & \widehat{\Gamma}_{u1}(t)Q_g(t)\widehat{\Gamma}_{uL}^{\mathrm{T}}(t)\\ \widehat{\Gamma}_{u2}(t)Q_g(t)\widehat{\Gamma}_{u1}^{\mathrm{T}}(t) & \widehat{\Gamma}_{u2}(t)Q_g(t)\widehat{\Gamma}_{u2}^{\mathrm{T}}(t) & \cdots & \widehat{\Gamma}_{u2}(t)Q_g(t)\widehat{\Gamma}_{uL}^{\mathrm{T}}(t)\\ \vdots & \vdots & & \vdots\\ \widehat{\Gamma}_{uL}(t)Q_g(t)\widehat{\Gamma}_{u1}^{\mathrm{T}}(t) & \widehat{\Gamma}_{uL}(t)Q_g(t)\widehat{\Gamma}_{u2}^{\mathrm{T}}(t) & \cdots & \widehat{\Gamma}_{uL}(t)Q_g(t)\widehat{\Gamma}_{uL}^{\mathrm{T}}(t)\end{bmatrix}$$

$$\Lambda_a^{(2)}(t)=\begin{bmatrix}\Xi_1(t) & 0 & \cdots & 0\\ 0 & \Xi_2(t) & \cdots & 0\\ \vdots & \vdots & & \vdots\\ 0 & 0 & \cdots & \Xi_L(t)\end{bmatrix}$$

$$\Xi_i(t)=\Lambda_i^{(1)}(t)+\Lambda_i^{(2)}(t)+\Lambda_i^{(5)}(t)+\widehat{\Gamma}_{vi}(t)R_{g_i}(t)\widehat{\Gamma}_{vi}^{\mathrm{T}}(t)$$

$$\Lambda_a^{(3)}(t)=\begin{bmatrix}Z_{11}(t) & Z_{12}(t) & \cdots & Z_{1L}(t)\\ Z_{21}(t) & Z_{22}(t) & \cdots & Z_{2L}(t)\\ \vdots & \vdots & & \vdots\\ Z_{L1}(t) & Z_{L2}(t) & \cdots & Z_{LL}(t)\end{bmatrix},Z_{ij}(t)=\begin{bmatrix}\sum_{k=1}^{n_\beta}\sigma_{\beta_k}^2(t)\widetilde{\Phi}_{aik}^{\beta}(t)X_{aij}(t)\widetilde{\Phi}_{ajk}^{\beta\mathrm{T}}(t) & 0\\ 0 & 0\end{bmatrix}$$

注意到 $\Lambda_a^{(1)}(t)$ 可改写为

$$\Lambda_a^{(1)}(t)=\widetilde{\Gamma}(t)Q_\theta(t)\widetilde{\Gamma}^{\mathrm{T}}(t) \tag{8.426}$$

其中

$$\widetilde{\Gamma}(t)=\mathrm{diag}(\widehat{\Gamma}_{u1}(t),\cdots,\widehat{\Gamma}_{uL}(t)),Q_\theta(t)=\begin{bmatrix}Q_g(t)&Q_g(t)&\cdots&Q_g(t)\\Q_g(t)&Q_g(t)&\cdots&Q_g(t)\\\vdots&\vdots&&\vdots\\Q_g(t)&Q_g(t)&\cdots&Q_g(t)\end{bmatrix}$$

类似于式(8.425),$\bar{\Lambda}_a(t)$ 可分解为

$$\bar{\Lambda}_a(t)=\bar{\Lambda}_a^{(1)}(t)+\bar{\Lambda}_a^{(2)}(t)+\bar{\Lambda}_a^{(3)}(t) \tag{8.427}$$

其中

$$\bar{\Lambda}_a^{(1)}(t)=\widetilde{\Gamma}(t)\bar{Q}_\theta(t)\widetilde{\Gamma}^{\mathrm{T}}(t),\bar{Q}_\theta(t)=\begin{bmatrix}\bar{Q}_g(t)&\bar{Q}_g(t)&\cdots&\bar{Q}_g(t)\\\bar{Q}_g(t)&\bar{Q}_g(t)&\cdots&\bar{Q}_g(t)\\\vdots&\vdots&&\vdots\\\bar{Q}_g(t)&\bar{Q}_g(t)&\cdots&\bar{Q}_g(t)\end{bmatrix}$$

$$\bar{\Lambda}_a^{(2)}(t)=\begin{bmatrix}\bar{\Xi}_1(t)&0&\cdots&0\\0&\bar{\Xi}_2(t)&\cdots&0\\\vdots&\vdots&&\vdots\\0&0&\cdots&\bar{\Xi}_L(t)\end{bmatrix}$$

$$\bar{\Xi}_i(t)=\bar{\Lambda}_i^{(1)}(t)+\bar{\Lambda}_i^{(2)}(t)+\bar{\Lambda}_i^{(5)}(t)+\widehat{\Gamma}_{vi}(t)\bar{R}_{g_i}(t)\widehat{\Gamma}_{vi}^{\mathrm{T}}(t)$$

$$\bar{\Lambda}_a^{(3)}(t)=\begin{bmatrix}\bar{Z}_{11}(t)&\bar{Z}_{12}(t)&\cdots&\bar{Z}_{1L}(t)\\\bar{Z}_{21}(t)&\bar{Z}_{22}(t)&\cdots&\bar{Z}_{2L}(t)\\\vdots&\vdots&&\vdots\\\bar{Z}_{L1}(t)&\bar{Z}_{L2}(t)&\cdots&\bar{Z}_{LL}(t)\end{bmatrix},\bar{Z}_{ij}(t)=\begin{bmatrix}\sum_{k=1}^{n_\beta}\bar{\sigma}_{\beta_k}^2(t)\widetilde{\Phi}_{aik}^{\beta}(t)\bar{X}_{aij}(t)\widetilde{\Phi}_{ajk}^{\beta\mathrm{T}}(t)&0\\0&0\end{bmatrix}$$

因为 $Q_g(t)-\bar{Q}_g(t)\geqslant 0$,其中 $Q_g(t)$ 和 $\bar{Q}_g(t)$ 由式(8.364)和式(8.365)定义,所以根据引理8.2,有 $Q_\theta(t)-\bar{Q}_\theta(t)\geqslant 0$,这引出 $\Lambda_a^{(1)}(t)-\bar{\Lambda}_a^{(1)}(t)\geqslant 0$。在引理8.15的证明过程中,可知 $\Lambda_i^{(k)}(t)-\bar{\Lambda}_i^{(k)}(t)\geqslant 0$,再根据式(8.364),有 $R_{g_i}(t)-\bar{R}_{g_i}(t)\geqslant 0$,因此,$\Lambda_a^{(2)}(t)-\bar{\Lambda}_a^{(2)}(t)\geqslant 0$ 成立。另一方面,对 $\Lambda_a^{(3)}(t)$ 进行交换行和列的初等变换,可得

$$\Lambda_a^{(3)*}(t)=\left[\begin{array}{ccc|c}\sum_{k=1}^{n_\beta}\sigma_{\beta_k}^2(t)\widetilde{\Phi}_{a1k}^{\beta}(t)X_{a1}(t)\widetilde{\Phi}_{a1k}^{\beta\mathrm{T}}(t)&\cdots&\sum_{k=1}^{n_\beta}\sigma_{\beta_k}^2(t)\widetilde{\Phi}_{a1k}^{\beta}(t)X_{a1L}(t)\widetilde{\Phi}_{aLk}^{\beta\mathrm{T}}(t)&\\\vdots&&\vdots&0\\\sum_{k=1}^{n_\beta}\sigma_{\beta_k}^2(t)\widetilde{\Phi}_{aLk}^{\beta}(t)X_{aL1}(t)\widetilde{\Phi}_{a1k}^{\beta\mathrm{T}}(t)&\cdots&\sum_{k=1}^{n_\beta}\sigma_{\beta_k}^2(t)\widetilde{\Phi}_{aLk}^{\beta}(t)X_{aLL}(t)\widetilde{\Phi}_{aLk}^{\beta\mathrm{T}}(t)&\\\hline&0&&0\end{array}\right]$$

因此,存在一个非奇异的变换阵 T_a 使得 $T_a\Lambda_a^{(3)}(t)T_a^{\mathrm{T}}=\Lambda_a^{(3)*}(t)$,进而 $\Lambda_a^{(3)*}(t)$ 可简写为

$$\Lambda_a^{(3)*}(t)=\left[\begin{array}{c|c}\sum_{k=1}^{n_\beta}\sigma_{\beta_k}^2(t)\widetilde{\Phi}_D^{\beta}(t)X_D(t)\widetilde{\Phi}_D^{\beta\mathrm{T}}(t)&0\\\hline 0&0\end{array}\right]$$

类似地,有

$$\bar{\Lambda}_a^{(3)*}(t)=\left[\begin{array}{c:c}\sum_{k=1}^{n_\beta}\bar{\sigma}_{\beta_k}^2(t)\tilde{\Phi}_D^\beta(t)\bar{X}_D(t)\tilde{\Phi}_D^{\beta\mathrm{T}}(t) & 0\\ \hdashline 0 & 0\end{array}\right]$$

应用引理 8.2、引理 8.3、引理 8.13 以及引理 8.16,有 $\Lambda_a^{(3)*}(t)-\bar{\Lambda}_a^{(3)*}(t)\geqslant 0$,从而有 $\Lambda_a^{(3)}(t)-\bar{\Lambda}_a^{(3)}(t)\geqslant 0$。因此,$\Lambda_a(t)-\bar{\Lambda}_a(t)\geqslant 0$ 成立,即

$$\bar{\Lambda}_a(t)\leqslant\Lambda_a(t) \tag{8.428}$$

定义 $\Delta P_a(t+1\mid t)=P_a(t+1\mid t)-\bar{P}_a(t+1\mid t)$,根据式(8.414) 和式(8.415) 得 Lyapunov 方程

$$\Delta P_a(t+1\mid t)=\Psi_a(t)\Delta P_a(t\mid t-1)\Psi_a^{\mathrm{T}}(t)+K_a(t)\Delta\Lambda_a(t)K_a^{\mathrm{T}}(t) \tag{8.429}$$

根据式(8.280)、式(8.348) 和式(8.411),有

$$\Delta P_a(0\mid -1)=P_a(0\mid -1)-\bar{P}_a(0\mid -1)=(P_{aij}(0\mid -1)-\bar{P}_{aij}(0\mid -1))_{M\times M}=$$

$$\left(\begin{bmatrix}P_0(0\mid -1)-\bar{P}_0(0\mid -1) & 0\\ 0 & 0\end{bmatrix}_{(n+m_i)\times(n+m_j)}\right)_{M\times M}\geqslant 0 \tag{8.430}$$

其中 $M=nL+(m_1+\cdots+m_L)$,$\Delta P_a(0\mid -1)$ 的第(i,j) 个子块是$(n+m_i)\times(n+m_j)$ 维矩阵,$i,j=1,\cdots,L$。再根据$K_a(t)\Delta\Lambda_a(t)K_a^{\mathrm{T}}(t)\geqslant 0$,有$\Delta P_a(1\mid 0)\geqslant 0$。应用数学归纳法,迭代式(8.429),引出

$$\bar{P}_a(t+1\mid t)\leqslant P_a(t+1\mid t) \tag{8.431}$$

根据式(8.410) 和式(8.412),可知当 $N=-1$ 时式(8.408) 成立。

当 $N\geqslant 0$ 时,应用式(8.374) 和式(8.375) 可得保守和实际的全局 Lyapunov 方程

$$P_a(t\mid t+N)=\Psi_{aN}(t)P_a(t\mid t-1)\Psi_{aN}^{\mathrm{T}}(t)+\sum_{\rho=0}^{N}K_\rho^N(t)\Lambda_a(t+\rho)K_\rho^{N\mathrm{T}}(t) \tag{8.432}$$

$$\bar{P}_a(t\mid t+N)=\Psi_{aN}(t)\bar{P}_a(t\mid t-1)\Psi_{aN}^{\mathrm{T}}(t)+\sum_{\rho=0}^{N}K_\rho^N(t)\bar{\Lambda}_a(t+\rho)K_\rho^{N\mathrm{T}}(t) \tag{8.433}$$

其中

$$\Psi_{aN}(t)=\mathrm{diag}(\Psi_{1N}(t),\cdots,\Psi_{LN}(t))$$

$$K_\rho^N(t)=\mathrm{diag}([K_{1\rho}^{wN}(t),K_{1\rho}^{vN}(t)],\cdots,[K_{L\rho}^{wN}(t),K_{L\rho}^{vN}(t)])$$

用式(8.432) 减式(8.433),并应用式(8.428) 和式(8.431) 引出当 $N\geqslant 0$ 时,$\bar{P}_a(t\mid t+N)\leqslant P_a(t\mid t+N)$ 成立。根据式(8.410) 和式(8.412),可知当 $N\geqslant 0$ 时式(8.408) 成立。证毕。

定理 8.9 带乘性噪声、丢包和不确定方差线性相关加性白噪声的多传感器不确定系统(8.275)—(8.278),在假设 8—11 条件下,对于满足式(8.280) 的所有容许的不确定实际方差 $\bar{Q}(t)$,$\bar{R}_{\eta_i}(t)$,$\bar{\sigma}_{\beta_k}^2(t)$,$\bar{\sigma}_{\gamma_{il}}^2(t)$ 和 $\bar{P}_0(0\mid -1)$,四种实际加权状态融合时变 Kalman 估值器(8.382) 是鲁棒的,即有

$$\bar{P}_\theta(t\mid t+N)\leqslant P_\theta(t\mid t+N),N=-1\text{ 或 }N\geqslant 0,\theta=m,s,d,\mathrm{CI} \tag{8.434}$$

且 $P_\theta(t\mid t+N)$ 是实际方差阵 $\bar{P}_\theta(t\mid t+N)$ 的最小上界。

证明　定义 $\Delta P_\theta(t\mid t+N)=P_\theta(t\mid t+N)-\bar{P}_\theta(t\mid t+N)$，根据式(8.397)和式(8.398)引出

$$\Delta P_\theta(t\mid t+N)=\Omega^\theta(t\mid t+N)(P(t\mid t+N)-\bar{P}(t\mid t+N))\Omega^{\theta\mathrm{T}}(t\mid t+N) \tag{8.435}$$

应用式(8.408)，有 $P(t\mid t+N)-\bar{P}(t\mid t+N)\geqslant 0$，根据式(8.435)引出式(8.434)成立。类似于定理8.7的证明，易证得 $P_\theta(t\mid t+N)$ 是实际方差阵 $\bar{P}_\theta(t\mid t+N)$ 的最小上界。证毕。

称实际加权融合 Kalman 估值器(8.382)为鲁棒加权融合 Kalman 估值器，称不等式(8.434)为鲁棒加权融合 Kalman 估值器的鲁棒性。

8.4.4　鲁棒局部和融合时变估值器的精度分析

对鲁棒局部和融合的时变Kalman估值器，接下来将给出矩阵不等式和矩阵迹不等式的精度关系。

定理8.10　对于带乘性噪声、丢包和不确定方差线性相关加性白噪声的多传感器不确定系统(8.275)—(8.278)，在假设8—11条件下，局部和融合的鲁棒时变 Kalman 估值器有如下矩阵不等式精度关系

$$\bar{P}_\theta(t\mid t+N)\leqslant P_\theta(t\mid t+N),\theta=1,\cdots,L,m,s,d,\mathrm{CI},N=-1\text{ 或 }N\geqslant 0 \tag{8.436}$$

$$P_m(t\mid t+N)\leqslant P_\theta(t\mid t+N),\theta=1,\cdots,L,s,d,\mathrm{CI} \tag{8.437}$$

以及矩阵迹不等式的精度关系

$$\mathrm{tr}\bar{P}_\theta(t\mid t+N)\leqslant \mathrm{tr}P_\theta(t\mid t+N),\theta=1,\cdots,L,m,s,d,\mathrm{CI},N=-1\text{ 或 }N\geqslant 0 \tag{8.438}$$

$$\mathrm{tr}P_m(t\mid t+N)\leqslant \mathrm{tr}P_\theta(t\mid t+N),\theta=1,\cdots,L,s,d,\mathrm{CI} \tag{8.439}$$

$$\mathrm{tr}P_m(t\mid t+N)\leqslant \mathrm{tr}P_d(t\mid t+N)\leqslant \mathrm{tr}P_s(t\mid t+N)\leqslant \mathrm{tr}P_i(t\mid t+N),i=1,\cdots,L \tag{8.440}$$

$$\mathrm{tr}P_{\mathrm{CI}}(t\mid t+N)\leqslant \mathrm{tr}P_i(t\mid t+N),i=1,\cdots,L \tag{8.441}$$

证明　不等式(8.436)可由定理8.9和推论8.3直接得到。不等式(8.437)的证明见文献[52]。对式(8.436)和式(8.437)取迹运算可得式(8.438)和式(8.439)。不等式(8.440)和(8.441)的证明见文献[52]。证毕。

类似于注8.5，估值误差方差矩阵的迹定义为估值器的精度指标。较小的迹意味着较高的精度。根据式(8.438)，分别定义 $\mathrm{tr}\bar{P}_\theta(t\mid t+N)$ 和 $\mathrm{tr}P_\theta(t\mid t+N)$ 为估值器的实际和鲁棒精度。不等式(8.438)意味着估值器的实际精度高于鲁棒精度。不等式(8.440)意味着矩阵加权融合器的鲁棒精度要高于对角阵加权融合器的鲁棒精度，对角阵加权融合器的鲁棒精度高于标量加权融合器的鲁棒精度，标量加权融合器的鲁棒精度高于局部估值器的鲁棒精度。不等式(8.441)意味着 CI 融合器的鲁棒精度高于局部估值器的鲁棒精度。

对于CI融合器，文献[29]证明了 $\bar{P}_{\mathrm{CI}}(t\mid t+N)\leqslant P_{\mathrm{CI}}^*(t\mid t+N)$，称 $P_{\mathrm{CI}}^*(t\mid t+N)$ 为

$\bar{P}_{\mathrm{CI}}(t \mid t+N)$ 的保守上界。因为 $P_{\mathrm{CI}}(t \mid t+N)$ 是 $\bar{P}_{\mathrm{CI}}(t \mid t+N)$ 的最小上界,所以 $P_{\mathrm{CI}}(t \mid t+N) \leqslant P_{\mathrm{CI}}^{*}(t \mid t+N)$。称 $\mathrm{tr}P_{\mathrm{CI}}(t \mid t+N)$ 为 CI 融合器的改进鲁棒精度,称 $\mathrm{tr}P_{\mathrm{CI}}^{*}(t \mid t+N)$ 为 CI 融合器的保守鲁棒精度。改进的 CI 融合器提高了原始 CI 融合器的鲁棒精度。

8.4.5 鲁棒时变估值器的收敛性分析

接下来将给出局部和融合的稳态 Kalman 估值器,并证明鲁棒时变和稳态 Kalman 估值器之间的收敛性。

对应于时变系统(8.275)—(8.278),考虑相应的带常参数阵 $\Phi,\Phi_k,\Gamma,H_i,H_{il},D_i$,常噪声方差 $\bar{Q},Q,\bar{R}_{\eta_i},R_{\eta_i},\bar{\sigma}_{\beta_k}^2,\sigma_{\beta_k}^2,\bar{\sigma}_{\gamma_{il}}^2,\sigma_{\gamma_{il}}^2$,以及常概率 α_i 的定常系统,并可得相应的常矩阵 $\bar{Q}_{aij},Q_{aij},\bar{Q}_{ai},Q_{ai},\bar{S}_{aij},S_{aij},\bar{S}_i,S_i,\tilde{\Phi}_{ai},\hat{\Phi}_{ai},\hat{H}_{ai},\hat{\Gamma}_{ai},\tilde{\Phi}_{ai}^{\xi},\tilde{\Phi}_{aik}^{\beta},\tilde{\Phi}_{ail}^{\gamma}$ 和 $\tilde{\Gamma}_{ei}$。

对带常参数阵、常噪声方差以及常概率的定常系统(8.275)—(8.278),有保守的广义时变 Lyapunov 方程(8.306),定义

$$A_i = \hat{\Phi}_{ai} \otimes \hat{\Phi}_{ai} + \sigma_{\xi_{0i}}^2 \tilde{\Phi}_{ai}^{\xi} \otimes \tilde{\Phi}_{ai}^{\xi} + \sum_{k=1}^{n_\beta} \bar{\sigma}_{\beta_k}^2 \tilde{\Phi}_{aik}^{\beta} \otimes \tilde{\Phi}_{aik}^{\beta} + \alpha_i \sum_{l=1}^{n_{\gamma i}} \bar{\sigma}_{\gamma_{il}}^2 \tilde{\Phi}_{ail}^{\gamma} \otimes \tilde{\Phi}_{ail}^{\gamma} \tag{8.442}$$

其中 $\bar{\sigma}_{\beta_k}^2 \leqslant \sigma_{\beta_k}^2,\bar{\sigma}_{\gamma_{il}}^2 \leqslant \sigma_{\gamma_{il}}^2$,$\otimes$ 表示 Kronecker 积。假设 A_i 的谱半径小于 1,即 $\rho(A_i) < 1$。对任意初值 $X_{ai}(0) \geqslant 0$,应用引理 8.5 得广义时变 Lyapunov 方程(8.306)的解 $X_{ai}(t)$ 收敛于相应的如下保守稳态广义 Lyapunov 方程的唯一半正定解 $X_{ai} \geqslant 0$,即 $X_{ai}(t) \to X_{ai}, t \to \infty$,且

$$\begin{aligned} X_{ai} = {} & \hat{\Phi}_{ai} X_{ai} \hat{\Phi}_{ai}^{\mathrm{T}} + \sigma_{\xi_{0i}}^2 \tilde{\Phi}_{ai}^{\xi} X_{ai} \tilde{\Phi}_{ai}^{\xi\mathrm{T}} + \sum_{k=1}^{n_\beta} \sigma_{\beta_k}^2 \tilde{\Phi}_{aik}^{\beta} X_{ai} \tilde{\Phi}_{aik}^{\beta\mathrm{T}} + \\ & \alpha_i \sum_{l=1}^{n_{\gamma i}} \sigma_{\gamma_{il}}^2 \tilde{\Phi}_{ail}^{\gamma} X_{ai} \tilde{\Phi}_{ail}^{\gamma\mathrm{T}} + \hat{\Gamma}_{ai} Q_{ai} \hat{\Gamma}_{ai}^{\mathrm{T}} + \sigma_{\xi_{0i}}^2 \tilde{\Gamma}_{ei} Q_{ai} \tilde{\Gamma}_{ei}^{\mathrm{T}} \end{aligned} \tag{8.443}$$

且称 X_{ai} 为保守的稳态非中心二阶矩。类似地,可得实际的广义时变 Lyapunov 方程(8.305)的稳态广义 Lyapunov 方程。对任意的 $\bar{X}_{ai}(0) \geqslant 0$,当 $t \to \infty$ 时,有收敛性 $\bar{X}_{ai}(t) \to \bar{X}_{ai}$,且由(8.327)引出 $\bar{X}_{ai} \leqslant X_{ai}$。

类似地,定义

$$A_{ij} = \hat{\Phi}_{ai} \otimes \hat{\Phi}_{aj} + \sum_{k=1}^{n_\beta} \bar{\sigma}_{\beta_k}^2 \tilde{\Phi}_{aik}^{\beta} \otimes \tilde{\Phi}_{ajk}^{\beta}, \bar{\sigma}_{\beta_k}^2 \leqslant \sigma_{\beta_k}^2 \tag{8.444}$$

假设 $\rho(A_{ij}) < 1$,则实际和保守广义 Lyapunov 方程(8.307)和(8.308)的解分别收敛到相应的稳态广义 Lyapunov 方程的解[53,54]。

当 $t \to \infty$ 时,对时变的噪声统计取极限,可以得到相应的稳态噪声统计 $\bar{Q}_{faij},Q_{faij},\bar{R}_{fij},R_{fij},S_{faij},\bar{S}_{faij},S_{fai},\bar{S}_{fai},\Lambda_{ij},\bar{\Lambda}_{ij},\Lambda_i$ 和 $\bar{\Lambda}_i$,且时变噪声统计收敛于相应的稳态噪声统计,且有关系 $\bar{Q}_{fai} \leqslant Q_{fai},\bar{R}_{fi} \leqslant R_{fi}$。

对带常噪声统计 Q_{fai},R_{fi} 和 S_{fai} 的定常扩维系统(8.302)和(8.303),在假设 8—11 和 $\rho(A_i) < 1$ 条件下,设 $\rho(A_{ij}) < 1$,$(\hat{\Phi}_{ai} - S_{fai}R_{fi}^{-1}\hat{H}_{ai}, G_i)$ 是完全能稳对,且 $G_iG_i^{\mathrm{T}} = Q_{fai} -$

$S_{fai}R_{fi}^{-1}S_{fai}^{\mathrm{T}}$,则鲁棒局部稳态 Kalman 预报器为

$$\hat{x}_{ai}^{s}(t+1\mid t)=\boldsymbol{\Psi}_{pi}\hat{x}_{ai}^{s}(t\mid t-1)+K_{pi}y_{i}(t),i=1,\cdots,L \tag{8.445}$$

$$\boldsymbol{\Psi}_{pi}=\widehat{\boldsymbol{\Phi}}_{ai}-K_{pi}\widehat{H}_{ai} \tag{8.446}$$

$$K_{pi}=(\widehat{\boldsymbol{\Phi}}_{ai}P_{ai}(-1)\widehat{H}_{ai}^{\mathrm{T}}+S_{fai})[\widehat{H}_{ai}P_{ai}(-1)\widehat{H}_{ai}^{\mathrm{T}}+R_{fi}]^{-1} \tag{8.447}$$

其中 $\boldsymbol{\Psi}_{pi}$ 是稳定矩阵,上角标"s"表示"稳态",保守的稳态局部预报误差方差 $P_{ai}(-1)$ 满足 Riccati 方程

$$P_{ai}(-1)=\widehat{\boldsymbol{\Phi}}_{ai}P_{ai}(-1)\widehat{\boldsymbol{\Phi}}_{ai}^{\mathrm{T}}-[\widehat{\boldsymbol{\Phi}}_{ai}P_{ai}(-1)\widehat{H}_{ai}^{\mathrm{T}}+S_{fai}]\times$$
$$[\widehat{H}_{ai}P_{ai}(-1)\widehat{H}_{ai}^{\mathrm{T}}+R_{fi}]^{-1}[\widehat{\boldsymbol{\Phi}}_{ai}P_{ai}(-1)\widehat{H}_{ai}^{\mathrm{T}}+S_{fai}]^{\mathrm{T}}+Q_{fai} \tag{8.448}$$

保守和实际的稳态局部预报误差互协方差 $P_{aij}(-1)$ 和 $\bar{P}_{aij}(-1)$ 分别满足 Lyapunov 方程

$$P_{aij}(-1)=\boldsymbol{\Psi}_{pi}P_{aij}(-1)\boldsymbol{\Psi}_{pj}^{\mathrm{T}}+[I_{n+m_i},-K_{pi}]\Lambda_{ij}[I_{n+m_j},-K_{pj}]^{\mathrm{T}},i,j=1,\cdots,L \tag{8.449}$$

$$\bar{P}_{aij}(-1)=\boldsymbol{\Psi}_{pi}\bar{P}_{aij}(-1)\boldsymbol{\Psi}_{pj}^{\mathrm{T}}+[I_{n+m_i},-K_{pi}]\bar{\Lambda}_{ij}[I_{n+m_j},-K_{pj}]^{\mathrm{T}} \tag{8.450}$$

其中,当 $i=j$ 时,定义保守和实际的稳态局部预报误差方差分别为

$$P_{ai}(-1)=P_{aii}(-1),\bar{P}_{ai}(-1)=\bar{P}_{aii}(-1) \tag{8.451}$$

注意,假设 $\rho(A_i)<1$ 引出 $\widehat{\boldsymbol{\Phi}}_{ai}$ 是稳定矩阵,因而 $(\widehat{\boldsymbol{\Phi}}_{ai},\widehat{H}_{ai})$ 是完全能检对。这保证了稳态 Kalman 预报器存在。

类似地,可直接得到鲁棒局部稳态 Kalman 滤波器($N=0$)和平滑器($N>0$)$\hat{x}_{ai}^{s}(t\mid t+N)$ 及其实际和保守的稳态误差方差 $\bar{P}_i(N)$ 和 $P_i(N)$($N\geqslant0$)。进而,可得相应的四种加权状态融合鲁棒稳态 Kalman 估值器 $\hat{x}_{\theta}^{s}(t\mid t+N)$ 及其实际和保守融合估计误差方差 $\bar{P}_{\theta}(N)$ 和 $P_{\theta}(N)$,$N=-1$ 或 $N\geqslant0$。

对原始系统(8.275)—(8.278),鲁棒局部稳态 Kalman 估值器有如下统一形式

$$\hat{x}_{i}^{s}(t\mid t+N)=[I_n,0]\hat{x}_{ai}^{s}(t\mid t+N),N=-1\text{ 或 }N\geqslant0,i=1,\cdots,L \tag{8.452}$$

其中 $\hat{x}_{ai}^{s}(t\mid t+N)$ 是带常噪声统计的扩维系统(8.302)和(8.303)的鲁棒局部稳态 Kalman 估值器,它们的实际和保守局部稳态估值误差互协方差分别为

$$\bar{P}_{ij}(N)=[I_n,0]\bar{P}_{aij}(N)[I_n,0]^{\mathrm{T}},N=-1\text{ 或 }N\geqslant0 \tag{8.453}$$

$$P_{ij}(N)=[I_n,0]P_{aij}(N)[I_n,0]^{\mathrm{T}},N=-1\text{ 或 }N\geqslant0 \tag{8.454}$$

其中定义 $\bar{P}_{ai}(N)=\bar{P}_{aii}(N)$,$P_{ai}(N)=P_{aii}(N)$,且有鲁棒性

$$\bar{P}_i(N)\leqslant P_i(N),N=-1\text{ 或 }N\geqslant0 \tag{8.455}$$

且 $P_i(N)$ 是实际方差 $\bar{P}_i(N)$ 的最小上界。

对应于定理 8.10,鲁棒局部和融合稳态 Kalman 估值器有如下矩阵不等式精度关系

$$\bar{P}_{\theta}(N)\leqslant P_{\theta}(N),\theta=1,\cdots,L,m,s,d,\mathrm{CI},N=-1\text{ 或 }N\geqslant0 \tag{8.456}$$

$$\bar{P}_{m}(N)\leqslant P_{\theta}(N),\theta=1,\cdots,L,s,d,\mathrm{CI} \tag{8.457}$$

以及矩阵迹不等式的精度关系

$$\mathrm{tr}\bar{P}_{\theta}(N)\leqslant\mathrm{tr}P_{\theta}(N),\theta=1,\cdots,L,m,s,d,\mathrm{CI},N=-1\text{ 或 }N\geqslant0 \tag{8.458}$$

$$\mathrm{tr}P_m(N) \leqslant \mathrm{tr}P_d(N) \leqslant \mathrm{tr}P_s(N) \leqslant \mathrm{tr}P_i(N), i = 1, \cdots, L \tag{8.459}$$

$$\mathrm{tr}P_m(N) \leqslant \mathrm{tr}P_{\mathrm{CI}}(N) \leqslant \mathrm{tr}P_{\mathrm{CI}}^*(N) \leqslant \mathrm{tr}P_i(N), i = 1, \cdots, L \tag{8.460}$$

定理 8.11 在假设 8—11 条件下,对时不变系统(8.275)—(8.278),相应的带时变虚拟噪声统计的时变系统(8.302)和(8.303)的鲁棒局部和融合时变 Kalman 估值器 $\hat{x}_\theta(t \mid t+N)(\theta = i, m, s, d, \mathrm{CI}, N = -1$ 或 $N \geqslant 0)$ 收敛于相应的带常虚拟噪声统计的定常系统(8.302)和(8.303)的鲁棒局部和融合的稳态 Kalman 估值器 $\hat{x}_\theta^s(t \mid t+N)$,即

$$[\hat{x}_\theta(t \mid t+N) - \hat{x}_\theta^s(t \mid t+N)] \to 0, \text{当 } t \to \infty \text{ 时}, \text{i. a. r.} \tag{8.461}$$

$$P_\theta(t \mid t+N) \to P_\theta(N), \text{当 } t \to \infty \text{ 时} \tag{8.462}$$

$$\bar{P}_\theta(t \mid t+N) \to \bar{P}_\theta(N), \text{当 } t \to \infty \text{ 时} \tag{8.463}$$

其中符号“i. a. r.”表示按一个实现收敛[39]。

证明 完全类似于文献[46]中相关定理的证明方法,容易证得式(8.461)—(8.463)给出的收敛性关系成立,在此不再赘述。证毕。

8.5 仿真应用例子

本节将给出若干个仿真例子,包括解决带随机扰动参数、有色观测噪声和不确定噪声方差的 AR 信号的保精度鲁棒稳态滤波问题,解决带丢包和不确定噪声方差的不间断电力系统(UPS)[40,41]的鲁棒滤波问题,解决带丢包和乘性噪声以及不确定噪声方差的 UPS[40,41]的鲁棒滤波问题。这些仿真例子验证了所提出结果的正确性、有效性和可应用性。

例 8.1 (最大值实际虚拟噪声方差的辨识和新息检验判别法)考虑如下带状态相依乘性噪声和不确定噪声方差的线性离散随机系统

$$x(t+1) = (\varphi + \xi(t))x(t) + w(t) \tag{8.464}$$

$$y(t) = x(t) + v(t) \tag{8.465}$$

其中 $x(t) \in R^1$ 是状态,$y(t) \in R^1$ 是观测,$w(t) \in R^1$ 是过程噪声,$v(t) \in R^1$ 是观测噪声,$\xi(t) \in R^1$ 的标量乘性噪声。$w(t)$,$v(t)$ 和 $\xi(t)$ 是带零均值的互不相关白噪声,σ_ξ^2 是白噪声 $\xi(t)$ 的已知方差,$\bar{\sigma}_w^2$ 和 $\bar{\sigma}_v^2$ 分别是白噪声 $w(t)$ 和 $v(t)$ 的未知不确定实际方差,$\bar{\sigma}_{wm}^2$ 和 $\bar{\sigma}_{vm}^2$ 分别是 $\bar{\sigma}_w^2$ 和 $\bar{\sigma}_v^2$ 的最大值,而 σ_w^2 和 σ_v^2 分别是 $\bar{\sigma}_w^2$ 和 $\bar{\sigma}_v^2$ 的已知保守上界,即有 $\bar{\sigma}_w^2 \leqslant \bar{\sigma}_{wm}^2 \leqslant \sigma_w^2, \bar{\sigma}_v^2 \leqslant \bar{\sigma}_{vm}^2 \leqslant \sigma_v^2$,且 $\bar{\sigma}_{wm}^2$ 和 $\bar{\sigma}_{vm}^2$ 是未知但确定的。

对于带实际噪声方差最大值 $\bar{\sigma}_{wm}^2$ 和 $\bar{\sigma}_{vm}^2$ 的系统(8.464)和(8.465),状态 $x(t)$ 的实际稳态非中心二阶矩满足如下广义 Lyapunov 方程

$$\bar{X} = \varphi^2 \bar{X} + \sigma_\xi^2 \bar{X} + \bar{\sigma}_{wm}^2 \tag{8.466}$$

由式(8.466)得

$$\bar{X} = \frac{\bar{\sigma}_{wm}^2}{1 - \varphi^2 - \sigma_\xi^2} \tag{8.467}$$

由式(8.464)给出的状态方程可被重写为

$$x(t+1) = \varphi x(t) + w_a(t) \tag{8.468}$$

其中 $w_a(t)$ 是虚拟过程噪声，且满足下式

$$w_a(t) = \xi(t)x(t) + w(t) \tag{8.469}$$

由式(8.469)得 $w_a(t)$ 的实际方差的最大值为

$$\bar{\sigma}^2_{wam} = \sigma^2_\xi \bar{X} + \bar{\sigma}^2_{wm} \tag{8.470}$$

将式(8.467)代入式(8.470)得

$$\bar{\sigma}^2_{wam} = \frac{\sigma^2_\xi \bar{\sigma}^2_{wm}}{1 - \varphi^2 - \sigma^2_\xi} + \bar{\sigma}^2_{wm} \tag{8.471}$$

由式(8.471)可看出，虚拟过程噪声 $w_a(t)$ 的实际方差的最大值 $\bar{\sigma}^2_{wam}$ 理论上可由过程噪声 $w(t)$ 的实际方差的最大值 $\bar{\sigma}^2_{wm}$ 来计算，但在实际应用中我们不能通过 $\bar{\sigma}^2_{wm}$ 来计算 $\bar{\sigma}^2_{wam}$。因为原系统含有乘性噪声，经典系统方法没有解决由原系统直接辨识 $\bar{\sigma}^2_{wm}$ 的问题，因此我们只能对带虚拟噪声的标准系统基于最坏情形的观测，它等于最坏情形（噪声方差取最大值）的原始系统（最坏情况）的观测（如图8.1），由传感器直接得到，这些最坏情况的观测数据被直接用于辨识最大值实际虚拟噪声方差。

引入单位滞后算子 q^{-1}，即 $q^{-1}x(t) = x(t-1)$，则由式(8.468)得

$$x(t) = \frac{1}{1 - \varphi q^{-1}} w_a(t-1) \tag{8.472}$$

将式(8.472)代入式(8.465)得最坏情形虚拟噪声系统的观测 $y(t)$ 服从 ARMA 模型

$$(1 - \varphi q^{-1})y(t) = w_a(t-1) + (1 - \varphi q^{-1})v(t) \tag{8.473}$$

引入新的观测

$$z(t) = (1 - \varphi q^{-1})y(t) = y(t) - \varphi y(t-1) \tag{8.474}$$

由式(8.473)和式(8.474)得

$$z(t) = w_a(t-1) + (1 - \varphi q^{-1})v(t) = w_a(t-1) + v(t) - \varphi v(t-1) \tag{8.475}$$

对式(8.475)两边计算相关阵得

$$R(0) = \mathrm{E}[z(t)z(t)] = \bar{\sigma}^2_{wam} + (1 + \varphi^2)\bar{\sigma}^2_{vm} \tag{8.476}$$

$$R(1) = \mathrm{E}[z(t)z(t-1)] = -\varphi \bar{\sigma}^2_{vm} \tag{8.477}$$

由式(8.476)和式(8.477)得

$$\bar{\sigma}^2_{vm} = -\frac{R(1)}{\varphi} \tag{8.478}$$

$$\bar{\sigma}^2_{wam} = R(0) + \frac{(1 + \varphi^2)R(1)}{\varphi} \tag{8.479}$$

定义

$$\hat{R}_t(0) = \frac{1}{t}\sum_{j=1}^{t} z^2(j), \hat{R}_t(1) = \frac{1}{t}\sum_{j=1}^{t} z(j)z(j-1) \tag{8.480}$$

由式(8.480)有

$$\hat{R}_t(0) = \frac{1}{t}\sum_{j=1}^{t} z^2(j) = \frac{1}{t}\left(\sum_{j=1}^{t-1} z^2(j) + z^2(t)\right) = \frac{1}{t}\sum_{j=1}^{t-1} z^2(j) + \frac{1}{t}z^2(t) =$$

$$\frac{t-1}{t-1} \times \frac{1}{t}\sum_{j=1}^{t-1} z^2(j) + \frac{1}{t}z^2(t) = \frac{t-1}{t} \times \frac{1}{t-1}\sum_{j=1}^{t-1} z^2(j) + \frac{1}{t}z^2(t) \tag{8.481}$$

这引出递推公式

$$\hat{R}_t(0) = \hat{R}_{t-1}(0) + \frac{1}{t}(z^2(t) - \hat{R}_{t-1}(0)) \tag{8.482}$$

类似于式(8.481),由式(8.480)得

$$\hat{R}_t(1) = \hat{R}_{t-1}(1) + \frac{1}{t}(z(t)z(t-1) - \hat{R}_{t-1}(1)) \tag{8.483}$$

因此,由式(8.478)和式(8.479)得

$$\hat{\bar{\sigma}}_{vm}^2(t) = -\frac{\hat{R}_t(1)}{\varphi} \tag{8.484}$$

$$\hat{\bar{\sigma}}_{wam}^2(t) = \hat{R}_t(0) + \frac{(1+\varphi^2)}{\varphi}\hat{R}_t(1) \tag{8.485}$$

当 $t \to \infty$ 时有如下收敛性

$$\hat{\bar{\sigma}}_{vm}^2(t) \to \bar{\sigma}_{vm}^2, \hat{\bar{\sigma}}_{wam}^2(t) \to \bar{\sigma}_{wam}^2 \tag{8.486}$$

因此我们可通过最坏情形原始系统的观测,用相关方法来直接辨识最坏情形虚拟噪声系统的最大值噪声方差($\bar{\sigma}_{wam}^2, \bar{\sigma}_{vm}^2$),然后再用新息判决准则来检验其正确性。如果被接受,则靠近($\bar{\sigma}_{wam}^2, \bar{\sigma}_{vm}^2$)的($\sigma_{wa}^2, \sigma_v^2$)为较小保守上界,即有

$$\bar{\sigma}_{wam}^2 \leqslant \sigma_{wa}^2, \bar{\sigma}_{vm}^2 \leqslant \sigma_v^2 \tag{8.487}$$

在如下仿真实验中,取 $\varphi = 0.8, \sigma_\xi^2 = 0.02, \bar{\sigma}_{wam}^2 = 2.1176, \bar{\sigma}_{vm}^2 = 0.16$。图8.3给出了辨识效果,其中直线表示实际方差的最大值 $\bar{\sigma}_{wam}^2$ 和 $\bar{\sigma}_{vm}^2$,曲线表示它们的估值 $\hat{\bar{\sigma}}_{wam}^2(t)$ 和 $\hat{\bar{\sigma}}_{vm}^2(t)$。我们可看到,当 $t \to \infty$ 时,有 $\hat{\bar{\sigma}}_{wam}^2(t) \to \bar{\sigma}_{wam}^2, \hat{\bar{\sigma}}_{vm}^2(t) \to \bar{\sigma}_{vm}^2$。

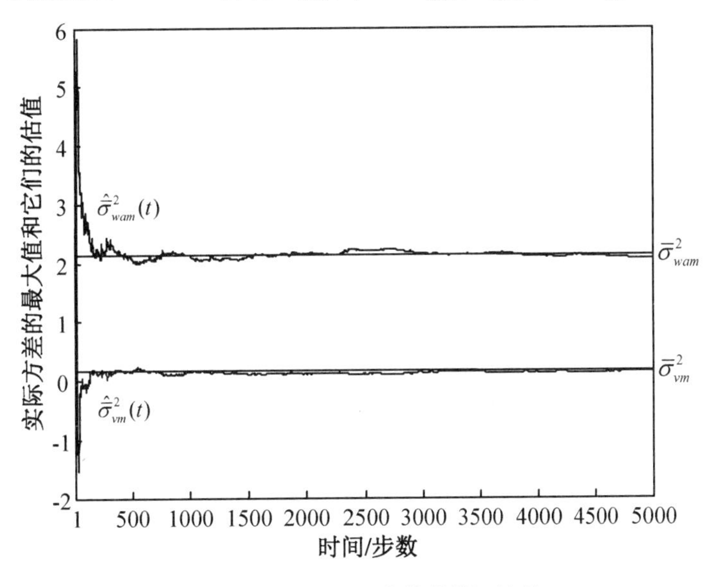

图 8.3 实际方差最大值的辨识效果

注意,实际方差最大值($\bar{\sigma}_{wam}^2, \bar{\sigma}_{vm}^2$) = (2.1176, 0.16),任取四组不同的噪声方差($\sigma_{wa}^{2(k)}, \sigma_v^{2(k)}$),$k = 1,2,3,4$,且取($\sigma_{wa}^{2(1)}, \sigma_v^{2(1)}$) = (2.7529, 0.208),($\sigma_{wa}^{2(2)}, \sigma_v^{2(2)}$) =

$(2.3294, 0.176)$，$(\sigma_{wa}^{2(3)}, \sigma_v^{2(3)}) = (1.6941, 0.128)$，$(\sigma_{wa}^{2(4)}, \sigma_v^{2(4)}) = (1.4824, 0.112)$。由式(8.487)可知，带 $k=1,2$ 的 $\sigma_w^{2(k)}$ 和 $\sigma_v^{2(k)}$ 是实际噪声方差 $\bar{\sigma}_w^2$ 和 $\bar{\sigma}_v^2$ 的保守上界，其中带 $k=1$ 的是较大保守上界，带 $k=2$ 的是较小保守上界，而带 $k=3,4$ 的则不是保守上界。取保守性系数 $\gamma=1$，图8.4给出了应用新息判决准则得到的仿真结果，其中直线表示保守新息方差的迹值，曲线表示实际采样新息方差的迹值，由于在本例中新息方差为一维数值，所以方差的迹值等于相应的方差值。由新息判决准则可知，如果 $Q_\varepsilon - \bar{Q}_\varepsilon(t) \geqslant 0 (t > t_0)$，则接受相应的噪声方差为保守上界，否则拒绝它为保守上界，可看到仿真实验结果与理论分析是一致的。这检验了所辨识的虚拟噪声方差最大值的正确性。

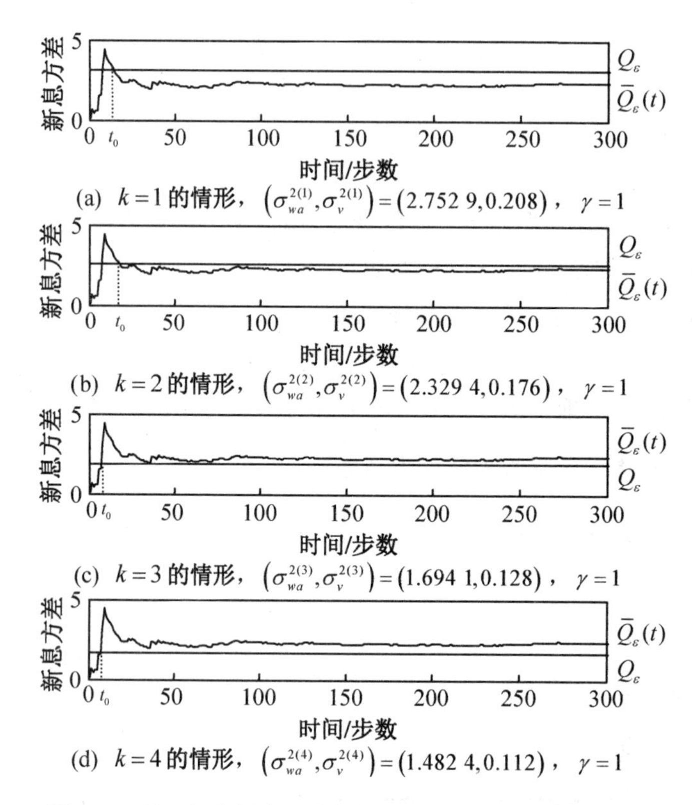

(a) $k=1$ 的情形，$(\sigma_{wa}^{2(1)}, \sigma_v^{2(1)}) = (2.7529, 0.208)$，$\gamma=1$

(b) $k=2$ 的情形，$(\sigma_{wa}^{2(2)}, \sigma_v^{2(2)}) = (2.3294, 0.176)$，$\gamma=1$

(c) $k=3$ 的情形，$(\sigma_{wa}^{2(3)}, \sigma_v^{2(3)}) = (1.6941, 0.128)$，$\gamma=1$

(d) $k=4$ 的情形，$(\sigma_{wa}^{2(4)}, \sigma_v^{2(4)}) = (1.4824, 0.112)$，$\gamma=1$

图8.4　基于新息判决准则来确定实际噪声方差的保守上界

(a) 接受，(b) 接受，(c) 拒绝，(d) 拒绝

例8.2　考虑由式(8.110)—(8.113)给出的带随机参数、有色观测噪声和不确定噪声方差的单通道AR信号，且取 $n=2, \sigma_{\xi_1}^2 = 0.04, \sigma_{\xi_2}^2 = 0.04, a_1 = 0.35, a_2 = 0.03, b = -1.3$。假设最大实际虚拟噪声方差为 $(\bar{Q}_{am}, \bar{R}_{am}) = (\mathrm{diag}(1.7636, 0.0836), 2.9636)$，进而，根据注8.7，取 $\delta = 1.67$ 可得 $\bar{Q}_a$ 和 $\bar{R}_a$ 的较大的保守上界为 $(Q_a, R_a) = (\delta\bar{Q}_{am}, \delta\bar{R}_{am}) = (\mathrm{diag}(2.9393, 0.1393), 4.9393)$。此外，由于信号 $s(t) \in R^1$，所以 $\mathrm{tr}P_s(N) = P_s(N)$ 且 $\mathrm{tr}\bar{P}_s(N) = \bar{P}_s(N)$。

首先设计信号 $s(t)$ 的具有改进的鲁棒精度的鲁棒稳态Kalman一步预报器 $\hat{s}^s(t|t-1)$。应用所提出的搜索技术，取一组单调递减序列 $\delta_k > 0, \delta_1 = 1, k = 1, \cdots, 15$，且令 $Q_{ak} = \delta_k Q_a, R_{ak} = \delta_k R_a$，表8.1给出了相应的预报误差方差阵 $P_s^{(k)}(-1)$ 的值。

由表 8.1 可看出，当 $k=5$ 时，$(\bar{Q}_{am},\bar{R}_{am})=(\mathrm{diag}(1.763\,6,0.083\,6),2.963\,6)$ 是最大实际虚拟噪声方差。

表 8.1　虚拟噪声方差 (Q_{ak},R_{ak}) 和相应的 $P_s^{(k)}(-1)$

k	δ_k	Q_{ak}	R_{ak}	$P_s^{(k)}(-1)$
1	1	diag(2.939 3,0.139 3)	4.939 3	2.753 5
2	0.9	diag(2.645 4,0.125 4)	4.445 4	2.478 2
3	0.8	diag(2.351 5,0.111 5)	3.951 5	2.202 8
4	0.7	diag(2.057 5,0.097 5)	3.457 5	1.927 5
5	0.6	diag(1.763 6,0.083 6)	2.963 6	1.652 1
6	0.5	diag(1.469 7,0.069 7)	2.469 7	1.376 8
7	0.4	diag(1.175 7,0.055 7)	1.975 7	1.101 4
8	0.3	diag(0.881 8,0.041 8)	1.481 8	0.826 1
9	0.2	diag(0.587 9,0.027 9)	0.987 9	0.550 7
10	0.1	diag(0.293 9,0.013 9)	0.493 9	0.275 4
11	0.05	diag(0.147 0,0.007 0)	0.247 0	0.137 7
12	0.01	diag(0.029 4,0.001 4)	0.049 4	0.027 5
13	0.005	diag(0.014 7,0.000 7)	0.024 7	0.013 8
14	0.001	diag(0.002 9,0.000 1)	0.004 9	0.002 8
15	0.000 5	diag(0.001 5,0.000 1)	0.002 5	0.001 4

应用新息判决准则可确定带 $k=1,\cdots,5$ 的 (Q_{ak},R_{ak}) 是实际噪声方差的保守上界，其中带 $k=5$ 的是最小的保守上界，带 $k=1$ 或 $k=4$ 的是较大的或较小的保守上界，而带 $k=6,\cdots,15$ 的则不是保守上界。例如，对于带 $k=1$，$k=4$ 和 $k=7$ 的三种情形，图 8.5 给出了应用新息判决准则得到的仿真结果，其中直线表示保守新息方差的迹值，曲线表示实际采样新息方差的迹值。由于在本例中新息方差为一维数值，所以方差的迹值等于相应的方差值。取保守性系数 $\gamma=1$，如果 $Q_\varepsilon-\bar{Q}_\varepsilon(t)\geqslant 0(t>t_0)$，则接受原始的保守性假设，否则拒绝原始的保守性假设。

由表 8.1 可看出，较小的保守上界是 $(Q_{a4},R_{a4})=(\mathrm{diag}(2.057\,5,0.097\,5),3.457\,5)$，原始的保守噪声方差 $(Q_{a1},R_{a1})=(Q_a,R_a)=(\mathrm{diag}(2.939\,3,0.139\,3),4.939\,3)$ 是较大的保守上界。基于较小或较大的保守上界，相应的鲁棒 Kalman 预报器的保守误差方差阵为 $P_s^{(4)}(-1)=1.927\,5$ 或 $P_s^{(1)}(-1)=2.753\,5$。由于 $P_s^{(4)}(-1)$ 明显小于 $P_s^{(1)}(-1)$，所以与带有原始较大保守上界 $(\mathrm{diag}(2.939\,3,0.139\,3),4.939\,3)$ 的鲁棒 Kalman 预报器相比，带较小保守上界 $(\mathrm{diag}(2.057\,5,0.097\,5),3.457\,5)$ 的鲁棒 Kalman 预报器具有较高的鲁棒精度，因此称它为具有改进的鲁棒精度的鲁棒稳态 Kalman 预报器。详见 8.2.4(2) 小节的讨论。

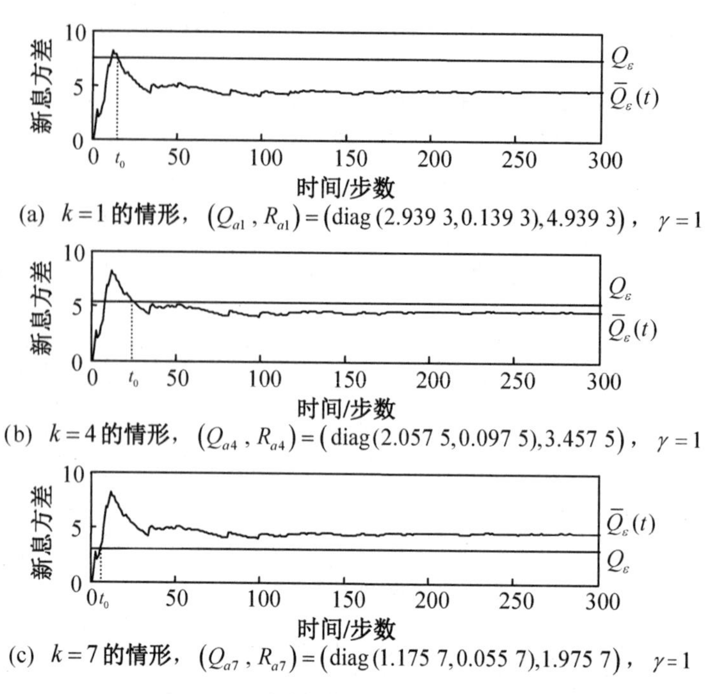

(a) $k=1$ 的情形，$\left(Q_{a1}, R_{a1}\right)=\left(\mathrm{diag}(2.939\ 3, 0.139\ 3), 4.939\ 3\right)$，$\gamma=1$

(b) $k=4$ 的情形，$\left(Q_{a4}, R_{a4}\right)=\left(\mathrm{diag}(2.057\ 5, 0.097\ 5), 3.457\ 5\right)$，$\gamma=1$

(c) $k=7$ 的情形，$\left(Q_{a7}, R_{a7}\right)=\left(\mathrm{diag}(1.175\ 7, 0.055\ 7), 1.975\ 7\right)$，$\gamma=1$

图 8.5　基于新息判决准则来确定实际噪声方差的保守上界

(a) 接受,(b) 接受,(c) 拒绝

下面,设计满足预置的鲁棒精度指标 $r=1.5$ 的鲁棒稳态 Kalman 预报器 $\hat{s}^s(t\mid t-1)$。由表 8.1 可看出,当取 $k=1,\cdots,5$ 时,相应的 $P_s^{(k)}(-1)$ 均大于 $r=1.5$,但当取 $k_r=k=6$ 时,得到了满意的上界$(Q_{a6},R_{a6})=(\mathrm{diag}(1.469\ 7,0.069\ 7),2.469\ 7)$,因为有 $P_s^{(6)}(-1)=1.376\ 8<r=1.5$,这得到了较大的鲁棒区域 $\Omega_6(-1)=\{(\bar{Q}_a,\bar{R}_a):\bar{Q}_a\leqslant \mathrm{diag}(1.469\ 7,0.069\ 7),\bar{R}_a\leqslant 2.469\ 7\}$。详见 8.2.4(3) 小节的讨论。

应注意的是,仅仅在鲁棒区域 $\Omega_{k_r}(N)$ 内,相应的 Kalman 估值器才是鲁棒的,即对于所有容许的$(\bar{Q}_a,\bar{R}_a)\in\Omega_{k_r}(N)$ 保证了规定的精度指标。在非鲁棒区域内,相应的Kalman估值器不是鲁棒的。例如,由表 8.1 可知,取 $r=1.5$,则当 $k_r=k=6$ 时有 $Q_a=\mathrm{diag}(1.469\ 7,0.069\ 7)$,$R_a=2.469\ 7$ 且 $P_s^{(6)}(-1)=1.376\ 8<r$,因此鲁棒区域为 $\Omega_6(-1)=\{(\bar{Q}_a,\bar{R}_a):\bar{Q}_a\leqslant \mathrm{diag}(1.469\ 7,0.069\ 7),\bar{R}_a\leqslant 2.469\ 7\}$。当取 $\bar{Q}_a=\mathrm{diag}(2.099\ 5,0.099\ 5)$,$\bar{R}_a=3.599\ 5$ 时,则有相应的$(\bar{Q}_a,\bar{R}_a)$ 不在鲁棒区域 $\Omega_6(-1)$ 内,但在非鲁棒区域 $\Omega_3(-1)$ 内,且由式(8.83) 可得相应的 $\bar{P}_s(-1)=1.976\ 5>1.5$,因此在区域 $\Omega_3(-1)$ 内,相应的 Kalman 预报器不是鲁棒的。类似地,取 $r=0.5$,当 $k_r=k=10$ 时,可得 $Q_a=\mathrm{diag}(0.293\ 9,0.013\ 9)$,$R_a=0.493\ 9$ 且 $P_s^{(10)}(-1)=0.275\ 4<r$,因此相应的鲁棒区域为 $\Omega_{10}(-1)=\{(\bar{Q}_a,\bar{R}_a):\bar{Q}_a\leqslant \mathrm{diag}(0.293\ 9,0.031\ 9),\bar{R}_a\leqslant 0.493\ 9\}$。当取 $\bar{Q}_a=\mathrm{diag}(0.839\ 8,0.039\ 8)$,$\bar{R}_a=1.439\ 8$ 时,则有相应的$(\bar{Q}_a,\bar{R}_a)$ 不在鲁棒区域 $\Omega_{10}(-1)$ 内,但在非鲁棒区域 $\Omega_8(-1)$ 内,且由式(8.83) 可得相应的 $\bar{P}_s(-1)=0.790\ 6>0.5$,所以在区域 $\Omega_8(-1)$ 内,相应的 Kalman 预报器不是鲁棒的。

取 $\bar{Q}_a=\mathrm{diag}(0.839\ 8,0.039\ 8)$,$\bar{R}_a=1.439\ 8$,则有 $\bar{Q}_a\leqslant Q_{a6}=\mathrm{diag}(1.469\ 7,0.069\ 7)$,$\bar{R}_a\leqslant R_{a6}=2.469\ 7$。对于 $N=-2,-1,0,1,2$,表 8.2 给出了信号 $s(t)$ 的实际

和保守稳态估计误差方差的值，这验证了由式(8.128)给出的精度关系。

表 8.2 信号 $s(t)$ 的稳态估计误差方差阵的比较

$P_s(-2)$	$P_s(-1)$	$P_s(0)$	$P_s(1)$	$P_s(2)$
1.691 2	1.376 8	0.912 8	0.735 5	0.671 9
$\bar{P}_s(-2)$	$\bar{P}_s(-1)$	$\bar{P}_s(0)$	$\bar{P}_s(1)$	$\bar{P}_s(2)$
0.966 9	0.790 6	0.526 8	0.427 4	0.392 4

取$\rho=2\,000$次蒙特卡洛仿真运算，图8.6给出了保精度鲁棒稳态估值器的MSE曲线，其中直线表示信号 $s(t)$ 的实际稳态估计误差方差的值，曲线表示 MSE 值。符号 $\mathrm{MSE}_p^{(2)}(t)$，$\mathrm{MSE}_p^{(1)}(t)$，$\mathrm{MSE}_f(t)$，$\mathrm{MSE}_s^{(1)}(t)$ 和$\mathrm{MSE}_s^{(2)}(t)$ 分别表示两步预报器、一步预报器、滤波器、一步平滑器和两步平滑器的MSE值。我们可看到，当ρ充分大时($\rho=2\,000$)，MSE值接近于相应的实际误差方差值，这验证了一致性。

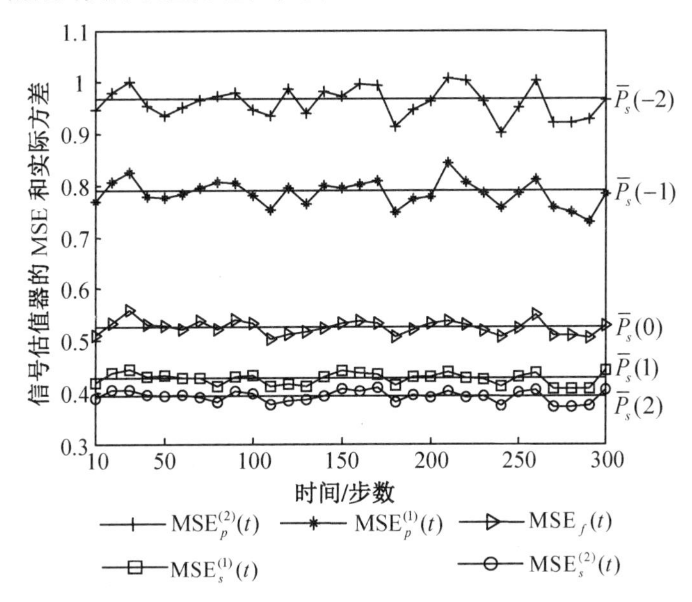

图 8.6 信号 $s(t)$ 的保精度鲁棒稳态估值器的 MSE 曲线和相应的实际误差方差

为了说明随机参数 $\xi_i(t)\,(i=1,2)$ 对鲁棒稳态信号滤波器 $\hat{s}^s(t\mid t)$ 的精度的影响，令乘性噪声方差 $\sigma_{\xi_1}^2$ 和 $\sigma_{\xi_2}^2$ 分别按步长0.01从0.01增加到0.08，图8.7和图8.8分别给出了稳态实际精度 $\bar{P}_s(0)$ 和鲁棒精度 $P_s(0)$ 随着 $\sigma_{\xi_1}^2$ 和 $\sigma_{\xi_2}^2$ 的增加的变化情况。我们可看到，当乘性噪声方差 $\sigma_{\xi_1}^2$ 和 $\sigma_{\xi_2}^2$ 增加时，相应的 $\bar{P}_s(0)$ 和 $P_s(0)$ 的值也增加，这意味着当乘性噪声方差 $\sigma_{\xi_1}^2$ 和 $\sigma_{\xi_2}^2$ 增加时，稳态信号滤波器 $\hat{s}^s(t\mid t)$ 的实际和鲁棒精度降低。

例8.3 考虑在文献[40,41]中给出的由式(8.129)—(8.132)所描述的带丢包和不确定噪声方差的不间断电力系统(UPS)，其中 $\Phi=\begin{bmatrix}0.922\,6 & -0.633 & 0\\ 1 & 0 & 0\\ 0 & 1 & 0\end{bmatrix}$，$\Gamma=\begin{bmatrix}1\\0\\0\end{bmatrix}$，且 $H=[23.737,20.287,0]$。在仿真中，取伯努利分布随机变量$\xi(t)$ 的概率为 $\pi=0.8$，相关系数 $D=0.6$，且 $\bar{\sigma}_w^2=2.5$，$\sigma_w^2=4.5$，$\bar{\sigma}_\eta^2=0.5$，$\sigma_\eta^2=0.8$。

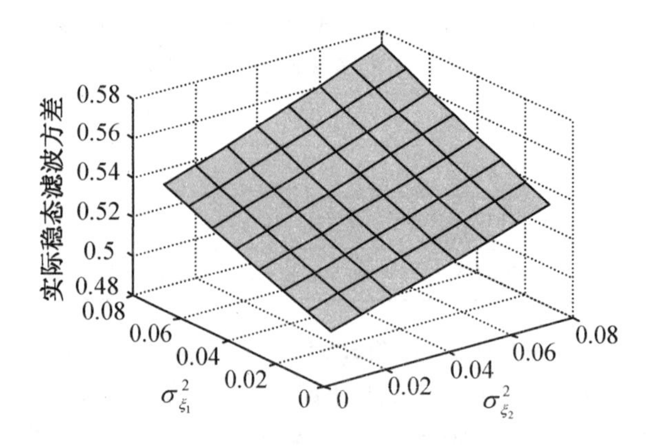

图 8.7 $\bar{P}_s(0)$ 随着 $\sigma_{\xi_1}^2$ 和 $\sigma_{\xi_2}^2$ 的变化

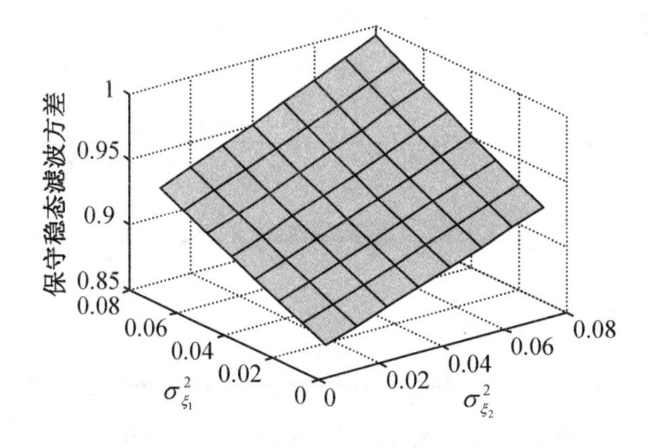

图 8.8 $P_s(0)$ 随着 $\sigma_{\xi_1}^2$ 和 $\sigma_{\xi_2}^2$ 的变化

该带丢包和不确定噪声方差系统可化为带相同乘性噪声系统(8.141)—(8.143),进而可用 8.2 节的结果求鲁棒 Kalman 估值器。

表 8.3 给出了稳态鲁棒和实际精度的比较,对于由式(8.129)—(8.132) 所描述的 UPS,这验证了它的稳态鲁棒 Kalman 估值器的稳态精度关系(8.93)。

表 8.3 稳态鲁棒和实际精度的比较

tr$P(-2)$	tr$P(-1)$	tr$P(0)$	tr$P(1)$	tr$P(2)$
19.683 7	12.466 2	6.751 0	5.339 2	5.227 9
tr$\bar{P}(-2)$	tr$\bar{P}(-1)$	tr$\bar{P}(0)$	tr$\bar{P}(1)$	tr$\bar{P}(2)$
10.935 4	6.925 7	3.750 6	2.966 3	2.904 5

图 8.9 给出了实际和保守时变估计误差方差阵的迹值,这验证了由式(8.93) 给出的精度关系。此外,可看出平滑器的鲁棒精度高于滤波器的鲁棒精度,而滤波器的鲁棒精度高于预报器的鲁棒精度。鲁棒时变估计误差方差阵的迹值收敛于由表 8.3 给出的相应的稳态估计误差方差阵的迹值,这验证了由式(8.97) 给出的收敛性。

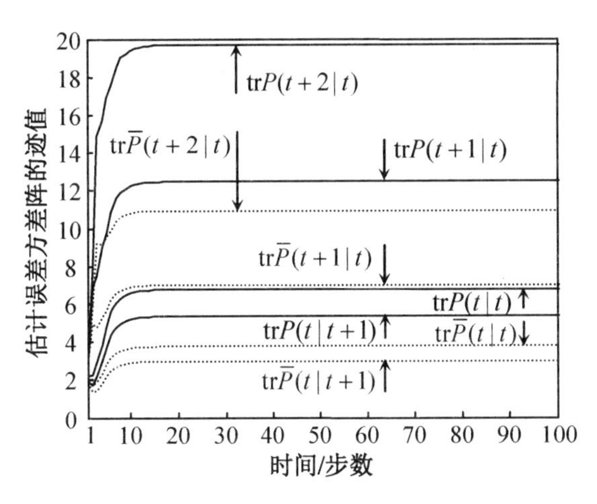

图 8.9　实际和保守时变估计误差方差阵的迹值

图 8.10 给出了鲁棒时变估值器 $\hat{x}(t+1|t)$,$\hat{x}(t|t)$,$\hat{x}(t|t+1)$ 和 $\hat{x}(t|t+2)$ 的第二个分量的跟踪效果,可看到它具有良好的跟踪性能,此外可看到它们的实际估计误差依次减小,这和表 8.3 给出的实际精度的大小关系是一致的。

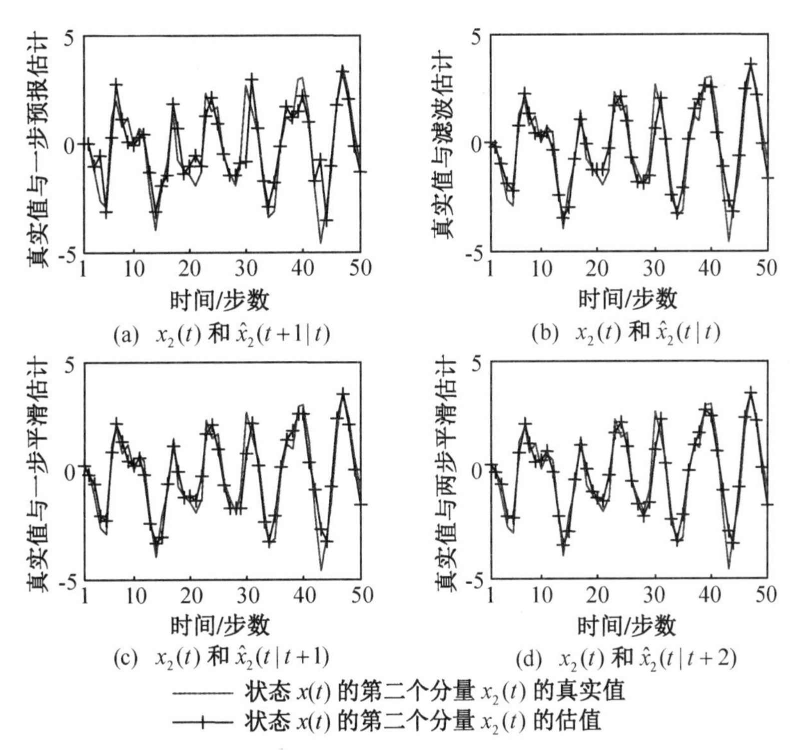

图 8.10　状态 $x(t)$ 的第二个分量 $x_2(t)$ 和它的实际估值

为了说明稳态一步预报鲁棒和实际精度 $trP(-1)$ 和 $tr\bar{P}(-1)$ 随着丢失观测率的变化情况,定义丢失观测率为 $\alpha=1-\pi$,这意味着 α 是丢失观测的概率。令丢失观测率 α 按照步长 0.1 从 0 增加到 1,图 8.11 给出了仿真结果,可看到当丢失观测率增加时,$trP(-1)$ 和 $tr\bar{P}(-1)$ 也增加,这意味着当丢失观测率增加时,稳态一步预报鲁棒和实际精度降低。

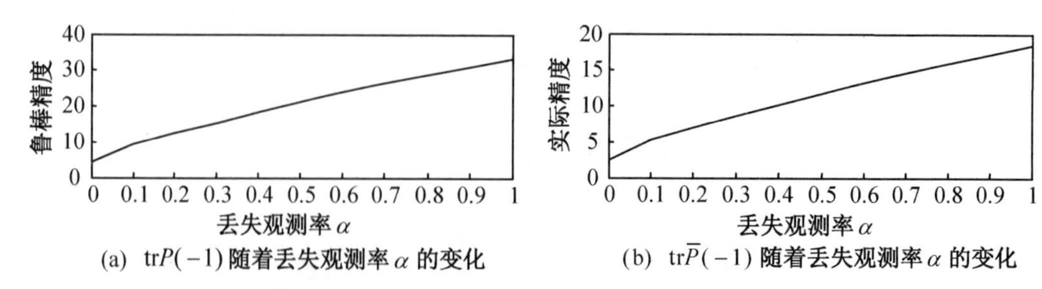

图 8.11 $\mathrm{tr}P(-1)$ 和 $\mathrm{tr}\bar{P}(-1)$ 随着丢失观测率 α 的变化

例 8.4 在仿真中考虑 1 kVA 不间断电源系统(UPS)[40,41]，相应的带丢包、不确定方差乘性和线性相关加性白噪声的离散系统模型如下：

$$x(t+1)=\begin{bmatrix}0.9226+\beta_1(t) & -0.6330+\beta_2(t) & 0\\ 1 & 0 & 0\\ 0 & 1 & 0\end{bmatrix}x(t)+\begin{bmatrix}0.5+\zeta_1(t)\\ 0\\ 0.2+\zeta_2(t)\end{bmatrix}w(t) \tag{8.488}$$

$$z(t)=[23.738+\gamma_1(t),20.287+\gamma_2(t),0]x(t)+v(t) \tag{8.489}$$

$$v(t)=D(t)w(t)+\eta(t) \tag{8.490}$$

$$y(t)=\xi(t)z(t)+(1-\xi(t))y(t-1) \tag{8.491}$$

定义

$$\Phi=\begin{bmatrix}0.9226 & -0.6330 & 0\\ 1 & 0 & 0\\ 0 & 1 & 0\end{bmatrix},\Phi_1=\begin{bmatrix}1 & 0 & 0\\ 0 & 0 & 0\\ 0 & 0 & 0\end{bmatrix},\Phi_2=\begin{bmatrix}0 & 1 & 0\\ 0 & 0 & 0\\ 0 & 0 & 0\end{bmatrix}$$

$$\Gamma=[0.5,0,0.2]^{\mathrm{T}},\Gamma_1=[1,0,0]^{\mathrm{T}},\Gamma_2=[0,0,1]^{\mathrm{T}}$$

以及 $H=[23.738,20.287,0]$，$H_1=[1,0,0]$，$H_2=[0,1,0]$，则由式(8.488)—(8.491)给出的UPS系统可转化为形如式(8.152)—(8.155)的带乘性噪声和丢包系统，其中 $n_\beta=2$，$n_\gamma=2$ 和 $n_\zeta=2$。

对系统(8.488)—(8.491)，在仿真中，取 $Q=1$，$\bar{Q}=0.7$，$R_\eta=1.2$，$\bar{R}_\eta=1.0$，$\sigma_{\beta_1}^2=0.1$，$\bar{\sigma}_{\beta_1}^2=0.07$，$\sigma_{\beta_2}^2=0.15$，$\bar{\sigma}_{\beta_2}^2=0.1$，$\sigma_{\zeta_1}^2=0.1$，$\bar{\sigma}_{\zeta_1}^2=0.07$，$\sigma_{\zeta_2}^2=0.1$，$\bar{\sigma}_{\zeta_2}^2=0.07$，$\sigma_{\gamma_1}^2=0.9$，$\bar{\sigma}_{\gamma_1}^2=0.7$，$\sigma_{\gamma_2}^2=0.7$，$\bar{\sigma}_{\gamma_2}^2=0.5$ 和 $\alpha=0.88$，对 $N=-1,0,1,2$，应用8.3节的结果可得鲁棒Kalman估值器，相应的稳态鲁棒和实际精度如表8.4所示。表8.4验证了稳态精度关系(8.265)和(8.266)。

表 8.4 稳态鲁棒和实际精度比较

$\mathrm{tr}P(-1)$	$\mathrm{tr}P(0)$	$\mathrm{tr}P(1)$	$\mathrm{tr}P(2)$	$\mathrm{tr}\bar{P}(-1)$	$\mathrm{tr}\bar{P}(0)$	$\mathrm{tr}\bar{P}(1)$	$\mathrm{tr}\bar{P}(2)$
2.244 0	1.066 7	0.835 5	0.817 8	0.970 4	0.471 7	0.372 7	0.365 2

同时，实际和保守的时变估值误差方差的迹的变化如图8.12所示。从图8.12可以看

到，实际的时变估值误差方差的迹均小于它们的保守上界，这验证了精度关系(8.243)，我们也看到，平滑器的鲁棒精度高于滤波器的鲁棒精度，滤波器的鲁棒精度高于预报器的鲁棒精度，这验证了精度关系(8.244)。根据式(8.274)，引出 $\mathrm{tr}P(t\mid t+N)\to\mathrm{tr}P(N)$，$\mathrm{tr}\bar{P}(t\mid t+N)\to\mathrm{tr}\bar{P}(N)$，表 8.4 和图 8.12 验证了这个事实。

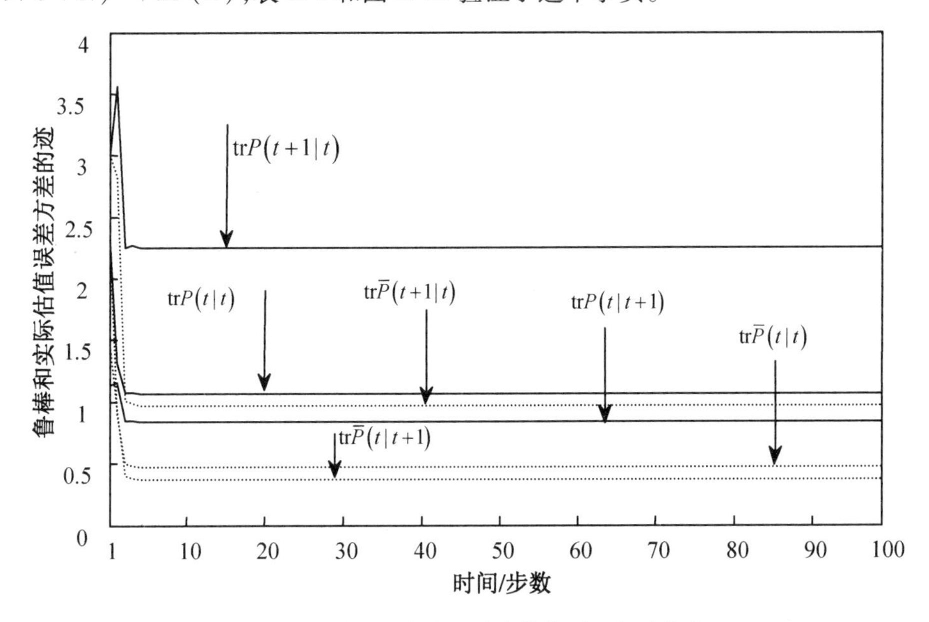

图 8.12　实际和保守的时变估值误差方差的迹

对原始状态 $x(t)=[x_1(t),x_2(t),x_3(t)]^{\mathrm{T}}$，图 8.13 给出了第二状态分量 $x_2(t)$ 的鲁棒时变估值器 $\hat{x}_2(t+1\mid t)$，$\hat{x}_2(t\mid t)$，$\hat{x}_2(t\mid t+1)$ 和 $\hat{x}_2(t\mid t+2)$ 的跟踪结果，其中实线表示第二状态分量 $x_2(t)$ 的真实值，虚线表示估值。从整体来看，$\hat{x}_2(t+1\mid t)$，$\hat{x}_2(t\mid t)$，$\hat{x}_2(t\mid t+1)$ 和 $\hat{x}_2(t\mid t+2)$ 的实际精度依次增加，这与精度关系(8.244)是一致的。

定义丢失率为 $\delta=1-\alpha$，设置 δ 从 0.1 变化到 1，每次增加 0.1，图 8.14 给出了观测丢失率与保守和实际稳态估值误差方差的迹 $\mathrm{tr}P(N)$ 和 $\mathrm{tr}\bar{P}(N)$ $(N=-1,0,1)$ 的变化情况。从图 8.14 可以看到，当丢失率增加时，$\mathrm{tr}P(N)$ 和 $\mathrm{tr}\bar{P}(N)$ 也是增加的。

此外，我们任取 3 组容许的实际方差：

(a) $\bar{Q}=0.1,\bar{R}_\eta=0.1,\bar{\sigma}^2_{\beta_1}=0.02,\bar{\sigma}^2_{\beta_2}=0.02,\bar{\sigma}^2_{\zeta_1}=0.02,\bar{\sigma}^2_{\zeta_2}=0.01,\bar{\sigma}^2_{\gamma_1}=0.1,\bar{\sigma}^2_{\gamma_2}=0.1$；

(b) $\bar{Q}=0.35,\bar{R}_\eta=0.4,\bar{\sigma}^2_{\beta_1}=0.05,\bar{\sigma}^2_{\beta_2}=0.09,\bar{\sigma}^2_{\zeta_1}=0.04,\bar{\sigma}^2_{\zeta_2}=0.04,\bar{\sigma}^2_{\gamma_1}=0.4,\bar{\sigma}^2_{\gamma_2}=0.3$；

(c) $\bar{Q}=0.8,\bar{R}_\eta=1.0,\bar{\sigma}^2_{\beta_1}=0.08,\bar{\sigma}^2_{\beta_2}=0.13,\bar{\sigma}^2_{\zeta_1}=0.08,\bar{\sigma}^2_{\zeta_2}=0.08,\bar{\sigma}^2_{\gamma_1}=0.7,\bar{\sigma}^2_{\gamma_2}=0.6$。　(8.492)

对状态的第 2 分量，可得 3 组预报器的误差曲线以及相应的鲁棒和实际 ±3 标准偏差界 $\pm3\sigma_2(t+1\mid t)$ 和 $\pm3\bar{\sigma}_2^{\theta}(t+1\mid t)(\theta=a,b,c)$，如图 8.15 所示。根据注 8.6，这验证了预报器实际方差 $\bar{P}(t+1\mid t)$ 的正确性。

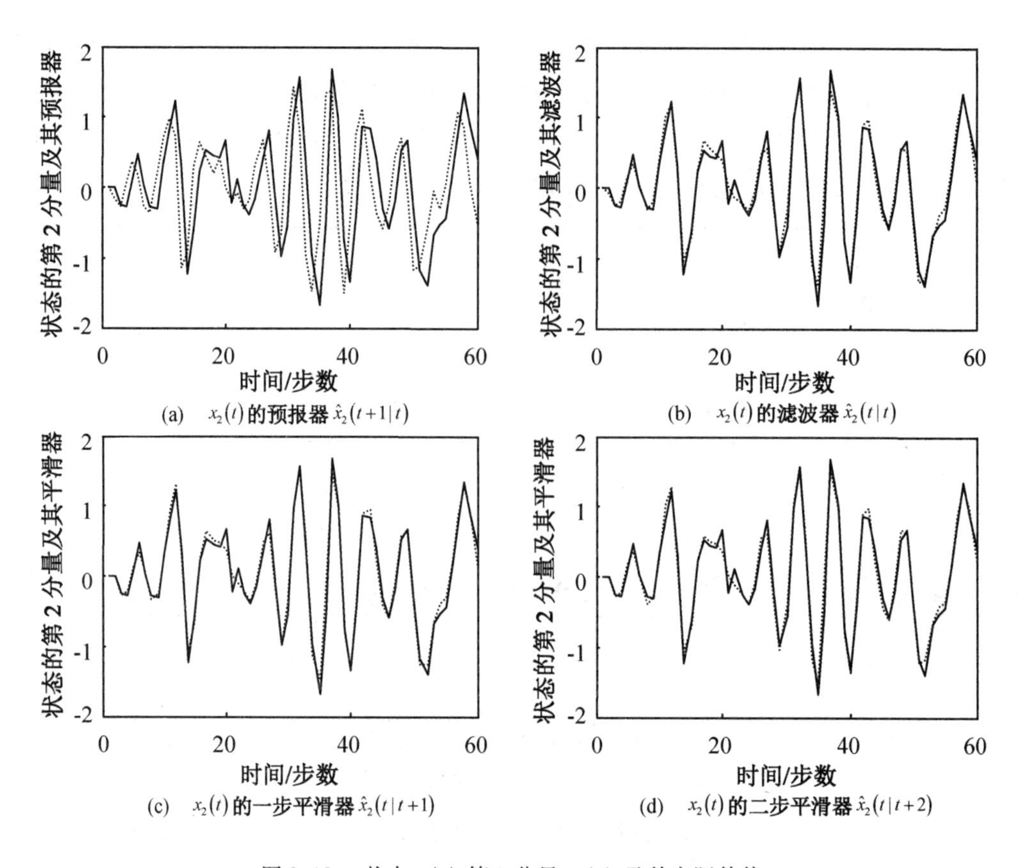

图 8.13　状态 $x(t)$ 第 2 分量 $x_2(t)$ 及其实际估值

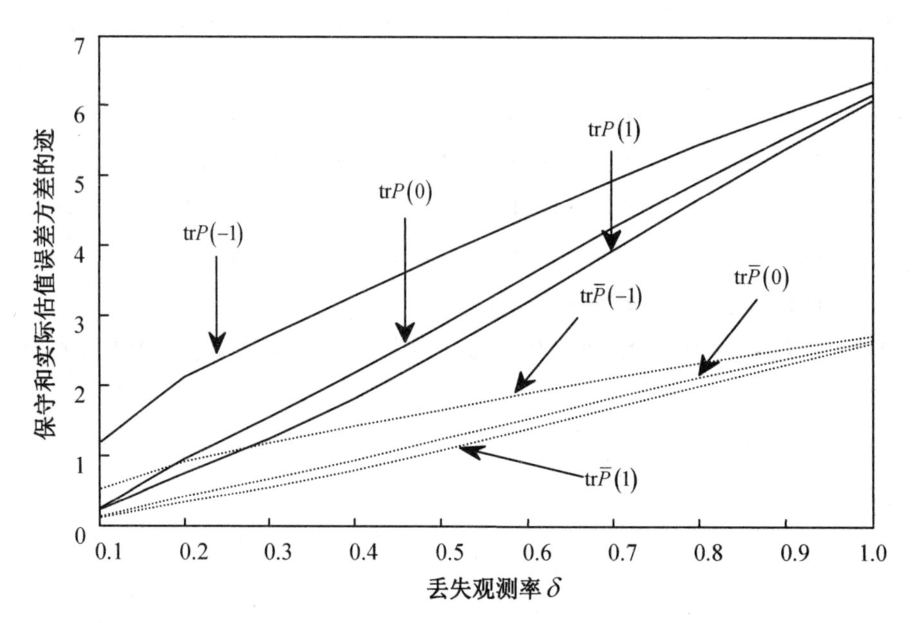

图 8.14　保守和实际稳态估值误差方差 $\mathrm{tr}P(N)$ 和 $\mathrm{tr}\bar{P}(N)$ $(N=-1,0,1)$ 随丢失率变化情况

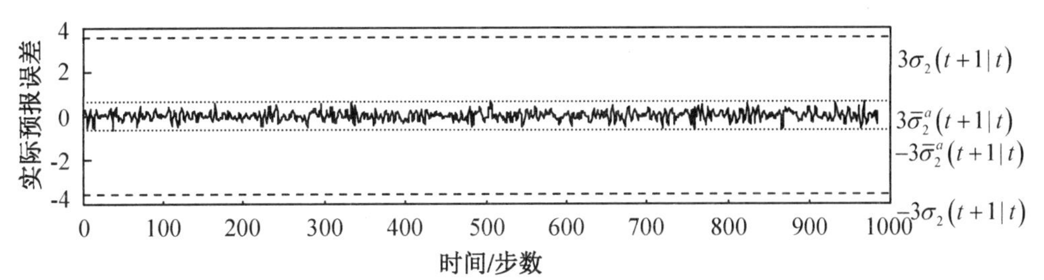

(a) 第一组实际预报误差曲线以及相应的 $\pm 3\bar{\sigma}_2^a(t+1|t)$ 和 $\pm 3\sigma_2(t+1|t)$ 界

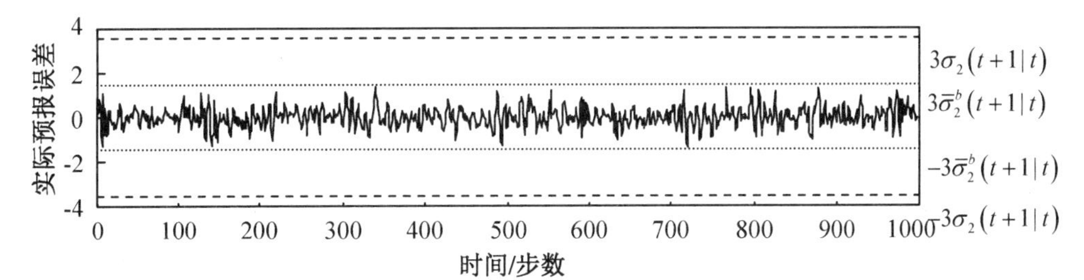

(b) 第一组实际预报误差曲线以及相应的 $\pm 3\bar{\sigma}_2^b(t+1|t)$ 和 $\pm 3\sigma_2(t+1|t)$ 界

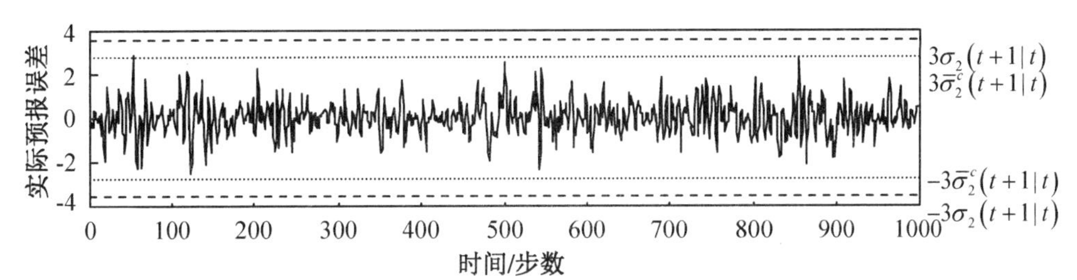

(c) 第一组实际预报误差曲线以及相应的 $\pm 3\bar{\sigma}_2^c(t+1|t)$ 和 $\pm 3\sigma_2(t+1|t)$ 界

图 8.15　实际预报误差曲线及其 $\pm 3\bar{\sigma}_2^\theta(t+1|t)$ 和 $\pm 3\sigma_2^\theta(t+1|t)(\theta=a,b,c)$ 界

例 8.5　在仿真中考虑 1 kVA 不间断电源系统(UPS)[40,41]，相应的带乘性噪声、丢包和不确定方差线性相关加性白噪声的离散时间三传感器系统模型如下：

$$x(t+1)=\begin{bmatrix}0.9226+\beta_1(t) & -0.6330+\beta_2(t) & 0\\ 1 & 0 & 0\\ 0 & 1 & 0\end{bmatrix}x(t)+\begin{bmatrix}0.5\\ 0\\ 0.2\end{bmatrix}w(t) \tag{8.493}$$

$$z_i(t)=[20.738+\gamma_{i1}(t),20.287+\gamma_{i2}(t),0]x(t)+v_i(t),i=1,2,3 \tag{8.494}$$

$$v_i(t)=D_i(t)w(t)+\eta_i(t) \tag{8.495}$$

$$y_i(t)=\xi_i(t)z_i(t)+(1-\xi_i(t))y_i(t-1) \tag{8.496}$$

白噪声 $\beta_k(t)$ 和 $\gamma_{il}(t)$ 是常参数的随机扰动，$\xi_i(t)$ 是 Bernoulli 分布随机变量。定义

$$\Phi=\begin{bmatrix}0.9226 & -0.6330 & 0\\ 1 & 0 & 0\\ 0 & 1 & 0\end{bmatrix},\Phi_1=\begin{bmatrix}1&0&0\\0&0&0\\0&0&0\end{bmatrix},\Phi_2=\begin{bmatrix}0&1&0\\0&0&0\\0&0&0\end{bmatrix},\Gamma=\begin{bmatrix}0.5\\0\\0.2\end{bmatrix}$$

以及 $H_1=H_2=H_3=[23.738,20.287,0]$，$H_{11}=[1,0,0]$，$H_{12}=[0,1,0]$，$H_{21}=[1,0,0]$，$H_{22}=[0,1,0]$，$H_{31}=[1,0,0]$，$H_{32}=[0,1,0]$，则 UPS 系统(8.493)—(8.496)可转化为形

如(8.275)—(8.278)的混合不确定系统，其中 $n_\beta = 2$ 和 $n_{\gamma i} = 2$。对系统(8.493)—(8.496)，应用8.4节的结果可得局部和融合鲁棒估值器。在仿真中，取 $Q = 2, \bar{Q} = 1.1$, $\sigma_{\beta_1}^2 = 0.08, \bar{\sigma}_{\beta_1}^2 = 0.04, \sigma_{\beta_2}^2 = 0.09, \bar{\sigma}_{\beta_2}^2 = 0.06, \sigma_{\gamma_{11}}^2 = 0.09, \bar{\sigma}_{\gamma_{11}}^2 = 0.06, \sigma_{\gamma_{12}}^2 = 0.073$, $\bar{\sigma}_{\gamma_{12}}^2 = 0.047, \sigma_{\gamma_{21}}^2 = 0.06, \bar{\sigma}_{\gamma_{21}}^2 = 0.04, \sigma_{\gamma_{22}}^2 = 0.04, \bar{\sigma}_{\gamma_{22}}^2 = 0.02, \sigma_{\gamma_{31}}^2 = 0.099, \bar{\sigma}_{\gamma_{31}}^2 = 0.07$, $\sigma_{\gamma_{32}}^2 = 0.093, \bar{\sigma}_{\gamma_{32}}^2 = 0.034, R_{\eta_1} = 0.9, \bar{R}_{\eta_1} = 0.7, R_{\eta_2} = 0.8, \bar{R}_{\eta_2} = 0.6, R_{\eta_3} = 0.7, \bar{R}_{\eta_3} = 0.5$, $\alpha_1 = 0.87, \alpha_2 = 0.95, \alpha_3 = 0.81, D_1 = 0.2, D_2 = 0.25, D_3 = 0.3$。

对 $N = -1, 0, 1$，相应的稳态 Kalman 估值器的鲁棒和实际精度如表8.5所示。表8.5验证了稳态精度关系(8.458)和(8.460)。

表8.5　局部和融合稳态 Kalman 估值器的鲁棒和实际精度比较

$\mathrm{tr}P_\theta(N), \mathrm{tr}\bar{P}_\theta(N)$	$N = -1$(预报器)	$N = 0$(滤波器)	$N = 1$(平滑器)
$\mathrm{tr}P_1(N)$	2.069 0	0.981 1	0.781 8
$\mathrm{tr}\bar{P}_1(N)$	0.889 3	0.427 1	0.341 5
$\mathrm{tr}P_2(N)$	2.401 5	1.310 1	1.064 3
$\mathrm{tr}\bar{P}_2(N)$	1.030 4	0.566 3	0.461 8
$\mathrm{tr}P_3(N)$	1.563 2	0.544 9	0.430 1
$\mathrm{tr}\bar{P}_3(N)$	0.674 2	0.242 4	0.190 9
$\mathrm{tr}P_{\mathrm{CI}}(N)$	1.563 2	0.544 9	0.430 1
$\mathrm{tr}\bar{P}_{\mathrm{CI}}(N)$	0.674 2	0.242 4	0.190 9
$\mathrm{tr}P_s(N)$	1.506 1	0.492 3	0.386 5
$\mathrm{tr}\bar{P}_s(N)$	0.649 9	0.219 5	0.180 4
$\mathrm{tr}P_d(N)$	1.505 8	0.492 2	0.386 4
$\mathrm{tr}\bar{P}_d(N)$	0.649 8	0.219 4	0.177 0
$\mathrm{tr}P_m(N)$	1.492 5	0.491 2	0.386 2
$\mathrm{tr}\bar{P}_m(N)$	0.626 6	0.218 8	0.176 9

对于局部和融合时变 Kalman 预报器 $\hat{x}_\theta(t+1 \mid t), \theta = 1,2,3,m,s,d,\mathrm{CI}$，它们的实际和鲁棒精度如图8.16和图8.17所示。这验证了 $N = -1$ 时的精度关系(8.438)—(8.441)以及 $N = -1$ 时的收敛性关系(8.462)和(8.463)。

对原始状态 $x(t) = [x_1(t), x_2(t), x_3(t)]^{\mathrm{T}}$，图8.18给出了局部和矩阵加权融合鲁棒时变 Kalman 估值器的第一个分量 $\hat{x}_1^{(1)}(t+1 \mid t), \hat{x}_m^{(1)}(t+1 \mid t), \hat{x}_m^{(1)}(t \mid t)$ 和 $\hat{x}_m^{(1)}(t \mid t+1)$ 的跟踪结果。从整体来看，$\hat{x}_1^{(1)}(t+1 \mid t), \hat{x}_m^{(1)}(t+1 \mid t), \hat{x}_m^{(1)}(t \mid t)$ 和 $\hat{x}_m^{(1)}(t \mid t+1)$ 的实际估计误差依次减小，精度依次增加。

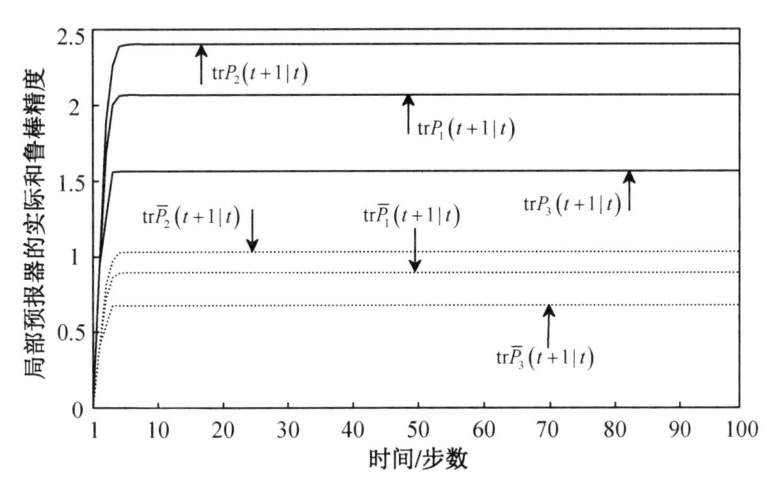

图 8.16　局部时变 Kalman 预报器 $\hat{x}_\theta(t+1|t)(\theta=1,2,3)$ 的鲁棒和实际精度

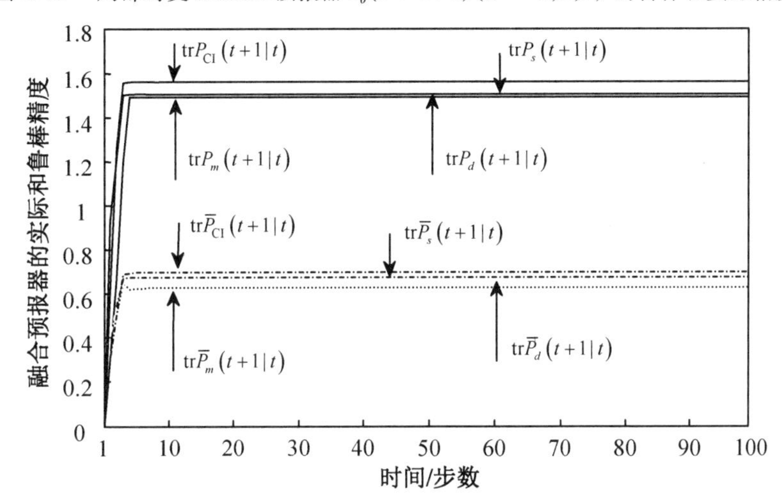

图 8.17　融合时变 Kalman 预报器 $\hat{x}_\theta(t+1|t)(\theta=m,s,d,\mathrm{CI})$ 的鲁棒和实际精度

为了验证鲁棒稳态 Kalman 滤波器的实际方差 $\bar{P}_\theta(0)(\theta=1,2,3,m,s,d,\mathrm{CI})$ 的正确性，取 $\rho=10\ 000$ 次蒙特卡洛仿真次数，图 8.19 和图 8.20 给出了鲁棒局部和融合稳态 Kalman 滤波器的均方误差曲线$\mathrm{MSE}_\theta(t)$，其中直线表示实际稳态滤波误差方差的迹，曲线表示 MSE 值。我们可以看出，当 ρ 充分大时($\rho=10\ 000$)，$\mathrm{MSE}_\theta(t)$ 值接近相应的 $\mathrm{tr}\bar{P}_\theta(0)$，这验证了采样方差的一致性。

为了验证所提出的估值器的鲁棒性，在式(8.382)中，取 $N=-1,\theta=m$，并任取3组满足式(8.280)的实际方差，且取：

(a) $\bar{Q}=1.6,\bar{R}_{\eta1}=0.8,\bar{R}_{\eta2}=0.7,\bar{R}_{\eta3}=0.6,\bar{\sigma}^2_{\beta1}=0.07,\bar{\sigma}^2_{\beta2}=0.07,\bar{\sigma}^2_{\gamma11}=0.08,\bar{\sigma}^2_{\gamma12}=0.067,\bar{\sigma}^2_{\gamma21}=0.05,\bar{\sigma}^2_{\gamma22}=0.03,\bar{\sigma}^2_{\gamma31}=0.085,\bar{\sigma}^2_{\gamma32}=0.084$；

(b) $\bar{Q}=1.0,\bar{R}_{\eta1}=0.4,\bar{R}_{\eta2}=0.4,\bar{R}_{\eta3}=0.3,\bar{\sigma}^2_{\beta1}=0.04,\bar{\sigma}^2_{\beta2}=0.03,\bar{\sigma}^2_{\gamma11}=0.04,\bar{\sigma}^2_{\gamma12}=0.037,\bar{\sigma}^2_{\gamma21}=0.03,\bar{\sigma}^2_{\gamma22}=0.02,\bar{\sigma}^2_{\gamma31}=0.04,\bar{\sigma}^2_{\gamma32}=0.044$；

(c) $\bar{Q}=0.1,\bar{R}_{\eta1}=0.1,\bar{R}_{\eta2}=0.1,\bar{R}_{\eta3}=0.1,\bar{\sigma}^2_{\beta1}=0.01,\bar{\sigma}^2_{\beta2}=0.01,\bar{\sigma}^2_{\gamma11}=0.01,\bar{\sigma}^2_{\gamma12}=0.01,\bar{\sigma}^2_{\gamma21}=0.01,\bar{\sigma}^2_{\gamma22}=0.01,\bar{\sigma}^2_{\gamma31}=0.01,\bar{\sigma}^2_{\gamma32}=0.01$。　(8.497)

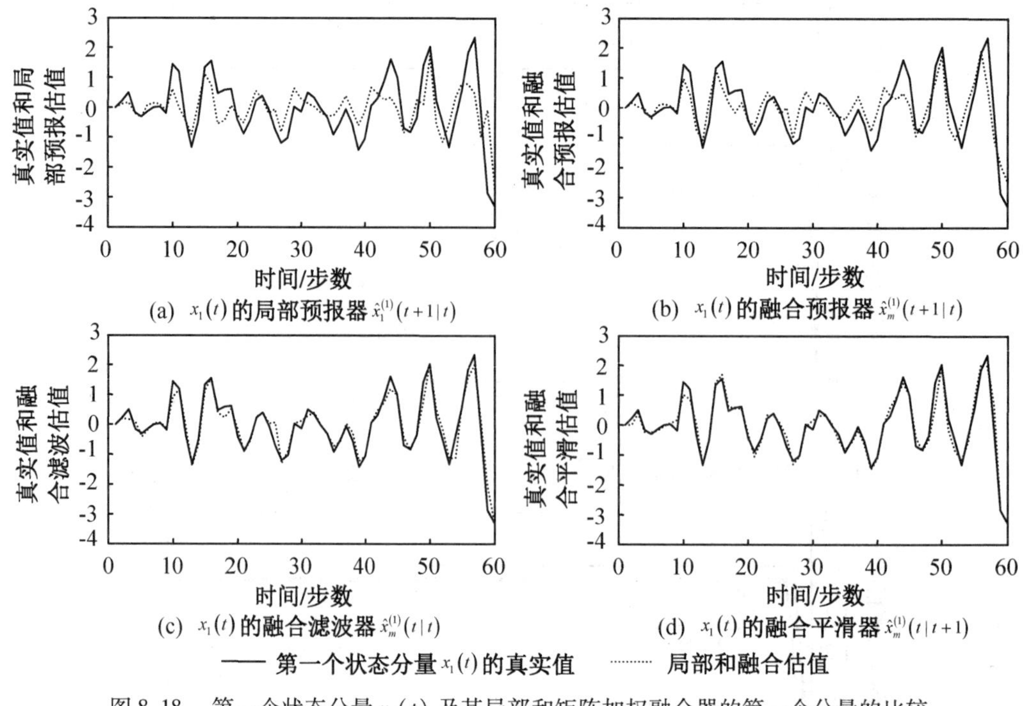

图 8.18　第一个状态分量 $x_1(t)$ 及其局部和矩阵加权融合器的第一个分量的比较

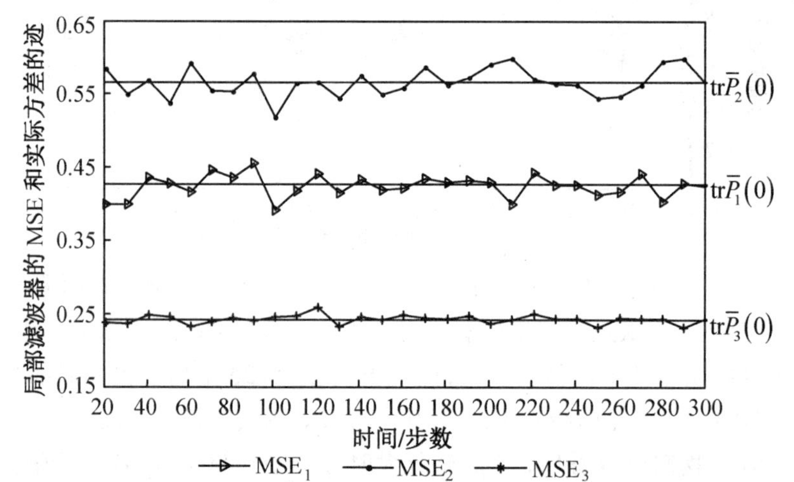

图 8.19　鲁棒局部稳态 Kalman 滤波器 $\hat{x}_\theta(t|t)(\theta=1,2,3)$ 的 MSE 曲线

容易得到相应的三组矩阵加权融合稳态 Kalman 预报器 $\hat{x}_m^{sl}(t+1|t)(l=a,b,c)$，及其保守和实际融合稳态误差方差阵 $P_m^l(-1)$ 和 $\bar{P}_m^l(-1)$，以及它们的鲁棒和实际 ±3 标准偏差界 $\pm3\sigma_m^{(k)l}(-1)$ 和 $\pm3\bar{\sigma}_m^{(k)l}(-1)$，$k=1,\cdots,n$。以状态的第一个分量为例，其保守和实际矩阵加权融合预报误差曲线及 ±3 标准偏差界如图8.21 所示，其中，实线表示实际融合预报误差曲线，短划线表示标准偏差 $\pm3\sigma_m^{(1)}(-1)$ 的界，虚线表示标准偏差 $\pm3\bar{\sigma}_m^{(1)l}(-1)$ 的界。我们可看到，超过99% 的估值误差采样值落在 $\pm3\bar{\sigma}_m^{(1)l}(-1)$ 之间，同时也位于 $\pm3\sigma_m^{(1)}(-1)$ 之间，这验证了鲁棒矩阵加权融合稳态 Kalman 预报器 $\hat{x}_m^{sl}(t+1|t)$ $(l=a,b,c)$ 的正确性和实际标准差 $\bar{\sigma}_m^{(k)l}(-1)$ 的正确性。

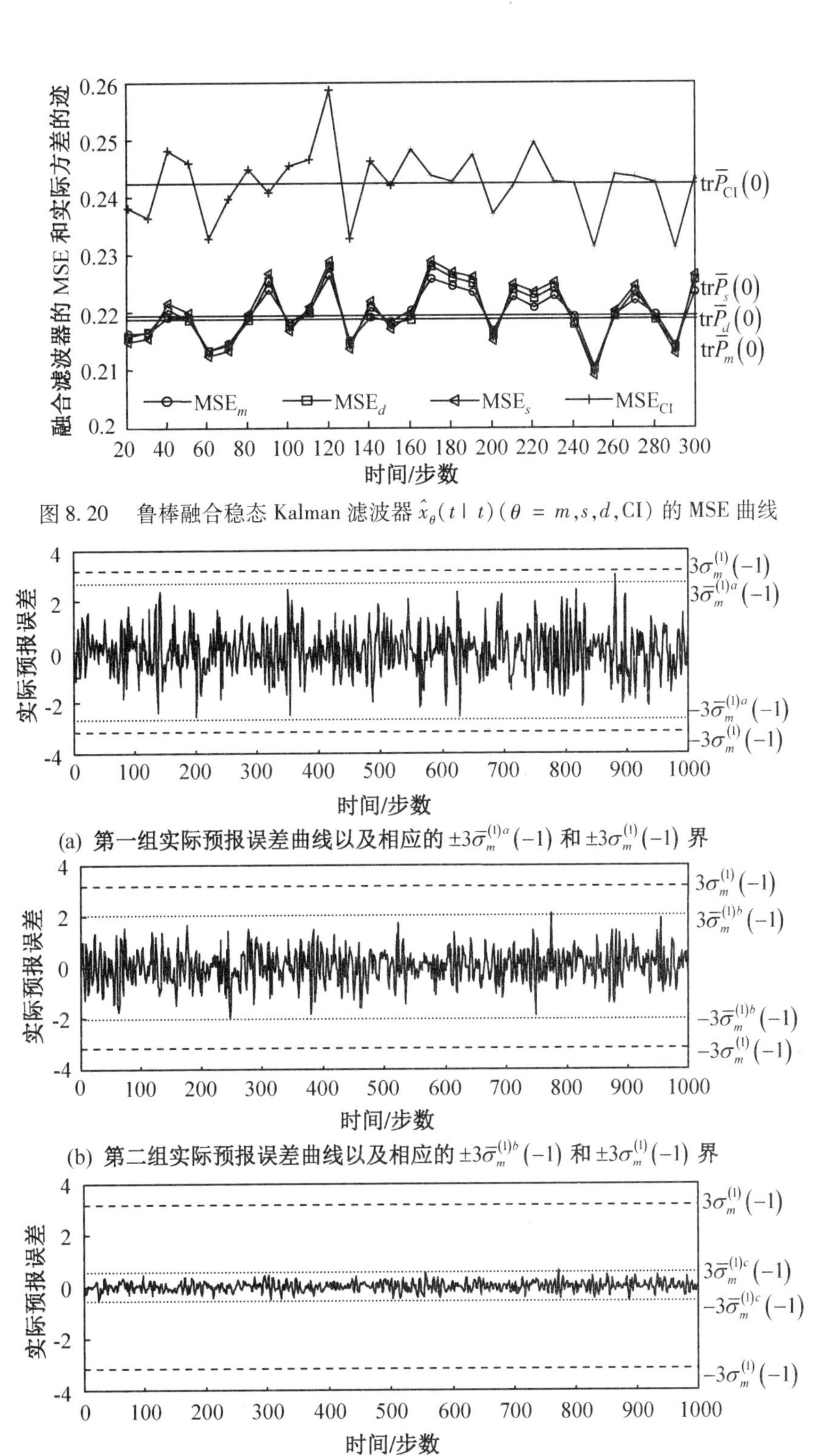

图 8.20　鲁棒融合稳态 Kalman 滤波器 $\hat{x}_\theta(t\mid t)(\theta = m,s,d,\mathrm{CI})$ 的 MSE 曲线

(a) 第一组实际预报误差曲线以及相应的 $\pm3\bar{\sigma}_m^{(1)a}(-1)$ 和 $\pm3\sigma_m^{(1)}(-1)$ 界

(b) 第二组实际预报误差曲线以及相应的 $\pm3\bar{\sigma}_m^{(1)b}(-1)$ 和 $\pm3\sigma_m^{(1)}(-1)$ 界

(c) 第三组实际预报误差曲线以及相应的 $\pm3\bar{\sigma}_m^{(1)c}(-1)$ 和 $\pm3\sigma_m^{(1)}(-1)$ 界

图 8.21　第一个分量的实际预报误差曲线及其 $\pm3\sigma_m^{(1)}(-1)$ 和 $\pm3\bar{\sigma}_m^{(1)l}(-1)(l = a,b,c)$ 界

为了说明保守和实际矩阵加权融合稳态预报误差方差的迹 $\mathrm{tr}P_m(-1)$ 和 $\mathrm{tr}\bar{P}_m(-1)$ 随着丢失率的变化情况，定义丢失观测率为 $\delta_i = 1-\alpha_i, i=1,2,3$，这意味着 δ_i 为观测丢失的概率。设置 δ_1 从 0 变化到 1，并取 $[\delta_2,\delta_3]=\pi_1[1,1]$，其中 π_1 从 0 变化到 1，每次增加 0.1。保守和实际矩阵加权融合稳态预报误差方差的迹 $\mathrm{tr}P_m(-1)$ 和 $\mathrm{tr}\bar{P}_m(-1)$ 随丢失率的变化情况如图 8.22 和图 8.23 所示，可看到 $\mathrm{tr}P_m(-1)$ 和 $\mathrm{tr}\bar{P}_m(-1)$ 随丢失率增加而增加，这表明当丢失率增加时，矩阵加权融合鲁棒稳态预报器的鲁棒和实际精度降低。

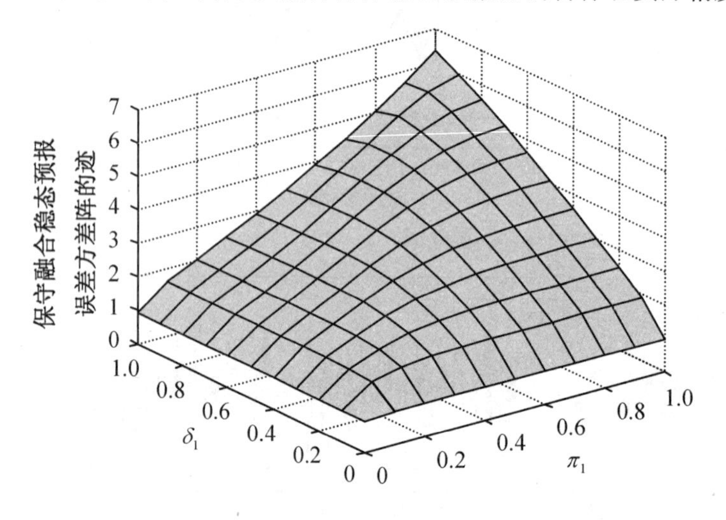

图 8.22　$\mathrm{tr}P_m(-1)$ 随丢失率 δ_1 和 π_1 的变化情况

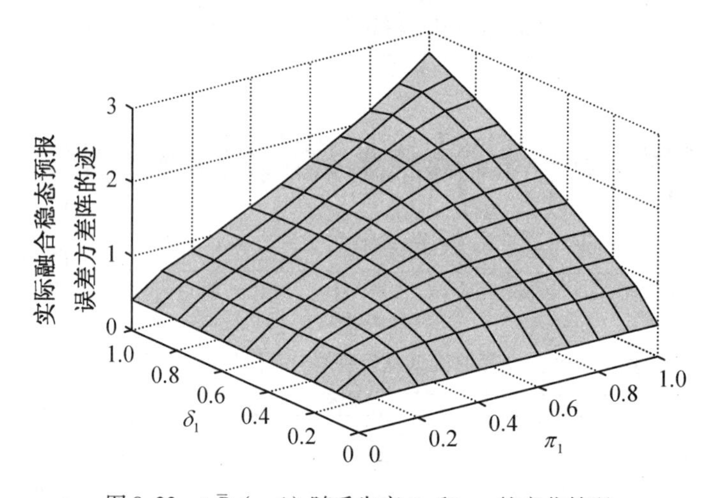

图 8.23　$\mathrm{tr}\bar{P}_m(-1)$ 随丢失率 δ_1 和 π_1 的变化情况

8.6　本章小结

本章主要工作如下：

（1）针对带不确定方差线性相关加性白噪声和所有参数阵中带相同乘性噪声的系统，应用所提出的基于一步预报器来设计滤波器和平滑器的统一的设计方法，并应用基于虚拟噪声和 Lyapunov 方程方法的极大极小鲁棒 Kalman 滤波方法，提出了鲁棒时变

Kalman 估值器(预报器、滤波器和平滑器)。应用增广噪声方法和 Lyapunov 方程方法证明了它们的鲁棒性,分析了它们之间的精度关系。特别地,提出了最大值虚拟噪声方差的系统辨识方法和一种用于判决辨识结果正确性的新息检验准则,给出了一种简单的用于寻求噪声方差的较小保守上界的搜索技术。进而,提出了两类保精度鲁棒稳态 Kalman 估值器,一种是带改进的鲁棒精度的鲁棒稳态 Kalman 估值器,另一种是带预置的鲁棒精度指标的鲁棒稳态 Kalman 估值器。证明了所提出的鲁棒时变与稳态估值器之间的三种模式按实现收敛性。

(2) 针对带不同的状态和噪声相依乘性噪声、丢包和不确定方差线性相关加性白噪声的混合不确定网络化系统,应用增广方法和虚拟噪声补偿方法,系统被转换成仅含不确定噪声方差的系统,应用基于 Lyapunov 方程方法的极大极小鲁棒 Kalman 滤波方法,在统一框架下提出了鲁棒时变 Kalman 估值器。证明了所提出估值器的鲁棒性及其精度关系,并证明了鲁棒时变和稳态 Kalman 估值器之间的按实现收敛性。

(3) 对于带不同的状态相依乘性噪声、丢包和不确定方差线性相关加性白噪声的混合不确定的多传感器网络化系统,应用扩维方法、虚拟噪声技术、极大极小鲁棒估计原理和 Lyapunov 方程方法,提出了统一框架下的四种加权状态融合鲁棒时变 Kalman 估值器,包括按矩阵加权、按对角矩阵加权、按标量加权和协方差交叉融合器。证明了所提出的估值器的鲁棒性,即对所有容许的不确定性,实际估计误差方差阵被保证有最小上界。证明了鲁棒局部和融合估值器之间的精度关系。相应的稳态鲁棒融合 Kalman 估值器也被提出,证明了鲁棒时变和稳态 Kalman 估值器间的按实现收敛性。

(4) 给出了若干个仿真应用例子,一是应用于解决带随机参数、有色观测噪声和不确定噪声方差的 AR 信号的保精度鲁棒稳态滤波问题,二是应用于解决带丢包和不确定噪声方差的不间断电力系统(UPS) 的鲁棒滤波问题,三是应用于解决带不同的状态和噪声相依乘性噪声、不确定噪声方差和丢包的 UPS 的鲁棒滤波问题,四是应用于解决带不同的状态相依乘性噪声、不确定噪声方差和丢包的多传感器 UPS 的鲁棒加权状态融合滤波问题,仿真结果验证了所提出的方法和结果的正确性、有效性和可应用性。

参 考 文 献

[1] KALMAN R E. A New Approach to Linear Filtering and Prediction Problems[J]. Journal of Basic Engineering Transactions, 1960, 82(1): 34-45.

[2] HASHMI A J, EFTEKHAR A, ADIBI A. A Kalman Filter Based Synchronization Scheme for Telescope Array Receivers in Deep-space Optical Communication Links[J]. Optics Communications, 2012, 285(24): 5037-5043.

[3] GIBSON J D, KOO B, GRAY S D. Filtering of Colored Noise for Speech Enhancement and Coding[J]. IEEE Transactions on Signal Processing, 1991, 39(8): 1732-1741.

[4] KIM J H, OH J H. A Land Vehicle Tracking Algorithm Using Stand Alone GPS[J]. Control Engineering Practice, 2000, 8(10): 1189-1196.

[5] 付梦印,邓志红,张继伟. Kalman 滤波理论及其在导航系统中的应用[M]. 北京:科学出版社, 2003.

[6] LIGGINS M E, HALLI D L, LLINAS J. Handbook of Multisensor Data Fusion: Theory and Practice[M]. 2nd ed. New York: CRC Press, 2009.
[7] KAILATH T, SAYED A H, HASSIBI B. Linear Estimation[M]. Englewood Cliffs, New Jersey: Prentice Hall, 2000.
[8] GAN Q, HARRIS C J. Comparison of Two Measurement Fusion Methods for Kalman Filter Based Multisensory Data Fusion[J]. IEEE Transactions on Aerospace and Electronic Systems, 2001, 37(1): 273-280.
[9] GAO Y, RAN C J, SUN X J, et al. Optimal and Self-tuning Weighted Measurement Fusion Kalman Filter and Their Asymptotic Global Optimality[J]. International Journal of Adaptive Control and Signal Processing, 2010, 24(11): 982-1004.
[10] SUN S L, DENG Z L. Multi-sensor Optimal Information Fusion Kalman Filter[J]. Automatica, 2004, 40(6): 1017-1024.
[11] DENG Z L, GAO Y, MAO L, et al. New Approach to Information Fusion Steady-state Kalman Filtering[J]. Automatica, 2005, 41(10): 1695-1707.
[12] JULIER S J, UHLMANN J K. A Non-divergent Estimation Algorithm in the Presence of Unknown Correlations[C]. Proceedings of the America Control Conference, Albuquerque, NM, 1997, 2369-2373.
[13] JULIER S J, UHLMANN J K. Using Covariance Intersection for SLAM[J]. Robotics and Autonomous Systems, 2007, 55(1): 3-20.
[14] JULIER S J, UHLMANN J K. General Decentralized Data Fusion with Covariance Intersection, in: Liggins ME, Hall D L, Llinas J. (Eds.), Handbook of Multisensor Data Fusion[M]. 2nd ed. Theory and Practice, CRC Press, Taylor & Francis Group, Boca Raton, London, New York, 2009.
[15] ANDERSON B D O, MOORE J B. Optimal Filtering[M]. Englewood Cliffs, New Jersey: Prentice Hall, 1979.
[16] WANG F, BALAKRISHNAN V. Robust Steady-state Filtering for Systems with Deterministic and Stochastic Uncertainties[J]. IEEE Transactions on Signal Processing, 2003, 51(10): 2550-2558.
[17] NAHI N. Optimal Recursive Estimation with Uncertain Observation[J]. IEEE Transactions on Information Theory, 1969,15(4): 457-462.
[18] SUN S L, XIE L H, XIAO W D, et al. Optimal Linear Estimation for Systems with Multiple Packet Dropouts[J]. Automatica, 2008, 44(5): 1333-1342.
[19] SUN S L, LIN H L, MA J, et al. Multi-sensor Distributed Fusion Estimation with Applications in Networked Systems: A Review Paper[J]. Information Fusion, 2017, 38: 122-134.
[20] LEWIS F L, XIE L H, POPA D. Optimal and Robust Estimation[M]. 2nd ed. New York: CRC Press, 2008.
[21] LIU W. Optimal Filtering for Discrete-time Linear Systems with Time-correlated Multiplicative Measurement Noises[J]. IEEE Transactions on Automatic Control,

2016, 61(7): 1972-1978.

[22] LIU W. Optimal Estimation for Discrete-time Linear Systems in the Presence of Multiplicative and Time-correlated Additive Measurement Noises[J]. IEEE Transactions on Signal Processing, 2015, 63(17): 4583-4593.

[23] FENG J X, WANG Z D, ZENG M. Distributed Weighted Robust Kalman Filter Fusion for Uncertain Systems with Auto-correlated and Cross-correlated Noises[J]. Information Fusion, 2013, 14(1): 78-86.

[24] KONING W L D. Optimal Estimation of Linear Discrete-time Systems with Stochastic Parameters[J]. Automatica, 1984, 20(1): 113-115.

[25] XIONG K, LIU L D, LIU Y W. Robust Extended Kalman Filtering for Nonlinear Systems with Multiplicative Noises[J]. Optimal Control Applications and Methods, 2011, 32: 47-63.

[26] TIAN T, SUN S L, LI N. Multi-sensor Information Fusion Estimators for Stochastic Uncertain Systems with Correlated Noises[J]. Information Fusion, 2016, 27: 126-137.

[27] WANG F, BALAKRISHNAN V. Robust Kalman Filters for Linear Time-varying Systems with Stochastic Parameter Uncertainties[J]. IEEE Transactions on Signal Processing, 2002, 50(4): 803-813.

[28] CHEN B, YU L, ZHANG W A, et al. Robust Information Fusion Estimator for Multiple Delay-tolerant Sensors with Different Failure Rates[J]. IEEE Transactions on Circuits and Systems-I: Regular Papers, 2013, 60(2): 401-414.

[29] QI W J, ZHANG P, DENG Z L. Robust Weighted Fusion Kalman Filters for Multisensor Time-varying Systems with Uncertain Noise Variances[J]. Signal Processing, 2014, 99: 185-200.

[30] QI W J, ZHANG P, NIE G H, et al. Robust Weighted Fusion Kalman Predictors with Uncertain Noise Variances[J]. Digital Signal Processing, 2014, 30: 37-54.

[31] QI W J, ZHANG P, NIE G H, et al. Robust Weighted Fusion Time-varying Kalman Smoothers for Multisensor System with Uncertain Noise Variances[J]. Information Sciences, 2014, 282: 15-37.

[32] XI H S. The Guaranteed Estimation Performance Filter for Discrete-time Descriptor Systems with Uncertain Noise[J]. International Journal of System Sciences, 1997, 28(1): 113-121.

[33] CHEN Y L, CHEN B S. Minimax Robust Deconvolution Filters under Stochastic Parametric and Noise Uncertainties[J]. IEEE Transactions on Signal Processing, 1994, 42(1): 32-45.

[34] ZHANG H S, ZHANG D, XIE L H, et al. Robust Filtering under Stochastic Parametric Uncertainties[J]. Automatica, 2004, 40: 1583-1589.

[35] LIU W Q, WANG X M, DENG Z L. Robust Kalman Estimators for Systems with Multiplicative and Uncertain-variance Linearly Correlated Additive White

Noises[J]. Aerospace Science and Technology, 2018, 72: 230-247.

[36] YANG C S, DENG Z L. Robust Time-varying Kalman Estimators for Systems with Packet Dropouts and Uncertain-variance Multiplicative and Linearly Correlated Additive White Noises[J]. International Journal of Adaptive Control and Signal Processing, 2018, 32(1): 147-169.

[37] YANG C S, YANG Z B, DENG Z L. Robust Weighted State Fusion Kalman Estimators for Networked Systems with Mixed Uncertainties[J]. Information Fusion, 2019, 45: 246-265.

[38] TAO G L, DENG Z L. Convergence of Self-tuning Riccati Equation for Systems with Unknown Parameters and Noise Variances[C]. In: Proceedings of the 8th World Congress on Intelligent Control and Automation, 2010: 5732-5736.

[39] DENG Z L, GAO Y, LI C B, et al. Self-tuning Decoupled Information Fusion Wiener State Component Filters and Their Convergence[J]. Automatica, 2008, 44(3): 685-695.

[40] MA J, SUN S L. Distributed Fusion Filter for Networked Stochastic Uncertain Systems with Transmission Delays and Packet Dropouts[J]. Signal Processing, 2017, 130: 268-278.

[41] SHI P, LUAN X, LIU F. H_∞ Filtering for Discrete-time Systems with Stochastic Incomplete Measurement and Mixed Delays[J]. IEEE Transactions on Industrial Electronics, 2012, 59(6): 2732-2739.

[42] SUN X J, GAO Y, DENG Z L, et al. Multi-model Information Fusion Kalman Filtering and White Noise Deconvolution[J]. Information Fusion, 2010,11(2): 163-173.

[43] DEGROOT M H, SCHERVISH M J. Probability and Statistics[M]. 4th ed. Boston: Pearson Addison-Wesley, 2012.

[44] WANG Z D, HO D W C, LIU X H. Robust Filtering under Randomly Varying Sensor Delay with Variance Constraints[J]. IEEE Transactions on Circuits and Systems-II, Express Briefs, 2004, 51(6): 320-326.

[45] 刘光明，苏为洲. 具有乘性噪声的线性离散时间随机控制系统综述[J]. 控制理论与应用，2013，30(8): 929-946.

[46] LIU W Q, WANG X M, DENG Z L. Robust Centralized and Weighted Measurement Fusion Kalman Estimators for Multisensor Systems with Multiplicative and Uncertain-covariance Linearly Correlated White Noises[J]. Journal of the Franklin Institute, 2017, 354(4): 1992-2031.

[47] MEHRAR K. On the Identification of Variances and Adaptive Kalman Filtering[J]. IEEE Transactions on Automatic Control, 1970, 15(2): 175-184.

[48] YANG C S, YANG Z B, DENG Z L. Guaranteed Cost Robust Weighted Measurement Fusion Steady-state Kalman Predictors with Uncertain Noise Variances[J]. Aerospace Science and Technology, 2015, 46: 459-470.

[49] YANG C S, DENG Z L. Guaranteed Cost Robust Weighted Measurement Fusion Kalman Estimators with Uncertain Noise Variances and Missing Measurements[J]. IEEE Sensors Journal, 2016, 16(14): 5817-5825.

[50] RAN C J, DENG Z L. Self-tuning Distributed Measurement Fusion Kalman Estimator for the Multi-channel ARMA Signal[J]. Signal Processing, 2011, 91: 2028-2041.

[51] SUN X J, DENG Z L. Optimal and Self-tuning Weighted Measurement Fusion Wiener Filter for the Multisensor Multichannel ARMA Signals[J]. Signal Processing, 2009, 89: 738-752.

[52] DENG Z L, ZHANG P, QI W J, et al. The Accuracy Comparison of Multisensor Covariance Intersection Fuser and Three Weighting Fusers[J]. Information Fusion, 2013, 14(2): 177-185.

[53] LI N, SUN S L, MA J. Multi-sensor Distributed Fusion Filtering for Networked Systems with Different Delay and Loss Rates[J]. Digital Signal Processing, 2014, 34: 29-38.

[54] ZHU C, XIA Y Q, XIE L H, et al. Optimal Linear Estimation for Systems with Transmission Delay and Packet Dropouts[J]. IET Signal Processing, 2013, 7(9): 814-823.

第9章　带乘性噪声和丢失观测的混合不确定网络化系统鲁棒融合器

9.1　引　言

经典Kalman滤波算法是建立在无偏线性最小方差估计准则基础上的,它要求精确已知系统的模型参数和噪声统计[1,2]。然而,在实际应用中,由于未建模动态和随机扰动等原因,致使系统的模型中往往存在着不确定性,包括模型参数不确定性和噪声方差不确定性,而不确定模型参数又包括确定性的不确定参数和随机不确定参数[3]。乘性噪声可被用来描述随机参数不确定性[3-10]。对确定性参数的随机扰动称为乘性噪声,它包括状态相依和噪声相依乘性噪声,在状态转移矩阵和系统观测阵中的白噪声称为状态相依乘性噪声,在噪声转移矩阵中的白噪声称为噪声相依乘性噪声。此外,在经典的估计理论中,系统观测总是假定包含了被估状态或信号的信息,然而,在实际问题中,突发的传感器故障会导致观测数据中仅包含噪声,而不含状态信息,估值器仅能利用这种情况发生的概率[11]。这种情况所导致的观测中丢失状态信息的现象称为丢失观测。因为观测的目的是获取关于状态的信息。取值为0或1的伯努利白噪声序列是描述丢失观测的一种重要方法,这种方法最早在文献[11]中提出,并用于设计带丢失观测系统的递推滤波器。如果在实际应用中不考虑这些不确定性,不仅会使滤波器的性能变差,精度降低,甚至可能导致滤波器的发散。解决这个问题的方法之一是设计鲁棒Kalman滤波器,即在设计滤波器时考虑所有容许的不确定模型参数、噪声方差以及系统观测不确定性对滤波性能的影响,使得对所有容许的不确定性,相应的鲁棒滤波器的实际滤波误差方差被保证有一个最小上界[12]。网络化系统的不确定性包括建模不确定性(例如乘性噪声和不确定噪声方差等)和由网络化引起的随机不确定性(例如丢失观测、丢包、随机观测滞后等)。通常称包含这两类不确定性的系统为混合不确定网络化系统。

本章针对带乘性噪声、丢失观测和不确定噪声方差的混合不确定系统,研究其鲁棒Kalman滤波问题。

针对带乘性噪声、丢失观测、不确定噪声方差以及观测与过程噪声不相关或线性相关的混合不确定多传感器系统,应用8.2.1小节中给出的虚拟噪声方法,系统被进一步转换为带确定性的模型参数和不确定噪声方差的系统。利用集中式融合方法给出了集中式融合观测方程,利用矩阵的满秩分解方法[13]和加权最小二乘法[14]给出了加权融合观测方程。应用基于Lyapunov方程方法的极大极小鲁棒Kalman滤波方法,基于带噪声方差保守上界的最坏情形观测融合系统,应用所提出的基于鲁棒预报器来设计鲁棒滤波器和平滑器的统一设计方法,提出了鲁棒集中式和加权观测融合时变Kalman估值器[15,16]。

对带乘性噪声、丢失观测、丢包和不确定噪声方差的混合不确定多传感器系统，应用增广方法和虚拟噪声方法，原始系统被转换为仅带不确定实际虚拟噪声方差的标准系统，根据极大极小鲁棒估计原理，基于带噪声方差保守上界的最坏情形保守子系统，提出了鲁棒局部 Kalman 估值器，进而在统一框架下提出了按矩阵加权、按对角矩阵加权、按标量加权和协方差交叉融合 Kalman 估值器。此外，基于带噪声方差保守上界的最坏情形保守集中式融合系统，提出了鲁棒集中式融合 Kalman 估值器[36]。

应用增广噪声方法和 Lyapunov 方程方法证明了所提出的估值器的鲁棒性，基于信息滤波器证明了集中式和加权观测融合鲁棒时变 Kalman 估值器间的数值等价性，给出了鲁棒局部和融合时变估值器之间的精度关系。分析了鲁棒融合时变估值器的计算复杂性，给出了估值器对应的计算量公式，并针对具体的仿真例子给出了具体的计算量。分析表明，当传感器数目较大时，鲁棒加权观测融合算法可显著减小计算负担。通过对鲁棒时变估值器取极限的间接方法，提出了鲁棒稳态估值器，应用自校正 Riccati 方程的收敛性[18]以及 DESA 和 DVESA 方法[19]，证明了鲁棒时变与稳态估值器之间的按实现收敛性。仅基于系统观测，应用加权最小二乘算法，提出了一种鲁棒时变和稳态加权最小二乘滤波器，并分析了它与鲁棒集中式和加权观测融合 Kalman 滤波器之间的精度关系。本章还给出了四个仿真应用实例，分别是应用于解决带随机参数、丢失观测、丢包和不确定噪声方差的弹簧 - 质量 - 阻尼系统[20]，不间断电力系统(UPS)[21,22]和连续搅拌釜式反应器系统[23-25]的鲁棒融合 Kalman 滤波问题，仿真结果验证了所提出结果的可应用性。

与现有的针对带乘性噪声和丢失观测系统所取得的最优和鲁棒滤波成果相比，本章所提出的结果克服了文献[26,27]不能处理多传感器系统鲁棒融合估计的缺点，克服了文献[26-31]不能处理带不确定噪声方差的多传感器系统鲁棒融合估计的缺点。

9.2 混合不确定系统鲁棒集中式和加权观测融合预报器

对于带乘性噪声与丢失观测和不确定噪声方差，且观测与过程噪声不相关的混合不确定多传感器系统，本节介绍作者新近提出的鲁棒集中式和加权观测融合时变与稳态 Kalman 预报器[15]。应用虚拟噪声方法，系统被转换为带确定性的模型参数和不确定噪声方差的系统。根据极大极小鲁棒估计原理，基于带噪声方差保守上界的最坏情形观测融合系统，提出了鲁棒集中式和加权观测融合时变和稳态 Kalman 一步和多步预报器。证明了它们的鲁棒性、数值等价性、精度关系和按实现收敛性。分析了鲁棒融合时变预报器的计算复杂性，给出了估值器对应的计算量公式，并针对具体的仿真例子给出了具体的计算量。

考虑带状态和噪声相依乘性噪声、丢失观测、不确定方差乘性和加性噪声及不相关加性噪声的线性离散混合不确定多传感器系统

$$x(t+1)=(\Phi+\sum_{k=1}^{q}\xi_k(t)\Phi_k)x(t)+(\Gamma+\sum_{k=1}^{q}\eta_k(t)\Gamma_k)w(t) \tag{9.1}$$

$$y_i(t)=\gamma_i(t)H_i x(t)+v_i(t),i=1,\cdots,L \tag{9.2}$$

其中 t 是离散时间，$x(t)\in R^n$ 是要被估计的系统状态，$y_i(t)\in R^{m_i}$ 是第 i 个传感器子系统

的观测，$w(t) \in R^r$ 是加性过程噪声，$v_i(t) \in R^{m_i}$ 是第 i 个传感器子系统的加性观测噪声，$\xi_k(t) \in R^1$ 是状态相依乘性噪声，$\eta_k(t) \in R^1$ 是噪声相依乘性噪声，且 $k=1,\cdots,q$，$\Phi \in R^{n\times n}$，$\Phi_k \in R^{n\times n}$，$\Gamma \in R^{n\times r}$，$\Gamma_k \in R^{n\times r}$ 和 $H_i \in R^{m_i\times n}$ 是带适当维数的已知常矩阵，Φ 和 Γ 分别是状态和过程噪声转移矩阵，H_i 是观测矩阵，Φ_k 和 Γ_k 是已知的扰动方位矩阵，q 是乘性噪声的数目，L 为传感器的数目。

假设1 $\gamma_i(t)(i=1,\cdots,L)$ 是取值为0或1的相互独立的伯努利白噪声，带已知概率如下

$$\mathrm{Prob}\{\gamma_i(t)=1\}=\lambda_i,\mathrm{Prob}\{\gamma_i(t)=0\}=1-\lambda_i,i=1,\cdots,L,0\leqslant\lambda_i\leqslant 1 \tag{9.3}$$

这里符号 Prob{·} 表示随机变量的概率。

容易证明 $\gamma_i(t)(i=1,\cdots,L)$ 有如下统计特性

$$\begin{cases}\mathrm{E}[\gamma_i(t)]=\lambda_i,\mathrm{E}[\gamma_i(t)-\lambda_i]=0,\forall t,i\\ \mathrm{E}[(\gamma_i(t)-\lambda_i)^2]=\lambda_i(1-\lambda_i),\mathrm{E}[(\gamma_i(t)-\lambda_i)(\gamma_j(u)-\lambda_j)]=0,\forall i,j,t,u\end{cases} \tag{9.4}$$

在假设1中引入的伯努利随机变量 $\gamma_i(t)$ 被用来描述系统的丢失观测现象，由式(9.2)可知，当 $\gamma_i(t)=1$ 时，观测 $y_i(t)$ 被正常接收，而当 $\gamma_i(t)=0$ 时，有观测 $y_i(t)=v_i(t)$，即没有包含状态 $x(t)$ 的信息，仅噪声信号被接收，因此被称为丢失观测。

假设2 $w(t),v_i(t),\xi_k(t)$ 和 $\eta_k(t)$ 是带零均值的相互独立的白噪声，且独立于 $\gamma_i(t)$，它们的协方差为

$$\mathrm{E}\left[\begin{bmatrix}w(t)\\v_i(t)\\\xi_k(t)\\\eta_k(t)\end{bmatrix}\begin{bmatrix}w(t)\\v_j(u)\\\xi_h(u)\\\eta_h(u)\end{bmatrix}^{\mathrm{T}}\right]=\begin{bmatrix}\bar{Q}&0&0&0\\0&\bar{R}_i\delta_{ij}&0&0\\0&0&\bar{\sigma}_{\xi_k}^2\delta_{kh}&0\\0&0&0&\bar{\sigma}_{\eta_k}^2\delta_{kh}\end{bmatrix}\delta_{tu} \tag{9.5}$$

其中 $\bar{Q},\bar{R}_i,\bar{\sigma}_{\xi_k}^2$ 和 $\bar{\sigma}_{\eta_k}^2$ 分别是白噪声 $w(t),v_i(t),\xi_k(t)$ 和 $\eta_k(t)$ 的未知不确定实际方差。

假设3 初始状态 $x(0)$ 独立于 $w(t),v_i(t),\xi_k(t)$ 和 $\eta_k(t)$，且 $\mathrm{E}[x(0)]=\mu_0$，$\mathrm{E}[(x(0)-\mu_0)(x(0)-\mu_0)^{\mathrm{T}}]=\bar{P}_0$，$\mu_0$ 是 $x(0)$ 的已知均值，$\bar{P}_0$ 是 $x(0)$ 的未知不确定实际方差。

假设4 $Q,R_i,\sigma_{\xi_k}^2,\sigma_{\eta_k}^2$ 和 P_0 分别是 $\bar{Q},\bar{R}_i,\bar{\sigma}_{\xi_k}^2,\bar{\sigma}_{\eta_k}^2$ 和 $\bar{P}_0$ 的已知保守上界，即有

$$\bar{Q}\leqslant Q,\bar{R}_i\leqslant R_i,\bar{\sigma}_{\xi_k}^2\leqslant\sigma_{\xi_k}^2,\bar{\sigma}_{\eta_k}^2\leqslant\sigma_{\eta_k}^2,\bar{P}_0\leqslant P_0 \tag{9.6}$$

类似于注8.1，带未知不确定实际方差 $\bar{Q},\bar{R}_i,\bar{\sigma}_{\xi_k}^2,\bar{\sigma}_{\eta_k}^2$ 和 $\bar{P}_0$ 的系统(9.1)和(9.2)被称为实际系统，它的状态和观测称为实际状态和实际观测。带已知保守上界 $Q,R_i,\sigma_{\xi_k}^2,\sigma_{\eta_k}^2$ 和 P_0 的系统(9.1)和(9.2)被称为最坏情形(保守)系统，它的状态和观测称为保守状态和保守观测。

由假设2和假设4可知，在本节讨论的系统模型中，相应的乘性噪声的方差也是未知且不确定的，而在第8章中，所考虑的乘性噪声的方差都是已知的，所以本节内容是对第8章内容的进一步推广。

对于不确定多传感器系统(9.1)和(9.2)，本节将设计它的鲁棒集中式和加权观测融合时变 Kalman 预报器 $\hat{x}^{(j)}(t+N|t)$，$N\geqslant 1$，$j=c,M$，其中 $j=c$ 表示集中式融合器，$j=M$

表示加权观测融合器，$N=1$ 为一步预报器，$N>1$ 为多步预报器，使得对于满足式(9.6)的所有容许的不确定实际方差，融合预报器 $\hat{x}^{(j)}(t+N|t)$ 的实际预报误差方差阵$\bar{\Sigma}^{(j)}(t+N|t)$ 被保证有相应的最小上界 $\Sigma^{(j)}(t+N|t)$，即

$$\bar{\Sigma}^{(j)}(t+N|t)\leqslant\Sigma^{(j)}(t+N|t),N\geqslant1,j=c,M \tag{9.7}$$

9.2.1 基于虚拟噪声方法的模型转换

(1) 实际和保守非中心二阶矩

定义实际状态 $x(t)$ 的未知不确定实际非中心二阶矩为 $\bar{X}(t)=\mathrm{E}[x(t)x^{\mathrm{T}}(t)]$，由实际状态方程式(9.1)，并应用假设2和假设3得如下广义 Lyapunov 方程

$$\bar{X}(t+1)=\Phi\bar{X}(t)\Phi^{\mathrm{T}}+\sum_{k=1}^{q}\bar{\sigma}_{\xi_k}^2\Phi_k\bar{X}(t)\Phi_k^{\mathrm{T}}+\Gamma\bar{Q}\Gamma^{\mathrm{T}}+\sum_{k=1}^{q}\bar{\sigma}_{\eta_k}^2\Gamma_k\bar{Q}\Gamma_k^{\mathrm{T}} \tag{9.8}$$

由假设3得 $\bar{X}(0)-\mu_0\mu_0^{\mathrm{T}}=\bar{P}_0$，因此，初始状态 $x(0)$ 的未知不确定实际非中心二阶矩为 $\bar{X}(0)=\bar{P}_0+\mu_0\mu_0^{\mathrm{T}}$。

由保守状态方程式(9.1)，并应用假设4得保守状态$x(t)$ 的保守非中心二阶矩 $X(t)=\mathrm{E}[x(t)x^{\mathrm{T}}(t)]$ 满足如下广义 Lyapunov 方程

$$X(t+1)=\Phi X(t)\Phi^{\mathrm{T}}+\sum_{k=1}^{q}\sigma_{\xi_k}^2\Phi_kX(t)\Phi_k^{\mathrm{T}}+\Gamma Q\Gamma^{\mathrm{T}}+\sum_{k=1}^{q}\sigma_{\eta_k}^2\Gamma_kQ\Gamma_k^{\mathrm{T}} \tag{9.9}$$

带初值 $X(0)=P_0+\mu_0\mu_0^{\mathrm{T}}$。

引理9.1 对于满足式(9.6)的所有容许的不确定实际方差 $\bar{Q},\bar{\sigma}_{\xi_k}^2,\bar{\sigma}_{\eta_k}^2$ 和 $\bar{P}_0$，有

$$\bar{X}(t)\leqslant X(t),t\geqslant0 \tag{9.10}$$

证明 令 $\sigma_{\xi_k}^2=\bar{\sigma}_{\xi_k}^2+\Delta\sigma_{\xi_k}^2$ 且 $\sigma_{\eta_k}^2=\bar{\sigma}_{\eta_k}^2+\Delta\sigma_{\eta_k}^2$，则式(9.9)可被重写为

$$X(t+1)=\Phi X(t)\Phi^{\mathrm{T}}+\sum_{k=1}^{q}\bar{\sigma}_{\xi_k}^2\Phi_kX(t)\Phi_k^{\mathrm{T}}+\sum_{k=1}^{q}\Delta\sigma_{\xi_k}^2\Phi_kX(t)\Phi_k^{\mathrm{T}}+$$
$$\Gamma Q\Gamma^{\mathrm{T}}+\sum_{k=1}^{q}\bar{\sigma}_{\eta_k}^2\Gamma_kQ\Gamma_k^{\mathrm{T}}+\sum_{k=1}^{q}\Delta\sigma_{\eta_k}^2\Gamma_kQ\Gamma_k^{\mathrm{T}} \tag{9.11}$$

其中 $\sigma_{\xi_k}^2\geqslant0,\sigma_{\eta_k}^2\geqslant0,\bar{\sigma}_{\xi_k}^2\geqslant0,\bar{\sigma}_{\eta_k}^2\geqslant0$，且由式(9.6)可知 $\Delta\sigma_{\xi_k}^2\geqslant0,\Delta\sigma_{\eta_k}^2\geqslant0$。定义 $\Delta X(t+1)=X(t+1)-\bar{X}(t+1),\Delta Q=Q-\bar{Q}$，由式(9.11)减式(9.8)得

$$\Delta X(t+1)=\Phi\Delta X(t)\Phi^{\mathrm{T}}+\sum_{k=1}^{q}\bar{\sigma}_{\xi_k}^2\Phi_k\Delta X(t)\Phi_k^{\mathrm{T}}+\sum_{k=1}^{q}\Delta\sigma_{\xi_k}^2\Phi_kX(t)\Phi_k^{\mathrm{T}}+$$
$$\Gamma\Delta Q\Gamma^{\mathrm{T}}+\sum_{k=1}^{q}\bar{\sigma}_{\eta_k}^2\Gamma_k\Delta Q\Gamma_k^{\mathrm{T}}+\sum_{k=1}^{q}\Delta\sigma_{\eta_k}^2\Gamma_kQ\Gamma_k^{\mathrm{T}} \tag{9.12}$$

用 $X(0)$ 减 $\bar{X}(0)$ 得 $\Delta X(0)=P_0-\bar{P}_0$，由式(9.6)得 $\Delta X(0)\geqslant0$ 且 $\Delta Q\geqslant0$。根据方差矩阵的半正定性得 $Q\geqslant0$。此外由于 $X(0)\geqslant0$，所以迭代式(9.9)可得 $X(t)\geqslant0$，$\forall t\geqslant0$。因此迭代式(9.12)得 $\Delta X(t)\geqslant0,\forall t\geqslant0$，即式(9.10)成立。证毕。

(2) 虚拟过程噪声

由式(9.1)给出的状态方程可被重写为如下形式

$$x(t+1)=\Phi x(t)+w_a(t) \tag{9.13}$$

其中 $w_a(t)$ 是虚拟过程噪声，定义为

$$w_a(t)=\sum_{k=1}^{q}\xi_k(t)\Phi_kx(t)+\Gamma w(t)+\sum_{k=1}^{q}\eta_k(t)\Gamma_kw(t) \tag{9.14}$$

由假设 2 容易证明 $w_a(t)$ 是带零均值的白噪声。

定义 $\bar{Q}_a(t)$ 和 $Q_a(t)$ 分别为 $w_a(t)$ 的实际和保守方差阵，应用式(9.14)得

$$\bar{Q}_a(t) = \sum_{k=1}^{q} \bar{\sigma}_{\xi_k}^2 \Phi_k \bar{X}(t) \Phi_k^{\mathrm{T}} + \Gamma \bar{Q} \Gamma^{\mathrm{T}} + \sum_{k=1}^{q} \bar{\sigma}_{\eta_k}^2 \Gamma_k \bar{Q} \Gamma_k^{\mathrm{T}} \tag{9.15}$$

$$Q_a(t) = \sum_{k=1}^{q} \sigma_{\xi_k}^2 \Phi_k X(t) \Phi_k^{\mathrm{T}} + \Gamma Q \Gamma^{\mathrm{T}} + \sum_{k=1}^{q} \sigma_{\eta_k}^2 \Gamma_k Q \Gamma_k^{\mathrm{T}} \tag{9.16}$$

将 $\sigma_{\xi_k}^2 = \bar{\sigma}_{\xi_k}^2 + \Delta\sigma_{\xi_k}^2$ 和 $\sigma_{\eta_k}^2 = \bar{\sigma}_{\eta_k}^2 + \Delta\sigma_{\eta_k}^2$ 代入式(9.16)得

$$\begin{aligned} Q_a(t) = & \sum_{k=1}^{q} \bar{\sigma}_{\xi_k}^2 \Phi_k X(t) \Phi_k^{\mathrm{T}} + \sum_{k=1}^{q} \Delta\sigma_{\xi_k}^2 \Phi_k X(t) \Phi_k^{\mathrm{T}} + \Gamma Q \Gamma^{\mathrm{T}} + \\ & \sum_{k=1}^{q} \bar{\sigma}_{\eta_k}^2 \Gamma_k Q \Gamma_k^{\mathrm{T}} + \sum_{k=1}^{q} \Delta\sigma_{\eta_k}^2 \Gamma_k Q \Gamma_k^{\mathrm{T}} \end{aligned} \tag{9.17}$$

用式(9.17)减式(9.15)并应用式(9.6)、式(9.10)、$X(t) \geqslant 0$ 和 $Q \geqslant 0$ 得

$$\bar{Q}_a(t) \leqslant Q_a(t) \tag{9.18}$$

(3) 虚拟观测噪声

由式(9.2)给出的观测方程可被重写为

$$y_i(t) = H_{0i} x(t) + v_{ai}(t), H_{0i} = \lambda_i H_i, i = 1, \cdots, L \tag{9.19}$$

其中 $v_{ai}(t)$ 是虚拟观测噪声，定义为

$$v_{ai}(t) = (\gamma_i(t) - \lambda_i) H_i x(t) + v_i(t), i = 1, \cdots, L \tag{9.20}$$

由式(9.4)和假设 2 容易证明 $v_{ai}(t)$ 也是带零均值的白噪声。由式(9.19)和式(9.20)可看出，通过用随机变量 $\gamma_i(t)$ 的均值 λ_i 来代替它自己，从而产生带随机变量 $\gamma_i(t)$ 与其均值 λ_i 的差的偏差项，即状态相依乘性噪声项，它被补偿到虚拟噪声中。

定义 $\bar{R}_{ai}(t)$ 和 $R_{ai}(t)$ 分别为 $v_{ai}(t)$ 的实际和保守方差阵，则应用式(9.20)得

$$\bar{R}_{ai}(t) = \lambda_i (1 - \lambda_i) H_i \bar{X}(t) H_i^{\mathrm{T}} + \bar{R}_i \tag{9.21}$$

$$R_{ai}(t) = \lambda_i (1 - \lambda_i) H_i X(t) H_i^{\mathrm{T}} + R_i \tag{9.22}$$

由式(9.22)减式(9.21)并应用式(9.6)和式(9.10)得

$$\bar{R}_{ai}(t) \leqslant R_{ai}(t) \tag{9.23}$$

由式(9.5)、式(9.14)和式(9.20)可知，$w_a(t)$ 和 $v_{ai}(t)$ 是互不相关的白噪声。

9.2.2 集中式和加权融合观测方程

(1) 集中式融合观测方程

合并由式(9.19)给出的所有局部观测方程得集中式融合观测方程为

$$y^{(c)}(t) = H^{(c)} x(t) + v^{(c)}(t) \tag{9.24}$$

$$y^{(c)}(t) = [y_1^{\mathrm{T}}(t), \cdots, y_L^{\mathrm{T}}(t)]^{\mathrm{T}}$$

$$H^{(c)} = [H_{01}^{\mathrm{T}}, \cdots, H_{0L}^{\mathrm{T}}]^{\mathrm{T}}, v^{(c)}(t) = [v_{a1}^{\mathrm{T}}(t), \cdots, v_{aL}^{\mathrm{T}}(t)]^{\mathrm{T}} \tag{9.25}$$

应用假设 1 和假设 2，以及式(9.20)和式(9.25)得集中式融合白噪声 $v^{(c)}(t)$ 的实际和保守方差阵 $\bar{R}^{(c)}(t)$ 和 $R^{(c)}(t)$ 分别为块对角阵

$$\bar{R}^{(c)}(t) = \mathrm{diag}(\bar{R}_{a1}(t), \bar{R}_{a2}(t), \cdots, \bar{R}_{aL}(t)) \tag{9.26}$$

$$R^{(c)}(t) = \mathrm{diag}(R_{a1}(t), R_{a2}(t), \cdots, R_{aL}(t)) \tag{9.27}$$

由式(9.27)减式(9.26)得 $R^{(c)}(t) - \bar{R}^{(c)}(t) = \mathrm{diag}(R_{a1}(t) - \bar{R}_{a1}(t), \cdots, R_{aL}(t) - \bar{R}_{aL}(t))$，

应用式(9.23)和引理8.3得$R^{(c)}(t)-\bar{R}^{(c)}(t)\geqslant 0$,即有

$$\bar{R}^{(c)}(t)\leqslant R^{(c)}(t) \tag{9.28}$$

(2) 加权融合观测方程

令$m_c=m_1+\cdots+m_L$且假定$m_c\geqslant n$,所以有$H^{(c)}\in R^{m_c\times n}$,根据矩阵理论[13],存在一个列满秩矩阵$M^{(c)}\in R^{m_c\times m}$和一个行满秩矩阵$H^{(M)}\in R^{m\times n}$且$m\leqslant n$,使得

$$H^{(c)}=M^{(c)}H^{(M)} \tag{9.29}$$

即$M^{(c)}$和$H^{(M)}$是$H^{(c)}$的满秩分解矩阵。将式(9.29)代入式(9.24)得

$$y^{(c)}(t)=M^{(c)}H^{(M)}x(t)+v^{(c)}(t) \tag{9.30}$$

对式(9.30)应用定理2.1得$H^{(M)}x(t)$的加权最小二乘估计为

$$y^{(M)}(t)=[M^{(c)\mathrm{T}}R^{(c)-1}(t)M^{(c)}]^{-1}M^{(c)\mathrm{T}}R^{(c)-1}(t)y^{(c)}(t) \tag{9.31}$$

这里$R^{(c)-1}(t)=(R^{(c)}(t))^{-1}$。将式(9.30)代入式(9.31)得加权融合观测方程为

$$y^{(M)}(t)=H^{(M)}x(t)+v^{(M)}(t) \tag{9.32}$$

$$v^{(M)}(t)=[M^{(c)\mathrm{T}}R^{(c)-1}(t)M^{(c)}]^{-1}M^{(c)\mathrm{T}}R^{(c)-1}(t)v^{(c)}(t) \tag{9.33}$$

应用式(9.33)得$v^{(M)}(t)$的实际和保守方差阵$\bar{R}^{(M)}(t)$和$R^{(M)}(t)$分别为

$$\bar{R}^{(M)}(t)=[M^{(c)\mathrm{T}}R^{(c)-1}(t)M^{(c)}]^{-1}M^{(c)\mathrm{T}}R^{(c)-1}(t)\bar{R}^{(c)}(t)R^{(c)-1}(t)M^{(c)}[M^{(c)\mathrm{T}}R^{(c)-1}(t)M^{(c)}]^{-1} \tag{9.34}$$

$$R^{(M)}(t)=[M^{(c)\mathrm{T}}R^{(c)-1}(t)M^{(c)}]^{-1} \tag{9.35}$$

用式(9.35)减式(9.34)得

$$R^{(M)}(t)-\bar{R}^{(M)}(t)=[M^{(c)\mathrm{T}}R^{(c)-1}(t)M^{(c)}]^{-1}M^{(c)\mathrm{T}}R^{(c)-1}(t)[R^{(c)}(t)-\bar{R}^{(c)}(t)]\times R^{(c)-1}(t)M^{(c)}[M^{(c)\mathrm{T}}R^{(c)-1}(t)M^{(c)}]^{-1} \tag{9.36}$$

应用式(9.28)和式(9.36)得

$$\bar{R}^{(M)}(t)\leqslant R^{(M)}(t) \tag{9.37}$$

注9.1 作为一种特殊情况,如果$H^{(c)}$是列满秩矩阵,则由式(9.29)得$M^{(c)}=H^{(c)}$且$H^{(M)}=I_n$,这里I_n为$n\times n$单位矩阵。

由式(9.24)和式(9.32)给出的集中式和加权融合观测方程有统一形式为

$$y^{(j)}(t)=H^{(j)}x(t)+v^{(j)}(t),j=c,M \tag{9.38}$$

且由式(9.28)和式(9.37)可知,融合白噪声$v^{(j)}(t)(j=c,M)$的实际和保守方差阵$\bar{R}^{(j)}(t)$和$R^{(j)}(t)$有如下统一形式的不等式关系

$$\bar{R}^{(j)}(t)\leqslant R^{(j)}(t),j=c,M \tag{9.39}$$

因此,带保守噪声方差$Q_a(t)$和$R_{ai}(t)$的时变多传感器系统(9.13)和(9.19)被转换成相应的带保守噪声方差$Q_a(t)$和$R^{(j)}(t)$的时变观测融合系统(9.13)和(9.38),且虚拟过程噪声$w_a(t)$和虚拟观测噪声$v^{(j)}(t)$是不相关的。

9.2.3 鲁棒集中式和加权观测融合时变 Kalman 预报器

(1) 鲁棒集中式和加权观测融合时变一步 Kalman 预报器

对于带已知保守上界$Q_a(t)$和$R^{(j)}(t)$的最坏情形观测融合系统(9.13)和(9.38),根据极大极小鲁棒估计原理,应用标准 Kalman 预报算法得保守最优(线性最小方差)集中式和加权观测融合时变一步 Kalman 预报器有如下统一形式

$$\hat{x}^{(j)}(t+1|t)=\Psi^{(j)}(t)\hat{x}^{(j)}(t|t-1)+K^{(j)}(t)y^{(j)}(t),j=c,M \tag{9.40}$$

$$\Psi^{(j)}(t)=\Phi-K^{(j)}(t)H^{(j)} \tag{9.41}$$

$$K^{(j)}(t)=\Phi\Sigma^{(j)}(t|t-1)H^{(j)\mathrm{T}}[H^{(j)}\Sigma^{(j)}(t|t-1)H^{(j)\mathrm{T}}+R^{(j)}(t)]^{-1} \tag{9.42}$$

保守融合一步预报误差方差阵 $\Sigma^{(j)}(t+1|t)$ 满足如下 Riccati 方程

$$\begin{aligned}\Sigma^{(j)}(t+1|t)=\Phi[&\Sigma^{(j)}(t|t-1)-\Sigma^{(j)}(t|t-1)H^{(j)\mathrm{T}}\times\\&[H^{(j)}\Sigma^{(j)}(t|t-1)H^{(j)\mathrm{T}}+R^{(j)}(t)]^{-1}\times\\&H^{(j)}\Sigma^{(j)}(t|t-1)]\Phi^{\mathrm{T}}+Q_a(t)\end{aligned} \tag{9.43}$$

带初值 $\hat{x}^{(j)}(0|-1)=\mu_0,\Sigma^{(j)}(0|-1)=P_0$。

注9.2 在保守局部观测方程式(9.2)中,保守局部观测 $y_i(t)$ 是不可利用的,理论上它由带保守上界 $Q,R_i,\sigma_{\xi_k}^2,\sigma_{\eta_k}^2$ 和 P_0 的最坏情形系统(9.1)和(9.2)产生,这导致由式(9.25)给出的保守集中式融合观测 $y^{(c)}(t)$ 是不可利用的,进而,由式(9.31)给出的保守加权融合观测 $y^{(M)}(t)$ 也是不可利用的。仅仅实际局部观测 $y_i(t)$ 是可利用的(已知的),理论上它由带实际方差 $\bar{Q},\bar{R}_i,\bar{\sigma}_{\xi_k}^2,\bar{\sigma}_{\eta_k}^2$ 和 $\bar{P}_0$ 的实际系统(9.1)和(9.2)产生,但可由传感器观测直接获得。于是由式(9.25)给出的实际集中式融合观测 $y^{(c)}(t)$ 是可利用的(已知的),进而,由式(9.31)给出的实际加权融合观测 $y^{(M)}(t)$ 也是可利用的(已知的)。在式(9.40)中,用实际融合观测 $y^{(j)}(t)(j=c,M)$ 代替保守融合观测 $y^{(j)}(t)$ 得到实际集中式和加权观测融合时变 Kalman 预报器 $\hat{x}^{(j)}(t+1|t)$,它们是可实现的。

融合一步预报误差为 $\tilde{x}^{(j)}(t+1|t)$,可用式(9.13)减式(9.40)得

$$\tilde{x}^{(j)}(t+1|t)=\Psi^{(j)}(t)\tilde{x}^{(j)}(t|t-1)+w_a(t)-K^{(j)}(t)v^{(j)}(t) \tag{9.44}$$

应用式(9.44)得实际和保守融合一步预报误差方差阵 $\bar{\Sigma}^{(j)}(t+1|t)$ 和 $\Sigma^{(j)}(t+1|t)$ 也分别满足如下 Lyapunov 方程

$$\bar{\Sigma}^{(j)}(t+1|t)=\Psi^{(j)}(t)\bar{\Sigma}^{(j)}(t|t-1)\Psi^{(j)\mathrm{T}}(t)+\bar{Q}_a(t)+K^{(j)}(t)\bar{R}^{(j)}(t)K^{(j)\mathrm{T}}(t) \tag{9.45}$$

$$\Sigma^{(j)}(t+1|t)=\Psi^{(j)}(t)\Sigma^{(j)}(t|t-1)\Psi^{(j)\mathrm{T}}(t)+Q_a(t)+K^{(j)}(t)R^{(j)}(t)K^{(j)\mathrm{T}}(t) \tag{9.46}$$

带初值 $\bar{\Sigma}^{(j)}(0|-1)=\bar{P}_0,\Sigma^{(j)}(0|-1)=P_0$。

(2) 鲁棒集中式和加权观测融合时变多步 Kalman 预报器

基于由式(9.40)给出的实际融合一步 Kalman 预报器,根据射影理论,可得实际集中式和加权观测融合时变多步 Kalman 预报器为

$$\hat{x}^{(j)}(t+N|t)=\Phi^{N-1}\hat{x}^{(j)}(t+1|t),N>1,j=c,M \tag{9.47}$$

其中 $\hat{x}^{(j)}(t+1|t)$ 是实际融合一步 Kalman 预报器。

迭代式(9.13)得如下非递推公式

$$x(t+N)=\Phi^{N-1}x(t+1)+\sum_{k=2}^{N}\Phi^{N-k}w_a(t+k-1),N>1 \tag{9.48}$$

用式(9.48)减式(9.47)得融合多步预报误差

$$\tilde{x}^{(j)}(t+N|t)=\Phi^{N-1}\tilde{x}^{(j)}(t+1|t)+\sum_{k=2}^{N}\Phi^{N-k}w_a(t+k-1),N>1,j=c,M \tag{9.49}$$

应用式(9.49)得实际和保守融合多步预报误差方差阵分别为

$$\bar{\Sigma}^{(j)}(t+N|t)=\Phi^{N-1}\bar{\Sigma}^{(j)}(t+1|t)\Phi^{(N-1)\mathrm{T}}+\sum_{k=2}^{N}\Phi^{N-k}\bar{Q}_a(t+k-1)\Phi^{(N-k)\mathrm{T}},N>1 \tag{9.50}$$

$$\Sigma^{(j)}(t+N|t)=\Phi^{N-1}\Sigma^{(j)}(t+1|t)\Phi^{(N-1)\mathrm{T}}+\sum_{k=2}^{N}\Phi^{N-k}Q_a(t+k-1)\Phi^{(N-k)\mathrm{T}},N>1 \tag{9.51}$$

(3) 鲁棒集中式和加权观测融合时变 Kalman 预报器的鲁棒性

定理9.1 对于混合不确定多传感器系统(9.1)和(9.2),在假设1－4条件下,由式(9.40)和式(9.47)给出的实际融合时变 Kalman 预报器是鲁棒的,即对于满足式(9.6)的所有容许的不确定实际方差,有

$$\bar{\Sigma}^{(j)}(t+N|t)\leqslant\Sigma^{(j)}(t+N|t),N\geqslant1,j=c,M \tag{9.52}$$

且 $\Sigma^{(j)}(t+N|t)$ 是 $\bar{\Sigma}^{(j)}(t+N|t)$ 的最小上界。

证明 当 $N=1$ 时,定义 $\Delta\Sigma^{(j)}(t+1|t)=\Sigma^{(j)}(t+1|t)-\bar{\Sigma}^{(j)}(t+1|t)$,$\Delta Q_a(t)=Q_a(t)-\bar{Q}_a(t)$,$\Delta R^{(j)}(t)=R^{(j)}(t)-\bar{R}^{(j)}(t)$,由式(9.46)减式(9.45)得 Lyapunov 方程

$$\Delta\Sigma^{(j)}(t+1|t)=\Psi^{(j)}(t)\Delta\Sigma^{(j)}(t|t-1)\Psi^{(j)\mathrm{T}}(t)+\Delta Q_a(t)+K^{(j)}(t)\Delta R^{(j)}(t)K^{(j)\mathrm{T}}(t) \tag{9.53}$$

用 $\Sigma^{(j)}(0|-1)$ 减 $\bar{\Sigma}^{(j)}(0|-1)$ 并应用式(9.6)得 $\Delta\Sigma^{(j)}(0|-1)=P_0-\bar{P}_0\geqslant0$。应用式(9.18)和式(9.39)得 $\Delta Q_a(t)\geqslant0$ 且 $\Delta R^{(j)}(t)\geqslant0$。因此,迭代式(9.53)得 $\Delta\Sigma^{(j)}(t+1|t)\geqslant0,\forall t\geqslant0$,因此对于 $N=1$ 有式(9.52)成立。特别地,取 $\bar{Q}=Q$,$\bar{R}_i=R_i$,$i=1,\cdots,L$,$\bar{\sigma}^2_{\xi_k}=\sigma^2_{\xi_k}$,$\bar{\sigma}^2_{\eta_k}=\sigma^2_{\eta_k}$ 和 $\bar{P}_0=P_0$,则式(9.6)成立。由引理9.1得 $\Delta X(0)=P_0-\bar{P}_0=0$,$\Delta Q=0$,$\Delta\sigma^2_{\xi_k}=0$,$\Delta\sigma^2_{\eta_k}=0$,迭代式(9.12)得 $\Delta X(t)=0,\forall t$,即 $X(t)=\bar{X}(t)$。进而,应用式(9.15)、式(9.16)、式(9.21)、式(9.22)、式(9.26)、式(9.27)、式(9.34)和式(9.35)得 $\bar{Q}_a(t)=Q_a(t)$ 且 $\bar{R}^{(j)}(t)=R^{(j)}(t)$,因此有 $\Delta Q_a(t)=0$,$\Delta R^{(j)}(t)=0$。此外 $\Delta\Sigma^{(j)}(0|-1)=P_0-\bar{P}_0=0$,因此迭代式(9.53)得 $\Delta\Sigma^{(j)}(t+1|t)=0$,$\forall t$,即有 $\Sigma^{(j)}(t+1|t)=\bar{\Sigma}^{(j)}(t+1|t)$。如果 $\Sigma^*(t+1|t)$ 是 $\bar{\Sigma}^{(j)}(t+1|t)$ 的任意一个其他上界,则有 $\Sigma^{(j)}(t+1|t)=\bar{\Sigma}^{(j)}(t+1|t)\leqslant\Sigma^*(t+1|t)$,这意味着 $\Sigma^{(j)}(t+1|t)$ 是 $\bar{\Sigma}^{(j)}(t+1|t)$ 的最小上界。

当 $N>1$ 时,定义 $\Delta\Sigma^{(j)}(t+N|t)=\Sigma^{(j)}(t+N|t)-\bar{\Sigma}^{(j)}(t+N|t)$,$N>1$,应用式(9.50)和式(9.51)得

$$\Delta\Sigma^{(j)}(t+N|t)=\Phi^{N-1}\Delta\Sigma^{(j)}(t+1|t)\Phi^{(N-1)\mathrm{T}}+\sum_{k=2}^{N}\Phi^{N-k}\Delta Q_a(t+k-1)\Phi^{(N-k)\mathrm{T}},N>1 \tag{9.54}$$

应用式(9.18)和带 $N=1$ 的式(9.52)得 $\Delta\Sigma^{(j)}(t+N|t)\geqslant0$,$N>1$,即当 $N>1$ 时式(9.52)成立。类似于 $N=1$ 的情形,容易证明 $\Sigma^{(j)}(t+N|t)(N>1)$ 是 $\bar{\Sigma}^{(j)}(t+N|t)$ $(N>1)$ 的最小上界。证毕。

称由式(9.40)和式(9.47)给出的实际融合时变 Kalman 预报器为鲁棒融合时变 Kalman 预报器,由式(9.52)给出的不等式关系称为它们的鲁棒性。

注 9.3 对于带已知保守上界 $Q_a(t)$ 和 $R_{ai}(t)$ 的最坏情形保守子系统(9.13) 和(9.19),类似于式(9.40)—(9.51) 的推导,容易得到鲁棒局部时变 Kalman 预报器$\hat{x}_i(t+N|t)(N\geqslant 1,i=1,\cdots,L)$ 以及它们的实际和保守局部预报误差方差阵$\bar{\Sigma}_i(t+N|t)$ 和 $\Sigma_i(t+N|t)(N\geqslant 1,i=1,\cdots,L)$,它们具有鲁棒性,即对于满足式(9.6) 的所有容许的不确定实际方差,有

$$\bar{\Sigma}_i(t+N|t)\leqslant \Sigma_i(t+N|t),N\geqslant 1,i=1,\cdots,L \tag{9.55}$$

且 $\Sigma_i(t+N|t)$ 是$\bar{\Sigma}_i(t+N|t)$ 的最小上界。

(4) 鲁棒集中式和加权观测融合时变 Kalman 预报器的等价性和精度分析

定理 9.2 对于混合不确定多传感器系统(9.1) 和(9.2),在假设 1—4 条件下,鲁棒集中式和加权观测融合时变 Kalman 预报器是等价的,即在相同的初值 $\hat{x}^{(j)}(0|-1)=\mu_0$,$\Sigma^{(j)}(0|-1)=P_0$,$\bar{\Sigma}^{(j)}(0|-1)=\bar{P}_0$ 下,对任意的 $t\geqslant 0$ 和 $N\geqslant 1$,有

$$\hat{x}^{(c)}(t+N|t)=\hat{x}^{(M)}(t+N|t) \tag{9.56}$$

$$\Sigma^{(c)}(t+N|t)=\Sigma^{(M)}(t+N|t),\bar{\Sigma}^{(c)}(t+N|t)=\bar{\Sigma}^{(M)}(t+N|t) \tag{9.57}$$

证明 为了证明由式(9.56) 和式(9.57) 给出的等价性,应用定理 3.7,过程与观测噪声不相关的融合观测系统(9.13) 和(9.38) 的由式(9.40)—(9.43) 给出的鲁棒融合时变 Kalman 一步预报器有等价的时变信息滤波器形式为

$$\hat{z}^{(j)}(t|t)=\hat{z}^{(j)}(t|t-1)+H^{(j)\mathrm{T}}R^{(j)-1}(t)y^{(j)}(t),j=c,M \tag{9.58}$$

$$\hat{z}^{(j)}(t|t-1)=\Sigma^{(j)-1}(t|t-1)\Phi P^{(j)}(t-1|t-1)\hat{z}^{(j)}(t-1|t-1) \tag{9.59}$$

$$\Sigma^{(j)}(t+1|t)=\Phi P^{(j)}(t|t)\Phi^{\mathrm{T}}+Q_a(t) \tag{9.60}$$

$$P^{(j)-1}(t|t)=\Sigma^{(j)-1}(t|t-1)+H^{(j)\mathrm{T}}R^{(j)-1}(t)H^{(j)} \tag{9.61}$$

$$K^{(j)}(t)=\Phi P^{(j)}(t|t)H^{(j)\mathrm{T}}R^{(j)-1}(t) \tag{9.62}$$

且定义 $\hat{z}^{(j)}(t|t-1)=\Sigma^{(j)-1}(t|t-1)\hat{x}^{(j)}(t|t-1)$,$\hat{z}^{(j)}(t|t)=P^{(j)-1}(t|t)\hat{x}^{(j)}(t|t)$,其中 $\hat{x}^{(j)}(t|t)$ 是相应的鲁棒融合时变 Kalman 滤波器,$P^{(j)}(t|t)$ 是保守融合时变 Kalman 滤波误差方差阵,$y^{(j)}(t)$ 是实际融合观测。

由上述信息滤波器可看到,为了证明由式(9.56) 和式(9.57) 的第一个等式给出的等价性,只需证明

$$H^{(c)\mathrm{T}}R^{(c)-1}(t)y^{(c)}(t)=H^{(M)\mathrm{T}}R^{(M)-1}(t)y^{(M)}(t) \tag{9.63}$$

$$H^{(c)\mathrm{T}}R^{(c)-1}(t)H^{(c)}=H^{(M)\mathrm{T}}R^{(M)-1}(t)H^{(M)} \tag{9.64}$$

类似于文献[33] 中的推导,容易证明式(9.63) 和式(9.64) 成立。因此可得式(9.56) 和式(9.57) 的第一个等式成立。由式(9.56) 得式(9.57) 的第二个等式成立。证毕。

定理 9.3 对于不确定多传感器系统(9.1) 和(9.2),在假设 1—4 条件下,鲁棒局部和融合时变 Kalman 预报器之间有如下矩阵迹不等式精度关系

$$\mathrm{tr}\bar{\Sigma}^{(j)}(t+N|t)\leqslant \mathrm{tr}\Sigma^{(j)}(t+N|t) \tag{9.65}$$

$$\mathrm{tr}\,\bar{\Sigma}_i(t+N|t)\leqslant \mathrm{tr}\Sigma_i(t+N|t) \tag{9.66}$$

$$\mathrm{tr}\Sigma^{(c)}(t+N|t)=\mathrm{tr}\Sigma^{(M)}(t+N|t),\mathrm{tr}\bar{\Sigma}^{(c)}(t+N|t)=\mathrm{tr}\bar{\Sigma}^{(M)}(t+N|t) \tag{9.67}$$

$$\mathrm{tr}\Sigma^{(j)}(t+N|t)\leqslant \mathrm{tr}\Sigma_i(t+N|t) \tag{9.68}$$

证明 对式(9.52)、式(9.55) 和式(9.57) 取矩阵迹操作得式(9.65)—(9.67)。在文献[34] 中已经证明如下关系:$\Sigma^{(c)}(t+N|t)\leqslant \Sigma_i(t+N|t)$,$N\geqslant 1,i=1,\cdots,L$,因此,应用式(9.57) 得 $\Sigma^{(j)}(t+N|t)\leqslant \Sigma_i(t+N|t)$,对它取矩阵迹操作得式(9.68)。证毕。

类似于注8.5，$\mathrm{tr}\bar{\Sigma}^{(j)}(t+N|t)$ 和 $\mathrm{tr}\bar{\Sigma}_i(t+N|t)(N\geqslant 1)$ 分别称为相应的鲁棒Kalman预报器的实际精度，而 $\mathrm{tr}\Sigma^{(j)}(t+N|t)$ 和 $\mathrm{tr}\Sigma_i(t+N|t)(N\geqslant 1)$ 则称为它们的鲁棒精度。较小的迹意味着较高的精度。不等式关系(9.65)—(9.68)表明，对于满足式(9.6)的所有容许的不确定实际方差，每种预报器的实际精度高于它的鲁棒精度，鲁棒精度是最低的实际精度。融合预报器的鲁棒精度高于每个局部预报器的鲁棒精度，集中式和加权观测融合预报器具有相同的实际和鲁棒精度。

9.2.4 鲁棒集中式和加权观测融合时变 Kalman 预报器的复杂性分析

为了讨论所提出的鲁棒融合算法的计算复杂性，乘法和除法的次数被用来作为运算次数，因为加法要比乘法和除法快很多。令 $C_N^{(j)}(N\geqslant 1,j=c,M)$ 分别表示在每个递推步中鲁棒集中式融合$(j=c)$和加权观测融合$(j=M)$Kalman预报器的乘法和除法的总数目，这里下角标 N 表示预报步数。将关于鲁棒集中式和加权观测融合 Kalman 预报器的公式的所有运算次数加到一起可得相应的总运算次数分别为

$$C_N^{(c)}=\begin{cases}(4q+6)n^3+[7m_c+(2r+1)q+2r+2]n^2+\\ [4m_c^2+2m_c+(2r^2+r)q+2r^2+r+m_1^2+\cdots+m_L^2]n+2m_c^3,N=1\\ (4q+N+4)n^3+[7m_c+(2r+1)q+2r+3]n^2+\\ [4m_c^2+2m_c+(2r^2+r)q+2r^2+r+m_1^2+\cdots+m_L^2]n+2m_c^3,N>1\end{cases} \tag{9.69}$$

$$C_N^{(M)}=\begin{cases}(4q+6)n^3+[6m+(2r+1)q+2r+2]n^2+\\ [4m^2+m+(2r^2+r)q+2r^2+r]n+\\ m_1^3+m_2^3+\cdots+m_L^3+2mm_c^2+(2m^2+m)m_c+3m^3,N=1\\ (4q+N+4)n^3+[6m+(2r+1)q+2r+3]n^2+\\ [4m^2+m+(2r^2+r)q+2r^2+r]n+\\ m_1^3+m_2^3+\cdots+m_L^3+2mm_c^2+(2m^2+m)m_c+3m^3,N>1\end{cases} \tag{9.70}$$

定理9.2表明，在相同的初值下，鲁棒集中式和加权观测融合时变Kalman预报器是数值等价的，但由式(9.69)和式(9.70)可看出，两种鲁棒融合状态预报器的计算代价完全不同。由9.2.2(2)小节中的内容可知，$H^{(c)}\in R^{m_c\times n}$，$m_c=m_1+\cdots+m_L$ 且 $m_c\geqslant n$，而 $H^{(M)}\in R^{m\times n}$ 且 $m\leqslant n$，因此，当传感器数目 L 充分大时，m_c 远大于 m_i 或 m。在式(9.43)中用到的集中式融合算法$(j=c)$要求计算一个 $m_c\times m_c$ 的非对角矩阵的逆，其计算复杂度为 $O(m_c^3)$。而由式(9.27)、式(9.35)和式(9.43)所给出的加权观测融合算法$(j=M)$要求计算一个 $m_c\times m_c$ 的块对角矩阵的逆，其计算复杂度为 $O(m_1^3)+\cdots+O(m_L^3)$，以及一个 $m\times m$ 的非对角矩阵的逆，其计算复杂度为 $O(m^3)$。因此，与集中式融合算法相比，当传感器数目 L 较大时，加权观测融合算法能够显著减小计算负担。

对于在9.5节的例9.1中给出的关于弹簧-质量-阻尼系统的数值仿真例子$(n=2,L=3)$，在表9.1的第2列和第3列中给出了鲁棒融合两步Kalman预报器$(N=2)$的总运算次数。当增加传感器数目 L 时，例如，分别取 $L=10$ 和 $L=20$，且仍取 $n=2,r=1,q=2,N=2$ 和 $m_i=1,1\leqslant i\leqslant L$，应用满秩分解可得 $m=1$，在表9.1的第4列至第7列中给出了相应的鲁棒集中式和加权观测融合Kalman预报器的总运算次数。我们可看出，与鲁棒

集中式融合算法相比,当传感器数目 L 增大时,鲁棒加权观测融合算法能够明显减小计算负担。加权观测融合器的突出优点是:不仅它具有全局最优性,而且可显著地减小计算负担,便于实时应用,因而它有重要的实时应用价值。

表 9.1　鲁棒融合两步预报器的总运算次数随着传感器数目 L 的变化情况

L	$L=3$		$L=10$		$L=20$	
j	$j=c$	$j=M$	$j=c$	$j=M$	$j=c$	$j=M$
$C_N^{(j)}, N=2$	402	241	3 314	431	20 054	1 091

9.2.5　鲁棒集中式和加权观测融合时变 Kalman 预报器的收敛性分析

本小节将分别讨论带时变噪声方差 $Q_a(t)$ 和 $R^{(j)}(t)$ 以及带常噪声方差 Q_a 和 $R^{(j)}$ 的观测融合系统(9.13)和(9.38)的鲁棒融合时变Kalman预报器的按实现收敛性。应用自校正 Riccati 方程的收敛性和DESA方法,将证明在鲁棒融合时变和稳态Kalman预报器之间的收敛性,以及在鲁棒融合时变 Kalman 预报器之间的收敛性。

引理 9.2　定义矩阵 $\Phi_a=\Phi\otimes\Phi+\sum_{k=1}^{q}\bar{\sigma}_{\xi_k}^2\Phi_k\otimes\Phi_k, \bar{\sigma}_{\xi_k}^2\leqslant\sigma_{\xi_k}^2$,其中记号 $\otimes$ 表示 Kronecker 积,则对于不确定多传感器系统(9.1)—(9.2),在假设1—4条件下,如果 Φ_a 的谱半径小于1,即 $\rho(\Phi_a)<1$,则带任意初始条件 $\bar{X}(0)\geqslant 0$ 和 $X(0)\geqslant 0$ 的时变 Lyapunov 方程(9.8)和(9.9)的解 $\bar{X}(t)$ 和 $X(t)$ 分别收敛于如下稳态 Lyapunov 方程的唯一半正定解 $\bar{X}\geqslant 0$ 和 $X\geqslant 0$,即

$$\bar{X}=\Phi\bar{X}\Phi^{\mathrm{T}}+\sum_{k=1}^{q}\bar{\sigma}_{\xi_k}^2\Phi_k\bar{X}\Phi_k^{\mathrm{T}}+\Gamma\bar{Q}\Gamma^{\mathrm{T}}+\sum_{k=1}^{q}\bar{\sigma}_{\eta_k}^2\Gamma_k\bar{Q}\Gamma_k^{\mathrm{T}} \tag{9.71}$$

$$X=\Phi X\Phi^{\mathrm{T}}+\sum_{k=1}^{q}\sigma_{\xi_k}^2\Phi_kX\Phi_k^{\mathrm{T}}+\Gamma Q\Gamma^{\mathrm{T}}+\sum_{k=1}^{q}\sigma_{\eta_k}^2\Gamma_kQ\Gamma_k^{\mathrm{T}} \tag{9.72}$$

$$\lim_{t\to\infty}\bar{X}(t)=\bar{X}, \lim_{t\to\infty}X(t)=X \tag{9.73}$$

证明　当 $\rho(\Phi_a)<1$ 时,应用引理 8.5 直接得到式(9.71)—(9.73)。证毕。

应用式(9.73),当 $t\to\infty$ 时,通过对时变噪声方差的公式取极限可得到相应的常(稳态)噪声方差。例如,在式(9.15)和式(9.16)中,分别用 $\bar{X}$ 和 X 来代替 $\bar{X}(t)$ 和 $X(t)$ 得常噪声方差 $\bar{Q}_a$ 和 Q_a。类似地,可得到常噪声方差 $\bar{R}_{ai}, R_{ai}, \bar{R}^{(j)}$ 和 $R^{(j)}$,且时变噪声方差阵收敛于相应的常噪声方差阵,例如 $\bar{Q}_a(t)\to\bar{Q}_a, Q_a(t)\to Q_a, \bar{R}^{(j)}(t)\to\bar{R}^{(j)}, R^{(j)}(t)\to R^{(j)}$。由式(9.10)、式(9.18)和式(9.39)有关系 $\bar{X}\leqslant X, \bar{Q}_a\leqslant Q_a, \bar{R}^{(j)}\leqslant R^{(j)}$。

对于观测融合系统(9.13)和(9.38),下面将提出三种模式按实现收敛性:

(1)带常噪声方差 Q_a 和 $R^{(j)}$ 的时不变观测融合系统(9.13)和(9.38)的鲁棒融合时变与稳态 Kalman 预报器之间的按实现收敛性;

(2)带时变噪声方差 $Q_a(t)$ 和 $R^{(j)}(t)$ 的时变观测融合系统(9.13)和(9.38)的鲁棒融合时变 Kalman 预报器与带常噪声方差 Q_a 和 $R^{(j)}$ 的时不变观测融合系统(9.13)和(9.38)的鲁棒融合稳态 Kalman 预报器之间的按实现收敛性;

(3)带时变噪声方差 $Q_a(t)$ 和 $R^{(j)}(t)$ 的时变观测融合系统(9.13)和(9.38)的鲁棒融合时变 Kalman 预报器与带常噪声方差 Q_a 和 $R^{(j)}$ 的时不变观测融合系统(9.13)和

(9.38) 的鲁棒融合时变 Kalman 预报器之间的按实现收敛性。

第一种按实现收敛性描述了在相同的时不变系统的鲁棒融合时变与稳态 Kalman 预报器之间的收敛性,第二种按实现收敛性描述了在两个不同的系统的鲁棒融合时变与稳态 Kalman 预报器之间的收敛性,第三种按实现收敛性则描述了在两个不同的系统的鲁棒融合时变 Kalman 预报器之间的收敛性。

应用自校正 Riccati 方程的收敛性[18]、引理 9.2 以及 DESA 方法,在能检能稳和观测数据有界的假设条件下,可证明上述三种模式按实现收敛性成立。

类似于在式(9.40)—(9.51) 中给出的带时变噪声方差 $Q_a(t)$ 和 $R^{(j)}(t)$ 的时变观测融合系统(9.13) 和(9.38) 的鲁棒融合时变 Kalman 预报器 $\hat{x}^{(j)}(t+N\mid t)$, $N\geqslant 1$,可得到带常噪声方差 Q_a 和 $R^{(j)}$ 的时不变观测融合系统(9.13) 和(9.38) 的鲁棒融合时变 Kalman 预报器 $\hat{x}_*^{(j)}(t+N\mid t)$, $N\geqslant 1$,相应的预报器的公式也由式(9.40)—(9.51) 给出,其中 $Q_a(t)$ 和 $R^{(j)}(t)$ 分别由 Q_a 和 $R^{(j)}$ 来代替。特别地,对应于式(9.40)—(9.43),带常噪声方差的鲁棒融合时变一步 Kalman 预报器 $\hat{x}_*^{(j)}(t+1\mid t)$ 为

$$\hat{x}_*^{(j)}(t+1\mid t)=\boldsymbol{\Psi}_*^{(j)}(t)\hat{x}_*^{(j)}(t\mid t-1)+K_*^{(j)}(t)y^{(j)}(t),j=c,M \tag{9.74}$$

$$\boldsymbol{\Psi}_*^{(j)}(t)=\boldsymbol{\Phi}-K_*^{(j)}(t)H^{(j)} \tag{9.75}$$

$$K_*^{(j)}(t)=\boldsymbol{\Phi}\boldsymbol{\Sigma}_*^{(j)}(t\mid t-1)H^{(j)\mathrm{T}}\left[H^{(j)}\boldsymbol{\Sigma}_*^{(j)}(t\mid t-1)H^{(j)\mathrm{T}}+R^{(j)}\right]^{-1} \tag{9.76}$$

其中 $y^{(j)}(t)$ 是实际融合观测,保守融合预报误差方差阵满足如下时变 Riccati 方程

$$\boldsymbol{\Sigma}_*^{(j)}(t+1\mid t)=\boldsymbol{\Phi}[\boldsymbol{\Sigma}_*^{(j)}(t\mid t-1)-\boldsymbol{\Sigma}_*^{(j)}(t\mid t-1)H^{(j)\mathrm{T}}\times \\ [H^{(j)}\boldsymbol{\Sigma}_*^{(j)}(t\mid t-1)H^{(j)\mathrm{T}}+R^{(j)}]^{-1}H^{(j)}\boldsymbol{\Sigma}_*^{(j)}(t\mid t-1)]\boldsymbol{\Phi}^{\mathrm{T}}+Q_a \tag{9.77}$$

下面将给出带常噪声方差 Q_a 和 $R^{(j)}$ 的时不变观测融合系统(9.13) 和(9.38) 的鲁棒融合稳态 Kalman 预报器 $\hat{x}_s^{(j)}(t+N\mid t)(N\geqslant 1)$,这是鲁棒融合时变 Kalman 预报器 $\hat{x}_*^{(j)}(t+N\mid t)(N\geqslant 1)$ 的极限情形,将证明在鲁棒融合时变Kalman预报器 $\hat{x}^{(j)}(t+N\mid t)$ 和 $\hat{x}_*^{(j)}(t+N\mid t)$ 与鲁棒融合稳态 Kalman 预报器 $\hat{x}_s^{(j)}(t+N\mid t)$ 之间的按实现收敛性。

定理 9.4　对于带保守常噪声方差 Q_a 和 $R^{(j)}$ 的时不变观测融合系统(9.13) 和(9.38),在假设1—4 条件下,假设 $\rho(\boldsymbol{\Phi}_a)<1$,则存在对应于鲁棒融合时变 Kalman 一步预报器 $\hat{x}_*^{(j)}(t+1\mid t)$ 的鲁棒融合稳态 Kalman 一步预报器 $\hat{x}_s^{(j)}(t+1\mid t)$ 为

$$\hat{x}_s^{(j)}(t+1\mid t)=\boldsymbol{\Psi}^{(j)}\hat{x}_s^{(j)}(t\mid t-1)+K^{(j)}y^{(j)}(t),j=c,M \tag{9.78}$$

$$\boldsymbol{\Psi}^{(j)}=\boldsymbol{\Phi}-K^{(j)}H^{(j)} \tag{9.79}$$

$$K^{(j)}=\boldsymbol{\Phi}\boldsymbol{\Sigma}^{(j)}(1)H^{(j)\mathrm{T}}\left[H^{(j)}\boldsymbol{\Sigma}^{(j)}(1)H^{(j)\mathrm{T}}+R^{(j)}\right]^{-1} \tag{9.80}$$

这里下角标"s"表示稳态,$y^{(j)}(t)$ 是实际融合观测,且 $\boldsymbol{\Psi}^{(j)}$ 是稳定的,即 $\hat{x}_s^{(j)}(t+1\mid t)$ 是一致渐近稳定的。保守融合稳态一步预报误差方差阵 $\boldsymbol{\Sigma}^{(j)}(1)$ 满足如下稳态 Riccati 方程

$$\boldsymbol{\Sigma}^{(j)}(1)=\boldsymbol{\Phi}[\boldsymbol{\Sigma}^{(j)}(1)-\boldsymbol{\Sigma}^{(j)}(1)H^{(j)\mathrm{T}}(H^{(j)}\boldsymbol{\Sigma}^{(j)}(1)H^{(j)\mathrm{T}}+R^{(j)})^{-1}H^{(j)}\boldsymbol{\Sigma}^{(j)}(1)]\boldsymbol{\Phi}^{\mathrm{T}}+Q_a \tag{9.81}$$

且由式(9.77) 给出的时变 Riccati 方程的解 $\boldsymbol{\Sigma}_*^{(j)}(t+1\mid t)$ 收敛于 $\boldsymbol{\Sigma}^{(j)}(1)$,即

$$\boldsymbol{\Sigma}_*^{(j)}(t+1\mid t)\to\boldsymbol{\Sigma}^{(j)}(1),\text{当 } t\to\infty \text{ 时},j=c,M \tag{9.82}$$

假设观测数据有界,则鲁棒融合时变与稳态 Kalman 一步预报器之间有如下按实现收敛性

$$[\hat{x}_*^{(j)}(t+1\mid t)-\hat{x}_s^{(j)}(t+1\mid t)]\to 0, \text{当 } t\to\infty \text{ 时}, \text{i. a. r.}, j=c,M \tag{9.83}$$

其中记号“i. a. r.”表示按一个实现“in a realization”的缩写。

证明 对于带保守常噪声方差 Q_a 和 $R^{(j)}$ 的时不变观测融合系统(9.13)和(9.38)，在文献[2]中已经证明，保守稳态 Kalman 预报器(9.78)—(9.81)存在的充分条件是 Φ 是稳定的矩阵，而这被 $\rho(\Phi_a)<1$ 保证。在式(9.78)中，用实际融合观测 $y^{(j)}(t)$ 来代替保守融合观测 $y^{(j)}(t)$，可得相应的鲁棒融合稳态 Kalman 预报器(9.78)—(9.81)也存在。在文献[2]中已经证明了 $\Psi^{(j)}$ 的稳定性和由式(9.82)给出的收敛性。类似于文献[33]的证明，应用 DESA 方法，式(9.83)可被证明，在此不再赘述。证毕。

基于定理 9.4，类似于式(9.45)和式(9.46)，实际和保守融合稳态预报误差方差阵 $\bar{\Sigma}^{(j)}(1)$ 和 $\Sigma^{(j)}(1)$ 也分别满足如下 Lyapunov 方程

$$\bar{\Sigma}^{(j)}(1)=\Psi^{(j)}\bar{\Sigma}^{(j)}(1)\Psi^{(j)\mathrm{T}}+\bar{Q}_a+K^{(j)}\bar{R}^{(j)}K^{(j)\mathrm{T}} \tag{9.84}$$

$$\Sigma^{(j)}(1)=\Psi^{(j)}\Sigma^{(j)}(1)\Psi^{(j)\mathrm{T}}+Q_a+K^{(j)}R^{(j)}K^{(j)\mathrm{T}} \tag{9.85}$$

对应于鲁棒融合时变多步 Kalman 预报器 $\hat{x}_*^{(j)}(t+N\mid t)(N>1)$，鲁棒集中式和加权观测融合稳态 Kalman 多步预报器有如下统一形式为

$$\hat{x}_s^{(j)}(t+N\mid t)=\Phi^{N-1}\hat{x}_s^{(j)}(t+1\mid t), N>1, j=c,M \tag{9.86}$$

实际和保守融合稳态多步预报误差方差阵分别满足如下公式

$$\bar{\Sigma}^{(j)}(N)=\Phi^{N-1}\bar{\Sigma}^{(j)}(1)\Phi^{(N-1)\mathrm{T}}+\sum_{k=2}^{N}\Phi^{N-k}\bar{Q}_a\Phi^{(N-k)\mathrm{T}}, N>1 \tag{9.87}$$

$$\Sigma^{(j)}(N)=\Phi^{N-1}\Sigma^{(j)}(1)\Phi^{(N-1)\mathrm{T}}+\sum_{k=2}^{N}\Phi^{N-k}Q_a\Phi^{(N-k)\mathrm{T}}, N>1 \tag{9.88}$$

注 9.4 令 $\bar{\Sigma}_*^{(j)}(t+N\mid t)$ 和 $\Sigma_*^{(j)}(t+N\mid t)(N>1)$ 分别为带常噪声方差 Q_a 和 $R^{(j)}$ 的时不变观测融合系统(9.13)和(9.38)的鲁棒融合时变多步预报器 $\hat{x}_*^{(j)}(t+N\mid t)(N>1)$ 的实际和保守预报误差方差阵，应用定理 9.4 得收敛性关系

$$[\hat{x}_*^{(j)}(t+N\mid t)-\hat{x}_s^{(j)}(t+N\mid t)]\to 0, \text{当 } t\to\infty \text{ 时}, \text{i. a. r.}, N>1 \tag{9.89}$$

类似于文献[33]中的推导和证明方法，可证明如下收敛性

$$\bar{\Sigma}_*^{(j)}(t+N\mid t)\to\bar{\Sigma}^{(j)}(N), \Sigma_*^{(j)}(t+N\mid t)\to\Sigma^{(j)}(N), \text{当 } t\to\infty \text{ 时} \tag{9.90}$$

定理 9.5 在定理 9.4 条件下，鲁棒融合稳态 Kalman 预报器具有鲁棒性，即对于满足式(9.6)的所有容许的不确定实际方差，有

$$\bar{\Sigma}^{(j)}(N)\leqslant\Sigma^{(j)}(N), N\geqslant 1, j=c,M \tag{9.91}$$

且 $\Sigma^{(j)}(N)$ 是 $\bar{\Sigma}^{(j)}(N)$ 的最小上界。鲁棒集中式和加权观测融合稳态 Kalman 预报器是数值等价的，即

$$\hat{x}_s^{(c)}(t+N\mid t)=\hat{x}_s^{(M)}(t+N\mid t), N\geqslant 1, t\geqslant 0 \tag{9.92}$$

带相同的初值 $\hat{x}_s^{(c)}(0\mid -1)=\hat{x}_s^{(M)}(0\mid -1)$，且

$$\Sigma^{(c)}(N)=\Sigma^{(M)}(N), \bar{\Sigma}^{(c)}(N)=\bar{\Sigma}^{(M)}(N) \tag{9.93}$$

证明 类似于文献[35]的证明，由式(9.91)给出的稳态鲁棒性可被证明。类似于定理 9.2 的推导和证明，基于对应于由式(9.58)—(9.62)给出的时变信息滤波器的稳态信息滤波器，由式(9.92)和式(9.93)给出的稳态等价性可被证明，在此不再赘述。

定理 9.4 和注 9.4 表明带常噪声方差 Q_a 和 $R^{(j)}$ 的时不变观测融合系统(9.13)和(9.38)的鲁棒融合时变 Kalman 预报器 $\hat{x}_*^{(j)}(t+N\mid t)(N\geqslant 1)$ 收敛于相应的鲁棒融合稳

态预报器$\hat{x}_s^{(j)}(t+N|t)$。问题是是否带时变噪声方差$Q_a(t)$和$R^{(j)}(t)$的时变观测融合系统(9.13)和(9.38)的鲁棒融合时变Kalman预报器$\hat{x}^{(j)}(t+N|t)(N\geqslant 1)$也收敛于$\hat{x}_s^{(j)}(t+N|t)(N\geqslant 1)$,定理9.6证明了这个结论。

定理9.6 在定理9.4条件下,由式(9.45)、式(9.50)、式(9.46)和式(9.51)给出的实际和保守融合时变Kalman预报误差方差阵$\bar{\Sigma}^{(j)}(t+N|t)$和$\Sigma^{(j)}(t+N|t)(N\geqslant 1)$与由式(9.84)、式(9.87)、式(9.85)和式(9.88)给出的实际和保守融合稳态Kalman预报误差方差阵$\bar{\Sigma}^{(j)}(N)$和$\Sigma^{(j)}(N)(N\geqslant 1)$之间有如下收敛性

$$\bar{\Sigma}^{(j)}(t+N|t)\rightarrow\bar{\Sigma}^{(j)}(N),\text{当} t\rightarrow\infty \text{ 时},N\geqslant 1,j=c,M \tag{9.94}$$

$$\Sigma^{(j)}(t+N|t)\rightarrow\Sigma^{(j)}(N),\text{当} t\rightarrow\infty \text{ 时},N\geqslant 1,j=c,M \tag{9.95}$$

如果观测数据$y_i(t)$有界,则由式(9.40)和式(9.47)给出的鲁棒融合时变Kalman预报器$\hat{x}^{(j)}(t+N|t)$与由式(9.78)和式(9.86)给出的鲁棒融合稳态Kalman预报器$\hat{x}_s^{(j)}(t+N|t)$之间有如下按实现收敛性

$$[\hat{x}^{(j)}(t+N|t)-\hat{x}_s^{(j)}(t+N|t)]\rightarrow 0,\text{i.a.r.},\text{当} t\rightarrow\infty \text{ 时},N\geqslant 1,j=c,M \tag{9.96}$$

证明 由自校正Riccati方程的收敛性及收敛性$Q_a(t)\rightarrow Q_a$和$R^{(j)}(t)\rightarrow R^{(j)}$,并应用DESA方法,类似于文献[33]中的证明,可证得式(9.94)—(9.96)成立。证毕。

推论9.1 在定理9.4条件下,如果观测数据有界,则两种鲁棒融合时变Kalman预报器之间有如下按实现收敛性

$$[\hat{x}^{(j)}(t+N|t)-\hat{x}_*^{(j)}(t+N|t)]\rightarrow 0,\text{当} t\rightarrow\infty \text{ 时},\text{i.a.r.},j=c,M \tag{9.97}$$

$$[\bar{\Sigma}^{(j)}(t+N|t)-\bar{\Sigma}_*^{(j)}(t+N|t)]\rightarrow 0$$

$$[\Sigma^{(j)}(t+N|t)-\Sigma_*^{(j)}(t+N|t)]\rightarrow 0,\text{当} t\rightarrow\infty \text{ 时},N\geqslant 1,j=c,M \tag{9.98}$$

证明 应用式(9.83)、式(9.89)和式(9.96)可得式(9.97)。类似地,应用式(9.90)、式(9.94)和式(9.95)可得式(9.98)成立。证毕。

注9.5 对于带常噪声方差的每个时不变局部子系统(9.13)和(9.19),类似地可得鲁棒局部稳态Kalman预报器$\hat{x}_i^s(t+N|t)(N\geqslant 1)$以及相应的实际和保守局部稳态预报误差方差阵$\bar{\Sigma}_i(N)$和$\Sigma_i(N)$,相应的收敛性关系类似于定理9.6也成立。

应用定理9.3、定理9.6和注9.5,对式(9.65)—(9.68)取极限可得如下推论9.2。

推论9.2 在定理9.4条件下,如果每个局部子系统(9.13)和(9.19)也是完全能检和完全能稳的,则鲁棒局部和融合稳态Kalman预报器之间有如下矩阵迹不等式精度关系

$$\text{tr}\bar{\Sigma}^{(j)}(N)\leqslant\text{tr}\Sigma^{(j)}(N) \tag{9.99}$$

$$\text{tr}\,\bar{\Sigma}_i(N)\leqslant\text{tr}\Sigma_i(N) \tag{9.100}$$

$$\text{tr}\Sigma^{(c)}(N)=\text{tr}\Sigma^{(M)}(N),\text{tr}\bar{\Sigma}^{(c)}(N)=\text{tr}\bar{\Sigma}^{(M)}(N) \tag{9.101}$$

$$\text{tr}\Sigma^{(j)}(N)\leqslant\text{tr}\Sigma_i(N) \tag{9.102}$$

其中$j=c,M,N\geqslant 1$且$i=1,\cdots,L$。

9.3 带相关噪声的混合不确定系统集中式和加权观测融合鲁棒Kalman估值器

对于带乘性噪声、丢失观测和不确定方差线性相关加性白噪声的混合不确定多传感

器系统，本节介绍作者新近提出的鲁棒集中式和加权观测融合时变与稳态 Kalman 估值器[16]，包括预报器、滤波器和平滑器。应用虚拟噪声方法，系统被进一步转换为带确定性的模型参数和不确定噪声方差的系统。根据极大极小鲁棒估计原理，基于带噪声方差保守上界的最坏情形观测融合系统，应用所提出的基于鲁棒预报器来设计鲁棒滤波器和平滑器的统一设计方法，提出了鲁棒集中式和加权观测融合时变和稳态 Kalman 估值器。仅基于系统观测，应用加权最小二乘算法，提出了一种鲁棒时变和稳态加权最小二乘滤波器。证明了它们的鲁棒性、数值等价性、精度关系和按实现收敛性。分析了鲁棒融合时变估值器的计算复杂性，给出了估值器对应的计算量公式。分析表明，当传感器数目较大时，鲁棒加权观测融合算法可显著减小计算负担。

考虑带乘性噪声、丢失观测和不确定方差线性相关加性白噪声的混合不确定多传感器系统

$$x(t+1)=(\Phi+\sum_{k=1}^{q}\xi_k(t)\Phi_k)x(t)+\Gamma w(t) \tag{9.103}$$

$$y_i(t)=\gamma_i(t)H_ix(t)+v_i(t),i=1,\cdots,L \tag{9.104}$$

$$v_i(t)=D_iw(t)+\eta_i(t),i=1,\cdots,L \tag{9.105}$$

其中 t 是离散时间，$x(t)\in R^n$ 是要被估计的系统状态，$y_i(t)\in R^{m_i}$ 是第 i 个传感器子系统的观测，$w(t)\in R^r$ 是加性过程噪声，$v_i(t)\in R^{m_i}$ 是第 i 个传感器子系统的加性观测噪声且线性相关于 $w(t)$，$\xi_k(t)\in R^1(k=1,\cdots,q)$ 是标量状态相依乘性噪声，$\Phi\in R^{n\times n}$，$\Phi_k\in R^{n\times n}$，$k=1,\cdots,q$，$\Gamma\in R^{n\times r}$，$H_i\in R^{m_i\times n}$ 和 $D_i\in R^{m_i\times r}$ 是带适当维数的已知常矩阵，q 是乘性噪声的个数，L 为传感器个数。

假设5 $\gamma_i(t)(i=1,\cdots,L)$ 是取值为0或1的互不相关的伯努利白噪声，且带已知概率为 $\mathrm{Prob}\{\gamma_i(t)=1\}=\lambda_i$，$\mathrm{Prob}\{\gamma_i(t)=0\}=1-\lambda_i$，$i=1,\cdots,L$，$0\leqslant\lambda_i\leqslant1$。

容易证明 $\gamma_i(t)(i=1,\cdots,L)$ 具有满足式(9.4)的统计特性。

假设6 $w(t)$，$\eta_i(t)$ 和 $\xi_k(t)$ 是带零均值的互不相关白噪声，且都不相关于 $\gamma_i(t)$，它们的协方差为

$$\mathrm{E}\left[\begin{bmatrix}w(t)\\ \eta_i(t)\\ \xi_k(t)\end{bmatrix}\begin{bmatrix}w(u)\\ \eta_j(u)\\ \xi_h(u)\end{bmatrix}^{\mathrm{T}}\right]=\begin{bmatrix}\bar{Q}\delta_{tu} & 0 & 0\\ 0 & \bar{R}_{\eta_i}\delta_{ij}\delta_{tu} & 0\\ 0 & 0 & \sigma_{\xi_k}^2\delta_{kh}\delta_{tu}\end{bmatrix} \tag{9.106}$$

其中 $\bar{Q}$ 和 $\bar{R}_{\eta_i}$ 分别是白噪声 $w(t)$ 和 $\eta_i(t)(i=1,\cdots,L)$ 的未知不确定实际方差，$\sigma_{\xi_k}^2(k=1,\cdots,q)$ 是白噪声 $\xi_k(t)$ 的已知实际方差。

假设7 初始状态 $x(0)$ 不相关于 $w(t)$，$\eta_i(t)$ 和 $\xi_k(t)$，且 $\mathrm{E}[x(0)]=\mu_0$，$\mathrm{E}[(x(0)-\mu_0)(x(0)-\mu_0)^{\mathrm{T}}]=\bar{P}_0$，其中 μ_0 是 $x(0)$ 的已知均值，$\bar{P}_0$ 是初始状态 $x(0)$ 的未知不确定实际方差。

假设8 Q，R_{η_i} 和 P_0 分别是 $\bar{Q}$，$\bar{R}_{\eta_i}$ 和 $\bar{P}_0$ 的已知保守上界，且满足如下关系

$$\bar{Q}\leqslant Q,\bar{R}_{\eta_i}\leqslant R_{\eta_i},\bar{P}_0\leqslant P_0 \tag{9.107}$$

类似于注8.1，带未知不确定实际方差 $\bar{Q}$，$\bar{R}_{\eta_i}$ 和 $\bar{P}_0$ 的系统(9.103)—(9.105)称为实际系统，它的状态和观测分别称为实际状态和实际观测。带已知保守上界 Q，R_{η_i} 和 P_0 的系统(9.103)—(9.105)称为保守(最坏情形)系统，它的状态和观测分别称为保守状态

和保守观测。

对于不确定多传感器系统(9.103)—(9.105),本节将设计它的鲁棒集中式和加权观测融合时变Kalman预报器$\hat{x}^{(j)}(t+1|t),j=c,M$,使得对于满足式(9.107)的所有容许的不确定实际方差,预报器的实际融合预报误差方差阵$\bar{\Sigma}^{(j)}(t+1|t)$有相应的最小上界$\Sigma^{(j)}(t+1|t)$,即满足不等式

$$\bar{\Sigma}^{(j)}(t+1|t) \leq \Sigma^{(j)}(t+1|t),j=c,M \tag{9.108}$$

并设计它的鲁棒集中式和加权观测融合时变Kalman滤波器和平滑器$\hat{x}^{(j)}(t|t+N),j=c,M$($N=0$表示滤波器,$N>0$表示平滑器),使得对于满足式(9.107)的所有容许的不确定实际方差,估值器的实际融合估计误差方差阵$\bar{P}^{(j)}(t|t+N)$有相应的最小上界$P^{(j)}(t|t+N)$,即满足不等式

$$\bar{P}^{(j)}(t|t+N) \leq P^{(j)}(t|t+N),N \geq 0,j=c,M \tag{9.109}$$

其中,$j=c$表示集中式融合器,$j=M$表示加权观测融合器。

9.3.1 基于虚拟噪声方法的模型转换

类似于式(8.11)—(8.13)的推导,由式(9.103)给出的状态$x(t)$的实际和保守非中心二阶矩$\bar{X}(t)$和$X(t)$分别为

$$\bar{X}(t+1)=\Phi\bar{X}(t)\Phi^{\mathrm{T}}+\sum_{k=1}^{q}\sigma_{\xi_k}^2\Phi_k\bar{X}(t)\Phi_k^{\mathrm{T}}+\Gamma\bar{Q}\Gamma^{\mathrm{T}} \tag{9.110}$$

$$X(t+1)=\Phi X(t)\Phi^{\mathrm{T}}+\sum_{k=1}^{q}\sigma_{\xi_k}^2\Phi_k X(t)\Phi_k^{\mathrm{T}}+\Gamma Q\Gamma^{\mathrm{T}} \tag{9.111}$$

带初值$\bar{X}(0)=\bar{P}_0+\mu_0\mu_0^{\mathrm{T}},X(0)=P_0+\mu_0\mu_0^{\mathrm{T}}$。

类似于引理8.1的证明,对满足式(9.107)的所有容许的不确定实际方差$\bar{Q}$和$\bar{P}_0$,有

$$\bar{X}(t) \leq X(t),\forall t \geq 0 \tag{9.112}$$

应用虚拟噪声方法,由式(9.103)给出的状态方程可被重写为

$$x(t+1)=\Phi x(t)+w_a(t) \tag{9.113}$$

其中$w_a(t)$是虚拟过程噪声,定义为

$$w_a(t)=\sum_{k=1}^{q}\xi_k(t)\Phi_k x(t)+\Gamma w(t) \tag{9.114}$$

由式(9.106),容易证明$w_a(t)$是带零均值的白噪声。应用式(9.107)和式(9.114)得$w_a(t)$的实际和保守方差阵分别为

$$\bar{Q}_a(t)=\sum_{k=1}^{q}\sigma_{\xi_k}^2\Phi_k\bar{X}(t)\Phi_k^{\mathrm{T}}+\Gamma\bar{Q}\Gamma^{\mathrm{T}} \tag{9.115}$$

$$Q_a(t)=\sum_{k=1}^{q}\sigma_{\xi_k}^2\Phi_k X(t)\Phi_k^{\mathrm{T}}+\Gamma Q\Gamma^{\mathrm{T}} \tag{9.116}$$

由式(9.116)减式(9.115)并应用式(9.107)和式(9.112)得

$$\bar{Q}_a(t) \leq Q_a(t) \tag{9.117}$$

由式(9.104)和式(9.105)可知,由式(9.104)给出的观测方程可被重写为如下形式

$$y_i(t)=H_{ai}x(t)+v_{ai}(t),i=1,\cdots,L \tag{9.118}$$

其中观测阵H_{ai}和虚拟噪声$v_{ai}(t)$被定义为

$$H_{ai}=\lambda_i H_i, v_{ai}(t)=(\gamma_i(t)-\lambda_i)H_i x(t)+D_i w(t)+\eta_i(t), i=1,\cdots,L \quad (9.119)$$

由式(9.119)可看出，乘性噪声项$(\gamma_i(t)-\lambda_i)H_i x(t)$被补偿到虚拟噪声中。应用式(9.4)、式(9.106)和式(9.119)可证明$v_{ai}(t)(i=1,\cdots,L)$是带零均值的相关于$w_a(t)$的白噪声，且它的实际和保守方差阵分别为

$$\bar{R}_{ai}(t)=\lambda_i(1-\lambda_i)H_i\bar{X}(t)H_i^{\mathrm{T}}+D_i\bar{Q}D_i^{\mathrm{T}}+\bar{R}_{\eta_i} \quad (9.120)$$

$$R_{ai}(t)=\lambda_i(1-\lambda_i)H_iX(t)H_i^{\mathrm{T}}+D_iQD_i^{\mathrm{T}}+R_{\eta_i} \quad (9.121)$$

由式(9.121)减式(9.120)并应用式(9.107)和式(9.112)得

$$\bar{R}_{ai}(t)\leqslant R_{ai}(t) \quad (9.122)$$

应用式(9.114)和式(9.119)得$w_a(t)$和$v_{ai}(t)$的实际和保守相关矩阵分别为

$$\bar{S}_{ai}(t)=\Gamma\bar{Q}D_i^{\mathrm{T}}, S_{ai}(t)=\Gamma QD_i^{\mathrm{T}} \quad (9.123)$$

因此，原始多传感器系统(9.103)—(9.105)被转换为仅带不确定实际虚拟噪声方差的时变多传感器系统(9.113)和(9.118)。

9.3.2 集中式和加权融合观测方程

(1) 集中式融合观测方程

对于带保守上界$R_{ai}(t)$的最坏情形观测方程(9.118)，组合所有保守局部观测方程得保守集中式融合观测方程为

$$y^{(c)}(t)=H^{(c)}x(t)+v^{(c)}(t) \quad (9.124)$$

$$y^{(c)}(t)=[y_1^{\mathrm{T}}(t),\cdots,y_L^{\mathrm{T}}(t)]^{\mathrm{T}}, H^{(c)}=[H_{a1}^{\mathrm{T}},\cdots,H_{aL}^{\mathrm{T}}]^{\mathrm{T}}, v^{(c)}(t)=[v_{a1}^{\mathrm{T}}(t),\cdots,v_{aL}^{\mathrm{T}}(t)]^{\mathrm{T}} \quad (9.125)$$

由式(9.119)可得集中式融合观测白噪声$v^{(c)}(t)$可被重写为

$$v^{(c)}(t)=\gamma(t)x(t)+Dw(t)+\eta(t) \quad (9.126)$$

$$\gamma(t)=[(\gamma_1(t)-\lambda_1)H_1^{\mathrm{T}},\cdots,(\gamma_L(t)-\lambda_L)H_L^{\mathrm{T}}]^{\mathrm{T}}$$
$$D=[D_1^{\mathrm{T}},\cdots,D_L^{\mathrm{T}}]^{\mathrm{T}}, \eta(t)=[\eta_1^{\mathrm{T}}(t),\cdots,\eta_L^{\mathrm{T}}(t)]^{\mathrm{T}} \quad (9.127)$$

应用式(9.4)、式(9.126)和式(9.127)得$v^{(c)}(t)$的实际和保守方差阵分别为

$$\bar{R}^{(c)}(t)=\mathrm{diag}(\lambda_1(1-\lambda_1)H_1\bar{X}(t)H_1^{\mathrm{T}},\cdots,\lambda_L(1-\lambda_L)H_L\bar{X}(t)H_L^{\mathrm{T}})+ D\bar{Q}D^{\mathrm{T}}+\mathrm{diag}(\bar{R}_{\eta_1},\cdots,\bar{R}_{\eta_L}) \quad (9.128)$$

$$R^{(c)}(t)=\mathrm{diag}(\lambda_1(1-\lambda_1)H_1X(t)H_1^{\mathrm{T}},\cdots,\lambda_L(1-\lambda_L)H_LX(t)H_L^{\mathrm{T}})+ DQD^{\mathrm{T}}+\mathrm{diag}(R_{\eta_1},\cdots,R_{\eta_L}) \quad (9.129)$$

由式(9.129)减式(9.128)得

$$R^{(c)}(t)-\bar{R}^{(c)}(t)=D\Delta QD^{\mathrm{T}}+\mathrm{diag}(\Delta R_{\eta_1},\cdots,\Delta R_{\eta_L})+ \mathrm{diag}(\lambda_1(1-\lambda_1)H_1\Delta X(t)H_1^{\mathrm{T}},\cdots,\lambda_L(1-\lambda_L)H_L\Delta X(t)H_L^{\mathrm{T}}) \quad (9.130)$$

其中$\Delta X(t)=X(t)-\bar{X}(t), \Delta Q=Q-\bar{Q}, \Delta R_{\eta_i}=R_{\eta_i}-\bar{R}_{\eta_i}$。应用式(9.107)、式(9.112)和引理8.3得

$$\bar{R}^{(c)}(t)\leqslant R^{(c)}(t) \quad (9.131)$$

应用式(9.114)和式(9.126)得$w_a(t)$和$v^{(c)}(t)$的实际和保守相关矩阵分别为

$$\bar{S}_a^{(c)}(t)=\Gamma\bar{Q}D^{\mathrm{T}}, S_a^{(c)}(t)=\Gamma QD^{\mathrm{T}} \quad (9.132)$$

(2) 加权融合观测方程

令 $m_c = m_1 + \cdots + m_L$ 且假定 $m_c \geq n$,所以有 $H^{(c)} \in R^{m_c \times n}$,根据矩阵理论[13],存在一个列满秩矩阵 $M^{(c)} \in R^{m_c \times m}$ 和一个行满秩矩阵 $H^{(M)} \in R^{m \times n}$ 且 $m \leq n$,使得

$$H^{(c)} = M^{(c)} H^{(M)} \tag{9.133}$$

即 $M^{(c)}$ 和 $H^{(M)}$ 是 $H^{(c)}$ 的满秩分解矩阵。将式(9.133)代入式(9.124)得

$$y^{(c)}(t) = M^{(c)} H^{(M)} x(t) + v^{(c)}(t) \tag{9.134}$$

对式(9.134)应用定理2.1得 $H^{(M)}x(t)$ 的加权最小二乘估计为

$$y^{(M)}(t) = [M^{(c)\mathrm{T}} R^{(c)-1}(t) M^{(c)}]^{-1} M^{(c)\mathrm{T}} R^{(c)-1}(t) y^{(c)}(t) \tag{9.135}$$

其中 $R^{(c)-1}(t) = (R^{(c)}(t))^{-1}$。将式(9.134)代入式(9.135)得加权融合观测方程

$$y^{(M)}(t) = H^{(M)} x(t) + v^{(M)}(t) \tag{9.136}$$

$$v^{(M)}(t) = [M^{(c)\mathrm{T}} R^{(c)-1}(t) M^{(c)}]^{-1} M^{(c)\mathrm{T}} R^{(c)-1}(t) v^{(c)}(t) \tag{9.137}$$

应用式(9.137)得 $v^{(M)}(t)$ 的实际和保守方差阵 $\bar{R}^{(M)}(t)$ 和 $R^{(M)}(t)$ 分别为

$$\begin{aligned}\bar{R}^{(M)}(t) = {} & [M^{(c)\mathrm{T}} R^{(c)-1}(t) M^{(c)}]^{-1} M^{(c)\mathrm{T}} R^{(c)-1}(t) \bar{R}^{(c)}(t) \times \\ & R^{(c)-1}(t) M^{(c)} [M^{(c)\mathrm{T}} R^{(c)-1}(t) M^{(c)}]^{-1}\end{aligned} \tag{9.138}$$

$$R^{(M)}(t) = [M^{(c)\mathrm{T}} R^{(c)-1}(t) M^{(c)}]^{-1} \tag{9.139}$$

用式(9.139)减式(9.138)得

$$\begin{aligned}R^{(M)}(t) - \bar{R}^{(M)}(t) = {} & [M^{(c)\mathrm{T}} R^{(c)-1}(t) M^{(c)}]^{-1} M^{(c)\mathrm{T}} R^{(c)-1}(t) [R^{(c)}(t) - \bar{R}^{(c)}(t)] \times \\ & R^{(c)-1}(t) M^{(c)} [M^{(c)\mathrm{T}} R^{(c)-1}(t) M^{(c)}]^{-1}\end{aligned} \tag{9.140}$$

应用式(9.131)和式(9.140)得

$$\bar{R}^{(M)}(t) \leq R^{(M)}(t) \tag{9.141}$$

应用式(9.137)和式(9.132)得 $w_a(t)$ 和 $v^{(M)}(t)$ 的实际和保守相关矩阵分别为

$$\bar{S}_a^{(M)}(t) = \bar{S}_a^{(c)}(t) R^{(c)-1}(t) M^{(c)} [M^{(c)\mathrm{T}} R^{(c)-1}(t) M^{(c)}]^{-1} \tag{9.142}$$

$$S_a^{(M)}(t) = S_a^{(c)}(t) R^{(c)-1}(t) M^{(c)} [M^{(c)\mathrm{T}} R^{(c)-1}(t) M^{(c)}]^{-1} \tag{9.143}$$

类似于注9.1,作为一种特殊情形,如果 $H^{(c)}$ 是列满秩矩阵,则在方程(9.133)中有 $M^{(c)} = H^{(c)}$ 且 $H^{(M)} = I_n$,这里 I_n 为 $n \times n$ 单位矩阵。

由式(9.124)和式(9.136)给出的集中式和加权融合观测方程可表示为统一形式

$$y^{(j)}(t) = H^{(j)} x(t) + v^{(j)}(t), j = c, M \tag{9.144}$$

且由式(9.131)和式(9.141)可知,融合白噪声 $v^{(j)}(t)(j = c, M)$ 的实际和保守方差阵 $\bar{R}^{(j)}(t)$ 和 $R^{(j)}(t)$ 有如下统一形式的不等式关系

$$\bar{R}^{(j)}(t) \leq R^{(j)}(t), j = c, M \tag{9.145}$$

因此,带保守噪声统计 $Q_a(t), R_{ai}(t)$ 和 $S_{ai}(t)$ 的时变多传感器系统(9.113)和(9.118)被转换成相应的带保守噪声统计 $Q_a(t), R^{(j)}(t)$ 和 $S_a^{(j)}(t)$ 的时变观测融合系统(9.113)和(9.144)。

9.3.3 鲁棒集中式和加权观测融合时变 Kalman 估值器

(1) 鲁棒集中式和加权观测融合时变 Kalman 预报器

对于带已知保守噪声统计 $Q_a(t), R^{(j)}(t)$ 和 $S_a^{(j)}(t)$ 的最坏情形时变观测融合系统(9.113)和(9.144),根据极大极小鲁棒估计原理,应用标准 Kalman 预报算法得保守最优集中式和加权观测融合时变 Kalman 预报器有如下统一形式

$$\hat{x}^{(j)}(t+1 \mid t) = \Psi^{(j)}(t) \hat{x}^{(j)}(t \mid t-1) + K^{(j)}(t) y^{(j)}(t), j = c, M \tag{9.146}$$

$$\Psi^{(j)}(t)=\Phi-K^{(j)}(t)H^{(j)} \tag{9.147}$$

$$K^{(j)}(t)=[\Phi\Sigma^{(j)}(t|t-1)H^{(j)\mathrm{T}}+S_a^{(j)}(t)][H^{(j)}\Sigma^{(j)}(t|t-1)H^{(j)\mathrm{T}}+R^{(j)}(t)]^{-1} \tag{9.148}$$

且保守融合预报误差方差阵 $\Sigma^{(j)}(t+1|t)$ 满足如下 Riccati 方程

$$\begin{aligned}\Sigma^{(j)}(t+1|t)=&\Phi\Sigma^{(j)}(t|t-1)\Phi^{\mathrm{T}}-[\Phi\Sigma^{(j)}(t|t-1)H^{(j)\mathrm{T}}+S_a^{(j)}(t)]\times\\&[H^{(j)}\Sigma^{(j)}(t|t-1)H^{(j)\mathrm{T}}+R^{(j)}(t)]^{-1}\times\\&[\Phi\Sigma^{(j)}(t|t-1)H^{(j)\mathrm{T}}+S_a^{(j)}(t)]^{\mathrm{T}}+Q_a(t)\end{aligned} \tag{9.149}$$

带初值 $\hat{x}^{(j)}(0|-1)=\mu_0,\Sigma^{(j)}(0|-1)=P_0$。

类似于注 9.2，在式(9.146)中，用带实际局部观测 $y_i(t)$ 的实际融合观测 $y^{(j)}(t)$ $(j=c,M)$ 代替带保守局部观测 $y_i(t)$ 的保守融合观测 $y^{(j)}(t)$ 得到实际集中式和加权观测融合时变 Kalman 预报器 $\hat{x}^{(j)}(t+1|t)$，它是可实现的。

用式(9.113)减式(9.146)得融合预报误差

$$\begin{aligned}\tilde{x}^{(j)}(t+1|t)=&\Psi^{(j)}(t)\tilde{x}^{(j)}(t|t-1)+w_a(t)-K^{(j)}(t)v^{(j)}(t)=\\&\Psi^{(j)}(t)\tilde{x}^{(j)}(t|t-1)+[I_n,-K^{(j)}(t)]\beta^{(j)}(t)\end{aligned} \tag{9.150}$$

其中 I_n 表示 $n\times n$ 的单位矩阵，且定义增广噪声 $\beta^{(j)}(t)$ 为

$$\beta^{(j)}(t)=[w_a^{\mathrm{T}}(t),v^{(j)\mathrm{T}}(t)]^{\mathrm{T}},j=c,M \tag{9.151}$$

应用式(9.151)得 $\beta^{(j)}(t)$ 的实际和保守方差阵分别为

$$\bar{\Lambda}^{(j)}(t)=\begin{bmatrix}\bar{Q}_a(t)&\bar{S}_a^{(j)}(t)\\\bar{S}_a^{(j)\mathrm{T}}(t)&\bar{R}^{(j)}(t)\end{bmatrix},\Lambda^{(j)}(t)=\begin{bmatrix}Q_a(t)&S_a^{(j)}(t)\\S_a^{(j)\mathrm{T}}(t)&R^{(j)}(t)\end{bmatrix},j=c,M \tag{9.152}$$

进而，由式(9.150)可得实际和保守集中式和加权观测融合时变预报误差方差阵分别满足如下 Lyapunov 方程

$$\begin{aligned}\bar{\Sigma}^{(j)}(t+1|t)=&\Psi^{(j)}(t)\bar{\Sigma}^{(j)}(t|t-1)\Psi^{(j)\mathrm{T}}(t)+\\&[I_n,-K^{(j)}(t)]\bar{\Lambda}^{(j)}(t)[I_n,-K^{(j)}(t)]^{\mathrm{T}}\end{aligned} \tag{9.153}$$

$$\begin{aligned}\Sigma^{(j)}(t+1|t)=&\Psi^{(j)}(t)\Sigma^{(j)}(t|t-1)\Psi^{(j)\mathrm{T}}(t)+\\&[I_n,-K^{(j)}(t)]\Lambda^{(j)}(t)[I_n,-K^{(j)}(t)]^{\mathrm{T}}\end{aligned} \tag{9.154}$$

带初值 $\bar{\Sigma}^{(j)}(0|-1)=\bar{P}_0,\Sigma^{(j)}(0|-1)=P_0$。

引理 9.3 对于满足式(9.107)的所有容许的不确定实际方差 $\bar{Q},\bar{R}_{\eta_i}$ 和 $\bar{P}_0$，有

$$\bar{\Lambda}^{(j)}(t)\leqslant\Lambda^{(j)}(t),j=c,M \tag{9.155}$$

证明 首先证明当 $j=c$ 时式(9.155)成立。由式(9.115)、式(9.116)、式(9.128)、式(9.129)、式(9.132)和式(9.152)得

$$\Delta\Lambda^{(c)}(t)=\begin{bmatrix}\Delta Q_a(t)&\Delta S_a^{(c)}(t)\\\Delta S_a^{(c)\mathrm{T}}(t)&\Delta R^{(c)}(t)\end{bmatrix}=$$

$$\left[\begin{array}{c:c}\begin{matrix}\sum_{k=1}^{q}\sigma_{\xi_k}^2\Phi_k\Delta X(t)\Phi_k^{\mathrm{T}}+\\\Gamma\Delta Q\Gamma^{\mathrm{T}}\end{matrix}&\Gamma\Delta QD^{\mathrm{T}}\\\hdashline D\Delta Q\Gamma^{\mathrm{T}}&\begin{matrix}D\Delta QD^{\mathrm{T}}+\mathrm{diag}(\Delta R_{\eta_1},\cdots,\Delta R_{\eta_L})+\\\mathrm{diag}(\lambda_1(1-\lambda_1)H_1\Delta X(t)H_1^{\mathrm{T}},\cdots,\\\lambda_L(1-\lambda_L)H_L\Delta X(t)H_L^{\mathrm{T}})\end{matrix}\end{array}\right] \tag{9.156}$$

其中 $\Delta\Lambda^{(c)}(t)=\Lambda^{(c)}(t)-\bar{\Lambda}^{(c)}(t)$，$\Delta Q_a(t)=Q_a(t)-\bar{Q}_a(t)$，$\Delta S_a^{(c)}(t)=S_a^{(c)}(t)-\bar{S}_a^{(c)}(t)$，$\Delta R^{(c)}(t)=R^{(c)}(t)-\bar{R}^{(c)}(t)$。

$\Delta\Lambda^{(c)}(t)$ 可被分解为 $\Delta\Lambda^{(c)}(t)=\Delta\Lambda_1^{(c)}(t)+\Delta\Lambda_2^{(c)}(t)$，其中

$$\Delta\Lambda_1^{(c)}(t)=\begin{bmatrix}\Gamma\Delta Q\Gamma^{\mathrm{T}} & \Gamma\Delta QD^{\mathrm{T}}\\ D\Delta Q\Gamma^{\mathrm{T}} & D\Delta QD^{\mathrm{T}}\end{bmatrix}$$

$$\Delta\Lambda_2^{(c)}(t)=\left[\begin{array}{c:c}\sum_{k=1}^{q}\sigma_{\xi_k}^2\Phi_k\Delta X(t)\Phi_k^{\mathrm{T}} & 0\\ \hdashline 0 & \begin{array}{l}\mathrm{diag}(\Delta R_{\eta_1},\cdots,\Delta R_{\eta_L})+\\ \mathrm{diag}(\lambda_1(1-\lambda_1)H_1\Delta X(t)H_1^{\mathrm{T}},\cdots,\\ \lambda_L(1-\lambda_L)H_L\Delta X(t)H_L^{\mathrm{T}})\end{array}\end{array}\right] \tag{9.157}$$

$\Delta\Lambda_1^{(c)}(t)$ 可被重写为

$$\Delta\Lambda_1^{(c)}(t)=\Gamma_D\Delta Q_a\Gamma_D^{\mathrm{T}},\Gamma_D=\begin{bmatrix}\Gamma & 0\\ 0 & D\end{bmatrix},\Delta Q_a=\begin{bmatrix}\Delta Q & \Delta Q\\ \Delta Q & \Delta Q\end{bmatrix}$$

应用式(9.107)和引理8.2容易证明 $\Delta\Lambda_1^{(c)}(t)\geqslant 0$。应用式(9.107)、式(9.112)和引理8.3得 $\Delta\Lambda_2^{(c)}(t)\geqslant 0$。进而，可得 $\Delta\Lambda^{(c)}(t)\geqslant 0$，即对于 $j=c$ 式(9.155)成立。

下面证明对于 $j=M$ 式(9.155)也成立。定义 $M_R(t)=[M^{(c)\mathrm{T}}R^{(c)-1}(t)M^{(c)}]^{-1}\cdot M^{(c)\mathrm{T}}R^{(c)-1}(t)$，应用式(9.138)、式(9.139)、式(9.142)和式(9.143)得

$$\bar{R}^{(M)}(t)=M_R(t)\bar{R}^{(c)}(t)M_R^{\mathrm{T}}(t),R^{(M)}(t)=M_R(t)R^{(c)}(t)M_R^{\mathrm{T}}(t)$$
$$\bar{S}_a^{(M)}(t)=\bar{S}_a^{(c)}(t)M_R^{\mathrm{T}}(t),S_a^{(M)}(t)=S_a^{(c)}(t)M_R^{\mathrm{T}}(t)$$

令 $\Delta\Lambda^{(M)}(t)=\Lambda^{(M)}(t)-\bar{\Lambda}^{(M)}(t)$，$\Delta S_a^{(M)}(t)=S_a^{(M)}(t)-\bar{S}_a^{(M)}(t)$，$\Delta R^{(M)}(t)=R^{(M)}(t)-\bar{R}^{(M)}(t)$，应用式(9.152)得

$$\Delta\Lambda^{(M)}(t)=\begin{bmatrix}\Delta Q_a(t) & \Delta S_a^{(M)}(t)\\ \Delta S_a^{(M)\mathrm{T}}(t) & \Delta R^{(M)}(t)\end{bmatrix}=\begin{bmatrix}\Delta Q_a(t) & \Delta S_a^{(c)}(t)M_R^{\mathrm{T}}(t)\\ M_R(t)\Delta S_a^{(c)\mathrm{T}}(t) & M_R(t)\Delta R^{(c)}(t)M_R^{\mathrm{T}}(t)\end{bmatrix}$$

$\Delta\Lambda^{(M)}(t)$ 可被重写为

$$\Delta\Lambda^{(M)}(t)=\begin{bmatrix}I_n & 0\\ 0 & M_R(t)\end{bmatrix}\begin{bmatrix}\Delta Q_a(t) & \Delta S_a^{(c)}(t)\\ \Delta S_a^{(c)\mathrm{T}}(t) & \Delta R^{(c)}(t)\end{bmatrix}\begin{bmatrix}I_n & 0\\ 0 & M_R^{\mathrm{T}}(t)\end{bmatrix}=$$
$$\begin{bmatrix}I_n & 0\\ 0 & M_R(t)\end{bmatrix}\Delta\Lambda^{(c)}(t)\begin{bmatrix}I_n & 0\\ 0 & M_R^{\mathrm{T}}(t)\end{bmatrix}$$

因为 $\Delta\Lambda^{(c)}(t)\geqslant 0$，所以有 $\Delta\Lambda^{(M)}(t)\geqslant 0$，即对于 $j=M$ 式(9.155)成立。证毕。

定理9.7 对于混合不确定多传感器系统(9.103)—(9.105)，在假设5—8条件下，由式(9.146)给出的实际融合时变Kalman预报器是鲁棒的，即对于满足式(9.107)的所有容许的不确定实际方差 $\bar{Q}$，$\bar{R}_{\eta_i}$ 和 $\bar{P}_0$，有

$$\bar{\Sigma}^{(j)}(t+1\mid t)\leqslant\Sigma^{(j)}(t+1\mid t),j=c,M \tag{9.158}$$

且 $\Sigma^{(j)}(t+1\mid t)$ 是 $\bar{\Sigma}^{(j)}(t+1\mid t)$ 的最小上界。

证明 基于引理9.3，类似于定理9.1的证明，定理9.7可被证明，在此省略。证毕。

称由式(9.146)给出的实际融合时变Kalman预报器为鲁棒融合时变Kalman预报

器，由式(9.158)给出的不等式关系称为它们的鲁棒性。

根据式(9.146)—(9.154)，图9.1给出了鲁棒融合时变 Kalman 预报器的算法流程图。

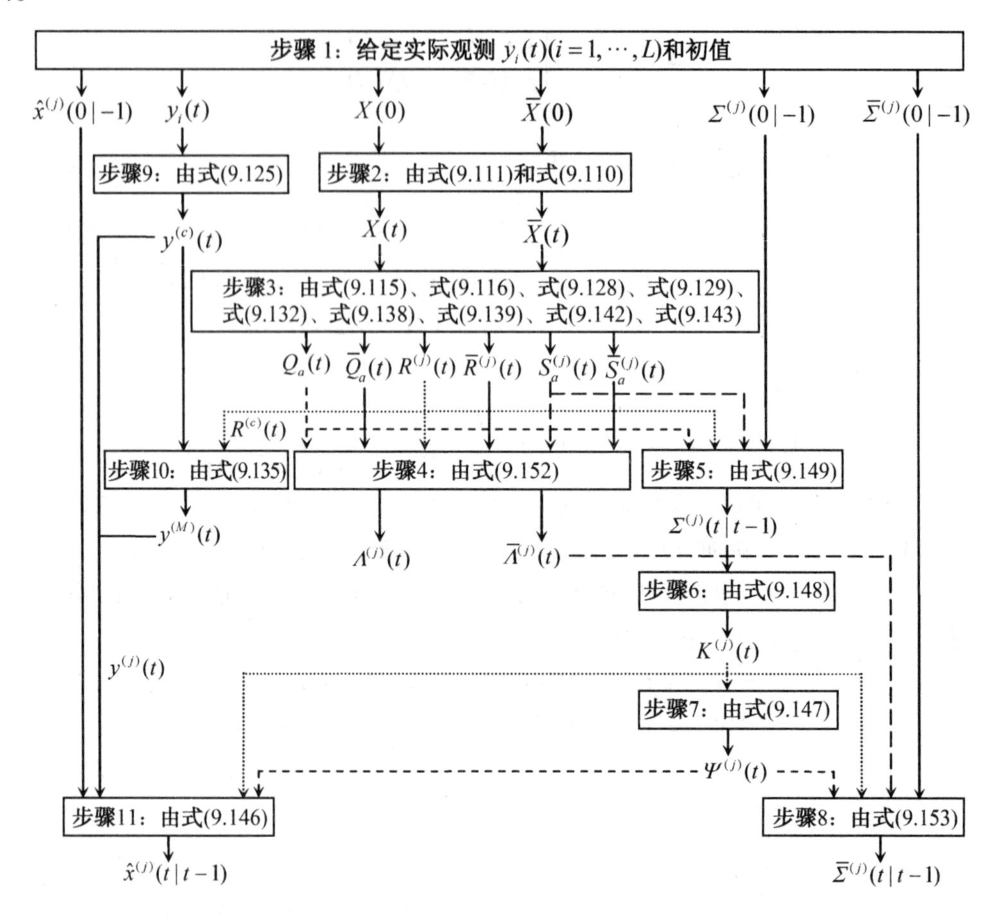

图 9.1　鲁棒集中式和加权观测融合预报器的算法流程图

对于带已知保守噪声统计 $Q_a(t)$，$R_{ai}(t)$ 和 $S_{ai}(t)$ 的最坏情形保守子系统(9.113)和(9.118)，类似于式(9.146)—(9.158)的推导，可得到鲁棒局部时变 Kalman 预报器 $\hat{x}_i(t+1|t)(i=1,\cdots,L)$ 以及它们的实际和保守预报误差方差阵 $\bar{\Sigma}_i(t+1|t)$ 和 $\Sigma_i(t+1|t)$，它们具有鲁棒性，即对于满足式(9.107)的所有容许的不确定实际方差，有

$$\bar{\Sigma}_i(t+1|t) \leqslant \Sigma_i(t+1|t), i=1,\cdots,L \tag{9.159}$$

且 $\Sigma_i(t+1|t)$ 是 $\bar{\Sigma}_i(t+1|t)$ 的最小上界。

(2) 鲁棒集中式和加权观测融合时变 Kalman 滤波器和平滑器

对于带已知保守噪声统计 $Q_a(t)$，$R^{(j)}(t)$ 和 $S_a^{(j)}(t)$ 的最坏情形时变观测融合系统(9.113)和(9.144)，基于实际融合时变 Kalman 预报器 $\hat{x}^{(j)}(t|t-1)$，实际集中式和加权观测融合时变 Kalman 滤波器和平滑器 $\hat{x}^{(j)}(t|t+N)(N\geqslant 0)$ 为

$$\hat{x}^{(j)}(t|t+N)=\hat{x}^{(j)}(t|t-1)+\sum_{k=0}^{N}K^{(j)}(t|t+k)\varepsilon^{(j)}(t+k), N\geqslant 0, j=c,M \tag{9.160}$$

$$\varepsilon^{(j)}(t) = y^{(j)}(t) - H^{(j)}\hat{x}^{(j)}(t \mid t-1) \tag{9.161}$$

$$K^{(j)}(t \mid t+k) = \Sigma^{(j)}(t \mid t-1)\left\{\prod_{s=0}^{k-1}\Psi^{(j)\mathrm{T}}(t+s)\right\}H^{(j)\mathrm{T}}Q_{\varepsilon}^{(j)-1}(t+k), k > 0 \tag{9.162}$$

$$K^{(j)}(t \mid t) = K_f^{(j)}(t) = \Sigma^{(j)}(t \mid t-1)H^{(j)\mathrm{T}}Q_{\varepsilon}^{(j)-1}(t), k = 0 \tag{9.163}$$

$$Q_{\varepsilon}^{(j)}(t) = H^{(j)}\Sigma^{(j)}(t \mid t-1)H^{(j)\mathrm{T}} + R^{(j)}(t) \tag{9.164}$$

其中 $\hat{x}^{(j)}(t \mid t-1)$ 是实际融合时变 Kalman 预报器。相应的保守估计误差方差阵为

$$P^{(j)}(t \mid t+N) = \Sigma^{(j)}(t \mid t-1) - \sum_{s=0}^{N}K^{(j)}(t \mid t+s)Q_{\varepsilon}^{(j)}(t+s)K^{(j)\mathrm{T}}(t \mid t+s) \tag{9.165}$$

滤波和平滑误差 $\tilde{x}^{(j)}(t \mid t+N) = x(t) - \hat{x}^{(j)}(t \mid t+N)$ 满足下式

$$\tilde{x}^{(j)}(t \mid t+N) = \Psi_N^{(j)}(t)\tilde{x}^{(j)}(t \mid t-1) + \sum_{\rho=0}^{N}\left[K_{N\rho}^{jw}(t), K_{N\rho}^{jv}(t)\right]\beta^{(j)}(t+\rho) \tag{9.166}$$

其中 $\beta^{(j)}(t+\rho)$ 由式(9.151)给出，且定义

$$\Psi^{(j)}(t+k,t) = \Psi^{(j)}(t+k-1)\cdots\Psi^{(j)}(t), \Psi^{(j)}(t,t) = I_n \tag{9.167}$$

$$\Psi_N^{(j)}(t) = I_n - \sum_{k=0}^{N}K^{(j)}(t \mid t+k)H^{(j)}\Psi^{(j)}(t+k,t) \tag{9.168}$$

$$\begin{cases} K_{N\rho}^{jw}(t) = -\sum_{k=\rho+1}^{N}K^{(j)}(t \mid t+k)H^{(j)}\Psi^{(j)}(t+k,t+\rho+1), N > 0, \rho = 0,\cdots,N-1 \\ K_{NN}^{jw}(t) = 0, N \geqslant 0, \rho = N \end{cases} \tag{9.169}$$

$$\begin{cases} K_{N\rho}^{jv}(t) = \sum_{k=\rho+1}^{N}K^{(j)}(t \mid t+k)H^{(j)}\Psi^{(j)}(t+k,t+\rho+1)K^{(j)}(t+\rho) - \\ \qquad K^{(j)}(t \mid t+\rho), N > 0, \rho = 0,\cdots,N-1 \\ K_{NN}^{jv}(t) = -K^{(j)}(t \mid t+N), N \geqslant 0, \rho = N \end{cases} \tag{9.170}$$

应用式(9.166)得实际和保守滤波与平滑误差方差阵分别满足如下公式

$$P^{(j)}(t \mid t+N) = \Psi_N^{(j)}(t)\Sigma^{(j)}(t \mid t-1)\Psi_N^{(j)\mathrm{T}}(t) + \sum_{\rho=0}^{N}\left[K_{N\rho}^{jw}(t), K_{N\rho}^{jv}(t)\right]\Lambda^{(j)}(t+\rho)\left[K_{N\rho}^{jw}(t), K_{N\rho}^{jv}(t)\right]^{\mathrm{T}} \tag{9.171}$$

$$\bar{P}^{(j)}(t \mid t+N) = \Psi_N^{(j)}(t)\bar{\Sigma}^{(j)}(t \mid t-1)\Psi_N^{(j)\mathrm{T}}(t) + \sum_{\rho=0}^{N}\left[K_{N\rho}^{jw}(t), K_{N\rho}^{jv}(t)\right]\bar{\Lambda}^{(j)}(t+\rho)\left[K_{N\rho}^{jw}(t), K_{N\rho}^{jv}(t)\right]^{\mathrm{T}} \tag{9.172}$$

定理 9.8 对于混合不确定多传感器系统(9.103)—(9.105)，在假设 5—8 条件下，由式(9.160)给出的实际融合时变 Kalman 滤波器和平滑器是鲁棒的，即对于满足式(9.107)的所有容许的不确定实际方差 $\bar{Q}, \bar{R}_{\eta_i}$ 和 $\bar{P}_0$，有

$$\bar{P}^{(j)}(t \mid t+N) \leqslant P^{(j)}(t \mid t+N), N \geqslant 0, j = c, M \tag{9.173}$$

且 $P^{(j)}(t \mid t+N)$ 是 $\bar{P}^{(j)}(t \mid t+N)$ 的最小上界。

证明 基于引理 9.3 和定理 9.7，完全类似于定理 8.2 的证明过程，定理 9.8 可被证明，在此不再赘述。证毕。

称由式(9.160)给出的实际融合时变 Kalman 滤波器和平滑器为鲁棒融合时变 Kalman 滤波器和平滑器,由式(9.173)给出的不等式关系称为它们的鲁棒性。

根据式(9.160)—(9.172),图9.2给出了鲁棒融合时变Kalman滤波器和平滑器的算法流程图。

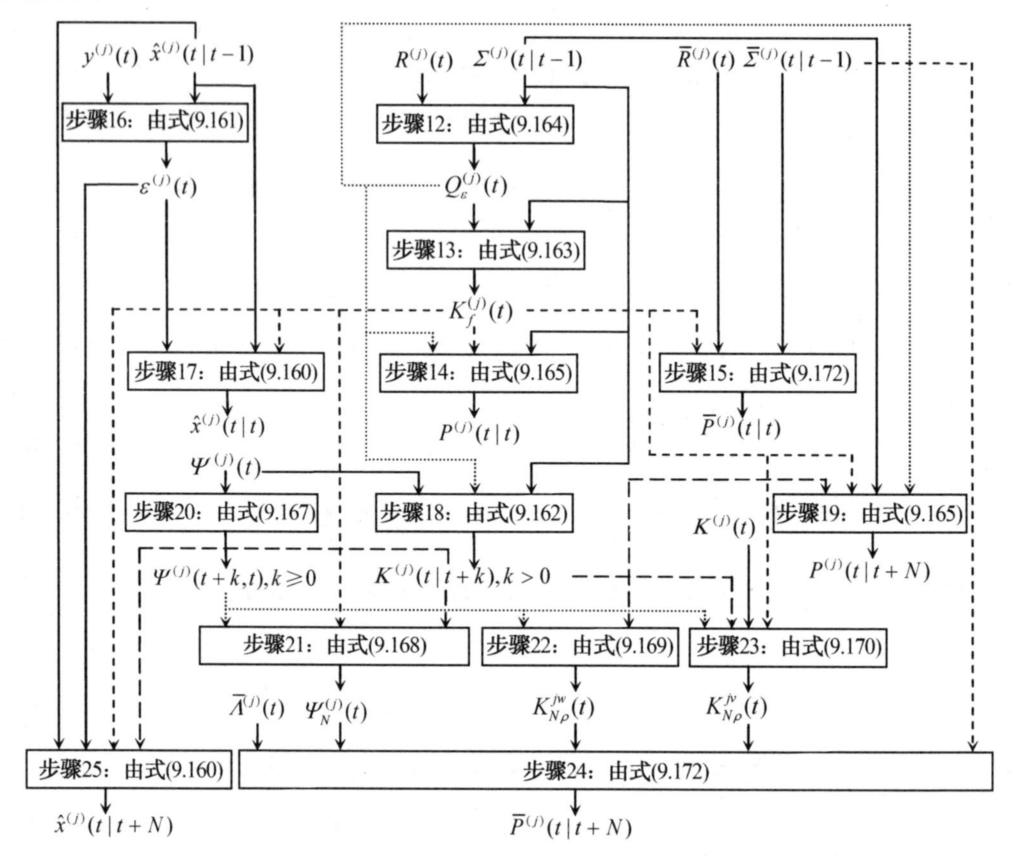

图 9.2　鲁棒融合 Kalman 滤波器和平滑器的算法流程图

对于带 $Q_a(t)$,$R_{ai}(t)$ 和 $S_{ai}(t)$ 的最坏情形保守子系统(9.113)和(9.118),类似于式(9.160)—(9.172)的推导,可得鲁棒局部时变 Kalman 滤波器和平滑器 $\hat{x}_i(t\mid t+N)$ $(N\geqslant 0)$ 以及它们的实际和保守误差方差阵 $\bar{P}_i(t\mid t+N)$ 和 $P_i(t\mid t+N)$。它们具有鲁棒性,即对于满足式(9.107)的所有容许的不确定实际方差,有

$$\bar{P}_i(t\mid t+N)\leqslant P_i(t\mid t+N),i=1,\cdots,L \tag{9.174}$$

且 $P_i(t\mid t+N)$ 是 $\bar{P}_i(t\mid t+N)$ 的最小上界。

9.3.4　鲁棒集中式和加权观测融合时变 Kalman 估值器的等价性

定理 9.9　对于混合不确定多传感器系统(9.103)—(9.105),在假设 5—8 条件下,鲁棒集中式和加权观测融合时变 Kalman 估值器是数值等价的,即在相同的初值条件下,对任意的 $t\geqslant 0$,有

$$\hat{x}^{(c)}(t\mid t+N)=\hat{x}^{(M)}(t\mid t+N),N=-1,N\geqslant 0 \tag{9.175}$$

$$P^{(c)}(t\mid t+N)=P^{(M)}(t\mid t+N),\bar{P}^{(c)}(t\mid t+N)=\bar{P}^{(M)}(t\mid t+N) \tag{9.176}$$

其中定义 $P^{(j)}(t|t-1)=\Sigma^{(j)}(t|t-1)$，$\bar{P}^{(j)}(t|t-1)=\bar{\Sigma}^{(j)}(t|t-1)$，$j=c,M$。

证明　由文献[2]可知，带相关噪声 $w_a(t)$ 和 $v^{(j)}(t)$ 的观测融合系统(9.113)和(9.144)可被转换为一个等价的带不相关噪声的系统，进而，基于时变信息滤波器，完全类似于文献[33]中的证明，容易证得式(9.175)和式(9.176)成立。证毕。

定理9.10　对于混合不确定多传感器系统(9.103)—(9.105)，在假设5—8条件下，鲁棒局部和融合时变 Kalman 估值器之间有如下矩阵不等式精度关系

$$\bar{P}^{(j)}(t|t+N)\leqslant P^{(j)}(t|t+N),N=-1,N\geqslant 0,j=c,M \tag{9.177}$$

$$\bar{P}_i(t|t+N)\leqslant P_i(t|t+N),N=-1,N\geqslant 0,i=1,\cdots,L \tag{9.178}$$

$$P^{(j)}(t|t+N)\leqslant P_i(t|t+N),N=-1,N\geqslant 0,j=c,M,i=1,\cdots,L \tag{9.179}$$

$$P^{(j)}(t|t+N)\leqslant P^{(j)}(t|t)\leqslant P^{(j)}(t|t-1),N\geqslant 1,j=c,M \tag{9.180}$$

同样也有如下矩阵迹不等式精度关系

$$\mathrm{tr}\bar{P}^{(j)}(t|t+N)\leqslant \mathrm{tr}P^{(j)}(t|t+N),N=-1,N\geqslant 0,j=c,M \tag{9.181}$$

$$\mathrm{tr}\bar{P}_i(t|t+N)\leqslant \mathrm{tr}P_i(t|t+N),N=-1,N\geqslant 0,i=1,\cdots,L \tag{9.182}$$

$$\mathrm{tr}P^{(j)}(t|t+N)\leqslant \mathrm{tr}P_i(t|t+N),N=-1,N\geqslant 0,j=c,M,i=1,\cdots,L \tag{9.183}$$

$$\mathrm{tr}P^{(j)}(t|t+N)\leqslant \mathrm{tr}P^{(j)}(t|t)\leqslant \mathrm{tr}P^{(j)}(t|t-1),N\geqslant 1,j=c,M \tag{9.184}$$

其中定义 $\bar{P}_i(t|t-1)=\bar{\Sigma}_i(t|t-1)$，$P_i(t|t-1)=\Sigma_i(t|t-1)$，$\bar{P}^{(j)}(t|t-1)=\bar{\Sigma}^{(j)}(t|t-1)$，$P^{(j)}(t|t-1)=\Sigma^{(j)}(t|t-1)$，$j=c,M$。

证明　式(9.177)已在定理9.7和定理9.8中给出，式(9.178)已在式(9.159)和式(9.174)中给出。类似于式(9.68)的证明，可证得式(9.179)成立。由式(9.165)容易证得式(9.180)成立。对式(9.177)—(9.180)取矩阵迹运算得式(9.181)—(9.184)成立。证毕。

类似于注8.5，在定理9.10中，$\mathrm{tr}\bar{P}^{(j)}(t|t+N)$ 和 $\mathrm{tr}\bar{P}_i(t|t+N)$ 分别称为相应的鲁棒融合和局部 Kalman 估值器的实际精度，而 $\mathrm{tr}P^{(j)}(t|t+N)$ 和 $\mathrm{tr}P_i(t|t+N)$ 则称为它们的鲁棒精度。不等式关系(9.181)—(9.184)表明，对于满足式(9.107)的所有容许的不确定实际方差，每种估值器的实际精度高于它的鲁棒精度，鲁棒精度是最低的实际精度。融合估值器的鲁棒精度高于每个局部估值器的鲁棒精度，集中式融合估值器和加权观测融合估值器具有相同的实际和鲁棒精度。融合滤波器的鲁棒精度高于融合预报器的鲁棒精度，而融合平滑器的鲁棒精度则高于滤波器的鲁棒精度。

9.3.5　鲁棒集中式和加权观测融合 Kalman 估值器的复杂性分析

为了讨论所提出的鲁棒融合算法的计算复杂性，乘法和除法的次数被用来作为运算次数，因为加法要比乘法和除法快很多。令 $MD_p^{(j)}$，$MD_f^{(j)}$，$MD_s^{(j)}(j=c,M)$ 分别表示在每个递推步中鲁棒集中式融合($j=c$)和加权观测融合($j=M$)Kalman 预报器、滤波器和平滑器的乘法和除法的总数目，基于图9.1和图9.2中给出的算法流程图，将关于鲁棒集中式和加权观测融合 Kalman 估值器的公式的所有运算次数加到一起可得相应的总运算次数分别为

$$MD_p^{(c)}=(4q+7)n^3+(8m_c+2r+1)n^2+ \\ [4m_c^2+(r+1)m_c+3r^2+(m_1^2+\cdots+m_L^2)]n+2m_c^3+rm_c^2+r^2m_c \tag{9.185}$$

$$MD_f^{(c)} = (4q+7)n^3 + (11m_c + 2r + 1)n^2 + \\ [7m_c^2 + (r+3)m_c + 3r^2 + (m_1^2 + \cdots + m_L^2)]n + 3m_c^3 + rm_c^2 + r^2 m_c \quad (9.186)$$

$$MD_s^{(c)} = (4q + 7 + 0.5N^2 + 0.5N)n^3 + (2Nm_c + 11m_c + 2r + 1)n^2 + \\ [2Nm_c^2 + 7m_c^2 + Nm_c + (r+3)m_c + 3r^2 + (m_1^2 + \cdots + m_L^2)]n + \\ (N+3)m_c^3 + rm_c^2 + r^2 m_c \quad (9.187)$$

$$MD_p^{(M)} = (4q+7)n^3 + (7m + 2r + 1)n^2 + [m_c^2 + mm_c + 5m^2 + m + 2r^2]n + \\ m_c^3 + 2mm_c^2 + (2m^2 + m)m_c + 3m^3 \quad (9.188)$$

$$MD_f^{(M)} = (4q+7)n^3 + (10m + 2r + 1)n^2 + [m_c^2 + mm_c + 8m^2 + 3m + 2r^2]n + \\ m_c^3 + 2mm_c^2 + (2m^2 + m)m_c + 4m^3 \quad (9.189)$$

$$MD_s^{(M)} = (4q + 7 + 0.5N^2 + 0.5N)n^3 + (2Nm + 10m + 2r + 1)n^2 + \\ [m_c^2 + mm_c + 2Nm^2 + 8m^2 + Nm + 3m + 2r^2]n + \\ m_c^3 + 2mm_c^2 + (2m^2 + m)m_c + (N+4)m^3 \quad (9.190)$$

定理9.9表明,在相同的初值下,鲁棒集中式和加权观测融合时变Kalman估值器是数值等价的,但由式(9.185)—(9.190)可看出,两种鲁棒融合状态估值器的计算代价完全不同。

对于在9.5节的例9.3中给出的关于连续搅拌釜式反应器系统的数值仿真例子($n=3, L=3$),在表9.2的第2列和第3列中给出了鲁棒融合Kalman估值器的总操作数。当增加传感器数目L时,例如,分别取$L=10$和$L=20$,且仍取$n=3, q=2, r=1, N=0$和$N=2, m_i=2, 1\leqslant i\leqslant L$,假设$H^{(c)}$是列满秩矩阵,则在表9.2的第4列至第7列中给出了相应的鲁棒集中式和加权观测融合Kalman估值器的总运算次数。我们可看出,与鲁棒集中式融合算法相比,当传感器数目L增大时,鲁棒加权观测融合算法能够明显减小计算负担。

表9.2 鲁棒融合估值器的总运算次数随着传感器数目L的变化情况

	$L=3$		$L=10$		$L=20$	
	$j=c$	$j=M$	$j=c$	$j=M$	$j=c$	$j=M$
$MD_p^{(j)}$	1 851	1 572	23 341	13 052	152 641	80 452
$MD_f^{(j)}$	2 589	1 779	35 601	13 259	232 361	80 659
$MD_s^{(j)}$	3 786	2 148	57 322	13 628	381 322	81 028

9.3.6 鲁棒集中式和加权观测融合时变Kalman估值器的收敛性分析

在本小节中,将讨论带时变噪声统计$Q_a(t), R^{(j)}(t)$和$S^{(j)}(t)$的时变观测融合系统(9.113)和(9.144)的鲁棒融合时变Kalman估值器的收敛性。应用自校正Riccati方程的收敛性和DESA方法,将证明在鲁棒融合时变和稳态Kalman估值器之间的收敛性。

引理9.4 定义矩阵

$$\Phi_b = \Phi \otimes \Phi + \sum_{k=1}^{q} \sigma_{\xi_k}^2 \Phi_k \otimes \Phi_k$$

其中符号$\otimes$表示Kronecker积,则对于不确定多传感器系统(9.103)—(9.105),在假设5—8条件下,如果Φ_b的谱半径小于1,即$\rho(\Phi_b) < 1$,则带任意初始条件$\bar{X}(0) \geqslant 0$和

$X(0) \geqslant 0$ 的 Lyapunov 方程(9.110) 和(9.111) 的解 $\bar{X}(t)$ 和 $X(t)$ 分别收敛于如下稳态 Lyapunov 方程的唯一半正定解 $\bar{X} \geqslant 0$ 和 $X \geqslant 0$,即

$$\bar{X} = \Phi\bar{X}\Phi^{\mathrm{T}} + \sum_{k=1}^{q} \sigma_{\xi_k}^2 \Phi_k \bar{X} \Phi_k^{\mathrm{T}} + \Gamma\bar{Q}\Gamma^{\mathrm{T}}$$

$$X = \Phi X\Phi^{\mathrm{T}} + \sum_{k=1}^{q} \sigma_{\xi_k}^2 \Phi_k X \Phi_k^{\mathrm{T}} + \Gamma Q\Gamma^{\mathrm{T}}$$

$$\lim_{t\to\infty} \bar{X}(t) = \bar{X}, \lim_{t\to\infty} X(t) = X$$

证明 当 $\rho(\Phi_b) < 1$ 时,应用引理 8.5 直接得到引理 9.4。证毕。

应用引理 9.4,当 $t \to \infty$ 时,通过对时变噪声统计的公式取极限运算,可得相应的常(稳态)噪声统计。例如,在式(9.115) 和式(9.116) 中,分别用 $\bar{X}$ 和 X 来代替 $\bar{X}(t)$ 和 $X(t)$ 得相应的常噪声方差 $\bar{Q}_a$ 和 Q_a,在式(9.120) 和式(9.121) 中,分别用 $\bar{X}$ 和 X 来代替 $\bar{X}(t)$ 和 $X(t)$ 得相应的常噪声方差 $\bar{R}_{ai}$ 和 R_{ai},类似地,可得相应的常噪声统计 $\bar{R}^{(j)}, R^{(j)}$, $\bar{S}_a^{(j)}, S_a^{(j)}, \bar{\Lambda}^{(j)}$ 和 $\Lambda^{(j)}$, $j = c, M$,且时变噪声统计收敛于相应的常噪声统计,例如,$\bar{Q}_a(t) \to \bar{Q}_a, Q_a(t) \to Q_a$,且由式(9.112)、式(9.117)、式(9.145) 和式(9.155) 得 $\bar{X} \leqslant X, \bar{Q}_a \leqslant Q_a$, $\bar{R}^{(j)} \leqslant R^{(j)}, \bar{\Lambda}^{(j)} \leqslant \Lambda^{(j)}$。

类似于在式(9.146)—(9.154) 和式(9.160)—(9.172) 中给出的带时变噪声统计 $Q_a(t), R^{(j)}(t)$ 和 $S_a^{(j)}(t)$ 的时变观测融合系统(9.113) 和(9.144) 的鲁棒融合时变 Kalman 估值器 $\hat{x}^{(j)}(t \mid t + N)$ $(N = -1$ 或 $N \geqslant 0)$ 的推导,可得到带常噪声统计 $Q_a, R^{(j)}$ 和 $S_a^{(j)}$ 的时不变观测融合系统(9.113) 和(9.144) 的鲁棒融合时变 Kalman 估值器 $\hat{x}_*^{(j)}(t \mid t + N)$ $(N = -1$ 或 $N \geqslant 0)$ 以及它们的实际和保守估计误差方差阵 $\bar{\Sigma}_*^{(j)}(t + 1 \mid t)$ 与 $\bar{P}_*^{(j)}(t \mid t + N), N \geqslant 0$ 和 $\Sigma_*^{(j)}(t + 1 \mid t)$ 与 $P_*^{(j)}(t \mid t + N), N \geqslant 0$,它们仍由式(9.146)—(9.154) 和式(9.160)—(9.172) 给出,其中,时变噪声统计 $Q_a(t), R^{(j)}(t)$ 和 $S_a^{(j)}(t)$ 分别由常噪声统计 $Q_a, R^{(j)}$ 和 $S_a^{(j)}$ 替换。

下面,给出带常噪声统计 $Q_a, R^{(j)}$ 和 $S_a^{(j)}$ 的时不变观测融合系统(9.113) 和(9.144) 的鲁棒融合稳态 Kalman 估值器,它是鲁棒融合时变 Kalman 估值器 $\hat{x}_*^{(j)}(t \mid t + N)$ $(N = -1$ 或 $N \geqslant 0)$ 的极限情形,将证明鲁棒融合时变与稳态 Kalman 估值器之间的按实现收敛性。

定理 9.11 对于带常噪声统计 $Q_a, R^{(j)}$ 和 $S_a^{(j)}$ 的时不变观测融合系统(9.113) 和(9.144),在假设 5—8 条件下,假设 $\rho(\Phi_b) < 1$, $(\bar{\Phi}, G)$ 是完全能稳对,其中 $\bar{\Phi} = \Phi - JH^{(c)}$, $J = S_a^{(c)} R^{(c)-1}$, $GG^{\mathrm{T}} = Q_a - S_a^{(c)} R^{(c)-1} S_a^{(c)\mathrm{T}}$,则实际集中式和加权观测融合稳态 Kalman 预报器为

$$\hat{x}_s^{(j)}(t + 1 \mid t) = \Psi^{(j)} \hat{x}_s^{(j)}(t \mid t - 1) + K^{(j)} y^{(j)}(t), j = c, M \tag{9.191}$$

$$\Psi^{(j)} = \Phi - K^{(j)} H^{(j)} \tag{9.192}$$

$$K^{(j)} = [\Phi\Sigma^{(j)} H^{(j)\mathrm{T}} + S_a^{(j)}] [H^{(j)} \Sigma^{(j)} H^{(j)\mathrm{T}} + R^{(j)}]^{-1} \tag{9.193}$$

其中 $\Psi^{(j)} (j = c, M)$ 是稳定的,下角标“s”表示稳态,$y^{(j)}(t)$ 是实际融合观测,且保守融合预报误差方差阵 $\Sigma^{(j)}$ 满足如下稳态 Riccati 方程

$$\begin{aligned}\Sigma^{(j)} = \Phi\Sigma^{(j)}\Phi^{\mathrm{T}} - [\Phi\Sigma^{(j)} H^{(j)\mathrm{T}} + S_a^{(j)}] \times \\ [H^{(j)} \Sigma^{(j)} H^{(j)\mathrm{T}} + R^{(j)}]^{-1} [\Phi\Sigma^{(j)} H^{(j)\mathrm{T}} + S_a^{(j)}]^{\mathrm{T}} + Q_a\end{aligned} \tag{9.194}$$

且实际和保守融合稳态预报误差方差阵$\bar{\Sigma}^{(j)}$ 和 $\Sigma^{(j)}$ 也分别满足如下 Lyapunov 方程

$$\bar{\Sigma}^{(j)} = \Psi^{(j)} \bar{\Sigma}^{(j)} \Psi^{(j)\mathrm{T}} + [I_n, -K^{(j)}]\bar{\Lambda}^{(j)} [I_n, -K^{(j)}]^{\mathrm{T}} \tag{9.195}$$

$$\Sigma^{(j)} = \Psi^{(j)} \Sigma^{(j)} \Psi^{(j)\mathrm{T}} + [I_n, -K^{(j)}]\Lambda^{(j)} [I_n, -K^{(j)}]^{\mathrm{T}} \tag{9.196}$$

由式(9.191) 给出的实际融合稳态 Kalman 预报器具有鲁棒性，即对于满足式(9.107) 的所有容许的不确定实际方差 $\bar{Q}$,$\bar{R}_{\eta_i}$ 和 $\bar{P}_0$,有

$$\bar{\Sigma}^{(j)} \leqslant \Sigma^{(j)} \tag{9.197}$$

且 $\Sigma^{(j)}$ 是$\bar{\Sigma}^{(j)}$ 的最小上界，实际融合稳态 Kalman 预报器(9.191) 被称为鲁棒融合稳态 Kalman 预报器。

由式(9.149) 给出的带时变噪声统计的时变 Riccati 方程的解 $\Sigma^{(j)}(t+1\mid t)$ 有收敛性

$$\Sigma^{(j)}(t+1\mid t) \to \Sigma^{(j)}, \text{当 } t\to\infty \text{ 时}, j=c,M \tag{9.198}$$

且由式(9.153) 给出的带时变噪声统计的时变 Riccati 方程的解$\bar{\Sigma}^{(j)}(t+1\mid t)$ 有收敛性

$$\bar{\Sigma}^{(j)}(t+1\mid t) \to \bar{\Sigma}^{(j)}, \text{当 } t\to\infty \text{ 时}, j=c,M \tag{9.199}$$

如果观测数据 $y_i(t)$ 有界，则由式(9.146) 给出的鲁棒融合时变 Kalman 预报器 $\hat{x}^{(j)}(t+1\mid t)$ 与由式(9.191) 给出的鲁棒融合稳态 Kalman 预报器 $\hat{x}_s^{(j)}(t+1\mid t)$ 之间有如下按实现收敛性

$$[\hat{x}^{(j)}(t+1\mid t) - \hat{x}_s^{(j)}(t+1\mid t)] \to 0, \text{i. a. r.}, \text{当 } t\to\infty \text{ 时}, j=c,M \tag{9.200}$$

证明 由 $\rho(\Phi_b) < 1$ 引出 Φ 是稳定矩阵，从而$(\Phi, H^{(j)})$ 为完全能检对。这保证了稳态 Kalman 预报器存在。根据自校正 Riccati 方程的收敛性，应用 DESA 和 DVESA 方法，类似于文献[33] 中的证明，可证得定理 9.11 成立。证毕。

对带常噪声统计 Q_a,$R^{(j)}$ 和 $S_a^{(j)}$ 的时不变融合系统(9.113) 和(9.144)，基于由定理 9.11 给出的鲁棒融合稳态 Kalman 预报器，可得鲁棒融合稳态 Kalman 滤波器和平滑器为

$$\hat{x}_s^{(j)}(t\mid t+N) = \hat{x}_s^{(j)}(t\mid t-1) + \sum_{k=0}^{N} K^{(j)}(k)\varepsilon^{(j)}(t+k), N \geqslant 0, j=c,M \tag{9.201}$$

$$\varepsilon^{(j)}(t) = y^{(j)}(t) - H^{(j)}\hat{x}_s^{(j)}(t\mid t-1) \tag{9.202}$$

$$K^{(j)}(k) = \Sigma^{(j)}\Psi^{(j)\mathrm{T}k}H^{(j)\mathrm{T}}Q_\varepsilon^{(j)-1}, k > 0 \tag{9.203}$$

$$K_f^{(j)} = K^{(j)}(0) = \Sigma^{(j)}H^{(j)\mathrm{T}}Q_\varepsilon^{(j)-1}, k = 0 \tag{9.204}$$

$$K_\varepsilon^{(j)} = H^{(j)}\Sigma^{(j)}H^{(j)\mathrm{T}} + R^{(j)} \tag{9.205}$$

其中 $\Psi^{(j)}$ 和 $\Sigma^{(j)}$ 分别由式(9.192) 和(9.194) 给出，$Q_\varepsilon^{(j)}$ 是稳态新息过程方差，$\hat{x}_s^{(j)}(t\mid t-1)$ 是由式(9.191) 给出的鲁棒融合稳态 Kalman 预报器。

保守稳态估计误差方差阵为

$$P^{(j)}(N) = \Sigma^{(j)} - \sum_{k=0}^{N} K^{(j)}(k)Q_\varepsilon^{(j)}K^{(j)\mathrm{T}}(k), N \geqslant 0, j=c,M \tag{9.206}$$

实际和保守稳态估计误差方差阵也分别满足如下公式

$$\bar{P}^{(j)}(N) = \Psi_N^{(j)}\bar{\Sigma}^{(j)}\Psi_N^{(j)\mathrm{T}} + \sum_{\rho=0}^{N}[K_{N\rho}^{jw}, K_{N\rho}^{jv}]\bar{\Lambda}^{(j)}[K_{N\rho}^{jw}, K_{N\rho}^{jv}]^{\mathrm{T}} \tag{9.207}$$

$$P^{(j)}(N) = \Psi_N^{(j)}\Sigma^{(j)}\Psi_N^{(j)\mathrm{T}} + \sum_{\rho=0}^{N}[K_{N\rho}^{jw}, K_{N\rho}^{jv}]\Lambda^{(j)}[K_{N\rho}^{jw}, K_{N\rho}^{jv}]^{\mathrm{T}} \tag{9.208}$$

$$\Psi_N^{(j)} = I_n - \sum_{k=0}^{N} K^{(j)}(k)H^{(j)}\Psi^{(j)k} \tag{9.209}$$

$$\begin{cases} K_{N\rho}^{jw} = -\sum_{k=\rho+1}^{N} K^{(j)}(k) H^{(j)} \Psi^{(j)k-\rho-1}, N > 0, \rho = 0, \cdots, N-1 \\ K_{NN}^{jw} = 0, N \geqslant 0, \rho = N \end{cases} \tag{9.210}$$

$$\begin{cases} K_{N\rho}^{jv} = \sum_{k=\rho+1}^{N} K^{(j)}(k) H^{(j)} \Psi^{(j)k-\rho-1} K^{(j)} - K^{(j)}(\rho), N > 0, \rho = 0, \cdots, N-1 \\ K_{NN}^{jv} = -K^{(j)}(N), N \geqslant 0, \rho = N \end{cases} \tag{9.211}$$

定理 9.12　在定理 9.11 条件下，由式(9.201)给出的鲁棒融合稳态 Kalman 滤波器和平滑器 $\hat{x}_s^{(j)}(t \mid t+N)(N \geqslant 0)$ 具有如下意义的鲁棒性：对满足式(9.107)的所有容许的不确定实际方差 $\bar{Q}, \bar{R}_{\eta_i}$ 和 $\bar{P}_0$，它们的实际估计误差方差阵 $\bar{P}^{(j)}(N)$ 有相应的最小上界 $P^{(j)}(N)$，即

$$\bar{P}^{(j)}(N) \leqslant P^{(j)}(N), N \geqslant 0, j = c, M \tag{9.212}$$

且有如下收敛性

$$P^{(j)}(t \mid t+N) \to P^{(j)}(N), \text{当 } t \to \infty \text{ 时}, j = c, M \tag{9.213}$$

$$\bar{P}^{(j)}(t \mid t+N) \to \bar{P}^{(j)}(N), \text{当 } t \to \infty \text{ 时}, j = c, M \tag{9.214}$$

$$[\hat{x}^{(j)}(t \mid t+N) - \hat{x}_s^{(j)}(t \mid t+N)] \to 0, \text{i.a.r.}, \text{当 } t \to \infty \text{ 时}, j = c, M \tag{9.215}$$

证明　应用定理 9.11，类似于文献[33]中的证明，可证得式(9.212)—(9.215)成立。证毕。

推论 9.3　基于定理 9.11 和定理 9.12，对式(9.175)和式(9.176)取极限可得稳态等价性关系

$$\hat{x}_s^{(c)}(t \mid t+N) = \hat{x}_s^{(M)}(t \mid t+N), N = -1, N \geqslant 0 \tag{9.216}$$

$$P_s^{(c)}(t \mid t+N) = P_s^{(M)}(t \mid t+N), \bar{P}_s^{(c)}(t \mid t+N) = \bar{P}_s^{(M)}(t \mid t+N) \tag{9.217}$$

推论 9.4　基于定理 9.11 和定理 9.12，对式(9.177)—(9.184)取极限可得如下稳态矩阵不等式精度关系

$$\bar{P}^{(j)}(N) \leqslant P^{(j)}(N), N = -1, N \geqslant 0, j = c, M \tag{9.218}$$

$$\bar{P}_i(N) \leqslant P_i(N), N = -1, N \geqslant 0, i = 1, \cdots, L \tag{9.219}$$

$$P^{(j)}(N) \leqslant P_i(N), N = -1, N \geqslant 0, j = c, M, i = 1, \cdots, L \tag{9.220}$$

$$P^{(j)}(N) \leqslant P^{(j)}(0) \leqslant P^{(j)}(-1), N \geqslant 1, j = c, M \tag{9.221}$$

同样也有矩阵迹不等式精度关系

$$\mathrm{tr}\bar{P}^{(j)}(N) \leqslant \mathrm{tr}P^{(j)}(N), N = -1, N \geqslant 0, j = c, M \tag{9.222}$$

$$\mathrm{tr}\bar{P}_i(N) \leqslant \mathrm{tr}P_i(N), N = -1, N \geqslant 0, i = 1, \cdots, L \tag{9.223}$$

$$\mathrm{tr}P^{(j)}(N) \leqslant \mathrm{tr}P_i(N), N = -1, N \geqslant 0, j = c, M, i = 1, \cdots, L \tag{9.224}$$

$$\mathrm{tr}P^{(j)}(N) \leqslant \mathrm{tr}P^{(j)}(0) \leqslant \mathrm{tr}P^{(j)}(-1), N \geqslant 1, j = c, M \tag{9.225}$$

其中 $P_i(N)$ 和 $\bar{P}_i(N)(N \geqslant 0)$ 分别是保守和实际局部稳态滤波和平滑误差方差阵，且 $P_i(-1) = \Sigma_i, \bar{P}_i(-1) = \bar{\Sigma}_i$ 分别是保守和实际局部稳态预报误差方差阵，且定义 $P^{(j)}(-1) = \Sigma^{(j)}, \bar{P}^{(j)}(-1) = \bar{\Sigma}^{(j)}$。

9.3.7　鲁棒融合 Kalman 滤波器与鲁棒加权最小二乘滤波器的比较

在本小节中，仅仅基于观测方程，将提出一种鲁棒加权最小二乘滤波器，并将证明它

的鲁棒精度低于基于状态和观测方程的鲁棒集中式和加权观测融合 Kalman 滤波器的鲁棒精度。

对于带不确定实际噪声方差 $\bar{R}^{(c)}(t)$ 和已知保守上界 $R^{(c)}(t)$ 的集中式融合观测方程(9.124),假设 $H^{(c)}$ 是列满秩矩阵,则应用定理2.1得状态 $x(t)$ 的保守最小方差时变加权最小二乘滤波器为

$$\hat{x}_{\mathrm{WLS}}(t)=[H^{(c)\mathrm{T}}R^{(c)-1}(t)H^{(c)}]^{-1}H^{(c)\mathrm{T}}R^{(c)-1}(t)y^{(c)}(t) \tag{9.226}$$

其中 $y^{(c)}(t)$ 是由式(9.125)给出的保守集中式融合观测。

保守加权最小二乘估计误差方差阵为[14]

$$P_{\mathrm{WLS}}(t)=[H^{(c)\mathrm{T}}R^{(c)-1}(t)H^{(c)}]^{-1} \tag{9.227}$$

在式(9.226)中,用实际融合观测 $y^{(c)}(t)$ 来代替保守融合观测 $y^{(c)}(t)$ 可得实际时变加权最小二乘滤波器(9.226)。

实际加权最小二乘估计误差为 $\tilde{x}_{\mathrm{WLS}}(t)=x(t)-\hat{x}_{\mathrm{WLS}}(t)$,由式(9.124)和式(9.226)得

$$\tilde{x}_{\mathrm{WLS}}(t)=-[H^{(c)\mathrm{T}}R^{(c)-1}(t)H^{(c)}]^{-1}H^{(c)\mathrm{T}}R^{(c)-1}(t)v^{(c)}(t) \tag{9.228}$$

应用式(9.228)得实际加权最小二乘估计误差方差阵为

$$\bar{P}_{\mathrm{WLS}}(t)=[H^{(c)\mathrm{T}}R^{(c)-1}(t)H^{(c)}]^{-1}H^{(c)\mathrm{T}}R^{(c)-1}(t)\bar{R}^{(c)}(t)R^{(c)-1}(t)H^{(c)}[H^{(c)\mathrm{T}}R^{(c)-1}(t)H^{(c)}]^{-1} \tag{9.229}$$

定理9.13 基于带不确定实际噪声方差 $\bar{R}^{(c)}(t)$ 和已知保守上界 $R^{(c)}(t)$ 的集中式融合观测方程(9.124),由式(9.226)给出的状态 $x(t)$ 的实际时变加权最小二乘滤波器是鲁棒的,即对于满足式(9.107)的所有容许的不确定实际方差 $\bar{Q},\bar{R}_{\eta_i}$ 和 $\bar{P}_0$,有

$$\bar{P}_{\mathrm{WLS}}(t)\leqslant P_{\mathrm{WLS}}(t) \tag{9.230}$$

且 $P_{\mathrm{WLS}}(t)$ 是 $\bar{P}_{\mathrm{WLS}}(t)$ 的最小上界,且有

$$\mathrm{tr}\bar{P}_{\mathrm{WLS}}(t)\leqslant \mathrm{tr}P_{\mathrm{WLS}}(t) \tag{9.231}$$

证明 由式(9.227)和式(9.229)得

$$P_{\mathrm{WLS}}(t)-\bar{P}_{\mathrm{WLS}}(t)=[H^{(c)\mathrm{T}}R^{(c)-1}(t)H^{(c)}]^{-1}H^{(c)\mathrm{T}}R^{(c)-1}(t)[R^{(c)}(t)-\bar{R}^{(c)}(t)]\times R^{(c)-1}(t)H^{(c)}[H^{(c)\mathrm{T}}R^{(c)-1}(t)H^{(c)}]^{-1} \tag{9.232}$$

应用式(9.131)和式(9.232)得 $P_{\mathrm{WLS}}(t)-\bar{P}_{\mathrm{WLS}}(t)\geqslant 0$,即式(9.230)成立。$P_{\mathrm{WLS}}(t)$ 是 $\bar{P}_{\mathrm{WLS}}(t)$ 的最小上界的证明完全类似于定理8.1中关于最小上界的证明方法,在此不再赘述。对式(9.230)取矩阵迹操作得式(9.231)。证毕。

称由式(9.226)给出的实际加权最小二乘滤波器为鲁棒加权最小二乘滤波器,由式(9.230)给出的不等式关系称为它的鲁棒性。

定理9.14 对于混合不确定多传感器系统(9.103)—(9.105),在假设5—8条件下,鲁棒集中式和加权观测融合时变 Kalman 滤波器与鲁棒时变加权最小二乘滤波器之间有如下矩阵和矩阵迹不等式精度关系

$$P^{(j)}(t\mid t)\leqslant P_{\mathrm{WLS}}(t),j=c,M \tag{9.233}$$

$$\mathrm{tr}P^{(j)}(t\mid t)\leqslant \mathrm{tr}P_{\mathrm{WLS}}(t),j=c,M \tag{9.234}$$

证明 由文献[14]可知保守融合滤波误差方差和预报误差方差之间有关系:$P^{(c)-1}(t\mid t)=\Sigma^{(c)-1}(t\mid t-1)+H^{(c)\mathrm{T}}R^{(c)-1}(t)H^{(c)}$,其中 $\Sigma^{(c)-1}(t\mid t-1)\geqslant 0$,因此有

$P^{(c)-1}(t|t) \geqslant H^{(c)\mathrm{T}}R^{(c)-1}(t)H^{(c)}$，这引出 $P^{(c)}(t|t) \leqslant [H^{(c)\mathrm{T}}R^{(c)-1}(t)H^{(c)}]^{-1}$，所以应用式(9.227)得 $P^{(c)}(t|t) \leqslant P_{\mathrm{WLS}}(t)$。进而由式(9.176)得式(9.233)成立。对式(9.233)取矩阵迹运算得式(9.234)。证毕。

由式(9.226)—(9.234)可得鲁棒稳态加权最小二乘滤波器为

$$\hat{x}^{s}_{\mathrm{WLS}}(t) = [H^{(c)\mathrm{T}}R^{(c)-1}H^{(c)}]^{-1}H^{(c)\mathrm{T}}R^{(c)-1}y^{(c)}(t) \tag{9.235}$$

其中上角标"s"表示稳态，$y^{(c)}(t)$ 是实际融合观测，它的实际和保守稳态估计误差方差阵分别为

$$\bar{P}_{\mathrm{WLS}} = [H^{(c)\mathrm{T}}R^{(c)-1}H^{(c)}]^{-1}H^{(c)\mathrm{T}}R^{(c)-1}\bar{R}^{(c)}R^{(c)-1}H^{(c)}[H^{(c)\mathrm{T}}R^{(c)-1}H^{(c)}]^{-1} \tag{9.236}$$

$$P_{\mathrm{WLS}} = [H^{(c)\mathrm{T}}R^{(c)-1}H^{(c)}]^{-1} \tag{9.237}$$

且有如下精度关系和收敛性

$$\bar{P}_{\mathrm{WLS}} \leqslant P_{\mathrm{WLS}}, \mathrm{tr}\bar{P}_{\mathrm{WLS}} \leqslant \mathrm{tr}P_{\mathrm{WLS}} \tag{9.238}$$

$$P^{(j)}(0) \leqslant P_{\mathrm{WLS}}, \mathrm{tr}P^{(j)}(0) \leqslant \mathrm{tr}P_{\mathrm{WLS}}, j = c, M \tag{9.239}$$

$$\bar{P}_{\mathrm{WLS}}(t) \to \bar{P}_{\mathrm{WLS}}, P_{\mathrm{WLS}}(t) \to P_{\mathrm{WLS}}, \text{当 } t \to \infty \text{ 时} \tag{9.240}$$

注 9.6 不等式(9.234)表明，鲁棒集中式和加权观测融合 Kalman 滤波器的鲁棒精度高于鲁棒加权最小二乘滤波器的鲁棒精度，这是合理的，因为鲁棒集中式和加权观测融合 Kalman 滤波器基于状态和观测方程，而鲁棒加权最小二乘滤波器仅仅基于观测方程，状态方程增加了关于状态的信息。

9.4 带丢包的混合不确定多传感器系统鲁棒融合估值器

对于带乘性噪声、丢失观测、丢包和不确定噪声方差的混合不确定多传感器系统，本节介绍作者新近提出的鲁棒加权状态融合和集中式融合时变与稳态 Kalman 估值器[36]。应用增广方法，系统被转化为带随机参数矩阵的增广系统，用随机参数矩阵的均值矩阵来代替它自己，用乘性噪声来表示随机参数矩阵与它的均值矩阵的偏差项，则带随机参数矩阵的增广系统可被转化为各参数阵中带相同乘性噪声的系统。应用虚拟噪声方法，系统可进一步被转换为仅带不确定实际虚拟噪声方差的标准系统。根据极大极小鲁棒估计原理，基于带噪声方差保守上界的最坏情形保守子系统，提出了鲁棒局部时变 Kalman 估值器(预报器、滤波器和平滑器)，应用按矩阵、对角矩阵、标量和协方差交叉矩阵融合准则，在统一框架下提出了四种鲁棒加权状态融合时变 Kalman 估值器。此外，基于带噪声方差保守上界的最坏情形保守集中式融合系统，提出了鲁棒集中式融合时变 Kalman 估值器。应用增广噪声方法、非负定矩阵分解方法和 Lyapunov 方程方法，证明了局部和融合时变估值器的鲁棒性。证明了局部和融合鲁棒时变估值器之间的精度关系。给出了相应的鲁棒局部和融合稳态估值器，并证明了时变与稳态鲁棒估值器之间的按实现收敛性。

考虑带乘性噪声、丢失观测、丢包和不确定噪声方差的混合不确定多传感器系统

$$x(t+1) = \left(\Phi + \sum_{k=1}^{q}\beta_k(t)\Phi_k\right)x(t) + \Gamma w(t) \tag{9.241}$$

$$z_i(t) = \gamma_i(t)H_i x(t) + v_i(t), i = 1, \cdots, L \tag{9.242}$$

$$y_i(t) = \xi_i(t)z_i(t) + (1 - \xi_i(t))y_i(t-1), i = 1, \cdots, L \tag{9.243}$$

$$v_i(t) = D_i w(t) + \eta_i(t) \tag{9.244}$$

其中 t 是离散时间，$x(t) \in R^n$ 是被估状态，$z_i(t) \in R^{m_i}$ 是传感器收到的观测，$y_i(t) \in R^{m_i}$ 是估值器通过网络收到的观测，$w(t) \in R^r$ 是过程噪声，$v_i(t) \in R^{m_i}$ 是观测噪声且线性相关于 $w(t)$，$\beta_k(t) \in R^1(k=1,\cdots,q)$ 是标量随机参数扰动（乘性噪声），$\Phi \in R^{n\times n}$，$\Phi_k \in R^{n\times n}$，$\Gamma \in R^{n\times r}$，$H_i \in R^{m_i\times n}$ 和 $D_i \in R^{m_i\times r}$ 是带适当维数的已知常矩阵，Φ 是状态转移矩阵，Φ_k 是扰动方位矩阵，L 是传感器个数。

假设 9 $\xi_i(t) \in R^1$ 和 $\gamma_i(t) \in R^1(i=1,\cdots,L)$ 分别是取值为 1 或 0 的相互独立的标量伯努利白噪声，取值为 1 或 0 的概率分别为：$\text{Prob}\{\xi_i(t)=1\}=\pi_i$，$\text{Prob}\{\xi_i(t)=0\}=1-\pi_i$，$\text{Prob}\{\gamma_i(t)=1\}=\lambda_i$，$\text{Prob}\{\gamma_i(t)=0\}=1-\lambda_i$，其中 π_i 和 λ_i 是已知的，且 $0\leqslant\pi_i\leqslant1$，$0\leqslant\lambda_i\leqslant1$，$\xi_i(t)$ 和 $\gamma_i(t)$ 独立于 $w(t)$，$\eta_i(t)$ 和 $\beta_k(t)$。根据 $\xi_i(t)$ 和 $\gamma_i(t)$ 的分布，容易得到如下结果

$$
\begin{aligned}
&\mathrm{E}[\xi_i(t)]=\pi_i,\mathrm{E}[\xi_i^2(t)]=\pi_i,\mathrm{E}[(\xi_i(t)-\pi_i)^2]=\pi_i(1-\pi_i),\ \forall t,i\\
&\mathrm{E}[\gamma_i(t)]=\lambda_i,\mathrm{E}[\gamma_i^2(t)]=\lambda_i,\mathrm{E}[(\gamma_i(t)-\lambda_i)^2]=\lambda_i(1-\lambda_i),\ \forall t,i
\end{aligned}
\tag{9.245}
$$

定义零均值白噪声 $\xi_{i0}(t)=\xi_i(t)-\pi_i$，$\gamma_{i0}(t)=\gamma_i(t)-\lambda_i$，则有

$$
\begin{aligned}
&\mathrm{E}[\xi_{i0}(t)]=0,\sigma_{\xi_{i0}}^2=\mathrm{E}[\xi_{i0}^2(t)]=\pi_i(1-\pi_i)\\
&\mathrm{E}[\gamma_{i0}(t)]=0,\sigma_{\gamma_{i0}}^2=\mathrm{E}[\gamma_{i0}^2(t)]=\lambda_i(1-\lambda_i)
\end{aligned}
\tag{9.246}
$$

在式(9.242)给出的观测方程中，$\gamma_i(t)$ 被用来描述传感器故障，即丢失观测。如果 $\gamma_i(t)=1$，则观测数据被正常接收；如果 $\gamma_i(t)=0$，则仅收到观测噪声信号 $v_i(t)$，没有包含状态的信息，因此称为丢失观测。

在式(9.243)中，$\xi_i(t)$ 被用来描述通信故障，即丢包。如果 $\xi_i(t)=1$，则 $y_i(t)=z_i(t)$，即没有发生丢包，估值器收到了传感器的观测 $z_i(t)$；如果 $\xi_i(t)=0$，则 $y_i(t)=y_i(t-1)$，即发生丢包，用估值器前一时刻收到的观测作为目前时刻估值器的观测。

假设 10 $w(t)$，$\eta_i(t)$ 和 $\beta_k(t)$ 是带零均值的彼此独立的白噪声，它们的协方差分别为

$$
\mathrm{E}\left[\begin{bmatrix} w(t)\\ \eta_i(t)\\ \beta_k(t)\end{bmatrix}\begin{bmatrix} w(u)\\ \eta_j(u)\\ \beta_h(u)\end{bmatrix}^{\mathrm{T}}\right]=\begin{bmatrix}\bar{Q} & 0 & 0\\ 0 & \bar{R}_{\eta_i}\delta_{ij} & 0\\ 0 & 0 & \bar{\sigma}_{\beta_k}^2\delta_{kh}\end{bmatrix}\delta_{tu}
\tag{9.247}
$$

其中 $\bar{Q}$，$\bar{R}_{\eta_i}$ 和 $\bar{\sigma}_{\beta_k}^2$ 分别是白噪声 $w(t)$，$\eta_i(t)$ 和 $\beta_k(t)$ 的未知不确定实际方差。

假设 11 初始状态 $x(0)$ 独立于 $w(t)$，$\eta_i(t)$，$\beta_k(t)$，$\gamma_i(t)$ 和 $\xi_i(t)$，且 $\mathrm{E}[x(0)]=\mu_0$，$\mathrm{E}[(x(0)-\mu_0)(x(0)-\mu_0)^{\mathrm{T}}]=\bar{P}_0$，$\mu_0$ 是 $x(0)$ 的已知均值，$\bar{P}_0$ 是它的未知不确定实际方差。

假设 12 Q，R_{η_i}，$\sigma_{\beta_k}^2$ 和 P_0 分别是 $\bar{Q}$，$\bar{R}_{\eta_i}$，$\bar{\sigma}_{\beta_k}^2$ 和 $\bar{P}_0$ 的已知保守上界，即满足

$$
\bar{Q}\leqslant Q,\bar{R}_{\eta_i}\leqslant R_{\eta_i},\bar{\sigma}_{\beta_k}^2\leqslant\sigma_{\beta_k}^2,\bar{P}_0\leqslant P_0
\tag{9.248}
$$

应用式(9.244)、假设 10 和假设 12，可得 $v_i(t)$ 和 $v_j(t)$ 的实际和保守互协方差分别为

$$
\bar{R}_{v_{ij}}=D_i\bar{Q}D_j^{\mathrm{T}}+\bar{R}_{\eta_i}\delta_{ij},R_{v_{ij}}=D_iQD_j^{\mathrm{T}}+R_{\eta_i}\delta_{ij}
\tag{9.249}
$$

且定义 $v_i(t)$ 的实际和保守方差分别为 $\bar{R}_{v_i}=\bar{R}_{v_{ii}}$，$R_{v_i}=R_{v_{ii}}$。由式(9.249)，用 R_{v_i} 减 $\bar{R}_{v_i}$ 并应用式(9.248)得

$$
\bar{R}_{v_i}\leqslant R_{v_i}
\tag{9.250}
$$

应用式(9.244)、假设 10 和假设 12，可得 $w(t)$ 和 $v_i(t)$ 的实际和保守相关矩阵分别为

$$\bar{S}_i = \bar{Q}D_i^{\mathrm{T}}, S_i = QD_i^{\mathrm{T}} \tag{9.251}$$

类似于注 8.1,带未知不确定实际方差 $\bar{Q},\bar{R}_{\eta_i},\bar{\sigma}_{\beta_k}^2$ 和 $\bar{P}_0$ 的系统(9.241)—(9.244)被称为实际系统。带已知保守上界 $Q,R_{\eta_i},\sigma_{\beta_k}^2$ 和 P_0 的系统(9.241)—(9.244)被称为最坏情形保守系统。对最坏情形保守系统设计最小方差估值器将得到极大极小鲁棒估值器。

对于不确定多传感器网络化系统(9.241)—(9.244),本节将设计它的鲁棒局部和融合时变 Kalman 估值器(预报器、滤波器和平滑器)$\hat{x}_\theta(t|t+N)$ $(N=-1,N=0,N>0)$,使得对于所有容许的不确定性,它们的实际估计误差方差 $\bar{P}_\theta(t|t+N)$ 被保证有相应的最小上界 $P_\theta(t|t+N)$,即

$$\bar{P}_\theta(t|t+N) \leqslant P_\theta(t|t+N) \tag{9.252}$$

其中 $\theta=i,m,d,s,\mathrm{CI},c$ 分别表示第 i 个局部鲁棒估值器,按矩阵加权融合鲁棒估值器,按对角矩阵加权融合鲁棒估值器,按标量加权融合鲁棒估值器,协方差交叉融合鲁棒估值器和集中式融合鲁棒估值器。

图 9.3 说明了带混合不确定性的多传感器网络化系统的鲁棒融合估计问题,其中传感器故障(丢失观测)用伯努利随机变量 $\gamma_i(t)$ 来描述,而通信故障(丢包)则用伯努利随机变量 $\xi_i(t)$ 来描述。

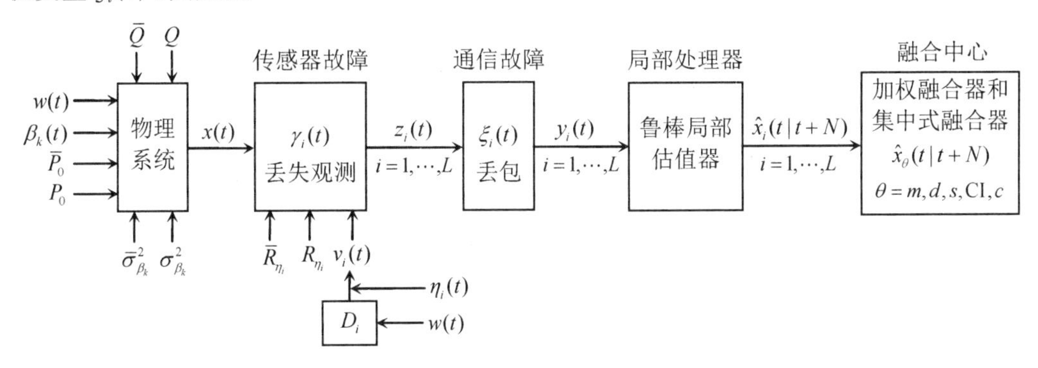

图 9.3　带混合不确定性的多传感器网络化系统的鲁棒融合估计问题

9.4.1　鲁棒加权状态融合 Kalman 估值器

(1) 模型转换

将式(9.242)代入式(9.243),并结合式(9.241),则原始系统(9.241)—(9.244)可被转换为如下多传感器多模型增广系统

$$x_{ai}(t+1) = \Phi_{ai}(t)x_{ai}(t) + \Gamma_{ai}(t)w_{ai}(t) \tag{9.253}$$

$$y_i(t) = H_{ai}(t)x_{ai}(t) + \xi_i(t)v_i(t), i=1,\cdots,L \tag{9.254}$$

其中定义

$$x_{ai}(t) = \begin{bmatrix} x(t) \\ y_i(t-1) \end{bmatrix}, w_{ai}(t) = \begin{bmatrix} w(t) \\ v_i(t) \end{bmatrix}, \Phi_{ai}(t) = \begin{bmatrix} \Phi + \sum_{k=1}^{q}\beta_k(t)\Phi_k & 0 \\ \xi_i(t)\gamma_i(t)H_i & (1-\xi_i(t))I_{m_i} \end{bmatrix},$$

$$\Gamma_{ai}(t) = \begin{bmatrix} \Gamma & 0 \\ 0 & \xi_i(t)I_{m_i} \end{bmatrix}, H_{ai}(t) = [\xi_i(t)\gamma_i(t)H_i, (1-\xi_i(t))I_{m_i}] \tag{9.255}$$

且带公共状态

$$x(t)=C_i x_{ai}(t),C_i=[I_n,0] \tag{9.256}$$

注意到 $\Phi_{ai}(t)$, $\Gamma_{ai}(t)$ 和 $H_{ai}(t)$ 都是随机参数矩阵,用去随机参数阵方法,用它们的均值矩阵来代替随机参数矩阵,用乘性噪声来表示随机参数矩阵与它们的均值矩阵之间的偏差项,则带随机参数矩阵的增广多模型系统(9.253)和(9.254)可被转化为带常参数矩阵和乘性噪声的系统。

由式(9.245)和式(9.255)容易得到

$$\Phi_{ai}^m=\mathrm{E}[\Phi_{ai}(t)]=\begin{bmatrix}\Phi & 0\\ \pi_i\lambda_i H_i & (1-\pi_i)I_{m_i}\end{bmatrix},$$

$$H_{ai}^m=\mathrm{E}[H_{ai}(t)]=[\pi_i\lambda_i H_i,(1-\pi_i)I_{m_i}],$$

$$\Gamma_{ai}^m=\mathrm{E}[\Gamma_{ai}(t)]=\begin{bmatrix}\Gamma & 0\\ 0 & \pi_i I_{m_i}\end{bmatrix} \tag{9.257}$$

定义零均值白噪声

$$\zeta_{i0}(t)=\xi_{i0}(t)\gamma_{i0}(t),\mathrm{E}[\zeta_{i0}(t)]=0,\sigma_{\zeta_{i0}}^2=\mathrm{E}[\zeta_{i0}^2(t)]=\pi_i\lambda_i(1-\pi_i)(1-\lambda_i) \tag{9.258}$$

容易证明:$\zeta_{i0}(t)$, $\xi_{i0}(t)$ 和 $\gamma_{i0}(t)$ 是带零均值且相互不相关的白噪声。

由式(9.255)减式(9.257)可得随机偏差项分别为

$$\tilde{\Phi}_{ai}(t)=\Phi_{ai}(t)-\Phi_{ai}^m=\begin{bmatrix}\sum_{k=1}^{q}\beta_k(t)\Phi_k & 0\\ (\xi_i(t)\gamma_i(t)-\pi_i\lambda_i)H_i & -(\xi_i(t)-\pi_i)I_{m_i}\end{bmatrix} \tag{9.259}$$

$$\tilde{H}_{ai}(t)=H_{ai}(t)-H_{ai}^m=[(\xi_i(t)\gamma_i(t)-\pi_i\lambda_i)H_i,\ -(\xi_i(t)-\pi_i)I_{m_i}] \tag{9.260}$$

$$\tilde{\Gamma}_{ai}(t)=\Gamma_{ai}(t)-\Gamma_{ai}^m=\begin{bmatrix}0 & 0\\ 0 & (\xi_i(t)-\pi_i)I_{m_i}\end{bmatrix} \tag{9.261}$$

将 $\xi_i(t)=\xi_{i0}(t)+\pi_i$ 和 $\gamma_i(t)=\gamma_{i0}(t)+\lambda_i$ 代入式(9.259)—(9.261)有

$$\tilde{\Phi}_{ai}(t)=\begin{bmatrix}\sum_{k=1}^{q}\beta_k(t)\Phi_k & 0\\ (\xi_{i0}(t)\gamma_{i0}(t)+\pi_i\gamma_{i0}(t)+\lambda_i\xi_{i0}(t))H_i & -\xi_{i0}(t)I_{m_i}\end{bmatrix} \tag{9.262}$$

$$\tilde{H}_{ai}(t)=[(\xi_{i0}(t)\gamma_{i0}(t)+\pi_i\gamma_{i0}(t)+\lambda_i\xi_{i0}(t))H_i,\ -\xi_{i0}(t)I_{m_i}] \tag{9.263}$$

$$\tilde{\Gamma}_{ai}(t)=\begin{bmatrix}0 & 0\\ 0 & \xi_{i0}(t)I_{m_i}\end{bmatrix} \tag{9.264}$$

于是有

$$\tilde{\Phi}_{ai}(t)=\sum_{k=1}^{q}\beta_k(t)\Phi_{ai}^{\beta_k}+\zeta_{i0}(t)\Phi_{ai}^{\zeta}+\xi_{i0}(t)\Phi_{ai}^{\xi}+\gamma_{i0}(t)\Phi_{ai}^{\gamma} \tag{9.265}$$

$$\tilde{H}_{ai}(t)=\zeta_{i0}(t)H_{ai}^{\zeta}+\xi_{i0}(t)H_{ai}^{\xi}+\gamma_{i0}(t)H_{ai}^{\gamma} \tag{9.266}$$

$$\tilde{\Gamma}_{ai}(t)=\xi_{i0}(t)\Gamma_{ai}^{\xi} \tag{9.267}$$

其中定义随机参数扰动方位阵

$$\boldsymbol{\Phi}_{ai}^{\beta_k}=\begin{bmatrix}\boldsymbol{\Phi}_k & 0\\0 & 0\end{bmatrix},\boldsymbol{\Phi}_{ai}^{\zeta}=\begin{bmatrix}0 & 0\\H_i & 0\end{bmatrix},\boldsymbol{\Phi}_{ai}^{\xi}=\begin{bmatrix}0 & 0\\\lambda_iH_i & -I_{m_i}\end{bmatrix},\boldsymbol{\Phi}_{ai}^{\gamma}=\begin{bmatrix}0 & 0\\\pi_iH_i & 0\end{bmatrix},$$

$$H_{ai}^{\zeta}=[I_{m_i},0],H_{ai}^{\xi}=[\lambda_iH_i,-I_{m_i}],H_{ai}^{\gamma}=[\pi_iH_i,0],\boldsymbol{\Gamma}_{ai}^{\xi}=\begin{bmatrix}0 & 0\\0 & I_{m_i}\end{bmatrix}\tag{9.268}$$

于是多模型增广系统(9.253)和(9.254)可化为等价的带乘性噪声系统

$$x_{ai}(t+1)=(\boldsymbol{\Phi}_{ai}^{m}+\sum_{k=1}^{q}\beta_k(t)\boldsymbol{\Phi}_{ai}^{\beta_k}+\zeta_{i0}(t)\boldsymbol{\Phi}_{ai}^{\zeta}+\xi_{i0}(t)\boldsymbol{\Phi}_{ai}^{\xi}+\gamma_{i0}(t)\boldsymbol{\Phi}_{ai}^{\gamma})x_{ai}(t)+(\boldsymbol{\Gamma}_{ai}^{m}+\xi_{i0}(t)\boldsymbol{\Gamma}_{ai}^{\xi})w_{ai}(t)\tag{9.269}$$

$$y_i(t)=(H_{ai}^{m}+\zeta_{i0}(t)H_{ai}^{\zeta}+\xi_{i0}(t)H_{ai}^{\xi}+\gamma_{i0}(t)H_{ai}^{\gamma})x_{ai}(t)+(\pi_i+\xi_{i0}(t))v_i(t),i=1,\cdots,L\tag{9.270}$$

由式(9.255)得 $w_{ai}(t)$ 和 $w_{aj}(t)$ 的实际和保守互协方差分别为

$$\bar{Q}_{aij}=\begin{bmatrix}\bar{Q} & \bar{S}_j\\\bar{S}_i^{\mathrm{T}} & \bar{R}_{v_{ij}}\end{bmatrix}=\begin{bmatrix}\bar{Q} & \bar{Q}D_j^{\mathrm{T}}\\D_i\bar{Q} & D_i\bar{Q}D_j^{\mathrm{T}}+\bar{R}_{\eta_i}\delta_{ij}\end{bmatrix},Q_{aij}=\begin{bmatrix}Q & S_j\\S_i^{\mathrm{T}} & R_{v_{ij}}\end{bmatrix}=\begin{bmatrix}Q & QD_j^{\mathrm{T}}\\D_iQ & D_iQD_j^{\mathrm{T}}+R_{\eta_i}\delta_{ij}\end{bmatrix}\tag{9.271}$$

且定义 $w_{ai}(t)$ 的实际和保守方差分别为 $\bar{Q}_{ai}=\bar{Q}_{aii},Q_{ai}=Q_{aii}$。

引理9.5 对于满足式(9.248)的所有容许的不确定性,有

$$\bar{Q}_{ai}\leqslant Q_{ai}\tag{9.272}$$

证明 详细证明过程见文献[36],在此不再赘述。

由式(9.255)可得 $w_{ai}(t)$ 和 $v_j(t)$ 的实际和保守相关矩阵分别为

$$\bar{S}_{aij}=[\bar{S}_j^{\mathrm{T}},\bar{R}_{v_{ij}}^{\mathrm{T}}]^{\mathrm{T}},S_{aij}=[S_j^{\mathrm{T}},R_{v_{ij}}^{\mathrm{T}}]^{\mathrm{T}},i\neq j\tag{9.273}$$

且定义 $w_{ai}(t)$ 和 $v_i(t)$ 的实际和保守相关矩阵分别为 $\bar{S}_{ai}=\bar{S}_{aii},S_{ai}=S_{aii}$。

因此,原始混合不确定多传感器系统(9.241)—(9.244)被转化为一个带乘性噪声和不确定实际噪声方差 $\bar{Q}_{ai}$ 和 $\bar{R}_{v_i}$ 的增广多模型相关噪声系统(9.269)和(9.270)。

(2)实际和保守非中心二阶矩

对于增广状态 $x_{ai}(t)$,定义实际状态 $x_{ai}(t)$ 的实际非中心二阶矩为 $\bar{X}_{ai}(t)=\mathrm{E}[x_{ai}(t)x_{ai}^{\mathrm{T}}(t)]$,由带实际噪声方差 $\bar{Q}_{ai}$ 的实际增广状态方程(9.269),应用假设9和假设10、式(9.258),以及 $x_{ai}(t)$ 和 $w_{ai}(t)$ 的不相关性,可得 $\bar{X}_{ai}(t)$ 满足如下广义Lyapunov方程

$$\bar{X}_{ai}(t+1)=\boldsymbol{\Phi}_{ai}^{m}\bar{X}_{ai}(t)\boldsymbol{\Phi}_{ai}^{m\mathrm{T}}+\sum_{k=1}^{q}\bar{\sigma}_{\beta_k}^2\boldsymbol{\Phi}_{ai}^{\beta_k}\bar{X}_{ai}(t)\boldsymbol{\Phi}_{ai}^{\beta_k\mathrm{T}}+\sigma_{\zeta_{i0}}^2\boldsymbol{\Phi}_{ai}^{\zeta}\bar{X}_{ai}(t)\boldsymbol{\Phi}_{ai}^{\zeta\mathrm{T}}+\sigma_{\xi_{i0}}^2\boldsymbol{\Phi}_{ai}^{\xi}\bar{X}_{ai}(t)\boldsymbol{\Phi}_{ai}^{\xi\mathrm{T}}+\sigma_{\gamma_{i0}}^2\boldsymbol{\Phi}_{ai}^{\gamma}\bar{X}_{ai}(t)\boldsymbol{\Phi}_{ai}^{\gamma\mathrm{T}}+\boldsymbol{\Gamma}_{ai}^{m}\bar{Q}_{ai}\boldsymbol{\Gamma}_{ai}^{m\mathrm{T}}+\sigma_{\xi_{i0}}^2\boldsymbol{\Gamma}_{ai}^{\xi}\bar{Q}_{ai}\boldsymbol{\Gamma}_{ai}^{\xi\mathrm{T}}\tag{9.274}$$

带初值

$$\bar{X}_{ai}(0)=\begin{bmatrix}\bar{X}(0) & 0\\0 & 0\end{bmatrix}_{(n+m_i)\times(n+m_i)}\tag{9.275}$$

其中,$\bar{X}(0)=\bar{P}_0+\mu_0\mu_0^{\mathrm{T}}$ 为原始状态 $x(0)$ 的实际非中心二阶矩。类似地,可得保守状态 $x_{ai}(t)$ 的保守非中心二阶矩 $X_{ai}(t)=\mathrm{E}[x_{ai}(t)x_{ai}^{\mathrm{T}}(t)]$ 满足如下广义Lyapunov方程

$$X_{ai}(t+1)=\boldsymbol{\Phi}_{ai}^{m}X_{ai}(t)\boldsymbol{\Phi}_{ai}^{m\mathrm{T}}+\sum_{k=1}^{q}\sigma_{\beta_k}^2\boldsymbol{\Phi}_{ai}^{\beta_k}X_{ai}(t)\boldsymbol{\Phi}_{ai}^{\beta_k\mathrm{T}}+\sigma_{\zeta_{i0}}^2\boldsymbol{\Phi}_{ai}^{\zeta}X_{ai}(t)\boldsymbol{\Phi}_{ai}^{\zeta\mathrm{T}}+$$

$$\sigma_{\xi_{i0}}^2\Phi_{ai}^{\xi}X_{ai}(t)\Phi_{ai}^{\xi\mathrm{T}}+\sigma_{\gamma_{i0}}^2\Phi_{ai}^{\gamma}X_{ai}(t)\Phi_{ai}^{\gamma\mathrm{T}}+$$
$$\Gamma_{ai}^{m}Q_{ai}\Gamma_{ai}^{m\mathrm{T}}+\sigma_{\xi_{i0}}^2\Gamma_{ai}^{\xi}Q_{ai}\Gamma_{ai}^{\xi\mathrm{T}} \tag{9.276}$$

带初值

$$X_{ai}(0)=\begin{bmatrix}X(0)&0\\0&0\end{bmatrix}_{(n+m_i)\times(n+m_i)} \tag{9.277}$$

其中,$X(0)=P_0+\mu_0\mu_0^{\mathrm{T}}$ 为原始状态 $x(0)$ 的保守非中心二阶矩。

由式(9.269)可得实际和保守互状态非中心二阶矩分别为

$$\bar{X}_{aij}(t+1)=\Phi_{ai}^{m}\bar{X}_{aij}(t)\Phi_{aj}^{m\mathrm{T}}+\sum_{k=1}^{q}\bar{\sigma}_{\beta_k}^2\Phi_{ai}^{\beta_k}\bar{X}_{aij}(t)\Phi_{aj}^{\beta_k\mathrm{T}}+\Gamma_{ai}^{m}\bar{Q}_{aij}\Gamma_{aj}^{m\mathrm{T}},i\neq j \tag{9.278}$$

$$X_{aij}(t+1)=\Phi_{ai}^{m}X_{aij}(t)\Phi_{aj}^{m\mathrm{T}}+\sum_{k=1}^{q}\sigma_{\beta_k}^2\Phi_{ai}^{\beta_k}X_{aij}(t)\Phi_{aj}^{\beta_k\mathrm{T}}+\Gamma_{ai}^{m}Q_{aij}\Gamma_{aj}^{m\mathrm{T}},i\neq j \tag{9.279}$$

带初值

$$\bar{X}_{aij}(0)=\begin{bmatrix}\bar{X}(0)&0\\0&0\end{bmatrix}_{(n+m_i)\times(n+m_j)},X_{aij}(0)=\begin{bmatrix}X(0)&0\\0&0\end{bmatrix}_{(n+m_i)\times(n+m_j)} \tag{9.280}$$

且定义 $\bar{X}_{aii}(t)=\bar{X}_{ai}(t),X_{aii}(t)=X_{ai}(t)$。

引理9.6 对于满足式(9.247)的所有容许的未知不确定实际方差 $\bar{Q},\bar{R}_{\eta_i},\bar{\sigma}_{\beta_k}^2$ 和 $\bar{P}_0$,有如下关系

$$\bar{X}_{ai}(t)\leqslant X_{ai}(t),t\geqslant 0 \tag{9.281}$$

证明 详细证明过程见文献[36],在此不再赘述。

(3) 虚拟过程噪声和观测噪声

引入虚拟过程噪声

$$w_{fi}(t)=\sum_{k=1}^{q}\beta_k(t)\Phi_{ai}^{\beta_k}x_{ai}(t)+\zeta_{i0}(t)\Phi_{ai}^{\zeta}x_{ai}(t)+\xi_{i0}(t)\Phi_{ai}^{\xi}x_{ai}(t)+$$
$$\gamma_{i0}(t)\Phi_{ai}^{\gamma}x_{ai}(t)+\Gamma_{ai}^{m}w_{ai}(t)+\xi_{i0}(t)\Gamma_{ai}^{\xi}w_{ai}(t) \tag{9.282}$$

用它来补偿式(9.269)中的乘性噪声项,则状态方程(9.269)可被重写为如下形式

$$x_{ai}(t+1)=\Phi_{ai}^{m}x_{ai}(t)+w_{fi}(t) \tag{9.283}$$

由假设10、式(9.255)和式(9.258),容易证明 $w_{fi}(t)$ 是带零均值的白噪声。

容易导出虚拟过程噪声 $w_{fi}(t)$ 的实际和保守方差分别为

$$\bar{Q}_{fi}(t)=\sum_{k=1}^{q}\bar{\sigma}_{\beta_k}^2\Phi_{ai}^{\beta_k}\bar{X}_{ai}(t)\Phi_{ai}^{\beta_k\mathrm{T}}+\sigma_{\zeta_{i0}}^2\Phi_{ai}^{\zeta}\bar{X}_{ai}(t)\Phi_{ai}^{\zeta\mathrm{T}}+\sigma_{\xi_{i0}}^2\Phi_{ai}^{\xi}\bar{X}_{ai}(t)\Phi_{ai}^{\xi\mathrm{T}}+$$
$$\sigma_{\gamma_{i0}}^2\Phi_{ai}^{\gamma}\bar{X}_{ai}(t)\Phi_{ai}^{\gamma\mathrm{T}}+\Gamma_{ai}^{m}\bar{Q}_{ai}\Gamma_{ai}^{m\mathrm{T}}+\sigma_{\xi_{i0}}^2\Gamma_{ai}^{\xi}\bar{Q}_{ai}\Gamma_{ai}^{\xi\mathrm{T}} \tag{9.284}$$

$$Q_{fi}(t)=\sum_{k=1}^{q}\sigma_{\beta_k}^2\Phi_{ai}^{\beta_k}X_{ai}(t)\Phi_{ai}^{\beta_k\mathrm{T}}+\sigma_{\zeta_{i0}}^2\Phi_{ai}^{\zeta}X_{ai}(t)\Phi_{ai}^{\zeta\mathrm{T}}+\sigma_{\xi_{i0}}^2\Phi_{ai}^{\xi}X_{ai}(t)\Phi_{ai}^{\xi\mathrm{T}}+$$
$$\sigma_{\gamma_{i0}}^2\Phi_{ai}^{\gamma}X_{ai}(t)\Phi_{ai}^{\gamma\mathrm{T}}+\Gamma_{ai}^{m}Q_{ai}\Gamma_{ai}^{m\mathrm{T}}+\sigma_{\xi_{i0}}^2\Gamma_{ai}^{\xi}Q_{ai}\Gamma_{ai}^{\xi\mathrm{T}} \tag{9.285}$$

同样可得 $w_{fi}(t)$ 和 $w_{fj}(t)(i\neq j)$ 的实际和保守互协方差分别为

$$\bar{Q}_{fij}(t)=\sum_{k=1}^{q}\bar{\sigma}_{\beta_k}^2\Phi_{ai}^{\beta_k}\bar{X}_{aij}(t)\Phi_{aj}^{\beta_k\mathrm{T}}+\Gamma_{ai}^{m}\bar{Q}_{aij}\Gamma_{aj}^{m\mathrm{T}},$$
$$Q_{fij}(t)=\sum_{k=1}^{q}\sigma_{\beta_k}^2\Phi_{ai}^{\beta_k}X_{aij}(t)\Phi_{aj}^{\beta_k\mathrm{T}}+\Gamma_{ai}^{m}Q_{aij}\Gamma_{aj}^{m\mathrm{T}} \tag{9.286}$$

且定义 $\bar{Q}_{fii}(t)=\bar{Q}_{fi}(t),Q_{fii}(t)=Q_{fi}(t)$。

令 $\sigma_{\beta_k}^2=\bar{\sigma}_{\beta_k}^2+\Delta\sigma_{\beta_k}^2$，类似于引理8.14的证明，将式(9.285)与式(9.284)相减，并应用式(9.281)和式(9.272)得

$$\bar{Q}_{fi}(t)\leqslant Q_{fi}(t) \tag{9.287}$$

由式(9.270)，引入虚拟观测噪声

$$v_{fi}(t)=\zeta_{i0}(t)H_{ai}^{\zeta}x_{ai}(t)+\xi_{i0}(t)H_{ai}^{\xi}x_{ai}(t)+\gamma_{i0}(t)H_{ai}^{\gamma}x_{ai}(t)+\pi_i v_i(t)+\xi_{i0}(t)v_i(t) \tag{9.288}$$

用它来补偿式(9.270)中的乘性噪声项，则观测方程(9.270)可被重写为

$$y_i(t)=H_{ai}^{m}x_{ai}(t)+v_{fi}(t) \tag{9.289}$$

容易证明 $v_{fi}(t)$ 也是带零均值的白噪声。

容易导出虚拟噪声 $v_{fi}(t)$ 的实际和保守方差分别为

$$\bar{R}_{fi}(t)=\sigma_{\zeta_{i0}}^2H_{ai}^{\zeta}\bar{X}_{ai}(t)H_{ai}^{\zeta\mathrm{T}}+\sigma_{\xi_{i0}}^2H_{ai}^{\xi}\bar{X}_{ai}(t)H_{ai}^{\xi\mathrm{T}}+\sigma_{\gamma_{i0}}^2H_{ai}^{\gamma}\bar{X}_{ai}(t)H_{ai}^{\gamma\mathrm{T}}+\pi_i^2\bar{R}_{v_i}+\sigma_{\xi_{i0}}^2\bar{R}_{v_i} \tag{9.290}$$

$$R_{fi}(t)=\sigma_{\zeta_{i0}}^2H_{ai}^{\zeta}X_{ai}(t)H_{ai}^{\zeta\mathrm{T}}+\sigma_{\xi_{i0}}^2H_{ai}^{\xi}X_{ai}(t)H_{ai}^{\xi\mathrm{T}}+\sigma_{\gamma_{i0}}^2H_{ai}^{\gamma}X_{ai}(t)H_{ai}^{\gamma\mathrm{T}}+\pi_i^2R_{v_i}+\sigma_{\xi_{i0}}^2R_{v_i} \tag{9.291}$$

同样可得 $v_{fi}(t)$ 和 $v_{fj}(t)$ 的实际和保守互协方差分别为

$$\bar{R}_{fij}(t)=\pi_i\pi_j\bar{R}_{v_{ij}},R_{fij}(t)=\pi_i\pi_jR_{v_{ij}},i\neq j \tag{9.292}$$

且定义 $\bar{R}_{fii}(t)=\bar{R}_{fi}(t),R_{fii}(t)=R_{fi}(t)$。

用式(9.290)减式(9.289)并应用式(9.250)和式(9.281)得

$$\bar{R}_{fi}(t)\leqslant R_{fi}(t) \tag{9.293}$$

注意到 $w_{fi}(t)$ 是相关于 $v_{fi}(t)$ 和 $v_{fj}(t)$ 的，应用式(9.282)和式(9.287)得 $w_{fi}(t)$ 和 $v_{fi}(t)$ 的实际和保守相关矩阵分别为

$$\bar{S}_{fi}(t)=\sigma_{\zeta_{i0}}^2\Phi_{ai}^{\zeta}\bar{X}_{ai}(t)H_{ai}^{\zeta\mathrm{T}}+\sigma_{\xi_{i0}}^2\Phi_{ai}^{\xi}\bar{X}_{ai}(t)H_{ai}^{\xi\mathrm{T}}+\sigma_{\gamma_{i0}}^2\Phi_{ai}^{\gamma}\bar{X}_{ai}(t)H_{ai}^{\gamma\mathrm{T}}+\pi_i\Gamma_{ai}^{m}\bar{S}_{ai}+\sigma_{\xi_{i0}}^2\Gamma_{ai}^{\xi}\bar{S}_{ai} \tag{9.294}$$

$$S_{fi}(t)=\sigma_{\zeta_{i0}}^2\Phi_{ai}^{\zeta}X_{ai}(t)H_{ai}^{\zeta\mathrm{T}}+\sigma_{\xi_{i0}}^2\Phi_{ai}^{\xi}X_{ai}(t)H_{ai}^{\xi\mathrm{T}}+\sigma_{\gamma_{i0}}^2\Phi_{ai}^{\gamma}X_{ai}(t)H_{ai}^{\gamma\mathrm{T}}+\pi_i\Gamma_{ai}^{m}S_{ai}+\sigma_{\xi_{i0}}^2\Gamma_{ai}^{\xi}S_{ai} \tag{9.295}$$

且 $w_{fi}(t)$ 和 $v_{fj}(t)$ 的实际和保守相关矩阵分别为

$$\bar{S}_{fij}(t)=\pi_j\Gamma_{ai}^{m}\bar{S}_{aij},S_{fij}(t)=\pi_j\Gamma_{ai}^{m}S_{aij},i\neq j \tag{9.296}$$

且定义 $\bar{S}_{fii}(t)=\bar{S}_{fi}(t),S_{fii}(t)=S_{fi}(t)$。

(4) 鲁棒加权状态融合 Kalman 估值器

原始混合不确定多传感器系统(9.241)—(9.244)被转化为仅带不确定实际虚拟噪声方差的时变增广多模型系统(9.283)和(9.289)。可用文献[36]提出的基于虚拟噪声和 Lyapunov 方程方法的极大极小鲁棒 Kalman 滤波方法设计鲁棒局部和四种加权状态融合 Kalman 估值器，限于篇幅，详细推导和证明从略，可进一步查阅文献[36]。

9.4.2 集中式融合鲁棒时变 Kalman 估值器

将式(9.242)代入式(9.243)得观测方程具有如下形式

$$y_i(t)=\xi_i(t)\gamma_i(t)H_ix(t)+\xi_i(t)v_i(t)+(1-\xi_i(t))y_i(t-1),i=1,\cdots,L \tag{9.297}$$

合并由式(9.297)给出的所有局部观测方程可得集中式融合观测方程

$$\begin{bmatrix} y_1(t) \\ y_2(t) \\ \vdots \\ y_L(t) \end{bmatrix} = \begin{bmatrix} \xi_1(t)\gamma_1(t)H_1 \\ \xi_2(t)\gamma_2(t)H_2 \\ \vdots \\ \xi_L(t)\gamma_L(t)H_L \end{bmatrix} x(t) + \begin{bmatrix} \xi_1(t)v_1(t) \\ \xi_2(t)v_2(t) \\ \vdots \\ \xi_L(t)v_L(t) \end{bmatrix} + \begin{bmatrix} (1-\xi_1(t))y_1(t-1) \\ (1-\xi_2(t))y_2(t-1) \\ \vdots \\ (1-\xi_L(t))y_L(t-1) \end{bmatrix} \tag{9.298}$$

它可被重写为如下形式

$$y^{(c)}(t) = \xi(t)\gamma(t)H^{(c)}x(t) + \xi(t)v^{(c)}(t) + (I_m - \xi(t))y^{(c)}(t-1) \tag{9.299}$$

其中

$$y^{(c)}(t) = [y_1^{\mathrm{T}}(t),\cdots,y_L^{\mathrm{T}}(t)]^{\mathrm{T}}, \xi(t) = \mathrm{diag}(\xi_1(t)I_{m_1},\cdots,\xi_L(t)I_{m_L}),$$
$$\gamma(t) = \mathrm{diag}(\gamma_1(t)I_{m_1},\cdots,\gamma_L(t)I_{m_L}),$$
$$H^{(c)} = [H_1^{\mathrm{T}},\cdots,H_L^{\mathrm{T}}]^{\mathrm{T}}, v^{(c)}(t) = [v_1^{\mathrm{T}}(t),\cdots,v_L^{\mathrm{T}}(t)]^{\mathrm{T}},$$
$$I_m = \mathrm{diag}(I_{m_1},\cdots,I_{m_L}), m = \sum_{i=1}^{L} m_i \tag{9.300}$$

类似于式(9.253)—(9.255),应用式(9.241)和式(9.299)可得如下增广集中式融合系统

$$x_a(t+1) = \Phi_a(t)x_a(t) + \Gamma_a(t)w_a(t) \tag{9.301}$$
$$y^{(c)}(t) = H_a(t)x_a(t) + \xi(t)v^{(c)}(t) \tag{9.302}$$

$$x_a(t) = \begin{bmatrix} x(t) \\ y^{(c)}(t-1) \end{bmatrix}, w_a(t) = \begin{bmatrix} w(t) \\ v^{(c)}(t) \end{bmatrix}, \Phi_a(t) = \begin{bmatrix} \Phi + \sum_{k=1}^{q}\beta_k(t)\Phi_k & (0)_{n\times m} \\ \xi(t)\gamma(t)H^{(c)} & I_m - \xi(t) \end{bmatrix},$$
$$\Gamma_a(t) = \begin{bmatrix} \Gamma & (0)_{n\times m} \\ (0)_{m\times r} & \xi(t) \end{bmatrix}, H_a(t) = [\xi(t)\gamma(t)H^{(c)}, I_m - \xi(t)] \tag{9.303}$$

由式(9.245)和式(9.300)可得

$$\Pi = \mathrm{E}[\xi(t)] = \mathrm{diag}(\pi_1 I_{m_1},\cdots,\pi_L I_{m_L}),$$
$$\Xi = \mathrm{E}[\gamma(t)] = \mathrm{diag}(\lambda_1 I_{m_1},\cdots,\lambda_L I_{m_L}) \tag{9.304}$$

进而,由式(9.303)和式(9.304)有

$$\Phi_a^m = \mathrm{E}[\Phi_a(t)] = \begin{bmatrix} \Phi & (0)_{n\times m} \\ \Pi\Xi H^{(c)} & I_m - \Pi \end{bmatrix}, \Gamma_a^m = \mathrm{E}[\Gamma_a(t)] = \begin{bmatrix} \Gamma & (0)_{n\times m} \\ (0)_{m\times r} & \Pi \end{bmatrix},$$
$$H_a^m = \mathrm{E}[H_a(t)] = [\Pi\Xi H^{(c)}, I_m - \Pi] \tag{9.305}$$

定义3个互不相关的零均值白噪声

$$\xi_0(t) = \xi(t) - \Pi = \mathrm{diag}(\xi_{10}(t)I_{m_1},\cdots,\xi_{L0}(t)I_{m_L}),$$
$$\gamma_0(t) = \gamma(t) - \Xi = \mathrm{diag}(\gamma_{10}(t)I_{m_1},\cdots,\gamma_{L0}(t)I_{m_L}),$$
$$\zeta_0(t) = \xi_0(t)\gamma_0(t) = \mathrm{diag}(\zeta_{10}(t)I_{m_1},\cdots,\zeta_{L0}(t)I_{m_L}) \tag{9.306}$$

容易证明如下不相关性:

$$\mathrm{E}[\xi_{i0}(t)\zeta_{j0}(s)] = 0, \mathrm{E}[\gamma_{i0}(t)\zeta_{j0}(s)] = 0, \mathrm{E}[\xi_{i0}(t)\gamma_{j0}(s)] = 0, \forall t,s,i,j \tag{9.307}$$

例如取 $t=s, i=j$,由式(9.246)和式(9.258)有

$$\mathrm{E}[\xi_{i0}(t)\zeta_{i0}(t)] = \mathrm{E}[\xi_{i0}^2(t)\gamma_{i0}(t)] = \mathrm{E}[\xi_{i0}^2(t)]\mathrm{E}[\gamma_{i0}(t)] = 0$$

将 $\xi(t) = \xi_0(t) + \Pi$ 和 $\gamma(t) = \gamma_0(t) + \Xi$ 代入式(9.303)后再减式(9.305)可得扰动

项

$$\boldsymbol{\Phi}_a(t)-\boldsymbol{\Phi}_a^m=\begin{bmatrix}\sum_{k=1}^{q}\beta_k(t)\boldsymbol{\Phi}_k & 0\\ (\zeta_0(t)+\Pi\gamma_0(t)+\xi_0(t)\Xi)H^{(c)} & -\xi_0(t)\end{bmatrix} \tag{9.308}$$

$$H_a(t)-H_a^m=[(\zeta_0(t)+\Pi\gamma_0(t)+\xi_0(t)\Xi)H^{(c)},-\xi_0(t)] \tag{9.309}$$

$$\Gamma_a(t)-\Gamma_a^m=\begin{bmatrix}0&0\\0&\xi_0(t)\end{bmatrix} \tag{9.310}$$

为了将上述矩阵乘性噪声化为标量乘性噪声形式,定义扰动方位阵

$$N_i=\mathrm{diag}(0,\cdots,0,I_{m_i},0,\cdots,0),i=1,\cdots,L \tag{9.311}$$

其中 N_i 的第 i 个子块为单位阵 I_{m_i},其他子块为零阵,则有

$$\zeta_0(t)=\sum_{i=1}^{L}\zeta_{i0}(t)N_i,\gamma_0(t)=\sum_{i=1}^{L}\gamma_{i0}(t)N_i,\xi_0(t)=\sum_{i=1}^{L}\xi_{i0}(t)N_i \tag{9.312}$$

再定义扰动方位阵

$$\boldsymbol{\Phi}_a^{\beta_k}=\begin{bmatrix}\boldsymbol{\Phi}_k&0\\0&0\end{bmatrix},\boldsymbol{\Phi}_a^{\zeta_i}=\begin{bmatrix}0&0\\N_iH^{(c)}&0\end{bmatrix},\boldsymbol{\Phi}_a^{\gamma_i}=\begin{bmatrix}0&0\\\Pi N_iH^{(c)}&0\end{bmatrix},\boldsymbol{\Phi}_a^{\xi_i}=\begin{bmatrix}0&0\\N_i\Xi H^{(c)}&-N_i\end{bmatrix},$$

$$\Gamma_a^{\xi_i}=\begin{bmatrix}0&0\\0&N_i\end{bmatrix},H_a^{\zeta_i}=[N_iH^{(c)},0],H_a^{\gamma_i}=[\Pi N_iH^{(c)},0],H_a^{\xi_i}=[N_i\Xi H^{(c)},-N_i] \tag{9.313}$$

于是有

$$\boldsymbol{\Phi}_a(t)-\boldsymbol{\Phi}_a^m=\sum_{k=1}^{q}\beta_k(t)\boldsymbol{\Phi}_a^{\beta_k}+\sum_{i=1}^{L}\zeta_{i0}(t)\boldsymbol{\Phi}_a^{\zeta_i}+\sum_{i=1}^{L}\xi_{i0}(t)\boldsymbol{\Phi}_a^{\xi_i}+\sum_{i=1}^{L}\gamma_{i0}(t)\boldsymbol{\Phi}_a^{\gamma_i},$$
$$H_a(t)-H_a^m=\sum_{i=1}^{L}\zeta_{i0}(t)H_a^{\zeta_i}+\sum_{i=1}^{L}\xi_{i0}(t)H_a^{\xi_i}+\sum_{i=1}^{L}\gamma_{i0}(t)H_a^{\gamma_i},$$
$$\Gamma_a(t)-\Gamma_a^m=\sum_{i=1}^{L}\xi_{i0}(t)\Gamma_a^{\xi_i} \tag{9.314}$$

进而,可得如下等价的带常参数矩阵和乘性噪声的集中式融合系统

$$x_a(t+1)=(\boldsymbol{\Phi}_a^m+\sum_{k=1}^{q}\beta_k(t)\boldsymbol{\Phi}_a^{\beta_k}+\sum_{i=1}^{L}\zeta_{i0}(t)\boldsymbol{\Phi}_a^{\zeta_i}+\sum_{i=1}^{L}\xi_{i0}(t)\boldsymbol{\Phi}_a^{\xi_i}+$$
$$\sum_{i=1}^{L}\gamma_{i0}(t)\boldsymbol{\Phi}_a^{\gamma_i})x_a(t)+(\Gamma_a^m+\sum_{i=1}^{L}\xi_{i0}(t)\Gamma_a^{\xi_i})w_a(t) \tag{9.315}$$

$$y^{(c)}(t)=(H_a^m+\sum_{i=1}^{L}\zeta_{i0}(t)H_a^{\zeta_i}+\sum_{i=1}^{L}\xi_{i0}(t)H_a^{\xi_i}+\sum_{i=1}^{L}\gamma_{i0}(t)H_a^{\gamma_i})x_a(t)+$$
$$(\Pi+\sum_{i=1}^{L}\xi_{i0}(t)N_i)v^{(c)}(t) \tag{9.316}$$

由式(9.300)得

$$v^{(c)}(t)=[v_1^{\mathrm{T}}(t),\cdots,v_L^{\mathrm{T}}(t)]^{\mathrm{T}}=D^{(c)}w(t)+\boldsymbol{\eta}^{(c)}(t) \tag{9.317}$$

$$D^{(c)}=[D_1^{\mathrm{T}},\cdots,D_L^{\mathrm{T}}]^{\mathrm{T}},\boldsymbol{\eta}^{(c)}(t)=[\boldsymbol{\eta}_1^{\mathrm{T}}(t),\cdots,\boldsymbol{\eta}_L^{\mathrm{T}}(t)]^{\mathrm{T}} \tag{9.318}$$

于是 $\boldsymbol{\eta}^{(c)}(t)$ 的实际和保守方差 $\bar{R}_{\eta_c}$ 和 R_{η_c} 分别为

$$\bar{R}_{\eta_c}=\mathrm{diag}(\bar{R}_{\eta_1},\cdots,\bar{R}_{\eta_L}),R_{\eta_c}=\mathrm{diag}(R_{\eta_1},\cdots,R_{\eta_L}) \tag{9.319}$$

用 R_{η_c} 减 $\bar{R}_{\eta_c}$ 并应用式(9.248)和引理8.3得

$$\bar{R}_{\eta_c} \leqslant R_{\eta_c} \tag{9.320}$$

应用式(9.316)和假设10得融合白噪声 $v^{(c)}(t)$ 的实际和保守方差 $\bar{R}_c$ 和 R_c 分别为

$$\bar{R}_c = D^{(c)}\bar{Q}D^{(c)\mathrm{T}} + \bar{R}_{\eta_c}, R_c = D^{(c)}QD^{(c)\mathrm{T}} + R_{\eta_c} \tag{9.321}$$

用 R_c 减 $\bar{R}_c$ 并应用式(9.248)和式(9.320)得

$$\bar{R}_c \leqslant R_c \tag{9.322}$$

由式(9.317)可得 $w(t)$ 和 $v^{(c)}(t)$ 的实际和保守相关矩阵 $\bar{S}_c$ 和 S_c 分别为

$$\bar{S}_c = \bar{Q}D^{(c)\mathrm{T}}, S_c = QD^{(c)\mathrm{T}} \tag{9.323}$$

因此由式(9.303)可得 $w_a(t)$ 的实际和保守方差 $\bar{Q}_a$ 和 Q_a 分别为

$$\bar{Q}_a = \begin{bmatrix} \bar{Q} & \bar{S}_c \\ \bar{S}_c^{\mathrm{T}} & \bar{R}_c \end{bmatrix} = \begin{bmatrix} \bar{Q} & \bar{Q}D^{(c)\mathrm{T}} \\ D^{(c)}\bar{Q} & D^{(c)}\bar{Q}D^{(c)\mathrm{T}} + \bar{R}_{\eta_c} \end{bmatrix},$$

$$Q_a = \begin{bmatrix} Q & S_c \\ S_c^{\mathrm{T}} & R_c \end{bmatrix} = \begin{bmatrix} Q & QD^{(c)\mathrm{T}} \\ D^{(c)}Q & D^{(c)}QD^{(c)\mathrm{T}} + R_{\eta_c} \end{bmatrix} \tag{9.324}$$

类似于引理8.14的证明,容易证得

$$\bar{Q}_a \leqslant Q_a \tag{9.325}$$

容易导出 $w_a(t)$ 和 $v^{(c)}(t)$ 的实际和保守相关矩阵 $\bar{S}_a$ 和 S_a 分别为

$$\bar{S}_a = [\bar{S}_c^{\mathrm{T}}, \bar{R}_c^{\mathrm{T}}]^{\mathrm{T}}, S_a = [S_c^{\mathrm{T}}, R_c^{\mathrm{T}}]^{\mathrm{T}} \tag{9.326}$$

增广状态 $x_a(t)$ 的实际和保守非中心二阶矩分别为

$$\begin{aligned} \bar{X}_a(t+1) = {} & \Phi_a^m \bar{X}_a(t) \Phi_a^{m\mathrm{T}} + \sum_{k=1}^{q} \bar{\sigma}_{\beta_k}^2 \Phi_a^{\beta_k} \bar{X}_a(t) \Phi_a^{\beta_k\mathrm{T}} + \sum_{i=1}^{L} \sigma_{\zeta_{i0}}^2 \Phi_a^{\zeta_i} \bar{X}_a(t) \Phi_a^{\zeta_i\mathrm{T}} + \\ & \sum_{i=1}^{L} \sigma_{\xi_{i0}}^2 \Phi_a^{\xi_i} \bar{X}_a(t) \Phi_a^{\xi_i\mathrm{T}} + \sum_{i=1}^{L} \sigma_{\gamma_{i0}}^2 \Phi_a^{\gamma_i} \bar{X}_a(t) \Phi_a^{\gamma_i\mathrm{T}} + \\ & \Gamma_a^m \bar{Q}_a \Gamma_a^{m\mathrm{T}} + \sum_{i=1}^{L} \sigma_{\xi_{i0}}^2 \Gamma_a^{\xi_i} \bar{Q}_a \Gamma_a^{\xi_i\mathrm{T}} \end{aligned} \tag{9.327}$$

$$\begin{aligned} X_a(t+1) = {} & \Phi_a^m X_a(t) \Phi_a^{m\mathrm{T}} + \sum_{k=1}^{q} \sigma_{\beta_k}^2 \Phi_a^{\beta_k} X_a(t) \Phi_a^{\beta_k\mathrm{T}} + \sum_{i=1}^{L} \sigma_{\zeta_{i0}}^2 \Phi_a^{\zeta_i} X_a(t) \Phi_a^{\zeta_i\mathrm{T}} + \\ & \sum_{i=1}^{L} \sigma_{\xi_{i0}}^2 \Phi_a^{\xi_i} X_a(t) \Phi_a^{\xi_i\mathrm{T}} + \sum_{i=1}^{L} \sigma_{\gamma_{i0}}^2 \Phi_a^{\gamma_i} X_a(t) \Phi_a^{\gamma_i\mathrm{T}} + \\ & \Gamma_a^m Q_a \Gamma_a^{m\mathrm{T}} + \sum_{i=1}^{L} \sigma_{\xi_{i0}}^2 \Gamma_a^{\xi_i} Q_a \Gamma_a^{\xi_i\mathrm{T}} \end{aligned} \tag{9.328}$$

类似于引理8.14的证明,容易证得

$$\bar{X}_a(t) \leqslant X_a(t), t \geqslant 0 \tag{9.329}$$

增广状态方程(9.315)可被重写为

$$x_a(t+1) = \Phi_a^m x_a(t) + w_f(t) \tag{9.330}$$

其中 $w_f(t)$ 是虚拟噪声

$$\begin{aligned} w_f(t) = {} & \sum_{k=1}^{q} \beta_k(t) \Phi_a^{\beta_k} x_a(t) + \sum_{i=1}^{L} \zeta_{i0}(t) \Phi_a^{\zeta_i} x_a(t) + \sum_{i=1}^{L} \xi_{i0}(t) \Phi_a^{\xi_i} x_a(t) + \\ & \sum_{i=1}^{L} \gamma_{i0}(t) \Phi_a^{\gamma_i} x_a(t) + \Gamma_a^m w_a(t) + \sum_{i=1}^{L} \xi_{i0}(t) \Gamma_a^{\xi_i} w_a(t) \end{aligned} \tag{9.331}$$

容易证得 $w_f(t)$ 是带零均值的白噪声,且它的实际和保守方差分别为

$$\bar{Q}_f(t)=\sum_{k=1}^{q}\bar{\sigma}_{\beta_k}^2\Phi_a^{\beta_k}\bar{X}_a(t)\Phi_a^{\beta_k\mathrm{T}}+\sum_{i=1}^{L}\sigma_{\zeta_{i0}}^2\Phi_a^{\zeta_i}\bar{X}_a(t)\Phi_a^{\zeta_i\mathrm{T}}+\sum_{i=1}^{L}\sigma_{\xi_{i0}}^2\Phi_a^{\xi_i}\bar{X}_a(t)\Phi_a^{\xi_i\mathrm{T}}+\sum_{i=1}^{L}\sigma_{\gamma_{i0}}^2\Phi_a^{\gamma_i}\bar{X}_a(t)\Phi_a^{\gamma_i\mathrm{T}}+\Gamma_a^m\bar{Q}_a\Gamma_a^{m\mathrm{T}}+\sum_{i=1}^{L}\sigma_{\xi_{i0}}^2\Gamma_a^{\xi_i}\bar{Q}_a\Gamma_a^{\xi_i\mathrm{T}} \tag{9.332}$$

$$Q_f(t)=\sum_{k=1}^{q}\sigma_{\beta_k}^2\Phi_a^{\beta_k}X_a(t)\Phi_a^{\beta_k\mathrm{T}}+\sum_{i=1}^{L}\sigma_{\zeta_{i0}}^2\Phi_a^{\zeta_i}X_a(t)\Phi_a^{\zeta_i\mathrm{T}}+\sum_{i=1}^{L}\sigma_{\xi_{i0}}^2\Phi_a^{\xi_i}X_a(t)\Phi_a^{\xi_i\mathrm{T}}+\sum_{i=1}^{L}\sigma_{\gamma_{i0}}^2\Phi_a^{\gamma_i}X_a(t)\Phi_a^{\gamma_i\mathrm{T}}+\Gamma_a^mQ_a\Gamma_a^{m\mathrm{T}}+\sum_{i=1}^{L}\sigma_{\xi_{i0}}^2\Gamma_a^{\xi_i}Q_a\Gamma_a^{\xi_i\mathrm{T}} \tag{9.333}$$

用式(9.333)减式(9.332)并应用式(9.248)、式(9.325)和式(9.329)得

$$\bar{Q}_f(t)\leqslant Q_f(t) \tag{9.334}$$

增广集中式融合观测方程(9.316)可被重写为

$$y^{(c)}(t)=H_a^mx_a(t)+v_f(t) \tag{9.335}$$

其中 $v_f(t)$ 是带零均值的虚拟白噪声

$$v_f(t)=\sum_{i=1}^{L}\zeta_{i0}(t)H_a^{\zeta_i}x_a(t)+\sum_{i=1}^{L}\xi_{i0}(t)H_a^{\xi_i}x_a(t)+\sum_{i=1}^{L}\gamma_{i0}(t)H_a^{\gamma_i}x_a(t)+\Pi v^{(c)}(t)+\sum_{i=1}^{L}\xi_{i0}(t)N_iv^{(c)}(t) \tag{9.336}$$

且它的实际和保守方差分别为

$$\bar{R}_f(t)=\sum_{i=1}^{L}\sigma_{\zeta_{i0}}^2H_a^{\zeta_i}\bar{X}_a(t)H_a^{\zeta_i\mathrm{T}}+\sum_{i=1}^{L}\sigma_{\xi_{i0}}^2H_a^{\xi_i}\bar{X}_a(t)H_a^{\xi_i\mathrm{T}}+\sum_{i=1}^{L}\sigma_{\gamma_{i0}}^2H_a^{\gamma_i}\bar{X}_a(t)H_a^{\gamma_i\mathrm{T}}+\Pi\bar{R}_c\Pi^{\mathrm{T}}+\sum_{i=1}^{L}\sigma_{\xi_{i0}}^2N_i\bar{R}_cN_i^{\mathrm{T}} \tag{9.337}$$

$$R_f(t)=\sum_{i=1}^{L}\sigma_{\zeta_{i0}}^2H_a^{\zeta_i}X_a(t)H_a^{\zeta_i\mathrm{T}}+\sum_{i=1}^{L}\sigma_{\xi_{i0}}^2H_a^{\xi_i}X_a(t)H_a^{\xi_i\mathrm{T}}+\sum_{i=1}^{L}\sigma_{\gamma_{i0}}^2H_a^{\gamma_i}X_a(t)H_a^{\gamma_i\mathrm{T}}+\Pi R_c\Pi^{\mathrm{T}}+\sum_{i=1}^{L}\sigma_{\xi_{i0}}^2N_iR_cN_i^{\mathrm{T}} \tag{9.338}$$

由式(9.338)减式(9.337)并应用式(9.322)和式(9.329)得

$$\bar{R}_f(t)\leqslant R_f(t) \tag{9.339}$$

此外，$w_f(t)$ 和 $v_f(t)$ 的实际和保守相关矩阵分别为

$$\bar{S}_f(t)=\sum_{i=1}^{L}\sigma_{\zeta_{i0}}^2\Phi_a^{\zeta_i}\bar{X}_a(t)H_a^{\zeta_i\mathrm{T}}+\sum_{i=1}^{L}\sigma_{\xi_{i0}}^2\Phi_a^{\xi_i}\bar{X}_a(t)H_a^{\xi_i\mathrm{T}}+\sum_{i=1}^{L}\sigma_{\gamma_{i0}}^2\Phi_a^{\gamma_i}\bar{X}_a(t)H_a^{\gamma_i\mathrm{T}}+\Gamma_a^m\bar{S}_a\Pi^{\mathrm{T}}+\sum_{i=1}^{L}\sigma_{\xi_{i0}}^2\Gamma_a^{\xi_i}\bar{S}_aN_i^{\mathrm{T}} \tag{9.340}$$

$$S_f(t)=\sum_{i=1}^{L}\sigma_{\zeta_{i0}}^2\Phi_a^{\zeta_i}X_a(t)H_a^{\zeta_i\mathrm{T}}+\sum_{i=1}^{L}\sigma_{\xi_{i0}}^2\Phi_a^{\xi_i}X_a(t)H_a^{\xi_i\mathrm{T}}+\sum_{i=1}^{L}\sigma_{\gamma_{i0}}^2\Phi_a^{\gamma_i}X_a(t)H_a^{\gamma_i\mathrm{T}}+\Gamma_a^mS_a\Pi^{\mathrm{T}}+\sum_{i=1}^{L}\sigma_{\xi_{i0}}^2\Gamma_a^{\xi_i}S_aN_i^{\mathrm{T}} \tag{9.341}$$

对于带保守噪声统计 $Q_f(t)$，$R_f(t)$ 和 $S_f(t)$ 的最坏情形时变增广集中式融合系统

(9.330) 和(9.335),用极大极小估计原理可得到相应的鲁棒集中式融合时变 Kalman 估值器,详细推导和证明省略,可参阅文献[36]。

9.5 仿真应用例子

本节将介绍四个仿真应用例子,分别是解决带随机扰动参数、丢失观测和不确定噪声方差的弹簧 - 质量 - 阻尼系统[20],不间断电力系统(UPS)[21,22],连续搅拌釜式反应器系统[23-25]的鲁棒集中式和加权观测融合 Kalman 滤波问题,以及解决带随机参数、丢失观测和不确定噪声方差的 AR 信号的鲁棒 Kalman 滤波问题。仿真结果验证了所提出结果的正确性、有效性和可应用性。

例 9.1 为了说明 9.2 节中所提出结果的正确性、有效性和可应用性,考虑如图 9.4 所示的弹簧 - 质量 - 阻尼系统[20]

$$\begin{bmatrix}\dot{x}(t)\\ \ddot{x}(t)\end{bmatrix}=\begin{bmatrix}0 & 1\\ -\dfrac{f_1}{M} & -\dfrac{f_2}{M}\end{bmatrix}\begin{bmatrix}x(t)\\ \dot{x}(t)\end{bmatrix}+\begin{bmatrix}1\\ 1\end{bmatrix}w(t) \tag{9.342}$$

其中 t 表示时间,$x(t)$ 和 $\dot{x}(t)$ 分别是质量块的位置和速度,$w(t)$ 为干扰噪声,M 是质量块的质量,f_1 是弹簧的弹性系数,f_2 是阻尼器的阻尼系数。

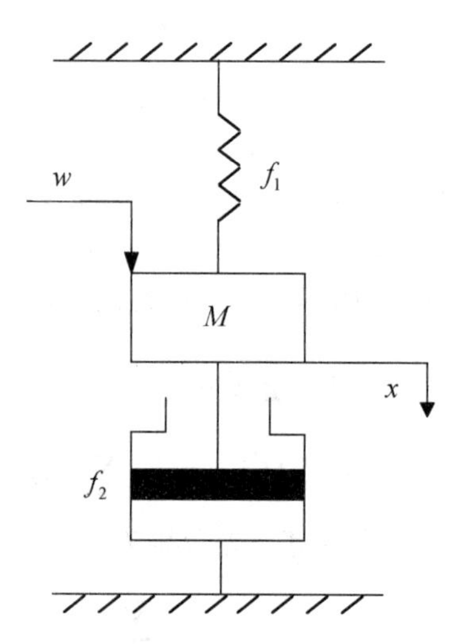

图 9.4 弹簧 - 质量 - 阻尼系统

取 $f_1=2, f_2=3, M=1$,采样周期 $T_0=0.1$ s,借助于离散化方法,并考虑到随机参数的扰动和观测丢失现象,由式(9.342)给出的连续时间系统模型可被转换成如下离散时间状态空间模型

$$x(t+1)=\begin{bmatrix}0.990\,9+\xi_1(t) & 0.086\,1\\ -0.172\,2 & 0.732\,6+\xi_2(t)\end{bmatrix}x(t)+\begin{bmatrix}0.104\,2+\eta_1(t)\\ 0.077\,1+\eta_2(t)\end{bmatrix}w(t) \tag{9.343}$$

$$y_i(t)=\gamma_i(t)H_i x(t)+v_i(t),i=1,\cdots,L \tag{9.344}$$

其中 t 是离散时间,$x(t)\in R^2$ 是被估状态,且 $x(t)=[x_1(t),x_2(t)]^{\mathrm{T}}$,$x_1(t)$ 和 $x_2(t)$ 分别为在采样时刻 tT_0 处质量块的位置和速度,$y_i(t)\in R^1$ 是传感器观测,$w(t)\in R^1$ 是过程噪声,$v_i(t)\in R^1$ 是观测噪声,$\xi_k(t)\in R^1$ 和 $\eta_k(t)\in R^1(k=1,2)$ 是随机参数扰动。$w(t)$,$v_i(t)$,$\xi_k(t)$ 和 $\eta_k(t)$ 分别是带零均值的互不相关白噪声,且它们的不确定实际方差满足式(9.5)和式(9.6),$\gamma_i(t)$ 是互不相关的伯努利白噪声,且满足式(9.3)和式(9.4)。目的是设计状态 $x(t)$ 的鲁棒集中式和加权观测融合时变 Kalman 预报器。

由式(9.343)给出的状态方程可被重写为如下形式

$$x(t+1)=\left(\begin{bmatrix}0.990\,9 & 0.086\,1\\ -0.172\,2 & 0.732\,6\end{bmatrix}+\begin{bmatrix}\xi_1(t) & 0\\ 0 & 0\end{bmatrix}+\begin{bmatrix}0 & 0\\ 0 & \xi_2(t)\end{bmatrix}\right)x(t)+$$

$$\left(\begin{bmatrix}0.104\,2\\ 0.077\,1\end{bmatrix}+\begin{bmatrix}\eta_1(t)\\ 0\end{bmatrix}+\begin{bmatrix}0\\ \eta_2(t)\end{bmatrix}\right)w(t) \tag{9.345}$$

而式(9.345)又可被重写为带状态相依和噪声相依乘性噪声的如下形式

$$x(t+1)=(\Phi+\sum_{k=1}^{2}\xi_k(t)\Phi_k)x(t)+(\Gamma+\sum_{k=1}^{2}\eta_k(t)\Gamma_k)w(t) \tag{9.346}$$

$$\Phi=\begin{bmatrix}0.990\,9 & 0.086\,1\\ -0.172\,2 & 0.732\,6\end{bmatrix},\Phi_1=\begin{bmatrix}1 & 0\\ 0 & 0\end{bmatrix},\Phi_2=\begin{bmatrix}0 & 0\\ 0 & 1\end{bmatrix}$$

$$\Gamma=\begin{bmatrix}0.104\,2\\ 0.077\,1\end{bmatrix},\Gamma_1=\begin{bmatrix}1\\ 0\end{bmatrix},\Gamma_2=\begin{bmatrix}0\\ 1\end{bmatrix} \tag{9.347}$$

因此,由式(9.342)给出的弹簧-质量-阻尼系统被转换为由式(9.346)和式(9.344)所描述的带状态相依和噪声相依乘性噪声以及丢失观测的不确定系统,显然它可被视为原始系统(9.1)和(9.2)的一种特殊情形($q=2$),而由9.2节中的推导容易得到系统(9.346)和(9.344)的鲁棒局部和融合时变 Kalman 预报器。

在如下仿真实验中,假设系统被三个传感器观测,即 $L=3$,且取 $H_1=H_2=H_3=[1,0]$,$\lambda_1=0.9$,$\lambda_2=0.8$,$\lambda_3=0.85$,$\bar{Q}=8$,$Q=8.5$,$\bar{R}_1=5$,$R_1=5.6$,$\bar{R}_2=2$,$R_2=2.4$,$\bar{R}_3=7.5$,$R_3=8$,$\bar{\sigma}_{\xi_1}^2=0.005$,$\sigma_{\xi_1}^2=0.007$,$\bar{\sigma}_{\xi_2}^2=0.004$,$\sigma_{\xi_2}^2=0.006$,$\bar{\sigma}_{\eta_1}^2=0.002$,$\sigma_{\eta_1}^2=0.005$,$\bar{\sigma}_{\eta_2}^2=0.004$,$\sigma_{\eta_2}^2=0.007$,$N$ 为预报步数。

表9.3给出了鲁棒局部和融合稳态预报器的实际和保守预报误差方差阵的迹值,这验证了由式(9.99)—(9.102)给出的稳态精度关系。

表9.3 鲁棒局部和融合稳态预报器的实际和保守方差阵的迹的比较($N=1,2$)

$\mathrm{tr}\Sigma_1(2)$	$\mathrm{tr}\Sigma_2(2)$	$\mathrm{tr}\Sigma_3(2)$	$\mathrm{tr}\Sigma^{(j)}(2)$	$\mathrm{tr}\Sigma_1(1)$	$\mathrm{tr}\Sigma_2(1)$	$\mathrm{tr}\Sigma_3(1)$	$\mathrm{tr}\Sigma^{(j)}(1)$
1.443 6	1.254 0	1.628 3	1.046 8	1.325 7	1.122 7	1.525 3	0.903 3
$\mathrm{tr}\bar{\Sigma}_1(2)$	$\mathrm{tr}\bar{\Sigma}_2(2)$	$\mathrm{tr}\bar{\Sigma}_3(2)$	$\mathrm{tr}\bar{\Sigma}^{(j)}(2)$	$\mathrm{tr}\bar{\Sigma}_1(1)$	$\mathrm{tr}\bar{\Sigma}_2(1)$	$\mathrm{tr}\bar{\Sigma}_3(1)$	$\mathrm{tr}\bar{\Sigma}^{(j)}(1)$
1.131 5	0.958 6	1.294 5	0.805 3	1.044 8	0.859 7	1.221 1	0.697 4

图9.5和图9.6给出了状态 $x(t)$ 的实际和保守局部与融合时变预报误差方差阵的迹值,这验证了由式(9.65)—(9.68)给出的精度关系。此外,可看到鲁棒局部和融合时变预报误差方差阵的迹值收敛于由表9.3给出的相应的稳态预报误差方差阵的迹值,这验证了由式(9.94)和式(9.95)以及注9.5给出的收敛性。

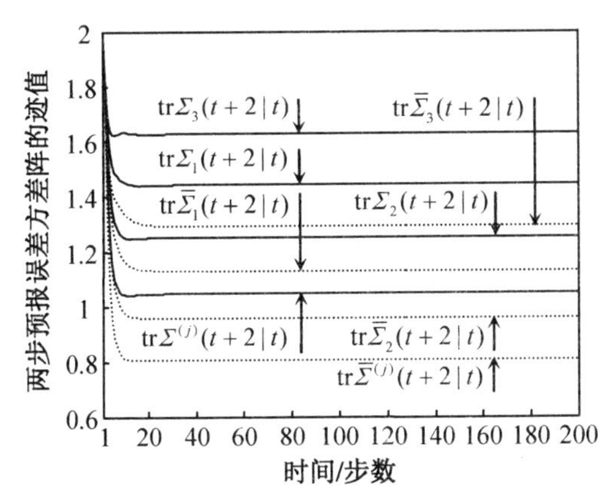

图9.5 鲁棒局部和融合两步预报器的实际和保守时变预报误差方差阵的迹值

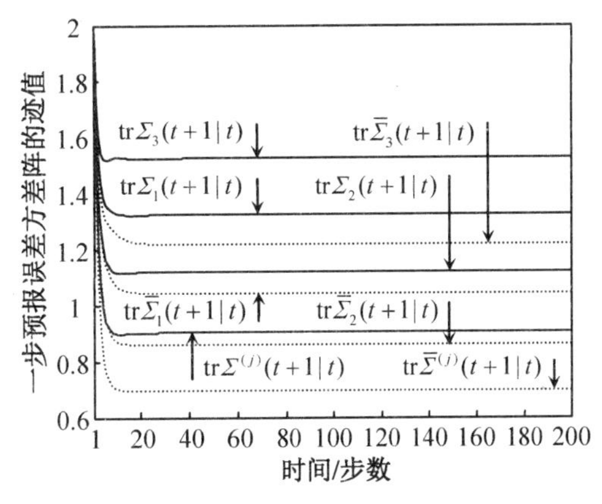

图9.6 鲁棒局部和融合一步预报器的实际和保守时变预报误差方差阵的迹值

为了说明鲁棒融合预报器 $\hat{x}^{(j)}(t+1|t)$ 的鲁棒性，任取三组不同的满足式(9.6)的实际噪声方差 $((\bar{\sigma}_w^2)^{(h)}, (\bar{\sigma}_{v_1}^2)^{(h)}, (\bar{\sigma}_{v_2}^2)^{(h)}, (\bar{\sigma}_{v_3}^2)^{(h)}, (\bar{\sigma}_{\xi_1}^2)^{(h)}, (\bar{\sigma}_{\xi_2}^2)^{(h)}, (\bar{\sigma}_{\eta_1}^2)^{(h)}, (\bar{\sigma}_{\eta_2}^2)^{(h)})$，$h=1,2,3$，且取

$$
\begin{aligned}
&(1)\ (\bar{\sigma}_w^2)^{(1)}=1.7,(\bar{\sigma}_{v_1}^2)^{(1)}=1.12,(\bar{\sigma}_{v_2}^2)^{(1)}=0.48,(\bar{\sigma}_{v_3}^2)^{(1)}=1.6\\
&\quad\ (\bar{\sigma}_{\xi_1}^2)^{(1)}=0.0014,(\bar{\sigma}_{\xi_2}^2)^{(1)}=0.0012,(\bar{\sigma}_{\eta_1}^2)^{(1)}=0.001,(\bar{\sigma}_{\eta_2}^2)^{(1)}=0.0014\\
&(2)\ (\bar{\sigma}_w^2)^{(2)}=4.25,(\bar{\sigma}_{v_1}^2)^{(2)}=2.8,(\bar{\sigma}_{v_2}^2)^{(2)}=1.2,(\bar{\sigma}_{v_3}^2)^{(2)}=4\\
&\quad\ (\bar{\sigma}_{\xi_1}^2)^{(2)}=0.0035,(\bar{\sigma}_{\xi_2}^2)^{(2)}=0.003,(\bar{\sigma}_{\eta_1}^2)^{(2)}=0.0025,(\bar{\sigma}_{\eta_2}^2)^{(2)}=0.0035\\
&(3)\ (\bar{\sigma}_w^2)^{(3)}=5.95,(\bar{\sigma}_{v_1}^2)^{(3)}=3.92,(\bar{\sigma}_{v_2}^2)^{(3)}=1.68,(\bar{\sigma}_{v_3}^2)^{(3)}=5.6\\
&\quad\ (\bar{\sigma}_{\xi_1}^2)^{(3)}=0.0049,(\bar{\sigma}_{\xi_2}^2)^{(3)}=0.0042,(\bar{\sigma}_{\eta_1}^2)^{(3)}=0.0035,(\bar{\sigma}_{\eta_2}^2)^{(3)}=0.0049
\end{aligned}
\tag{9.348}
$$

容易得到相应的鲁棒融合预报器 $\hat{x}^{(j)(h)}(t+1|t)$，$j=c,M$，$h=1,2,3$，以及它的两个分量的 ±3 实际和鲁棒标准差 $\pm3\bar{\sigma}_k^{(j)(h)}(t+1|t)$ 和 $\pm3\sigma_k^{(j)}(t+1|t)$，$k=1,2$。图9.7和图9.8给出了仿真结果，其中 ±3 实际和鲁棒标准差界分别用虚线和短划线来表示，而每个分量的实际融合预报误差曲线则用实线来表示。仿真结果表明，对每一个融合误差曲线，超过99%的融合预报误差值位于 $-3\bar{\sigma}_k^{(j)(h)}(t+1|t)$ 和 $+3\bar{\sigma}_k^{(j)(h)}(t+1|t)$ 之间，同时也位于 $-3\sigma_k^{(j)}(t+1|t)$ 和 $+3\sigma_k^{(j)}(t+1|t)$ 之间。由注8.6可知，这验证了鲁棒融合预报器 $\hat{x}^{(j)}(t+1|t)(j=c,M)$ 的两个分量的鲁棒性，以及实际标准差 $\bar{\sigma}_k^{(j)(h)}(t+1|t)$ 的正确性。

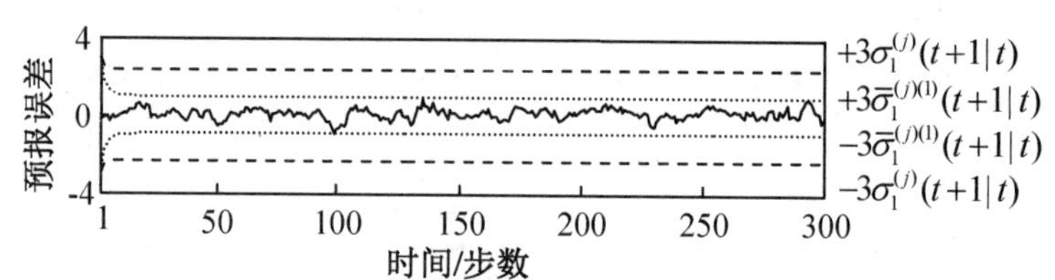

(a) 第一个分量 $x_1(t)$ 的第一组实际预报误差曲线以及相应的 $\pm3\bar{\sigma}_1^{(j)(1)}(t+1|t)$ 和 $\pm3\sigma_1^{(j)}(t+1|t)$ 界

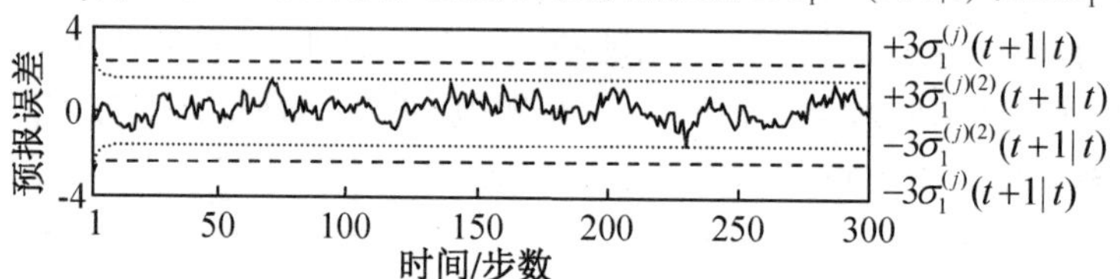

(b) 第一个分量 $x_1(t)$ 的第二组实际预报误差曲线以及相应的 $\pm3\bar{\sigma}_1^{(j)(2)}(t+1|t)$ 和 $\pm3\sigma_1^{(j)}(t+1|t)$ 界

(c) 第一个分量 $x_1(t)$ 的第三组实际预报误差曲线以及相应的 $\pm3\bar{\sigma}_1^{(j)(3)}(t+1|t)$ 和 $\pm3\sigma_1^{(j)}(t+1|t)$ 界

—— 实际融合预报误差 ········ $\pm3\bar{\sigma}_1^{(j)(h)}(t+1|t)$ 界 - - - - $\pm3\sigma_1^{(j)}(t+1|t)$ 界

图9.7 第一个分量 $x_1(t)$ 的实际融合一步预报误差曲线以及 $\pm3\bar{\sigma}_1^{(j)(h)}(t+1|t)$ 和 $\pm3\sigma_1^{(j)}(t+1|t)$ 界曲线

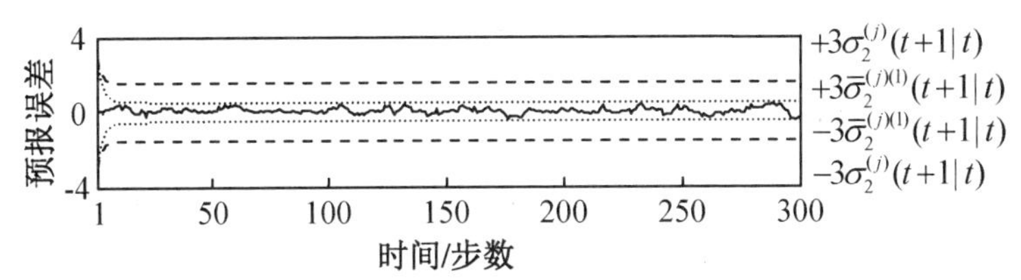

(a) 第二个分量 $x_2(t)$ 的第一组实际预报误差曲线以及相应的 $\pm 3\bar{\sigma}_2^{(j)(1)}(t+1|t)$ 和 $\pm 3\sigma_2^{(j)}(t+1|t)$ 界

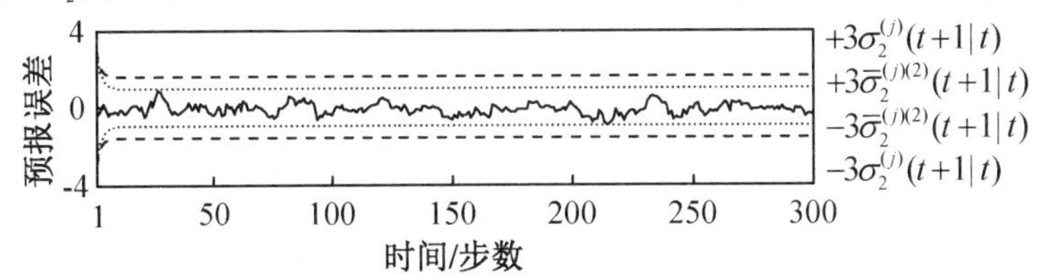

(b) 第二个分量 $x_2(t)$ 的第二组实际预报误差曲线以及相应的 $\pm 3\bar{\sigma}_2^{(j)(2)}(t+1|t)$ 和 $\pm 3\sigma_2^{(j)}(t+1|t)$ 界

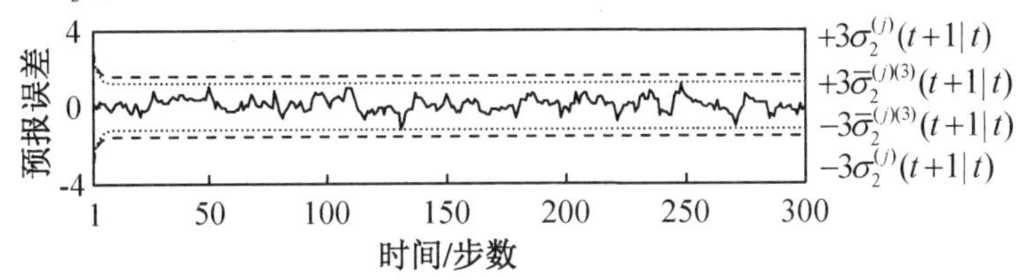

(c) 第二个分量 $x_2(t)$ 的第三组实际预报误差曲线以及相应的 $\pm 3\bar{\sigma}_2^{(j)(3)}(t+1|t)$ 和 $\pm 3\sigma_2^{(j)}(t+1|t)$ 界

—— 实际融合预报误差 ……… $\pm 3\bar{\sigma}_2^{(j)(h)}(t+1|t)$ 界 - - - - $\pm 3\sigma_2^{(j)}(t+1|t)$ 界

图 9.8　第二个分量 $x_2(t)$ 的实际融合一步预报误差曲线以及 $\pm 3\bar{\sigma}_2^{(j)(h)}(t+1|t)$ 和 $\pm 3\sigma_2^{(j)}(t+1|t)$ 界曲线

为了说明随机参数 $\xi_k(t)$ 和 $\eta_k(t)(k=1,2)$ 对鲁棒融合稳态预报器 $\hat{x}_s^{(j)}(t+1|t)$ 的鲁棒精度的影响，令$[\sigma_{\xi_1}^2,\sigma_{\xi_2}^2]=\delta_1[1,1]$，$[\sigma_{\eta_1}^2,\sigma_{\eta_2}^2]=\delta_2[1,1]$，且 δ_1 和 δ_2 分别按照步长 0.001 从 0.001 增加到 0.01，相应地，$\sigma_{\xi_1}^2$ 和 $\sigma_{\xi_2}^2$ 分别从 0.001 增加到 0.01，$\sigma_{\eta_1}^2$ 和 $\sigma_{\eta_2}^2$ 也分别从 0.001 增加到 0.01。图 9.9 给出了稳态鲁棒精度 $\mathrm{tr}\boldsymbol{\Sigma}^{(j)}(1)$ 随着 δ_1 和 δ_2 的变化情况，可看到，当 δ_1 和 δ_2 增加时，$\mathrm{tr}\boldsymbol{\Sigma}^{(j)}(1)$ 的值也增加，即融合稳态预报器 $\hat{x}_s^{(j)}(t+1|t)$ 的鲁棒精度降低。

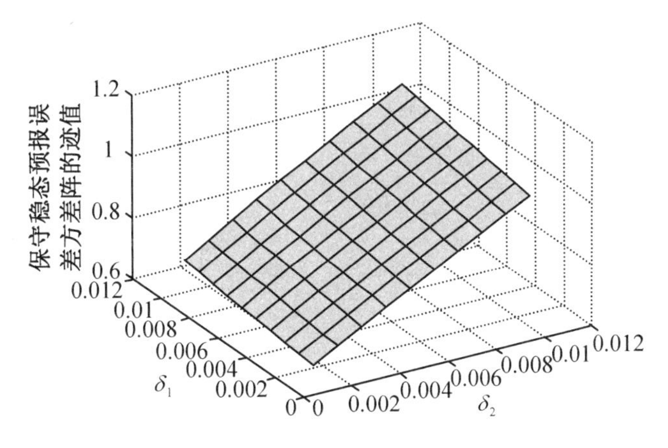

图 9.9　$\mathrm{tr}\boldsymbol{\Sigma}^{(j)}(1)$ 随着 δ_1 和 δ_2 的变化情况

为了说明保守和实际融合稳态一步预报误差方差阵的迹 $\mathrm{tr}\boldsymbol{\Sigma}^{(j)}(1)$ 和 $\mathrm{tr}\bar{\boldsymbol{\Sigma}}^{(j)}(1)$ 是如何随着丢失观测率来变化的，定义丢失观测率为 $\beta_i = 1 - \lambda_i, i = 1,2,3$，这里 λ_i 由式(9.3)给出，这意味着 β_i 是丢失观测的概率。取 $[\beta_2, \beta_3] = \alpha_1[1,1]$ 且令 α_1 按照步长 0.1 从 0 增加到 1，同时令 β_1 也按照步长 0.1 从 0 增加到 1。图 9.10 和图 9.11 分别给出了 $\mathrm{tr}\boldsymbol{\Sigma}^{(j)}(1)$ 和 $\mathrm{tr}\bar{\boldsymbol{\Sigma}}^{(j)}(1)$ 随着 α_1 和 β_1 的变化情况，可看到当丢失观测率增加时 $\mathrm{tr}\boldsymbol{\Sigma}^{(j)}(1)$ 和 $\mathrm{tr}\bar{\boldsymbol{\Sigma}}^{(j)}(1)$ 的值也增加，即当丢失观测率增加时，相应的鲁棒和实际精度降低。

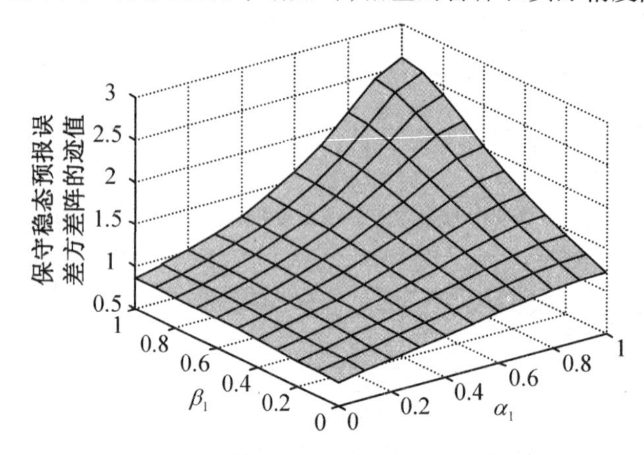

图 9.10 $\mathrm{tr}\boldsymbol{\Sigma}^{(j)}(1)$ 随着 α_1 和 β_1 的变化情况

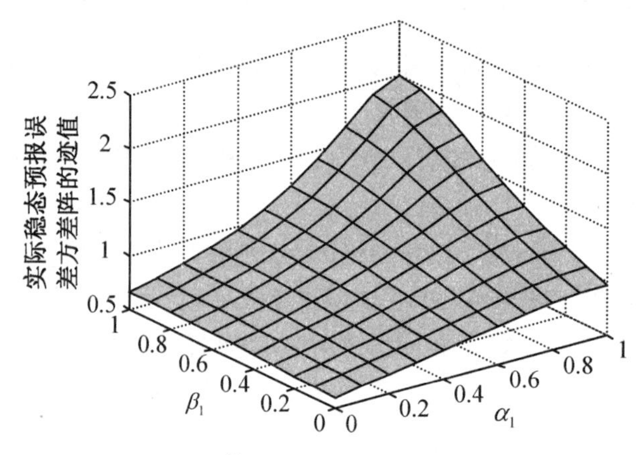

图 9.11 $\mathrm{tr}\bar{\boldsymbol{\Sigma}}^{(j)}(1)$ 随着 α_1 和 β_1 的变化情况

例 9.2 考虑带随机参数、丢失观测和不确定噪声方差的三传感器不间断电力系统(UPS)[21,22]，相应的离散时间模型如下

$$x(t+1) = \begin{bmatrix} 0.9226 + \xi_1(t) & -0.633 + \xi_2(t) & 0 \\ 1 & 0 & 0 \\ 0 & 1 & 0 \end{bmatrix} x(t) + \begin{bmatrix} 0.5 + \eta_1(t) \\ 0 \\ 0.2 + \eta_2(t) \end{bmatrix} w(t) \tag{9.349}$$

$$y_i(t) = \gamma_i(t)[23.737, 20.287, 0]x(t) + v_i(t), i = 1,2,3 \tag{9.350}$$

其中 $x(t) = [x_1(t), x_2(t), x_3(t)]^{\mathrm{T}}$ 是被估状态，$y_i(t) \in R^1$ 是传感器观测，$w(t) \in R^1$ 是过程噪声，$v_i(t) \in R^1$ 是观测噪声，$\xi_k(t) \in R^1$ 和 $\eta_k(t) \in R^1 (k = 1,2)$ 是随机参数扰动。$w(t), v_i(t), \xi_k(t)$ 和 $\eta_k(t)$ 分别是带零均值的互不相关白噪声，且它们的实际和保守方差

满足式(9.5)和式(9.6)，$\gamma_i(t)$ 是满足式(9.3)和式(9.3)的伯努利白噪声。

由式(9.349)给出的状态方程可被重写为如下形式

$$x(t+1)=\left(\begin{bmatrix}0.9226 & -0.633 & 0\\ 1 & 0 & 0\\ 0 & 1 & 0\end{bmatrix}+\begin{bmatrix}\xi_1(t) & 0 & 0\\ 0 & 0 & 0\\ 0 & 0 & 0\end{bmatrix}+\begin{bmatrix}0 & \xi_2(t) & 0\\ 0 & 0 & 0\\ 0 & 0 & 0\end{bmatrix}\right)x(t)+$$

$$\left(\begin{bmatrix}0.5\\ 0\\ 0.2\end{bmatrix}+\begin{bmatrix}\eta_1(t)\\ 0\\ 0\end{bmatrix}+\begin{bmatrix}0\\ 0\\ \eta_2(t)\end{bmatrix}\right)w(t) \tag{9.351}$$

而式(9.351)又可被重写为带状态相依和噪声相依乘性噪声的形式

$$x(t+1)=(\Phi+\sum_{k=1}^{2}\xi_k(t)\Phi_k)x(t)+(\Gamma+\sum_{k=1}^{2}\eta_k(t)\Gamma_k)w(t) \tag{9.352}$$

其中

$$\Phi=\begin{bmatrix}0.9226 & -0.633 & 0\\ 1 & 0 & 0\\ 0 & 1 & 0\end{bmatrix},\Phi_1=\begin{bmatrix}1 & 0 & 0\\ 0 & 0 & 0\\ 0 & 0 & 0\end{bmatrix},\Phi_2=\begin{bmatrix}0 & 1 & 0\\ 0 & 0 & 0\\ 0 & 0 & 0\end{bmatrix}$$

$$\Gamma=\begin{bmatrix}0.5\\ 0\\ 0.2\end{bmatrix},\Gamma_1=\begin{bmatrix}1\\ 0\\ 0\end{bmatrix},\Gamma_2=\begin{bmatrix}0\\ 0\\ 1\end{bmatrix} \tag{9.353}$$

类似地，观测方程(9.350)可被重写为如下形式

$$y_i(t)=\gamma_i(t)H_ix(t)+v_i(t),i=1,2,3 \tag{9.354}$$

其中

$$H_1=H_2=H_3=[23.737,20.287,0] \tag{9.355}$$

因此，由式(9.349)和式(9.350)给出的不间断电力系统被转换为由式(9.352)和式(9.354)给出的带状态相依和噪声相依乘性噪声以及丢失观测的不确定系统，显然它也可被视为原始系统(9.1)和(9.2)的一种特殊情形($q=2$)，而由9.2节中的推导容易得到系统(9.352)和(9.354)的鲁棒局部和融合时变 Kalman 预报器。

在如下仿真实验中，取 $\lambda_1=0.5,\lambda_2=0.2,\lambda_3=0.35,\bar{Q}=2.2,Q=2.5,\bar{R}_1=1.8,R_1=3,\bar{R}_2=0.4,R_2=0.8,\bar{R}_3=1.2,R_3=1.8,\bar{\sigma}_{\xi_1}^2=0.05,\sigma_{\xi_1}^2=0.07,\bar{\sigma}_{\xi_2}^2=0.04,\sigma_{\xi_2}^2=0.06,\bar{\sigma}_{\eta_1}^2=0.02,\sigma_{\eta_1}^2=0.05,\bar{\sigma}_{\eta_2}^2=0.04,\sigma_{\eta_2}^2=0.07$。

图9.12中给出了状态 $x(t)$ 的三个分量 $x_1(t),x_2(t)$ 和 $x_3(t)$ 以及它们的鲁棒融合时变 Kalman 预报器 $\hat{x}_i^{(j)}(t+1\mid t)(i=1,2,3,j=c,M)$ 的跟踪效果，可看到，鲁棒分量预报器具有良好的跟踪性能。

为了验证鲁棒融合时变 Kalman 一步预报器的理论计算的实际方差的正确性，取 $\rho=3\ 000$ 次蒙特卡洛仿真次数，根据在时刻 t 时的采样方差的一致性，当 $\rho\to\infty$ 时，有均方误差(MSE)按概率收敛于相应的实际预报误差方差阵的迹值。

图9.13中给出了鲁棒局部和融合时变 Kalman 一步预报器的 MSE 曲线，其中直线表示实际融合预报误差方差阵的迹值，曲线表示相应的 MSE 值。符号 $\mathrm{MSE}_i(t)$ 和 $\mathrm{MSE}^{(j)}(t)$ 分别表示鲁棒局部和融合时变 Kalman 一步预报器的 MSE 曲线。我们可看到，当 ρ 充分大时($\rho=3\ 000$)，MSE 值接近于相应的实际预报误差方差阵的迹值，这验证了采样方差的一致性。

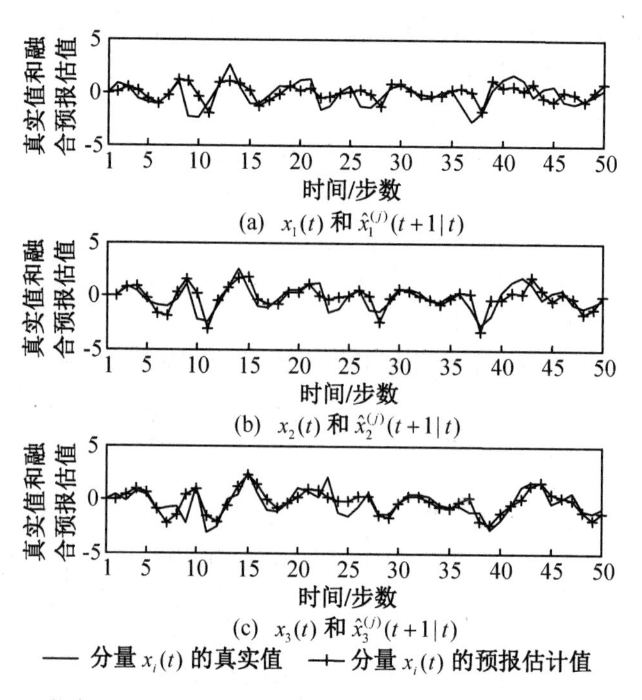

图 9.12　状态 $x(t)$ 的三个分量 $x_1(t)$，$x_2(t)$ 和 $x_3(t)$ 以及它们的鲁棒融合时变 Kalman 预报估计 $\hat{x}_i^{(j)}(t+1|t)(i=1,2,3,j=c,M)$

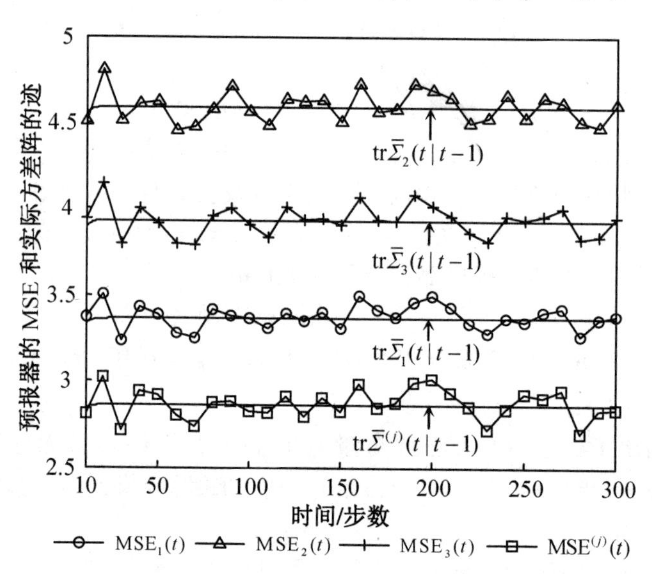

图 9.13　鲁棒局部和融合时变 Kalman 一步预报器的 MSE 曲线

例 9.3　为了说明 9.3 节中所提出结果的正确性、有效性和可应用性，考虑如图 9.14 所示的连续搅拌釜式反应器(Continuous Stirred Tank Reactor—CSTR)系统[23-25]。

其中工作环境被三个传感器监测，Φ_a 和 Φ_b 分别是析出物和所需的产品，C_{a0} 是析出物 Φ_a 的低浓度，C_b 是产品 Φ_b 的浓度，ϑ 是反应器的温度。

令 $x(t)=[x_1(t),x_2(t),x_3(t)]^{\mathrm{T}}$，其中 $x_1(t)$，$x_2(t)$ 和 $x_3(t)$ 分别表示析出物 Φ_a 的浓度，产品 Φ_b 的浓度以及在时刻 t 时反应器的温度。根据文献[24,25]可得上述连续搅拌

釜式反应器系统的线性常微分方程模型为

$$\dot{x}(t)=A_p x(t) \tag{9.356}$$

$$A_p=\begin{bmatrix}-0.9388 & 0 & 0.0459\\ 0.625 & -0.9388 & -0.0125\\ -0.9335 & 2.4449 & -0.8894\end{bmatrix} \tag{9.357}$$

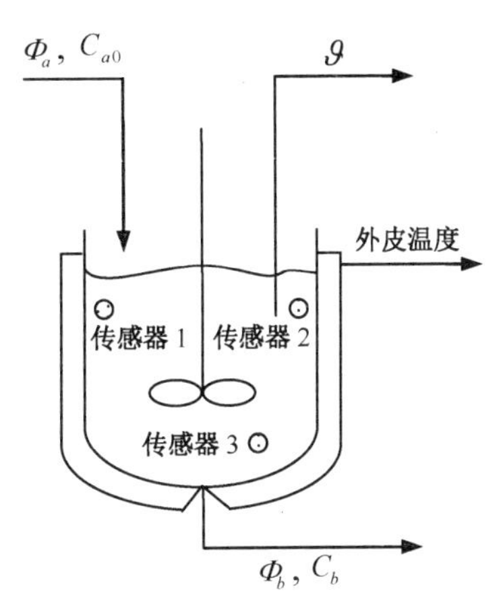

图 9.14　连续搅拌釜式反应器系统

取采样周期 $T_0=1$ s,借助于离散化方法,并考虑到随机参数的扰动和观测丢失现象,由式(9.356) 给出的连续时间系统模型可被转换成如下离散时间状态空间模型

$$x(t+1)=\begin{bmatrix}0.3872+\xi_1(t) & 0.0222 & 0.01823\\ 0.2444 & 0.3897 & 0.0007102\\ -0.6849 & 0.9711 & 0.4008+\xi_2(t)\end{bmatrix}x(t)+\begin{bmatrix}0.21\\ 0.51\\ -0.14\end{bmatrix}w(t) \tag{9.358}$$

$$y_i(t)=\gamma_i(t)H_i x(t)+D_i w(t),i=1,2,3 \tag{9.359}$$

其中 t 是离散时间,$y_i(t)\in R^2$ 是传感器观测,$w(t)\in R^1$ 是噪声,$\xi_k(t)\in R^1(k=1,2)$ 是随机参数扰动。$w(t)$ 和 $\xi_k(t)$ 是带零均值的互不相关白噪声,且它们的实际和保守方差满足式(9.106) 和式(9.107),$\gamma_i(t)$ 是互不相关的伯努利白噪声,且满足式(9.3) 和式(9.4)。目的是设计状态 $x(t)$ 的鲁棒集中式和加权观测融合时变 Kalman 估值器。

由式(9.358) 给出的状态方程可被重写为如下形式

$$x(t+1)=\begin{bmatrix}0.3872 & 0.0222 & 0.01823\\ 0.2444 & 0.3897 & 0.0007102\\ -0.6849 & 0.9711 & 0.4008\end{bmatrix}x(t)+\begin{bmatrix}\xi_1(t) & 0 & 0\\ 0 & 0 & 0\\ 0 & 0 & 0\end{bmatrix}x(t)+$$
$$\begin{bmatrix}0 & 0 & 0\\ 0 & 0 & 0\\ 0 & 0 & \xi_2(t)\end{bmatrix}x(t)+\begin{bmatrix}0.21\\ 0.51\\ -0.14\end{bmatrix}w(t) \tag{9.360}$$

而式(9.360) 又可被重写为带状态相依乘性噪声的形式

$$x(t+1)=(\Phi+\sum_{k=1}^{2}\xi_k(t)\Phi_k)x(t)+\Gamma w(t) \tag{9.361}$$

其中

$$\Phi=\begin{bmatrix}0.3872 & 0.0222 & 0.01823\\ 0.2444 & 0.3897 & 0.0007102\\ -0.6849 & 0.9711 & 0.4008\end{bmatrix},\Phi_1=\begin{bmatrix}1&0&0\\0&0&0\\0&0&0\end{bmatrix},\Phi_2=\begin{bmatrix}0&0&0\\0&0&0\\0&0&1\end{bmatrix}$$

$$\Gamma=[0.21,0.51,-0.14]^{\mathrm{T}} \tag{9.362}$$

因此,由式(9.356)给出的连续搅拌釜式反应器系统被转换为由式(9.361)和式(9.359)给出的带状态相依乘性噪声和丢失观测的不确定系统,显然它可被视为原始系统(9.103)—(9.105)的一种特殊情形($\eta_i(t)=0$ 且 $q=2$),而由9.3节中的推导容易得到系统(9.361)和(9.359)的鲁棒局部和融合时变 Kalman 估值器。

在如下仿真实验中,取 $H_1=\begin{bmatrix}1&0&0\\0&1&0\end{bmatrix}$,$H_2=\begin{bmatrix}0&1&0\\0&0&1\end{bmatrix}$,$H_3=\begin{bmatrix}0&0&1\\1&0&0\end{bmatrix}$,$D_1=[0.1,0.2]^{\mathrm{T}}$,$D_2=[0.2,0.2]^{\mathrm{T}}$,$D_3=[0.1,0.2]^{\mathrm{T}}$,$\lambda_1=0.6$,$\lambda_2=0.82$,$\lambda_3=0.65$,$\bar{Q}=6$,$Q=8$,$\sigma_{\xi_1}^2=0.05$,$\sigma_{\xi_2}^2=0.04$。因此有 $n=3$,$q=2$,$r=1$,$m_1=2$,$m_2=2$,$m_3=2$,$L=3$,$m_0=6$,$m=3$。

表9.4给出了稳态鲁棒和实际精度的比较,这验证了由式(9.222)—(9.225)、式(9.238)和式(9.239)给出的稳态精度关系。

表9.4　鲁棒估值器的稳态鲁棒和实际精度的比较

$\mathrm{tr}\Sigma_1$	$\mathrm{tr}\Sigma_2$	$\mathrm{tr}\Sigma_3$	$\mathrm{tr}\Sigma^{(j)}$	$\mathrm{tr}P_1(0)$	$\mathrm{tr}P_2(0)$	$\mathrm{tr}P_3(0)$	$\mathrm{tr}P^{(j)}(0)$	$\mathrm{tr}P_{\mathrm{WLS}}$
2.1249	1.6358	1.1376	0.7442	1.6492	0.6842	0.9010	0.3994	1.6883
$\mathrm{tr}\bar{\Sigma}_1$	$\mathrm{tr}\bar{\Sigma}_2$	$\mathrm{tr}\bar{\Sigma}_3$	$\mathrm{tr}\bar{\Sigma}^{(j)}$	$\mathrm{tr}\bar{P}_1(0)$	$\mathrm{tr}\bar{P}_2(0)$	$\mathrm{tr}\bar{P}_3(0)$	$\mathrm{tr}\bar{P}^{(j)}(0)$	$\mathrm{tr}\bar{P}_{\mathrm{WLS}}$
1.5937	1.2269	0.8532	0.5581	1.2369	0.5132	0.6758	0.2995	1.2662
$\mathrm{tr}P_1(2)$	$\mathrm{tr}P_2(2)$	$\mathrm{tr}P_3(2)$	$\mathrm{tr}P^{(j)}(2)$	$\mathrm{tr}\bar{P}_1(2)$	$\mathrm{tr}\bar{P}_2(2)$	$\mathrm{tr}\bar{P}_3(2)$	$\mathrm{tr}\bar{P}^{(j)}(2)$	
1.6349	0.5409	0.7855	0.3319	1.2262	0.4057	0.5891	0.2489	

图9.15给出了保守和实际融合时变预报误差方差阵的迹值,这验证了由式(9.181)—(9.183)给出的时变精度关系,同样也验证了由式(9.176)给出的时变等价性关系。此外,可看到时变预报误差方差阵的迹值收敛于由表9.4给出的相应的稳态值,这验证了由式(9.198)和式(9.199)给出的收敛性关系。

图9.16中给出了状态 $x(t)$ 的三个分量以及它们的鲁棒融合时变滤波估计 $\hat{x}_i^{(j)}(t\mid t)(i=1,2,3,j=c,M)$,可看到,鲁棒融合时变分量滤波器具有良好的跟踪性能。

为了验证鲁棒局部和融合时变 Kalman 估值器的理论计算的实际方差的正确性,取 $\rho=3\,000$ 次蒙特卡洛仿真次数,图9.17给出了鲁棒局部和融合时变估值器的 MSE 曲线,其中直线表示实际估计误差方差阵的迹值,曲线表示相应的 MSE 值,符号$\mathrm{MSE}_i(t)(i=1,2,3)$分别表示鲁棒局部时变预报器的 MSE 值,$\mathrm{MSE}_p^{(j)}(t)$,$\mathrm{MSE}_f^{(j)}(t)$ 和$\mathrm{MSE}_s^{(j)}(t)$ 分别表示鲁棒融合时变预报器、滤波器和两步平滑器的 MSE 值。我们可看到,当ρ充分大时($\rho=3\,000$),MSE 值接近于实际估计误差方差阵的迹值,这验证了采样方差的一致性。

为了说明鲁棒融合两步平滑器 $\hat{x}^{(j)}(t\mid t+2)$ 的鲁棒性,任取三组不同的满足式(9.107)的实际噪声方差 $\bar{Q}^{(h)}$,$h=1,2,3$,且取

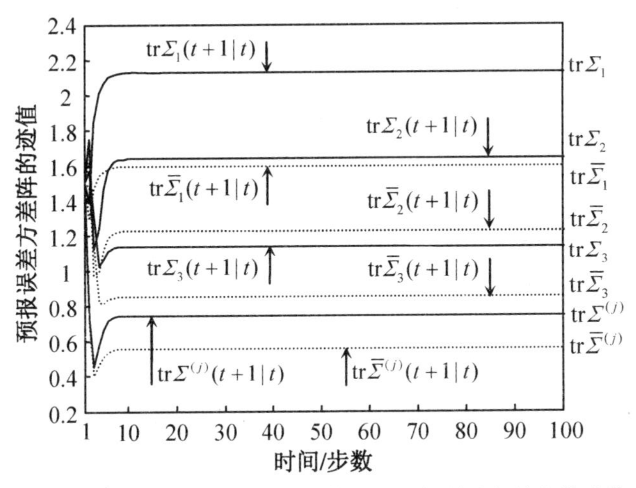

图 9.15　保守和实际局部与融合时变预报误差方差阵的迹值

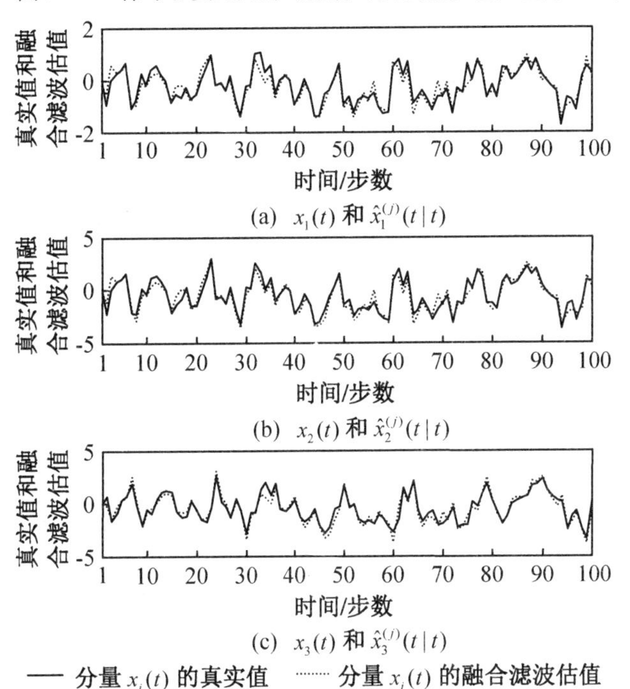

图 9.16　状态 $x(t)$ 的三个分量以及它们的鲁棒融合时变滤波估计 $\hat{x}_i^{(j)}(t|t)(i=1,2,3,j=c,M)$

$$\bar{Q}^{(1)}=1.6,\bar{Q}^{(2)}=4,\bar{Q}^{(3)}=6.4 \tag{9.363}$$

容易得到相应的鲁棒融合平滑器 $\hat{x}^{(j)(h)}(t|t+2)$，$j=c,M,h=1,2,3$，以及它的三个分量的 ±3 实际和鲁棒标准差 $\pm3\bar{\sigma}_k^{(j)(h)}(t|t+2)$ 和 $\pm3\sigma_k^{(j)}(t|t+2)$，$k=1,2,3$。

图 9.18 给出了第二个分量的仿真结果，其中 ±3 实际标准差界用虚线表示，±3 鲁棒标准差界用短划线来表示，而第二个分量的实际融合两步平滑误差曲线则用实线来表示。从图 9.18 可看出，对每一个融合平滑误差曲线，有超过 99% 的融合平滑误差值位于 $-3\bar{\sigma}_2^{(j)(h)}(t|t+2)$ 和 $+3\bar{\sigma}_2^{(j)(h)}(t|t+2)$ 之间，同时也位于 $-3\sigma_2^{(j)}(t|t+2)$ 和 $+3\sigma_2^{(j)}(t|t+2)$ 之间。由注 8.6 可知，这验证了鲁棒融合平滑器 $\hat{x}^{(j)}(t|t+2)(j=c,M)$ 的第二个分量的鲁棒性，以及实际标准差 $\bar{\sigma}_2^{(j)(h)}(t|t+2)$ 的正确性。

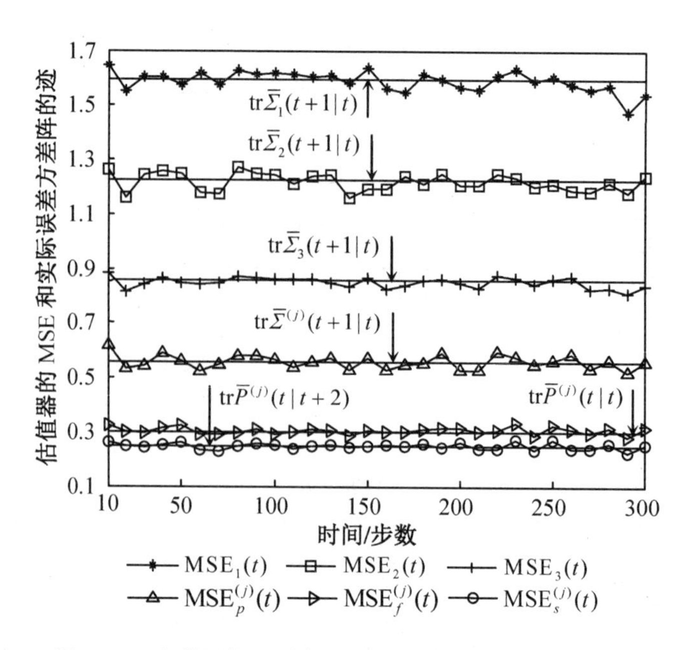

图 9. 17　鲁棒局部和融合时变 Kalman 估值器的 MSE 曲线

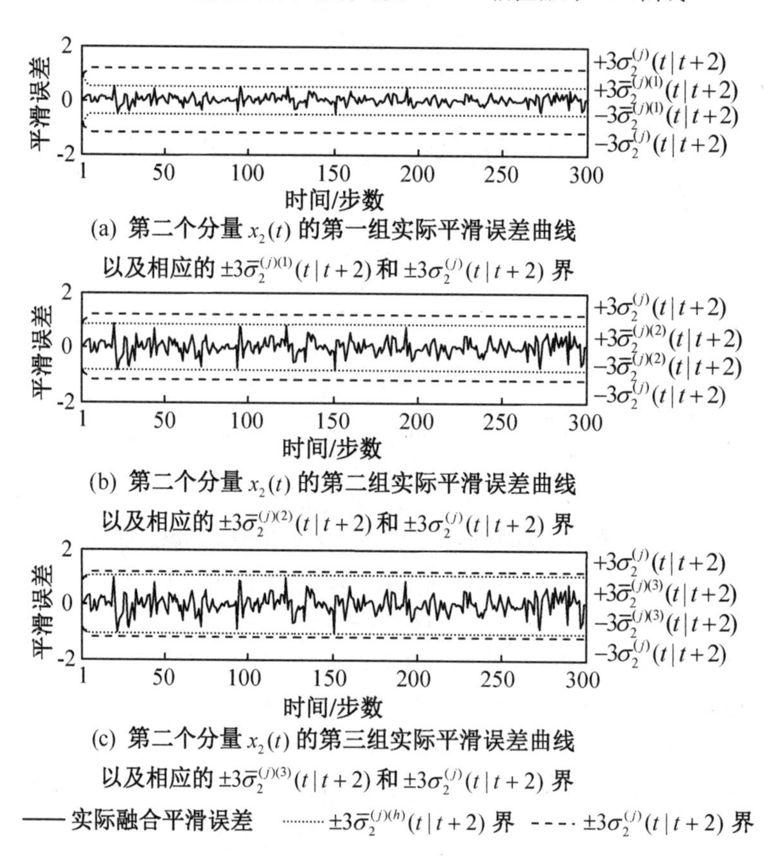

图 9. 18　第二个分量 $x_2(t)$ 的实际融合两步平滑误差曲线以及 $\pm 3\bar{\sigma}_2^{(j)(h)}(t|t+2)$ 和 $\pm 3\sigma_2^{(j)}(t|t+2)$ 界曲线

为了说明随机参数 $\xi_k(t)(k=1,2)$ 对鲁棒融合稳态预报器 $\hat{x}_s^{(j)}(t+1\mid t)$ 的鲁棒和实际精度的影响，令乘性噪声方差 $\sigma_{\xi_1}^2$ 和 $\sigma_{\xi_2}^2$ 分别按照步长 0.01 从 0.01 增加到 0.08。图 9.19 和图 9.20 分别给出了稳态鲁棒精度 $\mathrm{tr}\boldsymbol{\Sigma}^{(j)}$ 和实际精度 $\mathrm{tr}\bar{\boldsymbol{\Sigma}}^{(j)}$ 随着 $\sigma_{\xi_1}^2$ 和 $\sigma_{\xi_2}^2$ 的变化情况，可看到，当 $\sigma_{\xi_1}^2$ 和 $\sigma_{\xi_2}^2$ 增加时，$\mathrm{tr}\boldsymbol{\Sigma}^{(j)}$ 和 $\mathrm{tr}\bar{\boldsymbol{\Sigma}}^{(j)}$ 的值也增加，这意味着当乘性噪声方差增加时，融合稳态预报器 $\hat{x}_s^{(j)}(t+1\mid t)$ 的鲁棒和实际精度降低。

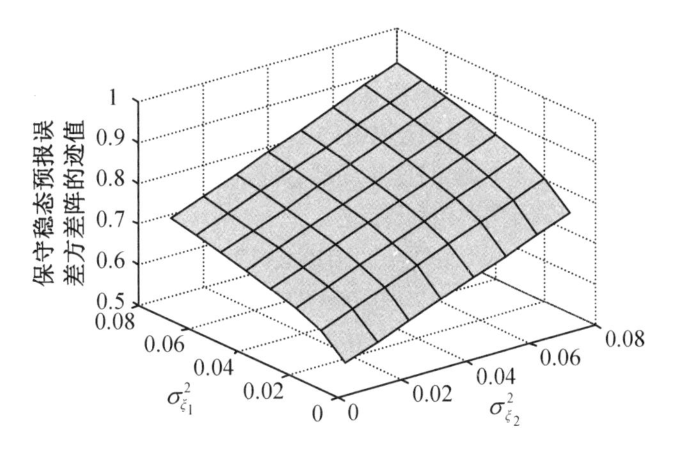

图 9.19　$\mathrm{tr}\boldsymbol{\Sigma}^{(j)}$ 随着 $\sigma_{\xi_1}^2$ 和 $\sigma_{\xi_2}^2$ 的变化情况

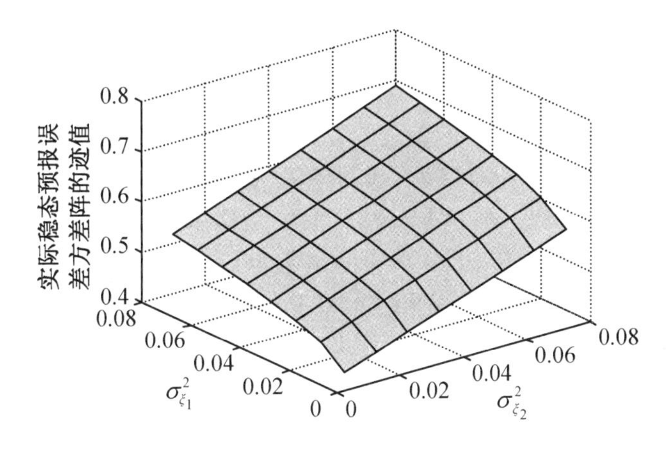

图 9.20　$\mathrm{tr}\bar{\boldsymbol{\Sigma}}^{(j)}$ 随着 $\sigma_{\xi_1}^2$ 和 $\sigma_{\xi_2}^2$ 的变化情况

例 9.4　为了说明 9.4 节中所提出的结果的正确性、有效性和可应用性，考虑由图 9.14 给出的连续搅拌釜式反应器系统[23-25]，其中工作环境被三个传感器监测。

令 $x(t)=[x_1(t),x_2(t),x_3(t)]^{\mathrm{T}}$，其中 $x_1(t)$，$x_2(t)$ 和 $x_3(t)$ 分别表示图 9.14 中给出的析出物 $\boldsymbol{\Phi}_a$ 的浓度、产品 $\boldsymbol{\Phi}_b$ 的浓度以及在时刻 t 时反应器的温度。根据文献[24,25]可得该连续搅拌釜式反应器系统的线性化状态空间模型满足式(9.356)和式(9.357)。

取采样周期 $T=1$ s，借助于离散化方法，并考虑到随机参数扰动、观测丢失和丢包现象，由式(9.356)给出的连续时间系统模型可被转换成如下离散时间状态空间模型

$$x(t+1)=\begin{bmatrix}0.3872+\beta_1(t) & 0.0222 & 0.01823\\ 0.2444 & 0.3897 & 0.0007102\\ -0.6849 & 0.9711 & 0.4008+\beta_2(t)\end{bmatrix}x(t)+\begin{bmatrix}0.21\\0.51\\-0.14\end{bmatrix}w(t) \tag{9.364}$$

$$z_i(t)=\gamma_i(t)H_ix(t)+D_iw(t),i=1,2,3 \tag{9.365}$$

$$y_i(t)=\xi_i(t)z_i(t)+(1-\xi_i(t))y_i(t-1),i=1,2,3 \tag{9.366}$$

其中 $w(t)\in R^1$ 是噪声,$\beta_k(t)\in R^1(k=1,2)$ 是标量随机参数扰动。$w(t)$ 和 $\beta_k(t)$ 是带零均值的互不相关白噪声,且它们的实际和保守方差满足式(9.246)和式(9.247),$\gamma_i(t)\in R^1$ 和 $\xi_i(t)\in R^1(i=1,2,3)$ 是取值为1或0的互不相关的标量伯努利白噪声,且满足假设9。目的是设计状态 $x(t)$ 的鲁棒局部、加权融合和集中式融合 Kalman 估值器。

状态方程(9.364)可被重写为如下形式

$$x(t+1)=\begin{bmatrix}0.3872 & 0.0222 & 0.01823\\ 0.2444 & 0.3897 & 0.0007102\\ -0.6849 & 0.9711 & 0.4008\end{bmatrix}x(t)+\begin{bmatrix}\beta_1(t) & 0 & 0\\ 0 & 0 & 0\\ 0 & 0 & 0\end{bmatrix}x(t)+$$

$$\begin{bmatrix}0 & 0 & 0\\ 0 & 0 & 0\\ 0 & 0 & \beta_2(t)\end{bmatrix}x(t)+\begin{bmatrix}0.21\\0.51\\-0.14\end{bmatrix}w(t) \tag{9.367}$$

而式(9.367)又可被重写为带状态相依乘性噪声的形式

$$x(t+1)=(\Phi+\sum_{k=1}^{2}\beta_k(t)\Phi_k)x(t)+\Gamma w(t) \tag{9.368}$$

$$\Phi=\begin{bmatrix}0.3872 & 0.0222 & 0.01823\\ 0.2444 & 0.3897 & 0.0007102\\ -0.6849 & 0.9711 & 0.4008\end{bmatrix},$$

$$\Phi_1=\begin{bmatrix}1 & 0 & 0\\ 0 & 0 & 0\\ 0 & 0 & 0\end{bmatrix},\Phi_2=\begin{bmatrix}0 & 0 & 0\\ 0 & 0 & 0\\ 0 & 0 & 1\end{bmatrix},\Gamma=\begin{bmatrix}0.21\\0.51\\-0.14\end{bmatrix} \tag{9.369}$$

因此,由式(9.356)给出的连续搅拌釜式反应器系统被转换为由式(9.368)、式(9.365)和式(9.366)给出的带状态相依乘性噪声、丢失观测和丢包的不确定系统,显然它可被视为原始系统(9.241)—(9.244)的一种特殊情形($\eta_i(t)=0,q=2,L=3$),而由9.4节中的推导容易得到系统(9.368)、(9.365)和(9.366)的鲁棒局部和融合 Kalman 估值器。

在如下仿真实验中,取 $H_1=\begin{bmatrix}1 & 0 & 0\\ 0 & 1 & 0\end{bmatrix}$,$H_2=\begin{bmatrix}0 & 1 & 0\\ 0 & 0 & 1\end{bmatrix}$,$H_3=\begin{bmatrix}0 & 0 & 1\\ 1 & 0 & 0\end{bmatrix}$,$D_1=[0.1,0.2]^{\mathrm{T}}$,$D_2=[0.1,0.1]^{\mathrm{T}}$,$D_3=[0.1,0]^{\mathrm{T}}$,$\lambda_1=0.4$,$\lambda_2=0.85$,$\lambda_3=0.85$,$\pi_1=0.65$,$\pi_2=0.63$,$\pi_3=0.9$,$\bar{Q}=7.6$,$Q=8.5$,$\bar{\sigma}_{\beta_1}^2=0.04$,$\sigma_{\beta_1}^2=0.05$,$\bar{\sigma}_{\beta_2}^2=0.03$,$\sigma_{\beta_2}^2=0.04$。

鲁棒局部和加权状态融合 Kalman 估值器和集中式融合器的仿真结果详见文献[36]。限于篇幅,从略。

9.6 本章小结

本章主要工作如下:

(1) 对于带状态和噪声相依乘性噪声、丢失观测以及不确定方差乘性和加性噪声的混合不确定多传感器系统,应用基于虚拟噪声和 Lyapunov 方程方法的极大极小鲁棒 Kalman 滤波方法,提出了鲁棒集中式和加权观测融合时变一步和多步 Kalman 预报器。应用 Lyapunov 方程方法证明了融合预报器的鲁棒性,基于不相关噪声系统的信息滤波器证明了集中式和加权观测融合时变预报器的数值等价性,并分析了它们的计算复杂性和按实现收敛性。

(2) 对于带乘性噪声、丢失观测和不确定方差线性相关加性白噪声的混合不确定多传感器系统,应用基于虚拟噪声和 Lyapunov 方程方法的极大极小鲁棒 Kalman 滤波方法,并应用所提出的基于鲁棒预报器设计鲁棒滤波器和平滑器的统一设计方法,提出了鲁棒集中式和加权观测融合时变 Kalman 估值器(预报器、滤波器和平滑器)。应用增广噪声方法和 Lyapunov 方程方法证明了它们的鲁棒性,给出了它们的计算流程图,基于相关噪声系统的信息滤波器证明了它们之间的数值等价性,并分析了它们的计算复杂性和按实现收敛性。提出了一种鲁棒时变和稳态加权最小二乘滤波器,并分析了它与鲁棒融合 Kalman 滤波器之间的精度关系。

(3) 对于带乘性噪声、丢失观测、丢包和不确定噪声方差的混合不确定多传感器网络化系统,应用增广方法和虚拟噪声方法,原始系统被转化为一个不仅带不确定噪声方差的多模型多传感器系统。根据极大极小鲁棒估计原理,基于带噪声方差保守上界的最坏情形系统,在统一框架下提出了鲁棒局部和集中式融合时变Kalman估值器(预报器、滤波器和平滑器)。应用按矩阵、按对角矩阵、按标量和按协方差交叉融合矩阵最优加权融合准则,在统一框架下提出了四种鲁棒加权状态融合时变 Kalman 估值器。

(4) 给出了四个仿真应用实例,涉及带随机参数、丢失观测、丢包和不确定噪声的弹簧 - 质量 - 阻尼系统,不间断电力系统和连续搅拌釜式反应器系统,仿真结果验证了所提出的方法和结果的正确性、有效性和可应用性。特别地,通过三维仿真图形说明了乘性噪声方差和丢失观测率对估值器精度的影响。

参考文献

[1] KALMAN R E. A New Approach to Linear Filtering and Prediction Problems[J]. Journal of Basic Engineering Transactions, 1960, 82(1): 34-45.

[2] ANDERSON B D O, MOORE J B. Optimal Filtering[M]. Englewood Cliffs, New Jersey: Prentice Hall, 1979.

[3] WANG F, BALAKRISHNAN V. Robust Steady-state Filtering for Systems with Deterministic and Stochastic Uncertainties[J]. IEEE Transactions on Signal Processing, 2003, 51(10): 2550-2558.

[4] LIU W. Optimal Filtering for Discrete-time Linear Systems with Time-correlated

Multiplicative Measurement Noises[J]. IEEE Transactions on Automatic Control, 2016, 61(7): 1972-1978.

[5] LIU W. Optimal Estimation for Discrete-time Linear Systems in the Presence of Multiplicative and Time-correlated Additive Measurement Noises[J]. IEEE Transactions on Signal Processing, 2015, 63(17): 4583-4593.

[6] FENG J X, WANG Z D, ZENG M. Distributed Weighted Robust Kalman Filter Fusion for Uncertain Systems with Autocorrelated and Cross-correlated Noises[J]. Information Fusion, 2013, 14(1): 78-86.

[7] KONING W L D. Optimal Estimation of Linear Discrete-time Systems with Stochastic Parameters[J]. Automatica, 1984, 20(1): 113-115.

[8] XIONG K, LIU L D, LIU Y W. Robust Extended Kalman Filtering for Nonlinear Systems with Multiplicative Noises[J]. Optimal Control Applications and Methods, 2011, 32: 47-63.

[9] TIAN T, SUN S L, LI N. Multi-sensor Information Fusion Estimators for Stochastic Uncertain Systems with Correlated Noises[J]. Information Fusion, 2016, 27: 126-137.

[10] WANG F, BALAKRISHNAN V. Robust Kalman Filters for Linear Time-varying Systems with Stochastic Parameter Uncertainties[J]. IEEE Transactions on Signal Processing, 2002, 50(4): 803-813.

[11] NAHI N. Optimal Recursive Estimation with Uncertain Observation[J]. IEEE Transactions on Information Theory, 1969,15(4): 457-462.

[12] LEWIS F L, XIE L H, POPA D. Optimal and Robust Estimation[M]. 2nd ed. New York: CRC Press, 2008.

[13] 程云鹏, 张凯院, 徐仲. 矩阵论[M]. 四版. 西安: 西北工业大学出版社, 2013.

[14] KAILATH T, SAYED A H, HASSIBI B. Linear Estimation[M]. Englewood Cliffs, New Jersey: Prentice Hall, 2000.

[15] LIU W Q, WANG X M, DENG Z L. Robust Centralized and Weighted Measurement Fusion Kalman Predictors with Multiplicative Noises, Uncertain Noise Variances, and Missing Measurements[J]. Circuits, Systems, and Signal Processing, 2018, 37(2): 770-809.

[16] LIU W Q, WANG X M, DENG Z L. Robust Centralized and Weighted Measurement Fusion Kalman Estimators for Uncertain Multisensor Systems with Linearly Correlated White Noises[J]. Information Fusion, 2017, 35: 11-25.

[17] LIU W Q, WANG X M, DENG Z L. Robust Kalman Estimators for Systems with Mixed Uncertainties[J]. Optimal Control Applications and Methods, 2018, 39(2): 735-756.

[18] TAO G L, DENG Z L. Convergence of Self-tuning Riccati Equation for Systems with Unknown Parameters and Noise Variances[C]. In: Proceedings of the 8th World Congress on Intelligent Control and Automation, 2010: 5732-5736.

[19] DENG Z L, GAO Y, LI C B, et al. Self-tuning Decoupled Information Fusion Wiener State Component Filters and Their Convergence[J]. Automatica, 2008, 44(3): 685-695.
[20] 胡寿松. 自动控制理论[M]. 北京: 科学出版社, 2006.
[21] MA J, SUN S L. Distributed Fusion Filter for Networked Stochastic Uncertain Systems with Transmission Delays and Packet Dropouts[J]. Signal Processing, 2017, 130: 268-278.
[22] SHI P, LUAN X, LIU F. H_∞ Filtering for Discrete-time Systems with Stochastic Incomplete Measurement and Mixed Delays[J]. IEEE Transactions on Industrial Electronics, 2012, 59(6): 2732-2739.
[23] CHEN B, HU G Q, HO D W C, et al. Distributed Robust Fusion Estimation with Application to State Monitoring Systems[J]. IEEE Transactions on Systems Man and Cybernetics Systems, 2017, 47(11): 2994-3005.
[24] KLATT K U, ENGELL S. Gain-scheduling Trajectory Control of a Continuous Stirred Tank Reactor[J]. Computers and Chemical Engineering, 1998, 22(4,5): 491-502.
[25] ZHANG W A, DONG H, GUO G, et al. Distributed Sampled Data H_∞ Filtering for Sensor Networks with Nonuniform Sampling Periods[J]. IEEE Transactions on Industrial Informatics, 2014, 10(2): 871-881.
[26] FENG J X, WANG Z D, ZENG M. Recursive Robust Filtering with Finite-step Correlated Process Noises and Missing Measurements[J]. Circuits Systems, Signal Processing, 2011, 30(6): 1355-1368.
[27] ZHANG S, ZHAO Y, WU F L, et al. Robust Recursive Filtering for Uncertain Systems with Finite-step Correlated Noises, Stochastic Nonlinearities and Autocorrelated Missing Measurements[J]. Aerospace Science and Technology, 2014, 39: 272-280.
[28] HOUNKPEVI F O, YAZ E E. Robust Minimum Variance Linear State Estimators for Multiple Sensors with Different Failure Rates[J]. Automatica, 2007, 43: 1274-1280.
[29] CHEN B, YU L, ZHANG W A, et al. Robust Information Fusion Estimator for Multiple Delay-tolerant Sensors with Different Failure Rates[J]. IEEE Transactions on Circuits and Systems-I: Regular Papers, 2013, 60(2): 401-414.
[30] MA J, SUN S L. Centralized Fusion Estimators for Multi-sensor Systems with Multiplicative Noises and Missing Measurements[J]. Journal of Networks, 2012, 7(10): 1538-1545.
[31] PANG C Y, SUN S L. Fusion Predictors for Multi-sensor Stochastic Uncertain Systems with Missing Measurements and Unknown Measurement Disturbances[J]. IEEE Sensors Journal, 2015, 15(8): 4346-4354.
[32] YANG Z B, DENG Z L. Robust Weighted Fusion Kalman Estimators for Systems with Uncertain-variance Multiplicative and Additive Noises and Missing

Measurements[C]. The 20th International Conference on Information Fusion, 2017, 305-312.

[33] LIU W Q, WANG X M, DENG Z L. Robust Centralized and Weighted Measurement Fusion Kalman Estimators for Multisensor Systems with Multiplicative and Uncertain-covariance Linearly Correlated White Noises[J]. Journal of the Franklin Institute, 2017, 354(4): 1992-2031.

[34] DENG Z L, ZHANG P, QI W J, et al. The Accuracy Comparison of Multisensor Covariance Intersection Fuser and Three Weighting Fusers[J]. Information Fusion, 2013, 14(2): 177-185.

[35] QI W J, ZHANG P, DENG Z L. Robust Weighted Fusion Steady-state Kalman Predictors with Uncertain Noise Variances[J]. IEEE Transactions on Aerospace and Electronic Systems, 2016, 52(3): 1077-1088.

[36] LIU W Q, WANG X M DENG Z L. Robust Fusion Time-varying Kalman Estimators for Multisensor Networked Systems with Mixed Uncertainties[J]. International Journal of Robust and Nonlinear Control, 2018, 28:4139-4174.

第 10 章　混合不确定系统鲁棒融合白噪声反卷积

10.1　引　　言

由系统输出估计输入叫作反卷积(Deconvolution),特别地,估计输入白噪声称为白噪声反卷积。白噪声反卷积在石油地震勘探过程中有着重要的应用[2-4],且出现在通信、信号处理以及状态估计等许多领域中[5]。应用经典 Kalman 滤波方法,Mendel 在文献[2-4]中提出了输入白噪声估值器,且对白噪声反卷积估计在石油地震勘探中的应用问题进行了深入研究。在石油地震勘探中,埋于地表下的炸药爆炸后,各油层对地震波的反射构成的反射系数序列可用伯努利 - 高斯(Bernoulli-Gauss)白噪声来描写,它被地面上的传感器接收。传感器观测本质上是动态系统,它的输入是白噪声反射序列,它的输出是接收信号。问题是由带观测噪声的传感器输出信号估计白噪声输入信号,这对判断是否有油田及确定油田的几何形状有重要实际意义。此外,应用经典 Kalman 滤波方法和现代时间序列分析方法,文献[6-8]分别提出了统一和通用的最优白噪声估计理论,既包括输入白噪声估值器,又包括观测白噪声估值器,发展了白噪声估计理论。

应用 Kalman 滤波方法来解决白噪声反卷积估计问题时,要求满足一个关键假设,即系统的模型参数和噪声方差是精确已知的[1,9]。然而,在实际应用中,由于未建模动态和随机扰动等原因,致使系统的模型中往往存在着不确定性,包括模型参数不确定性和噪声方差不确定性,而不确定模型参数又包括确定性的不确定参数和随机不确定参数[10]。此外,由于传感器故障所导致的丢失观测现象[11]也经常发生。当系统模型中存在上述不确定性时,经典 Kalman 滤波器的性能会变坏,甚至会引起滤波器的发散,而且也增加了滤波估计的难度。这引出了鲁棒 Kalman 滤波问题,也推动了在鲁棒 Kalman 滤波器设计上的许多研究。所谓的鲁棒 Kalman 滤波器是指针对由不确定性所形成的一族系统模型设计一个滤波器,使得对于所有容许的不确定性,即对族中的每个模型,它的相应的实际滤波误差方差阵被保证有一个最小上界[12]。

乘性噪声可被用来描述随机的参数不确定性[10,13-19]。对确定性参数的随机扰动称为乘性噪声,它包括状态相依和噪声相依乘性噪声,在状态转移矩阵和系统观测阵中的白噪声称为状态相依乘性噪声,在噪声转移矩阵中的白噪声称为噪声相依乘性噪声。取值为 0 或 1 的伯努利白噪声序列是描述丢失观测的一种重要方法,这种方法最早在文献[11]中提出,并用于设计带丢失观测系统的递推滤波器。

本章将针对仅带不确定噪声方差的多传感器系统以及带乘性噪声与丢失观测和不确定噪声方差且观测与过程噪声线性相关的混合不确定多传感器系统,研究其鲁棒信息融合白噪声反卷积问题。

本章将文献[20-22]中给出的仅适用于噪声方差不确定且观测与过程噪声不相关的基于 Lyapunov 方程的极大极小鲁棒 Kalman 滤波方法推广到鲁棒融合白噪声反卷积估计问题中。本章提出一种统一设计方法来设计鲁棒融合白噪声估值器，即基于鲁棒融合 Kalman 状态预报器来设计鲁棒融合白噪声滤波器和平滑器，并应用 Kalman 状态预报器的鲁棒性证明了它们的鲁棒性。

本章针对仅带不确定噪声方差的多传感器系统用直接方法，基于鲁棒局部稳态一步 Kalman 预报器，提出了鲁棒局部稳态白噪声反卷积平滑器。这不同于基于设计鲁棒时变白噪声反卷积平滑器用取极限方法得到稳态白噪声反卷积平滑器的间接方法。进而，提出了六种信息融合鲁棒稳态白噪声反卷积平滑器，包括按矩阵加权、按对角矩阵加权、按标量加权、按协方差矩阵加权、集中式和加权观测融合鲁棒稳态白噪声反卷积平滑器[23]。应用 Lyapunov 方程方法证明了融合平滑器的鲁棒性，即对于所有容许的噪声方差不确定性，白噪声平滑器的实际平滑误差方差阵被保证有相应的最小上界。对于带乘性噪声、丢失观测和不确定方差线性相关加性白噪声的混合不确定多传感器系统，应用虚拟噪声方法，系统被进一步转换为带确定性的模型参数和不确定噪声方差的系统。利用集中式融合方法给出了集中式融合观测方程，利用矩阵的满秩分解方法[24]和加权最小二乘法[25]提出了加权融合观测方程，基于带噪声方差保守上界的最坏情形观测融合系统，提出了鲁棒加权观测融合时变和稳态 Kalman 一步预报器。进而，提出了鲁棒加权观测融合时变和稳态白噪声反卷积估值器(滤波器和平滑器)[26]。应用增广噪声方法和 Lyapunov 方程方法证明了融合白噪声估值器的鲁棒性，用信息滤波器证明了集中式和加权观测融合鲁棒时变白噪声估值器的等价性，给出了局部和融合白噪声估值器间的精度关系，证明了鲁棒时变和稳态白噪声估值器间的按实现收敛性。同集中式融合器相比，加权观测融合器的优点是可显著减小计算负担。所提出的方法和结果可应用于解决带随机参数、丢失观测和不确定方差的 IS-136 移动通信系统[27]的输入白噪声反卷积估计问题，仿真结果验证了所提出的结果的正确性、有效性和可应用性。

10.2 不确定噪声方差系统鲁棒加权融合稳态白噪声反卷积

对于仅带不确定噪声方差的多传感器系统，本节介绍作者新近提出的鲁棒信息融合稳态白噪声反卷积平滑器[23]。应用基于 Lyapunov 方程方法的极大极小鲁棒 Kalman 滤波方法，基于鲁棒局部稳态 Kalman 一步预报器，提出了鲁棒局部稳态白噪声反卷积平滑器。进而，提出了六种信息融合鲁棒稳态白噪声反卷积平滑器，包括按矩阵加权、按对角矩阵加权、按标量加权、按协方差矩阵加权、集中式和加权观测融合鲁棒稳态白噪声反卷积平滑器。证明了它们的鲁棒性、等价性和精度关系。

考虑带不确定噪声方差的线性离散时不变多传感器系统

$$x(t+1)=\Phi x(t)+\Gamma w(t) \tag{10.1}$$

$$y_i(t)=H_i x(t)+v_i(t),i=1,\cdots,L \tag{10.2}$$

其中 t 是离散时间，$x(t)\in R^n$ 是系统状态，$y_i(t)\in R^{m_i}$ 是第 i 个传感器子系统的观测，$w(t)\in R^r$ 是要被估计的加性过程噪声，$v_i(t)\in R^{m_i}$ 是第 i 个传感器子系统的加性观测噪声，$\boldsymbol{\Phi} \in R^{n\times n}$，$\boldsymbol{\Gamma} \in R^{n\times r}$ 和 $H_i \in R^{m_i\times n}$ 是带适当维数的已知常矩阵，L 为传感器的数目。

假设 1 $w(t)$ 和 $v_i(t)$ 是带零均值的互不相关白噪声，且它们的未知不确定实际方差分别为 $\bar{Q}$ 和 $\bar{R}_i$，Q 和 R_i 分别是 $\bar{Q}$ 和 $\bar{R}_i$ 的已知保守上界，即满足

$$\bar{Q} \leqslant Q, \bar{R}_i \leqslant R_i \tag{10.3}$$

假设 2 系统(10.1)和(10.2)是完全可观和完全可控的，或 $\boldsymbol{\Phi}$ 是一个稳定阵。

类似于注8.1，带未知不确定实际方差 $\bar{Q}$ 和 $\bar{R}_i$ 的系统(10.1)和(10.2)被称为实际系统，它的状态和观测称为实际状态和实际观测。带已知保守上界 Q 和 R_i 的系统(10.1)和(10.2)被称为最坏情形(保守)系统，它的状态和观测称为保守状态和保守观测。

对于不确定多传感器系统(10.1)和(10.2)，本节将设计它的鲁棒信息融合稳态白噪声反卷积平滑器 $\hat{w}^{\theta}(t \mid t+N), N>0, \theta=m,s,d,\mathrm{CI}$ 和 $\hat{w}^{(j)}(t \mid t+N), N>0, j=c,M$，使得对于满足式(10.3)的所有容许的不确定实际方差 $\bar{Q}$ 和 $\bar{R}_i$，它们的实际平滑误差方差阵 $\bar{P}^{\theta}(N)$ 和 $\bar{P}^{(j)}(N)$ 被保证有相应的最小上界 $P^{\theta}(N)$ 和 $P^{(j)}(N)$，即

$$\bar{P}^{\theta}(N) \leqslant P^{\theta}(N), \bar{P}^{(j)}(N) \leqslant P^{(j)}(N) \tag{10.4}$$

其中 $\theta=m,s,d,\mathrm{CI}$ 分别表示按矩阵加权、按标量加权、按对角矩阵加权和协方差交叉融合器，而 $j=c,M$ 则分别表示集中式融合器和加权观测融合器。

10.2.1 鲁棒局部稳态 Kalman 预报器

对于带噪声方差的已知保守上界 Q 和 R_i 的最坏情形保守子系统(10.1)和(10.2)，应用3.5节，根据极大极小鲁棒估计原理，保守局部最优稳态 Kalman 一步预报器为

$$\hat{x}_i(t+1 \mid t) = \boldsymbol{\Psi}_i \hat{x}_i(t \mid t-1) + K_i y_i(t), i=1,\cdots,L \tag{10.5}$$

$$\boldsymbol{\varepsilon}_i(t) = y_i(t) - H_i \hat{x}_i(t \mid t-1) \tag{10.6}$$

$$\boldsymbol{\Psi}_i = \boldsymbol{\Phi} - K_i H_i \tag{10.7}$$

$$K_i = \boldsymbol{\Phi} \boldsymbol{\Sigma}_i H_i^{\mathrm{T}} Q_{\varepsilon i}^{-1} \tag{10.8}$$

$$Q_{\varepsilon i} = H_i \boldsymbol{\Sigma}_i H_i^{\mathrm{T}} + R_i \tag{10.9}$$

且保守稳态一步预报误差方差阵 $\boldsymbol{\Sigma}_i$ 满足如下 Riccati 方程

$$\boldsymbol{\Sigma}_i = \boldsymbol{\Phi}[\boldsymbol{\Sigma}_i - \boldsymbol{\Sigma}_i H_i^{\mathrm{T}} (H_i \boldsymbol{\Sigma}_i H_i^{\mathrm{T}} + R_i)^{-1} H_i \boldsymbol{\Sigma}_i] \boldsymbol{\Phi}^{\mathrm{T}} + \boldsymbol{\Gamma} Q \boldsymbol{\Gamma}^{\mathrm{T}} \tag{10.10}$$

类似于注8.2，在式(10.5)中，用实际局部观测 $y_i(t)$ 代替保守局部观测 $y_i(t)$ 得到实际局部稳态 Kalman 预报器 $\hat{x}_i(t+1 \mid t)$。

由式(10.1)减式(10.5)得局部稳态预报误差

$$\tilde{x}_i(t+1 \mid t) = \boldsymbol{\Psi}_i \tilde{x}_i(t \mid t-1) - K_i v_i(t) + \boldsymbol{\Gamma} w(t) \tag{10.11}$$

应用式(10.11)得实际和保守稳态预报误差方差阵 $\bar{\boldsymbol{\Sigma}}_i$ 和 $\boldsymbol{\Sigma}_i$ 分别满足稳态 Lyapunov 方程

$$\bar{\boldsymbol{\Sigma}}_i = \boldsymbol{\Psi}_i \bar{\boldsymbol{\Sigma}}_i \boldsymbol{\Psi}_i^{\mathrm{T}} + K_i \bar{R}_i K_i^{\mathrm{T}} + \boldsymbol{\Gamma} \bar{Q} \boldsymbol{\Gamma}^{\mathrm{T}} \tag{10.12}$$

$$\boldsymbol{\Sigma}_i = \boldsymbol{\Psi}_i \boldsymbol{\Sigma}_i \boldsymbol{\Psi}_i^{\mathrm{T}} + K_i R_i K_i^{\mathrm{T}} + \boldsymbol{\Gamma} Q \boldsymbol{\Gamma}^{\mathrm{T}} \tag{10.13}$$

且实际和保守稳态预报误差互协方差阵 $\bar{\boldsymbol{\Sigma}}_{ij}$ 和 $\boldsymbol{\Sigma}_{ij}$ 分别满足稳态 Lyapunov 方程

$$\bar{\boldsymbol{\Sigma}}_{ij} = \boldsymbol{\Psi}_i \bar{\boldsymbol{\Sigma}}_{ij} \boldsymbol{\Psi}_j^{\mathrm{T}} + \boldsymbol{\Gamma} \bar{Q} \boldsymbol{\Gamma}^{\mathrm{T}}, i \neq j \tag{10.14}$$

$$\boldsymbol{\Sigma}_{ij} = \boldsymbol{\Psi}_i \boldsymbol{\Sigma}_{ij} \boldsymbol{\Psi}_j^{\mathrm{T}} + \boldsymbol{\Gamma} Q \boldsymbol{\Gamma}^{\mathrm{T}}, i \neq j \tag{10.15}$$

引理 10.1 对于不确定多传感器系统(10.1)和(10.2)，在假设1和假设2条件下，由式(10.5)给出的实际局部稳态 Kalman 预报器是鲁棒的，即对于满足式(10.3)的所有

容许的不确定实际方差 $\bar{Q}$ 和 $\bar{R}_i$，有

$$\bar{\Sigma}_i \leqslant \Sigma_i \tag{10.16}$$

且 Σ_i 是$\bar{\Sigma}_i$ 的最小上界。

证明　类似于文献[28]的证明，可证明式(10.16)成立，类似于定理8.1的证明，可证得 Σ_i 是$\bar{\Sigma}_i$ 的最小上界。证毕。

由式(10.5)给出的实际局部稳态 Kalman 预报器被称为由系统(10.1)和(10.2)给出的状态 $x(t)$ 的鲁棒局部稳态 Kalman 预报器，由式(10.16)给出的不等式关系称为鲁棒局部稳态 Kalman 预报器的鲁棒性。

10.2.2　鲁棒局部稳态白噪声反卷积平滑器

对于带噪声方差的已知保守上界 Q 和 R_i 的最坏情形保守子系统(10.1)和(10.2)，保守局部最优稳态白噪声反卷积平滑器为[29,30]

$$\hat{w}_i(t \mid t+N) = \sum_{k=1}^{N} M_i(k)\varepsilon_i(t+k), N > 0 \tag{10.17}$$

且定义

$$M_i(k) = \mathrm{E}[w(t)\varepsilon_i^{\mathrm{T}}(t+k)]Q_{\varepsilon i}^{-1} \tag{10.18}$$

由式(10.18)应用射影性质得

$$M_i(0) = 0, M_i(1) = Q\Gamma^{\mathrm{T}}H_i^{\mathrm{T}}Q_{\varepsilon i}^{-1}, M_i(k) = Q\Gamma^{\mathrm{T}}\Psi_i^{\mathrm{T}(k-1)}H_i^{\mathrm{T}}Q_{\varepsilon i}^{-1}, k > 1 \tag{10.19}$$

其中 $\varepsilon_i(t+k)$ 是由式(10.6)给出的保守新息过程，它的方差 $Q_{\varepsilon i}$ 由式(10.9)给出。

保守局部稳态白噪声反卷积平滑误差方差阵为

$$P_{wi}(N) = Q - \sum_{k=1}^{N} M_i(k)Q_{\varepsilon i}M_i^{\mathrm{T}}(k), N > 0 \tag{10.20}$$

注 10.1　由式(10.6)给出的带保守局部观测 $y_i(t)$ 和保守局部稳态预报器 $\hat{x}_i(t \mid t-1)$ 的新息过程 $\varepsilon_i(t)$ 称为保守新息过程，显然它是不可利用的。而由式(10.6)给出的带实际局部观测 $y_i(t)$ 和实际局部稳态预报器 $\hat{x}_i(t \mid t-1)$ 的新息过程 $\varepsilon_i(t)$ 称为实际新息过程，它是可利用的。在式(10.17)中，用实际新息过程 $\varepsilon_i(t+k)$ 来代替保守新息过程 $\varepsilon_i(t+k)$ 得实际局部稳态白噪声反卷积平滑器，它是可实现的。注意，由投影性质引出保守的白噪声滤波器和预报器为零，即 $\hat{w}_i(t \mid t+N) = 0(N \leqslant 0)$，因此我们的目标是求白噪声鲁棒反卷积平滑器。

根据文献[30]可知，局部白噪声平滑估计误差 $\tilde{w}_i(t \mid t+N) = w(t) - \hat{w}_i(t \mid t+N)$ 为

$$\tilde{w}_i(t \mid t+N) = \Psi_{iN}^{w}\tilde{x}_i(t \mid t-1) + \sum_{\rho=0}^{N} M_{i\rho}^{w}w(t+\rho) + \sum_{\rho=0}^{N} M_{i\rho}^{v}v_i(t+\rho) \tag{10.21}$$

其中

$$\Psi_{iN}^{w} = -\sum_{k=1}^{N} M_i(k)H_i\Psi_i^{k} \tag{10.22}$$

$$M_{i\rho}^{w} = -\sum_{k=\rho+1}^{N} M_i(k)H_i\Psi_i^{k-\rho-1}\Gamma, \rho = 1, \cdots, N-1,$$

$$M_{i0}^{w} = I_n - \sum_{k=1}^{N} M_i(k)H_i\Psi_i^{k-1}\Gamma; M_{iN}^{w} = 0 \tag{10.23}$$

$$M_{i\rho}^{v}=\sum_{k=\rho+1}^{N}M_i(k)H_i\Psi_i^{k-\rho-1}K_i-M_i(\rho),\rho=0,\cdots,N-1;M_{iN}^{v}=-M_i(N)\quad(10.24)$$

注意到 $\tilde{x}_i(t\mid t-1)$ 与 $w(t+\rho)$ 和 $v_i(t+\rho)$ 是不相关的,因此应用式(10.21)得实际和保守局部稳态白噪声平滑估计误差方差阵分别为

$$\bar{P}_{wi}(N)=\Psi_{iN}^{w}\bar{\Sigma}_i\Psi_{iN}^{w\mathrm{T}}+\sum_{\rho=0}^{N}M_{i\rho}^{w}\bar{Q}M_{i\rho}^{w\mathrm{T}}+\sum_{\rho=0}^{N}M_{i\rho}^{v}\bar{R}_iM_{i\rho}^{v\mathrm{T}}\quad(10.25)$$

$$P_{wi}(N)=\Psi_{iN}^{w}\Sigma_i\Psi_{iN}^{w\mathrm{T}}+\sum_{\rho=0}^{N}M_{i\rho}^{w}QM_{i\rho}^{w\mathrm{T}}+\sum_{\rho=0}^{N}M_{i\rho}^{v}R_iM_{i\rho}^{v\mathrm{T}}\quad(10.26)$$

且实际和保守局部稳态白噪声平滑估计误差互协方差阵分别为

$$\bar{P}_{wij}(N)=\Psi_{iN}^{w}\bar{\Sigma}_{ij}\Psi_{jN}^{w\mathrm{T}}+\sum_{\rho=0}^{N}M_{i\rho}^{w}\bar{Q}M_{j\rho}^{w\mathrm{T}},i\neq j\quad(10.27)$$

$$P_{wij}(N)=\Psi_{iN}^{w}\Sigma_{ij}\Psi_{jN}^{w\mathrm{T}}+\sum_{\rho=0}^{N}M_{i\rho}^{w}QM_{j\rho}^{w\mathrm{T}},i\neq j\quad(10.28)$$

定理 10.1 对于不确定多传感器系统(10.1)和(10.2),在假设 1 和假设 2 条件下,由式(10.17)给出的实际局部稳态白噪声反卷积平滑器是鲁棒的,即对于满足式(10.3)的所有容许的不确定实际方差 $\bar{Q}$ 和 $\bar{R}_i$,有

$$\bar{P}_{wi}(N)\leqslant P_{wi}(N),N>0\quad(10.29)$$

且 $P_{wi}(N)$ 是 $\bar{P}_{wi}(N)$ 的最小上界。

证明 由式(10.26)减式(10.25)得

$$P_{wi}(N)-\bar{P}_{wi}(N)=\Psi_{iN}^{w}(\Sigma_i-\bar{\Sigma}_i)\Psi_{iN}^{w\mathrm{T}}+\sum_{\rho=0}^{N}M_{i\rho}^{w}(Q-\bar{Q})M_{i\rho}^{w\mathrm{T}}+\sum_{\rho=0}^{N}M_{i\rho}^{v}(R_i-\bar{R}_i)M_{i\rho}^{v\mathrm{T}}$$

$$(10.30)$$

应用式(10.16)和式(10.3)得 $P_{wi}(N)-\bar{P}_{wi}(N)\geqslant0$,即式(10.29)成立。类似于定理 8.1,容易证得 $P_{wi}(N)$ 是 $\bar{P}_{wi}(N)$ 的最小上界。证毕。

称由式(10.17)给出的实际局部稳态白噪声反卷积平滑器为鲁棒局部稳态白噪声反卷积平滑器,由式(10.29)给出的不等式关系称为它的鲁棒性。

10.2.3 鲁棒加权融合白噪声反卷积平滑器

对于带噪声方差的已知保守上界 Q 和 R_i 的最坏情形保守子系统(10.1)和(10.2),基于由式(10.17)给出的实际局部稳态白噪声反卷积平滑器,应用最优加权融合准则[31-33]得四种实际加权融合稳态白噪声反卷积平滑器

$$\hat{w}^{\theta}(t\mid t+N)=\sum_{i=1}^{L}\Omega_i^{\theta}(N)\hat{w}_i(t\mid t+N),\theta=m,s,d,\mathrm{CI},N>0\quad(10.31)$$

带约束 $\sum_{i=1}^{L}\Omega_i^{\theta}(N)=I_r$,其中 $\theta=m,s,d,\mathrm{CI}$ 分别表示按矩阵加权、按标量加权、按对角矩阵加权和按协方差交叉矩阵加权,$\hat{w}_i(t\mid t+N)$ 为实际局部稳态反卷积平滑器(10.17)。

由定理 2.12,最优矩阵权由下式计算

$$[\Omega_1^{m}(N),\cdots,\Omega_L^{m}(N)]=[e^{\mathrm{T}}P^{-1}(N)e]^{-1}e^{\mathrm{T}}P^{-1}(N)\quad(10.32)$$

其中 $e=[I_r,\cdots,I_r]^{\mathrm{T}}$,且定义 $rL\times rL$ 协方差矩阵 $P(N)$ 为

$$P(N)=(P_{wij}(N))_{rL\times rL},i,j=1,\cdots,L\quad(10.33)$$

这里 $P_{wij}(N)$ 由式(10.28)计算，且 $P_{wii}(N)=P_{wi}(N)$ 可由式(10.26)或式(10.20)计算。保守矩阵加权融合平滑误差方差阵为

$$P^{m}(N)=[e^{T}P^{-1}(N)e]^{-1} \tag{10.34}$$

由定理2.13，最优标量权由下式计算

$$[\omega_1(N),\cdots,\omega_L(N)]=[e^{T}P_{tr}^{-1}(N)e]^{-1}e^{T}P_{tr}^{-1}(N) \tag{10.35}$$

$$\Omega_i^{s}(N)=\omega_i(N)I_r,i=1,\cdots,L \tag{10.36}$$

其中 $e=[1,\cdots,1]^{T}$，且定义 $L\times L$ 矩阵 $P_{tr}(N)$ 为 $P_{tr}(N)=(\mathrm{tr}P_{wij}(N))_{L\times L},i,j=1,\cdots,L$。保守标量加权融合平滑误差方差阵为

$$P^{s}(N)=\sum_{i=1}^{L}\sum_{j=1}^{L}\omega_i(N)\omega_j(N)P_{wij}(N) \tag{10.37}$$

由定理2.14，最优对角矩阵权由下式计算

$$[\omega_{1u}(N),\cdots,\omega_{Lu}(N)]=[e^{T}(P^{uu}(N))^{-1}e]^{-1}e^{T}(P^{uu}(N))^{-1},u=1,\cdots,r \tag{10.38}$$

$$\Omega_i^{d}(N)=\mathrm{diag}(\omega_{i1}(N),\cdots,\omega_{ir}(N)),i=1,\cdots,L \tag{10.39}$$

其中 $e=[1,\cdots,1]^{T}$，且定义 $L\times L$ 矩阵 $P^{uu}(N)=(P_{wij}^{uu}(N))_{L\times L}$，这里 $P_{wij}^{uu}(N)$ 是 $P_{wij}(N)(i,j=1,\cdots,L)$ 的第 u 行第 u 列对角元素。保守对角矩阵加权融合平滑误差方差阵为

$$P^{d}(N)=\sum_{i=1}^{L}\sum_{j=1}^{L}\Omega_i^{d}(N)P_{wij}(N)\Omega_j^{dT}(N) \tag{10.40}$$

最优 CI 融合矩阵权由下式计算[32,33]

$$\Omega_i^{CI}(N)=\omega_i^{(N)}P^{CI*}(N)P_{wi}^{-1}(N),i=1,\cdots,L \tag{10.41}$$

其中不带互协方差阵 $P_{wij}(N)$ 的保守 CI 融合平滑误差方差阵 $P^{CI*}(N)$ 为[32]

$$P^{CI*}(N)=[\sum_{i=1}^{L}\omega_i^{(N)}P_{wi}^{-1}(N)]^{-1} \tag{10.42}$$

最优加权系数 $\omega_i^{(N)}$ 可通过极小化下式给出的非线性性能指标来得到：

$$\min_{\omega_i^{(N)}}\mathrm{tr}P^{CI*}(N)=\min_{\substack{\omega_i^{(N)}\in[0,1]\\ \omega_1^{(N)}+\cdots+\omega_L^{(N)}=1}}\mathrm{tr}\{[\sum_{i=1}^{L}\omega_i^{(N)}P_{wi}^{-1}(N)]^{-1}\} \tag{10.43}$$

这需要去求解一个 L 维的非线性最优化问题。

带互协方差阵 $P_{wij}(N)$ 的保守 CI 融合平滑误差方差阵为

$$P^{CI}(N)=P^{CI*}(N)[\sum_{i=1}^{L}\sum_{j=1}^{L}\omega_i^{(N)}P_{wi}^{-1}(N)P_{wij}(N)P_{wj}^{-1}(N)\omega_j^{(N)}]P^{CI*}(N) \tag{10.44}$$

下面将给出保守和实际加权融合平滑误差方差阵 $P^{\theta}(N)$ 和 $\bar{P}^{\theta}(N)(\theta=m,s,d,\mathrm{CI})$ 的统一形式。定义

$$\Omega^{\theta}(N)=[\Omega_1^{\theta}(N),\cdots,\Omega_L^{\theta}(N)],\theta=m,s,d,\mathrm{CI} \tag{10.45}$$

由 $\sum_{i=1}^{L}\Omega_i^{\theta}(N)=I_r$ 得

$$w(t)=\sum_{i=1}^{L}\Omega_i^{\theta}(N)w(t),\theta=m,s,d,\mathrm{CI} \tag{10.46}$$

由式(10.46)减式(10.31)得加权融合白噪声反卷积平滑估计误差

$$\tilde{w}^{\theta}(t \mid t+N)=\sum_{i=1}^{L} \Omega_{i}^{\theta}(N) \tilde{w}_{i}(t \mid t+N), \theta=m, s, d, \mathrm{CI} \tag{10.47}$$

应用式(10.47)和式(10.45)得保守加权融合白噪声反卷积平滑估计误差方差阵 $P_{\theta}(N)$ 具有如下统一形式

$$P^{\theta}(N)=\sum_{i=1}^{L} \sum_{j=1}^{L} \Omega_{i}^{\theta}(N) P_{wij}(N) \Omega_{j}^{\theta \mathrm{T}}(N)=\Omega^{\theta}(N) P(N) \Omega^{\theta \mathrm{T}}(N) \tag{10.48}$$

且实际加权融合白噪声反卷积平滑估计误差方差阵 $\bar{P}_{\theta}(N)$ 也有统一形式为

$$\bar{P}^{\theta}(N)=\sum_{i=1}^{L} \sum_{j=1}^{L} \Omega_{i}^{\theta}(N) \bar{P}_{wij}(N) \Omega_{j}^{\theta \mathrm{T}}(N)=\Omega^{\theta}(N) \bar{P}(N) \Omega^{\theta \mathrm{T}}(N) \tag{10.49}$$

其中定义实际增广协方差矩阵 $\bar{P}(N)$ 为

$$\bar{P}(N)=(\bar{P}_{wij}(N))_{rL \times rL}, i, j=1, \cdots, L \tag{10.50}$$

这里$\bar{P}_{wij}(N)$ 由式(10.25)和式(10.27)计算。

在式(10.49)中取 $\theta=m,s,d,\mathrm{CI}$ 得相应的实际融合稳态平滑误差方差阵分别为

$$\bar{P}^{m}(N)=[e^{\mathrm{T}} P^{-1}(N) e]^{-1} e^{\mathrm{T}} P^{-1}(N) \bar{P}(N) P^{-1}(N) e[e^{\mathrm{T}} P^{-1}(N) e]^{-1} \tag{10.51}$$

$$\bar{P}^{s}(N)=\sum_{i=1}^{L} \sum_{j=1}^{L} \omega_{i}(N) \omega_{j}(N) \bar{P}_{wij}(N) \tag{10.52}$$

$$\bar{P}^{d}(N)=\sum_{i=1}^{L} \sum_{j=1}^{L} \Omega_{i}^{d}(N) \bar{P}_{wij}(N) \Omega_{j}^{d \mathrm{T}}(N) \tag{10.53}$$

$$\bar{P}^{\mathrm{CI}}(N)=P^{\mathrm{CI}*}(N)\left[\sum_{i=1}^{L} \sum_{j=1}^{L} \omega_{i}^{(N)} P_{wi}^{-1}(N) \bar{P}_{wij}(N) P_{wj}^{-1}(N) \omega_{j}^{(N)}\right] P^{\mathrm{CI}*}(N) \tag{10.54}$$

注 10.2 当白噪声 $w(t)$ 的维数 $r=1$ 时，由 $P(N)$，$P_{\mathrm{tr}}(N)$ 和 $P^{uu}(N)$ 的公式可知 $P(N)=P_{\mathrm{tr}}(N)=P^{uu}(N)$，进而，由式(10.32)、式(10.35)和式(10.38)得 $\Omega_{i}^{m}(N)=\Omega_{i}^{d}(N)=\Omega_{i}^{s}(N)$，由式(10.31)得 $\hat{w}^{m}(t \mid t+N)=\hat{w}^{d}(t \mid t+N)=\hat{w}^{s}(t \mid t+N)$，由式(10.45)、式(10.48)和式(10.49)得 $P^{m}(N)=P^{d}(N)=P^{s}(N)$ 且 $\bar{P}^{m}(N)=\bar{P}^{d}(N)=\bar{P}^{s}(N)$。

引理 10.2 定义 $nL \times nL$ 增广协方差矩阵 Σ 和 $\bar{\Sigma}$ 分别为

$$\Sigma=(\Sigma_{ij})_{nL \times nL}, i, j=1, \cdots, L \tag{10.55}$$

$$\bar{\Sigma}=(\bar{\Sigma}_{ij})_{nL \times nL}, i, j=1, \cdots, L \tag{10.56}$$

且定义 $\Sigma_{ii}=\Sigma_{i}, \bar{\Sigma}_{ii}=\bar{\Sigma}_{i}, i=1, \cdots, L$，则有

$$\bar{\Sigma} \leqslant \Sigma \tag{10.57}$$

证明 类似于文献[28]中的证明，可证得式(10.57)成立，在此不再赘述。证毕。

定理 10.2 对于不确定多传感器系统(10.1)和(10.2)，在假设1和假设2条件下，由式(10.31)给出的四种实际加权融合稳态白噪声反卷积平滑器是鲁棒的，即对于满足式(10.3)的所有容许的不确定实际方差 $\bar{Q}$ 和 $\bar{R}_{i}$，有

$$\bar{P}^{\theta}(N) \leqslant P^{\theta}(N), N>0, \theta=m, s, d, \mathrm{CI} \tag{10.58}$$

且 $P^{\theta}(N)$ 是 $\bar{P}^{\theta}(N)$ 的最小上界。

证明 定义 $\Delta P^{\theta}(N)=P^{\theta}(N)-\bar{P}^{\theta}(N)$，由式(10.48)减式(10.49)得

$$\Delta P^{\theta}(N)=\Omega^{\theta}(N)[P(N)-\bar{P}(N)] \Omega^{\theta \mathrm{T}}(N) \tag{10.59}$$

可看到，为了证明 $\Delta P_{\theta}(N) \geqslant 0$，只需证明不等式 $P(N)-\bar{P}(N) \geqslant 0$ 成立。应用式(10.26)、式(10.28)和式(10.33)得如下保守全局协方差的表达式

$$P(N)=\boldsymbol{\Psi}\boldsymbol{\Sigma}\boldsymbol{\Psi}^{\mathrm{T}}+\sum_{\rho=0}^{N}M_{\rho}^{w}Q_{a}M_{\rho}^{w\mathrm{T}}+\sum_{\rho=0}^{N}M_{\rho}^{v}R_{a}M_{\rho}^{v\mathrm{T}} \tag{10.60}$$

应用式(10.25)、式(10.27)和式(10.50)得如下实际全局协方差的表达式

$$\bar{P}(N)=\boldsymbol{\Psi}\bar{\boldsymbol{\Sigma}}\boldsymbol{\Psi}^{\mathrm{T}}+\sum_{\rho=0}^{N}M_{\rho}^{w}\bar{Q}_{a}M_{\rho}^{w\mathrm{T}}+\sum_{\rho=0}^{N}M_{\rho}^{v}\bar{R}_{a}M_{\rho}^{v\mathrm{T}} \tag{10.61}$$

$$\boldsymbol{\Psi}=\mathrm{diag}(\boldsymbol{\Psi}_{1N}^{w},\cdots,\boldsymbol{\Psi}_{LN}^{w})$$

$$M_{\rho}^{w}=\mathrm{diag}(M_{1\rho}^{w},\cdots,M_{L\rho}^{w}),M_{\rho}^{v}=\mathrm{diag}(M_{1\rho}^{v},\cdots,M_{L\rho}^{v}) \tag{10.62}$$

$$Q_{a}=\begin{bmatrix}Q&\cdots&Q\\ \vdots&&\vdots\\ Q&\cdots&Q\end{bmatrix},\bar{Q}_{a}=\begin{bmatrix}\bar{Q}&\cdots&\bar{Q}\\ \vdots&&\vdots\\ \bar{Q}&\cdots&\bar{Q}\end{bmatrix},$$

$$R_{a}=\mathrm{diag}(R_{1},\cdots,R_{L}),\bar{R}_{a}=\mathrm{diag}(\bar{R}_{1},\cdots,\bar{R}_{L}) \tag{10.63}$$

由式(10.60)减式(10.61)得

$$P(N)-\bar{P}(N)=\boldsymbol{\Psi}[\boldsymbol{\Sigma}-\bar{\boldsymbol{\Sigma}}]\boldsymbol{\Psi}^{\mathrm{T}}+\sum_{\rho=0}^{N}M_{\rho}^{w}[Q_{a}-\bar{Q}_{a}]M_{\rho}^{w\mathrm{T}}+\sum_{\rho=0}^{N}M_{\rho}^{v}[R_{a}-\bar{R}_{a}]M_{\rho}^{v\mathrm{T}} \tag{10.64}$$

应用式(10.3)和引理8.2可证得 $Q_a-\bar{Q}_a\geqslant 0$,应用式(10.3)和引理8.3可证得 $R_a-\bar{R}_a\geqslant 0$,由式(10.57)得 $\boldsymbol{\Sigma}-\bar{\boldsymbol{\Sigma}}\geqslant 0$,因此有

$$P(N)-\bar{P}(N)\geqslant 0 \tag{10.65}$$

应用式(10.59)和式(10.65)得 $\Delta P^{\theta}(N)\geqslant 0$,即式(10.58)成立。类似于定理8.1,容易证得 $P^{\theta}(N)$ 是 $\bar{P}^{\theta}(N)$ 的最小上界。证毕。

称由式(10.31)给出的实际加权融合稳态白噪声反卷积平滑器为鲁棒加权融合稳态白噪声反卷积平滑器,由式(10.58)给出的不等式关系称为它们的鲁棒性。

注10.3 在文献[20]中已经证明,由式(10.42)给出的 $P^{\mathrm{CI}*}(N)$ 是CI融合白噪声平滑器 $\hat{w}^{\mathrm{CI}}(t\mid t+N)$ 的实际方差阵的一个保守上界,即满足

$$\bar{P}^{\mathrm{CI}}(N)\leqslant P^{\mathrm{CI}*}(N) \tag{10.66}$$

上界 $P^{\mathrm{CI}*}(N)$ 与局部互协方差阵 $P_{wij}(N)$ 没有关系,仅通过局部估计方差阵 $P_{wi}(N)$ 来定义,所以上界 $P^{\mathrm{CI}*}(N)$ 具有一定的保守性,即 $P^{\mathrm{CI}*}(N)$ 不是 $\bar{P}^{\mathrm{CI}}(N)$ 的最小上界。根据定理10.2,由式(10.44)所定义的 $P^{\mathrm{CI}}(N)$ 是 $\bar{P}^{\mathrm{CI}}(N)$ 的最小上界,因此有

$$P^{\mathrm{CI}}(N)\leqslant P^{\mathrm{CI}*}(N) \tag{10.67}$$

$$\mathrm{tr}\bar{P}^{\mathrm{CI}}(N)\leqslant \mathrm{tr}P^{\mathrm{CI}}(N)\leqslant \mathrm{tr}P^{\mathrm{CI}*}(N) \tag{10.68}$$

上界 $P^{\mathrm{CI}}(N)$ 比上界 $P^{\mathrm{CI}*}(N)$ 具有较小保守性,因此,$\mathrm{tr}P^{\mathrm{CI}}(N)$ 被定义为改进的CI融合白噪声平滑器的鲁棒精度,而 $\mathrm{tr}P^{\mathrm{CI}*}(N)$ 被定义为原始CI融合器[33]的鲁棒精度。不等式(10.68)意味着改进的CI融合器的鲁棒精度(全局精度)高于原始CI融合器的鲁棒精度。

10.2.4 鲁棒集中式和加权观测融合稳态白噪声反卷积平滑器及它们的等价性

对于由式(10.2)给出的带噪声方差的保守上界 R_i 的最坏情形观测方程,合并所有保守局部观测方程得保守集中式融合观测方程

$$y^{(c)}(t)=H^{(c)}x(t)+v^{(c)}(t) \tag{10.69}$$

$$y^{(c)}(t)=[y_1^{\mathrm{T}}(t),\cdots,y_L^{\mathrm{T}}(t)]^{\mathrm{T}},H^{(c)}=[H_1^{\mathrm{T}},\cdots,H_L^{\mathrm{T}}]^{\mathrm{T}},v^{(c)}(t)=[v_1^{\mathrm{T}}(t),\cdots,v_L^{\mathrm{T}}(t)]^{\mathrm{T}} \tag{10.70}$$

其中 $H^{(c)}\in R^{m_c\times n}$,$m_c=m_1+\cdots+m_L$,且假设 $m_c\geqslant n$。集中式融合白噪声 $v^{(c)}(t)$ 的实际和保守方差阵 $\bar{R}^{(c)}$ 和 $R^{(c)}$ 分别为

$$\bar{R}^{(c)}=\mathrm{diag}(\bar{R}_1,\cdots,\bar{R}_L),R^{(c)}=\mathrm{diag}(R_1,\cdots,R_L) \tag{10.71}$$

应用式(10.3)和引理8.3得 $R^{(c)}-\bar{R}^{(c)}\geqslant 0$,即

$$\bar{R}^{(c)}\leqslant R^{(c)} \tag{10.72}$$

根据矩阵理论[24],存在一个列满秩矩阵 $M^{(c)}\in R^{m_c\times m}$ 和一个行满秩矩阵 $H^{(M)}\in R^{m\times n}$ 且 $m\leqslant n$,使得

$$H^{(c)}=M^{(c)}H^{(M)} \tag{10.73}$$

由于 $M^{(c)}$ 是列满秩矩阵,所以矩阵 $M^{(c)\mathrm{T}}R^{(c)-1}M^{(c)}$ 是可逆的,这里 $R^{(c)-1}=[R^{(c)}]^{-1}$。将式(10.73)代入式(10.69)得

$$y^{(c)}(t)=M^{(c)}H^{(M)}x(t)+v^{(c)}(t) \tag{10.74}$$

对式(10.74)应用定理2.1得 $H^{(M)}x(t)$ 的加权最小二乘估计

$$y^{(M)}(t)=[M^{(c)\mathrm{T}}R^{(c)-1}M^{(c)}]^{-1}M^{(c)\mathrm{T}}R^{(c)-1}y^{(c)}(t) \tag{10.75}$$

将式(10.74)代入式(10.75)得保守加权融合观测方程

$$y^{(M)}(t)=H^{(M)}x(t)+v^{(M)}(t) \tag{10.76}$$

$$v^{(M)}(t)=[M^{(c)\mathrm{T}}R^{(c)-1}M^{(c)}]^{-1}M^{(c)\mathrm{T}}R^{(c)-1}v^{(c)}(t) \tag{10.77}$$

应用式(10.77)得融合白噪声 $v^{(M)}(t)$ 的实际和保守方差阵分别为

$$\bar{R}^{(M)}=[M^{(c)\mathrm{T}}R^{(c)-1}M^{(c)}]^{-1}M^{(c)\mathrm{T}}R^{(c)-1}\bar{R}^{(c)}R^{(c)-1}M^{(c)}[M^{(c)\mathrm{T}}R^{(c)-1}M^{(c)}]^{-1} \tag{10.78}$$

$$R^{(M)}=[M^{(c)\mathrm{T}}R^{(c)-1}M^{(c)}]^{-1} \tag{10.79}$$

用式(10.79)减式(10.78)得

$$R^{(M)}-\bar{R}^{(M)}=[M^{(c)\mathrm{T}}R^{(c)-1}M^{(c)}]^{-1}M^{(c)\mathrm{T}}R^{(c)-1}[R^{(c)}-\bar{R}^{(c)}]\times R^{(c)-1}M^{(c)}[M^{(c)\mathrm{T}}R^{(c)-1}M^{(c)}]^{-1} \tag{10.80}$$

应用式(10.72)得 $R^{(M)}-\bar{R}^{(M)}\geqslant 0$,即

$$\bar{R}^{(M)}\leqslant R^{(M)} \tag{10.81}$$

类似于注9.1,作为一种特殊情况,如果 $H^{(c)}$ 是列满秩矩阵,则由式(10.73)得 $M^{(c)}=H^{(c)}$ 且 $H^{(M)}=I_n$,这里 I_n 为 $n\times n$ 单位矩阵。

由式(10.69)给出的保守集中式融合观测方程和由式(10.76)给出的加权融合观测方程可写成如下统一形式

$$y^{(j)}(t)=H^{(j)}x(t)+v^{(j)}(t),j=c,M \tag{10.82}$$

由式(10.72)和式(10.81)可知,融合白噪声 $v^{(j)}(t)(j=c,M)$ 的实际和保守方差阵有如下统一形式的不等式关系

$$\bar{R}^{(j)}\leqslant R^{(j)},j=c,M \tag{10.83}$$

因此,带已知保守噪声方差 Q 和 R_i 的不确定多传感器系统(10.1)和(10.2)被转换成带已知保守噪声方差 Q 和 $R^{(j)}$ 的不确定融合观测系统(10.1)和(10.82)。

对于带已知保守上界 Q 和 $R^{(j)}$ 的最坏情形观测融合系统(10.1)和(10.82),类似于式(10.5)—(10.15)的推导,应用标准Kalman预报算法得保守集中式和加权观测融合稳态Kalman一步预报器有如下统一形式

$$\hat{x}^{(j)}(t+1|t)=\Psi^{(j)}\hat{x}^{(j)}(t|t-1)+K^{(j)}y^{(j)}(t),j=c,M \tag{10.84}$$

$$\varepsilon^{(j)}(t)=y^{(j)}(t)-H^{(j)}\hat{x}^{(j)}(t|t-1) \tag{10.85}$$

$$\Psi^{(j)}=\Phi-K^{(j)}H^{(j)} \tag{10.86}$$

$$K^{(j)}=\Phi\Sigma^{(j)}H^{(j)\mathrm{T}}Q_{\varepsilon}^{(j)-1} \tag{10.87}$$

$$Q_{\varepsilon}^{(j)}=H^{(j)}\Sigma^{(j)}H^{(j)\mathrm{T}}+R^{(j)} \tag{10.88}$$

保守融合稳态预报误差方差阵 $\Sigma^{(j)}$ 满足如下稳态 Riccati 方程

$$\Sigma^{(j)}=\Phi[\Sigma^{(j)}-\Sigma^{(j)}H^{(j)\mathrm{T}}Q_{\varepsilon}^{(j)-1}H^{(j)}\Sigma^{(j)}]\Phi^{\mathrm{T}}+\Gamma Q\Gamma^{\mathrm{T}} \tag{10.89}$$

类似于注9.2,在式(10.84)中,用带实际局部观测 $y_i(t)$ 的实际融合观测 $y^{(j)}(t)$ 来代替带保守局部观测 $y_i(t)$ 的保守融合观测 $y^{(j)}(t)$ 得实际集中式和加权观测融合稳态 Kalman 一步预报器。

类似于式(10.11),融合预报误差为

$$\tilde{x}^{(j)}(t+1|t)=\Psi^{(j)}\tilde{x}^{(j)}(t|t-1)-K^{(j)}v^{(j)}(t)+\Gamma w(t) \tag{10.90}$$

应用式(10.90)得实际和保守融合预报误差方差阵分别满足如下稳态 Lyapunov 方程

$$\bar{\Sigma}^{(j)}=\Psi^{(j)}\bar{\Sigma}^{(j)}\Psi^{(j)\mathrm{T}}+K^{(j)}\bar{R}^{(j)}K^{(j)\mathrm{T}}+\Gamma\bar{Q}\Gamma^{\mathrm{T}} \tag{10.91}$$

$$\Sigma^{(j)}=\Psi^{(j)}\Sigma^{(j)}\Psi^{(j)\mathrm{T}}+K^{(j)}R^{(j)}K^{(j)\mathrm{T}}+\Gamma Q\Gamma^{\mathrm{T}} \tag{10.92}$$

定理 10.3 对于不确定多传感器系统(10.1)和(10.2),在假设1和假设2条件下,由式(10.84)给出的实际融合稳态Kalman预报器是鲁棒的,即对于满足式(10.3)的所有容许的不确定实际方差 $\bar{Q}$ 和 $\bar{R}_i$,有

$$\bar{\Sigma}^{(j)}\leqslant\Sigma^{(j)},j=c,M \tag{10.93}$$

且 $\Sigma^{(j)}$ 是 $\bar{\Sigma}^{(j)}$ 的最小上界。

实际集中式和加权观测融合稳态 Kalman 预报器是数值等价的,即在相同的初值 $\hat{x}^{(j)}(0|-1)=\mu_0(j=c,M)$ 条件下,对于任意的 $t\geqslant 0$ 有

$$\hat{x}^{(c)}(t+1|t)=\hat{x}^{(M)}(t+1|t) \tag{10.94}$$

$$\Sigma^{(c)}=\Sigma^{(M)} \tag{10.95}$$

$$\bar{\Sigma}^{(c)}=\bar{\Sigma}^{(M)} \tag{10.96}$$

证明 类似于文献[28]的证明,可证得式(10.93)成立。类似于定理8.1的证明,可证得 $\Sigma^{(j)}$ 是 $\bar{\Sigma}^{(j)}$ 的最小上界。为了证明由式(10.94)—(10.96)给出的等价性,由文献[25]可知,由式(10.84)—(10.89)给出的鲁棒融合稳态 Kalman 预报器具有等价的稳态信息滤波器形式,即

$$\hat{z}^{(j)}(t|t)=\hat{z}^{(j)}(t|t-1)+H^{(j)\mathrm{T}}R^{(j)-1}y^{(j)}(t),j=c,M \tag{10.97}$$

$$\hat{z}^{(j)}(t|t-1)=\Sigma^{(j)-1}\Phi P^{(j)}\hat{z}^{(j)}(t-1|t-1) \tag{10.98}$$

$$\Sigma^{(j)}=\Phi P^{(j)}\Phi^{\mathrm{T}}+\Gamma Q\Gamma^{\mathrm{T}} \tag{10.99}$$

$$P_f^{(j)-1}=\Sigma^{(j)-1}+H^{(j)\mathrm{T}}R^{(j)-1}H^{(j)} \tag{10.100}$$

$$K^{(j)}=\Phi P^{(j)}H^{(j)\mathrm{T}}R^{(j)-1} \tag{10.101}$$

其中定义 $\hat{z}^{(j)}(t|t-1)=\Sigma^{(j)-1}\hat{x}^{(j)}(t|t-1)$,$\hat{z}^{(j)}(t|t)=P^{(j)-1}\hat{x}^{(j)}(t|t)$,$\hat{x}^{(j)}(t|t)$ 是鲁棒融合稳态 Kalman 滤波器,$P^{(j)}$ 是保守融合稳态 Kalman 滤波误差方差阵,$y^{(j)}(t)$ 是实际融合观测。由式(10.97)—(10.101)可看到,为了证明式(10.94)和式(10.95),只需证明

$$H^{(c)\mathrm{T}}R^{(c)-1}y^{(c)}(t)=H^{(M)\mathrm{T}}R^{(M)-1}y^{(M)}(t) \tag{10.102}$$

$$H^{(c)\mathrm{T}}R^{(c)-1}H^{(c)}=H^{(M)\mathrm{T}}R^{(M)-1}H^{(M)} \tag{10.103}$$

类似于文献[34]的推导,容易证明式(10.102)和式(10.103)成立。因此有式(10.94)和式(10.95)成立,由式(10.94)得式(10.96)。证毕。

特别地,在式(10.97)—(10.101)中,应用式(10.102)和式(10.103)容易得到 $\hat{x}^{(c)}(t\mid t)=\hat{x}^{(M)}(t\mid t),P^{(c)}=P^{(M)}$。

称由式(10.84)给出的实际集中式和加权观测融合稳态 Kalman 预报器为鲁棒融合稳态 Kalman 预报器,由式(10.93)给出的不等式关系称为它们的鲁棒性。

对于带已知保守上界 Q 和 $R^{(j)}$ 的最坏情形观测融合系统(10.1)和(10.82),类似于式(10.17)—(10.28)的推导,应用标准白噪声平滑估计算法得保守最优集中式和加权观测融合稳态白噪声反卷积平滑器有如下统一形式

$$\hat{w}^{(j)}(t\mid t+N)=\sum_{k=1}^{N}M^{(j)}(k)\varepsilon^{(j)}(t+k),N>0,j=c,M \tag{10.104}$$

其中

$$M^{(j)}(1)=Q\Gamma^{\mathrm{T}}H^{(j)\mathrm{T}}Q_{\varepsilon}^{(j)-1} \tag{10.105}$$

$$M^{(j)}(k)=Q\Gamma^{\mathrm{T}}\Psi^{(j)\mathrm{T}(k-1)}H^{(j)\mathrm{T}}Q_{\varepsilon}^{(j)-1},k>1 \tag{10.106}$$

这里 $\varepsilon^{(j)}(t+k)$ 是保守融合新息过程,$Q_{\varepsilon}^{(j)}$ 是保守融合新息过程方差。

保守融合白噪声反卷积平滑估计误差方差阵为

$$P^{(j)}(N)=Q-\sum_{k=1}^{N}M^{(j)}(k)Q_{\varepsilon}^{(j)}M^{(j)\mathrm{T}}(k),N>0 \tag{10.107}$$

注 10.4 类似于注 10.1,在由式(10.104)给出的保守融合稳态白噪声反卷积平滑器中,保守新息过程 $\varepsilon^{(j)}(t+k)$ 是不可利用的,它由保守融合观测 $y^{(j)}(t)$ 和保守融合一步预报器 $\hat{x}^{(j)}(t\mid t-1)$ 产生。仅仅实际融合新息过程 $\varepsilon^{(j)}(t+k)$ 是可利用的(已知的),它由实际融合观测 $y^{(j)}(t)$ 和实际融合一步预报器 $\hat{x}^{(j)}(t\mid t-1)$ 产生。在式(10.104)中,用实际融合新息过程 $\varepsilon^{(j)}(t+k)$ 来代替保守融合新息过程 $\varepsilon^{(j)}(t+k)$ 得实际融合稳态白噪声反卷积平滑器(10.104)。

类似于式(10.21),融合白噪声平滑估计误差 $\tilde{w}^{(j)}(t\mid t+N)$ 满足如下公式

$$\tilde{w}^{(j)}(t\mid t+N)=\Psi_{wN}^{(j)}\tilde{x}^{(j)}(t\mid t-1)+\sum_{\rho=0}^{N}M_{w\rho}^{(j)}w(t+\rho)+\sum_{\rho=0}^{N}M_{v\rho}^{(j)}v^{(j)}(t+\rho) \tag{10.108}$$

其中

$$\Psi_{wN}^{(j)}=-\sum_{k=0}^{N}M^{(j)}(k)H^{(j)}\Psi^{(j)k} \tag{10.109}$$

$$M_{w\rho}^{(j)}=-\sum_{k=\rho+1}^{N}M^{(j)}(k)H^{(j)}\Psi^{(j)(k-\rho-1)}\Gamma,\rho=1,\cdots,N-1,$$

$$M_{w0}^{(j)}=I_n-\sum_{k=1}^{N}M^{(j)}(k)H^{(j)}\Psi^{(j)(k-1)}\Gamma;M_{wN}^{(j)}=0 \tag{10.110}$$

$$M_{v\rho}^{(j)}=\sum_{k=\rho+1}^{N}M^{(j)}(k)H^{(j)}\Psi^{(j)(k-\rho-1)}K^{(j)}-M^{(j)}(\rho),\rho=0,\cdots,N-1;M_{vN}^{(j)}=-M^{(j)}(N) \tag{10.111}$$

应用式(10.108)得实际和保守融合白噪声平滑误差方差阵分别为

$$\bar{P}^{(j)}(N)=\Psi_{wN}^{(j)}\bar{\Sigma}^{(j)}\Psi_{wN}^{(j)\mathrm{T}}+\sum_{\rho=0}^{N}M_{w\rho}^{(j)}\bar{Q}M_{w\rho}^{(j)\mathrm{T}}+\sum_{\rho=0}^{N}M_{v\rho}^{(j)}\bar{R}^{(j)}M_{v\rho}^{(j)\mathrm{T}},N>0 \quad (10.112)$$

$$P^{(j)}(N)=\Psi_{wN}^{(j)}\Sigma^{(j)}\Psi_{wN}^{(j)\mathrm{T}}+\sum_{\rho=0}^{N}M_{w\rho}^{(j)}QM_{w\rho}^{(j)\mathrm{T}}+\sum_{\rho=0}^{N}M_{v\rho}^{(j)}R^{(j)}M_{v\rho}^{(j)\mathrm{T}},N>0 \quad (10.113)$$

定理 10.4 对于不确定多传感器系统(10.1)和(10.2),在假设1和假设2条件下,由式(10.104)给出的实际集中式和加权观测融合稳态白噪声反卷积平滑器是鲁棒的,即对于满足式(10.3)的所有容许的不确定实际方差 $\bar{Q}$ 和 $\bar{R}_i$,有

$$\bar{P}^{(j)}(N)\leqslant P^{(j)}(N),N>0,j=c,M \quad (10.114)$$

且 $P^{(j)}(N)$ 是 $\bar{P}^{(j)}(N)$ 的最小上界。实际集中式和加权观测融合稳态白噪声反卷积平滑器是数值等价的,即在相同的初值 $\hat{x}^{(j)}(0|-1)=\mu_0(j=c,M)$ 条件下,对于任意的 $t\geqslant 0$ 有

$$\hat{w}^{(c)}(t|t+N)=\hat{w}^{(M)}(t|t+N) \quad (10.115)$$

$$P^{(c)}(N)=P^{(M)}(N) \quad (10.116)$$

$$\bar{P}^{(c)}(N)=\bar{P}^{(M)}(N) \quad (10.117)$$

证明 用式(10.113)减式(10.112)得

$$P^{(j)}(N)-\bar{P}^{(j)}(N)=\Psi_{wN}^{(j)}(\Sigma^{(j)}-\bar{\Sigma}^{(j)})\Psi_{wN}^{(j)\mathrm{T}}+\sum_{\rho=0}^{N}M_{w\rho}^{(j)}(Q-\bar{Q})M_{w\rho}^{(j)\mathrm{T}}+\sum_{\rho=0}^{N}M_{v\rho}^{(j)}(R^{(j)}-\bar{R}^{(j)})M_{v\rho}^{(j)\mathrm{T}} \quad (10.118)$$

应用式(10.93)、式(10.3)和式(10.83)得 $P^{(j)}(N)-\bar{P}^{(j)}(N)\geqslant 0$,即式(10.114)成立。类似于定理8.1的证明,容易证得 $P^{(j)}(N)$ 是 $\bar{P}^{(j)}(N)$ 的最小上界。下面证明由式(10.115)—(10.117)给出的等价性。由式(10.101)可得

$$K^{(j)}H^{(j)}=\Phi P^{(j)}H^{(j)\mathrm{T}}R^{(j)-1}H^{(j)} \quad (10.119)$$

$$K^{(j)}y^{(j)}(t)=\Phi P^{(j)}H^{(j)\mathrm{T}}R^{(j)-1}y^{(j)}(t) \quad (10.120)$$

应用式(10.102)、式(10.103)和等价性 $P^{(c)}=P^{(M)}$ 得

$$K^{(c)}H^{(c)}=K^{(M)}H^{(M)} \quad (10.121)$$

$$K^{(c)}y^{(c)}(t)=K^{(M)}y^{(M)}(t) \quad (10.122)$$

应用式(10.86)和式(10.121)得

$$\Psi^{(c)}=\Psi^{(M)} \quad (10.123)$$

由式(10.85)得

$$K^{(j)}\varepsilon^{(j)}(t)=K^{(j)}y^{(j)}(t)-K^{(j)}H^{(j)}\hat{x}^{(j)}(t|t-1) \quad (10.124)$$

对式(10.124)应用式(10.94)、式(10.121)和式(10.122)得

$$K^{(c)}\varepsilon^{(c)}(t)=K^{(M)}\varepsilon^{(M)}(t) \quad (10.125)$$

由式(10.87)可得

$$K^{(j)}\varepsilon^{(j)}(t)=\Phi\Sigma^{(j)}H^{(j)\mathrm{T}}Q_{\varepsilon}^{(j)-1}\varepsilon^{(j)}(t) \quad (10.126)$$

对式(10.126)应用式(10.95)和式(10.125)得

$$H^{(c)\mathrm{T}}Q_{\varepsilon}^{(c)-1}\varepsilon^{(c)}(t)=H^{(M)\mathrm{T}}Q_{\varepsilon}^{(M)-1}\varepsilon^{(M)}(t) \quad (10.127)$$

由式(10.106)可得

$$M^{(j)}(k)\varepsilon^{(j)}(t+k)=Q\Gamma^{\mathrm{T}}\Psi^{(j)\mathrm{T}(k-1)}H^{(j)\mathrm{T}}Q_{\varepsilon}^{(j)-1}\varepsilon^{(j)}(t+k) \quad (10.128)$$

对式(10.128)应用式(10.123)和式(10.127)得

$$M^{(c)}(k)\varepsilon^{(c)}(t+k)=M^{(M)}(k)\varepsilon^{(M)}(t+k) \tag{10.129}$$

对式(10.129)取方差操作得

$$M^{(c)}(k)Q_{\varepsilon}^{(c)}M^{(c)\mathrm{T}}(k)=M^{(M)}(k)Q_{\varepsilon}^{(M)}M^{(M)\mathrm{T}}(k) \tag{10.130}$$

对式(10.104)应用式(10.129)得式(10.115),对式(10.107)应用式(10.130)得式(10.116),由式(10.115)可得式(10.117)。证毕。

称式(10.104)给出的实际集中式和加权观测融合稳态白噪声反卷积平滑器为鲁棒融合稳态白噪声反卷积平滑器,式(10.114)给出的不等式关系称为它们的鲁棒性。

10.2.5 精度分析

下面将分别给出鲁棒局部和融合稳态白噪声反卷积平滑器之间的矩阵和矩阵迹不等式精度关系。

定理 10.5 对于不确定多传感器系统(10.1)和(10.2),在假设1和假设2条件下,鲁棒局部和融合稳态白噪声反卷积平滑器之间有如下矩阵不等式精度关系

$$\bar{P}_{wi}(N)\leqslant P_{wi}(N),N>0,i=1,\cdots,L \tag{10.131}$$

$$P_{wi}(N_2)\leqslant P_{wi}(N_1),0<N_1<N_2,i=1,\cdots,L \tag{10.132}$$

$$\bar{P}^{\theta}(N)\leqslant P^{\theta}(N),\theta=m,s,d,\mathrm{CI},N>0 \tag{10.133}$$

$$\bar{P}^{(j)}(N)\leqslant P^{(j)}(N),N>0,j=c,M \tag{10.134}$$

$$P^{(c)}(N)=P^{(M)}(N),N>0 \tag{10.135}$$

$$\bar{P}^{(c)}(N)=\bar{P}^{(M)}(N),N>0 \tag{10.136}$$

$$P^{(j)}(N)\leqslant P^{m}(N),N>0,j=c,M \tag{10.137}$$

$$P^{m}(N)\leqslant P_{wi}(N),N>0,i=1,\cdots,L \tag{10.138}$$

$$P^{m}(N)\leqslant P^{\theta}(N),N>0,\theta=s,d,\mathrm{CI} \tag{10.139}$$

$$\bar{P}^{\mathrm{CI}}(N)\leqslant P^{\mathrm{CI}*}(N),P^{\mathrm{CI}}(N)\leqslant P^{\mathrm{CI}*}(N),N>0 \tag{10.140}$$

证明 不等式(10.131)已在定理10.1中被证明,由式(10.20)容易证得式(10.132)成立,不等式(10.133)已在定理10.2中被证明,不等式(10.134)—(10.136)已在定理10.4中被证明,不等式(10.137)—(10.139)已在文献[33]中被证明,不等式(10.140)已在注10.3中被证明。证毕。

定理 10.6 对于不确定多传感器系统(10.1)和(10.2),在假设1和假设2条件下,鲁棒局部和融合稳态白噪声反卷积平滑器之间有如下矩阵迹不等式精度关系

$$\mathrm{tr}\bar{P}_{wi}(N)\leqslant \mathrm{tr}P_{wi}(N),N>0,i=1,\cdots,L \tag{10.141}$$

$$\mathrm{tr}P_{wi}(N_2)\leqslant \mathrm{tr}P_{wi}(N_1),0<N_1<N_2,i=1,\cdots,L \tag{10.142}$$

$$\mathrm{tr}\bar{P}^{\theta}(N)\leqslant \mathrm{tr}P^{\theta}(N),N>0,\theta=m,s,d,\mathrm{CI} \tag{10.143}$$

$$\mathrm{tr}\bar{P}^{(j)}(N)\leqslant \mathrm{tr}P^{(j)}(N),N>0,j=c,M \tag{10.144}$$

$$\mathrm{tr}P^{(c)}(N)=\mathrm{tr}P^{(M)}(N),N>0 \tag{10.145}$$

$$\mathrm{tr}\bar{P}^{(c)}(N)=\mathrm{tr}\bar{P}^{(M)}(N),N>0 \tag{10.146}$$

$$\mathrm{tr}P^{m}(N)\leqslant \mathrm{tr}P^{\mathrm{CI}}(N),N>0 \tag{10.147}$$

$$\mathrm{tr}\bar{P}^{\mathrm{CI}}(N)\leqslant \mathrm{tr}P^{\mathrm{CI}}(N)\leqslant \mathrm{tr}P^{\mathrm{CI}*}(N)\leqslant \mathrm{tr}P_{wi}(N),N>0,i=1,\cdots,L \tag{10.148}$$

$$\mathrm{tr}P^{(j)}(N)\leqslant \mathrm{tr}P^{m}(N)\leqslant \mathrm{tr}P^{d}(N)\leqslant \mathrm{tr}P^{s}(N)\leqslant \mathrm{tr}P_{wi}(N) \tag{10.149}$$

证明　对式(10.131)—(10.136)取矩阵迹运算得式(10.141)—(10.146),对式(10.139)取矩阵迹运算得式(10.147)。在式(10.143)中取 $\theta = \mathrm{CI}$ 得 $\mathrm{tr}\bar{P}^{\mathrm{CI}}(N) \leqslant \mathrm{tr}P^{\mathrm{CI}}(N)$,对式(10.140)取矩阵迹操作得 $\mathrm{tr}P^{\mathrm{CI}}(N) \leqslant \mathrm{tr}P^{\mathrm{CI}*}(N)$,在式(10.43)中取 $\omega_i^{(N)} = 1, \omega_j^{(N)} = 0 (j \neq i)$ 得 $\mathrm{tr}P^{\mathrm{CI}*}(N) = \mathrm{tr}P_{wi}(N)$,所以极小化带约束条件 $\sum_{i=1}^{L} \omega_i^{(N)} = 1$ 的 $\mathrm{tr}P^{\mathrm{CI}*}(N)$ 得 $\mathrm{tr}P^{\mathrm{CI}*}(N) \leqslant \mathrm{tr}P_{wi}(N)$,即式(10.148)成立。不等式(10.149)已在文献[33]中被证明。证毕。

注 10.5　$\mathrm{tr}P_{wi}(N)$,$\mathrm{tr}P^{\theta}(N)$ 和 $\mathrm{tr}P^{(j)}(N)$ 分别称为相应的稳态白噪声反卷积平滑器的鲁棒精度,而 $\mathrm{tr}\bar{P}_{wi}(N)$,$\mathrm{tr}\bar{P}^{\theta}(N)$ 和 $\mathrm{tr}\bar{P}^{(j)}(N)$ 则称为它们的实际精度。较小的 $\mathrm{tr}P_{wi}(N)$ 或 $\mathrm{tr}P^{\theta}(N)$ 或 $\mathrm{tr}P^{(j)}(N)$ 拥有较高的鲁棒精度,较小的 $\mathrm{tr}\bar{P}_{wi}(N)$ 或 $\mathrm{tr}\bar{P}^{\theta}(N)$ 或 $\mathrm{tr}\bar{P}^{(j)}(N)$ 拥有较高的实际精度,鲁棒精度是最低的实际精度。由式(10.142)可知当 $0 < N_1 < N_2$ 时,$\hat{w}_i(t \mid t + N_2)$ 的鲁棒精度高于 $\hat{w}_i(t \mid t + N_1)$ 的鲁棒精度,即带较大固定滞后步数的平滑器的鲁棒精度高于带较小固定滞后步数的平滑器的鲁棒精度。

10.3　混合不确定网络化系统集中式和加权观测融合鲁棒白噪声反卷积

对于带乘性噪声、丢失观测和不确定噪声方差且观测与过程噪声线性相关的混合不确定多传感器系统,本节介绍作者新近提出的鲁棒集中式和加权观测融合时变与稳态白噪声反卷积估值器(滤波器和平滑器)[26]。应用虚拟噪声方法,系统被转换为带确定性的模型参数和不确定噪声方差的系统。应用基于 Lyapunov 方程方法的极大极小鲁棒 Kalman 滤波方法,基于带噪声方差保守上界的最坏情形观测融合系统,提出了鲁棒融合时变和稳态 Kalman 一步预报器。进而,提出了鲁棒融合时变和稳态白噪声反卷积估值器(滤波器和平滑器),证明了它们的鲁棒性、数值等价性、精度关系和按实现收敛性。

考虑带乘性噪声、丢失观测和不确定方差线性相关加性白噪声的混合不确定多传感器系统

$$x(t+1) = \Phi x(t) + \Gamma w(t) \tag{10.150}$$

$$y_i(t) = \gamma_i(t)\left(H_i + \sum_{k=1}^{q} \xi_{ik}(t) H_{ik}\right) x(t) + v_i(t), i = 1, \cdots, L \tag{10.151}$$

$$v_i(t) = D_i w(t) + \eta_i(t), i = 1, \cdots, L \tag{10.152}$$

其中 t 是离散时间,$x(t) \in R^n$ 是系统状态,$y_i(t) \in R^{m_i}$ 是第 i 个传感器子系统的观测,$w(t) \in R^r$ 是要被估计的加性过程噪声,$v_i(t) \in R^{m_i}$ 是第 i 个传感器子系统的加性观测噪声且线性相关于 $w(t)$,$\xi_{ik}(t) \in R^1 (i = 1, \cdots, L, k = 1, \cdots, q)$ 是标量状态相依乘性噪声,$\Phi \in R^{n \times n}, \Gamma \in R^{n \times r}, H_i \in R^{m_i \times n}, H_{ik} \in R^{m_i \times n}$ 和 $D_i \in R^{m_i \times r}$ 是带适当维数的已知常矩阵,且 H_{ik} 被称为扰动方位矩阵,q 是乘性噪声个数,L 为传感器个数。

假设 3　$\gamma_i(t) (i = 1, \cdots, L)$ 是取值为 0 或 1 的互不相关的伯努利白噪声,且带已知概率

$$\mathrm{Prob}\{\gamma_i(t) = 1\} = \lambda_i, \mathrm{Prob}\{\gamma_i(t) = 0\} = 1 - \lambda_i, i = 1, \cdots, L, 0 \leqslant \lambda_i \leqslant 1 \tag{10.153}$$

定义噪声

$$\gamma_{0i}(t)=\gamma_i(t)-\lambda_i, i=1,\cdots,L \tag{10.154}$$

由式(10.153)和式(10.154)可知,$\gamma_i(t)$ 和 $\gamma_{0i}(t)$ 具有如下统计特性

$$\begin{cases}\mathrm{E}[\gamma_i(t)]=\lambda_i, \mathrm{E}[\gamma_{0i}(t)]=0\\ \sigma_{\gamma_{0i}}^2=\mathrm{E}[\gamma_{0i}(t)\gamma_{0i}(t)]=\lambda_i(1-\lambda_i)\\ \mathrm{E}[\gamma_{0i}(t)\gamma_{0j}(u)]=0, i\neq j \text{ 或 } t\neq u\end{cases} \tag{10.155}$$

假设4 $w(t)$,$\eta_i(t)$ 和 $\xi_{ik}(t)$ 是带零均值的互不相关白噪声,且都不相关于 $\gamma_{0i}(t)$,它们的实际协方差为

$$\mathrm{E}\left[\begin{bmatrix}w(t)\\ \eta_i(t)\\ \xi_{ik}(t)\end{bmatrix}\begin{bmatrix}w(u)\\ \eta_j(u)\\ \xi_{jh}(u)\end{bmatrix}^{\mathrm{T}}\right]=\begin{bmatrix}\bar{Q}\delta_{tu} & 0 & 0\\ 0 & \bar{R}_{\eta_i}\delta_{ij}\delta_{tu} & 0\\ 0 & 0 & \bar{\sigma}_{\xi_{ik}}^2\delta_{ij}\delta_{kh}\delta_{tu}\end{bmatrix} \tag{10.156}$$

其中 $\bar{Q}$,$\bar{R}_{\eta_i}$ 和 $\bar{\sigma}_{\xi_{ik}}^2$ 分别是白噪声 $w(t)$,$\eta_i(t)$ 和 $\xi_{ik}(t)$ 的未知不确定实际方差。

假设5 初始状态 $x(0)$ 不相关于 $w(t)$,$\eta_i(t)$ 和 $\xi_{ik}(t)$,且 $\mathrm{E}[x(0)]=\mu_0$,$\mathrm{E}[(x(0)-\mu_0)(x(0)-\mu_0)^{\mathrm{T}}]=\bar{P}_0$,其中 μ_0 是 $x(0)$ 的已知均值,$\bar{P}_0$ 是 $x(0)$ 的不确定实际方差。

假设6 Q,R_{η_i},$\sigma_{\xi_{ik}}^2$ 和 P_0 分别是 $\bar{Q}$,$\bar{R}_{\eta_i}$,$\bar{\sigma}_{\xi_{ik}}^2$ 和 $\bar{P}_0$ 的已知保守上界,即满足如下关系

$$\bar{Q}\leqslant Q, \bar{R}_{\eta_i}\leqslant R_{\eta_i}, \bar{\sigma}_{\xi_{ik}}^2\leqslant\sigma_{\xi_{ik}}^2, \bar{P}_0\leqslant P_0 \tag{10.157}$$

类似于注8.1,带未知不确定实际方差 $\bar{Q}$,$\bar{R}_{\eta_i}$,$\bar{\sigma}_{\xi_{ik}}^2$ 和 $\bar{P}_0$ 的系统(10.150)—(10.152)称为实际系统,它的状态和观测分别称为实际状态和实际观测。带已知保守上界 Q,R_{η_i},$\sigma_{\xi_{ik}}^2$ 和 P_0 的系统(10.150)—(10.152)称为保守(最坏情形)系统,它的状态和观测分别称为保守状态和保守观测。

对于不确定多传感器系统(10.150)—(10.152),本节将设计输入白噪声 $w(t)$ 的鲁棒集中式和加权观测融合时变白噪声反卷积估值器 $\hat{w}^{(j)}(t\mid t+N)$,$N\geqslant 0$,$j=c,M$,使对于满足式(10.157)的所有容许的不确定实际方差,它们的实际融合白噪声估计误差方差阵 $\bar{P}^{(j)}(t\mid t+N)$ 被保证有相应的最小上界 $P^{(j)}(t\mid t+N)$,即有

$$\bar{P}^{(j)}(t\mid t+N)\leqslant P^{(j)}(t\mid t+N), N\geqslant 0 \tag{10.158}$$

其中 $j=c$ 表示集中式融合器,$j=M$ 表示加权观测融合器,对于 $N=0$ 和 $N>0$,它们分别称为白噪声滤波器和平滑器。

10.3.1 基于虚拟噪声方法的模型转换

(1) 实际和保守非中心二阶矩

类似于式(8.11)和式(8.12),假设 Φ 为稳定矩阵,由式(10.150)给出的状态 $x(t)$ 的实际和保守非中心二阶矩($\mathrm{E}[x(t)x^{\mathrm{T}}(t)]$)$\bar{X}(t)$ 和 $X(t)$ 分别满足如下 Lyapunov 方程

$$\bar{X}(t+1)=\Phi\bar{X}(t)\Phi^{\mathrm{T}}+\Gamma\bar{Q}\Gamma^{\mathrm{T}} \tag{10.159}$$

$$X(t+1)=\Phi X(t)\Phi^{\mathrm{T}}+\Gamma Q\Gamma^{\mathrm{T}} \tag{10.160}$$

带初值 $\bar{X}(0)=\bar{P}_0+\mu_0\mu_0^{\mathrm{T}}$,$X(0)=P_0+\mu_0\mu_0^{\mathrm{T}}$。

类似于引理8.1的证明,对于满足式(10.157)的所有容许的不确定实际方差 $\bar{Q}$ 和

$\bar{P}_0$,有如下关系

$$\bar{X}(t) \leqslant X(t), \forall t \geqslant 0 \tag{10.161}$$

(2) 虚拟观测噪声

由式(10.151)和式(10.152)可知,观测方程(10.151)可被重写为

$$y_i(t) = H_{ai}x(t) + v_{ai}(t), H_{ai} = \lambda_i H_i, i = 1, \cdots, L \tag{10.162}$$

$$v_{ai}(t) = \gamma_{0i}(t)H_i x(t) + \sum_{k=1}^{q} \xi_{ik}(t)B_{ik}x(t) + \sum_{k=1}^{q} \gamma_{0i}(t)\xi_{ik}(t)H_{ik}x(t) + D_i w(t) + \eta_i(t), B_{ik} = \lambda_i H_{ik} \tag{10.163}$$

由式(10.155)和假设4可知,虚拟观测噪声 $v_{ai}(t)(i = 1, \cdots, L)$ 是带零均值的相关白噪声,且它不相关于状态 $x(t)$。应用式(10.163)得 $v_{ai}(t)$ 的实际和保守方差阵分别为

$$\bar{R}_{ai}(t) = \sigma_{\gamma_{0i}}^2 H_i \bar{X}(t) H_i^{\mathrm{T}} + \sum_{k=1}^{q} \bar{\sigma}_{\xi_{ik}}^2 B_{ik} \bar{X}(t) B_{ik}^{\mathrm{T}} + \sum_{k=1}^{q} \sigma_{\gamma_{0i}}^2 \bar{\sigma}_{\xi_{ik}}^2 H_{ik} \bar{X}(t) H_{ik}^{\mathrm{T}} + D_i \bar{Q} D_i^{\mathrm{T}} + \bar{R}_{\eta_i} \tag{10.164}$$

$$R_{ai}(t) = \sigma_{\gamma_{0i}}^2 H_i X(t) H_i^{\mathrm{T}} + \sum_{k=1}^{q} \sigma_{\xi_{ik}}^2 B_{ik} X(t) B_{ik}^{\mathrm{T}} + \sum_{k=1}^{q} \sigma_{\gamma_{0i}}^2 \sigma_{\xi_{ik}}^2 H_{ik} X(t) H_{ik}^{\mathrm{T}} + D_i Q D_i^{\mathrm{T}} + R_{\eta_i} \tag{10.165}$$

引理 10.3 对于满足式(10.157)的所有容许的不确定实际方差 $\bar{Q}, \bar{R}_{\eta_i}$ 和 $\bar{\sigma}_{\xi_{ik}}^2$,以及 $\bar{X}(t)$ 满足式(10.161),有

$$\bar{R}_{ai}(t) \leqslant R_{ai}(t) \tag{10.166}$$

证明 令 $\sigma_{\xi_{ik}}^2 = \bar{\sigma}_{\xi_{ik}}^2 + \Delta\sigma_{\xi_{ik}}^2$,则式(10.165)可被重写为

$$R_{ai}(t) = \sigma_{\gamma_{0i}}^2 H_i X(t) H_i^{\mathrm{T}} + \sum_{k=1}^{q} \bar{\sigma}_{\xi_{ik}}^2 B_{ik} X(t) B_{ik}^{\mathrm{T}} + \sum_{k=1}^{q} \Delta\sigma_{\xi_{ik}}^2 B_{ik} X(t) B_{ik}^{\mathrm{T}} + \sum_{k=1}^{q} \sigma_{\gamma_{0i}}^2 \bar{\sigma}_{\xi_{ik}}^2 H_{ik} X(t) H_{ik}^{\mathrm{T}} + \sum_{k=1}^{q} \sigma_{\gamma_{0i}}^2 \Delta\sigma_{\xi_{ik}}^2 H_{ik} X(t) H_{ik}^{\mathrm{T}} + D_i Q D_i^{\mathrm{T}} + R_{\eta_i} \tag{10.167}$$

其中 $\sigma_{\gamma_{0i}}^2 \geqslant 0, \bar{\sigma}_{\xi_{ik}}^2 \geqslant 0$,且由式(10.157)知 $\Delta\sigma_{\xi_{ik}}^2 \geqslant 0$。定义 $\Delta R_{ai}(t) = R_{ai}(t) - \bar{R}_{ai}(t)$,用式(10.167)减式(10.164)得

$$\Delta R_{ai}(t) = \sigma_{\gamma_{0i}}^2 H_i \Delta X(t) H_i^{\mathrm{T}} + \sum_{k=1}^{q} \bar{\sigma}_{\xi_{ik}}^2 B_{ik} \Delta X(t) B_{ik}^{\mathrm{T}} + \sum_{k=1}^{q} \Delta\sigma_{\xi_{ik}}^2 B_{ik} X(t) B_{ik}^{\mathrm{T}} + \sum_{k=1}^{q} \sigma_{\gamma_{0i}}^2 \bar{\sigma}_{\xi_{ik}}^2 H_{ik} \Delta X(t) H_{ik}^{\mathrm{T}} + \sum_{k=1}^{q} \sigma_{\gamma_{0i}}^2 \Delta\sigma_{\xi_{ik}}^2 H_{ik} X(t) H_{ik}^{\mathrm{T}} + D_i \Delta Q D_i^{\mathrm{T}} + \Delta R_{\eta_i} \tag{10.168}$$

其中 $\Delta X(t) = X(t) - \bar{X}(t), \Delta Q = Q - \bar{Q}$ 且 $\Delta R_{\eta_i} = R_{\eta_i} - \bar{R}_{\eta_i}$。由于 $X(0) \geqslant 0$,迭代式(10.160)可得 $X(t) \geqslant 0, \forall t \geqslant 0$,因此应用式(10.157)、式(10.161)和式(10.168)得 $\Delta R_{ai}(t) \geqslant 0$,即式(10.166)成立。证毕。

应用式(10.163)得 $w(t)$ 和 $v_{ai}(t)$ 的实际和保守相关矩阵分别为

$$\bar{S}_{ai} = \bar{Q} D_i^{\mathrm{T}}, S_{ai} = Q D_i^{\mathrm{T}} \tag{10.169}$$

因此,带混合不确定性的原始多传感器系统(10.150)—(10.152)被转换为一个仅带不确定噪声方差的时变多传感器系统(10.150)和(10.162)。

10.3.2 集中式和加权融合观测方程

(1) 集中式融合观测方程

组合由式(10.162)给出的所有局部观测方程得集中式融合观测方程

$$y^{(c)}(t)=H^{(c)}x(t)+v^{(c)}(t) \tag{10.170}$$

$$y^{(c)}(t)=[y_1^{\mathrm{T}}(t),\cdots,y_L^{\mathrm{T}}(t)]^{\mathrm{T}},H^{(c)}=[H_{a1}^{\mathrm{T}},\cdots,H_{aL}^{\mathrm{T}}]^{\mathrm{T}},$$
$$v^{(c)}(t)=[v_{a1}^{\mathrm{T}}(t),\cdots,v_{aL}^{\mathrm{T}}(t)]^{\mathrm{T}} \tag{10.171}$$

由式(10.163)可知集中式融合观测白噪声 $v^{(c)}(t)$ 可被重写为

$$v^{(c)}(t)=\gamma(t)x(t)+\xi(t)x(t)+\alpha(t)x(t)+Dw(t)+\eta(t) \tag{10.172}$$

$$\gamma(t)=[\gamma_{01}(t)H_1^{\mathrm{T}},\cdots,\gamma_{0L}(t)H_L^{\mathrm{T}}]^{\mathrm{T}},\xi(t)=\sum_{k=1}^{q}[\xi_{1k}(t)B_{1k}^{\mathrm{T}},\cdots,\xi_{Lk}(t)B_{Lk}^{\mathrm{T}}]^{\mathrm{T}}$$

$$\alpha(t)=\sum_{k=1}^{q}[\gamma_{01}(t)\xi_{1k}(t)H_{1k}^{\mathrm{T}},\cdots,\gamma_{0L}(t)\xi_{Lk}(t)H_{Lk}^{\mathrm{T}}]^{\mathrm{T}},D=[D_1^{\mathrm{T}},\cdots,D_L^{\mathrm{T}}]^{\mathrm{T}},$$
$$\eta(t)=[\eta_1^{\mathrm{T}}(t),\cdots,\eta_L^{\mathrm{T}}(t)]^{\mathrm{T}} \tag{10.173}$$

应用式(10.172)和式(10.173)得 $v^{(c)}(t)$ 的实际和保守方差阵分别为

$$\begin{aligned}\bar{R}^{(c)}(t)=&D\bar{Q}D^{\mathrm{T}}+\mathrm{diag}(\bar{R}_{\eta_1},\cdots,\bar{R}_{\eta_L})+\mathrm{diag}(\sigma_{\gamma_{01}}^2H_1\bar{X}(t)H_1^{\mathrm{T}},\cdots,\sigma_{\gamma_{0L}}^2H_L\bar{X}(t)H_L^{\mathrm{T}})+\\&\sum_{k=1}^{q}\mathrm{diag}(\bar{\sigma}_{\xi_{1k}}^2B_{1k}\bar{X}(t)B_{1k}^{\mathrm{T}},\cdots,\bar{\sigma}_{\xi_{Lk}}^2B_{Lk}\bar{X}(t)B_{Lk}^{\mathrm{T}})+\\&\sum_{k=1}^{q}\mathrm{diag}(\sigma_{\gamma_{01}}^2\bar{\sigma}_{\xi_{1k}}^2H_{1k}\bar{X}(t)H_{1k}^{\mathrm{T}},\cdots,\sigma_{\gamma_{0L}}^2\bar{\sigma}_{\xi_{Lk}}^2H_{Lk}\bar{X}(t)H_{Lk}^{\mathrm{T}})\end{aligned} \tag{10.174}$$

$$\begin{aligned}R^{(c)}(t)=&DQD^{\mathrm{T}}+\mathrm{diag}(R_{\eta_1},\cdots,R_{\eta_L})+\mathrm{diag}(\sigma_{\gamma_{01}}^2H_1X(t)H_1^{\mathrm{T}},\cdots,\sigma_{\gamma_{0L}}^2H_LX(t)H_L^{\mathrm{T}})+\\&\sum_{k=1}^{q}\mathrm{diag}(\sigma_{\xi_{1k}}^2B_{1k}X(t)B_{1k}^{\mathrm{T}},\cdots,\sigma_{\xi_{Lk}}^2B_{Lk}X(t)B_{Lk}^{\mathrm{T}})+\\&\sum_{k=1}^{q}\mathrm{diag}(\sigma_{\gamma_{01}}^2\sigma_{\xi_{1k}}^2H_{1k}X(t)H_{1k}^{\mathrm{T}},\cdots,\sigma_{\gamma_{0L}}^2\sigma_{\xi_{Lk}}^2H_{Lk}X(t)H_{Lk}^{\mathrm{T}})\end{aligned} \tag{10.175}$$

引理 10.4 对于满足式(10.157)的所有容许的不确定实际方差 $\bar{Q}$,$\bar{R}_{\eta_i}$ 和 $\bar{\sigma}_{\xi_{ik}}^2$,以及 $\bar{X}(t)$ 满足式(10.161),有

$$\bar{R}^{(c)}(t)\leqslant R^{(c)}(t) \tag{10.176}$$

证明 由引理 10.3,将 $\sigma_{\xi_{ik}}^2=\bar{\sigma}_{\xi_{ik}}^2+\Delta\sigma_{\xi_{ik}}^2$ 代入式(10.175)得

$$\begin{aligned}R^{(c)}(t)=&DQD^{\mathrm{T}}+\mathrm{diag}(R_{\eta_1},\cdots,R_{\eta_L})+\mathrm{diag}(\sigma_{\gamma_{01}}^2H_1X(t)H_1^{\mathrm{T}},\cdots,\sigma_{\gamma_{0L}}^2H_LX(t)H_L^{\mathrm{T}})+\\&\sum_{k=1}^{q}\mathrm{diag}(\bar{\sigma}_{\xi_{1k}}^2B_{1k}X(t)B_{1k}^{\mathrm{T}},\cdots,\bar{\sigma}_{\xi_{Lk}}^2B_{Lk}X(t)B_{Lk}^{\mathrm{T}})+\\&\sum_{k=1}^{q}\mathrm{diag}(\Delta\sigma_{\xi_{1k}}^2B_{1k}X(t)B_{1k}^{\mathrm{T}},\cdots,\Delta\sigma_{\xi_{Lk}}^2B_{Lk}X(t)B_{Lk}^{\mathrm{T}})+\\&\sum_{k=1}^{q}\mathrm{diag}(\sigma_{\gamma_{01}}^2\bar{\sigma}_{\xi_{1k}}^2H_{1k}X(t)H_{1k}^{\mathrm{T}},\cdots,\sigma_{\gamma_{0L}}^2\bar{\sigma}_{\xi_{Lk}}^2H_{Lk}X(t)H_{Lk}^{\mathrm{T}})+\\&\sum_{k=1}^{q}\mathrm{diag}(\sigma_{\gamma_{01}}^2\Delta\sigma_{\xi_{1k}}^2H_{1k}X(t)H_{1k}^{\mathrm{T}},\cdots,\sigma_{\gamma_{0L}}^2\Delta\sigma_{\xi_{Lk}}^2H_{Lk}X(t)H_{Lk}^{\mathrm{T}})\end{aligned} \tag{10.177}$$

定义 $\Delta R^{(c)}(t)=R^{(c)}(t)-\bar{R}^{(c)}(t)$,用式(10.177)减式(10.174)得

$$\begin{aligned}\Delta R^{(c)}(t)=&\operatorname{diag}(\Delta R_{\eta_1},\cdots,\Delta R_{\eta_L})+\operatorname{diag}(\sigma^2_{\gamma 01}H_1\Delta X(t)H_1^{\mathrm{T}},\cdots,\sigma^2_{\gamma 0L}H_L\Delta X(t)H_L^{\mathrm{T}})+\\&\sum_{k=1}^{q}\operatorname{diag}(\bar{\sigma}^2_{\xi_{1k}}B_{1k}\Delta X(t)B_{1k}^{\mathrm{T}},\cdots,\bar{\sigma}^2_{\xi_{Lk}}B_{Lk}\Delta X(t)B_{Lk}^{\mathrm{T}})+\\&\sum_{k=1}^{q}\operatorname{diag}(\Delta\sigma^2_{\xi_{1k}}B_{1k}X(t)B_{1k}^{\mathrm{T}},\cdots,\Delta\sigma^2_{\xi_{Lk}}B_{Lk}X(t)B_{Lk}^{\mathrm{T}})+\\&\sum_{k=1}^{q}\operatorname{diag}(\sigma^2_{\gamma 01}\bar{\sigma}^2_{\xi_{1k}}H_{1k}\Delta X(t)H_{1k}^{\mathrm{T}},\cdots,\sigma^2_{\gamma 0L}\bar{\sigma}^2_{\xi_{Lk}}H_{Lk}\Delta X(t)H_{Lk}^{\mathrm{T}})+\\&\sum_{k=1}^{q}\operatorname{diag}(\sigma^2_{\gamma 01}\Delta\sigma^2_{\xi_{1k}}H_{1k}X(t)H_{1k}^{\mathrm{T}},\cdots,\sigma^2_{\gamma 0L}\Delta\sigma^2_{\xi_{Lk}}H_{Lk}X(t)H_{Lk}^{\mathrm{T}})+D\Delta QD^{\mathrm{T}}\end{aligned}\tag{10.178}$$

其中 $\Delta X(t)$,ΔQ 和 ΔR_{η_i} 已在引理 10.3 中定义,由引理 10.3 可知 $\sigma^2_{\gamma 0i}\geqslant 0$,$\bar{\sigma}^2_{\xi_{ik}}\geqslant 0$,$\Delta\sigma^2_{\xi_{ik}}\geqslant 0$ 且 $X(t)\geqslant 0$,进而,应用式(10.157)、式(10.161)和引理8.3得 $\Delta R^{(c)}(t)\geqslant 0$,即式(10.176)成立。证毕。

应用假设4、式(10.172)和式(10.173)得 $w(t)$ 和 $v^{(c)}(t)$ 的实际和保守相关矩阵为

$$\bar{S}^{(c)}(t)=\bar{Q}D^{\mathrm{T}},S^{(c)}(t)=QD^{\mathrm{T}}\tag{10.179}$$

(2)加权融合观测方程

令 $m_c=m_1+\cdots+m_L$ 且假定 $m_c\geqslant n$,所以有 $H^{(c)}\in R^{m_c\times n}$,根据矩阵理论[24],存在一个列满秩矩阵 $M^{(c)}\in R^{m_c\times m}$ 和一个行满秩矩阵 $H^{(M)}\in R^{m\times n}$ 且 $m\leqslant n$,使得

$$H^{(c)}=M^{(c)}H^{(M)}\tag{10.180}$$

即 $M^{(c)}$ 和 $H^{(M)}$ 是 $H^{(c)}$ 的满秩分解矩阵。将式(10.180)代入式(10.170)得

$$y^{(c)}(t)=M^{(c)}H^{(M)}x(t)+v^{(c)}(t)\tag{10.181}$$

对式(10.181)应用定理2.1得 $H^{(M)}x(t)$ 的加权最小二乘估计

$$y^{(M)}(t)=[M^{(c)\mathrm{T}}R^{(c)-1}(t)M^{(c)}]^{-1}M^{(c)\mathrm{T}}R^{(c)-1}(t)y^{(c)}(t)\tag{10.182}$$

其中 $R^{(c)-1}(t)=(R^{(c)}(t))^{-1}$。将式(10.181)代入式(10.182)得加权融合观测方程

$$y^{(M)}(t)=H^{(M)}x(t)+v^{(M)}(t)\tag{10.183}$$

$$v^{(M)}(t)=[M^{(c)\mathrm{T}}R^{(c)-1}(t)M^{(c)}]^{-1}M^{(c)\mathrm{T}}R^{(c)-1}(t)v^{(c)}(t)\tag{10.184}$$

应用式(10.184)得融合白噪声 $v^{(M)}(t)$ 的实际和保守方差阵分别为

$$\bar{R}^{(M)}(t)=[M^{(c)\mathrm{T}}R^{(c)-1}(t)M^{(c)}]^{-1}M^{(c)\mathrm{T}}R^{(c)-1}(t)\bar{R}^{(c)}(t)R^{(c)-1}(t)M^{(c)}[M^{(c)\mathrm{T}}R^{(c)-1}(t)M^{(c)}]^{-1}\tag{10.185}$$

$$R^{(M)}(t)=[M^{(c)\mathrm{T}}R^{(c)-1}(t)M^{(c)}]^{-1}\tag{10.186}$$

用式(10.186)减式(10.185)得

$$\begin{aligned}R^{(M)}(t)-\bar{R}^{(M)}(t)=&[M^{(c)\mathrm{T}}R^{(c)-1}(t)M^{(c)}]^{-1}M^{(c)\mathrm{T}}R^{(c)-1}(t)[R^{(c)}(t)-\bar{R}^{(c)}(t)]\times\\&R^{(c)-1}(t)M^{(c)}[M^{(c)\mathrm{T}}R^{(c)-1}(t)M^{(c)}]^{-1}\end{aligned}\tag{10.187}$$

应用式(10.176)和式(10.187)得

$$\bar{R}^{(M)}(t)\leqslant R^{(M)}(t)\tag{10.188}$$

应用式(10.184)和式(10.179)得 $w(t)$ 和 $v^{(M)}(t)$ 的实际和保守相关矩阵分别为

$$\bar{S}^{(M)}(t)=\bar{S}^{(c)}(t)R^{(c)-1}(t)M^{(c)}[M^{(c)\mathrm{T}}R^{(c)-1}(t)M^{(c)}]^{-1}\tag{10.189}$$

$$S^{(M)}(t)=S^{(c)}(t)R^{(c)-1}(t)M^{(c)}[M^{(c)\mathrm{T}}R^{(c)-1}(t)M^{(c)}]^{-1}\tag{10.190}$$

类似于注9.1,作为一种特殊情况,如果 $H^{(c)}$ 是列满秩矩阵,则由式(10.180)得 $M^{(c)}=$

$H^{(c)}$ 且 $H^{(M)} = I_n$,这里 I_n 为 $n \times n$ 单位矩阵。

由式(10.170)和式(10.183)给出的集中式和加权融合观测方程可表示为统一形式

$$y^{(j)}(t) = H^{(j)}x(t) + v^{(j)}(t), j = c, M \tag{10.191}$$

且由式(10.176)和式(10.188)可知,融合白噪声 $v^{(j)}(t)(j = c, M)$ 的实际和保守方差阵 $\bar{R}^{(j)}(t)$ 和 $R^{(j)}(t)$ 有如下统一形式的不等式关系

$$\bar{R}^{(j)}(t) \leqslant R^{(j)}(t), j = c, M \tag{10.192}$$

因此,带保守噪声统计 $Q, R_{ai}(t)$ 和 S_{ai} 的多传感器系统(10.150)和(10.162)被转换成带保守噪声统计 $Q, R^{(j)}(t)$ 和 $S^{(j)}(t)$ 时变观测融合系统(10.150)和(10.191)。

10.3.3 鲁棒集中式和加权观测融合时变白噪声反卷积估值器

(1)鲁棒融合时变 Kalman 预报器

对于带保守噪声统计 $Q, R^{(j)}(t)$ 和 $S^{(j)}(t)$ 的最坏情形观测融合系统(10.150)和(10.191),根据极大极小鲁棒估计原理,应用定理3.25给出的标准Kalman预报算法得保守最优集中式和加权观测融合时变 Kalman 预报器有如下统一形式

$$\hat{x}^{(j)}(t+1 \mid t) = \Psi^{(j)}(t)\hat{x}^{(j)}(t \mid t-1) + K^{(j)}(t)y^{(j)}(t), j = c, M \tag{10.193}$$

$$\varepsilon^{(j)}(t) = y^{(j)}(t) - H^{(j)}\hat{x}^{(j)}(t \mid t-1) \tag{10.194}$$

$$\Psi^{(j)}(t) = \Phi - K^{(j)}(t)H^{(j)} \tag{10.195}$$

$$K^{(j)}(t) = [\Phi\Sigma^{(j)}(t \mid t-1)H^{(j)\mathrm{T}} + \Gamma S^{(j)}(t)]Q_{\varepsilon}^{(j)-1}(t) \tag{10.196}$$

$$Q_{\varepsilon}^{(j)}(t) = H^{(j)}\Sigma^{(j)}(t \mid t-1)H^{(j)\mathrm{T}} + R^{(j)}(t) \tag{10.197}$$

且保守融合预报误差方差阵 $\Sigma^{(j)}(t+1 \mid t)$ 满足如下时变 Riccati 方程

$$\begin{aligned}\Sigma^{(j)}(t+1 \mid t) = {} & \Phi\Sigma^{(j)}(t \mid t-1)\Phi^{\mathrm{T}} - [\Phi\Sigma^{(j)}(t \mid t-1)H^{(j)\mathrm{T}} + \Gamma S^{(j)}(t)] \times \\ & [H^{(j)}\Sigma^{(j)}(t \mid t-1)H^{(j)\mathrm{T}} + R^{(j)}(t)]^{-1} \times \\ & [\Phi\Sigma^{(j)}(t \mid t-1)H^{(j)\mathrm{T}} + \Gamma S^{(j)}(t)]^{\mathrm{T}} + \Gamma Q \Gamma^{\mathrm{T}}\end{aligned} \tag{10.198}$$

带初值 $\hat{x}^{(j)}(0 \mid -1) = \mu_0, \Sigma^{(j)}(0 \mid -1) = P_0$。

类似于注9.2,在式(10.193)中,用带实际局部观测 $y_i(t)$ 的实际融合观测 $y^{(j)}(t)$ $(j = c, M)$ 代替带保守局部观测 $y_i(t)$ 的保守融合观测 $y^{(j)}(t)$ 得到实际集中式和加权观测融合时变 Kalman 预报器 $\hat{x}^{(j)}(t+1 \mid t)$,它是可实现的。

用式(10.150)减式(10.193)得融合预报误差

$$\begin{aligned}\tilde{x}^{(j)}(t+1 \mid t) &= \Psi^{(j)}(t)\tilde{x}^{(j)}(t \mid t-1) + \Gamma w(t) - K^{(j)}(t)v^{(j)}(t) = \\ &\quad \Psi^{(j)}(t)\tilde{x}^{(j)}(t \mid t-1) + [\Gamma, -K^{(j)}(t)]\beta^{(j)}(t)\end{aligned} \tag{10.199}$$

其中定义增广噪声 $\beta^{(j)}(t)$ 为

$$\beta^{(j)}(t) = [w^{\mathrm{T}}(t), v^{(j)\mathrm{T}}(t)]^{\mathrm{T}}, j = c, M \tag{10.200}$$

应用式(10.200)得 $\beta^{(j)}(t)$ 的实际和保守方差阵分别为

$$\bar{\Lambda}^{(j)}(t) = \begin{bmatrix} \bar{Q} & \bar{S}^{(j)}(t) \\ \bar{S}^{(j)\mathrm{T}}(t) & \bar{R}^{(j)}(t) \end{bmatrix}, \Lambda^{(j)}(t) = \begin{bmatrix} Q & S^{(j)}(t) \\ S^{(j)\mathrm{T}}(t) & R^{(j)}(t) \end{bmatrix}, j = c, M \tag{10.201}$$

进而,应用式(10.199)得实际和保守集中式和加权观测融合 Kalman 预报误差方差阵分别满足如下 Lyapunov 方程

$$\bar{\Sigma}^{(j)}(t+1 \mid t) = \Psi^{(j)}(t)\bar{\Sigma}^{(j)}(t \mid t-1)\Psi^{(j)\mathrm{T}}(t) + [\Gamma, -K^{(j)}(t)]\bar{\Lambda}^{(j)}(t)[\Gamma, -K^{(j)}(t)]^{\mathrm{T}} \tag{10.202}$$

$$\Sigma^{(j)}(t+1|t)=\Psi^{(j)}(t)\Sigma^{(j)}(t|t-1)\Psi^{(j)\mathrm{T}}(t)+[\Gamma,-K^{(j)}(t)]\Lambda^{(j)}(t)[\Gamma,-K^{(j)}(t)]^{\mathrm{T}} \tag{10.203}$$

带初值$\bar{\Sigma}^{(j)}(0|-1)=\bar{P}_0,\Sigma^{(j)}(0|-1)=P_0$。

引理10.5 对于满足式(10.157)的所有容许的不确定实际方差$\bar{Q},\bar{R}_{\eta_i},\bar{\sigma}^2_{\xi_{ik}}$和$\bar{P}_0$,有

$$\bar{\Lambda}^{(j)}(t)\leqslant\Lambda^{(j)}(t),j=c,M \tag{10.204}$$

证明 首先证明对于$j=c$式(10.204)成立。定义$\Delta\Lambda^{(c)}(t)=\Lambda^{(c)}(t)-\bar{\Lambda}^{(c)}(t)$,$\Delta S^{(c)}(t)=S^{(c)}(t)-\bar{S}^{(c)}(t)$,则由式(10.178)和式(10.179)可得

$$\Delta\Lambda^{(c)}(t)=\begin{bmatrix}\Delta Q & \Delta S^{(c)}(t)\\ \Delta S^{(c)\mathrm{T}}(t) & \Delta R^{(c)}(t)\end{bmatrix}=\begin{bmatrix}\Delta Q & \Delta QD^{\mathrm{T}}\\ D\Delta Q & \Delta(t)+D\Delta QD^{\mathrm{T}}\end{bmatrix} \tag{10.205}$$

$$\begin{aligned}\Delta(t)=&\operatorname{diag}(\sigma^2_{\gamma_{01}}H_1\Delta X(t)H_1^{\mathrm{T}},\cdots,\sigma^2_{\gamma_{0L}}H_L\Delta X(t)H_L^{\mathrm{T}})+\\&\sum_{k=1}^{q}\operatorname{diag}(\bar{\sigma}^2_{\xi_{1k}}B_{1k}\Delta X(t)B_{1k}^{\mathrm{T}},\cdots,\bar{\sigma}^2_{\xi_{Lk}}B_{Lk}\Delta X(t)B_{Lk}^{\mathrm{T}})+\\&\sum_{k=1}^{q}\operatorname{diag}(\Delta\sigma^2_{\xi_{1k}}B_{1k}X(t)B_{1k}^{\mathrm{T}},\cdots,\Delta\sigma^2_{\xi_{Lk}}B_{Lk}X(t)B_{Lk}^{\mathrm{T}})+\\&\sum_{k=1}^{q}\operatorname{diag}(\sigma^2_{\gamma_{01}}\bar{\sigma}^2_{\xi_{1k}}H_{1k}\Delta X(t)H_{1k}^{\mathrm{T}},\cdots,\sigma^2_{\gamma_{0L}}\bar{\sigma}^2_{\xi_{Lk}}H_{Lk}\Delta X(t)H_{Lk}^{\mathrm{T}})+\\&\sum_{k=1}^{q}\operatorname{diag}(\sigma^2_{\gamma_{01}}\Delta\sigma^2_{\xi_{1k}}H_{1k}X(t)H_{1k}^{\mathrm{T}},\cdots,\sigma^2_{\gamma_{0L}}\Delta\sigma^2_{\xi_{Lk}}H_{Lk}X(t)H_{Lk}^{\mathrm{T}})+\\&\operatorname{diag}(\Delta R_{\eta_1},\cdots,\Delta R_{\eta_L})\end{aligned} \tag{10.206}$$

分解$\Delta\Lambda^{(c)}(t)$为

$$\Delta\Lambda^{(c)}(t)=\Delta\Lambda_1^{(c)}(t)+\Delta\Lambda_2^{(c)}(t) \tag{10.207}$$

$$\Delta\Lambda_1^{(c)}(t)=\begin{bmatrix}\Delta Q & \Delta QD^{\mathrm{T}}\\ D\Delta Q & D\Delta QD^{\mathrm{T}}\end{bmatrix},\Delta\Lambda_2^{(c)}(t)=\begin{bmatrix}0 & 0\\ 0 & \Delta(t)\end{bmatrix} \tag{10.208}$$

类似于引理9.4的证明,应用式(10.157)和引理8.2容易证明$\Delta\Lambda_1^{(c)}(t)\geqslant0$。类似于引理10.4的证明,容易证得$\Delta(t)\geqslant0$,进而应用引理8.3得$\Delta\Lambda_2^{(c)}(t)\geqslant0$。因此有$\Delta\Lambda^{(c)}(t)\geqslant0$,即对于$j=c$有式(10.204)成立。完全类似于引理9.4的证明过程,容易证得$\Delta\Lambda^{(M)}(t)=\Lambda^{(M)}(t)-\bar{\Lambda}^{(M)}(t)\geqslant0$,即对于$j=M$式(10.204)成立。证毕。

定理10.7 对于不确定多传感器系统(10.150)—(10.152),在假设3—6条件下,由式(10.193)给出的实际融合时变Kalman预报器是鲁棒的,即对于满足式(10.157)的所有容许的不确定实际方差$\bar{Q},\bar{R}_{\eta_i},\bar{\sigma}^2_{\xi_{ik}}$和$\bar{P}_0$,有

$$\bar{\Sigma}^{(j)}(t+1|t)\leqslant\Sigma^{(j)}(t+1|t),j=c,M \tag{10.209}$$

且$\Sigma^{(j)}(t+1|t)$是$\bar{\Sigma}^{(j)}(t+1|t)$的最小上界。

证明 基于引理10.5,完全类似于定理9.1的证明,定理10.7可被证明,在此不再赘述。证毕。

称由式(10.193)给出的实际融合时变Kalman预报器为鲁棒融合时变Kalman预报器,由式(10.209)给出的不等式关系称为它们的鲁棒性。

注10.6 对于不确定保守子系统(10.150)和(10.162),类似于式(10.193)—(10.203)的推导,容易得到鲁棒局部时变Kalman预报器$\hat{x}_i(t+1|t)(i=1,\cdots,L)$以及它们的实际和保守预报误差方差阵$\bar{\Sigma}_i(t+1|t)$和$\Sigma_i(t+1|t)$,它们具有鲁棒性,即对于

满足式(10.157)的所有容许的不确定实际方差，有

$$\bar{\Sigma}_i(t+1|t) \leqslant \Sigma_i(t+1|t), i=1,\cdots,L \tag{10.210}$$

且 $\Sigma_i(t+1|t)$ 是$\bar{\Sigma}_i(t+1|t)$ 的最小上界。

(2) 鲁棒融合时变白噪声反卷积估值器

对于带保守噪声统计 $Q, R^{(j)}(t)$ 和 $S^{(j)}(t)$ 的最坏情形观测融合系统(10.150)和(10.191)，基于保守集中式和加权观测融合时变 Kalman 预报器，应用定理 3.30，保守最优集中式和加权观测融合时变白噪声反卷积估值器(滤波器和平滑器)有如下统一形式[30]

$$\hat{w}^{(j)}(t|t+N) = \sum_{k=0}^{N} M^{(j)}(t|t+k)\varepsilon^{(j)}(t+k), N \geqslant 0, j=c,M \tag{10.211}$$

其中

$$M^{(j)}(t|t) = S^{(j)}(t)Q_{\varepsilon}^{(j)-1}(t) \tag{10.212}$$

$$M^{(j)}(t|t+1) = [Q\Gamma^{\mathrm{T}} - S^{(j)}(t)K^{(j)\mathrm{T}}(t)]H^{(j)\mathrm{T}}Q_{\varepsilon}^{(j)-1}(t+1) \tag{10.213}$$

$$M^{(j)}(t|t+k) = [Q\Gamma^{\mathrm{T}} - S^{(j)}(t)K^{(j)\mathrm{T}}(t)]\left\{\prod_{s=1}^{k-1}\Psi^{(j)\mathrm{T}}(t+s)\right\}H^{(j)\mathrm{T}}Q_{\varepsilon}^{(j)-1}(t+k), k>1 \tag{10.214}$$

这里，$\varepsilon^{(j)}(t+k)$ 是由式(10.194)给出的带保守融合观测 $y^{(j)}(t)$ 和保守融合预报器 $\hat{x}^{(j)}(t|t-1)$ 的保守新息过程，$Q_{\varepsilon}^{(j)}(t+k)$ 是由式(10.197)给出的保守融合新息过程方差。由式(10.211)可得保守融合时变白噪声滤波和平滑估计误差方差阵为

$$P_{w}^{(j)}(t|t+N) = Q - \sum_{k=0}^{N} M^{(j)}(t|t+k)Q_{\varepsilon}^{(j)}(t+k)M^{(j)\mathrm{T}}(t|t+k), N \geqslant 0 \tag{10.215}$$

类似于注 10.4，在式(10.211)中，用带实际融合观测 $y^{(j)}(t)$ 和实际融合预报器 $\hat{x}^{(j)}(t|t-1)$ 的实际融合新息过程 $\varepsilon^{(j)}(t+k)$ 来代替带保守融合观测 $y^{(j)}(t)$ 和保守融合预报器 $\hat{x}^{(j)}(t|t-1)$ 的保守融合新息过程 $\varepsilon^{(j)}(t+k)$ 得实际融合时变白噪声估值器。

由文献[30]可知，融合估计误差 $\tilde{w}^{(j)}(t|t+N) = w(t) - \hat{w}^{(j)}(t|t+N)(N \geqslant 0)$ 满足

$$\begin{aligned}\tilde{w}^{(j)}(t|t+N) &= \Psi_{wN}^{(j)}(t)\tilde{x}^{(j)}(t|t-1) + \sum_{\rho=0}^{N} M_{w\rho}^{(j)}(t)w(t+\rho) + \sum_{\rho=0}^{N} M_{v\rho}^{(j)}(t)v^{(j)}(t+\rho) = \\ &\Psi_{wN}^{(j)}(t)\tilde{x}^{(j)}(t|t-1) + \sum_{\rho=0}^{N}[M_{w\rho}^{(j)}(t), M_{v\rho}^{(j)}(t)]\beta^{(j)}(t+\rho)\end{aligned} \tag{10.216}$$

$$\Psi_{wN}^{(j)}(t) = -\sum_{k=0}^{N} M^{(j)}(t|t+k)H^{(j)}\Psi^{(j)}(t+k,t) \tag{10.217}$$

$$\begin{cases} M_{w\rho}^{(j)}(t) = -\sum_{k=\rho+1}^{N} M^{(j)}(t|t+k)H^{(j)}\Psi^{(j)}(t+k,t+\rho+1)\Gamma, \rho=1,\cdots,N-1 \\ M_{w0}^{(j)}(t) = I_r - \sum_{k=1}^{N} M^{(j)}(t|t+k)H^{(j)}\Psi^{(j)}(t+k,t+1)\Gamma, M_{wN}^{(j)}(t) = (0)_{r\times r} \end{cases} \tag{10.218}$$

$$\begin{cases} M_{v\rho}^{(j)}(t) = \sum_{k=\rho+1}^{N} M^{(j)}(t \mid t+k) H^{(j)} \Psi^{(j)}(t+k, t+\rho+1) K^{(j)}(t+\rho) - \\ \qquad M^{(j)}(t \mid t+\rho), \rho = 0, \cdots, N-1 \\ M_{vN}^{(j)}(t) = -M^{(j)}(t \mid t+N) \end{cases} \tag{10.219}$$

$$\Psi^{(j)}(t+k, t) = \Psi^{(j)}(t+k-1) \cdots \Psi^{(j)}(t), \Psi^{(j)}(t, t) = I_n \tag{10.220}$$

应用式(10.216)得实际和保守融合时变白噪声估计误差方差阵也分别满足如下公式

$$\begin{aligned} \bar{P}_w^{(j)}(t \mid t+N) = & \Psi_{wN}^{(j)}(t) \bar{\Sigma}^{(j)}(t \mid t-1) \Psi_{wN}^{(j)\mathrm{T}}(t) + \\ & \sum_{\rho=0}^{N} [M_{w\rho}^{(j)}(t), M_{v\rho}^{(j)}(t)] \bar{\Lambda}^{(j)}(t+\rho) [M_{w\rho}^{(j)}(t), M_{v\rho}^{(j)}(t)]^{\mathrm{T}} \end{aligned} \tag{10.221}$$

$$\begin{aligned} P_w^{(j)}(t \mid t+N) = & \Psi_{wN}^{(j)}(t) \Sigma^{(j)}(t \mid t-1) \Psi_{wN}^{(j)\mathrm{T}}(t) + \\ & \sum_{\rho=0}^{N} [M_{w\rho}^{(j)}(t), M_{v\rho}^{(j)}(t)] \Lambda^{(j)}(t+\rho) [M_{w\rho}^{(j)}(t), M_{v\rho}^{(j)}(t)]^{\mathrm{T}} \end{aligned} \tag{10.222}$$

定理 10.8 对于不确定多传感器系统(10.150)—(10.152),在假设3—6条件下,由式(10.211)给出的实际集中式和加权观测融合时变白噪声反卷积估值器是鲁棒的,即对于满足式(10.157)的所有容许的不确定实际方差 $\bar{Q}, \bar{R}_{\eta_i}, \bar{\sigma}_{\xi_{ik}}^2$ 和 $\bar{P}_0$,有

$$\bar{P}_w^{(j)}(t \mid t+N) \leqslant P_w^{(j)}(t \mid t+N), N \geqslant 0, j = c, M \tag{10.223}$$

且 $P_w^{(j)}(t \mid t+N)$ 是 $\bar{P}_w^{(j)}(t \mid t+N)$ 的最小上界。

证明 定义 $\Delta P_w^{(j)}(t \mid t+N) = P_w^{(j)}(t \mid t+N) - \bar{P}_w^{(j)}(t \mid t+N)$, $\Delta \Sigma^{(j)}(t \mid t-1) = \Sigma^{(j)}(t \mid t-1) - \bar{\Sigma}^{(j)}(t \mid t-1)$, $\Delta \Lambda^{(j)}(t+\rho) = \Lambda^{(j)}(t+\rho) - \bar{\Lambda}^{(j)}(t+\rho)$,用式(10.222)减式(10.221)得

$$\begin{aligned} \Delta P_w^{(j)}(t \mid t+N) = & \Psi_{wN}^{(j)}(t) \Delta \Sigma^{(j)}(t \mid t-1) \Psi_{wN}^{(j)\mathrm{T}}(t) + \\ & \sum_{\rho=0}^{N} [M_{w\rho}^{(j)}(t), M_{v\rho}^{(j)}(t)] \Delta \Lambda^{(j)}(t+\rho) [M_{w\rho}^{(j)}(t), M_{v\rho}^{(j)}(t)]^{\mathrm{T}} \end{aligned} \tag{10.224}$$

应用式(10.204)和式(10.209)得 $\Delta P_w^{(j)}(t \mid t+N) \geqslant 0$,即式(10.223)成立。类似于定理8.1,容易证明 $P_w^{(j)}(t \mid t+N)$ 是 $\bar{P}_w^{(j)}(t \mid t+N)$ 的最小上界。证毕。

称由式(10.211)给出的实际融合时变白噪声反卷积估值器为鲁棒融合时变白噪声反卷积估值器,由式(10.223)给出的不等式关系称为它们的鲁棒性。

注 10.7 对于不确定保守子系统(10.150)和(10.162),类似于式(10.211)—(10.222)的推导,基于注10.6中给出的鲁棒局部时变 Kalman 预报器,容易得到鲁棒局部时变白噪声反卷积估值器 $\hat{w}_i(t \mid t+N)$ $(N \geqslant 0, i = 1, \cdots, L)$ 以及它们的实际和保守估计误差方差阵 $\bar{P}_{wi}(t \mid t+N)$ 和 $P_{wi}(t \mid t+N)$,它们具有鲁棒性,即对于满足式(10.157)的所有容许的不确定实际方差,有

$$\bar{P}_{wi}(t \mid t+N) \leqslant P_{wi}(t \mid t+N), N \geqslant 0, i = 1, \cdots, L \tag{10.225}$$

且 $P_{wi}(t \mid t+N)$ 是 $\bar{P}_{wi}(t \mid t+N)$ 的最小上界。

注 10.8 根据射影理论,鲁棒局部和融合时变白噪声反卷积预报器分别为

$$\hat{w}_i(t|t+N)=\hat{w}^{(j)}(t|t+N)=0, N<0, j=c,M, i=1,\cdots,L \quad (10.226)$$

应用式(10.226)得实际和保守局部与融合白噪声预报误差方差阵分别为

$$\bar{P}_{wi}(t|t+N)=\bar{P}^{(j)}(t|t+N)=\bar{Q}, N<0, j=c,M, i=1,\cdots,L \quad (10.227)$$

$$P_{wi}(t|t+N)=P^{(j)}(t|t+N)=Q, N<0, j=c,M, i=1,\cdots,L \quad (10.228)$$

(3) 鲁棒融合时变白噪声反卷积估值器的等价性

定理 10.9 对于不确定多传感器系统(10.150)—(10.152),在假设3—6条件下,鲁棒集中式和加权观测融合时变 Kalman 预报器是数值等价的,即在相同的初值$\hat{x}^{(j)}(0|-1)=\mu_0, \Sigma^{(j)}(0|-1)=P_0, \bar{\Sigma}^{(j)}(0|-1)=\bar{P}_0 (j=c,M)$ 下,对于任意的 $t\geq 0$,有

$$\hat{x}^{(c)}(t|t-1)=\hat{x}^{(M)}(t|t-1) \quad (10.229)$$

$$\bar{\Sigma}^{(c)}(t|t-1)=\bar{\Sigma}^{(M)}(t|t-1) \quad (10.230)$$

$$\Sigma^{(c)}(t|t-1)=\Sigma^{(M)}(t|t-1) \quad (10.231)$$

且鲁棒集中式和加权观测融合时变白噪声估值器也是数值等价的,即在相同的初值下,对于任意的 $t\geq 0$,有

$$\hat{w}^{(c)}(t|t+N)=\hat{w}^{(M)}(t|t+N), N\geq 0 \quad (10.232)$$

$$\bar{P}_w^{(c)}(t|t+N)=\bar{P}_w^{(M)}(t|t+N), N\geq 0 \quad (10.233)$$

$$P_w^{(c)}(t|t+N)=P_w^{(M)}(t|t+N), N\geq 0 \quad (10.234)$$

证明 由文献[9]可知,带相关噪声 $w(t)$ 和 $v^{(j)}(t)$ 的观测融合系统(10.150)和(10.191)可被转换为一个等价的带不相关噪声的系统,进而,基于时变信息滤波器,完全类似于文献[34]中的证明,容易证得由式(10.229)—(10.231)给出的等价性。基于状态预报器的等价性(10.229)—(10.231),类似于定理 10.4 的证明,可证得由式(10.232)—(10.234)给出的等价性。证毕。

(4) 鲁棒局部和融合时变白噪声反卷积估值器的精度分析

定理 10.10 对于不确定多传感器系统(10.150)—(10.152),在假设3—6条件下,鲁棒局部和融合时变白噪声估值器之间有如下矩阵不等式精度关系

$$\bar{P}_w^{(j)}(t|t+N)\leq P_w^{(j)}(t|t+N), N\geq 0, j=c,M \quad (10.235)$$

$$\bar{P}_{wi}(t|t+N)\leq P_{wi}(t|t+N), N\geq 0, i=1,\cdots,L \quad (10.236)$$

$$P_w^{(j)}(t|t+N)\leq P_{wi}(t|t+N), N\geq 0, j=c,M, i=1,\cdots,L \quad (10.237)$$

$$P_w^{(j)}(t|t+N)\leq P_w^{(j)}(t|t+N-1)\leq\cdots\leq P_w^{(j)}(t|t+1)\leq P_w^{(j)}(t|t) \quad (10.238)$$

且也有如下矩阵迹不等式精度关系

$$\mathrm{tr}\bar{P}_w^{(j)}(t|t+N)\leq \mathrm{tr}P_w^{(j)}(t|t+N), N\geq 0, j=c,M \quad (10.239)$$

$$\mathrm{tr}\bar{P}_{wi}(t|t+N)\leq \mathrm{tr}P_{wi}(t|t+N), N\geq 0, i=1,\cdots,L \quad (10.240)$$

$$\mathrm{tr}P_w^{(j)}(t|t+N)\leq \mathrm{tr}P_{wi}(t|t+N), N\geq 0, j=c,M, i=1,\cdots,L \quad (10.241)$$

$$\mathrm{tr}P_w^{(j)}(t|t+N)\leq \mathrm{tr}P_w^{(j)}(t|t+N-1)\leq\cdots\leq \mathrm{tr}P_w^{(j)}(t|t+1)\leq \mathrm{tr}P_w^{(j)}(t|t) \quad (10.242)$$

证明 不等式(10.235)和(10.236)已在定理10.8和注10.7中被证明,应用射影理论,由文献[33]可得 $P_w^{(c)}(t|t+N)\leq P_{wi}(t|t+N), N\geq 0, i=1,\cdots,L$,因此应用式(10.234)得式(10.237)。由式(10.215)容易证得式(10.238)。对式(10.235)—

(10.238) 取矩阵迹运算得式(10.239)—(10.242)。证毕。

类似于注 10.5,在定理 10.10 中,$\mathrm{tr}\bar{P}_{wi}(t \mid t+N)(i=1,\cdots,L)$ 和 $\mathrm{tr}\bar{P}_{w}^{(j)}(t \mid t+N)(j=c,M)$ 分别称为相应的鲁棒白噪声估值器的实际精度,而 $\mathrm{tr}P_{wi}(t \mid t+N)(i=1,\cdots,L)$ 和$\mathrm{tr}P_{w}^{(j)}(t \mid t+N)(j=c,M)$ 则分别称为它们的鲁棒精度,较小的迹意味着较高的精度。定理 10.10 表明,对于所有容许的不确定性,每种白噪声估值器的实际精度高于它的鲁棒精度,鲁棒精度是最低的实际精度。融合白噪声估值器的鲁棒精度高于每个局部白噪声估值器的鲁棒精度。带较大固定滞后步数的融合白噪声平滑器的鲁棒精度高于带较小固定滞后步数的融合白噪声平滑器的鲁棒精度。

10.3.4 鲁棒融合时变白噪声反卷积估值器的复杂性分析

为了讨论所提出的鲁棒集中式和加权观测融合算法的计算复杂性,乘法和除法的次数被用来作为运算次数,因为加法要比乘法和除法快很多。令 $C_N^{(j)}(N \geqslant 0, j=c,M)$ 分别表示在每个递推步中鲁棒集中式融合$(j=c)$ 和加权观测融合$(j=M)$ 白噪声反卷积滤波器$(N=0)$ 和平滑器$(N \geqslant 1)$ 的乘法和除法运算次数的总数目。将关于鲁棒集中式和加权观测融合白噪声估值器的公式的所有运算次数加到一起可得相应的总运算次数分别为

$$\underset{N=0}{C_N^{(c)}} = 7n^3 + [(2q+8)m_c + 2r + 2]n^2 + 2m_c^3 + 2rm_c^2 + (2r^2+2r)m_c + 2qL + [4m_c^2 + (4q+3r+5)m_c + 2r^2 + r + (2q+1)(m_1^2+\cdots+m_L^2)]n \quad (10.243)$$

$$\underset{N\geqslant 1}{C_N^{(c)}} = \left(\frac{1}{2}N^2 - \frac{3}{2}N + 8\right)n^3 + [(2q+8)m_c + (N+1)r + 2]n^2 + [4m_c^2 + (4q+Nr+4r+5)m_c + 3r^2 + r + (2q+1)(m_1^2+\cdots+m_L^2)]n + 2m_c^3 + (2r+Nr)m_c^2 + (2r^2+2r+Nr)m_c + 2qL \quad (10.244)$$

$$\underset{N=0}{C_N^{(M)}} = 7n^3 + (7m+2r+2)n^2 + [4m^2 + (3r+2)m + 2r^2 + r]n + m_c^3 + (2m+r)m_c^2 + [2m^2 + (r+1)m]m_c + 3m^3 + 2rm^2 + rm \quad (10.245)$$

$$\underset{N\geqslant 1}{C_N^{(M)}} = \left(\frac{1}{2}N^2 - \frac{3}{2}N + 8\right)n^3 + (7m+Nr+r+2)n^2 + [4m^2 + (Nr+4r+2)m + 3r^2 + r]n + m_c^3 + (2m+r)m_c^2 + [2m^2 + (r+1)m]m_c + 3m^3 + (2r+Nr)m^2 + (r+Nr)m \quad (10.246)$$

定理 10.9 表明,在相同的初值下,鲁棒集中式和加权观测融合时变白噪声估值器是数值等价的,但由式(10.243)—(10.246) 可看出,两种鲁棒融合白噪声估值器的计算代价完全不同。由 10.3.2 小节中的内容可知,$H^{(c)} \in R^{m_c \times n}$,$m_c = m_1 + \cdots + m_L$ 且 $m_c \geqslant n$,而 $H^{(M)} \in R^{m \times n}$ 且 $m \leqslant n$,因此,当传感器数目 L 充分大时,m_c 远大于 m。集中式融合算法$(j=c)$ 要求计算一个 $m_c \times m_c$ 的矩阵 $Q_{\varepsilon}^{(c)}(t)$ 的逆,其运算复杂度为 $O(m_c^3)$。而加权观测融合算法$(j=M)$ 要求计算一个 $m \times m$ 的矩阵 $Q_{\varepsilon}^{(M)}(t)$ 的逆,其运算复杂度为 $O(m^3)$。因此,与集中式融合算法相比,当 L 较大时,加权观测融合算法能够显著减小计算负担。

对于在 10.4 节的例 10.3 中给出的关于 IS-136 移动通信系统的仿真例子中$(n=2, L=3)$,在表10.1 的第2 列和第3 列中给出了鲁棒融合两步白噪声反卷积平滑器$(N=2)$ 的总操作数。当增加传感器数目 L 时,例如,分别取 $L=10$ 和 $L=20$,且仍取 $n=2, r=1, N=2$ 和 $m_i=1, 1 \leqslant i \leqslant L$,应用满秩分解可得 $m=1$。在表 10.1 的第 4 列至第 7 列中给

出了相应的鲁棒集中式和加权观测融合白噪声两步固定滞后平滑器的总操作数。我们可看出，与鲁棒集中式融合算法相比，当传感器数目 L 增大时，鲁棒加权观测融合算法能够明显减小计算负担。

表 10.1　鲁棒融合两步白噪声平滑器的总运算次数随着传感器数目 L 的变化情况

L	$L=3$		$L=10$		$L=20$	
j	$j=c$	$j=M$	$j=c$	$j=M$	$j=c$	$j=M$
$C_N^{(j)},N=2$	564	212	4 344	1 486	83 804	9 426

10.3.5　鲁棒融合时变白噪声反卷积估值器的收敛性分析

在本小节中，我们将讨论带时变噪声统计 $Q,R^{(j)}(t)$ 和 $S^{(j)}(t)$ 的时变观测融合系统(10.150)和(10.191)的鲁棒融合时变白噪声估值器的收敛性，并将证明在鲁棒融合时变和稳态白噪声估值器之间的按实现收敛性。

完全类似于引理 8.6，对于不确定多传感器系统(10.150)—(10.152)，在假设 3—6 条件下，假设 Φ 是稳定矩阵，即它的所有特征值都在单位圆内，则带任意初始条件 $\bar{X}(0)\geqslant 0$ 和 $X(0)\geqslant 0$ 的时变 Lyapunov 方程(10.159)和(10.160)的解 $\bar{X}(t)$ 和 $X(t)$ 分别收敛于如下稳态 Lyapunov 方程的唯一半正定解 $\bar{X}\geqslant 0$ 和 $X\geqslant 0$，即

$$\bar{X}=\Phi\bar{X}\Phi^{\mathrm{T}}+\Gamma\bar{Q}\Gamma^{\mathrm{T}} \tag{10.247}$$

$$X=\Phi X\Phi^{\mathrm{T}}+\Gamma Q\Gamma^{\mathrm{T}} \tag{10.248}$$

$$\lim_{t\to\infty}\bar{X}(t)=\bar{X},\lim_{t\to\infty}X(t)=X \tag{10.249}$$

应用式(10.249)，当 $t\to\infty$ 时，通过对时变噪声统计的公式取极限可得到相应的常(稳态)噪声统计。例如，在式(10.164)和式(10.165)中，分别用 $\bar{X}$ 和 X 来代替 $\bar{X}(t)$ 和 $X(t)$ 得常噪声方差 $\bar{R}_{ai}$ 和 R_{ai}。类似地，可得到常噪声统计 $\bar{R}^{(j)},R^{(j)},\bar{S}^{(j)},S^{(j)},\bar{\Lambda}^{(j)}$ 和 $\Lambda^{(j)}$，$j=c,M$，且时变噪声统计收敛于相应的常噪声统计，例如 $\bar{R}^{(j)}(t)\to\bar{R}^{(j)},R^{(j)}(t)\to R^{(j)}$。

(1) 鲁棒融合时变 Kalman 预报器的收敛性

定理 10.11　对于带常噪声统计 $Q,R^{(j)}$ 和 $S^{(j)}$ 的时不变观测融合系统(10.150)和(10.191)，在假设 3—6 下，假设 Φ 是稳定矩阵，且假设系统是完全能稳的，则鲁棒集中式和加权观测融合稳态 Kalman 预报器为

$$\hat{x}_s^{(j)}(t+1\mid t)=\Psi^{(j)}\hat{x}_s^{(j)}(t\mid t-1)+K^{(j)}y^{(j)}(t),j=c,M \tag{10.250}$$

$$\varepsilon_s^{(j)}(t)=y^{(j)}(t)-H^{(j)}\hat{x}_s^{(j)}(t\mid t-1) \tag{10.251}$$

$$\Psi^{(j)}=\Phi-K^{(j)}H^{(j)} \tag{10.252}$$

$$K^{(j)}=[\Phi\Sigma^{(j)}H^{(j)\mathrm{T}}+\Gamma S^{(j)}]Q_\varepsilon^{(j)-1} \tag{10.253}$$

$$Q_\varepsilon^{(j)}=H^{(j)}\Sigma^{(j)}H^{(j)\mathrm{T}}+R^{(j)} \tag{10.254}$$

其中 $\Psi^{(j)}$ 是稳定的，下角标"s"表示稳态，$y^{(j)}(t)$ 是实际融合观测，且保守融合稳态预报误差方差阵 $\Sigma^{(j)}$ 满足如下稳态 Riccati 方程

$$\begin{aligned}\Sigma^{(j)}=\Phi\Sigma^{(j)}\Phi^{\mathrm{T}}-[\Phi\Sigma^{(j)}H^{(j)\mathrm{T}}+\Gamma S^{(j)}][H^{(j)}\Sigma^{(j)}H^{(j)\mathrm{T}}+R^{(j)}]^{-1}\times\\ [\Phi\Sigma^{(j)}H^{(j)\mathrm{T}}+\Gamma S^{(j)}]^{\mathrm{T}}+\Gamma Q\Gamma^{\mathrm{T}}\end{aligned} \tag{10.255}$$

实际和保守融合稳态预报误差方差阵也分别满足如下 Lyapunov 方程

$$\bar{\Sigma}^{(j)} = \Psi^{(j)} \bar{\Sigma}^{(j)} \Psi^{(j)\mathrm{T}} + [\Gamma, -K^{(j)}] \bar{\Lambda}^{(j)} [\Gamma, -K^{(j)}]^{\mathrm{T}} \tag{10.256}$$

$$\Sigma^{(j)} = \Psi^{(j)} \Sigma^{(j)} \Psi^{(j)\mathrm{T}} + [\Gamma, -K^{(j)}] \Lambda^{(j)} [\Gamma, -K^{(j)}]^{\mathrm{T}} \tag{10.257}$$

由式(10.250)给出的鲁棒融合稳态 Kalman 预报器是鲁棒的,即对于满足式(10.157)的所有容许的不确定实际方差 $\bar{Q},\bar{R}_{\eta_i},\bar{\sigma}^2_{\xi_{ik}}$ 和 $\bar{P}_0$,有

$$\bar{\Sigma}^{(j)} \leqslant \Sigma^{(j)}, j = c, M \tag{10.258}$$

且 $\Sigma^{(j)}$ 是 $\bar{\Sigma}^{(j)}$ 的最小上界。

带时变噪声方差 $\bar{\Lambda}^{(j)}(t)$ 和 $\Lambda^{(j)}(t)$ 的时变 Lyapunov 方程(10.202)和(10.203)的解 $\bar{\Sigma}^{(j)}(t+1 \mid t)$ 和 $\Sigma^{(j)}(t+1 \mid t)$ 有如下收敛性

$$\bar{\Sigma}^{(j)}(t+1 \mid t) \to \bar{\Sigma}^{(j)}, \text{当 } t \to \infty \text{ 时}, j = c, M \tag{10.259}$$

$$\Sigma^{(j)}(t+1 \mid t) \to \Sigma^{(j)}, \text{当 } t \to \infty \text{ 时}, j = c, M \tag{10.260}$$

假设 $y_i(t)$ 的观测数据有界,则由式(10.193)给出的鲁棒融合时变 Kalman 预报器 $\hat{x}^{(j)}(t+1 \mid t)$ 与由式(10.250)给出的鲁棒融合稳态 Kalman 预报器 $\hat{x}_s^{(j)}(t+1 \mid t)$ 之间有如下按实现收敛性

$$[\hat{x}^{(j)}(t+1 \mid t) - \hat{x}_s^{(j)}(t+1 \mid t)] \to 0, \text{i.a.r.}, \text{当 } t \to \infty \text{ 时}, j = c, M \tag{10.261}$$

证明　完全类似于文献[34]的证明,可证得定理 10.11 成立,在此不再赘述。

注 10.9　对于带常噪声统计 $\bar{Q},Q,\bar{R}_{ai},R_{ai},\bar{S}_{ai}$ 和 S_{ai} 的时不变子系统(10.150)和(10.162),类似于定理10.11,可得到鲁棒局部稳态 Kalman 预报器 $\hat{x}_i^s(t+1 \mid t)(i=1,\cdots,L)$ 以及它们的实际和保守稳态预报误差方差阵 $\bar{\Sigma}_i$ 和 Σ_i,它们具有鲁棒性,即对于满足式(10.157)的所有容许的不确定实际方差 $\bar{Q},\bar{R}_{\eta_i},\bar{\sigma}^2_{\xi_{ik}}$ 和 $\bar{P}_0$,有

$$\bar{\Sigma}_i \leqslant \Sigma_i, i = 1, \cdots, L \tag{10.262}$$

且 Σ_i 是 $\bar{\Sigma}_i$ 的最小上界,这里上角标"s"表示稳态。类似于定理 10.11,相应的收敛性关系也成立。

(2) 鲁棒融合时变白噪声估值器的收敛性

在定理 10.11 条件下,进一步,应用定理 3.35 可得鲁棒融合稳态白噪声估值器

$$\hat{w}_s^{(j)}(t \mid t+N) = \sum_{k=0}^{N} M^{(j)}(k) \varepsilon_s^{(j)}(t+k), N \geqslant 0, j = c, M \tag{10.263}$$

$$M^{(j)}(0) = S^{(j)} Q_\varepsilon^{(j)-1} \tag{10.264}$$

$$M^{(j)}(1) = [Q\Gamma^{\mathrm{T}} - S^{(j)} K^{(j)\mathrm{T}}] H^{(j)\mathrm{T}} Q_\varepsilon^{(j)-1} \tag{10.265}$$

$$M^{(j)}(k) = [Q\Gamma^{\mathrm{T}} - S^{(j)} K^{(j)\mathrm{T}}] \Psi^{(j)\mathrm{T}(k-1)} H^{(j)\mathrm{T}} Q_\varepsilon^{(j)-1}, \quad k > 1 \tag{10.266}$$

其中 $\varepsilon_s^{(j)}(t+k)$ 是由式(10.251)给出的实际融合稳态新息过程,$Q_\varepsilon^{(j)}$ 是由式(10.254)给出的保守融合稳态新息过程方差。

保守融合稳态白噪声滤波和平滑误差方差阵满足如下公式

$$P_w^{(j)}(N) = Q - \sum_{k=0}^{N} M^{(j)}(k) Q_\varepsilon^{(j)} M^{(j)\mathrm{T}}(k), N \geqslant 0 \tag{10.267}$$

实际和保守融合稳态白噪声估计误差方差阵也分别满足如下公式

$$\bar{P}_w^{(j)}(N) = \Psi_{wN}^{(j)} \bar{\Sigma}^{(j)} \Psi_{wN}^{(j)\mathrm{T}} + \sum_{\rho=0}^{N} [M_{w\rho}^{(j)}, M_{v\rho}^{(j)}] \bar{\Lambda}^{(j)} [M_{w\rho}^{(j)}, M_{v\rho}^{(j)}]^{\mathrm{T}}, N \geqslant 0 \tag{10.268}$$

$$P_w^{(j)}(N) = \Psi_{wN}^{(j)} \Sigma^{(j)} \Psi_{wN}^{(j)\mathrm{T}} + \sum_{\rho=0}^{N} [M_{w\rho}^{(j)}, M_{v\rho}^{(j)}] \Lambda^{(j)} [M_{w\rho}^{(j)}, M_{v\rho}^{(j)}]^{\mathrm{T}}, N \geqslant 0 \tag{10.269}$$

其中

$$\boldsymbol{\Psi}_{wN}^{(j)} = -\sum_{k=0}^{N} M^{(j)}(k) H^{(j)} \boldsymbol{\Psi}^{(j)k} \tag{10.270}$$

$$\begin{cases} M_{w\rho}^{(j)} = -\sum_{k=\rho+1}^{N} M^{(j)}(k) H^{(j)} \boldsymbol{\Psi}^{(j)k-\rho-1} \Gamma, \rho = 1, \cdots, N-1 \\ M_{w0}^{(j)}(t) = I_r - \sum_{k=1}^{N} M^{(j)}(k) H^{(j)} \boldsymbol{\Psi}^{(j)k-1} \Gamma, M_{wN}^{(j)} = (0)_{r\times r} \end{cases} \tag{10.271}$$

$$\begin{cases} M_{v\rho}^{(j)} = \sum_{k=\rho+1}^{N} M^{(j)}(k) H^{(j)} \boldsymbol{\Psi}^{(j)k-\rho-1} K^{(j)} - M^{(j)}(\rho), \rho = 0, \cdots, N-1 \\ M_{vN}^{(j)} = -M^{(j)}(N) \end{cases} \tag{10.272}$$

这里 $\boldsymbol{\Psi}^{(j)}$ 和 $K^{(j)}$ 分别由式(10.252)和式(10.253)给出。

在定理 10.11 条件下,有如下收敛性

$$\bar{P}_w^{(j)}(t \mid t+N) \to \bar{P}_w^{(j)}(N), t \to \infty, N \geqslant 0, j = c, M \tag{10.273}$$

$$P_w^{(j)}(t \mid t+N) \to P_w^{(j)}(N), t \to \infty, N \geqslant 0, j = c, M \tag{10.274}$$

假设 $y_i(t)$ 的观测数据有界,则由式(10.211)给出的鲁棒融合时变白噪声估值器与由式(10.263)给出的鲁棒融合稳态白噪声估值器之间有如下按实现收敛性

$$[\hat{w}^{(j)}(t \mid t+N) - \hat{w}_s^{(j)}(t \mid t+N)] \to 0, \text{当 } t \to \infty \text{ 时}, \text{i. a. r.} \tag{10.275}$$

由式(10.263)给出的鲁棒融合稳态白噪声估值器具有鲁棒性,即对于满足式(10.157)的所有容许的不确定实际方差 $\bar{Q}, \bar{R}_{\eta_i}, \bar{\sigma}_{\xi_{ik}}^2$ 和 $\bar{P}_0$,有

$$\bar{P}_w^{(j)}(N) \leqslant P_w^{(j)}(N), N \geqslant 0, j = c, M \tag{10.276}$$

且 $P_w^{(j)}(N)$ 是 $\bar{P}_w^{(j)}(N)$ 的最小上界。

注 10.10 对于带常噪声统计 $\bar{Q}, Q, \bar{R}_{ai}, R_{ai}, \bar{S}_{ai}$ 和 S_{ai} 的时不变子系统(10.150)和(10.162),基于在注 10.9 中给出的鲁棒局部稳态 Kalman 预报器,容易得到鲁棒局部稳态白噪声估值器 $\hat{w}_i^s(t \mid t+N)(N \geqslant 0, i = 1, \cdots, L)$ 以及它们的实际和保守估计误差方差阵 $\bar{P}_{wi}(N)$ 和 $P_{wi}(N)$,它们是鲁棒的,即对于满足式(10.157)的所有容许的不确定实际方差 $\bar{Q}, \bar{R}_{\eta_i}, \bar{\sigma}_{\xi_{ik}}^2$ 和 $\bar{P}_0$,有

$$\bar{P}_{wi}(N) \leqslant P_{wi}(N), N \geqslant 0, i = 1, \cdots, L \tag{10.277}$$

这里上角标“s”表示稳态,相应的收敛性结果类似于式(10.273)—(10.275)也成立。

注 10.11 鲁棒集中式和加权观测融合稳态白噪声估值器是数值等价的,即在相同的初值下,对于任意的 $t \geqslant 0$,有

$$\hat{w}_s^{(c)}(t \mid t+N) = \hat{w}_s^{(M)}(t \mid t+N), N \geqslant 0 \tag{10.278}$$

$$\bar{P}_w^{(c)}(N) = \bar{P}_w^{(M)}(N), P_w^{(c)}(N) = P_w^{(M)}(N), N \geqslant 0 \tag{10.279}$$

在定理 10.11 条件下,鲁棒局部和融合稳态白噪声估值器之间有矩阵不等式精度关系

$$\bar{P}_w^{(j)}(N) \leqslant P_w^{(j)}(N), N \geqslant 0, j = c, M \tag{10.280}$$

$$\bar{P}_{wi}(N) \leqslant P_{wi}(N), N \geqslant 0, i = 1, \cdots, L \tag{10.281}$$

$$P_w^{(j)}(N) \leqslant P_{wi}(N), N \geqslant 0, j = c, M, i = 1, \cdots, L \tag{10.282}$$

$$P_w^{(j)}(N) \leqslant P_w^{(j)}(N-1) \leqslant \cdots \leqslant P_w^{(j)}(1) \leqslant P_w^{(j)}(0), N \geqslant 1, j = c, M \tag{10.283}$$

同样也有如下矩阵迹不等式精度关系

$$\text{tr}\bar{P}_w^{(j)}(N) \leqslant \text{tr}P_w^{(j)}(N), N \geqslant 0, j = c, M \tag{10.284}$$

$$\text{tr}\bar{P}_{wi}(N) \leqslant \text{tr}P_{wi}(N), N \geqslant 0, i = 1, \cdots, L \tag{10.285}$$

$$\text{tr}P_w^{(j)}(N) \leqslant \text{tr}P_{wi}(N), N \geqslant 0, j = c, M, i = 1, \cdots, L \tag{10.286}$$

$$\mathrm{tr}P_w^{(j)}(N) \leqslant \mathrm{tr}P_w^{(j)}(N-1) \leqslant \cdots \leqslant \mathrm{tr}P_w^{(j)}(1) \leqslant \mathrm{tr}P_w^{(j)}(0), N \geqslant 1, j = c, M \tag{10.287}$$

10.4 仿真应用例子

本节将给出三个仿真例子,特别地,应用 10.3 节提出的方法和结果解决了带随机扰动参数、丢失观测和不确定噪声方差的IS–136 移动通信系统[27]的输入白噪声反卷积估计问题,仿真结果验证了所提出的方法和结果的正确性、有效性和可应用性。

例 10.1 考虑由式(10.1) 和式(10.2) 给出的带不确定噪声方差的三传感器系统,且 $\Phi = \begin{bmatrix} 1 & 0.05 \\ 0.5 & -0.5 \end{bmatrix}$, $\Gamma = \begin{bmatrix} -1 \\ 2 \end{bmatrix}$, $H_1 = [1.5, 0]$, $H_2 = 0.5I_2$, $H_3 = [1, 0]$, $w(t) \in R^r$ 是带零均值的一维高斯白噪声,即 $r = 1$。在仿真中取 $Q = 6$, $\bar{Q} = 1.5$, $R_1 = 0.8$, $\bar{R}_1 = 0.65$, $R_2 = \mathrm{diag}(8, 0.36)$, $\bar{R}_2 = \mathrm{diag}(7, 0.25)$, $R_3 = 0.64$, $\bar{R}_3 = 0.54$, $N = 1,2,3$ 是平滑步数。

由于 $r = 1$,故白噪声平滑误差方差的迹值等于相应的平滑误差方差的值。

表 10.2 中给出了鲁棒局部和融合稳态白噪声反卷积平滑误差方差的值,这验证了由式(10.131)—(10.149) 以及注 10.2 给出的精度关系。

表 10.2 鲁棒局部和融合高斯白噪声反卷积平滑误差方差的比较

	$N = 1$	$N = 2$	$N = 3$
$\mathrm{tr}P_{w1}(N) = P_{w1}(N)$	0.580 5	0.571 2	0.570 3
$\mathrm{tr}\bar{P}_{w1}(N) = \bar{P}_{w1}(N)$	0.434 8	0.423 5	0.422 2
$\mathrm{tr}P_{w2}(N) = P_{w2}(N)$	0.720 2	0.531 2	0.432 4
$\mathrm{tr}\bar{P}_{w2}(N) = \bar{P}_{w2}(N)$	0.490 1	0.359 8	0.296 1
$\mathrm{tr}P_{w3}(N) = P_{w3}(N)$	0.958 9	0.934 5	0.931 6
$\mathrm{tr}\bar{P}_{w3}(N) = \bar{P}_{w3}(N)$	0.704 4	0.675 6	0.671 6
$\mathrm{tr}P^{\mathrm{CI}*}(N) = P^{\mathrm{CI}*}(N)$	0.528 9	0.425 6	0.365 2
$\mathrm{tr}P^{\mathrm{CI}}(N) = P^{\mathrm{CI}}(N)$	0.465 3	0.366 0	0.316 3
$\mathrm{tr}\bar{P}^{\mathrm{CI}}(N) = \bar{P}^{\mathrm{CI}}(N)$	0.305 7	0.244 2	0.213 2
$\mathrm{tr}P^{\theta}(N) = P^{\theta}(N), \theta = m,d,s$	0.291 4	0.245 6	0.222 6
$\mathrm{tr}\bar{P}^{\theta}(N) = \bar{P}^{\theta}(N), \theta = m,d,s$	0.186 8	0.159 5	0.145 5
$\mathrm{tr}P^{(j)}(N) = P^{(j)}(N), j = c,M$	0.166 9	0.120 5	0.119 3
$\mathrm{tr}\bar{P}^{(j)}(N) = \bar{P}^{(j)}(N), j = c,M$	0.124 2	0.089 4	0.087 9

当 $N = 3$ 时,图 10.1 给出了高斯白噪声 $w(t)$ 的真实值和估计值之间的比较,我们可看到鲁棒融合白噪声反卷积平滑器的精度高于鲁棒局部白噪声反卷积平滑器的精度,按矩阵加权融合白噪声平滑器的精度高于 CI 融合平滑器的精度,但低于集中式融合平滑器的精度,集中式融合平滑器具有最高的精度。

当 $N = 3$ 时,取 $\rho = 500$ 次蒙特卡洛仿真次数,图 10.2 给出了鲁棒局部和融合稳态白噪声三步固定滞后平滑器的 MSE 曲线,其中直线表示实际局部和融合平滑误差方差,曲线表示相应的 MSE 值。符号 $\mathrm{MSE}_i^{(3)}(t)(i = 1,2,3)$, $\mathrm{MSE}^{\theta(3)}(t)(\theta = m,s,d,\mathrm{CI})$ 和 $\mathrm{MSE}^{(j)(3)}(t)(j = c, M)$ 分别表示鲁棒局部、四种加权融合以及集中式和加权观测融合三步固定滞后平滑器的 MSE 值。我们可看到，当 ρ 充分大时（$\rho=500$），MSE 值接近于相应的实际平滑误差方差，这验证了采样方差的一致性。

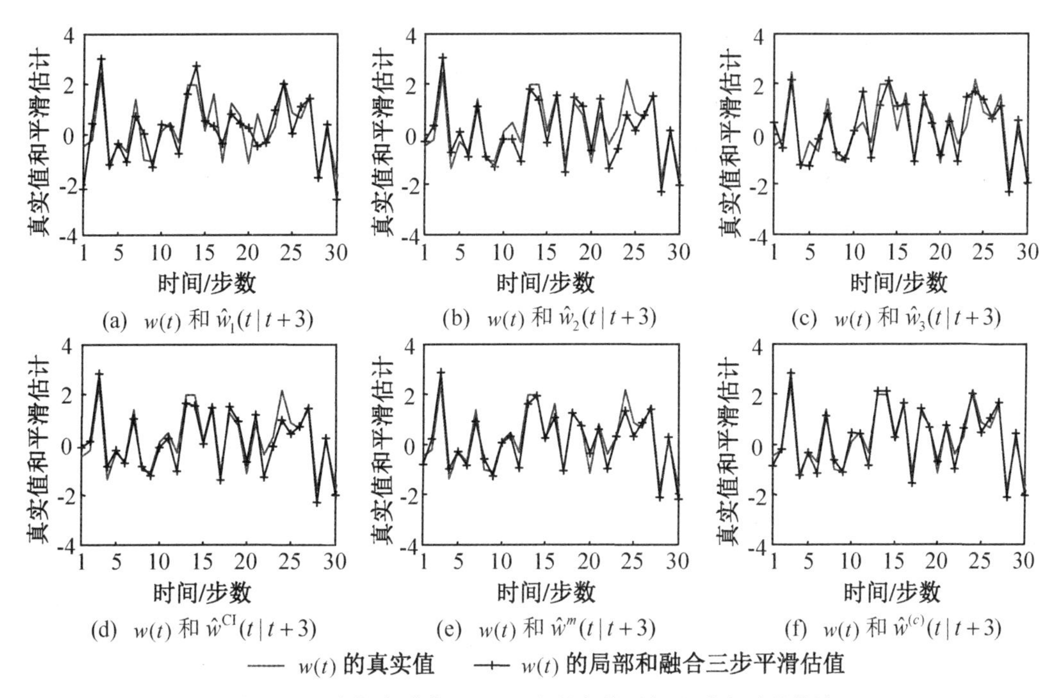

图 10.1　高斯白噪声 $w(t)$ 和它的鲁棒局部和融合平滑估计

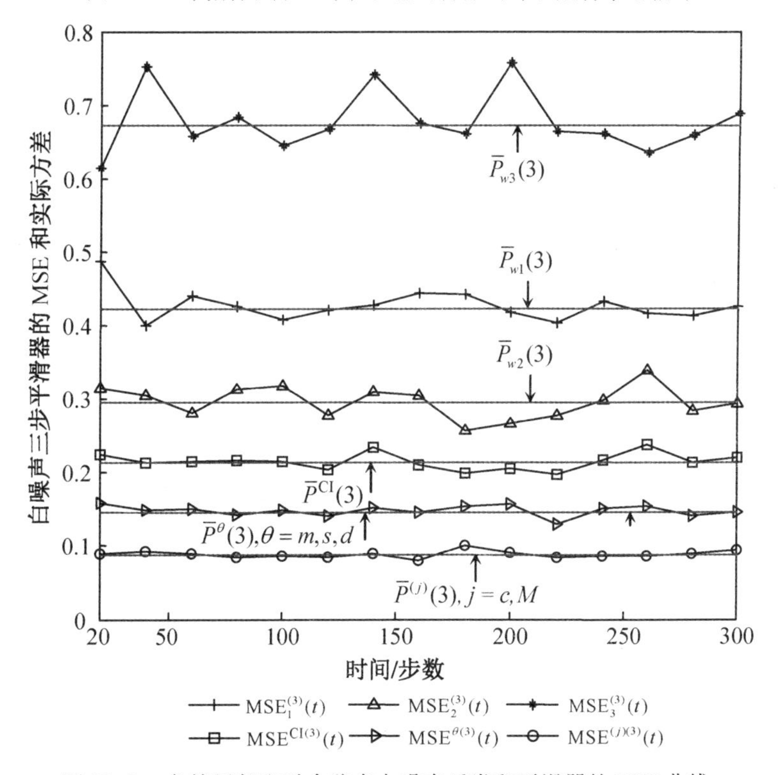

图 10.2　鲁棒局部和融合稳态白噪声反卷积平滑器的 MSE 曲线

图 10.3 给出了鲁棒局部和融合稳态白噪声三步平滑器之间的累积平滑误差平方曲线的比较,我们可看到鲁棒 CI 融合平滑器的实际精度高于鲁棒局部白噪声平滑器的实际精度,按矩阵加权融合鲁棒平滑器的实际精度高于鲁棒 CI 融合平滑器的实际精度,但低于鲁棒集中式融合平滑器的实际精度,这与图 10.2 给出的结果是一致的。

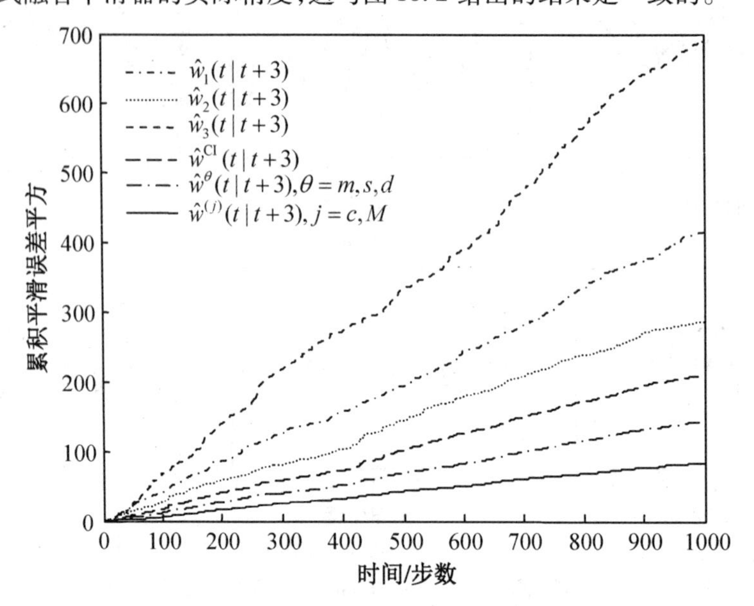

图 10.3 累积平滑误差平方曲线比较

例 10.2 考虑由式(10.1)和式(10.2)给出的带不确定噪声方差的三传感器系统,且令 $\Phi=\begin{bmatrix}-1 & 0\\ 3 & 0.9\end{bmatrix}$,$\Gamma=\begin{bmatrix}-1 & 1\\ 2 & 1\end{bmatrix}$,$H_1=[0.5,4]$,$H_2=\begin{bmatrix}2 & 0\\ 0 & 0.8\end{bmatrix}$,$H_3=[1,1]$,伯努利-高斯白噪声 $w(t)=b(t)g(t)$,它在石油地震勘探信号处理中有重要的应用背景,它可表示地震波的反射系数序列[2-4],其中 $b(t)$ 是取值为 1 或 0 的伯努利白噪声,其概率为 $\text{Prob}\{b(t)=1\}=\lambda$ 且 $\text{Prob}\{b(t)=0\}=1-\lambda$,$g(t)$ 是带零均值的二维高斯白噪声,其方差矩阵为 Q_g,且 $g(t)$ 不相关于 $b(t)$。容易证明 $w(t)$ 的均值也为 0,且实际方差阵为 $\bar{Q}=\lambda Q_g$。在仿真中取 $\lambda=0.2$,$Q_g=\text{diag}(18,2.25)$,$Q=\text{diag}(7,1.2)$,$R_1=2$,$\bar{R}_1=0.05$,$R_2=\text{diag}(12,25)$,$\bar{R}_2=\text{diag}(1,25)$,$R_3=0.5$,$\bar{R}_3=0.01$,$N=1,2,3$ 是平滑步数。

表 10.3 给出了鲁棒局部和融合稳态白噪声反卷积平滑误差方差阵的迹的比较,这验证了由式(10.141)—(10.149)给出的矩阵迹不等式精度关系。

为了给出矩阵不等式精度关系的几何解释,$n\times n$ 协方差矩阵 P 的协方差椭圆定义为欧几里得空间上的满足 $\{u:u^{\mathrm{T}}P^{-1}u=c\}$ 的点的集合,其中 $u\in R^n$,c 为常数,通常取 $c=1$。文献[35]已经证明 $P_1\leqslant P_2$ 等价于由 P_2 所形成的协方差椭圆包含由 P_1 所形成的协方差椭圆。

当 $N=3$ 时,图 10.4 给出了鲁棒局部和加权融合稳态白噪声反卷积平滑误差方差阵的协方差椭圆。我们可看到 $\bar{P}_{wi}(3)(i=1,2,3)$ 的协方差椭圆都被包含在相应的保守上界 $P_{wi}(3)(i=1,2,3)$ 的协方差椭圆内,这验证了由式(10.131)给出的鲁棒性。$P_{w3}(3)$ 的协方差椭圆被包含在 $P_{w3}(1)$ 的协方差椭圆内,这验证了由式(10.132)给出的精度关系。$\bar{P}^{\theta}(3)(\theta=m,s,d,\text{CI})$ 的协方差椭圆都被包含在相应的保守上界 $P^{\theta}(3)$ 的协方差椭圆内,这验证了由式(10.133)给出的鲁棒性。$\bar{P}^{(j)}(3)(j=c,M)$ 的协方差椭圆都被包含在相应的保守上界 $P^{(j)}(3)$ 的协方差椭圆内,这验证了由式(10.134)给出的鲁棒性。同样我们可看到,$P^{\mathrm{CI}}(3)$ 的协方差椭圆被包含在 $P^{\mathrm{CI}*}(3)$ 的协方差椭圆内,这验证了由式(10.140)给出的精度关系。此外,我们可看到由式(10.135)—(10.139)给出的精度关系也被验证了。

表 10.3　鲁棒伯努利 - 高斯白噪声反卷积平滑器的鲁棒和实际精度的比较

	$N=1$	$N=2$	$N=3$
$\mathrm{tr}P_{w1}(N)$	4.659 3	3.770 7	3.756 2
$\mathrm{tr}\bar{P}_{w1}(N)$	2.016 8	1.685 9	1.675 1
$\mathrm{tr}P_{w2}(N)$	3.909 5	3.694 3	3.654 1
$\mathrm{tr}\bar{P}_{w2}(N)$	1.542 2	1.492 3	1.474 1
$\mathrm{tr}P_{w3}(N)$	5.729 4	4.957 4	4.874 5
$\mathrm{tr}\bar{P}_{w3}(N)$	2.602 2	2.260 7	2.235 3
$\mathrm{tr}P^{\mathrm{CI}*}(N)$	3.683 7	3.318 9	3.287 3
$\mathrm{tr}P^{\mathrm{CI}}(N)$	3.368 6	3.035 1	3.010 6
$\mathrm{tr}\bar{P}^{\mathrm{CI}}(N)$	1.352 6	1.248 5	1.241 6
$\mathrm{tr}P^{s}(N)$	3.499 4	3.109 5	3.083 1
$\mathrm{tr}\bar{P}^{s}(N)$	1.472 3	1.353 4	1.336 8
$\mathrm{tr}P^{d}(N)$	3.084 6	2.865 4	2.785 6
$\mathrm{tr}\bar{P}^{d}(N)$	1.294 0	1.197 3	1.156 0
$\mathrm{tr}P^{m}(N)$	2.887 2	2.442 5	2.325 1
$\mathrm{tr}\bar{P}^{m}(N)$	1.057 3	0.906 8	0.846 1
$\mathrm{tr}P^{(j)}(N), j=c,M$	1.063 3	1.027 5	1.027 5
$\mathrm{tr}\bar{P}^{(j)}(N), j=c,M$	0.137 3	0.146 3	0.146 3

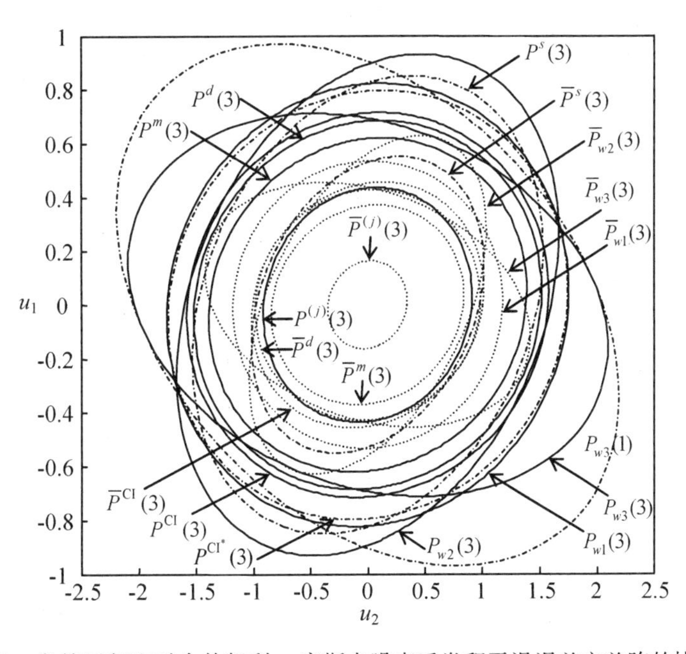

图 10.4　鲁棒局部和融合伯努利 - 高斯白噪声反卷积平滑误差方差阵的协方差椭圆

为了验证由式(10.133)和式(10.140)给出的CI融合器的鲁棒性,任取五组不同的满足式(10.3)的实际噪声方差($\bar{Q}^{(k)}=\lambda Q_g^{(k)},\bar{R}_1^{(k)},\bar{R}_2^{(k)},\bar{R}_3^{(k)}$),$k=1,2,3,4,5$,且取

$$\begin{cases} Q_g^{(1)}=\mathrm{diag}(35,1.8),\bar{R}_1^{(1)}=1,\bar{R}_2^{(1)}=\mathrm{diag}(10,20),\bar{R}_3^{(1)}=0.4 \\ Q_g^{(2)}=\mathrm{diag}(10,1),\bar{R}_1^{(2)}=0.005,\bar{R}_2^{(2)}=\mathrm{diag}(5,22),\bar{R}_3^{(2)}=0.2 \\ Q_g^{(3)}=\mathrm{diag}(19,3.8),\bar{R}_1^{(3)}=0.04,\bar{R}_2^{(3)}=\mathrm{diag}(0.5,22),\bar{R}_3^{(3)}=0.005 \\ Q_g^{(4)}=\mathrm{diag}(20,1.8),\bar{R}_1^{(4)}=0.02,\bar{R}_2^{(4)}=\mathrm{diag}(5,20),\bar{R}_3^{(4)}=0.02 \\ Q_g^{(5)}=\mathrm{diag}(18,2.25),\bar{R}_1^{(5)}=0.05,\bar{R}_2^{(5)}=\mathrm{diag}(1,25),\bar{R}_3^{(5)}=0.01 \end{cases} \tag{10.288}$$

由式(10.25)—(10.28)以及式(10.49)和式(10.50)可得相应的实际CI融合平滑估计误差方差阵$\bar{P}^{\mathrm{CI}(k)}(3)$。图10.5给出了实际CI融合平滑估计误差方差阵$\bar{P}^{\mathrm{CI}(k)}(3)$的五个协方差椭圆、$P^{\mathrm{CI}}(3)$的协方差椭圆以及$P^{\mathrm{CI}*}(3)$的协方差椭圆。

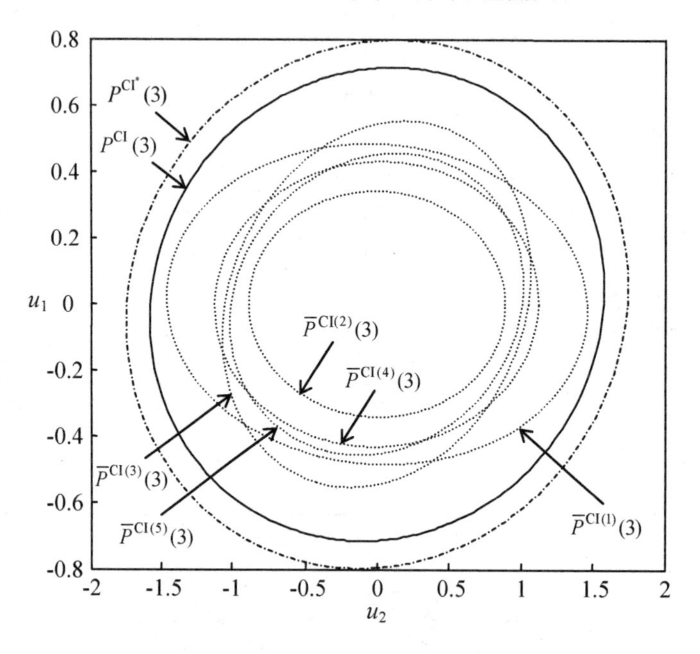

图10.5　原始CI融合器和改进的CI融合器之间的鲁棒和实际精度的比较

由图10.5可看出,$\bar{P}^{\mathrm{CI}(k)}(3)$的协方差椭圆都被包含在$P^{\mathrm{CI}}(3)$的协方差椭圆内,且也都被包含在$P^{\mathrm{CI}*}(3)$的协方差椭圆内,这意味着对于满足式(10.3)的五组容许的实际噪声方差($\bar{Q}^{(k)}=\lambda Q_g^{(k)},\bar{R}_1^{(k)},\bar{R}_2^{(k)},\bar{R}_3^{(k)}$),$k=1,2,3,4,5$,由式(10.133)和式(10.140)给出的鲁棒性关系成立。由于$P^{\mathrm{CI}}(3)$是$\bar{P}^{\mathrm{CI}(k)}(3)$的最小上界,所以$P^{\mathrm{CI}}(3)$的协方差椭圆是所有包含$\bar{P}^{\mathrm{CI}(k)}(3)$的协方差椭圆的椭圆中最紧凑的一个。不等式$P^{\mathrm{CI}}(3)\leqslant P^{\mathrm{CI}*}(3)$意味着$P^{\mathrm{CI}}(3)$的协方差椭圆被包含在$P^{\mathrm{CI}*}(3)$的协方差椭圆内,与$P^{\mathrm{CI}*}(3)$的协方差椭圆相比,$P^{\mathrm{CI}}(3)$的椭圆是包含$\bar{P}^{\mathrm{CI}(k)}(3)$的协方差椭圆的椭圆中较紧凑的一个,即改进的CI融合器的精度高于原始CI融合器的精度。

为了验证理论计算的实际方差的一致性,取$\rho=1\,500$次蒙特卡洛仿真次数,图10.6给出了鲁棒局部和融合稳态白噪声反卷积平滑器的MSE曲线。我们可看到,当ρ充分大时($\rho=1\,500$),MSE值接近于相应的实际稳态平滑误差方差阵的迹值,这验证了采样方差的一致性。

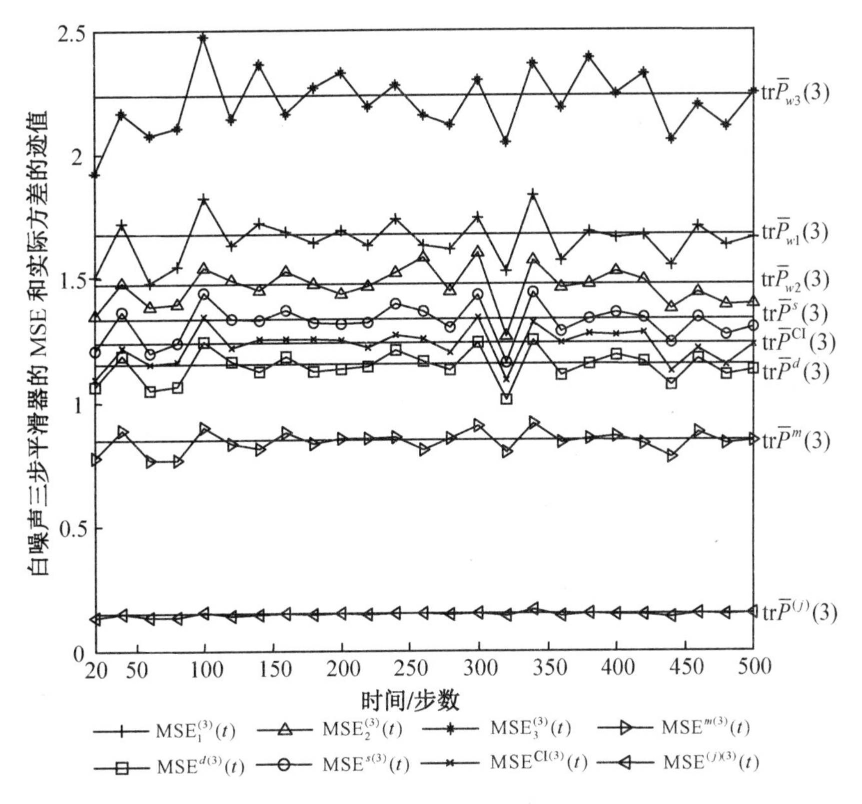

图 10.6 鲁棒局部和融合稳态白噪声反卷积平滑器的 MSE 曲线

例 10.3 考虑带随机参数和丢失观测的多传感器 IS-136 移动通信系统[27]

$$y_i(t)=\gamma_i(t)(w(t)+b_1(t)w(t-1)+\cdots+b_n(t)w(t-n))+\alpha_i(t),i=1,\cdots,L \tag{10.289}$$

$$b_k(t)=b_k+\xi_k(t),k=1,\cdots,n \tag{10.290}$$

其中 $w(t)\in R^1$ 是要被估计的输入白噪声,$\alpha_i(t)\in R^1$ 是观测白噪声,$y_i(t)\in R^1$ 是第 i 个传感器子系统的观测,$\gamma_i(t)(i=1,\cdots,L)$ 是满足假设 3 的互不相关的伯努利白噪声,$b_k(t)(k=1,\cdots,n)$ 是带已知均值 b_k 和随机扰动 $\xi_k(t)$ 的标量随机参数,$w(t)$,$\alpha_i(t)$ 和 $\xi_k(t)$ 是带零均值的互不相关白噪声,它们的不确定实际方差分别为 $\bar{\sigma}_w^2,\bar{\sigma}_{\alpha_i}^2$ 和 $\bar{\sigma}_{\xi_k}^2$,而 $\sigma_w^2,\sigma_{\alpha_i}^2$ 和 $\sigma_{\xi_k}^2$ 分别是 $\bar{\sigma}_w^2,\bar{\sigma}_{\alpha_i}^2$ 和 $\bar{\sigma}_{\xi_k}^2$ 的已知保守上界,即满足 $\bar{\sigma}_w^2\leqslant\sigma_w^2,\bar{\sigma}_{\alpha_i}^2\leqslant\sigma_{\alpha_i}^2,\bar{\sigma}_{\xi_k}^2\leqslant\sigma_{\xi_k}^2$,$L$ 为传感器数目。目的是设计白噪声 $w(t)$ 的鲁棒集中式和加权观测融合白噪声反卷积估值器 $\hat{w}^{(j)}(t\mid t+N)$。

设标量输出信号 $s(t)$ 为带标量输入白噪声 $w(t)$ 的滑动平均过程,即有

$$s(t)=w(t)+b_1(t)w(t-1)+\cdots+b_n(t)w(t-n) \tag{10.291}$$

显然这是 n 阶的滑动平均(Moving Average—MA)模型,则观测方程可被重写为

$$y_i(t)=\gamma_i(t)s(t)+\alpha_i(t),i=1,\cdots,L \tag{10.292}$$

借助于直接变换方法[36],由式(10.291)给出的带随机参数的 MA 模型可被转换为如下等价的状态空间模型

$$x(t+1)=\Phi x(t)+\Gamma w(t) \tag{10.293}$$

$$s(t)=[b_1(t),b_2(t),\cdots,b_n(t)]x(t)+w(t) \tag{10.294}$$

其中

$$\boldsymbol{\Phi}=\begin{bmatrix}0&0&0&\cdots&0&0&0\\1&0&0&\cdots&0&0&0\\0&1&0&\cdots&0&0&0\\\vdots&\vdots&\vdots&&\vdots&\vdots&\vdots\\0&0&0&\cdots&1&0&0\\0&0&0&\cdots&0&1&0\end{bmatrix},\boldsymbol{\Gamma}=\begin{bmatrix}1\\0\\\vdots\\0\end{bmatrix} \tag{10.295}$$

由于矩阵$\boldsymbol{\Phi}$的所有特征值都是0,所以$\boldsymbol{\Phi}$是稳定矩阵。将式(10.290)代入式(10.294)得

$$\begin{aligned}s(t)&=([b_1,b_2,\cdots,b_n]+[\xi_1(t),\xi_2(t),\cdots,\xi_n(t)])x(t)+w(t)=\\&(H+\sum_{k=1}^{n}\xi_k(t)H_k)x(t)+w(t)\end{aligned} \tag{10.296}$$

其中

$$H=[b_1,b_2,\cdots,b_n],H_k=[0,\cdots,0,1,0,\cdots,0] \tag{10.297}$$

这里H_k是$1\times n$向量,它的第k个元素是1,其他元素都等于0。

将式(10.296)代入式(10.292)得

$$y_i(t)=\gamma_i(t)(H+\sum_{k=1}^{n}\xi_k(t)H_k)x(t)+v_i(t),i=1,\cdots,L \tag{10.298}$$

$$v_i(t)=D_iw(t)+\eta_i(t),i=1,\cdots,L \tag{10.299}$$

$$D_i=\lambda_i,\eta_i(t)=\gamma_{0i}(t)w(t)+\alpha_i(t),i=1,\cdots,L \tag{10.300}$$

其中$\gamma_{0i}(t)$由式(10.154)定义。

由式(10.300)容易证得$\eta_i(t)(i=1,\cdots,L)$是带零均值的互不相关白噪声,且它们的实际和保守方差分别为

$$\bar{\sigma}_{\eta_i}^2=\lambda_i(1-\lambda_i)\bar{\sigma}_w^2+\bar{\sigma}_{\alpha_i}^2 \tag{10.301}$$

$$\sigma_{\eta_i}^2=\lambda_i(1-\lambda_i)\sigma_w^2+\sigma_{\alpha_i}^2 \tag{10.302}$$

且$w(t)$不相关于$\eta_i(t)$。

因此,由式(10.289)和式(10.290)给出的多传感器IS-136移动通信系统被转换成由式(10.293)、式(10.298)和式(10.299)给出的带不确定方差乘性噪声、丢失观测和不确定方差线性相关加性白噪声的状态空间模型,它是混合不确定系统(10.150)—(10.152)的特殊情形,应用10.3节的结果容易得到输入白噪声$w(t)$的鲁棒集中式和加权观测融合时变反卷积估值器$\hat{w}^{(j)}(t\mid t+N)$。这给出了原始系统(10.150)—(10.152)的一个重要的应用背景。

在如下仿真实验中,考虑三传感器IS-136移动通信系统(10.289)和(10.290),其中$n=2$且$w(t)=b(t)g(t)$是伯努利-高斯白噪声,这里$b(t)$是取值为1或0的伯努利白噪声,其概率为$\mathrm{Prob}\{b(t)=1\}=\pi$且$\mathrm{Prob}\{b(t)=0\}=1-\pi$,$g(t)$是带零均值的高斯白噪声,其方差为$\sigma_g^2$,且$g(t)$不相关于$b(t)$。容易证明$w(t)$的均值也为0,且它的实际方差为$\bar{\sigma}_w^2=\pi\sigma_g^2$。在仿真中取$b_1=0.2,b_2=0.7,\pi=0.3,\sigma_g^2=3,\sigma_w^2=1.2,\bar{\sigma}_{\alpha_1}^2=0.02,\sigma_{\alpha_1}^2=0.03,\bar{\sigma}_{\alpha_2}^2=0.016,\sigma_{\alpha_2}^2=0.024,\bar{\sigma}_{\alpha_3}^2=0.015,\sigma_{\alpha_3}^2=0.025,\bar{\sigma}_{\xi_1}^2=0.02,\sigma_{\xi_1}^2=0.03,\bar{\sigma}_{\xi_2}^2=0.01,\sigma_{\xi_2}^2=0.02,\lambda_1=0.8,\lambda_2=0.9,\lambda_3=0.85$。

由于白噪声 $w(t)$ 的维数 $r=1$，所以白噪声估计误差方差的迹值等于相应的估计误差方差的值。

表 10.4 给出了保守和实际局部与融合稳态白噪声反卷积估计误差方差的值，这验证了由式(10.280)—(10.287) 给出的稳态精度关系，同样也验证了由式(10.279) 给出的等价性。

表 10.4　保守和实际局部与融合稳态白噪声反卷积估计误差方差的比较

	$N=0$	$N=1$	$N=2$
$P_{w1}(N)$	0.489 9	0.487 5	0.432 8
$\bar{P}_{w1}(N)$	0.356 1	0.354 5	0.315 1
$P_{w2}(N)$	0.337 5	0.336 3	0.304 9
$\bar{P}_{w2}(N)$	0.237 4	0.236 6	0.215 4
$P_{w3}(N)$	0.416 9	0.415 1	0.371 5
$\bar{P}_{w3}(N)$	0.298 3	0.297 1	0.266 6
$P_w^{(j)}(N),j=c,M$	0.195 0	0.194 6	0.182 4
$\bar{P}_w^{(j)}(N),j=c,M$	0.136 9	0.136 6	0.128 6

当 $N=2$ 时，图 10.7 给出了保守和实际局部与融合时变白噪声反卷积平滑误差方差的比较，这验证了由式(10.235)—(10.237) 和式(10.239)—(10.241) 给出的精度关系。此外，我们可看到鲁棒局部和融合时变平滑误差方差收敛于相应的由表 10.4 给出的稳态平滑误差方差的值，这验证了由式(10.273)、式(10.274) 和注 10.10 给出的收敛性。此外，由式(10.233) 和式(10.234) 给出的时变等价性也被验证了。

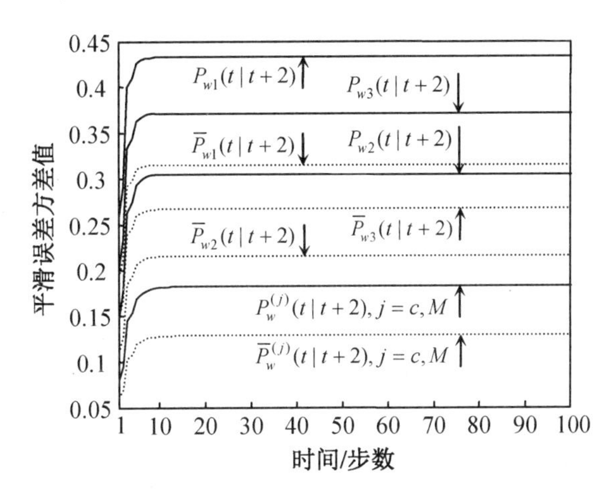

图 10.7　保守和实际局部与融合时变白噪声反卷积平滑误差方差的比较

图 10.8 给出了白噪声的真实值和鲁棒局部与融合三步固定滞后平滑估计的比较，其中实线端点纵坐标为真实值，实圆点纵坐标为实际平滑估值。与鲁棒局部平滑器 $\hat{w}_i(t\mid t+3)(i=1,2,3)$ 相比，鲁棒融合平滑器 $\hat{w}^{(j)}(t\mid t+3)(j=c,M)$ 有较高的精度。

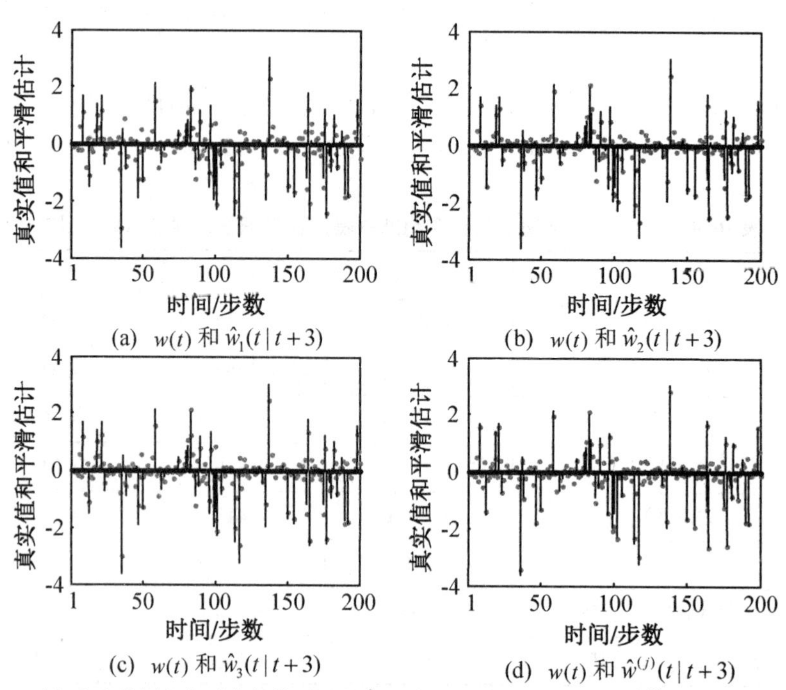

图 10.8 $w(t)$ 和它的局部与融合鲁棒平滑器 $\hat{w}_i(t|t+3)(i=1,2,3)$ 和 $\hat{w}^{(j)}(t|t+3)(j=c,M)$

为了验证鲁棒局部和融合时变白噪声反卷积平滑器 $\hat{w}_i(t|t+2)(i=1,2,3)$ 和 $\hat{w}^{(j)}(t|t+2)(j=c,M)$ 的理论计算的实际方差的正确性，取 $\rho=2\ 000$ 次蒙特卡洛仿真次数，图 10.9 给出了鲁棒局部和融合时变白噪声反卷积平滑器的 MSE 曲线，它们分别表示采样实际误差方差的迹，其中直线表示实际平滑误差方差的迹值，曲线表示 MSE 值，符号 $\mathrm{MSE}_i(t)(i=1,2,3)$ 和 $\mathrm{MSE}^{(j)}(t)(j=c,M)$ 分别表示鲁棒局部和融合时变白噪声反卷积平滑器的 MSE 值。我们可看到当 ρ 充分大时($\rho=2\ 000$)，MSE 值接近于相应的理论计算的实际平滑误差方差的迹值，这验证了实际采样方差的一致性。

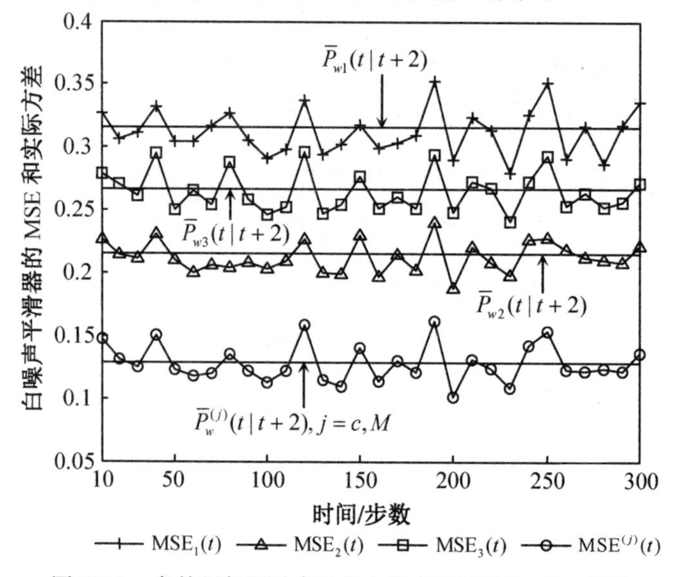

图 10.9 鲁棒局部和融合时变白噪声平滑器的 MSE 曲线

为了说明集中式与加权观测融合稳态白噪声滤波器的鲁棒和实际精度 $P_w^{(j)}(0)$ 和 $\bar{P}_w^{(j)}(0)(j=c,M)$ 是如何随着丢失观测率来变化的，定义丢失观测率为 $\beta_i=1-\lambda_i, i=1,2,3$，这里 λ_i 由式(10.153)给出，这意味着 β_i 是丢失观测的概率。取 $[\beta_1,\beta_3]=\delta_1[1,1]$ 且令 δ_1 按照步长 0.1 从 0 增加到 1，同时令 β_2 也按照步长 0.1 从 0 增加到 1。图 10.10 和图 10.11 分别给出了 $P_w^{(j)}(0)$ 和 $\bar{P}_w^{(j)}(0)(j=c,M)$ 随着 δ_1 和 β_2 的变化情况，我们可看到当丢失观测率增加时 $P_w^{(j)}(0)$ 和 $\bar{P}_w^{(j)}(0)(j=c,M)$ 的值也增加，即当丢失观测率增加时，相应的融合稳态白噪声滤波器的鲁棒和实际精度降低。

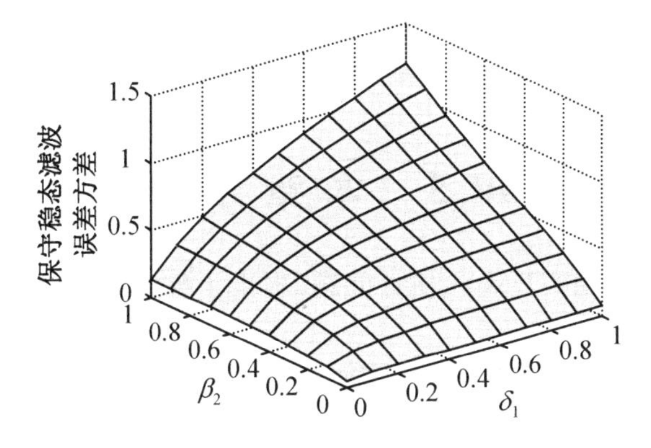

图 10.10　$\mathrm{tr}P_w^{(j)}(0)$ 随着丢失观测率 β_i 的变化

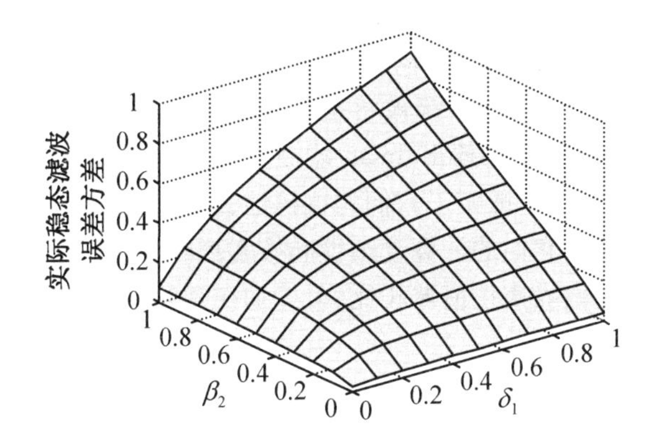

图 10.11　$\mathrm{tr}\bar{P}_w^{(j)}(0)$ 随着丢失观测率 β_i 的变化

为了说明随机参数 $\xi_k(t)(k=1,2)$ 对鲁棒融合稳态白噪声反卷积滤波器 $\hat{w}_s^{(j)}(t|t)$ 的鲁棒精度的影响，令保守乘性噪声方差 $\sigma_{\xi_1}^2$ 和 $\sigma_{\xi_2}^2$ 分别按照步长 0.01 从 0.01 增加到 0.1。图 10.12 给出了稳态鲁棒精度 $P_w^{(j)}(0)$ 随着 $\sigma_{\xi_1}^2$ 和 $\sigma_{\xi_2}^2$ 的变化情况，我们可看到，当 $\sigma_{\xi_1}^2$ 和 $\sigma_{\xi_2}^2$ 增加时，$P_w^{(j)}(0)$ 的值也增加，这意味着当保守乘性噪声方差增加时，融合稳态白噪声反卷积滤波器的鲁棒精度降低。

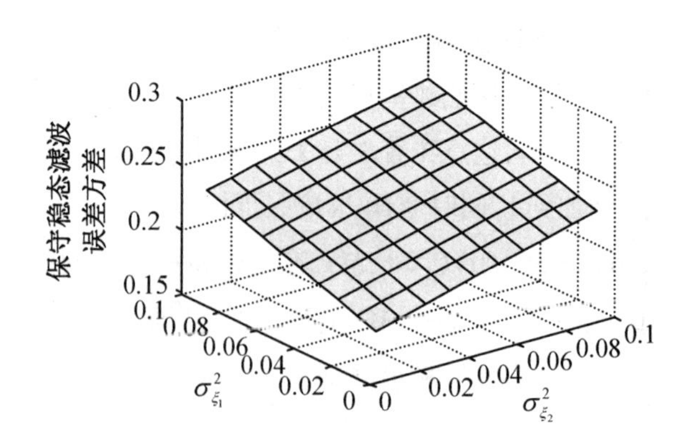

图 10.12 $\mathrm{tr}P_w^{(j)}(0)$ 随着乘性噪声方差 $\sigma_{\xi_1}^2$ 和 $\sigma_{\xi_2}^2$ 的变化

10.5 本 章 小 结

本章研究了鲁棒白噪声反卷积估计问题，提出了鲁棒信息融合白噪声反卷积估值器。本章主要工作如下：

(1) 对于仅带不确定噪声方差的时不变系统，应用基于 Lyapunov 方程方法的极大极小鲁棒 Kalman 滤波方法，基于鲁棒稳态 Kalman 预报器，提出了鲁棒局部和六种信息融合稳态鲁棒白噪声反卷积平滑器，证明了它们的鲁棒性，分析了它们之间的精度关系，用信息滤波器证明了集中式与加权观测融合稳态白噪声平滑器之间的等价性。

(2) 对于带乘性噪声、丢失观测和不确定方差线性相关加性白噪声的混合不确定多传感器系统，应用虚拟噪声方法，系统被转换为仅带不确定噪声方差的系统。应用基于 Lyapunov 方程方法的极大极小鲁棒 Kalman 滤波方法，提出了鲁棒集中式和加权观测融合时变白噪声反卷积估值器。证明了它们的鲁棒性，分析了它们之间的精度关系，证明了它们之间的等价性，分析了它们的计算复杂性和按实现收敛性。特别地，当传感器数目增大时，与鲁棒集中式融合白噪声估值器相比，鲁棒加权观测融合白噪声估值器可显著减小计算负担。

(3) 给出了一个带不确定噪声方差的伯努利 - 高斯白噪声反卷积的仿真例子，它在石油地震勘探中有重要的应用背景。给出了一个带随机参数、丢失观测和不确定噪声方差的 IS-136 移动通信系统的仿真例子。仿真结果验证了所提出的方法和结果的正确性、有效性和可应用性。

参 考 文 献

[1] KALMAN R E. A New Approach to Linear Filtering and Prediction Problems[J]. Journal of Basic Engineering Transactions, 1960, 82(1): 34-45.

[2] MENDEL J M. White Estimators for Seismic Data Processing in Oil Exploration[J]. IEEE Transactions on Automatic Control, 1997, 22(5): 694-706.

[3] MENDEL J M, KORMYLO J. New Fast Optimal White-noise Estimators for

Deconvolution[J]. IEEE Transactions on Geosciences Electronic, 1977, 15(1): 32-41.
[4] MENDEL J M. Minimum Variance Deconvolution[J]. IEEE Transactions on Geoscience and Remote Sensing, 1981, 19(3): 161-171.
[5] HAN C Y, ZHANG Y. Suboptimal White Noise Estimators for Discrete Time Systems with Random Delays[J]. Signal Processing, 2013, 93: 2453-2461.
[6] DENG Z L, ZHANG H S, LIU S J, et al. Optional and Self-tuning White Noise Estimators with Applications to Deconvolution and Filtering Problems[J]. Automatica, 1996,2(2):199-216.
[7] 邓自立. 时变系统的统一和通用最优白噪声估值器[J]. 控制理论与应用, 2003, 20(1): 143-146.
[8] 邓自立,许燕. 基于 Kalman 滤波的通用和统一的白噪声估计方法[J]. 控制理论与应用, 2004, 21(4): 501-506.
[9] ANDERSON B D O, MOORE J B. Optimal Filtering[M]. Englewood Cliffs, New Jersey:Prentice Hall, 1979.
[10] WANG F, BALAKRISHNAN V. Robust Steady-state Filtering for Systems with Deterministic and Stochastic Uncertainties[J]. IEEE Transactions on Signal Processing, 2003, 51(10): 2550-2558.
[11] NAHI N. Optimal Recursive Estimation with Uncertain Observation[J]. IEEE Transactions on Information Theory, 1969,15(4): 457-462.
[12] LEWIS F L, XIE L H, POPA D. Optimal and Robust Estimation[M]. 2nd ed. New York: CRC Press, 2008.
[13] LIU W. Optimal Filtering for Discrete-time Linear Systems with Time-correlated Multiplicative Measurement Noises[J]. IEEE Transactions on Automatic Control, 2016, 61(7): 1972-1978.
[14] LIU W. Optimal Estimation for Discrete-time Linear Systems in the Presence of Multiplicative and Time-correlated Additive Measurement Noises[J]. IEEE Transactions on Signal Processing, 2015, 63(17): 4583-4593.
[15] FENG J X, WANG Z D, ZENG M. Distributed Weighted Robust Kalman Filter Fusion for Uncertain Systems with Autocorrelated and Cross-correlated Noises[J]. Information Fusion, 2013, 14(1): 78-86.
[16] KONING W L D. Optimal Estimation of Linear Discrete-time Systems with Stochastic Parameters[J]. Automatica, 1984, 20(1): 113-115.
[17] XIONG K, LIU L D, LIU Y W. Robust Extended Kalman Filtering for Nonlinear Systems with Multiplicative Noises[J]. Optimal Control Applications and Methods, 2011, 32: 47-63.
[18] TIAN T, SUN S L, LI N. Multi-sensor Information Fusion Estimators for Stochastic Uncertain Systems with Correlated Noises[J]. Information Fusion, 2016, 27: 126-137.

[19] WANG F, BALAKRISHNAN V. Robust Kalman Filters for Linear Time-varying Systems with Stochastic Parameter Uncertainties[J]. IEEE Transactions on Signal Processing, 2002, 50(4): 803-813.
[20] QI W J, ZHANG P, DENG Z L. Robust Weighted Fusion Kalman Filters for Multisensor Time-varying Systems with Uncertain Noise Variances[J]. Signal Processing, 2014, 99: 185-200.
[21] QI W J, ZHANG P, NIE G H, et al. Robust Weighted Fusion Kalman Predictors with Uncertain Noise Variances[J]. Digital Signal Processing, 2014, 30: 37-54.
[22] QI W J, ZHANG P, NIE G H, et al. Robust Weighted Fusion Time-varying Kalman Smoothers for Multisensor System with Uncertain Noise Variances[J]. Information Sciences, 2014, 282: 15-37.
[23] LIU W Q, WANG X M, DENG Z L. Robust Weighted Fusion Steady-state White Noise Deconvolution Smoothers for Multisensor Systems with Uncertain Noise Variances[J]. Signal Processing, 2016, 122: 98-114.
[24] 程云鹏，张凯院，徐仲. 矩阵论[M]. 四版. 西安：西北工业大学出版社，2013.
[25] KAILATH T, SAYED A H, HASSIBI B. Linear Estimation[M]. Englewood Cliffs, New Jersey: Prentice Hall, 2000.
[26] LIU W Q, WANG X M, DENG Z L. Robust Centralized and Weighted Measurement Fusion White Noise Deconvolution Estimators for Multisensor Systems with Mixed Uncertainties[J]. International Journal of Adaptive Control and Signal Processing, 2018, 32(1): 185-212.
[27] ZHANG H S, ZHANG D, XIE L H, et al. Robust Filtering under Stochastic Parametric Uncertainties[J]. Automatica, 2004, 40: 1583-1589.
[28] QI W J, ZHANG P, DENG Z L. Robust Weighted Fusion Steady-state Kalman Predictors with Uncertain Noise Variances[J]. IEEE Transactions on Aerospace and Electronic Systems, 2016, 52(3): 1077-1088.
[29] SUN X J, GAO Y, DENG Z L. Information Fusion White Noise Deconvolution Estimators for Time-varying Systems[J]. Signal Processing, 2008, 88(5): 1233-1247.
[30] SUN X J, GAO Y, DENG Z L, et al. Multi-model Information Fusion Kalman Filtering and White Noise Deconvolution[J]. Information Fusion, 2010, 11(2): 163-173.
[31] DENG Z L, GAO Y, MAO L, et al. New Approach to Information Fusion Steady-state Kalman Filtering[J]. Automatica, 2005, 41(10): 1695-1707.
[32] JULIER S J, UHLMANN J K. A Non-divergent Estimation Algorithm in the Presence of Unknown Correlations[C]. Proceedings of the America Control Conference, Albuquerque, NM, 1997: 2369-2373.
[33] DENG Z L, ZHANG P, QI W J, et al. The Accuracy Comparison of Multisensor Covariance Intersection Fuser and Three Weighting Fusers[J]. Information Fusion,

2013, 14(2): 177-185.

[34] LIU W Q, WANG X M, DENG Z L. Robust Centralized and Weighted Measurement Fusion Kalman Estimators for Multisensor Systems with Multiplicative and Uncertain-covariance Linearly Correlated White Noises[J]. Journal of the Franklin Institute, 2017, 354(4): 1992-2031.

[35] DENG Z L, ZHANG P, QI W J, et al. Sequential Covariance Intersection Fusion Kalman Filter[J]. Information Sciences, 2012, 189: 293-309.

[36] CADZOW J A, MARTENS H R. Discrete-time and Computer Control Systems[M]. Englewood Cliffs, New Jersey: Prentice Hall, 1970.

第11章　混合不确定网络化系统保性能鲁棒融合稳态 Kalman 滤波

11.1　引　言

Kalman 滤波广泛应用于目标跟踪、信号处理、GPS 定位、机器人、遥感、无人机、卫星测控等领域，其基本前提为假设系统模型参数和噪声方差精确已知。但实际应用中，由于模型简化、未建模动态及不确定干扰等因素，使得此假设常常不成立。这将导致系统滤波性能恶化，甚至滤波发散[1]。随着网络技术及传感器技术的快速发展，网络化系统的状态估计问题是一个新的研究方向。但由于网络的通信带宽有限，传感器故障，以及各种外部随机扰动，使得网络化系统存在诸多的不确定性，主要包括：丢包、丢失观测、随机滞后观测等。所谓鲁棒 Kalman 滤波器，就是对于所有容许的不确定性，确保所设计的滤波器的实际滤波误差方差有最小上界[2]。

模型参数不确定包括确定的不确定性和随机不确定性（乘性噪声）[3]。确定的不确定参数是指参数是不确定的，但属于某一已知确定的有界集，例如范数有界不确定参数。对于带范数有界不确定参数系统，可通过 Riccati 方程方法[2,4]或 LMI 方法[5,6]设计鲁棒 Kalman 滤波器。对于乘性噪声系统，可以使用虚拟噪声补偿方法[7]，将原系统转化为带确定参数阵和虚拟噪声的系统，进而利用经典 Kalman 滤波方法解决滤波问题。对带噪声方差不确定多传感器系统，文献[8-10]提出了鲁棒 Kalman 滤波器设计的 Lyapunov 方程方法，对已知不确定噪声方差的有界域，确保所设计的滤波器的实际滤波误差方差有最小上界，但文献[8-10]没有考虑模型参数不确定性。文献[11-23]将文献[8-10]的研究成果推广到带混合不确定性系统的鲁棒加权融合 Kalman 估计问题。混合不确定性系统是指含有乘性噪声、不确定噪声方差、丢失观测、丢包等多种不确定性的系统，这些成果[8-23]构成了新颖的混合不确定系统鲁棒融合估计理论。

传感器的观测丢失常常是由于传感器老化或传感器故障导致的，一般可以使用 Bernoulli 分布的随机变量来描述系统的观测丢失。对带丢失观测和范数有界不确定参数的系统，文献[24]将丢失观测描述为 Bernoulli 分布的白噪声序列，应用 Riccati 方程方法设计了时变鲁棒 Kalman 滤波器，保证估值误差方差不超过指定的上界。对带观测丢失的离散不确定时滞系统，文献[25]利用射影性质和递推射影公式设计了鲁棒 Kalman 滤波器，而文献[26]使用新息的方法设计了鲁棒 Kalman 滤波器。

经典 Kalman 滤波要求观测噪声是白噪声，但在许多理论和工程应用中，观测噪声不是白噪声情形是广泛存在的。一般的有色观测噪声可用 ARMA 模型描写[27]，特殊情况下它满足一阶自回归模型。有色观测噪声在很多领域中得到应用，例如跟踪系统[28]、雷达定位系统[29]、惯性导航系统[30]、全球定位系统等。对于存在有色观测噪声的系统，一般来说有两种处理方法:扩维方法[30,31]和观测差分方法[28,29]。

对所容许的不确定性,鲁棒 Kalman 滤波器能够保证所设计的滤波器的实际滤波误差方差有一个最小上界。在实际应用中,进一步考虑所设计的鲁棒 Kalman 滤波器满足预指的性能指标的约束,这称为保性能鲁棒 Kalman 滤波。

文献[32,33]对带范数有界且二次型稳定的不确定线性系统,应用Riccati方程方法,设计了二次型保性能状态估值器,保证所设计的滤波器误差方差有最小上界。对含范数有界的不确定离散和连续线性系统,文献[34,35]采用LMI方法,设计了保性能鲁棒滤波器,对允许的参数不确定,确保滤波器误差方差有上界。文献[36,37]对带缺失观测的离散时间复杂网络系统,应用LMI方法,研究了保性能鲁棒状态估计问题,所设计的鲁棒估值器在满足状态估计误差均方指数收敛的前提下,能进一步使网络的状态估计满足一定的性能指标。上述文献[32-37]对不确定参数单传感器系统,设计了保性能鲁棒估值器,但没有解决多传感器信息融合问题。

对仅带不确定噪声方差系统[8-10]或带混合不确定性系统[11-23],作者设计了鲁棒融合Kalman 估值器,对于所有容许的不确定,其误差方差被保证有最小上界。称实际误差方差的迹为实际精度,称最小上界的迹为鲁棒精度。基于噪声方差扰动的参数化表示,文献[38,39]提出了保证估计性能的极大极小鲁棒 Kalman 滤波器,并使用博弈理论证明了保证的估计精度,并给出了精度偏差的概念,即精度偏差定义为鲁棒精度和实际精度的偏差。但文献[8-10]对已知不确定噪声方差的有界域,仅给出精度偏差的最大下界,并未深入研究精度偏差的最小上界问题。而文献[38,39]对仅带不确定方差系统,指定精度偏差的上界,找到了噪声方差最大扰动域,但未解决其逆问题,即给定噪声方差的有界扰动域,寻找在该域上精度偏差的最小值和最大值,但还未解决保性能鲁棒融合器的设计问题。文献[40-42]对带不确定噪声方差系统,基于噪声方差扰动的参数化表示和Lyapunov 方程方法,设计了保性能鲁棒 Kalman 滤波器,但没有解决带丢失观测、乘性噪声和有色观测噪声的保性能鲁棒滤波问题。

本章对带不确定噪声方差和丢失观测的线性离散定常多传感器系统,应用虚拟噪声技术,将原始系统转化为仅带不确定噪声方差系统,应用基于 Lyapunov 方程方法的极大极小鲁棒Kalman滤波方法和噪声方差扰动的参数化表示方法,用Lagrange乘数法和线性规划方法,介绍了两类保性能鲁棒融合 Kalman 估值器,包括保性能鲁棒加权观测融合Kalman 估值器[43](滤波器、预报器和平滑器),以及保性能鲁棒集中式融合 Kalman 预报器[44]。对带乘性噪声、有色观测噪声和不确定噪声方差的线性离散定常多传感器系统,应用增广状态方法,将有色观测噪声视为增广状态的部分分量,使用虚拟噪声技术,将原始系统转化为仅带不确定噪声方差系统,应用基于 Lyapunov 方程方法的极大极小鲁棒Kalman 滤波方法和噪声方差扰动的参数化表示方法,介绍了两类矩阵加权融合 Kalman 预报器[45]。

11.2 丢失观测系统保性能鲁棒加权观测融合器

本节对带丢失观测和不确定噪声方差的多传感器定常系统,介绍作者提出的保性能鲁棒加权观测融合 Kalman 估值器。基于不确定噪声方差扰动的参数化方法、极大极小鲁棒估值原理、虚拟噪声方法,以及 Lyapunov 方程方法,提出两类保性能鲁棒加权观测融合 Kalman 估值器[43](滤波器、预报器和平滑器)。问题可通过 Lagrange 乘数法或线性规划解决。

考虑带不确定噪声方差和丢失观测的多传感器时不变系统

$$x(t+1)=\Phi x(t)+\Gamma w(t) \tag{11.1}$$

$$y_i(t)=\gamma_i(t)H_i x(t)+v_i(t),i=1,\cdots,L \tag{11.2}$$

其中 t 表示离散时间,$x(t)\in R^n$ 为系统状态,$y_i(t)\in R^{m_i}$ 为第 i 个传感器子系统的观测,$w(t)\in R^r$ 为输入白噪声,$v_i(t)\in R^{m_i}$ 为第 i 个传感器子系统的观测噪声,Φ,Γ,H_i 为适当维数矩阵,L 为传感器个数。

假设 1 $\gamma_i(t)$ 是与 $w(t)$ 和 $v_i(t)$ 不相关的标量 Bernoulli 分布白噪声,其取 0 或 1 的概率为

$$\text{Prob}\{\gamma_i(t)=1\}=\pi_i,\text{Prob}\{\gamma_i(t)=0\}=1-\pi_i \tag{11.3}$$

其中 $0\leqslant\pi_i\leqslant 1,i=1,\cdots,L$。

假设 2 $w(t)\in R^l$ 和 $v_i(t)$ 是均值为 0,未知不确定真实方差分别为 $\bar{Q}$ 和 $\bar{R}_i$ 的互不相关白噪声,且有

$$\bar{Q}\leqslant Q,\bar{R}_i\leqslant R_i,i=1,\cdots,L \tag{11.4}$$

其中 Q 和 R_i 分别为 $\bar{Q}$ 和 $\bar{R}_i$ 的已知保守上界。

假设 3 Φ 是一个稳定矩阵。

假设 4 方差扰动 $\Delta Q=Q-\bar{Q}$ 和 $\Delta R_i=R_i-\bar{R}_i$ 可参数化为如下形式

$$\Delta Q=\sum_{k=1}^{p}\varepsilon_k Q_k \tag{11.5}$$

$$\Delta R_i=\sum_{j=1}^{q_i}e_j^{(i)}R_j^{(i)},i=1,\cdots,L \tag{11.6}$$

其中加权阵 $Q_i\geqslant 0$ 和 $R_j^{(i)}\geqslant 0$ 是已知的半正定对称阵,$\varepsilon_i\geqslant 0$ 和 $e_j\geqslant 0$ 表示不确定参数扰动。

注 11.1 若 ΔQ 和 ΔR_i 为对角阵,则可选取扰动方位阵 $Q_k\geqslant 0$ 为对角阵,其第 (k,k) 元素为 1,其余元素为 0。选取扰动方位阵 $R_j^{(i)}\geqslant 0$ 为对角阵,其第 (j,j) 元素为 1,其余元素为 0。因此不确定方差扰动 ΔQ 和 ΔR_i 可表示为

$$\Delta Q=\text{diag}(\varepsilon_1,\cdots,\varepsilon_r)=\sum_{k=1}^{r}\varepsilon_k Q_k$$

$$\Delta R_i=\text{diag}(e_1^{(i)},\cdots,e_{m_i}^{(i)})=\sum_{j=1}^{m_i}e_j^{(i)}R_j^{(i)},i=1,\cdots,L$$

噪声方差扰动参数化原理是半正定噪声方差扰动 $\Delta Q=Q-\bar{Q}\geqslant 0$ 和 $\Delta R_i=R_i-\bar{R}_i\geqslant 0$ 可分别用一些简单的半正定扰动方位阵 Q_i 和 $R_j^{(i)}$ 的非负标量加权线性组合式(11.5)和式(11.6)表示。当 $\bar{Q}$ 和 $\bar{R}_i$ 为对角阵时,上面的参数化表达式已体现了这个原理。对 $\bar{Q}$ 和 $\bar{R}_i$ 为非对角阵的一般情形,可根据具体实际问题情况构造半正定扰动方位阵 Q_i 和 $R_j^{(i)}$。我们定义半正定扰动方位阵为每个元素为 1 或 0 的半正定矩阵,其中当元素为 1 时,意味着该元素被扰动,当元素为 0 时,意味着该元素无扰动。非负标量加权系数 ε_i 和 $e_j^{(i)}$ 表示该元素的扰动量。例如,对 $l=2$,取简单半正定扰动方位阵为

$$Q_1 = \begin{bmatrix} 0 & 0 \\ 0 & 1 \end{bmatrix} \geqslant 0, Q_2 = \begin{bmatrix} 1 & 1 \\ 1 & 1 \end{bmatrix} \geqslant 0$$

则扰动 ΔQ 的一种参数化表示为

$$\Delta Q = \varepsilon_1 Q_1 + \varepsilon_2 Q_2, \varepsilon_1 \geqslant 0, \varepsilon_2 \geqslant 0$$

这表示实际噪声方差 $\bar{Q}$ 的第(2,2)对角元素有扰动量 ε_1，且 $\bar{Q}$ 的所有元素还有相同扰动量 ε_2。因 $\varepsilon_1 \geqslant 0, \varepsilon_2 \geqslant 0$，故上式满足 $\Delta Q \geqslant 0$。注意，因为要求 $\Delta Q \geqslant 0$，所以不能选择非半正定阵作为扰动方位阵。例如，$Q_1 = \begin{bmatrix} 0 & 1 \\ 1 & 0 \end{bmatrix}$ 为非半正定阵，它不能作为扰动方位阵。特别强调指出，在扰动参数化表达式(11.5)和式(11.6)中，要求假设 $\varepsilon_k \geqslant 0$ 和 $e_j^{(i)} \geqslant 0$ 是为了保证 $\Delta Q \geqslant 0$ 和 $\Delta R_i \geqslant 0$。因为已选择 Q_i 和 $R_j^{(i)}$ 为半正定矩阵，所以它们的非负标量加权也是半正定的。

注 11.2 定义带保守上界 Q 和 R_i 的系统(11.1)和(11.2)为保守系统，其状态称为保守状态，其观测 $y_i(t)$ 称为保守观测。定义带实际方差 $\bar{Q}$ 和 $\bar{R}_i$ 的系统(11.1)和(11.2)为实际系统，其状态称为实际状态，其观测 $y_i(t)$ 称为实际观测。注意，实际观测 $y_i(t)$ 是可利用的，可通过传感器观测得到，而保守观测 $y_i(t)$ 是不可利用的。

定义噪声

$$\xi_i(t) = \gamma_i(t) - \pi_i \tag{11.7}$$

根据假设1，易证得 $\xi_i(t)$ 是均值为零，方差为 $\pi_i(1-\pi_i)$ 的白噪声。

应用虚拟噪声技术，将 $\gamma_i(t) = \xi_i(t) + \pi_i$ 代入式(11.2)，原系统(11.1)和(11.2)转换为仅带不确定噪声方差的系统

$$x(t+1) = \Phi x(t) + \Gamma w(t) \tag{11.8}$$

$$y_i(t) = H_{ai} x(t) + v_{ai}(t), i = 1, \cdots, L \tag{11.9}$$

其中，$H_{ai} = \pi_i H_i$，$v_{ai}(t)$ 为虚拟噪声

$$v_{ai}(t) = \xi_i(t) H_i x(t) + v_i(t), i = 1, \cdots, L \tag{11.10}$$

从式(11.9)看到，观测中的乘性噪声项 $\xi_i(t) H_i x(t)$ 已经被补偿到虚拟噪声 $v_{ai}(t)$ 中，且易证得 $v_{ai}(t)$ 是均值为零的完全互不相关白噪声，它的保守和实际噪声方差分别为

$$R_{ai} = \pi_i(1-\pi_i) H_i X H_i^{\mathrm{T}} + R_i, i = 1, \cdots, L \tag{11.11}$$

$$\bar{R}_{ai} = \pi_i(1-\pi_i) H_i \bar{X} H_i^{\mathrm{T}} + \bar{R}_i, i = 1, \cdots, L \tag{11.12}$$

其中，X 和 $\bar{X}$ 是对保守和实际的系统 $x(t)$ 分别得到的保守和实际的稳态方差非中心二阶距 $X = \mathrm{E}[x(t)x^{\mathrm{T}}(t)]$（$x(t)$ 是保守状态）和 $\bar{X} = \mathrm{E}[x(t)x^{\mathrm{T}}(t)]$（$x(t)$ 是实际状态）。根据假设3和式(11.8)，它们分别满足以下的 Lyapunov 方程

$$X = \Phi X \Phi^{\mathrm{T}} + \Gamma Q \Gamma^{\mathrm{T}} \tag{11.13}$$

$$\bar{X} = \Phi \bar{X} \Phi^{\mathrm{T}} + \Gamma \bar{Q} \Gamma^{\mathrm{T}} \tag{11.14}$$

对系统(11.8)和(11.9)，引入集中式融合观测方程

$$y_c(t) = H_c x(t) + v_c(t) \tag{11.15}$$

$$y_c(t) = [y_1^{\mathrm{T}}(t), \cdots, y_L^{\mathrm{T}}(t)]^{\mathrm{T}}$$

$$H_c = [H_{a1}^{\mathrm{T}}, \cdots, H_{aL}^{\mathrm{T}}]^{\mathrm{T}}, v_c = [v_{a1}^{\mathrm{T}}, \cdots, v_{aL}^{\mathrm{T}}]^{\mathrm{T}}$$

其中融合观测噪声 $v_c(t)$ 具有保守和实际的方差阵

$$R_c = \mathrm{diag}(R_{a1}, \cdots, R_{aL}) \tag{11.16}$$

$$\bar{R}_c = \mathrm{diag}(\bar{R}_{a1}, \cdots, \bar{R}_{aL}) \tag{11.17}$$

定义 $m_c = m_1 + \cdots + m_L$,并假定 $m_c \geqslant n$,则 $m_c \times n$ 维矩阵 H_c 可满秩分解[46] 为

$$H_c = MH_M \tag{11.18}$$

其中 M 可分解为

$$M = [M_1^{\mathrm{T}}, \cdots, M_L^{\mathrm{T}}]^{\mathrm{T}}, M_i \in R^{m_i \times m} \tag{11.19}$$

其中 $M \in R^{m_c \times m}$ 为列满秩矩阵, $H_M \in R^{m \times n}$ 为行满秩矩阵,且 $m \leqslant n$。将式(11.18)代入式(11.15),可得 $H_M x(t)$ 的加权融合估计

$$y_M(t) = [M^{\mathrm{T}} R_c^{-1} M]^{-1} M^{\mathrm{T}} R_c^{-1} y_c(t) = [\sum_{i=1}^{L} M_i^{\mathrm{T}} R_{ai}^{-1} M_i]^{-1} \sum_{i=1}^{L} M_i^{\mathrm{T}} R_{ai}^{-1} y_i(t) \tag{11.20}$$

将式(11.15)、式(11.18)和式(11.19)代入式(11.20),我们有加权观测融合方程

$$y_M(t) = H_M x(t) + v_M(t) \tag{11.21}$$

$$v_M(t) = [M^{\mathrm{T}} R_c^{-1} M]^{-1} M^{\mathrm{T}} R_c^{-1} v_c(t) = [\sum_{i=1}^{L} M_i^{\mathrm{T}} R_{ai}^{-1} M_i]^{-1} \sum_{i=1}^{L} M_i^{\mathrm{T}} R_{ai}^{-1} v_{ai}(t) \tag{11.22}$$

其中,$y_M(t) \in R^m$ 为融合的观测,$v_M(t) \in R^m$ 为融合的观测噪声,其保守和实际的噪声方差分别为

$$R_M = [M^{\mathrm{T}} R_c^{-1} M]^{-1} = [\sum_{i=1}^{L} M_i^{\mathrm{T}} R_{ai}^{-1} M_i]^{-1} \tag{11.23}$$

$$\begin{aligned} \bar{R}_M &= [M^{\mathrm{T}} R_c^{-1} M]^{-1} M^{\mathrm{T}} R_c^{-1} \bar{R}_c R_c^{-1} M [M^{\mathrm{T}} R_c^{-1} M]^{-1} = \\ & [\sum_{i=1}^{L} M_i^{\mathrm{T}} R_{ai}^{-1} M_i]^{-1} \sum_{i=1}^{L} M_i^{\mathrm{T}} R_{ai}^{-1} \bar{R}_{ai} R_{ai}^{-1} M_i [\sum_{i=1}^{L} M_i^{\mathrm{T}} R_{ai}^{-1} M_i]^{-1} \end{aligned} \tag{11.24}$$

11.2.1 第一类保性能鲁棒加权观测融合稳态 Kalman 一步预报器

定义 11.1 对带不确定噪声方差的系统,所容许的不确定噪声方差扰动的范围称为扰动域,扰动域可以求得,也可以指定。对于扰动域中的所有扰动,相应的实际 Kalman 估值器(滤波器、预报器和平滑器)的精度偏差具有最小上界和/或最大下界,那么实际 Kalman 估值器就称为保性能鲁棒 Kalman 估值器,或称其具有保性能鲁棒性。如果预先指定精度偏差的上界,那么可以找到最大扰动域,使在扰动域上实际精度偏差被保证在预指的上界范围内,此为第一类保性能鲁棒 Kalman 估值器;如果预先指定噪声方差的有界扰动域,那么可以找到在该扰动域上精度偏差的最小值和最大值,此为第二类保性能鲁棒 Kalman 估值器。

根据极大极小鲁棒最优估计原理,考虑带保守上界噪声方差 Q 和 R_M 的最坏情形保守系统(11.8)和(11.21),在假设 1—4 下,保守的加权观测融合稳态 Kalman 预报器[47] 为

$$\hat{x}_M(t+1 \mid t) = \Psi_M \hat{x}_M(t \mid t-1) + K_M y_M(t) \tag{11.25}$$

$$\Psi_M = \Phi[I_n - K_M H_M] \tag{11.26}$$

$$K_M = \Sigma_M H_M^{\mathrm{T}} [H_M \Sigma H_M^{\mathrm{T}} + R_M]^{-1} \tag{11.27}$$

其中 I_n 为 $n \times n$ 单位矩阵,Ψ_M 为稳定矩阵。

保守一步预报误差方差阵 Σ_M 满足稳态 Riccati 方程

$$\Sigma_M = \Phi[\Sigma_M - \Sigma_M H_M^{\mathrm{T}} (H_M \Sigma_M H_M^{\mathrm{T}} + R_M)^{-1} H_M \Sigma_M] \Phi^{\mathrm{T}} + \Gamma Q \Gamma^{\mathrm{T}} \tag{11.28}$$

定义保守的一步预报误差 $\tilde{x}_M(t+1\mid t)=x(t+1)-\hat{x}_M(t+1\mid t)$，根据式(11.8)和式(11.25)，我们有

$$\tilde{x}_M(t+1\mid t)=\Psi_M\tilde{x}_M(t\mid t-1)+\Gamma w(t)-K_Mv_M(t) \tag{11.29}$$

从而，保守一步预报误差方差阵 Σ_M 又满足 Lyapunov 方程

$$\Sigma_M=\Psi_M\Sigma_M\Psi_M^{\mathrm{T}}+\Gamma Q\Gamma^{\mathrm{T}}+K_MR_MK_M^{\mathrm{T}} \tag{11.30}$$

注 11.3 对保守的加权观测融合 Kalman 一步预报器(11.25)，保守观测 $y_M(t)$ 是不可用的，因为由式(11.20)知保守融合观测 $y_M(t)$ 是由保守局部观测 $y_i(t)$ 的线性组合产生的，理论上保守局部观测 $y_i(t)$ 由带保守方差 Q 和 R_i 的保守系统(11.1)和(11.2)生成，但它是不可利用的。仅带实际噪声方差 $\bar{Q}$ 和 $\bar{R}$ 的实际系统的实际观测 $y_i(t)$ 是可利用的，它们可直接通过传感器观测获得。因而实际融合观测 $y_u(t)$ 是可利用的。所以将保守观测替换为实际观测，则式(11.25)就称为实际的加权观测融合 Kalman 预报器。

引理 11.1 [47] 考虑 Lyapunov 方程

$$P=\Psi P\Psi^{\mathrm{T}}+U$$

其中 P，Ψ 和 U 是 $n\times n$ 矩阵，且 U 为对称阵，Ψ 为稳定矩阵(其所有特征值在单位圆内)。如果 U 是正定(半正定)的，则 P 有唯一、对称正定(半正定)解。

引理 11.2 [8] $R_i\in R^{m_i\times m_i}$ 是半正定矩阵，即 $R_i\geqslant 0$，则块对角阵 $R_\delta\in R^{m\times m}$ 也是半正定的，即

$$R_\delta=\mathrm{diag}(R_1,\cdots,R_L)\geqslant 0$$

其中 $m=m_1+\cdots+m_L$。

引理 11.3 [8] 设 $\Lambda\in R^{l\times l}$ 是半正定矩阵，即 $\Lambda\geqslant 0$，则矩阵 $\Lambda_\delta\in R^{lL\times lL}$ 也是半正定的，即

$$\Lambda_\delta=\begin{bmatrix}\Lambda & \cdots & \Lambda\\ \vdots & & \vdots\\ \Lambda & \cdots & \Lambda\end{bmatrix}\geqslant 0$$

根据式(11.29)，我们可以得到实际的加权观测融合误差方差满足 Lyapunov 方程

$$\bar{\Sigma}_M=\Psi_M\bar{\Sigma}_M\Psi_M^{\mathrm{T}}+\Gamma\bar{Q}\Gamma^{\mathrm{T}}+K_M\bar{R}_MK_M^{\mathrm{T}} \tag{11.31}$$

定义 $\Delta\Sigma_M=\Sigma_M-\bar{\Sigma}_M$，式(11.30)减式(11.31)引出如下 Lyapunov 方程

$$\Delta\Sigma_M=\Psi_M\Delta\Sigma_M\Psi_M^{\mathrm{T}}+\Gamma\Delta Q\Gamma^{\mathrm{T}}+K_M\Delta R_MK_M^{\mathrm{T}} \tag{11.32}$$

为证明 $\Delta R_M\geqslant 0$，首先定义 $\Delta X=X-\bar{X}$，式(11.13)减式(11.14)可引出如下 Lyapunov 方程

$$\Delta X=\Phi\Delta X\Phi^{\mathrm{T}}+\Gamma\Delta Q\Gamma^{\mathrm{T}} \tag{11.33}$$

根据式(11.4)和引理 11.1，推出 $\Delta X\geqslant 0$。再定义 $\Delta R_{ai}=R_{ai}-\bar{R}_{ai}$，式(11.11)减式(11.12)，有

$$\Delta R_{ai}=\pi_i(1-\pi_i)H_i\Delta XH_i^{\mathrm{T}}+\Delta R_i,i=1,\cdots,L \tag{11.34}$$

根据 $0\leqslant\pi_i\leqslant 1$，$\Delta X\geqslant 0$ 和 $\Delta R_i\geqslant 0$，可得出 $\Delta R_{ai}\geqslant 0$。

定义 $\Delta R_M=R_M-\bar{R}_M$，式(11.23)减式(11.24)，可得

$$\begin{aligned}\Delta R_M=R_M-\bar{R}_M&=[M^{\mathrm{T}}R_c^{-1}M]^{-1}M^{\mathrm{T}}R_c^{-1}(R_c-\bar{R}_c)R_c^{-1}M[M^{\mathrm{T}}R_c^{-1}M]^{-1}=\\&[\sum_{i=1}^{L}M_i^{\mathrm{T}}R_{ai}^{-1}M_i]^{-1}\sum_{i=1}^{L}M_i^{\mathrm{T}}R_{ai}^{-1}(R_{ai}-\bar{R}_{ai})R_{ai}^{-1}M_i[\sum_{i=1}^{L}M_i^{\mathrm{T}}R_{ai}^{-1}M_i]^{-1}\end{aligned} \tag{11.35}$$

应用式(11.4)、式(11.13)和式(11.17),以及引理11.2,可得

$$\bar{R}_c \leqslant R_c \tag{11.36}$$

因此,根据式(11.35)引出 $\Delta R_M \geqslant 0$,即

$$\bar{R}_M \leqslant R_M \tag{11.37}$$

根据 $\Delta Q \geqslant 0$, $\Delta R_M \geqslant 0$,应用引理11.1到式(11.32),可得 $\Delta \Sigma_M \geqslant 0$,即

$$\bar{\Sigma}_M \leqslant \Sigma_M \tag{11.38}$$

对上式取迹运算,我们有精度关系

$$\mathrm{tr}\bar{\Sigma}_M \leqslant \mathrm{tr}\Sigma_M \tag{11.39}$$

注 11.4 根据式(11.39)可推出,鲁棒加权观测融合 Kalman 一步预报器 $\hat{x}_M(t+1|t)$ 的第 i 个分量是鲁棒的,即

$$\bar{\sigma}_i^2 \leqslant \sigma_i^2, i=1,\cdots,n \tag{11.40}$$

其中,$\bar{\sigma}_i^2$ 和 σ_i^2 分别为 $\bar{\Sigma}_M$ 和 Σ_M 的第(i,i)个对角元素,它们分别被称为第 i 个分量的实际精度和鲁棒精度。根据式(11.40),有以下精度关系

$$\bar{\sigma}_i \leqslant \sigma_i, i=1,\cdots,n \tag{11.41}$$

因此,我们分别称 $\bar{\sigma}_i$ 和 σ_i 为第 i 个分量的实际和鲁棒标准差。

下面我们将给出 $\Delta\Sigma_M \geqslant 0$ 的参数化表示。根据假设3,可知Lyapunov方程(11.33)有唯一解[47]

$$\Delta X = \sum_{s=0}^{\infty} \Phi^s \Gamma \Delta Q \Gamma^{\mathrm{T}} \Phi^{s\mathrm{T}} \tag{11.42}$$

将式(11.5)代入上式,有参数化表示

$$\Delta X = \sum_{k=1}^{p} \varepsilon_k Q_k^* \tag{11.43}$$

其中

$$Q_k^* = \sum_{s=0}^{\infty} \Phi^s \Gamma Q_k \Gamma^{\mathrm{T}} \Phi^{s\mathrm{T}} \tag{11.44}$$

Q_k^* 可通过求解以下 Lyapunov 方程得到

$$Q_k^* = \Phi Q_k^* \Phi^{\mathrm{T}} + \Gamma Q_k \Gamma^{\mathrm{T}} \tag{11.45}$$

将式(11.6)和式(11.43)代入式(11.34),ΔR_{ai} 可参数化为

$$\Delta R_{ai} = \pi_i(1-\pi_i)H_i\left(\sum_{k=1}^{p}\varepsilon_k Q_k^*\right)H_i^{\mathrm{T}} + \sum_{j=1}^{q_i} e_j^{(i)} R_j^{(i)} = \sum_{k=1}^{p}\varepsilon_k Q_k^{(i)} + \sum_{j=1}^{q_i} e_j^{(i)} R_j^{(i)}, i=1,\cdots,L \tag{11.46}$$

其中 $Q_k^{(i)} = \pi_i(1-\pi_i)H_i Q_k^* H_i^{\mathrm{T}}$。

将式(11.46)代入式(11.35),则融合的噪声方差扰动 ΔR_M 可参数化为

$$\Delta R_M = \sum_{i=1}^{L}\sum_{k=1}^{p}\varepsilon_k L_{ik} + \sum_{i=1}^{L}\sum_{j=1}^{q_i} e_j^{(i)} R_j^{(i)*} \tag{11.47}$$

其中

$$L_{ik} = \left[\sum_{i=1}^{L} M_i^{\mathrm{T}} R_{ai}^{-1} M_i\right]^{-1} M_i^{\mathrm{T}} R_{ai}^{-1} Q_k^{(i)} R_{ai}^{-1} M_i \left[\sum_{i=1}^{L} M_i^{\mathrm{T}} R_{ai}^{-1} M_i\right]^{-1}, i=1,\cdots,L, k=1,\cdots,p \tag{11.48}$$

$$R_j^{(i)*} = [\sum_{i=1}^{L} M_i^{\mathrm{T}} R_{ai}^{-1} M_i]^{-1} M_i^{\mathrm{T}} R_{ai}^{-1} R_j^{(i)} R_{ai}^{-1} M_i [\sum_{i=1}^{L} M_i^{\mathrm{T}} R_{ai}^{-1} M_i]^{-1}, i = 1,\cdots,L, j = 1,\cdots,q_i \tag{11.49}$$

根据假设 3,可知 Lyapunov 方程(11.32) 有唯一解[47]

$$\Delta\Sigma_M = \sum_{s=0}^{\infty} \Psi_M^s [\Gamma \Delta Q \Gamma^{\mathrm{T}} + K_M \Delta R_M K_M^{\mathrm{T}}] \Psi_M^{s\mathrm{T}} \tag{11.50}$$

将式(11.5) 和式(11.47) 代入式(11.50) 引出

$$\Delta\Sigma_M = \sum_{k=1}^{p} \varepsilon_k \{ \sum_{s=0}^{\infty} \Psi_M^s [\Gamma Q_k \Gamma^{\mathrm{T}}] \Psi_M^{s\mathrm{T}} \} + \sum_{i=1}^{L} \sum_{k=1}^{p} \varepsilon_k \{ \sum_{s=0}^{\infty} \Psi_M^s [K_M L_{ik} K_M^{\mathrm{T}}] \Psi_M^{s\mathrm{T}} \} + \sum_{i=1}^{L} \sum_{j=1}^{q_i} e_j^{(i)} \{ \sum_{s=0}^{\infty} \Psi_M^s [K_M R_j^{(i)*} K_M^{\mathrm{T}}] \Psi_M^{s\mathrm{T}} \} \tag{11.51}$$

定义

$$\begin{gathered} F_k = \sum_{s=0}^{\infty} \Psi_M^s [\Gamma Q_k \Gamma^{\mathrm{T}}] \Psi_M^{s\mathrm{T}}, \\ G_{ik} = \sum_{s=0}^{\infty} \Psi_M^s [K_M L_{ik} K_M^{\mathrm{T}}] \Psi_M^{s\mathrm{T}}, \\ B_{ij} = \sum_{s=0}^{\infty} \Psi_M^s K_M R_j^{(i)*} K_M^{\mathrm{T}} \Psi_M^{s\mathrm{T}}, \\ i = 1,\cdots,L, k = 1,\cdots,p, j = 1,\cdots,q_i \end{gathered} \tag{11.52}$$

由于 Ψ_M 为稳定矩阵,故 $F_k \geqslant 0, G_{ik} \geqslant 0$ 和 $B_{ij} \geqslant 0$ 可分别通过解以下 Lyapunov 方程得到

$$\begin{gathered} F_k = \Psi_M F_k \Psi_M^{\mathrm{T}} + \Gamma Q_k \Gamma^{\mathrm{T}}, \\ G_{ik} = \Psi_M G_{ik} \Psi_M^{\mathrm{T}} + K_M L_{ik} K_M^{\mathrm{T}}, \\ B_{ij} = \Psi_M B_{ij} \Psi_M^{\mathrm{T}} + K_M R_j^{(i)*} K_M^{\mathrm{T}}, \\ i = 1,\cdots,L, k = 1,\cdots,p, j = 1,\cdots,q_i \end{gathered} \tag{11.53}$$

由此引出 $\Delta\Sigma_M$ 的参数化表示

$$\Delta\Sigma_M = \sum_{k=1}^{p} \varepsilon_k F_k + \sum_{i=1}^{L} \sum_{k=1}^{p} \varepsilon_k G_{ik} + \sum_{i=1}^{L} \sum_{j=1}^{q_i} e_j^{(i)} B_{ij} \tag{11.54}$$

定义

$$A_k = F_k + \sum_{i=1}^{L} G_{ik} \tag{11.55}$$

则式(11.55) 可改写为参数化表达式

$$\Delta\Sigma_M = \sum_{k=1}^{p} \varepsilon_k A_k + \sum_{i=1}^{L} \sum_{j=1}^{q_i} e_j^{(i)} B_{ij} \tag{11.56}$$

对上式取迹运算,并定义

$$\begin{gathered} a_k = \mathrm{tr} A_k \geqslant 0, k = 1,\cdots,p, \\ b_{ij} = \mathrm{tr} B_{ij} \geqslant 0, i = 1,\cdots,L, j = 1,\cdots,q_i \end{gathered} \tag{11.57}$$

因此有参数化形式

$$\mathrm{tr}\Delta\Sigma_M = \sum_{k=1}^{p} \varepsilon_k a_k + \sum_{i=1}^{L} \sum_{j=1}^{q_i} e_j^{(i)} b_{ij} \tag{11.58}$$

根据式(11.23)、式(11.24)、式(11.30)—(11.32),我们有如下函数关系

$$\mathrm{tr}\Sigma_M = J(Q, R_1, \cdots, R_L)$$
$$\mathrm{tr}\bar{\Sigma}_M = J(\bar{Q}, \bar{R}_1, \cdots, \bar{R}_L)$$
$$\mathrm{tr}\Delta\Sigma_M = J(\Delta Q, \Delta R_1, \cdots, \Delta R_L) \tag{11.59}$$

不确定噪声方差的扰动域 Ω^m 可参数化为

$$\Omega^m = \{(\Delta Q, \Delta R_1, \cdots, \Delta R_L): 0 \leqslant \Delta Q \leqslant \Delta Q^m, 0 \leqslant \Delta R_i \leqslant \Delta R_i^m, i = 1, \cdots, L\} \tag{11.60}$$

其中

$$\Delta Q = \sum_{k=1}^{p} \varepsilon_k Q_k, \Delta Q^m = \sum_{k=1}^{p} \varepsilon_k^m Q_k \tag{11.61}$$

$$\Delta R_i = \sum_{j=1}^{q_i} e_j^{(i)} R_j^{(i)}, \Delta R_i^m = \sum_{j=1}^{q_i} e_j^{(i)m} R_j^{(i)}, i = 1, \cdots, L \tag{11.62}$$

$$\Omega_0^m = \{0 \leqslant \varepsilon_k \leqslant \varepsilon_k^m, k = 1, \cdots, p, 0 \leqslant e_j^{(i)} \leqslant e_j^{(i)m}, i = 1, \cdots, L, j = 1, \cdots, q_i\} \tag{11.63}$$

接下来是寻找最大参数扰动 $\varepsilon_k^m > 0, e_j^{(i)m} > 0$,构建一个最大扰动域 Ω^m,对此域中的所有扰动$(\Delta Q, \Delta R_1, \cdots, \Delta R_L) \in \Omega^m$,相应的加权观测融合一步预报器的精度偏差 $\mathrm{tr}\Delta\Sigma_M$ 始终在指定指标 $r > 0$ 范围内。

寻找最大参数扰动域 Ω^m 的问题等价于求式(11.63) 给出的超立方体 Ω_0^m 的体积 J 的极大值,即

$$\max J = \max(\varepsilon_1^m \varepsilon_2^m \cdots \varepsilon_p^m e_1^{(1)m} \cdots e_{q_1}^{(1)m} \cdots e_1^{(L)m} \cdots e_{q_L}^{(L)m}) \tag{11.64}$$

带约束

$$r = \mathrm{tr}\Delta\Sigma_M^m = \sum_{k=1}^{p} \varepsilon_k^m a_k + \sum_{i=1}^{L} \sum_{j=1}^{q_i} e_j^{(i)m} b_{ij} \tag{11.65}$$

因为 $\ln J$ 是关于 J 的单调递增函数,所以,$\ln J$ 和 J 具有相同的极大值点。因此问题可转化为在约束(11.64) 下求 $\ln J$ 的极大值,即

$$\max \ln J = \max\left(\sum_{k=1}^{p} \ln \varepsilon_k^m + \sum_{i=1}^{L} \sum_{j=1}^{q_i} \ln e_j^{(i)m}\right) \tag{11.66}$$

应用带 λ 乘子的 Lagrange 乘数法,问题转化为无约束情形下求辅助函数 F 的极大值

$$\max F = \max\left(\sum_{k=1}^{p} \ln \varepsilon_k^m + \sum_{i=1}^{L} \sum_{j=1}^{q_i} \ln e_j^{(i)m} + \lambda\left(r - \sum_{k=1}^{p} \varepsilon_k^m a_k - \sum_{i=1}^{L} \sum_{j=1}^{q_i} e_j^{(i)m} b_{ij}\right)\right) \tag{11.67}$$

对 F 取偏导数 $\partial F / \partial \varepsilon_k^m = 0$, $\partial F / \partial e_j^{(i)m} = 0, \partial F / \partial \lambda = 0$,可得

$$\frac{1}{\varepsilon_k^m} - \lambda a_k = 0, k = 1, \cdots, p, \frac{1}{e_j^{(i)m}} - \lambda b_{ij} = 0, i = 1, \cdots, L, j = 1, \cdots, q_i \tag{11.68}$$

$$r = \sum_{k=1}^{p} \varepsilon_k^m a_k + \sum_{i=1}^{L} \sum_{j=1}^{q_i} e_j^{(i)m} b_{ij} \tag{11.69}$$

式(11.69) 两边乘以 λ,并应用式(11.68) 可得

$$\lambda = \left(p + \sum_{i=1}^{L} q_i\right) \frac{1}{r} \tag{11.70}$$

将式(11.70) 代入式(11.68),可分别解得 $\varepsilon_k^m, e_j^{(i)m}$ 为

$$\varepsilon_k^m = \frac{r}{\left(p + \sum_{i=1}^{L} q_i\right) a_k}, k = 1,\cdots,p,\ e_j^{(i)m} = \frac{r}{\left(p + \sum_{i=1}^{L} q_i\right) b_{ij}}, j = 1,\cdots,q_i, i = 1,\cdots,L \tag{11.71}$$

定理 11.1 对带不确定噪声方差和丢失观测的多传感器系统(11.1)和(11.2),在假设 1—4 下,对指定的精度偏差指标 $r > 0$,存在一个由式(11.71)给出的不确定噪声方差的最大扰动域 Ω^m 或 Ω_0^m,对此域中的所有扰动,相应的实际加权观测融合 Kalman 一步预报器的精度偏差始终在指定范围内,即

$$0 \leqslant \mathrm{tr}\Sigma_M - \mathrm{tr}\bar{\Sigma}_M \leqslant r \tag{11.72}$$

且精度偏差的最大下界为 0,最小上界为 r。我们称实际加权观测融合 Kalman 一步预报器(11.25)为第一类保性能鲁棒 Kalman 一步预报器,并称式(11.71)为保性能鲁棒性。

证明 取 $\Delta Q = \Delta Q^m, \Delta R_i = \Delta R_i^m$,则 $(\Delta Q^m, \Delta R_1^m, \cdots, \Delta R_L^m) \in \Omega^m$,这等价于在给定的扰动域 Ω_0^m 即(11.63)中,取最大扰动参数 ε_k^m 和 $e_j^{(i)m}$ 即(11.71)。根据式(11.58),有

$$\mathrm{tr}\Delta\Sigma_M^m = \sum_{k=1}^{p} \varepsilon_k^m a_k + \sum_{i=1}^{L}\sum_{j=1}^{q_i} e_j^{(i)m} b_{ij} = r \tag{11.73}$$

任取其他$(\Delta Q, \Delta R_1, \cdots, \Delta R_L) \in \Omega^m$ 等价于在 Ω_0^m 内任取参数扰动 ε_k 和 $e_j^{(i)}$,由式(11.58)有 $\mathrm{tr}\Delta\Sigma_M$。

式(11.73)减式(11.58)可得

$$\mathrm{tr}\Delta\Sigma_M^m - \mathrm{tr}\Delta\Sigma_M = \sum_{k=1}^{p} (\varepsilon_k^m - \varepsilon_k) a_k + \sum_{i=1}^{L}\sum_{j=1}^{q_i} (e_j^{(i)m} - e_j^{(i)}) b_{ij} \tag{11.74}$$

根据式(11.63)可得

$$\varepsilon_k^m - \varepsilon_k \geqslant 0, e_j^{(i)m} - e_j^{(i)} \geqslant 0 \tag{11.75}$$

由式(11.74)可得

$$\mathrm{tr}\Delta\Sigma_M^m - \mathrm{tr}\Delta\Sigma_M \geqslant 0 \tag{11.76}$$

因此,由式(11.65)有

$$\mathrm{tr}\Delta\Sigma_M \leqslant \mathrm{tr}\Delta\Sigma_M^m = r \tag{11.77}$$

即不等式(11.72)的第二部分成立。由式(11.39)可得不等式(11.72)的第一部分成立。类似于文献[40]的证明,可证得 0 和 r 分别为精度偏差的最大下界和最小上界,从略。证毕。

11.2.2 第二类保性能鲁棒加权观测融合稳态 Kalman 一步预报器

给定不确定噪声方差的扰动域 Ω^m 为由式(11.60)或由式(11.63)给出的 Ω_0^m,问题可转化为在 Ω_0^m 上寻找精度偏差 $\mathrm{tr}\Delta\Sigma_M = \mathrm{tr}\Sigma_M - \mathrm{tr}\bar{\Sigma}_M$ 的最小值和最大值。这是第一类保性能鲁棒加权观测融合 Kalman 预报器设计的逆问题,扩展了保性能鲁棒滤波问题[8-10]。

式(11.60)给定的不确定噪声方差的扰动域 Ω^m,等价于给定不确定噪声方差的参数扰动域 Ω_0^m,即

$$\Omega_0^m = \{0 \leqslant \varepsilon_k \leqslant \varepsilon_k^m, 0 \leqslant e_j^{(i)} \leqslant e_j^{(i)m}, k = 1,\cdots,p, i = 1,\cdots,L, j = 1,\cdots,q_i\} \tag{11.78}$$

根据式(11.58),对给定不确定噪声方差的参数扰动域 Ω_0^m,取保性能指标 r 为精度偏差

$$r = \mathrm{tr}\Delta\Sigma_M = \sum_{k=1}^{p} \varepsilon_k a_k + \sum_{i=1}^{L}\sum_{j=1}^{q_i} e_j^{(i)} b_{ij} \tag{11.79}$$

它是扰动参数 ε_k 和 $e_j^{(i)}$ 的线性函数。我们将求在 Ω_0^m 上 r 的最大值和最小值。

定理 11.2 对带不确定噪声方差和丢失观测的多传感器系统(11.1)和(11.2),在假设1—4下,给定由式(11.78)给出的不确定噪声方差的参数扰动域 Ω_0^m,则对于此域中的所有容许扰动参数,相应的实际加权观测融合 Kalman 一步预报器的精度偏差 $\mathrm{tr}\Delta\Sigma_M = \mathrm{tr}\Sigma_M - \mathrm{tr}\bar{\Sigma}_M$ 具有最大值 r_m 和最小值0,即

$$0 \leqslant \mathrm{tr}\Sigma_M - \mathrm{tr}\bar{\Sigma}_M \leqslant r_m \tag{11.80}$$

其中精度偏差最大值 r_m 由下式给出

$$r_m = \sum_{k=1}^{p} \varepsilon_k^m a_k + \sum_{i=1}^{L}\sum_{j=1}^{q_i} e_j^{(i)m} b_{ij} \tag{11.81}$$

则我们称实际加权观测融合 Kalman 一步预报器(11.25)为第二类保性能鲁棒 Kalman 一步预报器,并称式(11.80)为保性能鲁棒性。

证明 求性能指标 r 即式(11.79)的最大值最小值问题是在超立方体扰动域 Ω_0^m 即式(11.78)上的线性规划问题,根据线性规划理论,它的最大值和最小值在超立方体 Ω_0^m 的边界达到,即式(11.80)和式(11.81)成立。证毕。

11.2.3 保性能鲁棒加权观测融合稳态 Kalman 多步预报器

不确定多传感器系统(11.8)和(11.21)在假设1—4下,应用投影理论[1],则鲁棒加权观测融合稳态 Kalman 多步预报器为

$$\hat{x}_M(t+N \mid t) = \Phi^{N-1}\hat{x}_M(t+1 \mid t), N \geqslant 2 \tag{11.82}$$

其中鲁棒加权观测融合稳态 Kalman 一步预报器 $\hat{x}_M(t+1 \mid t)$ 由式(11.21)给出。

保守的加权观测融合稳态 Kalman 多步预报误差方差为

$$P_M(N) = \Phi^{N-1}\Sigma_M(\Phi^{N-1})^{\mathrm{T}} + \sum_{s=0}^{N-2}\Phi^s\Gamma Q\Gamma^{\mathrm{T}}\Phi^{s\mathrm{T}}, N \geqslant 2 \tag{11.83}$$

实际的加权观测融合稳态 Kalman 多步预报误差方差为

$$\bar{P}_M(N) = \Phi^{N-1}\bar{\Sigma}_M(\Phi^{N-1})^{\mathrm{T}} + \sum_{s=0}^{N-2}\Phi^s\Gamma\bar{Q}\Gamma^{\mathrm{T}}\Phi^{s\mathrm{T}}, N \geqslant 2 \tag{11.84}$$

式(11.83)减式(11.84)得

$$\Delta P_M(N) = P_M(N) - \bar{P}_M(N) = \Phi^{N-1}\Delta\Sigma_M(\Phi^{N-1})^{\mathrm{T}} + \sum_{s=0}^{N-2}\Phi^s\Gamma\Delta Q\Gamma^{\mathrm{T}}\Phi^{s\mathrm{T}}, N \geqslant 2 \tag{11.85}$$

根据 $\Delta\Sigma_M \geqslant 0$ 和 $\Delta Q \geqslant 0$,有

$$\Delta P_M(N) \geqslant 0, N \geqslant 2 \tag{11.86}$$

第一类保性能鲁棒 Kalman 多步预报器定义为:对指定的精度偏差指标 $r(N) > 0$,存在一个不确定噪声方差的最大扰动域 $\Omega^m(N) = \Omega^m(\Delta Q, \Delta R_1, \cdots, \Delta R_L)$,对此域中的所有扰动 $(\Delta Q, \Delta R_1, \cdots, \Delta R_L) \in \Omega^m(N)$,相应的精度偏差 $\mathrm{tr}P_M(N) - \mathrm{tr}\bar{P}_M(N)$ 始终在指定范围内,即

$$0 \leqslant \mathrm{tr}P_M(N) - \mathrm{tr}\bar{P}_M(N) \leqslant r(N), N \geqslant 2 \tag{11.87}$$

$\Omega^m(N)$ 可参数化为

$$\Omega^m(N)=\{(\Delta Q,\Delta R_1,\cdots,\Delta R_L):0\leqslant\Delta Q\leqslant\Delta Q^m(N),0\leqslant\Delta R_i\leqslant\Delta R_i^m(N),i=1,\cdots,L\}\tag{11.88}$$

其中

$$\Delta Q=\sum_{k=1}^{p}\varepsilon_k Q_k,\Delta Q^m(N)=\sum_{k=1}^{p}\varepsilon_k^m(N)Q_k\tag{11.89}$$

$$\Delta R_i=\sum_{j=1}^{q_i}e_j^{(i)}R_j^{(i)},\Delta R_i^m(N)=\sum_{j=1}^{q_i}e_j^{(i)m}(N)R_j^{(i)},i=1,\cdots,L\tag{11.90}$$

$$0\leqslant\varepsilon_k\leqslant\varepsilon_k^m(N),k=1,\cdots,p\tag{11.91}$$

$$0\leqslant e_j^{(i)}\leqslant e_j^{(i)m}(N),i=1,\cdots,L,j=1,\cdots,q_i\tag{11.92}$$

对式(11.85)取迹运算,有

$$\mathrm{tr}\Delta P_M(N)=\mathrm{tr}[\Phi^{N-1}\Delta\Sigma_M(\Phi^{N-1})^{\mathrm{T}}]+\mathrm{tr}[\sum_{s=0}^{N-2}\Phi^s\Gamma\Delta Q\Gamma^{\mathrm{T}}\Phi^{s\mathrm{T}}],N\geqslant 2\tag{11.93}$$

将式(11.5)和式(11.56)代入式(11.93),有

$$\begin{aligned}\mathrm{tr}\Delta P_M(N)=&\mathrm{tr}[\sum_{k=1}^{p}\varepsilon_k\Phi^{N-1}A_k(\Phi^{N-1})^{\mathrm{T}}+\sum_{i=1}^{L}\sum_{j=1}^{q_i}e_j^{(i)}\Phi^{N-1}B_{ij}(\Phi^{N-1})^{\mathrm{T}}]+\\&\mathrm{tr}[\sum_{k=1}^{p}\sum_{s=0}^{N-2}\varepsilon_k\Phi^s\Gamma Q_k\Gamma^{\mathrm{T}}\Phi^{s\mathrm{T}}]=\\&\sum_{k=1}^{p}\varepsilon_k a_k(N)+\sum_{i=1}^{L}\sum_{j=1}^{q_i}e_j^{(i)}b_{ij}(N),N\geqslant 2\end{aligned}\tag{11.94}$$

其中

$$a_k(N)=\mathrm{tr}[\Phi^{N-1}A_k(\Phi^{N-1})^{\mathrm{T}}]+\mathrm{tr}[\sum_{s=0}^{N-2}\Phi^s\Gamma Q_i\Gamma^{\mathrm{T}}\Phi^{s\mathrm{T}}],N\geqslant 2\tag{11.95}$$

$$b_{ij}(N)=\mathrm{tr}[\Phi^{N-1}B_{ij}(\Phi^{N-1})^{\mathrm{T}}],N\geqslant 2\tag{11.96}$$

其中 A_k 和 B_{ij} 可通过 Lyapunov 方程(11.53)和(11.55)解得。

类似于之前寻找最大扰动域的方法,这里可将问题转化为如下带约束的优化问题

$$\max(\varepsilon_1^m(N)\varepsilon_2^m(N)\cdots\varepsilon_p^m(N)e_1^{(1)m}(N)\cdots e_{q_1}^{(1)m}(N)\cdots e_1^{(L)m}(N)\cdots e_{q_L}^{(L)m}(N))\tag{11.97}$$

带约束

$$r(N)=\sum_{k=1}^{p}\varepsilon_k^m(N)a_k(N)+\sum_{i=1}^{L}\sum_{j=1}^{q_i}e_j^{(i)m}(N)b_{ij}(N)\tag{11.98}$$

$$\varepsilon_k^m(N)>0,k=1,\cdots,p\tag{11.99}$$

$$e_j^{(i)m}(N)>0,i=1,\cdots,L,j=1,\cdots,q_i\tag{11.100}$$

应用 Lagrange 乘数法,可解得 $\varepsilon_k^m(N)$ 和 $e_j^{(i)m}(N)$ 为

$$\varepsilon_k^m(N)=\frac{r}{(p+\sum_{i=1}^{L}q_i)a_k(N)},k=1,\cdots,p\tag{11.101}$$

$$e_j^{(i)m}(N)=\frac{r}{(p+\sum_{i=1}^{L}q_i)b_{ij}(N)},i=1,\cdots,L,j=1,\cdots,q_i\tag{11.102}$$

定理 11.3 对带不确定噪声方差和丢失观测的多传感器系统(11.1)和(11.2),在

假设1—4下，对指定的精度偏差指标$r(N)>0$，存在一个由式(11.101)和式(11.102)决定的不确定噪声方差的最大扰动域$\Omega^m(N)$，对此域中的所有扰动，相应的实际加权观测融合Kalman多步预报器的精度偏差始终在指定范围内，即

$$0 \leqslant \mathrm{tr}P_M(N) - \mathrm{tr}\bar{P}_M(N) \leqslant r(N), N \geqslant 2 \tag{11.103}$$

且精度偏差的最大下界为0，最小上界为$r(N)$。我们称实际加权观测融合Kalman多步预报器(11.82)为第一类保性能鲁棒Kalman多步预报器，并称(11.103)为保性能鲁棒性。

证明 类似于定理11.1的证明，从略。

第二类保性能鲁棒Kalman多步预报器定义为：给定的不确定噪声方差的扰动域$\Omega^m(N)$为(11.88)—(11.92)，对此域中的所有扰动$(\Delta Q, \Delta R_1, \cdots, \Delta R_L) \in \Omega^m(N)$，问题是寻找精度偏差$\mathrm{tr}\Delta P_M(N) = \mathrm{tr}P_M(N) - \mathrm{tr}\bar{P}_M(N)$的最大值和最小值。这是第一类保性能鲁棒加权观测融合Kalman多步预报器设计的逆问题。

注意，在给定的扰动域$\Omega^m(N)$即(11.88)—(11.92)中，参数扰动的上界$\varepsilon_k^m(N)$和$e_j^{(i)m}(N)$是已知的或指定的，而不是像第一类保性能鲁棒Kalman多步预报器那样，是由式(11.101)—(11.102)寻找到的。

注意，噪声方差扰动域$\Omega^m(N)$等价于参数扰动域$\Omega_0^m(N)$，即

$$\Omega_0^m(N) = \{0 \leqslant \varepsilon_k \leqslant \varepsilon_k^m(N), 0 \leqslant e_j^{(i)} \leqslant e_j^{(i)m}(N), k = 1, \cdots, p, i = 1, \cdots, L, j = 1, \cdots, q_i\} \tag{11.104}$$

在此域中，由式(11.94)保性能指标将取精度偏差

$$r(N) = \mathrm{tr}\Delta P_M(N) = \sum_{k=1}^{p} \varepsilon_k a_k(N) + \sum_{i=1}^{L} \sum_{j=1}^{q_i} e_j^{(i)} b_{ij}(N), N \geqslant 2 \tag{11.105}$$

它是扰动参数ε_k和$e_j^{(i)}$的线性函数。

定理11.4 对带不确定噪声方差和丢失观测的多传感器系统(11.1)和(11.2)，在假设1—4下，给定由式(11.104)给出的不确定噪声方差的参数扰动域$\Omega_0^m(N)$，则对于此域中的所有容许扰动，相应的实际加权观测融合Kalman多步预报器的精度偏差$\mathrm{tr}\Delta P_M(N) = \mathrm{tr}P_M(N) - \mathrm{tr}\bar{P}_M(N)$具有最小值0，最大值$r_m(N)$，即

$$0 \leqslant \mathrm{tr}P_M(N) - \mathrm{tr}\bar{P}_M(N) \leqslant r_m(N) \tag{11.106}$$

其中最大值$r_m(N)$由下式给出

$$r_m(N) = \sum_{k=1}^{p} \varepsilon_k^m(N) a_k(N) + \sum_{i=1}^{L} \sum_{j=1}^{q_i} e_j^{(i)m}(N) b_{ij}(N) \tag{11.107}$$

我们称实际加权观测融合Kalman多步预报器(11.82)为第二类保性能鲁棒Kalman多步预报器，并称式(11.106)为其保性能鲁棒性。

证明 类似于定理11.2的证明，此处略。

11.2.4 保性能鲁棒加权观测融合稳态Kalman滤波器和平滑器

(1) 第一类保性能鲁棒稳态Kalman滤波器和平滑器

不确定多传感器系统(11.8)和(11.21)在假设1—4下，基于保守的Kalman一步预报器(11.25)，有统一框架的保守的加权观测融合稳态Kalman滤波器和平滑器，其中$N=0$为滤波器，$N>0$为平滑器，即

$$\hat{x}_M(t \mid t+N)=\hat{x}_M(t \mid t-1)+\sum_{j=0}^{N} K(j)\varepsilon_M(t+j),N\geqslant 0 \tag{11.108}$$

$$\varepsilon_M(t+j)=y_M(t+j)-H_M\hat{x}_M(t+j \mid t+j-1) \tag{11.109}$$

$$K(j)=\Sigma_M(\Psi_M^{\mathrm{T}})^j H_M^{\mathrm{T}}[H_M\Sigma_M H_M^{\mathrm{T}}+R_M]^{-1} \tag{11.110}$$

根据文献[15-18],滤波器和平滑器滤波误差$\tilde{x}_M(t \mid t+N)=x(t)-\hat{x}_M(t \mid t+N)(N\geqslant 0)$可统一为

$$\tilde{x}_M(t \mid t+N)=\Psi_{MN}\tilde{x}_M(t \mid t-1)+\sum_{\rho=0}^{N}K_{N\rho}^{w}w(t+\rho)+\sum_{\rho=0}^{N}K_{N\rho}^{v}v_M(t+\rho) \tag{11.111}$$

其中

$$\Psi_{NM}=I_n-\sum_{j=0}^{N}K(j)H_M\Psi_M^j \tag{11.112}$$

$$K_{N\rho}^{w}=-\sum_{j=\rho+1}^{N}K(j)H_M\Psi_M^{j-\rho-1}\Gamma,\rho=0,\cdots,N-1,K_{NN}^{w}=0 \tag{11.113}$$

$$K_{N\rho}^{v}=\sum_{j=\rho+1}^{N}K(j)H_M\Psi_M^{j-\rho-1}K_M-K_M(\rho),\rho=0,\cdots,N-1,K_{NN}^{v}=-K_M(N) \tag{11.114}$$

其中 Ψ_M,K_M 和 Σ_M 由式(11.26)—(11.28)给出。

根据式(11.111),保守和实际 Kalman 滤波器和平滑器误差方差分别满足

$$P_M^*(N)=\Psi_{NM}\Sigma_M\Psi_{NM}^{\mathrm{T}}+\sum_{\rho=0}^{N}K_{N\rho}^{w}QK_{N\rho}^{w\mathrm{T}}+\sum_{\rho=0}^{N}K_{N\rho}^{v}R_MK_{N\rho}^{v\mathrm{T}} \tag{11.115}$$

$$\bar{P}_M^*(N)=\Psi_{NM}\bar{\Sigma}_M\Psi_{NM}^{\mathrm{T}}+\sum_{\rho=0}^{N}K_{N\rho}^{w}\bar{Q}K_{N\rho}^{w\mathrm{T}}+\sum_{\rho=0}^{N}K_{N\rho}^{v}\bar{R}_MK_{N\rho}^{v\mathrm{T}} \tag{11.116}$$

定义 $\Delta P_M^*(N)=P_M^*(N)-\bar{P}_M^*(N)$,式(11.115)减式(11.116)有

$$\Delta P_M^*(N)=\Psi_{NM}\Delta\Sigma_M\Psi_{NM}^{\mathrm{T}}+\sum_{\rho=0}^{N}K_{N\rho}^{w}\Delta QK_{N\rho}^{w\mathrm{T}}+\sum_{\rho=0}^{N}K_{N\rho}^{v}\Delta R_MK_{N\rho}^{v\mathrm{T}},N\geqslant 0 \tag{11.117}$$

因为 $\Delta\Sigma_M\geqslant 0,\Delta Q\geqslant 0,\Delta R_M\geqslant 0$,所以我们有 $\Delta P_M^*(N)\geqslant 0$,即 $\bar{P}_M^*(N)\leqslant P_M^*(N)$,从而有精度关系

$$\mathrm{tr}\bar{P}_M^*(N)\leqslant \mathrm{tr}P_M^*(N),N\geqslant 0 \tag{11.118}$$

对式(11.117)两边取迹运算,有

$$\mathrm{tr}\Delta P_M^*(N)=\mathrm{tr}(\Psi_{NM}\Delta\Sigma_M\Psi_{NM}^{\mathrm{T}})+\mathrm{tr}(\sum_{\rho=0}^{N}K_{N\rho}^{w}\Delta QK_{N\rho}^{w\mathrm{T}})+\mathrm{tr}(\sum_{\rho=0}^{N}K_{N\rho}^{v}\Delta R_MK_{N\rho}^{v\mathrm{T}}) \tag{11.119}$$

将式(11.5)和式(11.47)以及式(11.56)代入式(11.119),则加权观测融合滤波器和平滑器精度偏差可参数化为

$$\mathrm{tr}\Delta P_M^*(N)=\sum_{k=1}^{p}\varepsilon_kc_k(N)+\sum_{i=1}^{L}\sum_{j=1}^{q_i}e_j^{(i)}d_{ij}(N) \tag{11.120}$$

其中定义

$$c_k(N)=\mathrm{tr}(\Psi_{NM}A_k\Psi_{NM}^{\mathrm{T}})+\mathrm{tr}(\sum_{\rho=0}^{N}K_{N\rho}^{w}Q_kK_{N\rho}^{w\mathrm{T}})+\mathrm{tr}[\sum_{\rho=0}^{N}K_{N\rho}^{v}(\sum_{i=1}^{L}L_{ik})K_{N\rho}^{v\mathrm{T}}] \tag{11.121}$$

$$d_{ij}(N)=\mathrm{tr}(\Psi_{NM}B_{ij}\Psi_{NM}^{\mathrm{T}})+\mathrm{tr}(\sum_{\rho=0}^{N}K_{N\rho}^{v}R_{j}^{(i)*}K_{N\rho}^{v\mathrm{T}}) \tag{11.122}$$

第一类保性能鲁棒加权观测融合 Kalman 滤波器和平滑器定义为:对于指定的精度偏差指标 $r^*(N)>0$,存在一个不确定噪声方差的最大扰动域 $\Omega^{*m}(N)=\Omega^{*m}(\Delta Q,\Delta R_1,\cdots,\Delta R_L)$,此域中的所有扰动 $(\Delta Q,\Delta R_1,\cdots,\Delta R_L)\in\Omega^{*m}(N)$,精度偏差 $\mathrm{tr}P_M^*(N)-\mathrm{tr}\bar{P}_M^*(N)$ 确保在预指范围内,即

$$0\leqslant \mathrm{tr}P_M^*(N)-\mathrm{tr}\bar{P}_M^*(N)\leqslant r^*(N),N\geqslant 0 \tag{11.123}$$

$\Omega^{*m}(N)$ 可被参数化为

$$\Omega^{*m}(N)=\{(\Delta Q,\Delta R_1,\cdots,\Delta R_L):0\leqslant\Delta Q\leqslant\Delta Q^{*m}(N),0\leqslant\Delta R_i\leqslant\Delta R_i^{*m}(N),i=1,\cdots,L\} \tag{11.124}$$

其中

$$\Delta Q=\sum_{k=1}^{p}\varepsilon_kQ_k,\Delta Q^m(N)=\sum_{k=1}^{p}\varepsilon_k^{*m}(N)Q_k \tag{11.125}$$

$$\Delta R_i^*(N)=\sum_{j=1}^{q_i}e_j^{*(i)}(N)R_j^{(i)},\Delta R_i^{*m}(N)=\sum_{j=1}^{q_i}e_j^{*(i)m}(N)R_j^{(i)} \tag{11.126}$$

$$0\leqslant\varepsilon_k\leqslant\varepsilon_k^{*m}(N),k=1,\cdots,p \tag{11.127}$$

$$0\leqslant e_j^{(i)}\leqslant e_j^{(i)*m}(N),i=1,\cdots,L,j=1,\cdots,q_i \tag{11.128}$$

类似于前面寻找最大扰动域的方法,问题将被转化为带约束的最优化问题

$$\max(\varepsilon_1^{*m}(N)\varepsilon_2^{*m}(N)\cdots\varepsilon_p^{*m}(N)e_1^{*(1)m}(N)\cdots e_{q_1}^{*(1)m}(N)\cdots e_1^{*(L)m}(N)\cdots e_{q_L}^{*(L)m}(N)) \tag{11.129}$$

带约束

$$r^*(N)=\sum_{k=1}^{p}\varepsilon_k^{*m}(N)c_k(N)+\sum_{i=1}^{L}\sum_{j=1}^{q_i}e_j^{*(i)m}(N)d_{ij}(N) \tag{11.130}$$

$$\varepsilon_k^m(N)>0,e_j^m(N)>0 \tag{11.131}$$

使用 Lagrange 乘数法,可解得

$$\varepsilon_k^{*m}(N)=\frac{r}{(p+\sum_{i=1}^{L}q_i)c_k(N)},k=1,\cdots,p \tag{11.132}$$

$$e_j^{*(i)m}(N)=\frac{r}{(p+\sum_{i=1}^{L}q_i)d_{ij}(N)},i=1,\cdots,L,j=1,\cdots,q_i \tag{11.133}$$

定理 11.5 对带不确定噪声方差和丢失观测的多传感器系统(11.1)和(11.2),在假设 1—4 下,对指定的精度偏差指标 $r^*(N)>0$,存在一个由式(11.132)和式(11.133)决定的噪声方差的最大扰动域 $\Omega^{*m}(N)$,对此域中的所有扰动,相应的实际加权观测融合 Kalman 滤波器和平滑器的精度偏差始终在指定范围内,即

$$0\leqslant \mathrm{tr}P_M^*(N)-\mathrm{tr}\bar{P}_M^*(N)\leqslant r^*(N),N\geqslant 0 \tag{11.134}$$

且精度偏差的最大下界为 0,最小上界为 $r^*(N)$。我们称实际加权观测融合 Kalman 滤波器和平滑器(11.108)为第一类保性能鲁棒 Kalman 滤波器和平滑器,并称(11.134)为其保性能鲁棒性。

证明　类似于文献[40]的证明,从略。

(2) 第二类保性能鲁棒稳态 Kalman 滤波器和平滑器

给定不确定噪声方差的扰动域(11.124)—(11.128),问题是寻找精度偏差 $\mathrm{tr}\Delta P_M^*(N)=\mathrm{tr}P_M^*(N)-\mathrm{tr}\bar{P}_M^*(N)$ 的最小值和最大值。这是第一类保性能加权观测融合鲁棒 Kalman 滤波器和平滑器的逆命题。

通过(11.124)—(11.128)给定的不确定噪声方差的扰动域 $\Omega^{*m}(N)$,等价于给定不确定噪声方差的参数扰动域 $\Omega_0^{*m}(N)$,即

$$\Omega_0^{*m}(N)=\{0\leqslant\varepsilon_k\leqslant\varepsilon_k^{*m}(N),0\leqslant e_j^{(i)}\leqslant e_j^{*(i)m}(N),k=1,\cdots,p,i=1,\cdots,L,j=1,\cdots,q_i\}\tag{11.135}$$

在给定的参数扰动域 $\Omega_0^{*m}(N)$ 上极大极小化保性能指标,它由式(11.120)给出,且为

$$r^*(N)=\sum_{k=1}^{p}\varepsilon_k c_k(N)+\sum_{i=1}^{L}\sum_{j=1}^{q_i}e_j^{(i)}d_{ij}(N)\tag{11.136}$$

定理 11.6　对带不确定噪声方差和丢失观测的多传感器系统(11.1)和(11.2),在假设1—4下,给定不确定噪声方差的参数扰动域 $\Omega_0^{*m}(N)$,则对于此域中的所有容许扰动,相应的实际加权观测融合 Kalman 滤波器和平滑器的精度偏差 $\mathrm{tr}\Delta P_M^*(N)=\mathrm{tr}P_M^*(N)-\mathrm{tr}\bar{P}_M^*(N)$ 具有最小值0,最大值为 $r_m^*(N)$,即

$$0\leqslant\mathrm{tr}P_M^*(N)-\mathrm{tr}\bar{P}_M^*(N)\leqslant r_m^*(N)\tag{11.137}$$

其中最大值 $r_m^*(N)$ 由下式给出

$$r_m^*(N)=\sum_{k=1}^{p}\varepsilon_k^{*m}(N)c_k(N)+\sum_{i=1}^{L}\sum_{j=1}^{q_i}e_j^{*(i)m}(N)d_{ij}(N)\tag{11.138}$$

我们称实际加权观测融合 Kalman 滤波器和平滑器(11.108)为第二类保性能鲁棒融合 Kalman 滤波器和平滑器,并称式(11.137)为其保性能鲁棒性。

证明　类似于定理11.2的证明,从略。

11.3　丢失观测系统保性能鲁棒集中式融合器

本节对带丢失观测和不确定噪声方差的多传感器定常系统,介绍作者提出的保性能鲁棒集中式融合 Kalman 预报器[44]。基于不确定噪声方差扰动的参数化方法、极大极小鲁棒估值原理、虚拟噪声方法,以及 Lyapunov 方程方法,提出相应的两类保性能鲁棒集中式融合 Kalman 预报器。问题可通过 Lagrange 乘数法或线性规划解决。

11.3.1　第一类保性能鲁棒集中式融合稳态 Kalman 一步预报器

对带不确定噪声方差和丢失观测系统(11.1)和(11.2),在假设1—4下,根据极大极小鲁棒最优估计原理,考虑带保守上界噪声方差 Q 和 R_c 的最坏情形保守系统(11.8)和(11.15),在假设1—4下,保守的集中式融合稳态 Kalman 一步预报器为

$$\hat{x}_c(t+1\mid t)=\Psi_c\hat{x}_c(t\mid t-1)+K_c y_c(t)\tag{11.139}$$

$$\Psi_c=\Phi-K_cH_c\tag{11.140}$$

$$K_c=\Phi\Sigma_cH_c^{\mathrm{T}}[H_c\Sigma_cH_c^{\mathrm{T}}+R_c]^{-1}\tag{11.141}$$

其中 Ψ_c 为稳定矩阵。

保守一步预报误差方差阵 Σ_c 满足稳态 Riccati 方程

$$\Sigma_c = \Phi[\Sigma_c - \Sigma_c H_c^{\mathrm{T}}(H_c\Sigma_c H_c^{\mathrm{T}} + R_c)^{-1}H_c\Sigma_c]\Phi^{\mathrm{T}} + \Gamma Q\Gamma^{\mathrm{T}} \tag{11.142}$$

定义保守的一步预报误差 $\tilde{x}_c(t+1|t) = x(t+1) - \hat{x}_c(t+1|t)$，根据式(11.8) 和式(11.139)，我们有

$$\tilde{x}_c(t+1|t) = \Psi_c\tilde{x}_c(t|t-1) + \Gamma w(t) - K_c v_c(t) \tag{11.143}$$

从而，保守一步预报误差方差阵 Σ_c 又满足 Lyapunov 方程

$$\Sigma_c = \Psi_c\Sigma_c\Psi_c^{\mathrm{T}} + \Gamma Q\Gamma^{\mathrm{T}} + K_c R_c K_c^{\mathrm{T}} \tag{11.144}$$

注 11.5 对保守的集中式融合 Kalman 一步预报器(11.139)，保守观测 $y_c(t)$ 是不可用的，它是基于式(11.8) 和式(11.15)，由保守上界方差 Q 和 R_i 生成的保守观测 $y_i(t)$ 生成的。只有基于式(11.8) 和式(11.15)，由实际方差 $\bar{Q}$ 和 $\bar{R}_i$ 生成的实际观测 $y_i(t)$ 是可用的，由此生成的实际的融合观测 $y_c(t)$ 也是可用的。所以将保守观测替换为实际观测，则式(11.139) 就称为实际的集中式融合 Kalman 预报器。

根据式(11.143)，我们可以得到实际的集中式融合误差方差满足 Lyapunov 方程

$$\bar{\Sigma}_c = \Psi_c\bar{\Sigma}_c\Psi_c^{\mathrm{T}} + \Gamma\bar{Q}\Gamma^{\mathrm{T}} + K_c\bar{R}_c K_c^{\mathrm{T}} \tag{11.145}$$

定义 $\Delta\Sigma_c = \Sigma_c - \bar{\Sigma}_c$，式(11.144) 减式(11.145) 引出如下 Lyapunov 方程

$$\Delta\Sigma_c = \Psi_c\Delta\Sigma_c\Psi_c^{\mathrm{T}} + \Gamma\Delta Q\Gamma^{\mathrm{T}} + K_c\Delta R_c K_c^{\mathrm{T}} \tag{11.146}$$

定义 $\Delta R_c = R_c - \bar{R}_c$，由式(11.36) 可得 $\Delta R_c \geqslant 0$。再根据 $\Delta Q \geqslant 0$，应用引理 11.1 到式(11.146)，可得 $\Delta\Sigma_c \geqslant 0$，即

$$\bar{\Sigma}_c \leqslant \Sigma_c \tag{11.147}$$

对上式取迹运算，我们有精度关系

$$\mathrm{tr}\bar{\Sigma}_c \leqslant \mathrm{tr}\Sigma_c \tag{11.148}$$

下面我们将给出 $\Delta\Sigma_c \geqslant 0$ 的参数化表示。根据 ΔR_{ai} 的参数化形式(11.46)，定义 $m_c \times m_c$ 维矩阵 $Q_k^{(i)a}$ 和 $R_j^{(i)a}$ 分别为

$$Q_k^{(i)a} = \begin{pmatrix} 0 & 0 & \cdots & 0 & \cdots & 0 & 0 \\ 0 & 0 & \cdots & 0 & \cdots & 0 & 0 \\ \vdots & \vdots & & \vdots & & \vdots & \vdots \\ 0 & 0 & \cdots & Q_k^{(i)} & \cdots & 0 & 0 \\ \vdots & \vdots & & \vdots & & \vdots & \vdots \\ 0 & 0 & \cdots & 0 & \cdots & 0 & 0 \\ 0 & 0 & \cdots & 0 & \cdots & 0 & 0 \end{pmatrix}, R_j^{(i)a} = \begin{pmatrix} 0 & 0 & \cdots & 0 & \cdots & 0 & 0 \\ 0 & 0 & \cdots & 0 & \cdots & 0 & 0 \\ \vdots & \vdots & & \vdots & & \vdots & \vdots \\ 0 & 0 & \cdots & R_j^{(i)} & \cdots & 0 & 0 \\ \vdots & \vdots & & \vdots & & \vdots & \vdots \\ 0 & 0 & \cdots & 0 & \cdots & 0 & 0 \\ 0 & 0 & \cdots & 0 & \cdots & 0 & 0 \end{pmatrix},$$

$$k = 1,\cdots,p, i = 1,\cdots,L, j = 1,\cdots,q_i \tag{11.149}$$

其中 $m_c = m_1 + \cdots + m_L$，矩阵 $Q_k^{(i)} \in R^{m_i\times m_i}$ 位于矩阵 $Q_k^{(i)a} \in R^{m_c\times m_c}$ 的第(i,i) 个对角块，$Q_k^{(i)}$ 可见式(11.46)。矩阵 $R_j^{(i)} \in R^{m_i\times m_i}$ 位于矩阵 $R_j^{(i)a} \in R^{m_c\times m_c}$ 的第(i,i) 个对角块，$R_j^{(i)}$ 是已知的半正定对称阵。

因此，我们有 ΔR_c 的参数化形式

$$\Delta R_c = \sum_{i=1}^{L}\sum_{k=1}^{p}\varepsilon_k Q_k^{(i)a} + \sum_{i=1}^{L}\sum_{j=1}^{q_i} e_j^{(i)} R_j^{(i)a} \tag{11.150}$$

根据假设3,可知 Lyapunov 方程(11.146)有唯一解[47]

$$\Delta\Sigma_c = \sum_{s=0}^{\infty} \Psi_c^s [\Gamma \Delta Q \Gamma^{\mathrm{T}} + K_c \Delta R_c K_c^{\mathrm{T}}] \Psi_c^{s\mathrm{T}} \tag{11.151}$$

将式(11.5)和式(11.150)代入式(11.151)引出

$$\Delta\Sigma_c = \sum_{k=1}^{p} \varepsilon_k F_k + \sum_{i=1}^{L} \sum_{k=1}^{p} \varepsilon_k G_{ik} + \sum_{i=1}^{L} \sum_{j=1}^{q_i} e_j^{(i)} B_{ij} \tag{11.152}$$

其中

$$\begin{gathered}
F_k = \sum_{s=0}^{\infty} \Psi_c^s [\Gamma Q_k \Gamma^{\mathrm{T}}] \Psi_c^{s\mathrm{T}}, \\
G_{ik} = \sum_{s=0}^{\infty} \Psi_c^s [K_c L_{ik} K_c^{\mathrm{T}}] \Psi_c^{s\mathrm{T}}, \\
B_{ij} = \sum_{s=0}^{\infty} \Psi_c^s K_c R_j^{(i)*} K_c^{\mathrm{T}} \Psi_c^{s\mathrm{T}}, \\
i = 1,\cdots,L, k = 1,\cdots,p, j = 1,\cdots,q_i
\end{gathered} \tag{11.153}$$

由于 Ψ_c 为稳定矩阵,故 $F_k \geqslant 0, G_{ik} \geqslant 0$ 和 $B_{ij} \geqslant 0$ 可分别通过解以下 Lyapunov 方程得到

$$\begin{gathered}
F_k = \Psi_c F_k \Psi_c^{\mathrm{T}} + \Gamma Q_k \Gamma^{\mathrm{T}}, \\
G_{ik} = \Psi_c G_{ik} \Psi_c^{\mathrm{T}} + K_c L_{ik} K_c^{\mathrm{T}}, \\
B_{ij} = \Psi_c B_{ij} \Psi_c^{\mathrm{T}} + K_c R_j^{(i)*} K_c^{\mathrm{T}}, \\
i = 1,\cdots,L, k = 1,\cdots,p, j = 1,\cdots,q_i
\end{gathered} \tag{11.154}$$

再定义

$$A_k = F_k + \sum_{i=1}^{L} G_{ik} \tag{11.155}$$

则式(11.152)可改写为

$$\Delta\Sigma_c = \sum_{k=1}^{p} \varepsilon_k A_k + \sum_{i=1}^{L} \sum_{j=1}^{q_i} e_j^{(i)} B_{ij} \tag{11.156}$$

对上式取迹运算,并定义

$$\begin{gathered}
a_k = \mathrm{tr} A_k \geqslant 0, k = 1,\cdots,p \\
b_{ij} = \mathrm{tr} B_{ij} \geqslant 0, i = 1,\cdots,L, j = 1,\cdots,q_i
\end{gathered} \tag{11.157}$$

因此有参数化形式

$$\mathrm{tr}\Delta\Sigma_c = \sum_{k=1}^{p} \varepsilon_k a_k + \sum_{i=1}^{L} \sum_{j=1}^{q_i} e_j^{(i)} b_{ij} \tag{11.158}$$

不确定噪声方差的扰动域 Ω^m 可参数化为

$$\Omega^m = \{(\Delta Q, \Delta R_1, \cdots, \Delta R_L): 0 \leqslant \Delta Q \leqslant \Delta Q^m, 0 \leqslant \Delta R_i \leqslant \Delta R_i^m, i = 1,\cdots,L\} \tag{11.159}$$

其中

$$\Delta Q = \sum_{k=1}^{p} \varepsilon_k Q_k, \Delta Q^m = \sum_{k=1}^{p} \varepsilon_k^m Q_k \tag{11.160}$$

$$\Delta R_i = \sum_{j=1}^{q_i} e_j^{(i)} R_j^{(i)}, \Delta R_i^m = \sum_{j=1}^{q_i} e_j^{(i)m} R_j^{(i)}, i = 1,\cdots,L \tag{11.161}$$

$$0 \leqslant \varepsilon_k \leqslant \varepsilon_k^m, k = 1, \cdots, p \tag{11.162}$$

$$0 \leqslant e_j^{(i)} \leqslant e_j^{(i)m}, i = 1, \cdots, L, j = 1, \cdots, q_i \tag{11.163}$$

接下来是对预置的精度偏差指标 $r > 0$,寻找最大参数扰动 $\varepsilon_k^m > 0, e_j^{(i)m} > 0$,构建一个最大扰动域 Ω^m,对此域中的所有扰动$(\Delta Q, \Delta R_1, \cdots, \Delta R_L) \in \Omega^m$,相应的集中式融合 Kalman 一步预报器的精度偏差 $\mathrm{tr}\Delta\Sigma_c$ 始终在指定指标范围内。

寻找最大参数扰动域 Ω^m 的问题等价于求式(11.162)和式(11.163)给出的超立方体 J 体积的极大值,即

$$\max J = \max(\varepsilon_1^m \varepsilon_2^m \cdots \varepsilon_p^m e_1^{(1)m} \cdots e_{q_1}^{(1)m} \cdots e_1^{(L)m} \cdots e_{q_L}^{(L)m}) \tag{11.164}$$

带约束

$$r = \mathrm{tr}\Delta\Sigma_c^m = \sum_{k=1}^{p} \varepsilon_k^m a_k + \sum_{i=1}^{L} \sum_{j=1}^{q_i} e_j^{(i)m} b_{ij} \tag{11.165}$$

应用 Lagrange 乘数法,可分别解得 $\varepsilon_k^m, e_j^{(i)m}$ 为

$$\varepsilon_k^m = \frac{r}{(p + \sum_{i=1}^{L} q_i) a_k}, k = 1, \cdots, p \tag{11.166}$$

$$e_j^{(i)m} = \frac{r}{(p + \sum_{i=1}^{L} q_i) b_{ij}}, i = 1, \cdots, L, j = 1, \cdots, q_i \tag{11.167}$$

定理 11.7 对带不确定噪声方差和丢失观测的多传感器系统(11.1)和(11.2),在假设1—4下,对指定的精度偏差指标 $r > 0$,存在一个由式(11.166)和式(11.167)给出的不确定噪声方差的最大扰动域 Ω^m,对此域中的所有扰动参数,相应的实际集中式融合 Kalman 一步预报器的精度偏差始终在指定范围内,即

$$0 \leqslant \mathrm{tr}\Sigma_c - \mathrm{tr}\bar{\Sigma}_c \leqslant r \tag{11.168}$$

且精度偏差的最大下界为0,最小上界为 r。我们称实际集中式融合 Kalman 一步预报器(11.139)为第一类保性能鲁棒 Kalman 一步预报器,并称式(11.168)为保性能鲁棒性。

证明 类似于文献[40]的证明,从略。证毕。

11.3.2 第二类保性能鲁棒集中式融合稳态 Kalman 一步预报器

给定不确定噪声方差的扰动域 Ω^m 为式(11.159)—(11.163),问题可转化为在 Ω^m 上寻找精度偏差 $\mathrm{tr}\Delta\Sigma_c = \mathrm{tr}\Sigma_c - \mathrm{tr}\bar{\Sigma}_c$ 的最大值和最小值。这是第一类保性能鲁棒集中式融合 Kalman 预报器设计的逆问题,扩展了保性能鲁棒滤波问题[8-10]。

式(11.159)—(11.163)给定的不确定噪声方差的扰动域 Ω^m,等价于给定的不确定噪声方差的参数扰动域 Ω_0^m,即

$$\Omega_0^m = \{0 \leqslant \varepsilon_k \leqslant \varepsilon_k^m, 0 \leqslant e_j^{(i)} \leqslant e_j^{(i)m}, k = 1, \cdots, p, i = 1, \cdots, L, j = 1, \cdots, q_i\} \tag{11.169}$$

根据式(11.158)可知,对给定的不确定噪声方差的参数扰动域 Ω_0^m,保性能指标将取

$$r = \mathrm{tr}\Delta\Sigma_c = \sum_{k=1}^{p} \varepsilon_k a_k + \sum_{i=1}^{L} \sum_{j=1}^{q_i} e_j^{(i)} b_{ij} \tag{11.170}$$

问题是求 r 在扰动域 Ω_0^m 上的最小值和最大值。

定理 11.8 对带不确定噪声方差和丢失观测的多传感器系统(11.1)和(11.2),在假设1—4下,给定不确定噪声方差的参数扰动域 Ω_0^m,则对于此域中的所有容许扰动,相应的实际集中式融合 Kalman 一步预报器的精度偏差 $\mathrm{tr}\Delta\Sigma_c=\mathrm{tr}\Sigma_c-\mathrm{tr}\bar{\Sigma}_c$ 具有最小值0,最大值 r_m,即

$$0\leqslant \mathrm{tr}\Sigma_c-\mathrm{tr}\bar{\Sigma}_c\leqslant r_m \tag{11.171}$$

其中最大值 r_m 由下式给出

$$r_m=\sum_{k=1}^{p}\varepsilon_k^m a_k+\sum_{i=1}^{L}\sum_{j=1}^{q_i}e_j^{(i)m}b_{ij} \tag{11.172}$$

我们称实际集中式融合 Kalman 一步预报器(11.139)为第二类保性能鲁棒 Kalman 一步预报器,并称式(11.171)为保性能鲁棒性。

证明 类似于定理11.2的证明,从略。

11.3.3 保性能鲁棒集中式融合稳态 Kalman 多步预报器

不确定多传感器系统(11.8)和(11.15)在假设1—4下,应用投影理论[1],则鲁棒集中式融合稳态 Kalman 多步预报器为

$$\hat{x}_c(t+N\mid t)=\Phi^{N-1}\hat{x}_c(t+1\mid t),N\geqslant 2 \tag{11.173}$$

其中鲁棒集中式融合稳态 Kalman 一步预报器 $\hat{x}_c(t+1\mid t)$ 由式(11.139)给出。

保守的集中式融合稳态 Kalman 多步预报误差方差为

$$P_c(N)=\Phi^{N-1}\Sigma_c(\Phi^{N-1})^{\mathrm{T}}+\sum_{s=0}^{N-2}\Phi^s\Gamma Q\Gamma^{\mathrm{T}}\Phi^{s\mathrm{T}},N\geqslant 2 \tag{11.174}$$

实际的集中式融合稳态 Kalman 多步预报误差方差为

$$\bar{P}_c(N)=\Phi^{N-1}\bar{\Sigma}_c(\Phi^{N-1})^{\mathrm{T}}+\sum_{s=0}^{N-2}\Phi^s\Gamma\bar{Q}\Gamma^{\mathrm{T}}\Phi^{s\mathrm{T}},N\geqslant 2 \tag{11.175}$$

式(11.174)减式(11.175)得

$$\Delta P_c(N)=P_c(N)-\bar{P}_c(N)=\Phi^{N-1}\Delta\Sigma_c(\Phi^{N-1})^{\mathrm{T}}+\sum_{s=0}^{N-2}\Phi^s\Gamma\Delta Q\Gamma^{\mathrm{T}}\Phi^{s\mathrm{T}},N\geqslant 2 \tag{11.176}$$

根据 $\Delta\Sigma_c\geqslant 0$ 和 $\Delta Q\geqslant 0$,有

$$\Delta P_c(N)\geqslant 0,N\geqslant 2 \tag{11.177}$$

第一类保性能鲁棒集中式融合 Kalman 多步预报器定义为:对指定的精度偏差指标 $r(N)>0$,存在一个不确定噪声方差的最大扰动域 $\Omega^m(N)=\Omega^m(\Delta Q,\Delta R_1,\cdots,\Delta R_L)$,对此域中的所有扰动 $(\Delta Q,\Delta R_1,\cdots,\Delta R_L)\in\Omega^m(N)$,相应的精度偏差 $\mathrm{tr}P_c(N)-\mathrm{tr}\bar{P}_c(N)$ 始终在指定范围内,即

$$0\leqslant \mathrm{tr}P_c(N)-\mathrm{tr}\bar{P}_c(N)\leqslant r(N),N\geqslant 2 \tag{11.178}$$

$\Omega^m(N)$ 可参数化为

$$\Omega^m(N)=\{(\Delta Q,\Delta R_1,\cdots,\Delta R_L):0\leqslant\Delta Q\leqslant\Delta Q^m(N),0\leqslant\Delta R_i\leqslant\Delta R_i^m(N),i=1,\cdots,L\} \tag{11.179}$$

其中

$$\Delta Q = \sum_{k=1}^{p} \varepsilon_k Q_k, \Delta Q^m(N) = \sum_{k=1}^{p} \varepsilon_k^m(N) Q_k \quad (11.180)$$

$$\Delta R_i = \sum_{j=1}^{q_i} e_j^{(i)} R_j^{(i)}, \Delta R_i^m(N) = \sum_{j=1}^{q_i} e_j^{(i)m}(N) R_j^{(i)}, i = 1, \cdots, L \quad (11.181)$$

$$0 \leqslant \varepsilon_k \leqslant \varepsilon_k^m(N), k = 1, \cdots, p \quad (11.182)$$

$$0 \leqslant e_j^{(i)} \leqslant e_j^{(i)m}(N), i = 1, \cdots, L, j = 1, \cdots, q_i \quad (11.183)$$

对式(11.176) 取迹运算,有

$$\mathrm{tr}\Delta P_c(N) = \mathrm{tr}[\boldsymbol{\Phi}^{N-1}\Delta\Sigma_c(\boldsymbol{\Phi}^{N-1})^{\mathrm{T}}] + \mathrm{tr}[\sum_{s=0}^{N-2}\boldsymbol{\Phi}^s\Gamma\Delta Q\Gamma^{\mathrm{T}}\boldsymbol{\Phi}^{s\mathrm{T}}], N \geqslant 2 \quad (11.184)$$

将式(11.5) 和式(11.156) 代入式(11.184),有

$$\mathrm{tr}\Delta P_c(N) = \mathrm{tr}[\sum_{k=1}^{p}\varepsilon_k\boldsymbol{\Phi}^{N-1}A_k(\boldsymbol{\Phi}^{N-1})^{\mathrm{T}} + \sum_{i=1}^{L}\sum_{j=1}^{q_i}e_j^{(i)}\boldsymbol{\Phi}^{N-1}B_{ij}(\boldsymbol{\Phi}^{N-1})^{\mathrm{T}}] + \mathrm{tr}[\sum_{k=1}^{p}\sum_{s=0}^{N-2}\varepsilon_k\boldsymbol{\Phi}^s\Gamma Q_k\Gamma^{\mathrm{T}}\boldsymbol{\Phi}^{s\mathrm{T}}] = \sum_{k=1}^{p}\varepsilon_k a_k(N) + \sum_{i=1}^{L}\sum_{j=1}^{q_i}e_j^{(i)}b_{ij}(N), N \geqslant 2 \quad (11.185)$$

其中

$$a_k(N) = \mathrm{tr}[\boldsymbol{\Phi}^{N-1}A_k(\boldsymbol{\Phi}^{N-1})^{\mathrm{T}}] + \mathrm{tr}[\sum_{s=0}^{N-2}\boldsymbol{\Phi}^s\Gamma Q_i\Gamma^{\mathrm{T}}\boldsymbol{\Phi}^{s\mathrm{T}}], N \geqslant 2 \quad (11.186)$$

$$b_{ij}(N) = \mathrm{tr}[\boldsymbol{\Phi}^{N-1}B_{ij}(\boldsymbol{\Phi}^{N-1})^{\mathrm{T}}], N \geqslant 2 \quad (11.187)$$

其中 A_k 和 B_{ij} 可通过 Lyapunov 方程(11.154) 和(11.155) 解得。

类似于之前寻找最大扰动域的方法,这里可将问题转化为如下带约束的优化问题

$$\max(\varepsilon_1^m(N)\varepsilon_2^m(N)\cdots\varepsilon_p^m(N)e_1^{(1)m}(N)\cdots e_{q_1}^{(1)m}(N)\cdots e_1^{(L)m}(N)\cdots e_{q_L}^{(L)m}(N)) \quad (11.188)$$

带约束

$$r(N) = \sum_{k=1}^{p}\varepsilon_k^m(N)a_k(N) + \sum_{i=1}^{L}\sum_{j=1}^{q_i}e_j^{(i)m}(N)b_{ij}(N) \quad (11.189)$$

$$\varepsilon_k^m(N) > 0, k = 1, \cdots, p \quad (11.190)$$

$$e_j^{(i)m}(N) > 0, i = 1, \cdots, L, j = 1, \cdots, q_i \quad (11.191)$$

应用 Lagrange 乘数法,可解得 $\varepsilon_k^m(N)$ 和 $e_j^{(i)m}(N)$ 为

$$\varepsilon_k^m(N) = \frac{r}{(p + \sum_{i=1}^{L}q_i)a_k(N)}, k = 1, \cdots, p \quad (11.192)$$

$$e_j^{(i)m}(N) = \frac{r}{(p + \sum_{i=1}^{L}q_i)b_{ij}(N)}, i = 1, \cdots, L, j = 1, \cdots, q_i \quad (11.193)$$

定理 11.9 对带噪声方差不确定和丢失观测的多传感器系统(11.1) 和(11.2),在假设1—4下,对指定的精度偏差指标 $r(N) > 0$,存在一个由式(11.192) 和式(11.193) 决定的不确定噪声方差的最大扰动域 $\Omega^m(N)$,对此域中的所有扰动,相应的实际集中式融合 Kalman 多步预报器的精度偏差始终在指定范围内,即

$$0 \leqslant \mathrm{tr}P_c(N) - \mathrm{tr}\bar{P}_c(N) \leqslant r(N), N \geqslant 2 \tag{11.194}$$

且精度偏差的最大下界为0,最小上界为$r(N)$。我们称实际集中式融合Kalman多步预报器(11.173)为第一类保性能鲁棒Kalman多步预报器,并称(11.194)为保性能鲁棒性。

证明 类似于文献[40]的证明,从略。

第二类保性能鲁棒集中式融合Kalman多步预报器定义为:给定的不确定噪声方差的扰动域$\Omega^m(N)$为(11.179)—(11.183),对此域中的所有扰动$(\Delta Q, \Delta R_1, \cdots, \Delta R_L) \in \Omega^m(N)$,问题是寻找精度偏差$\mathrm{tr}\Delta P_c(N) = \mathrm{tr}P_c(N) - \mathrm{tr}\bar{P}_c(N)$的最大下界和最小上界。这是第一类保性能鲁棒集中式融合Kalman多步预报器设计的逆问题。

注意,在给定的扰动域$\Omega^m(N)$即(11.179)—(11.183)中,参数扰动的上界$\varepsilon_k^m(N)$和$e_j^{(i)m}(N)$是已知的或指定的,而不像第一类保性能鲁棒Kalman多步预报器那样,是由式(11.192)—(11.193)寻找到的。

根据式(11.185)可知,对给定不确定噪声方差的参数扰动域$\Omega_0^m(N)$,即

$$\Omega_0^m(N) = \{0 \leqslant \varepsilon_k \leqslant \varepsilon_k^m(N), 0 \leqslant e_j^{(i)} \leqslant e_j^{(i)m}(N), k = 1, \cdots, p, i = 1, \cdots, L, j = 1, \cdots, q_i\} \tag{11.195}$$

在此域中,由式(11.185)知,问题是求精度偏差

$$r(N) = \mathrm{tr}\Delta P_c(N) = \sum_{k=1}^{p} \varepsilon_k a_k(N) + \sum_{i=1}^{L} \sum_{j=1}^{q_i} e_j^{(i)} b_{ij}(N), N \geqslant 2 \tag{11.196}$$

的极小值和极大值。

定理 11.10 对带噪声方差不确定和丢失观测的多传感器系统(11.1)和(11.2),在假设1—4下,给定不确定噪声方差的参数扰动域$\Omega_0^m(N)$,则对于此域中的所有容许扰动,相应的实际集中式融合Kalman多步预报器的精度偏差$\mathrm{tr}\Delta P_c(N) = \mathrm{tr}P_c(N) - \mathrm{tr}\bar{P}_c(N)$具有最小值0,最大值$r_m(N)$,即

$$0 \leqslant \mathrm{tr}P_c(N) - \mathrm{tr}\bar{P}_c(N) \leqslant r_m(N) \tag{11.197}$$

其中最大值$r_m(N)$由下式给出

$$r_m(N) = \sum_{k=1}^{p} \varepsilon_k^m(N) a_k(N) + \sum_{i=1}^{L} \sum_{j=1}^{q_i} e_j^{(i)m}(N) b_{ij}(N) \tag{11.198}$$

则我们称实际集中式融合Kalman多步预报器(11.173)为第二类保性能鲁棒Kalman多步预报器,并称式(11.197)为其保性能鲁棒性。

证明 类似于定理11.2的证明,此处略。

11.4 带乘性噪声、有色观测噪声系统保性能鲁棒加权融合器

本节对带乘性噪声、有色观测噪声和不确定噪声方差的定常多传感器系统,介绍作者提出的保性能鲁棒矩阵加权融合Kalman预报器[45]。基于不确定噪声方差扰动的参数化方法、极大极小鲁棒估值原理、虚拟噪声方法和增广状态方法,以及Lyapunov方程方法,提出相应的两类保性能鲁棒矩阵加权融合Kalman预报器。问题可通过Lagrange乘数法或线性规划解决。

考虑如下带不确定噪声方差、乘性噪声、有色观测噪声的多传感器系统

$$x_c(t+1) = \Phi x_c(t) + \Gamma w(t) \tag{11.199}$$

$$y_i(t) = (H_{i0} + \sum_{\mu=1}^{l} \xi_{i\mu}(t) H_{i\mu}) x_c(t) + e_i(t) + \eta_i(t) \tag{11.200}$$

$$\eta_i(t+1) = A_i \eta_i(t) + \alpha_i(t) \tag{11.201}$$

其中 $x_c(t) \in R^n$ 为状态,$y_i(t) \in R^{m_i}(i=1,\cdots,L)$ 为第 i 个传感器子系统的观测,$w(t) \in R^l$是输入噪声,$e_i(t) \in R^{m_i}$ 和 $\alpha_i(t) \in R^{m_i}$ 为白噪声,$\eta_i(t) \in R^{m_i}$ 为有色观测噪声,Φ,Γ,H_{i0},$H_{i\mu}$ 和 A_i 是已知适当维数的矩阵,L 是传感器个数。

假设 5 乘性噪声 $\xi_{i\mu}(t) \in R^1$是带零均值,已知方差 $\sigma_{\xi_{i\mu}}^2$ 的白噪声序列,且 $\xi_{i\mu}(t)$ 与 $w(t)$,$e_i(t)$ 和 $\alpha_i(t)$ 是不相关的。

假设 6 $w(t)$,$e_i(t)$ 和 $\alpha_i(t)$ 是带零均值,不确定实际方差为 $\bar{Q}$,$\bar{R}_{e_i}$ 和 $\bar{R}_{\alpha_i}$ 的不相关白噪声,Q,R_{e_i} 和 R_{α_i} 分别为实际噪声方差的保守上界,满足关系

$$\bar{Q} \leqslant Q, \bar{R}_{e_i} \leqslant R_{e_i}, \bar{R}_{\alpha_i} \leqslant R_{\alpha_i} \tag{11.202}$$

因此有

$$\begin{aligned} \Delta Q &= Q - \bar{Q} \geqslant 0, \\ \Delta R_{e_i} &= R_{e_i} - \bar{R}_{e_i} \geqslant 0, \\ \Delta R_{\alpha_i} &= R_{\alpha_i} - \bar{R}_{\alpha_i} \geqslant 0 \end{aligned} \tag{11.203}$$

假设 7 Φ 和 A_i 分别是稳定矩阵。

假设 8 方差扰动 ΔQ,ΔR_{e_i} 和 ΔR_{α_i} 可参数化为

$$\Delta Q = \sum_{k=1}^{p} \varepsilon_k Q_k \tag{11.204}$$

$$\Delta R_{e_i} = \sum_{j=1}^{q_{e_i}} e_j^{(i)} R_{e_j}^{(i)}, i=1,\cdots,L \tag{11.205}$$

$$\Delta R_{\alpha_i} = \sum_{j=1}^{q_{\alpha_i}} \alpha_j^{(i)} R_{\alpha_j}^{(i)}, i=1,\cdots,L \tag{11.206}$$

其中,$\varepsilon_k \geqslant 0$,$e_j^{(i)} \geqslant 0$ 和 $\alpha_j^{(i)} \geqslant 0$ 表示不确定参数扰动,加权阵 $Q_k \geqslant 0$,$R_{e_j}^{(i)} \geqslant 0$ 和$R_{\alpha_j}^{(i)} \geqslant 0$ 是已知的半正定对称阵。

对系统状态(11.199)和有色观测噪声(11.201),引入增广的状态、噪声和矩阵,有

$$x_i(t) = \begin{bmatrix} x_c(t) \\ \eta_i(t) \end{bmatrix}, w_i(t) = \begin{bmatrix} w(t) \\ \alpha_i(t) \end{bmatrix}, \Phi_{ai} = \begin{bmatrix} \Phi & 0 \\ 0 & A_i \end{bmatrix}, \Gamma_i = \begin{bmatrix} \Gamma & 0 \\ 0 & I_{m_i} \end{bmatrix},$$

$$H_i^a = [H_{i0}, I_{m_i}], H_{i\mu}^a = [H_{i\mu}, 0] \tag{11.207}$$

上式中 0 为适当维数的矩阵,I_{m_i} 为 $m_i \times m_i$ 单位阵。因此,原始系统(11.199)—(11.201)可改写为带乘性噪声和不确定噪声方差的多模型(不同局部状态方程)系统

$$x_i(t+1) = \Phi_{ai} x_i(t) + \Gamma_i w_i(t) \tag{11.208}$$

$$y_i(t) = (H_i^a + \sum_{\mu=1}^{l} \xi_{i\mu}(t) H_{i\mu}^a) x_i(t) + e_i(t), i=1,\cdots,L \tag{11.209}$$

其中,$x_i(t) \in R^{n_i}(n_i = n + m_i)$ 称为局部模型的状态,即局部状态,$w_i(t) \in R^{r_i}(r_i = r + m_i)$ 为过程噪声。而根据式(11.199)和式(11.207),局部状态 $x_i(t)$ 具有公共状态 $x_c(t)$,即

$$x_c(t)=C_{xi}x_i(t),\ C_{xi}=[I_n,0] \tag{11.210}$$

根据假设 5 可知，可以通过引入虚拟噪声补偿观测方程(11.209) 中存在的乘性噪声项 $\sum_{\mu=1}^{l}\xi_{i\mu}(t)H_{i\mu}^a x_i(t)$，从而可将带乘性噪声的模型化为带确定定常参数和不确定噪声方差的状态空间模型

$$x_i(t+1)=\boldsymbol{\Phi}_{ai}x_i(t)+\boldsymbol{\Gamma}_i w_i(t) \tag{11.211}$$

$$y_i(t)=H_i^a x_i(t)+\beta_i(t) \tag{11.212}$$

引入的虚拟观测噪声 $\beta_i(t)\in R^{m_i}$ 为

$$\beta_i(t)=\sum_{\mu=1}^{l}\xi_{i\mu}(t)H_{i\mu}^a x_i(t)+e_i(t) \tag{11.213}$$

对转换后的不确定噪声方差的状态空间模型(11.211) 和(11.212)，下面给出 $w_i(t)$ 和 $\beta_i(t)$ 的保守和实际协方差。根据式(11.207) 和假设 6 可得 $w_i(t)$ 的未知实际协方差 $\bar{Q}_{ij}^a$ 及其保守的上界 Q_{ij}^a 分别为

$$\bar{Q}_{ij}^a=\mathrm{diag}(\bar{Q},\bar{R}_{\alpha_{ij}}\delta_{ij}),Q_{ij}^a=\mathrm{diag}(Q,R_{\alpha_{ij}}\delta_{ij}) \tag{11.214}$$

为方便起见，我们记

$$\bar{Q}_i^a=\bar{Q}_{ii}^a=\mathrm{diag}(\bar{Q},\bar{R}_{\alpha_i}),\bar{R}_{\alpha_i}=\bar{R}_{\alpha_{ii}},\bar{R}_{\alpha_{ij}}=0,i\neq j \tag{11.215}$$

$$Q_i^a=Q_{ii}^a=\mathrm{diag}(\bar{Q},\bar{R}_{\alpha_i}),\ R_{\alpha_i}=R_{\alpha_{ii}},\ R_{\alpha_{ij}}=0,i\neq j \tag{11.216}$$

根据假设 5 和假设 6，易证得 $\beta_i(t)$ 为零均值白噪声，它的未知实际方差 $\bar{R}_{\beta_i}$ 及其已知保守上界 R_{β_i} 分别为

$$\bar{R}_{\beta_i}=\sum_{\mu=1}^{l}\sigma_{\xi_{i\mu}}^2 H_{i\mu}^a\bar{X}_i H_{i\mu}^{a\mathrm{T}}+\bar{R}_{e_i} \tag{11.217}$$

$$R_{\beta_i}=\sum_{\mu=1}^{l}\sigma_{\xi_{i\mu}}^2 H_{i\mu}^a X_i H_{i\mu}^{a\mathrm{T}}+R_{e_i} \tag{11.218}$$

根据式(11.208) 以及假设 7，系统状态 $x_i(t)$ 的保守和实际的稳态非中心二阶矩 $X_i=\mathrm{E}[x_i(t)x_i^{\mathrm{T}}(t)]$($x_i(t)$ 是保守状态) 和 $\bar{X}_i=\mathrm{E}[x_i(t)x_i^{\mathrm{T}}(t)]$($x_i(t)$ 是实际状态) 分别满足以下的 Lyapunov 方程

$$X_i=\boldsymbol{\Phi}_{ai}X_i\boldsymbol{\Phi}_{ai}^{\mathrm{T}}+\boldsymbol{\Gamma}_i Q_i^a\boldsymbol{\Gamma}_i^{\mathrm{T}} \tag{11.219}$$

$$\bar{X}_i=\boldsymbol{\Phi}_{ai}\bar{X}_i\boldsymbol{\Phi}_{ai}^{\mathrm{T}}+\boldsymbol{\Gamma}_i\bar{Q}_i^a\boldsymbol{\Gamma}_i^{\mathrm{T}} \tag{11.220}$$

注 11.6　我们将带实际方差 $\bar{Q}_{ij}^a$ 和保守上界方差 Q_{ij}^a 的状态 $x_i(t)$ 分别称为实际的状态和保守的状态。类似可得实际观测和保守观测。带保守状态和观测的系统称为最坏情形系统，而带实际状态和观测的系统称为实际系统。

11.4.1　鲁棒局部稳态 Kalman 预报器

根据极大极小鲁棒最优估计原理，考虑带保守上界噪声方差 Q_i^a 和 R_{β_i} 的最坏情形保守系统(11.211) 和(11.211)，在假设 5—8 下，保守的局部稳态 Kalman 一步预报器为

$$\hat{x}_i(t+1\mid t)=\boldsymbol{\Psi}_{pi}\hat{x}_i(t\mid t-1)+K_{pi}y_i(t) \tag{11.221}$$

$$\boldsymbol{\Psi}_{pi}=\boldsymbol{\Phi}_{ai}-K_{pi}H_i^a \tag{11.222}$$

$$K_{pi}=\boldsymbol{\Phi}_{ai}\boldsymbol{\Sigma}_i H_i^{a\mathrm{T}}\left[H_i^a\boldsymbol{\Sigma}_i H_i^{a\mathrm{T}}+R_{\beta_i}\right]^{-1} \tag{11.223}$$

其中，Ψ_{pi} 为稳定矩阵，保守的局部一步预报误差方差 Σ_i 满足 Riccati 方程

$$\Sigma_i = \Phi_{ai}[\Sigma_i - \Sigma_i H_i^{aT}(H_i^a \Sigma_i H_i^{aT} + R_{\beta_i})^{-1}\Sigma_i]\Phi_{ai}^{T} + \Gamma_i Q_i^a \Gamma_i^{T} \tag{11.224}$$

定义保守的局部一步预报误差 $\tilde{x}_i(t+1|t)=x_i(t+1)-\hat{x}_i(t+1|t)$，根据式(11.208)和式(11.221)，有

$$\tilde{x}_i(t+1|t) = \Psi_{pi}\tilde{x}_i(t|t-1) + \Gamma_i w_i(t) - K_{pi}\beta_i(t) \tag{11.225}$$

因此，保守的局部一步预报误差方差和互协方差分别满足以下 Lyapunov 方程

$$\Sigma_i = \Psi_{pi}\Sigma_i\Psi_{pi}^{T} + \Gamma_i Q_i^a \Gamma_i^{T} + K_{pi}R_{\beta_i}K_{pi}^{T} \tag{11.226}$$

$$\Sigma_{ij} = \Psi_{pi}\Sigma_{ij}\Psi_{pj}^{T} + \Gamma_i Q_{ij}^a \Gamma_j^{T} \tag{11.227}$$

注 11.7 对保守的局部 Kalman 一步预报器(11.221)，保守观测 $y_i(t)$ 是不可用的，只有基于实际方差 $\bar{Q}$，$\bar{R}_{e_i}$ 和 $\bar{R}_{\alpha_i}$ 生成的实际观测 $y_i(t)$ 是可用的。所以将保守观测替换为实际观测，则式(11.221)就称为实际的局部 Kalman 预报器。

容易证明实际局部预报误差也满足式(11.225)，于是实际的局部一步预报误差方差和互协方差分别满足以下 Lyapunov 方程

$$\bar{\Sigma}_i = \Psi_{pi}\bar{\Sigma}_i\Psi_{pi}^{T} + \Gamma_i \bar{Q}_i^a \Gamma_i^{T} + K_{pi}\bar{R}_{\beta_i}K_{pi}^{T} \tag{11.228}$$

$$\bar{\Sigma}_{ij} = \Psi_{pi}\bar{\Sigma}_{ij}\Psi_{pj}^{T} + \Gamma_i \bar{Q}_{ij}^a \Gamma_j^{T} \tag{11.229}$$

定义 $\Delta Q_i^a = Q_i^a - \bar{Q}_i^a$，根据式(11.215)和式(11.216)，有

$$\Delta Q_i^a = \mathrm{diag}(\Delta Q, \Delta R_{\alpha_i}) \tag{11.230}$$

根据式(11.203)和引理 11.2 可得 $\Delta Q_i^a \geqslant 0$。再定义 $\Delta X_i = X_i - \bar{X}_i$，由式(11.219)和式(11.220)，引出

$$\Delta X_i = \Phi_{ai}\Delta X_i \Phi_{ai}^{T} + \Gamma_i \Delta Q_i^a \Gamma_i^{T} \tag{11.231}$$

因为 $\Delta Q_i^a \geqslant 0$，根据引理 11.1，可得 $\Delta X_i \geqslant 0$.

定义 $\Delta R_{\beta_i} = R_{\beta_i} - \bar{R}_{\beta_i}$，则有

$$\Delta R_{\beta_i} = \sum_{\mu=1}^{l}\sigma_{\xi_{i\mu}}^2 H_{i\mu}^a \Delta X_i H_{i\mu}^{aT} + \Delta R_{e_i} \tag{11.232}$$

因为 $\Delta R_{e_i} \geqslant 0$ 和 $\Delta X_i \geqslant 0$，所以 $\Delta R_{\beta_i} \geqslant 0$。

定义 $\Delta\Sigma_i = \Sigma_i - \bar{\Sigma}_i$，根据式(11.226)和式(11.228)，引出

$$\Delta\Sigma_i = \Psi_{pi}\Delta\Sigma_i\Psi_{pi}^{T} + \Gamma_i \Delta Q_i^a \Gamma_i^{T} + K_{pi}\Delta R_{\beta_i}K_{pi}^{T} \tag{11.233}$$

应用引理 11.1，有 $\Delta\Sigma_i \geqslant 0$，即 $\bar{\Sigma}_i \leqslant \Sigma_i$，则有精度关系

$$\mathrm{tr}\bar{\Sigma}_i \leqslant \mathrm{tr}\Sigma_i \tag{11.234}$$

因此，我们称实际局部 Kalman 一步预报器(11.221)为鲁棒局部 Kalman 一步预报器。

根据式(11.210)和式(11.221)，对于公共的状态 $x_c(t)$，我们有相应的鲁棒局部稳态 Kalman 一步预报器

$$\hat{x}_{ci}(t|t-1) = C_{xi}\hat{x}_i(t|t-1) \tag{11.235}$$

及其保守和实际的局部稳态预报误差方差和互协方差

$$P_{cii} = C_{xi}\Sigma_i C_{xi}^{T}, P_{cij} = C_{xi}\Sigma_{ij}C_{xj}^{T}, \bar{P}_{cii} = C_{xi}\bar{\Sigma}_i C_{xi}^{T}, \bar{P}_{cij} = C_{xi}\bar{\Sigma}_{ij}C_{xj}^{T} \tag{11.236}$$

11.4.2 第一类保性能鲁棒矩阵加权融合稳态 Kalman 预报器

根据极大极小鲁棒最优估计原理，考虑带保守上界噪声方差 Q_i^a 和 R_{β_i} 的最坏情形保

守系统(11.211)和(11.212),在假设5—8下,公共状态的保守的矩阵加权融合稳态Kalman一步预报器为

$$\hat{x}_c(t+1|t)=\sum_{i=1}^{L}\Omega_i\hat{x}_{ci}(t+1|t) \tag{11.237}$$

带约束

$$\sum_{i=1}^{L}\Omega_i=I_n \tag{11.238}$$

其中,Ω_i 为加权阵,它可通过下式计算得到

$$[\Omega_1,\cdots,\Omega_L]=[e^{\mathrm{T}}P_c^{-1}e]^{-1}e^{\mathrm{T}}P_c^{-1} \tag{11.239}$$

其中 $e=[I_n,\cdots,I_n]^{\mathrm{T}}$,公共状态的总体方差阵 P_c 定义为

$$P_c=(P_{cij})_{nL\times nL} \tag{11.240}$$

记公共状态的保守的矩阵加权融合预报误差方差为 P_f,则有

$$P_f=[e^{\mathrm{T}}P_c^{-1}e]^{-1} \tag{11.241}$$

定义公共状态的矩阵加权融合预报误差 $\tilde{x}_c(t+1|t)=x_c(t+1)-\hat{x}_c(t+1|t)$,根据约束(11.238),有

$$\tilde{x}_c(t+1|t)=\sum_{i=1}^{L}\Omega_i\tilde{x}_{ci}(t+1|t) \tag{11.242}$$

因此,保守和实际的融合预报误差方差为 P_f 和 $\bar{P}_f$,又分别满足

$$P_f=\Omega P_c\Omega^{\mathrm{T}},\bar{P}_f=\Omega\bar{P}_c\Omega^{\mathrm{T}} \tag{11.243}$$

其中

$$\bar{P}_c=(\bar{P}_{cij})_{nL\times nL} \tag{11.244}$$

为证明矩阵加权融合Kalman预报器的鲁棒性,应用式(11.226)和式(11.227),可得全局保守的Lyapunov方程

$$\Sigma_a=\Psi_a\Sigma_a\Psi_a^{\mathrm{T}}+\Gamma_aQ_a\Gamma_a^{\mathrm{T}}+K_aR_\beta K_a^{\mathrm{T}} \tag{11.245}$$

其中,$\Sigma_a=(\Sigma_{ij})_{nL\times nL}$,$Q_a=(Q_{ij}^a)_{r_s\times r_s}$,$r_s=r_1+\cdots+r_L$,且

$$\begin{gathered}\Psi_a=\mathrm{diag}(\Psi_{p1},\cdots,\Psi_{pL}),\Gamma_a=\mathrm{diag}(\Gamma_1,\cdots,\Gamma_L)\\K_a=\mathrm{diag}(K_{p1},\cdots,K_{pL}),R_\beta=\mathrm{diag}(R_{\beta_1},\cdots,R_{\beta_L})\end{gathered} \tag{11.246}$$

类似地,应用式(11.228)和式(11.229),也可得全局实际的Lyapunov方程

$$\bar{\Sigma}_a=\Psi_a\bar{\Sigma}_a\Psi_a^{\mathrm{T}}+\Gamma_a\bar{Q}_a\Gamma_a^{\mathrm{T}}+K_a\bar{R}_\beta K_a^{\mathrm{T}} \tag{11.247}$$

其中

$$\bar{\Sigma}_a=(\bar{\Sigma}_{ij})_{nL\times nL},\bar{Q}_a=(\bar{Q}_{ij}^a)_{r_s\times r_s},\bar{R}_\beta=\mathrm{diag}(\bar{R}_{\beta_1},\cdots,\bar{R}_{\beta_L}) \tag{11.248}$$

根据式(11.236),有

$$P_c=C\Sigma_aC^{\mathrm{T}},\bar{P}_c=C\bar{\Sigma}_aC^{\mathrm{T}} \tag{11.249}$$

其中 $C\in R^{Ln\times(Ln+m)}(m=m_1+\cdots+m_L)$ 定义为

$$C=\mathrm{diag}(C_{x1},\cdots,C_{xL}) \tag{11.250}$$

定义 $\Delta\Sigma_a=\Sigma_a-\bar{\Sigma}_a$,由式(11.245)和式(11.247)有Lyapunov方程

$$\Delta\Sigma_a=\Psi_a\Delta\Sigma_a\Psi_a^{\mathrm{T}}+\Gamma_a\Delta Q_a\Gamma_a^{\mathrm{T}}+K_a\Delta R_\beta K_a^{\mathrm{T}} \tag{11.251}$$

其中定义

$$\Delta Q_a=(\Delta Q_{ij}^a)_{r_s\times r_s},\Delta Q_{ij}^a=Q_{ij}^a-\bar{Q}_{ij}^a,\Delta R_\beta=\mathrm{diag}(\Delta R_{\beta_1},\cdots,\Delta R_{\beta_L}) \tag{11.252}$$

定义 $\Delta P_c = P_c - \bar{P}_c$，根据式(11.249)有

$$\Delta P_c = C\Delta\Sigma_a C^{\mathrm{T}} \tag{11.253}$$

再定义 $\Delta P_f = P_f - \bar{P}_f$，根据式(11.243)有

$$\Delta P_f = \Omega\Delta P_c \Omega^{\mathrm{T}} \tag{11.254}$$

当 $i \neq j$ 时，ΔQ_{ij}^a 可能是维数不同的矩阵，因此不能直接应用引理 11.1。为证明 $\Delta Q_a \geqslant 0$，将 ΔQ_a 分解为

$$\Delta Q_a = \Delta Q_a^{(1)} + \Delta Q_a^{(2)} = (\Delta Q_{ij}^{(1)a})_{r_s\times r_s} + (\Delta Q_{ii}^{(2)a})_{r_s\times r_s} \tag{11.255}$$

其中

$$\Delta Q_{ij}^{(1)a} = \begin{bmatrix} \Delta Q & 0 \\ 0 & 0 \end{bmatrix}_{r_i\times r_j}, \Delta Q_{ii}^{(2)a} = \begin{bmatrix} 0 & 0 \\ 0 & R_{\alpha_i} \end{bmatrix}_{r_i\times r_i}$$

上式中 0 为适当维数的零矩阵。由于当 $i \neq j$ 时，$\Delta Q_{ij}^{(1)a}$ 不是方阵，因此我们首先设 $m_0 = \min(m_1, \cdots, m_L)$ 和 $r_0 = r + m_0$，则我们有以下方阵

$$\Delta Q^c = \begin{bmatrix} \Delta Q & 0 \\ 0 & 0 \end{bmatrix}_{r_0\times r_0}$$

其中，0 为适当维数的零矩阵。另一方面，通过对 $\Delta Q_a^{(1)}$ 进行初等变换，可得

$$\Delta Q_a^* = \left[\begin{array}{ccc:c} \Delta Q^c & \cdots & \Delta Q^c & \\ \vdots & & \vdots & 0 \\ \Delta Q^c & \cdots & \Delta Q^c & \\ \hdashline & 0 & & 0 \end{array}\right]_{r_s\times r_s} \tag{11.256}$$

因此，存在一个非奇异的转换阵 T_a，有 $T_a \Delta Q_a^{(1)} T_a^{\mathrm{T}} = \Delta Q_a^*$。应用引理 11.2 和引理 11.3 可得 $\Delta Q_a^* \geqslant 0$，从而有 $\Delta Q_a^{(1)} \geqslant 0$。应用引理 11.2 可得 $\Delta Q_a^{(2)} \geqslant 0$。因此有 $\Delta Q_a \geqslant 0$。

因为 $\Delta R_{\beta_i} \geqslant 0$，所以 $\Delta R_\beta \geqslant 0$，因为 Ψ_{pi} 是稳定矩阵，所以 Ψ_a 也是稳定矩阵。因此，将引理 11.1 应用到式(11.251)，有

$$\Delta\Sigma_a \geqslant 0 \tag{11.257}$$

因此，根据式(11.253)和式(11.254)，有 $\Delta P_c \geqslant 0$ 和 $\Delta P_f \geqslant 0$，进而有如下精度关系

$$\mathrm{tr}\bar{P}_f \leqslant \mathrm{tr}P_f \tag{11.258}$$

下面对噪声方差扰动 ΔP_f 参数化。将式(11.204)和式(11.206)代入式(11.230)，有

$$\Delta Q_i^a = \sum_{k=1}^{p} \varepsilon_k Q_k^* + \sum_{j=1}^{q_{\alpha_i}} \alpha_j^{(i)} R_{\alpha_j}^{(i)*} \tag{11.259}$$

其中 $Q_k^* \in R^{r_i\times r_i}$ 和 $R_{\alpha_j}^{(i)*} \in R^{r_i\times r_i}(r_i = r + m_i)$ 分别为

$$Q_k^* = \begin{bmatrix} Q_k & 0 \\ 0 & 0 \end{bmatrix}_{r_i\times r_i}, R_{\alpha_j}^{(i)*} = \begin{bmatrix} 0 & 0 \\ 0 & R_{\alpha_j}^{(i)} \end{bmatrix}_{r_i\times r_i}, i = 1, \cdots, L \tag{11.260}$$

其中 0 为适当维数的零矩阵。则扩维的方差扰动 ΔQ_a 能参数化为

$$\Delta Q_a = \sum_{k=1}^{p} \varepsilon_k G_k + \sum_{i=1}^{L}\sum_{j=1}^{q_{\alpha_i}} \alpha_j^{(i)} R_{\alpha_j}^{(i)a} \tag{11.261}$$

其中 G_k 和 $R_{\alpha_j}^{(i)a}$ 分别定义为

$$G_k = \begin{bmatrix} Q_k^*(1,1) & \cdots & Q_k^*(1,L) \\ \vdots & & \vdots \\ Q_k^*(L,1) & \cdots & Q_k^*(L,L) \end{bmatrix}_{r_s \times r_s}, \quad Q_k^*(i,j) = \begin{bmatrix} Q_k & 0 \\ 0 & 0 \end{bmatrix}_{r_i \times r_j},$$

$$R_{\alpha_j}^{(i)a} = \begin{bmatrix} 0 & 0 & \cdots & 0 & \cdots & 0 & 0 \\ 0 & 0 & \cdots & 0 & \cdots & 0 & 0 \\ \vdots & \vdots & & \vdots & & \vdots & \vdots \\ 0 & 0 & \cdots & R_{\alpha_j}^{(i)*} & \cdots & 0 & 0 \\ \vdots & \vdots & & \vdots & & \vdots & \vdots \\ 0 & 0 & \cdots & 0 & \cdots & 0 & 0 \\ 0 & 0 & \cdots & 0 & \cdots & 0 & 0 \end{bmatrix}_{r_s \times r_s} \tag{11.262}$$

根据假设 7,可知 $\boldsymbol{\Phi}_{ai}$ 是稳定矩阵,则 Lyapunov 方程(11.231) 有唯一解[45]

$$\Delta X_i = \sum_{s=0}^{\infty} \boldsymbol{\Phi}_{ai}^s \boldsymbol{\Gamma}_i \Delta Q_i^a \boldsymbol{\Gamma}_i^{\mathrm{T}} \boldsymbol{\Phi}_{ai}^{s\mathrm{T}} \tag{11.263}$$

将式(11.259) 代入上式,有 ΔX_i 的参数化表示

$$\Delta X_i = \sum_{k=1}^{p} \varepsilon_k G_k^{(i)} + \sum_{j=1}^{q_{\alpha_i}} \alpha_j^{(i)} U_{\alpha_j}^{(i)} \tag{11.264}$$

其中

$$G_k^{(i)} = \sum_{s=0}^{\infty} \boldsymbol{\Phi}_{ai}^s \boldsymbol{\Gamma}_i Q_k^* \boldsymbol{\Gamma}_i^{\mathrm{T}} \boldsymbol{\Phi}_{ai}^{s\mathrm{T}}, U_{\alpha_j}^{(i)} = \sum_{s=0}^{\infty} \boldsymbol{\Phi}_{ai}^s \boldsymbol{\Gamma}_i R_{\alpha_j}^{(i)*} \boldsymbol{\Gamma}_i^{\mathrm{T}} \boldsymbol{\Phi}_{ai}^{s\mathrm{T}} \tag{11.265}$$

它们可通过求解下列 Lyapunov 方程得到

$$G_k^{(i)} = \boldsymbol{\Phi}_{ai} G_k^{(i)} \boldsymbol{\Phi}_{ai}^{\mathrm{T}} + \boldsymbol{\Gamma}_i Q_k^* \boldsymbol{\Gamma}_i^{\mathrm{T}}, U_{\alpha_j}^{(i)} = \boldsymbol{\Phi}_{ai} U_{\alpha_j}^{(i)} \boldsymbol{\Phi}_{ai}^{\mathrm{T}} + \boldsymbol{\Gamma}_i R_{\alpha_j}^{(i)*} \boldsymbol{\Gamma}_i^{\mathrm{T}} \tag{11.266}$$

将式(11.205) 和式(11.263) 代入式(11.232),有 ΔR_{β_i} 的参数化表示

$$\Delta R_{\beta_i} = \sum_{k=1}^{p} \varepsilon_k Q_k^{(i)\beta} + \sum_{j=1}^{q_{e_i}} \varepsilon_j^{(i)} R_{e_j}^{(i)} + \sum_{j=1}^{q_{\alpha_i}} \alpha_j^{(i)} R_{\alpha_j}^{(i)\beta}, i = 1, \cdots, L \tag{11.267}$$

其中

$$Q_k^{(i)\beta} = \sum_{\mu=1}^{l} R_{\xi_{i\mu}} H_{i\mu}^a G_k^{(i)} H_{i\mu}^{a\mathrm{T}}, R_{\alpha_j}^{(i)\beta} = \sum_{\mu=1}^{l} R_{\xi_{i\mu}} H_{i\mu}^a U_{\alpha_j}^{(i)} H_{i\mu}^{a\mathrm{T}} \tag{11.268}$$

因此,ΔR_β 可参数化为

$$\Delta R_\beta = \sum_{i=1}^{L} \sum_{k=1}^{p} \varepsilon_k Q_k^{(i)\beta a} + \sum_{i=1}^{L} \sum_{j=1}^{q_{e_i}} e_j^{(i)} R_{e_j}^{(i)a} + \sum_{i=1}^{L} \sum_{j=1}^{q_{\alpha_i}} \alpha_j^{(i)} R_{\alpha_j}^{(i)\beta a} \tag{11.269}$$

其中,矩阵 $Q_k^{(i)\beta a}, R_{e_j}^{(i)a}$ 和 $R_{\alpha_j}^{(i)\beta a}$ 的第(i,i)对角块分别为矩阵 $Q_k^{(i)\beta}, R_{e_j}^{(i)}$ 和 $R_{\alpha_j}^{(i)\beta}$,而它们的其他元素为适当维数的零矩阵。

Lyapunov 方程(11.251) 有唯一解[47]

$$\Delta \boldsymbol{\Sigma}_a = \sum_{s=0}^{\infty} \boldsymbol{\Psi}_a^s [\boldsymbol{\Gamma}_a \Delta Q_a \boldsymbol{\Gamma}_a^{\mathrm{T}} + K_a \Delta R_\beta K_a^{\mathrm{T}}] \boldsymbol{\Psi}_a^{s\mathrm{T}} \tag{11.270}$$

将式(11.261) 和式(11.269) 代入上式,有 $\Delta \boldsymbol{\Sigma}_a$ 的参数化表示

$$\Delta \boldsymbol{\Sigma}_a = \sum_{k=1}^{p} \varepsilon_k F_k + \sum_{i=1}^{L} \sum_{j=1}^{q_{e_i}} e_j^{(i)} L_{ij} + \sum_{i=1}^{L} \sum_{j=1}^{q_{\alpha_i}} \alpha_j^{(i)} M_{ij} \tag{11.271}$$

其中

$$F_k=\sum_{s=0}^{\infty}\Psi_a^s(\Gamma_a G_k \Gamma_a^{\mathrm{T}}+\sum_{i=1}^{L}K_a Q_k^{(i)\beta a}K_a^{\mathrm{T}})\Psi_a^{s\mathrm{T}},k=1,\cdots,p \tag{11.272}$$

$$L_{ij}=\sum_{s=0}^{\infty}\Psi_a^s K_a R_{e_j}^{(i)a}K_a^{\mathrm{T}}\Psi_a^{s\mathrm{T}},i=1,\cdots,L,j=1,\cdots,q_{e_i} \tag{11.273}$$

$$M_{ij}=\sum_{s=0}^{\infty}\Psi_a^s(\Gamma_a R_{\alpha_j}^{(i)a}\Gamma_a^{\mathrm{T}}+K_a R_{\alpha_j}^{(i)\beta a}K_a^{\mathrm{T}})\Psi_a^{s\mathrm{T}},j=1,\cdots,q_{\alpha_i} \tag{11.274}$$

且 $F_k\geqslant 0,L_{ij}\geqslant 0,M_{ij}\geqslant 0$ 可分别通过求解下列 Lyapunov 方程得到

$$F_k=\Psi_a F_k \Psi_a^{\mathrm{T}}+\Gamma_a G_k \Gamma_a^{\mathrm{T}}+\sum_{i=1}^{L}K_a Q_k^{(i)\beta a}K_a^{\mathrm{T}} \tag{11.275}$$

$$L_{ij}=\Psi_a L_{ij}\Psi_a^{\mathrm{T}}+K_a R_{e_j}^{(i)a}K_a^{\mathrm{T}} \tag{11.276}$$

$$M_{ij}=\Psi_a M_{ij}\Psi_a^{\mathrm{T}}+\Gamma_a R_{\alpha_j}^{(i)a}\Gamma_a^{\mathrm{T}}+K_a R_{\alpha_j}^{(i)\beta a}K_a^{\mathrm{T}} \tag{11.277}$$

将式(11.270)代入式(11.253),再将结果代入式(11.254),有

$$\Delta P_f=\sum_{k=1}^{p}\varepsilon_k B_k+\sum_{i=1}^{L}\sum_{j=1}^{q_{e_i}}e_j^{(i)}C_{ij}+\sum_{i=1}^{L}\sum_{j=1}^{q_{\alpha_i}}\alpha_j^{(i)}D_{ij} \tag{11.278}$$

其中定义 $B_k\geqslant 0,C_{ij}\geqslant 0$ 和 $D_{ij}\geqslant 0$ 分别为

$$B_k=\Omega CF_kC^{\mathrm{T}}\Omega^{\mathrm{T}},C_{ij}=\Omega CL_{ij}C^{\mathrm{T}}\Omega^{\mathrm{T}},D_{ij}=\Omega CM_{ij}C^{\mathrm{T}}\Omega^{\mathrm{T}} \tag{11.279}$$

对式(11.278)取迹运算,并定义

$$b_k=\mathrm{tr}B_k\geqslant 0,k=1,\cdots,p \tag{11.280}$$

$$c_{ij}=\mathrm{tr}C_{ij}\geqslant 0,i=1,\cdots,L,j=1,\cdots,q_{e_i} \tag{11.281}$$

$$d_{ij}=\mathrm{tr}D_{ij}\geqslant 0,i=1,\cdots,L,j=1,\cdots,q_{\alpha_i} \tag{11.282}$$

因此,我们可得 $\mathrm{tr}\Delta P_f$ 的参数化表示

$$\mathrm{tr}\Delta P_f=\sum_{k=1}^{p}\varepsilon_k b_k+\sum_{i=1}^{L}\sum_{j=1}^{q_{e_i}}e_j^{(i)}c_{ij}+\sum_{i=1}^{L}\sum_{j=1}^{q_{\alpha_i}}\alpha_j^{(i)}d_{ij} \tag{11.283}$$

不确定噪声方差的扰动域 Ω^m 可参数化为

$$\Omega^m=\{(\Delta Q,\Delta R_{e_i},\Delta R_{\alpha_i}):0\leqslant\Delta Q\leqslant\Delta Q^m,0\leqslant\Delta R_{e_i}\leqslant\Delta R_{e_i}^m,0\leqslant\Delta R_{\alpha_i}\leqslant\Delta R_{\alpha_i}^m\} \tag{11.284}$$

其中

$$\Delta Q=\sum_{k=1}^{p}\varepsilon_k Q_k,\Delta Q^m=\sum_{k=1}^{p}\varepsilon_k^m Q_k \tag{11.285}$$

$$\Delta R_{e_i}=\sum_{j=1}^{q_{e_i}}e_j^{(i)}R_{e_j}^{(i)},\Delta R_{e_i}^m=\sum_{j=1}^{q_{e_i}}e_j^{(i)m}R_{e_j}^{(i)},i=1,\cdots,L \tag{11.286}$$

$$\Delta R_{\alpha_i}=\sum_{j=1}^{q_{\alpha_i}}\alpha_j^{(i)}R_{\alpha_j}^{(i)},\Delta R_{\alpha_i}^m=\sum_{j=1}^{q_{\alpha_i}}\alpha_j^{(i)m}R_{\alpha_j}^{(i)},i=1,\cdots,L \tag{11.287}$$

相应的参数扰动域 Ω_0^m 可用下列的超立方体给出

$$\Omega_0^m=\{0\leqslant\varepsilon_k\leqslant\varepsilon_k^m,k=1,\cdots,p,0\leqslant e_j^{(i)}\leqslant e_j^{(i)m},j=1,\cdots,q_{e_i},\\ 0\leqslant\alpha_j^{(i)}\leqslant\alpha_j^{(i)m},j=1,\cdots,q_{\alpha_i},i=1,\cdots,L\} \tag{11.288}$$

接下来是对预置的精度偏差指标 $r>0$,寻找最大参数扰动 $\varepsilon_k^m>0,e_j^{(i)m}>0$ 和 $\alpha_j^{(i)m}$,构建一个最大扰动域 Ω^m,对此域中的所有扰动 $(\Delta Q,\Delta R_{e_i},\Delta R_{\alpha_i})\in\Omega^m$,相应的矩阵加权融合一步预报器的精度偏差 $\mathrm{tr}\Delta P_f$ 始终在指定指标内。

寻找最大参数扰动域 Ω^m 的问题等价于求式(11.288) 给出的超立方体 J 体积的极大值,即

$$\max J = \max(\varepsilon_1^m \cdots \varepsilon_p^m e_1^{(1)m} \cdots e_{q_{e_1}}^{(1)m} \cdots e_L^{(L)m} \cdots e_{q_{e_L}}^{(L)m} \alpha_1^{(1)m} \cdots \alpha_{q_{\alpha_1}}^{(1)m} \cdots \alpha_L^{(L)m} \cdots \alpha_{q_{\alpha_L}}^{(L)m}) \tag{11.289}$$

带约束

$$r = \mathrm{tr}\Delta P_f^m = \sum_{k=1}^{p} \varepsilon_k^m b_k + \sum_{i=1}^{L} \sum_{j=1}^{q_{e_i}} e_j^{(i)m} c_{ij} + \sum_{i=1}^{L} \sum_{j=1}^{q_{\alpha_i}} \alpha_j^{(i)m} d_{ij} \tag{11.290}$$

应用 Lagrange 乘数法,可分别解得 $\varepsilon_k^m, e_j^{(i)m}$ 和 $\alpha_j^{(i)m}$ 为

$$\varepsilon_k^m = \frac{r}{(p + \sum_{i=1}^{L} q_{e_i} + \sum_{i=1}^{L} q_{\alpha_i}) b_k}, k = 1, \cdots, p \tag{11.291}$$

$$e_j^{(i)m} = \frac{r}{(p + \sum_{i=1}^{L} q_{e_i} + \sum_{i=1}^{L} q_{\alpha_i}) c_{ij}}, i = 1, \cdots, L, j = 1, \cdots, q_{e_i} \tag{11.292}$$

$$\alpha_j^{(i)m} = \frac{r}{(p + \sum_{i=1}^{L} q_{e_i} + \sum_{i=1}^{L} q_{\alpha_i}) d_{ij}}, i = 1, \cdots, L, j = 1, \cdots, q_{\alpha_i} \tag{11.293}$$

定理 11.11 不确定噪声方差、乘性噪声、有色观测噪声多传感器系统(11.199)—(11.201),在假设 5—8 下,对指定的精度偏差指标 $r > 0$,存在一个由式(11.291)—(11.293) 决定的不确定噪声方差的最大扰动域 Ω^m,对此域中的所有扰动,相应的实际矩阵加权融合 Kalman 一步预报器的精度偏差始终在指定范围内,即

$$0 \leqslant \mathrm{tr}P_f - \mathrm{tr}\bar{P}_f \leqslant r \tag{11.294}$$

且精度偏差的最大下界为 0,最小上界为 r。我们称实际矩阵加权融合 Kalman 一步预报器(11.237) 为第一类保性能鲁棒 Kalman 一步预报器,并称式(11.294) 为其保性能鲁棒性。

证明 取 $\Delta Q = \Delta Q^m, \Delta R_{e_i} = \Delta R_{e_i}^m$ 和 $\Delta R_{\alpha_i} = \Delta R_{\alpha_i}^m$,有$(\Delta Q^m, \Delta R_{e_i}^m, \Delta R_{\alpha_i}^m) \in \Omega^m$,其等价于在给定的扰动域(11.288) 中,取最大扰动参数 $\varepsilon_k^m, e_j^{(i)m}$ 和 $\alpha_j^{(i)m}$ 即(11.291)—(11.293)。

定义 $\Delta = \mathrm{tr}\Delta P_f^m - \mathrm{tr}\Delta P_f$,则式(11.290) 减式(11.283) 得

$$\Delta = \sum_{k=1}^{p} (\varepsilon_k^m - \varepsilon_k) b_k + \sum_{i=1}^{L} \sum_{j=1}^{q_{e_i}} (e_j^{(i)m} - e_j^{(i)}) c_{ij} + \sum_{i=1}^{L} \sum_{j=1}^{q_{\alpha_i}} (\alpha_j^{(i)m} - \alpha_j^{(i)}) d_{ij} \tag{11.295}$$

根据式(11.288) 可得 $\Delta \geqslant 0$,即 $\mathrm{tr}\Delta P_f \leqslant \mathrm{tr}\Delta P_f^m = r$,式(11.294) 的第二个不等式成立。根据式(11.258) 可得第一个不等式成立。类似于文献[40] 的证明,可证得 0 和 r 分别为精度偏差的最大下界和最小上界,从略。证毕。

11.4.3 第二类保性能鲁棒矩阵加权融合稳态 Kalman 预报器

给定不确定噪声方差的扰动域 Ω^m 为式(11.284)—(11.287),问题可转化为在 Ω^m 上寻找精度偏差 $\mathrm{tr}\Delta P_f = \mathrm{tr}P_f - \mathrm{tr}\bar{P}_f$ 的最大值和最小值。这是第一类保性能鲁棒稳态 Kalman 一步预报器设计的逆问题,扩展了保性能鲁棒滤波问题[8-10]。

根据式(11.283)可知,对给定不确定噪声方差的参数扰动域 Ω_0^m,保性能指标将取

$$r = \mathrm{tr}\Delta P_f = \sum_{k=1}^{p} \varepsilon_k b_k + \sum_{i=1}^{L} \sum_{j=1}^{q_{e_i}} e_j^{(i)} c_{ij} + \sum_{i=1}^{L} \sum_{j=1}^{q_{\alpha_i}} \alpha_j^{(i)} d_{ij} \tag{11.296}$$

问题是求在由式(11.288)给出的超立方体 Ω_0^m 上的线性函数 r 的最小值和最大值。

定理 11.12 对带不确定噪声方差、乘性噪声和有色观测噪声多传感器系统(11.199)—(11.201),在假设 5—8 下,给定不确定噪声方差的参数扰动域 Ω_0^m,则对于此域中的所有容许扰动,相应的实际矩阵加权融合 Kalman 一步预报器的精度偏差 $\mathrm{tr}P_f - \mathrm{tr}\bar{P}_f$ 具有最小值 0,最大值 r_m,即

$$0 \leqslant \mathrm{tr}P_f - \mathrm{tr}\bar{P}_f \leqslant r_m \tag{11.297}$$

其中最大值 r_m 由下式给出

$$r_m = \sum_{k=1}^{p} \varepsilon_k^m b_k + \sum_{i=1}^{L} \sum_{j=1}^{q_{e_i}} e_j^{(i)m} c_{ij} + \sum_{i=1}^{L} \sum_{j=1}^{q_{\alpha_i}} \alpha_j^{(i)m} d_{ij} \tag{11.298}$$

我们称实际稳态加权融合 Kalman 一步预报器(11.237)为第二类保性能鲁棒 Kalman 一步预报器,并称式(11.297)为其保性能鲁棒性。

证明 类似于定理 11.2 的证明,从略。

11.5 仿真应用例子

例 11.1 考虑不确定噪声方差和丢失观测的三传感器 1 kVA 不间断电源系统(UPS)[48]

$$x(t+1) = \begin{bmatrix} 0.9226 & -0.6330 & 0 \\ 1 & 0 & 0 \\ 0 & 1 & 0 \end{bmatrix} x(t) + \begin{bmatrix} 0.5 \\ 0 \\ 0.2 \end{bmatrix} w(t) \tag{11.299}$$

$$y_i(t) = \gamma_i(t) H_i x(t) + v_i(t), i = 1,2,3 \tag{11.300}$$

$$\mathrm{Prob}\{\gamma_i(t) = 1\} = \pi_i, \mathrm{Prob}\{\gamma_i(t) = 0\} = 1 - \pi_i, i = 1,2,3 \tag{11.301}$$

在仿真中,选择 $H_1 = [2.8338, 2.0870, 0]$,$H_2 = [0, 2.2, 0]$,$H_3 = [0, 0, 1.5]$,$Q = 2$,$R_1 = 2$,$R_2 = 3$,$R_3 = 4$,$\pi_1 = 0.96$,$\pi_2 = 0.88$,$\pi_3 = 0.94$,加权阵 $Q_1 = 1$,$R_1^{(1)} = 1$,$R_1^{(2)} = 1$,$R_1^{(3)} = 1$。这是带不确定噪声方差和丢失观测多传感器系统(11.1)和(11.2)的特殊情形。

情形 1 我们考虑第一类保性能鲁棒加权观测融合 Kalman 一步平滑器。应用定理 11.5,取精度指标 $r^*(1) = 0.4$,可得最大参数扰动域,其中最大参数扰动为

$$\varepsilon_1^{*m}(1) = 0.7263, e_1^{*(1)m}(1) = 0.7658, e_1^{*(2)m}(1) = 5.6545, e_1^{*(3)m}(1) = 17.8333 \tag{11.302}$$

以及最大的不确定噪声方差扰动域,其中扰动为

$$\Delta Q^{*m}(1) = 0.7263, \Delta R_1^{*m}(1) = 0.7658, \Delta R_2^{*m}(1) = 5.6545, \Delta R_3^{*m}(1) = 17.8333 \tag{11.303}$$

在 $\Omega^{*m}(1)$ 中,取不确定噪声方差的最大扰动,我们有

$$\mathrm{tr}\Delta P_M^{*m}(1) = r^*(1) = 0.4 \tag{11.304}$$

任取 $\Delta Q = 0.5447$,$\Delta R_1 = 0.5897$,$\Delta R_2 = 4.3540$,$\Delta R_3 = 13.7316$,则有$(\Delta Q, \Delta R_1, \Delta R_2, \Delta R_3) \in \Omega^{*m}(1)$,可得精度偏差 $\mathrm{tr}\Delta P_M^*(1)$ 满足

$$\mathrm{tr}\Delta P_M^*(1)=0.306\,9<0.4 \tag{11.305}$$

为直观表示平滑器的精度偏差 $\mathrm{tr}\Delta P_M^*(1)$ 与 ΔQ 和 ΔR_i 的变化情况,取

$$\Delta R_i=\alpha\Delta R_i^{*m}(1),\ 0\leqslant\alpha\leqslant 1,\ i=1,2,3 \tag{11.306}$$

其中 α 从 0 变到 1,则意味着 ΔR_i 从 0 变化到 $\Delta R_i^m(1)$。从图 11.1 可以看到,在扰动域 $\Omega^{*m}(1)$ 中,有 $0\leqslant\mathrm{tr}\Delta P_M^*(1)\leqslant 0.4$,验证了定理 11.5 的鲁棒性。

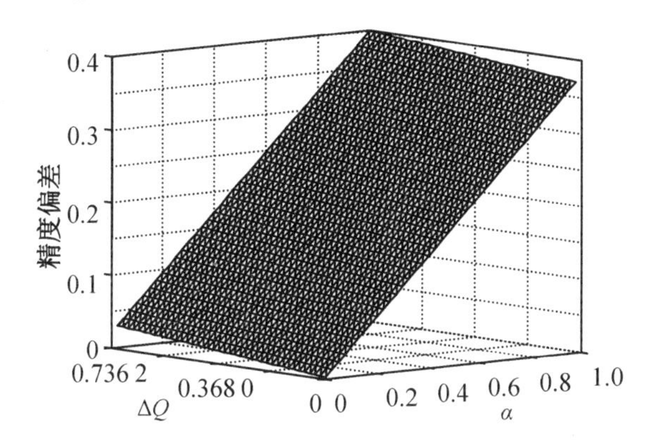

图 11.1　精度偏差 $\mathrm{tr}\Delta P_M^*(1)$ 随 ΔQ 和 α 变化情况

情形 2　给定参数扰动域,考虑第二类保性能鲁棒加权观测融合 Kalman 一步平滑器,应用定理 11.6,可得到精度偏差的最小值和最大值。给定参数扰动域 $\Omega_0^{*m}(1)$,其中最大参数扰动为

$$\varepsilon_1^{*m}(1)=0.639\,1,e_1^{*(1)m}(1)=0.658\,6,e_1^{*(2)m}(1)=4.862\,9,e_1^{*(3)m}(1)=15.336\,6 \tag{11.307}$$

根据式(11.135)可得 $\Omega_0^{*m}(1)$,从而得到 $\mathrm{tr}\Delta P_M^*(1)$ 的最大值为

$$r_m^*(1)=0.345\,1 \tag{11.308}$$

从图 11.2 可以看到:在扰动域 $\Omega^{*m}(1)$ 中,平滑器的精度偏差 $\mathrm{tr}\Delta P_M^*(1)$ 与 ΔQ 和 ΔR_i 的变化情况,验证了定理 11.6 的鲁棒性。

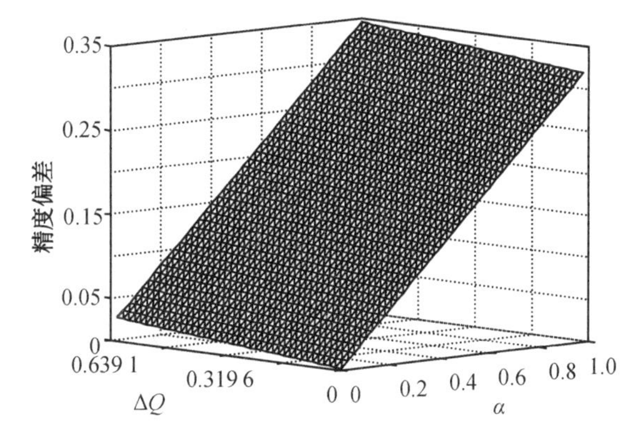

图 11.2　精度偏差 $\mathrm{tr}\Delta P_M^*(1)$ 随 ΔQ 和 α 变化情况

情形 3　为验证鲁棒加权观测融合 Kalman 预报器各分量的鲁棒性,应用定理 11.2,考虑第二类保性能鲁棒加权观测融合 Kalman 一步预报器。给定一个参数扰动域 Ω_0^m 如式(11.63),其中最大参数扰动为

$$\varepsilon_1^m = 1.6, e_1^{(1)m} = 1.7, e_1^{(2)m} = 2.5, e_1^{(3)m} = 3.6 \tag{11.309}$$

对应着噪声方差扰动域(11.60)。任取4组允许的实际噪声方差：

(a) $\bar{Q} = 0.4, \bar{R}_1 = 0.3, \bar{R}_2 = 0.5, \bar{R}_3 = 0.4$;

(b) $\bar{Q} = 0.4, \bar{R}_1 = 0.7, \bar{R}_2 = 0.9, \bar{R}_3 = 1.0$;

(c) $\bar{Q} = 1.0, \bar{R}_1 = 1.0, \bar{R}_2 = 1.4, \bar{R}_3 = 1.8$;

(d) $\bar{Q} = 1.3, \bar{R}_1 = 1.4, \bar{R}_2 = 2.1, \bar{R}_3 = 2.7$, (11.310)

相应的，我们可以获得4组加权观测融合一步预报器第一分量的预报误差曲线，以及它们的鲁棒和实际3标准偏差的界 $\pm 3\sigma_1$ 和 $\pm 3\bar{\sigma}_{1\theta}$。仿真结果如图11.3所示，其中实线为实际一步预报误差曲线，短划线为 $\pm 3\sigma_1$ 标准偏差的界，虚线为 $\pm 3\bar{\sigma}_{1\theta}$ 标准偏差的界，$\theta = a, b, c, d$ 对应着4组实际噪声方差(11.310)。

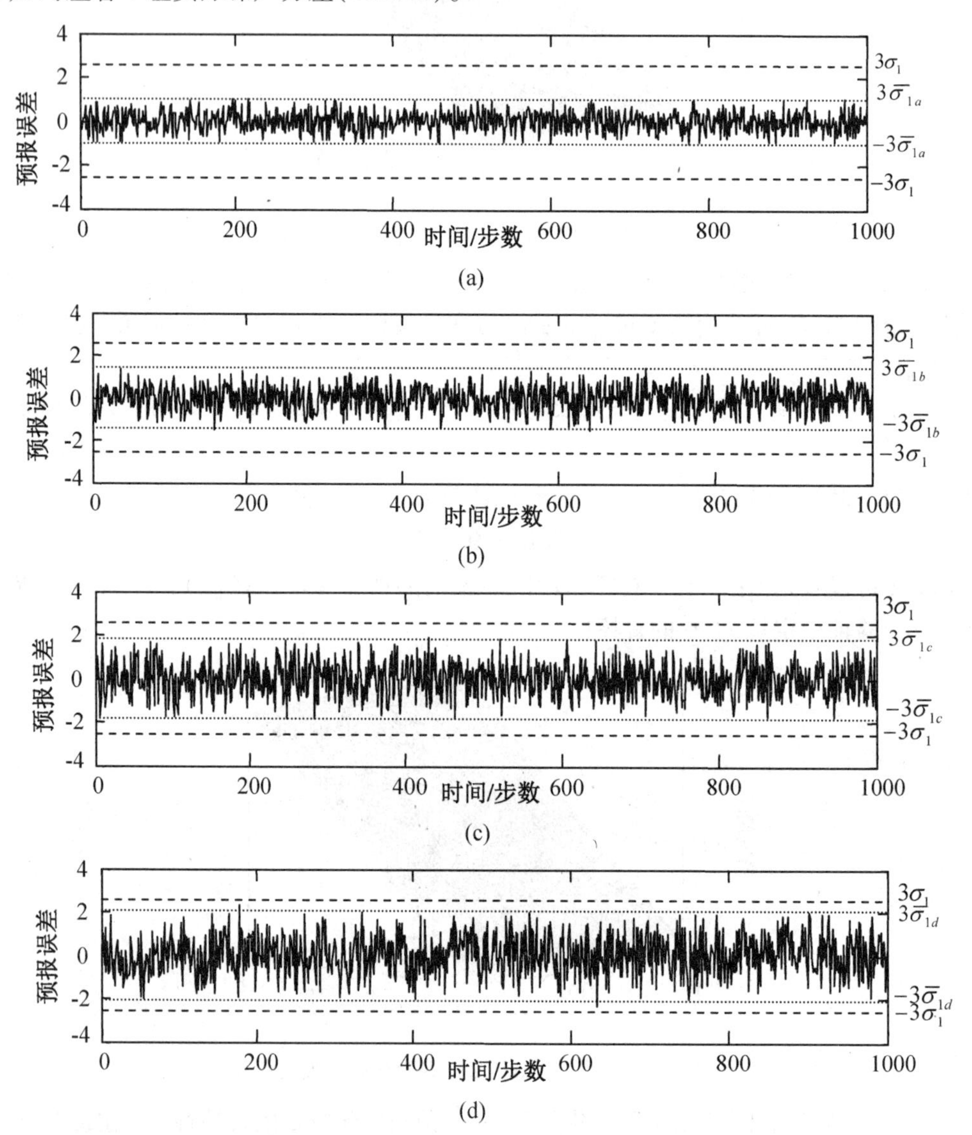

图11.3 一步预报第一分量误差曲线及其 $\pm 3\sigma_1$ 和 $\pm 3\bar{\sigma}_{1\theta}$($\theta = a, b, c, d$) 界

从图 11.3 看到，当噪声方差增加时，实际标准差 $\bar{\sigma}_{1\theta}(\theta = a,b,c,d)$ 也随着增加，且对每一组实际噪声方差，超过 99% 的实际一步预报误差曲线落在 $-3\bar{\sigma}_{1\theta}$ 和 $3\bar{\sigma}_{1\theta}$ 之间，也落在 $-3\sigma_1$ 和 $3\sigma_1$ 之间，且有 $\bar{\sigma}_{1\theta} \leq \sigma_1(\theta = a,b,c,d)$。由此验证了分量预报器的鲁棒性。

为验证实际加权观测融合一步预报误差方差的迹 $\mathrm{tr}\bar{\Sigma}_M$ 随观测丢失率的变化情况，我们取 1 组实际方差

$$\bar{Q} = 1.6,\bar{R}_1 = 1.2,\bar{R}_2 = 2.6,\bar{R}_3 = 3.6 \tag{11.311}$$

在仿真中，我们定义观测丢失率为

$$\beta_i = 1 - \pi_i,\ i = 1,2,3 \tag{11.312}$$

其中 $\pi_i(i = 1,2,3)$ 由式(11.3) 定义。取

$$[\beta_2,\beta_3] = \delta_1[1,1] \tag{11.313}$$

其中 δ_1 从 0 变化到 1。则实际加权观测融合一步预报误差方差的迹 $\mathrm{tr}\bar{\Sigma}_M$ 随观测丢失率的变化的仿真结果如图 11.4 所示。从图 11.4 可以看到，随着观测丢失率的增加，$\mathrm{tr}\bar{\Sigma}_M$ 也随着增加。

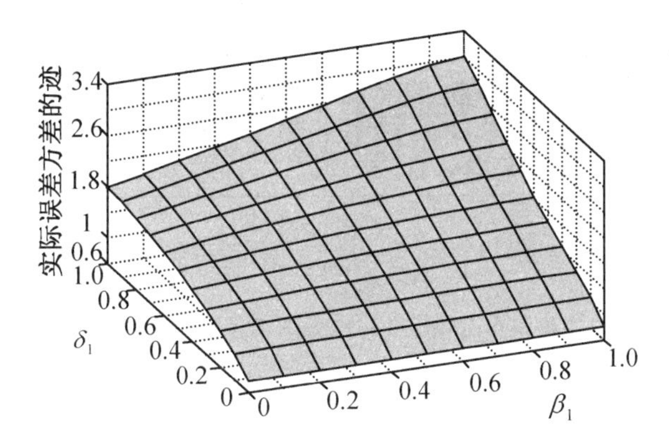

图 11.4　$\mathrm{tr}\bar{\Sigma}_M$ 随丢失率的变化情况

为了验证鲁棒和实际标准差随丢失率的变化情况，我们任取 3 组丢失率：

(a) $\beta_1 = 0.04,\beta_2 = 0.02,\ \beta_3 = 0.06$;

(b) $\beta_1 = 0.55,\beta_2 = 0.48,\ \beta_3 = 0.47$;

(c) $\beta_1 = 0.82,\beta_2 = 0.75,\ \beta_3 = 0.88$, (11.314)

则对于鲁棒加权观测融合 Kalman 一步预报器的第一分量，我们可以得到 3 组鲁棒和实际标准差 $\sigma_{1\theta}$ 和 $\bar{\sigma}_{1\theta}(\theta = a,b,c)$，即

$$\begin{aligned}\sigma_{1a} &= 0.897\,2,\bar{\sigma}_{1a} = 0.693\,7,\\ \sigma_{1b} &= 1.000\,3,\bar{\sigma}_{1b} = 0.832\,3,\\ \sigma_{1c} &= 1.082\,4,\bar{\sigma}_{1c} = 0.891\,5\end{aligned} \tag{11.315}$$

仿真结果如图 11.5 所示，其中实线为实际预报误差曲线。我们看到，随着丢失率的增加，鲁棒和实际标准差 $\pm 3\sigma_{1\theta}$ 和 $\pm 3\bar{\sigma}_{1\theta}$ 也随着增加，但相应的 3 组实际预报误差值却以相同的概率 0.997 4 落在 $\pm 3\bar{\sigma}_{1\theta}$ 之间。

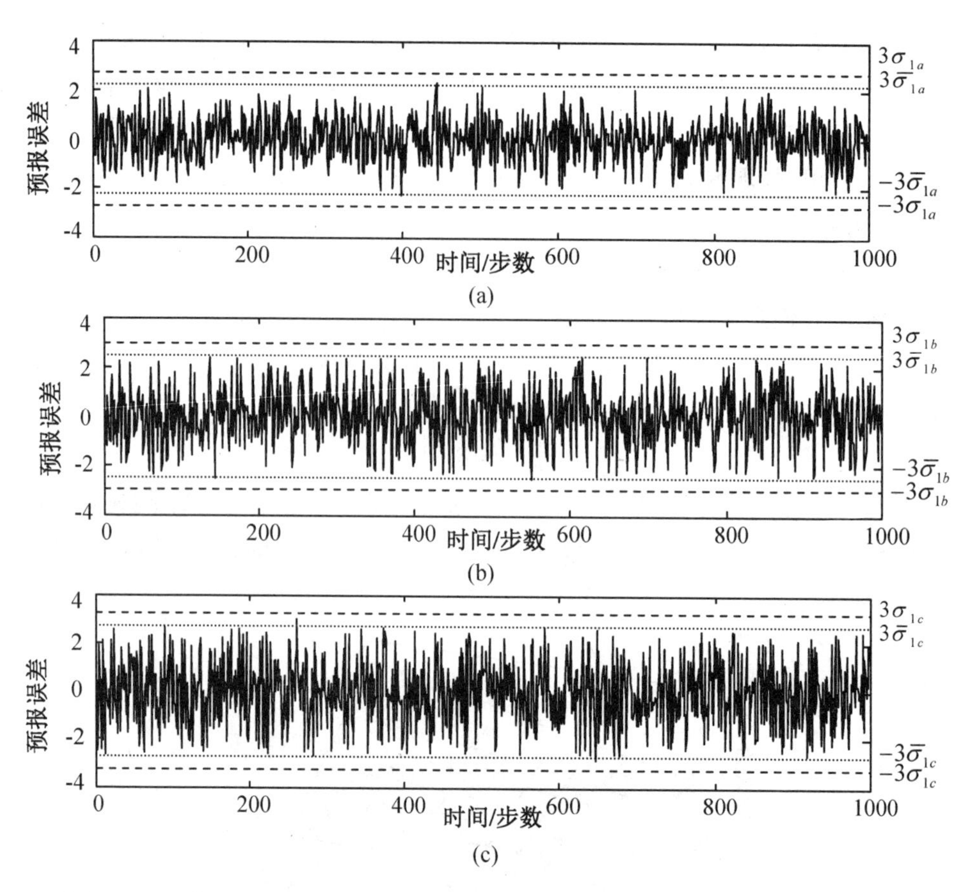

图 11.5 预报误差的鲁棒和实际 ±3 标准差随丢失率(a)，(b) 和(c) 的变化情况

在丢失率(11.314) 的影响下，第一分量的鲁棒加权观测融合 Kalman 滤波器如图 11.6 所示，其中实线为真实状态，虚线为滤波器。

例 11.2 为说明 3.1 节所提出的算法的可应用性，再考虑如图 11.7 所示的质量 - 弹簧系统[49]

$$\dot{x}(t)=\begin{bmatrix}0&0&1&0\\0&0&0&1\\-\dfrac{k_1+k_2}{m_1}&\dfrac{k_2}{m_1}&-\dfrac{\mu}{m_1}&0\\\dfrac{k_2}{m_2}&-\dfrac{k_2}{m_2}&0&-\dfrac{\mu}{m_2}\end{bmatrix}x(t)+\begin{bmatrix}0\\0\\\dfrac{1}{m_1}\\0\end{bmatrix}w(t) \tag{11.316}$$

$$y_i(t)=\gamma_i(t)H_ix(t)+v_i(t),i=1,2,3 \tag{11.317}$$

其中 $x(t)=[x_1(t),x_2(t),\dot{x}_1(t),\dot{x}_2(t)]^{\mathrm{T}}$，$x_1(t)$，$x_2(t)$，$\dot{x}_1(t)$ 和 $\dot{x}_2(t)$ 分别为质量块 m_1 和 m_2 的位置和速度，k_1 和 k_2 为弹性系数，μ 为质量块和水平面的摩擦系数，$\gamma_i(t)$ 为式(11.3) 定义的 Bernoulli 白噪声，$w(t)$ 和 $v_i(t)$ 分别为过程和观测噪声。

设置 $m_1=1$，$m_2=0.5$，$k_1=1$，$k_2=1$，$\mu=0.5$，当采样周期 $T_0=1.5$ s 时，则可得相应的带不确定噪声方差和丢失观测的离散时间系统(11.1) 和(11.2)，其中

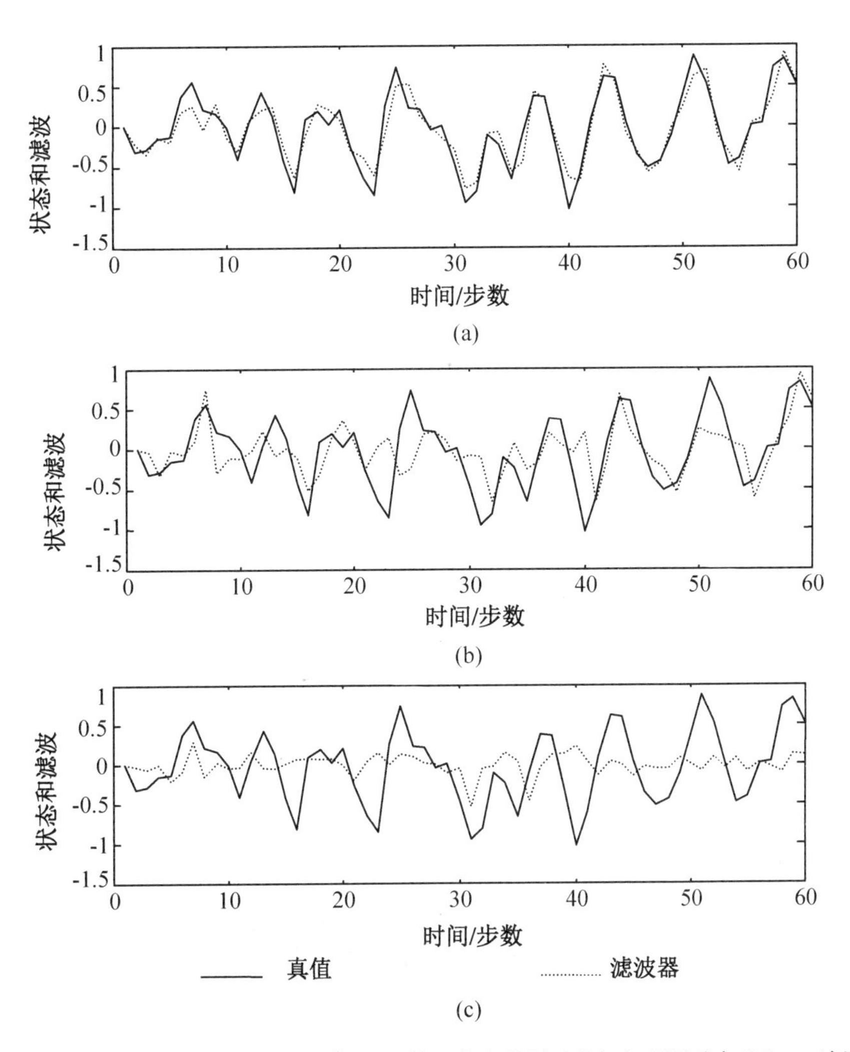

图 11.6　在丢失率(a),(b)和(c)情况下,第一状态分量及其加权观测融合 Kalman 滤波器

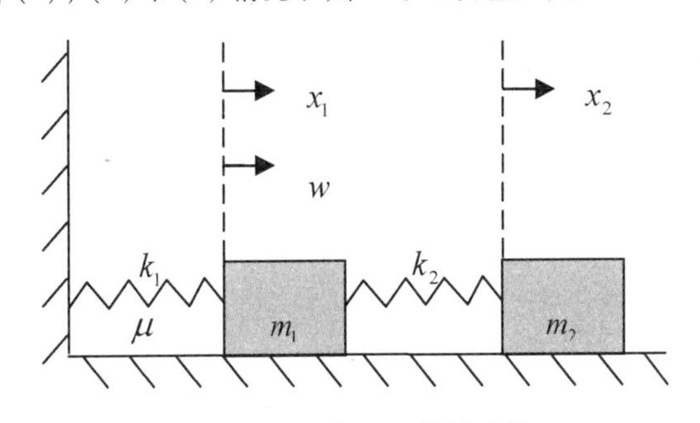

图 11.7　质量－弹簧系统

$$\boldsymbol{\Phi}=\begin{bmatrix}-0.0586 & 0.4258 & 0.4857 & 0.2092\\ 0.6425 & 0.1506 & 0.4184 & 0.3774\\ -0.5529 & 0.0672 & -0.3014 & 0.2166\\ -0.0821 & -0.3363 & 0.4332 & -0.2267\end{bmatrix},\boldsymbol{\Gamma}=\begin{bmatrix}0.6328\\ 0.2069\\ 0.4857\\ 0.4184\end{bmatrix} \tag{11.318}$$

在仿真中，取 $H_1 = H_2 = H_3 = \begin{bmatrix} 1 & 0 & 0 & 0 \\ 1 & 0 & 0 & 0 \end{bmatrix}$，噪声方差为 $Q = 10, R_1 = \text{diag}(2,3)$，$R_2 = \text{diag}(2.5,2.6), R_3 = \text{diag}(0.64,3.81), \pi_1 = 0.96, \pi_2 = 0.88$，$\pi_3 = 0.94$，加权阵 $Q_1 = 1, R_1^{(1)} = \text{diag}(1,0), R_2^{(1)} = \text{diag}(0,1), R_1^{(2)} = \text{diag}(1,0), R_2^{(2)} = \text{diag}(0,1)$，$R_1^{(3)} = \text{diag}(1,0)$，$R_2^{(3)} = \text{diag}(0,1)$。

情形 1 我们考虑第一类保性能鲁棒加权观测融合 Kalman 一步平滑器。应用定理 11.5，取精度指标 $r^*(1) = 0.4$，可得最大参数扰动域，其中最大参数扰动为

$$\varepsilon_1^{*m}(1) = 0.2261, e_1^{*(1)m}(1) = 0.1451, e_2^{*(1)m}(1) = 0.3265, e_1^{*(2)m}(1) = 0.2698,$$
$$e_2^{*(2)m}(1) = 0.2918, e_1^{*(3)m}(1) = 0.0155, e_2^{*(3)m}(1) = 0.5493 \tag{11.319}$$

以及最大的不确定噪声方差扰动域，其中扰动为

$$\Delta Q^{*m}(1) = 0.2261, \Delta R_1^{*m}(1) = \text{diag}(0.1451, 0.3265),$$
$$\Delta R_2^{*m}(1) = \text{diag}(0.2698, 0.2918), \Delta R_3^m(1) = \text{diag}(0.0155, 0.5493) \tag{11.320}$$

在 $\Omega^{*m}(1)$ 中，取不确定噪声方差的最大扰动，我们有

$$\text{tr}\Delta P_M^{*m}(1) = r^*(1) = 0.4 \tag{11.321}$$

为直观表示精度偏差 $\text{tr}\Delta P_M^*(1)$ 与 ΔQ 和 ΔR_i 的变化情况，取 $\Delta R_i = \alpha \Delta R_i^{*m}(1)$，$0 \leqslant \alpha \leqslant 1$，$i = 1,2,3$。$\alpha$ 从 0 变到 1，则意味着 ΔR_i 从 0 变化到 $\Delta R_i^{*m}(1)$。图 11.8 给出了精度偏差 $\text{tr}\Delta P_M^*(1)$ 与 ΔQ 和 α 的变化情况，可以看到，在扰动域 $\Omega^{*m}(1)$ 中，有 $0 \leqslant \text{tr}\Delta P_M^*(1) \leqslant 0.4$，验证了定理 11.5 的鲁棒性。

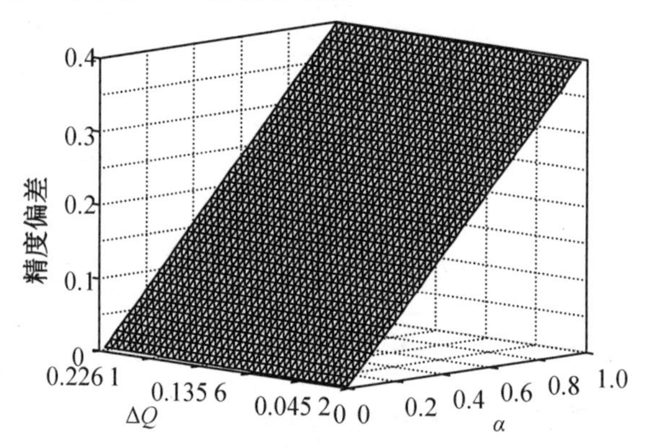

图 11.8 精度偏差 $\text{tr}\Delta P_M^*(1)$ 随 ΔQ 和 α 变化情况

情形 2 对给定的参数扰动域，应用定理 11.6，对第二类保性能鲁棒加权观测融合 Kalman 一步平滑器，可得到精度偏差的最小值和最大值。给定参数扰动域，其中最大参数扰动为

$$\varepsilon_1^{*m}(1) = 0.1989, e_1^{*(1)m}(1) = 0.1248, e_2^{*(1)m}(1) = 0.2320, e_1^{*(2)m}(1) = 0.2808,$$
$$e_2^{*(2)m}(1) = 0.2510, e_1^{*(3)m}(1) = 0.0133, e_2^{*(3)m}(1) = 0.4723 \tag{11.322}$$

根据式(11.124)—(11.128) 可得 $\Omega^{*m}(1)$，根据式(11.135) 可得 $\Omega_0^{*m}(1)$，从而得到 $\text{tr}\Delta P_M^*(1)$ 的最大值为

$$r_m^*(1) = 0.3411 \tag{11.323}$$

从图 11.9 可以看到:在扰动域 $\Omega^{*m}(1)$ 中,精度偏差 $\mathrm{tr}\Delta P_M^*(1)$ 与 ΔQ 和 ΔR_i 的变化情况,验证了定理 11.6 的鲁棒性。

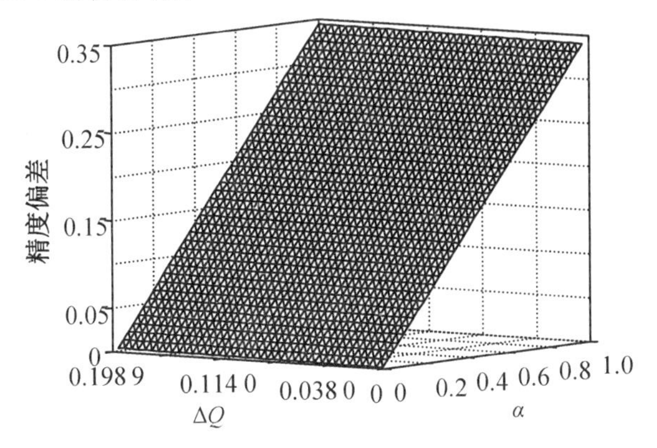

图 11.9　精度偏差 $\mathrm{tr}\Delta P_M^*(1)$ 随 ΔQ 和 α 变化情况

情形 3　为验证鲁棒加权观测融合 Kalman 预报器各分量的鲁棒性,应用定理 11.2,考虑第二类保性能鲁棒加权观测融合 Kalman 一步预报器。给定一个参数扰动域 Ω_0^m 如式(11.65) 和式(11.66),其中最大参数扰动为

$$\varepsilon_1^m = 0.056\,3, e_1^{(1)m} = 0.225\,5, e_2^{(1)m} = 0.507\,3, e_1^{(2)m} = 0.419\,2,$$
$$e_2^{(2)m} = 0.453\,5, e_1^{(3)m} = 0.024\,1, e_2^{(3)m} = 0.854\,3 \tag{11.324}$$

对应着噪声方差扰动域(11.60) 或(11.63)。任取 4 组允许的实际噪声方差:

$$\begin{aligned}
&(\mathrm{a})\bar{Q} = 0.4, \bar{R}_1 = \mathrm{diag}(0.1, 0.2), \bar{R}_2 = \mathrm{diag}(0.1, 0.1), \bar{R}_3 = \mathrm{diag}(0.04, 0.30);\\
&(\mathrm{b})\bar{Q} = 7.0, \bar{R}_1 = \mathrm{diag}(0.7, 1.0), \bar{R}_2 = \mathrm{diag}(0.9, 1.0), \bar{R}_3 = \mathrm{diag}(0.24, 2.01);\\
&(\mathrm{c})\bar{Q} = 12, \bar{R}_1 = \mathrm{diag}(1.2, 2.0), \bar{R}_2 = \mathrm{diag}(1.8, 2.0), \bar{R}_3 = \mathrm{diag}(0.44, 3.01);\\
&(\mathrm{d})\bar{Q} = 18, \bar{R}_1 = \mathrm{diag}(1.8, 2.8), \bar{R}_2 = \mathrm{diag}(2.4, 2.5), \bar{R}_3 = \mathrm{diag}(0.60, 3.71),
\end{aligned} \tag{11.325}$$

相应的,我们可以获得4 组 m_1 位置的预报误差曲线,以及它们的鲁棒和实际3 标准偏差的界 $\pm 3\sigma_1$ 和 $\pm 3\bar{\sigma}_{1\theta}$。仿真结果如图 11.10 所示,其中实线为实际一步预报误差曲线,短划线为 $\pm 3\sigma_1$ 标准偏差的界,虚线为 $\pm 3\bar{\sigma}_{1\theta}$ 标准偏差的界,$\theta = a, b, c, d$ 对应着 4 组实际噪声方差(11.325)。

从图 11.10 看到,当噪声方差增加时,实际标准差 $3\bar{\sigma}_{1\theta}(\theta = a, b, c, d)$ 也随着增加,且对每一组实际噪声方差,超过 99% 的实际一步预报误差曲线落在 $-3\bar{\sigma}_{1\theta}$ 和 $3\bar{\sigma}_{1\theta}$ 之间,也落在 $-3\sigma_1$ 和 $3\sigma_1$ 之间,且有 $\bar{\sigma}_{1\theta} \leq \sigma_1(\theta = a, b, c, d)$。由此验证了分量预报器的鲁棒性。

为了验证实际一步预报误差方差的迹 $\mathrm{tr}\bar{\Sigma}_M$ 随观测丢失率的变化情况,我们取 1 组实际方差

$$\bar{Q} = 12, \bar{R}_1 = \mathrm{diag}(1.2, 2.0), \bar{R}_2 = \mathrm{diag}(1.8, 2.0), \bar{R}_3 = \mathrm{diag}(0.44, 3.01) \tag{11.326}$$

在仿真中,我们定义观测丢失率为

$$\beta_i = 1 - \pi_i,\ i = 1, 2, 3 \tag{11.327}$$

其中 $\pi_i (i = 1, 2, 3)$ 由式(11.3) 定义。取

$$[\beta_2, \beta_3] = \delta_1[1, 1] \tag{11.328}$$

其中 δ_1 从0变化到1。仿真结果如图11.11所示。从图11.11可以看到，随着观测丢失率的增加，$\mathrm{tr}\bar{\Sigma}_M$ 也随着增加。

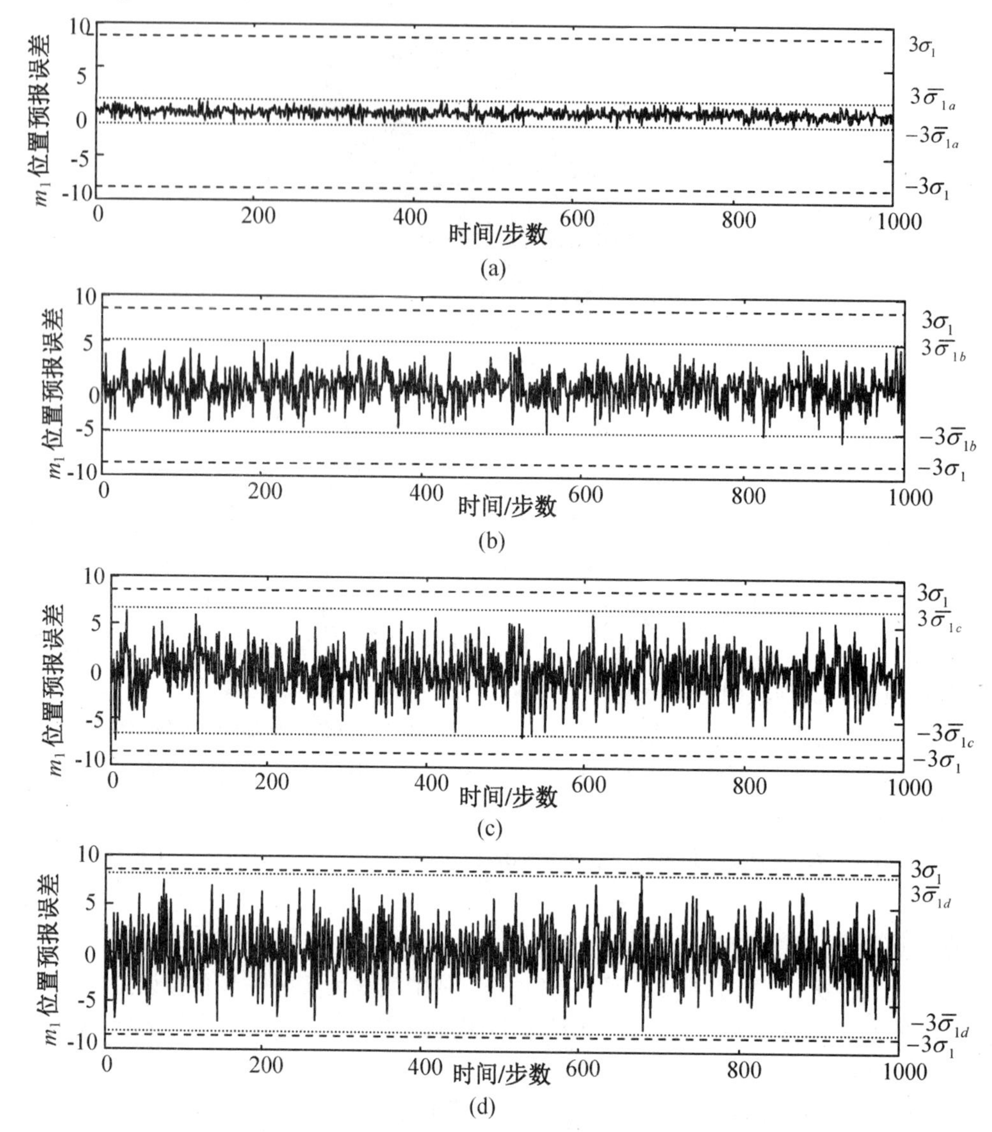

图11.10 m_1 位置预报误差曲线及其 $\pm 3\sigma_1$ 和 $\pm 3\bar{\sigma}_{1\theta}(\theta=a,b,c,d)$ 界

为了验证鲁棒和实际标准差随丢失率的变化情况，我们任取3组丢失率：

(a) $\beta_1=0.01,\beta_2=0.02,\ \beta_3=0.02$；

(b) $\beta_1=0.44,\beta_2=0.42,\ \beta_3=0.46$；

(c) $\beta_1=0.82,\beta_2=0.75,\ \beta_3=0.88$， (11.329)

则对于 m_1 位置的鲁棒加权观测融合 Kalman 一步预报器，我们可以得到3组鲁棒和实际标准差 $3\sigma_{1\theta}$ 和 $3\bar{\sigma}_{1\theta}(\theta=a,b,c)$，即

$$\sigma_{1a}=2.8596,\sigma_{1b}=3.0051,\sigma_{1c}=3.2295,$$
$$\bar{\sigma}_{1a}=2.2153,\bar{\sigma}_{1b}=2.3311,\bar{\sigma}_{1c}=2.5063 \tag{11.330}$$

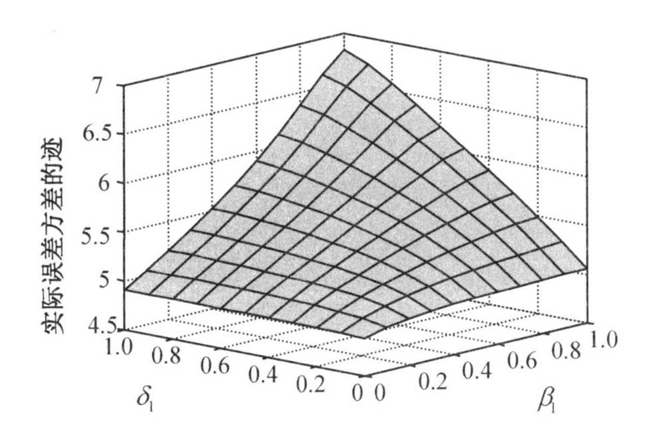

图 11.11　$\mathrm{tr}\bar{\Sigma}_M$ 随丢失率的变化情况

仿真结果如图 11.12 所示,其中实线为实际加权观测融合预报误差曲线。我们看到,随着丢失率的增加,鲁棒和实际标准差$3\sigma_{1\theta}$和$3\bar{\sigma}_{1\theta}$也随着增加,但相应的3组实际预报误差值却以相同的概率 0.997 4 落在 $\pm 3\bar{\sigma}_{1\theta}$ 之间。

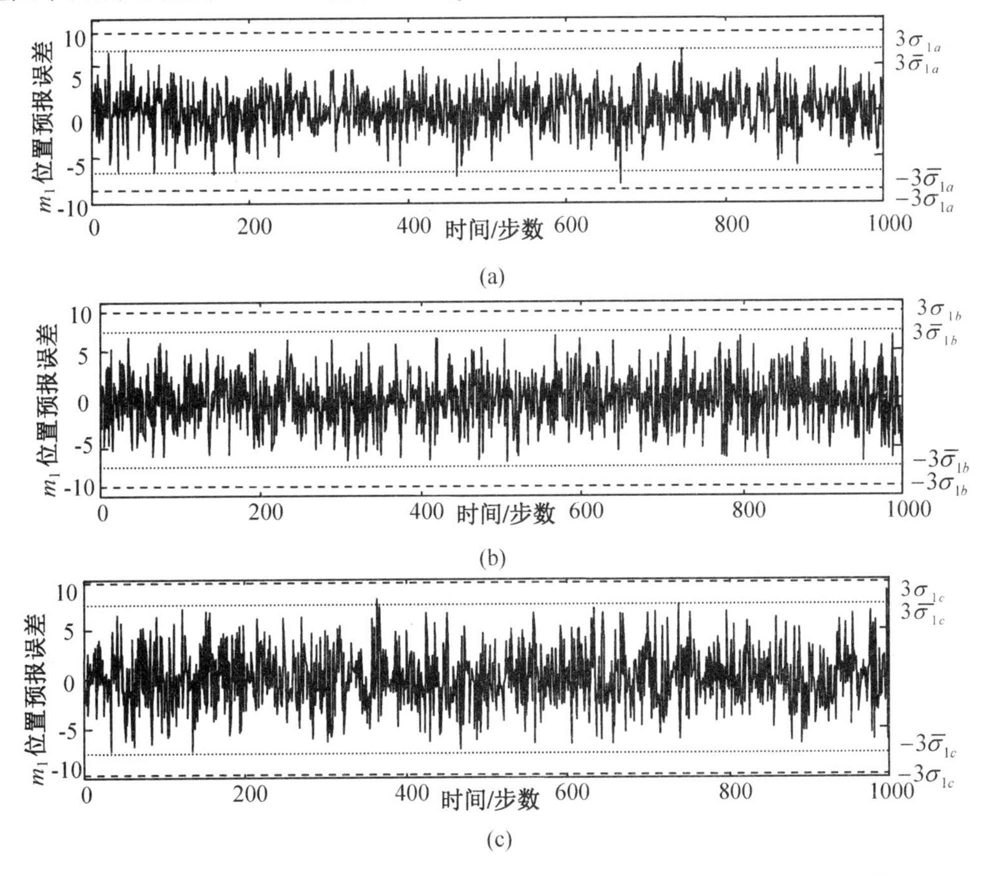

图 11.12　预报误差的鲁棒和实际 ±3 标准差随丢失率(a),(b) 和(c) 的变化情况

在丢失率(11.329) 的影响下,m_1 位置的鲁棒加权观测融合 Kalman 预报器如图 11.13 所示,其中实线为真实状态,虚线为预报器。

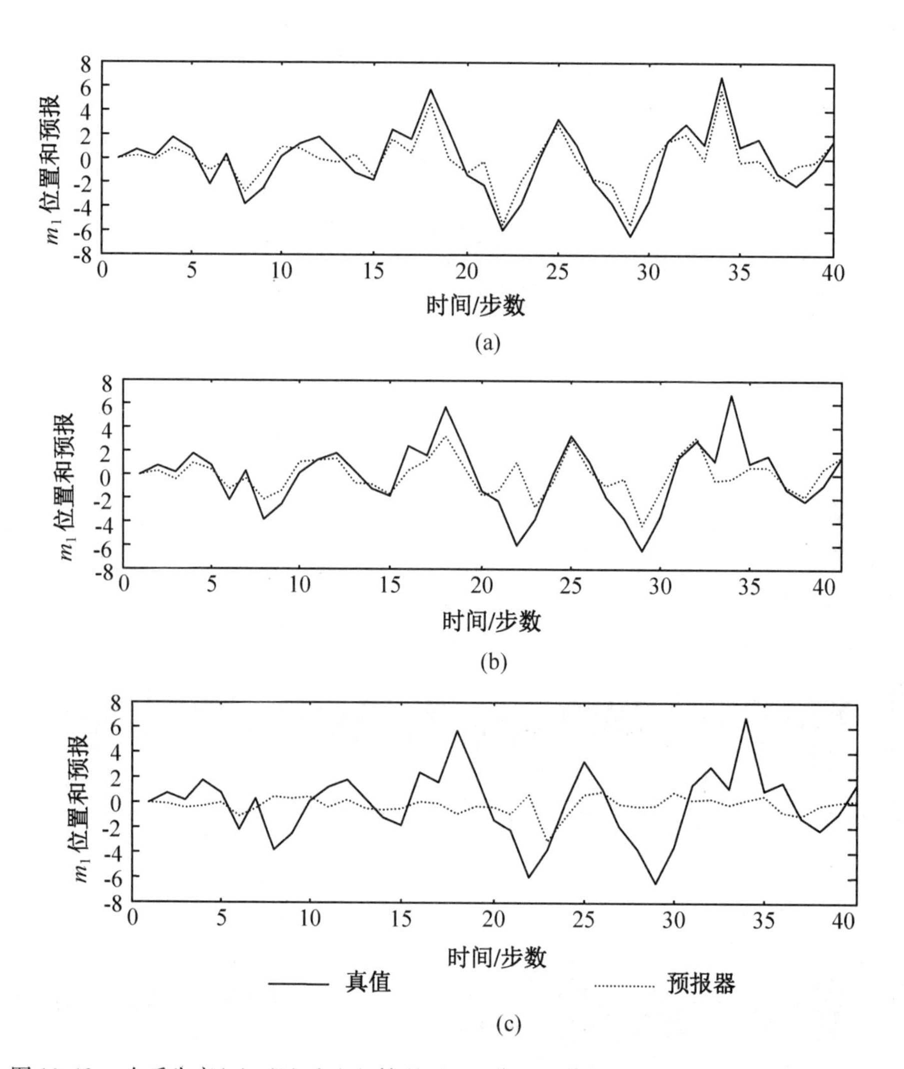

图 11.13　在丢失率(a),(b) 和(c) 情况下,m_1 位置及其加权观测融合 Kalman 预报器

例 11.3　考虑带不确定噪声方差和丢失观测的三传感器 1 kVA 不间断电源系统[47](11.1) 和(11.2),其中

$$\Phi = \begin{bmatrix} 0.9026 & -0.6330 & 0 \\ 1 & 0 & 0 \\ 0 & 1 & 0 \end{bmatrix}, \Gamma = \begin{bmatrix} 0.5 \\ 0 \\ 0.2 \end{bmatrix}$$

$$H_1 = H_2 = H_3 = [0.7121, 0.6086, 0]$$

这是系统(11.1) 和(11.2) 的特殊情形。在仿真中选择 $\pi_1 = 0.97$, $\pi_2 = 0.98$, $\pi_3 = 0.96$, $Q = 20$, $R_1 = 1.64$, $R_2 = 2.36$, $R_3 = 1.81$, 加权阵为 $Q_1 = 1$, $R_1^{(1)} = 1$, $R_1^{(2)} = 1$, $R_1^{(3)} = 1$。我们设计两类保性能鲁棒集中式融合 Kalman 预报器。

情形 1　我们考虑第一类保性能鲁棒集中式融合 Kalman 预报器。应用定理 11.7,取精度指标 $r = 0.4$,可得最大参数扰动域,其中最大参数扰动为

$$\varepsilon_1^m = 0.2424, e_1^{(1)m} = 0.2747, e_1^{(2)m} = 0.4296, e_1^{(3)m} = 0.3729 \qquad (11.331)$$

以及最大不确定噪声方差扰动域 Ω^m,其中扰动为

$$\Delta Q^m = 0.2424, \Delta R_1^m = 0.2747, \Delta R_2^m = 0.4296, \Delta R_3^m = 0.3729 \quad (11.332)$$

在 Ω^m 中，取不确定方差的最大扰动，我们有精度偏差 $\mathrm{tr}\Delta\Sigma_c$ 满足

$$\mathrm{tr}\Delta\Sigma_c = 0.4$$

为直观表示精度偏差 $\mathrm{tr}\Delta\Sigma_c$ 与 ΔQ 和 ΔR_i 的变化情况，取

$$\Delta R_i = \alpha \Delta R_i^m,\ 0 \leqslant \alpha \leqslant 1,\ i = 1,2,3 \quad (11.333)$$

其中 α 从 0 变到 1，则意味着 ΔR_i 从 0 变化到 ΔR_i^m。从图 11.14 可以看到，在扰动域 Ω^m 中，有 $0 \leqslant \mathrm{tr}\Delta\Sigma_c \leqslant 0.4$，验证了定理 11.7 的鲁棒性。

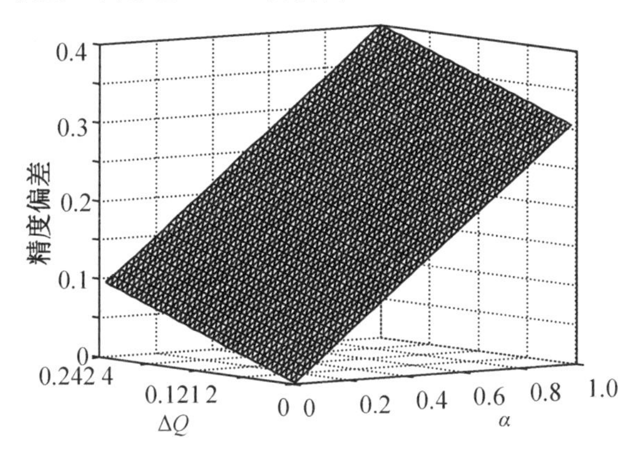

图 11.14　精度偏差 $\mathrm{tr}\Delta\Sigma_c$ 随 ΔQ 和 α 变化情况

情形 2　对给定的最大参数扰动域，对第二类保性能鲁棒集中式融合 Kalman 一步预报器，应用定理 11.8，可得到精度偏差的最小值和最大值。给定参数扰动域，其中最大参数扰动为

$$\varepsilon_1^m = 0.2235, e_1^{(1)m} = 0.2532, e_1^{(2)m} = 0.3961, e_1^{(3)m} = 0.3438 \quad (11.334)$$

根据式(11.160)—(11.161)可得 Ω^m，根据式(11.169)可得 Ω_0^m，从而得到 $\mathrm{tr}\Delta\Sigma_c$ 的最大值为

$$r_m = 0.3688 \quad (11.335)$$

从图 11.15 可以看到：在扰动域 Ω^m 中，精度偏差 $\mathrm{tr}\Delta\Sigma_c$ 与 ΔQ 和 α 的变化情况，$0 \leqslant \mathrm{tr}\Delta\Sigma_c \leqslant r_m$，验证了定理 11.8 的鲁棒性，其中 α 由式(11.333)定义。

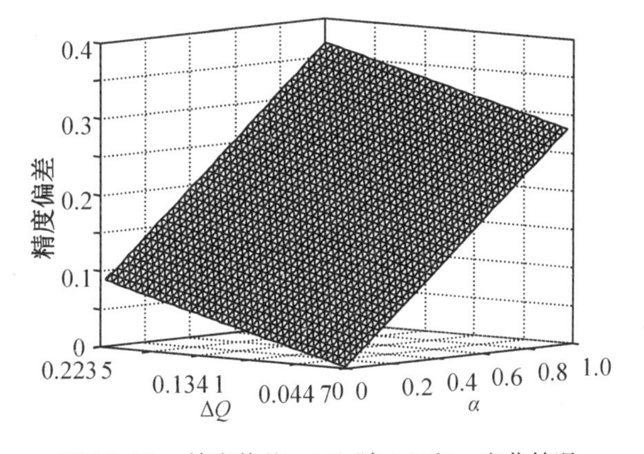

图 11.15　精度偏差 $\mathrm{tr}\Delta\Sigma_c$ 随 ΔQ 和 α 变化情况

情形 3 为了验证鲁棒集中式融合 Kalman 预报器各分量的鲁棒性,考虑第二类保性能鲁棒集中式融合 Kalman 一步预报器。应用定理 11.8,给定一个参数扰动域 Ω_0^m 如式(11.169),其中最大参数扰动为

$$\varepsilon_1^m = 0.2300, e_1^{(1)m} = 0.2710, e_1^{(2)m} = 0.4130, e_1^{(3)m} = 0.3688 \tag{11.336}$$

对应着最大噪声方差扰动域(11.160)和(11.161)。任取 3 组允许的实际噪声方差:

(a) $\bar{Q} = 0.6, \bar{R}_1 = 0.1, \bar{R}_2 = 0.15, \bar{R}_3 = 0.1$;

(b) $\bar{Q} = 10, \bar{R}_1 = 0.79, \bar{R}_2 = 1.25, \bar{R}_3 = 0.9$;

(c) $\bar{Q} = 18, \bar{R}_1 = 1.49, \bar{R}_2 = 2.25, \bar{R}_3 = 1.68$, (11.337)

相应的,我们可以获得 3 组集中式融合一步预报器第一分量的预报误差曲线,以及它们的鲁棒和实际 3 标准偏差的界 $\pm 3\sigma_1$ 和 $\pm 3\bar{\sigma}_{1\theta}$,其中 σ_1^2 和 $\bar{\sigma}_1^2$ 分别是 Σ_c 和 $\bar{\Sigma}_c$ 的第(1,1)个对角元素。仿真结果如图 11.16 所示,其中实线为实际一步预报误差曲线,短划线为 $\pm 3\sigma_1$ 标准偏差的界,虚线为 $\pm 3\bar{\sigma}_{1\theta}$ 标准偏差的界,$\theta = a,b,c$ 对应着 3 组实际噪声方差(11.337)。

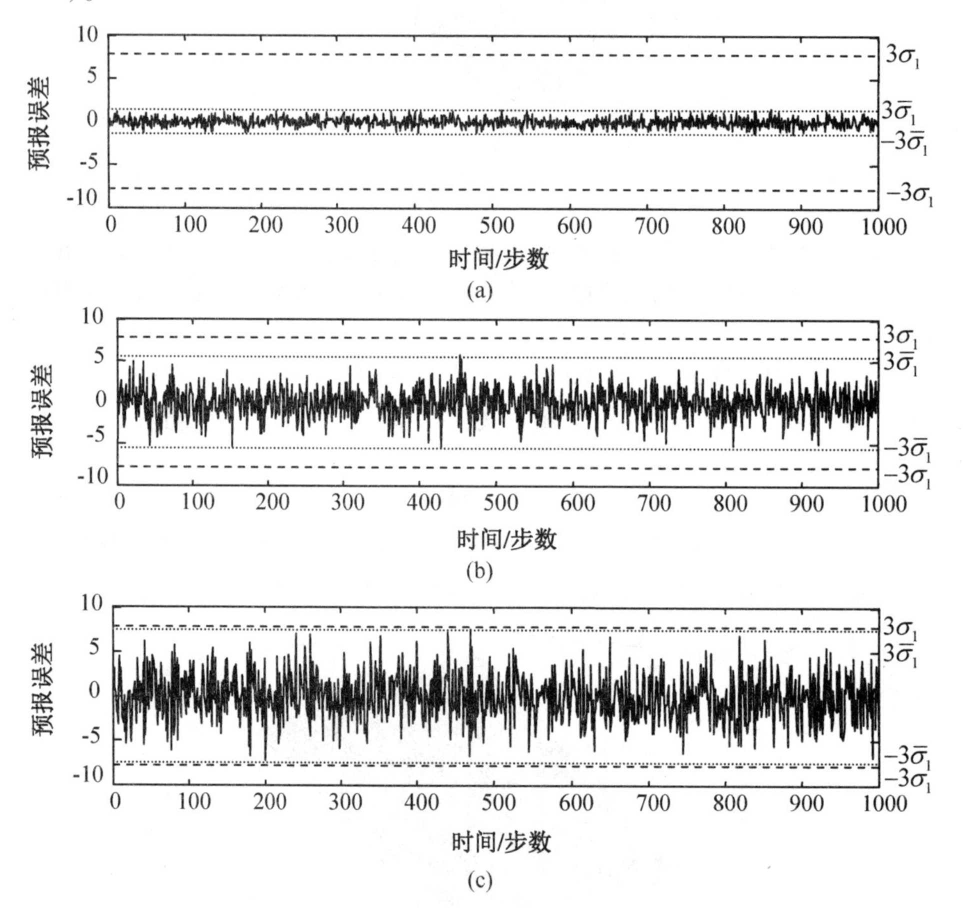

图 11.16 集中式融合一步预报第一分量误差曲线及其 $\pm 3\sigma_{1\theta}$ 和 $\pm 3\bar{\sigma}_{1\theta}(\theta = a,b,c)$ 界

例 11.4 考虑带乘性噪声和丢失观测的三传感器 UPS 系统[48]

$$x(t+1)=\begin{bmatrix}0.9226 & -0.6330 & 0\\ 1 & 0 & 0\\ 0 & 1 & 0\end{bmatrix}x(t)+\begin{bmatrix}0.5\\ 0\\ 0.2\end{bmatrix}w(t) \tag{11.338}$$

$$y_i(t)=\gamma_i(t)H_ix(t)+\eta_i(t)+e_i(t),i=1,2,3 \tag{11.339}$$

$$\eta_i(t+1)=A_i\eta_i(t)+\alpha_i(t) \tag{11.340}$$

其中,$\gamma_i(t)$ 是标量 Bernoulli 分布白噪声,其取 0 或 1 的概率为

$$\mathrm{Prob}\{\gamma_i(t)=1\}=\lambda_i,\mathrm{Prob}\{\gamma_i(t)=0\}=1-\lambda_i \tag{11.341}$$

其中 $0\leqslant\lambda_i\leqslant1,i=1,2,3$,且有

$$\mathrm{E}[\gamma_i(t)]=\lambda_i,\ \mathrm{E}[(\gamma_i(t)-\lambda_i)^2]=\lambda_i(1-\lambda_i) \tag{11.342}$$

定义噪声 $\xi_i(t)=\gamma_i(t)-\lambda_i$ 和矩阵 $H_{i0}=\lambda_iH_i$,则式(11.339)可转化为

$$y_i(t)=(H_{i0}+\xi_i(t)H_i)x(t)+\eta_i(t)+e_i(t),i=1,2,3 \tag{11.343}$$

因此,转换后的系统(11.338)、(11.340)和(11.343)是带不确定噪声方差、乘性噪声、有色观测噪声多传感器系统(11.199)—(11.201)的特殊情形。我们提出两类保性能鲁棒矩阵加权融合 Kalman 预报器。

在仿真中,选择 $H_1=[1.8338,0.987,0]$, $H_2=[0,1.2,0]$, $H_3=[0,0,1.6]$, $\lambda_1=0.9,\lambda_2=0.94$, $\lambda_3=0.88$, $A_1=0.7,A_2=0.6$, $A_3=0.9$, $Q=2,R_{e_1}=2$, $R_{e_2}=2.5$, $R_{e_3}=3$, $R_{\alpha_1}=2$, $R_{\alpha_2}=3$, $R_{\alpha_3}=3.2$,加权阵 $Q_1=1,R_{e_j}^{(i)}=1,R_{\alpha_j}^{(i)}=1,i=1,\cdots,L$。根据式(11.342)和式(11.343)可计算得到噪声 $\xi_i(t)(i=1,2,3)$ 的方差分别为 $R_{\xi_1}=0.0900$, $R_{\xi_2}=0.0564$, $R_{\xi_3}=0.1056$。

情形 1 我们考虑第一类保性能鲁棒矩阵加权融合 Kalman 预报器。应用定理 11.11,取精度指标 $r=0.4$,可得最大参数扰动域 Ω_0^m,其中最大参数扰动为

$$\varepsilon_1^m=0.0524,e_1^{(1)m}=2.0993,e_1^{(2)m}=11.9113,e_1^{(3)m}=37.4534,$$
$$\alpha_1^{(1)m}=1.5652,\alpha_1^{(2)m}=8.4924,\alpha_1^{(3)m}=35.0554 \tag{11.344}$$

以及最大不确定噪声方差扰动域 Ω^m,其中最大噪声方差扰动为

$$\Delta Q^m=0.0524,\Delta R_{e_1}^m=2.0993,\Delta R_{e_2}^m=11.9113,\Delta R_{e_3}^m=37.4534,$$
$$\Delta R_{\alpha_1}^m=1.5652,\Delta R_{\alpha_2}^m=8.4924,\Delta R_{\alpha_3}^m=35.0554 \tag{11.345}$$

取 $(\Delta Q^m,\Delta R_{e_i}^m,\Delta R_{\alpha_i}^m)\in\Omega^m$, $\mathrm{tr}\Delta P_f^m$ 在 Ω^m 达到最大值

$$\mathrm{tr}\Delta P_f^m=r=0.4 \tag{11.346}$$

为直观表示精度偏差与 ΔQ, ΔR_{e_i} 和 ΔR_{α_i} 的变化情况,定义

$$[\Delta R_{e_i},\Delta R_{\alpha_i}]=\delta[\Delta R_{e_i}^m,\Delta R_{\alpha_i}^m],i=1,2,3,\ 0\leqslant\delta\leqslant1 \tag{11.347}$$

从图 11.17 可以看到,在扰动域 Ω^m 中,有 $0\leqslant\mathrm{tr}\Delta P_f\leqslant0.4$,验证了定理 11.11 的正确性。

情形 2 对给定的参数扰动域,考虑第二类鲁棒矩阵加权融合 Kalman 预报器。应用定理 11.12,给定最大参数扰动为

$$\varepsilon_1^m=0.0472,e_1^{(1)m}=1.8894,e_1^{(2)m}=10.7202,e_1^{(3)m}(1)=33.708,$$
$$\alpha_1^{(1)m}=1.4087,\alpha_1^{(2)m}=7.6432,\alpha_1^{(3)m}=31.5499 \tag{11.348}$$

根据式(11.288)可得 Ω_0^m,根据式(11.284)—(11.287)可得 Ω^m。从而由式(11.298)得到 $\mathrm{tr}\Delta P_f$ 的最大值为

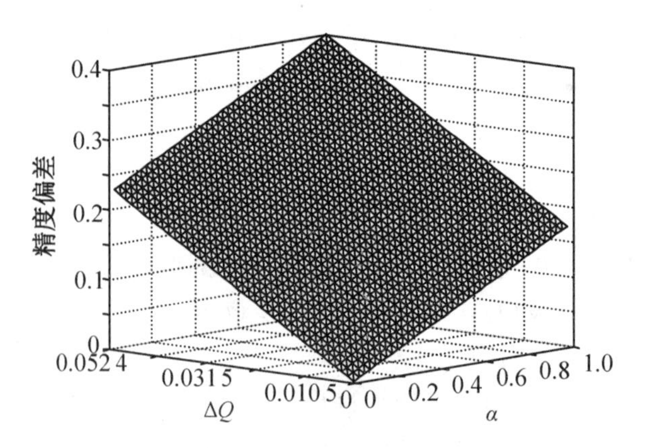

图 11.17　精度偏差 $\mathrm{tr}\Delta P_f$ 随 ΔQ 和 α 变化情况

$$r_m = 0.360\ 0 \tag{11.349}$$

从图 11.18 可以看到，在扰动域 Ω_0^m 中，精度偏差 $\mathrm{tr}\Delta P_f$ 与 ΔQ 和 δ 的变化情况，其中 δ 由式(11.347) 定义。这验证了定理 11.12 的正确性。

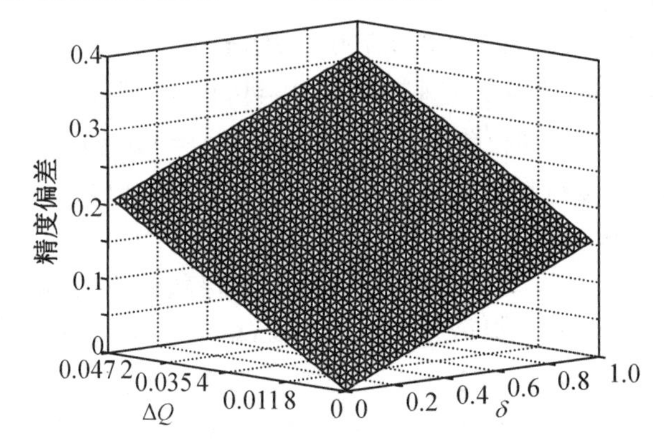

图 11.18　精度偏差 $\mathrm{tr}\Delta P_f$ 随 ΔQ 和 δ 变化情况

情形 3　为了验证鲁棒矩阵加权融合 Kalman 预报器各分量的鲁棒性，考虑第二类保性能鲁棒加权融合 Kalman 预报器。应用定理 11.12，给定一个参数扰动域 Ω_0^m 如式(11.288)，其中最大参数扰动为

$$\varepsilon_1^m = 0.052\ 4, e_1^{(1)m} = 2.099\ 3, e_1^{(2)m} = 11.911\ 3, e_1^{(3)m} = 37.453\ 4,$$
$$\alpha_1^{(1)m} = 1.565\ 2, \alpha_1^{(2)m} = 8.492\ 4, \alpha_1^{(3)m} = 35.055\ 4 \tag{11.350}$$

其对应着噪声方差扰动域 Ω^m 即(11.284)—(11.287)。任取3组可允许的实际噪声方差：

(a) $\bar{Q} = 0.1, \bar{R}_{e_1} = 0.15, \bar{R}_{e_2} = 0.15, \bar{R}_{e_3} = 0.15, \bar{R}_{\alpha_1} = 0.1, \bar{R}_{\alpha_2} = 0.1, \bar{R}_{\alpha_3} = 0.1$；

(b) $\bar{Q} = 0.8, \bar{R}_{e_1} = 0.95, \bar{R}_{e_2} = 1.05, \bar{R}_{e_3} = 1.05, \bar{R}_{\alpha_1} = 0.8, \bar{R}_{\alpha_2} = 1.1, \bar{R}_{\alpha_3} = 1.0$；

(c) $\bar{Q} = 1.8, \bar{R}_{e_1} = 1.75, \bar{R}_{e_2} = 2.35, \bar{R}_{e_3} = 2.75, \bar{R}_{\alpha_1} = 1.8, \bar{R}_{\alpha_2} = 2.8, \bar{R}_{\alpha_3} = 3.0$。

(11.351)

我们可以获得 3 组矩阵加权融合一步预报器第一分量的预报误差曲线，以及它们的鲁棒和实际 3 标准偏差的界 $\pm 3\sigma_1$ 和 $\pm 3\bar{\sigma}_{1\theta}(\theta = a, b, c)$。仿真结果如图 11.19 所示，其中实线为实际预报误差曲线，短划线为 $\pm 3\sigma_1$ 标准偏差的界，虚线为 $\pm 3\bar{\sigma}_{1\theta}$ 标准偏差的界，$\theta = a, b, c$ 对应着 3 组实际噪声方差(11.351)。

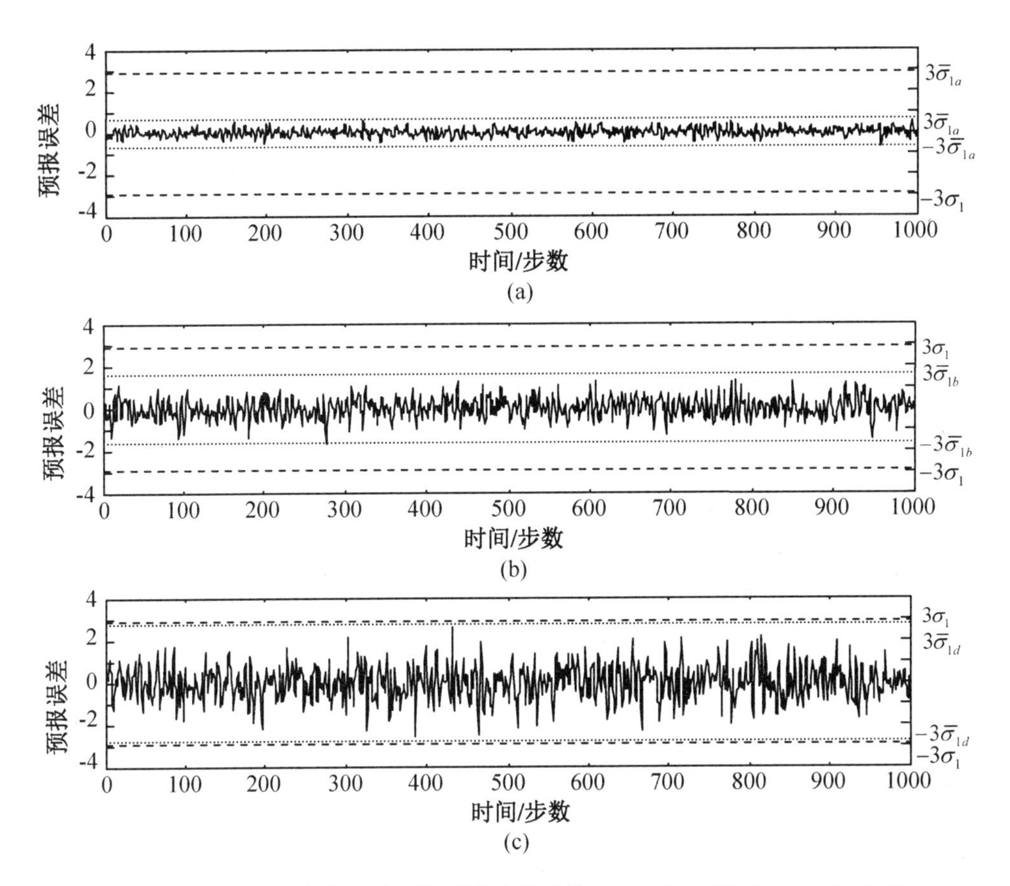

图 11.19　第一分量加权融合预报误差曲线及其 $\pm 3\sigma_1$ 和 $\pm 3\bar{\sigma}_{1\theta}(\theta = a,b,c)$ 界

11.6　本 章 小 结

对带丢失观测、乘性噪声和有色观测,同时还带不确定噪声方差的定常多传感器混合不确定系统,本章讨论了保性能鲁棒融合 Kalman 估值器的设计问题,完成工作如下:

(1) 对带不确定噪声方差和丢失观测的线性离散定常系统,基于噪声方差扰动的参数化表示方法,应用虚拟噪声方法和基于 Lyapunov 方程方法的极大极小鲁棒 Kalman 滤波方法,用 Lagrange 乘数法和线性规划方法设计了两类保性能鲁棒加权观测融合 Kalman 估值器,以及两类保性能鲁棒集中式融合 Kalman 预报器。

(2) 对带乘性噪声和有色观测,同时还带不确定噪声方差的定常多传感器混合不确定系统,应用增广状态方法将有色观测噪声视为增广状态的部分分量,应用虚拟噪声方法,应用基于 Lyapunov 方程方法的极大极小鲁棒 Kalman 滤波方法和噪声方差扰动的参数化表示方法,设计了两类保性能鲁棒矩阵加权融合 Kalman 预报器。

(3) 应用 Lyapunov 方程方法证明保性能鲁棒性,它可归结为判定一个 Lyapunov 方程解的半正定性问题。该方法不同于鲁棒性证明的博弈理论方法[37,38]。

(4) 给出了 UPS 系统和质量 - 弹簧系统的 4 个仿真应用例子。

参考文献

[1] ANDERSON B D O, MOORE J B. Optimal Filtering[M]. New Jersey: Prentice Hall, 1999.

[2] XIE L H, SOH Y C, SOUZA C E D. Robust Kalman Filtering for Uncertain Discrete-time Systems[J]. IEEE Transactions on Automatic Control, 1994, 39(6): 1310-1314.

[3] WANG F, BALAKRISHNAN V. Robust Kalman Filters for Linear Time Varying Systems with Stochastic Parametric Uncertainties[J]. IEEE Transactions on Signal Processing, 2002, 50(4):803-813.

[4] ZHU X, SOH Y C, XIE L H. Design and Analysis of Discrete-time Robust Kalman Filters[J]. Automatica, 2002, 38(6): 1069-1077.

[5] WANG Z D, YANG F W, HO D W C, et al. Robust Filtering under Randomly Varying Sensor Delay with Variance Constraints[J]. IEEE Transactions on Circuits and Systems II, 2004, 51(6): 320-326.

[6] WANG Z D, HO D W C, LIU X H. Variance-constrained Filtering for Uncertain Stochastic Systems with Missing Measurements[J]. IEEE Transactions on Automatic Control, 2003, 48(7): 1254-1258.

[7] KONING W L D. Optimal Estimation of Linear Discrete-time Systems with Stochastic Parameters[J]. Automatica, 1984, 20(1):113-115.

[8] QI W J, ZHANG P, DENG Z L. Robust Weighted Fusion Time-varying Kalman Smoothers for Multisensor System with Uncertain Noise Variances[J]. Information Sciences, 2014, 282: 15-37.

[9] QI W J, ZHANG P, DENG Z L. Robust Weighted Fusion Kalman Filters for Multisensor Time-varying Systems with Uncertain Noise Variances[J]. Signal Processing, 2014, 99: 185-200.

[10] QI W J, ZHANG P, NIE G H, et al. Robust Weighted Fusion Kalman Predictors with Uncertain Noise Variances[J]. Digital Signal Processing, 2014, 30: 37-54.

[11] LIU W Q, WANG X M, DENG Z L. Robust Centralized and Weighted Measurement Fusion Kalman Estimators for Uncertain Multisensor Systems with Linearly Correlated White Noises[J]. Information Fusion, 2017, 35:11-25.

[12] LIU W Q, WANG X M, DENG Z L. Robust Centralized and Weighted Measurement Fusion Kalman Estimators for Multisensor Systems with Multiplicative and Uncertain-covariance Linearly Correlated White Noises[J]. Journal of the Franklin Institute, 2017,354(4):1992-2031.

[13] LIU W Q, WANG X M, DENG Z L. Robust Weighted Fusion Kalman Estimators for Multisensor Systems with Multiplicative Noises and Uncertain Covariances Linearly Correlated White Noises[J]. International Journal of Robust and Nonlinear Control,

2017,27(12):2019-2052.
[14] LIU W Q, WANG X M, DENG Z L. Robust Centralized and Weighted Measurement Fusion Kalman Predictors with Multiplicative Noises, Uncertain Noise Variances, and Missing Measurements[J]. Circuits Systems and Signal Processing, 2018, 37(2):770-809.
[15] LIU W Q, WANG X M, DENG Z L. Robust Centralized and Weighted Measurement Fusion White Noise Deconvolution Estimators for Multisensor Systems with Mixed Uncertainties[J]. International Journal of Adaptive Control and Signal Processing, 2018,32(1):185-212.
[16] LIU W Q, WANG X M, DENG Z L. Robust Kalman Estimators for Systems with Mixed Uncertainties[J]. Optimal Control Applications and Methods, 2018,39(2): 735-756.
[17] LIU W Q, WANG X M, DENG Z L. Robust Kalman Estimators for Systems with Multiplicative and Uncertain-variance Linearly Correlated Additive White Noises[J]. Aerospace Science and Technology, 2018, 72:230-247.
[18] WANG X M, LIU W Q, DENG Z L. Robust Weighted Fusion Kalman Estimators for Multi-model Multisensor Systems with Uncertain-variance Multiplicative and Linearly Correlated Additive White Noises[J]. Signal Processing, 2017, 137:339-355.
[19] WANG X M, LIU W Q, DENG Z L. Robust Weighted Fusion Kalman Estimators for Systems with Multiplicative Noises, Missing Measurements and Uncertain-variance Linearly Correlated White Noises[J]. Aerospace Science and Technology, 2017, 68:331-344.
[20] YANG C S, DENG Z L. Robust Time-varying Kalman Estimators for Systems with Uncertain-variance Multiplicative and Linearly Correlated Additive White Noises, and Packet Dropouts[J]. Journal of Adaptive Control and Signal Processing, 2018, 32(1):147-169.
[21] YANG C S, YANG Z B, DENG Z L. Robust Weighted State Fusion Kalman Estimators for Networked Systems with Mixed Uncertainties[J]. Information Fusion, 2019, 45:246-265.
[22] 王雪梅, 刘文强, 邓自立. 不确定系统改进的鲁棒协方差交叉融合稳态 Kalman 预报器[J]. 自动化学报, 2016, 42(8):1198-1206.
[23] 王雪梅, 刘文强, 邓自立. 带丢失观测和不确定噪声方差系统改进的鲁棒协方差交叉融合稳态 Kalman 滤波器[J]. 控制理论与应用, 2016, 33(7):973-979.
[24] WANG Z D, YANG F W, HO D W C, et al. Robust Finite-horizon Filtering for Stochastic Systems with Missing Measurements[J]. IEEE Signal Processing Letters, 2005, 12(6): 437-440.
[25] CHEN B, YU L, ZHANG W A. Robust Kalman Filtering for Uncertain Discrete Time-delay Systems with Missing Measurement[J]. Acta Automatica Sinica, 2011, 37(1): 123-128.

[26] CHEN B, YU L, ZHANG W A. Robust Kalman Filtering for Uncertain State Delay Systems with Random Observation Delays and Missing Measurements[J]. IET Control Theory and Applications, 2011, 5(17): 1945-1954.

[27] 邓自立，齐文娟，张鹏. 鲁棒融合卡尔曼滤波理论及应用[M]. 哈尔滨：哈尔滨工业大学出版社，2016.

[28] SUN S L, DENG Z L. Distributed Optimal Fusion Steady-state Kalman Filter for Systems with Coloured Measurement Noises[J]. International Journal of Systems Science, 2005, 36(3):113-118.

[29] WU W R, CHANG D C. Maneuvering Target Tracking with Colored Noise[J]. IEEE Transactions on Aerospace and Electronic Systems, 1996, 32(4):1311-1320.

[30] BRYSON A E, JOHANSEN D. Linear Filtering for Time-varying Systems Using Measurements Containing Colored Noise[J]. IEEE Transactions on Automatic Control, 1965, 10(1):4-10.

[31] WANG K D, LI Y, RIZOS C. Practical Approaches to Kalman Filtering with Time-correlated Measurement Errors[J]. IEEE Transactions on Aerospace and Electronic Systems, 2012, 48(2):1669-1681.

[32] PETERSEN I R, MCFARLANE D C. Optimal Guaranteed Cost Control and Filtering for Uncertain Linear Systems[J]. IEEE Transactions on Automatic Control, 1994, 39(9):1971-1977.

[33] PETERSEN I R, MCFARLANE D C. Optimal Guaranteed Cost Filtering for Uncertain Discrete-time Linear Systems[J]. International Journal of Robust and Nonlinear Control, 1996, 6(4):267-280.

[34] 刘诗娜，费树岷，冯纯伯. 线性不确定系统最优保成本滤波器设计的LMI方法[J]. 东南大学学报(自然科学版)，2000，30(5)：107-112.

[35] 刘诗娜，费树岷，冯纯伯. 线性不确定系统鲁棒滤波器设计[J]. 自动化学报，2002，28(1)：50-55.

[36] 万佑红，安维亮，樊春霞. 有数据丢包的复杂网络的鲁棒保性能状态估计[J]. 应用科学学报，2015，33(3):329-340.

[37] 安维亮，万佑红. 具有数据丢包和噪声的输出耦合复杂网络鲁棒保性能状态估计[J]. 南京邮电大学学报(自然科学版)，2015，35(4):87-95.

[38] 奚宏生. 确保状态估计性能的离散时间鲁棒 Kalman 滤波器[J]. 自动化学报，1996，22(6):731-735.

[39] XI H S. The Guaranteed Estimation Performance Filter for Discrete-time Descriptor Systems with Uncertain Noise[J]. International Journal of Systems Science, 1997, 28(1): 113-121.

[40] YANG C S, YANG Z B, DENG Z L. Guaranteed Cost Robust Weighted Measurement Fusion Steady-state Kalman Predictors with Uncertain Noise Variances[J]. Aerospace Science and Technology, 2015, 46: 459-470.

[41] YANG C S, YANG Z B, DENG Z L. Distributed Fusion Guaranteed Cost Robust

Kalman Filter with Uncertain Noise Variances[C]. The 28th Chinese Control and Decision Conference, 2016:3882-3888.

[42] YANG C S, DENG Z L. Robust Guaranteed Cost Measurement Fusion Steady-state Kalman Filters with Uncertain Noise Variances[C]. IEEE International Conference on Electronic Information and Communication Technology, 2017:249-254.

[43] YANG C S, DENG Z L. Guaranteed Cost Robust Weighted Measurement Fusion Kalman Estimators with Uncertain Noise Variances and Missing Measurements[J]. IEEE Sensors Journal, 2016, 16(14):5817-5825.

[44] YANG C S, DENG Z L. Guaranteed Cost Robust Centralized Fusion Steady-state Kalman Predictors with Uncertain Noise Variances and Missing Measurements[C]. The 36th Chinese Control Conference, 2017: 5031-5037.

[45] YANG C S, DENG Z L. Information Fusion Robust Guaranteed Cost Kalman Predictors for Systems with Multiplicative Noises and Uncertain Noise Variances[C]. The 20th International Conference on Information Fusion,2017:1-8.

[46] 程云鹏. 矩阵论[M]. 西安: 西北工业大学出版社, 2001.

[47] KAILATH T, SAYED A H, HASSIBI B. Linear Estimation[M]. New York: Prentice Hall, 2000.

[48] YANG F W, WANG Z D, HUNG Y S, et al. H_∞ Control for Networked Systems with Random Communication Delays[J]. IEEE Transactions on Automatic Control, 2006, 51(3):511-518.

[49] GAO H J, CHEN T W. H_∞ Estimation for Uncertain Systems with Limited Communication Capacity[J]. IEEE Transactions on Automatic Control, 2007, 52(11):2070-2084.